1 MONTH OF
FREE
READING

at

www.ForgottenBooks.com

By purchasing this book you are eligible for one month membership to ForgottenBooks.com, giving you unlimited access to our entire collection of over 700,000 titles via our web site and mobile apps.

To claim your free month visit: www.forgottenbooks.com/free583382

ISBN 978-0-483-17114-5
PIBN 10583382

DICTIONNAIRE ENCYCLOPÉDIQUE

DES

SCIENCES MÉDICALES

PARIS. — IMPRIMERIE DE E MARTINET, RUE MIGNON, 2

DICTIONNAIRE ENCYCLOPÉDIQUE

DES

SCIENCES MÉDICALES

COLLABORATEURS : MM. LES DOCTEURS

ARCHAMBAULT, AXENFELD, BAILLARGER, BAILLON, BALBIANI, BALL, BARTH, BAZIN, BEAUGRAND, BÉCLARD, BÉHIER, VAN BENEDEN, BERGER, BERNEIM, BERTILLON, BERTIN, ERNEST BESNIER, BLACHE, BLACHEZ, BOINET, BOISSEAU, BORDIER, BOUCHACOURT, CH. BOUCHARD, BOUISSON, BOULAND, BOULEY (H.), BOUVIER, BOYER, BRASSAC, BROCA, BROCHIN, BROUARDEL, BROWN-SÉQUARD, CALMEIL, CAMPANA, CARLET (G), CERISE, CHARCOT, CHASSAIGNAC, CHAUVEAU, CHÉREAU, COLIN (L.), CORNIL, COULIER, COURTY, DALLY, DAJASCHINO, DAVAINE, DECHAMBRE (A), DELENS, DELIOUX DE SAVIGNAC, DELPECH, DENONVILLIERS, DEPAUL, DIDAY, DOLBEAU, DUGUET, DUPLAY (S), DUTROULAU, ÉLY, FALRET (J.), FARABEUF, FERRAND, FOLLIN, FONSSAGRIVES, GALTIER-BOISSIÈRE, GARIEL, GAVARRET, GERVAIS (p), GILLETTE, GIRAUD-TEULON, GODLEY, GODELIER, GREENHILL. GRISOLLE, GUBLER, GUÉNIOT, GUÉRARD, GUILLARD, GUILLAUME, GUILLEMIN, GUYON (F), HAMELIN, HAYEM, HECHT, HÉNOCQUE, ISAMBERT, JACQUEMIER, KRISHADER, LABDÉ (LÉON), LABBÉE, LABORDE, LABOULBÈNE, LAGNEAU (G), LANCEREAUX, LARCHER (O.), LAVERAN, LECLERC (L), LEFORT (LÉON), LEGOUEST, LEGROS, LEGROUX, LEREBOULLET, LE ROY DE MÉRICOURT, LÉTOURNEAU, LEVEN, LÉVY (MICHEL), LIÉGEOIS, LIÉTARD, LINAS, LIOUVILLE, LITTRÉ, LUTZ, MAGITOT (E.), MAGNAN, MALAGUTI, MARCHAND, MAREY, MARTINS, MICHEL (DE NANCY), MILLARD, DANIEL MOLLIÈRE, MONOD, MONTANIER, MORACHE, MOREL (B -A), NIOAISE OLLIER, ONIMUS, ORFILA (L.), PAJOT, PARCHAPPE, PARROT, PASTEUR, PAULET, PERRIN (MAURICE), PETER (M), PLANCHON, POLAILLON, POTAIN, POZZI, REGNARD, REGNAULT, REYNAL, ROBIN (M), DE ROCHAS, ROGER (H). ROLLET, ROTUREAU, ROUGET, SAINTE-CLAIRE DEVILLE (H), SCHUTZENBERGER (CH), SCHUTZENBERGER (p), SÉDILLOT, SÉE (MARC), SERVIER, DE SEYNES, SOUBEIRAN (L), E. SPILLMANN, TARTIVEL, TERRIER, TESTELIN, TILLAUX (P), TOURBES, TRÉLAT (U.), TRIPIER (LÉON), VALLIN, VELPEAU, VERNEUIL, VIDAL (ÉM), VILLEMIN, VOILLEMIER, VULPIAN, WARLOMONT, WORMS (J.), WURTZ.

DIRECTEUR : A. DECHAMBRE

DEUXIÈME SÉRIE

TOME QUATRIÈME

MAM — MAR

PARIS

| G. MASSON | | P. ASSELIN |
| LIBRAIRE DE L'ACADÉMIE DE MÉDECINE | | LIBRAIRE DE LA FACULTÉ DE MÉDECINE |

PLACE DE L'ÉCOLE-DE-MÉDECINE

—

MDCCCLXXVI

SCIENCES

DICTIONNAIRE

ENCYCLOPÉDIQUE

DES

SCIENCES MÉDICALES

MAGNUS (Μάγνος). Plusieurs médecins, dans l'antiquité, ont porté ce nom, mais, pour le plus grand nombre d'entre eux, on ignore et les circonstances de leur vie et l'époque précise à laquelle ils ont vécu. Gallen, dans son traité *De compositione medicamentorum secundum* locos, cite, à l'occasion de formules qu'ils ont données pour diverses maladies : un Magnus le clinicien (V, 5) ; un Magnus le Périodeute (V, 7) ; un Magnus de Philadelphie (VII, 4 ; IX, 5) ; un Magnus de Tarse (VII, 7). Dans son livre *De la thériaque* il parle d'un Magnus qui fut archiatre de son temps (vers 170) et traita des antidotes (*De ther. ad Pisonem*, c. 12, et Sérapion tr. VII, c. 8, *De antidotis*).

D'un autre côté, dans le livre *Des différences du pouls*, il est question d'un Magnus, que l'on regarde comme appartenant à l'École pneumatique, et dont les opinions ont été discutées par Archigène. Ce Magnus avait écrit un ouvrage *Sur les choses trouvées depuis Thémison* ; donc, placé après ce dernier et un peu avant Archigène, il vivait, bien évidemment, au commencement ou vers le milieu du premier siècle. On pense généralement que le médecin appelé par Cælius Aurelianus, Magnus d'Éphèse et auteur de *Lettres* sur la médecine est le même que l'archiatre (Cæl. Aurel., *Acut.*, II, c. 14) ; mais je ne vois rien qui le prouve. Suivant M. Daremberg, le Magnus d'Éphèse aurait appartenu au syncrétisme ou épisynthétisme, cette déviation du pneumatisme (*Hist. de la méd.*, t. I, p. 258). Le même Cælius, ou plutôt Soranus, fait honneur, à un Magnus attaché comme lui à la secte méthodique (*ex nostris*), d'avoir, le premier, donné une bonne description de la catalepsie, dont Archigène aurait, après lui, décrit très-exactement les caractères différentiels (*Acut.*, II, 10). Cette situation, par rapport à Archigène, semblerait faire croire que le pneumatique cité plus haut et le méthodique sont une seule et même personne, ou du moins qu'ils étaient contemporains. Au total, il est très-probable que si l'on possédait des renseignements exacts sur tous ces personnages portant le même nom, on pourrait en réduire le nombre. Tous ceux dont il a été question jusqu'à présent sont antérieurs au troisième siècle.

Vient maintenant, après un assez long intervalle, Magnus d'Antioche, dit l'Iatrosophiste, qui fut condisciple d'Oribase, sous Zénon (de Chypre), puis professeur de médecine à Alexandrie, et qui florissait à la fin du quatrième siècle. Il paraît avoir été plus que sceptique à l'égard de la médecine, car Eunape, dans ses *Vies des philosophes*, lui prête cette opinion, que le médecin ne peut guérir ses malades. On lui attribue généralement un *Traité des urines* dont les manuscrits se trouvent dans plusieurs grandes bibliothèques de l'Europe. Déjà on avait fait remarquer que quelques-uns de ces manuscrits portent pour suscription Magnus d'Émèse, quelquefois avec l'épithète d'Iatrosophiste, et Bussemaker a cherché à démontrer que ce dernier diffère du précédent, et qu'il vivait à la fin du cinquième ou au commencement du sixième siècle. De l'examen attentif des textes, il avait déduit que les chapitres 1 à 28 et 30 à 36 du livre des urines, faussement attribué à Galien, appartiennent à Magnus d'Émèse, et que celui-ci était très-probablement le maître de Théophile (*Janus*, t. II, p. 373, Breslau, 1847). Nous ferons observer d'abord que Théophile rapporte expressément le livre en question à l'Iatrosophiste et, en outre, qu'il ne se serait guère montré révérencieux envers son maître, car il lui reproche d'être plus théoricien que praticien, et d'avoir donné très-incomplétement les caractères des urines au point de vue du diagnostic et du pronostic (Theoph., *De urinis*, Præfat.).   E. Bgd.

MAGUAI, MAGUEY. Noms indigènes des plantes qui donnent le *Pulque* et le *Fil de Pitte*, c'est-à-dire les *Agave americana* et *mexicana* (*Voy.* AGAVE).
                                                                  H. Bn.

MAHON (PAUL-AUGUSTIN-OLIVIER), naquit à Chartres le 6 avril 1752. Son père, médecin instruit qui pratiquait dans cette ville, lui fit donner une bonne instruction et l'envoya à Paris compléter ses études médicales et prendre le bonnet de docteur. La Société royale de médecine, appréciant les qualités et le savoir qu'il fit paraître dès ses débuts, l'admit au nombre de ses membres, et bientôt il fut nommé médecin en chef de l'hôpital des vénériens. En 1794, lors de la réorganisation de la Faculté sous le nom d'École de santé, Mahon fut compris dans la liste des nouveaux professeurs et chargé, concurremment avec Lassus, des cours de médecine légale et d'histoire de la médecine. Une mort prématurée l'emporta dans sa quarante-huitième année, le 16 mars 1801, avant qu'il eût pu mettre la dernière main aux deux ouvrages comprenant la matière de son cours, et qui ne parurent qu'après sa mort, par les soins pieux de quelques amis.

La médecine légale de Mahon et celle de Bellot furent longtemps les seules que les élèves eussent entre les mains; le traité de Fodéré, mais surtout celui d'Orfila n'ont pas eu de peine à les faire oublier. Son *Histoire de la Clinique*, qui serait mieux nommée histoire de la médecine pratique, est, en effet, un abrégé des connaissances que possédaient les anciens sur les caractères et le traitement des maladies. Le *Petit traité sur les maladies syphilitiques des femmes en couches et des enfants nouveau-nés* est, sans contredit, le meilleur ouvrage sorti de la plume de Mahon, on peut encore aujourd'hui le consulter avec fruit. Il n'est malheureusement pas terminé.

Voici les titres de ses ouvrages :

I. *Médecine légale et police médicale*, publiées par Fautrel. Paris, 1802, in-8°, 3 vol. — II. *Histoire de la médecine clinique depuis son origine jusqu'à nos jours, et Recherches importantes sur l'existence, la nature et la communication des maladies syphilitiques dans les femmes enceintes, dans les enfants nouveau-nés et dans les nourrices*, etc., publiées par Lamauve. Paris, 1804, in-8°.   E. Bgd.

MAHONIE (*Mahonia* Nutt.). Genre proposé par Th. Nuttall (*Gen. amer.*, [, 211) pour des *Berberis* à feuilles composées-pennées. Les caractères des fleurs, des fruits et aussi les propriétés médicales sont les mêmes que dans les *Berberis* (*Voy.* Épine-Vinette). H. Bn.

MAIA. Genre d'animaux Crustacés décapodes de grande taille et à chair comestible dont le type est le Maia squinade (*Cancer squinado* Rondelet — *Maïa squinado* Herbst, Latreille); c'est un crabe long de 10 à 12 centimètres, commun dans la Manche, l'Océan et la Méditerranée où on l'appelle Araignée de mer. Le corps est couvert de poils crochus; la chair en est peu délicate.

Le Maïa est figuré sur plusieurs médailles grecques, les anciens le regardaient comme doué de raison et comme un emblème de sagesse.

Le Maïa verruqueux (*Maïa verrucosa* Edw.) est une espèce plus petite et très-commune dans la Méditerranée (*Voy.* Crustacés). A. Laboulbène.

MAIGRE ou LE MAIGRE. Nom vulgaire d'un poisson de mer à chair comestible, mais peu délicate, appartenant au genre *Sciœna* (*Sciœna aquila* Cuvier et Valenciennes). Ce poisson, long de 1 mètre à 1^m,50, est commun sur nos côtes. Il est d'un gris métallique avec le dos brun ou noirâtre, les écailles sont grandes, les dents très-longues et aigues (*Voy.* Ban et Poissons). A. Laboulbène.

MAILLECHORT (*syn.* : Parfong, Argentan). C'est un alliage de cuivre, de zinc et de nickel, mais en proportions variables, suivant les usages auxquels on le destine. Récemment préparé, cet alliage a presque le blanc, l'éclat et la sonorité de l'argent. Il sert à fabriquer des couverts, des chandeliers, des éperons, des garnitures de couteaux, des plaques pour gibernes, quelques instruments de chirurgie, tels que le plessimètre, etc., etc. Cependant son emploi pour des ustensiles de cuisine serait dangereux, car l'alliage est très-oxydable et se couvre facilement de vert-de-gris par le contact du vinaigre et de l'air. Son nom de *Maillechort* lui vient de ceux de ses inventeurs, deux ouvriers fondeurs, MM. *Maillot* et *Chorlier*.

L'analyse faite des alliages destinés à différents usages a donné les résultats suivants :

	CUIVRE	ZINC	NICKEL	PLOMB
Pour couverts.	50	25	25	»
Pour garniture de couteaux	55	28	22	»
Pour laminer.	60	20	20	»
Pour objets qui doivent être soudés, tels qu'éperons, etc.	57	20	20	5

L'addition de 2 ou 3 centièmes de fer ou d'acier rend l'alliage beaucoup plus blanc, mais aussi plus dur et plus aigre. Lutz.

MAILLOT. *Voy.* Nouveau-né.

MAIMONIDES (Moses), dont les véritables noms sont : El-Scheich, Abou Amran, Moses ben Maimoun, ou Rabbi Moses ben Maimoun, en abrégé Rambam, est beaucoup plus célèbre comme philosophe et théologien talmudiste que comme médecin. Nous n'en parlerons cependant qu'à ce dernier titre. Maimonides était né d'une famille juive, à Cordoue, en 1139, et se voua à l'étude de la philosophie et de la médecine, sciences dans lesquelles il eut pour maitre Ibn Tophaïl et Averroés. Contraint par les persécutions d'Abd-el-Moumen contre les juifs et les chrétiens, d'embrasser l'islamisme, il ne tarda pas à émigner avec sa famillle et à se retirer en Égypte ; là il reprit la religion de ses pères et vécut du commerce des pierreries, ce qui ne l'empêchait pas de faire des cours de philosophie. Ses leçons eurent un tel retentissement que le célèbre soudan d'Égypte, Saladin, et après lui son fils Malek Adhel, se l'attachèrent en qualité de médecin. Maimonides mourut en 1208. Outre les ouvrages de théologie qui ont fondé sa grande réputation, il a laissé divers traités de médecine, restés manuscrits pour la plupart ; les deux suivants : *Des préceptes d'hygiène*, et *Des aphorismes de médecine*, tirés surtout de Galien ont seuls été publiés.

I. *Tractatus de regimine sanitatis ad soldanum Saladinum.* Trad. lat. Florentiæ (1484?), in-4°; Veneliis, 1504, in-fol ; ibid., 1521, in-fol.; August Vindel., 1518, in-4°; Lugduni, 1555, etc., et, sous ce titre *Specimen diæteticum* (ex hebr. textu in latinum a E. L. S. Kirschbaum) ; Berolini, 1822, in-8°. Trad. allem. : *Das diætetische*, etc., herausgeg. v. Winternitz. Wien, 1843, in-8°. — II. *Aphorismi secundum doctrinam Galeni*, etc. Trad. lat. Bononiæ, 1489, in-4°; Veneliis, 1497. Avec Rhazes : Basileæ, 1589, in-8°.   E. BGD

MAIN. § I. **Anatomie.** Au point de vue de l'anatomie descriptive et de l'anatomie topographique, l'ensemble de la main présente à considérer trois segments, le *poignet*, la *paume* et les *doigts*. Le poignet et les doigts font le sujet de deux articles à part. Notre description actuelle se bornera donc à la portion intermédiaire, qui forme la paume (*Voy*. Poignet et Doigts).

La paume de la main, ou *région métacarpienne* de Richet, a la forme d'un carré un peu allongé dans le sens vertical. Cette forme permet de lui considérer quatre bords et deux faces.

Un plan fictif, passant horizontalement au-dessous de la saillie du scaphoïde et de celle du pisiforme, marque la place du *bord supérieur*. Le *bord inférieur* porte les quatre derniers doigts, séparés à leur origine par trois gouttières que forme la peau en se réfléchissant de la face antérieure sur la postérieure. Le *bord externe* représente une ligne brisée, dont la première portion se dirige obliquement de haut en bas et de dedans en dehors, et dont la seconde se dirige verticalement en bas. Au point d'intersection de ces deux lignes se trouve le pouce. Le *bord interne*, légèrement convexe, arrondi, forme avec le bord cubital de l'avant-bras un angle très-obtus, ouvert en dedans.

Les deux faces, l'une antérieure, l'autre postérieure, constituent deux régions chirurgicales importantes. La première a reçu le nom de *face palmaire ;* la seconde, celui de *face dorsale*. Nous aurons à les décrire en détail.

Mais, avant d'aborder l'étude de l'anatomie chirurgicale, il nous paraît indispensable de faire connaître, séparément, les principaux organes dont la réunion constitue la paume de la main. Notre description se divisera donc en deux parties : dans la première, nous procéderons par analyse, en étudiant successivement le *squelette*, les *muscles intrinsèques de la paume*, les *vaisseaux* et les *nerfs ;* dans la seconde, nous réunirons tous ces organes dans un exposé synthétique en présentant leurs rapports par régions et par couches.

I. ANATOMIE DESCRIPTIVE. *Squelette.* La paume de la main a pour squelette le *carpe* et le *métacarpe*.

a. Le *carpe* est une agglomération de petits os situés entre les deux os de l'avant-bras et les cinq os du métacarpe. Il a pour but de rendre les mouvements de la main à la fois plus étendus et plus variés.

Sa forme peut être comparée à celle d'un ellipsoïde aplati, dont le grand diamètre, qui est transversal, serait près de deux fois plus long que le petit diamètre, qui est vertical. Sa *face antérieure* est creusée en gouttière ; deux saillies osseuses, placées aux extrémités de l'ellipsoïde, contribuent à rendre cette gouttière très-profonde. Sa *face postérieure* est convexe. Ces deux faces sont parcourues par des sillons qui correspondent aux interlignes articulaires des os du carpe. Le *bord supérieur* représente un condyle qui s'articule avec le radius et le cubitus. Le *bord inférieur* s'articule avec le métacarpe, auquel il correspond par une série de facettes, dont l'ensemble forme une ligne très-sinueuse. Les deux extrémités de l'ellipsoïde forment la partie supérieure des bords latéraux de la main.

Les os, dont la réunion forme le massif carpien, sont au nombre de huit. Ils sont disposés en deux rangées transversales, dans chacune desquelles on compte quatre os. La *rangée supérieure*, ou *rangée antibrachiale*, comprend, de dehors en dedans, le *scaphoïde*, le *semi-lunaire*, le *pyramidal* et le *pisiforme*. La *rangée inférieure*, ou *métacarpienne*, comprend, en procédant dans le même sens, le *trapèze*, le *trapézoïde*, le *grand os* et l'os *crochu*. (*Voy.* ces mots).

Nous ne nous arrêterons point à la description minutieuse de chacun de ces os : leur forme est si irrégulière et si bizarre que les mots ne réussissent pas à en donner une idée exacte. Il faut apprendre à les connaître, non par des descriptions, mais par l'examen direct et les dissections. Ce que nous devons surtout exposer ici, ce sont les rapports que ces os affectent entre eux, et la manière dont ils s'articulent. A ce point de vue, il nous suffit de savoir que les os du carpe peuvent être comparés plus ou moins exactement à de petits cuboïdes juxtaposés. A l'exception du pisiforme, ils ont tous quatre facettes articulaires et deux faces non articulaires, l'une antérieure ou palmaire, l'autre postérieure ou dorsale.

Les *articulations du carpe* comprennent : 1° les articulations des os de la première rangée ; 2° les articulations des os de la seconde rangée ; 3° les articulations des deux rangées, l'une avec l'autre.

1° Les *articulations du scaphoïde avec le semi-lunaire, et du semi-lunaire avec le pyramidal* sont des amphiarthroses.

Les surfaces articulaires de ces os sont en partie contiguës, c'est-à-dire recouvertes par un cartilage diarthrodial ; en partie continues, c'est-à-dire reliées l'une à l'autre par des faisceaux de tissu fibreux. Elles sont planes et dirigées obliquement de haut en bas et de dedans en dehors.

Les moyens d'union sont : des *ligaments interosseux*, qui s'insèrent aux rugosités des surfaces contiguës, et qui occupent la partie la plus élevée des intervalles articulaires ; et des *ligaments périphériques, dorsaux* et *palmaires*, qui s'étendent transversalement du scaphoïde au semi-lunaire, et du semi-lunaire au pyramidal. Notons que les ligaments palmaires sont beaucoup plus résistants que les ligaments dorsaux.

L'*articulation du pisiforme avec le pyramidal* diffère tout à fait des autres articulations du carpe. Les deux os se correspondent par une petite surface plane et encroûtée de cartilage dans toute son étendue. Trois ligaments principaux forment les moyens d'union de cette arthrodie. Le *ligament supérieur* n'est autre chose que cette portion du ligament latéral interne de l'articulation radio-carpienne, qui vient s'insérer sur la partie supérieure du rebord articulaire du pisiforme. Les deux autres ligaments sont *inférieurs* : l'un *externe* se dirige obliquement vers l'apophyse unciforme de l'os crochu ; l'autre *interne* s'attache à l'extrémité supérieure du cinquième métacarpien. Des faisceaux de fibres, qui peuvent être considérés comme des ligaments, soutiennent en dedans et en dehors la capsule synoviale. Enfin, le tendon du muscle cubital antérieur s'attache à la partie antérieure et supérieure du pisiforme. Tous ces ligaments sont assez lâches pour permettre des mouvements beaucoup plus étendus que ceux de toutes les autres articulations des os carpiens entre eux. La capsule synoviale communique ordinairement avec celle de l'articulation radio-carpienne.

2° Les os de la seconde rangée du carpe s'articulent aussi par amphiarthrose. Les trois interlignes articulaires se dirigent verticalement en bas ; et, comme le fait remarquer M. Sappey, ces interlignes articulaires se continuent avec ceux de la première rangée. « De cette continuité résultent deux courbes à concavité interne qui divisent les os du carpe en trois rangées verticales : une moyenne, comprenant le semi-lunaire et le grand os ; une interne, composée de trois os : l'unciforme, le pyramidal et le pisiforme ; une externe, composée aussi de trois os : le scaphoïde, trapèze et le trapézoïde (*Traité d'anat.*, t. I, p. 631). »

Les ligaments sont *interosseux* et *périphériques*, *palmaires* et *dorsaux*. Ils ont tous une direction semblable, et s'étendent transversalement du trapèze au trapézoïde, du trapézoïde au grand os et du grand os à l'os crochu. Ils sont beaucoup plus forts et plus serrés que les ligaments correspondants de la première rangée. Il en résulte que les mouvements qui se passent entre les os de la seconde rangée sont très-peu considérables.

3° Pour décrire l'*articulation médio-carpienne*, nous allons envisager chaque rangée du carpe comme n'étant formée que d'un seul et même os. Du côté de la rangée antibrachiale, nous voyons : en dedans, une surface articulaire, concave, transversalement allongée, et qui est due à la juxtaposition du pyramidal, du semi-lunaire et du scaphoïde ; en dehors, une surface légèrement convexe, représentée par la facette inférieure du scaphoïde. Du côté de la rangée métacarpienne, la réunion de l'os crochu et du grand os forme un condyle, qui correspond à la concavité précédente ; et la réunion du trapézoïde et du trapèze forme une surface un peu concave s'adaptant parfaitement sur la surface, légèrement convexe, du scaphoïde. Il en résulte que l'articulation médio-carpienne est configurée en dedans comme une articulation condylienne, et en dehors comme une arthrodie.

Cette articulation complexe possède deux ligaments latéraux, l'un *externe*, l'autre *interne*, des ligaments *antérieurs* et des *ligaments postérieurs*. Le *ligament latéral externe* s'attache, en haut, au scaphoïde ; en bas, à la partie supérieure et externe du trapèze. Le *ligament latéral interne* s'insère, en haut, au sommet du pyramidal ; en bas, à l'apophyse de l'os crochu, en arrière du ligament qui se porte du pisiforme à cette même apophyse. Parmi les *ligaments antérieurs*, les uns se portent de la partie inférieure du scaphoïde au trapèze et au trapézoïde ; les autres rayonnent de la face antérieure du grand os vers le pyramidal, le semi-lunaire et le scaphoïde. Les *ligaments postérieurs* sont d'une grande laxité ; ils sont représentés par des fibres très-obliquement étendues des os de la première rangée à ceux de la seconde. Ces fibres postérieures forment, en se condensant, une sorte de bandelette transversalement étendue sur la face postérieure du condyle.

L'articulation médio-carpienne est pourvue d'une synoviale lâche, qui fait hernie, pendant les mouvements du poignet, à travers les nombreux interstices que les ligaments laissent entre eux. Cette synoviale envoie, en haut et en bas, des prolongements pour les articulations propres aux os de chaque rangée. Il n'est pas très-rare de la voir communiquer avec la synoviale de l'articulation radio-carpienne par des orifices qui se rencontrent quelquefois entre les fibres des ligaments interosseux de la première rangée.

Indépendamment de tous les ligaments articulaires que nous venons de mentionner, le carpe possède encore un ligament très-important, dont la description doit trouver place ici, c'est le *ligament annulaire antérieur du carpe*. Il relie comme un pont les deux saillies antérieures de l'ellipsoïde carpien, et convertit en un canal ostéo-fibreux la gouttière que l'on observe sur cette portion du squelette. Il contribue, sans doute, à la solidité des articulations carpiennes, mais son principal usage est de maintenir les nombreux tendons fléchisseurs au moment où ils passent de l'avant-bras à la paume. Sa forme est celle d'une bandelette quadrilatère. En dehors, ses fibres se dédoublent en deux feuillets : le feuillet antérieur va s'insérer à la saillie du trapèze et à la tubérosité du scaphoïde ; le feuillet postérieur se dirige d'avant en arrière pour venir s'attacher à la face antérieure de ce dernier os et à celle du trapézoïde. Le tendon du grand palmaire glisse dans ce dédoublement. En dedans, ses insertions se font à l'os pisiforme et à l'apophyse de l'os crochu par deux faisceaux que sépare le nerf cubital. Ce ligament est épais et extrêmement résistant. Il est formé, d'une part, par des fibres propres, transversales ou obliques, qui s'entre-croisent en sautoir ; d'autre part, il est renforcé par les muscles et les aponévroses qui s'insèrent sur lui.

b. Au-dessous du carpe se détachent cinq colonnes osseuses qui supportent les doigts, ce sont les os du *métacarpe*. On les désigne, en procédant de dehors en dedans, sous les noms de *premier*, *second*, *troisième*, *quatrième* et *cinquième métacarpiens*. Ils sont tous rangés sur le même plan transversal, à l'exception du premier, qui est placé sur un plan un peu antérieur. Ils se dirigent tous de haut en bas, en divergeant légèrement par rapport au métacarpien du milieu. Ils forment, par leur juxtaposition, une sorte de grillage, dont les intervalles s'appellent *espaces interosseux*.

La face antérieure du métacarpe est concave ; sa face postérieure, convexe. L'une correspond à la face palmaire, l'autre au dos de la main. Son bord supérieur, sinueux, correspond aux sinuosités du bord inférieur du carpe. Il présente des dimensions transversales beaucoup moindres que le bord inférieur. Celui-ci est formé par les extrémités inférieures des métacarpiens, extrémités qui s'articulent avec les phalanges, et qui sont rangées sur une ligne courbe, dont la convexité regarde en bas. Les bords interne et externe correspondent aux bords cubital et radial de la paume.

Les métacarpiens sont construits sur le type des os longs. Leur *diaphyse* ou *corps* est prismatique et triangulaire, légèrement recourbée pour constituer la concavité palmaire que nous avons déjà signalée. Leurs extrémités sont très-volumineuses. Les extrémités *supérieures* présentent cinq facettes : deux, l'antérieure et la postérieure, servent à des insertions ligamenteuses, et les trois autres à des juxtapositions articulaires. Les *extrémités inférieures* présentent un condyle oblong d'avant en arrière, surmonté, de chaque côté, par un tubercule qui sert à des insertions de ligaments.

La longueur relative des métacarpiens, d'après les mesures prises sur des mains d'hommes adultes par M. Allaire (*M. de méd. milit.*, 3me série, t. X, p. 119, 1865), est représentée par les chiffres suivants :

1er métacarpien.	45 millim.,	maximum 50 millim.
2e —	67 —	— 60 —
3e —	69 —	— 72 —
4e —	57 —	— 60 —
5e —	52 —	— 55 —

Chaque métacarpien se distingue des autres par des caractères propres :

Le *premier métacarpien* est le plus court, et en même temps le plus volumineux. Il ressemble à une phalange. C'est qu'en effet, on doit le considérer comme formé, en grande partie, par la première phalange du pouce. On avait remarqué, depuis longtemps, que les quatre derniers os du métacarpe ne présentaient qu'un point d'ossification, tandis que le premier en offrait constamment deux. Ce fait était resté inexpliqué, lorsque MM. Joly et Lavocat (*Études d'anatomie philosophique sur la main*, Toulouse, 1855, p. 13) avancèrent que le point d'ossification supérieur représente le métacarpien proprement dit, tandis que le point d'ossification inférieur est la première phalange. Le métacarpien du pouce est donc formé par la soudure de son métacarpien et de sa première phalange. Pour les quatre derniers doigts, la soudure ne s'effectue pas entre les deux os, aussi chacun d'eux présente-t-il trois phalanges. Le métacarpien du pouce est aplati d'avant en arrière. Son extrémité supérieure offre une facette articulaire concave d'avant en arrière, et convexe transversalement. Au-dessous et en dehors de cette facette se trouve une empreinte, à laquelle s'insère le tendon du muscle long abducteur du pouce. Son extrémité inférieure est arrondie à la manière des têtes des autres métacarpiens.

Les *deuxième et troisième métacarpiens* sont les plus longs. Le *deuxième métacarpien* est bifurqué à son extrémité articulaire supérieure. Chacune des branches de la bifurcation supporte, en arrière, un tubercule dont l'externe donne insertion au tendon du premier radial externe.

Le *troisième métacarpien* présente à son extrémité supérieure une *apophyse pyramidale* ou *styloïde* très-saillante, à la base de laquelle s'insère le tendon du deuxième radial externe.

Le *quatrième métacarpien* a pour caractère d'avoir une surface articulaire carpienne en partie contiguë et en partie continue : la surface contiguë, qui répond à l'os crochu, est lisse et deux fois plus étendue que la surface continue, qui est située en dehors, et donne insertion à un ligament.

Le *cinquième métacarpien* se distingue par l'absence d'une facette articulaire interne à son extrémité supérieure ; à sa place se voit un tubercule où s'insère le tendon du cubital postérieur.

Les quatre derniers métacarpiens s'articulent entre eux à la manière des deux rangées carpiennes. Ils s'articulent en outre, en haut avec le carpe, en bas avec les premières phalanges des doigts. Le premier métacarpien, complètement isolé de ses semblables, s'articule avec le trapèze d'une manière distincte. Nous allons nous occuper de ces différentes articulations, à l'exception des articulations métacarpo-phalangiennes, qui font partie de l'anatomie des doigts.

1° Les *articulations des quatre derniers métacarpiens entre eux* se font par leurs extrémités supérieures et par leurs extrémités inférieures. Les *articulations supérieures* sont trois amphiarthroses dont les moyens d'union sont, pour chacune d'elles, un *ligament palmaire*, un *ligament interosseux* très-résistant et un *ligament dorsal* qui est rudimentaire ou manque complètement entre le deuxième et le troisième métacarpien. Les têtes des métacarpiens ne présentent pas de surfaces articulaires latérales : elles sont seulement contiguës et lâchement unies par un *ligament transverse*. C'est une bandelette rubannée, continue avec l'épaisse couche fibreuse, qui forme la partie postérieure de la gaine des tendons fléchisseurs au niveau des articulations métacarpo-phalangiennes. L'ensemble de cette bandelette forme donc un lien commun étendu au-devant des têtes métacarpiennes. Une bourse synoviale recouvre les surfaces contiguës des têtes et favorise leurs mouvements.

2° Les *articulations carpo-métacarpiennes* sont importantes à connaître au point de vue de la médecine opératoire.

L'interligne articulaire qui sépare le carpe des quatre derniers métacarpiens est très-sinueux. En examinant une main par sa face dorsale et en suivant cet interligne de dedans en dehors, on voit qu'il décrit d'abord une courbe légère dont la concavité regarde directement en haut. A partir du sommet de l'apophyse pyramidale du troisième métacarpien, il forme un V ouvert en haut, puis se dirige obliquement en bas et en dehors pour se terminer au sommet du premier espace interosseux. La portion courbe de l'interligne articulaire est formée du côté du carpe, par la juxtaposition de l'os crochu et du grand os ; du côté du métacarpe par la juxtaposition des trois derniers métacarpiens. La portion en V est formée en haut par le trapézoïde et une petite facette du trapèze, et en bas par la face externe de l'apophyse pyramidale du troisième métacarpien et par l'extrémité supérieure bifurquée du second. Si donc on avait à faire la désarticulation des quatre derniers métacarpiens, le bistouri aurait à suivre cette ligne sinueuse, et, pour se guider, on aurait, comme points de repère, la saillie de l'extrémité supérieure du cinquième, la saillie de l'apophyse pyramidale du troisième, et le tubercule externe de l'extrémité supérieure du second, toujours facile à sentir au sommet du premier espace interosseux.

Un *ligament interosseux* né du quatrième métacarpien et de l'intervalle qui le sépare du troisième, se porte verticalement sur le grand os et un peu vers l'os crochu. Ce ligament a une grande importance, en ce sens qu'il sépare la cavité articulaire carpo-métacarpienne en deux parties, l'une appartenant aux deux derniers métacarpiens, l'autre appartenant au deuxième et au troisième métacarpien.

Chacune de ces articulations secondaires possède des *ligaments dorsaux*, et des *ligaments palmaires*.

Les ligaments dorsaux de l'articulation des deux derniers métacarpiens sont au nombre de deux et se portent de l'os crochu, l'un au cinquième et l'autre au quatrième métacarpien. A la face palmaire il n'y a qu'un seul ligament qui se rend de l'os crochu au quatrième métacarpien.

Les ligaments de l'articulation carpo-métacarpienne des deuxième et troisième métacarpiens sont plus nombreux. A la face dorsale il y en a cinq : deux pour le second métacarpien, l'un vient du trapèze, l'autre du trapézoïde; trois pour le troisième métacarpien, le premier se porte du trapèze à son apophyse pyramidale, le second et le troisième s'étendent du grand os à cette même apophyse et au côté dorsal de l'extrémité supérieure. A la face palmaire il y en a trois : deux se rendent du second métacarpien, l'un au grand os, l'autre au trapèze ; le troisième part de ce dernier os pour se porter transversalement à la partie la plus élevée du troisième métacarpien.

Les synoviales des deux articulations carpo-métacarpiennes secondaires sont distinctes, grâce à la présence du ligament interosseux. Celle de l'articulation

des deux derniers métacarpiens avec l'os crochu est peu étendue et complétement
isolée des autres synoviales du poignet. Mais celle qui appartient à l'articulation
des deuxième et troisième métacarpiens, communique largement, entre le trapèze et le trapézoïde, avec la synoviale médio-carpienne.

3° L'*articulation trapézo-métacarpienne du pouce* est une articulation par em-
boîtement réciproque. Du côté du trapèze, on observe une surface articulaire convexe d'avant en arrière et concave transversalement ; du côté du métacarpien, au
contraire, les surfaces présentent des courbures en sens opposé. L'interligne articulaire est oblique de haut en bas et de dehors en dedans, dans la direction d'une
ligne qui viendrait aboutir au sommet de la tête du métacarpien du milieu. Un *ligament capsulaire* s'étend, comme un manchon, du pourtour de l'une des surfaces
articulaires au pourtour de l'autre. Cette capsule est assez lâche pour permettre
des mouvements très-étendus. Elle est beaucoup plus épaisse en arrière qu'en
avant et surtout qu'en dehors, dans le point où le tendon du long abducteur du
pouce vient s'insérer à l'extrémité supérieure et externe du premier métacarpien.
Une synoviale distincte appartient à cette articulation, qui est complétement isolée des autres articulations carpo-métacarpiennes par une petite surface du trapèze dont l'étendue n'est que de 2 ou 3 millimètres.

Si l'on cherche à se rendre compte du rôle physiologique des articulations du
carpe et du métacarpe, on arrive aux conclusions suivantes :

Les os de la première rangée du carpe exécutent, les uns sur les autres, des
mouvements de glissement très-appréciables.

Les os de la seconde rangée, qui sont reliés entre eux par des ligaments
plus serrés et plus épais, ne se meuvent que d'une manière tout à fait insensible.

Les quatre derniers métacarpiens n'exécutent, au niveau de leurs articulations carpiennes, que des glissements peu étendus, mais suffisants pourtant pour
permettre à leurs extrémités digitales de s'écarter ou de se rapprocher les unes
des autres et de se porter un peu en avant ou un peu en arrière. Le cinquième
métacarpien est relativement beaucoup plus mobile que les autres.

L'articulation médio-carpienne jouit d'un mouvement de flexion très-étendu,
et contribue pour une large part à la flexion de la main tout entière. Son
mouvement d'extension est au contraire très-borné, en raison de la résistance
de ses ligaments antérieurs. Les mouvements de l'articulation médio-carpienne
sont destinés à compléter ceux de l'articulation radio-carpienne. En effet, la première produit une flexion très-étendue de la main, tandis que la seconde ne permet qu'une flexion limitée ; l'une a une extension bornée, mais l'autre jouit d'un
mouvement d'extension fort considérable.

Le premier métacarpien se fait remarquer par la variété et l'étendue de ses
mouvements. Il possède tous les mouvements possibles, même, à un léger degré,
celui de rotation sur son axe.

Muscles. Indépendamment d'un grand nombre de tendons, qui ne font
que traverser la paume pour aller se rendre aux doigts, et dont nous étudierons
les rapports dans le chapitre consacré à l'anatomie chirurgicale, cette portion de
la main possède plusieurs muscles intrinsèques. Tous ces muscles occupent la
face palmaire de la main : quatre sont groupés autour du premier métacarpien
et sont destinés à mouvoir le pouce ; trois, sans y comprendre le palmaire cutané, appartiennent au cinquième métacarpien et au petit doigt ; sept sont logés
dans les espaces interosseux.

α. Les *quatre muscles du pouce* sont : le *court abducteur*, l'*opposant*, le *court fléchisseur* et l'*adducteur*. Leur superposition forme une masse charnue qui a reçu le nom d'*éminence thénar*.

Le *court abducteur* du pouce ou *scaphoïdo-phalangien* est mince et aplati ; c'est le plus superficiel des muscles de l'éminence thénar. Il s'insère, supérieurement, 1° au scaphoïde, 2° à la partie antérieure et externe du ligament annulaire, 3° à une expansion aponévrotique que lui envoie le long abducteur du pouce ; inférieurement, au côté externe de l'extrémité supérieure de la première phalange du pouce. Il est abducteur des phalanges du pouce à la manière des interosseux dorsaux, lorsque le premier métacarpien est fixe. Il a encore pour action de porter le premier métacarpien en dedans et en avant, en produisant un mouvement d'opposition.

L'*opposant* (*trapézo-métacarpien*) a une forme triangulaire. Il s'insère en haut, 1° au trapèze, 2° à la partie antérieure et externe du ligament annulaire, au-devant de la gaine du grand palmaire. Nées de ces insertions, les fibres charnues se portent en bas et en dehors, et vont se fixer au bord externe du premier métacarpien dans toute sa longueur. Il porte le pouce en avant et en dedans, en faisant exécuter à l'articulation trapézo-métacarpienne un léger mouvement de rotation. Ce mouvement, signalé par M. Sappey, a pour effet d'opposer directement la face palmaire du pouce à celle des quatre derniers doigts.

Sous le nom de *court fléchisseur* du pouce (*trapézo-phalangien*), les anatomistes de nos jours désignent un faisceau musculaire considérable, situé en dedans et au-dessous de l'opposant, avec lequel il est presque entièrement confondu, faisceau qui s'insère en bas à l'os sésamoïde externe de l'articulation métacarpo-phalangienne, et, en haut, 1° au trapèze, 2° au bord inférieur du ligament annulaire, 3° à la gaine du grand palmaire, et 4° à la face antérieure du grand os. Ce muscle n'est rien moins que fléchisseur du pouce ; c'est un opposant, un rotateur en dedans et un adducteur énergique de ce doigt.

L'*adducteur du pouce* (*métacarpo-phalangien*) a une forme triangulaire et un volume supérieur à celui de tous les autres muscles de l'éminence thénar. Il s'insère, en dedans, 1° à toute la longueur du bord antérieur du troisième métacarpien, 2° à la face antérieure du trapézoïde et du trapèze, 3° à l'aponévrose interosseuse palmaire au voisinage du troisième métacarpien. De ces diverses insertions, les fibres charnues se portent : les inférieures horizontalement, les supérieures obliquement vers leur point de convergence, qui est situé au niveau de l'extrémité interne de la première phalange du pouce. Là les fibres charnues s'insèrent, par l'intermédiaire d'un gros et court tendon, sur l'os sésamoïde interne et sur le côté interne de l'extrémité supérieure de la première phalange. Ce muscle est le plus puissant de tous les adducteurs du pouce.

β. Les *trois muscles du petit doigt* présentent une analogie frappante avec ceux du pouce. M. Cruveilhier fait remarquer que si on n'en décrit que trois et non point quatre, comme pour le pouce, c'est parce que le muscle du petit doigt, qui correspond à l'adducteur du pouce, étant placé dans le quatrième espace interosseux, fait partie de la description des muscles interosseux. Ces trois muscles sont l'*adducteur*, le *court fléchisseur*, et l'*opposant du petit doigt*.

L'*adducteur du petit doigt* (*pisi-phalangien*) s'insère, en haut, au pisiforme ; en bas, au côté interne de la première phalange du petit doigt. Il est adducteur du petit doigt par rapport à l'axe du corps, et abducteur par rapport à l'axe de la main.

Le *court fléchisseur du petit doigt* (*unci-phalangien*) est situé en dehors du précédent. Ses insertions supérieures se font à l'apophyse de l'os crochu ; ses insertions inférieures, confondues avec celles de l'adducteur, se font au côté interne de la première phalange du petit doigt. Il est plutôt opposant que fléchisseur du petit doigt.

L'*opposant du petit doigt* (*unci-métacarpien*) est situé au-dessous des deux muscles précédents. Il s'insère en haut, 1° à la partie inférieure et interne du ligament annulaire, 2° à l'apophyse unciforme de l'os crochu, 3° au ligament qui s'étend de cette apophyse au pisiforme ; en bas, à toute la longueur du bord interne du cinquième métacarpien. Il porte le métacarpien à la fois en dedans et en avant, et lui imprime un léger mouvement de rotation suivant son axe vertical ; il oppose par conséquent le petit doigt au pouce.

La saillie des muscles propres au petit doigt forme une éminence qui a reçu le nom d'*éminence hypothénar*. Sur la moitié supérieure de cette éminence se trouve le *palmaire cutané* ; c'est un petit muscle peaucier, plus ou moins développé, suivant les sujets. Il naît de l'aponévrose palmaire par six ou huit languettes aponévrotiques, se dirige transversalement en dedans et se termine à la face profonde du derme, vers le bord interne de la main. Il a pour but d'attirer en dehors ce bord interne, et, en le rendant plus saillant, d'augmenter le creux de la face palmaire. L'action de ce muscle n'est jamais plus évidente que lorsqu'on veut retenir un liquide dans le creux de la main.

γ. Les *muscles interosseux* sont situés dans les intervalles du grillage métacarpien. Chaque intervalle en possède deux, l'un placé vers la face dorsale, l'autre vers la face palmaire. On compte donc quatre *interosseux dorsaux*, et on compterait aussi quatre *interosseux palmaires*, si le premier interosseux n'était décrit avec les muscles de l'éminence thénar sous le nom de muscle adducteur du pouce.

M. Cruveilhier a singulièrement facilité l'étude de ces muscles en montrant que les interosseux dorsaux étaient tous *abducteurs* des doigts par rapport à un axe qui passerait par le doigt médius, tandis que les interosseux palmaires sont tous *adducteurs*. C'est ce qui ressortira de leur description.

Les *interosseux dorsaux* sont des muscles allongés, prismatiques, penniformes, étendus des deux métacarpiens, entre lesquels ils sont placés, au tendon extenseur du doigt le plus rapproché de l'axe de la main. L'insertion métacarpienne ne se fait pas dans une étendue égale aux deux surfaces osseuses entre lesquelles ces muscles sont logés : tandis qu'elle occupe toute la surface latérale du métacarpien le plus rapproché de l'axe de la main, elle n'occupe que le tiers postérieur de la face latérale correspondante de l'autre métacarpien. Nées de ces deux points, les fibres charnues convergent les unes vers les autres, et se rendent sur une lame tendineuse. Celle-ci se dégage des fibres charnues entre les têtes métacarpiennes, et vient s'épanouir sur la face dorsale de la première phalange, pour se continuer avec le tendon extenseur du doigt correspondant.

Le *premier interosseux dorsal* est le plus volumineux de tous ; il s'étend de la moitié supérieure du bord interne du premier métacarpien et de toute l'étendue de la face externe du deuxième métacarpien au côté externe de la première phalange de l'index. Il est abducteur de l'index.

Le *deuxième interosseux dorsal* s'étend du deuxième et du troisième métacar_ pien au côté externe de la première phalange du médius. Il est abducteur du médius.

Le *troisième interosseux dorsal* s'étend du troisième et du quatrième métacarpien au côté interne de cette même phalange. Il est encore abducteur du médius, par rapport à l'axe de la main.

Le *quatrième interosseux dorsal* va du quatrième et du cinquième métacarpien au côté interne de la première phalange de l'annulaire. Il est donc abducteur de ce doigt.

Les *interosseux palmaires* sont demi-penniformes et plus grêles que les précédents. Ils occupent les trois derniers espaces, où ils sont placés entre l'interosseux dorsal et le métacarpien correspondant. Leur insertion supérieure se fait à un seul métacarpien; et, pour chaque espace, c'est à celui qui est le plus éloigné de l'axe de la main. Le métacarpien qui reçoit cette insertion supérieure s'articule avec le doigt où va se rendre l'insertion inférieure. Les fibres charnues prennent naissance sur toute la longueur des deux tiers antérieurs du métacarpien pour se terminer sur un petit tendon qui s'épanouit et se fixe sur le bord du tendon de l'extenseur commun des doigts.

Le *premier interosseux palmaire*, qui est celui du deuxième espace, s'étend du deuxième métacarpien au côté interne de la première phalange de l'index. Il est adducteur de l'index par rapport à l'axe de la main.

Le *second interosseux palmaire* s'étend du quatrième métacarpien au côté externe de la première phalange de l'annulaire. Il est adducteur de l'annulaire par rapport à l'axe de la main.

Le *troisième interosseux palmaire* s'étend du cinquième métacarpien au côté externe de la première phalange du petit doigt. Il est donc aussi adducteur du petit doigt.

L'action des muscles interosseux ne se borne pas à l'abduction et à l'adduction des doigts. En associant leur contraction à celle des muscles *lombricaux*, les muscles interosseux ont encore pour usage de fléchir la première phalange des quatre derniers doigts et d'étendre les deux dernières.

Vaisseaux. — A. *Artères.* Les nombreuses artères de la main sont fournies par deux troncs principaux, la *cubitale* et la *radiale*, et par deux troncs accessoires, l'*interosseuse antérieure* et l'*artère du nerf médian*.

Artère cubitale. Après avoir cheminé, en descendant à la partie inférieure de l'avant-bras, entre le tendon du cubital antérieur, qui est en dedans, et celui du fléchisseur superficiel, qui est en dehors, l'artère cubitale passe au-dessous du ligament annulaire antérieur du carpe, en dedans du pisiforme, pour se rendre à la main. Elle suit, dans ce trajet, une direction légèrement oblique en bas et en dedans. Arrivée vers la partie moyenne de la face palmaire, elle se recourbe en crosse, se dirige transversalement en dehors, et se termine en s'anastomosant par inosculation avec la *radio-palmaire*, branche de la radiale. Il résulte de cette inflexion de la cubitale une arcade, à concavité supérieure, qui a reçu le nom d'*arcade palmaire superficielle*.

De la partie inférieure de l'avant-bras jusqu'à l'extrémité externe de l'arcade palmaire superficielle, la cubitale fournit : 1° une *petite artère dorsale de la main*; 2° un *rameau transverse antérieur du carpe*; 3° l'*artère cubito-radiale*; 4° quatre *artères digitales* et un grand nombre d'artérioles sans nom, qui vont se rendre dans le palmaire cutané et les tissus de la partie supérieure de l'éminence hypothénar.

1° *Artère dorsale de la main.* Elle naît à 5 ou 6 centimètres au-dessus du pisiforme, se dirige en dedans, passe entre le tendon du cubital antérieur et le cubitus, et se porte sur le dos de la main, où elle communique avec la *dorsale du carpe.*

2° *Artère transverse antérieure du carpe.* Elle se porte transversalement en dehors, au niveau du bord inférieur du carré pronateur, et communique avec une branche correspondante de la radiale.

3° *Artère cubito-radiale.* Elle naît, au poignet, de la partie postérieure de la cubitale, s'enfonce entre le court abducteur et le court fléchisseur du petit doigt, passe sous ce dernier, et se dirige ensuite en dehors pour s'anastomoser avec la partie terminale de l'*arcade palmaire profonde.*

4° *Artères digitales.* Elles sont au nombre de quatre et naissent toutes de la convexité de l'arcade palmaire superficielle. La *première* est obliquement dirigée en bas et en dedans, croise le cinquième métacarpien, et chemine le long du bord interne du petit doigt, dont elle forme la *collatérale interne.* La *deuxième* descend au-devant du quatrième espace interosseux, se bifurque au bas de cet espace et donne la *collatérale externe du petit doigt* et la *collatérale interne de l'annulaire.* La *troisième* longe le troisième espace interosseux et va former, en se bifurquant, la *collatérale externe de l'annulaire* et la *collatérale interne du médius.* La *quatrième* longe le second espace interosseux et va fournir la *collatérale externe du médius* et la *collatérale interne de l'index.* Il peut arriver qu'il existe une cinquième artère digitale, qui donne la *collatérale externe de l'index* et la *collatérale interne du pouce;* mais il est fort rare que l'arcade palmaire superficielle fournisse la collatérale externe du pouce.

Artère radiale. Pour arriver à la main, l'artère radiale se dévie en dehors et en arrière, contourne l'apophyse styloïde du radius, et se porte obliquement en bas. Au niveau de l'extrémité supérieure du premier espace interosseux, elle change brusquement de direction; elle s'introduit d'arrière en avant entre les extrémités supérieures des premier et deuxième métacarpiens, pénètre à la face palmaire, et se dirige transversalement en dedans pour s'anastomoser par inosculation avec l'*artère cubito-radiale,* que nous connaissons déjà. Cette portion palmaire de la radiale forme ce qu'on appelle l'*arcade palmaire profonde.*

A l'exception de la récurrente radiale antérieure, toutes les branches collatérales de la radiale sont destinées à la main; ce sont : 1° la *transverse antérieure du carpe,* 2° la *radio-palmaire,* 3° la *transverse dorsale du carpe,* 4° la *dorsale du pouce,* 5° la *dorsale du métacarpe,* 6° le *tronc commun des collatérales du pouce et de l'index;* 7° enfin l'arcade palmaire profonde fournit des *branches supérieures,* des *branches inférieures* et des *branches postérieures.*

1° La *transverse antérieure du carpe* est une petite artère qui naît au-dessous du bord inférieur du carré pronateur, et s'anastomose en arcade avec l'artère transverse venue de la cubitale.

2° La *radio-palmaire* ou *artère palmaire superficielle* a quelquefois une importance telle qu'elle semble être une branche de bifurcation de la radiale. Elle naît au moment où cette dernière contourne l'apophyse styloïde du radius, et se dirige verticalement en bas, en passant tantôt au-dessus du court abducteur du pouce, tantôt dans l'épaisseur de ce muscle. Elle s'incline ensuite à gauche pour s'anastomoser avec la crosse cubitale et former l'arcade palmaire superficielle. Dans son trajet le radio-palmaire fournit de nombreux rameaux aux téguments et aux muscles de l'éminence thénar.

3º La *transverse dorsale du carpe* ou *transverse postérieure* est une petite branche qui se détache de la radiale au niveau de l'articulation médio-carpienne Elle se dirige transversalement en dedans sur la face dorsale de la seconde rangée des os carpiens, et s'anastomose à son extrémité terminale avec l'artère dorsale de la main, venue de la cubitale. De l'arcade qui résulte de cette anastomose naissent des *rameaux ascendants* et des *rameaux descendants* qui forment les *artères interosseuses dorsales*.

4º L'*artère dorsale du pouce* a été distinguée par M. Sappey. Elle a son origine entre les tendons des muscles extenseurs du pouce, descend sur la face postérieure du premier métacarpien et se termine en s'anastomosant avec la collatérale externe de ce doigt.

5º Le *tronc commun des collatérales du pouce et de l'index* ou *artère interosseuse dorsale du premier espace* est une branche considérable, qui se détache de la radiale entre les os qui limitent le premier espace interosseux. Elle passe quelquefois en arrière des muscles du premier espace; d'autres fois elle s'introduit entre l'adducteur du pouce et le premier interosseux dorsal. Dans l'un et l'autre cas elle se termine par trois branches, qui sont les *collatérales interne et externe du pouce* et la *collatérale externe de l'index*.

6º L'*artère dorsale du métacarpe*, encore connue sous le nom d'*artère interosseuse dorsale du deuxième espace métacarpien*, a souvent une origine commune avec la transverse dorsale du carpe. Elle gagne obliquement le deuxième espace interosseux, qu'elle longe jusqu'à sa partie inférieure, où elle s'anastomose avec l'*interosseuse palmaire* qui fournit les collatérales interne de l'index et externe du médius.

7º Les *branches supérieures* ou *ascendantes*, au nombre de quatre à six, qui naissent de la concavité de l'arcade palmaire profonde, se distribuent dans les os et les articulations du carpe. Les *branches descendantes* ou *interosseuses palmaires*, au nombre de trois ou quatre, s'anastomosent avec les branches digitales de l'arcade palmaire superficielle au-dessus du point où elles se bifurquent en collatérales des doigts. Les *branches postérieures* ou *perforantes* sont au nombre de trois; elles traversent d'avant en arrière la partie la plus élevée des trois derniers espaces interosseux, et s'anastomosent le plus souvent avec les interosseuses dorsales correspondantes, dont elles renforcent considérablement le calibre. Ces artères interosseuses, arrivées à la partie inférieure des espaces intermétacarpiens, se jettent dans les branches descendantes de l'arcade palmaire superficielle.

Pour l'intelligence de certaines anomalies, et, en outre, pour comprendre comment la circulation se rétablit dans la main, lorsque le courant sanguin est interrompu dans les deux troncs principaux, il importe de savoir qu'indépendamment des artères radiale et cubitale, deux troncs accessoires viennent encore se distribuer à cet organe, et s'anastomoser avec les artères que nous avons décrites. Nous avons déjà nommé ces troncs accessoires, dont le calibre est d'une grande ténuité à l'état normal.

Artère interosseuse antérieure. On sait que cette artère naît ordinairement de la partie supérieure de la cubitale, par un tronc qui lui est commun avec l'interosseuse postérieure, et qu'elle chemine vers la main en s'appliquant sur le ligament interosseux. Elle traverse ce ligament en arrière du muscle carré pronateur, et, devenue postérieure, elle descend sur la face dorsale du poignet pour se terminer en s'anastomosant avec les branches ascendantes de l'artère dorsale du carpe. En avant, au moment de traverser le ligament interosseux, elle donne une artériole qui s'anastomose perpendiculairement avec l'arcade formée par les artères transverses antérieures du carpe.

Artère du nerf médian. Au point de vue qui nous occupe, cette artère mérite aussi de fixer l'attention par son existence constante. Elle naît de l'interosseuse antérieure, et s'accole dans toute son étendue au nerf dont elle porte le nom, pour se perdre à la main en artérioles insignifiantes.

Par leur nombre, par leur volume et par la multiplicité de leurs communications anastomotiques, les artères que nous venons d'étudier, assurent à la main une circulation plus active que celle d'aucune autre portion des membres. Le trait caractéristique de ce système artériel est la disposition particulière de ses anastomoses. Celles-ci sont, les unes transversales, les autres antéro-postérieures. Les premières, disposées en arcades superposées de haut en bas sont, à la face antérieure, *l'arcade formée par la transverse antérieure du carpe*, *l'arcade palmaire profonde*, *l'arcade palmaire superficielle*, et si nous suivions les collatérales des doigts au delà de la paume, nous les verrions s'anastomoser encore en arcades à l'extrémité inférieure de ces appendices ; à la face postérieure, c'est *l'arcade dorsale du carpe*, qui fournit les interosseuses dorsales. Les secondes, c'est-à-dire les anastomoses antéro-postérieures, sont destinées à faire communiquer le réseau artériel antérieur avec le réseau postérieur. Elles sont situées vers le bord supérieur et vers le bord inférieur du grillage métacarpien. Les supérieures sont les *branches perforantes* de l'arcade palmaire profonde, qui vont se rendre dans les *interosseuses dorsales ;* les inférieures sont les communications des *interosseuses* dorsales avec les *artères digitales* au moment où celles-ci vont former les collatérales des doigts.

De cette disposition anastomotique des artères de la main résultent les conséquences pathologiques suivantes : 1° les blessures de ces vaisseaux versent du sang avec une égale facilité par le bout inférieur et par le bout supérieur; 2° la ligature ou la compression d'un seul des deux troncs principaux de la main, est tout à fait inefficace pour arrêter la circulation dans cet organe ; 3° la gangrène de la main à la suite de l'interruption du courant sanguin dans les deux troncs principaux est fort rare, parce que la circulation se rétablit avec une grande rapidité par les deux troncs accessoires ; 4° pour arrêter la circulation de la main d'une façon quelque peu durable, il faut donc porter la ligature ou la compression au-dessus de l'origine de toutes ces artères, c'est-à-dire sur l'humérale, et encore ces moyens échoueront, si l'artère du bras présente une bifurcation précoce ou quelque autre anomalie.

Anomalies. Les anomalies des artères de l'avant-bras et de la main sont si fréquentes, elles peuvent rendre le traitement des hémorrhagies de la paume si difficile, qu'il est indispensable d'être prévenu de leur existence et même d'en connaître les principales dispositions.

Signalons d'abord quelques variétés de volume qui sont parfaitement compatibles avec la disposition normale. Ainsi, il n'est pas rare de voir une arcade palmaire superficielle très-grêle, tandis que l'arcade palmaire profonde a un calibre considérable, et réciproquement. Lorsque les artères digitales sont insuffisantes pour former les collatérales des doigts, les artères interosseuses dorsales les remplacent. La radiale et la cubitale se suppléent mutuellement, et le volume de l'une est toujours en rapport inverse de celui de l'autre. En un mot, il règne entre tous les vaisseaux de ce système artériel une solidarité parfaite.

Les anomalies de volume n'ont qu'un faible intérêt pratique comparativement · aux anomalies qui résultent d'une distribution insolite des artères.

Il arrive assez souvent que l'artère interosseuse, ou l'artère du nerf médian, offre des dimensions qui égalent celles de la radiale ou de la cubitale. L'avant-bras présente alors trois troncs, qui se distribuent à la main. Si un sujet, ainsi conformé, vient à avoir une blessure avec hémorrhagie de la paume, il est évident que la ligature de la radiale et de la cubitale demeurera impuissante à arrêter l'écoulement sanguin.

Les arrêts de développement atteignent plus souvent la cubitale que la radiale. Quand l'une ou l'autre de ces artères est atrophiée, il est ordinaire de voir l'interosseuse antérieure ou la satellite du nerf médian acquérir un volume énorme.

Une anomalie bien rare est celle qui consiste dans l'absence des arcades palmaires. Les artères de la main n'obéissent pas alors à la loi qui préside à leurs anastomoses, et arrivent isolément jusqu'à leur terminaison. Dubrueil (*Des anomalies artérielles*, p. 187. Paris, 1847)a vu un membre supérieur sur lequel la radiale et la cubitale ne constituaient pas d'arcades; les deux artères de l'avant-bras fournissaient les artères digitales, sans s'anastomoser par aucune de leurs branches.

L'artère radio-palmaire manque souvent, ou s'épuise dans les tissus de l'éminence thénar, avant de s'inosculer avec la crosse palmaire. La cubitale constitue alors, à elle seule, l'arcade palmaire superficielle, et fournit un plus grand nombre d'artères digitales qu'à l'ordinaire. D'autres fois, l'artère du nerf médian ou l'artère interosseuse antérieure remplace la radio-palmaire, et s'anastomose avec la cubitale en formant une arcade superficielle plus ou moins régulière.

Lauth a vu deux arcades superficielles : l'une naissait de la cubitale, l'autre de la branche dorsale de la radiale.

Quelquefois l'arcade superficielle n'existe pas, alors que l'arcade profonde est normale. Sur le bras droit d'un jeune militaire, Dubrueil (*loc. cit.*, p. 181) trouva une radiale peu volumineuse, avec absence complète de la radio-palmaire. Celle-ci était remplacée par l'artère du nerf médian. A la paume, l'artère cubitale ne formait pas d'arcade, mais donnait une branche à l'éminence hypothénar et les collatérales digitales de l'auriculaire, de l'annulaire et du côté cubital du médius. La branche satellite du médian fournissait les collatérales du côté externe du médius et les deux collatérales de l'indicateur. Celles du pouce émergeaient de la radiale. L'arcade palmaire profonde était peu développée. M. Broca (*Bull. de la Soc. anat.*, 1849) a décrit une anomalie analogue chez un sujet qui présentait au bras un gros vaisseau aberrant donnant l'artère radiale. A l'extrémité supérieure de l'avant-bras, il existait trois troncs d'égal calibre, la radiale, l'interosseuse et la cubitale. Le trajet de ces trois troncs à l'avant-bras était normal ; mais l'interosseuse, aussitôt après sa naissance, fournissait une grosse artère qui accompagnait le nerf médian jusqu'à la main, et se terminait en donnant les collatérales de l'index et a collatérale externe du médius. De son côté, la cubitale se terminait en donnant les collatérales du petit doigt, de l'annulaire, et la collatérale interne du médius. Aucune communication n'existait, dans la région palmaire, entre la cubitale et l'artère du nerf médian. Le tronc radio-palmaire manquait complétement ; il n'y avait donc pas d'arcade palmaire superficielle. La radiale enfin donnait l'arcade palmaire profonde, qui était normale. Mais au moment où la radiale perfore le premier espace interosseux, elle fournissait une grosse branche se dirigeant directement en bas, en arrière du premier interosseux dorsal. Cette branche se réfléchissait sous le bord inférieur de ce muscle, passait ainsi dans la région palmaire, où elle devenait ascendante, et allait s'anastomoser par inosculation avec le tronc de l'artère du nerf médian. Il en résultait une arcade, qui embrassait le bord inférieur du premier espace interosseux, et envoyait la collatérale interne du pouce.

L'absence de l'arcade palmaire profonde a aussi été observée. Dans un cas de ce genre, la radiale, diminuée de volume, donnait les interosseuses dorsales qui allaient s'anastomoser avec les collatérales digitales (Dubrueil, *loc. cit.*, p. 186).

J. Cruveilhier a vu une arcade profonde formée par l'artère dorsale du deuxième espace interosseux, qui s'enfonçait entre les extrémités supérieures des deuxième et troisième métacarpiens.

L'artère du nerf médian est surtout destinée à suppléer à l'insuffisance de la cubitale ou de la radio-palmaire, tandis que l'interosseuse antérieure paraît plus spécialement préposée au remplacement de la radiale sur le dos et dans la paume de la main Sur un dessin communiqué à Dubrueil par Ehrmann (*loc. cit*, p. 159), on voyait l'artère radiale, d'un très-petit calibre, se diviser près du pouce en deux branches : l'une était la dorsale du carpe, l'autre était la continuation du tronc de la radiale, qui s'anastomosait avec l'interosseuse antérieure très-volumineuse. Au moyen de cette inosculation, la radiale renforcée formait l'arcade palmaire profonde; mais l'interosseuse y prenait une plus grande part.

La radiale est quelquefois double. Dans un fait dû à Dubrueil, le vaisseau surnuméraire, arrivé au poignet, envoyait un rameau d'un certain volume à la crosse palmaire profonde (*loc. cit.*, p. 162). Nous avons eu l'occasion de voir une radiale double dans le cabinet de dissection de M. Gillette. La bifurcation se faisait au niveau du pli du coude. Les deux troncs, d'un volume considérable, cheminaient, l'un au-dessus de l'autre, dans toute l'étendue de l'avant-bras, où ils affectaient leurs rapports normaux. Ils se séparaient au niveau du poignet; l'un contournait le radius et se comportait comme l'artère radiale normale; l'autre représentait la radio-palmaire et s'inosculait avec l'artère cubitale. S'il avait fallu lier la radiale à l'avant-bras pour une hémorrhagie de la paume, chez un sujet présentant cette anomalie, on n'aurait certainement jeté le fil à la ligature que sur un seul des deux troncs; l'écoulement sanguin aurait persisté, et l'on aurait eu les plus grandes difficultés à en reconnaître la source.

En général, les anomalies des artères de la main coïncident avec des irrégularités dans le mode de distribution de l'humérale. Tantôt ce vaisseau présente une division prématurée, qui peut se faire même au niveau de la région axillaire, et les deux troncs qui en résultent peuvent rester indépendants ou communiquer entre eux par des canaux anastomotiques. Tantôt la division de l'humérale dépend de la séparation précoce de l'artère interosseuse, qu'on a vue naître quelquefois dans l'intérieur de l'aisselle.

L'insuccès des ligatures par la méthode d'Anel, lorsqu'il s'agit d'arrêter une hémorrhagie de la main, s'explique, en général, par la présence d'une des anomalies artérielles précédentes. Or, comme rien ne peut faire prévoir si les artères, qui fournissent à la main, sont parfaitement normales ou ne le sont pas, il faut en conclure que la ligature par cette méthode est un moyen hémostatique infidèle et, dans tous les cas, fort hasardeux.

B. *Veines.* Elles forment deux systèmes distincts, un système de *veines pro-fondes* et un système de *veines sous-cutanées* ou *superficielles.*

Les *veines profondes* suivent rigoureusement le trajet des artères dont elles prennent le nom. Elles se font remarquer par l'étroitesse de leur calibre, qui n'est guère supérieur à celui des canaux artériels correspondants. Ainsi les veines satellites de l'arcade palmaire superficielle sont très-petites, et celles qui accompagnent les artères digitales sont encore plus grêles. La circulation centripète de la main se fait surtout par les veines superficielles, qui acquièrent un volume considérable.

Presque toutes les *veines superficielles,* ou au moins les plus importantes, sont réunies à la face postérieure de la main. Le cours du sang veineux échappe ainsi aux interruptions qu'il aurait nécessairement subies, si les vaisseaux, qui lui sont destinés. eussent été soumis aux pressions incessantes que supporte la face palmaire.

Nées au niveau des phalanges onguéales, les *veines collatérales des doigts* s'unissent entre elles sur la face dorsale de la main, et y forment un plexus d'aspect très-variable. La seule disposition constante que l'on puisse saisir, est celle-ci : les *collatérales des quatre derniers doigts,* excepté la *collatérale externe de l'index,* forment, par leur union, trois troncs qui correspondent aux trois derniers espaces interosseux, et qui montent vers l'avant-bras. La *collatérale interne du petit doigt* s'abouche dans le tronc veineux qui occupe le quatrième intervalle interosseux, et forme la *veine salvatelle.* Les deux *veines collatérales du pouce* et la *veine collatérale externe de l'index* constituent par leur fusion une grosse veine, que l'on nomme la *céphalique du pouce,* et qui communique avec les *veines de l'arcade palmaire profonde.* Quelquefois les anastomoses transversales des trois troncs internes dessinent une espèce d'arcade située au-dessus des articulations métacarpo-phalangiennes. C'est ce qu'on appelle *l'arcade veineuse du dos de la main.* Toutes ces dénominations sont presque tombées dans l'oubli, depuis qu'on ne pratique plus la phlébotomie sur la face dorsale de la main.

M. Houzé (*Thèse de Paris,* 1854, n° 44) a démontré que toutes les veines palmaires, aussi bien les superficielles que les profondes, étaient pourvues de valvules.

C. *Lymphatiques.* Il est remarquable que la peau de la face antérieure des doigts et de la paume est recouverte d'un riche réseau de capillaires lymphatiques, tandis que le tégument de la face postérieure en est presque totalement dépourvu. C'est là une confirmation de cette loi anatomique en vertu de laquelle l'importance du réseau absorbant est toujours en rapport direct avec la finesse de la sensibilité et l'abondance des organes glandulaires. Le derme de la face antérieure de la main devait donc posséder un réseau lymphatique en rapport avec l'innombrable quantité de ses papilles et de ses glandes sudoripares.

Si la face postérieure de la main ne présente pas de réseau lymphatique dans l'épaisseur de son derme, elle contient, en revanche, dans sa couche sous-cutanée, tous les troncs lymphatiques qui émergent des réseaux des doigts. Ces troncs sont au nombre de quatre à six pour chaque doigt. Ils montent en s'anastomosant sur la face postérieure du métacarpe. Cette disposition explique pourquoi l'angioleucite se montre souvent sous la forme de cordons, sur le dos de la main, tandis qu'à la face palmaire, cette forme ne saurait exister.

Les lymphatiques qui naissent du réseau de la paume vont, en grande partie, se rendre dans les vaisseaux dorsaux en contournant soit le bord cubital, soit le bord radial de la main, ou en se réfléchissant d'avant en arrière au niveau des espaces interdigitaux. Ceux qui naissent dans les points qui avoisinent le poignet, montent sur la face antérieure de l'avant-bras, en accompagnant la veine médiane. En outre, de la partie centrale du creux de la main partent plusieurs troncs volumineux, démontrés par M. Sappey. Ceux-ci traversent la couche sous-cutanée et l'aponévrose palmaire, et se dirigent de dedans en dehors entre l'aponévrose et les tendons fléchisseurs des doigts. Parvenus au-dessous de l'adducteur du pouce, ils se réunissent en un gros tronc qui contourne le bord externe de la main et qui monte sur la face postérieure du premier espace interosseux, où il s'anastomose avec les lymphatiques du pouce ou de l'index.

Les lymphatiques qui émanent du bord interne de la paume et des deux ou trois derniers doigts, vont se rendre aux ganglions épitrochléens. Aussi voit-on ces ganglions devenir particulièrement malades, lorsqu'il existe une affection du bord cubital de la main. Les lymphatiques du bord externe de la paume, du pouce, de l'index et souvent du médius, arrivent directement jusqu'aux ganglions axillaires; aussi ce sont ces derniers ganglions qui s'engorgent à la suite d'une maladie du bord radial.

Nerfs. A l'exception du nerf axillaire, toutes les autres branches terminales du plexus brachial, savoir le brachial cutané interne, le musculo-cutané, le radial, le médian et le cubital, envoient à la main des rameaux plus ou moins importants. Ces cinq branches fournissent toutes des filets qui se terminent dans la peau, afin que l'innervation sensitive de l'organe du toucher soit mieux assurée. Deux d'entre elles seulement, le nerf médian et le nerf cubital, transmettent l'incitation motrice aux muscles de la paume.

a. Les branches du *brachial cutané interne* qui descendent le long du bord interne de l'avant-bras, peuvent être suivies jusqu'à la peau de l'éminence hypothénar.

b. Le *musculo-cutané*, après s'être anastomosé à l'avant-bras avec le nerf précédent et le nerf radial, se termine dans la peau de l'éminence thénar.

c. La branche terminale antérieure du *nerf radial* donne, au niveau du poignet, trois rameaux : le premier longe le bord externe du premier métacarpien et forme le *nerf collatéral dorsal externe du pouce*. Le second croise les tendons du long abducteur, court extenseur et long extenseur du pouce, et se divise en deux filets pour former le *collatéral dorsal interne du pouce* et le *collatéral dorsal externe de l'index*. Le troisième, situé en dedans du précédent et à la face postérieure de la main, se partage en *collatéral dorsal interne de l'index* et en *collatéral dorsal externe du médius*. Il en résulte que le nerf radial fournit la moitié des collatéraux dorsaux. Pendant leur trajet, tous ces nerfs fournissent des ramuscules sans nom à la peau de la moitié externe de la face dorsale de la main. Ajoutons que, par sa branche terminale postérieure, le radial fournit des filets à la partie postérieure de l'articulation radio-carpienne et des articulations du carpe.

d. Non-seulement le *nerf médian* distribue à la main toutes ses branches terminales, mais encore deux de ses branches collatérales, le *nerf interosseux* et le *nerf palmaire cutané* lui envoient des rameaux.

Le *nerf interosseux*, après avoir fourni au muscle de ce nom, donne de nombreux filets à l'articulation radio-carpienne et aux articulations du carpe.

Le *palmaire cutané*, qui naît un peu au-dessus du poignet, va se perdre dans la peau du milieu de la paume et de l'éminence thénar.

Au moment où il va se distribuer à la main, le tronc du nerf médian a encore un volume considérable. Il est situé d'abord entre le grand palmaire et le petit palmaire, puis il passe sous le ligament antérieur du carpe, et arrivé dans la paume, il se partage en deux parties, l'une externe qui donne ordinairement quatre branches, l'autre interne qui en donne deux. Une seule de ces branches est musculaire, les autres sont cutanées, à l'exception de deux ou trois petits filets qu'elles envoient aux lombricaux les plus externes. Ces branches se désignent par les noms de première, seconde, etc., en comptant du pouce vers le petit doigt.

La *première branche*, qui provient de la bifurcation la plus externe du médian, se porte en dehors en décrivant une courbe à concavité supérieure, et se partage en autant de rameaux qu'il y a de muscles à l'éminence thénar.

La *seconde branche* se dirige obliquement en bas et en dehors, située en dedans du tendon du long fléchisseur du pouce, et va constituer le *nerf collatéral externe* de ce doigt.

La *troisième* descend obliquement au-devant du premier espace interosseux et forme le *nerf collatéral interne du pouce*.

La *quatrième* longe le côté externe du second os du métacarpe, fournit un filet au premier muscle lombrical, et constitue le *nerf collatéral externe de l'index*.

La *cinquième* marche au-devant du deuxième espace interosseux, fournit un filet au second lombrical, et se divise au niveau de la racine des doigts en deux nerfs, qui sont le *collatéral interne de l'index* et le *collatéral externe du médius*.

La *sixième* enfin s'anastomose avec le nerf cubital, donne quelquefois un filet au troisième lombrical, et se divise également en deux rameaux, qui sont le *collatéral interne du médius* et le *collatéral externe de l'annulaire*.

En résumé, le médian apporte des nerfs moteurs à tous les muscles de l'éminence thénar (excepté à l'adducteur du pouce) et aux deux lombricaux externes, et des nerfs sensitifs à la peau du creux de la main et à la peau de la face palmaire des trois premiers doigts et de la moitié externe de l'annulaire.

e. A la réunion du tiers inférieur et des deux tiers supérieurs de l'avant-bras, le *nerf cubital* se bifurque en deux troncs, l'un *antérieur*, l'autre *postérieur*.

Le *tronc antérieur*, plus volumineux, continue le trajet du cubital. Arrivé au niveau de l'os pisiforme, il ne passe pas comme le médian au-dessous du ligament annulaire; mais il s'introduit entre ce ligament et l'aponévrose palmaire superficielle, et se divise aussitôt en deux branches, l'une *superficielle*, l'autre *profonde*.

La *branche palmaire superficielle* envoie un *rameau anastomotique* vers la sixième branche terminale du médian, et fournit des filets aux muscles palmaire cutané et court fléchisseur du petit doigt. Elle se partage ensuite en deux rameaux secondaires : un rameau interne qui croise obliquement les muscles de l'éminence hypothénar pour aller former le *nerf collatéral palmaire interne du petit doigt;* un rameau externe qui longe le quatrième espace interosseux, et se bifurque à son extrémité inférieure en *nerf collatéral externe du petit doigt* et en *nerf collatéral interne de l'annulaire*.

La *branche palmaire profonde* s'introduit sous le court fléchisseur du petit doigt et sous l'opposant, quelquefois entre ces deux muscles, et se porte transversalement en dehors vers l'adducteur du pouce. Dans ce trajet elle décrit une arcade à concavité supérieure, qui se trouve située un peu au-dessous de l'arcade artérielle palmaire profonde, entre les tendons fléchisseurs et les muscles lombricaux qui sont en avant et le métacarpe qui est en arrière. De la convexité de cette

arcade naissent des nerfs pour les muscles de l'éminence hypothénar, pour les
deux lombricaux internes, et pour tous les muscles interosseux dorsaux et palmaires, y compris l'adducteur du pouce.

Le *tronc postérieur* de la bifurcation du cubital, ou *branche dorsale cutanée*,
contourne d'avant en arrière le quart inférieur du cubitus, et, vers la face postérieure de la tête de cet os, se partage en deux rameaux. Le *rameau interne* longe
le bord dorsal du cinquième métacarpien et constitue le *nerf collatéral dorsal interne du petit doigt*. Le *rameau externe*, plus volumineux que le précédent,
s'anastomose avec une branche du nerf radial et fournit quatre divisions, qui
sont : le *nerf collatéral dorsal externe du petit doigt*, le *collatéral dorsal interne de l'annulaire*, le *collatéral dorsal externe de l'annulaire* et le *collatéral
dorsal interne du médius*.

En résumé, le cubital fournit à la peau de la moitié interne du dos de la main,
où il s'anastomose avec le radial. A la face palmaire, il s'anastomose avec le
médian, donne trois nerfs collatéraux, et envoie des filets à tous les muscles
de l'éminence hypothénar, à tous les interosseux et aux deux lombricaux internes.

Les nerfs de la main, comme les artères de cet organe, se font remarquer par
leur tendance à s'anastomoser entre eux. A mesure qu'ils se ramifient, on voit
ces anastomoses se multiplier de plus en plus, et sous le derme il existe un riche
réseau d'où partent les fibres qui vont se rendre aux papilles. Chaque corpuscule
du tact reçoit probablement des tubes nerveux qui proviennent à la fois du médian, du cubital et du radial. Cette disposition a pour but d'étendre la sphère
d'innervation de chaque tronc et d'établir entre tous les nerfs de la main une
corrélation fonctionnelle telle qu'ils puissent se suppléer dans une certaine mesure. MM. Arloing et Léon Tripier (*Archives de physiologie*, p. 53 et 307 ; 1869)
nous paraissent avoir bien démontré physiologiquement ce fait. Ils opèrent sur des
chiens, dont ils sectionnent les nerfs de la patte, de manière à n'en laisser qu'un
intact. Après cette opération, il leur est impossible de délimiter la partie de la
peau qui serait, au point de vue fonctionnel, sous la dépendance du radial, du
médian ou du cubital. « Dans l'hypothèse de l'indépendance fonctionnelle des
fibres nerveuses, écrivent ces expérimentateurs, la section d'un seul nerf collatéral devrait paralyser le quart de la peau du doigt, la section de deux nerfs
collatéraux devrait en paralyser la moitié, la section de trois nerfs collatéraux devrait en paralyser les trois quarts. Voici ce que nous avons observé : la section d'un seul nerf collatéral ne produit aucun changement. La
section de deux nerfs collatéraux modifie à peine la sensibilité. La section de
trois nerfs collatéraux s'accompagne d'une atténuation un peu plus marquée
de la sensibilité. La section des quatre nerfs collatéraux entraîne la paralysie
complète des téguments du doigt. » De plus, ces deux physiologistes ont
encore trouvé (par des expériences qu'ils se proposent, du reste, de compléter ;
loc. cit., p. 321), que les nerfs cutanés de la patte présentent, lorsqu'ils sont
coupés, une sensibilité aussi grande dans le bout périphérique que dans le bout
central. Ils admettent donc des fibres *récurrentes sensitives* dans les nerfs de la
main ; mais ils pensent que ces fibres ne remontent pas très-haut, car dans les
sections nerveuses pratiquées au-dessus du coude, les pincements du bout périphérique ne sont pas douloureux. « Cet épuisement rapide est un fait très-intéressant, et bien qu'on ne puisse rien préciser en ce qui concerne le mode de
terminaison ultime des fibres récurrentes, nous sommes à peu près en mesure

d'affirmer qu'aucune d'elles ne remonte jusqu'aux centres nerveux..... Chez l'homme nous avons déjà eu plusieurs fois l'occasion de vérifier l'exactitude de nos recherches, soit sur les téguments, soit sur les bouts périphériques des nerfs, et cela aussi bien pour le membre supérieur que pour le membre inférieur. »

II. ANATOMIE TOPOGRAPHIQUE. En anatomie topographique, la paume se divise en deux régions : une *région antérieure* ou *palmaire* et une *région postérieure* ou *dorsale*.

A. *Région palmaire*. La *région palmaire* fait suite à la face antérieure du poignet, dont elle n'est séparée que par un sillon transversal, au-dessous duquel se trouve une saillie qu'on appelle le *talon de la main*. Cette limite supérieure correspond à peu près à la trace d'une ligne qui passerait au-dessous des saillies osseuses du scaphoide et du pisiforme, saillies toujours appréciables à travers les parties molles. La limite inférieure est marquée par un bourrelet transversal qui est très-prononcé dans la flexion des doigts. Dans l'extension de ceux-ci, elle est établie par les sillons les plus supérieurs, qui se trouvent au niveau de leur base. Il faut remarquer que cette limite inférieure est fort au-dessous de l'interligne des articulations métacarpo-phalangiennes, et que les parties molles de la paume empiètent environ 1 centimètre 1/2 sur le squelette des doigts. Les limites interne et externe de la région palmaire ne sont autres que les bords interne et externe de la main.

La partie centrale de la face palmaire présente une dépression qu'on nomme *creux de la main;* dépression d'autant plus sensible que les sujets sont plus vigoureux, car elle est due principalement aux saillies des muscles intrinsèques du pouce et du petit doigt. La saillie externe a reçu le nom d'*éminence thénar ;* l'interne, celui d'*éminence hypothénar*. Indépendamment de ces deux saillies principales, la face palmaire en présente encore trois autres d'une importance secondaire. Elles sont situées au-dessus des espaces interdigitaux, et sont formées par de petits amas de lobules graisseux. Leur relief augmente, lorsque les doigts viennent à s'étendre; ce qui s'explique par le refoulement de la graisse dans les points qui ne sont pas comprimés par la tension de l'aponévrose palmaire.

Superposition des plans. Les tissus anatomiques, à la face antérieure de la main, se superposent en six couches : la *peau*, le *tissu cellulaire sous-cutané*, la *couche aponévrotique superficielle*, la *couche sous-aponévrotique* divisée en trois gaines, l'*aponévrose profonde* et enfin une sixième couche constituée par le métacarpe et les muscles interosseux.

1° *Peau*. La peau est complètement glabre, dense et très-richement pourvue de glandes sudoripares et de papilles où viennent se terminer les filets émanés des nerfs brachial cutané interne, musculo-cutané, médian et cubital. Son épiderme a une épaisseur variable avec la profession du sujet. Les mouvements des doigts plissent et froncent sa surface et y déterminent la formation d'une multitude de sillons ou de plis. Tout le monde connaît les sillons de la face interne des mains, et a remarqué qu'il en existe trois principaux dont la réunion figure une espèce d'M majuscule. Ces sillons principaux fournissent au chirurgien des points de repère utiles pour reconnaître la position des organes sous-jacents.

Le *sillon supérieur* commence au milieu de la ligne qui limite en haut la région palmaire, entre l'origine des éminences thénar et hypothénar. Il se dirige en bas et en dehors, et vient aboutir sur le bord externe de la main au niveau de la tête du métacarpien de l'index. Dans son trajet il décrit une courbe assez régulière dont la concavité regarde en dehors et en haut. Ce sillon est formé par les mou-

vements d'opposition du pouce avec l'index, le médius et l'annulaire. Il sépare
l'éminence thénar du creux de la main et correspond à l'insertion de l'adducteur
du pouce. Le nerf et l'artère collatérale externe de l'index se trouvent situés
au-dessous de sa moitié inférieure.

Le *sillon moyen* naît, en dehors, au point où se termine le sillon supérieur, à
2 centimètres 1/2 au-dessus de la racine de l'index chez l'homme adulte. Il se dirige
en dedans et un peu en haut, en décrivant une légère courbe à concavité supérieure, et vient mourir vers la partie moyenne de l'éminence hypothénar. Il est
le résultat du plissement qui s'opère pendant la flexion des quatre derniers doigts.
La convexité de l'arcade palmaire superficielle descend quelquefois jusqu'au
niveau de la partie moyenne de ce sillon. Le plus souvent elle est située un peu
au-dessus, et M. Richet (*Traité d'anat. médico-chir.*) a indiqué qu'en se mettant
à contre-jour on pouvait distinguer les battements de cette artère dans l'intervalle
qui sépare le sillon moyen du sillon supérieur.

Le *sillon inférieur* se porte de l'intervalle qui sépare l'index du médius, au
bord interne de la face palmaire, qu'il atteint au niveau de la tête du cinquième
métacarpien. Il décrit une courbe à concavité inférieure. Il est le résultat de la
flexion des trois derniers doigts. Il correspond à la limite supérieure des têtes des
trois derniers métacarpiens.

Enfin un quatrième *sillon vertical* fait avec le sillon supérieur un V dont le
sommet est au poignet. Il résulte des mouvements d'opposition du pouce au
petit doigt.

La peau, dans la région qui nous occupe, ne contient ni bulbes pileux, ni
glandes sébacées ; mais, en revanche, le nombre des glandes sudoripares y est
considérable, et les réseaux capillaires sanguins et lymphatiques y sont d'une
extrême richesse.

2° *Tissu cellulaire sous-cutané.* La couche sous-cutanée est un tissu adipeux
aréolaire, qui forme coussinet, comme à la plante des pieds et comme dans les régions destinées à supporter des pressions prolongées. Les parois des aréoles sont
constituées par des lamelles fibreuses, qui se portent de la face profonde du derme
sur la couche aponévrotique. La présence de ces tractus explique l'adhérence
de la peau aux tissus sous-jacents et la permanence des sillons que nous venons de
décrire. Les aréoles sont exactement remplies par de petits pelotons de graisse.
Ceux-ci semblent même être comprimés, car ils font hernie au dehors, dès qu'on
a incisé la paroi des loges qu'ils occupent.

La couche aréolaire atteint sa plus grande épaisseur au voisinage de la racine
des doigts ; en ce point, elle forme les trois éminences secondaires que nous avons
déjà signalées. Sur l'éminence hypothénar, elle conserve sa disposition aréolaire,
et se trouve traversée à la partie supérieure par les faisceaux du muscle palmaire
cutané. Sur l'éminence thénar, elle change de caractère et tend à devenir lamelleuse.

Des filets émanés des nerfs brachial, cutané interne, musculo-cutané, cubital
et médian rampent dans l'épaisseur de la couche sous-cutanée. Les veines y sont
rares et à peine visibles à travers la peau, excepté à l'éminence thénar où on les
distingue très-facilement.

3° *Couche aponévrotique.* Le revêtement aponévrotique de l'avant-bras et
du poignet se continue sur la face antérieure de la main pour former son aponévrose d'enveloppe. Dans cette région l'aponévrose subit des modifications si
grandes, que sa description nous oblige à la diviser en trois parties : l'*aponé-*

vrose palmaire moyenne et les *aponévroses musculaires* des éminences thénar et hypothénar.

L'*aponévrose palmaire moyenne*, appelée, avec plus de raison, *ligament palmaire* par M. Richet, n'est autre chose que la paroi antérieure d'une gaîne tendineuse. Elle occupe toute la portion de la paume qui est intermédiaire aux éminences thénar et hypothénar. Sa forme est celle d'un triangle, ou plutôt d'un éventail, dont le sommet est situé vers le talon de la main, et dont la base s'étale sur les origines des quatre derniers doigts. Son aspect est celui des ligaments auxquels elle ressemble par sa densité et sa résistance.

Sa face antérieure s'unit à la ace profonde du derme par ces innombrables prolongements fibreux, qui forment la couche aréolaire, et qui se multiplient au niveau des sillons cutanés. Ses bords latéraux adhèrent aux aponévroses thénar et hypothénar. Sa face postérieure se fixe en haut sur le ligament annulaire du carpe; elle est lisse, et ferme en avant un espace que nous allons bientôt décrire.

Lorsque l'aponévrose a été isolée par la dissection de tous les tractus fibreux qui en masque la texture, on voit qu'elle est composée de deux ordres de fibres, les unes longitudinales, les autres transversales. Les *fibres longitudinales* sont les plus superficielles, et semblent être la continuation du tendon du petit palmaire. Elles s'épanouissent en divergeant, à mesure qu'elles descendent sur la face antérieure de la main. Arrivées au niveau des articulations métacarpo-phalangiennes, elles se groupent en quatre languettes correspondant à la face antérieure de chacun des doigts. Ces languettes fibreuses se divisent en trois parties avant de se terminer : la partie moyenne s'insère à la face profonde du derme, au-dessus du sillon digito-palmaire; les parties latérales contournent la racine des doigts, et vont se perdre sur la face dorsale de la première phalange, et quelquefois même jusque sur les parties latérales de la phalangine. Les *fibres transversales* sont profondes, bien qu'un certain nombre d'entre elles s'enchevêtrent avec les fibres longitudinales. Elles semblent continuer, à la main, le système des fibres transversales de l'aponévrose anti-brachiale et du ligament palmaire. Elles deviennent très-apparentes dans la moitié inférieure de la face palmaire, où on les voit s'étendre entre les espaces laissés vides par l'écartement des languettes longitudinales. En ce point, elles circonscrivent des trous nombreux, qui font communiquer la couche sous-cutanée avec la couche sous-aponévrotique. Entre les têtes des métacarpiens, elles forment des arcades dont le bord inférieur est concave, et sous lesquelles passent les vaisseaux et les nerfs collatéraux des doigts. Ces arcades naissent, en dedans, de la partie latérale interne de la tête du cinquième métacarpien, puis se portent en dehors en se fixant sur les parties fibreuses des articulations métacarpo-phalangiennes. En passant au-devant des tendons fléchisseurs, elles complètent en avant le canal dans lequel ceux-ci s'engagent pour se rendre aux doigts. Les fibres de ces arcades se terminent, en dehors, au côté externe de la tête du deuxième métacarpien.

Les fibres longitudinales de l'aponévrose palmaire moyenne se terminent nettement sur les limites des éminences thénar et hypothénar; mais il n'en est pas de même pour les fibres transversales. Arrivées sur les limites de ces régions, elles se divisent en deux feuillets : l'un se continue avec l'aponévrose musculaire de l'éminence thénar ou de l'éminence hypothénar, l'autre se réfléchit vers la profondeur pour former les cloisons qui séparent en trois gaînes la couche sous-aponévrotique.

L'*aponévrose de l'éminence thénar*, ou *aponévrose palmaire externe*, est mince et transparente; elle contraste, d'une manière frappante, avec l'épaisseur et la couleur nacrée de l'aponévrose moyenne. Elle s'insère, en dehors, à tout le bord externe du premier métacarpien; en haut, au scaphoïde; en dedans, au bord antérieur du troisième métacarpien. Sa face antérieure est unie, en dehors, à la peau par une couche de tissu cellulaire assez mince; en dedans, elle se continue avec l'aponévrose moyenne et la cloison aponévrotique externe. Sa face postérieure recouvre les muscles de l'éminence thénar, et se cloisonne pour former des gaînes celluleuses à chacun d'eux.

L'*aponévrose de l'éminence hypothénar*, ou *aponévrose palmaire interne*, est aussi mince que la précédente. Elle s'insère, en dedans, au bord cubital du cinquième métacarpien; en haut, au pisiforme et à l'apophyse unciforme; en dehors, elle se continue avec l'aponévrose moyenne et la cloison aponévrotique interne. Elle est unie à la peau par un tissu aréolaire graisseux très dense, dans lequel se trouvent les faisceaux du muscle palmaire cutané. Elle se cloisonne profondément en deux gaînes, l'une pour l'opposant, l'autre pour les deux muscles superficiels.

Enfin, aux aponévroses superficielles de la face palmaire se rattache un système de fibres, sur lesquelles Gerdy a appelé l'attention. Ces fibres s'étendent transversalement sur la face antérieure de la racine des doigts, et correspondent très-exactement aux plis que forment la peau en se portant de la face palmaire dans les espaces interdigitaux. Les plus superficielles croisent la partie antérieure des quatre derniers doigts, à la réunion du tiers supérieur avec les deux tiers inférieurs des premières phalanges. Les profondes, plus courtes, passent d'une gaîne digitale à la gaîne voisine. L'usage de cette sorte de ligament est de limiter l'écartement des doigts.

4° *Couche sous-aponévrotique* ou *gaînes palmaires*. Entre la couche aponévrotique superficielle et la face antérieure du métacarpe, existe un espace, qui est partagé en trois loges ou gaînes par deux cloisons antéro-postérieures.

Les loges latérales sont occupées par les muscles des éminences thénar et hypothénar; la loge médiane livre passage à un grand nombre de tendons et de nerfs, et contient des vaisseaux dont nous aurons à faire connaître les rapports.

La *cloison externe* peut être considérée comme la réunion de l'aponévrose palmaire moyenne à l'aponévrose palmaire externe, dans le point où ces deux aponévroses se réfléchissent d'avant en arrière pour aller recouvrir le muscle adducteur du pouce. Cette cloison est oblique en bas et en dehors. Elle s'insère par son bord postérieur sur l'aponévrose du muscle adducteur du pouce, et sur le quart inférieur du bord externe du deuxième métacarpien.

La *cloison interne* n'est, comme la précédente, que l'accolement de l'aponévrose moyenne à l'aponévrose interne, au point où ces deux membranes s'adossent pour se réfléchir autour des organes qu'elles contiennent. Il en résulte une lame presque verticale, dont le bord postérieur s'insère à l'aponévrose interosseuse, dont l'extrémité supérieure s'insère au bord inférieur de l'apophyse unciforme, et dont l'extrémité inférieure s'attache à la face interne de la tête du cinquième métacarpien.

Les muscles, qui remplissent la *loge externe*, nous sont déjà connus, ce sont les muscles intrinsèques du pouce. Le court abducteur recouvre l'opposant en dehors et le court fléchisseur en dedans. Le court fléchisseur est cotoyé en dedans par le tendon du long fléchisseur propre du pouce. Une longue synoviale accompagne ce tendon et s'étend autour de lui depuis le poignet jusqu'à son insertion phalangienne. En dedans de ce tendon se trouve l'adducteur du pouce, dont une partie, le tiers interne, contribue à former la paroi postérieure de la gaine moyenne. Ce muscle recouvre le deuxième métacarpien et les deuxième et premier espaces interosseux. Les vaisseaux et nerfs collatéraux externes du pouce et la branche du médian, destinée aux muscles de l'éminence thénar, complètent l'énumération des parties qui sont contenues dans la loge externe.

La *loge interne* renferme les muscles intrinsèques du petit doigt. L'adducteur et le court fléchisseur sont situés sur le même plan, et recouvrent l'opposant qui est immédiatement couché sur la face antérieure du cinquième métacarpien. L'artère cubito-radiale passe entre les muscles adducteur et court fléchisseur, avant de s'anastomoser par inosculation avec la radiale pour former l'arcade palmaire profonde. Elle est donc comprise dans la loge interne pendant ce trajet. La branche palmaire profonde du nerf cubital se trouve aussi dans cette loge.

Tandis que les deux loges latérales sont complétement closes, la *loge médiane* est ouverte en haut et en bas, et représente une véritable gaine tendineuse.

Cette gaine est aplatie et a une forme triangulaire. Son sommet dirigé en haut se continue avec le *canal radio-carpien*. Sa base, située à l'origine des doigts, présente sept ouvertures : quatre d'entre elles conduisent dans les gaines des tendons fléchisseurs des doigts ; les trois autres, en forme d'arcades, livrent passage aux vaisseaux et nerfs collatéraux. Sa paroi antérieure est constituée par l'aponévrose palmaire moyenne ; sa paroi postérieure, par le plan des muscles interosseux recouverts par l'aponévrose profonde ; ses parois latérales, par les cloisons interne et externe.

Les parties contenues sont fort nombreuses. En allant de la superficie vers la profondeur, on trouve : 1° l'arcade palmaire superficielle ; 2° les tendons du fléchisseur superficiel, les branches du nerf médian en dehors et du cubital en dedans ; 3° les tendons du fléchisseur profond et les muscles lombricaux. Tous ces organes sont entourés par une petite quantité d'un tissu conjonctif très-lâche. Vers la partie inférieure de la paume, ce tissu se charge de graisse et devient plus abondant. Les tendons glissent dans des gaines synoviales fort importantes. « Tout se trouve donc réuni dans cet étroit espace pour prêter matière à des inflammations aiguës, douloureuses, sujettes aux phénomènes de l'étranglement, et enfin promptes à se propager jusqu'à l'avant-bras, en passant sous le ligament antérieur du carpe. Aussi, est-ce une chose grave quand le panaris s'étend jusque-là ; et j'ai vu ainsi des fusées purulentes remonter jusque vers le tiers supérieur de l'avant-bras, le long des gaines des tendons et des muscles fléchisseurs. Lorsqu'on ampute ou qu'on resèque dans sa continuité l'un des métacarpiens du milieu, et que l'on pénètre dans la gaine du creux de la main, on a souvent des accidents assez graves pour produire la mort ; M. Gama, dans ses leçons, proscrivait même absolument ces sortes d'opérations, en raison de leurs résultats funestes. C'était aller trop loin sans doute, mais, du moins, cela doit avertir le chirurgien de la nécessité de ne pas dépasser avec le bistouri la limite de l'aponévrose profonde » (Malgaigne, *Traité d'anat. chir.*, t. II, p. 686).

L'arcade palmaire superficielle est située immédiatement au-dessous de l'aponévrose palmaire moyenne, au-dessus des tendons du fléchisseur sublime. Nous savons déjà qu'elle bat entre les sillons cutanés supérieur et moyen. Mais, au point de vue chirurgical, nous devons chercher à déterminer sa position d'une façon plus précise encore. Or le point culminant de sa convexité se trouve, sur une l'autre, et il n'y a pas de pli particulier qui corresponde à la flexion des trois derniers doigts pendant que l'index reste étendu (*loc. cit.*, p. 343). »

Les singes seraient donc dépourvus de la *ligne de cœur* des chiromanciens, qui d'ailleurs ne parait pas être constante chez l'homme. Mais Broca a constaté, sur trois chimpanzés, dont un vivant, l'existence du double pli palmaire, tandis qu'un quatrième chimpanzé vivant n'offrait que le pli unique des singes.

Quant aux lignes papillaires, les différences de configuration et de nombre qu'elles présentent de l'homme aux anthropoïdes ne nous ont point paru avoir toute l'importance que cet auteur leur attribue dans sa monographie, si complète et si minutieuse. Elles ne sont vraiment caractéristiques que pour les singes américains par rapport aux singes de l'ancien continent. Tout récemment, G. Nepveu a décrit les corpuscules de Pacini chez quelques primates. Déjà Guitton les avait étudiés sur les nègres, — où ils lui avaient paru être en plus petit nombre que chez les blancs, — et sur un singe macaque où ces corpuscules se trouvaient à peu près semblables à ceux du nègre, un peu moins gros, mais presque aussi nombreux (Th. de Paris, 1843). Nepveu étendit ses observations au blanc, au charrua, au chimpanzé (*Trogl. niger*), à la mone (*Cercopith. mona*), au Papion (*Cynoc. sphinx*), au sajou (*cebus*), et il a trouvé, au point de vue du volume, une dégradation régulière entre les trois premiers sujets (*Obs. sur les corps de Pacini, chez le singe. In Biblioth. de l'École des hautes études*, t. I, 1870). Mais on sait que ces corpuscules qui étaient autrefois considérés comme les organes spéciaux du tact paraissent jouer un rôle plus général, et qu'ils existent non-seulement à la main, mais dans un certain nombre de viscères. Il semblerait que c'est aux corpuscules décrits, en 1869, par Langerhaus, qu'il faut rattacher la fonction tactile.

Relativement aux différences du système musculaire, nous ne pouvons mieux faire que de citer ici une page du mémoire de Broca, à qui nous avons déjà fait de nombreux emprunts :

« Parmi les muscles courts de la main, les interosseux, les lombricaux sont les mêmes chez l'homme et chez les singes ; les muscles de l'éminence thénar et de l'éminence hypothénar du gorille et du chimpanzé sont bien distincts comme chez l'homme ; mais, chez l'orang, ils tendent déjà à se fusionner un peu, et cette fusion se manifeste de plus en plus chez les singes proprement dits ; quelquefois même, la démarcation des muscles se trouve presque entièrement effacée. Ce sont les muscles longs des doigts qui présentent seuls des différences notables. . Le *fléchisseur propre du pouce*, muscle si puissant chez l'homme, parait, au premier abord, faire entièrement défaut chez les anthropoïdes, mais, en réalité, il n'est qu'atrophié et fusionné avec le fléchisseur profond des doigts qui se rend à l'index. Chez le gorille, un tendon grêle se détache du bord externe du tendon volumineux, que le commun fléchisseur profond envoie à ce dernier doigt, et va se rendre au pouce où il remplace pour l'anatomiste, mais non pour le physiologiste, le fléchisseur propre de ce doigt. Chez le chimpanzé, ce tendon est plus grêle encore. Chez l'orang et les gibbons, il fait tout à fait défaut ; ce n'est plus le fléchisseur commun, mais un des muscles thénar, l'adducteur du pouce, qui fournit le petit tendon fléchisseur. Au point de vue de la fonction, cette disposition est plus efficace que celle qui existe chez le gorille et le chimpanzé ; mais, au point de vue de la constitution anatomique, le fléchisseur du pouce de ces deux derniers singes diffère moins de celui de l'homme que de celui de l'orang et des gibbons.

« Du côté des extenseurs, aucune différence entre la main de l'homme, celle du gorille et celle du chimpanzé. On a dit que le chimpanzé noir n'avait pas d'extenseur propre de l'index, et on en a conclu que cet animal était privé de l'un des caractères les plus nobles de la main de l'homme, celui qui fait de l'indicateur un doigt indépendant, et qui lui a valu son nom. Il faut croire que si l'extenseur propre de l'index manquait sur le chimpanzé, disséqué par Frœlick, c'était un fait anormal et purement individuel, car ce muscle existe, et est parfaitement développé, à droite comme à gauche, sur les deux chimpanzés que je conserve dans mon laboratoire. Mais chez l'orang, les pithéciens et probablement, chez tous les primates, comme d'ailleurs chez les carnassiers, nous trouvons une disposition qui diffère entièrement du type observé chez l'homme, le gorille et les chimpanzés. Au lieu d'un extenseur propre de l'index et d'un extenseur propre du cinquième doigt, l'orang et les singes ordinaires ont un seul muscle de ces quatre tendons qui étend les quatre derniers doigts en sus de l'extenseur commun que nous possédons comme eux. Il en résulte, pour eux, l'avantage d'avoir à chacun de ces doigts, deux tendons extenseurs, tandis que chez nous le troisième et le quatrième doigt n'ont qu'un seul tendon extenseur ; mais cet avantage n'est qu'apparent ; l'index et l'auriculaire y perdent la facilité de se détacher des autres doigts parce qu'ils sont associés au troisième et au quatrième doigt par la communauté de leurs muscles. La main est privée des mouvements partiels et délicats qui en font à la fois un merveilleux outil et un organe d'expression. C'est là, de l'homme aux singes ordinaires, une différence considérable ; mais le chimpanzé et le gorille se séparent ici des autres primates, pour se rattacher exactement au type humain (*loc. cit.*, p. 520) ».

Il serait intéressant d'étudier ici l'ensemble des modifications que présente l'extrémité des membres antérieurs dans la série des êtres vivants, mais cette étude demanderait des développements qui nous forceraient à sortir de notre cadre, alors même que nous n'aurions pas la prétention de faire un résumé complet d'anatomie comparée. Renvoyons donc, pour les détails, aux travaux de Flourens, aux *Principes d'ostéologie comparée* de R. Owen (1855), à la *Théorie du squelette humain* de P. Gervais (1856), et aux *Leçons de physiologie et d'anatomie comparée* de Milne Edwards, qui forment les travaux les plus complets que la science ait produits dans ces derniers temps.

L. Guitton, dans sa *Nouvelle classification zoologique* (1854), a avancé que « l'intelligence apparaît, se développe et croît graduellement, suivant une proportion mathématique, à mesure que la main, d'abord à l'état d'ébauche, prend une forme mieux définie, se dessine, se moule, pour atteindre enfin ce haut degré de perfection qu'elle présente chez l'homme, » mais il s'en faut qu'il ait donné à cette proposition, trop compréhensive, une démonstration suffisante. Un examen plus approfondi des conditions de la supériorité d'un type sur un autre type, montre que cette supériorité ne tient jamais à un fait isolé, mais à un ensemble complexe de faits. On peut, en effet, soutenir à chances égales, d'une part, que la supériorité de l'homme tient à sa main, d'autre part, que la supériorité de la main tient à la supériorité de l'homme. Les développements organiques marchent d'ensemble ; leurs corrélations ne sont pas des successions ; ils coïncident et ne sont point consécutifs l'un à l'autre. Le chat, l'écureuil, le loir ont des mains beaucoup plus parfaites que le chien, l'éléphant et l'âne, sans avoir, à beaucoup près, le même degré d'intelligence.

Cependant, quand on en arrive aux vertébrés supérieurs, c'est-à-dire aux primates, on observe une gradation régulière qui rapproche, de plus en plus, le type

simien du type humain. Broca, dans son récent mémoire sur l'anatomie comparée des primates, recherchant quels sont les caractères fixes auxquels on peut
reconnaître, chez l'homme, les membres thoraciques du membre abdominal, a déterminé les trois points suivants : 1° l'articulation de l'épaule est mobile en tous
sens, ce qui est dû surtout à la direction de l'axe de la tête de l'humérus qui est
compris dans un plan transversal, et non dans le plan antéro-postérieur. De même,
la cavité glénoïde n'est pas tournée en avant, mais en dehors ; 2° le radius articulé
en trochoïde exécute, autour du cubitus, des mouvements de pronation, et de
supination, dont l'amplitude atteint 180° ; de là vient que la main, fixée au radius, peut diriger ses faces dans toutes les directions ; 3° enfin, l'axe de la main
est placé sur le prolongement de l'axe de l'avant-bras, et s'élève également des
deux côtés du plan transversal dans une étendue presque égale. Plus on s'élève
dans l'échelle des primates, plus s'accentuent les trois caractères distinctifs du
membre thoracique. En d'autres termes, la main des primates sera d'autant plus
semblable à celle de l'homme, abstraction faite de quelques détails morphologiques, que les angles de torsion décrits par l'humérus sur la cavité glénoïde,
et par le radius sur l'épicondyle seront plus grands, et que l'axe de la main sera
plus sensiblement la prolongation de l'axe de l'avant-bras.

Or, les deux premiers caractères ont été mesurés en chiffres ; la main humaine,
placée en supination complète, a exécuté un mouvement de rotation de 180°.
Chez un singe du nouveau continent (cebus), Broca a constaté une torsion de 90°.
Chez le mone (cercopithecus) le mouvement est de 100° ; chez deux chimpanzés,
conservés dans le tafia, il était de 140°, et chez le troglodytes Aubryi de Gratiolet
et Alix, il était de 180°. « En résumé, ajoute Broca, la supination qui n'est que
d'un angle droit environ chez les singes inférieurs, s'élève à deux angles droits chez
les anthropoïdes. »

Pour ce qui est de la torsion de l'humérus, il faut se rappeler que, d'après la
belle découverte de Charles Martins, cet os n'est qu'un fémur retourné ; en d'autres
termes, pour comparer l'humérus au fémur, il faut placer l'épitrochlée en dehors,
l'épicondyle en dedans, et alors on retrouve tous les homologies, alors le radius
qui devient l'analogue du tibia se trouvera en dedans, et le cubitus, analogue
du péroné, muni de son olécrâne (rotule) se trouvera en dehors ; le pouce sera,
comme le gros orteil, en dedans, etc. Or cette détorsion de l'humérus donne,
pour le membre antérieur, la mesure de la modification qui s'est opérée chez les
vertébrés supérieurs ; et cette mesure est approximativement représentée, chez
l'homme, par une demi-circonférence, soit 168°. Ce chiffre décroît régulièrement
des races supérieures du genre humain aux anthropoïdes jusqu'aux quadrupèdes
où l'angle de torsion ne dépasse guère 95°. Cet angle se mesure en projetant sur
un plan horizontal l'axe de la tête humérale et l'axe transversal du coude. Il est
évident que les conséquences de cette torsion se font sentir sur les mouvements de
la main qui, pour se produire à leur façon, exigent la rotation de la tête du radius sur le condyle (Voy. Bull. de la Soc. d'anthr., 1868, p. 321 et seq., et
p. 695, 1869, p. 228 et seq.).

En résumé, l'anatomie comparée nous montre, chez les vertébrés supérieurs,
une spécialisation ou, si l'on veut, un perfectionnement parfaitement régulier du
membre thoracique, et il y a dans l'ensemble du monde vivant, une tendance
marquée vers la distinction anatomo-physiologique des extrémités ; cette tendance
ne se réalise parfaitement que chez l'homme. Elle est manifeste si l'on se place,
pour un moment, au point de vue de l'anatomie philosophique, c'est-à-dire de la

théorie des répétitions organiques ou des homotypies; en assimilant, par la
pensée, les os du membre inférieur et ceux du membre supérieur on voit combien l'évolution, qui a déterminé chaque type, les a profondément séparés; cependant l'analogie reprend ses droits et reconnaît l'unité fondamentale de structure
(*Voy.* R. Owen, *op. cit.*, p. 356 et 407). Il s'en faut, toutefois, que les anatomistes s'entendent de tous points. Vicq-d'Azyr, le premier, a comparé la main au
pied, dans son *Parallèle des os qui composent les extrémités*. Mais ce mémoire,
très-sommaire et tout empreint d'idées préconçues sur la destination des parties,
n'a servi que de point de départ dans cette question difficile. Il compare (l'avant-
bras d'un côté et la jambe de l'autre), le tibia au cubitus et le péroné au radius; le
calcanéum au pisiforme, l'astragale au semi-lunaire, auquel on aurait ajouté la
tête du grand os, le cuboïde à l'os crochu, le scaphoïde au scaphoïde renversé, la
base du premier cunéiforme, à l'éminence du trapèze, le trapézoïde au second
cunéiforme, le troisième cunéiforme au trapèze. Ces homologies, admises à peu
de chose près comme exactes quant au tarse et au carpe par R. Owen, ont été
plusieurs fois modifiées. C'est ainsi, qu'à la suite de Vicq-d'Azyr, Cuvier et, récemment, Foltz persistent dans la comparaison du tibia au cubitus, tandis que de
Blainville, Martins, R. Owen et la grande majorité des anatomistes soutiennent
l'opinion opposée et donnent le péroné comme analogue du cubitus.

A l'égard du pied, les dissidences sont à peu près écartées. Foltz, dans son
mémoire *Sur l'homologie des membres pelviens et thoraciques* (*Journ. de physiol.*
de Brown-Séquard, t. VI, 1863) comparant, pour l'homologie directe, les membres
de côtés opposés, est arrivé à une théorie remarquable sur les os du pied et de la
main. Disons auparavant que l'homologie, très-bien établie par cet auteur, mais
qui n'est pas d'ailleurs généralement admise, est celle qui donne pour correspondants : au calcanéum le scaphoïde carpien, associé au pisiforme; à l'astragale, le
semi-lunaire et la tête du grand os; au scaphoïde du tarse, le pyramidal; au premier cunéiforme, l'os crochu; au deuxième cunéiforme, le corps du grand os; au
troisième cunéiforme le trapézoïde, au cuboïde le trapèze. Arrivé au métatarse et au
métacarpe, cette homologie subit un grave échec, car tandis que le cuboïde supporte en avant le quatrième et le cinquième métatarsien, son homologue, le trapèze supporte le premier métacarpien, c'est-à-dire le pouce. La rangée des métacarpiens serait donc renversée si l'homologie que nous venons d'indiquer était
réelle; en d'autres termes, il n'y aurait plus de correspondance directe; là où
devrait se trouver le pouce se trouve le petit doigt, là où devrait se trouver le gros
orteil se trouve le dernier orteil. C'est ici que Foltz fait intervenir sa nouvelle
théorie des homologies du métatarse, il dit : 1° que le gros orteil a pour homologues, non le pouce, mais les deux derniers doigts, tandis que le pouce a pour homologues, non le gros orteil, mais les deux derniers orteils; 2° que le pouce et le
gros orteil ne sont pas simples, mais qu'ils sont formés par la coalescence de deux
doigts. Pour démontrer la première proposition, Foltz invoque les connexions :
« Le premier métatarsien, dit-il, s'articule avec un seul os du tarse, le premier
cunéiforme ; de même, les métacarpiens du petit doigt et de l'annulaire
s'articulent avec un seul os du carpe, l'os crochu, que ses connexions donnent
pour homologue au précédent. Le pouce est en connexion par son métacarpien
avec un seul os du carpe, le trapèze, qui a pour homologue le cuboïde, avec lequel
s'articulent les quatrième et cinquième métatarsiens. En conséquence, le gros
orteil et le pouce ne sont pas homologues entre eux, mais chacun respectivement
avec les deux derniers doigts du membre homologue (*loc. cit.*, p. 67) ».

Pour établir la binarité du pouce et du gros orteil, Foltz invoque les exemples de bifurcation du pouce, et notamment celui que P. Dubois a présenté à l'Académie de médecine, d'un enfant sexdigitaire, chez lequel le pouce égal en longueur aux autres doigts avait, comme eux, trois phalanges. Quelques faits d'anatomie comparée servent également au professeur de Lyon pour étayer sa théorie. En suite de ce qui précède, le deuxième orteil a pour homologue le troisième doigt ou médius, le troisième orteil correspond au deuxième doigt ou index.

Il nous suffit d'avoir rappelé l'ingénieuse et savante théorie de Foltz, sans que nous ayons à analyser les homologies musculaires, vasculaires et nerveuses, qu'il a signalées dans son mémoire ; il est difficile de lire attentivement ce travail sans se sentir disposé à admettre quelques-unes de ses conclusions, c'est-à dire que la main et le pied sont deux modifications d'un même type ; que l'homologie est *symétrique* entre le pied et la main du même côté, *directe* ou superposée entre le pied et la main du côté opposé, et qu'enfin le type des segments terminaux des membres est à six doigts, ramenés à cinq par la coalescence de deux d'entre eux, des deux externes pour la main, des deux internes pour le pied. C'est à l'anatomie comparée et à la tératologie qu'il faut demander une démonstration plus complète.

Darwin, dans son récent ouvrage sur la variation des plantes et des animaux (t. I, p. 16), a parlé assez longuement des cas singuliers de sexdigitisme, dont il a relevé des exemples sur quarante-six personnes ; sa conclusion, rapprochée du travail de Foltz que Darwin ignore complétement, est qu'il faut « soupçonner que même en l'absence de tout rudiment réel et visible, il existe chez tous les mammifères, l'homme compris, une tendance latente à la formation d'un doigt additionnel. » En rapprochant cette opinion, qui repose sur l'examen d'un grand nombre de faits de tératologie comparée, de la théorie de Foltz, on serait donc porté à admettre que l'apparition d'un doigt surnuméraire pourrait être considérée comme un fait d'atavisme, ou, selon les termes mêmes de Darwin, « comme un cas de retour vers un ancêtre prodigieusement éloigné d'une organisation inférieure et multidigité (*loc. cit.*, p. 17) ».

Laissant maintenant de côté l'anatomie comparée et analogique de la main, nous pouvons l'examiner enfin, dans ses formes générales et dans les races humaines. On sait l'enthousiasme que cette extrémité de tout temps excitée chez les contemplateurs de la nature et rien n'est plus légitime, puisque la main nous rend d'incessants services. Il est vrai, d'un autre côté, que si nous n'avions pas de mains, nous ne serions pas hommes, en sorte qu'admirer la main, c'est finalement admirer l'homme. Mais ces admirations naïves qui commençant avec Galien, se sont exprimées sous des formes parfois agréables et délicates, se réduisent à constater que grâce à la main, nous pouvons faire telles ou telles autres choses et que ces choses étant admirables, la main l'est aussi. Il est superflu de de faire observer que les œuvres de la main ne tirent leur importance que des relations de cet organe avec le cerveau et d'ailleurs avec l'être tout entier ; Cruveilhier s'extasie donc mal à propos sur le mécanisme de la main, « si parfait, dit-il, qu'il est impossible d'imaginer aucune pièce osseuse, aucune modification de structure qui puisse augmenter la mobilité de la main et que des pièces nouvelles ne feraient qu'entraver ses mouvements (*Anatomie descriptive*, 4e éd., t. I, p. 200) ».

Il est en effet facile d'imaginer des appareils qui répondraient d'une manière plus complète aux besoins des hommes et surtout qui seraient soumis à moins de vicissitudes et à des conditions pathologiques moins nombreuses Mais ce travail

d'imagination est purement oisif. La main n'est ni à admirer ni à critiquer. Elle
est ce que l'homme en a fait en vertu de sa spontanéité, et on ne peut découvrir
qu'après coup, dans sa conformation, la raison préconçue ou finale du développement de l'intellect et des civilisations. Il existe, en effet, un grand nombre de
races humaines inférieures dont les mains offrent sensiblement la même conformation que celles des races supérieures, et que rien ne semble pouvoir tirer d'une
condition voisine de celle des animaux. Il en est de même des microcéphales
et des idiots, tandis qu'au contraire des hommes privés de mains, ont pu,
même dans les arts manuels, suppléer, à l'aide du pied, aux fonctions qui ne
sont l'apanage de la main qu'en raison de la spécialisation du travail physiologique.

La main n'est donc pas plus admirable qu'un organe quelconque, ou même
qu'un phénomène quelconque de l'ordre naturel. Mais il est vrai de dire que ses
fonctions lui confèrent une importance qui la rendent plus digne d'attention que
les autres parties de l'appareil locomoteur.

En effet, les aptitudes de la main se révèlent souvent par sa conformation générale, et ces aptitudes sont elles-mêmes liées à des dispositions cérébrales plus
ou moins analogues. D'ailleurs les formes extérieures des membres se rattachent
à un type d'ensemble que l'on peut reconstruire avec une assez grande exactitude, sur la seule inspection d'un fragment. L'analogie des pieds et des mains
est plus saisissante sur le vivant que sur le squelette ; mais on peut aller plus
loin dans cette voie et affirmer qu'il y a dans la configuration des parties une tendance à la reproduction des mêmes contours qui est une sorte de loi géométrique
de répétition ; lorsque les épiphyses d'un os long sont volumineuses, relativement
à la diaphyse, on est à peu près assuré de trouver toutes les articulations très-
grosses et les extrémités très-larges et très-courtes; les traits du visage semblent
même participer à cette tendance; la face s'élargit souvent et le crâne est brachy-
céphale. Par contre, les épiphyses délicates s'associent généralement à un type
élancé et à la dolichocéphalie.

Le concours des parties vers un même type implique donc pour chacune de
ces parties une corrélation quelconque telle, que si l'une quelconque d'entre elles
a une signification déterminée, on peut conclure de la partie au tout.

C'est sur ces données que, de tout temps, des observateurs qui en avaient plus
ou moins conscience, ont fondé une prétendue science qui, à l'égard de la main,
a pris le nom de chiromancie et, plus récemment de chirognomonie. Malheureusement les hommes qui se sont occupés de cette question semblent avoir pris à
tâche d'en écarter tout ce qui pouvait la rendre digne d'attention et se sont lancés dans les spéculations les plus extravagantes. Mais ce n'est pas là une raison
pour proscrire absolument toute recherche sur les relations des caractères extérieurs et des formes géométriques du corps avec les aptitudes et aux dispositions
mentales.

Toutefois, alors même que cette donnée générale serait admise, il faut avouer
que l'utilité des renseignements que fournirait l'observation de la main serait
très-contestable et leur portée très-limitée. On peut admettre que la consistance
des parties molles est en relation avec le degré d'activité ou de paresse ; qu'une
main large ou une main longue correspond à la prédominance de l'esprit de syn-
thèse ou d'analyse ; que le volume des articulations métacarpiennes coïncide avec
certaines tendances du caractère; que la terminaison des phalanges, en cône tronqué, en spatule ou en massue s'associe à telles ou telles dispositions ; on peu

Les *causes directes* sont des chocs par des corps contondants quelconques : un coup de pied de cheval, un coup de marteau, la chute d'une baguette de fusée, etc. En général ces corps portent leur action sur la face dorsale de la main. Il est plus rare qu'ils agissent sur la face palmaire. J. L. Sanson (*Dict. de méd. et de chir. prat.*, t. VIII, p. 523) dit avoir vu plusieurs fractures produites par le choc qu'avait communiqué à la main l'un des bouts d'un bâton ou d'une pièce de bois, dont l'extrémité opposée avait frappé rudement contre un corps dur ou contre le sol. Quelquefois la main est prise entre une surface résistante et un corps qui la presse. Ainsi on a vu une fracture des deuxième et troisième métacarpiens chez un homme qui avait eu la main pressée entre un mur et un limon de voiture. D'autres fois la main frappe violemment contre un corps dur, ou se précipite au-devant d'un obstacle. C'est ainsi que des fractures sont produites dans l'action de donner un coup de poing.

Les *causes indirectes* agissent de trois manières différentes : elles tendent à exagérer la courbure antérieure du métacarpe ; elles l'infléchissent en arrière ; elles combinent la traction de l'os à un mouvement de torsion.

Le *mécanisme de l'inflexion en avant* est de beaucoup le plus fréquent. Une chute a lieu sur le poing fermé, de manière que le bord inférieur du métacarpe appuie sur le sol, tandis que son bord supérieur est pressé par le poids du corps ; la courbure naturelle du métacarpe augmente sous l'influence de ces deux forces opposées ; un ou plusieurs os se brisent dans leur diaphyse, et ceux qui subissent le plus souvent cette fracture sont les troisième et quatrième métacarpiens. Il peut se faire que la main porte, dans la chute, non pas directement sur l'extrémité inférieure du métacarpe, mais sur l'extrémité des doigts maintenus dans l'extension. Dans ces cas, on a vu, rarement à la vérité, les phalanges résister à la fracture et à la luxation, et le métacarpien correspondant se briser. C'est encore par le mécanisme de l'inflexion que la fracture a lieu, quand on lance un violent coup de poing, la main étant fermée et en supination, et les têtes des métacarpiens portant les premières. Malgaigne observa un tonnelier, qui, en déchargeant une pièce de vin sur le port de Bercy, eut la main prise en supination, de telle sorte que la tête du quatrième métacarpien appuyait contre le rebord saillant d'un pavé, tandis que le tonneau roulait sur le dos du pouce. Le quatrième métacarpien se rompit vers son tiers supérieur, en vertu d'une flexion forcée qui fit faire aux deux fragments un angle rentrant en arrière.

Le *mécanisme de l'inflexion en arrière* tend à redresser la courbure naturelle du métacarpe. Dupuytren rapportait dans ses leçons le fait suivant : Deux individus luttaient sur la force du poignet. Dans ce jeu, les doigts sont entrelacés, les têtes des métacarpiens directement opposées, les phalanges repliées pressent avec force sur le dos de la main. Le plus vigoureux des deux champions cassa le troisième métacarpien à son adversaire. M. Allaire donna ses soins à un soldat, qui, en jouant avec ses camarades, tomba la main gauche en avant, les doigts étendus et la tête des métacarpiens pressant le sol ; le poids de son corps et celui de son camarade firent très-probablement courber le métacarpe en arrière. Le blessé et ses camarades entendirent un craquement. Le quatrième métacarpien avait été cassé (p. 49).

Un exemple du mécanisme de la fracture par la traction combinée à la torsion a été donné par Velpeau : Un charretier avait tiré un porteur d'eau par les doigts indicateur et médius, assez fortement pour lui fracturer le troisième métacarpien (*Anat. chir.*, t. II, p. 568, 3e édit.).

Variétés anatomiques. En général, les fractures par cause indirecte n'atteignent qu'un seul os ; mais à la suite des causes directes, il n'est point rare de trouver plusieurs os brisés. Sur 81 observations, nous avons trouvé 14 cas de fracture simultanée de deux métacarpiens et 3 cas de fracture comprenant trois de ces os.

La solution de continuité n'a pas de siége de prédilection. Tout ce qu'il est permis d'avancer, c'est qu'on la rencontre souvent près de l'extrémité carpienne et vers le milieu de l'os ; mais on la trouve aussi dans tous les autres points, et vers l'extrémité digitale. Les expériences cadavériques, tentées par MM. Cousturier et Allaire, n'ont pas conduit à des données plus précises que l'inspection clinique.

Ces expériences ont eu cependant pour résultat de faire connaître quelles étaient la forme et la direction de la cassure. Dans le cas de fractures par cause directe, les expérimentateurs ont reconnu que la solution de continuité était ordinairement dentelée et rarement oblique. Elle peut aussi être incomplète, longitudinale, fissurique. Elle peut être multiple avec esquilles, et séparer l'os en plusieurs fragments, comme Lemaestre en a observé un exemple. Quant aux fractures indirectes, il a toujours été très-difficile de les produire sur le cadavre ; mais l'inspection des malades conduit à admettre qu'elles sont plutôt obliques que dentelées, et que l'obliquité est habituellement dirigée en bas et en avant.

Les fragments se déplacent, dans la grande majorité des cas, de manière à former un angle saillant sur la face dorsale de la main. Le fragment digital, qui est le plus mobile, bascule de manière que sa tête s'incline fortement en avant, tandis que son extrémité supérieure chevauche en arrière sur le fragment carpien ou s'engrène à angle avec lui. Un déplacement en sens inverse, c'est-à-dire faisant saillie du côté de la face palmaire, est rare. Enfin il arrive quelquefois que les fragments se portent latéralement vers un espace interosseux.

Remarquons aussi qu'un assez grand nombre de fractures du métacarpe existent sans aucun déplacement. On comprend, en effet, que les muscles des espaces interosseux, les aponévroses et les ligaments puissent suffire à maintenir les fragments dans leurs rapports normaux.

Symptômes. La *déformation* consiste en une saillie osseuse qui siège en général sur le dos de la main et sur la continuité d'un ou de plusieurs métacarpiens. La tête du métacarpien fracturé ne se trouve plus sur le même plan que les têtes des os voisins ; elle est déjetée en avant. Le doigt correspondant est raccourci, soit parce que le fragment inférieur chevauche réellement, soit parce qu'il fait un angle avec le supérieur. En promenant les doigts sur les espaces interosseux, on peut apprécier les déviations latérales des fragments. Toutes ces déformations sont susceptibles de disparaître par la réduction, en général facile.

La *mobilité anormale* du fragment inférieur est peut-être le signe le plus constant. Malgaigne indique que la meilleure manière pour la constater consiste à attirer fortement le doigt dans la flexion, tandis qu'avec le pouce on appuie sur la face palmaire, vis-à-vis la fracture présumée, de manière à obtenir un angle saillant en arrière. En pratiquant cette manœuvre, il faut se tenir en garde contre une cause d'erreur, c'est la mobilité normale de l'extrémité inférieure des métacarpiens. Il faut encore agir avec ménagement, de peur d'augmenter le déplacement ou de produire un déplacement qui n'existait pas.

La *crépitation* se fait sentir habituellement pendant la manœuvre qui sert à constater la mobilité, et vient encore confirmer l'existence de la fracture.

Indépendamment des signes pathognomoniques qui précèdent, les fractures du

métacarpe présentent encore tout le cortège des signes rationnels : craquemen'
dans la main au moment de l'accident, douleur dans un point fixe d'un métacarpien, traces d'une contusion, ecchymose et gonflement de la face dorsale, rarement
de la face palmaire.

Les troubles fonctionnels consistent en un engourdissement de la main avec
perte de la sensibilité et en une impuissance à remuer les doigts. L'engourdissement disparaît assez rapidement pour faire place à la douleur; mais l'anesthésie
d'un ou plusieurs doigts persiste quelquefois fort longtemps après la guérison.
L'impossibilité que le malade éprouve à faire mouvoir le doigt correspondant au
métacarpien brisé est un assez bon signe de la fracture. Le doigt est maintenu
recourbé en crochet sur la paume, et il est impossible au malade de l'étendre.
Il arrive même quelquefois que le tendon extenseur est dévié de l'un ou de
l'autre côté par la présence de la saillie dorsale des fragments.

Diagnostic. Les signes de la fracture complète des métacarpiens sont assez
caractérisés pour qu'on puisse la reconnaître facilement. Si cette lésion est souvent méconnue, c'est qu'à la suite des contusions ou des chutes sur la main on
oublie souvent de faire les explorations qui conduisent à son diagnostic. Dans plusieurs observations, on voit que la fracture avait passé inaperçue pendant les
premiers jours, et qu'elle n'a été constatée qu'après un certain temps, et souvent
par hasard.

On peut confondre la fracture, soit avec une simple contusion, soit avec une
luxation. Une luxation carpo-métacarpienne pourrait être prise pour une fracture
de l'extrémité carpienne; mais d'une part cette luxation est d'une extrême rareté, et d'une autre part elle ne présente pas le phénomène de la crépitation. —
Les contusions ou les légères plaies contuses sont presque infailliblement considérées comme la lésion unique, si la fracture n'est pas accompagnée de ses signes
physiques. Dans ces cas difficiles, la marche de la blessure éclairera le diagnostic :
au bout de quelques jours les phénomènes de la contusion s'amendent et la douleur disparaît; dans la fracture, au contraire, la douleur persiste et se localisant
sur un des os du métacarpe, et la main reste incapable d'accomplir un travail
un peu pénible. De plus, il peut arriver que l'un des signes pathognomoniques
de la fracture, mobilité anormale ou crépitation, se montre tardivement et
vienne lever tous les doutes. Boyer (*Malad. chir.*, t. III, p. 256) rapporte une
observation dans laquelle tous les signes physiques de la fracture manquaient :
« Vers le quatrième jour, dit-il, le malade se plaignait de vives douleurs, lorsqu'il
voulait fléchir le doigt annulaire ; j'examinai attentivement la partie; mais ce ne
fut guère qu'au dixième ou douzième jour, qu'en pressant sur l'extrémité inférieure du quatrième os du métacarpe, je m'aperçus, à la crépitation et à la mobilité
des fragments, qu'il était fracturé. »

Les difficultés du diagnostic seront bien plus grandes encore, si la fracture est
incomplète et si elle est fissurique. Or ces variétés ont été rencontrées si souvent
dans les expériences sur le cadavre, qu'elles doivent évidemment exister aussi sur
le vivant. Une observation rapportée par M. Allaire (p. 122) nous paraît être un
type de ce genre de fracture : Un soldat tomba dans un escalier, la main droite
en avant, lorsqu'un corps pesant vint heurter le pouce placé à plat sur une
marche ; le choc avait eu lieu sur la face dorsale. « Voici ce que je constatai quelques instants après : gonflement de la région thénar, sensation de craquement au
moment du choc; douleur très-vive, engourdissement du pouce et même de la
main; articulations complètement libres... Huit jours après, les phénomènes in-

flammatoires ont disparu en partie, et je ne puis obtenir ni la mobilité anormale, ni la crépitation; pas de raccourcissement. Le malade ressent toujours une douleur vive et fixe au milieu du métacarpien; il a en outre une sensation de piqûres d'épingles dans tout le pouce. Vingt-trois jours après l'accident, il veut travailler; mais le lendemain il est forcé de revenir à la visite; car son pouce se gonfle aux moindres efforts. » Ce fut seulement près d'un mois et demi après la blessure qu'il put reprendre son service. M. Allaire crut d'abord avoir affaire à une violente contusion; mais la sensation de craquement au début, la persistance et la fixité de la douleur, l'impossibilité de se servir du pouce pendant un mois et demi environ, lui firent songer, avec raison, à une fracture fissurique.

Pronostic. En général la consolidation se fait d'une manière heureuse dans un délai de vingt-cinq à trente jours, et les fonctions de la main sont complétement conservées.

Les accidents que l'on peut redouter, et qui ont été observés dans les faits que nous avons analysés sont : une arthrite des articulations carpo-métacarpiennes qui retarde la guérison et prolonge l'incapacité de la main (thèse de Pichon, obs. IV); une difformité qui résulte d'un déplacement irréductible ou d'une réunion par jetées osseuses de deux métacarpiens voisins, qui ont été brisés en même temps (*voy.* obs. II et XV de la thèse de Pichon); un cal volumineux qui dévie les tendons extenseurs des doigts (obs. de J. Cloquet, dans le *Dict. de méd.* en 21 vol., 1re édit., art. FRACTURES); un retard dans la consolidation; une pseudarthrose constatée trois fois sur quatre-vingt-un cas (obs. d'Émilie Halprun, obs. XXI du mém. de Renault du Motey, et obs. de la thèse de Pichon, p. 49).

Traitement. S'il existe des phénomènes inflammatoires avec beaucoup de tuméfaction et de douleur, la première indication est de les calmer au moyen de compresses ou de cataplasmes émollients, d'irrigation d'eau froide, de la position élevée du membre et du repos. L'application d'un bandage ou d'un appareil quelconque ne doit avoir lieu que lorsque l'inflammation a disparu.

Si la fracture est incomplète ou sans déplacement, le bandage le plus simple sera le meilleur. Il suffit d'immobiliser la main pendant vingt ou trente jours. Pour cela nous conseillons d'entourer la moitié inférieure de l'avant-bras et la paume de la main d'une couche de ouate, par-dessus laquelle on roule une bande dextrinée ou silicatée. Les doigts sont libres, ce qui leur permet d'exécuter des mouvements utiles pour prévenir les raideurs consécutives.

Mais s'il y a un déplacement, il faut d'abord chercher à le réduire Pour cela, on presse sur la saillie, dorsale ou palmaire, formée par les fragments, et on tire sur le doigt correspondant au métacarpien fracturé, pendant qu'un aide opère la contre-extension sur l'avant-bras. Dans le cas où la coaptation est parfaite et où les déplacements ne tendent pas à se reproduire, un simple bandage inamovible, appliqué comme nous venons de le dire, suffit pour conduire à la guérison. Il ne faut recourir à des appareils plus compliqués, que lorsqu'il s'agit de combattre des déplacements qui ont de la tendance à se reproduire ou qui ne peuvent se réduire que d'une manière graduelle.

Le choix de l'appareil doit être guidé par la nature du déplacement.

Si le déplacement avait lieu vers le dos de la main, Albucasis prescrivait de mettre une attelle sur ce côté, et d'en appliquer une autre sur la face palmaire, afin que la main fût tenue ouverte et droite; il voulait encore qu'on enveloppât la main avec une bande, de manière à ce qu'elle tînt les doigts séparés par ses enlacements. Si le déplacement a lieu du côté de la paume de la main, écrit le même auteur, on fera avec du linge une espèce de boule, puis on la placera dans la paume atteinte de fracture, et on liera le tout avec une longue bande de toile. — Il était difficile de mieux comprendre quels étaient les principaux déplacements que l'on a à combattre, et d'imaginer des appareils plus simples pour y arriver. Aussi ces appareils se sont-ils conservés jusqu'à nos jours avec des modifications peu importantes. Les chirurgiens, qui suivirent Albucasis, eurent seulement le grand tort d'adopter exclusivement l'un ou l'autre de ces appareils. C'est ainsi que, dans tous les cas, Guillaume de Salicet, Fabrice de Hilden, Heister, B. Bell, Delpech, Chélius, Boyer, etc., maintenaient la main dans l'extension entre des attelles ou sur une palette, tandis qu'A. Paré, Wurtzius, A. Cooper, Lonsdale fléchissaient les doigts sur une grosse pelote placée dans la paume de la main.

Lisfranc se préoccupa de la pression qu'exerce tout bandage roulé sur les bords de la main et du déplacement qu'il peut occasionner aux métacarpiens fracturés. Afin d'éviter cette pression, il avait imaginé une espèce de pince ou d'étau dont les branches appliquées en travers, à la face dorsale et à la face palmaire, pouvaient se rapprocher à l'aide d'une vis. Mais la difficulté de se procurer à volonté cet instrument lui fit imaginer de placer sur chacun des espaces interosseux, à la face dorsale et à la face palmaire, des compresses graduées et des attelles, de manière à accroître tellement l'épaisseur de la main, que la pression du bandage ne s'exerce pas plus sur les bords que sur les faces.

M. Allaire a vu M. Houzelot se servir, pour une fracture du deuxième métacarpien, d'un instrument qui se rapprochait de l'étau de Lisfranc et qui ressemblait à l'appareil employé pour la fracture du corps du maxillaire inférieur. Le malade guérit avec raccourcissement.

Ces sortes d'instruments sont évidemment très-utiles quand on a affaire à une fracture du deuxième et du cinquième os, et quand il s'agit d'éviter une pression latérale; mais cette indication n'existe plus pour les os intermédiaires, et, du reste, elle peut être remplie plus simplement par l'appareil de Malgaigne.

Ce chirurgien dispose une compresse épaisse sur la saillie dorsale, et une autre compresse sur la face palmaire, au niveau de la tête métacarpienne qu'il s'agit de repousser en arrière, puis il place en travers deux larges attelles, l'une sur le dos, l'autre sur la face antérieure de la main, et il les maintient fortement rapprochées avec des bandelettes de diachylon enroulées à leurs deux bouts. Les doigts sont assez libres pour pouvoir exécuter quelques mouvements.

Aucun des appareils précédents ne remédie au chevauchement des fragments et au raccourcissement du doigt, que l'on observe si souvent dans les fractures obliques du métacarpe. Sabatier chercha le premier à s'opposer à ce déplacement. En faisant l'extension sur le doigt médius, il réduisit une fracture du troisième métacarpien, qui présentait au moins un demi-pouce de raccourcissement, puis il réunit ensemble, avec des bandelettes de diachylon, le médius et l'annulaire; ce dernier doigt maintenait l'autre, et l'empêchait de céder à la traction musculaire. Quelques années plus tard Pétrequin imagina un appareil à extension permanente dans le même but. « Je prends, dit-il, une grille de fer dont la largeur dépasse le diamètre transversal de l'avant-bras, et dont la longueur déborde le coude et l'extrémité des doigts de 8 centimètres environ. Je recourbe la partie cubitale, pour lui faire embrasser le coude, et la partie digitale de manière à lui fournir un point d'appui pour l'extension. Cela fait, on fixe au coude la partie recourbée avec quelques tours de bande en 8 de chiffre indéfini; le membre est mis dans la demi-flexion et dans une position moyenne entre la pronation et la supination; le creux de la main est matelassé avec un peu de charpie pour rétablir la concavité, naturelle du métacarpe. Les lacs extensifs sont appliqués sur les doigts deux petites bandes sont placées parallèlement à leurs faces latérales et mainte-nues avec des circulaires de bande qu'on amidonne à mesure. On peut se servir aussi de bandelettes de diachylon. On pratique l'extension en prenant un point d'appui sur la partie antérieure de la grille. La longueur du métacarpe est réta-blie avec sa forme, et l'appareil est laissé en place le temps convenable. » Pétre-quin a eu l'occasion d'expérimenter son appareil et en a obtenu de bons résultats.

En résumé, l'appareil de Malgaigne nous paraît être le meilleur quand il s'agit de combattre la saillie dorsale et l'inclinaison de la tête du métacarpien dans la paume.

La pelote d'Albucasis est utile pour les cas rares où il existe une saillie palmaire.

Les petites compresses graduées appliquées sur les espaces interosseux, comme le faisait Lisfranc, doivent être employées pour remédier à un déplace-ment latéral.

La ligature des doigts avec des bandelettes de diachylon ou l'appareil à exten-sion continue de Pétrequin, est indiqué pour s'opposer à un raccourcissement considérable.

Dans la construction de ces appareils il faut, autant que possible, laisser les doigts libres d'exécuter quelques mouvements, afin de ne pas exposer le malade à des roideurs articulaires persistantes.

BIBLIOGRAPHIE. — ALBUCASIS. De chirurgia, arabice et latine ; curâ J. Channing, libᵉʳ III, p. 573; 1778. — PARÉ (A). De la fracture de la main, t. II, p. 320; édition de Malgaigne. — FABRICE DE HILDEN. Opera. In-fol., p. 347. Francfort, 1682. — HEISTER. Fractures de la main. Ch'rurgie, t. I, p. 395 et 396 ; 1770. — BELL (B.). Cours complet de chirurgie, trad. par Bosquillon, t. VI, p. 50. Paris, 1796. — SABATIER. Observation d'une fracture du troisième os métacarpien de la main droite. In Journal complémentaire des sciences médic., t. XLII, p. 188. 1852. — DUPUYTREN. Fracture par contre-coup du quatrième os du métacarpe de la main gauche. In Gaz. des hôp , p. 75; 1833. — COOPER (A.). Fracture de la tête des os du metacarpe. In OEuvres chir., trad. par Chassaignac et Richelot, p. 185; 1837. — PÉTREQUIN. Mémoires sur les fractures du métacarpe. In Comptes rendus de l'Acad. des sciences de Dijon, p. 150; 1841-1842; et in Traité d'anatomie topographique, p. 595; 1857. — VELPEAU. Fracture du métacarpe; Leçons orales de clinique, t. II, p. 543 ; 1841. — LAMAESTRE. Sur les fractures des métacarpiens. In Journal de chirurgie, de Malgaigne, t. IV, p. 280; 1846. — CORBEL-LAGNEAU. Fracture du premier métacarpien de la main gauche. In Gaz. des hôp., 1846; p. 427. — MALGAIGNE. Traité des fractures et des luxations, t. I, p. 620; 1847. — COUSTURIER. Des fractures des os du métacarpe. Thèse inaug. de Paris, 1852. — RENAULT DE MOTEY. Mémoire sur la fracture des os du métacarpe. Thèse inaug. de Paris, 1854. — ALLAIRE. Des fractures des métacarpiens. In Mém. de médecine militaire, 3ᵉ série, t. X, p. 47 et 112 ; 1863. — PICHON (L.). Etude sur les fractures des os du métacarpe. Thèse de Paris, 1864.

LUXATIONS. Les luxations simples des os du carpe et des os du métacarpe sont encore bien plus rares que leurs fractures. La résistance des articulations carpiennes et carpo-métacarpiennes est supérieure à celle des os de l'avant-bras, des os du carpe et des os du métacarpe. Les violences extérieures brisent plutôt ces os qu'elles ne les luxent. Lorsque, du reste, ces luxations se produisent, la puissance du traumatisme a dû être telle, qu'elles se compliquent presque tou-jours de lésions graves, au milieu desquelles le déplacement articulaire est bien secondaire.

La pénurie des faits est surtout grande pour les luxations isolées des os du carpe et des quatre derniers métacarpiens. Les déplacements dans l'articulation médio carpienne ont été observés un peu moins rarement. Quant aux luxations main de grandeur moyenne, à 31 millimètres au-dessus de l'interligne articulaire métacarpo-phalangien du quatrième doigt ; ou sur le prolongement d'une ligne horizontale qui passerait par le point le plus élevé de l'intervalle qui sépare le pouce de l'index. Ces données peuvent être utiles dans le diagnostic des blessures artérielles de la main, et dans les recherches que nécessite la ligature des vaisseaux coupés.

Chacun des tendons du muscle fléchisseur superficiel se place au-devant du tendon correspondant du fléchisseur profond. Ils forment ainsi quatre couples, qui descendent en divergeant pour s'engager dans les gaînes ostéo-fibreuses des doigts où ils s'insèrent.

Dans les intervalles qui résultent de la divergence des tendons vers le bord inférieur de la paume, se voient les *muscles lombricaux*. On sait que ces petits muscles sont annexés aux tendons du fléchisseur profond. Ils s'insèrent : le premier, en dehors et en avant du tendon de l'index ; le second, en avant du tendon du médius ; le troisième et le quatrième, aux deux tendons entre lesquels ils sont placés. Inférieurement, le premier croise le bord externe de l'aponévrose palmaire pour se terminer sur le bord du tendon du premier interosseux dorsal. Les trois autres passent sous les arcades que forme l'aponévrose palmaire entre les têtes des métacarpiens, descendent sur le côté externe des trois derniers doigts, et se terminent par un petit tendon aplati qui s'unit au bord libre de l'interosseux correspondant.

Les *gaînes synoviales*, annexées aux tendons fléchisseurs, méritent toute notre attention au point de vue de la pathologie. Non-seulement leurs maladies sont fréquentes, mais encore ces maladies présentent des phénomènes que l'anatomie explique d'une manière très-satisfaisante. Aussi, quoique ces gaînes dépassent les limites de la région palmaire antérieure et empiètent sur la région des doigts et sur celle du poignet, nous croyons devoir en donner ici une description rapide.

Bichat professait qu'au-devant du carpe, il n'y a qu'une gaîne synoviale commune à tout le faisceau des tendons fléchisseurs. Ces idées eurent cours jusqu'en 1837. A cette époque, Leguey (thèse inaug.) démontra l'existence de deux synoviales distinctes qui se prolongent, l'une jusqu'à la phalangette du pouce, l'autre jusqu'à la phalangette du petit doigt. Deux ans plus tard, Maslieurat-Lagémard (*Gaz. méd. de Paris*, p. 277 ; 1839), employant la méthode de l'insufflation, confirma l'existence de ces deux synoviales, mais il admit qu'elles communiquent constamment l'une avec l'autre au niveau du poignet ; c'était revenir à l'opinion ancienne d'une seule synoviale. Velpeau, dans son *Mémoire sur les cavités closes* (*Ann. de la chir. franç. et etrang.*, t. VII, p. 170 ; 1843), en signala plusieurs sans les décrire d'une manière bien précise. En somme, ce point d'anatomie était fort obscur, lorsque parurent les belles recherches de M. Gosselin (*Mém. de l'Ac. de médecine*, 1850). Ce chirurgien démontra que les différences entre les descriptions des auteurs tenaient à ce que la conformation des gaînes synoviales varie avec les individus. Après avoir disséqué plus de soixante mains pour élucider cette question, il eut le mérite de débrouiller, au milieu des variétés individuelles, quelle est la conformation normale et régulière. C'est celle que l'on rencontre chez le fœtus à terme, chez les enfants et chez les femmes qui ne sont pas exposées aux travaux manuels. Au contraire, chez les hommes qui exécutent de rudes travaux avec leurs mains, les gaînes normales s'agrandissent, se déforment et communiquent entre elles ; de nouvelles bourses séreuses s'établissent autour des tendons. Toutes ces dispositions constituent des variétés que nous aurons à signaler.

À l'état normal, les tendons fléchisseurs des doigts ne possèdent que les deux gaines distinctes, que Leguey avait parfaitement vues et décrites. M. Sappey les désigne sous les noms de *gaines synoviales carpo-phalangiennes externe* et *interne*.

La *synoviale carpo-phalangienne externe* commence un peu au-dessus du ligament annulaire, et s'étend jusqu'à la deuxième phalange du pouce. Elle forme, à son extrémité supérieure, un repli, ou espèce de prépuce, en se réfléchissant autour du tendon du long fléchisseur du pouce, disposition qui permet à ce tendon de se mouvoir dans sa gaîne, sans la tirailler. Lorsqu'on l'insuffle, elle prend la forme d'un fuseau effilé dans sa moitié supérieure et renflé au-dessous du canal radio-carpien. On lui considère un feuillet pariétal et un feuillet viscéral. Pour étudier les rapports de cette gaîne, rapports qui sont surtout importants à connaître dans sa portion supérieure, nous allons suivre le feuillet pariétal dans tout son contour, en énumérant les parties qu'il recouvre. En dehors, il recouvre la paroi interne du conduit fibreux dans lequel glisse le tendon du grand palmaire; en arrière, il tapisse l'articulation radio-carpienne, le trapèze, le trapézoïde et le muscle adducteur du pouce. Arrivé au niveau de l'interligne qui sépare le grand os du scaphoïde et du trapézoïde, il se réfléchit d'arrière en avant, recouvre le côté externe du tendon de l'index et, plus en avant, le côté externe du nerf médian, et vient gagner la face postérieure du ligament annulaire. De ce point il se dirige en dehors et tapisse une petite portion de la face postérieure de ce ligament, ainsi que la face externe et supérieure de l'opposant et du court fléchisseur du pouce, puis vient gagner le conduit fibreux du grand palmaire, d'où nous l'avons supposé partir. À l'éminence thénar et au pouce, la gaîne affecte les mêmes rapports que le tendon du long fléchisseur de ce doigt. Au niveau du premier métacarpien, le feuillet pariétal envoie au tendon un repli lamelleux que l'on peut comparer à un mésentère. Ce repli se continue avec le feuillet viscéral qui est immédiatement appliqué sur la surface du tendon.

La *synoviale carpo-phalangienne interne* se prolonge souvent plus haut du côté de l'avant-bras que la synoviale externe. En traversant le canal radio-carpien, elle s'étale sur le faisceau des tendons fléchisseurs, et s'avance en avant et en arrière de ce faisceau jusqu'au contact de la synoviale externe. Arrivée dans la paume, elle s'effile sur les tendons fléchisseurs du petit doigt et se termine à l'extrémité supérieure de la troisième phalange. L'insufflation est le meilleur moyen qui puisse donner une idée exacte de sa forme, qui est renflée dans son tiers supérieur, cylindrique et étroite dans ses deux tiers inférieurs. Les rapports de la portion renflée sont surtout ceux qui nous intéressent. Pour les exposer, nous suivrons, comme précédemment, le feuillet pariétal sur toutes les parties qu'il tapisse, en allant de dehors en dedans et d'avant en arrière. Nous le voyons tapisser les deux tiers internes de la face postérieure du ligament annulaire, ainsi qu'une petite étendue de l'aponévrose anti-brachiale et de l'aponévrose palmaire; se recourber sur la face externe du pisiforme et de l'apophyse unciforme; recouvrir en arrière l'articulation radio-carpienne, le pyramidal, le demi-lunaire et le grand os, les articulations carpo-métacarpiennes du médius et de l'annulaire et les deux derniers interosseux palmaires. Arrivé à la réunion des deux tiers internes avec le tiers externe du carpe, le feuillet pariétal se réfléchit d'arrière en avant en s'adossant au feuillet pariétal, pareillement réfléchi, de la synoviale externe; se porte sur le tendon du médius dont il revêt le bord interne, puis gagne la face postérieure du ligament annulaire en s'adossant encore au feuillet antérieur de la synoviale externe.

Ainsi, au niveau du canal radio-carpien, les deux synoviales interne et externe présentent la forme de deux gouttières qui se touchent par leurs bords antérieur et postérieur. Elles laissent entre elles un espace dans lequel se trouvent les tendons superficiel et profond de l'index, superficiel et profond du médius, quelquefois le tendon superficiel de l'annulaire et le nerf médian. Ces organes sont entourés par un tissu lâche et filamenteux qui dépend des feuillets pariétaux, mais ils ne sont pas contenus dans les cavités synoviales, comme les tendons du long fléchisseur du pouce, de l'annulaire et de l'auriculaire. Aucun anatomiste avant M. Gosselin n'avait bien indiqué cette disposition.

Au-dessous du canal radio-carpien la synoviale interne se prolonge sur les tendons fléchisseurs superficiel et profond du petit doigt, superficiel et profond de l'annulaire. Elle les enveloppe en formant pour chacun d'eux un mésentère plus ou moins lâche. Mais tandis que les tendons du petit doigt sont accompagnés par la gaine jusqu'à leur insertion aux phalanges, ceux de l'annulaire sont enveloppés seulement jusqu'à 2 ou 3 centimètres au-dessus de l'articulation métacarpo-phalangienne correspondante. Quelquefois le tendon superficiel de ce dernier doigt est entouré beaucoup moins bas, et M. Gosselin dit avoir pu l'enlever plusieurs fois sans ouvrir la poche insufflée.

Telle est la disposition normale. Les variétés sont le résultat des travaux manuels et se produisent avec l'âge. Voici quelles sont les principales :

Première variété. Entre les deux gaines normales et vers la partie antérieure de leur interstice, on trouve quelquefois une troisième cavité, une *synoviale médiane antérieure*, qui est spécialement destinée au tendon superficiel de l'index.

Deuxième variété. Il est plus fréquent de rencontrer une *synoviale médiane postérieure*, située à la partie postérieure du faisceau tendineux, entre les deux synoviales normales. Elle répond en avant au tendon du fléchisseur profond de l'index, qu'elle peut même envelopper d'une manière complète dans une certaine étendue.

Troisième variété. Le prolongement que la synoviale interne envoie le long des tendons du petit doigt, présente presque toujours un rétrécissement normal au niveau de l'articulation métacarpo-phalangienne. Quelquefois ce rétrécissement devient une véritable oblitération, de telle sorte que le petit doigt possède une synoviale indépendante.

Quatrième variété. Il arrive que les deux grandes synoviales communiquent au niveau des points où elles sont adossées l'une à l'autre, par suite d'une déchirure ou d'une usure de la cloison intermédiaire. Mais ce fait, que Maslieurat-Lagémard avait donné comme constant, est au contraire assez rare pour que M. Gosselin ne l'ait rencontré qu'une seule fois dans ses dissections.

On peut expliquer les divergences des auteurs d'après les données précédentes. Ils décrivaient une, deux ou trois synoviales, suivant qu'ils avaient rencontré l'état régulier ou l'une des variétés qui précèdent.

Il y a un grand intérêt à connaître toutes ces dispositions, qui peuvent expliquer plusieurs faits pathologiques. Si la synoviale du pouce vient à s'enflammer, la phlegmasie remontera sans difficulté jusqu'à l'avant-bras, et s'il existe une communication libre avec la synoviale du petit doigt, l'inflammation pourra s'y propager. La propagation de l'inflammation peut se faire aussi en sens inverse, de petit doigt vers le pouce. « Lors même que les deux synoviales restent distinctes, l'étendue des synoviales propres du pouce et du petit doigt ajoute aux panaris de ces deux doigts un danger qui n'existe pas pour les trois doigts intermédiaires ; et il faut ajouter ici que le danger est plus constant pour le pouce, dont la synoviale est constamment libre dans toute son étendue, tandis que celle du petit doigt subit souvent une interruption entre la paume de la main et les phalanges. Je ne doute pas, dit Malgaigne, que ceci n'entre pour une large part dans le danger qui suit les amputations du pouce. J'ai trouvé, par exemple, pour 9 amputations de ce genre, pratiquées dans les hôpitaux de Paris, une proportion de trois morts, ce qui est énorme » (*l. c.*, p. 688). L'amputation du petit doigt est assurément moins grave que celle du pouce, quoique les gens du monde la regardent comme très-dangereuse. La disposition des synoviales rend aussi parfaitement compte de la forme qu'elles affectent, quand elles sont distendues par une de ces hydropisies que Dupuytren appelait kystes hydatiques du poignet.

5° *Cinquième couche; aponévrose palmaire profonde.* Lorsqu'on a enlevé tous les organes, qui sont renfermés dans la loge palmaire moyenne, et tous les muscles intrinsèques du pouce et du petit doigt, l'aponévrose *palmaire profonde* ou *aponévrose interosseuse antérieure* apparaît dans toute son étendue. C'est elle qui forme la paroi postérieure de la loge palmaire moyenne et de la loge palmaire externe. Elle naît en haut sur la face antérieure des os du carpe et sur les ligaments qui les unissent, s'étend sur toute la face antérieure du métacarpe et va s'insérer en bas sur le ligament transverse qui unit les têtes des métacarpiens. En dedans elle s'attache sur le bord antérieur du cinquième métacarpien, et se porte en dehors jusqu'au troisième métacarpien, où sa continuité est interrompue par l'insertion du muscle adducteur du pouce. Elle se fixe donc à toute l'étendue du bord antérieur de ce dernier os, et reprend son trajet en arrière de l'adducteur du pouce, pour se porter sur la face antérieure du premier métacarpien. — L'aponévrose profonde recouvre tous les muscles interosseux, y compris le premier interosseux dorsal. Elle envoie, entre les interosseux des trois derniers espaces, un prolongement qui forme à chacun d'eux de petites gaînes.

L'arcade palmaire profonde est située sous l'aponévrose que nous venons de décrire. Elle est par conséquent complètement séparée de la loge palmaire moyenne. Elle est couchée immédiatement au-dessous de l'extrémité supérieure des quatre derniers métacarpiens, à 1 centimètre environ au-dessus du niveau de l'arcade palmaire superficielle.

6° *Sixième couche.* La sixième couche nous est complétement connue; elle est formée par le métacarpe et les muscles qui remplissent les intervalles de ce grillage. Rappelons seulement ici que la partie supérieure des espaces interosseux présente un canal ostéo-fibreux, qui livre passage à l'artère radiale, dans le premier espace, et aux artères perforantes, dans les trois autres.

B. *Région dorsale.* L'aspect de la face dorsale est bien différent de celui de la face palmaire. Tandis que celle-ci est creuse, tandis qu'elle est doublée d'une épaisse couche de parties molles, qui matelasse les saillies du squelette, comme pour amortir le contact des objets et rendre leur impression plus délicate, la face postérieure est convexe et laisse saillir, à travers la minceur de ses couches, les os et les tendons. Sa convexité, comparable à celle d'une voûte, existe dans le sens antéro-postérieur et dans le sens transversal. Dans le premier sens la courbure est fixe ; mais dans le sens transversal, elle peut varier et augmenter, lorsque les doigts se rapprochent pour rendre la face palmaire plus concave.

Ses saillies sont formées par les tendons extenseurs et par la face postérieure
des métacarpiens correspondants. Entre les saillies existent quatre gouttières verticales, qui correspondent aux espaces interosseux et qui deviennent très-apparentes à mesure qu'on se rapproche de la commissure des doigts. Lorsque ces
saillies et ces dépressions ne sont pas très-appréciables à la vue, en raison d'un
œdème ou d'un embonpoint considérable, il est toujours facile de les sentir en
explorant, par la palpation, la face dorsale de la main. Signalons encore la présence
de nombreuses veines qui se dessinent en relief ou par leur coloration bleuâtre.

La face postérieure de la paume se continue, sans ligne de démarcation, avec la
face dorsale du poignet. Pour limiter ces deux régions, on est obligé d'adopter une
ligne fictive, qui contournerait le membre en arrière, au niveau du talon de la main.
On leur donne quelquefois pour limite un sillon qui se forme sur la peau, lorsque la
main a été étendue pendant quelque temps sur l'avant-bras, mais rien n'est variable comme ce sillon. Inférieurement, la limite est fixée par une ligne qui se
dirige transversalement d'une commissure à l'autre, lorsque les doigts sont étendus, et par les cinq têtes des métacarpiens, lorsque les doigts sont fléchis.

En raison de la direction des commissures qui sont inclinées en avant et en
bas, la face dorsale est plus courte que la face palmaire de toute la hauteur qui
sépare les têtes des métacarpiens du commencement de la commissure interdigitale en avant.

Les couches anatomiques sont au nombre de six, comme à la région palmaire,
mais leur description est moins riche en détails, ce sont : 1° la *peau* ; 2° le *tissu
cellulaire sous-cutané* ; 3° l'*aponévrose dorsale* et les *tendons extenseurs* ; 4° la
couche sous-aponévrotique ; 5° les *aponévroses interosseuses postérieures* ;
6° les *métacarpiens* et les *muscles interosseux.*

La peau est pourvue de glandes sébacées et de poils plus ou moins nombreux
suivant les sujets. Elle est fine et très-mobile sur les tissus sous-jacents. Une
multitude de plis transversaux sillonnent sa surface et sont le résultat des mouvements d'extension. Au niveau des têtes des métacarpiens, ces plis sont plus nombreux et occupent, pendant l'extension des doigts, le fond d'une dépression ou
d'une fossette chez les personnes grasses.

Au-dessous de la peau s'étale une mince couche d'un tissu lamineux lâche et
peu chargé de graisse. Il se divise en deux feuillets entre lesquels rampent de
nombreuses veines dorsales et des filets nerveux émanés du nerf cubital et du
nerf radial.

L'*aponévrose dorsale du métacarpe* est une lame fibreuse qui reçoit dans
son dédoublement les huit tendons extenseurs des doigts. Prolongement du
ligament annulaire postérieur, elle se continue inférieurement avec les expansions fibreuses des tendons extenseurs des doigts. Elle s'insère latéralement sur
les bords externe et interne des premier et cinquième métacarpiens, en arrière
de l'insertion des aponévroses des éminences thénar et hypothénar.

Les tendons extenseurs du médius et de l'annulaire sont en rapport avec la face
postérieure des métacarpiens correspondants ; les deux tendons extenseurs du petit
doigt, ainsi que les deux tendons extenseurs de l'index, croisent à angle aigu les
quatrième et deuxième espaces interosseux. Indépendamment du feuillet de l'aponévrose dorsale qui unit tous ces tendons entre eux dans toute la longueur de leur
portion métacarpienne, ils sont encore reliés les uns aux autres par des bandelettes
fibreuses transverses ou obliques. La plus résistante est celle qui se porte du tendon
de l'annulaire au tendon du médius. Celle qui unit le tendon de l'annulaire au

tendon du petit doigt, est plus faible; mais celle qui réunit le tendon de l'extenseur commun du petit doigt à celui de son extenseur propre, est courte et large. Entre le tendon du médius et ceux de l'index, ces liens fibreux font totalement défaut, ce qui explique l'indépendance des mouvements d'extension de l'index.— Les tendons du court extenseur et du long extenseur du pouce recouvrent la face dorsale du métacarpien correspondant, et sont aussi attachés l'un à l'autre par un feuillet aponévrotique. — Les gaines synoviales des tendons extenseurs sont toutes situées au niveau des coulisses de l'extrémité inférieure du radius et ne s'étendent pas jusque sur la région métacarpienne. Elles seront donc étudiées à propos du poignet.

Au-dessous de la couche aponévrotique et tendineuse se trouve un tissu lamineux très-lâche et d'aspect séreux, tissu qui est destiné à favoriser les glissements des tendons sur la face postérieure du métacarpe. Dans ce tissu se ramifient les artères dorsales du carpe et du métacarpe et les interosseuses.

Enfin la couche la plus profonde est formée par les métacarpiennes et les aponévroses interosseuses dorsales, qui ferment en arrière les espaces interosseux. Quatre tendons viennent s'insérer à la face postérieure du métacarpe, savoir : le long abducteur du pouce, en dehors de l'extrémité supérieure du premier métacarpien; le premier radial externe, en dehors de l'extrémité supérieure du second métacarpien; le deuxième radial externe, à la base de l'apophyse pyramidale du troisième; le cubital postérieur, à l'extrémité supérieure du cinquième métacarpien. Au-dessous de l'insertion du deuxième radial externe se trouve une petite bourse synoviale de forme obronde. M. Gosselin a vu sa cavité communiquer, au moyen d'une petite ouverture, avec la synoviale articulaire intermétacarpienne.

Développement. Les membres supérieurs se développent par deux bourgeons qui s'élèvent sur les côtés de l'embryon, au-dessous du renflement céphalique. A mesure que ces bourgeons grandissent, on peut bientôt leur distinguer une extrémité un peu plus large, aplatie, et un pédicule plus rond qui est uni au corps embryonnaire. La portion aplatie est le rudiment de la main; la portion rétrécie, celui du bras et de l'avant-bras.

L'ossification des os du métacarpe commence dans la première moitié du troisième mois, par conséquent bien avant celle des os du carpe, qui ne s'ossifient qu'après la naissance.

Chacun des métacarpiens se développe par deux points d'ossification, l'un principal, l'autre accessoire ou épiphysaire. — Pour les quatre derniers métacarpiens, le point principal forme la diaphyse de l'os et son extrémité supérieure. Le point épiphysaire produit la portion articulaire de l'extrémité digitale. Il apparaît de cinq à six ans et se réunit à la diaphyse de seize à dix-huit ans. — Pour le premier métacarpien, c'est l'inverse; le point d'ossification principal est l'inférieur; il forme le corps de l'os et son extrémité digitale; le point supérieur est le point épiphysaire; il donne naissance à l'extrémité carpienne. L'ossification du premier métacarpien suit un peu plus tardive que celle des os homonymes.

Les os du carpe se développent chacun par un seul point osseux. M. Sappey a déterminé avec soin l'époque de leur apparition. C'est ainsi que le grand os commence à s'ossifier à un an; l'os crochu, du douzième au quinzième mois; le pyramidal, entre la deuxième et la troisième année; le semi-lunaire, entre la quatrième et la cinquième année; le trapèze, vers cinq ans; le scaphoïde, vers cinq ans et demi; le trapézoïde, vers six ans; le pisiforme, de huit à dix ans. L'ossification débute par le centre de tous ces os.

Indication de quelques vices de conformation de la main.

La pièce n° 18 du musée Dupuytren représente le squelette d'une main gauche, qui présente six métacarpiens et six doigts très-bien conformés. Cette pièce a été donnée par Lassus. Au n° 19 se trouve une autre main de fœtus qui possède six doigts. — Pontal (Antoine). *Mains énormes.* In *Cours d'anatomie médicale,* t. I, p. 14; 1803. — Blandin. *Vice de conformation de la main ; trois os au corps, trois métacarpiens et deux doigts.* In *Bull. de la Soc. anat.,* 2° année, p. 188; 1827. — Gubler. *Vice de conformation des mains.* In *Comptes rendus de la Soc. de biol.,* 1re série, t. II, p. 92; 1850. — Huguier. *Absence de la main et de la moitié de l'avant-bras chez un enfant ; présentation.* In *Bull. de la Soc. de chir.,* t. V, p. 312; 1855. — Murray-Jardine. *Observation d'une femme qui possédait trois mains.* In *Med. Times,* vol. II, p. 670; 1862.

§ II. **Physiologie.** Les usages de la main sont relatifs à la PRÉHENSION et au TOUCHER (*Voy.* ces mots). Polaillon.

§ III. **Anatomie comparée et anthropologie.** Au point de vue de l'anatomie comparée, il faut définir la main, avec Vicq-d'Azyr : l'extrémité terminale du membre thoracique des vertébrés supérieurs. Toute autre définition est contestable et conduit à des discussions subtiles, dont le moindre défaut est d'être parfaitement oiseuses ; c'est ainsi que Cuvier, préoccupé de bien marquer la distinction des prétendus quadrumanes et des bimanes, a donné pour caractère de la main : « la faculté d'opposer le pouce aux autres doigts pour saisir *les plus petites choses.* » Laissons de côté ces « petites choses » comme ne méritant pas l'examen. Nous trouvons, en vertu de cette définition, que les deux caractères de la main seraient l'opposabilité du pouce et la préhension. Quant à la préhension, aucun doute que des pieds à pouces non opposables parviennent, par l'éducation, à tous les degrés possibles de l'industrie. L'exemple si connu du peintre Ducornet et le cas, rapporté par Broca, du bateleur Ledgewood qui, né sans bras, n'avait qu'un pied avec lequel il se rasait, ramassait une aiguille, l'enfilait, etc. (*Bull. de la Soc. anat.,* t. XXVII, p. 275-294), en sont d'irrécusables démonstrations.

À l'égard de l'opposabilité, Isidore Geoffroy a montré que plusieurs espèces de singes, du nouveau monde, ne possèdent qu'un pouce rudimentaire, parfois enseveli sous les chairs (*g. atele* et *eriode*); chez les ouistitis le pouce n'est pas opposable ; dans la plupart des autres singes américains, alouates, sajous, lagotriches, etc., le pouce est fort peu opposable ; Broca, à qui j'emprunte ces détails, ajoute que, chez certains singes de l'ancien monde, du genre Colobe, le pouce est rudimentaire, et qu'il est nul dans le *Colobus verus.* Ni l'opposabilité, ni la préhensibilité ne peuvent donc servir de caractères à l'organe que nous appelons main. Isidore Geoffroy, après avoir critiqué Cuvier, n'a guère été plus heureux que lui en restant pour définir la main, au même point de vue fonctionnel, c'est-à-dire en faisant abstraction des relations anatomiques de cet appendice, pour n'y voir que ses aptitudes ou ses usages. « La main, dit-il, est une extrémité pourvue de doigts allongés, profondément divisés, très-mobiles, très-flexibles, et, par suite, susceptibles de saisir (*Hist. nat. des règnes organiques,* t. II, p. 209). »

Ainsi que le fait remarquer P. Broca, en effet, cette définition s'applique aussi bien aux pieds des perroquets et des caméléons, et, d'ailleurs, elle ne repose pas, il faut l'avouer, sur de véritables caractères distinctifs, mais sur des degrés, de sorte qu'en supposant les doigts moins allongés, moins divisés, moins mobiles, et moins flexibles on a un véritable pied. Cela étant, on ne pourrait soutenir rigoureusement que la main *diffère* du pied par un caractère de premier ordre, et, en effet, il n'y a pas de différence de cet ordre entre les extrémités antérieures et les postérieures.

La définition d'Isidore Geoffroy avait évidemment pour but de maintenir l'ordre des quadrumanes ; mais, si elle était acceptée, la conséquence en serait que les hommes seraient quadrumanes, au même titre que les singes, car les différences morphologiques entre le pied et la main de l'homme, se reproduisent presque identiques dans toute la série des anthropoïdes. Si donc, l'on appelle mains les extrémités de membre postérieur des singes, il faut désigner du même nom, celles du membre inférieur des hommes. A vrai dire, cependant, celles-ci ont moins de flexibilité, et leur gros orteil n'est pas opposable ; mais, nous l'avons déjà vu, l'opposabilité du pouce ne peut servir de caractéristique à la main des primates, puisque, selon la remarque de Geoffroy, il y a des genres nombreux où le pouce n'existe pas. D'ailleurs, la question de l'homologie du pouce n'est pas définitivement jugée, et, ainsi qu'on le verra plus loin, Folz considère comme homologue du pouce, non le gros orteil, mais le quatrième et le cinquième métatarsien.

En définissant la main, l'extrémité du membre antérieur ou supérieur des primates, on ne renonce pas cependant, à l'effet de déterminer des catégories, à se servir, pour chaque espèce, des caractères anatomiques et fonctionnels spéciaux, mais on assigne à ces caractères une place secondaire.

La main est donc distincte du pied, et l'homologie de ces deux organes ne doit pas sortir du champ de l'anatomie abstraite ; les faits sur lesquels se fonde cette distinction sont les suivants : premièrement, le carpe compte huit os, tandis que le tarse n'en compte que sept ; secondement, la disposition des os de la première rangée du tarse, calcanéum, astragale et scaphoïde, leur forme et leur volume diffèrent si notablement de ceux de la première rangée du carpe, que l'on éprouve les plus grandes difficultés à trouver leurs homologies ; troisièmement, l'un des fléchisseurs des orteils et l'un de leurs extenseurs sont, au pied, des muscles courts, à la main, des muscles longs ; quatrièmement, aucun muscle de la main ne répond au long péronier qui s'insère à la base du gros orteil. La conséquence de ces dis positions anatomiques est d'abord une mobilité considérable de la main et des doigts, dont les mouvements ne sont gênés dans aucune direction, tandis que ceux du pied sont relativement beaucoup plus limités ; partout où se rencontrera un calcanéum et un astragale, il est évident que la direction de l'axe du pied formera un angle avec l'axe de la jambe, tandis que l'axe de la main sera dans le prolongement de l'axe du bras.

A l'égard de la fonction nul doute n'est possible, et les membres antérieurs des singes, quoique utilisés pour leur locomotion, ont tout spécialement pour usage, non la préhension, mais, ainsi que le fait justement remarquer Broca, le toucher.

Il faut noter ici, avec le même auteur, que s'il est vrai de dire que « certains lémuriens et certains singes d'Amérique, auxquels Isidore Geoffroy donnait pour cela le nom de géopithèques ou singes de terre, et parmi les singes de l'ancien continent les magots et les cynocéphales, courent sur le sol comme de vrais quadrupèdes.... ce mécanisme, si nous passons aux anthropoïdes, fait place à un mécanisme diamétralement opposé. La main, pour s'appuyer sur le sol, *ne se fléchit pas en avant, mais en arrière*, les doigts ne s'étendent pas, il se ferment au contraire, et ce n'est pas leur face palmaire, c'est leur face dorsale qui fournit le point d'appui (*Bull. de la Soc. anthr.*, 1869, p. 295). »

La locomotion, chez les singes supérieurs, n'est donc pour les mains qu'une fonction secondaire, et, dans une certaine mesure, elle est comparable à celle de

la main, qui s'appuie sur un bâton. A ce point de vue, ces appendices se rapprochent de ceux de l'homme sans que nous puissions dire si la spécialisation d'usage,
graduellement plus complète, est finalement chez ceux-ci un fait primitif ou un
fait consécutif. Broca, qui a étudié à fond cette question, la résume dans ces
termes : « La main est un pied modifié et devenu ainsi apte à de nouvelles fonctions (*loc. cit.*, p. 286). »

Il faut donc effacer définitivement les quadrumanes du nombre des ordres
zoologiques, de même qu'on a effacé les quadrupèdes et les rongeurs, car il y
aurait peut-être plus de raison à rétablir le dernier terme qu'à conserver le premier. Il semble, en effet, que si quelques genres des plantigrades et de digitigrades se servent de leurs membres antérieurs pour la préhension, la presque
totalité des mammifères ne fait servir ses quatre appendices qu'à la locomotion ; ils sont infiniment plus quadrupèdes que les singes ne sont quadrumanes.

Les différences anatomiques des mains simiennes et des mains humaines sont
toutefois considérables, mais elles le sont beaucoup moins que celles que présentent entre eux les différents groupes simiens et, *a fortiori*, les simiens et
les chéiroptères. Ainsi, nous l'avons déjà dit, le pouce est, chez quelques espèces,
rudimentaire (g. gorille, colobe), et, quelquefois, selon E. Alix, manque d'une
manière absolue chez quelques espèces arboricoles.

Cuvier a établi que le carpe, chez tous les singes, à l'exception du chimpanzé,
compte neuf os au lieu de huit ; il considérait ce neuvième os comme un démem-
brement du grand os ; mais E. Alix a soutenu avec raison que cet os, appelé par
Blainville *intermédiaire*, provenait plutôt du scaphoïde que du grand os. Plus
tard on a reconnu que le gorille partageait avec le chimpanzé l'honneur de ne
compter que huit os à son carpe.

Alix a encore signalé dans un travail remarquable *Sur la disposition des
lignes papillaires de la main et du pied* (*Ann. des Sc. nat.*, t. VIII, 1868),
d'autres différences plus ou moins caractéristiques. Ainsi la diminution successive
du volume des phalanges est bien plus rapide chez les anthropoïdes que chez
l'homme, et les phalanges unguéales sont d'une brièveté excessive. Le pouce
n'est jamais aussi long, et, par suite, le mouvement d'opposition est bien plus
borné ; les phalanges sont arquées et offrent à la face palmaire des gouttières
profondes où se logent les tendons. Les ongles sont plus fortement courbés.

Les dimensions proportionnelles des mains diffèrent aussi considérablement,
mais les singes entre eux diffèrent tellement qu'il est impossible de prendre un
terme uniforme de comparaison. Gaddi, dans un mémoire ingénieux sur la supériorité de la main humaine (Modène, 1866), a fait remarquer, qu'à la main, le
pouce de l'homme s'écarte beaucoup plus que le pouce simien, tandis que le
contraire est vrai pour le pied. L'axe de la main qui offre, chez l'homme, une longueur d'environ 20 centimètres est, chez les singes, par rapport à une hauteur
moyenne de 170 centimètres, comme 1 : 8. L'ouverture de la main est à la hauteur
supposée de 101 centimètres, comme 1 : 23. Cette ouverture n'est, selon l'auteur,
que de 7 centimètres. Gaddi a encore insisté sur la largeur de la main humaine
par rapport à sa longueur. On peut dire, en effet, qu'en général la largeur de la
main est supérieure d'un dixième de la moitié de sa longueur ; elle serait, chez
les singes inférieurs, d'un dixième, ce qui donne deux dixièmes de différence.
Les plis de la main simienne diffèrent des plis humains. D'après Alix, « ceux qui
correspondent à la flexion des doigts vont directement d'un côté de la main à

même supposer que la concordance de certains mouvements des doigts avec certains états du système nerveux central détermine des modifications significatives dans les plis de locomotion. Mais à les supposer bien établis — et il s'en faut qu'ils le soient — quelle pourrait être la portée de ces faits. Si l'on peut reconnaître par l'inspection de la main, qu'un individu est actif ou contemplatif, poète ou mathématicien, réfléchi ou primesautier, régulier ou désordonné, mystique ou positif, on le reconnaît bien mieux encore à d'autres traits, et notamment à la physionomie, à l'attitude et à une foule d'indices faciles à retrouver dans une société où on ne va pas tout nu.

Aussi, si la chirognomonie s'en était tenue là, elle n'aurait pas eu tout le succès et toute l'influence qu'elle a eue jusqu'au siècle dernier et dont elle jouit encore auprès de certains esprits ; c'est par la chiromancie que s'est traduit l'instinct superstitieux appliqué à la main. Sans aucun doute, l'esprit humain compte dans son histoire et même dans son histoire comtemporaine des bizarreries aussi fantastiques que l'art de prédire la destinée par les saillies et par les lignes de la main, et toute croyance qui a, comme celle-ci, une base vérifiable, à savoir un certain rapport entre l'état statique et l'état dynamique, est presque raisonnable. Une foule de symboles, de dogmes et de mythes religieux le sont infiniment moins. Néanmoins, on peut encore s'étonner de la foi qu'y attachaient quelques grands esprits, Aristote, Platon, Anaxagore, Galien, Averrhoès, tout le moyen âge et une partie de la Renaissance, et jusqu'à Mélanchthon. On a vu d'ailleurs de nos jours même, des hommes considérables par la place qu'ils occupent dans le monde des arts ou des lettres, attacher publiquement foi aux pronostics d'un chiromancien de troisième main, qui fait imprimer leurs adhésions et leurs félicitations. Ce même chiromancien n'obtient-il pas la faveur très-enviée d'être admis auprès des grands criminels et de donner de leurs mains des descriptions avidement recueillies où se trouvent des prophéties, *a posteriori*, qui ne font sourire personne ? On peut même rencontrer dans la pratique médicale des personnes fortement impressionnées par les prédictions des chiromanciens, et préférer, parfois, leurs indications à celles de la science la mieux fondée.

Il s'est cependant trouvé un homme du monde à l'esprit finement observateur, qui a su écarter de ce qu'il appelle la science de la main, les plus grosses extravagances, les influences astrales, les lignes ou plis de la comation et les saillies ou monts planétaires. Il s'appelait le capitaine d'Arpentigny et il rattachait à ses campagnes d'Espagne ses premières observations chirognomoniques. Ce fut lui qui rappela l'attention du public sur l'étude physiognomonique des mains dont Lavater n'avait parlé qu'en termes très-vagues (t. III, édit. de Moreau, 1835).

Dans son ouvrage sur la chirognomonie dont la première édition parut en 1843, il détermina les types suivants : main *élémentaire* ou à grande paume ; main *nécessaire* ou en spatule ; main *artistique* ou conique ; main *utile* ou carrée ; main *philosophique* ou noueuse ; main *mixte*. De plus, d'Arpentigny attacha des significations particulières à la paume de la main qui, grêle et étroite, indique un tempérament faible des instincts sans portée et une imagination sans chaleur et sans force, et dont à l'extrême opposé, l'ampleur et la dureté est le signe des instincts puissants et d'une tendance vers l'animalité. Il distingua les doigts *lisses* et les doigts *noueux ;* à terminaison en *spatule carrée* ou *conique*. Aux *nœuds* de la phalangette, il rattache l'ordre dans les idées ; aux nœuds de la phalange, l'ordre matériel ; les doigts sans nœuds sont artistiques, le *goût* qui résulte de la mesure appartient aux doigts noueux, la *grâce* aux doigts lisses.

De là des combinaisons nombreuses où toutes sortes de notions discutables viennent se confondre et qui laissent aux beaux parleurs un champ de manœuvre fort étendu. Avec quelque facilité on trouve toujours des explications dont l'explication peut satisfaire le cercle des consultants.

Le pouce joue, en chirognomonie, un rôle considérable. Il représente la volonté, la logique, la décision *raisonnées*. On dit que le mot de poltron vient de *pollex truncatus*, pouce coupé, et désignait, chez les Romains, le citoyen couard qui se coupait le pouce pour ne pas aller à la guerre. Ce qui fait dire à d'Arpentigny que « l'animal est dans la main, l'homme dans le pouce. » Il paraît même que « les idiots de naissance viennent au monde sans pouce,» que « les nourrissons, jusqu'à ce qu'une lueur d'intelligence leur vienne en aide, tiennent constamment leurs mains fermées, les doigts par-dessus le pouce, » que les épileptiques « ferment le pouce avant les doigts » (ce qui est vrai !), que «'le pouce des moribonds, comme pris d'un vague effroi, se réfugie sous les doigts, » etc. De ces données, associées à l'observation, d'Arpentigny conclut que « sur la racine du pouce siège le signe de la volonté raisonnée, » dont on mesure l'intensité à la longueur, à l'épaisseur de cette racine ; la première phalange mesure la logique, la seconde, l'invention, la décision, l'irritation. » Rien de plus pittoresque que les diagnostics de notre auteur, ces données admises, sur ce que devaient être les pouces de tel ou tel homme célèbre.

Des six types de mains que nous avons cités plus haut, il en est au moins un, la main *élémentaire*, qui paraît tout imaginaire ou consécutif à l'usage. D'Arpentigny le définit : « doigts gros et dénués de souplesse, pouce tronqué, souvent retroussé, paume d'une ampleur, d'une épaisseur et d'une dureté excessive. » Il paraît, autant qu'on peut s'y reconnaître, que c'est là une main *nécessaire*, une main vouée aux occupations et aux instincts grossiers. Quant à la main aux doigts *spatulés*, elle exprime « la locomotion, l'action, le mouvement et la pratique des arts par qui la faiblesse physique de l'homme est protégée. » Elle est caractérisée par la forme « en spatule plus ou moins évasée de la troisième phalange de chaque doigt. » D'Arpentigny l'attribue aux Anglais et aux colons de l'Amérique du Nord en général, aux Kabyles, aux Suisses et aux Flamands.

La main *artistique* est celle dont les doigts se terminent en cône plus ou moins obtus, son pouce est petit, sa paume assez développée. La main *utile* est de dimension moyenne, à pouce grand, aux phalangettes carrées, à paume moyenne, creuse et ferme. Il paraît que ce type est commun en Chine. La main *philosophique* offre une paume grande et élastique, elle a des *nœuds* dans les doigts, le pouce est grand, les phalanges terminales sont quasi carrées, quasi coniques. Enfin la main *psychique* qui est de toutes la plus belle et la plus rare, est petite et fine, relativement à la personne. Paume moyenne, doigts sans nœuds ou légèrement ondulés, phalange terminale longue et effilée, forme élégante et petite. Quelques remarques sur les mains mixtes et sur les mains de femmes terminent l'ouvrage du capitaine d'Arpentigny dont le lecteur doit trouver, je le crains bien, que nous avons trop parlé.

Carus dont le nom se trouve mêlé, non sans gloire, à toutes les spéculations physiologiques du siècle, a publié, peu d'années après la date du livre de d'Arpentigny, un curieux opuscule sur la base et la signification des différentes formes de main (*Ueber Grund und Bedeutung der verschiedenen Formen der Hand*, Stuttgart, 1846). Cet opuscule est, à coup sûr, ce que la littérature chirognomonique compte de plus sérieux, encore qu'il soit loin d'offrir la méthode et le caractère positif que l'on peut attendre d'un savant de profession. Mais nous nous sommes trop étendu sur ce sujet pour qu'il nous soit loisible d'y revenir, et nous nous bornerons à signaler la modification que le physiologiste saxon a introduite dans la classification de d'Arpentigny sur laquelle, d'ailleurs, il s'est constamment appuyé; il ramène à quatre les cinq types de l'auteur français et il leur donne comme prototype moral, savoir : à la main *élementaire*, Sancho Pança; à la main *motrice*, Marius; à la main *sensible*, le Tasse; à la main *psychique*, Jésus-Christ (*loc. cit.*, p. 7). On peut voir, dans ces dénominations, un progrès notable, mais il est encore insuffisant pour faire passer la chirognomonie à l'état de science. Il reste néanmoins certain, au milieu de toutes les imaginations des adeptes de la science de la main, qu'il y a un rapport général entre la conformation primitive de la main et les aptitudes individuelles. Mais tant de circonstances surviennent qui modifient cet organe, qui en altèrent les formes primitives, telles que les occupations, les maladies, les professions, etc., qu'il n'y a pas lieu d'espérer que ces rapports demeurent assez constants pour donner lieu à des déductions rationnelles.

Parmi les faits singuliers, plus ou moins exacts, qui se rattachent à l'étude des mains, il faut citer les différences qu'offrent la droite et la gauche quant à la température, au volume, à la forme, aux développements et aux propriétés spéciales. Dans leur configuration extérieure, les différences sont assez peu sensibles et les grands plis de la commotion restent à peu près symétriques ; cependant il est de règle, chez les devins, anciens et modernes, d'examiner la main gauche, qui seule est caractéristique ; la droite ne fait que corriger par le défaut, s'il y a lieu, les excès de certains traits ; le fait est que la symétrie générale des plis des deux mains fait défaut pour une foule de plis secondaires dont les mouvements et les usages des mains rendent toujours compte d'une manière suffisante. Dans la grande majorité des cas, la main droite est néanmoins plus volumineuse que la gauche ; l'usage plus fréquent de cette main suffirait d'autant mieux à expliquer le fait que d'après une vingtaine d'observations il m'a paru que cette inégalité n'existait pas dans les races sauvages non plus que chez les singes anthropoïdes, dont les squelettes se trouvent au Muséum. Cependant, comme cette inégalité se retrouve, parait-il, dans le pied droit et dans le gauche, le fait n'est pas clairement expliqué ; car il est difficile d'établir que le pied droit a plus d'exercice que le gauche.

On ne connaît, jusqu'à présent, aucune race humaine où l'usage de la main gauche soit aussi ou plus fréquent que l'usage de la droite. Hecquart rapporte que dans le grand Bassam la droite seule sert à manger, tandis que la gauche, dont les ongles croissent librement, ne sert qu'aux occupations malpropres. Raffenl a fait la même remarque pour les indigènes de l'isthme de Darien. On rapporte encore que les Hottentots et les Bushmen semblent être manchots, tant l'usage d'une seule main est prépondérant (*Voy.* Waitz, *Anthr. der Naturvolker*, I, sect. 2). Gratiolet a, on le sait, expliqué le fait des *droitiers* par la précocité du développement des circonvolutions de l'hémisphère gauche par rapport aux droites. Les *gauchers* auraient en conséquence cet ordre de développement interverti. Mais il reste à se rendre compte de la raison pour laquelle les circonvolutions gauches se développeraient avant les droites ; on pourrait supposer que ce fait est consécutif et non primitif.

Dans toutes les langues, la *sénestre* a servi à désigner l'injustice, la fourberie, le malheur ; la droite représente les idées opposées ; tantôt c'est la notion philosophique qui a donné son expression à l'une des deux mains, tantôt c'est le contraire. Partout on tend la main droite en signe d'amitié; la gauche se refuse souvent et sert parfois à déjouer les sorts.

Enfin, pour tout dire, l'inventeur de l'*Od*, Reichenbach, et à sa suite un certain nombre de magnétiseurs croient que la droite et la gauche ont une polarisation qui leur confère des propriétés spécifiques; il avance qu'à l'égard de ce fluide (l'od) la gauche représente le pôle positif, la droite le négatif, et que quand deux personnes sensitives placent l'une dans l'autre les mains de noms contraires, elles se produisent une impression agréable, tandis que l'impression est pénible et à la longue *nauséeuse;* les mêmes sensations se produiraient lorsqu'on tient un aimant par l'un des pôles : si l'on met le pôle nord (négatif) dans la main gauche (positive), et le pôle sud dans la droite, un courant magnéto-odique s'établit et détermine des effets d'oppression, de constriction et des vertiges, qui cessent dès que le circuit est interrompu (Reichenbach, *Physico-physiol. Researches on the dynamics*, p. 252, etc., trad. angl. d'Ashburner, 1850. Voy. aussi *Lettres odiques magnétiques*, trad. française. G. Baillière, 1855). Le même auteur a exposé de nombreuses expériences desquelles il lui paraît résulter que la main gauche donne des sensations chaudes et désagréables et qu'elle émet dans l'obscurité complète une lumière rouge, tandis que la droite émet une lumière bleue et donne des sensations fraîches et agréables (p. 284). Ces expériences et d'autres sont longuement décrites et ont donné lieu à un travail intéressant de M. Boscowitz (*Revue germanique*, 1865). Il ne sera pas sans intérêt, pour ceux qui s'intéressent à l'enchaînement historique des doctrines, de rattacher l'od du célèbre chimiste viennois à l'école des polaristes, dont Broussais a si habilement analysé les principes dans l'*Examen des doctrines* (III, p. 156).

Il nous reste à examiner si, dans les différents types du genre humain, la main varie de façon à offrir des caractères différentiels importants. Jusqu'à ces derniers temps ce n'est qu'en termes vagues que les observations ont été recueillies. On se bornait à dire, par exemple, que les mains des nègres étaient plus longues et celles des Arabes plus petites que celles de l'Européen. Parfois les voyageurs ont noté, en passant, la longueur ou la petitesse des extrémités; les mains suisses et gènoises sont proverbiales pour leur volume, tandis que dans la Maurienne, à la Suze, de Mortillet a signalé, dans la masse de la population, des mains d'une petitesse remarquable. Desor et Vogt ont, tous deux, remarqué la petitesse des poignées d'épée dont se servaient les hommes de l'âge de bronze en Suisse, ce qui contraste avec le grand développement actuel de cette extrémité. A l'occasion de cette remarque, L. Guillard affirme que l'on vend, au Caucase, des armes de dimensions redoutables dont la poignée est insuffisante pour une main de grandeur moyenne; H. Martin dit qu'en Irlande les épées de bronze ont des poignées fort petites, et que les Indiens de la caste des guerriers ont également des armes à dimension fort exiguës (*Congrès internat. d'anthropol. préhist.*, 1868, p. 504).

Mais ces remarques qu'il serait facile de multiplier n'ont guère de portée, surtout depuis que Broca a établi que ce n'était qu'avec des mesures rigoureuses que les caractères différentiels des races humaines pouvaient se reconnaître et depuis que la société d'anthropologie, dans ses *Instructions générales* et dans ses *Feuilles d'observation*, a donné des procédés de mensuration auxquels un nombre déjà important de voyageurs se sont conformés, et notamment Bourgarel, Gilbert Dhercourt, Roubaud, Weisbach. Nous donnerons plus loin les résultats numériques de ces observations. Mais il n'est pas inutile de rappeler ici que l'un des premiers Broca a traduit en chiffres les rapports proportionnels réciproques des membres et de leurs segments. Ainsi il a établi ce fait intéressant, que la longueur de l'humérus étant représentée par 100, celle du radius est chez les nègres 79,40, chez les blancs 73,93. D'où cette conclusion que pour un même bras la longueur de l'avant-bras est plus longue chez le nègre que chez l'Européen. Les nombreuses comparaisons numériques de Broca ont été consignées dans deux mémoires (voy. *Bull. de la Soc. d'anthrop.*, 1862, p. 162; 1867, p. 641) dont il sera question ailleurs. Cet auteur n'a malheureusement point étendu ses recherches à la main et il n'a donné dans ses tableaux ni la stature ni la longueur de la colonne vertébrale, car son but n'était pas de faire un travail d'ensemble. Il va de soi, cependant, que si l'on veut comparer les proportions ethniques des membres il faut le faire par rapport à une mesure générale et constante qui sera soit la taille, soit la hauteur de la colonne vertébrale, ramenées à une unité; les mesures prises sur les mains, sans égard à l'une de ces deux valeurs, n'ont isolément aucune signification, puisque la longueur des extrémités variant avec la taille, de très-petites mains peuvent être en réalité très-grandes, et de très-grandes mains fort petites eu égard à l'unité de taille. C'est ainsi que la main de squelette la plus longue que nous ayons mesurée chez l'homme, celle du géant du laboratoire de M. Broca, est en réalité une main petite puisque la taille osseuse de cet individu s'élève à 2 mètres, tandis qu'une main de nègre, appartenant au Muséum et mesurant 19 centimètres, est très-longue pour une taille de 1ᵐ,65. Mais les difficultés que l'on trouve à prendre la hauteur totale d'un squelette nous font préférer, avec Huxley, la comparaison avec la hauteur de la colonne vertébrale et c'est sur cette donnée que nous avons mesuré les 42 squelettes de la galerie anthropologique du Muséum.

Sur le vivant, voici les mesures qui à notre connaissance ont été prises jusqu'à ce jour. Gillebert Dhercourt dans les mesures prises sur 76 indigènes de l'Algérie (17 Berbères-Kabyles, 6 Mozabites, 8 Arabes des villes ou Maures, 23 Arabes des tribus, 4 Kourouglis, 12 nègres, 6 Israélites) a trouvé, pour la main, les longueurs moyennes absolues suivantes données en millimètres:
Kabyles : hommes 175, femmes 171 ; Mozabites : 170; Arabes des villes : hommes 185, femmes 174; Arabes des tribus : hommes 185, femmes 176 ; Kourouglis 189; nègres : hommes 194, femmes 179 ; Israélites : hommes 182, femmes 191.

Ces mesures, pour porter toute leur signification, doivent être comparées à la stature des sujets observés. Ainsi, faisant abstraction des femmes et ne prenant que deux des types algériens, le Kabyle et le nègre, dont la taille moyenne est d'après les chiffres de Gillebert, de 1703 pour les premiers et de 1645 pour les seconds, nous trouverons que la taille, ramenée à 100, donne pour longueur de main aux Kabyles 10,2 ; aux nègres tout près de 11,8. Ce qui revient à dire que, pour une taille de 2 mètres, la longueur de la main du nègre serait de 23,6 et celle du Kabyle de 20,4. Ce résultat concorde très-sensiblement avec celui que nous avons obtenu sur les squelettes du Muséum (*Mémoires de la Soc. d'anthr.*, t. III).

Bourgarel, dans son excellent mémoire sur les races de l'Océanie française, a trouvé sur 12 Calédoniens adultes, une taille moyenne de 167,4 et une longueur moyenne de main de 19,3. On trouve donc que la taille étant représentée par 100, la longueur de la main est de 11,5 (*Mémoires de la Soc. d'anthr.*).

Le voyage de circumnavigation entrepris par la frégate *Novara* en 1857, 1858 et 1859 a donné à Scherzer et Schwartz des résultats numériques considérables que le docteur Weisbach a consignés dans le deuxième fascicule de la relation anthropologique du voyage (*Reise der fregatte Novara,... Korpermessungen bearbeitet von Weisbach*, Vienne 1867).

Toutefois, les tableaux d'ensemble ne donnent pas ·isolément la longueur des mains : il faut la déduire par la soustraction des longueurs additionnées du bras et de l'avant-bras de la longueur totale du membre supérieur. Mais en nous reportant au texte, nous avons relevé les chiffres suivants. Sur 26 Chinois, la longueur moyenne de la main a été trouvée de 216 (taille moyenne 1632) ; sur 36 indigènes de . Nicobar 213 (taille m. 1631) ; sur 9 Javanais 220 (taille m. 1679) ; 3 Néo-Zélandais 241 (taille m. 1757); 7 Haïtiens 203 (taille m. 1650) ; 4 Australiens 209 (taille m. 1617). Les mêmes auteurs donnent pour taille moyenne aux Allemands 1680 millimètres et pour longueur de main 202, aux Slaves 1678 de taille moyenne 'et 213 de longueur de main. Les mains les plus longues qu'ils ont trouvées sont celles d'un insulaire de l'île de Stewart qui mesuraient 265 millimètres. Viennent ensuite celles des Néo-Zélandais, 241 ; insulaires des îles de la Sonde. 226 ; Javanais, 220 ; indigènes de Nicobar, 214; Australiens, 208, etc.

· E. Roubaud, dans un mémoire encore inédit, couronné en 1869 par la Société d'anthropologie, a publié dix-huit observations complètes sur les peuples de l'Inde méridionale, savoir trois Toulkou, à peau jaunâtre, auxquels Roubaud

INDIVIDUS SQUELETTES DU MUSÉUM.	LONGUEUR ABSOLUE		LONGUEUR RELATIVE DE LA MAIN POUR 100 DE COL. VERT.
	DE LA COL. VERT.	DE LA MAIN.	
	cent.	cent.	cent.
. 4 Gibbons (moyenne).	28,2	16	57
Orang adulte.	60	27	45
Troglodyte tsego.	64	25	57
Gorille femelle . . . . ; .	60	21	35
Troglodyte Niger (chimpanzé).	58	22	53
Gorille mâle.	78	25	33,3
8 Nègres (moyenne).	58	18	52,4
6 Négresses (moyenne).	56,8	17,9	30
Malabar.	60	18	30
8 Taïtiens	71	21	29,8
Néo-Guinéen.	65	19	29
Néo-Calédonien.	68	20	28
Indien de Bombay (squelette naturel). . . .	57	16	28
2 Français (moyenne).	72	20	27,5
Turc de Smyrne.	69	19	29,6
Arabe.	65	17	26,1
Océanien.	72	19,5	27
Nègre du laboratoire Broca. . . . . . . ·.	70	21	30
Géant id. id.	»	»	»
O' Brian (géant).	?	26	?
Freemann	?	22	»
Laponne géante.	»	20	»
8 Squelettes divers supposés français	67	18,5	27

donne une origine mongolique ; neuf Dravidas, à peau chocolat, qui seraient des Mongols plus mélangés, et six Moundas, à peau noire, à cheveux souvent frisés ou crépus, considérés comme autochthones. La longueur de la main a été : Toulkou, 183 millimètres ; Dravidas, 189 ; Moundas, 183 ; la largeur, respectivement de 74, 83, 82. Mais par rapport à la taille, tandis que pour 1 mètre de hauteur la longueur est uniformément de 113 millimètres, la largeur est respectivement de 46, 49, 51 millimètres.

Des chiffres que nous avons donnés jusqu'à présent, il faut conclure que la stature étant représentée par 1 mètre, la longueur de la main sera pour les races observées jusqu'ici, savoir : Néo-Stéwardiens 148 millimètres ; Néo-Zélandais 137 ; Sondaniens 136 ; icobardiens 131 ; Chinois 128 ; Australiens 124 ; nègres d'Algérie 118 ; Néo-Calédoniens 115 ; Kabyles 102 ; Allemands 120 ; Slaves 127 ; Indous du Sud 113.

On voit donc que la longueur relative de la main est un caractère ethnique différentiel fort important qui permet de constater dans les races humaines — et même des anthropoïdes à l'homme — une radation très-régulière des types inférieurs aux supérieurs. C'est ce dont on pourra être convaincu si l'on jette un coup d'œil sur le tableau suivant qui donne les mesures que nous avons prises à Paris sur les squelettes du Muséum :

La longueur de la colonne vertébrale a été prise du tubercule postérieur de l'atlas au coccyx ; la longueur de la main, du sommet de la convexité du carpe à l'extrémité du médius. On peut supposer que, pour les squelettes montés les causes d'erreur étant les mêmes, elles se compensent d'un individu aux autres (*Voy.* MEMBRES). E. DALLY.

§ IV. **Pathologie.** LÉSIONS TRAUMATIQUES. Les mains sont toujours à découvert ; elles sont continuellement en contact avec les machines, les outils et les instruments qui servent à notre industrie et à nos besoins ; elles protègent notre corps en se portant instinctivement au-devant des obstacles et des objets qui nous menacent de quelque péril ; aussi, de toutes les parties de l'organisme, il n'en est aucune qui soit plus exposée aux lésions traumatiques. Les innombrables blessures de la main forment donc un vaste sujet de chirurgie. Nous ne devons l'aborder que dans ses parties essentielles. En outre, les exigences d'un dictionnaire nous obligent à ne nous occuper, dans cet article, que des blessures qui intéressent plus spécialement la paume ou région métacarpienne, à rejeter à l'article DOIGT l'étude de toutes les lésions qui atteignent exclusivement ces organes.

FRACTURES. Nous ne comprendrons dans ce chapitre que l'étude des *fractures simples* du carpe et du métacarpe, ou des fractures qui ne s'accompagnent que de complications assez légères pour ne pas modifier les indications thérapeutiques de ce genre de lésion. Il sera question plus loin, à propos des écrasements et des plaies par armes à feu, des fractures qui se compliquent d'un grand délabrement des parties molles.

I. FRACTURES DES OS DU CARPE. Les fractures simples des os du carpe sont d'une extrême rareté. Les causes fracturantes ont, en effet, peu de prise sur des os si petits, et les nombreuses articulations du massif carpien, en décomposant les chocs extérieurs, lui donnent une résistance bien supérieure à celle des os de l'avant-bras et du métacarpe. Il n'est donc pas étonnant de voir ces derniers se briser, tandis que les os carpiens restent intacts. D'ailleurs, les signes des fractures du carpe sont tellement obscurs qu'elles doivent bien souvent passer inaperçues.

Cependant il faut être prévenu qu'un choc direct ou une chute, dans laquelle la main est fortement infléchie, peut produire cette espèce de lésion. En imprimant à la main des mouvements de flexion forcée, dans le but de luxer le poignet sur le cadavre, Bouchet (Thèses de Paris, n° 182, p. 12; 1834), au lieu d'obtenir la luxation qu'il cherchait, brisait souvent l'extrémité inférieure du radius, et quelquefois un ou plusieurs des os du carpe. J. Cloquet (*Dict. en 30 vol.*, article MAIN) a constaté de semblables fractures chez deux individus qui étaient morts à la suite d'une chute d'un lieu élevé. Le gonflement des parties molles avait empêché de reconnaître la lésion pendant la vie. Jarjavay (Thèses de Paris, p. 52; 1846) avait observé une fracture du scaphoïde.

Le seul signe qui puisse donner la certitude d'une fracture des os du carpe est la crépitation. Comme celle-ci se fera sentir bien près de l'extrémité inférieure du radius, et que les solutions de continuité de cette extrémité sont très-fréquentes, il faut bien s'assurer de son siège, et avoir surtout égard à l'absence de la déformation du poignet. Un ouvrier jeune et vigoureux s'était précipité de la hauteur d'un second étage, et était tombé sur les pieds et sur la main droite. Robert (*Annales de thérapeutique de Rognetta*, t. III, p. 146; 1845-46), dans le service duquel ce malade fut transporté, ne trouva pas les signes de la fracture du radius ni du cubitus. En fixant fortement les apophyses styloïdes entre les doigts d'une main, et en imprimant au poignet blessé des mouvements de flexion et d'extension, en même temps que l'on comprimait la région carpienne, on produisait une crépitation qui ne se transmettait pas aux apophyses styloïdes, preuve évidente que la fracture existait dans le carpe et non dans les os de l'avant-bras.

La fracture simple d'un ou de plusieurs os du carpe est une lésion de peu d'importance. L'immobilité du poignet pendant douze à quinze jours suffirait pour la consolidation ; encore faut-il que cette immobilité ne soit pas très-rigoureuse, et que de légers mouvements soient imprimés de temps en temps à la main, afin de prévenir la roideur consécutive de ses articulations.

II. Fractures des métacarpiens. S'il est commun d'observer ces fractures comme complications des plaies contuses, il est rare de les voir à l'état de simplicité et dégagées de lésions concomitantes. Sur un total de 5,517 fractures traitées dans les hôpitaux de Paris pendant les années 1861, 1862 et 1863, on ne trouve que 64 fractures de métacarpiens, ce qui donne 1,16 fractures, pour 100. Malgaigne avait trouvé une proportion près de deux fois plus faible (16 sur 2,377 fractures ou 0,67 pour 100).

Cette rareté a lieu d'étonner quand on songe que la main est si souvent exposée aux causes vulnérantes. Il est probable que ces fractures passent souvent inaperçues, et qu'un certain nombre d'entre elles sont soignées comme des contusions, et guérissent sans que les blessés aient besoin de recourir aux soins d'un hôpital. Quoi qu'il en soit de cette explication, la rareté des fractures simples des métacarpiens est un fait bien constaté.

Causes prédisposantes. Comme pour toutes les fractures en général, les hommes sont beaucoup plus souvent atteints que les femmes : les 64 cas de la statistique des hôpitaux, donnent 57 hommes et seulement 7 femmes. L'âge adulte y parait spécialement prédisposé, car, sur ces 64 cas, il n'y a que 2 vieillards et point d'enfants. Nous n'avons, d'autre part, trouvé que deux exemples de fracture de métacarpien chez les enfants, l'un chez un garçon de

12 ans (obs. VII de la thèse de Pichon), l'autre dû à Malgaigne qui considéra la lésion, non comme une fracture, mais comme une disjonction épiphysaire. Nous résumons ce fait qui peut se prêter à des interprétations diverses · la nommée Émilie Halprunn, actuellement âgée de 22 ans, fit, à l'âge de 9 ans, une chute qui donna lieu à ùne fracture du quatrième métacarpien gauche. Cette fracture fut suivie d'une fausse articulation. « Aujourd'hui, la tête du quatrième métacarpien, déformée, mobile, paraît offrir une surface concave du côté de l'os. Quand la malade fléchit les doigts, cette tête s'enfonce vers la paume de la main ; le fragment supérieur fait une forte saillie en arrière, et cette saillie est si forte que le tendon extenseur glisse alors en dehors de l'os du côté du doigt médius. Dans l'extension, cette saillie diminue sans disparaître en entier, et alors on sent à la face palmaire, vis-à-vis la tête de l'os, le tendon fléchisseur épaissi, élargi et paraissant contenir un noyau cartilagineux ou osseux. Du reste, tous les mouvements paraissent avoir leur étendue et leur liberté accoutumées. » Il est bien difficile de formuler une opinion sur la nature d'une lésion qui n'a été observée que treize ans après l'accident. Cependant un décollement de la petite coque épiphysaire, qui recouvre la tête du métacarpien à l'âge de 9 ans, est parfaitement possible , et, dans le cas particulier, la disjonction épiphysaire nous paraît plus probable qu'une fracture. Renault du Motey pense que, s'il y a eu décollement épiphysaire, ce décollement a dû être favorisé par une hypertrophie rachitique du cartilage de juxtaposition.

Les métacarpiens de la main droite sont plus souvent atteints de fractures que ceux de la main gauche.

Tous les auteurs classiques, jusqu'à l'excellent mémoire de Renault du Motey, ont répété, d'après des idées théoriques, que le cinquième métacarpien était le plus souvent brisé, et que le premier se briserait plus souvent encore, s'il n'échappait par sa mobilité aux causes fracturantes. Or rien n'est plus inexact. L'examen des faits prouve, au contraire, que le premier et le cinquième métacarpien sont rarement fracturés, que le deuxième l'est beaucoup plus souvent et que les fractures les plus fréquentes siègent sur le troisième et le quatrième. Cela ressort clairement du tableau suivant :

Sur 102 métacarpiens fracturés nous avons trouvé. . . . .

pour le 1er	. . . . .	8 fractures.
— 2e	. . . . . .	16 —
— 3e	. . . . . .	34 —
— 4e	. . . . . .	35 —
— 5e	. . . . . .	9 —

En effet, le troisième et le quatrième métacarpien sont les plus longs, et par suite les plus exposés à supporter le choc dans une chute sur le poing fermé. De plus, lorsque le bord cubital de la main vient à être violemment frappé, le cinquième métacarpien s'incline en raison de la mobilité de son articulation supérieure, et peut échapper au traumatisme qui porte toute son action sur le quatrième.

Causes efficientes. A propos des causes efficientes, nous avons encore à détruire une erreur généralement accréditée. On dit que ces fractures sont presque toujours produites par cause directe. Mais quand on examine un grand nombre d'observations, on peut se convaincre du contraire. Si le cinquième et le deuxième métacarpien présentent plus de fractures directes que de fractures indirectes, c'est l'inverse pour les troisième et quatrième métacarpiens, qui subissent plus souvent cette lésion. Quant au premier, il paraît brisé aussi souvent indirectement que directement.

du premier métacarpien, on en compte assez d'exemples pour pouvoir construire leur histoire pathologique.

Luxations isolées des os du carpe. A. Cooper donne une observation de *luxation du scaphoïde*, recueillie par un de ses élèves; mais elle est si vague qu'elle ne nous renseigne nullement sur cette lésion. Une femme, âgée de 60 ans, fit une chute dans laquelle le dos de la main porta contre le sol. Elle se fractura le radius obliquement de haut en bas et de dehors en dedans. La fracture divisait la surface articulaire inférieure du radius. Le fragment inférieur, réuni à l'os scaphoïde, fut porté en arrière sur le carpe. Le poignet était légèrement fléchi, et il y avait à la partie postérieure du carpe une saillie manifeste. La fracture fut facile à réduire (*OEuvres chir. d'A. Cooper*, trad. par Chassaignac et Richelot, p. 120, 1837). Un déplacement aussi rare que celui du scaphoïde n'aurait-il pas dû être décrit avec soin, afin de lever toute espèce de doute sur son existence? Or la fracture seule semble avoir attiré l'attention de l'observateur.

Malgaigne (*Traité des luxat.*, p. 718) rapporte, d'après M. Mougeot de Bruyères, un fait de *luxation du semi-lunaire* avec expulsion de cet os à travers les téguments. Un charpentier, tombé d'une hauteur de 50 pieds sur la paume de la main, offrit à la face palmaire du poignet une plaie d'un demi-pouce de longueur, par laquelle s'était échappé l'os semi-lunaire ; il n'était retenu que par une portion ligamenteuse que l'on divisa pour l'enlever tout à fait. La guérison eut lieu ; et, deux mois après, les mouvements s'exécutaient, sans trop de douleurs, dans tous les sens. Holmes (*A System of Surgery*, t. II, p. 585, 1861) a vu un cas semblable, mais plus curieux encore en ce sens que la lésion existait des deux côtés. A la suite d'une chute d'une grande hauteur sur les mains, les semi-lunaires furent luxés à travers une plaie de la face antérieure du poignet, et l'un d'eux n'était plus retenu que par un débris de ligament. Erichsen (*Science and Art of Surgery*, p. 312, 1864) observa une luxation du semi-lunaire sans lésion des téguments. Il y avait, à la face dorsale du poignet, une petite tumeur dure qui se réduisait par une compression directe et par l'extension de la main, mais qui reparaissait dès que la main était fortement fléchie.

La *luxation du pisiforme* a été observée par Albin Gras et par Erichsen. Le premier fait (*Gaz. méd.* de Paris, p. 542, 1835) est relatif à une femme qui, en appuyant fortement la main sur un fer à repasser, sentit un léger craquement au poignet et une douleur vive s'étendant de l'os pisiforme au coude. La main était un peu portée dans l'adduction et fléchie sur l'avant-bras. Au-dessus du point qu'occupe ordinairement le pisiforme, on sentait une petite tumeur dure et distincte, qui était évidemment formée par cet os qu'on ne retrouvait plus à sa place ordinaire. La réduction fut facile. On la maintint par un bandage qui tendait à repousser le pisiforme en bas. La guérison fut parfaite. L'ascension de l'os prouve manifestement que les ligaments de l'articulation du pisiforme avaient été rompus. Dans l'observation d'Erichsen (*loc. cit.*), cette déchirure était si complète que le pisiforme était remonté, au-dessus de sa place normale, à une distance de près d'un pouce. Le déplacement avait été produit par un effort pour soulever un pesant fardeau.

Alquié (*Clinique chirurg.*, p. 67, Montpellier, 1852) a donné l'histoire très-détaillée d'un déplacement complexe des os du carpe, dans lequel le *trapèze* était plus *particulièrement luxé*. En voici le résumé : un homme avait subi, deux années auparavant, une grave lésion de la main droite par le choc du volant d'une machine. Après la guérison, il remarqua que son poignet droit avait augmenté de volume, mais il n'existait aucune gêne notable dans les mouvements de cette articulation. Il y a dix jours, il fit une chute sur sa main droite, chute qui amena de la tuméfaction, de la douleur et une gêne très-considérable des mouvements. « Nous pensâmes au premier abord qu'il s'agissait d'une fracture de l'extrémité inférieure du radius. La forme de la main, une sorte de déplacement dans une pièce presque transversale, du frottement rude entre les surfaces osseuses, la fréquence d'une telle blessure comparée à celle dont nous eûmes à reconnaître l'existence chez cet homme, étaient bien propres à nous donner d'abord cette pensée. Toutefois, nous ne tardâmes pas à revenir de cette erreur, en regardant de plus près les parties lésées. En effet, le jeu de la main sur l'avant-bras est assez libre ; les deux apophyses styloïdes de cette portion du membre supérieur sont reconnues aisément dans leur position normale; il n'en est pas de même des os du carpe. Le poignet présente, à l'état ordinaire, le style radial très-marqué et dépassant sensiblement le scaphoïde, dont l'enfoncement laisse, entre le radius et le trapèze, une dépression notable. Chez notre malade, au contraire, le style du radius est en quelque sorte effacé sous la saillie d'un os plus étendu en travers que verticalement, à bords arrondis, ayant 2 centimètres de longueur, 1 de hauteur, immédiatement situé au-dessous du radius, offrant une surface inférieure excavée, enfin donnant tous les caractères du scaphoïde suivi du semi-lunaire. En même temps que le scaphoïde et le semi-lunaire sont portés en dehors de leur position ordinaire, le trapèze et son métacarpien sont portés en dedans du scaphoïde et en avant du carpe ; la tête du grand os est un peu saillante en arrière, et la main est comme un peu tordue sur l'avant-bras. » Alquié considéra ces déplacements multiples, non pas comme le résultat de la chute récente que ce malade avait faite, mais comme le résultat de l'accident qu'il avait éprouvé deux années auparavant. Toutes les tentatives de réduction furent inutiles. Du reste, les mouvements devinrent plus tard assez libres, surtout à l'aide d'une sorte de bracelet de peau qui assujettissait les os trop mobiles du carpe et donnait plus de fixité à l'articulation du poignet. Un modèle en plâtre de cette luxation a été déposé au Conservatoire de la faculté de Montpellier.

Quoi qu'en disent les auteurs, la *luxation isolée du grand os* ne nous paraît pas avoir été observée. Les déplacements que l'on trouve signalés sous ce nom, se rapportent évidemment aux luxations de la seconde rangée du carpe sur la première.

Luxations médio-carpiennes. La mobilité assez considérable de l'articulation médio-carpienne semble la prédisposer aux déplacements. Il n'en est rien cependant, à moins que les ligaments ne présentent une laxité particulière que Malgaigne regarde comme pathologique.

Le déplacement s'opère toujours en arrière, et le condyle articulaire formé par la tête du grand os et une partie de l'os crochu fait saillie sur la face dorsale des os de la première rangée.

Le seul exemple authentique d'une luxation médio-carpienne complète, sans plaie des téguments, produite brusquement, sans un relâchement préalable des ligaments, a été donné par M. Maisonneuve (*Mém. de la Soc. de chir.*, t. II). Son malade était tombé d'une hauteur de 40 pieds. Il fut apporté à l'Hôtel-Dieu, où il mourut. Le poignet paraissait luxé en arrière. La main, portée en totalité sur un plan postérieur à celui de l'avant-bras, offrait un raccourcissement de plusieurs lignes. En arrière, à quelques lignes au-dessous des apophyses styloïdes, existait une saillie osseuse transversale de plus de 1 centimètre de hauteur ; en avant, une saillie correspondante plus marquée, d'environ 2 centimètres, avec une dépression au-dessous, vis-à-vis le pli transversal du poignet. Les doigts étaient fléchis et ne pouvaient être étendus sans un effort considérable. La mort avait été trop prompte pour qu'on ait pu réduire cette luxation ; sur le cadavre, un simple effort de traction suffit à la réduire. Après l'avoir reproduite pour la disséquer, on vit que les os de la deuxième rangée étaient complétement séparés des os de la première, sur lesquels ils chevauchaient en arrière de plus de 1 centimètre. Une partie du scaphoïde était restée unie au trapèze ; une portion du pyramidal, entraînant avec elle l'os pisiforme, avait suivi l'os crochu. Les ligaments latéraux internes et externes de l'articulation radio-carpienne étaient complétement rompus, ainsi que les fibres ligamenteuses antérieures et postérieures qui unissent les deux rangées du carpe. La déformation, suivant M. Maisonneuve, ressemblait à celle de la luxation radio-carpienne. Cependant on pourrait, le cas échéant, distinguer ces deux lésions à ce que, dans la luxation médio-carpienne, les saillies des deux apophyses styloïdes sont situées au-dessus de la saillie antérieure formée par la première rangée, tandis que, dans la luxation radio-carpienne postérieure, ces deux saillies sont situées au-dessous du relief formé par le bord inférieur du radius. De plus, la distance de la saillie postérieure au bout du doigt médius doit être évidemment moindre dans la luxation médio-carpienne que dans la luxation radio-carpienne, puisqu'elle est diminuée de toute la hauteur de la première rangée du carpe.

Il arrive quelquefois que les ligaments postérieurs de l'articulation médio-carpienne sont accidentellement relâchés, de telle sorte que le condyle, constitué par le grand os et l'os crochu, se luxe incomplétement en arrière pendant les mouvements de flexion du poignet en avant. Cet état, qui n'est point très-rare, a été observé par Boyer (*Traité de chir.*, IV, p. 265, 1814), A. Cooper (*loc. cit.*, p. 120), Richerand (*Nos. chir.*, t. II, p. 323, 1821), Ph. Boyer (Annot. au traité de son père, t. III, p. 776, 1845), Hamilton Labatt (*Gaz. des hôp.*, 1841, p. 456), Putégnat (*Journ. de chir.*, 1843, p. 305). Malgaigne le décrit comme une luxation pathologique.

En général, cette laxité des ligaments et le déplacement qui en résulte surviennent peu à peu, sans cause traumatique. Les femmes y sont beaucoup plus prédisposées que les hommes. La malade de Ph. Boyer l'attribuait à la nécessité de déboucher chaque jour un grand nombre de bouteilles. La malade de Richerand avait senti, en saisissant avec force les bords de son lit pendant les douleurs de l'accouchement, un léger craquement et une douleur dans ses mains ; quelques jours après, elle s'aperçut qu'une tumeur se formait à son poignet gauche, principalement lorsqu'il était fortement fléchi.

Cette luxation se caractérise par la présence d'une tumeur dure, arrondie, située sur la face dorsale de la main, un peu au-dessous de la ligne qui s'étend du sommet de l'apophyse styloïde du radius au sommet de l'apophyse styloïde du cubitus, tumeur qui augmente dans la flexion du poignet en avant, et qui diminue ou disparaît dans la flexion en arrière. Les troubles fonctionnels sont quelquefois si légers que les mouvements de la main n'en sont point gênés. D'autres fois, la luxation, qui se renouvelle sans cesse, occasionne de la douleur ou une grande faiblesse de la main. Une jeune malade, observée par A. Cooper, avait été obligée de renoncer à la musique et à ses autres occupations ; elle ne pouvait se servir de sa main qu'en ayant recours à l'application de deux attelles maintenues, l'une à la partie antérieure, l'autre à la partie postérieure de la main et de l'avant-bras. Une autre cliente d'A. Cooper portait, pour suppléer au défaut de fixité de son poignet, un fort bracelet de chaînes d'acier qui maintenait les os en place.

Sous le rapport de l'intégrité des fonctions manuelles, le pronostic n'est donc pas toujours exempt de gravité. Aussi faut-il s'efforcer de combattre le déplacement et le relâchement des ligaments qui en la cause. En général, la réduction est très-facile, et n'a été impossible que dans le cas de Ph. Boyer ; mais elle est plus difficile à maintenir. Pour cela, il faut tenir la main étendue sur une attelle palmaire qui remonte jusqu'au milieu de l'avant-bras, et appliquer une compresse graduée sur la rangée inférieure du carpe, le tout étant maintenu par un bandage roulé. Une immobilité de quinze jours ou trois semaines pourra favoriser la rétraction des tissus fibreux et améliorer la maladie. Mais il ne faut guère espérer une guérison complète que si la luxation est de date récente. A. Cooper se bornait à l'application d'une bande autour du poignet, et se préoccupait beaucoup de donner de la force aux ligaments par des douches d'eau froide et par des frictions.

Luxations carpo-métacarpiennes. De tous les métacarpiens, celui qui se luxe le moins rarement est le premier, en raison de son isolement et de la mobilité de son articulation avec le trapèze. Les quatre autres métacarpiens, articulés entre eux et avec le carpe par des arthrodies très-serrées, se soutiennent mutuellement et résistent efficacement aux déplacements traumatiques. Nous décrirons d'abord les luxations carpo-métacarpiennes du pouce ; nous mentionnerons ensuite les faits que la science possède sur les luxations carpo-métacarpiennes des quatre derniers doigts.

1° *Luxations carpo-métacarpiennes du pouce.* Le premier chirurgien qui ait bien distingué ces luxations de celles des phalanges du pouce et qui nous en ait laissé des notions exactes, est Boyer. On trouve dans les auteurs qui l'ont précédé, des allusions plus ou moins vagues à ce déplacement articulaire, mais aucune description, aucune observation n'en est donnée.

Cette luxation ne paraît possible que dans deux sens, en avant ou en arrière. En effet, la présence du deuxième métacarpien en dedans prévient tout déplacement en ce sens, et, pour qu'une luxation se fasse en dehors, il faudrait que le pouce se porte en dedans ; or le second métacarpien empêche l'exagération de ce mouvement. L'observation des faits prouve, du reste, que les luxations carpo-métacarpiennes du pouce sont toutes *antérieures* ou *postérieures*.

A. Cooper prétendait que, dans les cas qu'il avait observés, le métacarpien formait toujours une saillie dans la paume de la main ; mais, depuis le chirurgien anglais, aucune luxation en avant n'a été retrouvée. Il est donc permis de croire que ce déplacement est tout à fait exceptionnel. Comme d'ailleurs A. Cooper n'a donné aucun détail pour établir l'existence des *luxations antérieures*, nous les passerons sous silence, pour ne nous occuper que de celles qui se font en arrière.

Les causes de la luxation sont tantôt directes, tantôt plus souvent indirectes.

M. Pellerin a parfaitement montré que la force peut agir directement sur l'extrémité supérieure et antérieure du premier métacarpien et la chasser en arrière. C'est ainsi qu'un coup frappé avec l'éminence thénar sur le manche d'un ciseau produisit le déplacement articulaire chez un de ses malades, et que, chez un autre qui forgeait avec un assez gros marteau, le manche de celui-ci, dans un coup porté à faux, appuya si fortement sur le premier métacarpien qu'il le luxa. Un troisième blessé avait saisi, dans un accès de colère, un chandelier dans sa main droite, et, tournant la bobèche en bas, frappa violemment sur une table ; la bougie, étant restée dans le chandelier, fit remonter brusquement le bouton qui repoussa directement en haut l'extrémité supérieure du premier métacarpien. La luxation avait certainement été produite par cause directe chez le malade de Malgaigne, qui était tombé sur la main fortement étendue, et chez le blessé de M. Demarquay, dont l'éminence thénar avait été frappée par un corps dur et résistant.

Les *causes indirectes* agissent en produisant une flexion avec adduction forcée, ou une .extension avec abduction du premier métacarpien. La luxation de la malade observée par Boyer avait eu lieu par le premier mécanisme : en tombant sur le bord externe de la main, le métacarpien du pouce avait subi une flexion forcée dans la paume ; une déchirure de la capsule articulaire en arrière et un déplacement dans le même sens en avaient été la conséquence. Un coup de poing qui infléchirait le pouce dans la paume pourrait produire le même effet. Le blessé de P. Bérard semble être un exemple de cette cause.

Le mécanisme de l'extension combinée à l'abduction a été bien caractérisé dans deux cas dus, l'un à Michon, l'autre à M. Pellerin. Le premier blessé avait fait une chute dans laquelle la partie antérieure du premier métacarpien avait porté sur le rebord d'une table. Le second avait élevé les bras pour décharger une caisse du poids de 35 kilogrammes placée sur d'autres caisses semblables. Cette caisse glissa et vint frapper la partie antérieure de la première phalange et du métacarpien du pouce qui, se trouvant ainsi porté en dehors et en arrière, fut luxé.

La luxation peut être *incomplète* ou *complète*. Sur 16 cas ressemblés depuis Boyer, 11 fois elle a été incomplète et 5 fois complète.

Dans la luxation incomplète, l'extrémité supérieure du métacarpien fait en arrière une légère saillie sur le trapèze. Cette saillie est dure, continue avec le corps du métacarpien, et se réduit par la pression. Quand le déplacement est peu considérable, il n'y a aucune déformation à l'éminence thénar, si ce n'est un peu d'aplatissement. Quelquefois, au contraire, le trapèze fait une saillie au-dessous de laquelle se trouve une dépression marquée. L'attitude du pouce est en général celle de la flexion ; toutefois Michon et Malgaigne ont vu le métacarpien conserver sa direction normale. Les mouvements d'extension sont limités et douloureux ; les mouvements de flexion exagèrent le déplacement ; les mouvements les plus gênés paraissent être l'adduction et l'abduction.

Lorsque la luxation est complète, les saillies postérieure et antérieure sont très-prononcées et toujours appréciables à la vue. L'extrémité supérieure de l'os occupe le fond de la tabatière anatomique. Le pouce est raccourci, et, dans le cas de M. Bourguet, ce raccourcissement allait jusqu'à 1 centimètre 1/2. Sur le modèle en cire d'une luxation du premier métacarpien observée par Gerdy (musée Dupuytren, n° 758), on peut voir que la première phalange du pouce raccourci est comme enfoncée dans les chairs de l'éminence thénar. Le premier métacarpien est tantôt dans une flexion légère, tantôt dans l'extension.

La douleur qui accompagne la luxation n'est pas toujours très-vive. Quelques blessés peuvent même continuer leur travail avec plus ou moins de gêne. Mais à la douleur vient bientôt s'ajouter un gonflement inflammatoire qui peut s'étendre à toute la main et à l'avant-bras, et qui entraîne nécessairement l'incapacité complète du membre.

L'occasion de disséquer une luxation trapézo-métacarpienne ancienne s'est présentée deux fois. Chez un malade qui était mort dans le service de M. Bouillaud et qui portait sa luxation depuis plus de 20 ans, Foucher trouva que le premier métacarpien reposait, par son extrémité supérieure, sur la face dorsale du trapèze. Il était incliné à angle droit sur cet os, et soudé de telle manière que les légers mouvements dont jouissait le pouce se passaient dans les articulations trapézo-scaphoïdienne et trapézo-trapézoïdienne. Les muscles de l'éminence thénar étaient rétractés, confondus et devenus en grande partie fibreux. La première phalange du pouce était fléchie à angle droit. Toutes ces lésions étaient le résultat de l'éclat d'un fusil. M. Gérin-Roze montra à la Société anatomique une autre luxation du premier métacarpien qui avait été produite, par une chute, plusieurs années auparavant, et qui n'avait pu être maintenue réduite. Le bord antérieur de l'extrémité supérieure du métacarpien répondait au bord postérieur de la surface articulaire correspondante du trapèze. La capsule était lâche et très-allongée. Des brides fibreuses s'étendaient d'une surface articulaire à l'autre. Les muscles thénars étaient rétractés. La luxation semblait se réduire facilement, mais un bourrelet de la capsule qui s'interposait entre les surfaces articulaires, les brides fibreuses et la rétraction des muscles thénars empêchaient que cette réduction fût complète et durable.

L'irréductibilité, dont nous nous rendons parfaitement compte dans le cas précédent, s'est aussi montrée, sans que nous puissions en apprécier la cause, chez le malade observé par M. Bourguet. Les tentatives de réduction avaient été faites le lendemain même de l'accident par un médecin expérimenté ; mais elles étaient restées sans succès. Elles furent renouvelées deux mois après par M. Bourguet qui les varia de diverses manières ; elles furent encore infructueuses, et le malade garda sa luxation.

Le pronostic de la luxation trapézo-métacarpienne n'est généralement pas grave. Pourtant, lorsqu'elle ne peut pas se réduire bien complétement, il reste une petite difformité et une grande gêne dans les mouvements d'opposition du pouce, et par suite dans les fonctions de la main.

La réduction est en général facile, et s'obtient en pressant directement, de haut en bas et d'arrière en avant, sur la saillie postérieure. Si la luxation est complète et avec raccourcissement, il faut ajouter à ces pressions l'extension pratiquée sur le pouce. Gimelle, qui eut le premier métacarpien luxé, réduisit immédiatement sa luxation en tirant directement sur son pouce (Malgaigne, loc. cit.). Chez le malade de P. Bérard, la luxation se réduisait en fléchissant fortement le pouce, parce que, dit-on, les tendons de la face dorsale, pressant sur le métacarpien, le faisaient rentrer en place. Il est remarquable que, dans la luxation trapézo-métacarpienne, la réduction reste facile pendant plusieurs jours et même plusieurs mois après l'accident.

La contention du déplacement est toujours assez difficile. L'appareil le plus habituellement employé est fait avec une compresse graduée que l'on place sur la face dorsale du premier métacarpien et une petite attelle qui appuie sur la compresse ; le tout étant maintenu par une bande roulée. Lorsque la luxation n'a pas une trop grande tendance à se produire, un petit bandage inamovible remplirait parfaitement l'indication. Jarjavay, qui a observé à lui seul plus de luxations trapézo-métacarpiennes qu'il n'est ordinairement donné d'en voir, avait adopté un mode de contention qu'il décrit ainsi : pendant qu'un aide maintient le métacarpien et le pouce dans l'extension et l'abduction forcées, on embrasse la face palmaire du pouce et l'éminence thénar avec des bandelettes de diachylon, dont on croise les chefs sur l'extrémité inférieure de l'avant-bras. Ces bandelettes sont maintenues

TABLEAU DES LUXATIONS DU 1er MÉTACARPIEN EN ARRIÈRE.

OBSERVATEUR ET BIBLIOGRAPHIE	SEXE	AGE	CAUSE	DEGRÉ	TRAITEMENT	RÉSULTAT.
Doyen. Chirurgie, t. IV, p. 269, 1814.	.	»	Indirecte.	Incomplète.	Réduction deux mois après l'accident. Reproduction de la luxation. — Six mois après, nouvelle réduction, difficil : à maintenir. La malade ne veut pas se soumettre à garder un appareil contentif.	Non-réduite.
P. Bérard. Gaz. des Hôp., p. 242, 1845.	H.	»	Indirecte.	Incomplète.	Réduction facile, mais tendance à un nouveau déplacement.	Guérison.
Malgaigne. Revue médico-chir., t. IV, p. 111, 1848.	H.	20	Directe.	Incomplète.	Réduction facile, mais qui ne se maintient que par la compression d'un bandage.	Guérison.
Michon. Bull. de la Soc. de chir., t. I, p. 11, 1848.	H.	»	Indirecte.	Complète.	Réduction facile. Le déplacement se reproduit et est ensuite définitivement maintenu.	Guérison.
Ibem.	H.	Jeune.	Indirecte.	Incomplète.	Réduction facile.	Guérison.
Demarquay. Bull. de La Soc. de chir., t. II, p. 110, 1851.	H.	60	Directe.	Incomplète.	Luxation datant de 50 jours. Réduction.	Guérison.
Bouguet. Revue médico-chir., t. XIV, p. 93, 1855.	H.	26	Indirecte.	Complète.	Irréductible après l'accident et irréductible au bout de 2 mois.	Irréductible.

Référence	Sexe	Âge	Direction	Variété	Observations	Résultat
Foucher, Bull. de la Soc. anat., 2e série, t. I, p. 6, 1856.	H.	50	Directe.	Complète.	La luxation datait de vingt ans, et on ne fit aucune tentative de réduction. Le malade mourut accidentellement.	Irréductible. Autopsie.
Génty-Roze. Bull. de la Soc. anat., 2e série, t. III, p. 266, 1858.	F.	»	Indirecte.	Complète.	Luxation datant de plusieurs années ; la réduction s'obtenait facilement, mais ne pouvait être maintenue. Mort accidentelle.	Non-réduite.
Pellerin, Thèse de Paris, 1864. Six observations recueillies dans le service de Jarjavay.	H.	25	Directe.	Incomplète.	Luxation datant de vingt-trois jours. Réduction facile; tendance à la reproduction du déplacement.	Guérison en 12 jours.
	H.	58	Directe.	Incomplète.	Réduction facile.	Guérison en 15 jours.
	H.	52	Directe.	Incomplète.	Récidive d'une luxation semblable arrivée il y a huit ans. Réduction facile.	Guérison en 14 jours.
	H.	56	Indirecte.	Incomplète.	Réduction facile.	Guérison en 12 jours.
	H.	53	Indirecte.	Incomplète.	Luxation datant de neuf jours. Réduction facile.	Guérison en 14 jours.
	H.	40	Indirecte.	Complète.	Réduction facile.	Guérison.
Gosselin, Clinique du 12 mars 1870. Obs. inédite.	H.	52	Indirecte.	Incomplète.	Luxation datant de dix jours. Réduction facile. Déplacement facile à reproduire.	Guérison en 15 jours.

par d'autres bandelettes circulaires qui débordent en bas le poignet, et s'opposent ainsi au déplacement de l'extrémité luxée. Quelquefois, pour mieux réduire l'extrémité supérieure, Jarjavay plaçait sur elle, au-dessous des bandelettes circulaires, un petit tampon de charpie.

Une contention d'une quinzaine de jours suffit pour assurer la guérison.

2° *Luxation des quatre derniers métacarpiens.* *a.* La *luxation isolée du deuxième métacarpien* a été observée deux fois, une fois *en avant,* l'autre fois *en arrière*.

Un homme de 45 ans eut la main gauche engagée entre le cadre et les barres parallèles qui meuvent le piston d'une machine à vapeur. La main supporta une pression extrêmement forte sur la partie postérieure et supérieure du deuxième os du métacarpe, en dessous de son articulation avec le trapézoïde ; il en résulta une *luxation incomplète en avant* de l'extrémité supérieure de ce métacarpien. M. Bourguet constata les symptômes suivants : tumeur osseuse située à la face palmaire, se continuant d'une manière évidente avec le deuxième métacarpien et obéissant aux mouvements imprimés à cet os. A la région dorsale, dans le point correspondant à l'extrémité supérieure du second métacarpien, existe une dépression manifeste, et au-dessus de cette dépression une saillie anguleuse et sinueuse, formée par les surfaces articulaires et par la face postérieure du trapézoïde et du trapèze. Le doigt ne présente pas de déviation ; il est plus court que celui du côté opposé de 4 à 5 millimètres. Le métacarpien est incliné en avant, et situé sur un plan antérieur aux autres, principalement vers sa partie supérieure. Pour faire la réduction, on pratiqua l'extension sur le doigt luxé et la contre-extension sur le poignet ; pendant ce temps, M. Bourguet pressa sur la saillie palmaire avec les deux pouces appliqués l'un sur l'autre, tandis que les quatre derniers doigts placés sur l'extrémité inférieure du métacarpien la faisait basculer en avant. Cette manœuvre fut couronnée de succès, et le malade ne conserva pas la moindre difformité (*Revue médico-chirurg.,* t. XIV, p. 94, 1853).

L'observation de *luxation en arrière* du deuxième métacarpien est due à M. Humbert (*Union médicale,* 3ᵐᵉ série, t. V, p. 527, 1868). Un homme de 30 ans conduisait une charrette, lorsqu'il reçut un coup de pied de cheval à la main droite. Cette main, dans laquelle il tenait les guides, était alors à demi fermée. Examinée très-peu de temps après l'accident, la main blessée présentait les symptômes suivants : petites plaies contuses sur la face dorsale de la première phalange de l'index et sur l'extrémité inférieure du métacarpien correspondant, plaies qui indiquaient le point où avait dû porter l'agent contondant. Au niveau de l'extrémité supérieure du deuxième métacarpien, on sentait sous la peau une tumeur dure, circonscrite, sur laquelle le doigt pouvait reconnaître deux angles saillants séparés par une surface concave. Cette tumeur se continuait d'une manière évidente avec le reste de l'os, et elle obéissait à tous les mouvements qu'on imprimait à la tête de celui-ci. L'épaisseur de l'épiderme, et celle des parties molles, le peu d'étendue de la surface déplacée, et enfin la douleur que causait l'exploration, empêchaient de constater s'il existait une dépression dans le point correspondant de la face palmaire. L'index était plus court de 5 millimètres que celui du côté opposé. La luxation fut considérée comme complète. La réduction se fit en repoussant fortement, en avant et en bas, la saillie dorsale, pendant que des tractions étaient exercées sur l'index. Au bout de huit jours, le malade renuait parfaitement les doigts et sortit de l'hôpital. Cette luxation paraît, comme le pense très-justement M. Humbert, avoir été produite par un choc qui, en entraînant en avant l'extrémité inférieure du deuxième métacarpien, a fait basculer en arrière son extrémité supérieure. En effet, le coup de pied de cheval a porté sur l'extrémité inférieure de cet os, et l'a repoussée en avant ; dans ce mouvement, les ligaments de l'articulation supérieure se sont rompus et les surfaces articulaires ont perdu leurs rapports normaux.

Dans la pièce que Foucher a présentée à la Société anatomique (*loc.cit.*, 1856), indépendamment d'une luxation du premier métacarpien et d'une fracture du troisième, il existait une luxation complète du deuxième métacarpien en arrière. La dissection montra que l'extrémité supérieure de cet os était remontée de 2 centimètres sur la face dorsale du carpe ; elle n'était pas déformée, et le premier radial l'avait accompagnée dans son déplacement.

b. Blandin (*Gaz. des hôp.*, p. 552, 1844) et J. Roux (*Revue médico-chir.*, t. III, p. 301, 1848) ont vu chacun un cas de *luxation isolée du troisième métacarpien en arrière*. Dans le fait de Blandin, la main gauche, fermée sur un rouleau de papier, avait heurté une borne pendant une chute. Contrairement à l'opinion de plusieurs personnes qui croyaient à une fracture, Blandin diagnostiqua une luxation incomplète du troisième métacarpien. Cette blessure n'eut aucune gravité, et guérit sans déformation de la main. Le fait de J. Roux se rapporte à un jeune homme qui avait reçu des blessures nombreuses à la suite de l'explosion d'une mine. La main droite présenta une luxation en arrière du troisième métacarpien, compliquée d'une petite plaie et d'une fracture du second os du métacarpe. Une tumeur dure, circonscrite et sous-cutanée se voyait et se sentait à la région dorsale et moyenne du carpe, continue au troisième métacarpien, et se mouvant un peu quand on tirait sur cet os. L'os luxé n'était plus sur le même plan que les autres métacarpiens. Le doigt médius était raccourci. La réduction se fit avec un bruit caractéristique en pressant sur la saillie osseuse en même temps que l'on tirait sur le doigt médius. Le malade, ayant succombé à ses nombreuses blessures, on put examiner à l'autopsie les désordres de la luxation. On trouva que l'extrémité carpienne était entièrement sortie de sa mortaise et reposait sur la face dorsale du grand os ; tous les ligaments étaient rompus à l'exception d'un lambeau fibreux ; le ligament glénoïdien, qui unit les extrémités phalangiennes, était brisé ; le tendon du deuxième radial externe était dans le relâchement.

c. Enfin il n'a été publié qu'un seul fait de *luxation isolée du quatrième métacarpien* ; ce fait est dû à M. Maurice (*Gaz. méd. de Paris*, p. 587, 1868). Un ouvrier armurier essayait une cartouche nouvelle pour le fusil chassepot. Elle fit explosion avant qu'il ait eu le temps de fixer le verrou. Celui-ci, repoussé brusquement en arrière, frappa le milieu de la paume de la main, où il fit une plaie superficielle de peu d'importance avec une forte contusion. En même temps, une saillie anormale s'était produite au dos de la main. Elle dépassait d'un demi-centimètre environ le niveau des autres parties, et elle correspondait juste à l'extrémité supérieure du quatrième métacarpien. C'était donc une luxation incomplète de cet os en arrière. La réduction fut facile et la guérison prompte.

d. Nous n'avons rencontré aucune observation de *luxation isolée du cinquième métacarpien*.

e. Il existe quelques faits de luxation simultanée de plusieurs métacarpiens. Le premier et le second ont été trouvés luxés en même temps, par Foucher (*Bull. de la Soc. anat.*, t. I, p. 6, 1856) et par Demarquay (*Bull. de la Soc. de chir.*, t. II, p. 120. 1851). Vigouroux a présenté à la Société anatomique (*Bull.*, 2me série; t. I, p. 15, 1856) une main dont les quatre derniers métacarpiens étaient luxés. Cette luxation existait depuis dix-huit ans, et avait été produite par l'explosion d'un pistolet ; elle était complète en arrière ; les articulations radio-carpienne, médio-carpienne et trapézo-métacarpienne étaient parfaitement normales et jouissaient de tous leurs mouvements. Érichsen (cité par Follin et Duplay in *Traité de path*) a décrit une luxation simultanée de tous les métacarpiens. La luxation paraissait complète et existait en avant. Le carpe formait à la face dorsale de la main une tumeur arrondie et convexe ; tout le métacarpe était porté en avant.

On voit, d'après ce qui précède, que le *diagnostic* d'une luxation métacarpienne n'est pas difficile, toutes les fois que l'on est prévenu de sa possibilité. Mais, en raison de la rareté de cette lésion, on peut penser à autre chose qu'à ce qui existe réellement. C'est ainsi que des déplacements ont été pris pour des fractures des métacarpiens, ou pour un ganglion de la face dorsale du poignet.

Le pronostic n'est point grave, à moins que le déplacement ne s'accompagne d'une large plaie contuse. La réduction n'offre pas de grandes difficultés, et la guérison arrive rapidement sans laisser ni difformité ni gêne dans les mouvements.

PLAIES. *a.* Les *piqûres*, les *coupures* et les *excoriations superficielles* se guérissent, presque toutes, par réunion immédiate ou à la suite de la formation d'une croûte. Il n'y a d'exception que pour les petites plaies qui se trouvent près des articulations. Dans ce cas, elles suppurent plus ou moins longtemps, en raison des mouvements de la peau, qui empêchent le travail de la réunion immédiate.

Ces blessures légères, qui ne troublent pas les fonctions de la main et qui, par suite, passent souvent inaperçues, ne mériteraient pas de fixer notre attention, si elles ne présentaient le danger d'ouvrir une voie d'introduction dans l'économie aux substances irritantes, septiques ou virulentes. Un très-grand nombre de phlegmons circonscrits ou diffus ont pour point de départ ces petites solutions de continuité. Les accidents des piqûres anatomiques reconnaissent la même origine ; et il existe des exemples de transmission du chancre simple ou du virus syphilitique aux doigts excoriés d'un accoucheur (Rollet, *Traité des mal. vénériennes*, p. 64 ; et Diday, *Traité de la syphilis des nouveau-nés*, p. 60).

Ces faits apprennent à ne pas négliger les plaies de la main, même les plus légères. Après les avoir soigneusement lavées, il importe de les soustraire aux agents extérieurs par un petit pansement occlusif, fait avec du taffetas d'Angleterre, ou une bandelette imbibée de collodion. Si la solution de continuité est située au voisinage des plis articulaires, le meilleur moyen d'en hâter la cicatrisation est d'immobiliser l'articulation correspondante.

b. Les *plaies profondes* offrent de nombreuses variétés de forme, d'étendue et de direction. Elles siègent sur la face dorsale, sur la face palmaire ou sur les bords de la main ; mais les plaies de la face palmaire sont beaucoup plus fréquentes que celles de la face dorsale ou des bords. Les instruments piquants peuvent n'intéresser qu'une partie de l'épaisseur de la main, ou la traverser de part en part, en pénétrant à travers un espace interosseux. Les instruments tranchants intéressent quelquefois aussi les deux faces de cet organe, lorsqu'ils glissent entre deux doigts et sectionnent, de bas en haut, tous les tissus intermétacarpiens. Le premier espace interosseux est celui qui présente le plus souvent cette variété de plaie.

Si la solution de continuité ne s'accompagne pas de la lésion des tendons et de leurs gaines, des artères, des os ou des articulations, elle suit la marche ordinaire aux plaies simples par instruments piquants et tranchants.

Il est toujours indiqué de favoriser la réunion immédiate de ces plaies simples de la main. Pour y parvenir on emploiera les bandelettes agglutinatives, de préférence à la suture qui peut produire des douleurs et des étranglements dans une région si irritable et si prompte à s'enflammer. Dans le cas de plaie des espaces interosseux, le rapprochement des doigts, que l'on lie ensemble par un bandage, suffit pour obtenir une réunion très-exacte.

c. Les *plaies à lambeaux* sont produites par des instruments tranchants, qui, en agissant obliquement à la surface de la main, soulèvent une portion plus ou moins étendue des téguments et des tissus sous-jacents. On doit réappliquer ces lambeaux le plus promptement possible. En général, ils se réunissent dans une partie de leur étendue ou même dans toute leur étendue ; et l'on évite ainsi la cicatrice plus ou moins difforme qui résulterait d'une perte de substance. On trouvera, à l'article DOIGTS, des exemples qui prouvent que des portions, complétement séparées de ces appendices, ont pu reprendre après avoir été réappliquées.

d. Suivant leur nature, leur volume et leur forme, les *corps contondants* donnent lieu à des désordres qui varient depuis la simple contusion jusqu'au broiement le plus complet. Sans nous occuper ici des degrés les plus légers de la contusion, nous voulons surtout appeler l'attention sur les différentes formes des plaies contuses.

Celles-ci ressemblent quelquefois aux solutions de continuité par instruments tranchants. C'est ce qu'on observe presque exclusivement à la face dorsale, où les parties molles peuvent être coupées d'une manière assez nette par le choc d'un corps saillant sur le plan résistant des métacarpiens. C'est ce qu'on observe encore dans les plaies faites par des scies, par des cordes, etc.

D'autres fois la plaie est *déchirée*, et la déchirure est produite tantôt par les griffes d'un animal ou par les crochets d'une machine à carder, tantôt par un corps pointu sur lequel la main vient s'accrocher pendant que le membre supérieur exécute un mouvement rapide et violent. On a vu aussi des déchirures se produire lorsque, dans une chute sur la paume des mains, celles-ci glissent sur un sol pierreux. Dans un cas rapporté par Velpeau, la déchirure eut un mécanisme tout différent : Un ouvrier était occupé à poser des feuilles sur une machine à imprimer. Dans un moment d'inattention, la peau de l'éminence thénar fut prise entre les deux cylindres, qui, continuant à tourner, la détachèrent jusqu'à la racine des doigts, comme si elle eût été disséquée avec le bistouri. Aux cris du blessé, on arrêta la machine, et on parvint à dégager la main et le lambeau qui y adhérait encore. La surface saignante de la peau avait été noircie par l'encre d'imprimerie. Le lambeau, flasque et mollasse, était contus ; mais il adhérait par un pédicule assez large, et était assez épais pour qu'on pût concevoir une légère espérance de le conserver en le réunissant par quelques points de suture. La suture fut exécutée, et une boutonnière fut pratiquée au milieu du lambeau pour donner issue aux liquides qui auraient pu s'épancher entre lui et la surface palmaire. Malheureusement cette tentative ne fut pas couronnée de succès. Le lambeau se mortifia et la plaie se cicatrisa par bourgeonnement.

Lorsque toute la main a été prise entre une surface résistante et un corps très-lourd, comme un bloc de pierre, une roue de voiture, etc., lorsqu'elle a été saisie, comme cela arrive si souvent dans les ateliers, par les rouages d'une machine, ou lorsqu'elle a subi la morsure d'un de nos grands animaux, les tissus sont plus ou moins contus et écrasés.

Dans un premier degré, la lésion se caractérise par une ou plusieurs fissures de la peau, qui donnent issue à un liquide séro-sanguinolent et à quelques lobules de graisse. Cette forme de plaie se rencontre exclusivement à la face palmaire. Elle est le résultat d'une pression entre deux corps plans ou entre deux cylindres, pression qui tasse les parties molles et les refoule dans les points les moins comprimés, jusqu'à ce que ces parties fassent éclater la peau de dedans en dehors.

Dans d'autres cas, la solution de continuité est irrégulière, ou présente la forme du corps vulnérant. Son aspect est livide ; ses bords sont mâchés et ecchymosés. L'épaisse couche de l'épiderme palmaire est déchirée, et présente une cassure aussi nette que celle du verre.

Les désordres peuvent se borner aux parties molles. Mais il arrive souvent que les os de la main sont luxés ou brisés, et que des esquilles détachées restent au milieu des chairs.

Enfin dans les cas où la contusion a été portée à son degré le plus extrème, toute la main est broyée. Les différents tissus sont confondus en une bouillie sanglante qui fait hernie par les points où l'élasticité de la peau a été vaincue.

e. Les *plaies par armes à feu* ne sont qu'une forme des plaies contuses. A la main, elles présentent deux variétés : tantôt elles sont produites par un projectile tel qu'une balle, tantôt par l'éclatement d'un fusil ou d'un pistolet que l'on décharge, ou par l'explosion d'une poire à poudre. Si une balle traverse la main perpendiculairement à ses faces, les lésions sont peu étendues ; mais si le projectile l'atteint obliquement, un grand nombre de parties sont généralement compromises et les désordres sont graves. Les blessures par explosion de la poudre diffèrent notablement des précédentes : comme la main est fermée sur l'arme ou sur la flasque qui éclate, elle est violemment ouverte par l'expansion des gaz, brûlée par leur combustion et déchirée par les éclats du corps qui contenait la poudre. C'est dans ces circonstances que l'on voit un ou plusieurs métacarpiens luxés ou emportés avec les doigts qu'ils supportent. « Un sapeur conducteur du génie eût la main dilacérée d'une manière horrible par l'explosion d'un obus, que le malheureux avait entrepris de briser avec un marteau, pour voir comment il était fait au dedans ! Impossible de bien représenter l'écartellement des doigts et des trois derniers métacarpiens, qui ne tenaient plus à la paume que par des lambeaux cutanés ; le premier et le second adhéraient davantage, encore avaient-ils été luxés sur le trapèze et le trapézoïde (Obs. de M. Bertherand, citée par M. Chenu dans son rapport sur *la Campagne d'Italie*, t. II, p. 521) ».

Dans les premiers moments qui suivent les blessures de la main par un instrument contondant, les blessés accusent un endolorissement et un engourdissement qui s'étendent à tout le membre. C'est seulement au bout de quelques heures que les douleurs apparaissent et deviennent fort vives. L'écoulement du sang est en général peu abondant ; ce n'est que dans des cas rares qu'il y a une hémorrhagie immédiate. Si on explore la partie lésée on trouve que sa sensibilité est obtuse et parfois abolie. Sa température est abaissée, mais ce phénomène ne tarde pas à disparaître pour faire place à de la chaleur et à des battements artériels exagérés. C'est à ce moment que des hémorrhagies secondaires peuvent se produire. Bientôt la fièvre s'allume et entraîne tout son cortége de troubles généraux.

Comme ces plaies sont nécessairement vouées à la suppuration, la réunion immédiate de leurs bords ne doit pas être tentée. Cette réunion échouerait à coup sûr, et ne pourrait que favoriser la production des fusées purulentes le long des tendons. On doit se horner à prévenir les phénomènes trop intenses de l'inflammation : on lavera la plaie avec soin, afin de la débarrasser de tous les corps étrangers, qui peuvent souiller sa surface, et après en avoir rapproché les lambeaux, on soumettra la main à des pansements émollients ou à l'irrigation continue. Sous l'influence de ce traitement, un grand nombre de plaies contuses ont une marche simple, et guérissent sans accidents.

COMPLICATIONS DES PLAIES. Il est rare qu'une plaie de la main n'intéresse pas, pour peu qu'elle soit profonde, un ou plusieurs des organes qui sont groupés dans cette étroite région. L'ouverture des gaines tendineuses, la section des tendons, des artères et des nerfs, les fractures et les luxations des os constituent autant de complications qui aggravent singulièrement le pronostic de ces blessures. Ces lésions concomitantes méritent toute l'attention du praticien, car elles compromettent l'intégrité fonctionnelle de la main ou même la vie des blessés, et conduisent à des indications thérapeutiques spéciales.

Complication de l'ouverture des gaines tendineuses synoviales. Les plaies qui ouvrent l'une des grandes gaines des fléchisseurs, exposent à des phlegmons fort graves que nous étudierons plus loin. Qu'il nous suffise de rappeler ici que ces gaines tendineuses s'enflamment d'une manière suraiguë, comme les synoviales articulaires dont la cavité est ouverte, et que l'inflammation se propage avec une rapidité extrême dans toute leur étendue. Quelquefois le pus déchire leurs minces parois et fuse entre les muscles de l'avant-bras, où il produit des désordres considérables. D'autres fois, l'inflammation se limite à une gaine, passe à l'état chronique et produit tous les accidents de la synovite fongueuse. Dans l'un et l'autre cas, la guérison n'arrive qu'après la formation d'adhérences, qui immobilisent les tendons dans les coulisses où ils glissent, et les mouvements des doigts peuvent rester impossibles ou extrêmement gênés. Il faut donc s'efforcer de prévenir le développement d'une inflammation dont les conséquences sont si funestes, et, si l'on n'a pu combattre ses premières manifestations, empêcher, par un traitement antiphlogistique énergique, qu'elle n'arrive à suppuration.

Toutes les blessures situées sur le trajet des gaines tendineuses doivent être soupçonnées de communiquer avec elles. Si le tendon est à nu dans le fond de la plaie, la communication est évidente. Mais si la plaie est étroite et anfractueuse, elle pourrait passer inaperçue à une simple inspection. Il faut alors presser pendant quelques instants au-dessus et au-dessous de la solution de continuité, et si l'on voit sourdre un liquide filant comme de la synovie, il est parfaitement certain que la gaine tendineuse est ouverte.

Un pansement par occlusion doit être immédiatement appliqué, comme pour une plaie pénétrante d'une articulation. En outre, la main sera entourée de cataplasmes émollients et maintenus dans le repos. La réunion immédiate peut se faire, et tout danger ultérieur être évité. Cette heureuse terminaison ne serait peut-être point rare, si les blessés pouvaient être soumis à ce traitement, aussitôt après la production de leur plaie, mais en général ils continuent à se servir de leur main, et ne viennent consulter que pour les premiers accidents du phlegmon. Alors les topiques émollients, les émissions sanguines, l'irrigation continue, etc., sont trop souvent impuissants à en arrêter la marche.

Complication d'une blessure des tendons. Les plaies du dos de la main sont les plus exposées à se compliquer d'une lésion tendineuse. Les blessures des tendons fléchisseurs sont moins communes que celles des extenseurs ; elles sont en même temps beaucoup plus sérieuses. Pour atteindre les tendons fléchisseurs il faut, en effet, que les instruments vulnérants pénètrent profondément. La plaie tendineuse se complique alors, presque toujours, de désordres graves, tels que la division de nerfs et d'artères, et surtout l'ouverture des gaines synoviales, lésion dont nous venons d'apprécier les fâcheuses conséquences. Les ressources de l'art ont aussi beaucoup plus de prise sur les plaies des tendons extenseurs que sur celles des fléchisseurs.

Les tendons peuvent être mis à nu, contusionnés, piqués, sectionnés dans une partie de leur épaisseur, ou même entièrement coupés.

Dans le cas de simple dénudation ou de division incomplète, la cicatrisation se fait ordinairement sans accident et sans retard. Mais lorsque la plaie prend un mauvais aspect, lorsqu'elle est recouverte de pansements irritants, lorsque les tendons sont contus, lorsqu'ils se trouvent exposés pendant longtemps au contact de l'air et de la suppuration, ils peuvent s'exfolier ou même se mortifier dans toute leur épaisseur. L'indication thérapeutique de ces blessures doit donc consister à mettre les tendons à l'abri de l'air en réunissant la plaie, et, si cette plaie est de nature à suppurer, à la recouvrir de pansements gras et émollients.

La section complète donne lieu à des phénomènes faciles à prévoir. Les mouvements qui s'exécutaient par la contraction du muscle, dont le tendon est coupé, sont abolis et les doigts obéissent à l'action des muscles antagonistes. Ainsi, lorsqu'un tendon extenseur est coupé, les fléchisseurs entraînent le doigt correspondant et le maintiennent infléchi dans la paume. Un écartement se produit entre les deux bouts du tendon; mais quand on étend artificiellement le doigt, les bouts se rapprochent. Le bout supérieur, qui correspond au corps charnu, se rétracte plus que l'inférieur; cependant celui-ci se rétracte aussi par le mouvement que les muscles antagonistes impriment au doigt. Indépendamment de ces signes, l'inspection de la plaie fait souvent apercevoir les bouts du tendon, ou une dépression à la place de la saillie normale que forme la corde tendineuse.

La cicatrisation des tendons affecte plusieurs modes d'où dépend la conservation ou l'abolition de leurs fonctions. Lorsque la plaie suppure, les deux bouts se recouvrent de bourgeons charnus, quelquefois après s'être mortifiés et exfoliés; puis ils se confondent dans la masse cicatricielle des autres tissus. Les mouvements sont perdus dans ce cas. Les contractions musculaires n'ont d'autre effet que de tirailler la cicatrice, et si celle-ci est friable et adhérente à la peau, elle peut se déchirer et se transformer en un ulcère rebelle. Lorsque la plaie se réunit par première intention, et lorsque les extrémités tendineuses se trouvent dans une position assez rapprochée, elles se soudent l'une à l'autre. Mais lorsque ces extrémités n'ont pas été mises en contact, elles se cicatrisent isolément. Les mouvements des doigts se rétablissent dans le premier cas; mais ils restent abolis dans le second.

Dans les plaies compliquées de la section d'un ou de plusieurs tendons, le but à atteindre est la réunion immédiate des bouts coupés. On peut y parvenir de deux manières, par la *position* et par la *suture*.

La position suffit souvent à mettre en contact les bouts coupés des tendons de la main. Si les tendons fléchisseurs ont été sectionnés, la flexion de la main sur l'avant-bras peut affronter la plaie tendineuse. Si, au contraire, la section porte sur l'un des tendons extenseurs, l'extension du doigt correspondant peut mettre les bouts en contact. Il existe un bon nombre de faits qui prouvent que les plaies des tendons se réunissent par la position seule. Ce moyen est surtout efficace,

s fléchisseurs il faut
ément. La plaie les
s graves, tels que
ines synoviales, le
es. Les ressources
tendons extenseurs

es, sectionnés dans

plète, la cicatrisation
que la plaie prend
ents irritants, lorsqu'
but longtemps au cont
n me se mortifier de
Blessures doit donc
à la plaie, et, si cette pl
s gras et émollients.
es à prévoir. Les m
dont le tendon est cou
antagonistes. Ainsi, la
taient le doigt corresp
raient se produit et
puellement le doigt
porté au corps charnu,
rte aussi par le me
et Indépendamment des
et les bouts du tendon,
la corde tendineuse.
et d'où dépend la r
la plaie suppure, les té
après s'être mortifi
des autres tissus. l
les musculaires n'e
est inable et adhérent
une adhère rebelle. Lorsq
les extrémités tendineuse
pendent l'une à l'aut
contact, elles se cicatrisa
Dans le premier cas; m

plusieurs tendons, le t
On peut y parvenir d

coupés des tendons
flexion de la main se
traire, la section po
spondant peut mettre
souvent que les plaies
est surtout efficace,

lorsqu'il s'agit de la section des tendons fléchisseurs. Il faut donc essayer si, par l'attitude de la main, on peut obtenir un rapprochement exact et fixe, et dans ce cas assurer l'immobilité de cette attitude, soit en fixant la main sur une attelle digitée, convenablement matelassée, soit en l'entourant d'un appareil inamovible, fenêtré au niveau de la plaie, ce qui est de beaucoup préférable. Si l'état de la solution de continuité des téguments le permet, on doit tenter la réunion immédiate. L'appareil est laissé en place jusqu'à ce que la cicatrisation soit complétement effectuée, c'est-à-dire pendant quinze à vingt jours au moins. Lorsqu'on l'ôte, le blessé doit encore s'abstenir, pendant quelque temps, de faire avec sa main des mouvements trop étendus.

Mais il existe des cas où la position ne rapproche pas assez exactement les tendons coupés pour que l'on puisse espérer leur réunion ; il faut alors joindre la suture aux moyens précédents. Voici comment il convient de la pratiquer : avec une aiguille armée d'un fil de soie assez résistant, on traverse d'abord le bout supérieur dans le sens de sa plus grande épaisseur, à 3 ou 4 millimètres de son extrémité libre ; on traverse ensuite le bout inférieur, à la même distance de la section, avec le même fil ; les deux bouts du tendon étant ainsi traversés par une anse de fil, on les affronte, en serrant cette anse, et on les fixe en nouant les deux chefs du fil. Un seul point de suture est généralement suffisant pour les tendons de la main. Un étudiant en médecine avait eu le tendon extenseur du médius divisé. M. Gosselin en fit la suture. La réunion eut lieu, et les fonctions du doigt se rétablirent intégralement (Obs. citée par B. Béraud, dans le texte de son *Atl. d'anat. chirurg*).

Si les bouts du tendon sont contus et déchirés, on les avive, afin de les mettre dans des conditions plus favorables à la réunion immédiate.

Si le bout supérieur est rétracté au milieu des chairs, il faut aller le chercher avec une pince, pendant que l'on presse sur le corps charnu du muscle corrospondant.

Lorsque la section est achevée, il faut rapprocher les lèvres de la plaie cutanée, afin d'obtenir leur réunion par première intention, si cela est possible. Après avoir fait la suture du tendon extenseur du médius de la main droite, Acrel (cité par Follin, *Path. ext.*, t. II, p. 189) coupa les fils très-près du nœud et les laissa dans la plaie. « Il tira ensuite la peau du dos de la main vers les doigts, voulant par là éviter que la plaie du tendon ne correspondît à celle de la peau, et que la cicatrisation venant à les réunir ensemble, les mouvements du tendon ne fussent gênés par son adhérence à la peau. Quoique, dans ce cas, le succès ait été complet, il ne faut pas oublier que, vers le quinzième jour, quelques gouttes de pus suintèrent à travers la plaie, et que le fil sortit en même temps. Cet abcès guérit vite, il est vrai, mais il paraît plus prudent de conserver au dehors un des chefs du fil, qu'on ramène dans un des angles de la plaie cutanée par le plus court chemin possible. »

La suture n'a pas des résultats aussi avantageux pour les tendons fléchisseurs que pour les extenseurs. Le manuel opératoire est plus difficile ; en outre, la suture dans les gaînes synoviales ou près d'elles ajoute de nouvelles chances à la production de phlegmons qu'il est si important d'éviter. Il vaut donc mieux, en règle générale, recourir à la position qu'à la suture, toutes les fois que l'on a affaire à une plaie compliquée de la section des tendons fléchisseurs. Cependant la suture de ces organes a quelquefois donné des succès.

Dans le cas où la section des tendons s'accompagnerait d'une perte de sub-

stance considérable, il faudrait imiter la conduite de Missa (cité par Velpeau,
Méd. opér., t. I, p. 512), qui sutura les bouts du tendon coupé aux tendons
voisins. Il s'agissait d'une section du tendon du médius : Missa réunit le
bout supérieur au tendon de l'indicateur, et le bout inférieur au tendon de l'annulaire ; de sorte que les muscles de ce dernier servirent à mouvoir le doigt
blessé.

On trouvera à l'article Tendon la description des opérations que l'on peut tenter
dans les cas de non-réunion des tendons à la suite de plaies déjà cicatrisées,
opérations qui consistent à suturer les bouts de ces tendons après les avoir
ravivés et qui ont pu rendre à certains doigts les mouvements qu'ils avaient
perdus.

Complication de fracas des os. Si les fractures et les luxations des métacarpiens et des os du carpe sont des lésions rares à l'état de simplicité, elles sont, en
revanche, les complications habituelles des vastes plaies contuses et des plaies par
armes à feu. Sur un total de 1772 blessures à la main relevées dans le rapport
de M. Chenu sur la campagne de Crimée, nous trouvons que 214 fois ces blessures furent compliquées de fractures du métacarpe par des balles ou autres
projectiles.

Les longues suppurations, les ostéites, les arthrites et même l'infection purulente, sont les accidents qui menacent les blessés. Mais l'expérience de tous les
jours prouve que les suites de ces plaies compliquées de fractures et de luxations
sont, en général, bien moins graves que les désordres apparents ne peuvent le faire
supposer. La main se tuméfie, la suppuration s'établit, les tissus mortifiés s'éli-
minent peu à peu, les bourgeons charnus s'étendent sur les extrémités fracturées
et sur les articulations ouvertes, et la guérison arrive contre toute attente. L'expectation et les moyens ordinaires que l'on emploie dans les plaies contuses suffisent pour obtenir cet heureux résultat.

Le pronostic est donc loin d'être aussi fatal que s'il s'agissait de la lésion d'os
moins petits et d'articulations plus étendues. Les 443 fractures compliquées du
métacarpe, qui furent constatées pendant les guerres de Crimée et d'Italie
(*Rapport* de M. Chenu), occasionnèrent la mort dans 37 cas, mortalité évidemment
beaucoup moins considérable que celle qui accompagne les fractures compliquées
des grands os des membres. Mais sous le rapport de l'intégrité fonctionnelle de la
main, le pronostic est plus fâcheux ; car, sur les 406 blessés qui survécurent,
166 furent estropiés et furent pensionnés.

S'abstenir de toute opération, tel est le précepte général qui domine le traitements des blessures avec fracas des os de la main. Ce n'est que dans les cas où
l'étendue des désordres a fait perdre tout espoir de conservation, que l'on peut
se départir de la méthode expectante pour songer à une amputation.

Mais l'abstention ou l'expectation ne doit pas être inactive. Il faut réduire les
fragments ou les os luxés, et chercher à concilier leur contention avec la nécessité des pansements

S'agit-il d'une fracture comminutive de plusieurs métacarpiens? il faut extraire
les corps étrangers et toutes les esquilles qui sont complétement libres, en laissant à la suppuration et à la gangrène le soin de détacher celles qui sont encore
adhérentes. On redonne à la main sa forme naturelle, autant que cela est
possible, et on l'étend sur un coussin dans une position élevée. Si le membre
est froid et si les parties molles semblent menacées d'une mortification étendue,
on l'entoure de cataplasmes modérément chauds, et, lorsque la réaction inflam-

matoire s'établit, on cherche à en modérer l'intensité par des irrigations d'eau plus ou moins froide, selon la température extérieure.

Lorsque la plaie est détergée, que les bourgeons charnus sont bien développés, et que les accidents inflammatoires ne sont plus à redouter, on cesse l'irrigation pour la remplacer par des pansements ordinaires avec la charpie. Survient-il des abcès, il faut se tenir prêt à faire des ouvertures et des contre-ouvertures qui donnent au pus un écoulement facile. Si des tractus fibreux retiennent aux parties vivantes des doigts ou des lambeaux complétement mortifiés, il faut les couper avec des ciseaux. Cette section se fait alors sans inconvénient pour les malades, puisqu'elle ne porte que sur des tissus mortifiés. Mais si des nécroses se forment, il faut attendre, pour extraire les séquestres, que ceux-ci soient complétement séparés. Lorsque, dans l'espoir de hâter la guérison, on excise prématurément les os frappés de mort, on s'expose à des accidents que la temporisation aurait évités.

A l'aide de ce traitement, on réussit à conserver des mains que bien des chirurgiens n'auraient pas hésité à amputer immédiatement. Souvent, il est vrai, la guérison se fait attendre bien plus longtemps que si l'on avait eu recours à l'amputation. Mais cette opération aurait fait courir à la vie des malades des dangers bien plus grands, et les aurait privés d'un organe dont les usages, même incomplets, sont précieux.

Cette chirurgie trop active qui, pour les écrasements partiels de la main, se hâte de réséquer et de désarticuler les métacarpiens et les doigts, est blâmable à nos yeux, parce qu'elle retranche des parties qui auraient pu être conservées et rendre de nombreux services. A la main, plus que dans toute autre région, il faut toujours préférer une conservation, même incertaine, à un sacrifice irréparable.

Mais la chirurgie conservatrice a ses limites. Si le broiement s'étend à tous les os du métacarpe et du carpe, si la plupart des tendons sont déchirés et coupés, si les parties molles sont désorganisées de telle manière que leur mortification est certaine, l'amputation est indiquée. En supposant que la réparation de ces grands délabrements puisse se faire, la main ne serait qu'un appendice difforme, ankylosé sur l'avant-bras et privé de tout mouvement, appendice plus gênant qu'utile, et qu'il aurait mieux valu supprimer. Une fois l'amputation bien justifiée par l'étendue et la gravité des lésions, il faut la pratiquer immédiatement, car les amputations primitives du membre supérieur sont notablement plus heureuses que les amputations consécutives. La proportion à l'avantage des amputations primitives de l'avant-bras est, en effet, de 20,15 pour 100 (Voy. l'art. AMPUTATION). On se décidera soit pour la désarticulation du poignet, soit pour une amputation dans la continuité des os de l'avant-bras, selon l'état de conservation de la peau.

Complication d'une lésion des nerfs et d'accidents nerveux. La lésion des nerfs ajoute des complications diverses aux blessures de la main : les unes se montrent immédiatement après le traumatisme, et se traduisent par des *paralysies de la sensibilité et du mouvement*, les autres apparaissent plus ou moins tardivement, ce sont les *névralgies consécutives*, les *contractures*, les *spasmes*, le *tétanos* et *certaines névroses*. Ces complications tardives constituent des maladies distinctes bien autrement graves que la blessure qui leur a donné naissance. Chacune d'elles est l'objet d'articles à part auxquels nous renvoyons le lecteur (*Voy.* ces mots, et l'article NERF, *lésions traumatiques*). Nous ne les envisageons ici que comme des accidents nerveux, qui doivent compléter le cadre pathologique des blessures qui nous occupent.

a. La solution de continuité des cordons nerveux, ou la désorganisation de leurs tubes par une contusion, s'accompagne d'une *paralysie immédiate* de toutes les parties où ils vont se distribuer. La perte de la sensibilité de telle ou telle région, de tel ou tel doigt, l'abolition des mouvements de tels ou tels muscles intrinsèques de la main, indique, d'après les notions de l'anatomie, quel est le tronc ou les troncs dont la lésion produit ces phénomènes.

La paralysie de la sensibilité s'observe plus souvent que la paralysie du mouvement, parce que les filets cutanés sont plus superficiels que les filets musculaires, et, par suite, plus accessibles aux instruments vulnérants. Lorsqu'une paralysie musculaire existe, on peut avancer qu'elle s'accompagne presque toujours d'une paralysie de la sensibilité. La paralysie simultanée de la sensibilité et du mouvement se montre dans les plaies qui ont sectionné le tronc du médian ou le tronc du cubital au niveau du ligament annulaire antérieur du carpe.

Mais il faut savoir qu'en raison de la solidarité anastomotique de tous les nerfs sensitifs de la main, la section de l'un des troncs nerveux de cet organe ne s'accompagne pas d'une paralysie absolue de la sensibilité dans tous les points où il se distribue.

M. Richet a observé (obs. recueillie et publiée par son interne M. Blum, in *Arch. de Médecine*, juillet 1868, p. 89) une femme de 24 ans, qui portait une plaie transversale et profonde un peu au-dessus du pli qui sépare la paume de l'avant-bras. L'artère radiale, quatre tendons et le nerf médian étaient coupés. Quand on irritait le bout central de ce nerf, la malade jetait un cri; mais, chose bien étonnante, et qui ne peut s'expliquer que par un phénomène de sensibilité récurrente, analogue à celle que MM. Arloing et Tripier ont trouvé sur les pattes des chiens (*Voy.* l'anatomie des nerfs de la main, p. 20), c'est que l'*irritation du bout périphérique occasionnait une douleur presque aussi vive que celle du bout supérieur.* Malgré la section complète du médian, *la sensibilité tactile,* constatée par MM. Richet, Pajot et Denonvilliers, *était conservée dans toute la main, excepté à la face palmaire de la phalangine et de la phalangette de l'index.* Quand on touchait la phalangine ou la phalangette de l'index, la malade éprouvait bien une sensation, mais elle ne savait à quel endroit la rapporter. Après avoir un peu avivé le bout périphérique, M. Richet fit la suture du médian, le 24 octobre 1867. Au bout de deux mois, la plaie était entièrement cicatrisée; la sensibilité existait dans toute la main, mais elle n'était pas revenue aux deux dernières phalanges de l'index; il y avait une atrophie des muscles de l'éminence thénar.

Comme corollaire du fait précédent, j'ajouterai une observation, due à M. Leudet, dans laquelle la sensibilité existait, quoique les deux bouts du nerf se fussent cicatrisés isolément. Un homme de 55 ans avait été blessé, à 18 ans, par un fragment de cruche de terre, à deux travers de doigt au-dessus de l'articulation du poignet droit. Après la cicatrisation de la plaie, le malade recouvra l'usage de son membre, et toute sa vie il a pu remplir les fonctions de sommelier en se servant surtout de la main droite. « Au moment où cet homme est soumis à notre observation, nous constatons que l'étendue des mouvements est presque aussi considérable d'un côté que de l'autre; cependant il serre moins bien de la main droite que de la gauche. Il y a de l'analgésie sans anesthésie absolue, uniquement bornée à l'étendue de la distribution du médian.

Aucune douleur spontanée ou provoquée dans les ramifications de ce nerf par l'excitation de la périphérie ou de la cicatrice. La chaleur et le froid sont moins bien perçus sur les points animés par le nerf médian que sur le trajet des autres nerfs de l'avant-bras. Jamais aucune douleur ascendante dans les branches nerveuses du membre. » Cet homme mourut d'une tuberculisation pulmonaire et son autopsie fut faite. « Le nerf médian présente, au-dessus de la section, un renflement olivaire de 25 millimètres de longueur et de 10 millimètres de largeur, dont la pointe se continue par trois minces cordons avec les tissus fibreux intertendineux. Le bout inférieur de ce nerf se jette en haut dans l'intrication des tendons du grand palmaire, du long fléchisseur du pouce et du fléchisseur superficiel, avec lesquels il se confond bientôt complétement et sans qu'il soit possible de trouver la moindre continuité avec le bout supérieur. Du reste le bout supérieur, à l'avant-bras, ainsi que le bout inférieur au poignet, à la paume de la main et aux doigts, n'offre rien d'anormal sous le rapport du volume, de la couleur et de la consistance. Sur la branche superficielle du nerf radial existe au niveau de la lésion, et sur le côté interne seulement de ce nerf, un renflement assez volumineux qui vient se confondre avec la masse fibreuse du tendon du long supinateur et du bout inférieur de l'artère radiale (Leudet, séance du mois d'août 1863, à la Soc. de biologie; in *Comptes rendus*, 3me série, t. V, p. 137, 1864). »

A mesure que l'on étudie avec plus de soin les phénomènes consécutifs aux blessures des nerfs de la main, les faits analogues à ceux que nous venons de citer, deviennent plus nombreux. Dans un récent mémoire, M. Letiévant en a fait connaître de nouveaux et intéressants exemples (Lyon médical, 1869)

On peut conclure de tous ces faits, que l'abolition définitive et absolue de la sensibilité de la main n'est à craindre que dans les grands délabrements avec perte de substance des cordons nerveux assez considérable pour qu'ils ne puissent ni se rejoindre dans la cicatrice, ni se suppléer dans leurs fonctions. Si la solution de continuité n'affecte qu'un seul tronc nerveux, la solidarité anastomotique des autres nerfs fait que l'insensibilité cutanée est rarement absolue, quoique le sens du toucher puisse être totalement perdu pour certaines régions de la paume et pour certains doigts.

La paralysie des muscles intrinsèques de la main est d'un pronostic plus grave que celui de la paralysie de la sensibilité. En général ces muscles s'atrophient rapidement, et ne recouvrent qu'avec peine leurs fonctions. Nous avons sous les yeux plusieurs faits de section des nerfs médian ou cubital, qui ont été suivis d'une paralysie incurable soit des muscles de l'éminence thénar, soit de ceux de l'éminence hypothénar et des espaces interosseux. Mais il ne faut pas se hâter de désespérer des contractions musculaires. Dans le premier fait de M. Letiévant le retour complet de la sensibilité et du mouvement n'eut lieu qu'au bout de 19 mois. Il y avait à cette époque une régénération complète du nerf médian qui avait été coupé au niveau du bras.

Dans les plaies avec solution de continuité des nerfs, il faut mettre en contact les extrémités de ceux-ci, en rapprochant les lèvres de la plaie aussi exactement que possible. Lorsque ce résultat peut être obtenu, on voit revenir successivement la sensibilité d'abord et la myotilité ensuite.

Paget observa un enfant de 11 ans, qui avait eu le médian et le radial complétement divisés par une scie circulaire. Il rapprocha les parties en maintenant le poignet fléchi sur l'avant-bras. Après dix ou douze jours, l'enfant commençait à sentir dans les points où se distribue le médian. Sur un autre enfant de 15 ans, qui avait eu aussi les nerfs médian et radial coupés par une machine, le même observateur constata qu'au bout de douze ou quinze jours la sensibilité reparaissait dans les doigts.

Lorsque l'un des gros nerfs de la main se trouve coupé dans une plaie siégeant au niveau du poignet, il faut imiter la pratique de M. Laugier (communication à l'Académie des sciences, *Séance du 20 juin* 1864), qui, dans un cas semblable, fit la suture du médian. Par cette opération, innocente en elle-même, on assure la réunion des deux bouts coupés du nerf avec beaucoup plus de succès que par la flexion de la main, et on hâte le retour de l'innervation. M. Verneuil observa deux cas de section simultanée du médian et du cubital. La sensibilité avait disparu dans toutes les régions de la main où se rendent ces nerfs. Chez un malade M. Verneuil ne put suturer que le médian, et chez l'autre, le cubital seulement. La sensibilité revint plus rapidement et plus complétement sur le trajet du nerf suturé que sur celui du nerf qui n'avait pas été réuni par la suture (*De la suture des nerfs*, par A. Blum, in *Arch. de Méd.*, juillet 1868, p. 94).

Si les muscles de la main sont paralysés, il faut combattre leur atrophie par des excitations électriques à l'aide de courants d'induction. De plus, lorsque la continuité du nerf est rétablie, ces courants servent à l'ébranler et à lui rendre son excitabilité motrice.

b. Les névralgies traumatiques sont beaucoup plus rares à la suite des blessures de la paume qu'à la suite des blessures des doigts. Le nombre, le volume et la situation superficielle des nerfs qui se distribuent à ces appendices, donnent une explication satisfaisante de cette particularité. Les névralgies des doigts, dont les douleurs excessives obligent quelquefois à sacrifier l'un ou l'autre de ces précieux organes, seront étudiées à l'article Doigt. Actuellement nous nous bornerons à indiquer les traits principaux des névralgies traumatiques observées à la paume.

L'inflammation ou l'irritation de l'un des nerfs palmaires, produite par une piqûre, par une coupure ou par un corps étranger, la compression d'un filet nerveux par le tissu rétractile d'une cicatrice, telles sont les causes ordinaires de ces névralgies.

Tantôt la maladie débute au moment même de la blessure ou peu de temps après ; tantôt son apparition est tardive. Dans ce dernier cas la peau qui environne la plaie ou la cicatrice devient le siège de picotements et d'une sensibilité exagérée ; peu à peu ces phénomènes augmentent, jusqu'à l'établissement complet de la névralgie.

La douleur se montre sous deux formes : dans la première, elle est diffuse, et se caractérise par un engourdissement douloureux qui s'étend à toute la main ; dans la seconde, elle se localise sur le nerf affecté, et s'irradie du côté des doigts et souvent du côté du tronc. Elle est ordinairement continue Quelquefois elle se fait sentir par accès, et cesse pour revenir à des époques fixes. Hamilton a observé, sur une jeune fille de 17 ans, que les douleurs s'accompagnaient de gonflement et de sueurs abondantes, comme dans les névralgies congestives. Le contact des objets extérieurs et les mouvements du membre réveillent et exaspèrent les douleurs ; de telle sorte que la main devient complétement impotente ou tout au moins est gênée dans ses fonctions. A la suite d'une petite plaie sur la face antérieure et médiane du poignet, le docteur Chairou (*Thèse de Londe*, p. 57, 1860) conserva dans cette région un éclat de verre qui ne put être extrait. Ce corps étranger était probablement en contact avec le nerf médian. Chaque fois, dit ce chirurgien, que je presse sur la face antérieure du poignet, où lorsque ma main est latiguée par une opération un peu longue, j'éprouve des élancements violents.

Pour peu qu'elles soient intenses, les névralgies traumatiques de la main déterminent, par un effet réflexe, des contractions spasmodiques ou des contractures dans les muscles de l'avant-bras et de la main. Dans les cas les plus graves ces phénomènes convulsifs se généralisent et déterminent de véritables attaques d'hystérie ou d'épilepsie.

Les topiques antiphlogistiques et narcotiques sont les premiers moyens dont on doive essayer l'emploi. Si l'on a affaire à une névralgie par névrite, ils peuvent amener la guérison. Mais ils resteront nécessairement sans effet, si la névralgie a pour cause la présence d'un corps étranger ou la compression d'un filet nerveux par une cicatrice. Dans ces cas, l'ablation du corps étranger, l'excision du tissu inodulaire, la résection du nerf sont les seuls moyens qui puissent avoir du succès. Dieffenbach (*Operative Chirurgie*, t. I, p. 851, 1845) excisa la cicatrice d'une plaie à la main, qui avait occasionné des douleurs névralgiques avec crampes, rétraction des doigts et attaques d'épilepsie. Il trouva dans cette cicatrice un morceau de verre qui irritait un filet nerveux. Tous les symptômes morbides disparurent après cette opération. Petit (de Lyon) parvint à guérir une jeune personne, que les souffrances de sa maladie avaient fait tomber dans le dépérissement, en cautérisant la cicatrice à trois reprises avec le fer rouge (Verpinet, *Journal de méd., chir. et pharm.*, t. X, p. 308). La névralgie de la jeune fille observée par Hamilton (*Arch. de méd.*, t. II, 1838), après avoir résisté à tous les moyens thérapeutiques, disparut spontanément cinq mois après son début. Cette jeune fille avait éprouvé une grave attaque d'hystérie après une frayeur, on crut que cette secousse nerveuse avait été la cause de la guérison. Dans certains cas la névralgie est rebelle à tout traitement, et si le temps n'apaise pas les souffrances, elles peuvent produire des troubles de la santé tels que l'amputation de la main devient nécessaire.

c. La *contracture des muscles intrinsèques* de la main, sans névralgie concomitante, à la suite d'un traumatisme de cet organe, est un accident fort peu connu. Le fait suivant, unique d'après nos recherches, pourrait être un exemple de cet accident. Nous avons eu l'occasion d'en faire l'examen à l'hôpital de Lariboisière. Il a surtout été observé et suivi par M. A. Dubreuil, et c'est d'après la relation que ce chirurgien en a donnée dans la *Gazette des hôpitaux* (1870, p. 33), que nous allons le résumer. Il s'agit d'un jeune homme de 15 ans qui était tombé sur le dos de la main droite. Il ne résulta tout d'abord de cette chute qu'une contusion dont la douleur, momentanément assez vive, ne tarda pas à se dissiper. Trois ou quatre jours après, la main devient douloureuse, et les doigts s'étendirent et se rapprochèrent les uns des autres. « Ils étaient tous inclinés vers l'axe de la main représenté par le médius qui n'avait pas subi de déviation. L'index et l'annulaire se croisaient au-devant de lui. Le pouce était également porté en dedans, et sa phalange unguéale restait étendue sur la première En outre, la concavité de la paume de la main était notablement exagérée; les espaces interosseux étaient douloureux spontanément, plus douloureux encore à la pression. Le malade disait souffrir un peu au niveau de la partie postérieure et inférieure du cou, et en pressant les apophyses épineuses des dernières vertèbres cervicales, on augmentait la souffrance. Il était facile, sans déployer une grande force, d'écarter les doigts les uns des autres et de l'axe de la main; mais, abandonnés à eux-mêmes, ils reprenaient rapidement leur position. L'étrangeté et la rareté d'une pareille lésion étaient faites, au premier abord, pour rendre le diagnostic incertain; cependant, en remontant aux données physiologiques, on en arrivait à cette conclusion, qu'on ne pouvait avoir affaire qu'à une *contracture des interosseux palmaires*, car la position dans laquelle étaient fixés les doigts était celle qui résulte de l'action de ces muscles. » La douleur du rachis persista et se compliqua à plusieurs reprises d'attaques nerveuses convulsives pendant lesquelles le malade perdait connaissance. Des applications réitérées de révulsifs (vésicatoires et cautères) furent faites dans la région cervicale. La contracture s'améliorait de temps en temps, mais elle se reproduisait toujours. Actuellement, dix mois après son début, elle n'est pas guérie. Tout en admettant, avec M. Dubrueil, que cette contracture puisse être symptomatique d'une affection de la moelle, il est possible que le nerf cubital ait été lésé au moment de la chute sur le dos de la main, et que cette lésion, agissant sur un individu très-prédisposé aux affections nerveuses, ait déterminé une contracture réflexe des interosseux palmaires, qui sont précisément innervés par ce même nerf. Quoi qu'il en soit, ce fait est très-intéressant au point de vue de la sémiologie des affections de la main, et tout incomplet qu'il est, nous ne devions pas le passer sous silence.

Sous le nom de *contracture réflexe ascendante*, M. Duchenne (de Boulogne) a signalé des faits analogues au précédent (*Gaz. des hôp.*, p. 14 et 34; 1870). Il en attribue la cause à une lésion traumatique de l'articulation du poignet. La contracture d'un ou de plusieurs des muscles du membre supérieur en est le résultat.

d. Le tétanos est un accident relativement assez fréquent des blessures de la main et surtout des plaies contuses ou des plaies par armes à feu.

Laing (*London medical Gaz.*, n° 14, déc. 1840) cite une femme de 21 ans qui eut des accidents tétaniques pendant la cicatrisation d'une plaie contuse. Ils furent combattus par l'opium à haute dose. La malade se rétablit et quitta l'hôpital. Bientôt après elle y revint pour des accidents épileptiques. On s'aperçut que toutes les fois qu'on touchait la partie blessée, on produisait un accès d'épilepsie. L'observation amenée sur ce terrain, on reconnut bientôt que ces accès dépendaient de l'ancienne blessure de la main. L'amputation fut conseillée et pratiquée au milieu de l'avant-bras. Les branches digitales du médian et du cubital étaient renflées à leurs extrémités et comprimées par une cicatrice très-dure.

BIBLIOGRAPHIE. — (Nous nous bornons à donner dans les lignes suivantes quelques indications bibliographiques sur les principales variétés des plaies de la main). — CHABERT. *Observations de plaies à la main*; in *Obs. de chir. prat.*, p. 205, 215, 236 et 374. Paris, 1724. — DU MÊME. *Observations de plaies par armes à feu à la main*; in *Obs. de chir. prat.*, p. 115, 151, 280, 357 et 405. Paris, 1724. — WARNER. *De la rupture des tendons fléchisseurs du poignet; guérison*. In *observations de chirurgie*, traduction française, p. 149; 1757. — MARTIN. *Section des tendons fléchisseurs du poignet et des doigts; guérison*; ancien journal de médecine. t. XXIII, p. 555, obs. 2, 1765. — LE DRAN. *Corps étranger qui a piqué la main*, p. 45; *coup de fusil à la main*, p. 115; *plaie au muscle thénar*, p. 303; *plaie à la main*, p. 318; *tendons extenseurs coupés*, p. 357; in *Consultations chirurgicales*. Paris, 1765. — HEISTER. *De sutura tendinis in manibus; Instit. de chir.*, vol. II, caput 172. Avignon, 1770.—DE LA MOTTE. *Observations de plaies à la main par armes à feu*. In *Traité de chirurgie*, tome II, p. 198, 199, 200, 203, 204; 1771. — DU MÊME. *Observations de gangrène, suite de contusion*, loc. cit., p. 317, 310.—DU MÊME. *Gangrène de la main et de l'avant-bras, causée par une morsure de vipère*; loc. cit., p. 339. — PETIT (A.) Section de trois des tendons extenseurs de la main; guérison. In *Ancien Journal de médecine*, t. XLIII, p. 449; 1775. — DIONIS. *De la suture des tendons; cours d'opérations*, p. 568; 1777. —

DELPECH. *Observations de brûlures de la main ayant produit des cicatrices vicieuses avec déviations des doigts;* in *Chirurgie clinique de Montpellier,* t. II, obs. VI, VII, VIII et XI; p. 383 et 398; 1828. — VELPEAU. *Plaie d'arme à feu à la main droite; amputation du bras; mort.* In *Lancette franç.,* p. 89; 1830. — ROGNETTA. *Des lésions traumatiques des tendons et de leur traitement.* In *Arch. de méd.,* 2ᵉ série, t. IV, p. 206; 1834. — DUPUYTREN. *Plaie par déchirure à la paume de la main droite; érysipèle phlegmoneux à l'avant-bras, au bras.* In *Gaz. des hôpit.,* p. 226; 1834. — BARTHÉLEMY. *Recherches sur les moyens propres à procurer la réunion des tendons après leur section,* Thèses de Paris, n° 112; 1834. — SYME. *Dilacération de la main; amputation des doigts et des métacarpiens dans leur articulation avec le carpe; conservation du pouce.* In *Edinb. Med. and Surg. Journ.,* juillet 1835, et *Arch. de méd,* 2ᵉ série, t IX, p. 233; 1835. — VELPEAU. *Plaie de la face palmaire de la main, résultant du décollement de la peau dans toute cette région.* In *Journal hebd. de méd.,* t IV, p. 134; 1835. — KIRKBRIDE. *Abreissung der Hand und Heilung ohne Gesammtverbindung.* In *Schmidt's Jahrb.,* t. XIV, p. 210; 1837. — MONDIÈRE. *Des plaies et de la suture des tendons.* In *Arch. de méd,* 2ᵉ série, t. XIV, p. 55; 1837. — POIRSON. *Coup de sabre à la main.* *Résection accidentelle du 3ᵉ métacarpien, guérison. Hôp. du Gros-Caillou.* In *Gaz. des hôp.,* p. 129. 18 mars 1837. — ROUX. *Plaie par instrument tranchant dans le premier espace interosseux de la main gauche.* In *Gaz. des hôp.,* p.593, 21 déc. 1857. — VELPEAU. *Médecine opératoire,* t. I, p. 507; 1839. — ROUX. *Plaie contuse à la face dorsale de l'indicateur droit intéressant le tendon extenseur; remarques cliniques sur cette espèce de blessure; ligature du tendon coupé. Résultat incomplet.* In *Gaz. des hôp.,* p. 142, 1845. — BERTHERAND. *Observations relatives à l'emploi de la suture dans le traitement des sections des tendons.* In *Gaz. méd. de Paris,* p. 857; 1845. — GERDY. *Extraction d'un crochet à broder du fond de la paume de la main par un procédé particulier.* In *Gaz. des hôp.,* p. 460; 1850. — GFLEZ. *Observations de pathologie chirurgicale des mains et des pieds.* Thèse inaugurale de Paris, p. 6; 1850.— HEYFFLDER (O). *Vulnus manus.* In *Deutsche Klinik,* t. II, p. 186; 1850. — LENTE. *Tétanos après une fracture compliquée du métacarpe.* In *New-York Jour.,* janvier 1851; et *Schmidt's Jahrbücher,* p 178, t. 72; 1851. — CHASSAIGNAC. *Rétraction des doigts consécutive à une plaie des tendons des muscles extenseurs de la main.* In *Bull. de la Soc. de chir.,* t. I, p. 99; 1851. — HOLT BARNARD. *Lacerated Wound of the Hand; subsequent Gangrene; Partial Amputation, and Recovery.* In *The Lancet,* vol. I, p. 45; 1852. — FLEURY *Corps étranger de la main.* In *Gaz. des hôp.,* p. 43, 27 janvier 1852. — HOUGHTON *Treatment of the Injuries of the Hands and Fingers.* In *British Med. Jour.,* n° 52; 1857. — BIRKETT (John). *Practical Illustrations of the Treatment of some Cases of the Injury to the Hand.* In *British Med. Jour ,* nᵒˢ 46 et 50; 1857. — THOMAS (G.) *Considérations sur le traitement des plaies d'armes à feu de la main et des doigts.* Thèse de Strasbourg, 1857, n° 397. — MOURGUES. *De la suture des tendons extenseurs des doigts.* In *Revue thérapeutique du Midi et Canstatt's Jahresbericht,* 1857; t. IV, p. 55. — WAKLEY. *Crushing of the Hand between two Rollers; Laceration of the Palm.* In *The Lancet,* t. I, p. 90; 1857. — HÖNING. *Heilung einer bedeutende Schussverletzung.* In *Schmidt's Jahrbücher,* t. 95, p. 240; 1857. — LEFLAIVE. *De l'irrigation dans les cas de plaies des extrémités* In *Moniteur des hôpit ,* n° 39; 1858. — RICHARD EAGER. *Plaie contuse de la main guerie sans amputation.* In *The Lancet,* vol. I, p 44; 1859. — FLOWER. *Severe Injury to the Right Hand followed by Subacute Tetanos; Recovery.* In *The Lancet,* vol. II, p. 561; 1860 — CORTESE. *Delle ferite che riportano i cannonieri se parte il colpo nell' atto di caricare il cannone* (Plus. obs. de blessures à la main). In *Annali universi,* t. CLXXIV, p. 56; 1860. — DEGUISE. *Plaie par arme à feu de la main* In *Union méd.,* p. 549; 1860. — GAUCHER. *Observation de plaie pénétrante de l'articulation carpo-métacarpienne gauche.* In *Monit. des sciences,* p. 549; 1860. — ECKERT. *Fractur der Mittelhandknochen, spätere Amputation der Vorderarme.* In *Schmidt's Jahrb.,* t. 119, p. 212; 1863. — URE. *Blessures de la main.* In *London med. Gaz.,* tome XXXV, p. 786; et in *The Lancet,* vol. II, p. 724; 1863. — TESSON (Aristide). *De l'eau froide en chirurgie.* Thèse de Paris, 1864. — SONNIER. *Plaies d'armes à feu à la main. Irrigations froides continuées; chirurgie conservatrice.* In *Mém. de méd. militaire,* juillet 1865. Lt *Fracture par écrasement des 2ᵉ et 5ᵉ métacarpiens de la main droite, irrigations continues, guérison.* In *Gaz. des hôp.,* p. 171, 1865 > — TRENAUT (H.). *Du traitement des plaies graves par l'eau.* Thèse de Strasbourg. 1865. — OLLIER (L.) *Plaie d'arme à feu; perforation de la main; fracture comminutive des troisième et quatrième métacarpiens; conservation du membre; absence de reproduction osseuse au niveau du quatrième métacarpien; reproduction incomplète du troisième.* In *Traité expérim. et clin. de la régénération osseuse,* t. II, p. 213. Paris, 1867. — HATTUTE. *Mutilation d'une main par l'explosion d'une arme à feu; amputations partielles; phlebite consecutive; irrigation médiate.* In *Gaz. des hôpit.,* p. 525; 1867. — SÉVILLOT. *Plaie par arme à feu de la main droite.* In *Contributions à la chirurgie,* t. II, p. 6; 1868.

HÉMORRHAGIES. Toutes les variétés de plaies, qu'elles soient produites par des instruments piquants, tranchants ou contondants, donnent souvent lieu à un écoulement sanguin dont l'abondance réclame de prompts secours. C'est presque toujours une *hémorrhagie artérielle* qu'il faut réprimer ; rarement une *hémorrhagie capillaire.* Quant aux *hémorrhagies veineuses,* elles ne sont jamais assez inquiétantes, pour que nous devions nous en occuper ici.

Lorsqu'on considère le nombre, le volume, la multiplicité des communications anastomotiques des artères de la main et la fréquence de leurs anomalies, on comprend facilement que la blessure de ces vaisseaux doit produire des hémorrhagies graves. Pour conserver la vie menacée par la perte du sang, des chirurgiens sont allés jusqu'à lier l'humérale et l'axillaire, jusqu'à amputer le bras, et, dans certains cas, où il y avait sans doute une fâcheuse prédisposition à l'hémophilie, les blessés sont morts, quoi qu'on ait pu faire.

Les plaies de l'éminence thénar et du premier espace interosseux sont celles qui présentent le plus souvent la complication de l'hémorrhagie ; les plaies du creux de la paume viennent après, et, bien loin derrière elles, les plaies de l'éminence hypothénar.

Comme toutes les hémorrhagies traumatiques, celles qui nous occupent sont primitives, secondaires ou consécutives. Les *hémorrhagies primitives* suivent immédiatement la production de la solution de continuité, et accompagnent plus particulièrement les plaies par instruments tranchants. Les *hémorrhagies secondaires* ou *récurrentes* sont celles qui récidivent ou qui se montrent quelque temps après la blessure, mais avant le développement des bourgeons charnus. Les *hémorrhagies consécutives* surviennent à un moment plus ou moins avancé de la cicatrisation, alors que la plaie bourgeonne et suppure. Les plaies contuses et les plaies par armes à feu sont, comme on le sait, très-exposées à cette complication.

A moins que le chirurgien ne se trouve sur le lieu de l'accident, il n'est pas appelé à combattre l'hémorrhagie primitive. L'instinct du blessé et des personnes qui l'entourent, les porte à faire une compression sur la plaie. Sous l'influence de cette compression, sous l'influence aussi de la contraction des artères, de leur rétraction au milieu des chairs et de la formation d'un caillot, l'écoulement du sang s'arrête, et la cicatrisation peut se faire sans autre complication. Cette heureuse terminaison n'est peut-être pas rare ; mais il est imprudent d'y compter et de s'endormir dans une fausse sécurité. Le blessé restera exposé aux récidives de l'hémorrhagie, tant qu'on n'aura pas employé le seul moyen qui puisse l'arrêter sans retour, je veux parler de la ligature dans la plaie des deux bouts du vaisseau coupé.

Les mouvements de la main qui déplacent les caillots obturateurs, les intempérances, les efforts et toutes les circonstances qui augmentent l'activité de la circulation, le défaut de plasticité du sang chez certains individus, l'ulcération de la plaie qui détruit les adhérences formées à l'extrémité des vaisseaux, telles sont les causes qui provoquent les hémorrhagies secondaires et les hémorrhagies consécutives. Leur apparition s'annonce ordinairement par quelques prodromes. Ce sont des inquiétudes, des fourmillements, de la chaleur et des battements dans la main. A ces signes, on peut reconnaître l'imminence de l'écoulement sanguin, et on doit se préparer à le réprimer.

Si la plaie est large et béante, l'hémorrhagie est moins grave, car l'application des moyens hémostatiques sera bien plus facile que si la plaie est étroite et sinueuse. Toutes choses égales d'ailleurs, le pronostic est d'autant plus grave

que l'hémorrhagie est consécutive et a déjà résisté à plusieurs traitements
Lorsqu'on se trouve en présence d'une hémorrhagie de la main ; avant de rien
tenter pour l'arrêter, il est essentiel de reconnaître quelle est l'artère qui donne ;
si l'écoulement vient d'une ou de plusieurs sources ; et s'il n'y a pas quelque anomalie des artères. L'inspection de la plaie peut fournir de précieuses indications.
Siège-t-elle dans le premier espace interosseux, la radiale sera atteinte à l'origine
de l'arcade palmaire profonde ; siége-t-elle à l'éminence hypothénar, ce sera la cubitale. Si la plaie est dans le creux de la paume, on aura affaire, suivant sa profondeur,
soit à une hémorrhagie de l'arcade palmaire superficielle, soit à une hémorrhagie
de l'arcade palmaire profonde, et quelquefois à une hémorrhagie de ces deux
arcades. La connaissance anatomique du trajet des artères est la base de ce diagnostic. Pour savoir si c'est la cubitale ou si c'est la radiale qui donne, on comprime
alternativement ces artères au-dessus du poignet : si la compression isolée de l'une
ou de l'autre arrête l'hémorrhagie, il est clair que celle-ci ne vient que d'un seul
tronc ; mais si l'hémorrhagie continue, ce qui est la règle, et ne s'arrête que par
la compression simultanée des deux artères de l'avant-bras, on en conclut facilement que l'hémorrhagie vient à la fois de ces deux sources. Enfin si, malgré la
compression simultanée de la radiale et de la cubitale, le sang continue à couler,
c'est qu'il y a une anomalie des artères qui fournissent à la main. La branche du
nerf médian ou la branche interosseuse antérieure doit, selon toute probabilité,
présenter un volume considérable et s'inosculer avec les crosses palmaires. Dans
cette hypothèse, il faut explorer l'avant-bras sur le trajet présumé de ces vaisseaux et y chercher des battements ; leur existence, bien constatée, donnerait la
certitude de l'anomalie à laquelle on a affaire. Dans certains cas, rares il est vrai,
la compression de l'humérale elle-même n'arrête pas l'hémorrhagie : une séparation précoce de l'une des artères de l'avant-bras, ou un développement insolite
de la circulation collatérale, donne l'explication de ce fait.

Enfin, le diagnostic est complet, lorsque l'on peut voir dans le fond de la plaie
le point ou les points d'où part le jet saccadé.

Afin d'envisager le traitement des plaies artérielles de la main, sous un point de
vue tout à fait pratique, nous allons examiner les divers cas qui peuvent se présenter, en commençant d'abord par les plus simples. L'état de la blessure doit, en
effet, servir de guide dans la préférence à accorder à telle ou telle méthode hémostatique.

1° Supposons une plaie récente et largement ouverte. Il faut écarter ses bords,
enlever les caillots qui recouvrent sa surface, chercher avec une grande attention
les extrémités des vaisseaux coupés, jusqu'à ce qu'on les ait découverts, et appliquer une ligature immédiate sur tous les bouts jaillissants. Nous ne saurions trop
insister sur l'utilité de ce procédé. Toutes les fois que cela est possible, la ligature dans la plaie doit être pratiquée. On se met ainsi, d'une façon certaine, à l'abri
des récidives, et l'on évite ultérieurement les topiques hémostatiques, les agents
compresseurs ou même des opérations graves qui torturent le membre jusqu'à la
production du phlegmon et de la gangrène.

Si les bouts artériels se sont retirés dans les chairs, un léger débridement suffira pour qu'on puisse les atteindre et les lier directement.

En général, on trouve deux bouts à lier, l'un et l'autre versant du sang à peu
près en égale abondance. Exceptionnellement, il n'y en a qu'un ; c'est que les arcades palmaires n'existent pas ou qu'elles ne sont formées que par une seule des
artères de l'avant-bras. Plus souvent, il y a trois, quatre, cinq orifices à lier, parce

qué la plaie intéresse à la fois les deux arcades et une ou plusieurs branches digitales.

2° La plaie est récente comme précédemment, mais, au lieu d'être béante, elle ne présente qu'une étroite ouverture.

Si cette plaie est peu profonde, si la région, où elle siége, donne la certitude que l'on a affaire à l'arcade palmaire superficielle, si, pour découvrir la lésion artérielle, il ne faut pas faire de trop grands délabrements, on doit agrandir l'ouverture de la solution de continuité, selon le trajet connu de cette arcade et placer des ligatures. Mais si la plaie est profonde, si l'hémorrhagie vient de l'arcade palmaire profonde, faut-il, comme le conseille Guthrie, faire les incisions nécessaires pour arriver jusque sur les vaisseaux coupés, malgré les dangers d'ouvrir de nouvelles artères et de blesser les nerfs, les tendons et leurs gaines? Nous ne le pensons pas. Il vaut mieux, dans ce cas, renoncer à la ligature dans la plaie et ne pas appliquer un remède qui entraînerait des désordres pires que le mal.

Le *compression directe* sur la plaie, alors que l'inflammation ne l'a pas encore envalue, est facilement supportée et donne d'excellents résultats. On peut l'exercer soit à l'aide d'un pansement compressif, soit à l'aide de certains appareils spéciaux dont l'action est plus exacte, mais qui ont l'inconvénient de n'être pas toujours sous la main du chirurgien.

Le pansement compressif se fait avec de petites boulettes de charpie que l'on introduit dans le fond de la plaie, jusqu'à ce qu'elle en soit toute remplie ; puis on les recouvre de rondelles d'amadou, de manière à former une sorte de cône dont le sommet appuie sur la surface saignante. Une bande roulée, fortement serrée autour de la main, opère la compression. On peut augmenter l'efficacité de ce pansement compressif en imbibant les boulettes de charpie d'une solution étendue de perchlorure de fer. Mais ce liquide hémostatique ne doit être employé qu'avec une grande circonspection dans une région, comme la main, où l'inflammation a tant de tendance à se développer.

Afin de supprimer la pression circulaire de la bande, et de n'agir que sur le point qui doit être comprimé, Galias avait imaginé une pince, construite sur le modèle des pinces à sucre, et dont les deux branches pouvaient se rapprocher au moyen d'une vis. Une plaque d'environ 5 centimètres de diamètre est fixée à l'extrémité de chaque branche. La pince embrasse la main au niveau de la plaie ; puis, les plaques étant bien garnies de rondelles d'agaric, on serre la vis autant que cela paraît nécessaire. Cet instrument, appliqué deux fois par son inventeur, donna deux beaux succès. Des compresseurs, d'une autre forme (tels que celui de Marcellin Duval), pourraient avoir des résultats tout aussi heureux. Gelez (thèse de F. Gelez, Paris, 1850, p. 24) employa un appareil compresseur que l'on peut confectionner en tout lieu, et qui, à ce titre, mérite une mention spéciale. Il est composé de deux petites attelles larges de 3 centimètres, et longues de 15, et de deux compresses graduées, de la même largeur que les attelles, et d'une longueur égale à la largeur de la main. Les extrémités des attelles sont entaillées sur leurs bords. Une boulette de charpie remplit la plaie au-dessus de laquelle on superpose quelques rondelles d'agaric. Sur ce premier pansement on applique transversalement une des deux compresses ; on place l'autre sur le dos de la main. Par-dessus les compresses on place les attelles, qui sont liées ensemble par des rubans de fil accrochant les entailles de leurs extrémités.

La compression directe mérite le reproche d'irriter promptement la plaie, de provoquer des douleurs et de devenir bientôt insupportable ; elle expose, en outre, aux hémorrhagies consécutives et aux anévrysmes. Ces inconvénients et ces dangers disparaissent, en partie, quand on combine la compression directe à la *compression indirecte* exercée au-dessus du poignet. Celle-ci est mieux tolérée et permet de relâcher un peu la compression directe, sans qu'il y ait à craindre une nouvelle irruption du sang.

La compression au-dessus du poignet s'obtient d'une manière très-exacte à l'aide d'un petit appareil dû à M. Nélaton. Deux petits cylindres, faits avec une bande roulée, un rouleau de diachylon ou un bouchon de liège, sont placés sur le trajet de chacune des artères radiale et cubitale, et maintenus par une bandelette de diachylon faisant plusieurs tours. Les cylindres compriment les artères sur les os correspondants ; mais, comme leur forme arrondie et la convexité de l'avant-bras leur permettraient de se déplacer en se rapprochant l'une de l'autre, on place, entre les cylindres et par-dessus la première bandelette de diachylon, un troisième cylindre. Celui-ci, fixé lui-même par une nouvelle bandelette, augmente la compression et ajoute à la solidité de tout l'appareil.

Bichat avait montré que la flexion forcée de l'avant-bras sur le bras, en comprimant l'artère humérale au niveau du pli du coude, arrête le cours du sang dans les artères situées au-dessous. Johnson mit à profit cette donnée physiologique dans un cas où la ligature des vaisseaux palmaires était très-difficile à cause de l'irrégularité de la plaie. Il attacha l'avant-bras au bras, et maintint la position fléchie pendant quelques jours. L'hémorrhagie fut définitivement arrêtée, et la guérison fut rapide. Ce mode de compression peut rendre de grands services dans certaines circonstances.

3° L'hémorrhagie récidive ou apparaît pour la première fois, lorsque la plaie est recouverte de granulations qui suppurent. La compression est reconnue impuissante. La ligature est nécessaire. Faut-il l'appliquer dans la plaie même ou au-dessus d'elle, par la méthode d'Anel? Cette question, longtemps débattue, a reçu de nos jours une réponse décisive.

Dupuytren croyait que, dans les plaies en suppuration, les artères s'enflamment et se coupent sous la pression d'un fil constricteur. Il liait donc loin de la plaie, afin d'être sûr d'agir sur une portion saine du vaisseau. Tous les chirurgiens adoptèrent l'opinion et la pratique de Dupuytren, et, pour les hémorrhagies consécutives de la main, ils liaient les deux artères de l'avant-bras au-dessus du poignet, ou combinaient la ligature d'un de ces troncs à la compression de l'autre. Cette pratique reposait pourtant sur un fait inexact : la friabilité des artères baignées dans le pus est une pure fiction. M. Nélaton (thèse de Courtin, Paris, 1848) a prouvé, par des expériences faites sur des animaux et sur des artères d'amputés morts dans son service, que les parois artérielles ne se rompent pas par la constriction du fil à ligature. Fort de ces faits, il fit des ligatures dans les plaies en suppuration, et obtint des succès constants. Les fils tombent plus vite que lorsqu'on les applique sur des artères récemment coupées, mais ils ne tombent pas trop tôt pour qu'un caillot solide n'ait eu le temps de se former dans la cavité du vaisseau. Dans un cas de plaie irrégulière de la paume de la main, datant de plusieurs jours et donnant lieu à des hémorrhagies récidivantes, M. Nélaton (en 1852) n'hésita pas à faire des débridements, à chercher avec soin la situation de l'artère divisée, en promenant ses doigts sur toute la surface de la blessure, et à la lier lorsqu'il l'eut trouvée. La ligature tomba sans accidents, et la guérison ne se fit pas attendre. En 1862, un homme de 33 ans eut une plaie de la main, par suite de l'éclatement d'un fusil. Vers le sixième jour, une hémorrhagie se manifesta sous l'influence d'un simple effort de défécation. On arrêta le sang par la compression ; mais l'hémorrhagie se reproduisit 14 fois dans l'espace de 25 jours, malgré des cautérisations avec le chlorure de zinc, des tamponnements avec le perchlorure de fer et la compression de la brachiale. Le blessé était dans un état anémique inquiétant. M. Nélaton fit la ligature dans la plaie, et l'hémorrhagie fut définitivement arrêtée.

M. Notta, qui a contribué à démontrer que les artères ne sont pas ramollies dans les plaies en suppuration (Thèses de Paris, 1850), a publié l'observation suivante : une femme de 64 ans avait eu la main prise dans un engrenage. Une plaie horriblement contuse s'étendait transversalement du sommet de l'éminence thénar. au bord cubital du poignet. Hémorrhagie en jet au moment de l'accident. On fait le tamponnement et la compression ; on applique des cataplasmes froids. Cinq jours après l'accident, la malade allait bien ; la plaie se couvrait de bourgeons charnus, et la suppuration était de bonne nature ; tout à coup une hémorrhagie abondante se déclare. On tamponne aussitôt; néanmoins la malade perd beaucoup de sang. « Arrivé près d'elle, une demi-heure après l'accident, je la trouve épuisée, pâle, anémiée, l'hémorrhagie étant arrêtée. Je débarrasse la plaie des caillots qui la couvraient, et je dirige mes recherches sur le trajet de l'artère cubitale. Un jet de sang me met bientôt sur la trace de l'artère, et, au milieu d'une bouillie noirâtre, je trouve l'artère détruite dans les trois quarts de sa circonférence, dans une longueur de 15 millimètres, et l'orifice supérieur, par lequel le sang s'échappait, béant. Je fis comprimer l'artère cubitale au-dessus de la plaie, je débridai quelques portions de tissu fibreux, afin de bien isoler l'artère et je la liai ; puis, je posai une ligature sur le bout inférieur et bien m'en prit, car, en l'isolant, je déplaçai un petit caillot qui oblitérait cette extrémité, et l'hémorrhagie reparut avec autant de force que par l'extrémité supérieure. » Cataplasme froid sur la plaie. L'hémorrhagie ne reparut plus. Un mois après la malade était guérie.

Un homme de 31 ans fut blessé à la paume de la main gauche par un petit éclat de verre. Cet éclat pénétra au niveau du quatrième métacarpien, à un demi-centimètre au-dessus du pli moyen de la paume de la main. La blessure était insignifiante comme dimension, et cependant il s'échappa un jet de sang rouge et saccadé. L'hémorrhagie récidiva à plusieurs reprises. La compression, le perchlorure de fer et la ligature de la radiale et de la cubitale au-dessus du poignet échouèrent. Le blessé se décida à entrer à la Maison de Santé où il eut de nouvelles hémorrhagies. M. Demarquay constata que le battement des artères radiale et cubitale au-dessous des ligatures était revenu. En présence de ce fait, il se décida à lier les deux bouts de l'artère palmaire superficielle au niveau de la plaie. Cette opération fut exécutée le vingt-cinquième jour après l'accident. Un débridement nécessaire permit d'apercevoir le bout cubital de l'arcade palmaire ; il fut saisi et lié ; un jet de sang indiqua nettement le bout radial qui fut aussi lié. Le malade sortit guéri au bout d'une quinzaine de jours (Obs. citée par M. P. Horteloup, *Gaz. hebd.*, p. 196, 1868).

La conclusion des faits précédents, et de beaucoup d'autres que nous pourrions citer, est qu'il faut lier directement dans les plaies qui suppurent. A la main, où les écoulements sanguins ont tant de tendance à récidiver, cette indication est plus formelle que dans toute autre région. Aucune méthode hémostatique n'est à la fois plus innocente et plus efficace.

La *ligature indirecte*, ou par la méthode d'Anel, a donné des succès incontestables dans certains cas d'hémorrhagies de la paume. Mais elle expose à des revers nombreux, dont les causes ont été mises en lumière par les leçons cliniques de M. Nélaton (en 1852 et en 1862).

Le mécanisme de l'oblitération spontanée des artères, dans une plaie récente, diffère essentiellement de celui qui préside à l'oblitération des vaisseaux à la surface des plaies, qui suppurent. Dans le premier cas, un caillot bouche l'ouverture de l'artère ; dans le second, l'occlusion se fait par l'adhérence des bourgeons charnus qui se développent sur la gaine celluleuse, comme ils se développent sur tous les autres points de la solution de continuité. Une ligature placée au-dessus de la plaie arrête, il est vrai, le courant sanguin au-dessous du point lié, mais elle ne provoque pas la formation d'un caillot obturateur au niveau du bout artériel coupé qui reste béant. Si le développement de la membrane pyogénique n'est pas assez avancé, au moment où la circulation collatérale ramène le sang dans le bout inférieur, les bourgeons charnus se rompent sous l'effort de la tension sanguine, et une récidive de l'hémorrhagie se produit infailliblement. C'est ce qui arrive ordinairement à la main, où les nombreuses anastomoses des artères rétablissent avec une incroyable promptitude la circulation interrompue par la ligature. Dans les cas rares où la méthode d'Anel réussit, ce succès tient à ce que le cours du sang a pu être arrêté assez de temps, pour que le bourgeonnement de la plaie ait établi un opercule solide à l'extrémité des vaisseaux.

A ces chances d'insuccès vient encore s'ajouter la possibilité d'une de ces anomalies si fréquentes dans les artères qui fournissent à la main (Voy. l'anatomie, p. 16). Si, par exemple, l'artère interosseuse ou l'artère du nerf médian présente un développement insolite, et se distribue aux arcades palmaires, la ligature de la radiale et de la cubitale n'arrête pas l'hémorrhagie. Lisfranc fut obligé de lier successivement la radiale, la cubitale et une artère médiane pour réprimer une hémorrhagie traumatique du poignet. C'est une conduite à imiter, si les battements d'un tronc anormal étaient perceptibles au toucher. Mais, en général, l'exploration ne fait rien découvrir. La ligature de l'humérale devient nécessaire, et peut seule donner quelque sécurité. Dubrueil rapporte que dans un cas d'hémorrhagies récidivantes avec tuméfaction phlegmoneuse de la main, on fit la ligature de la cubitale. « A peine exécutée, dit-il, l'hémorrhagie se reproduisit avec la même intensité ; on découvre la radiale et on l'entoure d'un fil, seconde opération tout aussi insignifiante que la première ; enfin une troisième ligature embrasse l'humérale, et l'hémorrhagie s'arrête. » La guérison eût lieu tardivement (Des anomalies artérielles, p. 189).

La ligature de l'humérale elle-même peut échouer, si, par une précocité d'origine qui n'est point rare, un des troncs de l'avant-bras émerge de cette artère plus haut qu'à l'état anormal. Il faut alors porter la ligature sur un point plus élevé. De ligature en ligature, on arrive jusqu'à la racine du membre, et on est conduit à lier l'axillaire, opération essentiellement grave. Le fait suivant est un terrible exemple des conséquences que peut entraîner la méthode d'Anel, appliquée aux hémorrhagies de la main. Un homme, âgé de 28 ans, se fit, le 17 janvier 1855, une plaie avec un couteau dont la pointe s'enfonça dans l'endroit où l'artère cubitale arrive dans la paume de la main. Plusieurs hémorrhagies avaient déjà eu lieu lorsqu'il entra, le même jour, à l'hôpital Saint-Barthélemy. On découvrit l'orifice d'où venait le sang et on y jeta une ligature. L'hémorrhagie se reproduit quelques jours après. Ligature de la radiale et de la cubitale à un pouce au-dessus du poignet. Huit jours après, un peu de sang sortit par la plaie cubitale.

On plaça un tourniquet à demeure sur le bras. Cette précaution fut fort utile, car le dixième jour (après la double ligature au-dessus du poignet), une hémorrhagie, par le bout supérieur, accompagna la chute de la ligature de la cubitale. Les consultants ayant été d'avis de lier la cubitale une seconde fois, à 10 centimètres au-dessus du poignet, cette opération fut exécutée sur-le-champ. Mais le quatrième jour, l'hémorrhagie se fit avec violence par le bout supérieur au point récemment lié, et par le bout inférieur vers la première ligature. Le sang ne se coagulait pas, et la plaie de la main ne montrait aucune disposition à se cicatriser. On se décida alors à lier la brachiale au-dessus du pli du coude. Mais, neuf jours après, le bout inférieur de la cubitale se mit à saigner abondamment. Il sortit aussi du sang par la plaie de la brachiale. Dans cette terrible conjecture, on avait tout préparé pour l'amputation du bras ; mais M. Key, considérant la perte inévitable de sang que cette opération entraînerait, se décida à lier l'axillaire. Les jours suivants, il se fit des hémorrhagies par la plaie brachiale, qui mirent la vie du malade en danger. On tamponna la plaie. Le malade prit beaucoup de nourriture et regagna des forces. Le 1er mars (cinq jours après la ligature de l'axillaire), un *déluge* de sang sortit tout à coup par la plaie de l'artère axillaire. On l'arrêta à l'aide du tourniquet, placé sur la sous-clavière, et l'on tamponna cette plaie très-fortement, au risque de gangrener le membre qui fut enveloppé d'un bandage roulé. Il n'y eut plus d'hémorrhagie, les plaies commencèrent à marcher vers la guérison. Au 28 mai, ce blessé était convalescent et retournait dans sa famille (cette observation est attribuée à différents auteurs. C'est Key, et non Carpenter ni Skey, qui fit la ligature de l'axillaire ; comparez *Gaz. hebdom.*, 18⌐5, p. 706, et 1868, p. 196 ; *Dict. encyclopédique*, t. VII, p. 674, et *The Lancet*, 9 juin 1855, p. 574).

Il reste, en somme, parfaitement avéré que la ligature indirecte appliquée aux hémorrhagies consécutives et même aux hémorrhagies primitives de la main, est une méthode infidèle et dangereuse : infidèle, parce qu'elle échoue dans le plus grand nombre de cas; dangereuse, parce qu'elle conduit à faire des opérations qui, par elles-mêmes, exposent la vie des malades. C'est donc un précepte de rigueur de lui préférer la ligature dans la profondeur des plaies, même lorsque celles-ci suppurent.

4° Il se rencontre, cependant, des cas où les tentatives de la ligature dans la plaie ne réussissent pas. L'infiltration sanguine est très-considérable et dérobe les vaisseaux coupés à toutes les recherches. La main est œdématiée, et tuméfiée par l'inflammation. Les sources de l'hémorrhagie sont trop nombreuses ou trop profondément situées pour qu'on puisse les atteindre. La compression directe et indirecte ne peut être supportée, ou ne suffit pas à arrêter l'écoulement sanguin. Ce sont là des circonstances très-embarrassantes pour le praticien qui sait combien la méthode d'Anel est peu sûre.

Un garde mobile avait reçu un coup de couteau qui avait pénétré profondément dans la paume de la main, et qui avait blessé l'arcade palmaire profonde. M. Nélaton fit écarter les tendons fléchisseurs, et toucha tous les points qui donnaient du sang avec le fer rouge. L'hémorrhagie fut arrêtée, et le malade guérit sans difformité. Dans une plaie du dos de la main, une hémorrhagie survint douze jours après l'accident. Elle était fournie par une artériole. Dupuytren cautérisa l'ouverture du vaisseau avec un stylet rougi. Dès lors, tout écoulement sanguin cessa, et le malade guérit (Obs. citée par J. Sanson, *Thèse sur les hémorrhagies*, p. 330, 1836).

Ce procédé hémostatique est excellent, mais il n'est applicable qu'à certaines plaies. Il suppose, en effet, que l'on peut écarter les parties qui seraient endom-magées par l'action du cautère actuel, condition qui ne se réalise que rarement.

A la dernière extrémité, et à défaut de tout autre moyen thérapeutique efficace, on se voit forcé de recourir à la méthode d'Anel.

Comme, dans le cas que nous supposons, la compression de la radiale et de la cubitale au-dessus du poignet a été jugée impuissante, on ne ferait qu'une opéra-tion inutile en liant ces deux artères. C'est la ligature de l'humérale qui est indi-quée, et la ligature au niveau du point, où la compression exploratrice indique que l'hémorrhagie s'arrête. M. L. Caradec (de Brest) a publié, dans la *Gazette heb-domadaire* de 1868, un fait de blessure des arcades palmaires superficielle et profonde qui est d'un grand enseignement pratique au point de vue où nous sommes placé. La plaie était récente ; elle avait été produite par des morceaux de verre ; elle était irrégulière et contuse ; le blessé avait perdu une énorme quan-tité de sang, et l'hémorrhagie continuait. « Deux moyens s'offraient à nous, la com-pression et la ligature ; nous nous décidâmes pour cette dernière. Avant d'arrêter le lieu où nous allions la pratiquer, nous crûmes devoir examiner attentivement notre malade. Voyant que la compression exercée sur les artères radiale et cubitale ne pouvait suspendre l'hémorrhagie, nous renonçâmes à en faire la ligature et nous nous décidâmes pour celle de l'humérale. Nous explorons avec soin le bras, afin de voir s'il existe des anomalies artérielles, et de constater leur nombre et leur point de départ. Vers le tiers inférieur du bras, nous trouvons une branche de l'humérale qui rampe sous la peau à la face antérieure du biceps. N'ayant pas trouvé d'autre anomalie, nous lions l'humérale à 2 centimètres environ au-dessus de la partie moyenne du bras. » L'hémorrhagie fut arrêtée et le malade guérit.

Dans un cas de plaie du premier espace interosseux, qui avait donné lieu à plu-sieurs hémorrhagies successives, Jarjavay fit des incisions et des recherches néces-saires pour lier directement les bouts coupés. Mais il s'agissait d'une lésion trop profondément située, c'est-à-dire d'une arcade palmaire profonde. Ce chirurgien n'hésita pas à lier immédiatement l'humérale à la réunion du tiers inférieur avec les deux tiers supérieurs du bras. La plaie de la main se cicatrisa presque complétement en vingt-deux jours sans accident et sans nouvelle hémorrhagie. J. Dubrueil (1834) pratiqua d'emblée, et avec un plein succès, la ligature de l'humérale, chez un ma-lade qui avait eu les artères palmaires maladroitement ouvertes pendant l'incision d'un phlegmon. En 1847, A. Robert, se trouvant en présence d'une hémorrhagie du poignet difficile à réprimer, et dans laquelle l'interosseuse donnait, pensa que pour arrêter l'écoulement sanguin pendant le temps nécessaire à la cicatrisation, il fallait lier l'humérale au-dessus de ses principales collatérales, c'est-à-dire sous le tendon du grand pectoral. Les suites de l'opération furent simples, et le malade guérit.

C'est qu'en effet il n'y a chance de réussite, par la méthode d'Anel, qu'en appliquant la ligature très-haut sur le tronc de l'humérale. Mais on s'expose alors à tous les accidents qui peuvent accompagner la suppression de la circula-tion dans le tronc principal d'un membre : atrophie, gangrène et accidents mor-tels. Sur 9 cas de ligature de l'humérale (par Roux, J. Dubreuil, H. Larrey, Jar-javay, Garny, Sédillot, L. Caradec, et deux chirurgiens inconnus), et sur 2 cas de ligature de l'axillaire (Key et A. Robert) pour des hémorrhagies de la main, nous trouvons 2 morts (*Gaz. méd.* de Paris, p. 392, 1837, et thèse de Le Guern, p. 25).

5° Si le blessé présente une disposition particulière aux hémorrhagies, le précepte de lier dans la plaie devient d'une rigueur absolue. Car toute incision pour pratiquer une ligature, au-dessus de la plaie, deviendrait la source d'une nouvelle hémorrhagie.

Le plus souvent, lorsque les principales artères sont liées, l'écoulement sanguin continue par les capillaires. Les topiques hémostatiques, la cautérisation, le tamponnement, le pansement par occlusion, la compression directe et indirecte, sont les moyens auxquels on doit avoir recours contre ces hémorrhagies par exhalation. La méthode de Theden, qui consiste à diminuer l'abord du sang dans un membre en le comprimant exactement depuis son extrémité jusqu'à sa racine, peut rendre dans ces cas de grands services. Enfin, on administre quelques médicaments tels que l'eau de Rabel ou la limonade sulfurique, propres à augmenter la plasticité du sang (*Voy.* l'article HÉMOPHILIE).

Quelquefois tous les moyens échouent, et la perte progressive du sang aboutit à la mort du blessé. Un garçon de 5 ans s'était blessé au poignet avec un carreau de vitre. Cette blessure était légère. Malgré tous les moyens hémostatiques, on ne put prévenir les hémorrhagies qui se succédèrent jusqu'à la mort. Son frère était mort d'un accident semblable (Allan, *Annales de la chirurgie,* 1842).

En résumé, voici les règles qui doivent diriger le traitement :

Lier directement dans la plaie, qu'elle soit récente ou en suppuration, toutes les artères qui versent du sang (en général, il y a deux bouts à lier).

Si la ligature directe ne peut se faire qu'à l'aide d'incisions qui compromettraient l'intégrité de parties importantes, employer la compression sur la plaie, sur la radiale et sur la cubitale, et même sur l'humérale.

Si l'hémorrhagie se reproduit malgré la compression, ou si la compression ne peut être supportée, avoir recours à la ligature indirecte, et lier d'emblée l'artère humérale.

Quel que soit le moyen hémostatique dont on fasse usage, il faut, maintenir la main dans le repos le plus absolu, pendant toute la durée du traitement, en la fixant dans une gouttière ou sur une palette. Il faut, en outre, la placer dans une position élevée par rapport au reste du corps. Le blessé doit garder le lit et éviter toute espèce d'effort. Ces soins sont d'une importance considérable pour empêcher le retour des hémorrhagies.

BIBLIOGRAPHIE. — CAMPER. *Hémorrhagie d'une plaie palmaire ayant nécessité l'amputation de l'avant-bras.* In *Démonstr anat. path.,* p. 16, 1760. — DUGÈS. *Blessure de l'artère radiale guérie par la ligature et la compression.* In *Journ. des connais. médico-chir.,* t. I, p. 210 ; 1833. — BÉRARD (A). *Plaie de l'artère radiale dans la paume de la main ; ligature de l'artère radiale au-devant de la partie inférieure du radius.* In *Gaz. médic. de Paris,* p 707, 1833. — QUOY. *Ligature de l'artère radiale. Obs.* in *Journal des connaiss. médico-chir ,* t I, p. 269; 1833. — DUBRUEIL. *Hémorrhagies des arcades palmaires ; ligature de l'artère brachiale au vingt-unième jour de l'accident ; guérison.* In *Gaz. méd. de Paris,* p. 726 : 1834.— GALLIS. *Ouverture accidentelle des arcades palmaires, superficielle et profonde ; guérison parfaite par la compression à l'aide d'une pince à vis.* In *Journ. des connais. médico-chir.,* t. III, p. 10 ; 1835. — PIGEAUX. *De la nécessité de revenir à la méthode de Theden dans le traitement des plaies des artères.* In *Arch. de méd.,* 2ᵉ série, t. X, p. 337 , 1836. — COOPER. *Blessure de l'artère cubitale au niveau du poignet, compression, guérison.* In *Gaz. méd. de Paris,* p 392; 1837. — PASQUIER. *Plaie contuse à la main ; blessure artérielle ; ligature du bout supérieur ; guérison.* Hosp. des Invalides. In *Gaz. des hôp ,* p. 114, 8 mars, 1838. — VELPEAU. *Hémorrhagie des artères de la main ; méd. opérat.* Tome II, p. 172 ; 1839. — GARBE. *Bedeutende Verletzung der Hand, Unterbindung der Art. radialis und ulnaris (blessure grave de la main, ligature des artères radiale et cubitale).* In *Schmidt's Jahrb.,* t. XXXV, p. 202 ; 1842. — ALLAN. *Diathèse hémorrhagique ; plaie du poignet ayant occasionne la mort par hémorrhagie.* In *Annales de la chir. franç. et étrangère,* t. VI, p. 218; 1842. — CHASSAIGNAC. *Plaie de l'artère radiale à sa terminaison dans la paume de la main. Hémorrhagie abondante. Compression, pansement compressif laissé en place pendan*

neuf jours. Guérison complète de la plaie le seizième jour. In *Gaz. des hôp.*, p. 458.
28 septembre, 1843. — Du même. *Plaie par arme à feu, divisant dans toute sa hauteur
le premier espace interosseux de la main gauche. Hémorrhagies consécutives multipliées.*
In *Gaz. des hôp.*, p. 463, 30 sept. 1843. — Malgaigne. *Plaie de l'artère radiale ; hémorrhagies pendant quatre jours ; cessation des hémorrhagies par la compression et la position
élevée de la main.* In *Gaz. des hôp.*, p. 479 ; 1849. — Wernher. *Verwundung des Hand-
tellers ; arterielle Blutung ; zweimalige Unterbindung der Ulnararterie ; Unterbindung der
Brachialarterie ; Fortdauer der Blutung ; Stillung derselben durch andauerndes Aufdrücken
eines feinen Badeschwammes.* In *Schmidt's Jahrbücher*, t. LXV, p. 223, 1850. — Galiay, *Pince
destinée à arrêter les hémorrhagies provenant de la blessure de l'arcade palmaire.* In *Gaz.
méd. de Paris*, p. 71 ; 1851. (D'après le *Bull. de thérap.*) — Nélaton. *Traitement des hémorrhagies de la paume de la main.* In *Gaz. des hôp.*, p. 206 et 230 ; 1852. — Robert. *De l'emploi de la ligature dans les plaies avec hémorrhagie de la partie inférieure du membre
thoracique.* In *Gaz. des hôp.*, p. 231 ; 1852. — Balanza. *Des hémorrhagies traumatiques de
la main.* Th. de Paris, n° 25, 1852. — Butcher. *Sur les blessures des artères de l'arcade
palmaire.* In *Dublin Press*, july, 1852 ; et *Schmidt's Jahrbücher*, t. 77, p. 351 ; 1853. —
Uffelden (F.). *Vulnus manus cum discisione arc. vol. sublim ; phlegmone diffusum.* In
Deutsche Klinik, p. 553 ; 1853. — Key. *Plaie de l'artère palmaire ; ligatures successives
de quatre artères ; guérison.* In *Gaz. hebdom*, p. 706 ; 1855. — Drouet. *Des plaies et des
hémorrhagies traumatiques de la main.* Thèse inaugurale, Paris 1855. — Savory. *Wound
of the Palmar Arch.* In *The Lancet*, 30 juin 1855. — Richard (A.), Boinet, Giraldès, Larrey
(H.), Morel Lavallée, Follin, Huguier, Marjolin, Chassaignac, Broca. *Discussion à la Société
de chirurgie sur les hémorrhagies de la main.* In *Bull de la Soc. de chir.*, t. VII, p. 138 ;
1856. — Arnott. *On the Treatments of Wounds of the Palmar Arch.* In *The Lancet*, vol. II,
p. 141, 205, 232, 285 ; 1855 ; et *The Lancet*, oct. 30 ; 1858. — Nuzillat. *Hemorrhagie traumatique de l'arcade palmaire profonde de la main droite ; compression mécanique de l'artère humérale ; guérison en vingt et un jours.* In *Bull de la Soc. de chir*, t. IX, p. 455 ;
1859. — Duval (Marcellin). *Traité de l'hémostasie, avec Atlas ;* Paris, 1855-1859. — Johns-
son. *Plaie de la main intéressant l'arcade palmaire.* In *Gaz. méd. de Paris ;* p. 162 ;
1861. — Chassaignac. *Ligature de l'arcade palmaire superficielle.* In *Traité des opérations chirurg.*, tome I, p. 285 ; 1861. — Boeckel. *Procédé pour la ligature de l'arcade
palmaire superficielle.* In *Arch. de méd.*, 5ᵉ série, t. XVIII, p. 612 ; 1861 ; et *Gaz. med. de
Strasbourg*, n° 106 ; 1861. — Garny. *Plaie de l'arcade palmaire superficielle ; hémorrhagie
abondante ; deux cas de guérison, l'un par la compression permanente, l'autre par la ligature de la brachiale* In *Gaz. des hôp.*, p. 74 ; 1861. — Hulke. *Case of Arterial Bleeding
from a Wound in the Palm ; Failure of Compression, the Radial and Ulnar Arteries tied.* In
Med. Times, vol. II, p. 605 ; 1862. — Adelmann (G.-F.-B.). *Beiträge zur chirurgischen Pathologie der Arterien, insbesondere zu ihrer Unterbindung.* In *Arch von Langenbeck*, vol. III,
p. 20 ; 1862. — Nélaton. *Plaie par arme à feu de la paume de la main gauche et des doigts ;
14 hémorrhagies consécutives ; ligature de l'artère dans la plaie ; guérison.* In *Gaz. des
hôpit.*, p. 582 ; 1862. — Jarjavay. *Plaie de l'arcade palmaire profonde ; ligature de l'humérale.* In *Gaz. des hôp.*, p. 310 ; 1863. — Le Guern. *Plaie des artères de l'avant-bras et de
la paume de la main.* Th. de Paris, 1864. — Jackson (Arthur). *Wound of the Palmar
Arch.; Secondary Hemorrhage ; Ligatur of Brachial Artery ; Recovery.* In *The Lancet*, vol. I,
p. 272 ; 1867. — Emploi *de la compression indirecte et préventive de l'artère humérale
dans un cas de lésion traumatique de la main.* In *Gaz. des hôpitaux*, p. 113 ; 1867. —
Horteloup (Paul). *Du traitement des hémorrhagies de la main.* In *Gaz. hebdom.*, p. 194 ;
1868. — Sédillot. *Hémorrhagies répétées de la paume de la main, à la suite d'une blessure
de cette région, datant de cinq semaines et compliquées de gangrène par compression.
Double ligature avec section intervallaire des artères radiale et cubitale. Continuation de
l'hémorrhagie. Double ligature avec division intermédiaire des artères brachiale et collatérale du nerf cubital.* In *Contrib. à la chirurgie*, t. II, p. 80 ; 1868. — Carade. *Blessures et
plaies de la paume de la main gauche par des fragments de verre ; section des arcades
palmaires superficielle et profonde ; ligature de l'humérale ; guérison.* In *Gaz hebdom.*,
p. 244 ; 1868. — Lévy (E). *Hémorrhagies de la paume de la main arrêtées au moyen de
l'éponge préparée ;* *Gaz. hebdom.*, p. 425 ; 1869. — Blum. *De la flexion comme moyen
hémostatique.* In *Arch. de médecine*, p. 359, mars 1870. — Martin (G.). *Étude sur les plaies
artérielles de la main et de la partie inférieure de l'avant-bras.* Th. de Paris ; 1870, n° 104.

Nota. Les **cicatrices vicieuses**, suites de brûlures, de gangrène ou de plaies,
qui réunissent les doigts entre eux, ou qui les maintiennent fléchis dans la
paume, seront étudiées à l'article Doigts, en même temps que les opérations qui
servent à rendre l'indépendance à ces organes (*Voy.* Doigts).

LÉSIONS ORGANIQUES. Nous comprenons sous ce nom les *phlegmons*, les *ostéites* et les *ostéo-arthrites* du carpe et du métacarpe, la *rétraction de l'aponévrose palmaire* et les *neoplasmes* ou *tumeurs* de la main.

PHLEGMONS. Tandis que le panaris, ou inflammation des doigts, a fait de tout temps le sujet d'une grande quantité de mémoires, de thèses et de publications de toutes sortes, les phlegmons de la paume sont restés, jusqu'au milieu de ce siècle, sans description spéciale. L'article de A. Bérard, dans le *Dictionnaire de médecine* (dict. en 30 volumes, ABCÈS DE LA MAIN, p. 535, 1838); les thèses de MM. Seigle (1851), A. Thomas (1855) et Avice (1856), sont les premières tentatives à cet égard. Pourtant ces phlegmons sont d'une extrême fréquence, et les chirurgiens en ont toujours eu sous leurs yeux de nombreux exemples; mais ils n'en parlaient pas dans leurs ouvrages, comme cela arrive souvent pour les choses que tout le monde voit et qu'il semble inutile de décrire; ou bien ils n'en parlaient qu'incidemment à propos du panaris, à propos des complications des blessures à la main, à propos des accidents qui peuvent suivre certaines opérations pratiquées sur cet organe.

Velpeau avait une connaissance profonde des différentes formes des inflammations de la main; il les soignait avec une sorte de prédilection, et aimait à en faire le sujet de ses leçons cliniques. Un de ses élèves, Bauchet, s'inspira de cet enseignement pour composer un traité dogmatique sur ce point de chirurgie (1859). Les phlegmons des doigts y sont nettement séparés de ceux de la paume, et toutes les variétés des uns et des autres y sont étudiées d'une manière complète. A l'époque où paraissait le mémoire de Bauchet, M. Chassaignac rédigeait, pour son ouvrage sur la *suppuration et le drainage chirurgical* (1859), un long et intéressant chapitre sur le même sujet. Cès deux excellents travaux, écrits par leurs auteurs à l'insu l'un de l'autre, ont servi de base à toutes les descriptions qui les ont suivis. Nous avons largement puisé à ces précieuses sources.

Les phlegmons de la main ont sans doute beaucoup de ressemblance avec le panaris, mais la disposition anatomique des parties leur imprime une gravité et une physionomie à part. Ce n'est donc pas s'exposer à des répétitions inutiles que de décrire le panaris à l'article DOIGT, et le phlegmon de la paume dans le présent article.

Causes. Sous le rapport de leur étiologie, les phlegmons de la paume se divisent en deux catégories : les uns sont *traumatiques*, c'est-à-dire consécutifs à une de ces nombreuses blessures que nous avons étudiées précédemment; les autres sont *spontanés*. Les premiers sont de beaucoup les plus nombreux.

Parmi les causes externes, les piqûres et les excoriations légères, que l'on a le tort de négliger, possèdent au plus haut degré le pouvoir de faire naitre ces phlegmons, surtout lorsque les instruments qui ont produit la petite plaie sont souillés par des liquides irritants ou septiques. Après les piqûres et les excoriations, il faut placer les morsures et les plaies contuses, puis les contusions, les pressions violentes et souvent répétées par des instruments ou des corps durs. Les plaies nettes par incision ne sont que rarement suivies d'accidents inflammatoires. A côté des solutions de continuité, il faut ranger l'action du froid, l'action de la chaleur et celle des agents chimiques qui attaquent l'épiderme. D'autres fois, ce sont des corps étrangers, tels que des fragments de verre ou de métal, des épines de bois, etc., qui irritent les tissus par leur présence et deviennent l'origine de l'inflammation. Ces corps étrangers peuvent séjourner si longtemps au milieu des chairs, sans causer la moindre gène, que l'on prend ordinairement pour un abcès spontané les accidents inflammatoires qu'ils produisent tardive ment. Un jeune officier, en frappant sur un verre déjà fêlé, acheva de le briser et se fit à la paume une blessure profonde. Après qu'on eut retiré tous les fragments de verre, la plaie ne tarda pas à se cicatriser, et tous les mouvements de la main s'exécutaient sans la moindre difficulté. Au bout de seize ans, il se forma à la paume un petit abcès qui s'ouvrit spontanément. L'ouverture de l'abcès ayant été dilatée, on en retira un éclat de verre de la largeur de l'ongle du petit doigt (*Medicinische Zeitung*, n° 52, 1842). Des faits analogues à celui que nous venons de citer ne sont point rares.

Les phlegmons que l'on appelle *spontanés* sont ceux qui naissent sans l'intervention d'une cause extérieure appréciable. Ils paraissent quelquefois être sous la dépendance d'une altération générale de la santé, et coïncider, soit avec un état diabétique, soit avec un état saburral, soit avec l'intoxication alcoolique.

Variétés. Les phlegmons de la paume présentent une marche et des symptômes fort différents, selon la situation des couches anatomiques où ils se développent. A ce point de vue, ils se divisent en trois espèces qui sont : le *phlegmon superficiel*, le *phlegmon sous-cutané* et le *phlegmon profond*.

Cette division correspond assez exactement à leur importance pathologique. Le premier est une affection bien légère ; le second guérit sans laisser de traces ; mais le troisième a une gravité considérable pour l'intégrité des fonctions de la main et même pour la vie des malades.

1° *Phlegmon superficiel.* Il affecte trois formes principales : la *forme érythémateuse*, la *forme phlycténoïde* ou *ampullaire*, et la *forme anthracoïde*.

a. L'*inflammation érythémateuse* se caractérise par une rougeur vive, diffuse ou en plaques ; par un gonflement appréciable surtout à la face dorsale, en raison de la laxité du tissu cellulaire sous-cutané ; par une chaleur en général modérée, et par une légère douleur à la pression. La main paraît lourde au malade. Il y ressent des battements, de la chaleur, des picotements ou des démangeaisons, selon la cause qui a amené l'inflammation. Les mouvements des doigts sont parfaitement libres. Les ganglions épitrochléens et axillaires sont souvent engorgés. Un peu de fièvre accompagne quelquefois tous ces symptômes.

Cette inflammation érythémateuse est la compagne obligée des panaris superficiels, des piqûres et des écorchures qui s'enveniment, comme on le dit vulgairement, des piqûres d'insectes, des brûlures au premier degré, etc. Elle marque souvent le début des phlegmons qui s'étendent en profondeur.

Lorsque la douleur et la rougeur persistent à la même place au delà de trois à cinq jours, Bauchet affirme que l'inflammation n'est pas bornée à la peau, mais qu'elle a envahi le tissu cellulaire sous-cutané.

En deux ou trois jours, en effet, la maladie arrive à son déclin : le gonflement diminue, la peau se ride, l'épiderme se flétrit et tombe. Dans quelques cas, pourtant, l'inflammation s'étend à l'avant-bras et forme le début d'un érysipèle ou d'une angioleucite.

Quelques bains et quelques applications émollientes suffisent à hâter la guérison.

b. La *forme ampullaire* du phlegmon superficiel est celle dans laquelle l'épiderme est soulevé par un amas de sérosité ou de pus. C'est cette forme que les gens du peuple appellent le *durillon forcé*.

On sait que l'épiderme des mains s'hypertrophie sous l'influence du contact journalier des instruments nécessaires aux professions manuelles, et qu'il forme lentement des callosités ou *durillons* qui protègent le derme contre l'injure des

corps extérieurs. Mais, si les pressions sont trop rudes et trop souvent renouvelées, ou si l'épiderme n'est pas suffisamment endurci, une exhalation séreuse se
produit entre cette membrane et la surface papillaire du derme.

Ces ampoules, que tout le monde connaît, ressemblent, à s'y méprendre, à
celles des brûlures. Elles succèdent, dans certains cas, à l'inflammation érythe-
mateuse que nous venons de décrire ; dans d'autres circonstances, elles apparaissent immédiatement après la cause vulnérante, sans que l'on ait observé la rougeur préalable. Elles siègent presque toujours à la face palmaire. Leur volume
est fort variable ; tantôt ce n'est qu'une petite bulle, grosse comme la moitié d'un
pois ; tantôt c'est un large soulèvement du feuillet épidermique de la paume.
Elles sont transparentes au début, et pleines d'un liquide séreux ou séro-sanguinolent. Au bout de quelques heures, le liquide commence à se troubler. Après
deux ou trois jours, il est purulent.

L'épanchement peut disparaître par résorption. L'épiderme, soulevé, se détache plus tard. D'autres fois, l'épiderme se rompt, et le contenu de l'ampoule
s'échappe au dehors. Mais, en général, l'épais feuillet de l'épiderme palmaire
résiste à la distension et à la rupture, et, si on n'ouvre à temps l'abcès sous-épi-
dermique, le derme peut se ramollir et se perforer.

Les ampoules en imposent quelquefois pour un phlegmon sous-cutané. Dans
le doute, il faut s'abstenir de plonger le bistouri profondément. On se bornera à
ébarber avec les ciseaux toute la portion soulevée de l'épiderme, puis on examinera l'état du derme et des tissus sous-jacents, afin de s'assurer s'il y a lieu de
d'inciser plus profondément.

En général, il ne faut pas abandonner les ampoules à elles-mêmes, pour peu
qu'elles soient volumineuses. Il faut donner issue au liquide épanché, enlever
tout l'épiderme décollé, parce qu'il ne sert qu'à entretenir à la surface du derme
une humidité favorable à la suppuration, et appliquer quelques topiques gras,
jusqu'à ce qu'une nouvelle couche épidermique se soit constituée.

c. Le dos de la main est le siège habituel du *phlegmon anthracoïde*. Comme
dans toutes les régions pourvues de poils, l'anthrax y débute par l'appareil pilo-
sébacé. Mais, lorsque cette forme d'inflammation se montre à la face palmaire,
où il n'y a ni poils, ni glandes sébacées, le mécanisme de sa production est bien
différent. Elle paraît alors avoir pour point de départ les glandes sudoripares ou
plutôt les aréoles du derme. M. Chassaignac désigne l'anthrax palmaire sous le
nom de *durillon froissé sphacélique*, et admet que le derme est d'emblée frappé
de gangrène dans toute son épaisseur.

Une tuméfaction assez bien circonscrite, dure, très-douloureuse à la pression
et d'un rouge sombre, marque le début du phlegmon anthracoïde. Bientôt une
phlyctène noirâtre soulève l'épiderme à son sommet. Le derme, mis à nu, présente une ou plusieurs petites eschares qui sont tout à fait analogues aux bour-
billons. Lorsque les parties mortifiées ont été éliminées, on voit un certain nombre
de trous en arrosoir, ou une ulcération plus ou moins large et dont les bords
irréguliers forment un relief très-saillant. L'inflammation reste, en général,
bornée autour de l'anthrax. Quand elle s'étale dans le tissu cellulaire sous-dermique, elle donne lieu aux phénomènes du phlegmon sous-cutané. Les ganglions
épitrochléens et axillaires sont ordinairement engorgés.

Le phlegmon anthracoïde est plus fâcheux que les variétés précédentes du
phlegmon superficiel. Il a une durée plus longue, il occasionne des douleurs plus
vives et entraîne un état fébrile plus prononcé.

Dans le traitement, il faut insister sur les bains, les cataplasmes, les onctions mercurielles. Il est ordinairement inutile d'inciser l'anthrax.

2º *Phlegmon sous-cutané.* Il est souvent consécutif à une inflammation superficielle que l'on a négligé de traiter, ou à un panaris qui s'est propagé au tissu cellulaire de la paume. Mais, dans un grand nombre de cas, il se développe d'emblée.

Il commence ordinairement à la face palmaire, rarement à la face dorsale, où il n'arrive que par continuité de tissu.

Son évolution comprend deux périodes, l'une d'inflammation proprement dite, l'autre de suppuration.

Une douleur lancinante et pulsative, localisée dans une des régions de la paume est le premier symptôme qui attire l'attention. Cette douleur s'exaspère par la pression. Les points où elle se fait sentir ont une rénitence et une chaleur très-prononcées. Bientôt l'inflammation s'étend. Les brides nombreuses qui cloisonnent le tissu cellulaire sous-cutané de la face palmaire dirigent sa marche en l'arrêtant dans certains sens. C'est ainsi que les adhérences fibreuses de la peau à l'aponévrose, au niveau de la face antérieure du poignet, l'empêchent de se propager à l'avant-bras. C'est ainsi que les tractus fibreux, qui abondent au niveau des grands sillons de l'M palmaire, l'empêchent de passer de l'éminence thénar dans le creux de la main, et réciproquement. Elle se dirige donc en bas, et une fois qu'elle a gagné les espaces interdigitaux, elle s'étale avec une grande rapidité dans le tissu cellulaire lâche du dos de la main ; aussi la tuméfaction est-elle toujours plus prononcée sur la face postérieure que sur la face antérieure de cet organe. Le gonflement reste d'abord limité à la région enflammée ; mais, au bout de quelques jours, il s'étend à toute la main, depuis le poignet jusqu'à l'extrémité des doigts, qui sont écartés les uns des autres. En comprimant les parties gonflées, on voit qu'elles se laissent déprimer, et qu'elles gardent l'empreinte des corps extérieurs comme dans l'œdème. Toutes les parties tuméfiées sont rouges, mais la rougeur est surtout très-vive dans la région qui a été le siège primitif du travail inflammatoire et qui va suppurer. Un caractère important et distinctif du phlegmon sous-cutané consiste dans la conservation des mouvements des doigts. Ces mouvements sont sans doute gênés par le gonflement ; mais ils peuvent s'exécuter spontanément, et surtout ils sont peu douloureux, quand on étend et quand on fléchit doucement les phalanges.

Une fièvre intense, parfois du délire, des symptômes gastriques très-marqués, des vomissements, sont les phénomènes généraux qui accompagnent la période inflammatoire du phlegmon sous-cutané.

Si la maladie n'est pas arrêtée dans son cours, les symptômes locaux et les symptômes généraux augmentent d'intensité. Il survient des frissons, et la suppuration s'établit. Le pus s'accumule d'abord entre le derme et l'aponévrose, et si l'art n'intervient pas pour lui donner une issue, l'abcès s'ouvre dans des points d'élection que l'altération de la peau ou la disposition anatomique peut faire prévoir à l'avance.

Souvent, c'est au niveau d'un durillon que se fait l'ouverture de l'abcès, parce que le derme est toujours aminci au-dessous des durillons, et partant facile à perforer. Parvenu au-dessus du derme, le pus rencontre ordinairement un épiderme qui résiste à la rupture. En le décollant, il forme une ampoule purulente. Il existe alors deux foyers superposés et communiquant par la perforation du derme, l'un est placé entre l'épiderme et le derme, l'autre entre le derme et

l'aponévrose. C'est l'*abcès en bissac* ou en *bouton de chemise* de Velpeau. Après
la rupture de l'épiderme, le pus s'écoule à l'extérieur; mais le foyer se vide difficilement, et la guérison peut se faire attendre plusieurs mois, si l'on ne prépare
pas au pus un écoulement facile.

Si le derme ne se laisse pas perforer, le pus chemine jusqu'à la partie inférieure de la paume, et l'abcès s'ouvre dans les espaces interdigitaux. L'anatomie
donne l'explication de ce fait : le pus tend toujours à sortir par les points les
moins résistants. Or il ne peut remonter du côté du poignet, où l'adhérence de
la peau à l'aponévrose lui barre le chemin. Il ne peut que fuser en bas entre le
derme et l'aponévrose palmaire. Arrivé au niveau des espaces interdigitaux, il
rencontre la peau mince et délicate des commissures, à travers laquelle il se fait
jour.

Mais avant d'atteindre les espaces interdigitaux, le pus peut traverser un des
trous que présente l'aponévrose palmaire à sa partie inférieure, et passer au-
dessous de celle-ci. Le phlegmon sous-cutané devient alors phlegmon profond et
acquiert toute la gravité de ce dernier.

En même temps que le pus se rassemble soit au niveau du point de départ de
la maladie, soit au niveau des espaces interdigitaux correspondants, l'inflammation du tissu cellulaire de la face dorsale de la main tend aussi vers la suppuration. Si du pus se forme dans cette région, il décollera facilement la peau, et
trouvant des tissus plus souples et plus faciles à ulcérer au niveau des commissures, c'est encore dans ce lieu qu'il fera irruption. L'ouverture des abcès
dorsaux précède rarement celle des foyers palmaires; de sorte que les premiers
se vident en général par le même orifice que celui qui a donné passage au pus des
seconds.

Le phlegmon sous-cutané peut affecter la forme gangréneuse; mais cette forme
est évidemment très-rare. Bauchet dit ne l'avoir jamais rencontrée, et même n'en
avoir trouvé l'indication dans aucune des observations qu'il a consultées.

Dans sa première période, le phlegmon sous-cutané se distingue du phlegmon
superficiel par des douleurs lancinantes et pulsatives, par un gonflement palmaire
circonscrit, par une tuméfaction œdémateuse étalée sur tout le dos de la main,
par une rougeur sombre et intense au niveau du gonflement de la paume, diffuse sur la face dorsale. La pression n'exaspère les douleurs que dans les points
où siège précisément le gonflement palmaire. Le phlegmon superficiel, au contraire, est étalé, moins douloureux; il ne présente pas de gonflement circonscrit.
Le diagnostic peut pourtant offrir quelque difficulté, quand on a affaire à une de
ces vastes ampoules qui sont formées par un épiderme épaissi et induré. Mais l'absence de la tuméfaction œdémateuse à la face dorsale, le soulèvement des sillons
de la paume de la main, la rapidité de la formation des ampoules, et enfin l'ébar-
bement de celles-ci, enlèveront tous les doutes.

La liberté des mouvements des doigts est le principal signe qui empêche de
confondre le phlegmon sous-cutané avec le phlegmon sous-aponévrotique dont
nous étudierons plus loin le diagnostic différentiel.

Lorsque les symptômes inflammatoires durent depuis trois ou quatre jours
sans diminuer d'intensité, on peut être certain que le pus est formé, et qu'il est
plus ou moins réuni en foyer. Il faut quelquefois une grande attention pour percevoir la fluctuation, parce que l'épaisseur et la tension de l'épiderme s'opposent
à la manifestation bien nette de ce symptôme.

Le pronostic a peu de gravité. Soumis à un traitement convenable, le phlegmon sous-cutané se termine quelquefois par résolution. Quand il suppure, sa durée est plus longue ; néanmoins la guérison arrive au bout de vingt à trente jours, sans qu'il reste aucune déformation de la main ni aucun trouble dans ses mouvements.

Les moyens thérapeutiques varient suivant la période de la maladie.

Dans la période d'inflammation, il faut chercher à obtenir la résolution à l'aide de la position élevée de la main, d'onctions avec l'onguent mercuriel belladoné, de cataplasmes et de bains locaux. Une compression méthodique par le bandage en gantelet peut produire d'excellents résultats, si elle peut être supportée pendant une ou deux journées. Lorsque la tension et la douleur sont très-considérables, et lorsqu'il existe de l'angioleucite à l'avant-bras, une application de quinze ou vingt sangsues modère et limite le travail inflammatoire d'une manière très-efficace. Les grands bains, les préparations d'opium, les purgatifs sont indiqués pour combattre la réaction fébrile, les douleurs vives et l'état saburral.

Dans la période de suppuration, l'indication unique est d'ouvrir l'abcès. Nous avons dit que la fluctuation n'était pas toujours facile à constater ; mais la saillie au niveau du point de départ du phlegmon et la douleur aiguë que la moindre pression y provoque, indiquent suffisamment le point où il faut plonger le bistouri. Bauchet conseille d'inciser alors que le pus est à peine formé. « Ces incisions, dit-il, sont redoutées, en général, de la plupart des médecins, et cependant on peut, on doit les pratiquer sans crainte. Les foyers purulents, en se développant, proéminent vers la peau ; ils sont placés au-devant de l'aponévrose palmaire, et, partant, au-devant des vaisseaux de cette région ; il est dès lors facile d'arriver dans ces collections sans blesser les artères importantes de la main. »

Il est de règle, du reste, d'inciser avec précaution, en plongeant le bistouri obliquement de haut en bas, de manière à ce que son dos soit tourné du côté de l'arcade palmaire, tandis que sa pointe est dirigée en bas, et de faire, autant que possible, l'incision au-dessous du niveau de cette arcade.

Lorsqu'on a affaire à un abcès en bouton de chemise, il faut, au préalable, ébarber toute la carapace formée par l'épiderme soulevé, puis agrandir avec le bistouri l'ouverture qui conduit dans le foyer sous-cutané.

Notons que ces incisions donnent généralement lieu à un écoulement sanguin très-abondant. Le sang est rutilant et quelquefois s'échappe en jet saccadé. Cet écoulement est dû à l'ouverture de vaisseaux capillaires très-dilatés par la congestion inflammatoire. Il s'arrête au bout de quelques instants, à mesure que la main se dégorge. Il faut être prévenu de ce phénomène, afin de ne pas s'en effrayer, et de ne pas croire que des vaisseaux importants ont été lésés.

Nous avons peu de chose à dire des phlegmons primitivement développés sur le dos de la main. Ils ont spécialement pour origine l'inflammation d'une bourse muqueuse accidentelle. A l'état aigu, ils s'étendent rapidement aux doigts et à l'avant-bras, à la manière des inflammations diffuses. Lorsqu'ils passent à l'état chronique, ils aboutissent à la formation de fongosités semblables à celles qui se produisent dans la synovite fongueuse.

3° *Phlegmons profonds.* Les phlegmons profonds sont ceux qui se développent dans la couche sous-aponévrotique de la face palmaire. Dans cette couche, l'inflammation envahit plus spécialement, tantôt le tissu cellulaire, tantôt les gaînes tendineuses. De là deux variétés de phlegmons profonds, variétés qui se confondent assurément dans un grand nombre de cas, mais qui, d'autres fois, se montrent isolées et affectent des caractères assez tranchés pour légitimer leur description à part.

a. Le *phlegmon du tissu cellulaire sous-aponévrotique* n'est presque jamais spontané. Il reconnaît pour cause ordinaire un traumatisme ou la propagation d'une phlegmasie voisine, telle qu'un phlegmon sous-cutané, un panaris ou une synovite aiguë.

Ses symptômes sont les suivants : une tuméfaction uniforme de toute la main, qui est dure, très-rouge et très-douloureuse à la pression ; une extension rapide des phénomènes inflammatoires au-dessus du poignet, car l'inflammation profonde se propage avec une grande facilité à l'avant-bras, en suivant les tendons fléchisseurs. Les doigts sont légèrement fléchis dans leurs articulations métacarpo-phalangiennes, tandis que les phalanges sont étendues les unes sur les autres. Leurs mouvements sont douloureux. Mais le symptôme le plus frappant consiste dans les douleurs excessives que ressentent les malades, douleurs qui résultent de l'étranglement des tissus dans l'intérieur de la loge ostéo-fibreuse de la paume.

Les troubles généraux sont analogues à ceux que nous avons signalés à propos du phlegmon sous-cutané, mais ils revêtent une intensité plus grande.

La suppuration s'établit de bonne heure, et forme en général des foyers multiples. Si la maladie est abandonnée à elle-même, le pus fuse du côté de l'avant-bras, glisse dans la couche sous-cutanée de la paume, et soulève la peau des commissures où il se fait jour. Des lambeaux de tissus cellulaires mortifiés, semblables à ceux que l'on observe dans le phlegmon diffus, sont entraînés par la suppuration. La main est alors d'une consistance mollasse ; le pus l'infiltre de tous les côtés, et selon l'heureuse comparaison de Bauchet, elle ressemble à une *éponge purulente.*

Malgré l'étendue des désordres, le phlegmon du tissu cellulaire est loin de compromettre les fonctions de la main d'une manière aussi constante et aussi grave que le phlegmon des gaines synoviales. A moins que les tendons n'aient été mortifiés, l'immobilité des doigts n'est pas persistante. Les adhérences, qui se sont nécessairement formées entre les parois de la loge palmaire et les tendons fléchisseurs, cèdent peu à peu, et les mouvements se rétablissent. Lorsque les gaines synoviales ont suppuré, cette heureuse terminaison est tout à fait exceptionnelle.

Les indications thérapeutiques étant les mêmes pour les deux variétés du phlegmon profond, nous les ferons connaître après la description de la seconde variété.

b. L'exercice immodéré des tendons fléchisseurs, les panaris du pouce ou du petit doigt, les opérations et les blessures qui ouvrent les grandes synoviales tendineuses de la face antérieure du poignet ou de la main, sont les causes spéciales qui produisent le *phlegmon des gaines.* Le phlegmon du tissu cellulaire peut aussi lui donner naissance par propagation. La maladie se présente alors avec les symptômes combinés des deux variétés du phlegmon profond.

Lorsque, par une cause quelconque, l'inflammation a gagné les gaines palmaires, elle se propage avec rapidité dans toute leur étendue, et donne lieu à un ensemble de phénomènes analogues à ceux qui caractérisent les phlegmasies aiguës des séreuses.

L'anatomie des gaines nous permettra d'expliquer quelques particularités de la symptomatologie de leurs phlegmons. Si, par exemple, la synoviale du long fléchisseur du pouce et la synoviale des fléchisseurs du petit doigt sont isolées l'une de l'autre, le phlegmon pourra se limiter, selon le lieu où il est né, soit à l'éminence thénar, soit à l'éminence hypothénar, et à la partie correspondante du poignet. Si, au contraire, les deux synoviales communiquent entre elles, le phlegmon s'étendra immédiatement de l'une à l'autre. Voilà ce que la théorie enseigne et ce que l'observation confirme dans certains cas. Mais il faut savoir qu'en général l'inflammation se joue des obstacles que le cloisonnement des gaines oppose à sa marche. Lorsque l'une d'elles est envahie, il y a bien des chances pour que l'autre se prenne consécutivement, par contiguïté ou par rupture de la cloison qui les sépare, et même les gaines tout à fait isolées, comme celles de l'index, du médius et de l'annulaire, sont ordinairement aussi atteintes. L'espèce de phlegmon, qui nous occupe, a une grande tendance à se généraliser à toutes les synoviales tendineuses de la main.

Tantôt le début de la maladie est insidieux, et donne à penser qu'il s'agit seulement d'une inflammation superficielle ; tantôt son apparition se fait brusquement. .

Une douleur violente accompagnée de la flexion des doigts est le premier signe caractéristique. L'attitude des doigts est surtout importante à noter : la première phalange ou phalange métacarpienne est dans l'extension, et continue la direction des métacarpiens, tandis que les deux autres phalanges sont recourbées en crochet. La douleur s'exaspère au point de devenir intolérable, lorsqu'on cherche à imprimer quelques mouvements aux doigts, et telle est la force de rétraction des fléchisseurs, qu'il faut faire un effort considérable pour les étendre.

La main est d'abord peu tuméfiée et presque sans rongeur.

A mesure qu'un épanchement se forme dans les gaines tendineuses, la tuméfaction augmente et affecte des caractères particuliers. Elle commence toujours par la partie inférieure de l'avant-bras, et ne s'étend que postérieurement aux éminences thénar et hypothénar, en laissant le creux de la main intact. Ce fait s'explique, quand on songe que la distension des gaines s'effectue difficilement à la paume, où elles sont emprisonnées entre des muscles, des os et des plans fibreux, tandis qu'au-dessus du ligament annulaire et surtout près du bord cubital de l'avant-bras, elles n'ont qu'à soulever l'aponévrose de cette région. C'est seulement lorsque le cul-de-sac supérieur ne peut plus être distendu, que le gonflement arrive à la région palmaire. Il se présente alors sous la forme de deux renflements, l'un situé à l'avant-bras, l'autre à la paume ; la partie intermédiaire est déprimée par le ligament annulaire. La fluctuation existe souvent ; pour la bien percevoir, il faut appuyer largement une des mains sur la partie inférieure et antérieure de l'avant-bras, pendant qu'avec l'autre on presse alternativement le renflement palmaire.

Les ganglions lymphatiques et le tissu cellulaire des régions voisines participent de bonne heure à la phlegmasie ; la main, dont les doigts restent immobiles et recourbés en griffes, prend alors un volume énorme, et la tuméfaction envahit peu à peu tout le membre thoracique.

La maladie se termine rarement par résolution. On peut espérer cette heureuse terminaison, si le phlegmon est peu intense, s'il a pour origine une lésion traumatique, et s'il a été combattu dès son début par un traitement énergique. Les épanchements des gaines se résorbent, les néoformations plastiques s'organisent dans leur intérieur et autour d'elles, et des adhérences plus ou moins durables s'établissent entre les tendons et les tissus voisins.

Dans des cas que l'on doit considérer encore comme très-favorables, l'inflammation s'apaise et le pus s'enkyste dans une gaîne. Une membrane pyogénique se forme autour des tendons et les préserve du sphacèle. L'abcès s'ouvre au dehors, dure plusieurs mois, et finit par se guérir à la suite de l'oblitération complète de la cavité synoviale. Quelquefois les bourgeons charnus acquièrent un volume exubérant, et la maladie, au lieu de tendre vers la guérison, s'éternise sous la forme d'une synovite fongueuse.

Dans les cas les plus aigus, la suppuration ne se limite pas aux coulisses tendineuses. Soit que les membranes synoviales se rompent sous la pression du pus qui les distend, soit que la suppuration s'établisse d'emblée dans le tissu cellulaire circonvoisin, toute la main se trouve infiltrée de pus, comme dans la troisième période d'un phlegmon diffus, et des fusées purulentes s'étendent, à de grandes distances, à l'avant-bras. Quelquefois les articulations du carpe s'enflamment et suppurent, et les os mis à nu se carient ou se nécrosent. Les abcès s'ouvrent non-seulement dans les lieux d'élection, c'est-à-dire dans les espaces interdigitaux, mais encore dans divers points de la paume et de l'avant-bras. Le derme subit une altération particulière, que M. Chassaignac a désignée sous le nom de *fibro-dermite*. Il devient d'un rouge violacé ; il s'épaissit, s'indure, et sa rigidité, semblable à celle du carton, lui empêche de s'affaisser à mesure que les abcès se vident. De là une introduction de l'air dans les foyers purulents et une putréfaction rapide de tous les liquides qui stagnent sous l'enveloppe dermique. Les parties affectées exhalent alors une odeur d'une excessive fétidité. Les tendons, baignés par cette suppuration putride, ne tardent pas à se mortifier. Les artères elle-mêmes ne sont pas toujours à l'abri d'une altération. Leurs tuniques peuvent participer à la gangrène du tissu cellulaire qui les entoure, et se rompre spontanément. Blandin vit, dans le cours d'un phlegmon suppuré, une hémorrhagie due à la rupture d'une artère collatérale. Tout en croyant à la friabilité des vaisseaux qui sont en contact avec le pus, il fit néanmoins la ligature dans la plaie, et l'écoulement sanguin fut définitivement arrêté. M. Demarquay eut recours, avec le même succès, à la ligature de l'arcade palmaire superficielle chez un malade qui avait eu plusieurs hémorrhagies graves pendant un phlegmon diffus de la main. La ligature directe des artères rompues est en effet le seul moyen efficace que l'on puisse opposer à ces hémorrhagies spontanées.

Malgré l'intensité de la fièvre et de la réaction qui accompagnent l'évolution d'un phlegmon profond de la main, la vie n'est généralement pas compromise. Si la mort survient dans les premiers jours, elle semble plutôt due à un empoisonnement de l'économie par quelque principe septique, comme après certaines piqûres anatomiques, qu'à la violence même de l'inflammation. Plus tard, lorsque toute la main a été envahie par cette suppuration dont nous avons signalé les caractères fétides, l'infection purulente, l'infection putride ou l'épuisement causé par un écoulement intarissable de pus, peut entraîner la perte des malades, si l'art n'intervient pas pour supprimer, par une amputation de l'avant-bras, la source de ces graves accidents.

Quoique la mort ou l'amputation soient les terminaisons possibles du phlegmon profond, la guérison est cependant la règle. Mais au point de vue de l'intégrité fonctionnelle de la main, le *pronostic* est plus grave qu'au point de vue de la conservation de la vie. Lorsque les tendons ont été détruits par le sphacèle, ou lorsque les articulations métacarpe-phalangiennes se sont ankylosées, il est évident que les mouvements des doigts correspondants sont à jamais perdus.

Mais, lorsque l'immobilité d'un ou de plusieurs doigts ne tient qu'à des adhérences péritendineuses, on peut espérer le retour plus ou moins complet des mouvements. Tiraillées par les contractions incessantes des muscles, les adhérences des tendons finissent par se rompre ou deviennent tellement lâches, qu'elles n'apportent plus obstacle à leurs glissements. A la longue même, une cavité séreuse se forme autour des tendons par un mécanisme analogue à celui qui préside au développement des bourses muqueuses accidentelles. Pourtant la flexion des doigts redevient rarement aussi libre qu'elle l'était auparavant. Beaucoup de malades sont dans l'impossibilité de plier un doigt sans les autres, en raison des brides latérales qui unissent les tendons fléchisseurs. D'autres ne peuvent fléchir les phalanges les unes sur les autres, tandis que le mouvement de flexion s'exécute parfaitement dans l'articulation métacarpo-phalangienne. C'est que ce dernier mouvement est dû à l'action des muscles interosseux et lombricaux, tandis que la flexion des phalanges les unes sur les autres est produite exclusivement par la contraction des fléchisseurs des doigts, dont les tendons glissent difficilement dans l'intérieur de la paume. Les fonctions des doigts mettent ordinairement plusieurs mois à revenir. Elles se rétablissent d'une manière d'autant plus satisfaisante et d'autant plus rapide, que le phlegmon n'est pas arrivé à suppuration. Enfin lorsque la rétraction est définitive, on l'observe bien plus souvent sur l'annulaire, et surtout sur le petit doigt, que sur les autres.

Il importe d'établir avec précision le *diagnostic* du phlegmon des gaînes au double point de vue du pronostic et du traitement. Du reste ce diagnostic ne présente généralement pas de grandes difficultés. La douleur intense, la flexion des doigts en crochet, la forme bilobée du gonflement, qui présente un renflement à l'avant-bras et un autre aux régions thénar ou hypothénar, le gonflement du pouce ou du petit doigt, l'absence de rougeur et de tuméfaction sur la face dorsale de la main, tels sont les signes caractéristiques du phlegmon des gaînes.

Le phlegmon du tissu cellulaire profond s'en distingue par le gonflement plus marqué dans le creux de la main, là où il y a plus de tissu cellulaire, par l'absence de flexion en crochet des doigts, par la possibilité de les mouvoir spontanément, par la rougeur et le gonflement qui envahit rapidement toute la main. Il est fréquent du reste que ces deux variétés de phlegmon se compliquent l'une par l'autre, et que la maladie présente à la fois les symptômes de l'inflammation des gaînes et ceux qui sont particuliers à l'inflammation du tissu cellulaire profond.

Lorsque la main présente un gonflement inflammatoire plus prononcé à sa face dorsale qu'à sa face palmaire, bien que cette dernière soit le siège de la douleur, et lorsque les doigts sont parfaitement mobiles, on peut être certain qu'il ne s'agit pas d'un phlegmon profond, mais d'un phlegmon sous-cutané et par conséquent sans danger.

L'arthrite aiguë du poignet se reconnaît au gonflement qui se circonscrit à cette région, et à la douleur qui s'exaspère pendant les mouvements de l'articulation radio-carpienne, tandis que les mouvements de flexion et d'extension des doigts ne sont pas douloureux.

L'inflammation rhumatismale des gaînes peut donner le change pour un phlegmon profond, surtout lorsque la maladie est à son début. Mais les doigts ne sont pas rétractés dans la synovite rhumatismale. Celle-ci se guérit sous l'influence de la chaleur, tandis que cet agent ne fait qu'exaspérer tous les symptômes du phlegmon. La première a ordinairement pour cause l'action du froid, comme, par exemple, l'immersion des mains dans l'eau glacée ; le second naît presque toujours à la suite d'une cause traumatique. Enfin dans la synovite rhumatismale le malade présente souvent des antécédents rhumatismaux.

Le *traitement* du phlegmon profond doit être très-actif. Lorsque la maladie est prise au début, il faut essayer, par tous les moyens possibles, de faire avorter l'inflammation et de prévenir la formation du pus. Les principaux moyens que l'on doit mettre en usage sont : des sangsues appliquées en grand nombre sur la main et l'avant-bras, des onctions avec l'onguent mercuriel belladoné, des bains prolongés, des cataplasmes émollients, un large vésicatoire placé sur le dos de la main, la compression méthodique, la position élevée du membre. En même temps on administre à l'intérieur des purgatifs salins et des préparations narcotiques pour combattre l'état saburral et l'agitation fébrile. Lorsque les phénomènes inflammatoires commencent à céder, l'iodure de potassium est utile pour hâter la résorption des exsudats plastiques qui se sont formés autour des tendons.

La fluctuation profonde que l'on perçoit en faisant refluer un liquide de la paume à l'avant-bras, n'indique pas toujours que le pus est formé. Il faut bien savoir, en effet, que l'inflammation des gaines tendineuses donne d'abord lieu à un épanchement séreux, et que le pus ne se forme que lentement. A moins donc que la maladie n'ait une marche si aiguë que la rupture des membranes synoviales ne soit à craindre, il ne faut pas se hâter d'ouvrir ces collections liquides. Il vaut mieux attendre que tout espoir de résorption soit perdu et que le pus tende à se faire jour de lui-même.

Rien n'est préférable au drainage pour vider ces abcès profonds des gaines. On procède de la manière suivante : après avoir incisé, dans une petite étendue, la peau et l'aponévrose au-dessus du ligament annulaire, dans le point où proémine l'abcès supérieurement, on écarte et on déchire les tissus avec la sonde cannelée, jusqu'à ce qu'on soit arrivé dans le foyer purulent. Puis on introduit dans le trajet de la gaîne, un stylet aiguillé auquel est attaché un tube de caoutchouc, et on le fait ressortir à la paume par l'ouverture de la blessure ou du panaris qui a donné lieu au phlegmon. Si l'abcès n'est pas ouvert à la paume, il est nécessaire d'y pratiquer une seconde incision, pour faire ressortir par là le tube à drainage. Pour cela on soulève les tissus de la paume sur la pointe du stylet, et on incise couche par couche tous les tissus, jusqu'à ce qu'on soit arrivé sur elle. On fait ensuite passer le tube à drainage par cette seconde incision palmaire.

Si l'on constate des foyers dans le tissu cellulaire profond, il faut faire des débridements, des drainages ou des incisions pour donner au pus un écoulement facile. Toutes les incisions profondes de la paume doivent être pratiquées avec les plus grandes précautions, afin de ne pas blesser les nerfs et surtout les nombreuses artères de la main. Il est de règle de ne faire les incisions qu'au-dessous du sillon médian et de les diriger verticalement vis-à-vis d'un doigt et non pas vis-à-vis d'une commissure, afin d'éviter les artères digitales. Enfin lorsque la peau et le tissu cellulaire ont été incisés, il est plus prudent de quitter le bistouri, pour pénétrer dans le foyer purulent en écartant et en déchirant les tissus avec la pointe de la sonde cannelée.

Si la suppuration est très-abondante, on donnera aux malades des toniques et une nourriture substantielle pour les aider à supporter les pertes incessantes que l'écoulement du pus leur fait subir.

Lorsque la suppuration est tarie, le traitement n'est pas encore terminé. Il faut s'occuper de rendre aux doigts la mobilité qu'ils ont perdue. Des bains et des douches d'eau sulfureuse, des massages, surtout des mouvements artificiels sont les moyens les plus efficaces pour hâter le retour des fonctions de la main. Si les adhérences qui empêchent le jeu des tendons paraissent trop solides pour céder aux moyens précédents, il est indiqué de les rompre brusquement pendant le sommeil anesthésique. Cette manœuvre n'offre aucun danger, lorsque les symptômes inflammatoires sont complétement dissipés. Elle permet de rendre à certains doigts un mobilité beaucoup plus complète que celle qu'ils auraient pu acquérir par de simples mouvements artificiels.

Enfin, si les tendons sont sphacélés, si les articulations suppurent, si les os sont détruits par la nécrose et la carie, si l'abondance et la fétidité de la suppuration épuisent les malades, l'amputation de l'avant-bras devient nécessaire.

Bibliographie. — Chabert, Observation de phlegmon à la main. In Obs. de chirurgie pratique, p. 86, 110, 317 et 452. Paris, 1724. — Trécourt. Des abcès du métacarpe. In Mém. et Obs. de chirurgie, p. 189. Paris, 1769. — De la Motte. Observation d'un abcès à la main qu'on fut obligé d'ouvrir en plusieurs endroits. In Traité de chirurgie, t. I, p 174; 1771. — Du même. Autre observation d'abcès de la main, loc. cit., p. 329. — Cloquet. Contusion légère à la main. Réaction grave. In Gaz. des hôp., p. 10; 1837. — Pasquet. Observations relatives à deux cas d'inflammation aiguë de la paume de la main, traités avec succès par les frictions mercurielles à hautes doses. In Gaz. méd. de Paris, p. 74; 1837. — Baduel. Eclats de verre restés longtemps dans l'épaisseur des tissus. In Annales de la chirurgie française et étrangère, t. VI, p. 561; 1842. — Velpeau. Sur le panaris de la main et des doigts. In Ann. de thérapeutique, t. III, p. 17; 1845-46. — Brown. Abcès du dos de la main. In London Medical Gaz., t. XXXVII, p. 906; 1846. — Velpeau. Sur le phlegmon sous-cutané de la main. In Abeille méd., p. 90, t. IX. 1852. — Borelli. Phlegmons aux mains. in Gazetta med. italiana, 1853; et in Gaz. méd. de Paris. 1854, p. 481. — Thomas. De l'inflammation des parties molles de la paume de la main. Th. de Paris; 1855, n° 307. — Avice. Du phlegmon de la main. Th. de Paris; 1856, n° 86. — Busnot-Lalande. Des abcès de l'avant-bras, suite de panaris. Th. de Paris; 1856, n° 122. — Broca. Mort rapide déterminée par une affection charbonneuse chez un malade présentant un phlegmon de la main. In Bull. de la Soc. de chir., t. IX, p. 91; 1858. — Bauchet. Du panaris et du phlegmon de la main. 2ᵉ édit. Paris, 1859. — Mercier. Des inflammations de la paume de la main. Th. de Paris; 1859, n° 231. — Rathous. Des abcès de la paume de la main. Th. de Paris, n° 164; 1859. — Demarquay. Hémorrhagies de l'arcade palmaire superficielle survenues dans le cours d'un phlegmon de la main; ligature dans la plaie : guérison. Obs. par M. Bourdillat, in Gaz hebdom.; 1868, p. 483. — Thevent. De l'inflammation aiguë des gaînes des fléchisseurs des doigts. Th. de Paris, 1868, n° 140.

Abcès froids. Les abcès froids de la main ne nous offriront que peu de considérations spéciales.

L'immense majorité de ces abcès est symptomatique d'une ostéite, d'une carie ou d'une nécrose des os carpiens ou métacarpiens.

Outre les causes générales, telles que la scrofule et la syphilis, qui agissent en prédisposant à ces affections osseuses, il faut encore tenir compte, dans l'étiologie, des violences extérieures auxquelles les os de la main sont si fréquemment exposés.

Pourtant quelques-unes de ces suppurations paraissent idiopathiques, ou reconnaissent pour origine, une diathèse ou une phlegmasie sub-aiguë, sans qu'il y ait une altération osseuse concomitante.

Le pus se porte nécessairement vers la face dorsale ou les bords de la main, et se présente dans les deux conditions suivantes : il se rassemble en foyer ou s'écoule par une solution de continuité de la peau ; dans le premier cas il y a abcès ; dans le second, il y a fistule ou ulcère.

L'abcès froid se montre sous l'aspect d'une tumeur fluctuante, sans chaleur, indolente ou peu douloureuse, recouverte d'une peau amincie, quelquefois roug: violacée. L'exploration du squelette apprend si le foyer purulent a pour point de départ quelque suppuration carieuse, ou s'il est indépendant d'une affection des os. Il est souvent difficile de distinguer ces abcès des tumeurs formées par des fongosités venues des gaînes synoviales ou des articulations carpiennes.

Lorsqu'il y a une fistule ou un ulcère, l'exploration avec le stylet donnera des notions certaines sur l'état des os.

Nous n'avons pas l'intention d'insister ici sur le tableau symptomatologique de la carie et de la nécrose des os de la main (*Voy.* les mots CARIE et NÉCROSE), nous voulons seulement donner quelques notions sur leur marche et leur pronostic. Elles peuvent rester, pendant des mois et même des années entières, si bien localisées, qu'on n'a rien à redouter de leur présence, ni sur les parties circonvoisines, ni sur la santé générale. Mais elles ne suivent pas toujours une marche aussi bénigne. Les fongosités qui émanent de la surface cariée, peuvent envahir et détruire les tendons ; le pus peut fuser plus ou moins loin ; les articulations voisines, et en particulier l'articulation radio-carpienne, peut être envahie ; il se forme une tumeur blanche du poignet, qui nécessitera plus tard soit des résections, soit même l'amputation de l'avant-bras (*Voy.* le mot POIGNET).

Les ostéites suppurées des métacarpiens sont moins graves en ce sens qu'elles sont moins susceptibles de déterminer par propagation une arthrite radio-carpienne.

Le *traitement* doit s'adresser au mal local et à la diathèse sous l'influence de laquelle celui-ci s'est développé.

Il est indiqué de donner issue au liquide purulent, dès que l'abcès froid a été reconnu. Pour cela, on emploie soit la ponction sous-cutanée, ponction simple ou avec aspiration du pus, soit le drainage avec des anses de tubes élastiques fenêtrés. Lorsque les os sont cariés, des injections iodées faites dans la cavité de l'abcès, des injections de liqueur de Villate étendue d'eau, des injections astringentes servent à rendre la guérison moins longue. Lorsque des trajets fistuleux ou des ulcères se sont établis, il faut insister sur les injections iodées, et sur les pansements avec des pommades iodées. Il faut toujours faire usage de ce médicament pendant un temps assez long, avant d'en obtenir un résultat heureux. Si la maladie résiste à ces moyens, il faut mettre l'os à nu, afin d'extraire les séquestres, d'exciser ou de cautériser, avec le fer rouge, les points cariés. Dans certains cas, il est nécessaire de faire l'ablation d'un ou de plusieurs des os du carpe ou du métacarpe ; opération en général facile, car on agit sur des os que la suppuration a isolés, plus ou moins complétement, des parties voisines.

Mais les moyens locaux resteront ordinairement inefficaces, s'ils ne sont pas combinés à un traitement général, propre à modifier la constitution. Si on a reconnu le diathèse syphilitique, il faut administrer l'iodure de potassium simultanément avec les mercuriaux, et panser la plaie avec quelque pommade mercurielle. Si l'ostéite est de nature scrofuleuse, les toniques, les amers, les ferrugineux associés à l'iode, les bains alcalins et sulfureux doivent faire la base du traitement général.

RÉTRACTION DE L'APONÉVROSE PALMAIRE. *Symptômes.* Cette maladie débute par une gêne dans l'extension des doigts. Bientôt des indurations sous-cutanées, quelquefois un peu douloureuses, se montrent à la face palmaire. Un peu plus tard, ces indurations forment une bride verticale, et le doigt, qui lui correspond, se fléchit progressivement. La flexion commence d'abord par la première phalange; la seconde phalange s'incline ensuite sur la première; mais on ne voit jamais la phalangette s'infléchir sur la phalangine. Quand le malade exécute un mouvement d'extension, le doigt ou les doigts affectés ne peuvent s'étendre au delà d'une certaine limite; ils restent en avant des autres, en formant sur la paume un angle qui décroît avec les progrès du mal. Dans les cas où la maladie est arrivée à son degré le plus avancé, le doigt est fixé à quelques millimètres seulement de la face palmaire; on l'a même vu s'y appliquer tout à fait, en s'y creusant un sillon. Lorsque plusieurs doigts sont rétractés, ils le sont généralement à des degrés différents; le premier atteint est toujours le plus fléchi.

L'ordre dans lequel les doigts sont rétractés varie peu. Généralement la flexion débute par l'annulaire ou par l'auriculaire de l'une ou de l'autre main, ou des deux mains à la fois, le médius et l'index sont moins souvent atteints. La flexion du pouce par rétraction de l'aponévrose palmaire a été rarement notée; cependant Dupuytren l'a vue 2 fois, Goyrand 1 fois, Malgaigne 1 fois et nous-même en avons rencontré un exemple sur le cadavre.

Lorsque la maladie est bien confirmée, on trouve toujours à la paume de la main une bride sous-cutanée, située dans la direction d'un tendon fléchisseur, et allant gagner la partie médiane ou latérale d'un doigt. Lisse ou bosselée, longue ou courte, elle dessine sous la peau une arcade rigide, à concavité supérieure et antérieure. A ce niveau la peau présente des plis transversaux, et semble indurée, adhérente, sèche et privée de sécrétion sudorale. Nous avons rencontré sur un malade, à la place d'une bride continue, de petites nodosités isolées les unes des autres. Le tendon fléchisseur glissait au-dessous d'elle avec une légère crépitation. L'extension forcée du doigt, en produisant un tiraillement de l'aponévrose palmaire, accentue toujours la saillie de la bride.

Tessier admet théoriquement que la rétraction portant isolément sur les fibres transversales de l'aponévrose palmaire, produirait une incurvation de la main en gouttière, par suite du rapprochement des bords de cet organe. Cette opinion n'a pas été, jusqu'à présent, confirmée par les faits.

On n'a jamais observé une altération quelconque dans la nutrition des doigts. La marche de la maladie est lente, mais fatalement progressive.

Anatomie pathologique. Le mode de production de la flexion des doigts a été diversement expliqué par les auteurs. Boyer y voyait « une espèce de dessèche-ment, d'endurcissement, de rigidité du tendon et de la peau; » de là le nom de *Crispatura tendinum.* Dupuytren, ayant le premier pratiqué la dissection d'une main atteinte de rétraction de l'aponévrose palmaire, l'attribua au raccourcisse-ment des languettes fibreuses qui, du ligament palmaire, vont se rendre sur les côtés des phalanges. Il en conclut que la lésion était exclusivement constituée par une tension exagérée de ce ligament. Goyrand, après des dissections minutieuses, soutint, dans un premier mémoire, que la flexion des doigts était due, non pas à la rétraction du ligament palmaire, mais à la production de cordons fibreux qui lui étaient contigus. Sanson regarda ces brides comme l'endurcissement, l'épais-sissement des languettes sous-cutanées qui naissent de l'aponévrose palmaire et sont rudimentaires à l'état normal; pour lui elles ne sont pas anormales, comme pour Goyrand, mais « anormalement développées. » Dans un second mémoire, Goyrand se rallia à cette opinion que partagèrent également A. Bérard et Nélaton. Gerdy crut que l'altération portait non-seulement sur l'aponévrose et les bande-lettes fibreuses hypertrophiées, mais encore sur la peau, le tissu cellulaire sous-cutané des doigts, les prolongements de l'aponévrose palmaire, probablement aussi sur les ligaments glénoïdiens. Quant à Malgaigne, il nia absolument toute participation de l'aponévrose elle-même, parce qu'il prétendait que cette aponévrose s'arrête à la racine des doigts et n'envoie aucun prolongement sur les phalanges, et qu'elle n'a aucune connexion avec le pouce. La description que nous avons donnée (p. 25) de l'anatomie normale du ligament palmaire, nous dispense de réfuter cette opinion. Du reste, voici les lésions qui ont été constatées soit dans les autopsies, soit dans le cours des opérations pratiquées pour redresser les doigts rétractés.

La peau est saine. Lorsque, par la dissection, on l'a séparée des brides fibreuses qui se fixent à sa face profonde, on reconnaît qu'elle jouit de toute sa souplesse et de l'intégrité de sa texture. Nous avons noté la diminution des sueurs, phénomène qui doit correspondre à une atrophie des glandes sudoripares. Chose remarquable, on ne trouve, au niveau des brides, ni durillons ni épaississement de la couche épidermique indiquant des pressions fortes et répétées. La couche de graisse sous-cutanée est traversée par les tractus fibreux, plus ou moins hypertrophiés, qui vont de la profondeur du derme à la face antérieure de l'aponévrose. Les pelotons adipeux de la couche aréolaire sont atrophiés au niveau des indurations fibreuses.

Dans les cas où la rétraction est peu prononcée, le ligament palmaire ne présente souvent ni une épaisseur, ni une force, ni une résistance plus grande que de coutume. Sur la main que nous avons disséquée, il était remarquablement mince, surtout vers ses digitations terminales. Quelquefois on l'a vu comme crispé, dans toute son étendue. Ordinairement sa lésion est partielle.

Quoi qu'il en soit, les brides pathologiques suivent la même direction que les fibres normales du ligament palmaire. Comme elles, les unes sont longitudinales, les autres transversales ; mais on n'a pas trouvé l'hypertrophie des fibres transversales indépendamment de celle des fibres longitudinales, tandis que l'inverse s'observe fréquemment.

Les fibres longitudinales partent du ligament palmaire et se rendent à la partie profonde du derme ou aux deux premières phalanges sur lesquelles elles s'insèrent soit sur le côté, soit sur la face antérieure de la gaine des fléchisseurs. Ces brides fibreuses affectent une disposition en bandelettes, en pinceaux, en lamelles, en cordons. Elles sont remplacées quelquefois par de véritables tumeurs fusiformes, tantôt isolées, tantôt superposées comme les grains d'un chapelet. Goyrand dit avoir trouvé un corps fibreux. La pièce anatomique que nous avons sous les yeux présente un fibrome fusiforme, long d'environ 1 centimètre, dont l'extrémité supérieure adhère au tendon de l'adducteur du petit doigt, dont l'extrémité inférieure se fixe sur le milieu de la gaine des fléchisseurs de l'auriculaire, au-dessous de l'articulation de la première et de la deuxième phalange ; sa partie renflée adhère par une lamelle solide au bord interne de la première phalange. La section du prolongement inférieur, qui adhère à la gaine des fléchisseurs, rend l'extension très-facile. Si donc on avait dû, sur le vivant, remédier à cette rétraction, la section de la petite bride aurait suffi pour permettre une extension complète. Chez le malade, qui présentait des nodosités sur le trajet de la bride et qui fut opéré par M. Richet, il y avait trois ou quatre véritables fibromes, disposés en chapelet au-dessus des tendons fléchisseurs de l'annulaire.

Nous avons dit qu'il peut y avoir des brides transversales. Quand on les rencontre, elles vont du niveau d'une des articulations métacarpo-phalangiennes soit à l'articulation voisine, soit un peu plus loin. Elles limitent l'écartement des doigts et des métacarpiens.

Le siége ordinaire des brides est le bord cubital de la main; mais on a eu tort d'admettre qu'elles ne se rencontrent pas vers son bord radial, c'est-à-dire vers le pouce. En effet, les auteurs ont trouvé quatre fois la rétraction du pouce associée sur les mêmes sujets à la rétraction des autres doigts. Les pièces n'avaient pas été disséquées. Sur la main que nous avons étudiée à l'amphithéâtre, nous avons vu que quelques minces trousseaux fibreux obliques limitaient l'abduction du pouce; ils partaient du niveau de l'articulation métacarpo-phalangienne de ce doigt, et se rendaient sur le bord externe du ligament palmaire.

Malgaigne, Dupuytren, n'ont trouvé aucune disposition anormale de la gaîne des fléchisseurs correspondants aux doigts rétractés; nous lui avons aussi reconnu son état normal. C'est souvent sur elle que s'insèrent les bandelettes fibreuses. Les tendons eux-mêmes ne sont pas altérés; cependant, à la longue, le muscle fléchisseur ou son tendon peuvent se raccourcir.

Nélaton a mis l'hypothèse que les ligaments latéraux des doigts peuvent être hypertrophiés et raccourcis, que cette altération est passive et survient consécutivement par cela seul que les doigts « ne sont plus suffisamment ni chaque jour étendus. » Dupuytren avait déjà trouvé que les ligaments sont plus rapprochés de la partie antérieure de l'articulation. Les surfaces articulaires sont plus étendues, surtout du côté de la flexion. On trouve quelquefois sur les phalanges, au bord des surfaces articulaires, des stalactites osseuses. En outre, Malgaigne a vu les cartilages érodés; il attribue cette lésion à l'immobilité permanente dans laquelle se trouvent les articulations des doigts rétractés. Mais nous objecterons que les articulations saines peuvent impunément rester immobiles pendant longtemps sans s'altérer. Les altérations articulaires qu'on a trouvées dans certains cas, nous semblent être soit une coïncidence, soit une preuve que la même cause a produit et la rétraction des doigts, et les altérations propres de l'arthrite sèche.

Causes et nature. Pendant longtemps, on a reconnu comme cause unique de la rétraction de l'aponévrose palmaire, les violences extérieures exercées sur la paume de la main. Dupuytren, sous l'influence de cette idée préconçue, recherchait avec soin, dans les antécédents de ses malades, tous les traumatismes. Un marchand de vins, aidant ses ouvriers à soulever des barriques, sent un craquement dans la main; les doigts se rétractent consécutivement. La cause paraît être bien réellement traumatique. Un cocher présente une rétraction de l'aponévrose; c'est qu'il a l'habitude de se servir du fouet. Mais Dupuytren ne remarque pas ici que les deux mains sont également prises, ce qui semble en contradiction avec la prédominance d'action de la main droite dans l'usage du fouet. Il n'en conclut pas moins à une étiologie purement traumatique. Goyrand observe un cocher, autrefois maître d'armes, qui a une rétraction des doigts; il admet aussi l'influence des froissements répétés par le fouet et le fleuret. Pourtant il est pris d'un doute et ajoute : « Mais les maîtres d'armes ne sont pas habituellement ambidextres, les cochers tiennent le fouet d'une seule main, et cependant, chez cet homme, les deux mains étaient affectées. » Puis il voit la rétraction des doigts se produire chez un économe d'hôpital, qui ne se livrait, depuis vingt ans, qu'à des travaux de cabinet. Il conclut moins affirmativement que Dupuytren, et, tout en admettant les causes traumatiques, il suppose qu'elles n'agissent que chez les individus prédisposés. De plus, il constate que le père de l'économe d'hôpital avait également une rétraction des doigts, et il émet l'idée que l'hérédité pourrait bien n'être pas hors de cause. Plus tard, enfin, il eut connaissance d'une opération pratiquée par

Dupuytren sur un enfant de six ans; la rétraction était congénitale; elle paraissait héréditaire, car la grand'mère avait également une rétraction congénitale des
doigts. Menjaud, après avoir soigneusement étudié la question de l'étiologie, place
la rétraction de l'aponévrose palmaire sous l'influeuce de la diathèse goutteuse et
rhumatismale. Il appuie son opinion de cinq observations personnelles et d'une
autre tirée de Plater. Du reste, il reconnaît aussi l'influence immédiate des traumatismes chez les sujets prédisposés. Il insiste également sur les conditions d'hérédité, et cite une famille dans laquelle le frère, la sœur et le grand-père étaient
atteints de rétraction de l'aponévrose palmaire. Nous connaissons deux frères, l'un
ancien notaire, l'autre architecte, atteints de cette affection ; tous les deux ont
présenté quelques manifestations de la goutte.

En résumé, la rétraction palmaire se produit incontestablement chez les manouvriers, chez ceux dont les mains sont exposées, soit à des pressions modérées,
mais fréquentes, soit à des chocs brusques et intenses ; mais elle se produit également chez les hommes du monde dont les mains sont rarement soumises à des
pressions et à des chocs. Dans ces cas, l'influence d'une diathèse ne nous paraît
pas douteuse. L'affection est souvent héréditaire. Elle attaque plus souvent les
hommes, et débute vers le commencement de la vieillesse. Quelquefois elle est
congénitale.

Si l on cherche à se rendre compte de la nature de la maladie que nous venons
de décrire, on arrive à cette conclusion, qu'elle paraît dépendre d'un processus
inflammatoire chronique, localisé dans ce plan fibreux et résistant qui double les
téguments de la face palmaire. Les contusions violentes ou les pressions répétées,
portant leur action sur cette couche fibreuse, sont tout à fait propres à y développer une inflammation lente, sous l'influence de laquelle les faisceaux fibro-
celluleux, qui se rendent aux doigts, s'hypertrophient. Lorsque les mouvements
de la main sont devenus possibles par suite de la cessation des douleurs du traumatisme, si les faisceaux fibreux ont pris un développement pathologique suffisant pour s'opposer à l'extension complète des doigts, le principe de la maladie
existe; à partir de ce jour, ses progrès sont lents, mais continus. Chez les sujets
prédisposés, les traumatismes ne sont pas toujours nécessaires. La rétraction
spontanée de l'aponévrose palmaire est alors une manifestation de la diathèse
arthritique.

Le *diagnostic* n'est habituellement pas difficile. La flexion des doigts par une
cicatrice vicieuse succédant à une brûlure se reconnaît à première vue. Les antécédents permettront d'établir si la flexion est due, soit à une luxation non réduite, soit à une ankylose; on pourra, d'ailleurs, par un examen attentif, localiser
profondément la cause de l'infirmité. Lorsque les doigts sont maintenus fléchis
par suite d'une paralysie des extenseurs, on n'a aucune peine à opérer leur
redressement, et on ne constate pas la présence des brides sous-cutanées. Dans
le cas où la flexion est sous la dépendance des fléchisseurs, les commémoratifs
apprennent que le malade a été affecté, précédemment, soit d'un phlegmon de la
main qui a immobilisé les tendons dans leurs gaînes, soit d'une maladie nerveuse
qui a produit une contracture des fléchisseurs. En outre, les quatre derniers doigts
sont ordinairement à la fois et également fléchis: on ne trouve au-devant d'eux
aucune saillie anormale, et l'avant-bras est sensiblement amaigri ; les doigts eux-
mêmes sont amincis. Un signe excellent est le suivant : les trois phalanges sont
également fléchies, quand la rétraction dépend des muscles, tandis que la première et quelquefois la seconde sont seules fléchies, quand la rétraction dépend de

l'aponévrose. L'anesthésie chloroformique n'a aucune influence sur la rétraction palmaire, tandis qu'elle fait cesser la contracture musculaire.

Traitement. Lorsque la maladie est à son début et qu'elle s'accompagne d'une douleur dans la paume, il faut combattre l'élément inflammatoire : des cataplasmes, des onctions iodurées, mercurielles, belladonées, etc., ont donné quelques résultats avantageux. On a pu, par ces moyens, enrayer une rétraction palmaire au début ; mais souvent on ne retire aucun profit de ces topiques.

Plus tard, lorsque les brides paraissent déjà formées, ces mêmes moyens, auxquels on devra toujours associer l'iodure de potassium pris à l'intérieur, seront encore essayés, mais ordinairement aussi sans résultat.

Le massage, la gymnastique des doigts, leurs mouvements de flexion et d'extension, souvent répétés, ont plutôt pour but de prévenir la rétraction à la suite des traumatismes que de la combattre lorsqu'elle existe.

Lorsque la maladie est confirmée, lorsqu'il y a un obstacle matériel à l'extension des doigts, il faut le rompre ou l'enlever.

L'extension forcée a été essayée par Malgaigne et par M. Richet ; ses résultats n'ont pas été heureux : la rétraction n'a pas été diminuée sur le moment, et, consécutivement, elle a suivi une marche évidemment plus rapide.

La section sous-cutanée des brides fibreuses, proposée par A. Cooper, est ordinairement d'une exécution difficile, car on a de la peine à préciser, à travers la peau, quelle est la bride qu'il faut couper. Du reste, les brides sectionnées ne tardent pas à se réunir, et, si l'action de l'instrument a été trop peu irritante pour produire une inflammation suppurative, elle est souvent suffisante pour activer le travail de la rétraction.

Dupuytren incisait en travers les brides qui limitaient l'extension, et s'arrêtait quand l'obstacle avait été détruit. Il était souvent obligé de faire de nombreuses incisions, quelquefois sans tomber juste sur la bride à sectionner. Dans tous les cas, il produisait une plaie transversale à ciel ouvert ; l'extension des doigts écartait ses lèvres ; les gaines tendineuses étaient exposées à l'inflammation ; les tendons, à l'exfoliation ; la plaie suppurait ; des fusées purulentes pouvaient se produire ; la réunion ne se faisait que par le moyen d'une cicatrice large, et, quand on avait vaincu la rétraction verticale, on n'avait rien fait pour la rétraction transversale.

Goyrand propose de faire une incision longitudinale à la peau, sur chaque bride préalablement tendue ; les lèvres de la plaie sont ensuite écartées et détachées des adhérences ; les cordons fibreux sont découverts et coupés en travers, soit directement, soit sur la sonde cannelée ; on peut, au besoin, exciser leurs lambeaux flottants. Ce moyen permet de détruire les obstacles tout aussi bien que celui de Dupuytren, et il n'a pas les mêmes inconvénients ; car la réunion peut se faire par première intention, et par conséquent sans production d'un tissu cicatriciel. Nous avons vu que la peau est saine et que, détachée des brides qui s'y insèrent, elle présente une souplesse et une extensibilité normales ; cette notion nous permet de lever les scrupules de ceux qui, croyant opérer sur une peau racornie et fibreuse, doutaient du succès.

Mais l'opération de Goyrand ne suffit pas toujours ; quand on a, par exemple, à enlever des brides avec des fibromes, l'incision simple de la peau ne permet pas de manœuvrer à l'aise. Dans un cas dont nous avons été témoin, M. Richet a modifié heureusement le procédé de Goyrand : il fit une incision longitudinale sur la bride tendue ; à chacune des extrémités de cette incision, il en pratiqua perpendiculairement deux autres; deux lambeaux cutanés, en forme de volets, furent ainsi obtenus, et on put exciser tout ce qui empêchait ou limitait l'extension.

Si l'opération a été faite à ciel ouvert, il faut réunir la plaie par première intention, et prévenir les accidents phlegmoneux en soumettant la main à l'irrigation continue. De plus, pendant toute la durée de la cicatrisation, les doigts seront maintenus dans une extension complète et permanente au moyen d'une attelle digitée, placée sur la face dorsale de la main. Après la levée de l'appareil à extension fixe, on pratiquera le massage et on emploiera au besoin un appareil orthopédique, à ressorts ou à bandes de caoutchouc, pour prévenir la reproduction de la flexion permanente.

Il est bien évident qu'on devra s'attacher soigneusement à combattre la diathèse goutteuse, lorsqu'on aura reconnu son influence sur la production de la rétraction de l'aponévrose palmaire.

Bibliographie. — Plater. *Arthritis generalis post particularem podagram, et digiti astricti.* Observationum liber II, p 498; 1614. — Boyer. *Traité des maladies chirurgicales*, t. XI, p. 46, 1831. — Vidal de Cassis. *Revue de la clinique chirurgicale de Dupuytren. Rétraction permanente des doigts, attribuée par Dupuytren à une rétraction de l'aponévrose palmaire.* In *Gaz. méd. de Paris*, p. 41; 1832. — Avignon de Morlac. *Du débridement de l'aponévrose palmaire dans certains cas de rétraction permanente des doigts; 2 observations de rétraction.* Thèse inaugurale. Paris, 1832, nᵒ 26. — Dupuytren. *Fascicule d'observations sur la rétraction des doigts* (pour servir au diagnostic de la rétraction de l'aponévrose palmaire). In *Journal universel et hebdomadaire*, p. 67, t. VI, 1832. — Du même. *Nouveau cas de rétraction des doigts de la main, par suite de la crispation de l'aponévrose palmaire.* In *Journal universel et hebdomadaire*, p. 378, t. VI, 1832. — Lemoine-Maudet. *Rétraction permanente des doigts ayant pour cause la rétraction de l'aponévrose palmaire.* Thèse de Paris, 1832; nᵒ 141. — Goyrand (d'Aix). *Nouvelles recherches sur la rétraction des doigts* (Mémoire suivi du rapport fait à l'Académie royale de médecine par Sanson). In *Mémoires de l'Académie royale de médecine*, t. III, p 489; 1833 — Guérin (J.). *Flexion forcée de tous les doigts de la main droite. Rétraction présumée de l'aponévrose palmaire. État particulier de la peau. Section des brides. Guérison* (Observation recueillie au service de Dupuytren) In *Gaz. méd. de Paris*, p. 112; 1833. — Dupuytren. *Rétraction de l'aponévrose palmaire; opération.* In *Transactions médicales*, t. XI, p. 77; 1833. — Tessier. *Description de l'aponévrose palmaire.* In *Bulletin de la Société anat.* 10ᵉ année, p 1; 1835.— Cooper (A). *Œuvres chirurgicales.* Traduction de Chassaignac et Richelot, p. 122; 1857. — Goyrand (d'Aix). *De la rétraction permanente des doigts* (nouvelles recherches sur la nature, les causes et le traitement prophylactique et curatif de cette infirmité). In *Gaz. méd. de Paris*, p. 481; 1835. — Bérard (A.). Article *Main* du *Dictionnaire en 30 volumes*, t. XVIII. p. 509; 1858. — Dupuytren. *Leçons orales de clinique chirurgicale*, t. IV. p. 475, 2ᵉ éd., 1859.— Guérin (J.). *Rétraction de l'aponévrose palmaire traitée par les bandelettes de diachylon.* In *Journal de médecine de Championnière*, juin 1843. — Jobert. *Rétraction du doigt annulaire : débridement; guérison.* In *Annales de thérapeutique de Rognetta.* t. II, p. 68; 1844. — Gerdy. *Des rétractions et rigidités par inflammation rétractive en général et des rétractions des mains laborieuses en particulier.* In *Chirurgie prat.*, t. II, p. 61; 1852. — Vidal de Cassis. *Traité de pathologie externe*, t. V, p. 654; 1855. — Chassaignac. *Rétraction de l'aponévrose palmaire traitée avec succès par l'excision* In *Bull. de la Soc. de chir*, t. VIII, p 506; 1858.— Nélaton. *Pathologie chirurgicale*, t. V, p. 937; 1859. — Menjaud. *De la rétraction spontanée et progressive des doigts dans ses rapports avec la goutte et le rhumatisme goutteux.* Thèse de Paris, 1861. — Malgaigne. *Leçons d'Orthopédie recueillies par MM. Guyon et Panas*, p. 6; 1862. — Lacroix. *Considérations sur la flexion permanente des doigts, et des moyens d'y remédier.* Thèses de Paris, 1868. — Fort. *Des difformités congénitales et acquises des doigts, et des moyens d'y remédier.* Thèse d'agrégation de Paris, p. 117; 1869.

Tumeurs. Tumeurs vasculaires. Si l'on excepte la tête, qui fournit à elle seule plus de cas de tumeurs vasculaires que tout le reste du corps, la main est une des régions les plus prédisposées à cette espèce de production morbide. Les angiomes y affectent deux formes parfaitement distinctes en clinique : l'une est représentée par des tumeurs circonscrites, sans pulsations, sans bruit de souffle et sans tendance à la dilatation des vaisseaux voisins, ce sont des *tumeurs érec-*

tiles proprement dites; l'autre, par des tumeurs diffuses, pulsatiles, soufflantes, s'accompagnant d'une dilatation progressivement croissante des artères afférentes, ce sont les *tumeurs cirsoïdes.* Celles-ci semblent n'être, en général, que l'évolution ultime d'une tumeur érectile artérielle, mais elles peuvent aussi se développer d'une manière primitive et idiopathique. Quoi qu'il en soit de leur origine, elles constituent, au point de vue pratique, la variété la plus fréquente et la plus grave des angiomes de la main.

TUMEURS ÉRECTILES. Nous n'avons rencontré que de très-rares exemples de tumeur érectile veineuse. Les observations les plus détaillées que nous possédions sont dues à J. Cruveilhier (*Traité d'anat. path.*, t. III, p. 880, et atlas, liv. 25e, pl. III et IV) et à F. Esmarck (*Ueber cavernose Blutgeschwülste*, in *Archiv von* Virchow, t. VI, p. 34, 1854). Dans ces deux faits les tumeurs étaient multiples et occupaient non-seulement la main, mais encore le bras et l'avant-bras. L'observation d'Esmarck est moins connue, en France, que celle de M. Cruveilhier ; à ce titre, elle mérite d'être mentionnée.

Il s'agit d'une femme de 29 ans qui, à l'âge de 6 ans, avait vu se développer une tumeur grosse comme une tête d'épingle à la face antérieure et supérieure de sa main gauche. Peu à peu d'autres tumeurs apparurent, dans le voisinage de la première, sur les doigts et sur le dos de la main. A l'époque de la puberté, ces tumeurs prirent un accroissement plus rapide ; l'une d'elles s'ulcéra et donna lieu à des hémorrhagies assez abondantes. Un médecin lia la base de cette tumeur, qui tomba au bout de huit jours en laissant une plaie qui se cicatrisa promptement. Plusieurs tumeurs furent ainsi enlevées successivement. Vers l'âge de 19 ans, de nouvelles productions de la même nature se formèrent, non-seulement à la main, mais encore au coude et à l'épaule. Lorsque cette malade fut soumise aux soins de M. Esmarck, elle était dans l'état suivant : 54 tumeurs existaient sur le membre supérieur, et, sur ce nombre, 40 siégeaient à la main. Leur volume variait depuis la grosseur d'un pois jusqu'à celle d'un œuf de pigeon. Sur quelques-unes la peau était adhérente, amincie et d'une couleur violette. Ces tumeurs étaient molles comme les lipomes, ou dures comme des fibromes. Les unes étaient mobiles, les autres adhérentes. Elles ne produisaient ni pulsations, ni bruit de souffle. On pouvait reconnaître que la plupart étaient en relation avec des veines. En les comprimant, elles se réduisaient un peu, et les troncs veineux superficiels du voisinage se gonflaient. Lorsque la compression était longtemps continuée à l'aide d'un bandage, quelques-unes devenaient tout à fait flasques. Elles revenaient à leur volume primitif dès que la compression cessait. Si l'on appliquait une ligature autour du bras, toutes les tumeurs augmentaient considérablement de volume, et de nouvelles tumeurs très-petites apparaissaient sur le trajet des veines gonflées. Aux époques menstruelles, toutes les productions morbides subissaient un accroissement notable. La malade ressentait des fourmillements dans la main et ne pouvait plus travailler.

Par cinq opérations successives, la plupart de ces tumeurs furent disséquées et enlevées. Deux mois après la dernière opération, il n'y avait pas eu de récidive ; la main était sillonnée par de nombreuses cicatrices, mais elle était cependant apte à faire quelques mouvements et à rendre des services à la malade.

La coupe des tumeurs enlevées présentait un aspect tout à fait analogue à celui du corps caverneux de la verge. Dans certains points, les vacuoles du tissu érectile contenaient des phlébolithes dont le volume était variable depuis celui d'un

grain d'avoine jusqu'à celui d'un pois. L'examen microscopique montra que les
vacuoles étaient tapissées par un épithélium, et que les trabécules, qui les séparaient, étaient formées de fibres lamineuses, de fibres élastiques et de quelques
fibres musculaires lisses. Ces tumeurs étaient nettement circonscrites, et paraissaient développées sur la paroi des veines. Dans l'opinion de F. Esmarck, elles
n'avaient pas eu pour origine le réseau capillaire, comme on l'admet généralement
pour les tumeurs érectiles, mais une néoformation accidentelle du tissu érectile
dans les parois des veines. Il pensait, en outre, que ce n'était qu'après avoir acquis un certain développement que ces productions morbides se mettaient en
communication avec la cavité des veines où elles avaient pris naissance. Dans les
plus grosses tumeurs, on trouvait quelques artérioles qui se distribuaient dans les
cloisons du tissu conjonctif, mais qui n'avaient aucun rapport avec l'angiectasie
veineuse.

Lorsque la présence d'une tache vasculaire à la peau ne vient pas mettre sur
la voie du diagnostic, les tumeurs érectiles de la main sont parfois très-difficiles
à reconnaître. Un jeune homme portait à l'éminence thénar droite une tumeur
grosse comme un petit œuf de poule, aplatie, mollasse, indolente, sans pulsations
et sans changement de couleur à la peau. Cette tumeur existait depuis l'enfance,
et disparaissait sous l'influence de certains travaux de la journée pour reparaître
une demi-heure après. Dupuytren (Gaz. méd. de Paris, p. 210, 1834) n'eut pas
l'idée d'une tumeur vasculaire, et, diagnostiquant un lipome, se prépara à en
faire l'ablation. Dès la première incision, le sang se mit à jaillir avec force par
plusieurs orifices. On comprima les artères de l'avant-bras, et, après avoir enlevé
la masse morbide, on vit que l'on avait eu affaire à une tumeur érectile. Le malade
eut plusieurs hémorrhagies consécutives et un phlegmon de l'avant-bras assez
grave. Il ne fut guéri qu'après deux mois et demi.

F. Esmarck (loc. cit.) rapporte qu'il assista Langenbeck dans l'extirpation d'une
tumeur du dos de la main chez un vieillard. Cette tumeur était née sans cause
connue, il y avait environ 20 ans, et s'était développée peu à peu jusqu'à acquérir le volume d'un œuf de pigeon. Elle était indolente, irrégulière, arrondie,
mobile, élastique, légèrement réductible. Elle n'avait ni pulsation, ni bruit
de souffle. Au moment de l'opération, l'hémorrhagie fut assez abondante, car
plusieurs veines et une artère, grosse comme une plume de corbeau, durent
être coupées. En incisant la tumeur, on trouva qu'elle était formée par un
parenchyme caverneux contenant du sang.

Pour éviter une erreur de diagnostic, il faut se souvenir que ces tumeurs érectiles ont une consistance mollasse et comme spongieuse, qu'elles sont plus ou
moins réductibles, et qu'elles se dilatent lorsqu'on comprime circulairement
l'avant-bras de manière à mettre obstacle à la circulation en retour. De plus, elles
n'occasionnent aucune douleur, et se développent d'une manière très-lente. Si,
avec ces caractères, la tumeur est congénitale ou dure depuis l'enfance, et si, par
surcroît de preuves, il existe un nævus à son niveau, il n'est guère possible de
douter que l'on n'ait affaire à une production morbide de nature érectile.

Presque tous les nombreux moyens qui ont été préconisés contre les tumeurs
érectiles peuvent être appliqués à celles de la main. Mais les plus utiles sont : 1° la
ligature, si la tumeur est pédiculée ; 2° la transfixion avec des épingles ; 3° les injections coagulantes. M. Richet (Gaz. des hôp, p. 71, 1860) fit jusqu'à onze injections de perchlorure de fer dans une vaste tumeur érectile cutanée de la paume et
du tiers inférieur de l'avant-bras, tumeur contre laquelle la compression et les vési-

catoires avaient complétement échoué. Au bout d'un an, cette tumeur était presque tout à fait guérie, et il ne restait plus que quelques traces du tissu érectile,
qu'il aurait été facile de faire disparaître.

On ne doit recourir à l'ablation avec le bistouri que dans les cas où tous les
autres procédés ont été reconnus inefficaces. Cette opération peut, en effet,
conduire à faire une dissection très-étendue et très-profonde, et par suite elle
expose à des hémorrhagies, à des phlegmons et à la perte consécutive des usages
de la main.

Nous croyons devoir comprendre dans la classe des tumeurs vasculaires le fait
suivant, qui n'est peut-être qu'un exemple d'une tumeur à myéloplaxes très-
vasculaire, mais que l'on peut considérer aussi comme une tumeur érectile
osseuse. Schuh (*Cavernose Blutgeschwülst der Mittelhandknochen*, in *Arch. für
klin. Chir.* von Langenbeck, *Jahresbericht*, t. V, p. 94, 1864) observa, chez
une jeune fille de 18 ans, bien portante, une tumeur ovoïde, grosse comme un
citron, s'étendant depuis l'extrémité supérieure du cinquième métacarpien jusqu'à
l'articulation métacarpo-phalangienne. Les veines superficielles étaient développées. La tumeur était dure comme de l'os, surtout au voisinage de la tête du
métacarpien. Dans certains points, la pression produisait une crépitation analogue
à celle du parchemin que l'on froisse. L'auriculaire ne pouvait plus se mouvoir.
Le métacarpien fut extirpé. On trouva sous la couche externe de l'os, couche très-
amincie qui formait la coque de la tumeur, un tissu caverneux dont les différentes
vacuoles communiquaient les unes avec les autres et étaient remplies de sang.
Les parois des vacuoles étaient très-peu épaisses et formées par un tissu assez
mou. Les vaisseaux qui se rendaient dans les veines du voisinage étaient fort
petits.

TUMEURS CIRSOÏDES. Le second groupe des angiomes de la main comprend
les tumeurs qui sont essentiellement formées par des agglomérations d'artérioles
dilatées et variqueuses. Ce sont des *tumeurs cirsoïdes artérielles* (Ch. Robin,
Gaz. méd., p. 528, 1854), tumeurs qui, à la main, aussi bien que dans les autres
régions où on les rencontre, ont été désignées par les noms divers de *tumeurs
fongueuses sanguines*, de *tumeurs érectiles artérielles*, d'*anévrysme par anastomose*, de *varice artérielle*, d'*anévrysme cirsoïde*. Or ces formations pathologiques ne doivent être confondues ni avec les anévrysmes, ni avec les véritables
tumeurs érectiles; car elles ont une texture et une symptomatologie à part. Leur
histoire clinique a été retracée, dans ces derniers temps, par M. Gosselin (*Archives de méd.*, décembre 1867), à l'occasion de plusieurs faits que ce chirurgien
avait observés dans des régions autres que la main. Quelques faits, considérés
comme des hypertrophies partielles des doigts et de la main, ont plusieurs traits
de ressemblance avec la maladie que nous allons décrire (*Voy.* U. Trélat et
Monod, *de l'Hypertrophie unilatérale partielle ou totale du corps. Arch. de
méd,*, p. 536 et 676; 1869).

L'*étiologie* de ces tumeurs nous échappe souvent d'une manière complète. C'est
ainsi que les malades de Velpeau et de Delore avaient vu apparaître leur mal sans
qu'elles aient pu lui assigner aucune espèce de cause. D'autres fois, c'est à la suite
d'une contusion ou d'une blessure que la maladie se produit. Un garçon de
13 ans, observé par M. Demarquay, avait reçu un coup de pierre sur le côté externe du médius gauche, huit ans auparavant. Il en résulta une petite plaie qui
fut cicatrisée en quatre jours. Mais le doigt était resté douloureux, et quinze jours
s'étaient à peine écoulés, qu'une grosseur se développa sur le point contus. A

peine appréciable au début, elle prit bientôt un accroissement tel, que le doigt parut augmenter de volume, et qu'au bout d'un an ses dimensions avaient doublé. Le malade dont Krause nous a donné l'histoire avait été profondément mordu par un chien à la main gauche.

Sur 14 cas, nous trouvons que 3 fois la tumeur avait été précédée par une tache vasculaire de naissance, et que 3 autres fois elle avait une origine congénitale, sans qu'il y eût de nævus à la peau.

Symptômes et marche. La durée de l'évolution de ces tumeurs est extrêmement variable. Les unes ont un développement assez rapide pour produire des troubles graves au bout d'un an ou deux. Les autres mettent cinq, dix, vingt, trente-six ans (obs. 7), avant de donner lieu à une gêne assez considérable pour engager les malades à se faire traiter. Il arrive ordinairement que ces formations morbides, stationnaires pendant l'enfance, prennent un accroissement notable à l'époque de la puberté. D'après cela, on peut diviser leur évolution en deux périodes. La première, d'une durée très longue, échappe à une description spéciale : c'est une petite excroissance des téguments, une hypertrophie partielle de la main ou une tuméfaction diffuse et peu étendue, qu'on néglige, parce qu'elle n'occasionne ni trouble, ni gène. La seconde période, qui peut débuter d'emblée, comme dans les cas de Velpeau, de Delore et de Demarquay, est caractérisée par des signes très-saisissants, que nous allons faire connaître.

On se trouve en présence d'une tumeur bosselée, mal limitée dans ses coutours, et généralement située à la face palmaire. La peau n'est pas altérée et a conservé sa coloration normale, à moins qu'il n'existe quelque nævus. Les veines sont dilatées. La consistance de la tumeur est molle. Lorsqu'on la comprime, on peut la réduire, quelquefois jusqu'au point de la faire disparaître presque complétement. Elle offre des mouvements d'expansion isochrones aux pulsations artérielles, mouvements très-appréciables, soit à la vue, soit au toucher. Lorsqu'on interrompt le cours du sang dans les artères de l'avant-bras, les battements cessent dans la tumeur, et celle-ci se flétrit. Elle devient turgide, au contraire, si l'on met obstacle à la circulation veineuse en appliquant un lien autour de l'avant-bras ou du bras. Lorsqu'on appuie légèrement sur la tumeur on sent parfois un frémissement vibratoire ou thrill. A l'auscultation, on perçoit un bruit de souffle qui présente plusieurs types : tantôt il est doux et continu ; tantôt il est très-lort et saccadé, avec un redoublement au moment de la diastole artérielle. La nutrition de la main devient plus active. Il en résulte que les doigts, au niveau desquels la lésion a son siège, sont très-hypertrophiés, que la température de la main du côté malade est supérieure de plusieurs degrés à celle du côté sain, et que la sécrétion des glandes sudoripares et sébacées y est beaucoup plus abondante.

La tumeur augmente incessamment de volume. Ultérieurement, il peut survenir des douleurs, des inflammations, des ulcérations de la peau et des hémorrhagies très-graves.

A mesure que le volume de la tumeur s'accroît, les artérioles, d'abord peu dilatées, acquièrent un volume progressivement croissant, et la dilatation gagne peu à peu les troncs artériels de l'avant-bras et même du br. s.

L'observation publiée par M. Guillon nous présente un type de l'affection dont nous venons de retracer les symptômes. Il s'agit d'une jeune fille qui portait, à la main droite, un nævus congénital s'étendant de la racine du pouce au doigt indicateur. A 8 ans, l'index dépassait de 13 millimètres la longueur du doigt médius,

A 12 ans, un petit bouton, survenu à l'extrémité de ce doigt, ayant été arraché, il se fit une hémorrhagie en jet. De 14 à 16 ans, époque de la puberté, la tumeur s'accrut rapidement. En 1837, une hémorrhagie considérable eut lieu. On lia l'artère radiale. Une amélioration de quelques jours seulement suivit cette opération. En 1840, la tumeur augmenta beaucoup à la suite d'une aménorrhée. Une portion de l'index se gangréna et tomba, ce qui occasionna une nouvelle hémorrhagie. En 1842, la jeune fille, passant à Genève, consulta Maunoir, Mayor et Staëlin. Ces chirurgiens proposèrent la ligature des trois principales artères du membre. Ce conseil ne fut pas suivi. A cette époque, la malade avait eu une vingtaine d'hémorrhagies, dont cinq très-graves. L'état local était le suivant : le doigt indicateur avait triplé de volume ; sa couleur était d'un violet bleuâtre ; il présentait au toucher la sensation d'un tissu spongieux avec une certaine fluctuation. A son extrémité, le tronçon dénudé de la phalangine faisait saillie au milieu d'une plaie que recouvrait une suppuration glaireuse. A la base de ce doigt et sur l'éminence thénar, s'élevait une double tumeur ressemblant à une tomate, de couleur lie de vin. Elle se fanait en partie par la compression exercée au-dessus d'elle ; lorsqu'on cessait de comprimer, le choc du sang y déterminait un élancement douloureux. Un thermomètre, placé dans la main malade, donnait 32°, et 29° seulement dans la main saine (La malade de Delore présentait 33° à la main malade et 26° de l'autre côté). La tumeur offrait des pulsations isochrones avec les battements artériels. Un susurrus, tantôt continu, tantôt saccadé, se faisait entendre jusqu'à trois ou quatre doigts au-dessus du pli du coude. Le bruit se propageait même jusque dans les vaisseaux de l'aisselle et du côté droit du cou. La plus légère compression sur un point quelconque du membre supérieur occasionnait le gonflement des parties situées au-dessous et une vive douleur. La malade tenait constamment son membre dans une position élevée ; sitôt qu'elle l'inclinait vers le sol, les veines, déjà fort dilatées, augmentaient prodigieusement de volume. La réunion de tous ces symptômes montre évidemment qu'il s'agissait d'une tumeur cirsoïde artérielle, arrivée à une période très-avancée, et probablement compliquée de la dilatation variqueuse des artères de l'avant-bras. Cette jeune fille fut examinée par Serre (de Montpellier), Delmas, Dubrueil et Gensoul, qui jugèrent que toute opération chirurgicale serait inutile. Elle avait alors 22 ans. On ignore ce qu'elle est devenue.

Physiologie pathologique. La distinction que nous établissons entre les tumeurs érectiles proprement dites et les tumeurs cirsoïdes, conservera toujours une grande valeur clinique, mais elle est contestable au point de vue théorique. Si, à la suite d'une contusion ou de quelque autre cause inconnue, les parois des artérioles de la main peuvent être altérées d'emblée, de manière à se laisser dilater et à former des paquets variqueux, il est constant que cet état cirsoïde peut aussi n'être qu'une complication de certaines tumeurs érectiles ou une transformation en artères des vaisseaux primitivement capillaires d'un nævus. Une tache vasculaire avait été l'origine évidente de la maladie dans les faits de Guillon, de Laurie et de Nélaton. M. Broca (*Traité des tumeurs*, t. II, p. 188) cite encore un cas où il était tout à fait certain que les vaisseaux, primitivement capillaires, s'étaient transformés en artères et en veines d'un calibre considérable. « J'ai vu, dit-il, une tumeur érectile du doigt médius qui, ayant débuté par une tache, avait fini par donner lieu à des complications assez graves pour nécessiter d'abord la ligature de la radiale, puis l'amputation du bras. Cette dernière opération avait été faite par M. Michon, et la pièce avait été injectée par M. Denucé. Les artères et les

veines étaient dilatées, non-seulement au niveau de la tumeur, mais encore dans
toute l'étendue de la main et de l'avant-bras. La tumeur du doigt renfermait des
vaisseaux nombreux et de volume très-divers ; plusieurs avaient un calibre supérieur à celui d'une plume à écrire, avec des parois tout à fait semblables à celles
des artères. D'autres, bien moins volumineux, avaient des parois veineuses, et,
chose remarquable, quelques-uns de ces vaisseaux établissaient une communication
directe, à plein canal, entre les artères et les veines. Or tout vaisseau intermédiaire entre le système artériel et le système veineux fait nécessairement partie du
réseau capillaire. Il était certain, par conséquent, que quelques-uns au moins des
gros vaisseaux de la tumeur du doigt provenaient des capillaires primitifs, dilatés et
hypertrophiés au point de s'être transformés en artères ou en veines. » Sans nier
la formation primitive et d'emblée des tumeurs cirsoïdes de la main, nous pensons donc qu'elles sont souvent produites par l'hypertrophie consécutive des capillaires propres à une tumeur érectile artérielle. Lorsqu'il existe une tache vasculaire, cette origine paraît démontrée, et, dans les cas contraires, une tumeur
érectile, cachée sous la peau, a pu passer inaperçue jusqu'au jour où survient le
cortège des signes qui caractérisent les tumeurs cirsoïdes.

Il résulte des communications faciles qui s'établissent, à travers la production
morbide, entre le système artériel et le système veineux, une ressemblance frappante entre les tumeurs cirsoïdes et les anévrysmes artérioso-veineux. Stromeyer
avait même pris pour un anévrysme artérioso-veineux des arcades palmaires la
tumeur du malade dont Krause nous a donné l'histoire. C'est que, dans les deux
espèces d'affections, il y a augmentation de la nutrition du membre, battements,
bruit de souffle, dilatation des veines, qui deviennent variqueuses et pulsatiles,
et dilatation des artères afférentes.

Cette dilatation des artères, qui forme la période ultime des cirsoïdes, est un
phénomène bien curieux et bien difficile à expliquer. On peut voir au musée
Dupuytren, n° 235, une pièce célèbre, injectée et décrite par Breschet (*Mém. de
l'Acad. de méd.*, t. III, p. 138, 1833), pièce qui représente un cas type de dil.-
tation serpentine des artères de la main combinée avec une dilatation flexueuse
des artères de l'avant-bras. Cette altération pathologique, tout à fait semblable à
celle qui fut étudiée par M. Denucé, avait été trouvée sur le cadavre d'une femme,
sur laquelle on n'avait aucun renseignement. Il nous paraît probable que, dans ce
cas comme dans celui de M. Denucé, une tumeur cirsoïde de la paume avait été
le point de départ de ces dilatations variqueuses des artères.

Quant à la cause de la dilatation artérielle en elle-même, elle dépendrait,
d'après M. Broca (*loc. cit.*, p. 194), d'une diminution de la tension intra-vasen-
laire, par suite du passage trop facile du sang à travers les capillaires élargis de la
main affectée. La nutrition régulière des parois artérielles exige, en effet, une certaine pression ; si cette pression vient à diminuer, comme cela arrive dans l'anévrysme artérioso-veineux ou dans la tumeur cirsoïde, ces parois deviennent le siège
d'une sorte d'atrophie et se laissent dilater de plus en plus. Du reste cette
dilatation ascendante des artères est très-variable ; elle se montre surtout chez la
femme, et dépend essentiellement de la constitution individuelle du système
artériel.

Diagnostic. Les signes des tumeurs cirsoïdes arrivées à leur seconde période
sont trop caractéristiques, pour que leur diagnostic puisse offrir quelque incertitude.
A la première période, au contraire, alors que la tumeur est peu saillante et sans
battements bien appréciables, le diagnostic offrira de grandes difficultés, surtout

ir, mais encore du
...l renfermait...
...nt un calibre s...
...t semblables à c...
... cs veineux...
...une communi...
...t vaisseau intern...
...tirement porta...
...reins au moins ...
...s primitifs, dil...
...l en veines. » Suis p...
de la main, avoi...
...s consécutive des p...
...rtère une tu...
...niratives, une tum...
pu au jour où sur...

, à travers la produit
...ce ressemblant à
...element. Str...
...s rad s palmains...
Celle que, dans les t...
du membre, battent
...passes et pulsé...

... des cirsoïdes, et :
...on peut voir au m...
...p ar Breschet (Me...
...te un cas type de l...
...se dilatation dess...
...t il a fait sent...
...culture d'une fo...
...t probable que, dans...
...e de la paume au...
...s.

...ème, elle dépend...
...la tension intérie
...capillaires élargis de l
sige, en effet, une
cela arrive dans l'é...
...ois deviennent le sa
plus. Du reste n...
...ontre surtout chez l
...riduelle du sys...

...leur seconde péri...
...quelque incertit...
peu saillante et sa
difficultés, surtout

s'il n'y a pas de nævus. Mais, à cette époque, la tumeur cause en général trop peu de gène, pour que l'on soit consulté.

Le *pronostic* est très-grave, lorsque la maladie est arrivée à sa période d'accroissement continu. En effet, sur 12 cas qui ont pu être suivis, nous trouvons que dans un cas (obs. 4) la maladie a été jugée incurable, que dans trois cas (obs. 7, 8 et 12) elle a nécessité l'amputation du poignet, de l'avant-bras et même du bras, et que dans cinq cas (obs. 2, 5, 10, 11 et 13) les moyens thérapeutiques n'ont pu aboutir qu'à une amélioration laissant à l'avenir toutes les chances d'une récidive. Il n'y a eu, en somme, que 3 guérisons sur 12 cas.

Traitement. Quatre espèces d'opérations ont été mises en usage pour guérir les cirsoïdes de la main :

1° La section et la ligature de toutes les branches artérielles qui amènent le sang à la tumeur ;

2° La ligature des troncs principaux du membre supérieur ;

3° L'ablation avec l'instrument tranchant ;

4° L'injection plusieurs fois répétée de perchlorure de fer.

a. La première opération n'a été employée qu'une seule fois (obs. 1). La tumeur existait au doigt annulaire. La compression et la ligature de la radiale et de la cubitale avaient échoué ; Lawrence imagina alors d'inciser circulairement tous les téguments jusqu'à la gaîne tendineuse, à la base de la première phalange. Il lia ensuite tous les bouts des artères coupées. Le doigt ne se mortifia pas, la plaie se cicatrisa et la tumeur cirsoïde fut guérie. Cette opération expose au sphacèle du doigt, et, du reste, n'est pas applicable à une tumeur siégeant à la paume.

b. La ligature des artères de l'avant-bras, et même de l'artère humérale, employée six fois (obs. 2, 6, 10, 11, 12 et 13), n'a jamais donné de succès positif. En effet, la circulation collatérale, si prompte à s'établir à l'avant-bras et à la main, ne tarde pas à ramener le sang dans l'intérieur de la tumeur cirsoïde qui, après avoir momentanément diminué de volume, continue son évolution. De plus, la ligature est une opération qui peut amener des accidents divers plus ou moins graves, témoin le cas de Laurie. Il s'agissait d'un homme de 21 ans, dont toutes les artères du bras droit étaient dilatées. Le rameau dorsal de l'artère radiale avait les dimensions d'une artère humérale ordinaire. Sur le bord radial de la paume et sur le dos de l'index et du médius, existaient des tumeurs flasques, non pulsatiles, formées probablement par des veines variqueuses. Vers le bord cubital, il y avait une tumeur analogue aux précédentes, mais présentant des pulsations. Trois petits nævus rouges existaient au niveau du médius et de la paume de la main qui, chose insolite, était moins développée que celle du côté opposé. Les tumeurs étaient excoriées, suppuraient et fournissaient d'abondantes hémorrhagies. L'artère humérale fut liée dans le tiers inférieur du bras. Elle avait le calibre du petit doigt et présentait des parois très-minces. Les pulsations ne tardèrent pas à revenir dans l'artère cubitale, et une violente hémorrhagie ayant eu lieu, on lia ce dernier vaisseau au-dessus du poignet. Deux jours après, l'index et le médius, ainsi que l'extrémité inférieure du pouce, se gangrenèrent. Six mois plus tard, on constata que la circulation s'était rétablie, malgré l'oblitération de l'artère humérale, et que les pulsations existaient toujours dans la tumeur du bord cubital, bien qu'elles fussent moins fortes qu'auparavant. Il restait encore des plaies suppurantes à la main.

Nous conclurons de ce qui précède, que la ligature des principaux troncs artériels du membre supérieur est un moyen dangereux et surtout très-infidèle, quand il s'agit de guérir un cirsoïde de la main.

TUMEURS CIRSOÏDES ARTÉRIELLES.

NUMÉROS	NOM DU CHIRURGIEN ET BIBLIOGRAPHIE	SEXE	AGE	COMPLICATION DE VARICE ARTÉRIELLE ET DE DILATATION DES VEINES	OPÉRATION	SUITES	RÉSULTAT.
1	Wardrop. *Medico-chir. Trans.* vol. IX, p. 216, 1818.	F.	21	Varice artérielle d'une artère digitale. Dilatation des veines du dos de la main et de l'avant-bras.	Compression et ligature des artères radiale et cubitale, sans succès durable. Comme la tumeur siégeait à l'annulaire, Lawrence incisa tous les téguments à la base de ce doigt jusqu'aux tendons, et lia les artères coupées.	Il n'y eut pas de gangrène du doigt.	Guérison.
2	Curling. *Arch. de Méd.*, 2e série, t. IX, p. 232, 1835.	H.	»	»	Ligature de la radiale.	La tumeur s'affaissa et le malade put reprendre ses occupations manuelles.	Guérison (?)
3	John Russell. *London Medical Gaz.* vol. XVII, p. 175, 1836.	F.	41	Varice des artères radiale et cubitale.	Amputation des quatrième et cinquième métacarpiens, après avoir lié auparavant l'artère cubitale.	»	Guérison constatée après trois ans.
4	Goulot. *Bull. génér. de thérapeutique*, t. XVII, p. 524, 1844.	F.	22	Varice des artères de l'avant-bras. Dilatation considérable des veines.	La malade fut jugée inopérable par Serre, Delmas, Duhrueil et Gensoul.	»	»
5	Velpeau. *Gaz. des Hôpitaux*, p. 502, 1835.	F.	22	»	Plusieurs injections de perchlorure de fer. — Application d'un compresseur mécanique.	Il s'est formé des noyaux durs dans la tumeur. Les battements sont diminués.	Amélioration.
6	Nélaton. *Thèse de Vermont*, p. 8; Paris, 1853.	H.	4 1/2	Dilatation d'une artère collatérale. — Dilatation des veines correspondantes.	Suture entortillée sur la tumeur par Velpeau. — Compression. — Récidive. — Ligature de l'artère collatérale par M. Nélaton.	Le malade n'a pas été revu.	Inconnu.
7	Lestexnern (de Nantes). *Bull. de la Soc. de chir.*, t. IX, p. 383, 1859.	H.	43	Varice artérielle de la radiale et de la cubitale. Énorme dilatation de toutes les veines de la main et de l'avant-bras.	Amputation du bras, un peu au-dessus du tiers inférieur. — Issue d'une grande quantité de sang, pendant cette opération, par les veines aussi bien que par les artères.	Pendant trois jours, le malade eut des battements très-forts dans son moignon. Cicatrisation rapide.	Amputation.

		Sexe.	Âge.				Résultat.
8	Krause. Arch. für klin. chir., von Langenbeck, t. II, p. 142; 1861.	H.	45	»	Amputation de l'avant-bras.	»	Amputation.
9	Gillette. Observation inédite; 1862 (8 nov.).	H.	22	Dilatation de la partie inférieure de la radiale. Dilatation de toutes les veines dorsales de la main.	La tumeur n'a pas de tendance à grossir. Avant d'employer l'injection de perchlorure de fer, M. Nélaton conseille un bracelet compressif.	Le malade n'a pas été revu.	Inconnu.
10	Lhme. Obs. cité par Krause, loc. cit., p. 160.	H.	21	Varice des artères de la main et de l'avant-bras.	Ligature de l'artère humérale au tiers inférieur. — Au bout de 10 jours, ligature de l'artère cubitale au-dessus du poignet.	Gangrène des deuxième et troisième doigts et de l'extrémité du pouce. — Les battements sont diminués au bout de six mois.	Amélioration.
11	Delore. Gaz. hebdomadaire, p. 365; 1863.	F.	16	»	Ablation d'un anévrysme spontané de la collatérale externe de l'index. — Récidive d'une tumeur pulsative; deux taches érectiles de la peau; élévation de la température de la main; hypertrophie du médius et de l'index. Ligature, successives de la radiale, de la cubitale et d'une artère médiane.	Vingt-quatre jours après la dernière ligature, les battements étaient tellement faibles, qu'il fallait une grande attention pour les percevoir.	Amélioration.
12	Maisonneuve, A. Guérin, A. Thélat. Obs. publiée par M. Cocteau. In Arch. de méd., t. II, p. 662; 1865.	H.	56	Dilatation des artères radiale et cubitale. — Dilatation des veines.	Les injections de perchlorure de fer et la ligature de la radiale échouent. — Ligature de fer et la ligature dans à la chute d'une eschare. — Ligature de l'humérale — Récidive de l'hémorrhagie au bout de 20 jours. — Désarticulation radio-carpienne.	»	Amputation.
13	Guérin. Gaz. des Hôpit., p. 305; 1867.	F.	9 1/2	Dilatation des veines.	Ligature de la radiale, et 7 mois 1/2 après cette opération, ligature de la cubitale.	« La malade conserve encore ses signes, mais très-peu sensibles. »	Amélioration.
14	Demarquay. Gaz. des Hôpit., p. 117 et 126; 1868.	H.	13	Commencement de varice artérielle aux artères de l'avant-bras.	Ligature préalable de la radiale et de la cubitale; plusieurs injections de perchlorure de fer.	Les injections déterminèrent des accidents phlegmoneux et des abcès.	Guérison.

c. L'ablation de la tumeur avec l'instrument tranchant est une opération d'une exécution presque impossible, à moins que la tumeur à enlever ne soit circonscrite et n'ait pour siège les doigts. Des tumeurs, grosses comme des noix, excoriées et donnant lieu à des hémorrhagies fréquentes, existaient à l'extrémité inférieure de l'annulaire et de l'auriculaire gauches, chez une blanchisseuse de 41 ans. Comme ces tumeurs augmentaient de volume, comme des pertes de sang épuisaient la malade, et comme la dilatation des troncs artériels et veineux de l'avant-bras se prononçait de plus en plus, J. Russell se décida à en faire l'ablation. Après avoir préalablement lié l'artère cubitale, il enleva les doigts malades en amputant les quatrième et cinquième métacarpiens. La guérison fut complète et constatée trois ans après l'opération (obs. 3).

d. L'injection plusieurs fois répétée de perchlorure de fer avec la seringue Pravaz a une grande supériorité sur toutes les opérations précédentes, en ce sens qu'elle est tout à fait sans danger, quand on s'entoure de certaines précautions, et qu'elle peut amener à peu de frais une guérison radicale. Toutefois ce moyen a été peu employé dans le cas de cirsoïdes de la main (obs. 5, 12 et 14).

Pour réussir avec l'injection, il faut remplir deux conditions qui ont été bien indiquées par M. Gosselin : 1° oblitérer les vaisseaux dilatés en coagulant solidement le sang dans leur intérieur ; 2° éviter une inflammation suppurative et même la gangrène, car l'ouverture d'un abcès ou l'élimination d'une eschare peut s'accompagner d'une hémorrhagie, comme cela a été observé dans l'observation 12

La première condition nécessite l'arrêt momentané de la circulation dans la tumeur, arrêt qu'il est très-facile d'obtenir en comprimant soit l'artère humérale, soit les deux artères de l'avant-bras. La compression doit, en outre, être continuée assez de temps pour que le sang puisse se coaguler. Dix minutes de compression sont ordinairement suffisantes. « Si on continuait moins longtemps, quatre ou cinq minutes, par exemple, il y aurait chance pour que le perchlorure fût entraîné par le courant artériel sans avoir produit de caillots, ou qu'il s'échappât au dehors avec le sang non coagulé par la petite piqûre, au moment où l'on retirerait l'instrument qui la remplissait ou le doigt qui la comprimait (Gosselin, *loc. cit.*). »

Pour remplir la seconde condition, savoir de coaguler sans provoquer la gangrène ni l'inflammation suppurative, il faut employer une solution de perchlorure de fer, qui ne soit pas trop concentrée. La solution habituelle de perchlorure de fer, qui est à 30°, est trop irritante pour les tissus. En l'étendant de moitié avec de l'eau pure, on obtient un mélange qui n'a pas perdu ses propriétés de coaguler le sang, et qui ne risque pas de cautériser les tissus ni de produire leur inflammation suppurative.

Quant au nombre de gouttes à injecter, il est très-variable. Velpeau avait commencé par injecter 7 gouttes de perchlorure de fer en deux endroits ; huit jours après, il en injecta 12 ; vingt jours après, il injecta tout le contenu d'une seringue Pravaz ; et au bout d'une semaine, il recommença l'injection avec la moitié du contenu de la seringue. Ces opérations successives furent suivies d'un gonflement et d'une douleur vive, mais passagère ; et ce n'est qu'après les dernières injections qu'on obtint des masses dures dans l'intérieur de la tumeur. L'opérée ayant été revue plus tard, on trouva que les masses dures avaient persisté et qu'il n'existait plus que de légers battements.

Avant d'injecter le perchlorure de fer, et pour assurer le succès de l'injection, Demarquay (obs. 14) crut devoir diminuer le volume de la tumeur à laqueile il avait affaire, en liant préalablement la radiale et la cubitale au-dessus du poignet. On put croire un instant que cette opération seule allait amener la guérison, car la tumeur s'était affaissée d'une manière presque complète. Mais les battements reparurent. Dans une première séance 20 gouttes de perchlorure de fer d'Adrian furent injectées en trois points différents. Chaque ponction fut suivie d'une induration locale, due à la coagulation sanguine, et les battements disparurent. Dix jours après, nouvelle injection de 12 gouttes sur deux points pulsatiles; et au bout de dix jours encore, dernière injection de 16 gouttes dans deux endroits qui présentaient encore des battements. La solution du perchlorure de fer employée dans ces injections avait-elle été trop concentrée, la délicatesse des tissus du jeune malade, sur lequel on opérait, était-elle trop grande, toujours est-il qu'il survint des abcès et qu'une hémorrhagie eut lieu. Néanmoins le malade fut radicalement guéri au bout d'un mois et demi.

La dilatation des artères afférentes ne doit point préoccuper le chirurgien. Dès que les canaux élargis, qui font communiquer les artères et les veines sont oblité-rés, les artères dilatées reviennent à leur calibre normal. De même, lorsque le cir-soïde de la main n'a pu être guéri ni entravé dans sa marche par les moyens que nous venons de mentionner, lorsqu'il produit des désordres tels, que la question d'une amputation est posée, la dilatation ascendante des artères de l'avant-bras et du bras, ne doit pas être une contre-indication. Il est, en effet, parfaitement dé-montré (Thèse de Décès, 1857) que, lorsque la tumeur cirsoïde est retranchée, les artères flexueuses et dilatées qui s'y rendent, reprennent peu à peu leur volume primitif.

ANÉVRYSMES. On ne rencontre à la main que des anévrysmes artériels, spontanés ou traumatiques.

Les anévrysmes traumatiques y sont relativement beaucoup plus fréquents que les anévrysmes spontanés. Ceux-ci paraissent moins rares sur les artères radiale et cubitale; mais nous avons dû les éliminer de notre description et de notre tableau, où nous ne mentionnons que les tumeurs anévrysmales qui ont pour siège la paume ou le poignet [Voy. CUBITALE et RADIALE (artères)].

Les plaies étroites, avec lésion des vaisseaux palmaires, sont les causes habi-tuelles de ces tumeurs. Leur mode de production est facile à comprendre : l'ap-plication d'un hémostatique ou d'une compression légère a suffi pour arrêter l'hé-morrhagie extérieure; mais l'artère blessée n'a pas été oblitérée par ce moyen; elle a continué à verser du sang qui, en s'épanchant dans le tissu cellulaire, a formé un anévrysme faux primitif. Un malade (obs. 22) se pique au niveau du premier espace interosseux avec un petit couteau-poignard à lame très-étroite. Il s'écoule un jet de sang vermeil. La plaie est pansée avec de la charpie imbibée de perchlorure de fer. Le sang s'arrête aussitôt, et le malade peut reprendre ses oc-cupations; mais deux jours après il vient consulter pour un anévrysme faux pri-mitif. D'autres fois, et ces cas sont les plus fréquents, la plaie des parties molles, ainsi que celle de l'artère, s'est cicatrisée; puis au bout d'une ou de plusieurs semaines, on voit la cicatrice soulevée par une petite tumeur, qui présente tous les caractères d'un anévrysme faux consécutif. D'après G. Martin (Thèses de Paris, 1870, n° 104), sur 72 blessures artérielles de la région palmaire, 17 ont été sui-vies d'anévrysmes.

Roux (obs. 4) a vu survenir une tumeur anévrysmale chez un individu qui s'était réduit une luxation du premier métacarpien, en exerçant lui-même des tractions sur son pouce. Pilcher, cité par Follin (Traité de pathol. externe), a observé un anévrysme de l'éminence thénar produit par les chocs répétés du manche d'un marteau. M. Duvernoy a rapporté, dans sa thèse, un autre fait d'anévrysme qui parait dû à la même cause. Il s'agit d'un forgeron qui éprouva, pendant son travail, une douleur dans la paume de la main droite, où il remarqua la formation d'une petite tumeur pulsatile et réductible.

Les tumeurs anévrysmales de la main ont pour siège habituel le premier espace interosseux ou les points que parcourt l'arcade palmaire superficielle. On les rencontre plus rarement à l'éminence hypothénar. Robert a vu un anévrysme de l'artère interosseuse au niveau du poignet. Verneuil a opéré un anévrysme de l'artère collatérale externe de l'index. Davey Norris a traité un anévrysme de la partie inférieure de la paume, qui s'était probablement développé sur une artère digitale.

Ces anévrysmes sont ordinairement peu considérables. Leur volume varie depuis le volume d'un pois jusqu'à celui d'une noix. Dans le fait de Guérineau, la tumeur avait atteint la dimension d'un œuf de poule ; et dans les faits de Guattani et de Roux on compare sa grosseur à celle d'une pomme ordinaire.

Les symptômes de ces anévrysmes sont les mêmes que ceux de toutes les tumeurs de cette espèce : battements isochrones au pouls, expansion, bruit de souffle intermittent, réductibilité, affaissement de la tumeur quand on comprime les deux artères de l'avant-bras, ou, quelquefois, une seule de ces artères.

Dans les cas d'anévrysmes traumatiques, la peau présente, sur un point de sa surface, tantôt une croûte ou un caillot desséché qui recouvre une petite plaie, tantôt une cicatrice. Cette cicatrice peut être très-amincie par la distension, et se montrer sous la forme d'une saillie luisante, d'une couleur rouge violacé. Dans un fait dû à Nélaton, la peau était ulcérée et l'anévrysme se voyait au fond de la plaie ; il ressemblait à un bourgeon charnu pulsatile, gros comme un pois ordinaire.

Ce sont, en général, des tumeurs faciles à reconnaître. Cependant, si les signes caractéristiques que nous venons de rappeler viennent à manquer, des erreurs de diagnostic peuvent facilement être commises. Guattani ouvrit une tumeur fluctuante et non pulsatile de la région hypothénar ; il s'en échappa un flot de sang, car c'était un anévrysme. Un médecin ponctionna avec une lancette cet anévrysme qui avait été produit par la réduction d'une luxation du premier métacarpien. Il en résulta une hémorrhagie qu'on ne put arrêter. Roux lia successivement la radiale et la cubitale. L'hémorrhagie continua, et le malade, qui était prédisposé à l'hémophilie, mourut dans le courant de la journée. Dans un cas très-intéressant publié par Verneuil (obs. 23), la tumeur était très-dure, mobile au milieu des tissus, et ne présentait ni pulsations, ni bruit de souffle, ni réductibilité. On pensa à un fibrome, et l'ablation en fut décidée. Pendant l'opération la tumeur fut ouverte, et s'étant vidée de son contenu, s'affaissa. Il s'agissait d'une poche creuse à contenu liquide. Un examen attentif montra que l'on avait eu affaire à un véritable sac anévrysmal en continuité avec la paroi de l'artère collatérale externe de l'index, et ne communiquant plus avec la cavité du vaisseau. C'est là un des rares exemples de guérison spontanée d'un anévrysme. Plusieurs mois auparavant le malade s'était blessé avec un couteau dans le point où siégeait la tumeur, et un jet de sang vermeil s'était échappé par la plaie. Dans les cas difficiles, les notions que donnent les commémoratifs et l'existence d'une cicatrice située sur la surface de la tumeur, sont d'un précieux secours pour établir le diagnostic.

Les fonctions de la main sont plus ou moins gênées par la présence de la tumeur anévrysmale. Celle-ci peut être indolente ; mais elle occasionne souvent des douleurs assez vives. Un malade observé par Chassaignac (obs. 14) avait des fourmillements avec des élancements douloureux dans les deux derniers doigts, et une insensibilité dans les points où se distribue le nerf cubital. Un autre (obs. 16) ne pouvait travailler, pendant une heure à peine, sans éprouver un endolorissement de toute la main avec une gêne extrême dans les mouvements du petit doigt et de l'annulaire. Ces phénomènes s'expliquent facilement par la compression et la distension des nerfs qui avoisinent la tumeur.

A l'exception du fait de Verneuil, où l'orifice de communication de la poche anévrysmale avec l'artère était oblitéré, nous ne connaissons aucun autre exemple de guérison spontanée. Au contraire, la marche de ces anévrysmes est rapidement progressive, et les usages de la main, en les exposant à des pressions et à des chocs continuels, déterminent souvent leur ulcération et leur rupture. Malgré leur petit volume, ils réclament donc une intervention chirurgicale active.

Follin fait remarquer, avec juste raison, que c'est aux anévrysmes des petites artères de la main « qu'on a pu appliquer avec succès toutes les méthodes de traitement conseillées pour guérir les anévrysmes. Mais si la plupart de ces méthodes ont, dans ce cas, fourni des résultats satisfaisants, il importe au chirurgien de choisir les plus simples, celles qui font courir au malade le moins de danger possible. » Aussi la compression, directe et indirecte, que l'on peut si facilement exercer sur la main, l'avant-bras et le bras, est-elle particulièrement indiquée. Dans 16 cas où cette méthode a été mise en usage, elle a réussi 12 fois. Tulpius guérit un anévrysme par la compression directe. Davey-Norris fut obligé de renoncer à ce moyen parce que des eschares s'étaient produites ; mais il fit la compression indirecte sur la radiale et sur la cubitale ; il obtint la guérison.

La compression indirecte, pratiquée avec un appareil compresseur ou, ce qui est préférable, avec les doigts, est sans contredit le meilleur procédé auquel on puisse avoir recours, car il s'agit moins d'arrêter le sang que de ralentir son cours. Par la compression digitale continue sur l'humérale, Viccelli a obtenu la cessation des battements et la solidification de la tumeur en une demi-heure seulement. Pitha arriva au même résultat en deux heures, en agissant tantôt sur l'humérale, tantôt sur la cubitale et la radiale. Langston-Parker, Marjolin, Verneuil, Mazade, Sydney-Jones, ont obtenu aussi de très-beaux succès par la compression digitale intermittente.

La compression échoue surtout dans les cas où le sac est rompu et verse du sang. On a affaire alors à une véritable hémorrhagie de la main. On doit l'arrêter en liant les deux bouts de l'artère blessée, d'après les préceptes que nous avons établis précédemment pour les hémorrhagies (page 81 et suiv.). Ainsi il faut ouvrir le sac, le débarrasser des caillots et lier l'artère au-dessus et au-dessous de son ouverture. La méthode d'Anel, appliquée à ce cas, a donné des succès ; mais elle est passible des mêmes objections que celles que nous avons exposées à propos des hémorrhagies. La ligature à distance, c'est-à-dire la ligature de la radiale et de la cubitale à l'avant-bras, ne doit, en effet, être faite que lorsqu'il n'est pas possible d'opérer l'anévrysme par l'ouverture du sac.

Lorsque l'anévrysme est très-petit, on peut le détruire par la cautérisation, soit avec le fer rouge, soit avec la pâte de chlorure de zinc, comme le firent Dupuytren, Nélaton et Mazade.

TABLEAU DES ANÉVRYSMES DE LA MAIN.

I. — ANÉVRYSMES TRAUMATIQUES.

NUMÉROS	NOM DU CHIRURGIEN ET BIBLIOGRAPHIE	SEXE	AGE	SIÈGE	NATURE DE L'OPÉRATION	REMARQUES	RÉSULTAT
1	TOLPIUS. Cité par Bonet; Bibli. de méd. et de chir., t. IV, p. 40; 1708.	H.	Jeune.	Premier espace interosseux.	Compression directe avec une lame de plomb maintenue par une forte ligature.	Guérison en cinq mois.	Guérison.
2	M. ANTOINE PETIT, Médecine du cœur, p. 322; 1806.	H.	»	Radiale au dos de la main.	Opération (par ouverture du sac).	Épuisement nerveux.	Mort.
3	DUPUYTREN. Gaz. méd. de Paris, p. 169 et 255; 1854.	H.	5	Région de l'arcade palmaire.	Hémorrhagie depuis quatre jours, provenant de la rupture spontanée de la poche. Cautérisation au fer rouge.	Les mouvements de la main sont restés parfaitement libres.	Guérison.
4	ROUX. Gaz. méd. de Paris, p. 521; 1857.	H.	25	Éminence thénar.	L'anévrysme a été ponctionné en ville. — Hémorrhagie. — Ligatures successives de la radiale et de la cubitale.	Prédisposition du sujet aux hémorrhagies. — Hémorrhagies incoercibles.	Mort.
5	VELPEAU. Gaz. des Hôp., p. 425; 1842.	H.	18	Paume.	Ligature de la radiale et de la cubitale.	»	Inconnu.
6	CHASSAIGNAC. Arch. de Méd., 4e série, t. XV, p. 557; 1857.	H.	»	Milieu de la paume.	Galvano-puncture avec quatre aiguilles pendant 15 minutes, et compression simultanée de l'humérale. — Hémorrhagie. — Ligature de la cubitale. — Nouvel anévrysme; galvano-puncture.	»	Guérison.

№	Auteur	Sexe	Âge	Siège	Traitement	Observations	Résultat
7	Liston, London, J. of Med. vol. III, p. 702, 1831.	»	»	»	Compression de l'humérale inefficace. Ligature.	»	Guérison.
8	Robert, Gaz. des Hôp., p. 272; 1852.	H.	52	Anévrysme de l'artère interosseuse.	Ligature de l'humérale sous le tendon du grand pectoral, en raison du danger des hémorrhagies.	Les suites ont été très-simples.	Guérison.
9	Giraldès, Revue médico-chirurg., p. 213; 1855.	F.	»	Arcade palmaire profonde.	Incision du sac; cautérisation avec la pâte de chlorure de zinc.	Pas d'accidents. — Guérison en cinq semaines.	Guérison.
10	Davey-Nonnes, Gaz. hebdom., p. 804; 1855.	H.	»	Partie inférieure de la paume.	Compression directe. — Compression indirecte sur la radiale et la cubitale.	La compression directe avait produit des eschares.	Guérison.
11	Langston-Parker, Lancet, vol. II, p. 679; 1856.	F.	19	Paume, entre le pouce et l'index.	Compression intermittente et mécanique, pendant quarante jours, sur la radiale, la cubitale et l'humérale.	Au bout de dix jours la tumeur commençait à devenir flasque et moins pulsatile.	Guérison.
12	Foucalcourt, Gaz. hebdom., p. 114; 1856.	»	20	Éminence thénar.	Compression directe et indirecte. — Hémorrhagie abondante par une plaie de la main. — Ligature de la radiale et de la cubitale au poignet.	»	Guérison.
13	Richard, Bull. de la Soc. de chir., t. VII, p. 138; 1856.	»	»	Radiale à son passage dans le premi.r espace interosseux.	La compression échoue. — Ligature de la radiale dans la tabatière anatomique.	»	Guérison.
14	Chassaignac, Journ. de Méd. et de chir. prat., vol. XXVIII, p. 67; 1857.	H.	52	Au-dessus de l'éminence hypothénar.	Ligature de la cubitale.	Au bout de douze jours, petite hémorrhagie par la plaie de la ligature.	Guérison.
15	Maisonneuve, Bull. de la Soc. de chir., t. IX, p. 129; 1858.	H.	»	Éminence hypothénar.	Compression digitale intermittente de l'humérale.	La compression a duré vingt-huit heures en tout.	Guérison.

NUMÉROS	NOM DU CHIRURGIEN ET BIBLIOGRAPHIE	SEXE	AGE	SIÈGE	NATURE DE L'OPÉRATION	REMARQUES	RÉSULTAT
16	Verneuil. Bull. de la Soc. de chir., t. IX, p. 319; 1859.	H.	52	Éminence hypothénar.	Compression digitale intermittente et progressive d'abord, — puis compression continue pendant 16 heures.	»	Guérison.
17	Hirgott. Gaz. méd. de Strasbourg, p. 108; 1860.	H.	22	Paume.	Compression indirecte et mécanique. — Compression digitale sur la radiale et sur l'humérale pendant 25 heures. — Ligature de la radiale et de la cubitale.	Guérison en un mois et demi.	Guérison.
18	Nélaton. Gaz. des hôp., p. 110 et 193; 1862.	H.	»	Arcade palmaire superficielle.	Cautérisation avec le chlorure de zinc en pâte.	»	Guérison.
19	Mazade. Bull. de la Soc. de chir., 2e série, t. IV, p. 504; 1863.	H.	46	Premier espace interosseux, face dorsale.	Compression digitale intermittente sur la radiale et sur l'humérale pendant 14 jours.	»	Guérison.
20	Mazade., t. I, p. 599; Revue méd., 1866.	H.	45	Paume.	Cautérisation avec le chlorure de zinc en pâte.	Pendant la cautérisation on comprimait l'artère humérale.	Guérison.
21	Pith. Gaz. hebdom., p. 554; 1866.	»	»	Anévrysme de la radiale.	Compression digitale continue sur la cubitale et la radiale, et parfois sur l'humérale.	En douze heures la solidification était complète.	Guérison.
22	Verneuil. Gaz. hebdom., p. 471; 1866.	H.	64	Paume dans le premier espace interosseux.	Compression mécanique à l'avant-bras et dans la talatière anatomique.	Au bout de trois jours la tumeur avait durci, et au bout de sept jours l'anévrysme était guéri.	Guérison.

	Auteur.		Âge.	Anévrysme de la radiale.			Résultat.
23	Venneur. Loc. cit.	H.	26	Anévrysme sur la collatérale externe de l'index.	Ablation de la tumeur. — Ligature d'une artère dans la plaie.	L'anévrysme n'avait pu être diagnostiqué. Le sac avait perdu ses connexions avec l'artère.	Guérison.
24	Vigela. Bull. de la Soc. de chir., 2e série, t. VII, p. 3-4; 1867.	H.	44	Paume.	Compression digitale de l'humérale.	Au bout d'une demie-heure la tumeur était solide. La guérison s'est maintenue.	Guérison.
25	Sidney-Jones. Th. Lancet, vol. I, p. 116; 1867.	F.	29	Cubitale.	Compression peu considérable et intermittente pendant 4 mois, tantôt sur la tumeur, tantôt sur la radiale, la cubitale ou l'humérale.	»	Guérison.
26	E. H. Devernov. Thèse inaugurale, Paris, 1870, n° 50.	H.	50	Arcade palmaire superficielle.	Compression sur la partie inférieure de la cubitale à l'aide d'un petit appareil de l'invention du malade.	Au bout de quinze jours les battements avaient cessé. La tumeur diminua de volume et disparut quelques mois après.	Guérison.

II. — ANÉVRYSMES SPONTANÉS.

	Auteur.		Âge.				Résultat.
1	Guattani. De externis aneurysmatibus, hist. XVI, p. 163; 1785.	H.	45	Région hypothénar.	Ouverture du sac. — Compression de l'humérale.	Hémorrhagies.	Guérison.
2	Moncaced cité que Ramazzini avait An. de thérap., t. II, p. 251; 1814.	»	»	A la face dorsale du premier espace interosseux de chaque main.	»	Deux anévrysmes gros comme une fève et qui ne l'incommodaient pas.	»
3	Syme. Monthly Journ. of Med., vol. XII, p. 369; 1851.	H.	30	Au-dessus de l'éminence thénar.	Compression mécanique continue sur la radiale pendant 24 heures.	»	Guérison.

Kystes. Si l'on fait abstraction des *kystes péritendineux*, consécutifs à une hydropisie des grandes gaines séreuses, qui enveloppent les tendons fléchisseurs et extenseurs des doigts, et des *kystes synoviaux*, produits par la distension d'un crypte de la synoviale des articulations carpiennes ou par une hernie de cette membrane, on peut se convaincre, en parcourant les recueils scientifiques, que les *autres espèces de kystes* sont très-rares à la paume de la main. Nous n'avons pas à nous occuper ici des *kystes péritendineux*, ni des *kystes synoviaux*, qui seront décrits à l'article Poignet; nous ne voulons appeler l'attention, actuellement, que sur les rares exemples de tumeurs kystiques qui ne dépendent pas, ou ne paraissent pas dépendre, des synoviales tendineuses et articulaires.

On peut trouver, à la paume, de petits kystes adhérents à la face externe des gaines tendineuses et tout à fait semblables à ceux que l'on rencontre quelquefois dans la région des doigts. D'après les recherches de Verneuil et de Foucher, il est probable que ces kystes latéraux naissent dans des cryptes synoviaux analogues à ceux qui sont situés dans la paroi des séreuses articulaires. Cruveilhier a désigné ces kystes sous le nom de *kystes synoviaux latéraux péritendineux*, et Broca sous celui de *kystes paratendineux*. Erichsen (*The Lancet*, vol. II, p. 434; 1860) vit un jeune homme qui portait, à la paume de la main gauche, au niveau de la racine du médius, une tumeur globuleuse, semi-élastique, grosse comme un petit marron, simulant un ganglion. Une ponction n'amena que du sang. Quelques mois après cette tumeur fut enlevée. Elle était couchée sur les tendons fléchisseurs du médius, mais ne les intéressait pas. En coupant la tumeur on vit que c'était un kyste : une partie de la paroi était très-épaissie et le contenu était un liquide séro-sanguinolent. Ce fait paraît être un exemple de kyste paratendineux.

M. Rizet (*Arch. de méd.*, t. II, p. 615; 1866) observa, à l'éminence thénar, une tumeur du volume d'une aveline, ovale, mobile sous les téguments, privée de toute pulsation et indolente. Cette tumeur était survenue sans cause connue, depuis six mois environ. Les mouvements de préhension étaient gênés, sans être toutefois devenus impossibles. L'énucléation de la production morbide fut très-facile, car elle n'avait contracté aucune adhérence avec les muscles de l'éminence thénar, entre lesquels elle était située. La tumeur était formée par une poche résistante et par un contenu qui « ressemblait en certains points à du riz cuit, en d'autres endroits à du suif épais; cette substance amorphe s'écrasait facilement sous le doigt. » Avait-on affaire à un kyste séreux ou hydatique avec transformation de son contenu, à un kyste sébacé ou dermoïde? on l'ignore, car l'examen microscopique n'a pas été fait.

Un exemple parfaitement authentique de kyste hydatique a été publié par M. B. Anger. La tumeur existait chez un homme de trente-cinq ans, et occupait la face palmaire. Elle avait le volume d'un œuf de pigeon, et était légèrement fluctuante, indolente et sans changement de coloration de la peau. Une ponction avait été faite deux ans auparavant; du liquide s'en était échappé, et la tumeur avait complétement disparu, lorsque, peu de temps après, elle se reproduisit. M. B. Anger fit une incision de deux centimètres sur le kyste. Il s'échappa aussitôt un liquide séreux, jaune citrin, limpide, et une fausse membrane apparut, faisant hernie à travers l'ouverture de l'incision. Cette fausse membrane fut extraite avec facilité. Elle était blanche, nacrée, d'une texture très-fragile, et présentait à sa face interne une petite vésicule pédiculée, contenant dans son intérieur un corps jaune replié sur lui-même. C'était un cysticerque, dont la nature fut parfaitement déterminée à la suite d'une inspection microscopique dans le laboratoire de M. Vulpian (*Arch. de méd.* 1870, t. I, p. 362).

Morel-Lavallée (*Gaz. des hôp.*, p. 520 ; 1850) a enlevé, sur la face dorsale de la main, une tumeur qu'il a considérée comme un kyste sanguin.

Le principal intérêt clinique de ces tumeurs kystiques, c'est la difficulté de leur diagnostic qui, le plus souvent, est impossible.

LIPOMES. C'est une opinion classique que le lipome est extrêmement rare à la main. Nous n'avons pu en réunir que neuf exemples, et encore nous y comprenons trois faits, dus l'un à Pelletan, les deux autres à Rognetta, dans lesquels la nature adipeuse de la tumeur n'a pas été nettement démontrée.

Le siège de prédilection de ces tumeurs est la face palmaire de la paume. Dans un seul cas (Follin), le lipome s'était développé sur un doigt ; il occupait les faces antérieure et externe du médius, et empiétait un peu sur sa face postérieure.

Le tissu morbide prend naissance tantôt dans la couche aréolaire sous-cutanée, tantôt dans la couche sous-aponévrotique.

Il appartient ordinairement à la variété des lipomes mous. Cependant nous avons eu l'occasion de faire l'examen microscopique d'une tumeur du creux de la main enlevée par M. Richet, en 1867 ; c'était un lipome dur ou fibro-lipome.

Le lipome de la main se présente sous l'aspect d'une tumeur qui soulève la peau en bosselures arrondies, sans altérer sa couleur ni sa texture. Selon la consistance du tissu adipeux accidentel, ces bosselures sont dures, ou bien molles, élastiques et souvent franchement fluctuantes. Dans les faits rapportés par Robert, Follin, Boinet et U. Trélat, la pression produisait une sorte de crépitation ou de frôlement rugueux et prolongé. Ce phénomène s'étant montré dans les quatre cas de lipomes mous dont nous possédons l'histoire détaillée, devra être considéré désormais comme un signe important de ces tumeurs. Ajoutons que les lipomes ne sont pas transparents, qu'ils sont indolents par eux-mêmes, et ne causent qu'exceptionnellement des fourmillements et des douleurs par la compression des nerfs du voisinage

Leur marche est très-lente et progressivement croissante. Leurs causes sont complètement inconnues. L'âge auquel ils apparaissent est fort variable, et ne peut donner aucune indication clinique sur leur nature.

Ils ont souvent donné lieu à des erreurs de diagnostic, parce que les chirurgiens n'étaient pas suffisamment prévenus que ces formations peuvent être crépitantes. Cette crépitation, unie à la sensation de fluctuation, n'était-elle pas, en effet, tout à fait propre à faire croire à un kyste hydatique ou à un de ces kystes à grains hordéiformes qui se rencontrent si souvent au poignet et à la main, comparativement à la rareté du lipome dans ces régions ? Nous pensons donc qu'il est utile de résumer ici quelques-uns des faits, qui ont prêté à des interprétations erronées, parce que l'on peut en tirer un grand enseignement pratique.

Un jeune homme de 27 ans, robuste et bien portant, portait à l'éminence hypothénar une tumeur, de forme trilobée, du volume d'une demi-orange. La peau n'avait pas changée de couleur, elle était seulement distendue et amincie. La tumeur était sans transparence, molle et élastique au toucher. Elle présentait une sorte de crépitation ou de frottement quand on la pressait, ce qui rappelait les kystes séreux remplis de corpuscules hordéiformes. Elle paraissait sous-cutanée, placée au-devant des tendons palmaires. Elle était habituellement indolente ; mais depuis quelque temps, il était survenu une douleur sur le bord cubital de la main et sur le côté interne de l'avant-bras. La tumeur avait mis quinze ans à se

développer. Robert et Marjolin pensèrent à un kyste séreux hydatifère. Une ponction montra que l'on avait affaire à une tumeur solide Robert l'enleva en partie
par dissection, en partie par énucléation. La masse enlevée se composait de deux
lipomes, dont l'un, plus superficiel, était logé dans une dépression creusée dans
l'autre qui était au-dessous. Le frottement des deux tumeurs l'une contre l'autre
produisait le phénomène de la crépitation.

M. Boinet présenta à la Société de chirurgie une malade de 53 ans qui, depuis
sept à huit ans, portait dans la paume de la main droite une tumeur à plusieurs
lobes. Le plus gros des lobes, du volume d'un œuf de poule, était placé entre le
pouce et l'indicateur, et les autres, au nombre de cinq, correspondaient à chaque
articulation métacarpo-phalangienne des quatre derniers doigts et à l'éminence
hypothénar. Toutes ces tumeurs semblaient si bien correspondre entre elles que,
lorsqu'on appuyait sur l'une d'elles, les autres devenaient plus saillantes et plus
tendues ; de telle sorte qu'on crut au déplacement d'un liquide, et que la fluctuation ne parut douteuse pour personne. De plus, le lobe qui siégeait au niveau de
l'articulation métacarpo-phalangienne du petit doigt laissait entendre, quand on
le comprimait, une crépitation très-sensible et très-nette. On conclut de ces
signes que la maladie était un kyste synovial crépitant. L'opération montra qu'il
s'agissait d'un lipome : « Par une incision faite sur le lobe le plus volumineux,
j'ai pu, dit M. Boinet, extraire la partie la plus volumineuse de ce lipome et tous
les autres lobes qui en dépendaient et qui s'étalaient dans la paume de la main. »

M. U. Trélat observa, en 1868, chez un malade de 58 ans, une tumeur de la
main, dont il fit connaître les difficultés du diagnostic dans une communication
à la Société de chirurgie (séance du 29 avril 1868). « Cette tumeur s'était développée lentement, sans grande douleur, causant seulement, de temps à autre, de
la gêne et un peu d'engourdissement dans les mouvements. La peau, normale
dans sa couleur et sa consistance, était soulevée en bosselures arrondies, saillantes dans les éminences thénar et hypothénar, et surtout au niveau de cette
dernière. La tumeur était absolument limitée à la paume de la main ; la partie
inférieure de l'avant-bras n'offrait aucune trace de gonflement. Quand on pressait
l'un des deux lobes de la grosseur, on faisait refluer son contenu vers l'autre
lobe. La fluctuation se produisait avec une incontestable netteté. Le liquide semblait se déplacer avec la plus grande facilité, et, quoiqu'on ne sentît pas de
grains hordéiformes, on obtenait néanmoins une sorte de frôlement rugueux et
prolongé en poussant alternativement la masse vers l'un ou l'autre de ses côtés. »
Dans l'idée d'un kyste synovial, deux ponctions successives furent faites ; ni l'une,
ni l'autre ne donna issue à une seule goutte de liquide. M. Trélat réunit alors
les deux orifices des ponctions par une incision de 3 centimètres, parallèle à
l'axe de la main. Aussitôt une masse graisseuse fit hernie à travers les lèvres de
la plaie, et de légères tractions firent sortir par cette ouverture peu considérable
la tumeur tout entière. C'était un lipome bilobé, limité de tous côtés par une enveloppe celluleuse qui facilita son énucléation. La graisse, qui le constituait,
était fine, délicate et peu résistante. Cette masse graisseuse reposait sur les tendons fléchisseurs, et était déprimée à son centre par l'aponévrose palmaire. La
pression de l'aponévrose et la finesse de la graisse peuvent expliquer la fluctuation perçue dans la tumeur. Le frôlement rugueux était probablement dû au
glissement des lobules profonds sur les tendons fléchisseurs. Dans la discussion
qui suivit cette intéressante communication, M. Tillaux rapporta qu'il avait vu,
dans le service de M. Gosselin, en 1859, une tumeur qui présentait quelque ana-

logie avec la précédente. Au niveau d'un des tendons fléchisseurs de la main, il existait une tumeur molle et fluctuante. On pensa à un kyste; c'était un lipome.

Ces faits enseignent qu'il faut garder une prudente réserve, quand il s'agit de diagnostiquer une tumeur fluctuante et crépitante de la paume de la main. Si la tumeur est bosselée, s'il n'est pas possible de la faire refluer sous le ligament annulaire antérieur du carpe, il faut penser à la possibilité d'un lipome. Pour éclairer complétement le diagnostic, on doit faire une ponction exploratrice, ou refroidir la tumeur à l'aide d'un mélange réfrigérant ou d'un jet d'éther, de manière à solidifier la graisse; dans le cas où l'on aurait affaire à un lipome, la tumeur deviendrait d'une dureté qui servirait à établir le diagnostic.

L'ablation des lipomes de la main a toujours été facile. Cependant, dans le cas du lipome que Follin eut l'occasion de disséquer sur un cadavre, la tumeur adhérait à la gaîne des fléchisseurs du médius, si bien que, pour l'enlever, on aurait été obligé d'ouvrir cette gaine, circonstance grave pour les suites de l'opération.

BIBLIOGRAPHIE. — PELLETAN. *Lipome formé en dedans du pouce et de la main.* In *Clinique chirurgicale,* t. I, p. 210; 1810. — ROGNETTA. *Deux cas de tumeurs lipomateuses de la main.* In *Gaz. méd. de Paris,* 1834; p. 212. — ROBERT. *Lipome de la main.* In *Ann. de thérapeut. méd. et chir.,* p. 343. déc. 1844, — FOLLIN. *Sur un lipome du doigt médius.* In *Gaz. méd. de Paris,* 1852; p. 413. — BOINET. *Lipome sous-aponévrotique de la paume de la main.* In *Gaz. des hôpit.,* 1866; p. 271. — RICHET. *Tumeur du creux de la main (fibro-lipome).* In *Gaz. des hôp.,* 1867; p. 213. — TRÉLAT (U.). *Lipome de la main simulant un kyste synovial.* In *Gaz. des hôp ,* 1868; p. 225. — PERASSI. *Storia di due importanti casi di malattia chirurgica della mano; Giornale d. R. accadem. di Torino,* nº 8; 1870.

TUMEURS FIBREUSES ET FIBRO-PLASTIQUES. L'hypergenèse des éléments anatomiques du tissu lamineux, fibres, noyaux ou corps fibro-plastiques, constitue des tumeurs dont les caractères sont fort variables, selon la prédominance de tels ou tels de ces éléments dans leur texture. Depuis le véritable fibrome dur, qui est uniquement formé de fibres du tissu lamineux, jusqu'au sarcome mou ou myxomateux, qui est une agglomération de cellules et de noyaux embryo-plastiques au milieu d'une matière amorphe gélatineuse, on observe tous les intermédiaires. Ce sont là de simples variétés d'une même espèce de néoplasme, et non des espèces différentes. C'est ce qui nous a déterminé à réunir dans un même chapitre les *tumeurs fibreuses* et les *tumeurs fibro-plastiques* de la main.

Elles paraissent un peu plus fréquentes que les lipomes, qui, comme nous l'avons dit précédemment, sont d'une grande rareté.

Leur siège n'a rien de fixe. On les observe aussi bien à la face dorsale qu'à la face antérieure de la main.

Elles ont pour point de départ habituel le derme, le tissu cellulaire sous-cutané et le tissu cellulaire profond des gaines intermusculaires et des espaces interosseux.

R. Marjolin a enlevé, chez un nouveau-né, au moyen d'une ligature avec un fil de soie, une petite tumeur pédiculée, formée par une hypertrophie des éléments fibro-plastiques du derme. Cette tumeur était située sur le bord externe de la main. A ce sujet, Broca fit remarquer à la Société de chirurgie que le siège de prédilection de ces tumeurs dermiques est le bord externe de la main. Ce chirurgien eut l'occasion d'en enlever deux chez le même enfant, une sur le bord externe de la main gauche, l'autre dans la même région de la main droite.

Les tumeurs fibreuses se développent quelquefois dans l'épaisseur des tendons; ainsi Demarquay a enlevé, chez un vieillard, une tumeur fibro-plastique qui faisait corps avec les tendons fléchisseurs de l'index.

Elles peuvent naître au contact du périoste; mais on ne connaît qu'un fait, dù à A. Guérin, où la tumeur avait eu pour origine le tissu osseux. Ce fait fut observé chez un homme de 67 ans, qui portait, depuis quarante ans, une tumeur dans laquelle le pouce de la main droite se trouvait englobé. D'une longueur de 15 à 16 centimètres, cette tumeur présentait 51 centimètres de circonférence au niveau de la première phalange. Arrondie dans son ensemble, elle paraissait formée de trois tumeurs globuleuses, de dimensions inégales, correspondant au premier métacarpien et aux deux phalanges du pouce. Elle avait une dureté osseuse dans tous ses points. excepté dans un point de sa face postérieure, où elle était molle et fluctuante. Le malade voulut être opéré, en raison des douleurs qu'il ressentait depuis deux mois. Après l'ablation, qui fut faite en désarticulant le premier métacarpien, on trouva « un tissu homogène, criant sous le scalpel, sans trace de tissu osseux, qui avait disparu au niveau des phalanges, et de la presque totalité du métacarpien. . Le milieu de la face dorsale de la tumeur, où l'on avait constaté de la fluctuation, était le siège d'un kyste rempli d'une sérosité rougeâtre, d'une consistance aqueuse. La quantité du liquide a été approximativement évaluée à 100 grammes. » Après l'évacuation du liquide, la masse morbide pesait encore 1100 grammes. L'examen histologique fut fait par Ordoñez, qui ne trouva que des éléments du tissu fibreux à divers degrés de développement. La peau qui recouvrait la tumeur était hypertrophiée à ce point que les papilles avaient un volume sept fois plus considérable qu'à l'état normal.

Nous avons signalé, en faisant l'histoire de la rétraction de l'aponévrose palmaire, les petits fibromes qui existent souvent au niveau des faisceaux fibreux rétractés. Il est remarquable que ces productions morbides ne prennent jamais un accroissement assez considérable pour constituer une maladie indépendante de la rétraction elle-même. Du reste, les auteurs ne mentionnent aucun exemple de tumeurs fibreuses ayant eu pour point de départ le ligament palmaire.

La cause des tumeurs qui nous occupent, est ordinairement inconnue. C'est à peine si, dans un ou deux cas, les malades ont pu attribuer leur mal à quelque contusion ou à quelque action mécanique. Elles apparaissent en général chez les adultes, rarement dans la jeunesse, plus rarement encore à un âge avancé.

Les fibromes sont durs, globuleux, mobiles, sans altération de la peau, et d'un volume peu considérable.

Les productions fibro-plastiques sont élastiques, et quelquefois assez molles pour donner lieu à une fausse fluctuation. Leur forme est arrondie, avec quelques bosselures. Leur volume est très-variable, mais dépasse en général celui des fibromes. La peau, qui les recouvre, est distendue et amincie, quelquefois plus ou moins vascularisée. Dans un cas observé par Notta, la tumeur présentait des battements. A l'autopsie, on trouva qu'elle était formée par un tissu spongieux entouré d'une enveloppe fibreuse. Lebert et Ch. Robin, qui en firent l'examen microscopique, la regardèrent comme formée par du tissu fibreux qui se serait vascularisé.

Ces tumeurs sont indolentes par elles-mêmes, et les troubles de la sensibilité qu'elles peuvent produire, tiennent ordinairement à la compression de quelques filets nerveux. Lisfranc enleva une tumeur de l'éminence hypothénar qui était devenue douloureuse à mesure que son volume s'était accru. Dans les trois derniers mois, la douleur avait même pris un tel accroissement que le plus léger attouchement était devenu insupportable. On trouva que cette tumeur était un fibrôme, et qu'une grande quantité de filets nerveux recouvraient sa surface.

Les troubles fonctionnels consistent en une gène locale. Si le néoplasme s'est développé dans l'épaisseur d'un tendon, il altère les fonctions du doigt corres pondant, soit en produisant une variété de doigt à ressort, soit en limitant ou en abolissant les mouvements.

Leur marche est très-lente. Elles restent souvent stationnaires pendant de longues années ; puis, sous l'influence de quelque cause accidentelle, elles reçoivent une impulsion qui rend leur évolution plus rapide. C'est alors qu'elles deviennent douloureuses, qu'elles se ramollissent et qu'elles peuvent s'ulcérer.

L'ulcération a presque toujours un aspect fongueux et saigne facilement. J'ai observé une tumeur fibro-plastique du premier espace interosseux qui présentait une petite ulcération fongueuse, dont le centre conduisait dans une cavité profonde, creusée dans l'intérieur même de la masse morbide. Lorsqu'on pressait cette dernière, on faisait sortir, par le point ulcéré, un liquide muqueux, filant et jaunâtre. Cette tumeur fut enlevée par M. Richet, à la suite d'une leçon clinique, dont elle avait fait l'objet le 11 février 1870. Après l'ablation, on put voir que la cavité centrale était formée par un tissu ramolli et myxomateux, qui s'échappait par un orifice ulcéré. Les parois étaient anfractueuses et constituées par une épaisse couche de tissu fibro-plastique assez dur.

Les tumeurs fibro-plastiques, et exceptionnellement les tumeurs fibreuses, ont la fâcheuse propriété de repulluler après l'ablation, surtout lorsqu'elles n'ont pas été enlevées d'une manière complète par une première opération. Sur onze cas, nous trouvons trois récidives. Le malade opéré par M. Richet avait vu sa tumeur revenir après une ablation incomplète exécutée quinze années auparavant. Coulson observa un homme de 28 ans, d'une bonne constitution, qui, depuis quinze ans, portait sur le métacarpe une tumeur du volume d'une petite pomme. On extirpa cette tumeur, qui fut reconnue être de nature fibro-plastique. Comme elle se prolongeait le long des tendons extenseurs, on ne fit qu'une extirpation incomplète, et on employa les caustiques pour détruire ce qui restait. Cinq mois après, la maladie récidiva. Cette fois, on enleva complétement le néoplasme. La plaie guérit, mais bientôt le malade revint à l'hôpital pour une nouvelle récidive. Il refusa de se laisser amputer l'avant-bras. Coulson lui proposa alors d'enlever le métacarpe en réséquant tout ce qui pourrait être affecté. L'opération proposée se fit avec succès, et on enleva même une portion du radius. Les suites de l'opération furent simples ; mais on ignore quelle fut la destinée ultérieure de ce malade. A la suite de l'incision d'une tumeur de l'éminence thénar, qui avait été considérée comme un abcès, un ulcère fongueux s'était formé. Hilton l'enleva et annonça que cette production, de nature fibro-plastique, avait pour génie de récidiver. En effet, une repullulation se fit à la place de la cicatrice ; les ganglions se prirent, et les lymphatiques pouvaient se sentir comme des cordons indurés.

On le voit, le pronostic des tumeurs qui nous occupent doit être réservé. Il est bien certain que, lorsqu'il s'agira d'un fibrome proprement dit, on n'aura pas à redouter une récidive, quoique cette récidive soit dans l'ordre des choses possibles. Mais, dans les cas d'une tumeur fibro-plastique, molle et myxomateuse, la récidive sur place est probable, et la généralisation peut même s'observer. Ces tumeurs présentent donc quelques-uns des caractères cliniques ordinairement attribués au cancer. Mais, dans ces cas, on ne constate pas les signes généraux de la cachexie propre aux affections cancéreuses.

Le diagnostic est très-difficile. Aucun caractère bien tranché n'autorise à formuler une opinion trop absolue sur la nature du néoplasme. Les chirurgiens les plus autorisés ont cru à un enchondrome, à un kyste tendineux, à un adénome des glandes sudoripares, à un abcès, quand en réalité il s'agissait d'un fibrome.

Inversement, un anévrysme dont la poche ne communiquait plus avec l'artère a pu être pris pour une tumeur fibreuse. Heureusement que l'erreur est peu préjudiciable au malade, car de deux choses l'une : ou la tumeur est gênante et douloureuse, il faut alors l'enlever, quelle qu'en soit la nature; ou elle n'occasionne aucun trouble fonctionnel et reste stationnaire, et l'on doit s'abstenir d'une opération. Dans le cas où la tumeur siège sur le trajet d'un tendon, il faut toujours, avant d'opérer, faire une ponction exploratrice, afin de s'assurer qu'on n'a pas affaire à un kyste, qui pourrait se guérir par l'injection iodée.

Le seul traitement applicable aux tumeurs fibreuses est l'ablation. Mais il faut que l'ablation soit totale, afin de se mettre le plus possible à l'abri d'une récidive.

BIBLIOGRAPHIE. — SANSON. *Tumeur fibreuse de la face dorsale de la main.* In *Lancette franç.* 1828; p. 322. — LISFRANC. *Tumeur fibreuse dans l'épaisseur de l'éminence hypothénar; douleurs extrêmement vives; extirpation; guérison.* In *Gaz. des hôp.*, 1856, p. 87 ; — NOTTA. *Tumeur située dans un espace interdigital de la main, et considérée comme une tumeur fibreuse qui se serait vascularisée.* 1847. In *Bull. de la Soc. anat.*, 22ᵉ année, p. 412; — SOLLY. *A Case in which a Fibro-Cellular Tumour was removed from the Hand.* In *The Lancet*, 1851; vol. I. p. 625. — DEMARQUAY. *Tumeur fibro-plastique, développée sur les tendons fléchisseurs du doigt indicateur.* In *Bull. de la Soc. de chirurgie*, t. IV, p. 127; 1853. — ROUBEAU. *Petite tumeur fibreuse de la paume de la main.* In *Bull. de la Soc. anat.* 28ᵉ année, p. 152; 1853.—HILTON. *Recurrent Fibroid Tumour of the Hand; Fungoide Disease of the Hand; Amputation the Forearm.* In *The Lancet*, vol. I, p. 63 et 477; 1857. — WORDSWORTH. *Recurrent Fibroid Tumours in Connexion with Tendons.* In *The Lancet*, p. 63 ; 1857. — COULSON. *Recurring Fibro-plastique Tumour; Partial Resection of the Hand.* In *The Lancet*, vol. I, p.215; 1859. — BROCA. *Tumeur à myéloplaxes, sans connexion avec les os de la main droite.* In *Bull. de la Soc. de chir.*, 2ᵉ série, t. I, p. 342; 1860. — GUÉRIN (A.). *Tumeur fibreuse simulant un enchondrome du pouce et du premier métacarpien.* In *Bull. de la Soc. de chirurgie*, 2ᵉ série, t. V, p. 451; 1864. — MARJOLIN. *Hypertrophie partielle du derme formant une tumeur pédiculée sur le bord externe de la main.* In *Bull. de la Soc. de chir.*, 2ᵉ série, t. VI, p. 471 ; 1865. — POOLEY (H.). *Cysto-sarcome de la paume de la main.* In *The Medical Record*, nᵒ 84, 1869 ; et in *Arch. de méd.*, mars 1870, p. 561.

NÉVROMES. Les névromes de la main causent des douleurs tellement intolérables et apportent une telle gêne à l'exercice du toucher et de la préhension, qu'ils conduisent quelquefois aux opérations les plus graves. Cette espèce de tumeur est heureusement très-rare.

On a observé les deux variétés principales de névrome, le *névrome faux*, qui n'est qu'un fibrome développé dans la continuité d'un cordon nerveux, et le *névrome vrai*, dans un cas où l'altération portait sur quelques terminaisons papillaires des nerfs du doigt annulaire gauche (*Voy.* l'article DOIGT et le *Journal d'anat. et de physiol.* de Ch. Robin, p. 171, 1870).

Les névromes se rencontrent à la main, soit à l'état d'isolement, soit en nombre plus ou moins considérable. Nous ne pouvons mieux faire que de résumer les deux observations principales qui établissent ces deux variétés, et qui représentent un tableau exact des symptômes et des conséquences de cette fâcheuse affection.

Frédérique P., âgée de 19 ans, éprouvait depuis plus d'un an une faiblesse dans l'avant-bras et des douleurs dans l'indicateur gauche. Ces douleurs se montraient par accès, duraient en général quelques heures, quelquefois toute la nuit, et devenaient si violentes qu'elles arrachaient des cris à la malade. Le membre tout entier, la main surtout, était notablement atrophié; cette atrophie portait spécialement sur le doigt indicateur, qui était le siège des douleurs néuralgiques, et sur le pouce, dont les muscles, à l'exception du muscle opposant, avaient presque disparu. Les téguments du deuxième et du troisième doigt étaient privés de sensibilité. Six mois plus tard, Frédérique P. entrait à l'hôpital avec une tumeur plus grosse qu'un œuf de poule entre le pouce et l'index. Elle avait commencé par une petite nodosité dure, du volume d'un pois, située entre le pli qui sépare la racine de l'index et la paume de la main, s'était accrue promptement, avait gagné la paume et s'était ramollie. En même temps les douleurs névralgiques, qui jusque-là avaient eu leur siège dans la phalange unguéale de l'index, quittèrent cette région pour se localiser dans la tumeur et revêtir le caractère lancinant. La tumeur était presque fluctuante, excessivement douloureuse à la pression. La peau qui la recouvrait était bleuâtre, brillante, tendue. Les veines sous-cutanées étaient dilatées. L'index, le pouce et le médius étaient atrophiés. Le membre supérieur gauche était plus faible que l'autre. Le nerf médian, dans toute la longueur de l'avant-bras, était modérément douloureux à la pression. Il n'existait point d'engorgement ganglionnaire. Une ponction faite avec un trocart donna issue à une cuillerée à café d'un liquide muqueux un peu jaunâtre, puis à du sang. Dans la canule se trouvait un cylindre d'une substance gélatineuse et jaunâtre qui se montra exclusivement composée de cellules fusiformes, pâles, renfermant de gros noyaux foncés, ovalaires. L'ouverture faite par le trocart ne se cicatrisa pas, et laissa sortir des fongosités qui donnèrent lieu à des hémorrhagies prolongées et répétées. Le jour de l'opération (quatre semaines après l'entrée de la malade à l'hôpital), la tumeur avait le volume du poing. Le chirurgien l'enleva ainsi que les trois premiers doigts, leurs métacarpiens et la moitié du carpe, conservant les deux derniers doigts, dont la malade se servait exclusivement depuis longtemps. L'incision fut prolongée sur l'avant-bras, pour permettre d'enlever en même temps une portion malade du nerf médian. L'examen microscopique montra que cette tumeur était de nature fibro-plastique, de la variété que Förster a appelée *tumeurs fibro-nucléaires* (obs. publiée par Volkmann, in *Archiv.* von Virchow, t. XII, p. 27, 1857, reproduite dans la *Gaz. hebdom.*, p. 916, 1857). Trois mois après l'opération la plaie était entièrement cicatrisée. Rien n'annonçait une reproduction de la maladie.

J. Cruveilhier (*Atlas d'anat. pathol.*) et Alexander (Thèse de M. Facieu, p. 17, 1851) ont cité des exemples de névromes isolés de la main.

M. Tillaux a publié, dans sa thèse d'agrégation sur les *affections chirurgicales des nerfs* (p. 135, 1866), un bel exemple de névromes multiples de la main. Il s'agit d'une femme de 39 ans qui, neuf ans auparavant, avait eu près de 4 centimètres du nerf cubital réséqués par Huguier pour des douleurs atroces qu'elle éprouvait dans la main droite. « La malade fut soulagée pendant quelque temps. La moitié interne de la main était paralysée, ou du moins avait perdu la sensibilité tactile. Or, cette sensibilité reparut cinq à six mois après l'opération, et avec elle les douleurs, l'insomnie, etc. Au bout de deux années de souffrance, M. Huguier, en explorant la main, constata à la base de l'éminence thénar une petite tumeur mal limitée, douloureuse à la pression, centre d'irradiation auquel la malade rapportait tout son mal. Cette tumeur fut enlevée, et la guérison paraissait assurée, lorsque la malade sortit de l'hôpital. Quatre ans après, retour des douleurs. La tumeur s'était reformée sur place, au niveau de la cicatrice, et de là s'irradiait vers les parties profondes. Alors M. Huguier se décida à enlever non-seulement tous les tissus douloureux, mais encore les parties voisines, de façon à ne rien laisser de suspect au fond de la plaie. Le mal fut encore amélioré, mais non guéri. Depuis lors (juin 1864) cette femme n'a pas cessé de souffrir, et les douleurs sont devenues tellement intolérables, qu'elle vient réclamer instamment de

M. Nélaton l'amputation de la main… Depuis deux ans, dit-elle, je n'ai pas dormi
tranquille une seule nuit. Quand je repose un instant, c'est le jour, épuisée, pour
ainsi dire, par l'insomnie; mais la souffrance ne tarde pas à me réveiller…
M. Nélaton, se fondant sur l'inutilité des opérations précédentes, sur l'état de
souffrance de la malade, se décide à pratiquer l'amputation de la main à quelques
centimètres au-dessus de l'articulation radio-carpienne. » La dissection de la main
montra deux névromes sur le trajet du cubital, et trois névromes sur les branches
du médian. Ces tumeurs variaient de la grosseur d'un haricot à celle d'un pois.
Elles étaient formées par du tissu fibreux. Les suites de l'opération furent des plus
simples. Les douleurs névralgiques disparurent, et le sommeil revint. Revue trois
mois après l'opération la malade était complètement guérie, et se trouvait très-
heureuse de la perte de sa main.

ENCHONDROMES. Sur un total de 125 cas d'enchondromes, Lebert a compté
que 39 fois ces tumeurs siégeaient aux mains. Comme il n'en avait trouvé que
9 à la mâchoire inférieure et 7 à la parotide, il en avait conclu que c'est aux
mains que cette affection se rencontre de beaucoup le plus souvent. Dans son
Mémoire sur les tumeurs cartilagineuses des doigts et des métacarpiens, Dolbeau critique avec juste raison la statistique de Lebert. En effet, pour 20 enchondromes à la parotide, il avait trouvé seulement 23 enchondromes aux mains.
Les enchondromes des mains ne l'emportent donc pas autant en fréquence que
l'avait dit Lebert. L'erreur de cet auteur vient de ce que les tumeurs cartilagineuses des mains ont particulièrement frappé l'attention des observateurs, qui en
ont publié de nombreux exemples, tandis que beaucoup d'enchondromes de la
parotide, pris pour des cancers, avaient passé inaperçus. Sur 20 cas d'enchondrome relevés dans la statistique des hôpitaux de Paris pendant les années 1861,
1862 et 1863, 5 seulement siégeaient aux mains. Il est vrai d'ajouter que quelques chirurgiens désignent encore de nos jours sous les noms de spina-ventosa
et d'ostéosarcome des variétés nombreuses de tumeurs des mains, parmi lesquelles se trouvent les tumeurs cartilagineuses. Quoi qu'il en soit, si l'on ne
considère que les enchondromes qui affectent les os, il est manifeste que ces
productions morbides ont pour siège de prédilection les os longs de la main, où
on les rencontre plus souvent que sur tous les autres os du squelette.

Il serait intéressant de savoir quelle est la fréquence des enchondromes par
rapport aux autres tumeurs des mains. Nous ne pouvons résoudre complètement
cette question. Mais, après avoir analysé plus de 109 observations dans nos recherches bibliographiques nous pouvons avancer que, parmi les tumeurs solides de
cet organe, aucune n'est plus commune.

Nous étudierons dans ce chapitre les enchondromes de toutes les parties de la
main. L'ordre adopté dans ce Dictionnaire aurait peut-être un peu gagné à ce que
les enchondromes, qui affectent seulement les doigts, fussent traités à l'article
consacré à ces organes; mais cette division aurait séparé des choses que l'observation nous montre intimement unies. Les enchondromes des doigts ne diffèrent
de ceux des métacarpiens que par leur siège; les uns et les autres ont les mêmes
causes, les mêmes symptômes, la même gravité; ils exigent le même traitement;
ils se trouvent souvent réunis sur le même individu; ils constituent donc, dans
leur ensemble, une seule et même maladie, dont la description ne peut être
scindée.

Causes. Sur 86 cas de notre statistique où le sexe des malades est indiqué,
nous avons trouvé 23 femmes et 63 hommes. Il est donc évident que ces derniers

sont particulièrement prédisposés à cette affection, sans doute en raison des conditions sociales différentes dans lesquelles ils vivent. En effet, l'enchondrome des mains succède fort souvent à des traumatismes, tels que des coups, des chutes, des piqûres, des fractures. Sur 37 cas où une étiologie quelconque est indiquée, nous en trouvons 26 traumatiques, 8 spontanés, 2 congénitaux, et 1 seulement dans lequel l'hérédité peut être soupçonnée.

L'enchondrome des mains est une maladie de la jeunesse. Sur 63 cas qui donnent des indications certaines touchant l'âge du début, on trouve :

TABLEAU I.

Enchondromes congénitaux.................................	2	
— ayant débuté avant 5 ans..................	10	
— — de 5 à 10..................	15	
— — de 10 à 15..................	12	TOTAL... 63
— — de 15 à 20..................	5	
— — de 20 à 30..................	7	
— — de 30 à 40..................	7	
— — au-dessus de 40..................	5	

D'après ce tableau, c'est au-dessus de quinze ans que l'on voit apparaître le plus grand nombre des enchondromes.

Virchow insiste particulièrement sur la prédisposition que crée le vice rachitique. Pour cet auteur, l'enchondrome des os serait le produit d'une sorte de rachitisme localisé. Nous n'avons point à insister ici sur cette théorie, qui sera discutée à propos de l'histoire générale des tumeurs cartilagineuses ; nous n'avons qu'à rechercher si les faits, recueillis par nous, viennent la confirmer. Or nous trouvons que 24 fois on a noté une santé parfaite, que 4 fois seulement le rachitisme actuel ou antérieur, et 3 fois la scrofule, ont été accusés. Ces chiffres ne peuvent certes pas fournir un appui à la théorie de Virchow.

Anatomie pathologique. La forme des enchondromes est tantôt régulièrement arrondie, tantôt bosselée. Leur volume varie depuis le volume d'une noix jusqu'à celui d'une tête de fœtus à terme. Ils constituent les tumeurs les plus volumineuses que l'on observe aux mains. Leur poids est en rapport avec leurs dimensions ; il peut, dans certains cas, être considérable, témoin cette tumeur, enlevée par Nicolas Larcher, qui pesait 7 livres et 3 onces.

Tantôt il n'existe qu'une seule tumeur cartilagineuse, tantôt il en existe plusieurs. Voici comment nous pouvons classer, à ce point de vue, les faits que nous avons recueillis :

TABLEAU II.

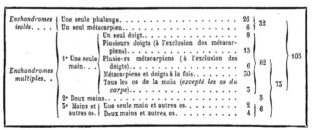

Enchondromes isolés....	Une seule phalange.................		26	32	
	Un seul métacarpien.................		6		
Enchondromes multiples..	1° Une seule main...	Un seul doigt..................	8	62	103
		Plusieurs doigts (à l'exclusion des métacarpiens).................	15		
		Plusieurs métacarpiens (à l'exclusion des doigts)..................	6		
		Métacarpiens et doigts à la fois......	30		73
		Tous les os de la main (*excepté les os du carpe*)..................	3		
	2° Deux mains..................		3	3	
	3° Mains et autres os.	Une seule main et autres os........	2	6	
		Deux mains et autres, os..........	4		

Remarquons que, isolés ou multiples, les enchondromes siégent plus souvent aux phalanges qu'aux métacarpiens.

On les rencontre à peu près aussi souvent aux phalanges des deuxième, troisième et quatrième doigts, et aux métacarpiens correspondants, tandis que le pouce et l'auriculaire sont plus souvent respectés par le néoplasme ; c'est ce qui ressort du tableau suivant :

TABLEAU III.

MÉTACARPIENS		DOIGTS	
1	8	1	14
2	16	2	33
3	18	3	31
4	16	4	28
5	15	5	20
Total	73	Total	126

La première phalange est deux fois plus souvent atteinte que la seconde; la phalange unguéale l'est exceptionnellement. Ainsi :

Première phalange. . . . . 59 enchondromes.
Deuxième phalange ou phalangine. . . 17 —
Troisième phanlange ou phalangette. . 3 —

Les enchondromes ne siégent ordinairement que sur une seule main (tableau II). Dans ce cas, tantôt il n'existe qu'une seule tumeur, tantôt il en existe plusieurs. Il n'est même point rare de voir tous ou presque tous les os du métacarpe et des doigts envahis par ces productions cartilagineuses ; Stern et O'Beirn en rapportent des exemples. Les os du carpe semblent rester toujours exempts de la maladie.

Mais les deux mains peuvent être simultanément atteintes (tableau II). Ainsi Paget rapporte qu'Hodgson vit un sujet qui avait dix-sept ou dix-huit tumeurs à la main droite et une à la gauche, et qu'un autre individu portait six tumeurs sur l'une de ses mains et quatre sur l'autre.

Quelquefois même des tumeurs cartilagineuses se rencontrent sur divers points, du squelette, en même temps qu'on en trouve aux mains. Un individu observé par Lenoir était extrêmement remarquable à cet égard ; il portait sept tumeurs à la main droite (le pouce seul était intact); à la main gauche, six tumeurs siégeaient sur les phalanges et les métacarpiens ; en même temps il présentait deux enchondromes sur le premier et le cinquième métatarsien du pied droit, un autre sur le tibia du même côté; en tout dix-sept tumeurs. Un homme, observé par Gerdy et A. Guérin, portait dix tumeurs cartilagineuses à la main droite, trois à la gauche, deux sur les os de l'avant-bras. Enfin, dans un cas observé par Salmon (tumeurs de Paget), les deux mains, le tibia et le pied gauches portaient de très-nombreuses tumeurs ; la main droite formait une masse sphéroïdale, dans laquelle les troisième et quatrième doigts étaient complétement englobés ; la face antéro-interne du tibia était ondulée par des nodosités irrégulières, nombreuses, de nature cartilagineuse.

L'enchondrome a pour point de départ, soit l'intérieur de l'os, soit le périoste, soit les parties molles de la main. Sur 71 cas dans lesquels le point de départ de la maladie est noté avec précision, ou peut être déterminé avec certitude, nous trouvons 47 enchondromes centraux, 19 périostiques ou sous-périostiques, et 5 seulement qui étaient nés dans les parties molles. Il nous a paru que les enchondromes multiples ont, dans la grande majorité des cas, pour point de départ la cavité médullaire des os. On les trouve rarement réunis sur la même main avec les enchondromes des parties périphériques de l'os ou du périoste. Si l'enchondrome est isolé, il peut provenir, soit du centre ou de la périphérie de l'os, soit du périoste ou des parties molles. M. Jacquemin a rencontré un enchondrome des parties molles qui siégeait au-devant d'une phalange et reposait sur les nerfs et les tendons. Meckel, cité par Virchow, en trouva un sous une cicatrice d'amputation du petit doigt. Secourgeon en vit un développé dans la couche musculaire de la paume de la main, vers le cinquième métacarpien. Nous-même, enfin, avons dernièrement observé un enchondrome qui adhérait à la gaîne des fléchisseurs du doigt annulaire de la main droite, au niveau de la première phalange.

Nous n'avons point à traiter ici de la texture des enchondromes en général, nous ne nous arrêterons que sur les particularités que présentent ceux qui nous occupent. Dans le cas d'enchondrome central, l'os, phalange ou métacarpien, est gonflé, comme soufflé ; d'où le nom de *spina ventosa* qu'on donnait autrefois à la tumeur. Au début, le néoplasme occupe l'intérieur de la cavité médullaire, qui est effacée. La tumeur est alors cartilagineuse dans son centre, et osseuse à sa périphérie. Des prolongements de l'enveloppe osseuse s'enfoncent profondément dans la masse cartilagineuse sans arriver jusqu'à son centre. A mesure que la tumeur se développe, la coque osseuse se distend et finit par céder en un point. Le néoplasme sort par cette ouverture, et vient faire efflorescence à la surface de l'os, en produisant des bosselures de forme variable. Si deux bosselures se rencontrent, elles s'accolent et s'aplatissent l'une contre l'autre sans se confondre. Si l'enchondrome s'est développé dans les parties périphériques de l'os ou sur le périoste, il présente souvent une base osseuse étalée, tandis que le reste de sa substance est du cartilage pur ou mélangé à des parties calcifiées ou ossifiées.

Les enchondromes des parties molles sont, les uns d'une texture uniforme dans toute leur masse, les autres d'une texture mixte. Ainsi, on trouve tantôt des kystes (un cas de Cruveilhier peut être cité comme un exemple d'enchondrome avec kystes), tantôt des portions dures à côté de parties qui, primitivement dures, se sont ensuite ramollies jusqu'au point de présenter la consistance de l'humeur vitrée. Quelques tumeurs cartilagineuses présentent dès leur naissance une mollesse considérable, parce qu'elles sont formées par cette variété de cartilage mou et gélatineux qu'on rencontre chez l'embryon.

Les enchondromes sont ordinairement fort peu vasculaires ; mais, si leur marche est rapide et s'ils se ramollissent, on peut voir un grand nombre de vaisseaux se développer dans leur substance, on peut même trouver des foyers apoplectiques par suite de la rupture de ces vaisseaux.

Quant à la texture microscopique, elle est semblable à celle du cartilage hyalin dans la plupart des cas, et à celle du fibro-cartilage dans quelques autres.

La tumeur affecte avec les organes voisins des rapports variables, suivant son siége, sa forme et son volume. Elle respecte toujours le cartilage épiphysaire.

Cependant Zeis, cité par Virchow, a vu un enchondrome qui se confondait avec le cartilage diarthrodial. Les tendons sont soulevés avec leurs gaines, et quelquefois glissent dans une gouttière au sommet de la tumeur. Souvent ils sont déviés latéralement. La tumeur n'adhère pas à la peau, et, quand celle-ci vient à s'ulcérer, c'est par suite de la distension extrême qu'elle a subie.

Symptômes. L'enchondrome *solitaire central* s'accuse par des symptômes assez faciles à reconnaître : c'est d'abord une tuméfaction fusiforme de l'os, sans aucune modification dans ses rapports ; puis, à l'augmentation de volume de la diaphyse, se joint une déformation plus considérable, constituée par une tumeur qui se développe latéralement, et fait corps avec l'os par une base plus ou moins large et quelquefois un peu étranglée. L'enchondrome *solitaire non central* forme, sur le côté d'une phalange ou d'un métacarpien qui a conservé son apparence et son volume normal, une tumeur plus arrondie que la précédente, et à base ordinairement plus circonscrite.

Les enchondromes *périphériques* sont mobiles sur le squelette ; ceux qui tiennent au périoste, ne jouissent souvent que d'une mobilité apparente, due à la flexibilité et à l'élasticité de leur substance ou de leur point d'implantation.

Les enchondromes *multiples*, lorsqu'ils affectent seulement les doigts, ont été comparés à des marrons enfilés sur un même axe. Siégent-ils sur le métacarpe seul, cette portion du membre éprouve une déformation variable, tandis que les doigts semblent plus grêles et sont plus ou moins écartés les uns des autres ou déviés sur leur axe. Siégent-ils à la fois sur le métacarpe et les phalanges, la tumeur a, dans son ensemble, un aspect typique que l'on a comparé à des tubercules de pommes de terre. Souvent les doigts sont déformés jusqu'aux ongles, qui sont à peine visibles à leur extrémité.

Il est un caractère sur lequel nous devons insister, bien qu'il soit rare : c'est l'allongement des doigts. M. H. Larrey a eu l'obligeance de nous communiquer un remarquable dessin de sa collection (exécuté par M. Boulian), représentant la main droite d'une femme arabe de 33 ans, qui était affectée d'enchondromes multiples ; le médius dépassait en longueur 24 centimètres. L'allongement des doigts indique évidemment que l'enchondrome est central.

La consistance des enchondromes est variable : durs et résistants, quand ils sont ossifiés ; ils sont mous, quand ils sont myxomateux ; fermes et élastiques, au contraire, quand ils ont la structure du cartilage pur. Il est rare qu'à une période avancée, ils ne soient pas moins durs au niveau des bosselures. Quelquefois ils sont assez mous dans ces points pour paraître fluctuants. Si la cavité, qui contient les portions ramollies, est recouverte par une coque osseuse, débris de la substance compacte de l'os distendu, il arrive que cette couche mince cède sous le doigt en donnant la sensation de parchemin ou de fracture d'une mince lamelle osseuse. Il en résulte souvent une dépression sur la tumeur, et, pendant les quelques jours qui sont nécessaires à la consolidation de ces petites fractures, le même phénomène ne peut plus être observé.

La transparence est un symptôme excellent, mais elle n'existe pas toujours. On comprend, en effet, que l'épaisseur des tissus qui recouvrent la tumeur et la composition de la tumeur elle-même, puissent faire varier ce symptôme. La lumière transmise est ordinairement rougeâtre, et ressemble à celle qu'on obtient en interposant les doigts rapprochés l'un de l'autre entre l'œil et une lumière très-vive. Ce signe a été noté pour la première fois par Covillard.

Les enchondromes sont ordinairement indolents. Quelquefois, cependant, ils causent des douleurs en comprimant les nerfs du voisinage. M. Jacquemin fut obligé d'enlever l'enchondrome, dont nous avons déjà parlé, parce qu'il occasionnait des douleurs intolérables en comprimant les nerfs contre les os des phalanges. Les enchondromes mous, qui ont une marche rapide et une grande tendance à l'ulcération, s'accompagnent souvent de douleurs, parfois lancinantes comme celles du cancer. Blasius rapporte que, chez un homme de 47 ans, des douleurs violentes avaient précédé le développement d'un enchondrome myxomateux des troisième et quatrième métacarpiens gauches. Au bout de neuf mois les douleurs étaient telles, que l'on fut obligé de couper l'avant-bras. Le malade mourut le vingt-cinquième jour de l'opération par suite d'une infection purulente. On ne trouva pas de productions cartilagineuses dans les viscères.

Les troubles fonctionnels varient suivant le siège, le nombre, le volume des enchondromes. Les articulations sont mobiles, mais leur jeu est limité par des saillies anormales. Les muscles sont intacts, mais ils sont très-distendus. Qu'on joigne à cela l'écartement des doigts, qui dépasse quelquefois 10 centimètres, et l'on se rendra compte de l'inutilité à laquelle la main peut se trouver réduite.

Marche. · Les enchondromes de la main ont ordinairement une marche lente, mais progressive. En moyenne, il leur faut dix à quinze ans pour causer une gêne telle, que les malades viennent réclamer les secours de la chirurgie. Mais il y a des cas où la maladie reste, pour ainsi dire, indéfiniment stationnaire, par exemple, cet individu dont parle Dupuytren, et qui était depuis trente-cinq ans porteur de son mal, quand il demanda à en être délivré.

Nous distinguerons deux périodes dans l'évolution des enchondromes. Dans la première, qui peut être d'une durée indéfinie, ils grossissent lentement et ne menacent en rien les fonctions de l'économie ; dans la seconde, ils prennent une marche rapide et deviennent souvent le siège de douleurs. La cause de ce changement est souvent inconnue ; mais, dans certains cas, on peut l'attribuer à un traumatisme, tel qu'un frottement journalier par le manche d'un instrument, un choc accidentel ou une ponction pratiquée dans le but d'établir le diagnostic. C'est alors que la tumeur se ramollit ou s'ulcère.

Si l'ulcération siège sur une partie ramollie, il en résulte une large et profonde cavité, à bords taillés à pic. Une suppuration ichoreuse et fétide s'établit à la longue, et la santé du malade s'altère. Si l'ulcération se fait, au contraire, sur une portion de cartilage dur, elle est peu profonde, à surface assez lisse, à bords aplatis et plus ou moins sinueux. Il ne s'en écoule qu'une très-faible quantité de liquide, séro-sanguinolent. L'ulcération, après être restée superficielle pendant un certain temps, s'agrandit et creuse en profondeur. Une femme de 38 ans, citée par Schaper et Below, avait à chaque époque menstruelle une hémorrhagie à la surface d'un enchondrome ulcéré depuis quinze ans.

Nous avons constaté l'influence évidente des traumatismes soit sur le début, soit sur la marche des enchondromes des mains. Il serait intéressant de savoir si un accroissement plus rapide ne serait pas dû, dans beaucoup de cas, à l'arrivée de la puberté ; or il nous semble que, souvent, une accélération manifeste dans la marche de la tumeur, coïncide avec cette période du développement de l'individu.

Pronostic. L'enchondrome qui affecte une marche lente, qui n'est pas douloureux, qui n'est ni ulcéré ni même ramolli, et qui n'altère que médiocrement les fonctions de la main, est une tumeur évidemment bénigne, dont le pronostic n'est pas grave. Mais on sait que, parmi les enchondromes, il en est qui revêtent les

caractères des tumeurs les plus malignes, qui repullulent, qui se propagent à distance et envahissent les viscères. Ceux qui siégent aux mains présentent bien rarement cette malignité. Leur multiplicité, qu'on observe si souvent, indique sans
doute une prédisposition fâcheuse au développement de ce néoplasme, mais l'expérience prouve que cette prédisposition est localisée aux os de la main, dont elle
ne dépasse généralement pas les limites. Si plusieurs os du squelette sont atteints
en même temps que ceux des mains, le cas est moins bénin, mais, en somme,
on n'a affaire qu'à une maladie qui tend à se généraliser sur un même tissu, le
tissu osseux, sans infester l'économie tout entière.

Un bon nombre d'enchondromes des mains présentent une bénignité telle,
qu'on peut abraser, la tumeur sans que les portions qui restent, continuent à se
développer. Ou bien, on peut enlever les tumeurs les plus volumineuses et les
plus gênantes, en laissant les autres; le développement de celles-ci s'arrête,
comme si toute la vitalité de ces tumeurs satellites dépendait de l'existence des
tumeurs principales.

Mais à côté de ces faits, il en est d'autres dans lesquels la récidive survient
après l'ablation, même complète. Ces cas sont rares, il est vrai, puisque nous n'en
pouvons citer que 2 sur 109 observations. Le médius droit portant deux enchondromes est désarticulé chez un enfant de 12 ans, dont le mal datait de sa
deuxième année. Quatre mois après, nouvelle tumeur sous la cicatrice. Sept ans
plus tard, M. Nélaton trouve un enchondrome central du deuxième métacarpien, avec
boursouflement périphérique. La tumeur n'était pas ulcérée ; elle présentait une
transparence rougeâtre. L'index fut amputé, et son métacarpien réséqué. Le malade mourut d'infection purulente. Dans le cas de Salmon, il y eut récidive et
généralisation : à l'âge de seize ans, le malade avait subi l'amputation de l'index
gauche pour une tumeur pesant 2 livres 1/2 ; quarante ans après, il présentait
des tumeurs multiples aux deux mains, au pied, au tibia.

Enfin l'envahissement des organes centraux, et surtout du poumon, a été observé
même dans les cas d'enchondromes palmaires, qui pourtant sont moins graves
que ceux qui se développent plus près du tronc. Virchow en rapporte, en effet,
un cas remarquable dû à Volkmann : un enchondrome myxomateux du métacarpe
est enlevé ; le malade meurt bientôt après d'infection purulente, et on trouve à
l'autopsie une vingtaine d'enchondromes gélatiniformes de la grosseur d'un pois,
sur les poumons et dans leur épaisseur. Il faut avouer qu'il y a là quelque chose
de la malignité qu'on rencontre dans les tumeurs cancéreuses, et on pourrait, si
l'on veut donner le nom de cancer à toutes les tumeurs malignes, donner à celles-
ci le nom de *cancer cartilagineux*.

Ces enchondromes malins ont pour caractères spéciaux de se développer avec
une rapidité extrême, de produire des douleurs plus ou moins vives et de présenter la mollesse du cartilage embryonnaire. On sait, en effet, que plus les éléments d'une tumeur se rapprochent de l'état embryonnaire, plus cette tumeur
présente de dangers. Ajoutons que la malignité de certains enchondromes est
encore annoncée par leur tendance à revêtir la forme ostéoïde.

Les ganglions de l'épitrochlée et de l'aisselle ne sont habituellement pas dégénérés, même dans les cas d'infection générale de l'économie. En effet, la généralisation de l'enchondrome ne se fait pas par les lymphatiques, mais par les veines.
Les parois de ces vaisseaux sont envahies et perforées par le néoplasme, et des
lambeaux de tissu cartilagineux, tombant dans le torrent de la circulation, sont
transportés dans les poumons, où ils prennent racine. On est sûr de trouver des

productions cartilagineuses dans le parenchyme pulmonaire, lorsque les sujets sont morts à la suite d'enchondromes généralisés.

Traitement. Lorsqu'un enchondrome est indolent, peu volumineux, peu gênant pour l'exercice de la profession, il faut savoir le respecter, et ne pas exposer le patient aux accidents et aux phlegmons qui peuvent accompagner une opération. Au reste, dans ces circonstances, les malades ne viennent ordinairement pas réclamer les secours de la chirurgie. Nous avons même vu un malade pour lequel la difformité de sa main était une cause de commisération publique et l'occasion de recevoir de nombreuses aumônes.

Les fondants appliqués sur le mal et les moyens internes n'ont aucune action. L'opération est indiquée lorsque la tumeur occasionne une gêne assez grande pour nuire aux fonctions de la main. Dans ce cas l'opération est *utile*, quoiqu'elle puisse être différée ; mais il y a des cas où non-seulement l'opération est *utile*, mais encore *nécessaire*. C'est quand on a affaire à des enchondromes douloureux, à marche rapide, et qui présentent des caratères de malignité.

Dans le premier cas on peut tenter l'ablation de la tumeur au ras de l'os, ou l'évidement ; dans le second, il faut pratiquer l'amputation du doigt ou du métacarpien malade ; et dans quelques cas on est obligé de recourir à l'amputation de toute la main.

On a vu des chirurgiens pratiquer des opérations qui n'étaient pas radicales et en tirer de grands avantages : ils faisaient l'ablation de la partie extra-osseuse de la tumeur, et la partie intra-osseuse demeurait stationnaire ; ils enlevaient un ou plusieurs malades, en laissant les autres visiblement atteints, et souvent ceux-là ne subissaient aucun développement nouveau pendant un temps quelquefois considérable. Nous ne pouvons déterminer par des règles fixes les cas où de telles tentatives sont permises ; mais nous pouvons dire quand elles sont proscrites : c'est quand la tumeur présente des douleurs, et a une marche rapide et envahissante, quand elle rentre, en un mot, dans la catégorie des enchondromes malins.

BIBLIOGRAPHIE. — SCHAPER et BELOW. *Dissertatio de digitis manus dextræ in quadam femina per conquassationem nodositate, spina ventosa et atheromate monstrosis ;* diss. præs. Schaper, resp. Below, Rostochii, p. 4 ; 1698. — MÉRY. *Mémoires de l'Académie royale des sciences,* p. 447 ; 1720. — RUYSCH. *Epistola anatomica problematica quarta et decima,* 1714. *Opera omnia,* p. 4, 1721. — SÉVERIN. *De recondita abcessuum natura.* Lib. VIII ; Lugd Bat., 1724. BORDEU. *Observations particulières sur les écrouelleux* (mémoire sur les écrouelles). Prix de l'Acad. de chir. T. III, p. 109 ; 1750. — VIGAROUS DE MONTAGUT. *Opuscules sur la génération des os, les loupes osseuses et les hernies,* p. 8. Paris, 1788. — COVILLARD. *Une loupe à la main, extirpée, obs. iatro-chirurgiques,* p. 258, obs. 36, 2ᵉ édit., 1791. — VIGAROUS. *Stéatome osseux très-volumineux occupant le dos de la main, guéri par l'extirpation au moyen de la scie.* In *Œuvres de chirurgie pratique,* p. 548 ; 1812. — HANCKE. *Exarticulatio manus, in Folge schwammichter Knochenauswüchse veranlasst.* In *Schmidt's Jahrbücher,* t. XV, p. 75, 1838. — MÜLLER (J.). *Ueber den feinern Bau und die Formen der krankhaften Geschwulste.* Berlin, 1838. — DUPUYTREN. *Spina-ventosa de la deuxième phalange de l'indicateur de la main gauche ; même affection à l'extrémité antérieure du métacarpien correspondant ; extirpation du doigt.* In *Leçons orales de clinique,* t. II, p. 271 ; 1839. — DU MÊME *Tumeur à l'extérieur osseuse ; fibro-cartilagino-squirrheuse à l'intérieur, située dans la paume de la main, au-devant de l'articulation métacarpienne du doigt médius ; ablation de ce doigt avec résection de la tête du métacarpien correspondant ; guérison.* In *Leçons orales de clin.,* t. II, p. 477 ; 1839. — TODD (R.) *Maladies de la main.* In *Cyclopedia of Anatomy and Pathology,* t. II, p 514 ; 1830. — DEMEAUX. *Tumeur remarquable de la main, considérée par J. Cruveilhier comme un ostéochondrophyte (enchondrome).* In *Bull. de la Soc. anat.,* 16ᵉ année, p. 9 ; 1841 ; et *Gaz. des hôpit.,* 1841 ; p. 51. — CUSAK. *Benign Osteosarcoma of the Hand.* In *Dublin Journal of Med.,* p. 269 ; 1844. — STOLL. *Operation und Heilung eines Osteosteatoms des os metacarpi des rechten Ringfingers.* In *Schmidt's Jahrbücher,* t. 44, p. 334 ; 1844. —

Ovelone et Appeltofft. *Tumeurs particulières de la main (enchondroma) avec des recherches sur leur nature.* In *Union méd* , p. 586; 1848 — Gray. *Exemples d'enchondromes des mains.* In *Transactions of the Pathological Society of London*, t. II, p. 114; 1849. — Critchett. *Enchondrome d'un métacarpien*. In *Trans. of the Pathol. Soc. of London*, t. II, p 114; 1849. — Fergusson. *Specimen of Enchondroma on the Métacarpal Bone and First Phalanx of the Middle Finger, removed from the Hand of a Middle-aged Female.* In *The Lancet*, vol. I, p. 455; 1850. — Fichte. *Ueber das Enchondrom,* Tübingen, 1850, — Paget. *On Cartilaginous Tumours of the Hands.* In *Lectures on surgical Pathologie*, vol. II (on *Tumours*), p. 196 à 201 ; 1853. — Syme. *Enchondrôme congénital de la main.* In *The Lancet*, t. I, p. 117; 1855. — Chassaignac *Enchondrômes multiples de la main.* In *Gaz. des hôpit.*, 1855; p. 382. — Vermont. *Sur quelques tumeurs des doigts.* Thèses de Paris, n° 328, p 18 à 22; 1855. — Blasius. *Acutes schmerzhaftes Enchondrom des Metacarpus.* In *Deutsche Klinik*, p. 577; 1855. — Voillemier *Enchondrome des metacarpiens.* In *Bull. de la Soc. chir.*, t. VII, p. 43; 1856. — Cruveilhier. Article *Métamorphoses et productions cartilagineuses* in *Traité d'anatomie pathologique*, t. III, p. 798, 800, 802; 1856. — Erichsen. *Enchondromatom Tumours of the Metacarpal and Phalangeal Bones of the Index and Middle Fingers of a Boy ; Successful removal.* In *The Lancet*, vol. II, p. 133, 1856. — Fatau (O.). *Documents pour servir à l'histoire de l'enchondrome.* Thèses de Paris, 1856. — Langenbeck. *Enchondromata métacarpi sinistri.* Resection der Geschwülste mit Erhaltung der über dieselben verlaufenden Strecksehnen des Zeige- und Mittelfingers, deren Beweglichkeit durch die Operation nicht beeinträchtigt wurde. In *Deutsche Klinik*, t. VIII, p. 295; 1856. — Lebert. *Anatomie pathologique générale et spéciale* (article *Tumeurs cartilagineuses*), pag. 230, pl. XVIII, fig. 10 et 11, et pl. XXIX, fig. 7-12: Obs. LXXXVII, 1857. — Nélaton. *Enchondrome du deuxième métacarpien ; opération ; infection purulente ; mort.* Clinique recueillie par Aug. Voisin. In *Gaz des hôp.*, p. 154 et 165; 1857. — Favenc. *Étude sur l'enchondrome*, p. 29 et 30. Th. de Paris, n° 140 ; 1857. — Larrey. *Enchondrome du doigt médius.* Présentation de malade le 6 août 1857, présentation de pièce le 12 août. In *Bull. de la Soc. de chir.*, 1857. — Voillemier. *Présentation d'enchondrome périostique du doigt.* 20 janvier 1850. In *Bull. de la Soc. de chir.*, 1858. — Dolbeau. *Enchondromes des doigts et des métacarpiens.* In *Arch. de médecine*, 5ᵉ série, t. XII, p. 448 et 669; 1858. — Secourgeon. *Enchondrome des muscles de la paume de la main.* In *Gaz. des hôp.*, n° 137, p. 545; 1859. — Sédillot. *Enchondrome de la première phalange de l'indicateur gauche, évidement, guérison.* Observation recueillie par M. Schlœflein. In *Évidement des os*, p. 144. Paris, 1860. — Jacquemin. *Enchondrome des parties molles du doigt.* In *Gazette hebdomadaire*, p 106; 1861. — Laborde. *Enchondrome de l'annulaire de la main gauche.* In *Bull. de la Societé anatom.*, p. 117, t. XXXVII, 1862 — Delore. *Enchondrome de la main.* In *Gaz. méd. de Lyon*, p. 220; 1865. — Savory. *Large Enchondromatous Tumour of the Hand in a Girl involving the Fifth Metacarpal Bone.* In *The Lancet*, vol. II, p. 420; 1865. — Stery (Julius). *De enchondromate. Obs. clinicæ, adjunctis disquisitionibus microscopicis.* Dissert. inaug. p. 8. Vratislaviæ, 1865. — Virchow. *Pathologie des tumeurs.* 16ᵉ leçon : Des chondromes, p. 435 (Trad. Aronsschn). 1867. — Parisot (Léon). *Du traitement des enchondromes des phalanges et des métacarpiens par l'ablation de la tumeur suivie de l'évidement de l'os, sans cautérisation du canal médullaire.* In *Gaz. hebdom.*, p. 483; 1868. — Valentin. *Ablation des enchondromes des phalanges et des métacarpiens.* Thèses de Paris, n° 19 ; 1868.

Tumeurs osseuses. Nous n'avons que fort peu de documents sur les tumeurs osseuses de la main. Les unes font corps avec les métacarpiens ou les os du carpe, et se montrent sous la forme d'exostoses ou d'hyperostoses. Elles seront habituellement confondues avec des enchondromes plus ou moins ossifiés. Les autres sont indépendantes du squelette.

Broca présenta à la Société anatomique (*Bulletin*, 25ᵉ année, p. 141, 1850) une petite exostose, développée chez une femme de 50 ans, au niveau de l'articulation supérieure du troisième métacarpien. Sa moitié superieure appartenait au grand os et sa moitié inférieure au troisième métacarpien; de sorte qu'elle était divisée transversalement par la ligne articulaire.

Prescott Hewett (*the Lancet*, vol. II, p. 265, 1850) opéra une femme qui avait, au niveau du premier espace interosseux, une tumeur irrégulière, très-dure, grosse comme une petite noix. Cette tumeur datait de cinq ans. Elle était mobile sur la surface antérieure du deuxième métacarpien, et produisait, lorsqu'on la pressait contre cet os, une crépitation et une grande douleur. Les pressions étaient si douloureuses, que l'usage de la main était devenu impossible. Après avoir incisé les tissus, on pénétra dans une bourse séreuse qui contenait la production morbide. Celle-ci était située entre l'adducteur du pouce et le premier muscle interosseux dorsal, et se prolongeait jusqu'à la face antérieure du deuxième métacarpien, auquel elle était réunie par du tissu cellulaire dense. On put l'enlever facilement. Elle avait la grosseur d'une noisette et l'aspect d'une mûre. En la sciant, on trouva qu'elle avait la structure et la dureté des exostoses éburnées. Elle était enveloppée par une membrane celluleuse dense. Les mouvements des doigts furent conservés.

Cornes. Ingrassias, Behrends, Steinhausen, Bergot, Moriggia, Heurtaux, ont observé des productions cornées à la main.

Ces cornes atteignent quelquefois des dimensions très-considérables, témoin celle qui est cataloguée sons le n° 34 du musée Dupuytren, et surtout celle qui a été observée par Moriggia. Cette dernière mesurait environ 20 centimètres de longueur, 11 centimètres de circonférence vers son milieu, et 6 centimètres à son extrémité libre.

Leur forme est ordinairement celle d'un cône ou d'une pyramide allongée, plus ou moins recourbée sur elle-même, ce qui leur donne souvent une ressemblance frappante avec les cornes de certains animaux.

Leur point d'implantation se fait presque toujours sur la face dorsale.

Le sexe féminin et la vieillesse figurent parmi les causes prédisposantes les mieux démontrées. Quant aux causes efficientes, elles sont le plus souvent inconnues. Dans le fait de Bergot, la production cornée avait eu pour origine la cicatrice d'une petite ulcération cautérisée avec le nitrate acide de mercure. Au bout d'un an environ, la cicatrice commença à devenir saillante. Six mois plus tard, l'excroissance avait la forme d'un cône tronqué de 1 centimètre de hauteur et de 8 millimètres de largeur à sa base. Elle atteignit bientôt 5 centimètres de longueur. Elle était luisante, striée, brune, semblable à la corne d'un jeune chevreau, et n'occasionnait aucune douleur. La peau était saine autour de sa base; mais peu à peu il s'y établit une ulcération qui donna issue à un liquide infect. L'ulcération s'étendit sous la base de la corne, et aurait fini par la détacher complètement, si la femme ne fût morte de vieillesse.

Les productions cornées ne sont pas toujours indolentes; ainsi la malade observée par Steinhausen souffrait cruellement. La corne qu'elle portait ressemblait à celle d'un bélier, et sa pointe venait s'enfoncer dans les téguments de la main. On la scia à sa base; mais elle recommença à croître en reprenant la même forme. La malade mourut avant que la corne ne fût assez volumineuse pour reproduire les accidents de compression.

Dans quelques cas les cornes étaient multiples. Ainsi Ingrassias raconte qu'il observa à Palerme une jeune fille chez laquelle les mains, les avant-bras, les genoux, la tête et le front présentaient des excroissances cornées, recourbées, terminées en pointes comme les cornes d'un veau. Behrends décrivit les cornes qui s'étaient développées aux mains et aux pieds du nommé Laurent Ruff. Heurtaux a vu « une jeune fille de 16 à 17 ans qui offrait, depuis plusieurs années, des productions cornées occupant les pieds et les mains. Aux mains, la lésion consistait en quelques plaques de peu d'importance, développées sur les côtés des articulations des phalanges, et au niveau des articulations métacarpo-phalangiennes, du côté de la flexion. Mais aux pieds les plaques cornées avaient pris un développement excessif. » (Dictionn. de méd. et de chir. prat., t. IX, p. 469.)

Les productions cornées sont des affections bénignes ; mais il faut savoir cependant qu'elles possèdent certaines relations avec l'épithélioma, et qu'un ulcère cancroïdal peut se développer au-dessous d'elles et en déterminer la chute.

BIBLIOGRAPHIE. — INGRASSIAS. *De tumoribus præter naturam*, t. I, p. 356 ; 1553· — BEHRENDS. *Beschreibung und Abbildung knolliger Auswüchse der Hände und Füsse des Lorenz Ruff*. Frankfurt, 1825. Et *Arch. de méd.*, 1re série, t. XIII, p. 260 ; 1827. — STEINHAUSEN. *Singulière excroissance en forme de corne sur la main*. In *Gaz. des hôp.*, p. 27 ; 1837. — BERGOT. *Excroissance cornée sur la face dorsale de la main*. In *Gaz. des hôp.*, p. 24 ; 1853. — MONIGGIA. *Sur une production cornée située à la face dorsale de la main*. In *Gazetta medica di Torino*, n° 14, 1866. Et *Gaz. hebdom.*, p. 334 ; 1866.

CANCER. On observe assez fréquemment, à la main, les manifestations de la diathèse cancéreuse, depuis le *cancroïde* le plus bénin jusqu'aux *tumeurs mélaniques*, *squirrheuses* et *encéphaloïdes* les plus graves. Ce chapitre se divisera naturellement en deux sections, l'une consacrée aux *cancroïdes*, l'autre aux *tumeurs cancéreuses proprement dites* ou *carcinomes*.

1° *Cancroïde*. C'est sur la face dorsale, et très-exceptionnellement sur la face palmaire, que se développent les *cancroïdes* ou *cancers épithéliaux* ; si bien que, lorsqu'une tumeur existe sur la face antérieure de la main, c'est une présomption pour diagnostiquer que l'on n'a pas affaire à une production cancroïdale.

Les causes occasionnelles sont le plus souvent complétement inconnues. Quelques faits montrent cependant que des contusions ou des actions irritantes favorisent le développement de ces cancroïdes. Fergusson observa un homme de 68 ans qui, s'étant frappé le dos de la main avec le manche d'une hache, vit se former une tache noire dans le centre de la région contuse. Cette tache forma une tumeur, sur laquelle on appliqua un caustique. A la chute de l'eschare, il se produisit une ulcération cancroïdale qui s'étendit peu à peu. Après une première ablation, la maladie récidiva. Bref, il fallut amputer l'avant-bras. Dans un fait dû à Erichsen, le cancroïde avait été produit par une plaie contuse ; dans un autre, dû à Lebert, il s'était développé à la suite d'un phlegmon.

Les causes prédisposantes sont, en première ligne, l'hérédité ; en seconde ligne, la vieillesse. Nous n'avons trouvé aucun cancroïde ulcéré avant l'âge de 50 ans ; et l'âge moyen des sujets affectés de cette maladie est, d'après les faits que nous avons analysés, de 57 ans.

L'anatomie pathologique de ces cancroïdes nous apprend qu'ils affectent tantôt la *forme papillaire*, tantôt la *forme dermique*, et quelquefois la *forme glandulaire*.

Le *cancroïde papillaire* est la forme du cancroïde la plus commune à la main. Il débute par une verrue dure, dont la base est constituée par une hypertrophie des papilles de la peau. Au bout d'un temps indéterminé, cette verrue devient vasculaire, augmente de volume, occasionne des démangeaisons ou quelques douleurs, et finit par se fendiller ou par s'excorier. Il s'établit ainsi une ulcération humide fournissant, à la place d'une suppuration franche, un liquide séreux qui tient en suspension des cellules épithéliales et quelques globules de pus, dont le desséchement produit des croûtes. A mesure que l'ulcération cancroïdale gagne en largeur et en profondeur, l'épithélium s'infiltre autour d'elle dans la trame du tissu cellulaire sous-cutané et du derme.

Le *cancroïde dermique* commence par une induration et une tuméfaction diffuse ou circonscrite de l'épiderme, du derme et du tissu cellulaire sous-cutané, sans hypertrophie des papilles. L'ulcération paraît plus lente à s'établir dans cette forme. Une femme de 60 ans portait une tumeur de la grosseur d'une féverole sur la face dorsale de l'articulation métacarpo-phalangienne du pouce de la main gauche. Cette tumeur était dure, bien circonscrite, de forme hémisphérique, et de couleur pourpre, excepté au centre qui présentait une teinte plus pâle. La peau était lisse et adhérente, mais elle n'était pas ulcérée. Les tissus profonds n'étaient nullement intéressés. A la partie interne du coude, on sentait deux petits ganglions tuméfiés et peu douloureux. Après l'ablation, Spencer Watson vit qu'il avait eu affaire à un épithélioma. Les vacuoles du tissu sous-dermique étaient remplies par des cellules épithéliales réunies en masses globulaires. Un mois après, la plaie était guérie, et les ganglions épitrochléens avaient diminué de volume.

Le fait suivant, communiqué à la Société anatomique par M. Parmentier, fournit un curieux exemple de tumeurs épithéliales multiples, enkystées et vasculaires, développées à la face profonde du derme. Avant l'ablation, il était, pour ainsi dire, impossible de reconnaître la nature de ces tumeurs cancroïdales. Une femme de 52 ans, marchande de poissons, portait à la main droite et au bras gauche, plusieurs tumeurs de couleur bleuâtre et d'apparence vasculaire. L'apparition de la première de ces tumeurs remontait à trente-deux ans environ. La malade l'attribuait à une coupure. Depuis sept à huit ans, les tumeurs avaient pris un développement remarquable, sans devenir douloureuses. La compression ne réduisait en aucune façon leur volume. La gêne de la main décida la malade à se faire opérer. Demarquay enleva six tumeurs à la main. Pendant l'opération, plusieurs jets de sang rouge avaient fait croire à la division de vaisseaux importants ; mais cet écoulement sanguin fut, pour ainsi dire, instantané, et aucune ligature ne fut faite. « A la coupe, les tumeurs enlevées présentaient l'aspect du tissu érectile ; la surface était aréolaire. Des bandes de tissu fibreux, entre-croisées en tous sens et partant de la face interne d'une coque fibreuse, circonscrivent des espèces de cellules pleines de sang. M. Ch. Robin, qui a examiné ces tumeurs au microscope, leur a trouvé la structure suivante : tumeurs épithéliales, avec globes épidermiques perlés, très-volumineux ; trame fibreuse très-vasculaire, entièrement infiltrée d'épanchements sanguins et de caillots fibrineux. »

Plusieurs exemples, parfaitement authentiques, de la *forme glandulaire* du cancroïde ont déjà été observés dans la région de la main. Broca en cite trois faits dans son *Traité des tumeurs* (t. II, p. 503, 515 et 531). Bœckel en a publié une observation en 1865. Huguier a présenté à la Société de chirurgie (1860) un homme affecté d'une large ulcération de la face dorsale de la main gauche, ulcération qui fut considérée comme un cancroïde glandulaire. Dans sa clinique du 11 février 1870, M. le professeur Richet rapporta qu'il avait enlevé, chez une jeune Suédoise, deux tumeurs grosses comme une noix et situées sur l'éminence hypothénar. Une vésicule se formait de temps en temps à la surface de ces tumeurs ; lorsqu'elle venait à crever, cette vésicule donnait issue à un liquide limpide et transparent. Une hypertrophie des glandes sudoripares avait été diagnostiquée. L'inspection microscopique vérifia ce diagnostic. La malade guérit parfaitement. Il est probable que ces espèces de tumeurs ne sont par très-rares à la main, et qu'un assez grand nombre des ulcérations cancroïdales que l'on y rencontre, ont pour origine une hypertrophie des glandes de la peau. On sait que cette espèce d'hypertrophie a été désignée par Broca sous le nom de *polyadénome*. A la main, on en distingue deux variétés, le *polyadénome des glandes sudoripares* et le *polyadénome des glandes sebacées*.

A leur début, les polyadénomes forment tantôt une tumeur *circonscrite*, tantôt une tuméfaction *diffuse*. Dans le premier cas, la maladie se présente sous la forme d'une papule ou d'un bouton bien limité, quelquefois pédiculé, indolent, assez mou, souvent plus rouge que le reste des téguments. Ce bouton peut rester stationnaire pendant un grand nombre d'années, ou même toute la vie, et n'offre que peu de tendance à s'ulcérer. Dans le second cas, la maladie a pour point de départ plusieurs petites tumeurs situées au voisinage les unes des autres, et dont l'ensemble forme une tuméfaction mal circonscrite. Les polyadénomes diffus sont plus graves que les polyadénomes circonscrits ; car ils ont plus de tendance à s'accroître, à envahir les tissus et à se transformer en ulcère cancroïdal.

Lorsque ces tumeurs ne sont pas encore ulcérées, on constate souvent à leur surface la présence d'une multitude d'orifices, qui se montrent sous forme de points et qui sont les orifices des conduits excréteurs des glandes hypertrophiées. Ce signe, qui fait reconnaître d'une manière certaine à quelle espèce de production morbide on a affaire, n'existe malheureusement pas toujours. Les polyadénomes, circonscrits ou diffus, ne pénètrent pas au delà de l'épaisseur de la peau, et par conséquent sont toujours mobiles sur les tissus sous-jacents. Broca a cru remarquer que les polyadénomes sébacés sont plus mous que les polyadénomes sudoripares ; les premiers auraient en même temps une structure plus granuleuse, plus lâche et plus lacuneuse. Mais l'examen à l'œil nu ne permet ordinairement pas de distinguer ces deux espèces de tumeurs l'une de l'autre.

En général, lorsqu'un polyadénome circonscrit se met à prendre un accroissement rapide, il devient diffus. Les glandules voisines de celles qui ont été primitivement atteintes, s'hypertrophient à leur tour, et la maladie se propage de proche en proche, quelquefois dans une grande étendue. Une femme de 73 ans avait vu sa maladie commencer par une petite papule sur le dos de la main droite. Cette papule s'accrut rapidement en devenant le siége de douleurs lancinantes intenses, sans toutefois gêner les fonctions de la main. Au bout de neuf mois environ, l'altération avait une étendue de 5 centimètres sur 7. « Elle se présente sous la forme de circonvolutions rouges assez dures, larges de 1 centimètre à peu près, enchevêtrées les unes dans les autres et formant un relief de quelques millimètres sur la peau environnante. L'épiderme est aminci sur ces bourrelets, mais partout intact; le tissu pathologique siège évidemment dans le derme, dont il n'a pas dépassé les limites, car il glisse avec lui sur les tissus sous-jacents, et n'entrave nullement le jeu des tendons extenseurs. On ne trouve aucune altération dans les ganglions du cou ou de l'aisselle. » Après avoir enlevé cette tumeur avec le bistouri, M. Bœckel en fit l'examen microscopique. Il trouva un grand nombre de glandes sudoripares hypertrophiées, dont quelques-unes se présentaient encore avec leurs enroulements caractéristiques. Sur les limites de la tumeur, ces glandes paraissaient normales, si ce n'est qu'elles étaient plus développées, plus apparentes, et que leur canal était revêtu d'une couche de cellules doubles ou triples. En se rapprochant de son centre, on trouvait de nombreux culs-de-sac glandulaires distendus par des globes épidermiques. Tout à fait au centre, il n'y avait plus qu'une masse cancéreuse, sans vestige de glandes. En un mot, nous trouvons dans ce fait un exemple d'un polyadénome, primitivement circonscrit, devenu rapidement diffus et tendant vers l'ulcération qui n'aurait pas tardé à se produire, si la tumeur n'avait été opérée.

Quelle que soit sa forme, papillaire, dermique ou glandulaire, le cancroïde de la main affecte deux états, l'état de tumeur non ulcérée et l'état d'ulcération.

Dans le premier état, c'est une verrue, une induration ou une petite tumeur, faisant essentiellement corps avec la peau et mobile sur les tissus sous-jacents. Dans le second état, c'est une plaie dont les bords sont durs et irréguliers, et dont la surface se creuse en profondeur ou bourgeonne sous la forme de champignons et de chou-fleur.

Le passage de la tumeur épithéliale à l'ulcération cancroïdale, l'envahissement progressif des tissus par le néoplasme, ne nous offrent point de considérations spéciales à la région qui nous occupe. Notons seulement que, dans la forme glandulaire du cancroïde, l'infiltration des tissus par l'épithélium se fait aussi facilement que dans les formes papillaire et dermique, quoique peut-être un peu plus tardivement. En effet, lorsque le contenu épithélial des glandes sébacées ou sudoripares se met à proliférer avec une grande rapidité par suite de la marche envahissante de la maladie, les parois des culs-de-sac et des tubes glandulaires finissent par se rompre, et l'épithélium se répand dans les tissus voisins, comme cela a lieu dans l'épithéliome. Broca a même vu, dans un cas de polyadénome du doigt médius (loc. cit., p. 516), des glandes sudoripares formées de toutes pièces au-dessous de la gaîne fibreuse du tendon extenseur, et sans communication, soit avec la surface des téguments, soit avec les glandes hypertrophiées de la peau.

Les bases du *diagnostic* sont : la localisation de la production morbide dans la substance même de la peau ; sa marche très-lente avant de passer à l'état d'ulcération ; la forme de l'ulcération elle-même qui ne verse point de pus, mais une matière qui se dessèche sous forme de croûte ; quelquefois l'aspect végétant de la plaie ; enfin la tendance à envahir tous les tissus de la main, soit en largeur, soit en profondeur.

Au début, on ne pourrait confondre le cancroïde qu'avec un fibrome de la peau. Lorsque l'ulcération s'est produite, on pourrait croire à une ulcération scrofuleuse ou à une gomme ulcérée. Mais il faut se souvenir que les ulcérations scrofuleuses ne se montrent, presque, que chez les enfants, tandis que le cancroïde est une maladie des vieillards ; et que les ulcérations syphilitiques s'accompagnent d'antécédents et de phénomènes généraux caractéristiques. D'ailleurs, dans les cas douteux, il est nécessaire d'administrer les préparations mercurielles et l'iodure de potassium.

Le *pronostic* des épithéliomes de la main est sérieux, en raison de leur tendance à s'accroître et à s'ulcérer, en raison de leur récidivité, et en raison de la dégénérescence des ganglions lymphatiques et même de l'infection de l'économie qui peut en être la conséquence. Il n'est point rare de trouver simultanément, chez le même individu, plusieurs tumeurs ou plusieurs ulcérations cancroïdales. Velpeau a observé deux cancroïdes sur la même main. Dans le cas de Lebert, les deux mains étaient affectées. Dans le cas de M. Parmentier, il existait de petites tumeurs cancroïdales au bras et à l'avant-bras, en même temps qu'il y en avait à la main. Szokalski a vu un cancroïde de la main s'accompagner d'une tumeur de la même nature à la lèvre inférieure. Enfin, dans un cas observé par Broca et Verneuil, cette tendance à la multiplicité s'est terminée par une infection générale. « Il s'agit d'un malade qui avait deux tumeurs primitives, l'une ulcérée, occupant le cuir chevelu ; l'autre non ulcérée, occupant la face dorsale de la main. Ces deux tumeurs furent enlevées le même jour par Lenoir. M. Verneuil reconnut au microscope que c'étaient des polyadénomes sudoripares diffus. Les plaies se cicatrisèrent régulièrement, mais, au bout de quelques mois, la tumeur du dos de la main récidiva sur les bords de la cicatrice. Une cautérisation, pratiquée sur ce point par Lenoir, fut suivie d'une nouvelle récidive ; mais celle-ci marcha très-lentement. Le malade, qui était retourné à ses travaux, rentra à l'hôpital Necker dans le courant de l'été de 1856. Sa santé était fort altérée... Il présentait déjà la teinte jaune paille des cancéreux. » Bref, il mourut quelques mois après, dans la cachexie la plus avancée. On trouva dans le foie, la rate, les reins, les poumons et les ganglions abdominaux, un grand nombre de tumeurs cancéreuses parfaitement caractérisées et reconnues telles au microscope. Quoique l'on puisse admettre, avec Broca (*loc. cit.*, p. 533), que, dans le cas précédent, il y a eu une coïncidence accidentelle entre l'évolution de la cachexie cancéreuse et la présence de deux polyadénomes diffus, il est prudent néanmoins d'admettre la malignité particulière des épithéliomes multiples et de porter, dans des cas semblables, un pronostic très-réservé.

Si la maladie se montre sous la forme d'une verrue ou d'un petit tubercule indolent et parfaitement stationnaire, on peut temporiser. Mais, dès que la production morbide tend à augmenter de volume, devient vasculaire et commence à produire des douleurs, il faut l'enlever sans retard. L'ablation par l'instrument tranchant est préférable à la destruction par le caustique, dont on ne peut pas assez limiter l'action, et qui expose à endommager des tendons, qu'il importe de ménager. L'ablation, dans tous les cas, doit être faite très-largement, afin de ne pas laisser dans les tissus des semis d'épithélium, qui reproduiraient infailliblement la maladie. Cette obligation d'enlever très-largement le mal et de dépasser ses limites apparentes, conduit souvent à des opérations graves, telles que la désarticulation d'un ou de plusieurs métacarpiens, ou même l'amputation de toute la main.

2° *Carcinome*. Nous n'avons que de courtes considérations à présenter sur le carcinome de la main.

Comparé au carcinome des organes parenchymateux et particulièrement des glandes, il est fort rare.

Il se montre à tout âge, le plus souvent sans cause connue.

Il n'a aucun siège de prédilection pour l'une ou l'autre des faces de la main.

Il débute tantôt par le tissu cellulaire sous-cutané, tantôt par les parties molles sous-aponévrotiques ou par le squelette. Chassaignac (*Gaz. des hôp.*, p. 185, 1852) l'a vu naître dans la gaîne des tendons fléchisseurs du médius et de l'index.

Quel que soit son point de départ, sa marche est ordinairement rapide et envahissante.

La forme anatomique habituelle du cancer de la main est la forme *médullaire* ou *encéphaloïde*. L'observation suivante, due à Signorani, pourra donner une idée du type de ces tumeurs : une jeune femme portait, depuis deux ans, sur tout le dos de la main, une tumeur irrégulière et bosselée. Sa base était fixée contre les os du poignet. Sa consistance était variable : dure dans quelques points, molle dans d'autres, elle présentait une élasticité générale, au point de faire croire à de la fluctuation. La peau qui la recouvrait, était chaude, luisante, rougeâtre, fortement tendue, et sillonnée par des veines dilatées et adhérentes à la masse morbide. Peu sensible au toucher, la tumeur produisait des sensations de fourmillement et de picotement. La malade ayant refusé l'amputation de l'avant-bras, on pratiqua l'ablation de toute la masse morbide. On reconnut que celle-ci était formée par de la matière médullaire. La maladie récidiva deux fois, et fut attaquée de nouveau par l'excision et la cautérisation.

Notons que le carcinome de la main paraît avoir une grande tendance à revêtir la forme *hématode* ou *télangiectasique*. Les faits de Liston, de Nivet et de Lisfranc en sont des exemples. Dans le cas de Nivet, la maladie avait envahi toute la main, qui était déformée et avait un volume énorme ; des ulcérations livraient passage à des végétations qui saignaient facilement ; toutes les artères étaient dilatées, et les veines de la main et de l'avant-bras étaient aussi beaucoup plus volumineuses qu'à l'état normal. Le développement vasculaire était encore beaucoup plus prononcé dans le fait de Lisfranc, qui pourrait être pris au premier abord pour un cirsoïde de la main. Une femme de 38 ans portait, depuis six ans, une tumeur qui, après avoir été pendant longtemps indolente et mobile sous la peau, avait envahi tout le premier espace interosseux et englobé le pouce dans sa masse. Cette tumeur avait une forme régulièrement arrondie, et mesurait 24 centimètres dans le sens vertical, et 21 centimètres dans le sens transversal. Elle donnait à la pression la sensation que fait éprouver une éponge très-ferme. Elle présentait des battements avec un mouvement d'expansion générale. La peau qui la recouvrait, était adhérente surtout à la face dorsale, où on la trouvait luisante, comme transparente et d'une teinte légèrement bleuâtre. A la face dorsale et à la face palmaire, on sentait battre plusieurs troncs artériels égalant l'humérale en grosseur. L'avant-bras était sillonné de veines énormes. La malade ressentait des douleurs lancinantes caractéristiques. Lisfranc transperça la tumeur avec une quinzaine de grosses aiguilles. Les battements cessèrent, mais quand il voulut retirer les aiguilles, il s'écoula une grande quantité de sang, et des végétations fongiformes firent irruption par les petites plaies. Néanmoins les dimensions de la tumeur avaient diminué, et Lisfranc put la disséquer et l'enlever en désarticulant le premier métacarpien. Examiné après l'ablation, on reconnut que cette tumeur était un cancer, avec un développement considérable des vaisseaux. Le métacarpien du pouce était entièrement confondu avec la masse cancéreuse, et, ce qui arrive souvent, les tendons extenseurs et fléchisseurs du pouce avaient conservé leur intégrité.

Nous n'avons rencontré que deux exemples de *cancer mélanique*, l'un observé par Marjolin et Blandin, l'autre par Monod. Dans le premier cas, la maladie s'était développée chez un homme de 46 ans, et avait débuté, sept ou huit ans avant l'opération, par des taches noires dans l'épaisseur de la peau de la face palmaire. Consécutivement à ces taches, il s'était formé de petites tumeurs que l'on avait cautérisées à plusieurs reprises avec le nitrate d'argent, des *eaux caustiques*, et la pâte arsenicale. En 1829, une tumeur grosse comme une orange occupait le centre de la face palmaire ; elle était bosselée, d'une teinte brune violacée, dure, ulcérée à son centre qui versait un ichor fétide. A la face dorsale de la main, il existait une autre tumeur noirâtre, indolente, non ulcérée, volumineuse comme une noix. Le malade éprouvait des douleurs lancinantes dans la tumeur palmaire. Après la désarticulation radio-carpienne, on trouva que les productions morbides étaient formées par un tissu lardacé, de couleur ardoisée, d'où s'écoulait un liquide qui tachait les objets en noir. La petite tumeur était facile à isoler des tissus ambiants, mais la grosse tumeur comprenait l'aponévrose palmaire dans sa masse et envoyait des prolongements profonds au-dessous du ligament annulaire du carpe et dans les espaces interosseux. La plaie de l'amputation guérit promptement ; mais Cruveilhier (*Atlas d'anat. path.*, 19me livraison, pl. III et IV, p. 1) nous apprend que la maladie récidiva quelque temps après. Une multitude de tumeurs cutanées se développèrent sur plusieurs points du corps de cet homme, et finalement il mourut dans le marasme. A son autopsie, on trouva des productions mélaniques dans le poumon, le cœur et l'estomac.

Dans le fait publié par Monod, il existait une tumeur mélanique au pouce et une autre dans l'aisselle, où elle occupait sans doute les ganglions. Ces deux tumeurs furent enlevées ; on ignore quelle fut l'issue de la maladie.

A une période avancée, le diagnostic des carcinomes de la main est presque toujours facile. Mais, à leur début, on peut les confondre soit avec un kyste syncvial, quand le néoplasme a pour point de départ les gaînes tendineuses, soit avec des fongosités intra ou extra-synoviales, avec des fibromes, des lipomes, des enchondromes, des névromes (Volkmann), etc. Il est alors nécessaire de s'entourer de tous les éléments de diagnostic propres à faire reconnaître les tumeurs cancéreuses en général, éléments sur lesquels nous ne saurions insister ici. Disons seulement que l'appréciation des commémoratifs, des dispositions héréditaires et de toutes les circonstances étiologiques ou relatives à la marche, sont autant de données qui doivent être recherchées avec soin. Enfin, la ponction exploratrice et l'excision d'une petite parcelle de la tumeur, à l'aide de l'instrument de Bouisson ou de Duchenne (de Boulogne) pour examiner le produit au microscope, peuvent apporter une lumière que le chirurgien ne doit pas négliger.

Le pronostic participe à la gravité inhérente aux affections cancéreuses, et conduit à enlever le mal par une opération large et radicale, ordinairement par une amputation de la main.

BIBLIOGRAPHIE. — Cancroïdes. — JOBERT (de Lamballe). *Cancer de la main droite. Désarticulation du poignet (méthode à lambeaux). Hémorrhagies. Ligature de l'artère radiale.* In Gaz. des hôp., p. 66, 9 février 1843. — JARJAVAY. *Affection singulière de la paume de la main.* In Gaz. des hôp., p. 246 ; 1850. — FERGUSSON. *Cutaneous Cancer of the Dorsum of the Hand.* In The Lancet, vol. II, p. 421 ; 1850. — SZOKALSKI (Victor). *Trois observations de cancroïde de la face dorsale de la main.* In Gaz. méd. de Paris, p. 523 ; 1853. — LEBERT. *Vaste cancroïde papillaire verruqueux des deux mains.* In Anat. Pathol. génér. et spéc. Tome I, p. 147 (pl. XIX, fig. 10, 11, 15, 16, 17, 18). Obs. LVIII, 1857. — PARMENTIER. *Plusieurs tumeurs épithéliales et vasculaires enkystées de la main.* In Bull. de la Soc. anat., 2ᵉ série, t. III, p. 96 ; 1858. — DEMARQUAY. *Cancer de la main ; amputation de l'avant-bras ; guérison.* In Union médicale, p. 567 ; 1858. — ERICHSEN. *Epithelioma of the Hand.* In The Lancet, vol. I, p. 186 ; 1859. — HUGUIER. *Ulcération de nature indéterminée sur le dos de la main gauche.* In Gaz. des hôp., p. 568 ; 1860. — VELPEAU. *Cancroïde du dos de la main.* In Gaz. des hôp., p. 425 ; 1863. — LAWRENCE. *Cancroïd Induration of the Back of the Hand, causing Severe Pain ; Excision of the Part.* In The Lancet, vol. I, p. 528 ; 1863. — BŒCKEL. *Cancer épithélial du dos de la main développé dans les glandes sudoripares (cancer de Verneuil) ; extirpation ; guérison.* In Gaz. des hôp., p. 374 ; 1863. — SPENCER WATSON. *A Case of Epithelioma of the Hand ; Clinical Remarks.* In Medical Times, vol. I, p. 36 ; 1866. — SÉDILLOT. *Tumeur épidermique et cancéreuse de la main.* In Contributions à la chirurgie, t. I, p. 485 ; 1868. — DEMARQUAY. *Tumeur cancroïdale de la face dorsale de la main ; ablation du premier et du second métacarpiens.* In Gaz. des hôp., p. 583 ; 1869.

Carcinomes. — MARJOLIN et BLANDIN. *Cancer mélanique de la paume de la main. Traitement par les caustiques. Son inefficacité. Amputation dans l'articulation radio-carpienne. Guérison.* In Journal hebd. de médecine, vol. III, p. 459 ; 1829. — BOYER. *Autopsie d'une tumeur médullaire de la paume de la main,* rapportée par Rognetta. In Gaz. méd. de Paris, p. 212 : 1834. — NIVET. *Tumeurs encephaloïdes de la main.* In Bull. de la Soc. anat., 12ᵉ année, p. 291 ; 1837. — LISTON. *Intractable Tumour of the Hand ; Removal of two of the Metacarpal Bones.* In The Lancet, vol. II, p. 491 ; 1837-38. — LISFRANC. *Fongus hématode très-volumineux, siégeant à la main, paraissant s'étendre très-profondément, tandis qu'il était très-superficiel. Ablation de la tumeur. Conservation du carpe, des quatre derniers métacarpiens des quatre derniers doigts. Pas d'accidents.* In Gaz. des hôp., p. 398 ; 1840 — SIGNORANI. *Cas remarquable de fongus médullaire à la main, guéri sans amputation.* In Gaz. des hôp., p. 583 ; 1840.—HUGUIER. *Amputation partielle de la main droite pour un carcinome.* In Gaz. des hôp., p. 147 ; 1850.—FIFE (John). *Tumour of the Hand.* In The Lancet, vol. II, p. 343 ; 1850. — CHASSAIGNAC. *Cancer de la main.* In Abeille méd., p. 295 ; nov. 1852. — JARJAVAY. *Tumeur cancéreuse de la paume de la main* In Bull. de la Soc. anat., 27ᵉ année,

p. 24 et 41 ; 1852. — Jobert. *Tumeur encéphaloïde siégeant dans la paume de la main.*
Extirpation. Récidive. Désarticulation du poignet. Suture. Guérison. In *Union médicale*
p. 542 ; 1852. — Chassaignac. *Tumeur de la face palmaire de la main.* In *Bull. de la Soc.*
de chir., t. III, p. 502 ; 1853. — Moxon. *Cancer mélanique du pouce et de l'aisselle.* In *Gaz.*
des hôp., p. 415 ; 1855. — Lebert. *Cancer pseudo-melanique de la paume de la main.* In
Anat. pathol. génér. et spéc. Tome I, p. 326 (pl. XLV, fig. 5, 8). Obs. CXLVII. 1857.

Médecine opératoire. Les opérations que l'on pratique sur la main, et qui
peuvent être soumises à des règles, sont des *ligatures* et des *amputations*. Nous
étudierons d'abord les ligatures de la radiale et de la cubitale au niveau de la
main ; puis les amputations dans la contiguïté et dans la continuité des os du
métacarpe et du carpe ; enfin nous dirons quelques mots des résections de ces
mêmes os. Remarquons ici que nous limitons notre sujet au carpe et au métacarpe,
de telle sorte que nous renvoyons aux articles Doigt et Poignet, pour les opérations que l'on pratique dans ces régions.

Ligatures. 1° *Ligature de l'artère radiale dans la tabatière anatomique.*
Cette région, située à la partie dorsale et externe de la main, au niveau de la
racine du pouce, est limitée par un espace triangulaire, dont la base supérieure est formée par le ligament postérieur du carpe ; le côté interne, par la
saillie du tendon du long extenseur du pouce ; l'externe par la saillie des tendons du long abducteur et du court extenseur de ce même doigt. Dans l'aire
de ce triangle on trouve : la peau, sous laquelle se dessine la veine céphalique
du pouce située, avec quelques filets du nerf radial, entre les deux lames du
fascia superficialis ; le tissu graisseux abondant qui entoure les tendons et
l'aponévrose au-dessous de laquelle chemine l'artère radiale. Celle-ci se dirige
obliquement de la partie antérieure de l'apophyse styloïde du radius au sommet
du premier espace interosseux, en parcourant obliquement la région, au-dessus
du scaphoïde et du trapèze.

Bien que cette artère soit superficielle et repose sur un plan osseux, ses battements sont souvent difficiles à sentir, en raison de son petit calibre ; on ne peut
alors compter que sur des données conventionnelles pour la découvrir. On doit
la chercher sur le trajet d'une ligne qui irait de l'apophyse styloïde du radius en
dedans de l'extrémité supérieure du premier métacarpien.

La main étant tenue dans une attitude intermédiaire à la supination et à la
pronation, et le pouce étant écarté par un aide, on fait, dans la direction indiquée
et dans l'étendue de quatre centimètres, une incision à la peau ; on écarte la
veine céphalique et les branches nerveuses, en évitant avec soin la lésion des
gaines tendineuses ; on incise l'aponévrose sur la sonde cannelée et on renverse
la main sur son bord cubital pour chercher l'artère ; on sépare celle-ci de ses
deux veines satellites et on passe au-dessous d'elle, de dehors en dedans, une
aiguille courbe armée d'un fil.

Cette opération ne se fait guère qu'à l'amphithéâtre ; car, lorsqu'il faut, sur le
vivant, remédier à une hémorrhagie tenant à une blessure de l'arcade palmaire
profonde, il est préférable et plus facile de lier l'artère radiale à l'avant-bras.

2° *Ligature de la cubitale en dehors du pisiforme.* L'artère cubitale, au
moment de former l'arcade palmaire superficielle, passe, avec deux veines satellites, en dehors du pisiforme, dans une gaine qui lui est commune avec la branche
antérieure du nerf cubital.

Pour lier dans ce point, on détermine d'abord la position du pisiforme, ou
celle du tendon du muscle cubital antérieur. Puis, la main étant dans l'extension forcée, on fait, en dehors de l'os, une incision de 4 à 5 centimètres qui suit

la direction du quatrième espace interosseux. Quelques auteurs conseillent de contourner le pisiforme en dehors par une incision courbe, dont la concavité regarderait le bord cubital de la main. On incise la peau, fort épaisse en ce point, le tissu adipeux dont les pelotons viennent souvent s'interposer entre les lèvres de la plaie ; on coupe en travers le muscle palmaire cutané et l'aponévrose palmaire ; on trouve alors, immédiatement en dehors du pisiforme, l'artère contenue, avec ses deux veines satellites et le nerf cubital, dans un dédoublement aponévrotique du ligament antérieur du carpe. On la dénude et on passe le fil de dedans en dehors pour ménager le nerf. Pendant le temps de la recherche de l'artère, on devra mettre la main dans une position légèrement fléchie sur l'avant-bras.

AMPUTATIONS. Les instruments nécessaires sont : un bistouri ordinaire ou un bistouri à lame longue et étroite, quand on veut faire une désarticulation par transfixion ; des écarteurs mousses, pour protéger les parties molles et éloigner les lambeaux de peau, les tendons, les nerfs et les vaisseaux ; une scie droite à lame étroite pour couper les métacarpiens les plus facilement accessibles ; une scie à chaînes ou mieux une cisaille de Liston, pour couper les métacarpiens du milieu ; un davier à résection ; un ténaculum et des pinces à ligature.

Un premier aide se place en dehors de l'avant-bras malade, pour tendre la peau et écarter fortement les doigts voisins de celui sur lequel doit porter l'opération. Un second aide se tient prêt à écarter les chairs pendant l'opération. Un troisième fait la compression de l'artère humérale.

Le chirurgien, placé en face du membre à opérer, saisit de la main gauche le doigt correspondant au métacarpien à enlever.

A. *Désarticulation des métacarpiens avec les doigts correspondants.* 1° *Désarticulation du premier métacarpien. Méthode à lambeaux.* La main est tenue en pronation pour le côté gauche, en supination pour le droit, de telle sorte que son bord radial corresponde toujours au côté gauche du chirurgien. Celui-ci coupe à plein tranchant tous les tissus du premier espace interosseux, en rasant le bord interne du premier métacarpien jusqu'à la rencontre de son extrémité supérieure. Il écarte le métacarpien en dehors ; entre dans l'article, dont le niveau est déterminé par l'index de la main gauche placé sur le tubercule supérieur et externe du métacarpien, et suit l'interligne articulaire trapézo-métacarpien, en se rappelant qu'il a la direction d'une ligne qui, partant du tubercule précité, irait se rendre vers l'articulation métacarpo-phalangienne du petit doigt. L'articulation étant contournée, le bistouri est ramené de haut en bas, en suivant l'incision des téguments, le long du bord externe du métacarpien, et taille ainsi un lambeau externe dont le sommet doit dépasser un peu, inférieurement, le niveau de l'articulation métacarpo-phalangienne.

La difficulté de cette opération consiste à obtenir un lambeau bien régulier ; car on éprouve toujours une assez grande difficulté à arrondir son extrémité inférieure ; aussi est-il préférable, comme quelques opérateurs le conseillent, de tracer le lambeau d'avance.

Les accidents sont : la blessure de l'artère radiale à son passage au sommet du premier espace interosseux, et la possibilité de manquer l'articulation trapézo-métacarpienne, et d'ouvrir la grande synoviale-articulaire du carpe en pénétrant dans l'interstice articulaire qui sépare le trapèze du trapézoïde. Pour éviter ces accidents, il faut avoir soin, pendant l'incision du premier espace interosseux, de maintenir toujours le tranchant du bistouri parfaitement en contact avec le bord interne du premier métacarpien.

Cette opération a l'avantage d'offrir au pus un écoulement facile; mais elle présente l'inconvénient de laisser à la face palmaire et sur le bord de la main une cicatrice qui peut devenir douloureuse.

Méthode ovalaire modifiée par l'incision en raquette. On commence l'inci_sion au milieu de l'espace qui sépare l'apophyse styloïde du radius de l'extrémité supérieure du métacarpien; ou suit la face dorsale de l'os, et arrivé au niveau de l'articulation métacarpo-phalangienne on incline l'incision vers la face palmaire, en décrivant un ovale qui contourne la base du pouce, au niveau du pli digito-palmaire.

Les lambeaux sont disséqués et écartés, les tendons coupés de dedans en dehors et laissés adhérents à la partie qu'on enlève. L'articulation est ouverte par la face dorsale. On fléchit fortement le pouce vers la paume pour faire saillir l'extrémité supérieure de son métacarpien; on coupe avec précaution les parties antérieures et interne de la capsule articulaire, afin de ne pas atteindre l'artère radiale; enfin on isole l'os en passant le bistouri à plat au-dessous de lui, et en faisant sortir son tranchant par l'incision ovalaire. Pour exécuter ce temps de l'opération, on doit remettre le métacarpien en place et éviter la rencontre des os sésamoïdes en inclinant un peu le tranchant du bistouri.

En traçant l'ovale, on ménagera avec soin l'articulation métacarpo-phalangienne; sans cela on ne pourrait plus se servir des phalanges comme d'un levier pour agir sur le métacarpien et le faire basculer pendant la désarticulation.

2° *Désarticulation du cinquième métacarpien. Méthode à lambeaux.* La main étant placée en pronation pour le côté droit, en supination pour le côté gauche, c'est-à-dire de telle sorte que son bord cubital corresponde à la gauche de l'opérateur, celui-ci coupe à plein tranchant les tissus du quatrième espace interdigital, en suivant le bord externe du cinquième métacarpien, jusqu'à ce qu'il soit arrêté par la saillie externe et supérieure de cet os. Il incline alors légèrement le bistouri dans la direction du quatrième métacarpien pour couper les ligaments interosseux, qui unissent les deux os. Ces ligaments étant coupés, il écarte le petit doigt en dedans, pour permettre le passage du bistouri, qui doit contourner l'extrémité supérieure du métacarpien. Il suit, ensuite, l'incision du quatrième espace interosseux pour tailler un lambeau interne, comme pour la désarticulation à lambeau du premier métacarpien. Ce lambeau doit se terminer à 1 centimètre de l'articulation de la première avec la deuxième phalange.

Pendant les divers temps de l'opération, le bistouri ne doit agir que par la partie moyenne de son tranchant, la pointe restant constamment dégagée.

Lisfranc taillait d'abord le lambeau interne par transfixion. Il le faisait aussi large que possible, en saisissant fortement avec les doigts de la main gauche les parties molles de l'éminence hypothénar, et en rasant le bord interne de l'os, le plus possible.

Pour être plus sûr d'obtenir un lambeau très-régulier, on peut le circonscrire par une incision tracée d'avance. Pour cela, il faut bien déterminer le niveau de l'articulation, qui se trouve immédiatement au-dessus du premier tubercule que l'on rencontre en suivant le bord cubital du cinquième métacarpien, un peu au-dessous du pyramidal, dont la saillie est ordinairement facile à reconnaître. L'interligne articulaire est obliquement dirigée en dehors et en bas, suivant une ligne qui irait du tubercule du cinquième métacarpien vers la partie moyenne du deuxième. Afin d'avoir un lambeau à large base, on commence l'incision en empiétant le plus possible sur le quatrième espace interosseux, soit à la face dorsale, soit à la face palmaire. L'incision est dirigée obliquement vers le bord interne de la première phalange au point déjà indiqué, puis relevant la main, on continue, de bas en haut, l'incision à la paume, et on la termine en un point correspondant à celui où elle a commencé à la face dorsale. Nous avons supposé que l'opération se faisait sur la main gauche ; pour la moin droite, au contraire, l'incision sera commencée à la paume et terminée à la face dorsale. C'est qu'en effet, pour tracer le lambeau d'avance, il faut que la main soit dans une position telle, que son bord radial corresponde à la gauche du chirurgien. Le lambeau étant circonscrit par l'incision, on le dissèque et on désarticule, comme nous l'avons dit plus haut.

Cette opération laisse une cicatrice à la paume ; mais dans un endroit où elle gêne moins que lorsqu'on emploie le même procédé pour désarticuler le premier métacarpien ; elle présente en revanche l'avantage de permettre l'écoulement facile de la suppuration.

Méthode ovalaire modifiée par l'incision en raquette. L'incision rectiligne commence à 1 centimètre au-dessus de l'articulation ; elle suit la face dorsale du cinquième métacarpien et se termine en bas par une incision ovalaire, dont la portion évasée embrasse la base de l'auriculaire, au niveau du sillon digito-palmaire, et dont les deux branches se rejoignent sur le dos de la main, au niveau de l'articulation métacarpo-phalangienne.

Pour dégager le métacarpien, on peut employer deux procédés : le procédé ordinaire, qui consiste à disséquer les chairs autour de lui, comme nous l'avons indiqué pour la désarticulation du premier métacarpien, est un peu plus long ; mais il conserve plus de parties molles que l'autre, que l'on doit à Liston, et que l'on nomme *procédé par transfixion*. Voici comment ce procédé s'exécute : après avoir dénudé le bord interne de l'os, on enfonce le bistouri, dont le tranchant est tourné vers la commissure interdigitale, entre le métacarpien et les parties molles du quatrième espace interosseux, de dedans en dehors, d'avant en arrière et de bas en haut, s'il s'agit du côté gauche ; de telle sorte que le talon de l'instrument corresponde à l'articulation métacarpo-phalangienne, et que sa pointe vienne sortir par l'incision dorsale, vers l'extrémité supérieure du cinquième métacarpien. Pour le côté droit, on enfonce le bistouri en sens inverse, du dos de la main vers le bord cubital. On ramène alors l'instrument vers la commissure et on dégage l'os d'un seul coup. On désarticule ensuite son extrémité supérieure.

3° *Désarticulation du deuxième métacarpien. Méthode à lambeaux.* On pourrait employer cette méthode pour la désarticulation du deuxième métacarpien, ainsi que pour celle du troisième et du quatrième ; mais cette opération entraînerait fatalement la lésion des arcades palmaires, et laisserait au milieu de la paume une cicatrice fort gênante. Ces deux inconvénients l'ont fait rejeter.

Méthode ovalaire modifiée par l'incision en raquette. Après avoir déterminé la situation précise de la surface articulaire supérieure de l'os, on commence à un centimètre au-dessus, une incision rectiligne qui suit la face dorsale du métacarpien, et se termine en bas par un ovale tracé comme pour le petit doigt.

Les lambeaux étant disséqués, les tendons étant coupés, on sépare l'os des parties molles, soit par le procédé ordinaire de dissection, soit par transfixion, en enfonçant le bistouri du bord radial vers la face dorsale du deuxième espace interosseux pour la main droite, et de la face dorsale vers le bord radial pour la main gauche.

Ensuite on désarticule l'os en sectionnant les ligaments qui le retiennent au trapèze, au trapézoïde, au grand os et au troisième métacarpien. Ce temps de l'opération présente d'assez grandes difficultés, en raison de la forme irrégulière de l'extrémité supérieure de ce métacarpien. Il faut bien se rappeler que la fa_ cette, qui s'articule avec le troisième métacarpien, continue la direction de l'espace interosseux ; que la facette, qui s'articule avec le trapèze, suit la direction du pouce ; que la surface articulaire supérieure se divise en deux parties formant par leur réunion un V majuscule, ouvert en haut, dont la branche externe, prolongée inférieurement, rejoindrait la tête du cinquième métacarpien, dont la branche interne, prolongée supérieurement, irait aboutir à l'apophyse styloïde du cubitus. Ainsi, en résumé, dans cette manœuvre, le bistouri doit décrire un M majuscule. Cela fait, on incline fortement l'os vers la paume, pour couper les ligaments anté-rieurs, et on dégage le métacarpien, en apportant tous ses soins à ne pas blesser l'artère radiale.

4° *Désarticulation du troisième ou du quatrième métacarpien.* On fait une incision rectiligne qui commence, comme pour les autres désarticulations, à 1 centimètre ou à 1 centimètre 1/2 au-dessus de l'extrémité supérieure du méta-carpien. Mais pour rendre la désarticulation plus facile, il vaut mieux commencer l'incision rectiligne au niveau de l'articulation elle-même et faire tomber sur son extrémité supérieure une petite incision horizontale, qui lui donne la forme d'un T.

Pour enlever l'os, on peut employer deux procédés : l'un consiste à séparer le métacarpien des parties molles, en le faisant tourner sur son axe au moyen du doigt correspondant, pendant que l'on coupe les muscles interosseux ; on isole sa tête de celles des métacarpiens voisins ; on sectionne les ligaments postérieurs qui l'unissent au carpe ; on l'incline vers la paume, afin d'écarter les surfaces articulaires et d'aller couper, à travers l'articulation béante, les ligaments anté-rieurs.

La section de ces ligaments est un temps difficile à exécuter ; aussi Chas-saignac a-t-il conseillé de couper le métacarpien dans son milieu, avec une pince de Liston, avant de le désarticuler. Après cette section, la moitié inférieure de l'os doit d'abord être enlevée. On saisit ensuite l'extrémité supérieure avec un davier à résection, et on a toute facilité pour l'incliner en divers sens et pour couper les ligaments. Nous ne saurions trop insister sur l'utilité de cette manière de procéder et sur les commodités qu'elle donne à l'opérateur pour dés-articuler.

5° *Désarticulation simultanée de deux métacarpiens contigus.* Pour enlever à la fois, soit le deuxième et le troisième, soit le troisième et le quatrième, soit le quatrième et le cinquième métacarpiens, on peut employer l'incision en raquette, sur le sommet de laquelle on pratique une incision horizontale au niveau des ar-ticulations métacarpo-carpiennes. On a soin de faire l'incision verticale entre les deux os à enlever et le long de celui qui est le plus rapproché de l'axe de la main. On peut après la désarticulation réséquer une partie du lambeau, s'il est trop large pour la perte de substance.

6° *Désarticulation simultanée des trois métacarpiens du milieu. Procédé de Soupart ou procédé en Y.* On commence, à 1 centimètre au-dessous de l'articu-lation radio-carpienne, une incision qui suit le dos du troisième métacarpien jus-qu'au milieu de cet os. Une deuxième incision se dirige obliquement sur le milieu de la commissure du premier espace interosseux ; une troisième va tomber sur la commissure qui sépare l'annulaire du petit doigt. Les deux extrémités inférieures

de cet Y tracé à la face dorsale sont rejointes, à la face palmaire, par deux incisions formant un V ouvert en bas. On dissèque les lambeaux et on désarticule
les os.

7° *Désarticulation simultanée des quatre derniers métacarpiens.* On pourrait employer la méthode circulaire, mais on se trouverait très-gêné par les chairs
du premier espace interosseux. La méthode à deux lambeaux ne serait guère plus
commode. La méthode à lambeau palmaire unique et la méthode elliptique, qui
n'en est qu'une modification, constituent les méthodes qui nous semblent le plus
avantageuses; elles permettent, en effet, de découvrir facilement les extrémités
supérieures des métacarpiens, et elles placent la cicatrice aussi loin que possible
en arrière.

Dans la méthode elliptique on commence l'incision sur la face dorsale, à partir
du sommet du premier espace interosseux, puis on la dirige transversalement en
dedans ; arrivé un peu au-dessous de la tête du cinquième métacarpien, on relève
la main pour tailler le lambeau palmaire, en agissant avec la pointe du couteau ;
on contourne la commissure du premier espace, et on revient à la face dorsale.
La portion palmaire de l'ellipse doit comprendre au moins les parties molles de
la moitié supérieure de la paume. On dénude les articulations carpo-métacarpiennes, et on les ouvre. Pour suivre la ligne irrégulière de ces articulations, le
bistouri doit d'abord dessiner une courbe régulière à concavité supérieure, allant
du tubercule interne du cinquième métacarpien jusqu'à l'apophyse styloïde du
troisième, puis un Y ouvert en haut, et une ligne oblique en dehors, au niveau
de l'articulation trapézo-métacarpienne.

B. *Amputation des métacarpiens dans la continuité.* Ces opérations ne sont
pas soumises à des règles aussi précises que les désarticulations. Elles s'exécutent,
d'ailleurs, d'après les mêmes méthodes et les mêmes procédés.

L'incision se fait, selon les cas, soit par la méthode ovalaire, soit par la méthode
à lambeaux ou par la méthode elliptique. Le seul point important est de conserver
assez de chairs pour bien recouvrir les surfaces osseuses.

La section de l'os se fait avec la scie droite à lame fixe pour les métacarpiens du
pouce, de l'index ou de l'auriculaire. On doit la pratiquer obliquement à l'axe de
ces os, afin d'éviter, sous la cicatrice, la saillie angulaire de l'os coupé ; ainsi on
coupe le premier ou le second métacarpien obliquement, en bas et en dedans; le
cinquième, obliquement, en bas et en dehors. Pour les métacarpiens intermédiaires, on emploie la scie à chaîne ou la pince de Liston.

Amputation simultanée des quatre derniers métacarpiens. On doit choisir
entre plusieurs méthodes, en cherchant les indications de l'une ou de l'autre dans
l'état des parties molles. Règle générale, il faut, autant que possible, éloigner la
cicatrice de la région palmaire et de l'extrémité du moignon. Aussi la méthode
elliptique est-elle de beaucoup la meilleure ; puis vient la méthode à un lambeau
palmaire; enfin, au même niveau, la circulaire et celle à deux lambeaux.

Incision elliptique. On fera l'incision elliptique comme pour la désarticulation des quatre derniers métacarpiens à la fois, seulement un peu plus bas selon
le besoin. Les métacarpiens seront dénudés à la face dorsale, à la face palmaire et
dans les espaces interosseux; puis on passera entre eux une compresse à cinq
chefs et on les coupera avec la scie ou avec la cisaille de Liston.

Lambeau palmaire. Les chairs sont coupées à la face dorsale par une incision rectiligne et transversale. L'incision palmaire est arrondie en bas et se relève
sur les bords de la main au moins dans l'étendue de 25 à 30 millimètres.

Incision circulaire. Après avoir fait rétracter la peau, l'incision des téguments doit se faire à 15 ou 20 millimètres au-dessous du niveau de la section des os ; on dissèque avec soin, on relève la manchette, on isole les métacarpiens et on les scie.

Deux lambeaux, l'un antérieur, l'autre postérieur. Dans la méthode circulaire, on éprouve des difficultés réelles à relever la manchette et à la maintenir relevée pendant le reste de l'opération. Aussi Velpeau a-t-il conseillé de faire deux lambeaux, l'un palmaire et l'autre dorsal, méthode qui ne diffère de la circulaire que par cela seul, que l'on débride les chairs sur les bords de la main, en pratiquant de chaque côté des incisions de 15 à 20 millimètres.

Deux lambeaux latéraux. Si la peau manquait au niveau de la partie médiane de la paume, on ne pourrait employer ni l'une ni l'autre de ces méthodes ; on prendrait alors en dedans et en dehors, c'est-à-dire sur le bord cubital de la main, et sur le premier espace interosseux, deux lambeaux latéraux qui s'appliqueraient assez bien sur les os à recouvrir.

RÉSECTIONS. Les résections ont pour but d'enlever une portion ou la totalité d'un métacarpien, en laissant le doigt correspondant. C'est Troccou qui paraît avoir imaginé cette opération, et c'est Roux qui l'exécuta le premier.

Résection du premier métacarpien. On fait une incision le long du bord externe du premier métacarpien, au niveau de l'insertion du muscle opposant, incision qui doit dépasser les deux extrémités de l'os d'environ 1 centimètre. On dissèque autour de lui en ménageant les muscles, les tendons, les vaisseaux, les nerfs et même le périoste, si la chose est possible. Pendant ce temps de l'opération, un aide écarte avec soin tous les tissus, à mesure que le chirurgien les sépare de l'os. La désarticulation se fait ensuite en détruisant successivement l'articulation supérieure et l'articulation inférieure. Lorsqu'on commence par l'extrémité supérieure, on ouvre l'articulation trapézo-métacarpienne ; puis, attirant le métacarpien en dehors, on achève de le séparer des chairs du premier espace interosseux, et on termine en détruisant l'articulation inférieure. Lorsqu'on commence par l'extrémité inférieure, on ouvre l'articulation métacarpo-phalangienne, on luxe le pouce vers la main pour faire saillir le métacarpien, que l'on saisit avec un davier pour le séparer des os du carpe.

Après l'ablation de son métacarpien, le pouce se rapproche du carpe et se présente sous l'aspect d'un appendice attaché sur le bord externe de la main. Mais, quoique très-raccourci, il rend des services considérables dans les fonctions de la main.

Résection des autres métacarpiens. Cette opération ne doit être tentée qu'à l'index et au petit doigt. Les phalanges de ces doigts peuvent, en effet, se rapprocher du carpe, de manière à y prendre un point d'appui et à rendre quelques services. Mais, lorsque le médius ou l'annulaire a été privé de son métacarpien, il reste comme un appendice sans support, beaucoup plus gênant qu'utile, à moins que le périoste conservé ne reproduise un os nouveau.

La résection partielle de la diaphyse des métacarpiens est une opération d'autant meilleure qu'on aura laissé une plus grande portion de l'os adhérente à la première phalange ; la tête du métacarpien, soutenue par les os voisins, constitue alors une base suffisante pour les fonctions du doigt.

La résection de la tête seule d'un métacarpien donne d'assez bons résultats ultérieurs ; on peut facilement rapprocher la première phalange de l'os décapité, de sorte que le doigt ne reste pas privé d'appui.

Résection des os du carpe. La résection ou l'ablation totale d'un ou de plusieurs des os du carpe se fait ordinairement dans des cas de carie ou de nécrose.
Ce n'est pas une opération soumise à des règles fixes. On introduit une sonde
cannelée par l'ouverture fistuleuse jusqu'au contact de l'os malade; on fait une
incision dont la forme varie selon le besoin, et on n'a plus qu'à cueillir, pour ainsi
dire, un os que la suppuration a complétement isolé.

Baudens et Wilczkowsky ont réséqué, avec un os du carpe, une partie du méta
carpien correspondant. Pour cela, on fait une incision longitudinale, on coupe le
métacarpien avec la cisaille, on le saisit avec le davier, on le désarticule, et on enlève ensuite l'os du carpe qui est contigu. Si on avait à enlever plusieurs métacarpiens et plusieurs os du carpe à la fois, on ferait une incision d'une forme
appropriée aux besoins de l'opération, et on sectionnerait tour à tour les métacarpiens avant de les désarticuler et d'enlever les os du carpe.

Quant aux résections des os du carpe qui font partie de l'articulation radio-carpienne, elles seront étudiées à l'article Poignet en même temps que les maladies
de cette articulation.

La *mortalité* des amputations et désarticulations des métacarpiens peut être
évaluée par les chiffres suivants :

Dans les hôpitaux de Paris. . . . .   11,11 morts pour 100 (Malgaigne).
.   D'après différentes statistiques. . .   13,00   —   (Legouest).
Pendant la guerre de Crimée.   30,88   —   (Chenu).
    Armée française, 22,06 guéris,
    47,06 pensionnés.
Pendant la guerre d'Italie.   27,58   —   (Chenu).
    48,28 guéris, 24,14 pensionnés.

Bibliographie. — Roux. *Résection de l'extrémité supérieure du premier métacarpien de la
main droite.* In *Lancette franç*, p. 199 ; 1829. — Jobert. *Extirpation des deuxième et
troisième métacarpiens avec leurs doigts correspondants.* In. *Gaz. des hôp.*, p. 473 ; 1831.
— Velpeau. *Amputation d'un métacarpien dans sa continuité. Ligature. Réunion immédiate
secondaire.* In *Gaz. des hôp.*, p. 182 ; 1831. — Gairal. *Méthode pour l'amputation partielle
de la main dans l'articulation carpo-métacarpienne.* In *Journal hebdomadaire*, t. III, p. 65 ;
1835. — Macfarlane. *Sur les amputations partielles du pied et de la main.* In *London Medical Gaz.*, vol. XVII, p. 680 ; 1856.— Velpeau. *Résection des os du métacarpe; Méd. opérat.*, t. II,
p. 647 ; 1859. — Guersant. *Carie du cinquième métacarpien. Gonflement des parties molles
simulant le spina-ventosa. Résection du métacarpien.* In *Gaz. des hôp.*, p. 261 ; 1840. —
Karawajew. *Résection du troisième métacarpien.* In *Schmidt's Jahrbücher*, t. XXXIV, p. 346 ;
1842. — Maisonneuve. *Amputation des quatre métacarpiens. Conservation du pouce.* In *Gaz.
des hôp.*, p. 445 ; 1842. — Blandin. *Résection du métacarpe.* In *Annales de thérapeutique*,
t. IV, p. 466 ; 1846-47. — Roeder (Philippe). *Ueber die Resektionen am Knochengerüste der
Hand.* Inaug. Diss., Würzburg, 1847. — Viart. *Autopsie d'une main à laquelle on avait
enlevé le premier métacarpien.* In *Bull. de la Soc. anat.*, 25ᵉ année, p. 259 ; 1848. — Heyfelder (O.). *Extirpation des linken Os metacarpi.* In *Deutsche Klinik*, t. II, p. 103 ; 1850. —
Heyfelder (F.). *Amputation des zweiten, dritten und vierten Mittelhandknochens der rechten
Hand.* In *Deutsche Klinik*, t. IV, p. 525 ; 1852. — Adelmann. *Ueber Wegnahme der Finger
durch Amputation im betreffenden Mittelhandknochen.* In *Illust. med Ztg.* Déc. 1852. Et
Canstatt's Jahresbericht, t. V, p. 174 ; 1853. — Cock. *Excision of the Carpal Bones.* In *The
Lancet*, vol. II, p. 578 ; 1855. — Guérin. *Résection des deuxième et troisième métacarpiens,
atteints d'ostéite suppurée.* In *Bull. de la Soc. de chir.*, t. VII, p. 242 ; 1856. — Chassaignac.
Resection du quatrième métacarpien de la main droite. In *Monit. hôpit.*, p. 350 ; 1856. —
Heyfelder (F.). *Plusieurs observations de résection de métacarpiens.* In *Deutsche Klinik*,
t. IX, p. 243 ; 1857. — Weeden-Cooke. *Comminuted Fracture of the Bones and Extension
Laceration of the Integumente of the Hand.* In *The Lancet*, vol. I, p. 90 ; 1857. — Solly
(Sam.). *Amputation partielle de la main.* In *The Lancet*, vol. I, p. 1 ; 1859. — Home. *On
Partial Amputation of the Hand.* In *The Lancet*, vol. I, p. 400 ; 1859. — Martin. *Extirpation*

du premier métacarpien avec conservation des deux phalanges. In Deutsche Klinik, p. 385 ; 1859. — CHASSAIGNAC. Résection des métacarpiens. In Traité des opérations chirurg., tome 1, p. 623 ; 1861.— ANNANDALE (Th). Résection des petites articulations. In Edinb. Med. Journ. t. VIII, p. 253 ; 1862. —NEUMANN (Wm.). Résection des métacarpiens. In British Med. Journ., vol. II, p. 281 ; 1863. — COURTY. Nouveau procédé pour l'amputation et la résection des os métacarpiens. In Gaz. méd. de Paris, p. 427 et 486 ; 1853. Et Gaz. des hôp., p. 562 ; 1863.

POLAILLON.

§ IV. **Hygiène professionnelle.** Tout le monde savait depuis longtemps que la main des ouvriers subit, par le genre particulier de travail auquel ils se livrent, différentes modifications plus ou moins profondes. Des callosités, des irritations, des excoriations diverses, etc., avaient été maintes fois signalées, mais c'est d'abord à M. Tardieu puis, et surtout, à M. Vernois que l'on doit une étude approfondie des modifications dont il s'agit. M. Vernois a donné, sur la question, une véritable monographie, dont nous ne pouvons mieux faire que de présenter ici un résumé très-succinct, renvoyant, pour les détails, aux différentes professions en particulier, comme nous l'avons déjà fait, notamment pour les bijoutiers, les blanchisseuses, les boulangers, les boyaudiers, les brunisseuses, etc.

De toutes ces lésions, les plus communes sont, sans contredit, les *hypertrophies de l'épiderme*, dues à des pressions fortes et répétées, soit sur l'objet travaillé, soit sur l'outil qui sert au travail. De là des durillons, des callosités, des bourrelets, etc., dont le siège, l'étendue et l'épaisseur sont en rapport avec la forme, les dimensions de l'instrument, la manière dont il est tenu, le degré de constriction exercée par la main qui le tient, etc.

D'autres fois les frottements continus, mais plus particulièrement le contact de substances chimiques plus ou moins corrosives, acides, alcalis, corps gras, l'eau chaude, amènent des *amincissements de l'épiderme*. Ces amincissements varient en étendue, en importance, suivant la manière dont les substances agissent, suivant qu'elles sont plus ou moins actives. Ils sont ordinairement limités à la pulpe des doigts ; on les observe chez les boyaudiers, les coiffeurs, les écosseuses de pois, les fileuses de lin, etc.

Au lieu d'un simple amincissement il peut y avoir *ramollissement de l'épiderme*, par l'action de substances diverses avec lesquelles les mains des ouvriers se trouvent en rapport. C'est ce qui se voit chez les blanchisseuses de gros, dans le blanchiment des tissus, chez les boyaudiers, les débardeurs, les tanneurs, les dévideuses de cocons, et dans les professions où l'on met en œuvre certains produits chimiques.

Les lésions pénètrent quelquefois plus profondément dans *le tissu de la peau.* Ainsi, les durillons fortement comprimés déterminent quelquefois de petits abcès dans l'épaisseur du derme. Le contact des substances très-actives produit fréquemment des éruptions érythémateuses, vésiculeuses, pustuleuses, papuleuses, furonculeuses, des gerçures, des excoriations plus ou moins profondes, quelquefois de véritables ulcérations très-douloureuses, comme le pigeonneau des tanneurs, la grenouille des débardeurs, le mal de bassine ; ces lésions se montrent beaucoup plus souvent à l'état aigu qu'à l'état chronique.

On observe quelquefois des *colorations* diverses : elles sont dues à l'action prolongée de certains composés, et comprennent presque toutes les nuances qui constituent la gamme des couleurs. Tantôt il y a simplement dépôt de la matière colorante entre les cellules de l'épiderme, d'autres fois la coloration est due à une sorte de combinaison avec les tissus de la peau; mais alors elle ne cède pas aux lavages, elle ne se dissipe que par le fait de la cessation du travail et au bout d'un temps variable.

Par le fait de la pression habituellement exercée par la main fermée sur le le manche ou sur la poignée de certains instruments, ou sur les objets mêmes qui sont mis en œuvre, comme il arrive chez les blanchisseuses, il se fait une contraction des tendons fléchisseurs, et les doigts restent à l'état de flexion permanente, plus ou moins considérable, vers la paume de la main. C'est ce qui arrive chez les terrassiers, les laboureurs. C'est à un phénomène analogue qu'est due la crampe des écrivains ou des tailleurs, etc.

Enfin, certaines habitudes de travail, l'usage de certains instruments amènent des *déviations* dans le squelette de la main. Ainsi, chez les jardiniers, les quatre derniers doigts de la main sont rejetés vers le bord cubital. La flexion permanente des doigts, chez les vieux manouvriers, et que nous signalions à l'instant, s'accompagne d'une déformation articulaire correspondante. La dernière phalange du pouce est rejetée en arrière chez les cordonniers, les vitriers, etc.

Il nous a suffi de signaler les faits les plus saillants relatifs à cette intéressante question, renvoyant ceux qui voudraient l'étudier dans son ensemble à l'excellent travail de M. Vernois (*Ann. d'hyg.*, 2ᵉ sér., t. XVII, p. 105; fig., col.; 1862).

                                                        E. BEAUGRAND.

MAIN BOTE et non MAIN BOT, de même que l'on écrit *idiote*, *manchote*, etc. ; *kyllocheirie* de quelques auteurs, en latin *talipomanus*, *klump Hand* des Allemands, *Club-Hand* des Anglais ; difformité dans laquelle la main est repliée sur l'avant-bras, de manière que le membre supérieur se termine par une extrémité arrondie, comme tronquée, analogue à celle qui termine le membre inférieur dans le *pied bot*. De là la dénomination commune à ces deux vices de conformation. Le mot *bot*, en effet, suivant une étymologie assez vraisemblable, donnée par M. Delâtre (*La langue française dans ses rapports avec le sanscrit*), tirerait son origine d'un vieil adjectif français, qui signifiait mousse, obtus, tronqué, comme le hollandais *bot*, l'allemand *butt*, l'espagnol *botto*, expressions qui sont restées dans ces trois langues.

La difformité dont il s'agit a divers degrés ; ses formes les plus accusées répondent seules au sens littéral du nom qu'on lui donne ; dans les autres, la main est simplement inclinée sur l'avant-bras, avec lequel elle forme un angle obtus, qui se ferme de plus en plus, à mesure que la difformité est plus prononcée.

La main bote est, comme le pied bot, une déviation articulaire ; son siège, presque unique, est l'articulation du carpe avec l'avant-bras.

Elle peut être congénitale ou acquise. Dans l'un ni dans l'autre cas, elle ne doit être rangée parmi les luxations : 1° parce qu'on n'observe de véritable luxation que dans les degrés extrêmes de la lésion ; 2° parce que toute luxation implique l'idée d'une articulation normale, ayant existé avant le déplacement des os, et que dans certains cas d'articulation de la main *transposée* dès la naissance, rien ne prouve qu'il ait jamais existé une articulation normale.

Suivant le sens dans lequel la main s'incline, la déviation est dite *palmaire*, *dorsale*, *radiale*, *cubitale*. On désigne les déviations intermédiaires ou mixtes par les noms de *radio-palmaire*, *cubito-palmaire*, *dorso-radiale*, *dorso-cubitale*. Remarquons que la direction et la situation de la main par rapport à l'humérus, et aux divers plans du tronc peuvent différer dans chacune de ces variétés, selon que les os de l'avant-bras ont conservé leur mobilité entre eux ou qu'ils sont fixés, soit dans la supination, soit dans la pronation.

La main bote peut se rencontrer d'un seul côté ou des deux côtés à la fois. Elle est simple ou compliquée d'autres anomalies du membre supérieur, de lésions osseuses ou musculaires, auxquelles on peut souvent rapporter son origine. M. Pierre Bouland, qui a bien voulu me seconder dans la rédaction de cet article, a examiné avec moi les pièces de mains botes qu'il a recueillies, et nous avons en outre analysé les observations publiées sur ce sujet.

ANATOMIE PATHOLOGIQUE. L'étude comparative de ces faits nous a conduits à les diviser en trois groupes ou variétés :

La première variété comprend tous les cas, dans lesquels le squelette est complet et bien conformé ;

La deuxième renferme tous les cas dans lesquels le squelette est complet aussi, du moins du côté de l'articulation radio-carpienne, mais mal conformé ;

La troisième variété comprend tous les faits caractérisés par l'absence d'un ou de plusieurs des os qui concourent à former cette articulation ; cette variété, beaucoup plus souvent que les précédentes, est accompagnée d'autres vices de conformation.

Nous allons exposer, dans des articles séparés, l'anatomie pathologique de la main bote acquise et celle de la main bote congénitale, en faisait précéder notre description générale d'un résumé, sous forme de tableaux, des cas qui s'y rapportent :

I. MAIN BOTE ACQUISE (Voy. pages 164 et 165, tabl. A). Les sept cas de main bote accidentelle que nous avons recueillis se rapportent tous à des adultes. Smith, Follin et Legendre, auxquels nous en avons emprunté quatre, les font remonter à l'origine de la vie, mais ce fait n'a pas été constaté directement ; ces observateurs n'appuient leur opinion que sur des probabilités. Nous pensons qu'en l'absence de renseignements suffisants, il est préférable d'imiter la réserve de M. Cruveilhier : cet éminent anatomiste fait observer que les déformations subies par les os de l'avant-bras et par le carpe s'expliquent tout aussi bien dans le cas où elles sont antérieures à la naissance que dans celui où ces déformations lui sont postérieures. Il a vu, à la Salpêtrière, des femmes paralytiques depuis 15 ou 20 ans avec flexion immobile à angle droit de la main sur l'avant-bras, chez lesquelles les surfaces articulaires avaient subi une altération tout à fait semblable.

Les sept cas dont il s'agit appartiennent tous à notre deuxième variété ; ils présentent les mêmes caractères que nous aurons à indiquer à propos de la main bote congénitale, mais beaucoup plus accusés, plus saillants, et de plus, ils offrent souvent tous les signes des luxations anciennes non réduites. La déviation est radio-palmaire trois fois ; deux fois cubito-palmaire et deux fois dorsale ; il y a cinq femmes et deux hommes.

Le cubitus est, en général, plus long que le radius, et, par le bas, recourbé en forme de bec ; dans un seul cas, c'est le radius qui est plus long que le cubitus. Ces deux os sont mal conformés, très-courts, souvent courbés, soit en avant soit en dehors ; l'extrémité supérieure du radius est quelquefois atrophiée ou déformée et luxée sur l'humérus, en arrière et en dehors ; l'inférieure s'écarte dans certains cas de l'extrémité inférieure du cubitus, et rappelle la disposition présentée par le fait de Marigues (tabl. B, n° 9) ; l'extrémité inférieure du radius s'articule avec la main, soit par sa face carpienne, soit par son bord antérieur, soit à 2 ou 3 centimètres plus haut ; dans ce dernier cas, la face antérieure de l'os est creusée d'une

TABLEAU A. — MAIN BOTE ACQUISE.

NUMÉROS.	SEXE ET AGE.	DÉVIATION	SQUELETTE	MUSCLES	VAISSEAUX ET NERFS	COMPLICATIONS	SOURCES.
		Radio-palmaire gauche.	Articulation radio-carpienne normale. L'extrémité inférieure du cubitus, qui dépasse celle du radius de 2 centim. 1/2, semble s'articuler avec une facette du pyramidal; l'apophyse styloïde répond au pisiforme. Le fibro-cartilage interarticulaire est très-allongé.	Triceps graisseux.	Rien à noter.	L'humérus présente en une espèce de torsion oblique en dehors : le ... est volumineux, et descend de 2 c. 1/2 plus bas que la trochlée; à l'articulation du coude on trouve les ... tions de l'arthrite sèche. — Les deux os de l'avant-bras sont concaves en dehors et inégaux. — La tête du radius est atrophiée. — La cuisse droite est très-courte. Le fémur n'a que 26 centim., il est gros mais régulièrement conformé.	Legendre. Soc. Biol., 1859, p. 24.
		Radio-palmaire.	Les extrémités inférieures du cubitus et du radius font sous la peau une saillie considérable; le carpe s'articule avec le bord antérieur de l'extrémité inférieure du radius; le scaphoïde, le semi-lunaire, le pyramidal sont à l'état de vestige; l'extrémité supérieure de la carpe se trouve sur un plan supérieur et antérieur à celui de l'extrémité inférieure des os de l'avant-bras.	Tous les muscles du bras sont atrophiés, mais principalement les radiaux, les cubitaur, les pronateurs et les supinateurs.		Le radius est raccourci, déformé à son extrémité inférieure : le corps de l'os est plus volumineux que dans l'état naturel.	Cauvenier. Atlas d'an. path., pl. 2, liv. IX.
		Radio-palmaire droite.	Le scaphoïde s'articule avec la face antérieure du radius qui porte une cavité profonde et oblongue; le carpe atrophié ainsi que le pyramidal; le semi-lunaire est et les deux os de l'avant-bras font saillie, le premier en avant, et les autres, en arrière.	Les tendons des extenseurs forment un angle droit dans leur trajet de l'avant-bras à la main.		La main et l'avant-bras sont d'une égale longueur; le cubitus à 5 centim. de plus que le radius et se recourbe en avant; humérus petit. Fille atteinte depuis 21 ans et épileptique.	Sarre. Mémoire sur les luxations et les fractures, p. 240.

4	Fille 36 ans.	Dorsale gauche. Pronation.	Les deux os de l'avant-bras sont écartés en bas, et envoient chacun une apophyse qui comble l'espace interosseux, et forme, avec l'extrémité inférieure du cubitus et du radius, une surface articulaire destinée à recevoir le carpe. Le condyle de ce dernier est constitué par le pyramidal, le trapézoïde et la tête atrophiée du grand os. La main forme avec l'avant-bras un angle droit ouvert en arrière; le radius est en pronation.		La main et l'avant-bras sont d'une égale longueur. Le cubitus s'articule seul avec l'humérus qui est très-petit. La tête, le col et la tubérosité bicipitale du radius sont déformés et ressemblent à l'extrémité supérieure d'un fémur. Ce radius atrophié, dans une pronation forcée, passe obliquement par-dessus le cubitus pour venir, à son extrémité inférieure, occuper la face interne de cet os.	SMITH. *Mémoire sur les luxations et les fractures,* p. 240.
5	Garçon 16 ans 1/2.	Cubito-palmaire droite. Pronation complète.	La main est peu fléchie. Le condyle du carpe déborde en avant les extrémités inférieures du radius et du cubitus, tandis que ces deux os sont saillants en arrière.	Les doigts n'ont conservé que de très-faibles mouvements d'extension et de flexion: le pouce est immobile et en opposition complète. Aucune trace de rétraction musculaire ni tendineuse. — L'avant-bras est fléchi à angle obtus sur le bras.	Atrophie de l'avant-bras droit, de la main, et de la jambe du même côté. — Pied droit équin direct. — Léger strabisme convergent à droite. Parole embarrassée, hémiplégie, datant de l'âge de 4 ans 1/2.	P. BOULAND. Observation inédite.
6	Homme 40 ans.	Cubito-palmaire droite.	Les surfaces articulaires ne sont pas déformées. Les os sont simplement atrophiés.	Les muscles biceps et brachial antérieur sont très-raccourcis; ils maintiennent l'avant-bras dans la flexion forcée. Le radial antérieur, les fléchisseurs superficiels et profonds sont rétractés, et de 3 centim. plus courts que du côté sain. Les muscles de la région dorsale de l'avant-bras et de la main sont allongés.	Membre inférieur droit atrophié comme le supérieur; pied bot équin; muscles normaux; tendon d'Achille et aponévrose plantaire rétractés.	FOLIN. *Soc. anat.,* 1854, p. 98.
7	Femme	Dorsale droite.	Le carpe s'articule par une portion du semi-lunaire, divisé en deux os distincts, avec une cavité profonde de forme oblongue creusée sur la face antérieure de l'extrémité inférieure du radius. Les deux os de l'avant-bras forment une saillie en arrière et le carpe, une saillie en avant.		Le cubitus a 3 centim. de moins que le radius. — Il n'y a pas d'articulation radio-cubitale, mais une apophyse saillante s'étend vers le cubitus à travers l'espace interosseux.	SMITH. *Loc. cit.,* p. 251.

cavité oblongue assez profonde, qui reçoit un ou plusieurs os du carpe ; cette articulation est complétée en haut par une apophyse saillante qui s'étend à travers
l'espace interosseux vers le cubitus, et avec laquelle la portion postérieure et interne du trapézoïde vient se mettre en rapport, lorsqu'on porte la main dans
l'extension (tabl. A, n°s 3 et 7). Le carpe présente ordinairement une atrophie des
os de la première rangée qui peut aller jusqu'au point de ne laisser que des vestiges du scaphoïde, du semi-lunaire et du pyramidal ; dans un cas observé par
Smith, le condyle était constitué par le pyramidal, le trapèze, le trapézoïde et la
tête atrophiée du grand os (tabl. n° 4). L'humérus présente quelquefois une
espèce de torsion oblique en dehors, le condyle est volumineux, et descend plus
bas que la trochlée ; dans certains cas, il ne s'articule qu'avec le cubitus, et ne
présente pas de ligaments latéraux (tabl. n°s 1 et 4). La main, dans un cas, pouvait s'incliner fortement sur le bord radial de l'avant-bras, grâce à un ligament
extrêmement long qui unissait le cubitus au pyramidal.

Smith ne mentionne pas l'état des muscles dans les trois observations que nous
lui avons empruntées. Legendre les a trouvés normaux, à l'exception du triceps
brachial qui était graisseux. Restent donc les renseignements fournis par Cruveil-
lhier et par Follin : le premier note l'atrophie des radiaux et des cubitaux, des
pronateurs et des supinateurs ; les tendons des radiaux postérieurs et du long
extenseur propre du pouce étaient interrompus au niveau d'une gouttière profonde, creusée sur la face postérieure de l'extrémité inférieure du radius, et y
adhéraient intimement. Follin a trouvé le grand palmaire, les fléchisseurs superficiels et profonds de trois centimètres plus courts que du côté sain, maintenus
en place par le ligament antérieur du carpe, tandis qu'à la région dorsale les
muscles étaient très-allongés. La section des fléchisseurs de la main et des doigts
n'a produit qu'une extension incomplète parce que le cubital, l'extenseur propre
du petit doigt, le court extenseur et le long abducteur du pouce, déplacés par la
position du membre, étaient reportés en avant de l'axe de la main et agissaient
comme fléchisseurs.

II. MAIN BOTE CONGÉNITALE. A. *Squelette. Première variété* (*Voy*. tabl. B, n°s 8,
9, 10 et 11). Nous avons recueilli quatre cas qui offrent des exemples de cette
variété : l'un d'eux cependant, observé par Robert sur une petite fille à la naissance, et quatre ans et demi après, peut laisser quelque doute dans l'esprit, car,
chez le vivant, il est impossible de se prononcer avec certitude sur l'état des organes qui concourent à former l'articulation ; mais les trois autres cas se rapportent
à des nouveau-nés dont l'examen nécroscopique a été fait. Le sens de la déviation
se trouve être cubito-palmaire trois fois sur quatre, et aussi souvent à gauche qu'à
droite. Le squelette est complet ; les surfaces articulaires présentent des inclinaisons exagérées ou anormales ; leurs rapports varient d'étendue ; ils ont même
disparu dans une observation rapportée par Marigues (tabl. n° 8). Nous ferons
toutefois remarquer qu'il s'agit ici d'une véritable luxation congénitale du poignet
compliquant la main bote, c'est même le seul exemple que nous en ayons trouvé
dans la science, et Malgaigne n'accepte que celui-ci comme vraiment incontestable ;
la première rangée du carpe était logée et maintenue par de forts ligaments dans
l'espace que laissait en bas l'écartement du radius et du cubitus ; ce dernier était
comme jeté du côté externe de l'avant-bras, tandis que l'extrémité du radius était
parallèle à la première rangée du carpe, la main *était crochue en dedans*, et cette
situation était surtout maintenue par un fort ligament qui, de la deuxième rangée
du carpe, venait s'attacher à l'extrémité du radius, car, après que ce ligament a

été coupé, la main a repris un peu sa direction normale. Dans les autres cas la diastase n'existe pas : la rangée anti-brachiale du carpe, ou tout au moins son bord postérieur, fait saillie en arrière, excepté lorsque la déviation est radiale, comme on le voit à la main gauche d'un monstre décrit par Cruveilhier (tabl. n° 9). Cette première variété de la main bote se rencontre quelquefois seule, mais nous avons trouvé trois fois sur quatre qu'elle se complique d'autres vices de conformation.

Deuxième variété (*Voy.* tabl. B, n°s 12 et 13).   Nous n'avons trouvé que deux faits de main bote congénitale se rapportant à la deuxième variété, tandis que la main bote acquise en offre de fréquents exemples. Ici on commence à trouver des malformations notables, tantôt par atrophie, tantôt par inégalité de développement des parties qui contribuent à former l'articulation : ainsi, les noyaux cartilagineux du carpe ne sont pas toujours parfaitement distincts, ou bien c'est l'ossification de ces noyaux qui se fait inégalement; les uns, le grand os, l'os crochu, le pyramidal suivent dans leur développement une marche régulière, tandis que les autres restent à l'état rudimentaire; il en est de même du côté du radius et du cubitus, ce dernier os est notablement plus court que le premier, et détermine ainsi l'inclinaison cubitale de la main. Sur la main droite du fœtus monstrueux décrit par Cruveilhier (tabl. n° 12), les os de l'avant-bras conservaient leur proportion relative normale; mais il n'en était pas de même du carpe qui affectait la forme d'un parallélogramme obliquangle : les os de l'avant-bras et les quatre métacarpiens s'attachaient aux deux côtés d'un même angle obtus, de telle sorte que la main fortement relevée sur son bord externe était presque parallèle au radius. Cette variété peut se compliquer, comme la première, d'autres vices de conformation, et notamment de l'absence du pouce et de son métacarpien.

Troisième variété (*Voy.* tabl. B, D, C, de 14 à 31).   Cette variété est la plus commune : nous avons pu en réunir seize cas congénitaux incontestables parmi lesquels un adulte, un garçon de sept ans et demi, une petite fille de quatre ans et demi et une autre de vingt-sept mois : les douze faits restants comprennent huit nouveau-nés ou fœtus à terme, et quatre fœtus de six à huit mois. Le sexe est indéterminé sept fois; dans les neuf autres cas, il y a sept garçons et deux filles. La déviation radio-palmaire est la plus fréquente : nous l'avons rencontrée neuf fois, dont quatre doubles, tandis que la déviation radiale n'existait que quatre fois dont trois doubles; enfin nous n'avons trouvé qu'un seul exemple de chacune des inclinaisons palmaire, cubito-palmaire et cubito-dorsale, tandis que dans la première variété nous avons vu dominer au contraire le sens cubital. Neuf fois, la difformité existait à gauche seulement, six fois, elle occupait les deux côtés; nous n'avons pas trouvé d'exemple du côté droit affecté seul, mais il y a des cas doubles où ce côté présente des vices de conformation plus prononcés que le côté gauche.

Au point de vue du squelette, ce qui caractérise cette variété, ce sont d'une part les vices de conformation, et d'autre part, l'absence totale ou presque totale du radius ou de plusieurs des os qui constituent l'articulation du poignet, d'où résulte une véritable néarthrose. Ce fait est d'autant plus intéressant, qu'à l'état normal, chez certains mammifères, les solipèdes, les ruminants, et surtout les chéiroptères, c'est le cubitus qui devient rudimentaire, et le radius qui se montre le plus persistant. C'est donc l'inverse qui s'observe dans les difformités de la main chez l'homme : ainsi, nous n'avons constaté l'existence du radius en totalité

TABLEAU B. — MAIN BOTE CONGÉNITALE.

PREMIÈRE VARIÉTÉ.

NUMÉROS	SEXE ET AGE.	DÉVIATION	SQUELETTE	MUSCLES	VAISSEAUX ET NERFS	COMPLICATIONS	SOURCES.
8	Nouveau-né.	Cubito-palmaire gauche. Pronation légère.	Le carpe est en rapport par son bord antérieur avec la surface articulaire du radius, qui paraît être fortement inclinée de dedans en dehors, de haut en bas et d'avant en arrière. Le bord postérieur du carpe est saillant en arrière.	Paraissent complets et ne présentent aucune apparence de raccourcissement.	»	»	Musée Dupuytren, n° 541, C.
9	Mort-né.	Cubito-palmaire droite.	La première rangée du carpe était logée entre le cubitus et le radius très-écartés en bas. Ce rapport anormal était maintenu par un ligament très-fort qui s'attachait à l'extrémité inférieure du radius et à la seconde rangée du carpe.		»	Luxation radio-cubitale. Hernie de presque tous les viscères abdominaux. — Bec-de-lièvre de la lèvre supérieure avec division de la voûte palatine et du voile. Volume anormal du cœur et des oreillettes qui paraissent appartenir à un enfant de 4 à 5 ans.	MANGUES. Journal de Méd., 1755, t. II, p. 51.
10	Fille 4 ans 1/2.	Cubito-palmaire double. Pronation.	Les mains sont fortement déviées et sont en contact par leur bord cubital avec l'avant-bras.	Aucune rétraction musculaire, aucune tension tendineuse appréciables. La région postérieure de l'avant-bras est atrophiée.	»	Côté gauche du corps moins développé que le droit. Pieds bots équins varis. Double luxation congéniale des genoux.	ROBERT. Thèse de concours, 1851, p. 124.
11	Mort-né à terme. Mâle.	Radiale gauche.	Le pouce est appliqué sur le bord radial de l'avant-bras; l'articulation radio-carpienne est très-oblique de dehors en dedans, et de haut en bas.	»	»	Fœtus peu développé. L'atrophie du membre inférieur droit portant surtout sur les muscles : double luxation congénitale des fémurs ; rectum ouvert dans la vessie, etc. ; vices de conformation plus prononcés à droite qu'à gauche.	CRUVEILHIER. (Anat. path. avec pl., 2e livraison, pl. 2.)

DEUXIÈME VARIÉTÉ.						
12	Même sujet.	Radiale droite.	Le carpe forme avec les os de l'avant-bras un angle droit ouvert en dehors. Le radius s'articule au point qu'occupe ordinairement le trapèze dont le noyau cartiagineux manque ou se confond avec celui du trapézoïde et du scaphoïde.	»	»	Il n'y a que quatre métacarpiens : le pouce manque.
13	Garçon, 5 ans.	Cubito-palmaire gauche. Pronation forcée.	L'épiphyse inférieure du radius est très-peu développée, et celle du cubitus encore moins. Les noyaux osseux du scaphoïde et du trapèze sont rudimentaires ; ceux des autres os du carpe sont moins développés qu'à droite. — L'ossification du carpe gauche est à peu près ce qu'elle est à l'âge de 3 ans.	»	»	Humérus plus court à gauche qu'à droite ; cubitus gauche plus court de 1 centim. que le radius. Hydrocéphalie ; grande courbure dorsale du rachis, convexe à droite, avec rotation très-prononcée des vertèbres. — Musée Dupuytren, n° 22 (Hydrocéphalie).
TROISIÈME VARIÉTÉ.						
14	Fœtus.	Radiale gauche.	Main articulée avec le côté externe de l'extrémité inférieure du cubitus ; elle est renversée à angle aigu sur le côté radial de l'avant-bras.	»	»	L'extrémité supérieure du radius seule existe. Quatre doigts ; pas de pouce. Imperforation du rectum. — Curveilhier. Obs. d'anat. path. 2e livraison pl. 2.
15	Nouveau-né.	Radiale double.	Main inclinée latéralement et formant presque l'angle droit avec l'avant-bras.	»	»	Pas de radius ; pas de pouce. Doigts mal conformés. — Jeng. Difformités du corps humain. Leipzig, 1816, p. 82.
16	Nouveau-né. Mâle.	Radiale double.	Le carpe est en rapport avec une gorge, oblique du haut en bas et de dehors en dedans, que présente la face inférieure de la tête du cubitus, et la main forme l'angle aigu avec l'avant-bras. Le carpe est complet mais moins développé qu'il ne devrait l'être ; il est attaché et non articulé au cubitus dont l'échancrure n'est pas encroûtée de cartilage.	Il manque aux deux bras : les palmaires, les radiaux, les supinateurs, l'extenseur propre du petit doigt, et, au membre gauche seulement, l'anconé. Pas de ligament annulaire du carpe. Le fléchisseur superficiel présente à la main une large aponévrose que traversent les tendons du fléchisseur profond.	»	Ni radius, ni premier métacarpien, ni pouce. Le reste du corps bien conformé, à l'exception de la trachée artère qui offre quelques anomalies. — Petit. Mémoire de l'Acad. des sciences, 1735, p. 21.

TABLEAU C.

NUMÉROS.	SEXE ET AGE.	DÉVIATION	SQUELETTE	MUSCLES	VAISSEAUX ET NERFS	COMPLICATIONS	SOURCES.
17	Nouveau-né. Garçon.	Radiale double.	L'extrémité inférieure du cubitus est plus petite que la supérieure, et ne présente pas de surface articulaire; la main est fixée à cet os par une masse ligamenteuse très-forte.	Tout le système musculaire de l'avant-bras se trouve placé sur la face antérieure du cubitus et un peu sur les faces latérales. Il manque les deux pronateurs et les deux supinateurs; les palmaires, le long fléchisseur du pouce, le court et le long extenseur propre de l'index.	Le nerf radial paraît réduit à un filet très-grêle qui se perd sur le dos de la main.	Absence du radius des deux côtés. Cubitus fortement arqué devant en arrière. Reste du corps bien conformé. (Cet enfant est mort de convulsions 5 jours après sa naissance.)	Lebau, Soc. anat., 1855, p. 269.
18	Garçon 7 ans 1/2.	Radio-palmaire gauche. Pronation.	Cubitus articulé avec le carpe qui est incomplet.	Pas de trace du long fléchisseur du... coné, ni de court supinateur. Le long supinateur se perd en bas avec l'aponévrose antibrachiale, à la partie postérieure du poignet. Les deux radiaux et l'extenseur propre de l'index sont confondus en haut et s'unissent aux faces externe et antérieure du cubitus, et présentent en bas leur insertion normale.	L'artère humérale traverse la masse musculaire qui représente les radiaux, et se divise ensuite, comme à l'ordinaire, en cubitale et en radiale. Le nerf médian descend au-devant du fléchisseur superficiel. Le radial se perd au niveau de l'articulation du coude.	Le cubitus est environ moitié plus court que le droit. Le radius, le pouce, premier métacarpien, le scaphoïde et le trapèze n'existent pas. Reste du corps bien conformé.	Rouseau, Soc. anat., 1852. Musée Dupuytron, 541 et 541, a.
19	Fœtus de 7 mois environ.	Radio-palmaire double.	Extrémité inférieure du cubitus articulé avec le carpe; chaque main forme un angle aigu avec l'axe du cubitus.	»	»	Des deux côtés, absence du radius, du pouce et de son métacarpien. — Absence de la branche gauche de la mâchoire inférieure. Diminution du nombre, et élargissement considérable des lames des vertèbres cervicales et des premières dorsales. Fusion des quatre premières côtes gauches, etc.	Davaine, Ibid., p. 40.

20	Fœtus mâle 6 mois 1/2.	Radio-palmaire double. Membre gauche.	Le cubitus, qui a en haut la forme et le volume du radius, fait un angle aigu avec la main; celle-ci est couchée sur le côté externe et antérieur de cet os; carpe court et incomplet.	Un seul muscle de l'avant-bras distinct, c'est un cubital. Pas de tendons pour la flexion des doigts.	Le nerf cubital très-grêle. Le médian passe derrière le coude et suit le trajet du cubital. Le nerf radial se distribue dans les muscles qui se portent à la main.	Monstre pseudo-céphalien. (Tulips-encéphale.) Pas de radius; trois doigts et trois métacarpiens; anus imperforé; pas d'urèthre, pas de vessie; scoliose à courbure dorsale droite principale.	Pressat. *Société anat.*, 1837, P. 167.
21	Même sujet.	Membre droit.	Même disposition du cubitus. Le carpe est constitué par les noyaux de l'unciforme, du grand os, du trapézoïde, et du pyramidal.	Ni biceps, ni radiaux. — Les fléchisseurs sublime et profond, les cubitaux, l'extenseur commun existent très-distinctement.	Le nerf cubital très-gros. Pas de trace du radial.	Pas de radius ni de pouce; quatre métacarpiens, le plus externe est réuni au suivant; trois doigts, dont un bifurqué au sommet.	Giraldès. *Rapp. sur l'obs. de Prestat. Soc. anat.*, 1837, p. 170-172.
22	Fœtus mâle de 8 mois environ.	Radio-palmaire double. Légère pronation. Membre gauche.	Main articulée, à angle presque droit, avec la face externe du cubitus.	Les muscles sont très-incomplets, ils se réduisent aux suivants: fléchisseurs superficiel et profond qui paraissent être raccourcis; cubital antérieur très-développé; extenseurs communs des doigts et propre du petit doigt qui s'attachent en haut au condyle même de l'humérus; cubital postérieur volumineux.	Artère radiale filiforme; la cubitale, très-grosse, continue l'humérale; elle passe derrière l'épitrochlée et traverse le cubital antérieur, de dedans en dehors, pour suivre son bord externe. Le médian et le cubital sont réunis le long du bras; le musculo-cutané ne devient pas sous-cutané, il suit le bord externe du fléchisseur superficiel.	Le membre supérieur gauche a 2 centimètres de moins que le droit. — L'humérus est renflé en bas et en dehors; le condyle est plus bas que la trochlée; le cubitus est courbé sur sa face antérieure. Il n'y a ni radius, ni pouce, ni premier métacarpien.	Musée Dupuytren, 511, E. (Gosselin et Houel).

TABLEAU D.

NUMÉROS.	SEXE ET AGE.	DÉVIATION.	SQUELETTE.	MUSCLES.	VAISSEAUX ET NERFS.	COMPLICATIONS.	SOURCES.
23	Même sujet qu'au n° 22.	Radio-palmaire. Membre droit.	Cavité articulaire creusée à l'extrémité inférieure de la face antérieure du cubitus devenue externe. La main y est fixée à angle droit par des faisceaux ligamenteux très-forts.	»	»	L'humérus paraît présenter la même disposition que du côté gauche; le cubitus est courbé en dehors et tordu sur son axe; le carpe paraît incomplet; il n'y a pas apparence de partie cartilagineuse représentant le pyramidal. Absence du radius, du pouce, et du premier métacarpien.	Musée Dupuytren, 541, E. (Gosselin et Houel).
24	Fœtus à terme (?)	Radio-palmaire gauche. Pronation.	Le carpe est articulé avec l'extrémité inférieure du cubitus qui est courbé en avant vers le milieu de sa diaphyse; son extrémité inférieure présente à peu près le volume et la forme de celle du radius.	»	»	Radius réduit à son tiers supérieur, et remplacé dans le reste par une masse fibreuse qui s'arcole à la face externe de l'extrémité inférieure du cubitus. Quatre métacarpiens seulement; le pouce s'articule avec la tête du deuxième métacarpien.	Musée Dupuytren, 541, b.
25	Fœtus à terme.	Radio-palmaire double.	»	»	»	Absence de radius des deux côtés.	Musée Dupuytren, 541, D. (Gosselin et Houel).
26	Fœtus à terme.	Radio-palmaire gauche.	La pièce n'est pas disséquée.	»	»	Radius presque complètement absent; pas de premier métacarpien; le pouce existe.	Musée Dupuytren, 541, B.
27	Fille 27 mois.	Radio-palmaire gauche.	La flexion de la main forme une sorte de coude au-levant duquel l'apophyse styloïde du cubitus fait une saillie très-prononcée.	La main ne peut faire aucun mouvement; les doigts exécutent de faibles mouvements d'abduction et d'adduction.	»	Cubitus courbé en dehors et en arrière. Ni radius, ni pouce. — On ne sent rien qui dénote la présence du carpe.	Pouvier, Observation inédite.

N°		Variété.		Source.
28	Fœtus à terme.	Radio-palmaire. Pronation exagérée.	La main fait un angle droit avec l'avant-bras qui est en pronation forcée ; son bord radial est accolé au bord cubital de l'a-vant-bras.	»	»	Monstre. — 5,6e inférieurs du radius manquent, ainsi que le pouce.	CRUVEILHIER. Soc. anat., 1828, p. 225.
29	Fœtus de 7 mois (?)	Palmaire gauche.	Main articulée à angle droit avec la face an-térieure de l'extrémité inférieure du cu-bitus : le corps du cubitus et de la main sont dans le même plan.	»	»	Développement anormal de l'humérus surtout en lon-gueur ; raccourcissement du cubitus avec augmentation de volume du corps et de l'extrémité supérieure de cet os. Ni radius, ni pouce, ni premier métacarpien. A droite, absence d'un des doigts. — Le reste du corps bien conformé.	DAVAINE. Soc. biolog., 1850, p. 59.
30	Homme 50 ans.	Cubito-palmaire.	La main est soutenue par le cubitus ; elle est légèrement fléchie en avant.	Les doigts conservent des mou-vements d'abduction et d'ad-duction, mais ils ne peuvent être fléchis.		Ni radius, ni pouce. Cet hom-me a eu cinq enfants, dont un seul bien conformé, mort à 4 ans. Une fille à trois doigts ; une autre un seul ; deux autres sont identiques au père.	Communiqué à M. BOUVIER par DESPREZ.
31	Fille 4 ans 1/2	Cubito-dorsale gauche.	Le métacarpe est maintenu en rapport avec l'extrémité inférieure du radius au moyen de plusieurs couches épaisses de tissu fi-breux. Le ligament latéral interne est très-fort et très-court.	Tous les muscles existent ; ils sont pâles et peu développés ; tous les tendons sont adhé-rents à leur gaine. A la face dorsale du poignet une lame aponévrotique très-forte réu-nit entre eux les tendons ; à la face palmaire les tendons des fléchisseurs n'a-dhèrent pas au ligament au-nulaire.	Luxation en arrière de la tête du radius sur l'humérus. Absence complète du carpe à droite, incomplète à gauche. Pied valgus, peu avancé à gauche, beaucoup plus à droite. Absence d'une partie des os du tarse.	BOUVIER. Observation inédite.

qu'une seule fois (tabl. n° 31); dans quatre cas, il était réduit à une portion de son extrémité supérieure qui ne comprenait pas toujours la tubérosité bicipitale (tabl. n°s 14, 24, 26, 28) ; ordinairement la tête seule existait, maintenue en place par le ligament annulaire; quelquefois l'os était remplacé dans le reste de son étendue par une sorte de cordon fibreux qui en continuait le trajet jusqu'au carpe où il s'attachait (tabl. n° 24); trois fois nous avons vu le radius manquer seul (tabl. n°s 17, 25, 30); dans deux autres cas il y avait en outre absence du pouce (tabl. n°s 15, 27); mais huit fois sur seize, dont deux mains botes doubles, le radius, le premier métacarpien et le pouce manquaient simultanément (tabl. n°s 16, 18, 19, 20, 21,22, 23, 29). Dans cette variété, on ne voit pas, comme dans la seconde, le pouce et son métacarpien faire défaut isolément ; ici l'absence d'un des doigts ou d'un des métacarpiens coïncide toujours avec celle du radius, ou tout au moins de ses trois quarts inférieurs. Il n'en est pas de même du carpe : j'ai constaté sur une petite fille morte à l'hôpital des enfants (Tab. n° 31), que les os de l'avant-bras étaient normaux, tandis que le carpe faisait presque complétement défaut ; à la face palmaire, il était représenté par deux petits noyaux cartilagineux, l'un, interne, correspondant à l'os crochu, l'autre, externe, correspondant au trapèze, et qui servaient de point d'attache au ligament annulaire, mais ce fait est excessivement rare. En général, le carpe est assez complet; lorsqu'il ne l'est pas, c'est le trapèze et le scaphoïde ou le pyramidal qui manquent ; une seule fois nous avons noté que le scaphoïde, le semi-lunaire et le trapèze faisaient défaut simultanément ; contrairement à ce qu'on pourrait supposer, l'absence fréquente du premier métacarpien n'entraîne pas toujours celle du trapèze, seulement dans ce cas, celui-ci est ordinairement peu développé. Enfin on voit encore le pouce exister sans son métacarpien, et s'articuler avec la face externe de l'extrémité inférieure du deuxième métacarpien (tabl, n°s 24); les doigts sont en général bien conformés, excepté chez les fœtus monstrueux où on peut constater diverses anomalies dont nous n'avons pas à nous occuper ici.

Le cubitus présente dans sa forme, dans son volume et dans ses rapports les modifications les plus intéressantes : sur la petite fille mentionnée plus haut, cet os offrait une particularité remarquable : son extrémité inférieure, placée sur un plan plus élevé de un centimètre que celui qui passait par le plan de l'apophyse styloïde du radius était reçue dans une espèce de cavité pratiquée sur côté interne du radius. Celui-ci envoyait au-dessous de la petite tête du cubitus une espèce de prolongement qui s'étendait jusqu'au niveau du côté interne de cet os, et qui le séparait du métacarpe, de telle sorte que ce dernier semblait s'enfoncer dans l'extrémité épiphysaire du radius. Ce fait est une exception; cependant on peut dire que le cubitus est souvent plus court, avec augmentation de volume de la diaphyse et des extrémités; l'inférieure a à peu près la forme et les dimensions de celle du radius dont elle remplit alors les fonctions (fig. 1, 6); cependant cette extrémité conserve assez fréquemment ses proportions normales sans présenter de surface articulaire. La diaphyse est souvent aplatie, assez fortement arquée et convexe en arrière ou en dedans; quelquefois elle est comme tordue sur son axe, de sorte qu'en bas la face antérieure regarde directement en dehors ; cette face est, dans un certain nombre de cas, creusée d'une cavité plus ou moins profonde, de forme oblongue, dont le grand diamètre est dirigé tantôt parallèlement, tantôt obliquement, à l'axe de l'os; elle reçoit le condyle du carpe qui s'y trouve fixé par du tissu fibreux très-résistant (tabl. B, n° 16 et fig. 1ʳᵉ 6). La main forme alors avec l'avant-bras un angle ouvert, tantôt en avant, tantôt en dehors, et qui peut varier de l'angle aigu à l'angle droit.

Enfin nous devons encore ajouter que l'humérus éprouve dans un certain nombre de cas la même influence malformatrice que le squelette de l'avant-bras (fig. 1ʳᵉ, 1). Tantôt il est trop long, tantôt trop court : son extrémité inférieure est comme renflée ; le bord antérieur est très-saillant, et se continue en bas avec le bord externe de la trochlée qui descend plus bas que l'interne, ce qui est ordinairement l'inverse. La tubérosité externe est beaucoup plus développée que l'interne (fig. 1ʳᵉ, 2) ; elle ne présente pas de surface articulaire dans les cas où le radius manque, c'est à peine s'il y a quelque trace d'un condyle lorsque le tiers ou le cinquième de l'extrémité supérieure de cet os existe ; la diaphyse est quelquefois légèrement cintrée. On rencontre aussi d'autres vices de conformation du côté des membres inférieurs, mais qui sortent de notre cadre, et qu'il nous suffit, par conséquent, de signaler, on les trouvera mentionnés dans les tableaux à la colonne des complications.

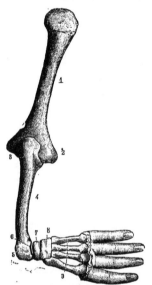

Fig. 1. Tabl. D, n° 23.
Membre supérieur droit d'un fœtus de 8 mois. 1 Humérus. — 2 Tubérosités externes. — 3 Tubérosité interne. — 4 Cubitus. — 5 Épiphyse cartilagineuses. — 6 Surface articulaire verticale creusée dans le cubitus. — 7 Première rangée du carpe. — 8 Deuxième rangée du carpe. — 9 Métacarpiens.

Les moyens d'union de la main avec l'avant-bras sont rarement mentionnés par les auteurs, cependant les renseignements que nous avons pu nous procurer sur ce sujet suffisent pour permettre de se rendre un compte exact des nouveaux rapports qu'affectent les parties, car il s'agit ordinairement d'une *néarthrose*, quelquefois même d'un simple accolement médiat du métacarpe, ainsi que Petit l'a mentionné et que j'ai eu occasion de l'observer sur une petite fille dont il a été déjà parlé (tableau B, n° 16, et D 31). Ledru mentionne un fait analogue ; mais ici il n'y avait pas de radius et le carpe existait. Ce dernier était uni au cubitus par une masse ligamenteuse très-forte qui, partant surtout du tiers inférieur de la face antérieure de cet os, allait embrasser le carpe en totalité ; il n'y avait pas non plus de cavité articulaire. Enfin, dans le cas rapporté par Petit, le carpe ne s'articulait pas avec le cubitus, bien que la tête de ce dernier os présentât une gorge profonde ; il était simplement attaché par des membranes au côté externe de la partie inférieure de cet os ; le tendon du cubital postérieur passait sur cette extrémité inférieure du cubitus sans y adhérer : à ce niveau, il était large, doublé d'un tissu de substances cartilagineuses, et allait s'insérer au bord interne du carpe par une aponévrose qui descendait jusqu'au cinquième métacarpien ; il faisait ainsi l'office du ligament latéral interne.

Mais les exemples que nous venons de mentionner sont des exceptions ; ordinairement, la néarthrose est maintenue par de véritables ligaments dont la résistance est en harmonie avec les quelques mouvements que cette articulation peut exécuter.

B. *Muscles. Première et deuxième variétés.* Dans les deux premières variétés, les muscles ne présentent rien de particulier à noter ; ils paraissent complets et n'offrent aucune apparence de raccourcissement, ni de tension tendineuse : chez la petite malade de Follin, la région postérieure de l'avant-bras était atrophiée, le développement en était moitié moindre que celui de la région antérieure (tabl. A, n° 6).

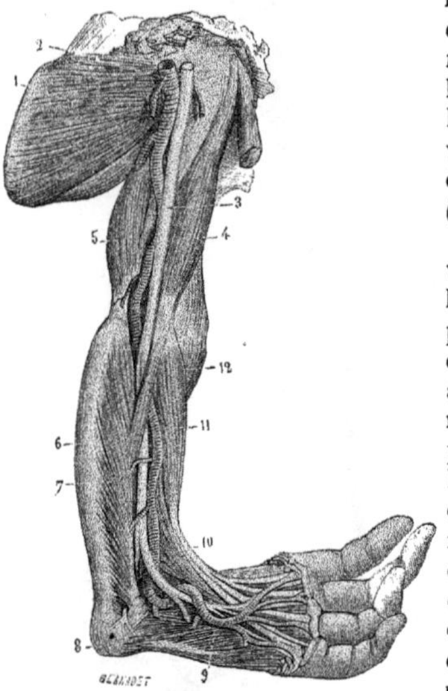

Troisième variété. La troisième variété offre des anomalies et des lacunes qui souvent ne paraissent pas être la conséquence nécessaire de l'absence de certains os. C'est ainsi, par exemple, que non-seulement les radiaux, tels que les deux pronateurs, les deux supinateurs et le long fléchisseur du pouce font défaut, mais qu'il en peut être de même des palmaires, des long et court extenseurs du pouce, de celui de l'index et du petit doigt. Quelquefois encore le nombre des muscles qui manquent est plus considérable : sur une pièce conservée au musée Dupuytren (fig. 2ᵐᵉ, 7, 10, 11, 12), nous n'avons trouvé que le cubital antérieur, les fléchisseurs superficiel et profond des doigts, qui paraissent raccourcis mais bien développés ; à la région externe et postérieure, l'extenseur commun des

Fig. 2. Tabl. n° 22.
Membre supérieur gauche d'un fœtus de 8 mois environ.
(Musée Dupuytren, 541, E.)

1. Sous-scapulaire. — 2. Artère humérale. — 3. Nerf médian. — 4. Biceps. — 5. Triceps. — 6. Cubitus. — 7. Cubital antérieur. — 8. Extrémité inférieure du cubitus. — 9. Arcade palmaire superficielle. — 10. Tendons des fléchisseurs superficiel et profond. — 11. Fléchisseur superficiel. — 12. Extenseur commun.

doigts et l'extenseur propre du petit doigt ; enfin le cubital postérieur très-gros dont le tendon large et épais se réfléchit à angle droit sur une gouttière profonde, creusée à la face postérieure de l'extrémité inférieure du cubitus. Prestat, sur un fœtus monstrueux dont il a donné la description, n'a trouvé au membre gauche qu'un muscle cubital distinct, tous les autres étaient confondus ; il n'y avait pas de tendons pour la flexion des doigts ; tandis qu'à droite on rencontrait les muscles fléchisseurs sublime et profond, les cubitaux antérieur et postérieur, un extenseur commun (tabl. nᵒˢ 20 et 21).

Parmi les anomalies, quelques-unes méritent d'être signalées. Petit a vu manquer le ligament annulaire antérieur du carpe (tabl. n° 16) ; les tendons du fléchisseur superficiel formaient à la région palmaire une large aponévrose qui s'insérait d'une part au cinquième métacarpien, et de l'autre, se terminait par quatre tendons qui s'attachaient aux phalanges comme d'habitude. Chez la petite fille dont il a déjà été question (tabl. n° 3), il y avait à la face dorsale du poignet et de la main une disposition plus curieuse encore ; au-dessous de l'aponévrose normale, on trouvait une autre lame aponévrotique très-forte, réunissant entre eux les tendons de manière à leur donner la forme d'une patte d'oie ; ceux-ci étaient fortement tendus de l'extrémité de la première phalange au ligament dorsal du carpe, auquel ils adhéraient tellement qu'ils ne semblaient en être qu'une expansion. Tous les efforts d'extension de la main allaient se perdre sur ce ligament qui avait conservé ses attaches normales ; tous les muscles existaient, mais pâles et peu développés ; tous les tendons étaient adhérents à leur gaîne. A la face palmaire, le ligament annulaire du carpe laissait passer les muscles fléchisseurs sans y adhérer.

Quant aux muscles de la main, ils ne présentent en général d'autres anomalies que celles qui résultent de l'absence d'un métacarpien ou d'un doigt.

C. *Vaisseaux et nerfs.* Il n'y a aucun renseignement précis sur la disposition des vaisseaux et des nerfs dans les deux premières variétés, mais il n'en est pas de même pour la troisième. L'artère humérale (fig. 2me, 2) ne se divise pas, elle continue à l'avant-bras le trajet de la cubitale, et dans ce cas, la radiale est réduite à un très-petit calibre, ou bien la division se fait à l'avant-bras après que l'humérale a traversé la partie supérieure des muscles qui représentent les radiaux ; la cubitale et la radiale continuent ensuite leur trajet sans rien présenter d'intéressant à noter, mais en général l'artère radiale est toujours filiforme, c'est la cubitale qui nourrit le membre.

Les nerfs médian et cubital réunis suivent, à partir du tiers inférieur du bras le trajet du cubital (fig. 2me, 3). Ce nerf accompagne l'humérale en se plaçant en avant et en dehors jusqu'au-dessous de l'épitrochlée où il la croise, et longe ensuite son côté interne et postérieur ; arrivé au poignet, il se divise en deux branches d'égal volume ; l'interne se perd dans les muscles de l'éminence hypothénar, l'externe se subdivise en cinq rameaux qui fournissent les collatéraux des trois derniers doigts et le collatéral interne de l'index.

Le nerf musculo-cutané, de volume normal, au lieu de traverser l'aponévrose brachiale pour devenir sous-cutané, reste appliqué sur le bord interne du brachial antérieur, et descend entre ce muscle et le fléchisseur sublime dont il suit le bord interne. Le radial, lorsqu'il existe à l'avant-bras, est assez grêle, et suit à peu près un trajet normal ; ordinairement, il se perd au niveau du coude dans les faisceaux musculaires de la région antéro-externe ; enfin, dans certains cas, le médian et le cubital ne présentent rien d'anormal dans leur trajet.

ÉTIOLOGIE. Le mode de formation de la main hote doit être considéré : 1° après la naissance ; 2° avant la naissance.

I. *Après la naissance.* La main hote *acquise*, ou celle qui se produit après la naissance, est ordinairement l'effet de la rupture de l'équilibre entre les forces musculaires qui meuvent la main dans des directions opposées. Cet équilibre est détruit, tantôt par le défaut d'action, tantôt par l'excès d'action d'une partie de ces muscles.

Le *défaut d'action* partiel des muscles de la main est une cause de main hote beaucoup plus fréquente que leur excès d'action. On l'observe dans les paralysies partielles, dans l'atrophie musculaire graisseuse progressive, et dans d'autres circonstances. M. Duchenne, de Boulogne (*De l'électrisation localisée*), en a publié des exemples intéressants, j'en ai moi-même cité ailleurs (*Leçons sur l'appa-*

reil locomoteur) des cas, dans lesquels une hémiplégie, datant de l'enfance, avait eu pour résultat, plusieurs années après, la formation d'un pied bot et d'une main bote. On trouve dans la savante thèse, de Robert, sur les *vices congénitaux des articulations*, la description anatomique d'un fait du même genre, recueilli par Follin ; ce fait est celui que nous avons déjà mentionné dans l'*anatomie patholo-gique*.

Ce n'est qu'à la longue que la main devient, dans ce cas, le siège d'une difformité véritable et permanente. Pendant longtemps, quoique privée d'un ou de plusieurs de ses mouvements, elle reste droite et souple, et si elle paraît un instant difforme en retombant par son seul poids, il suffit de la moindre impulsion, d'une autre direction donnée à l'action de la pesanteur, pour lui rendre sa position et sa conformation naturelles. Peu à peu, les muscles restés à l'état normal, ou moins affectés que leurs antagonistes, se raccourcissent par l'effet de leur contraction tonique qui n'est plus contre-balancée par celle des muscles opposés, et retiennent la main infléchie de leur côté avec une force toujours croissante, de manière à fixer le carpe dans cet état constant de déviation qui constitue la main bote. La déviation n'est d'abord qu'une attitude semblable à celle qui résulterait dans l'état sain, de l'action des muscles contractés. La traction continue de ces muscles finit par porter le carpe au delà des limites naturelles de ses mouvements sur l'avant-bras, et il se produit une *subluxation* du poignet. La pression subie par les os dans leur position vicieuse les déforme avec le temps ; et c'est ainsi que les inclinaisons des surfaces articulaires indiquées à l'article de l'*Anatomie pathologique*, de même que les changements qui surviennent dans les ligaments et les autres parties molles, dérivent, dans ce cas, de la seule perte de l'équilibre musculaire.

Le sens de la déviation est alors déterminé par le siège de la lésion des muscles. On peut, en quelque sorte, le prévoir *a priori* ; d'après les fonctions propres à chacun des muscles moteurs de la main, surtout si l'on s'éclaire des nouvelles recherches de M. Duchenne (de Boulogne) sur ce point de mécanique animale. Il est manifeste, en effet, que la déviation sera palmaire si la contractilité est éteinte ou affaiblie dans les deux radiaux et dans le cubital postérieur ; qu'elle sera dorsale si, comme cela est beaucoup plus rare, ce sont les deux palmaires et le cubital antérieur qui ont perdu leur action. Le premier radial externe et le cubital postérieur étant les agents essentiels des mouvements latéraux, la perte d'action donnera lieu à la déviation cubitale, si elle atteint le premier, et à la déviation radiale, si c'est le second qui est affecté. Si la lésion ne porte que sur le second radial, extenseur direct, et sur le cubital postérieur, les fléchisseurs et le premier radial prépondérants produiront la déviation radio-palmaire. La lésion simultanée des deux radiaux externes entraînera, de la même manière, la déviation cubito-palmaire. Si le cubital postérieur ou le premier radial sont frappés d'inertie en même temps que les fléchisseurs, il y aura, dans le premier cas, déviation dorso-radiale, et, dans le second, déviation dorso-cubitale. Ces différentes variétés se rencontrent effectivement dans la pratique, et l'observation clinique confirme ici pleinement les données physiologiques.

L'*excès d'action* d'un ou de plusieurs muscles moteurs de la main produit des effets semblables à ceux que je viens d'indiquer ; seulement, ce ne sont plus les muscles sains, ce sont les muscles malades, qui inclinent la main dans le sens de leur action. Une irritation continue, prolongée, de ces muscles ou des nerfs qui les animent, peut, en excitant leur contraction pathologique, donner lieu à leur rétraction, et par suite à une main hote. C'est ce que l'on observe quelquefois dans les plaies, les ulcères, les abcès de l'avant-bras, dans les affections irritatives des nerfs du membre supérieur, ou dans celles des centres nerveux eux-mêmes. Ces dernières, néanmoins, produisent bien plus souvent la rétraction consécutive à la paralysie que celle qui dépend de la contracture primitive, cela tient à ce que les contractures sans paralysie, dans les affections des centres nerveux, sont en général aiguës, et ne durent pas assez pour altérer la constitution physique des muscles. Ainsi voit-on, dans la contracture essentielle de l'enfance, par exemple, le spasme musculaire produire toutes les apparences du pied bot et de la main bote, on croirait qu'il va surgir une difformité permanente ; il n'en est rien ; tout disparaît en peu de jours, sans laisser de trace.

Distendus par des tumeurs de l'avant-bras, les muscles réagissent par leur élasticité vivante, et, devenus relativement trop courts, infléchissent la main de leur côté ; il s'établit une déviation qui persiste ou s'accroît avec sa cause. Delpech et Trinquier (*Observations sur les difformités*) ont vu des cals difformes de l'avant-bras, saillants à sa face palmaire, produire des effets analogues en soulevant les muscles fléchisseurs de la main et des doigts.

L'arthrite rhumatismale, les tumeurs blanches du poignet sont souvent accompagnées d'inclinaisons permanentes, de véritables déviations de la main. L'action musculaire joue bien ici son rôle, mais la rétraction n'y est plus aussi prononcée ni aussi constante, et la difformité dépend principalement des changements qu'ont subis les ligaments et les os.

C'est encore dans le squelette qu'il faut chercher la cause de la main bote, quand l'inclinaison de la main n'est que le symptôme d'une luxation traumatique ancienne non réduite. Nous ne faisons qu'indiquer cette variété dont l'histoire est inséparable de celle des *luxations du poignet*.

Nous renvoyons également aux plaies et aux brûlures de l'avant-bras et de la main les déviations causées par des brides cicatricielles.

L'étiologie de la main hote acquise rend raison, d'une part, de la fréquence relative de ses différentes espèces, et, d'autre part, de ses complications les plus ordinaires. Ainsi, au premier point de vue, les déviations palmaires sont les plus communes, parce que les muscles de la région anti-brachiale antérieure sont les plus puissants, les moins exposés à perdre leur action, et les plus sujets à un surcroît d'excitation morbide. Ainsi, pour ce qui est des complications, on explique aisément par la lésion simultanée des muscles soumis à un même tronc nerveux, ou, par une affection étendue à plusieurs nerfs voisins d'origine, comment la rétraction des pronateurs se joint presque toujours à celle des fléchisseurs ; comment la rétraction des moteurs des doigts ajoute si souvent son influence à celle des muscles de la main, dans le développement de la main hote ; comment on voit, avec la déviation de la main, des attitudes vicieuses du coude, de l'articulation scapulo-humérale, etc.

II. *Avant la naissance.* Il est très-rare que la main hote se présente, à la naissance, ainsi qu'il arrive si souvent pour le pied bot, comme un fait tout à fait isolé, indépendant, sans autre désordre organique, chez l'individu, que ceux qui sont inhérents à la difformité qui la constituent, sans lesquels elle n'existerait pas. C'est surtout par le manque presque absolu, à la main, de cette série de faits, si nombreuse dans le pied bot, que la main hote congénitale est beaucoup plus rare que le pied bot natif.

Le phénomène le plus étroitement lié aux déviations congénitales de la main, c'est la paralysie plus ou moins étendue du membre, paralysie très-souvent incomplète et presque toujours inégale dans les divers ordres de muscles. Tandis que, dans le pied bot congénital, ces cas de paralysie ne constituent qu'une rare exception, ils sont pour ainsi dire la règle dans la main bote native. Il est bien vraisemblable que cette paralysie est l'effet d'une maladie intra-utérine analogue à celles qui entraînent le même résultat après la naissance. Cela paraît hors de doute s'il existe, en même temps que la main bote, d'autres traces non équivoques d'une affection antérieure des centres nerveux, telles que la paralysie d'autres tissus contractiles, l'état imparfait des organes de la parole, des sens, de l'intellect. Nul ne saurait dire si le fœtus a éprouvé dans ce cas des contractures convulsives, ou si la rétraction n'est qu'un simple effet de l'action tonique et du défaut d'élongation des muscles restés prédominants.

Il est très-probable que, dans certains monstres qui ont subi des lésions plus ou moins profondes de l'encéphale, la main bote est également due, suivant une supposition de Rudolphi, à laquelle les recherches de M. J. Guérin ont donné plus de valeur, à l'influence morbide du système nerveux sur les muscles.

Cependant, il faut aussi tenir grand compte, dans l'étiologie de la main bote congénitale, d'une autre circonstance qui se rencontre fréquemment, comme on l'a vu dans l'*Anatomie pathologique*; je veux parler du développement incomplet des os, notamment de l'absence totale ou partielle du radius. Jörg, en rapportant un cas de ce genre, en 1816, lui accordait déjà une grande part dans la formation de la main bote; car, disait-il, la moindre inégalité dans la traction exercée par les différents muscles suffit pour faire pencher une main si faiblement soutenue par l'avant-bras. Nous irons plus loin : nous dirons, avec MM. Broca (*Rapport sur une observation de M. Blin à la Société anatomique*) et Lannelongue (*Thèse d'agrégation*, 1869), qu'il n'est même pas nécessaire, en pareil cas, d'admettre une action inégale des muscles. Leur traction, en effet, étant supposée égale dans toute la circonférence du poignet, la main devra s'incliner dans le sens où la résistance fera défaut; ce ne sera que consécutivement que les muscles dont les attaches se trouveront rapprochées acquerront une brièveté anormale, et se montreront *rétractés*. Les choses peuvent assurément se passer ainsi dans un certain nombre de cas où l'imperfection du squelette paraît être la première cause de la déviation de la main.

On pourrait, à la vérité, renverser les termes de la proposition, soutenir que c'est au contraire la rétraction musculaire, fait primitif, ou tout au moins le trouble de l'innervation auquel elle se lie, qui s'oppose au développement du radius; ne sait-on pas que la rétraction musculaire déforme les os, les atrophie, et entrave le développement de toute la région du corps qui en est le siège? Mais, quelque spécieuse que puisse paraître cette explication, nous la trouverions tout à fait insuffisante. Elle confond l'atrophie générale d'un membre consécutive à la plupart de ses affections chroniques et le manque absolu de développement d'une moitié de son épaisseur, l'autre moitié n'ayant rien éprouvé de semblable; elle implique l'existence d'une articulation normale qui aurait précédé la difformité, alors que les faits anatomiques ne font pas découvrir la moindre trace d'une pareille articulation. Elle ne rend nullement raison du développement exagéré du cubitus, quand son extrémité inférieure supplée celle du radius; enfin elle repose forcément sur la supposition d'une contraction morbide de muscles qui ont souvent disparu avec le radius, et dont l'existence antérieure est plus que problématique. Quant au rôle que jouerait ici l'influence pathologique du système nerveux, nous sommes loin de le rejeter d'une manière absolue, mais cette influence est un fait indépendant, distinct de la rétraction musculaire, et pouvant très-bien exister sans elle.

Ajoutons que l'explication de l'absence congénitale du radius et du pouce, par une maladie accidentelle du fœtus, serait peu conciliable avec la transmission de cette ectromélie par voie d'hérédité, transmission dont on connaît plusieurs exemples, et dont nous avons cité un nouveau cas à l'article *Anatomie pathologique* (tabl. n° 30).

SYMPTOMATOLOGIE. DIAGNOSTIC, PRONOSTIC. Les caractères extérieurs de la main hote acquise ou congénitale varient suivant la direction, le degré et les complications de la déviation, nous aurons donc à les examiner dans chacune des divisions principales que nous avons indiquées.

La main hote *palmaire* est la plus commune, surtout lorsque la difformité se produit accidentellement : on voit alors, à l'extrémité d'un avant-bras amaigri, pendre une main également atrophiée. Le carpe forme avec les extrémités inférieures du radius et du cubitus un coude plus ou moins arrondi suivant le degré de la flexion, coude qui peut aller jusqu'à figurer un pilon comme on en voit un exemple au musée Dupuytren (n° 540) : il est vrai qu'il s'agit ici d'une rétraction cicatricielle par suite de brûlure, fait qui, à proprement parler, est en dehors de notre sujet. Indépendamment du degré de flexion, la forme du coude est encore modifiée par la situation du plan de la première rangée du carpe : lorsqu'il est un peu antérieur à celui de l'avant-bras, les extrémités inférieures du cubitus et du radius forment le sommet du coude qui devient très-proéminent ; par contre, en avant, c'est le bord antérieur de l'extrémité supérieure du carpe qui est saillant (tab. A, n° 5). Il arrive assez souvent que dans ce cas la main ne pend pas : elle reste maintenue dans une position intermédiaire entre la flexion et l'extension, on voit alors, à la face dorsale, une dépression au niveau de la première rangée du carpe. A la face palmaire, l'éminence thénar est très-proéminente ; un sillon profond et très-étroit la sépare de l'éminence hypothénar qui est plus aplatie ; entre cette face palmaire et l'avant-bras, la peau présente deux plis transversaux très-accusés. La main est souvent immobile, les doigts à demi fléchis ne jouissent que de mouvements très-limités, latéralement ils sont nuls ; le pouce est ordinairement dans l'opposition complète, le premier métacarpien dans l'adduction. On peut étendre ou fléchir la main et les doigts ; pendant la flexion de la main, les doigts s'allongent, ils se plient, au contraire, lorsqu'on l'étend sur l'avant-bras : ces mouvements mécaniques sont dus, dans le premier cas, à la résistance tonique des extenseurs des doigts, et dans le second, à celle des fléchisseurs ; les mêmes effets se produisent dans les mouvements spontanés du poignet lorsqu'ils sont conservés ; dans les paralysies infantiles, ces caractères s'observent pendant longtemps, mais ils s'effacent avec l'âge, et les articulations finissent par perdre complétement leur mobilité. A l'avant-bras, on trouve dans certains cas un relief fortement accusé, correspondant à la direction du grand palmaire et des fléchisseurs superficiel et profond (tabl. A, n° 6) ; dans d'autres circonstances, au contraire, on ne constate la rétraction d'aucun muscle ni la tension d'aucun tendon. La main hote palmaire offre rarement la flexion pure ; elle se combine le plus souvent avec la pronation et une inclinaison sur un de ses bords (tabl. n°° 1, 2, 3, 4, 5, etc.).

Nous avons vu dans l'anatomie pathologique que la déviation *dorsale* de la main est rare : nous en avons en effet réuni un très-petit nombre d'exemples dont un seul remonte à la vie intra-utérine (tabl. A, n°s 4, 7, B 31); nous nous sommes expliqués sur l'origine probable des autres (Voy. *Anat. path.*, p. 163). Dans le cas dont nous voulons parler, et qui se rapporte à une déviation dorso-cubitale (tabl. D, n° 30), la main faisait avec l'avant-bras un angle droit ouvert en arrière; elle restait dans une position mixte entre la pronation et la supination; l'avant-bras était demi-fléchi sur le bras, le bord cubital de la main tendait à se relever vers la face dorsale de l'avant-bras, on pouvait porter la main tout à fait dans la pronation, mais on ne pouvait dépasser la demi-supination, et encore ces mouvements se passaient-ils dans l'articulation scapulo-humérale. La face palmaire présentait l'éminence thénar effacée, tandis que l'éminence hypothénar paraissait plus saillante; les doigts étaient écartés les uns des autres; la première phalange était fléchie en arrière sur le métacarpe; la seconde et la troisième étaient légèrement fléchies dans un sens contraire, et demeuraient invariablement dans cette position. La flexion était impossible en avant, les doigts ne pouvaient plus servir à la préhension, le pouce était étendu et semblait continuer l'axe de l'avant-bras, il conservait assez de mouvement pour permettre à la petite malade de saisir les objets entre lui et le bord cubital du second métacarpien et de la première phalange de l'indicateur. La main pouvait être facilement portée dans le sens de la difformité, en l'augmentant, mais tout mouvement tendant à la porter dans l'abduction était impossible. La face dorsale de la main ne présentait qu'une légère saillie au niveau de l'extrémité inférieure du cubitus. Dans les autres faits qui ont été recueillis chez des adultes, on constatait qu'à l'état de repos la main formait toujours avec l'avant-bras un angle variable ouvert en arrière, et qu'on pouvait la ramener en ligne droite avec l'avant-bras. On observait, en outre, deux saillies, l'une en avant, l'autre en arrière, dues tantôt au carpe, tantôt aux extrémités inférieures du cubitus ou du radius, suivant la position réciproque de ces parties osseuses; la mobilité de la main est quelquefois très-grande, puisque Smith cite une femme qui, malgré sa difformité, faisait de la dentelle avec une extrême agilité (B. Smith, *Fractures et luxations*, p. 240).

Des deux déviations latérales, l'externe ou *radiale* est la plus commune, surtout lorsqu'elle est combinée avec la flexion palmaire; c'est à cette forme qu'appartiennent presque toutes les mains botes congénitales que nous avons réunies (*Voy.* tableaux n°s 11, 12, et de 14 à 15). La main forme avec l'avant-bras un angle ouvert directement en dehors ou obliquement en avant et en dehors: cet angle varie jusqu'au point de devenir nul par l'accolement du bord radial de la main contre le bord externe ou antéro-externe de l'avant-bras. L'espèce de coude qui en résulte est arrondi et formé par l'extrémité inférieure du cubitus dont l'apophyse styloïde est quelquefois peu appréciable; dans un cas, le coude présentait un angle mousse et était uniquement constitué par le carpe; nous avons insisté sur ce fait dans l'anatomie pathologique. Quelquefois la main et l'avant-bras figurent une hache: le radius manque et l'extrémité inférieure du cubitus dépasse le bord interne de la main de plusieurs centimètres; suivant le mode selon lequel le carpe est uni à l'avant-bras, la face palmaire regarde directement en dedans, la face dorsale directement en dehors, ou bien la direction de ces faces est mixte. Le pouce manque très-souvent, mais les quatre doigts qui persistent sont en général réguliers; quelquefois l'index est bifide; ce fait est très-rare, nous en avons trouvé un exemple (tabl. n° 21). Nous avons peu de renseignements sur les mouvements qui pouvaient exister dans la plupart des cas de main bote radiale et radio-palmaire que nous avons rapportés.

Rambeau a noté (tabl. n° 18) chez un enfant mort du croup à sept ans et demi que la main gauche, privée de pouce et moins large que celle du côté opposé, exécutait des mouvements à peine sensibles, et qu'il en était de même des doigts et des phalanges, tandis que l'articulation du coude pouvait exécuter de très-légers mouvements de flexion et d'extension. Sur une petite fille de vingt-sept mois dont la main gauche, privée de pouce, était couchée sur la face antéro-externe de l'avant-bras, j'ai constaté que la main semblait exécuter les mouvements de flexion et d'extension, comme si un ressort était placé entre le métacarpe et l'extrémité inférieure du radius : les doigts jouissaient des mouvements d'abduction et d'adduction avec lesquels la malade pouvait saisir les objets, mais la flexion était molle.

La déviation latérale interne ou cubitale est très-rare; mais elle est souvent liée à la flexion ou à l'extension, ainsi que nous l'avons déjà fait remarquer. Robert a rapporté dans sa thèse (tabl. n° 9) l'observation d'une petite fille de quatre ans et demi qui est peut-être le seul exemple incontestable de déviation cubitale pure remontant à la naissance. A ce moment, les avant-bras en pronation, légèrement fléchis sur les bras, venaient se placer au-devant de l'abdomen, les mains fortement déviées étaient en contact par leur bord cubital avec l'avant-bras. Quatre ans et demi plus tard, les bras étaient devenus mobiles et pouvaient être écartés du tronc; ils paraissaient sains, il en était de même du coude. La région postérieure de l'avant-bras était atrophiée, son développement était moitié moindre que celui de la région antérieure. On ne constatait la rétraction d'aucun muscle, ni la tension d'aucun tendon. Toutes les articulations offraient une mobilité anormale, notamment à la main gauche. On pouvait facilement ramener la main dans une position normale, mais aussitôt qu'on l'abandonnait à elle-même, la difformité reparaissait. La malade pouvait se servir d'une manière incomplète de ses membres supérieurs : ainsi il lui était difficile de porter les mains et en particulier la main gauche derrière la tête; elle saisissait facilement les petits objets; mais ils s'échappaient bientôt, comme si les muscles ne pouvaient agir longtemps.

Enfin, pour terminer, nous mentionnerons le fait de Desprez (tabl. n° 30). Dans ce cas encore, les doigts conservaient des mouvements latéraux, mais la flexion était nulle.

Le *diagnostic* différentiel de la main hote ne présente pas en général de difficulté. La forme et la direction du membre sont telles qu'elles frappent le regard, et ne peuvent laisser d'incertitude. Il faut surtout s'attacher à rechercher la cause qui a donné naissance à la difformité; si elle est acquise, on s'appuiera sur des renseignements fournis par le malade; on examinera l'ensemble et la marche des symptômes pour savoir s'il ne s'agit pas d'une contracture rhumatismale, d'un spasme aigu de l'enfance, etc. Nous avons vu à l'étiologie que c'est le défaut d'action d'une partie des muscles moteurs de la main et des doigts qui est la cause la plus fréquente de la main hote acquise. Nous avons indiqué à ce propos quels sont les muscles dont la paralysie détermine chacune des formes de la déviation; les détails dans lesquels nous sommes entrés nous dispensent d'y revenir, mais le système musculaire n'est pas seul en jeu. On devra s'assurer en outre de la conformation des os par le toucher, et déterminer la position de chacun d'eux : cette étude est souvent impossible pour certains os du carpe qui sont atrophiés, mais on pourra constater la présence ou l'absence du radius, du carpe, d'un métacarpien; on appréciera la disposition des articu-

lations, leur degré de mobilité, les rapports de leurs surfaces. On examinera ainsi
les articulations des doigts, du poignet, du coude et même de l'épaule, afin de
ne pas se laisser induire en erreur par des mouvements qui paraissent être exécutés par une articulation, tandis qu'en réalité ils le sont par une autre : telles
sont la pronation et la supination qui, dans un cas que nous avons cité déjà, se
produisaient par des mouvements de l'articulation scapulo-humérale. On recher-
chera enfin les complications qui résultent des vices de conformation que nous
avons étudiés en détail dans l'anatomie pathologique, à laquelle nous renvoyons,
et qui malheureusement rendent si souvent impuissants tous les efforts du
chirurgien. Nous pensons cependant que, dans un certain nombre de circonstances, le *pronostic* de la main hote, même congénitale, peut être relativement favorable ; nous venons d'en citer un exemple, d'après Robert. L'art, dans ce cas,
pouvait intervenir utilement, sinon pour faire disparaître complétement la difformité, au moins pour en limiter les progrès, empêcher la déformation des surfaces
articulaires de se produire, ainsi que le raccourcissement des ligaments et des
muscles ; c'est au point de vue du service à rendre qu'il faut se placer, toutes les
fois qu'on doit se prononcer sur le traitement d'une difformité. Sous ce rapport,
et dans les limites que nous allons indiquer, l'orthopédie joue un rôle important
dans l'histoire de la main hote.

TRAITEMENT. Rendre à la main sa direction et sa position normale, rétablir
ou conserver ses mouvements ; tel est le double but que l'on doit avoir en vue
dans le traitement de la main hote. Le bon état des mouvements a ici plus d'importance qu'au pied. Celui-ci, une fois redressé, fût-ce aux dépens de sa mobilité,
rendrait encore de grands services comme base de sustentation. Privée de mouvement, la main, au contraire, n'est presque plus propre à aucun usage. Malheureusement, les complications de la main hote constituent sous ce rapport, dans le
plus grand nombre des cas, un obstacle sérieux au succès de son traitement.

Les moyens de combattre la difformité, indépendamment de ceux que ses complications peuvent réclamer, sont : les manipulations, les appareils mécaniques et
la ténotomie.

Manipulations. L'articulation radio-carpienne étant supposée saine, et maintenue seulement dans sa position inclinée par le raccourcissement des ligaments
et des muscles, les manipulations consistent à tendre et à allonger peu à peu ces
organes en relevant le poignet, en arrivant même à le renverser dans le sens
opposé, par un effort graduel des mains, répété à des intervalles plus ou moins
rapprochés. On emploie au besoin les inhalations de chloroforme ou un anesthésique local, pour faire taire la douleur.

On ajoute à l'effet de ces manœuvres en faisant garder dans leur intervalle un
bandage ou un appareil mécanique qui conserve le redressement obtenu dans chaque séance. Si l'articulation est malade, il faut user de plus de ménagements, ou
s'abstenir de pareils efforts, ou bien pratiquer le redressement forcé en une
seule séance ; ce n'est pas ici le lieu de poser les indications d'après lesquelles on
doit préférer l'un ou l'autre parti.

Les manipulations ne réussissent à elles seules que lorsque les résistances ne
sont pas très-grandes, et surtout quand il y a plutôt contraction anormale des
muscles que rétraction proprement dite. Elles constituent néanmoins un adjuvant
utile pour préparer et faciliter l'action des appareils ; elles peuvent encore servir
à prévenir une rétraction imminente, ou le retour d'une rétraction dont on a
triomphé.

Appareils mécaniques. Nous ne comprenons sous ce titre ni les bandages composés de bandes d'ouate et d'attelles en bois, en carton, en fer-blanc, en cuir, ou de lames recourbées en gutta-percha, ni les divers appareils inamovibles. Ces bandages agissent bien en partie à la manière des machines et sont souvent appelés à les remplacer, mais ce qui distingue les appareils mécaniques, c'est la possibilité de leur transmettre à tout instant l'effort de la main, et de leur faire continuer cet effort, en le réglant et en le suspendant à volonté.

L'école de Venel a appliqué à la main bote le levier que ce médecin employait contre le pied bot. Le dernier interprète des successeurs de Venel Mellet a donné (*Manuel pratique d'orthopédie*) la description et la figure d'un appareil à levier avec lequel il dit avoir remédié à une déviation palmaire consécutive à une tumeur blanche du poignet, sur une jeune fille de quatorze ans, et à une main bote double congénitale, radio-palmaire, chez une petite fille de quinze mois.

Le levier de Venel est une petite tringle en fer, assez ferme pour résister à la réaction des muscles rétractés, assez flexible pour pouvoir en divers sens, se courber sous la main du chirurgien. Que l'on suppose la main déviée placée sur une planchette rembourrée et, d'un autre côté, l'avant-bras entouré d'une sorte de brassard portant une plaque prolongée jusque sur l'angle saillant du poignet ; que sur cette plaque soit fixée une gâchette dans laquelle l'extrémité supérieure du levier est engagée, on devine que, si l'on relève, en la recourbant, son autre extrémité, si l'on y attache une large courroie qui embrasse la planchette et la main elle-même, celle-ci sera attirée dans le sens opposé à la déviation avec d'autant plus de force que la courroie sera plus serrée, ou que l'extrémité inférieure du levier sera plus écartée de la main. Or telles sont, en effet, la disposition et la manière d'agir de l'appareil de Mellet. Simple et d'une construction facile, il peut être utilisé quand on se trouve placé dans des circonstances qui ne permettent pas de faire fabriquer un mécanisme plus parfait, mais plus compliqué.

Pendant que l'école suisse s'en tenait à l'œuvre primitive de Venel, des médecins, des artistes ingénieux, étaient à la recherche d'instruments plus délicats et plus précis, et l'on peut dire que bien avant la publication de l'ouvrage de Mellet on possédait ces instruments. Mellet n'unissait la pièce de la main à celle de l'avant-bras que par deux petites courroies dont il tirait parti pour agir sur la main dans un autre sens que ne le faisait le levier, quand la déviation était mixte. Or, dans nos plus anciens appareils de main bote, tels que ceux de Dutertre et de Delacroix, cette jonction des deux pièces principales se fait déjà par une articulation mobile, et des écrous traversés par des vis de rappel imprimaient à cette articulation les mouvements voulus, ce qui est préférable, à tous égards, au levier de Venel.

Aujourd'hui on a perfectionné quelques détails de ces appareils, tout en les simplifiant autant que possible. On a renoncé à cette vingtaine de pièces d'un appareil de Delacroix décrit dans le *Traité des bandages* de Gerdy, œuvre plus propre à faire briller le talent d'un fabricant qu'à devenir usuelle dans la pratique. On a substitué à la palette en bois de Dutertre et de Mellet une lame métallique mince, matelassée, recourbée en forme de gouttière autour du bord cubital de la main, qui, enveloppée par la courroie que porte cette pièce, peut en recevoir une impulsion dans une direction quelconque, de sorte que cette disposition convient à tous les genres de déviation. Une gouttière analogue, qu'on peut remplacer par un ou par deux tuteurs latéraux, est fixée le long de l'avant-bras et fournit le point d'appui du mécanisme qui doit ouvrir l'angle résultant de l'inclinaison de

la main. Ce mécanisme est, comme pour les pieds bots, tantôt une bascule dans
laquelle une vis de pression, traversant l'extrémité prolongée d'une des pièces
principales, tend à la mouvoir comme un levier, tantôt un engrenage qui, au
moyen d'une clef, fait décrire à la pièce inférieure un arc de cercle dans le plan de
l'angle formé par la main, ou bien une articulation en genou, comme celle que
M. Mathieu a appliquée récemment aux appareils de pied bot, et qui offre l'avantage de dispenser de plusieurs articulations de l'appareil lorsqu'il faut produire
des mouvements dans des plans différents.

La figure ci-dessous donnera une idée plus complète de ces appareils : celui
qu'elle représente, construit par MM. Robert et Collin, est approprié à l'espèce

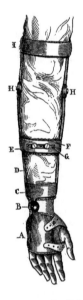

Fig. 3.

Appareil pour maintenir et redresser une main bote
palmaire gauche.

A. Palette métallique soutenant la main à laquelle
la fixent des courroies. — B. Articulation en ge-
nouillère qui permet de donner à la palette les
inclinaisons indiquées par le sens de la déviation.
— C, F, I, Embrasses reliant les montants latéraux D. — E, G Vis destinées à limiter le mouvement de rotation de la partie antérieure de
l'appareil. — H. Articulation pour laisser libres
les mouvements de flexion et d'extension de
l'avant-bras.

la plus commune de déviation, à la déviation palmaire. On y a joint une
disposition particulière, destinée à ramener la main en supination, quand une
pronation permanente s'ajoute à son inclinaison.

Il est facile d'adapter à l'appareil de main bote des prolongements digités,
agissant sur les doigts, lorsque leur déviation complique celle de la main, dans
la déviation palmaire, par exemple, à laquelle la flexion permanente des doigts
est si souvent associée.

Pour appliquer un appareil de main bote, on le fléchit d'abord sous un angle
à peu près égal à celui que forme le poignet, on introduit le membre dans les
deux gouttières, que l'on fixe à la main et à l'avant-bras, ou bien on fléchit davantage l'appareil, on y place la main seule, et on relève ensuite la pièce du haut
pour l'ajuster à l'avant-bras : quand l'appareil est bien assujetti, on fait agir la
clef, de manière à produire le degré de redressement que le sujet peut supporter

sans douleurs. On renouvelle tous les jours l'application de l'appareil, et l'on veille à ce qu'aucune excoriation ne se produise. On augmente l'action de l'appareil à des intervalles variables suivant la tolérance du sujet et les progrès du redressement. On laisse l'appareil, autant que possible, pendant le sommeil de la nuit. Le redréssement n'est, en général, complet et durable que lorsqu'on est parvenù à renverser facilement la main dans le sens opposé à la déviation. On ne supprime alors, néanmoins, que peu à peu l'usage de l'appareil; on le réapplique même, au besoin, après sa suppression, de temps à autre, afin de prévenir une rechute.

Malgré leur puissance, les appareils mécaniques ont l'inconvénient de ne surmonter que lentement les fortes résistances; il en est même qu'ils ne peuvent vaincre, ou qu'ils ne feraient disparaître qu'au prix de douleurs intolérables. Pour ces motifs, on leur associe le plus ordinairement la ténotomie, qui facilite considérablement leur action, abrége de beaucoup la durée du traitement, et met mieux à l'abri des récidives.

Ténotomie. Une grave question se présente, quand il s'agit de la ténotomie appliquée aux muscles moteurs de la main. Ces muscles reprennent-ils, après la section de leurs tendons, les fonctions qui leur sont dévolues, comme cela a lieu pour un grand nombre d'autres muscles? Cela n'est guère douteux pour les six muscles qui meuvent le carpe; c'est beaucoup plus incertain pour les muscles qui meuvent les doigts, surtout pour les fléchisseurs. L'examen approfondi de cette question appartient donc à l'article de la *ténotomie des doigts;* nous n'en dirons qu'un mot plus loin, en nous occupant du traitement des complications de la main bote.

Les moteurs de la main que l'on peut avoir à diviser sont, pour la déviation dorsale, les deux radiaux et le cubital postérieur; pour la déviation palmaire, les deux palmaires et le cubital antérieur; pour la déviation radiale, le premier radial; pour la cubitale, le cubital postérieur. Les déviations mixtes peuvent indiquer la section de deux ou trois de ces mêmes muscles associés pour les former.

Au reste, ce n'est pas seulement sur les données physiologiques et étiologiques que l'on doit baser ici l'indication de la ténotomie. Il faut encore que les muscles désignés par ces données soient fortement tendus par l'effort de redressement, qu'il soit bien constaté qu'ils constituent un obstacle sérieux à ce redressement, et que leur état de tension est bien réellement l'effet de leur raccourcissement nutritif, de leur *rétraction,* et non d'une simple *contraction* plus ou moins prolongée, distinction qu'on ne peut quelquefois établir d'une manière certaine qu'à l'aide de l'anesthésie chloroformique.

Sans vouloir retracer des règles et des procédés opératoires, dont la place est marquée ailleurs, nous rappellerons quelques particularités essentielles touchant la section des tendons des muscles qui meuvent l'articulation radio-carpienne. Quatre de ces muscles, les deux palmaires, les deux cubitaux, sont superficiels, et le ténotome les atteint aisément, soit qu'on le glisse entre eux et la peau (*ténotomie sus-tendineuse*), soit qu'on le fasse passer au-dessous d'eux (T. soustendineuse); mais il n'en est pas de même des deux radiaux. Outre que le premier radial recouvre le second, ils sont tous deux croisés et, en partie, cachés par trois muscles du pouce qui ne doivent pas être compris dans la section. On pourra diviser l'un et l'autre radial, lorsque ce sera indiqué, immédiatement au dessus ou au-dessous du point où leur direction est croisée par celle du grand abducteur du pouce et de son court extenseur. Pour pratiquer la section isolée de l'un d'eux, il suffit de se rappeler que le long extenseur du pouce les croise seul très-obliquement dans le petit espace où ils se séparent l'un de l'autre, non loin de leur insertion au métacarpe. Abstraction faite de la lame fibreuse mince qui les enveloppe, le premier radial est sous-cutané au-dessus et en dehors du tendon du long extenseur du pouce ; le second radial l'est au-dessous et en dedans de ce tendon. C'est dans ces deux points qu'il est le plus facile de les atteindre isolément, à moins que l'un d'eux ne soit ailleurs assez tendu et assez soulevé par l'effet de sa rétraction, pour qu'il soit possible de le diviser, en épargnant l'autre tendon, plus relâché et moins saillant.

Les trois muscles de la région postérieure n'ont point, dans leur voisinage, de parties importantes, vaisseaux ou nerfs, dont la lésion puisse compliquer la section de leurs tendons. Il en est autrement à la région antérieure. Le nerf médian est placé vis-à-vis l'intervalle des deux palmaires ; le nerf et les vaisseaux radiaux sont à peu de distance du bord externe du grand palmaire ; le nerf et les vaisseaux cubitaux côtoient le bord externe du cubital antérieur. Le nerf médian séparé des palmaires par le fléchisseur superficiel des doigts, les vaisseaux et nerf radiaux assez écartés du grand palmaire, peuvent être facilement évités, même chez les enfants, où la petitesse des parties rapetisse singulièrement leurs intervalles. La proximité des nerfs et vaisseaux cubitaux les expose davantage à être lésés dans la section du cubital antérieur ; nous croyons que le plus sûr est, après s'être assuré de la position de l'artère, d'introduire le ténotome entre elle et le muscle, en rasant le bord externe de celui-ci, et de le diviser de sa face profonde à sa face cutanée. Si l'on adopte une manœuvre inverse, on conduira l'instrument avec beaucoup de précaution, de manière que son tranchant ne dépasse pas les limites du tendon.

Après la ténotomie, quand la peau est cicatrisée, on fait agir l'appareil mécanique, mais en procédant avec lenteur dans les premiers temps, afin de ne pas trop écarter les bouts tendineux, et, en outre, pour ne pas donner trop d'intensité à la faible réaction locale qui succède à la section.

Lorsque les extenseurs ou les fléchisseurs des doigts sont rétractés en même temps que les muscles moteurs du poignet, la résistance est augmentée de celle des muscles qui retiennent les doigts, car ceux-ci sont aussi moteurs de la main, et ils brident l'articulation radio-carpienne aussi bien que celles des phalanges. A la région postérieure, cette double résistance peut encore céder aux seuls moyens mécaniques. Si la ténotomie était jugée nécessaire, il serait facile d'ajouter à la section des extenseurs de la main, dans la déviation dorsale, celle des extenseurs des doigts ; de joindre à la section du premier radial, dans la déviation radiale, celle du grand abducteur du pouce et son court extenseur. Il faudrait seulement des soins extrêmes, dans le traitement consécutif, pour favoriser la réunion des tendons moteurs des doigts, facilement entravée par le moindre excès d'écartement, surtout si on les a divisés au-dessous de l'avant-bras.

L'obstacle est bien plus grand, à la région antérieure, lorsque, dans une déviation palmaire, la masse des fléchisseurs et leurs douze cordes tendineuses résistent au redressement de la main infléchie et de toutes ses parties enroulées les unes sur les autres. Dans ce cas, plus commun que le précédent, les appareils mécaniques ne réussissent guère que si la déviation est légère ou peu ancienne. Dans les conditions opposées, il faut presque toujours recourir à la ténotomie. Mais ici se représente cette question que nous avons posée plus haut : peut-on faire la section des fléchisseurs des doigts, sans abolir pour toujours leurs fonctions ? On se souvient de la longue discussion soulevée pour cette question, en 1842, à l'Académie de médecine. Nous l'avons déjà dit, ce n'est pas à cet article qu'elle incombe. Nous nous bornerons, en conséquence, à énoncer ici les propositions suivantes qui nous paraissent être l'expression des faits connus.

1° D'abord, il faut effacer des discours académiques les déductions tirées de la conservation du recouvrement de flexion de la première phalange, les deux autres étant dans l'extension, parce que depuis, M. Duchenne, de Boulogne, nous a appris que ce mouvement est produit uniquement par l'action des muscles interos-seux et lombricaux.

2° Après la section des trois fléchisseurs de la main, on peut diviser les quatre tendons du sublime dans la même région, à la partie inférieure de l'avant-bras, et il convient de couper ces tendons, s'il se peut, à des hauteurs différentes, pour éviter plus sûrement la fusion de leurs cicatrices.

3° La section des tendons accolés du sublime et du profond, à la paume de la main ou sur la première phalange, expose à une réunion imparfaite, et à l'adhérence des tendons entre eux.

4° Il est très-difficile de diviser le sublime *seul* à la paume de la main ou sur la première phalange, et, dût-on y réussir, ce procédé ne mettrait pas à l'abri de la séparation permanente des deux bouts, ni de l'adhérence de leur cicatrice avec le tendon du profond.

5° La section du profond, à l'avant-bras, entraînerait presque inévitablement celle du nerf médian, et ce que nous venons de dire de la section isolée du sublime, à la paume de la main, et au-devant de la première phalange, s'applique également aux tendons du profond. Reste la section de ces tendons au bas de la face antérieure de la deuxième phalange ; elle est facile et sans danger ; mais la réunion est difficile, exige au moins un contact des deux bouts incompatibles avec le redressement, et, de plus, le tendon peut contracter des adhérences avec sa gaine ostéo-fibreuse.

6° Le long fléchisseur du pouce ne peut être facilement divisé, à l'avant-bras, que dans des cas exceptionnels, on peut en faire la section en dedans de l'éminence thénar. Sur la première phalange du pouce, elle ne présenterait pas de meilleures conditions que celle du profond sur la deuxième phalange des autres doigts.

Comme on le voit, c'est le fléchisseur profond dont la section offre les chances les plus défavorables à l'intégrité des mouvements des doigts, il est donc rationnel de tenter d'abord le redressement, sans toucher au profond. En cas d'insuccès, on pèsera les inconvénients attachés à la difformité et ceux qui pourront suivre l'opération, et l'on adoptera le parti qui paraîtra le moins désavantageux pour le malade, en lui laissant sa main bote, ou en lui faisant courir les chances de cette nouvelle ténotomie. Si l'on se décide à pratiquer la section du profond, on renchérira encore, dans le traitement consécutif, sur les soins que nous avons recommandés pour les autres muscles moteurs des doigts. On maintiendra d'abord l'attitude de la difformité, afin d'affronter le mieux possible les bouts tendineux. On condamnera les muscles à une inaction absolue, pour prévenir l'ascension du bout supérieur par quelque contraction volontaire ou involontaire. On ne commencera le redressement, autant qu'il se pourra, qu'après avoir reconnu, par le toucher, l'existence d'une substance intermédiaire unissant déjà les bouts des tendons divisés. On procédera à ce redressement avec une extrême lenteur, en suivant pas à pas son influence sur chaque cicatrice tendineuse, afin de ne pas s'exposer à la rompre ou à trop l'affaiblir en l'allongeant outre mesure. On s'arrêtera, s'il le faut, à un certain degré de redressement, en laissant subsister une partie de la difformité, plutôt que de risquer la perte des fonctions des muscles divisés. M. Fort, qui ne veut pas désespérer du succès, a donné, sur ces différents points, dans sa *Thèse de concours* de 1869, des conseils judicieux auxquels nous nous associons bien volontiers, en souhaitant vivement que son espoir ne soit pas trompé, et que l'avenir produise de meilleurs résultats que ceux que l'on a obtenus jusqu'à ce jour.

Quand la main hote est compliquée de déviations ou d'attitudes vicieuses du coude, de l'épaule, on peut traiter en même temps ces différentes difformités, si elles sont curables. On ajoute alors à l'appareil de main hote des pièces articulées qui le prolongent par en haut, et qui portent le mécanisme nécessaire pour les articulations supérieures. Si la ténotomie doit faire partie de ce traitement complexe, il convient de la pratiquer en plusieurs séances, à des intervalles suffisants pour que la réaction suscitée par chacune d'elles ne s'ajoute pas à celle que provoque la suivante.

La paralysie, quand elle accompagne les déviations de la main, doit inspirer une conduite un peu différente de celle qui vient d'être tracée. La ténotomie est en général peu applicable, dans ce cas, surtout si la rétraction s'étend aux moteurs des doigts, et si la paralysie des muscles opposés est complète. L'opération, en effet, affaiblit, si elle ne les annihile, les seuls muscles encore doués de quelque puissance, et elle ne ferait que substituer à une main courbe, mais capable de certains actes, une main droite pendante, inerte, qui rendrait moins de services qu'auparavant. La ténotomie ne pourra être indiquée que si la paralysie est incomplète, si elle est susceptible de diminuer d'elle-même ou par un traitement approprié, après qu'aura cessé l'élongation forcée des muscles, si d'ailleurs, la difformité est très-gênante, la résistance insurmontable par les appareils seuls, la section peu compromettante pour les fonctions des muscles divisés. Il ne faut pas oublier que tout n'est pas terminé quand on est parvenu à redresser ces mains botes paralytiques ; une récidive est toujours imminente, tant que subsiste l'inégalité de traction des muscles. C'est à l'aide des manipulations, d'une gymnastique spéciale, d'un bandage contentif léger, simple, à tractions élastiques, que l'on s'opposera à la rechute, tout en continuant, s'il y a lieu, les moyens propres à combattre la paralysie.

La guérison de la main bote peut rencontrer un autre obstacle dans la rigidité des jointures du poignet, du métacarpe, des doigts. Cette rigidité peut être produite par le traitement mécanique lui-même, et par l'immobilité qui l'accompagne, et céder ensuite lentement aux moyens en usage contre la fausse ankylose, et surtout aux manipulations répétées. Les mêmes moyens peuvent réussir dans les rigidités indépendantes du traitement, quand les surfaces articulaires ne sont pas trop altérées ; mais il arrive assez souvent qu'ils échouent, et que le redressement, s'il est obtenu, ne sert qu'à donner à la main une meilleure direction, sans que ses mouvements lui soient rendus.

La main hote congénitale, lorsqu'elle est compliquée d'absence d'une partie des os du membre, pèche au contraire par trop de mobilité. Quand on l'a redressée, elle retombe, faute de point d'appui, dans le vide du squelette de l'avant-bras ou du poignet. On ne peut employer, dans ce cas, qu'un moyen palliatif, un support prothétique, soit une petite plaque en cuir ou en métal mince et léger en aluminium, par exemple, appuyant du côté où la main penche, soit une bande de caoutchouc ou de tissu élastique, fixée du côté opposé.

C'est par des palliatifs analogues que l'on cherche à diminuer les inconvénients de la main hote incurable, dépendant d'une luxation ancienne ou d'une malforma_ tion congénitale de l'articulation radio-carpienne.

Nous ne mentionnons que pour mémoire les appareils prothétiques ingénieux de Delacroix, de M. Duchenne (de Boulogne), et d'autres pour suppléer à l'action des extenseurs paralysés, car, dans ce·cas, ou bien il n'y a jamais eu main hote, ou la main hote, comme difformité, a été guérie, il ne reste que la paralysie (*Voy.* les articles MAIN et DOIGTS). BOUVIER.

MAÏS. §I. **Botanique.** *Zea* L. Genre de plantes monocotylédones, appar_ tenant à la famille des Graminées, et dont la seule espèce nettement définie est le *Zea Mays* L., le maïs de nos cultures. C'est une belle plante qui s'élève à la hau_ teur de 2 mètres. Ses chaumes cylindriques, glabres, remplis d'une moelle légè_ rement sucrée, portent, à la hauteur des nœuds, des feuilles alternes, engainantes, longues de 40 à 60 centimètres, larges de 6 à 8 centimètres, planes, rudes sur les bords, glabres en dessous, portant à la face supérieure un petit nombre de poils mous. Les fleurs sont monoïques. Les épillets mâles forment au sommet de la tige une grande panicule à rameaux de 20 à 25 centimètres de long, dont le rachis est flexueux et pubescent. Ces épillets sont placés par paire sur chaque dent du rachis. Ils sont composés de deux fleurs mâles, placés dans une glume à deux valves carénées. Les fleurs elles-mêmes sont formées de deux glumelles, de deux glu_ mellules très-minces, membraneuses et transparentes, et de trois étamines pen_ dantes. Les fleurs femelles sont situées au-dessous des mâles, en inflorescences axillaires, spiciformes, sessiles, enveloppées par un certain nombre de bractées enroulées. L'axe de l'inflorescence est charnu, épais, conoïde et porte des séries longitudinales d'épillets biflores, rangés par paire. Entre les deux glumes de l'épillet sont deux fleurs, dont la supérieure seule est fertile. L'ovaire, placé au milieu de deux ou trois glumelles, est sessile, oblique, surmonté d'un style court, terminé par deux stigmates plumeux, très-longs, dont la réunion forme une sorte de barbe épaisse, molle, verdâtre, pendant en dehors des bractées qui entourent l'inflorescence. Les fruits sont des caryopses, rangées sur l'axe de l'épi en lignes longitudinales, entourés à leur base par les glumes et les glumelles persistantes. Ils sont sub-globuleux réniformes. Leur péricarpe, soudé à l'épisperme, forme une membrane mince, chartacée, diaphane. L'embryon est relativement épais et occupe presque toute la longueur de l'albumen.

Le maïs présente un grand nombre de variétés ou de races, qui se distinguent soit par la taille ou la précocité de la plante, soit par la grosseur des grains ou encore leur couleur, qui, le plus souvent d'un beau jaune, peut varier du noir au violet et au blanc. Ces variétés peuvent se féconder mutuellement et produire ainsi de nouvelles formes intermédiaires.

Le pays d'origine du maïs a été l'objet de nombreuses discussions. Les auteurs du seizième siècle, Lobel, J. Bauhin, etc., croyaient l'avoir reconnu dans quelques indications des ouvrages d'histoire naturelle des anciens, particulièrement dans Pline et dans Athénée, et ils en concluaient que c'était une plante de l'ancien monde. Mais ces mentions très-vagues pouvaient parfaitement se rapporter à d'au_ tres plantes, et il est maintenant bien établi qu'on n'a réellement connu le maïs qu'après la découverte de l'Amérique. Là on a trouvé la plante cultivée, en honnenr parmi les Indiens du Pérou et du Chili, faisant partie des offrandes faites aux divinités, et jouant un rôle important dans l'alimentation. Il ne saurait donc y avoir de doute sur la patrie originaire de cette plante. Mais à cause même de son importance, elle a été de bonne heure répandue dans les régions chaudes de l'Asie et de l'Afrique, à tel point qu'on a pu croire qu'elle provenait de ces régions, et qu'on lui a donné des noms qui semblent consacrer cette origine : *blé de Turquie*, *blé d'Inde*, *blé de Guinée*. On la cultive aussi dans l'Europe centrale et méridionale, où ses graines entrent dans l'alimentation de l'homme et surtout des animaux.

La farine de maïs a une couleur jaunâtre : examinée au microscope, elle se distingue très-nettement de la farine du blé, de l'orge et du seigle. En effet, tandis que l'amidon de ces céréales est composé de grains circulaires et lenticulaires, isolés les uns des autres, celui du maïs montre des grains très-nettement polyédriques, serrés les uns contre les autres. Leur diamètre varie de $0^{mm},03$ à $0^{mm},005$. Ils ont à leur centre de figure un point transparent ou une sorte de hile étoilé.

BAUHIN (Jean). *Hist. Plant.*, III, p. 453. — LOBEL. Icones. 39. — LINNÉ. *Spec. Plant.* 1133. — PARMENTIER. *Le Mais ou Blé de Turquie apprécié sous tous ses rapports.* Bordeaux, 1785, et Paris, 1812. — VIREY. *Sur l'origine uniquement américaine du maïs.* In *Journal de Pharmacie*, VII, 362. — DE CANDOLLE. *Géographie botanique*, II.   PL.

§ II. **Bromatologie.** Le maïs ou blé de Turquie diffère par sa culture des autres céréales alimentaires : c'est, en effet une plante sarclée qui, tout en fournissant une nourriture abondante et saine, permet de nettoyer le sol; c'est dire qu'on ne le rencontre que là où l'agriculture est avancée. Comme toutes les plantes sarclées, il épuise la terre, aussi sa culture rend-elle nécessaire la production du fourrage, du bétail, et finalement celle du fumier qui lui est nécessaire.

Il exige pour prospérer une quantité de chaleur un peu supérieure à celle qu'on rencontre dans le département de la Seine, où il ne fructifie complétement que dans les bonnes années. Il appartient à la région de la vigne, dans laquelle il forme une sous-région caractérisée par une température un peu plus élevée. Selon de Gasparin, sa culture s'étend au midi de l'embouchure de la Garonne à Spire. On le rencontre surtout dans les plaines que bordent les Pyrénées, dans les vallées du Jura, en Lombardie, dans les États vénitiens, en Carinthie, en Autriche, en Hongrie. Il se plaît dans les plaines chaudes et dans les terres naturellement fraîches ou arrosées artificiellement. La sécheresse le repousse de la région des oliviers au sud, et le froid de celle des céréales au nord. Il est également cultivé en Amérique lorsque la température se rapproche de celle de la zone que nous venons de décrire.

Pour les habitants de tous ces pays il forme souvent la base de la nourriture. Il est aux pays du sud de l'Europe ce que la pomme de terre est aux régions plus froides, et il a sur cette dernière l'avantage d'être un aliment complet. 1 kilogramme et demi de farine de maïs et un peu de fromage suffisent par jour au paysan lombard.

On distingue dans la culture les variétés à grain jaune et les variétés à grain blanc. Les variétés rouges ne sont cultivées que par curiosité. Ces différentes variétés diffèrent par le rendement, la quantité de chaleur nécessaire pour la maturation, et la grosseur des grains. Le poids de l'hectolitre varie de 75 à 78 kilogrammes [1]. Cent épis de maïs nain fournissent seulement 3ᵏ,5 de

[1] D'après M. Pommier, le maïs de Bourgogne vendu à Paris ne pèse que 67 à 68 k. l'hectolitre.

grain, tandis que le même nombre d'épis de maïs de Pensylvanie en produit 16 kilogrammes. La tige de ce dernier peut atteindre jusqu'à 5^m,5. En Piémont elle a communément 2 mètres à 2^m,5; on a vu jusqu'à quatorze épis sur un seul pied. La taille du maïs nain (à poulets) ne dépasse pas 0^m,43 à 0^m,48, et son épi n'a souvent que 0^m,08 de longueur. De toutes ces variétés, la plus hâtive est le maïs *quarantain*, dont l'évolution peut se faire en quatre-vingts jours, lorsqu'il rencontre les conditions les plus favorables. Dans le Midi, on le sème à la fin de juin et on récolte à la fin d'octobre.

D'après Burger, la plante arrivée à maturité renferme en poids :

Grains	100
Tiges	206
Rafles (axes des épis)	48
Spathes	28

Ces dernières sont employées, sous le nom de paille de maïs pour fabriquer des paillasses d'un excellent usage.

D'après M. Payen, 100 grammes de grain de maïs desséché renferment :

Amidon	67,55
Matières azotées	12,50
Dextrine ou substances congénères	4,00
Matières grasses	8,80
Cellulose	5,90
Matières minérales	0,90

Si l'on compare l'analyse ci-dessus à celle des autres céréales, on est surtout frappé par le chiffre élevé qui représente les substances grasses, et qui est environ quatre fois plus fort que pour le blé. C'est la présence de cette matière grasse qui fait du maïs un aliment complet et qui le rend si utile pour l'engraissement des animaux. Sous le rapport des matières azotées et amylacées, il se rapproche par sa composition des blés moyens.

Dès que les épis sont mûrs, on peut commencer la récolte ou la retarder à volonté parce qu'ils ne sont pas sujets à s'égrener. Vingt-six femmes peuvent récolter un hectare en un jour. Les épis sont détachés, portés à la ferme, dépouillés de leur spathe et déposés sur l'aire pour les dessécher. Quelquefois la spathe simplement relevée sert à suspendre les épis tout autour des maisons, auxquelles leur belle couleur donne un aspect pittoresque. Après dessication complète on égrène au fléau. Quatre batteurs par journée de neuf heures dépouillent 13 hectolitres de grain. Si la dessiccation est imparfaite, le grain est arraché à l'aide d'une lame de fer; mais en ce cas le travail est double.

Le grain, légèrement humecté, est passé à la meule. La farine obtenue s'emploie sous forme de potages au bouillon ou au lait. Elle sert également à préparer une bouillie épaisse (*gaudes*), une pâte bouillie (*polenta*), une pâte cuite au four (*milias*). La pâte faite avec les gruaux et cuite au four constitue une sorte de pain mou, aqueux et facilement attaqué par les moisissures. En cet état, il constitue un aliment insalubre.

Le maïs est quelquefois envahi par un champignon microscopique appelé charbon du maïs (*uredo maydis*), qui produit de volumineuses excroissances. Celles-ci se remplissent d'une poussière noire formée par les spores que les vents vont porter au loin. Bien que ce champignon n'ait pas les propriétés vénéneuses de l'ergot du seigle, la prudence conseille de réserver pour la nourriture des animaux les grains malades. L'ergot des grains de maïs se présente en forme de cône allongé greffé sur une sphère. Il n'est commun qu'en Amérique.

L'action de la meule mélange dans toute la farine la proportion considérable de matière grasse qui entoure l'embryon. Ainsi divisée, cette matière grasse rancit assez vite et communique à l'aliment un goût désagréable. On remédie à cet inconvénient en restreignant la mouture à la quantité qui doit être consommée en moins de deux à trois mois.

D'après de Gasparin, le tableau suivant représente en blé la valeur d'une récolte de 100 kilogrammes de graines de maïs.

100 kil. de maïs................	73ᵏ,00 de blé.
206 kil. de tiges...............	2ᵏ,62 —
26 kil. de spathes.............	3ᵏ,64 —
	79ᵏ,26 de blé.

On voit, d'après ces chiffres, que le prix du maïs égale les 0,73 du prix du blé. En résumé, cette céréale fournit un aliment à bon marché contenant autant d'azote que le blé tendre, et quatre fois plus de matière grasse. Cette circonstance est d'autant plus précieuse, que, pour former un aliment complet, les farines des céréales manquent surtout de corps gras.

On a reproché au maïs d'engendrer la pellagre. A ce sujet, *voyez* PELLAGRE.

P. COULIER.

MAISONS MORTUAIRES. (*Voy.* OBITOIRES).

MAISONS DE RETRAITE. Dans la nomenclature de l'administration de l'Assistance publique, on donne ce nom à tous établissements destinés à donner un refuge aux vieillards et aux infirmes. Ces établissements, à Paris, sont au nombre de 12, distingués ainsi : hospices généraux, 5 ; hospices fondés, 3 ; maisons de retraite, 4. On trouvera au mot *hospices* tout ce qui concerne les établissements des deux premiers ordres, nous ne parlerons ici que de ceux qui sont plus particulièrement désignés sous le nom de maisons de retraite. Ce sont : les *Ménages*, la maison *Larochefoucauld* et *Sainte-Périne*.

L'*Hospice des Ménages* construit primitivement sur l'emplacement de l'ancienne Maladrerie de Saint-Germain-des-Prés, et qui fut connu longtemps sous le nom d'hôpital des *Petites-Maisons*, à cause de la forme toute particulière des bâtiments qui le composaient, renfermait autrefois les vieilles gens infirmes, hommes et femmes, qui étaient à l'aumône du Grand-Bureau, les insensés, les individus atteints de maladie vénérienne, ainsi que les teigneux. Un règlement du 10 octobre 1801 affecta spécialement l'hôpital des Petites-Maisons aux époux en ménage. C'est la destination qu'il a conservée depuis. Cet établissement qui occupait, il y a quelques années encore, l'angle des rues de Sèvres et de la Chaise, a été reconstruit sur un plan nouveau en 1860, dans la commune d'Issy, à 2 kilomètres environ de l'enceinte fortifiée de Paris, sur un emplacement de 60,636 mètres de superficie, dans une position des plus heureuses et dans des conditions d'hygiène parfaites. Il est destiné, comme nous l'avons dit, à des époux en ménage ou à des veufs ou veuves, qui, n'ayant pas de moyens suffisants d'existence peuvent cependant payer en entrant un petit capital. Les conditions d'admission sont pour les époux d'avoir 60 ans d'âge au moins, 15 années au moins de mariage passées ensemble. Le capital à payer est fixé à 3,200 francs. Ils doivent, en outre, fournir en entrant un petit mobilier. Moyennant ces conditions ils sont placés dans des chambres particulières, et chaque époux reçoit des prestations en argent (3 francs tous les 10 jours), et en aliments, boissons combustibles. Lors du décès de l'un des époux, le conjoint survivant passé dans l'une des chambres affectées aux veufs et veuves. Les veufs et veuves sont reçus, soit dans des chambres particulières, moyennant un capital de 1,600 francs, soit dans les dortoirs, moyennant un capital de 1,000 francs. Les veufs et veuves en chambre ont droit aux mêmes prestations que chacun des époux en ménage. Ceux qui sont en dortoir sont tenus de prendre leurs repas en commun. Leur régime est le même que celui des autres hospices de vieillards.

La nouvelle maison des ménages d'Issy renferme 1,398 lits, ainsi répartis : chambres d'époux, 428 lits ; chambres de veufs et de veuves, 454 ; dortoirs, 436 ; infirmerie, 80. ·

Le service médical se compose d'un médecin et d'un élève interne.

La *Maison de Larochefoucauld*, fondée en 1781, sous les auspices de madame de la Rochefoucauld, destinée à son origine à recueillir des officiers infirmes ou indigents, des ecclésiastiques et des magistrats sans fortune, ne renfermait dans le principe que 16 lits. Après avoir subi plusieurs transformations et de notables agrandissements successifs, depuis la Révolution, la maison de Larochefoucauld contient aujourd'hui 247 lits pour des vieillards : 108 affectés aux hommes et 119 aux femmes ; plus 20 lits d'infirmerie. Cette maison, située au petit Montrouge, sur la route d'Orléans, entourée de vastes jardins, présente plutôt l'aspect d'une maison de plaisance que d'un hospice. Un seul médecin est chargé du service médical de l'infirmerie.

L'*Institution de Sainte-Périne* est destinée, suivant les termes de l'arrêté réglementaire du 26 août 1856, qui l'a en partie reconstituée sur de nouvelles bases, à venir en aide, sur la fin de leur carrière, à d'anciens fonctionnaires, à des veuves d'employés, à des personnes qui ont connu l'aisance, et sont déchues d'une position honorable. On y est admis à partir de l'âge de 60 ans révolus, et moyennant le payement d'une pension annuelle de 700 francs, ou le versement d'un capital proportionné à l'âge. Les pensionnaires sont logés, nourris et blanchis. Ils sont soignés quand ils sont malades. Les repas se prennent en commun dans un réfectoire. Les pensionnaires infirmes ou très-âgés ont seuls la faculté de prendre leurs repas dans leur chambre.

Cette institution qui occupait autrefois, à Chaillot, l'emplacement de l'ancien couvent de Sainte-Périne, dont elle a conservé le nom, a dû être déplacée par suite du percement de voies nouvelles, et est établie aujourd'hui à Auteuil dans une vaste propriété, dont la situation réunit tous les avantages désirables au point de vue de l'hygiène et de l'agrément. La nouvelle maison de Sainte-Périne occupe le point culminant d'un parc de 78,651 mètres, elle est entourée de larges pelouses et de belles futaies. Les bâtiments, occupant une surface de 5,332 mètres, sont disposés d'après le système des pavillons isolés. Cinq pavillons, situés parallèlement à la grille d'entrée, forment la ligne extrême des constructions. Celui du centre, placé dans l'axe de la cour d'honneur, renferme au rez-de-chaussée, trois salons de réunion, et deux pièces consacrées à la bibliothèque ; les étages supérieurs sont occupés par des logements de pensionnaires. Des logements semblables sont disposés dans les quatre autres pavillons. Les deux bâtiments placés de chaque côté du pavillon central se répètent, vers la grille d'entrée, par deux pavillons de mêmes proportions et de même destination. Ils forment ainsi, avec les premiers, les quatre angles d'un vaste rectangle dont le centre est occupé par la cour d'honneur. A chacun des deux grands bâtiments latéraux, qui circonscrivent, à droite et à gauche, le périmètre de la cour se trouve annexé un bâtiment ou pavillon disposé parallèlement et symétriquement, et qui est relié avec lui par une petite construction transversale ; celle de droite renfermant la chapelle, celle de gauche les cuisines. Ces deux pavillons annexes renferment diverses parties importantes du service, notamment l'infirmerie, la pharmacie, le service des bains et les logements de quelques employés.

Le régime alimentaire de l'institution, différent de celui de tous les autres établissements, est approprié aux habitudes des pensionnaires.

Le nombre des lits de Sainte-Périne était, lors de l'inauguration du nouvel établissement de 268, répartis à peu près dans les proportions suivantes : 2/3 pour les femmes et 1/3 pour les hommes ; plus 25 lits d'infirmerie.

Le service médical est fait par un médecin et un élève interne.   BROCHIN.

MAISONS DE SANTÉ. Dans son acception la plus générale, la maison de santé est tout établissement destiné à recevoir des malades ou des personnes qui peuvent avoir besoin de soins et de secours médicaux. On comprendrait ainsi sous cette désignation l'hôpital et même l'hospice destiné à recevoir des infirmes ou des incurables, aussi bien que les maisons d'accouchement, les asiles d'aliénés, et les établissements orthopédiques, hydrothérapiques et autres analogues destinés à tel genre ou tel mode particulier de traitement. Dans quelques pays, en effet, on donne indistinctement le nom d'hôpital ou de maison de santé aux établissements fondés pour l'assistance des malades indigents. C'est ainsi qu'en Allemagne des établissements hospitaliers, qui ne diffèrent en rien sous le rapport des conditions d'admission et du régime administratif des hôpitaux et hospices, sont désignés sous le nom de *Maison de santé.*

En France, à l'exception de l'établissement spécial connu sous le nom de *Maison municipale de santé,* dont nous parlerons tout à l'heure, et qui a une sorte de caractère mixte, tenant à la fois de l'hôpital et de la maison de santé, proprement dite, telle qu'on l'entend généralement, l'usage réserve cette appellation pour les établissements privés où l'on reçoit des malades moyennant rétribution. Pendant longtemps on a reçu indistinctement, dans ces maisons de santé libres et livrées à l'industrie privée, les malades affectés de maladies communes, médicales ou chirurgicales, les femmes en couches et les aliénés. Aujourd'hui, qu'en vertu de la loi de 1838 les aliénés sont soumis à un régime particulier que réclament aussi bien la nature de leur affection et leur intérêt propre que l'intérêt des familles et de la société, cette promiscuité n'existe plus, du moins qu'à titre exceptionnel, les aliénés étant reçus dans des asiles publics ou dans des établissements spéciaux, auxquels, par une sorte d'euphémisme, et pour ménager certaines susceptibilités des malades ou de leurs familles, on a conservé le nom commun de maisons de santé. Il ne sera point question ici de ces maisons, tout ce qui les concerne ayant été traité au mot ALIÉNÉS, sous le titre : *Asiles d'aliénés.* Nous laisserons également de côté, pour le moment, les maisons destinées à recevoir les femmes en couche, dont il sera traité sous le titre de MATERNITÉS ou *maisons d'accouchement.* Nous n'aurons donc à envisager ici que les conditions générales de réglementation, d'aménagement, et les dispositions hygiéniques que doivent présenter les maisons destinées à recevoir, moyennant rétribution, des malades qui, par suite de diverses circonstances de situation ou de domicile, ne pourraient recevoir chez eux les soins qui leur sont nécessaires. Telle est, par exemple, la situation des étrangers qui viennent à tomber malades à l'hôtel où ils sont momentanément descendus ou qui sont venus tout exprès pour se soumettre à une opération ou à des soins spéciaux qu'ils ne pourraient que difficilement trouver ailleurs, ou encore celle de personnes qui, tout en étant à même de suffire pécuniairement à tous les frais d'un traitement, n'auraient pas autour d elles l'entourage nécessaire pour l'exécution des soins que nécessite leur état.

Les maisons de santé n'ont été jusqu'ici réglementées par aucune législation spéciale. Il existe seulement pour le ressort de la Préfecture de police de la Seine, une ordonnance de police, en date du 9 août 1828, qui concerne l'établissement des maisons de santé en général, leur régime intérieur, leurs rapports avec l'administration. Il est stipulé dans cette ordonnance qu'il ne peut être établi à Paris, dans le département de la Seine et dans les communes de Saint-Cloud, Sèvres et Meudon, aucune maison de santé sans une autorisation du préfet de police (art. 1ᵉʳ).

Toute personne qui veut établir une de ces maisons, indique dans sa demande le nombre des pensionnaires que l'établissement peut contenir. Le nombre qui est mentionné dans la permission ne peut être excédé à moins que l'on ne justifie de nouvelles constructions ou d'une extension suffisante donnée aux localités. Le nombre des pensionnaires que peuvent recevoir ces établissements est fixé par le préfet, sur le rapport du conseil de salubrité et l'avis de l'inspecteur des maisons de santé, du maire ou du commissaire de police chargé de la surveillance de l'établissement (art. 2 et 3).

Le reste de l'ordonnance concernant les aliénés a été abrogé de fait ou modifié par l'intervention de la loi de 1838.

Quelles sont et quelles doivent être les conditions d'hygiène et d'aménagement d'une maison de santé ?

La plupart des établissements de ce genre ont été installés jusqu'ici dans des maisons ordinaires ou d'anciens hôtels plus ou moins bien appropriés à leur nouvelle destination. On s'est généralement peu occupé de rechercher et de déterminer les conditions spéciales que doit remplir l'installation d'une maison de santé. Sans doute pour les conditions générales de salubrité, comme toutes les habitations communes ou privées, la maison de santé est soumise aux prescriptions des règlements de voirie et de police qui ont pour objet d'en assurer le bon entretien. Mais ici les conditions communes ne suffisent plus. Si la maison de santé tient d'un côté par quelques-unes de ses dispositions de la maison privée, de l'hôtel ou maison garnie, de l'autre elle présente des conditions qui lui sont communes avec l'hôpital. Il y a donc à faire la part de ces deux ordres de conditions. Comme pour un hôpital il importe de tenir compte de la situation que doit avoir une maison de santé, du terrain sur lequel elle repose, de son orientation, des matériaux et des divers éléments qui entrent dans sa construction, de la distribution de ses diverses parties, etc. D'un autre côté, il ne faut pas oublier que les habitudes de bien-être et de confortable des pensionnaires de ces maisons ont aussi leurs exigences qu'il n'importe pas moins de satisfaire.

Voici comment on peut formuler, d'une manière générale, les conditions principales de l'établissement d'une maison de santé à ces différents points de vue.

L'une des premières conditions est l'éloignement des grands centres de mouvement des villes et du tumulte inséparable des grandes agglomérations, sans que cette distance, toutefois, préjudicie en rien à une foule d'avantages que peut procurer seul le voisinage de la ville.

Une deuxième condition, qui n'est pas de moindre importance, est le choix du terrain qui doit servir d'assiette à la maison. Ce terrain doit être sec, légèrement incliné pour faciliter l'écoulement des eaux, et abondamment pourvu à proximité d'eaux potables et fraîches. Cette dernière circonstance doit d'autant plus être prise en considération, qu'indépendamment de l'eau nécessaire pour l'usage et les besoins des malades, et qui doit dépasser la moyenne de l'eau affectée aux besoins d'une population saine, il en faut également une plus grande quantité proportionnelle pour les lavages, pour la buanderie, pour les lieux d'aisance et pour le service des bains et des diverses pratiques hydrothérapiques, annexe devenue indispensable aujourd'hui dans tout établissement de ce genre. Ces eaux doivent être aménagées et réservées de manière à ce qu'il n'en puisse résulter un excès d'humidité nuisible à la salubrité de la maison.

Toute maison de santé doit être pourvue d'un système d'égout ou de drainage souterrain destiné à recevoir et conduire au loin les eaux impures, et pouvant être facilement et largement lavé.

L'orientation à donner à la maison ne peut être soumise à une règle absolue. Elle doit naturellement varier suivant les climats, les dispositions topographiques, la direction et la fréquence habituelle des vents, etc. Pour notre zone tempérée, plutôt froide que chaude, la meilleure exposition pour la façade principale où s'ouvriront les croisées des chambres de malades, est celle du sud ou du sud-est, la façade opposée, si la maison est à double façade, devant être réservée pour les divers services ou exceptionnellement pour les chambres destinées à certains malades pour qui la chaleur ou le grand jour doivent être plutôt évités que recherchés.

La forme de construction carrée ou en parallélogramme, à cour intérieure, close de toutes parts est peu convenable pour ces sortes de maisons. On doit lui préférer la forme à deux façades pour les maisons de moyenne dimension ou à pavillons séparés pour les grands établissements, d'après les plans adoptés en ces derniers temps pour les hôpitaux. Mais il conviendrait, en général, que ces établissements n'eussent jamais des proportions assez considérables pour réclamer cette division.

Le système de salles ou dortoirs communs doit être exclu des maisons de santé. C'est là l'avantage le plus réel et le plus sérieux qu'elles ont sur les hôpitaux. Chaque malade doit avoir sa chambre. Ce serait là l'idéal malheureusement irréalisable du perfectionnement de l'assistance hospitalière. Les chambres devront être spacieuses, plus spacieuses que ne sont communément les chambres à coucher de nos appartements, par la double raison qu'elles sont occupées par des malades ou des opérés qui ont généralement besoin d'une plus grande masse d'air pur et renouvelé que les personnes bien portantes, et qu'elles le sont pendant une grande partie de la journée, si ce n'est même durant la journée tout entière. Il est bon que quelques chambres aient deux lits, aux cas où des opérés ou des malades gravement atteints auraient besoin de soins particuliers, continus, et d'une surveillance incessante. Dans ce cas, ces chambres ne devraient pas avoir moins de deux croisées, et elles devraient mesurer un cube d'air double de celui des chambres ordinaires.

Nous n'avons pas à entrer ici dans les détails de l'ameublement qui doit réunir à tout ce que réclament les soins de propreté et de toilette, si ce n'est le confortable et l'élégance, du moins toutes les commodités que les personnes du monde sont habituées à trouver chez elles.

Les systèmes d'aération et de chauffage ne doivent pas différer sensiblement de ce qu'ils sont dans les maisons ordinaires, si ce n'est que pour l'aération, du moins, elle doit être plus largement distribuée encore. Nous proposerions volontiers pour les maisons de santé l'application du système de ventilation établi au « Galignani Hospital, » fondé depuis quelques années à Paris pour les Anglais résidants, et situé dans l'une des anciennes dépendances du parc de Neuilly. Ce système consiste dans des ouvertures pratiquées à travers les murs, les unes au-dessus des portes et des croisées, près du plafond, les autres au bas des portes, près du plancher. Ces ouvertures, de forme ovale, ont environ de $0^m,22$ à $0^m,32$ de diamètre. Elles sont recouvertes à chacun de leurs orifices de plaques de zinc perforées, placées à $0^m,55$ de distance l'une de l'autre dans l'épaisseur des murs. Les panneaux au bas des portes sont percés d'un grand nombre de trous plus petits, pour établir un courant d'air inférieur et empêcher ainsi le séjour du gaz acide carbonique autour des lits. Ce système de ventilation permanente, sans préjudice, bien entendu, de la ventilation temporaire beaucoup plus large, qui résulte de l'ouverture des croisées et des portes opposées les unes aux autres, est puissamment aidé par le concours d'une cheminée à foyer ouvert dans chaque pièce.

La question des lieux d'aisances, si importante dans toutes les habitations, a une importance plus grande encore dans les maisons destinées à des malades, hôpitaux ou maisons de santé. Le système des Waters-Closets ou lieux dits à l'anglaise avec bascule auto-mobile, effet d'eau et occlusion hermétique, est encore un des meilleurs et l'un des plus usités. Nous n'avons pas besoin d'insister ici sur la nécessité d'un bon entretien et d'un bon système de ventilation de ces cabinets.

Quant aux appareils portatifs ou mobiles, indispensables dans une maison de santé, il nous a paru que de tous les moyens proposés l'un des plus commodes et des mieux appropriés peut-être à cet usage, serait celui des chaises mobiles qui a été imaginé, il y a quelques années, pour la maison de santé de Munich. Ces chaises sont en bois et ont la forme d'un fauteuil. Le fond est mobile et au-dessous se trouve un vase rond en zinc avec un couvercle de même métal. Autour de ce vase court une rainure dans laquelle entrent les bords du couvercle, et si l'on a soin de laisser toujours de l'eau dans cette rainure, le vase se trouve fermé hermétiquement et peut être vidé sans répandre aucune odeur. Ces chaises sont placées dans des cabinets particuliers, et vidées à certaines heures dans les lieux d'aisances.

Il nous paraîtrait très-utile que toute maison de santé eût, indépendamment des annexes indispensables pour le service, une petite construction annexe séparée du corps principal de bâtiment, pour l'isolement des malades affectés de maladies contagieuses et pour les malades qui ont à subir des opérations graves dont les suites exigent à la fois l'isolement et des soins spéciaux.

Nous n'avons pas besoin d'ajouter que les maisons de santé doivent être entourées de jardins et de cours plantées, en observant toutefois la précaution de maintenir une certaine distance entre les bâtiments et les grandes plantations dont le voisinage trop immédiat peut avoir des inconvénients ; et qu'elles doivent, autant que possible, être pourvues de tous les moyens de distraction si nécessaires pour des valétudinaires et des convalescents, tels que salons de réunion, bibliothèques, salles de jeu, de musique, etc.

Quant aux maisons de santé qui ont une destination spéciale, comme les établissements orthopédiques, les établissements d'hydrothérapie, etc., et qui, aux conditions générales d'hygiène dont il vient d'être question, doivent réunir un assortiment particulier approprié à leur but, il en sera traité à chacun des mots qui les concernent. Mais nous devons dire un mot, en particulier, de la *Maison municipale de santé.*

Maison municipale de santé.   Cette maison est affectée au traitement des maladies internes et des maladies externes. Elle a été fondée dans le but de procurer, à des prix modérés, une chambre particulière ou une place dans un dortoir de quelques lits, aux malades peu fortunés qui peuvent cependant se faire soigner à leurs frais.

La création de la maison de santé est due à l'initiative du conseil général des hospices. Elle a été l'objet d'un arrêté du 16 nivôse, an X (6 janvier 1802). Il était dit, dans l'un des articles de cet arrêté, que le petit hospice du nom de Jésus (ce fut son premier nom) serait consacré à la réception des malades en état de payer une somme déterminée, laquelle était fixée à 30 sols (1 fr. 50) par journée de malade. Son installation eut lieu en mai 1802. Placée d'abord dans le faubourg Saint-Martin, elle fut transférée plus tard (en 1816) dans l'ancienne communauté des sœurs grises de la rue du Faubourg-Saint-Denis. Ce fut à cette époque qu'elle prit le nom de maison royale de santé. Mais la grande popularité du nom d'Ant. Dubois, qui en fut le premier médecin, fit adopter par la population de Paris le nom de maison Dubois, sous lequel elle a été longtemps désignée. Atteinte par l'expropriation, elle a dû de nouveau changer de place, et a été reportée à l'extrémité du faubourg Saint-Denis, sur l'emplacement qu'elle occupe aujourd'hui et qui paraît devoir être définitif.

Un premier bâtiment, développé en façade sur la rue, est consacré à l'administration, au logement des employés et aux salles de consultation. Les bâtiments destinés aux malades, séparés de ce premier bâtiment par la cour principale, se trouvent ainsi hors de portée du bruit de la rue. Les services généraux, pharmacie, laboratoire, tisanerie, service des bains, cuisine, réfectoire des gens de service, sont placés de chaque côté de la cour. Le service des bains est le plus complet après celui de l'hôpital Saint-Louis, et le plus confortablement installé. L'eau arrive abondamment à tous les étages, et alimente de vastes réservoirs, d'où elle se distribue dans les différents services avec la pression convenable pour les douches et l'hydrothérapie. Un local spécial a été ménagé dans les deux bâtiments distincts, celui des hommes et celui des femmes, pour recevoir des lits de repos. L'établissement délivre moyennement par année plus de vingt mille bains de diverses sortes, bains simples, bains de vapeur, bains médicamenteux, sulfureux ou autres, bains hydrothérapiques, etc.

Les constructions destinées aux malades ont trois étages, compris le rez-de-chaussée. Le rez-de-chaussée comprend les appartements réservés, composés chacun d'une antichambre, d'une chambre à coucher, d'un cabinet et d'un salon. Les chambres à un lit et celles à deux lits occupent le premier étage; le second étage est affecté aux chambres communes, lesquelles sont à trois, à quatre ou à six lits. Chaque chambre, percée d'une ou deux fenêtres, a son entrée sur un long corridor qui prend jour sur le jardin formant un quadrilatère central autour duquel se développent ces bâtiments.

Dans le bâtiment du fond, qui achève le quadrilatère, se trouvent la chapelle au centre, et des deux côtés, à droite et à gauche, un salon de réunion. Les communications entre toutes les parties de l'établissement ont lieu de plain-pied et à couvert.

Des surveillantes, placées à la tête de chaque service, veillent à l'exécution des prescriptions médicales et à l'observation des règlements intérieurs, visitent les malades de temps à autre pour s'assurer de leurs besoins, ordonnent et contrôlent la distribution des aliments. Indépendamment de ces surveillantes et des infirmiers, infirmières, ou gens de service, on admet dans la maison, sur la demande motivée des malades, des personnes de garde, soit pour passer la nuit auprès d'eux, soit pour leur tenir compagnie.

Les personnes atteintes de maladies contagieuses, telles que la variole, ou de maladies susceptibles de produire le délire, telles que la fièvre typhoïde, ne sont point admises ou maintenues dans les chambres communes; elles sont placées, à leur entrée, ou transportées, si c'est pendant leur séjour que l'une de ces maladies s'est développée, dans des chambres particulières dont elles sont tenues de payer le prix. Les maladies mentales et l'épilepsie ne sont point traitées dans cet établissement.

Le prix des journées pour les appartements, pour les chambres séparées et les chambres communes, a été fixé par un tarif spécial, établi comme il suit :

Chambres communes, à 6 lits.		4 francs.
— — à 4 lits.		4 50
— — à 3 lits.		5
— — à 2 lits.		6 et 7
Chambres particulières.		8
Appartements avec antichambre et cabinets.		10 et 12
— avec antichambre, cabinets et salon.		15

Tous les soins donnés par les personnes attachées aux divers services sont gratuits.

Le régime alimentaire des malades de la maison de santé est l'objet de dispositions particulières. Les malades forment, sous ce rapport, deux classes, suivant qu'ils sont dans les chambres particulières ou dans les chambres communes. Sur un bon du médecin, les malades obtiennent les aliments jugés nécessaires, en dehors des allocations réglementaires.

Le mobilier et le linge de l'établissement sont en rapport avec les habitudes des personnes qui y sont admises.

Le personnel du service de santé se compose de deux médecins, un chirurgien, un pharmacien et treize élèves internes, et de soixante-cinq serviteurs.

BROCHIN.

MAISONS DE SECOURS. (TRAITEMENTS A DOMICILE.) Nous avons fait connaître au mot *Assistance* l'organisation et le mode de fonctionnement de l'assistance à domicile, représentée par les bureaux de bienfaisance qui mettent à la disposition des indigents un certain nombre de maisons de secours réparties dans chaque ville suivant les besoins de la population. C'est dans ces maisons que se présentent les indigents ou les nécessiteux pour recevoir les secours en nature ou en argent qui leur ont été attribués, et, lorsqu'ils sont malades, prendre les consultations des médecins et les médicaments qui leur ont été prescrits. A Paris, l'assistance à domicile est faite par les vingt bureaux de bienfaisance répondant aux vingt arrondissements et qui mettent à la disposition de la classe indigente ou nécessiteuse 57 maisons de secours réparties dans toute l'étendue de la ville. Chacune de ces maisons est desservie par des sœurs de Charité; le service médical y est fait par les médecins du bureau de bienfaisance de l'arrondissement.

Le traitement à domicile, fait par les soins des bureaux de bienfaisance, a pris depuis quelques années, à Paris, un très-grand développement. Pendant le cours de quatorze années révolues depuis sa réorganisation, de 1854 à 1867, le nombre des malades traités à domicile a été de 613,545 et le nombre des consultations données dans les maisons de secours, de 3,074,486. En calculant le nombre de

journées de maladie des individus traités à domicile, comparé au nombre de lits
d'hôpitaux que ces journées représentent, on arrive au chiffre de 24,904 pour
la période indiquée, on voit de combien les hôpitaux se trouvent dégrevés par
les traitements à domicile. Mais ce n'est pas le seul avantage que présente ce
mode d'assistance. « Le traitement à domicile, organisé sur une grande échelle,
comme il l'est dans la capitale, dit M. Husson dans son exposé des progrès et des
améliorations réalisés dans les services dépendant de l'administration générale
de l'Assistance publique (1868), a une triple utilité : il maintient au sein de la
famille une foule de pauvres gens que l'hôpital séparerait de tout ce qui leur est
cher ; il étend le bienfait du traitement gratuit à un grand nombre d'individus
qui, pour n'être point indigents, n'ont pas moins un urgent besoin de ce secours
spécial. »

Le service du traitement médical à domicile comprend aussi les accouchements,
qui sont confiés à des sages-femmes nommées sur la proposition des bureaux de
bienfaisance. Cette partie du service a été, dans ces dernières années, l'objet de
dispositions particulières ayant pour but de rendre plus efficaces et plus complets
les soins à donner aux accouchées, et, en même temps, d'éloigner des hôpitaux,
où sévissent trop souvent des épidémies de fièvre puerpérale, le plus grand
nombre possible des femmes et des filles-mères qui ont recours à l'assistance.
Ces dispositions toutes nouvelles (elles ne datent que de 1866) ont eu pour premier résultat d'accroître notablement le nombre des accouchements pratiqués
par les soins de l'assistance, mais sans diminuer corrélativement, jusqu'à présent,
le nombre des accouchements qui ont eu lieu dans les hôpitaux. L'avenir fera
mieux ressortir sans doute les avantages qu'il y aurait à multiplier encore les
ressources du service des accouchements à domicile. (Voir le mot MATERNITÉ.)

BROCHIN.

MAITRE-JAN (ANTOINE). Nous respectons l'orthographe de ce nom telle
que nous la trouvons sur les livres de cet oculiste justement célèbre, et nous ne
mettons ni *Maitrejean*, ni *Maitre-Jean*, mais bien *Maitre-Jan*. L'on a malheureusement peu de détails sur la vie de ce savant homme, de ce grand praticien,
de ce travailleur honnête et infatigable, qui peut être considéré comme le père
de l'ophthalmologie scientifique en France. Tout ce que l'on sait, c'est qu'il
naquit à Méry-sur-Seine, qu'il florissait à la fin du dix-septième siècle, qu'il fut
l'élève chéri de Dionis, de Ledran, qu'il fut protégé spécialement par Philippe
Hecquet, qu'il devint correspondant de l'Académie des sciences par l'intermédiaire
de Méry, et qu'il passa presque toute sa vie professionnelle dans sa ville natale,
répandant autour de lui les trésors de sa pratique et de sa science.

Rien de plus remarquable que le *Traité des maladies de l'œil*, de Maitre-Jan.
Observateur exact et éclairé, il a introduit un ordre plus méthodique dans la
classification de ces maladies, et en distingua plusieurs que l'on avait confondues
avec d'autres. Le premier il a traité de la cataracte *laiteuse* et de la manière de
diriger l'aiguille pour l'abaisser. Il parvint, en outre, à démontrer que le siége
de la cataracte n'est point dans la membrane de l'œil, mais qu'elle dépend de
l'opacité de la lentille oculaire. Je ne puis résister au plaisir d'emprunter quelques lignes à la « Conclusion » de ce livre si important pour l'histoire de l'oculistique.

« Mon premier motif, en écrivant ce livre, a été de communiquer au public les
découvertes et les observations que j'ai faites depuis plusieurs années sur les

maladies des yeux; et en cela, m'acquitter du devoir de ceux de ma profession qui, s'étant dévoués pour le service du public, ne peuvent sans injustice se rendre secrètes les connaissances particulières qu'ils acquièrent dans l'exercice de leur art. En effet, si ceux qui nous ont précédés ne nous avaient pas laissé leurs découvertes, leurs observations et leurs méditations sur toutes les parties de la médecine, cette science serait encore dans le berceau, et nous aurions juste sujet de nous plaindre d'eux; mais ils l'ont fait si libéralement, qu'à leur imitation nous ne devons point priver le public du fruit de nos veilles et de nos travaux... Je suis persuadé qu'on louera mon dessein et qu'on l'approuvera quand, après avoir lu ce traité, et après avoir conféré les descriptions que j'y fais des maladies avec celles qu'on lira dans les auteurs, on trouvera que dans celles où je suis entièrement d'un sentiment opposé, je me soutiens et par la raison et par l'expérience comme sur deux pivots inébranlables... Ce que je dis n'est point pour critiquer nos auteurs ni ceux qui suivent leurs sentiments; j'ai trop de respect pour l'antiquité et pour mes maîtres. S'ils se sont trompés en bien des choses, ce n'est pas leur faute. L'opinion, par exemple, qu'ils avaient de l'usage du cristallin, et de la manière qu'ils pensaient que la vue se faisait, n'a pas peu contribué à leur donner une fausse idée de la cataracte; et je puis dire que j'en aurais encore la même idée si j'avais toujours été persuadé que le cristallin fût le principal instrument de la vue... Je souhaite que ce traité puisse exciter un grand nombre de chirurgiens à s'adonner à l'étude particulière de ces maladies, afin que, s'étant rendus capables de les traiter, les pauvres comme les riches en puissent recevoir du soulagement, et que ce soit pour la plus grande gloire de Dieu. »

Comme on devine à ce langage l'honnête homme, l'homme de bien !

Voici les titres des publications de Maître-Jan :

I. *Histoire d'un monstre fort singulier* (agneau sans tête, sans poitrine, sans vertèbres, sans queue, ayant seulement une espèce de ventre au bout duquel étaient les cuisses, les jambes et les pieds de derrière). In *Hist. de l'Acad. des sc.*, 1705, p. 28. — II. *Relation d'un polype volumineux du nez.* In *Hist. de l'Acad. des sc.*, 1706, p. 33. — III. *Observations sur la formation du poulet, où les divers changements qui arrivent à l'œuf à mesure qu'il est couvé sont exactement expliqués et représentés en figures.* Troyes, 1707, in-4°; Paris, 1712, in-12; ibid., 1722, in-12, 326 pages, 10 pl. gravées. Ouvrage fort curieux, très-bien fait, bourré d'expériences conduites avec soin et talent. L'auteur y combat le système de la génération par les zoospermes. Il veut que la femelle fournisse seule le germe de l'embryon et que le mâle lui donne seulement l'action d'où la vie dépend. — IV. *Traité des maladies de l'œil et des remèdes propres pour leur guérison; enrichi de plusieurs expériences de physique.* Troyes, 1707, in-4°; Paris, 1722, in-12; ibid., 1740, in-12, 554 pages avec la table des matières.   A. C.

MAJOR(Jean-Daniel), né à Breslau le 16 août 1634, mort à Stockholm le 3 juillet 1693. Major, que Thomas Bartholin, son admirateur enthousiaste, voulait que l'on appelât *Maximus*, est un de ces trop nombreux exemples d'hommes, sans grande valeur, qui, après avoir joui pendant leur vie d'une réputation immense, ne laissent, à leur mort, qu'un souvenir bientôt effacé et une longue liste d'ouvrages que personne ne lit plus. Il fit ses études à Wittemberg et à Leipzig, prit ses grades à Padoue, et vint se fixer à Wittemberg, où il épousa la fille de Sennert. Après un séjour à Hambourg, il fut nommé professeur de médecine à Kiel et directeur du jardin botanique de cette ville. Appelé à Stockholm, pour donner ses soins à la reine de Suède, il mourut bientôt dans cette ville. Si l'on en croit ses biographes, le chagrin de n'avoir pas guéri la reine, ou plutôt la blessure faite à son amour-propre, fut la cause réelle de sa mort. Major ne s'occupa pas seulement de médecine ; il consacrait une grande partie de son temps à l'étude des sciences naturelles, de l'archéologie et de la numismatique. Il faisait partie de l'Académie des Curieux de la nature sous le nom d'*Hespérus*. Un de ses plus célèbres ouvrages est celui qu'il a écrit sur la *Transfusion du sang ;* c'est un livre presque exclusivement théorique et sans grande valeur. Major s'y attribue à tort la découverte de cette méthode que la science n'accueille, encore aujourd'hui, qu'avec les plus grandes réserves. Voici la longue liste de ses travaux :

I. *Dissertatio de pulmone.* Wittemberg, 1655. — II. *Dissertatio de lacrymis.* Ibid., 1656. — III. *Controversarium medico-miscellanearum decades VI.* Ibid., 1657. — IV. *Lithologia curiosa, sive de animalibus et plantis, in lapidem convertis.* Ibid., 1662. — V. *Historia anatomica calculorum insolensioris figuræ, magnitudinis ac molis, in renibus Sperlingii repertorum.* Leipsick, 1662. — VI. *Epistola de oraculis medicinæ, ergò quæsitis et votivis convalescentium tabulis.* Wittemberg, 1663. — VII. *De cancris et serpentibus petrefactis.* Iéna, 1664. — VIII. *Prodromus inventæ à se chirurgiæ infusoriæ, s. quo pacto agonizantes aliquandiu servari possint infuso in venam sectam peculiari liquore.* Leipsick, 1664 ; Francfort, 1665. — IX. *De plantâ monstrosâ Gottorpiensi, et de coalescentiâ stirpium, et circulatione succi nutritii.* Sleswig, 1665. — X. *Dissertatio de febre malignâ Kiloniensi.* Kiel, 1665. — XI. *Anatome literato quovis digna medico autem necessaria.* Ibid., 1665. — XII. *Collegium medicum curiosum.* Ibid., 1666. — XIII. *Historia anatomes Kiloniensis primæ.* Ibid., 1666. — XIV. *Occasus et regressus chirurgiæ infusoriæ.* Gotha, 1667. — XV. *Programma lectionibus de scorbuto privatis præmissum.* Kiel, 1668. — XVI. *Memoria initiati horti medici.* Ibid., 1669. — XVII. *Memoriale anatomicum.* Ibid., 1669. — XVIII. *Deliciæ hibernæ sive inventa tria nova medica* (à savoir, la transfusion du sang, la transplantation des maladies et l'application du cautère sur la tête). Ibid., 1669. — XIX. *Memoriale anatomico-miscellaneum.* Ibid., 1669. — XX. *Consideratio physiologica occurrentium quorumdam in nuper editis epistolis duabus F.-J. Burrhi, de cerebro et oculis.* Ibid., 1669. — XXI. *Collegium medicum curiosum.* Ibid., 1670. — XXII. *Medicinæ biblicæ à se duobus voluminibus tabularum edendæ summarium.* Ibid., 1672. — XXIII. *De sanguine prodromus.* Ibid., 1673. — XXIV. *Catalogus plantarum quarum mentio fit in W. Rolfink, l.* 2 de vegetalibus, *in gratiam prælectionum.* Ibid., 1673. — XXV. *Memoria Sachsiana.* Leipsick, 1675. — XXVI. *Fabii Columnæ Opusculum, de Purpura.* Kiel, 1675. — XXVII. *De concipienda anatome nova.* Ibid., 1677. — XXVIII. *Genius errans, sive de ingeniorum in scientiis abusu.* Ibid., 1677. — XXIX. *Medicinæ practicæ tabulæ sciagraphicæ XXVII.* Ibid., 1677. — XXX. *Gratulatio ad Seb. Schefferum, cum adhortatione ad Conringianam artis medicæ introductionem iterato edendam.* Ibid., 1677. — XXXI. *Dissertatio de inventis à se thermis artificialibus succinatis.* Ibid., 1680. — XXXII. *Serapis radiatus ægyptiorum deus ex metallo et gemmâ.* Ibid., 1685. — XXXIII. *De nummis Græcæ inscriptis* Ibid., 1685. — XXXIV. *Tractatus de umbilico maris, id est de vertice Grœnlandico.* Hambourg, 1688. — XXXV. *Programma ad collegium anatomicum de oculo humano, chamæleontis, noctuæ et aliorum animalium.* Kiel, 1690. — XXXVI. *Thesium anatomicarum ex circulatione sanguinis depromptarum, fasciculi I et II.* Ibid., 1691. — XXXVII. *Prodromus Atlanticæ vel regnorum septentrionalum.* Ibid., 1691.

Nous avons passé le titre d'un très-grand nombre de dissertations sur *la dysenterie, la fièvre, les clystères, l'usage du mercure dans la syphilis, l'amaurose, les pétéchies,* etc., etc. On se demande comment un médecin, très-occupé, a pu écrire un aussi grand nombre d'ouvrages bons ou mauvais ; et l'on reste convaincu que la plupart, rédigés sans doute par des élèves ou des secrétaires, étaient bien moins des travaux réellement scientifiques, que d'habiles réclames destinées à appeler l'attention du public. H . R.

MAL DES ARDENTS. Appellation donnée, dans le moyen âge, à une affection épidémique phlegmono-gangréneuse. Le mal des ardents doit-il être confondu avec le *Feu sacré* ou *Feu Saint-Antoine* et rapporté, dès lors, à l'ergotisme gangréneux, ainsi que le pensent la plupart des auteurs qui ont traité cette question ? Doit-on, au contraire, en faire une maladie à part, caractérisée par des bubons à l'aine, une fièvre aiguë et une marche très-rapide, constituant ainsi la véritable peste, comme le veulent de Jussieu, Paulet, Saillant et l'abbé Tessier dans leur savant rapport (*Mém. de la soc. de med.*, t. I, p. 272 ; Paris, 1776, in-4°)? C'est ce qui est examiné au mot FEU SACRÉ ouFEU SAINT-ANTOINE. E. BGD.

MAL DES ASTURIES. (*Voy.* PELLAGRE.)

MAL DE LA BAIE DE SAINT-PAUL.

On a décrit sous divers noms, et comme extraordinaires ou particulières à certaines localités, plusieurs maladies qui ne sont autre chose que des exemples frappants de syphilis.

Seulement, avec la manière dont était décrite récemment encore la syphilis, c'est-à-dire avec l'idée généralement répandue que la blennorrhagie, le chancre simple et le bubon chancreux faisaient partie de la maladie, on a hésité en présence de ces endémo-épidémies purement syphilitiques. Quelques auteurs, il est vrai, leur ont trouvé des analogies avec la syphilis, mais avec la syphilis ancienne, avec celle qu'avaient observée et décrite les contemporains de l'endémo-épidémie du quinzième siècle, et dans laquelle ces auteurs ne font figurer, en effet, ni la blennorrhagie, ni le chancre simple, ni le bubon chancreux.

A l'apparition de la syphilis en Europe, au quinzième siècle, cette maladie, en se répandant dans les grands centres de population, n'a pu moins faire que d'y rencontrer les autres maladies vénériennes qui y régnaient déjà depuis longtemps (*Voy.* BLENNORRHAGIE, BUBON, CHANCRE et SYPHILIS). Elle a fait avec elles, dans ces grands centres, une sorte d'endémo-épidémie complexe et toujours existante de syphilis, de chancre simple et de blennorrhagie.

Mais ces maladies, réunies dans leurs principaux foyers, peuvent s'irradier aussi à distance, chacune de son côté, et se séparer accidentellement. La syphilis notamment qui se propage par des modes beaucoup plus variés que les deux autres maladies vénériennes, s'éloigne assez souvent du foyer commun, et des villes où elle est établie à demeure, elle peut, transportée par un nourrisson infecté, par exemple, passer et s'établir dans des campagnes restées jusque-là à l'abri du fléau. Elle s'isole alors de ses deux acolytes habituels et forme des endémo-épidémies où elle règne seule.

Avant que l'opinion des syphilographes fût fixée sur la pluralité des maladies vénériennes on trouvait étranges ces cas de syphilis dans lesquels on ne rencontrait pas les symptômes de toutes les maladies vénériennes réunies. On les décrivait sous les noms spéciaux comme des affections distinctes, singulières, auxquelles on trouvait bien des analogies avec la syphilis, mais seulement, ainsi que nous l'avons dit, avec celle du quinzième siècle. Aujourd'hui qu'on sait à quoi s'en tenir sur ce point de doctrine et qu'on connaît d'ailleurs beaucoup mieux les différents modes de la contagion syphilitique, aussi bien à la période secondaire qu'à la période primitive de la maladie, on ne peut que trouver parfaitement réguliers tous ces faits, jadis réputés insolites ou anormaux.

C'est à ce point de vue que je me suis placé dans mon mémoire intitulé : *Recherches sur plusieurs maladies de la peau réputées rares ou exotiques qu'il convient de rattacher à la syphilis* (*Arch. génér. de médecine*, 1861). J'ai démontré dans ce mémoire que les maladies décrites sous les noms de mal de la baie de Saint-Paul, mal de Brunn, mal de Sainte-Euphémie, maladie de Chavanne-Lure, maladie de Fiume ou de Scherlievo, Facaldine, Pian, Yaws, Frambœsia, Pian de Nérac, Radésyge, Sibbens d'Écosse, sont tout simplement des maladies syphilitiques. Ces recherches paraissent avoir entraîné la conviction de la plupart des médecins familiarisés avec l'étude de la syphilis et des maladies de la peau ; je n'ai donc pas à revenir sur les considérations générales dont j'ai accompagné l'étude de ces maladies. C'est la pluralité des maladies vénériennes et la contagion de la syphilis secondaire qui avaient servi de base à la démonstration que je poursuivais ; encore aujourd'hui, pour ceux qui nieraient l'une ou l'autre de ces deux grandes vérités, la nature syphilitique des maladies portant ces différentes dénominations resterait aussi incertaine que jamais.

Voyons d'abord le mal de la baie de Saint-Paul.

Cette maladie n'est connue que par un rapport du docteur Bowmann envoyé sur les lieux par le gouverneur du Canada, Hamilton. C'est d'après ce rapport que Swediaur a considéré la maladie en question comme syphilitique, mais en faisant remarquer qu'on ne trouvait parmi ses symptômes ni gonorrhée, ni ulcères aux parties génitales et qu'elle n'avait d'analogie qu'avec le sibbens d'Écosse ou encore avec la vérole du quinzième siècle. Voici la relation de Swediaur.

« Il a paru en 1770 et 1780, dans le Canada, et principalement à la baie de Saint-Paul, une nouvelle maladie vénérienne. Les habitants appellent cette maladie le *mal anglais* parce qu'ils prétendent la tenir des Anglais ; on le connaît, à la baie de Saint-Paul sous le nom de *maladie des éboulements;* à Boucherville, sous celui de *lustra cruo,* et à Sorel, sous celui de *mal de Chicot;* dans plusieurs districts on l'appelle tout simplement le *mauvais mal* ou le *vilain mal.*

« En 1785 on trouva, dans le Canada, 5,800 personnes atteintes ; la maladie était alors inconnue à tous les individus du voisinage. Elle s'annonce, dès son invasion, par de petites pustules aux lèvres, à la langue, dans l'intérieur de la bouche, et plus rarement aux parties de la génération. Ces pustules ressemblent d'abord à de petits aphthes remplis d'une humeur blanchâtre ou puriforme ; cette humeur a une telle virulence qu'elle infecte ceux qui mangent avec la cuiller des malades ou qui boivent dans leurs verres, ceux qui fument avec leur pipe. On a observé qu'elle se communique par le linge, les vêtements. Les pères la transmettent à leurs enfants, et lorsqu'elle est déclarée dans une famille il est rare qu'elle épargne quelqu'un. Mais c'est surtout par l'acte vénérien qu'elle se communique.

« Des douleurs ostéocopes nocturnes tourmentent les malades ; elles se calment ordinairement lorsqu'il survient des ulcères à la peau ou dans l'intérieur de la bouche ; il y a fréquemment engorgement des ganglions cervicaux et inguinaux ; à une époque plus avancée le corps se couvre de dartres prurigineuses, dartres qui disparaissent quelquefois pour se montrer de nouveau. Les os du nez, du crâne, des bras, des mains sont attaqués de carie ; il s'y forme des tophus. On observe aussi des troubles de la vue, de l'odorat, de l'ouïe ; la chute des cheveux est un des derniers accidents qui annoncent la fin prochaine des malades. Un malade qui avait langui pendant douze ans, couvert d'ulcères et de tumeurs osseuses, perdit en outre un de ses mollets par ulcération.

« Les deux sexes, à tous les âges, sont exposés à la maladie ; les enfants sont infectés en grand nombre, il paraît que quelques enfants ont été préservés par le traitement qu'avaient auparavant subi leurs mères, quoiqu'elles n'eussent point été radicalement guéries. Cette maladie est surtout contagieuse dans la seconde et la troisième période. On a vu des cas où elle est restée latente dans le corps pendant des années entières, sans se manifester par le moindre symptôme. Le préjugé dominant est qu'elle n'attaque qu'une fois dans la vie ; mais l'expérience dément cette opinion. On a employé les racines de patience, de bardane, de salse-pareille; mais aucun de ces remèdes ne guérit radicalement sans le mercure (Swediaur, *Traité des mal. vénér.*, t. II, p. 310). »

Dans cette narration il s'agit bien de la syphilis, avec cette particularité, notée du reste dans la plupart des endémo-épidémies de même nature, que la maladie se communique souvent en dehors de tout rapport sexuel, et plus volontiers à la période secondaire, c'est-à-dire quand les accidents syphilitiques ont envahi la bouche et le gosier. Nous nous sommes expliqué ailleurs sur ce mode important de contagion (*Voy.* BOUCHE).   J. ROLLET.

MAL DE BASSINE, MAL DE VERS. On appelle ainsi, dans les manufac-tures de soie, une affection vésiculo-pustuleuse et même phlegmoneuse des mains, observée chez les *tireuses* ou *devideuses* de cocons. Cette affection a été décrite d'une manière complète, pour la première fois, par M. Potton (de Lyon) en 1852; depuis lors, M. Duffours a repris le même sujet; mais c'est surtout à M. Melchiori [de Novi (Ligurie)] que l'on est redevable de l'histoire la plus détaillée que nous possédions sur cette maladie et sur quelques autres analogues dont nous parlerons en terminant. C'est d'après ces divers travaux que nous donnerons les détails qui vont suivre.

Voyons d'abord en quoi consiste le travail des tireuses. Les cocons étant bien dépouillés de leur bourre, sont jetés dans des bassines remplies d'eau chaude; cette eau dissout l'enduit naturel à l'aide duquel les circonvolutions du fil élémen-taire sont agglutinées, et des femmes, assises à côté de ces bassines, s'occupent à réunir les brins de soie pour les grouper, au nombre de trois, quatre, cinq, six, etc., et à les faire passer ainsi rassemblés au dévidoir, pour en former la soie *grége.*

Symptômes. Les ouvrières qui, pour la première fois, se livrent à ce genre de travail, ne tardent pas à en éprouver les effets. Il y a d'abord un simple ra-mollissement de l'épiderme, puis, bientôt apparaît une légère rougeur, surtout pendant le travail, s'accompagnant d'un peu de gêne dans les mouvements et d'un sentiment pénible de chaleur et de cuisson. Ces premiers phénomènes se montrent tantôt dès les premiers jours du dévidage, tantôt dans le cours de la seconde ou de troisième semaine; certaines femmes semblent absolument réfractaires à cette maladie. L'action de la cause irritante se manifeste d'abord sur les parties où l'épiderme est le plus mince et le plus délicat : dans les espaces interdigitaux, du côté de la face dorsale de la main, sur les parties latérales des premières pha-langes des doigts, sur la portion métacarpienne du dos de la main droite qui plonge habituellement dans la bassine. Le derme, fortement irrité, ne tarde pas à sécréter une sérosité claire qui, dans les parties précitées, soulève l'épiderme sous forme de vésicules. Ces vésicules sont ordinairement transparentes, mais quand l'inflammation est assez vive, le liquide qu'elles renferment est trouble, laiteux, et même sanguinolent. Elles sont tantôt discrètes, tantôt réunies par groupes de trois, quatre, cinq ou six. Il en naît chaque jour de nouvelles, tant que dure l'inflammation du derme. L'éruption ne reste pas toujours limitée aux régions indiquées ci-dessus, elle se montre quelquefois dans la paume de la main, mais assez rarement.

Si, par une cause ou par une autre, il se forme des gerçures, des excoriations de l'épiderme, ces lésions provoquent de très-vives douleurs. Les portions ainsi mises à nu ressentent d'une manière très-marquée l'action de l'eau des bassines et sécrètent une sérosité abondante.

L'inflammation peut encore être portée à un degré plus élevé. Toute l'épaisseur du derme s'enflamme : c'est là une forme plus grave de la maladie. Dans
certains cas, toute la portion de la main qui subit l'action irritante, est gonflée,
avec rongeur vive, chaleur brûlante ; il y a un état érysipélateux ou plutôt érysipé-
lato-phlegmoneux. Si l'épiderme est intact, il est soulevé par le pus et l'on voit
surgir des pustules du volume d'un pois ou d'une noisette, remplies quelquefois d'une sanie sanguinolente. Dans certains cas encore, l'inflammation atteint
le tissu cellulaire sous-cutané qui suppure, et le pus se fait jour à travers la peau ;
ailleurs enfin, la maladie peut gagner les tendons, le périoste des phalanges,
et, pénétrant dans la paume de la main, qui est énormément tuméfiée, former
sous l'aponévrose des abcès, des infiltrations purulentes. Ces abcès se montrent
plus particulièrement à la région palmaire, au niveau de la racine des quatre derniers doigts. Souvent alors, un gonflement œdémateux s'étend jusque sur l'avant-
bras, peut même envahir les ganglions axillaires et en amener la suppuration. On
comprend que, dans ces formes graves, il survienne des phénomènes généraux :
frissons, céphalalgie, vomissements, fièvre intense.

Dans certains cas, fort rares il est vrai, il peut arriver que la gaine des tendons
et les articulations elles-mêmes soient attaquées. La pulpe des doigts, malgré son
contact en quelque sorte permanent avec l'eau de la bassine, est habituellement
épargnée ; elle peut cependant être prise à son tour, mais alors, quand elle est ainsi
envahie par la phlogose, celle-ci pénètre très-profondément, arrive au périoste
et détermine la nécrose de l'os et la chute totale ou partielle de la phalangette.

Ces diverses lésions existent tantôt séparées, tantôt réunies sur la même main,
ou bien encore on les voit se succéder l'une à l'autre. Ainsi, on rencontrera, en
même temps, des excoriations, des soulèvements séreux, des pustules, de grosses
bulles ou même des abcès, siégeant les uns dans une partie de la main, les autres
dans une autre.

Mais heureusement, dans la grande majorité des cas, la maladie reste superficielle. M. Melchiori a établi à cet égard, approximativement il est vrai, les proportions suivantes : Inflammation superficielle avec ou sans sécrétion séreuse, 80
p. 100 ; excoriations, même proportion ; pustules et grosses bulles, 5 p. 100 ;
abcès sous-cutanés, 8 p. 100 ; inflammation et abcès profonds, 1 p. 100, et peut-
être moins. Environ 20 p. 100 éprouvent une congestion irritative et permanente
du derme, un état sub-inflammatoire indolent, n'incommodant les femmes que par
un léger degré de chaleur qui s'élève un peu pendant le travail.

La *durée* du mal de bassine est variable, suivant l'intensité de l'inflammation.
Quand celle-ci se borne à l'érythème avec éruption vésiculeuse, tout est généralement fini au bout de sept, huit ou dix jours. Quand elle est plus profonde, qu'il y
a des abcès sous-cutanés, la guérison se fait attendre quinze jours ou trois semaines.
Enfin, la durée est plus considérable encore quand les lésions sont plus profondes.

Portée à un certain degré, cette affection laisse d'assez longues traces de son
passage. Il reste habituellement une rongeur qui ne se dissipe que peu à peu.
Quand le derme a été longtemps dénudé et vivement irrité, les papilles s'épaississent, s'hypertrophient, et forment de petites saillies. Pendant longtemps les
mouvements de la main restent sensibles, sinon douloureux, et conservent un
peu de roideur. L'épiderme aussi demeure assez longtemps sec, rugueux et jaunâtre.

Étiologie. Suivant M. Potton, le mal de bassine est dû à la présence du ver, à sa décomposition intime, à une première altération qui s'est faite au sein même du cocon, dans les magasins. Cette altération puise une force nouvelle, une plus grande énergie dans l'action de l'eau chaude qui n'a pas le temps ou le pouvoir de détruire les émanations dégagées du corps de l'animal. Si l'on n'emploie, dit M. Potton, que des cocons nouveaux étouffés depuis peu, l'effet morbide n'apparaît pas. Mais si les cocons sont anciens, s'ils ont été gardés une année et plus, on est presque certain de voir éclater l'éruption chez les ouvrières. M. Duffours avait d'abord adopté les opinions de M. Potton, mais des recherches ultérieures lui ont fait modifier cette manière de voir. Ainsi, dit-il, depuis qu'on a pris l'habitude de mettre dans la bassine de l'eau dans laquelle on a écrasé des chrysalides, le mal au lieu d'augmenter, comme cela aurait dû être dans l'hypothèse de M. Potton, a au contraire diminué. Les ouvrières qui ne tirent que la soie blanche pour laquelle on n'emploie que l'eau pure fréquemment renouvelée sont à peu près exclusivement atteintes. Ajoutez que les personnes chargées d'écraser les chrysalides, pour préparer l'eau en question, ne sont jamais atteintes par l'éruption. Suivant M. Duffours, cette eau qui a pour effet d'assouplir le fil et de le rendre moins cassant, graisse les mains des ouvrières et rend plus difficile l'action de la cause irritante, laquelle ne serait, en définitive, que l'enduit gommeux qui colle les fils élémentaires du cocon. M. Melchiori adopte l'opinion de M. Duffours. D'après son expérience, tous les cocons bons ou mauvais, anciens ou récents, peuvent produire le mal de bassine. Ce n'est donc pas à une décomposition particulière qu'il faut attribuer celui-ci, mais à une cause fixe et invariable, la même pour tous les cocons, c'est-à-dire l'enduit gommeux. Il reconnaît cependant que certains cocons de mauvaise qualité peuvent déterminer une inflammation plus violente que les autres.

A cette cause il ajoute quelques autres influences qui en favorisent l'action. Ainsi la chaleur de l'eau amenant la congestion sanguine de la main favorise l'action du principe irritant. L'eau elle-même a semblé à M. Melchiori exercer, dans quelques circonstances, une certaine influence. Celle qui était fraîchement tirée paraissait produire une excitation plus vive que celle qui, depuis longtemps exposée à l'air, tenait en dissolution des matières végétales ou animales; M. Duffours avait accusé les eaux vives d'être plus irritantes que les eaux de rivière. D'un autre côté, la saison n'est pas non plus sans jouer un rôle assez marqué; plus elle est chaude, plus facilement se développe, plus s'aggrave le mal de bassine. Ainsi, les ouvrières qui s'adonnent pour la première fois au dévidage dans les mois de mars ou d'avril, ressentent des atteintes moins fortes que celles qui commencent ce genre de travail pendant les ardeurs de l'été.

Enfin, il faut tenir compte de la sensibilité et de la délicatesse plus grande des mains chez les jeunes filles que chez les femmes faites, et chez certaines personnes que chez d'autres.

Pronostic. Comme nous l'avons fait observer, le mal de bassine se termine favorablement et assez promptement dans l'immense majorité des cas; la perte d'une phalange était un phénomène tout à fait exceptionnel. Il n'en est pas moins vrai qu'en raison des vives douleurs qu'il occasionne et du dommage qu'il cause à l'ouvrière en l'obligeant de suspendre son travail, il mérite de fixer l'attention des praticiens et exige un traitement qui abrège autant que possible la durée du mal et calme les souffrances.

Traitement. Les médecins qui se sont occupés de cette question sont d'accord pour rejeter les antiphlogistiques, les émollients et les corps gras; ils les ont con-

stamment trouvés plus nuisibles qu'utiles et ils leur préfèrent les topiques astringents. MM. Duffours et Melchiori proposent, au début, de baigner fréquemment
les mains dans l'eau froide, et, pendant la nuit, de les tenir enveloppées dans des
compresses imbibées de cette même eau. Quand les vésicules et les excoriations se
forment en emploiera de légères solutions d'acétate de plomb, de sulfates de fer,
de zinc ou de cuivre, les décoctions d'écorce de chêne, de feuilles de noyer, l'eau
créosotée, etc. A l'aide de ces moyens si simples, beaucoup d'ouvrières peuvent,
sans trop d'inconvénients, continuer leur travail jusqu'à la guérison.

Mais quand la maladie atteint un certain degré, quand la main est enflée, qu'il
y a des pustules, des bulles, etc., le repos est indispensable, et les ouvrières qui,
pour obtenir l'accoutumance et lasser le mal, comme elles le disent, refusent d'interrompre leurs occupations, le payent par une aggravation des accidents.

Les excoriations, les gerçures sont avantageusement combattues par l'onguent
lithargirique; quelquefois de légères cautérisations avec le nitrate d'argent deviennent nécessaires. Dans les cas de gonflement très-considérables des mains,
M. Potton emploie les cataplasmes avec la camomille, le quinquina ou le camphre.
Lorsqu'il se forme de petits abcès sous-cutanés, M. Melchiori n'hésite pas à y
plonger la pointe d'une lancette ou d'un bistouri étroit, les quelques gouttes de
sang ou de pus qui s'échappent amènent un prompt soulagement et une diminution dans la durée des accidents. C'est alors aussi que conviennent les lotions
toniques avec le vin aromatique, etc.

Un symptôme qui persiste souvent après les autres, c'est une démangeaison
parfois assez vive ; on la calme à l'aide de lotions acidulées, de frictions sèches
sur la main et sur le trajet des lymphatiques, d'onctions faites avec des baumes
légèrement excitants. Pour combattre les symptômes généraux, les boissons dé-
layantes, les infusions aromatiques ou amères, suivant les sujets, de légers
laxatifs, tels sont les seuls moyens à mettre en usage (Potton).

De quelques autres lésions de la main observées chez les dévideuses. M. Melchiori a encore décrit quelques accidents analogues observés sur les mains des
dévideuses.

A Novi, dans le but très-probable d'obtenir un plus grand degré de blancheur
des fils provenant des cocons du Levant, on a l'habitude d'ajouter du savon à l'eau
de la bassine. Dans ce cas les mains, outre l'effet de l'eau des cocons, ressentent
de plus l'effet du savon qui est de ramollir, de dissoudre en quelque sorte l'épiderme, d'où la mise à nu de portions plus ou moins étendues du corps papillaire.
De là aussi des douleurs et des cuissons très-vives, un engorgement qui peut
s'étendre à toute la main. Ces lésions obligent bien souvent les ouvrières à interrompre leurs occupations. Chez les femmes qui ont les mains grasses et la peau
fine, l'inflammation pénètre facilement au delà du derme ; la main est quelquefois
comme criblée de ces dénudations circonscrites que les malades appellent de la
vermoulure (*tarlata*). Le traitement est le même que dans le mal de bassine proprement dit.

Par le fait de la chaleur et des substances que contient l'eau des bassines, les
callosités, les productions épidermiques résultant de causes diverses qui existent
sur les mains des dévideuses, s'enflamment quelquefois et suppurent. Les verrues,
les poireaux s'irritent, deviennent saignants et très-douloureux. Il s'ensuit dans
certains cas une extension de l'inflammation, avec suppuration aux téguments circonvoisins. Quand le siège de ces altérations est à la pulpe des doigts, la douleur est beaucoup plus intense.

On voit aussi assez souvent, dans la saison chaude, des furoncles plus ou moins nombreux se manifester à la face dorsale des mains et des avant-bras des dévideuses.

E. Beaugrand.

Bibliographie. — Potton. *Recherches et observations sur le mal de vers ou de bassine* (rapp. de M. Patissier). In *Bullet. de l'Acad. de méd.*, t. XVII, p. 805; 1851-52, et *Ann. d'hyg.*, 1re série, t. XLIX, p. 245; 1853. — Duffours (L.). *Rech. sur quelques maladies des fileuses de soie.* Montp., 1853, in-8°. — Melchiori (Giov.). *La malattie delle mani delle trattore da seta osservata in Novi.* In *Ann. univ. di med.*, t. CLX, p. 5; 1857.
E. Bgd.

MAL DE BRUNN. Voici comment cette affection, qui paraît s'être développée dès le principe à Brunn (en Moravie), chez plusieurs malades à la suite d'une application de ventouses, a été décrite par un contemporain, Thomas Jordan :

« Pendant quelque temps les malades éprouvèrent une lassitude inaccoutumée : pesanteur et engourdissement général, visage pâle, esprit triste, dégoût du travail; yeux cernés comme les femmes au moment de leurs règles, le front voilé; ils avaient l'air d'ombres errantes. Tout à coup une violente inflammation se manifeste sur les parties où l'on avait appliqué les ventouses; il en résulte des abcès de mauvaise nature, dégénérant en ulcères sanieux, environnés de pustules dans la circonférence d'une palme, semblable aux achores. Si on ouvrait celles-ci il s'en écoulait une humeur claire, séreuse, purulente et une sanie muqueuse et corrosive; alors toute la portion du derme compris dans la circonférence de la ventouse tombait en putréfaction et laissait à sa place un ulcère phagédénique. Ce qu'il y avait de singulier, c'est que, malgré le grand nombre de ventouses appliquées (une dizaine environ chez quelques-uns), une ou deux seulement passaient à cet état; un malade, sur quinze ventouses, en eut trois de cette sorte.

« Chez quelques-uns tout le corps se couvrait de pustules qui rendaient le visage difforme et horrible. Le dos, la poitrine, l'abdomen, les pieds, toutes les régions, de haut en bas, devenaient le siége d'une éruption scabieuse ou d'ulcères croûteux, saillants au-dessus de la peau, de la largeur d'une pièce de 2 kreutzers ou de l'ongle du pouce. Le contour était rouge et la surface blanche comme certaines teignes. Ces pustules laissaient transsuder un liquide gras, muqueux; bien plus, les croûtes étant venues à tomber, il resta à la peau des taches noires, différentes de celles de l'impétigo et du vitiligo, et qui avaient un aspect plombé.

« Dans le progrès de la maladie il survenait à la tête des callosités qui s'ouvraient avec douleur et qui rendaient une humeur melliforme, visqueuse et tenace comme la térébenthine; les abcès formaient ensuite de vrais ulcères sordides qui, après s'être détergés difficilement, se fermaient pour faire place à d'autres accidents.

« Alors survenaient des douleurs ostéocopes très-aiguës aux bras, aux épaules, aux cuisses, aux jambes, aux pieds, mais surtout au tibia, dans les parties où il est le moins enveloppé de muscles et n'est recouvert que par son périoste. Plus de repos, plaintes, cris, gémissements continuels. Les douleurs s'exaspéraient la nuit et diminuaient le matin; la tête, outre l'affection visqueuse et les verrues calleuses dont elle était couverte, éprouvait encore des douleurs aiguës vers l'occiput; alors il y avait prostration des forces, stupidité et même aberration mentale; une humeur purulente et fétide distillait des narines; l'appétit se perdait et les malades, plongés dans la mélancolie, recherchaient la solitude.

« Le peuple, persuadé que l'épidémie provenait du bain qu'on avait peut-être empoisonné, se porta en foule au sénat et demanda qu'on arrêtât le directeur des

bains qui fut interrogé, mais on reconnut son innocence. Les soupçons se portè-
ront alors sur le barbier chargé des ventouses; on l'accusa de s'être servi d'instruments envenimés pour faire les scarifications; sa fuite précipitée parut confirmer
sa culpabilité. Enfin, on crut que la maladie avait été propagée par plusieurs
malades vénériens qui avaient pris des bains. Le sénat fit fermer le local et la
maladie s'étant atténuée pendant l'hiver, disparut vers l'équinoxe du printemps.

« Cette épidémie s'était manifestée en 1578, et dans l'espace de deux à trois
mois elle attaqua quatre-vingts personnes dans la ville et à peu près cent dans les
faubourgs; bon nombre de gens de la campagne en furent aussi atteints (*Brunno·
Gallicus, Seu luis novæ in Moravia exortæ descriptio*, Francfort, 1578). »

Cette narration peut se passer de commentaires, aujourd'hui surtout qu'on ne
met plus en doute la contagiosité du sang syphilitique. C'est à des ventouses scari-
fiées qu'on a attribué, et qu'il faut attribuer ici la communication de la maladie;
or, on sait que les expériences de Waller, instituées pour démontrer la contagiosité du sang syphilitique, ont consisté, précisément, en scarifications sur lesquelles
l'application de la matière contagieuse a déterminé le développement de l'accident
syphilitique primitif, suivi plus tard des autres accidents de la syphilis.

J. ROLLET.

MAL CADUC. (*Voy.* ÉPILEPSIE.)

MAL DE CHAVANNE-LURE. Cette endémo-épidémie, qui a les plus
grandes analogies avec les précédentes, a été décrite, en 1829, par le docteur
Flammand.

« Je me suis assuré, dit-il, qu'il existe dans la commune de Chavanne, depuis
vingt-huit mois, une maladie qui y est réputée contagieuse, et qui, jusqu'à ce jour,
a atteint vingt ou vingt-cinq personnes, probablement même un plus grand
nombre, car les habitants mettent une fausse honte à convenir qu'ils en sont atteints, plusieurs auront échappé à mes recherches et à celles du maire de la commune.

« Elle débute par un sentiment de faiblesse générale, suivi de douleurs plus
ou moins vives dans les membres, qui augmentent pendant la nuit et que les
malades comparent à celles du rhumatisme. Ces douleurs durent, suivant les
individus, depuis quinze jours jusqu'à quatre ou cinq mois, en parcourant successivement chez quelques-uns les articulations. Ensuite un engorgement inflammatoire se manifeste aux lèvres, qui se couvrent intérieurement d'aphthes blanchâtres, et qui se gercent acquerrant le double et même le triple de leur volume
ordinaire. Bientôt l'inflammation se manifeste à la gorge ; elle envahit la luette,
les amygdales et le voile du palais et il en résulte une extinction de voix qui,
chez quelques individus, est portée jusqu'à l'aphonie. Aussitôt que les symptômes
inflammatoires se manifestent, la douleur dans les membres diminue, et elle cesse
même entièrement, à mesure que les premiers prennent de l'intensité. Chez certaines personnes, il s'est fait une éruption pustuleuse sur toute la surface du corps,
mais plus particulièrement à la tête. Les pustules étaient accompagnées d'une
douleur prurigineuse intolérable, qui cependant cessait avec l'écoulement du pus
formé par le boutons. Ceux-ci étaient assez gros et d'un rouge livide; ils laissaient à la peau des macules dont les traces se voyaient encore longtemps après.
Un individu n'a eu des pustules qu'à la tête, et chez un autre les symptômes de
la maladie ont été accompagnés d'une longue ophthalmie avec larmoiement con-

sidérable. Cette seconde période a duré plusieurs mois et même une année. Chez les deux tiers des individus qui en ont été atteints, la maladie me paraît s'être guérie spontanément ; les autres en conservent encore plusieurs symptômes. Jusqu'à présent elle n'a été funeste à personne. Le nommé Pierre-François Goudey, âgé de 28 ans, est le premier qui en ait été atteint, il y a environ vingt-huit mois. D'abord faiblesse générale et répugnance pour le travail ; ensuite douleurs dans les membres qui ont duré environ deux mois ; puis engorgements inflammatoires et aphtheux aux lèvres et à l'intérieur de la bouche pendant neuf mois ; en même temps inflammations à l'arrière-gorge et extinction de voix pendant trois mois. Une affection inflammatoire s'est aussi montrée au scrotum, ce que le malade attribuait au frottement d'un caleçon de grosse toile neuve ; il n'en reste point de vestiges, non plus que des autres symptômes de la maladie. Goudey a communiqué cette affection à ses trois enfants en bas âge ; tous trois ont eu les lèvres enflées et aphtheuses ; un seul a éprouvé les symptômes inflammatoires de la gorge et l'enrouement.

« Sa femme avec laquelle il cohabite est le seul individu de sa famille qui n'ait point été infectée par lui, ce qui semble indiquer que l'union des sexes est un moyen peu propre à communiquer le mal, quoiqu'il soit envisagé comme une modification particulière de la syphilis.

« Cet individu , arrêté et retenu pendant trois jours dans un corps de garde autrichien, à Montbéliard, lors de la seconde invasion, prétend y avoir contracté sa maladie en buvant dans le même verre et immédiatement après un soldat de cette nation qui, dit-il, avait la même maladie aux lèvres. C'est quelque temps après que, rentré chez lui, Goudey a éprouvé les premiers symptômes. Elisabeth Goudey, âgée de 14 ans, assure l'avoir reçu des enfants du précédent, son parent, et cela en mangeant avec eux ; elle a éprouvé les douleurs dans les membres, a eu les lèvres enflées, l'inflammation de la gorge et l'extinction de voix. Son frère, Claude-François Goudey, âgé d'environ 15 ans, a contracté la maladie quelque temps après sa sœur, et il a éprouvé les mêmes symptômes ; de plus, une ophthalmie qui a duré plusieurs mois ; les paupières sont encore légèrement injectées et les yeux larmoyants. La femme de Jean-Baptiste Goudey, par la fréquentation que celle-ci avait dans la maison, elle y allait souvent manger. La maladie s'est manifestée chez elle par des douleurs dans les membres ; ces douleurs ont commencé par les membres abdominaux, se sont portées ensuite et successivement aux épaules, aux coudes et aux poignets et ont duré environ cinq mois. Elle a eu une éruption pustuleuse générale, quoique plus particulièrement fixée à la tête, dont les macules existent encore, et forment des taches d'un rouge livide. Elle n'a point eu les lèvres enflées, mais des aphthes sur la langue, avec inflammation de la gorge, encore existante, ainsi que l'enrouement. Son mari a pris la maladie six mois après elle ; il n'a éprouvé les douleurs aux membres que pendant quinze jours ; il a la gorge fortement enflammée avec une extinction de voix telle, qu'à peine l'entend-on parler.

« Les habitants de Chavanne sont persuadés que cette maladie s'est particulièrement propagée par l'intermédiaire des ustensiles qui leur servent à prendre leur nourriture ; cela est d'autant plus probable, qu'on sait que les habitants des campagnes s'en servent les uns après les autres et sans la moindre précaution de propreté.

« Les observations ci-dessus paraissent appuyer fortement cette opinion.... Depuis le mois de mai 1828, j'ai donné des soins aux individus auxquels il restait

des symptômes de la maladie ; je leur ai conseillé quelques bains, l'usage des toniques et des préparations mercurielles, particulièrement la liqueur de van Swieten. J'ai eu la satisfaction d'apprendre que le traitement avait réussi et que la
maladie avait entièrement disparu de Chavanne sans se propager dans les communes voisines (*Journal complémentaire du Dict. des Sc. méd.*, t. V,
p. 314). »

Ce qui distingue en effet les endémo-épidémies de syphilis dont il vient d'être
question, c'est qu'elles n'ont eu, pour la plupart, qu'une durée limitée et qu'elles
ne se sont pas établies en permanence dans les localités où elles s'étaient déclarées.

En cela elles ressemblent aux endémo-épidémies plus récentes qu'on a vu
éclater dans certains villages lorsque, par exemple, la syphilis, apportée par un
nouveau-né, s'est transmise d'abord à la nourrice, puis aux personnes du voisinage, et dont j'ai rapporté plusieurs remarquables exemples (*Études cliniques
sur le chancre produit par la contagion de la syphilis secondaire, et spécialement sur le chancre du mamelon et de la bouche.* In *Archives générales de Médecine*, 1859). Depuis cette époque les faits de ce genre, plus attentivement observés, ont paru se multiplier. Plusieurs cas analogues ont été relatés par M. A.
Bicordi sous les noms d'épidémies de Marcallo, de Uboldo et de Cazorezzo (*Syl-
phide da Allatamento*, Milan 1865). Elles ressemblent aussi, sous ce rapport,
aux endémo-épidémies de syphilis vaccinale observées dans ces dernières années
et sur lesquelles nous aurons à revenir (endémo-épidémies de Rivalta, de Lupara,
de Bergame, de Vannes, etc.).

Néanmoins, d'autres circonstances peuvent se présenter. Dans certaines localités, on a pu voir la syphilis se propager avec une grande activité, s'infiltrer pour
ainsi dire au sein de la population tout entière et former des endémo-épidémies
non plus éphémères, mais permanentes, constatées à plusieurs reprises et à de
longs intervalles par divers observateurs. Il en a été ainsi, notamment, pour l'endémo-épidémie suivante (*Voy.* Mal de Fiume ou de Scherlievo).

J. Rollet.

MAL DE CŒUR   (*Voy.* Cachexie aqueuse).

MAL DE CRIMÉE   (*Voy.* Éléphantiasis).

MAL D'ESTOMAC   (*Voy.* Cachexie acqueuse).

MAL DE FIUME OU DE SCHERLIEVO. Au mois de mai 1800, on
prévint le gouvernement de Fiume qu'une maladie contagieuse d'une espèce inconnue s'était manifestée au village de Scherlievo, à 8 milles à l'est de Fiume et à
3 milles des côtes de l'Adriatique. Le docteur Cambieri, envoyé par le gouvernement, fit le rapport suivant.

« Dix, quinze et vingt jours avant que la maladie se développe, il survient des
douleurs dans les os et surtout aux articulations et à l'épine du dos ; elles sont
plus fortes pendant la nuit. La voix devient rauque, la déglutition difficile ; le voile
du palais, le palais, la glotte et les amygdales deviennent rouges et flasques comme
dans certains catarrhes. Bientôt de petites pustules s'y montrent avec l'apparence
d'aphthes qui laissent suinter une matière purulente blanche ; ensuite elles s'ouvrent en ulcères qui s'étendent, corrodent et détruisent en peu de temps tout l'intérieur de la bouche, des lèvres, et plus ordinairement la luette et les amygdales.

Les ulcères s'étendent souvent du voile du palais à l'intérieur des narines, dans la membrane interne et les os sont aussi détruits, ainsi que le nez lui-même, et il s'en écoule une matière infecte comme dans l'ozène.

« Dès que les ulcères paraissent les douleurs ostéocopes cessent, ou du moins s'amendent. Chez ceux à qui il ne vient pas d'ulcères dans la bouche, les douleurs font place à un sentiment général d'acupuncture, suivi d'une éruption de pustales ou stigmates ronds, couleur cuivre rouge, surtout au front, au cuir chevelu, derrière les oreilles, à l'anus, aux environs des parties génitales, dans l'intérieur des cuisses, des jambes, des bras et sur le ventre.

« Les pustules varient de forme, elles ressemblent à de petites lentilles ou à l'éruption scabieuse, dont elles diffèrent cependant en ce qu'elles ne sont pas prurigineuses et que leur couleur est d'un rouge brun. Chez les sujets délicats, dont le tissu cellulaire est lâche comme chez les enfants, l'épiderme, entre les pustules, est couvert d'une rougeur érysipélateuse : les taches paraissent plus ou moins relevées ; parfois elles sont concaves dans leur centre, d'autres fois elles sont circulaires, de la circonférence d'un sou, et molles au tact, souvent sèches et arides, tellement qu'en les frottant elles tombent en écailles. Les malades passent quelques mois et même plus d'une année en cet état ; enfin, entre les pustules il s'élève des tubercules qui suppurent lentement ou qui rendent un ichor qui se condense en grosse croûte ; parfois les taches deviennent serpigineuses, et laissent transsuder une humeur qui se condense en croûtes indolentes, entourées d'une auréole rouge, comme dans certaines teignes ; dans quelques cas, ces taches deviennent fongueuses, proéminentes et passent en ulcères. On en a vu imiter des condylomes. Enfin les croûtes tombent et les parties qui sont dessous restent tachées d'une couleur cuivrée ou cendrée qui disparaît difficilement, ou bien elles s'exulcèrent.

« Les ulcères qui attaquent les bras, les cuisses, les parties génitales, se dilatent énormément et présentent un aspect hideux ; peu sont superficiels, mais ils s'approfondissent et sont indolents et fongueux, recouverts d'une matière visqueuse, glutineuse ; leurs bords corrodés, calleux, cernés d'un cercle rouge brun. On a vu corroder le gras des jambes et les os du pied avec une odeur affreuse.

« En général, les parties génitales s'exulcèrent plutôt chez les femmes que chez les hommes ; les os du crâne et du nez se carient facilement. On observe encore des condylomes, des staphylomes, des poireaux, la couronne ou le chapelet de Saint-Côme au front, la tuméfaction énorme du scrotum, les herpès.

« Chez les enfants, la maladie se développe toujours par une éruption érysipélateuse, d'un rouge obscur, principalement sur les fesses, aux aines, dans l'intérieur des cuisses, sur l'abdomen.

« Parmi les milliers de malades, il ne s'est montré qu'une seule blennorrhagie avec intumescence des testicules qui disparut lorsque l'éruption croûteuse eut lieu sur la peau. Il y a eu quelques exostoses, un seul exemple d'apparence de lèpre avec alopécie. On n'a observé non plus qu'un cas d'ophthalmie purulente, produite par ce virus, chez un individu qui, ayant beaucoup de condylomes à l'anus et le membre viril énormément tuméfié et tellement couvert de poireaux qu'il ressemblait à un épi de maïs, voulut détruire ces excroissances par la vapeur du soufre. Il fut ensuite attaqué d'une ophthalmie violente.

« Ce virus se contracte par l'attouchement, par l'usage commun des ustensiles et des habits, par l'haleine, et en couchant avec les malades. Il n'épargne ni âge, ni sexe, mais il paraît que ceux qui ont été radicalement guéris ne contractent pas la maladie une seconde fois ; cependant cette remarque n'est pas appuyée d'un assez grand nombre de faits pour mériter toute croyance. Les nourrices communiquent facilement la maladie aux enfants par l'allaitement.

« Le plus grand nombre des malades supporte cette infirmité durant plusieurs années sans éprouver de grandes altérations dans leur santé ; cette maladie n'est pas mortelle. Plusieurs sujets ont guéri naturellement après un, deux et même trois ans. Quelques-uns s'en sont délivrés par des lotions avec une solution de sulfate de cuivre ; d'autres ont fait passer des ulcères de la bouche par des gargarismes d'eau-de-vie. L'exercice et une vie active paraissent salutaires aux infirmes.

« L'origine de cette maladie est inconnue. On prétend qu'elle fut apportée, en 1700, par quatre matelots arrivés avec des femmes des bords du Danube, après la guerre contre les Turcs ; un avocat, qui a fait des recherches sur cette maladie, prétend qu'elle fut apportée, en 1790, par un berger qui, s'étant expatrié en Turquie, en 1787, revint trois ans après, et communiqua la contagion à ses père et mère, vieillards âgés de plus de soixante-dix ans. Mais ce ne sont que des conjectures.

« Cette maladie ressemble, en quelque sorte, à la syphilis épidémique de 1493 à 1494 et au sibbens d'Écosse. La description de la première, donnée par Fracastor, ressemble absolument à celle du scherlievo.

« L'usage des remèdes végétaux est insuffisant dans cette maladie ; dans les cas d'ulcères, de nodosités, de croûtes, d'excroissances et de fongosités, on recourt promptement au muriate suroxygéné de mercure ; l'ammoniate de mercure oxydé noir peut aussi réussir. Dans la première période, c'est-à-dire dans l'éruption pustuleuse simple, la simple solution de sulfate de cuivre en lotions suffit pour guérir. Les frictions mercurielles réussissent dans la maladie de Scherlievo. Celles faites avec la méthode de Cerillo ont guéri en un mois quatre-vingt-deux malades ; les diaphorétiques aident l'action des frictions, mais les purgatifs antiscorbutiques et acidulés sont nuisibles. On a employé sans succès le calomélas avec l'hydro-sulfate d'antimoine et l'opium (Cambieri, *Storia della malat. di Scherlievo ;* et Ozanam, *Traité des maladies épidémiques*, t. IV, p. 282). »

Qu'est devenu le scherlievo depuis la première publication de ces documents ? L'endémie s'est-elle éteinte, ou persiste-t-elle encore ? S'est-elle modifiée, ou bien est-elle restée la même ?

Depuis Cambieri, le scherlievo a été étudié par un grand nombre de médecins : Bagneris, Massich, Hendler, Fradik, Eyrel, Boué, A. de Meulon, et plus récemment MM. Sigmund (1855) et Felice Giacich (1862). Après s'être étendu successivement dans les provinces de Fiume, de Buccari, de Viccodol et de Faccini, au point que, sur une population de 15 à 16,000 habitants, on comptait jusqu'à 3 à 4,000 malades, le fléau s'est ensuite concentré de plus en plus. Un hôpital a été établi à Portore pour le traitement exclusif de cette maladie ; en 1818, le nombre des malades admis a été de 1855 ; or, dans ces dernières années, la moyenne n'a été que de 353. Bien plus, il paraît résulter d'observations récentes que des maladies très-diverses, et principalement plusieurs affections scrofuleuses ou scorbutiques sont confondues par les gens du pays avec le scherlievo.

On peut donc dire que, là encore, si l'endémo-épidémie n'a pas cessé, elle avait une tendance naturelle à décroître et à disparaître ; et que, si elle persiste à un certain degré, c'est, ainsi que tous les auteurs cités plus haut en ont fait la remarque, grâce à la malpropreté et à la misère des basses classes qui en sont encore, dans ces contrées, à partager leurs cabanes, humides et malsaines, avec les animaux domestiques.

Du reste, le scherlievo n'est pas la seule endémo-épidémie syphilitique qui règne encore dans certaines campagnes pauvres et peuplées d'habitants plus misérables que débauchés. La même maladie a été décrite sous d'autres noms dans des pays où elle a exercé et où elle exerce encore les mêmes ravages. C'est toujours la syphilis, mais avec des caractères, une marche et des modes de propagation qu'elle doit aux circonstances au milieu desquelles elle se développe, et qui lui ont valu un nom particulier, celui de syphilis des *innocents* (syphilis insontium).

Nous aurons plusieurs fois l'occasion de revenir sur ce sujet (*Voy.* FACALDINE, FRAMBŒSIA, PIAN, PIAN DE NÉRAC, RADEZYGE, SIBBENS D'ÉCOSSE ET SYPHILIS, YAWS).

J. ROLLET.

MAL FRANÇAIS (*Voy.* SYPHILIS).

MAL KABYLE (*Voy.* SYPHILIS).

MAL DE MER. SYMPTOMES. On donne le nom de *mal de mer* ou *naupathie* (ναῦς, navire ; πάθος, maladie) à l'ensemble des symptômes morbides qu'éprouvent les nouveaux embarqués, et qui consistent en vertiges, pâleur, sputation, susceptibilité extrême de l'odorat, céphalalgie frontale, anxiété respiratoire, sueurs froides, nausées, vomissements, cardialgie, prostration physique et morale. Le mal peut se borner aux premiers symptômes, comme il peut aller s'aggravant dans les derniers, et alors la peau devient très-froide, le pouls faible, la face anxieuse, étirée, comme par une longue maladie, l'inertie complète. Les malades vont jusqu'à perdre l'instinct de la conservation, avec celui de la décence et de tous les devoirs.

MARCHE. Il est rare que le mal arrive à cette extrémité, surtout qu'il s'y maintienne longtemps. D'ordinaire, il y a des moments de répit qui permettent au patient de se refaire, même d'absorber quelques aliments ; puis, le paroxysme étant passé, les symptômes se modèrent et peu à peu le sujet se remet complétement. Mais il n'est pas encore *amariné* pour cela, et les vicissitudes de la mer amèneront encore quelques rechutes avant qu'il ait acquis une immunité absolue ou relative. L'immunité absolue est assez rare ; mais l'inaptitude à s'amariner durant une longue navigation, à plus forte raison, dans le cours d'une carrière, l'est également. Cependant, nous avons vu des exemples de l'une et de l'autre. L'assuétude nautique se perd fréquemment par un long séjour à terre, et s'acquiert de nouveau. Rien de plus inégal, du reste, et de plus bizarre que les susceptibilités individuelles vis-à-vis du mal de mer. Tel, qui brave impunément les flots impétueux du large, succombe au clapotis des atterrages ; tel, qui reste insensible aux mouvements saccadés d'un canot, est très-fortement incommodé par les lentes oscillations d'un vaisseau ; tel, qui a joui d'une longue immunité sur une certaine classe de bâtiments, est malade sur une autre. Cependant, on peut dire, en thèse générale, qu'on est plus indisposé sur un vapeur à roue que sur un bâtiment à voiles, surtout quand celui-ci est appuyé sur le côté par l'effort du vent en sens opposé ; et sur un bateau à hélice plus que sur tout autre. On peut dire encore que le tangage, c'est-à-dire le mouvement de l'avant à l'arrière, ou, plus exactement, l'oscillation autour de l'axe transversal, est plus dur à supporter que le roulis, c'est-à-dire le mouvement d'un côté à l'autre, ou, plus exactement, l'oscillation autour de l'axe longitudinal. Le mal de mer ne se termine pas toujours nécessairement avec la cause qui l'a fait naître, ni même aussitôt après le débarquement. Quelques personnes délicates ou susceptibles conservent encore pendant des heures et même des jours des perversions sensorielles qui leur font éprouver la plupart des symptômes qui les ont tourmentées pendant leur séjour à bord.

PRONOSTIC ET TERMINAISON. Le mal de mer est une affection non-seulement désagréable, mais très-douloureuse, et, si l'expérience des siècles n'en avait démontré l'innocuité habituelle, on aurait le droit d'en être effrayé pour soi-même ou pour ceux qui l'éprouvent. On cite cependant des cas mortels chez des personnes atteintes sans doute de quelque maladie antérieure, dus à une perforation de l'estomac, à une rupture d'anévrysme, à une encéphalite (Forget, de Strasbourg). Mais ce qui arrive plus fréquemment dans un long voyage, c'est le marasme amené par l'impossibilité de garder les aliments. Ainsi en était-il chez une pauvre religieuse, que nous vîmes débarquer, à l'état de squelette, à Sydney (Australie), après une traversée de six mois passée presque sans interruption dans les angoisses du mal de mer. M. Le Roy de Méricourt (*in* Valleix, *Guide du praticien*, 5ᵉ éd.) dit avoir eu à traiter des femmes qui, après une longue traversée, étaient réduites à un état de faiblesse et d'éréthisme alarmant. Enfin, les efforts répétés de vomissement peuvent mettre en péril les femmes enceintes, au point de vue de l'avortement. Celles qui se trouvent en cet état doivent éviter le plus possible les voyages sur mer. La naupathie peut-elle servir de moyen curatif contre certaines maladies? Les anciens en étaient persuadés. Antyllus dit que « le ballottement pendant la navigation a le même effet qu'un traitement par l'ellébore blanc. » C'est bien possible. — Mercurialis regarde les vomissements comme très-salutaires contre l'hypochondrie; sans doute parce qu'ils chassent l'atrabile. — Gilchrist et van Swieten pensent que les maladies du foie ou des canaux biliaires peuvent retirer des vomissements répétés un bénéfice appréciable. Ceci est déjà plus sérieux. — Desgenettes cite des exemples de dysenterie et de diarrhée chroniques amendées ou guéries par la navigation. C'est un fait que bien des médecins naviguants ont pu constater, mais qui est aussi imputable à la translation nautique qu'au mal de mer, car la navigation produit une constipation habituelle. Mais on ne peut nier non plus que les vomissements ne puissent être utiles contre ces affections, d'autant plus qu'ils ne sont pas habituellement accompagnés d'évacuations alvines. C'est même là un des traits caractéristiques du mal de mer. — M. Fonssagrives pense que les maladies cérébrales peuvent se modifier sous l'influence des commotions répétées auxquelles le cerveau obéit dans les oscillations du navire. Ne le seraient-elles pas plutôt par toutes les influences physiques et morales qui accompagnent la navigation?

CAUSES. Si nous recherchons les causes prédisposantes du mal de mer dans les conditions d'âge, de sexe, de tempérament, de maladie, nous ne voyons de prédisposition évidente que dans le sexe féminin. Presque toutes les femmes y sont fatalement ·soumises, tandis que les hommes ne sont pas rares qui en sont exemptés dès leur premier embarquement. Les enfants en bas âge l'ont rarement et faiblement, sans doute parce que les bras de leur mère ou de leur nourrice constituent pour eux un excellent système de suspension qui amortit les chocs et atténue l'effet des oscillations. Les adultes peuvent s'en préserver presque toujours par un artifice analogue, c'est-à-dire en se couchant dans un cadre sus-

pendu ou même dans un lit. C'est, en ce qui nous concerne, un remède préservatif et curatif qui ne nous a jamais fait défaut. Il est vrai qu'il ne réussit pas
au même degré pour tout le monde, mais il diminue au moins toujours les
symptômes du mal de mer. Quant aux tempéraments, aucun n'est exempt de
la naupathie; et l'immunité de certains organismes repose sur des inconnues.
L'état saburral des premières voies, l'irritation de la muqueuse gastrique, prédisposent au mal de mer; mais il n'en est probablement pas de même de la
gastralgie, des névroses et de l'éréthisme nerveux lui-même. Du moins, avons-
nous vu une dame, jeune, d'une santé délabrée par les accidents nerveux de
l'hystérie et de la gastralgie, exempte de la naupathie à son premier voyage et
faisant honneur à la table aussi bien que personne.

Nous avons déjà fait pressentir que la première des causes efficientes gît dans
le mouvement du vaisseau. « La navigation cause la maladie, parce que ses
mouvements troublent les corps, » a dit Hippocrate (*Aph. XIV*, sect. IV). Mais
ce n'est pas la seule cause, et les odeurs qui se dégagent de la cale et de la
machine, celle du goudron des cordages et de la fumée de tabac, la chaleur, le
manque d'air, viennent puissamment en aide à la cause principale. Il est même
des personnes pour qui elles suffisent, et qui succombent à la naupathie dès
qu'elles mettent le pied sur un vaisseau, fût-ce dans la mer la plus calme.

NATURE ET THÉORIES. Des raisons aussi simples n'ont pas satisfait certains
esprits, qui en ont cherché de plus subtiles; ce qui nous amène à exposer les
diverses théories du mal de mer. « C'est la peur, a dit Guépratte; la preuve en
est que les enfants qui ne raisonnent pas et les animaux en sont exempts. » Cette
opinion, renouvelée des Grecs, car elle remonte à Plutarque, et qui s'appuie sur
des observations incomplètes ou inexactes, avait été déjà réfutée par Montaigne,
au nom de toutes les victimes du mal de mer, dans les termes suivants : « Moy
qui y suis fort subiect scay bien que cette cause ne me touche point et le scay non
par argument mais par nécessaire expérience. »

Nous avons vu des signes irrécusables de mal de mer chez des chiens. Les
animaux de boucherie et les chevaux qu'on embarque paraissent souffrants quand
la mer est très-grosse, et semblent répugner aux aliments. Quant aux enfants,
nous les avons vus généralement malades comme les adultes quand ils vivent
dans les mêmes conditions, et nous nous rappelons un garçon de quatre ans,
plein d'entrain et de belle humeur, soudainement pris à table par le mal de mer,
le premier parmi les nombreux passagers d'un paquebot transatlantique.

D'autres ont accusé l'air de la mer, et M. Sémanas, de Lyon, rajeunissant
cette théorie déjà fort ancienne, se contente d'incriminer le « miasme marin. »
Il n'a donc pas, à proprement parler, trouvé une théorie nouvelle, mais seulement un miasme nouveau. Il y avait déjà beaucoup de miasmes que nous
ne connaissions qu'approximativement, mais celui-ci n'est pas le moins énig-
matique. L'auteur a fait sa connaissance à Alger, pendant les années 1846
et 1847, alors qu'une épidémie dont les symptômes ressemblaient à ceux
du mal de mer, et parmi lesquels les vertiges et les vomissements étaient
surtout remarquables, coïncidait avec la présence de brouillards épais venant
de la mer. Il continua ses observations dans des voyages maritimes, et il arriva à cette conclusion, que *le mal de mer est une intoxication produite par
des miasmes* et semblable à l'intoxication paludéenne. Il reconnaît l'influence
du roulis et du tangage; mais, pour lui, cette influence n'est que secondaire, et,
si le mal de mer est plus fréquent lorsque la mer est mauvaise, c'est principa-

iement parce que l'agitation des flots donne lieu à une plus grande émanation de miasmes marins. Telle est, dans son origine et sa conception, la théorie de M. Sémanas. Ce qui a lien de nous surprendre n'est pas la coïncidence d'une épidémie dont les vomissements et le vertige formaient les principaux symptômes, avec l'apparition de brouillards venus de la mer (les brouillards devant venir fréquemment de ce côté-là à Alger), mais que cette observation ait pu donner l'idée première de la théorie en question. Jusqu'à ce que nous ayons vu la même épidémie étendre ses ravages sur tout le littoral de l'Océan, nous ferons nos réserves contre la théorie de M. Sémanas. En attendant, nous avons une grave objection à faire valoir contre elle. On rencontre, dans la vaste étendue des mers, des îles qui ne dépassent le niveau de l'eau que de quelques mètres : ce sont les *attolls*, formés d'une bande étroite de roche madréporique qui se déroule comme un ruban autour d'un lagon central plus ou moins large et profond, en communication avec la haute mer et où les vaisseaux peuvent trouver un abri. Les indigènes, qui y vivent à couvert sous des bosquets de cocotiers, respirent doucement l'air marin et ses brouillards, tant que la mer caresse mollement ses rivages. Mais il advient que les flots en courroux battent en brèche le rempart élevé contre eux par d'infimes polypes, et alors ils déferlent et couvrent d'une humide poussière les hommes assez hardis pour chercher un refuge dans une pareille forteresse. Où fuir alors les fureurs de l'Océan et les miasmes perfides qu'il couve sur son sein? Dans les pirogues fragiles qu'on lance au milieu du lagon, dont la placide surface se rit des vains efforts de l'Océan courroucé. Un seul danger, s'il existe, menace encore les nautoniers; c'est celui du miasme, qui plane sur l'aile des brouillards, et pourtant il est sans exemple que le mal de mer ait fait, en pareil cas, des victimes parmi eux. En vain objecterait-on que ces gens-là sont acclimatés ; nous demanderions si les paysans de la campagne romaine sont à l'abri des effets du miasme auquel M. Sémanas a comparé le sien.

Nous ferons encore observer que la naupathie est fréquente sur les grands lacs de l'Amérique et qu'elle n'est pas inconnue sur ceux de la Suisse, nonobstant l'absence certaine de tout miasme marin. Enfin, est-il besoin de signaler l'analogie certaine qui existe entre cette affection et le mal de voiture, les vertiges de la balançoire, la tendance nauséeuse que cause l'allure du chameau et du dromadaire? Ces incommodités dérivent de la même source et nous devons rejeter comme fautive toute théorie qui ne saurait les expliquer toutes à la fois.

« Le mal de mer est dû au vertige que la mobilité des objets détermine, » a dit Darwin. Ici, nous entrons sur le terrain des théories qui prétendent expliquer la maladie par les oscillations du vaisseau. Seulement, chacune envisage le mode d'action à un point de vue différent. Nous admettrons, avec le célèbre naturaliste et voyageur anglais, que le vertige est produit par la vacillation apparente des objets placés sous la vue; mais le vertige n'est qu'un des symptômes du mal de mer. Les aveugles ne sont pas exempts de la naupathie, et il ne suffit pas non plus de fermer les yeux pour s'en préserver.

Wollaston, observant les oscillations du mercure dans un baromètre sur un navire battu par la tempête et le voyant descendre et monter en sens inverse des mouvements du vaisseau, pensa que les choses devaient se passer à peu près ainsi dans l'arbre circulatoire. « Tous ceux qui ont éprouvé le mal de mer, dit-il, savent que le moment le plus pénible est celui qui répond à la rapide descente du navire avec la vague qui l'avait soulevé. C'est pendant cette chute que le sang exerce une pression plus particulière sur le cerveau. Observez le baromètre à la mer en temps calme, il se tient à la même hauteur qu'à terre; mais, quand par un gros temps le navire plonge, le mercure s'élève dans le tube... De même et pour la même raison, le sang est chassé vers le haut, etc. » Soit; mais, quand le navire s'élève, le sang est chassé vers le bas, comme le mercure dans le tube du baromètre, et il y a compensation. Ce serait donc tout au plus le trouble circulatoire, et non pas la congestion cérébrale, qui produirait le mal de mer. Mais comment les aéronautes, qui se laissent tomber avec leur parachute d'une hauteur vertigineuse, ne meurent-ils pas de congestion ou de mal de mer dans leur course aérienne?...

A vrai dire, sans être vitaliste à l'excès et sans nier que le sang en circulation n'obéisse dans une certaine mesure aux lois de la pesanteur et à la force centrifuge, nous ne saisissons pas bien l'analogie qu'il peut y avoir entre l'appareil circulatoire et l'appareil barométrique.

Un autre auteur, envisageant les mouvements du navire à un point de vue différent, conclut à des résultats tout opposés, quoique toujours au profit du mal de mer; c'est M. Pellarin. « Le mal de mer est essentiellement déterminé par l'influence exercée sur la marche circulatoire du sang par les mouvements que le corps subit et qui ont pour principal effet de *diminuer la force ascendante du sang dans l'aorte et les artères* qui naissent de sa crosse, d'où résulte un état hyposthénique du cerveau par anémie. L'insuffisante excitation de l'organe cérébral détermine sur-le-champ, par voie sympathique, des contractions spasmodiques du diaphragme qui provoquent les vomissements dont l'effet salutaire est de faire refluer au cerveau le sang qui lui manquait. »

Comment les mouvements du vaisseau diminuent-ils la force ascendante du sang dans l'aorte et les artères de la crosse? C'est ce que nous ne trouvons pas expliqué dans les conclusions du rapport lu à l'Institut et insérées dans les *Comptes rendus de l'Académie des sciences*, t. XXIV, 1847. Peut-être M. Pellarin en a-t-il gardé l'explication pour lui. Faute d'elle, sa théorie ne nous paraît pas plus satisfaisante que celle de Wollaston.

Toutefois, M. Marius Autric vient d'entrer dans la lice pour donner à cette théorie une explication physiologique qui ne laisse pas d'être ingénieuse. Les limites dont nous disposons ne nous permettent pas de faire partager à nos lecteurs le plaisir d'entendre M. Autric lui-même, mais nous résumerons le mieux que nous pourrons sa théorie. A l'état normal, le liquide céphalo-rachidien baigne également toutes les parties de la tige encéphalo-médullaire; mais, quand le corps humain est soumis aux effets de la force centrifuge, dans les grandes oscillations du navire autour d'un de ses axes, c'est-à-dire dans le roulis et le tangage, quand il est brusquement élevé sur la crête d'une lame pour plonger aussitôt après dans les profondeurs de l'Océan, le liquide arachnoïdien acquiert un mouvement de translation qui, en certains moments, est inverse et opposé à celui du sang. Il gênera donc le cours de celui-ci à un degré quelconque et causera une anémie cérébrale incomplète qui sera le point de départ de tous les accidents du mal de mer. Sur ce, M. Autric établit un parallèle entre les symptômes de la naupathie et ceux de la syncope, qui n'est qu'une anémie cérébrale complète, et trouve que ce sont les mêmes phénomènes mitigés. On en pourrait faire autant de la commotion cérébrale et de la naupathie, qui ont aussi beaucoup de phénomènes communs, mais M. Autric semble avoir prévu l'objection quand il ajoute : « Il est probable que ces mouvements brusques de *flux* et de *reflux* imprimés au liquide céphalo-rachidien ne s'exécutent pas sans imprimer à la

masse nerveuse elle-même une sorte d'ébranlement, une commotion obscure...
Mais ce phénomène, que nous subordonnons d'ailleurs au précédent, est encore
sous l'influence des mouvements du liquide céphalo-rachidien et ne peut que
confirmer la théorie. Ainsi donc, mouvement désordonné du liquide céphalo-
rachidien, d'où résultent une hypohémie intermittente et un certain degré de
commotion de la masse encéphalique, tel serait, à nos yeux, le fait essentiel du
mal de mer (Thèse de Montpellier, 29 février 1868. *Théorie physiologique du
mal de mer*). » Si nous avons refusé toute comparaison entre l'appareil musculaire et contractile de la circulation et le tube barométrique, et, par suite, entre
le sang et le mercure, nous ne serons point aussi sévère vis-à-vis de l'assimilation
du même instrument avec le tube céphalo-rachidien et le liquide qu'il renferme.
Mais en accordant la plus large part aux forces purement physiques, est-il bien
probable que le « flux et le reflux » du liquide arachnoïdien dans la boîte crânienne, cette tempête dans un verre d'eau, soit capable de contre-balancer la
force d'impulsion du cœur aidée de l'élasticité des artères? Rappelons-nous que
la tension du sang dans les artères de l'homme fait équilibre à une colonne de
15 centimètres de mercure et de 2 mètres d'eau, et que le liquide y circule avec
une vitesse d'environ 1 demi-mètre par seconde. Sans doute que la force ascen-
sionnelle qui soutient le liquide arachnoïdien dans la boîte crânienne durant le
mouvement de descente du navire et le recul du même liquide durant le mouvement d'élévation opposent un certain obstacle à la circulation en sens contraire
dans les artères qui montent au cerveau, mais cet obstacle n'est-il pas vaincu ou
tourné à la faveur de la mollesse et de la compressibilité de l'encéphale? Comme
deux liquides ne peuvent pas occuper en même temps la même place, nous
n'aurions rien à dire si le cerveau était aussi inflexible que la boîte osseuse qui
le renferme, ou du moins nous admettrions que l'abord du sang au cerveau est
diminué dans une certaine mesure; mais il n'en est point ainsi. M. Autric a
recours lui-même à l'expansibilité des fontanelles pour rendre compte de la rareté
du mal de mer chez les enfants en bas âge ; que n'a-t-il songé à la compressibilité
de la masse cérébrale? Il admet aussi les commotions répétées du cerveau et
peut-être en conséquence, comme Larrey et Fonssagrives, un certain tassement
de sa masse. Mais ce tassement, s'il a lieu, produit nécessairement un vide
relatif qui permet à la fois à l'afflux de la quantité normale de sang et d'une
quantité supplémentaire de liquide arachnoïdien. Ce tassement, fût-il une chi-
mère, qu'on comprendrait plus facilement que le sang artériel se fît place en
déprimant la substance molle du cerveau, en vertu de la tension considérable
qui l'anime, ou tout simplement en arrêtant un déplacement exagéré du liquide
céphalo-rachidien plutôt qu'il ne se laissât arrêter par lui. Quant à la commotion
cérébrale que M. Autric met sur le compte des « mouvements désordonnés du
liquide arachnoïdien », nous trouvons plus simple de l'attribuer directement aux
secousses du navire sans le secours dudit liquide.

Quoi qu'il en soit, cette théorie nous a paru mériter, par son originalité et par
la position de l'auteur, médecin de la marine, les développements dans lesquels
nous venons d'entrer. Ce n'était pas pour la première fois, cependant, que le
liquide arachnoïdien était mis en cause. Dès 1856, M. Fonssagrives, dans son
Traité d'hygiène navale, disait : « La cause prochaine de la naupathie peut être
ou le recul de la masse cérébrale, qui se tasse en quelque sorte sur elle-même,
et dont la partie la plus éloignée du centre du mouvement centrifuge va heurter
les fosses occipitales, ou la vicieuse répartition du liquide arachnoïdien. qui, dé-

placé par la force centrifuge, laisse quelque point de l'organe exposé à une préjudiciable commotion. Nous nous rallions plus volontiers à ce dernier avis. » Comme on le voit, c'est encore une autre théorie du mal de mer, quoique basée sur les déplacements du liquide céphalo-rachidien, et elle empruntait elle-même, non pas le mécanisme, mais l'idée fondamentale de la théorie de Gilchrist, Sper, Larrey, qui attribuaient le mal de mer à la commotion cérébrale produite par les oscillations du navire.

Contre la théorie de la commotion, nous objecterons que les voyages à cheval ne produisent pas de malaise comparable au mal de mer, et cependant tous ceux qui ont fait de grandes courses à cheval savent que si l'ébranlement est sensible quelque part, c'est bien dans la tête, et que si, après une longue étape, on souffre de quelque façon, ce n'est pas de vertige, ni de collapsus, encore moins de vomissements, mais seulement de courbature et de mal de tête.

Nous ne sommes pas encore à bout de théories, qui sont plus faciles à trouver, à ce qu'il paraît, que les bons remèdes. M. John Chapman a publié à Londres, en 1864, ses idées sur la nature et le traitement du mal de mer. Celui-ci est dû, suivant notre auteur, à un afflux anormal de sang dans la partie postérieure des centres nerveux, spécialement des segments de la moelle qui sont en connexion avec l'estomac et les muscles qui concourent à l'acte du vomissement. Cette congestion est déterminée par les mouvements du navire, qui communiquent des secousses au cerveau, aux ligaments de la moelle, aux viscères contenus dans l'abdomen et le bassin.

On voit si l'on a raffiné, depuis Hippocrate, sur les théories du mal de mer. Peut-être, pour nous rapprocher de la vérité, devons-nous faire quelques pas en arrière. « Les mouvements du navire, disait Kéraudren, au commencement de ce siècle, portent le trouble dans le jeu du diaphragme et les organes abdominaux qui sont soumis à des collisions bien propres à occasionner l'état spasmodique et les convulsions de l'estomac. Considérez la grande sensibilité de l'épigastre, le nombre et l'importance des nerfs de cette région. Le seul ébranlement des nerfs phréniques suffirait pour décider le diaphragme à se contracter et à comprimer l'estomac de manière à provoquer le vomissement. Et les ramifications du pneumogastrique, du trisplanchnique et surtout les deux ganglions semi-lunaires placés au centre de tous ces mouvements perturbateurs ne réagiront-ils pas aussi sur l'estomac, les intestins, tout l'organisme? Il résulte de ce qui précède que les mouvements sont la cause principale; l'odeur de la cale, du goudron, le trouble de la vue, les causes accessoires. »

Cette conclusion ne fait aucun doute pour nous, mais l'argumentation a été vivement critiquée. C'est en effet le point d'achoppement de toutes les théories d'expliquer comment les mouvements agissent. On a fait valoir contre la théorie de Kéraudren que l'équitation, la course, le saut ébranlent plus fortement les organes que les oscillations d'un navire. Il en est de même du cahot des charrettes. L'allure oscillatoire du dromadaire provoque un malaise voisin du mal de mer que le trot et le galop du cheval ne produisent point. Ces objections sont très-graves, elles ne permettent pas de croire que les mouvements auxquels les viscères sont soumis produisent à eux seuls la naupathie, mais elles n'empêchent pas d'admettre qu'ils y aient une certaine part. Une autre théorie aussi ancienne attribuait le mal de mer à la continuité des contractions musculaires nécessaires pour le maintien de l'équilibre. On lui a opposé la persistance du mal de mer dans la position horizontale; mais cette objection ne suffit pas,

selon nous, parce que cette persistance est fort rare en ce qui concerne le mal
de mer complet et qu'en tous cas elle soulage pour le moins les malades.

Qu'on joigne à cela la mobilité apparente des objets qui cause le vertige,
comme l'a fort bien dit Darwin, et même l'ébranlement de la masse encéphalique, qui ne peut pas plus être mis en doute que l'ébranlement des autres
viscères, et qui doit en effet déterminer une commotion sourde du cerveau, et
l'on aura une explication satisfaisante du mécanisme suivant lequel les oscillations
du vaisseau produisent la naupathie. Notre opinion est éclectique, parce que la
vérité ne nous paraît être exclusivement dans aucune des théories mises en avant,
mais résider en partie dans chacune des quatre que nous choisissons. Quant aux
autres, elles nous paraissent trop subtiles ou trop problématiques. Pour se rendre
compte de la vérité de l'assertion de Darwin, il suffit de regarder le sillage du
vaisseau, et pour ce qui est des autres, je dirai : Qu'appelle-t-on être amariné?
C'est avoir le pied marin non moins qu'être à l'abri de la naupathie; l'un ne va
pas sans l'autre. Considérez le matelot dans la tempête : son corps se plie aux
mouvements les plus désordonnés du vaisseau et conserve son équilibre. Quand
l'un des côtés du navire s'élève, il fléchit la jambe du même côté et tend l'autre ;
si la poupe ou la proue s'enfonce, il penche insensiblement le tronc en avant ou
en arrière. Tous ces mouvements s'opèrent presque automatiquement et par le
seul effet de l'habitude. La tempête peut redoubler ses fureurs, le marin n'en
sera pas moins solide même en haut des mats, sur les vergues, là où les oscillations ont le plus d'amplitude. Il fait corps avec le navire comme le meilleur
cavalier avec son cheval et n'en reçoit plus aucune percussion violente. Voilà ce
qui s'appelle être amariné, avoir le pied marin.

TRAITEMENT. Nous voilà arrivé à la question majeure, le traitement, car le
malade préfère le plus petit soulagement à la plus belle théorie.

Les théoriciens répondent à cela : « Prenez mon remède ; » et M. Sémanas
insiste pour qu'on fasse usage du sulfate de quinine non pas pur et simple, mais
combiné à l'acide tartrique, qui le rend plus soluble et plus promptement absor-
bable. Le sulfate de quinine aurait-il donc une vertu antimiasmatique universelle comme l'opium une « vertu dormitive » ? Nous préférons le remède des
Thalasiens : « Touts burent à eux; ils burent à touts Ce fut la cause pourquoi
personne de l'assemblée onques par la marine ne rendit sa gorge et n'eut perturbation d'estomach ne de teste. Auquel inconvénient n'eussent tant commodé-
ment obvié, buvants par quelques jours auparavant de l'eau marine, ou pure, ou
mistionnée avecques le vin, usant de chairs de coings, de l'escorce de citron, de
jus de grenade aigre et doulces et tenants longue diète, ou se couvrant l'estomach
de papier ou aultrement faisants ce que les fols médecins ordonnent à ceux qui
montent sur mer. » Ce passage du livre de *Pantagruel* nous dispense de noter
autrement les remèdes qui y sont indiqués et qui tous en effet ont été préconisés
sans que les malades s'en soient trouvés mieux, si ce n'est du vin et des toniques
en général, qui sont d'un excellent effet, soit pour prévenir le mal, soit pour le
diminuer. Kéraudren, fidèle à son système, conseillait de se serrer le ventre avec
une ceinture. Plusieurs personnes qui en ont usé s'en sont bien trouvées, entre
autres Legrand, médecin de la marine. Jobard, de Bruxelles, Fischer, médecin
américain, en ont également préconisé l'usage. M. Fonssagrives lui-même, sans
partager les idées théoriques de Kéraudren, conseille entre autres choses « le port
d'une ceinture médiocrement serrée, comprimant un peu l'abdomen, mais laissant toute liberté à la poitrine. » Cette précaution, comme le fait remarquer

M. Fonssagrives, était déjà reconnue favorable du temps de Montaigne, qui dit : « Par cette légère secousse que les avirons donnent, dérobants le vaisseau sous nous, je me sens brouiller ne sçay comment la teste et l'estomac..... Les médecins m'ont ordonné de me presser et cengler le bas du ventre, ce que je n'ay point essayé. » A coup sûr, cette précaution vaudra mieux que celle dont parle Bacon, qui assure qu'un de ses amis se trouvait très-bien d'un petit sachet de safran porté sur l'épigastre. Le docteur Chapman, conséquent avec sa théorie, prétend que le seul moyen efficace de combattre le mal de mer est d'abaisser la température de la moelle par l'application permanente de la glace le long de la colonne vertébrale. Et, comme les vessies dont on se sert habituellement pour l'application de la glace offrent de nombreux inconvénients, il a fait confectionner des sachets de caoutchouc fort gentils qui sont *patented* ou, comme nous dirions en France, *brevetés*. S'ils ne font pas grand bien aux malades, ce que nous ne voulons pas préjuger, ils ne font pas grand mal non plus à T. Macintosh chez lequel ceux qui voudraient en essayer peuvent se les procurer.

Plus récemment, le docteur Le Coniat, médecin de la marine impériale, a préconisé une médication qui s'accommode de toutes les théories. « Nous croyons avoir trouvé le moyen, dit-il, non pas de guérir le mal de mer, mais d'arrêter les vomissements rebelles qui constituent l'accident le plus pénible, celui qui peut amener les conséquences les plus fâcheuses pour la santé. Les nombreux succès que nous avons obtenus sur le paquebot *Saint-Laurent* de la Compagnie générale transatlantique nous font un devoir de le porter à la connaissance de nos confrères... C'est la faradisation de la région épigastrique combinée avec l'usage externe d'une solution de sulfate d'atropine... Quand nous jugeons qu'il y a lieu d'intervenir, voici comment nous procédons : Nous frictionnons légèrement la région épigastrique avec un linge imbibé d'eau simple ou d'eau savonneuse; puis nous faisons une lotion sur cette même région avec la solution suivante :

Sulfate d'atropine . . . . 0,02 à 0,03
Eau. 30

Nous appliquons ensuite une plaque de cuivre de 4 à 5 centimètres de diamètre, en communication avec les pôles d'un appareil médical de Ruhmkorf, sur l'hypochondre droit à 5 ou 6 centimètres environ de l'ombilic, suivant une ligne légèrement oblique en haut et en dehors ; l'autre excitateur, muni d'une éponge humide, est alors promené depuis le creux épigastrique jusqu'à la plaque, en suivant la direction des courbures de l'estomac. Cinq ou six applications suffisent généralement de chaque côté. On graduera l'intensité du courant suivant la susceptibilité de la personne et l'intensité du vomissement... Parfois il suffit d'une séance de trois à cinq minutes pour arrêter les vomissements et provoquer l'appétit ; d'autres fois, et c'est ce qui arrive le plus souvent, il faut faradiser le creux épigastrique un peu avant chaque repas pendant deux à trois jours. Malgré la suspension des vomissements, bien des personnes, dans la crainte de les voir revenir, préfèrent continuer de garder la position horizontale jusqu'à ce que le mouvement du navire ne les impressionne plus (In *Archives de médecine navale*, novembre 1868). » Cette dernière phrase nous inspire un scrupule, d'autant plus que M. Le Coniat commence par déclarer qu'il laisse passer le premier jour avant de commencer son traitement. Il n'en faut souvent pas plus pour que les vomissements s'arrêtent d'eux-mêmes, et la position horizontale suffit ordinairement à les prévenir, après que le paroxysme est passé. Cependant, comme le docteur Le Coniat compte déjà ses expériences par centaines et que « *dans la très-grande majorité des cas, le succès a été très-prompt et très-évident,* » ceci doit encourager les médecins naviguants à essayer la même médication. Mais il ne faut pas oublier, pas plus que M. Le Coniat ne l'a fait lui-même, que le mal de mer n'est pas guéri parce que les vomissements cessent; le ptyalisme, les nausées, l'anxiété, la cardialgie restent. C'est au point que certaines personnes souffrent plus, ne vomissant pas, que d'autres qui vomissent facilement, et qu'elles cherchent même à vomir pour se soulager. La médication précédente n'est donc qu'un expédient pour faciliter l'ingestion des aliments et favoriser l'amarinage. Nous lui préférerions le champagne frappé à la glace, le madère, le bouillon dégraissé et bien chaud, qui refoicllent l'estomac, raniment la circulation, réveillent les forces et font cesser la cardialgie. C'est du moins ce qui nous a toujours réussi sur nous-même et sur d'autres, à la condition de garder la position horizontale pendant le temps suffisant pour que la boisson soit absorbée. Puis on en vient aux aliments solides, qui soulagent les angoisses du mal de mer, même quand ils ne sont pas tolérés, parce qu'ils donnent prise aux contractions de l'estomac et qu'il en reste toujours quelque chose au grand bénéfice de la nutrition. En ayant soin de faire un peu d'exercice sur le pont, dès que l'amélioration se fait sentir et que le temps le permet, il est rare qu'on soit assez malheureux pour ne pas s'aguerrir au moins contre les conditions ordinaires de la navigation. On en arrive même presque toujours à supporter le gros temps. Si le médecin avait affaire à des personnes qu'un état de grossesse ou quelque complication grave mît en péril par le fait de vomissements répétés, il ferait sans doute bien de recourir à la potion de Rivière, à quelques fragments de glace que le patient laisserait fondre dans la bouche, à l'opium ou à la morphine. Ces deux médicaments n'ont guère d'effet que contre la cardialgie, qui est une conséquence des vomissements répétés. Nous avouons cependant n'avoir jamais été dans l'obligation de recourir à ces moyens.

Quant au traitement prophylactique, nous n'en connaissons point d'assuré, malgré l'assertion de l'école de Salerne :

> Nausea non poterit quemquam vexare marina
> Undam cum vino mixtam qui sumpserit ante,

et nous croyons, comme Panurge, que le seul moyen serait de suivre « la doctrine des bons philosophes qui disent soi pourmener près la mer et naviguer près la terre estre chose la plus seure et délectable. »   V. DE ROCHAS.

BIBLIOGRAPHIE. — KÉRAUDREN. Art. *Mal de mer*. In *Dict. des sciences médicales*. — FORGET. *Médecine et chirurgie navales*. — FONSSAGRIVES. *Traité d'hygiène navale*. — LE ROY DE MÉRI-COURT. Art. *Mal de mer*. In *Guide du médecin praticien*, 5 édit. — SÉMANAS. *Du mal de mer.* Paris et Lyon, 1850. — ARONSSOLN *Mém. sur la cause et la prophylaxie du mal de mer*. In *Un. méd.*, 2 sér., t VII, p. 210; 1860. — CHAPMAN (John). *Fonctional Diseases of the Stomach*, part. I. *Sea sickness ; its Nature and Treatment*. London, 1864. — ACTRIC (Marius). *Théorie physiologique du mal de mer*. Thèse de Montpellier, 1868. — LE CONIAT. *Traitement des vomissements occasionnés par le mal de mer*. In *Archives de médecine navale*, n° de nov. 1809.   V. R.

MAL DE MISÈRE (*Voy.* PELLAGRE).

MAL DE MONTAGNE (*Voy.* ALTITUDES).

MAL NAPOLITAIN, MAL FRANÇAIS, MAL ESPAGNOL (*Voy.* SYPHILIS).

MAL DE PUNA   (*Voy.* MARÉO ET ALTITUDES).

MAL PERFORANT   (*Voy.* PIED).

MAL ROUGE DE CAYENNE   (*Voy.* ÉLÉPHANTIASIS).

MAL DE POTT   (*Voy.* RACHIS).

MAL DE LA ROSA   (*Voy.* PELLAGRE).

MAL DE SAINTE-EUPHÉMIE.   La relation de cette ma adie est due à Jean Bayer (*Acta Nat. Cur*, t. III). Elle a été reproduite par Ozanam, dans son *Traité des maladies épidémiques*. C'est d'ailleurs une simple observation de syphilis communiquée d'abord par une accoucheuse à plusieurs femmes enceintes et transmise ensuite par celles-ci à leurs maris et à leurs enfants :

« Au mois de mai 1727, une sage-femme de Sainte-Euphémie fut attaquée au doigt index de la main droite d'une pustule qui lui causait un prurit insupportable ; soit que ce fût la conséquence d'une syphilis contractée dans sa jeunesse, ou dans l'exploration ou l'accouchement d'une femme infectée de cette maladie, le bras se tuméfia, devint douloureux et le mal faisant des progrès, il lui survint une grande phlogose et bientôt le corps se couvrit d'une dartre universelle.

« La pustule subsista au doigt pendant quatre mois. Cette femme continuant à exercer sa profession, communiqua la maladie à plus de cinquante femmes enceintes qu'elle explora ou qu'elle accoucha : elles éprouvaient toutes un prurit aux parties touchées et une grande agitation. Un chirurgien habile, ayant été consulté par cinq ou six de ces malades, reconnut chez toutes, à la vulve, des ulcères de même nature et des pustules enflammées. Il jugea que c'était un herpès syphilitique, et ayant su que la sage-femme était attaquée de cette maladie, il soupçonna qu'elle avait pu la communiquer dans l'exercice de ses fonctions. Cependant, durant cet intervalle, la contagion se propagea aux enfants que leurs mères allaitaient et aux maris, tellement qu'en quatre mois, on compta plus de quatre-vingts personnes contagionnées. La sage-femme fut interdite et les maris devinrent plus circonspects.

« La maladie revêtit différentes formes : tout le corps se couvrait de pustules et d'ulcères, ou bien de tubercules durs et calleux de la grosseur d'un petit pois ; et lorsque les malades, tourmentés par une démangeaison cruelle, écorchaient les tubercules, il s'en écoulait une humeur noire, sanguinolente et très-âcre. Les mains et le corps se couvraient parfois d'écailles et de croûtes, comme la lèpre ; chez plusieurs individus, il survenait sous les doigts des pieds, des ulcères douloureux, sanieux ou fétides ; d'autres eurent des angines et perdirent leurs cheveux. Cependant personne ne mourut.

« Le traitement qui réussit le mieux, fut le suivant : on prescrivit d'abord de l'eau de fumeterre et de chicorée, puis un purgatif avec le catholicon, le calomêlas, la résine de jalap, et le sel de tartre. Après cela, soir et matin, la décoction antisyphilitique de Volfer, et tous les six jours une pilule de mercure doux et d'extrait de fumeterre. On pansait les ulcères et les tubercules avec l'eau de Fallope et l'huile de mercure ; enfin, dans les cas rebelles, on eut recours aux frictions hydrargyriques. »

J. ROLLET.

MALA. Nom officinal de plusieurs fruits utiles. Aussi l'on a appelé :

Mala œthiopica, les Tomates (*Lycopersicum esculentum*).

M. armeniaca, les Abricots.

M. aurea, les Coings, peut-être les Citrons ou les Oranges.

M. aurantia, les Oranges.

M. citria, les Citrons.

M. cotonea et *M. cydonia*, les Coings. (*Voy.* Cognassier.)

M. Engi, dans l'Inde, les fruits du *Mimusops*? On traite au Malabar les affec- tions céphaliques avec un liniment formé d'huile de Sésame, de Poivre, de *Gala- mus* et de *Mala Elengi*.

M. Goésia, les fruits de l'*Averrhoa Carambola* L. (*Voy.* Carambolier).

M. granula et *M. punica*, les Grenades.

M. insana, plusieurs *Solanum* et *Atropa*, les fruits de la Mandragore, de la Belladone, les Tomates, les baies vénéneuses de quelques espèces voisines, dites vulgairement et indistinctement : Pommes d'amour, par corruption, dit-on, de l'italien *Melanzana* (Tomate).

M. Trinakam, en sanscrit, le Schœnanthe (*Voy.* Andropogon).   H. Bn.

MALABATHRUM. Sous le nom de *Malabathrum* et de *Folium indicum* (fouilles d'Inde ou feuille indienne), on désigne des feuilles que l'on trouve encore dans quelques officines. Ces feuilles sont oblongues, — lancéolées ou linéaires — lancéolées, amincies en pointe aux deux extrémités ; elles varient beaucoup de grandeur, car elles ont depuis 8 centimètres de long sur 2^{cm},7 de large jusqu'à 25 centimètres de long sur 5^{cm},8 de large. Elles sont *trinerves*, c'est-à-dire qu'elles présentent trois nervures. Ces nervures qui vont de la base au sommet, se sé- parent à partir du pétiole ; de plus, les deux nervures latérales sont beaucoup plus rapprochées du bord de la feuille que de la nervure du milieu, de sorte que la feuille n'est pas partagée en parties égales. Les feuilles de malabathrum sont glabres, lisses et luisantes en dessus, un peu glauques en dessous, et les nervures et le pétiole sont lisses et luisants. Elles sont complètement inodores, et le pétiole qui est très-mince, étant mâché, n'offre aucun goût de cannelle. Enfin, ces feuilles présentent une couleur verte qui résiste à la vétusté, ce qui tient à l'absence complète d'huile volatile.

Les feuilles de malabathrum paraissent être fournies par le même arbre qui produit le *cassia lignea*, et ce végétal, suivant les uns, serait le *Laurus cassia* de Linné, et, suivant d'autres, le *Laurus malabathrum* de Burnam, le *Cinnamomum malabathrum* de Batka, ou le *Cinnamomum iners* de Blume, de la famille des Lauracées.

Les anciennes pharmacopées désignaient sous le nom de feuilles de malaba- thrum, des feuilles fournies par différents cannelliers, et qui possédaient une odeur et une saveur aromatiques très-prononcées ; elles jouissent par conséquent des propriétés beaucoup plus actives que les feuilles de malabathrum que l'on trouve aujourd'hui dans le commerce, et qui sont, comme nous l'avons dit, dé- pourvues d'odeur et de saveur.

Les feuilles de malabathrum entraient dans la composition du mithridate, de la poudre d'ambre et de la thériaque. Les auteurs du codex de 1866 les ont rempla- cées, dans ce dernier électuaire, et avec juste raison, par de la cannelle. Elles étaient considérées comme cordiales et stomachiques, étant prises en poudre ou en infusion théiforme.

Les feuilles de malabathrum ne sont plus employées aujourd'hui en médecine (*Voy.* CASSIA LIGNEA, CANNELLE).   T. GOBLEY.

MALACARNE (MICHELE-VINCENZO-GIACINTO), né à Saluce le 28 septembre 1744, étudia l'anatomie et la chirurgie sous le célèbre Bertrandi et l'anatomie comparée avec Brugnone, qui sut lui inspirer un vif amour pour cette science. Encore très-jeune (1775) il fut nommé professeur d'anatomie à Acqui, où il se fit une brillante renommée, et par ses travaux, et par sa grande habileté comme opérateur. Appelé, en 1785, au service de santé de l'armée, il remplit les fonctions de chirurgien-major de la ville et de la citadelle de Turin, et de médecin pensionné du roi. Malgré la haute estime dont il jouissait, il ne put réaliser le désir, bien légitime d'ailleurs, qu'il éprouvait de posséder une chaire dans l'université de Turin: l'intrigue et l'envie le firent constamment échouer. Enfin (1789), une place de professeur de chirurgie et d'obstétrique à Pavie lui donna une tribune où il put promulguer ses idées et ses doctrines. Après quatre années d'exercice, il fut obligé de retourner à Turin, mais il n'y resta que peu de temps; en 1794 le sénat de Venise, juste appréciateur de son mérite, l'attira à Padoue pour lui confier l'enseignement la chirurgie théorique et pratique, et il conserva cette position jusqu'au moment de sa mort (4 décembre 1816). Il était membre d'un grand nombre de sociétés savantes nationales ou étrangères, et comblé d'honneurs et de dignités.

Malacarne, l'un des premiers, à la fin du dix-huitième siècle, sentit toute l'importance de l'anatomie comparée; toujours, dans ses investigations, il cherchait les caractères les plus généraux, les applications les plus larges; il a étudié les influences réciproques qu'exercent les uns sur les autres les divers systèmes de l'économie, et son mémoire sur cette question a été couronné par la Société médicale d'émulation. Il ne faut pas oublier, pour les questions de priorité, que ce travail a été composé en 1798; Brera (*Comment. med.*, t. II, p. 89; 1798) en donne un extrait. On lui doit une série de travaux très-remarquables sur la structure du cerveau considéré chez l'homme et chez les animaux.

Voici la liste de ses écrits, qui attestent la variété et la nature de ses études :

I. *Nuova esposizione della vera struttura del cervelletto umano.* Torino, 1776, in-8° — II. *Encefalotomia universale.* Ibid., 1780, in-8°. — III. *Nevro-encefalotomia.* Pavia, 1791, in-8°. — IV. *Encefalotomia di alcuni quadrupedi.* Mantova, 1795, in-4°. — V. *Trattato delle osservazioni di chirurgia.* Torino. 1784, 2. vol. in-8°. — VI. *Ricordi d'anatomia traumatica.* Venezia, 1794, in-4°. — VII. *Lettre au professeur Frank sur l'état des crétins.* Torino, 1788. — VIII. *Delle opere de' medici e de' cerugici che nacquerono, o fiorirono prima del secolo XVI negli stati della real casa di Savoja, monumenti,* etc., *et altri monumenti,* etc. Ibid., 1780-89, 2. vol. in-4°. — IX. *Su i gozzi e sulla stupidità che in alcuni paesi gli accompagna.* Ibid., 1789, in-8°. — X. *Discorso sulla litiasi delle valvoli del cuore.* Ibid., 1789, in-8°. — XI. *Lettere anatomico-fisiologiche* (avec Bonnet). Pavia, 1791, in-4°. — XII. *la esplorazione proposta come fondamento dell' arte ostetricia.* Milano, 1791, in-8°. — XIII. *Prime linee di chirurgia.* Venezia, 1794, in-8°. — XIV. *Delle operazioni chirurgice, spettanti alla reduzione.* Bassano, 1797, in-8°. — XV. *Auctarium observationum et iconum ad osteologiam et osteopathologiam Ludwigii et Scarpæ.* Padova, 1801, in-8°. — XVI. *Ricordi della anatomia chirurgica spettanti al capo e al collo.* Ibid., 1801, in-8°. — XVII. *Ricordi* etc., *spettanti al Tronco.* Ibid., 1802, in-8°. — XVIII. *Ricordi,* etc., *spettanti alle braccia e alle gambe.* Ibid., 1802, in-8°. — XIX. *De' mostri umani, de' caratteri fondamentali,* etc. Ibid., 1801, in-4°. — XX. *Essai sur cette question : Quelles sont les influences sympathiques qu'exercent réciproquement les uns sur les autres, les divers systèmes et organes de l'économie vivante?* In *Mém. de la Soc. méd. d'émulation,* t. V, p. 558; 1805, et sous ce titre : *I systemi, e la reciproca influenza loro, indigati,* etc. Padova. 1805, in-4°. — XXI. *Oggetti più interessanti di ostetricia della R. università di Padova, frà,* etc. Ibid., 1807, in-4°, pl. 7.   E. BGo.

MALACIE. Sous le nom de malacie ou de malacia (μαλακία, mollesse), on

désigne une perversion de l'appétit sous l'influence de laquelle certains dyspep‐
tiques recherchent des substances bizarres et impropres à la nutrition. On a dis‐
tingué la malacia du pica. Dans la malacia, l'appétit porterait sur des substances
inusitées, mais dans lesquelles on retrouve quelques principes alimentaires. Dans
le pica, il s'agit de substances tout à fait impropres à l'alimentation ou même
répugnantes : sable, charbon, matières fécales, etc... Nous n'attachons aucune
importance à ces distinctions. La malacia et le pica ne sont, en somme, que des
symptômes particuliers et assez rares de la dyspepsie.

On les a observés dans les circonstances où la dyspepsie se développe de préfé‐
rence ; chez les femmes grosses surtout et chez les hystériques, chez certains en‐
fants délicats et nerveux, chez les jeunes filles à l'époque de la puberté. Les
recueils scientifiques sont remplis d'observations de ce genre, qui n'ont d'autre
intérêt que la singularité des substances vers lesquelles se portait l'appétit des
malades. C'est ainsi que Sennert cite le cas d'une femme qui mangeait, sans en être
incommodée, un kilogramme de craie et de pierre broyées.

Barras rapporte des cas dans lesquels les malades mangeaient avec avidité du
poivre, du mortier. Une hystérique avait un goût particulier pour les matières
fécales desséchées. Une autre éprouvait un plaisir extrême à se distendre l'estomac
à l'aide d'un soufflet, etc... Il est inutile d'insister sur l'énumération de ces faits
singuliers.

Presque toujours ces appétits bizarres coïncident avec des douleurs gastral‐
giques assez vives. Cependant on observe, surtout chez les femmes grosses, une
tolérance remarquable pour des aliments qui, en toute autre circonstance, irrite‐
raient violemment l'estomac. Certaines femmes mangent avec abondance les mets
les plus épicés, les salaisons les plus excitantes sans en être incommodées. Des
femmes, habituellement sobres, boivent et tolèrent des quantités relativement
considérables de vin et d'eau-de-vie.

Barras (*Traité de la gastralgie*) prétendait que les malades atteints de malacia
choisissaient toujours des substances contenant des principes dont l'assimilation
pouvait leur être avantageuse; qu'en absorbant de la craie, des cendres, du char‐
bon, des condiments de toute espèce, ils satisfaisaient, sans en avoir conscience,
à des besoins spéciaux de l'organisme. Il est vrai que dans certains cas on peut,
à la rigueur, trouver dans les substances ingérées des principes susceptibles d'être
utilisés ; mais, bien souvent, ces substances sont de telle nature que rien ne peut
motiver l'appétit dont elles sont l'objet, et qu'on s'étonne, à bon droit, de la faci‐
lité avec laquelle elles sont tolérées.

Chez les femmes grosses, il peut y avoir quelques inconvénients à combattre trop
brutalement ces appétences bizarres. Au moins, est-il convenable de ne les satisfaire
qu'avec ménagement et dans une limite compatible avec l'intégrité des fonctions.
Partout ailleurs, il n'y a aucun avantage à tolérer, chez les dyspeptiques, l'ingestion
de substances dont la nutrition ne peut tirer aucun profit.   BLACHEZ.

MALACOBDELLE. Genre d'animaux de la classe des Annélides et de l'or‐
dre des Hirudinées. Les Malacobdelles ressemblent aux sangsues par la forme du
corps, mais celui-ci est plus mou et sans divisions séparant des articles distincts.
Le sang est incolore, les sexes isolés, le système nerveux a la chaîne ganglionnaire
séparée en deux cordons latéraux. Le canal intestinal est complet. Les Mala‐
cobdelles terminent l'ordre des Hirudinées et les relient aux Trématodes
(*Voy.* ce mot).

La Malacobdelle épaisse (*Malacobdella grossa* Müll.) vit en parasite sous le manteau de plusieurs espèces de Mollusques bivalves, dont quelques-uns sont édules.   A. LABOULBÈNE.

MALACOPTÉRYGIENS (de μαλαχός, mou, et πτέρυξ, nageoire). On désigne sous ce nom une des grandes divisions des Poissons, adoptée par Cuvier, et renfermant tous ceux de ces animaux qui présentent les rayons des nageoires composés de pièces osseuses articulées et flexibles. Cuvier divisait les Poissons malacoptérygiens en trois ordres : 1° les Malacoptérygiens abdominaux dont les nageoires ventrales sont suspendues sous l'abdomen et en arrière des pectorales ; 2° les Malacoptérygiens sub-brachiens dont les nageoires ventrales sont attachées sous les pectorales, avec le bassin suspendu aux os de l'épaule ; 3° les Malacoptérygiens apodes caractérisés par l'absence de nageoires ventrales (*Voy.* POISSONS).

                                                  A. LABOULBÈNE.

MALACOXYLON. Sous le nom de *M. pinnatum*, on a désigné un arbre de Maurice, dont le bois est tendre et renferme un suc caustique, qui enflamme et fait gonfler les parties sur lesquelles il tombe. Mérat et Belens (*Dict. Mat. méd.*, IV, 197) pensent que c'est le *Cissus Mappia* LAMK, de la famille des Ampélidées.

                                                  H. BN.

MALADIE. § I. Pathologie générale. Chacun comprend ce que signifie le mot maladie : et cependant plus d'un se trouve embarrassé quand il doit donner de ce mot une définition claire et exacte ; éprouvant une difficulté analogue à celle du philosophe ou du physicien auquel on demanderait la définition de la conscience ou du feu. Autant il a existé de doctrines dans la science médicale, autant de points de vue divers auxquels on s'est placé pour définir la maladie, et, de nos jours encore, il n'est guère de traité de pathologie générale qui ne vienne ajouter une nouvelle définition de la maladie à toutes celles qui sont déjà consignées dans les annales de la science. En les considérant d'un point de vue général, on peut les classer selon leur nature, en trois groupes distincts. Le premier embrasse les définitions qu'a enfantées le spiritualisme, le vitalisme et le dynamisme ; le second comprend celles que l'iatrochimisme, l'humorisme, le solidisme et l'école anatomique exclusive ont inspirées ; dans le troisième se retrouvent les définitions qu'ont formulées les auteurs qui, procédant par éclectisme, ont adopté avec des nuances diverses les doctrines de l'école organo-vitaliste moderne.

La crainte de fatiguer le lecteur, et les limites qui nous sont imposées nous empêchent de rapporter toutes ces définitions, nous ne ferons que citer les plus importantes. Hippocrate fait consister la maladie, dans la prédominance d'une des humeurs dont il avait admis l'existence dans l'économie sous l'influence anormale de la force vitale pervertie. Pour lui la maladie est un effort de la nature, dont le but est de ramener à l'état normal les actes de l'économie déviés de leur marche régulière.

Pour van Helmont, la maladie est primitivement, immédiatement, dès son début, le résultat des désordres de l'archée ; pour Stahl, un effort de l'âme pour rétablir l'équilibre des actions normales et expulser les puissances nuisibles. Sydenham définit la maladie un effort de la nature pour la destruction complète de la matière morbifique en l'expulsant au dehors. Citons ici, comme se rattachant à cette opinion, celle de Barthez, qu'avec Bérard, Lordat, etc., nous pouvons con-

sidérer comme le représentant des doctrines vitalistes pures de l'école de Montpellier. Il regarde la maladie comme une modification du principe vital par
une cause morbifique contre laquelle il lutte et réagit; une sorte de fonction
propre à l'état pathologique et qui, comme les fonctions de l'ordre physiologique,
consiste dans un concours d'actions harmoniques régies par des lois primordiales.
La nature médicatrice et conservatrice manifeste sa puissance dans la maladie et
a souvent pour but le rétablissement de la santé, souvent elle le dépasse par
l'énergie exagérée de sa réaction et compromet ainsi l'existence de l'organisme.

D'autres vitalistes moins exclusifs et plus rapprochés selon nous de la vérité,
tiennent la maladie comme une modification de la vie ; la maladie étant un acte
fondé sur l'organisation que des circonstances insolites ont sollicité à convertir
ses opérations en d'autres anormales (Reil, M. Dubois d'Amiens).

Brown, considérant comme une des propriétés particulières aux corps vivants
d'être incitables par les choses extérieures, fit consister la maladie dans une modification de cette incitabilité en plus et surtout en moins, théorie que Rasori
s'appropria en partie, en admettant, pour expliquer la maladie, l'existence d'un
stimulus (action vitale augmentée) et d'un contra-stimulus beaucoup moins fréquent d'ailleurs.

Se rattachant à la doctrine de Brown, Broussais, pour qui l'irritabilité est le
principe de toute action physiologique régulière ou irrégulière, ne veut plus voir
dans la maladie qu'une irritation exagérée ou irrégulière. .

Toutes ces manières d'envisager la maladie se fondant sur sa nature intime,
sur sa cause première ou son but final, invoquent au-dessus, et en dehors des
corps vivants, une force préexistante, matérielle, qui les régit, les transforme et
les conserve et tend incessamment à les ramener à leur disposition naturelle.

Elles pèchent, les unes par la nature hypothétique de l'agent spécial, archée,
âme, nature, principe vital qu'elles font intervenir; les autres par le point de vue
trop restreint auquel se sont placés leurs auteurs (incitabilité, controstimulisme,
irritabilité).

De bonne heure cependant avaient surgi des doctrines opposées, formulées par
des tendances plus positives qu'avaient plus particulièrement frappées les lésions
matérielles, apparentes et tangibles, des solides et des liquides, et pour lesquels
la maladie n'était autre chose que ces lésions elles-mêmes.

Déjà pour Asclépiade la maladie est un état contre nature produit par le mouvement irrégulier des atomes; pour Thémison, un état de tension, de resserrement ou de relâchement des fibres du corps humain. Quant à Galien, il suppose
une modification de structure, c'est-à-dire une affection du corps là où se trouve
une modification d'action et fait résulter la maladie de l'altération quantitative ou
qualitative des humeurs de l'économie. Pour Fr. Hoffmann la maladie est un
trouble dans la proportion et l'ordre, l'accélération ou le retard des mouvements
des solides et des liquides dans tout le corps ou l'une de ses parties. Borelli et
l'école dite des mécaniciens envisage la maladie comme résultant d'obstacles mécaniques apportés au cours des liquides et du sang en particulier. Boerhaave, dans
ses *Aphorismes*, définit la maladie une altération du corps qui en trouble les fonctions vitales, naturelles et animales ; Fernel, une altération du sang, des humeurs
ou des esprits, susceptible de produire l'altération des solides du corps humain.

Ces doctrines servirent de base à l'école anatomo-pathologique, qui considère la
maladie comme un trouble fonctionnel dépendant de l'altération des solides et des
liquides de l'économie. En prétendant à l'exactitude par la matérialisation de la

s de l'école de Mont...
la principe vital je...
une sorte de fonction...
l'ordre physiologi...
t des lois permettd...
sant dans la maladie...
vent elle le dépasse p...
ture de l'organisme...
... cas de la vérit...
la maladie étant un ac...
cont sollicité à couvrir...
fausses;

lerne sur corps vivant...
maladie dans une mo...
... théorie que l'hom...
le, l'existence d'un...
beaucoup moins fré...

qui l'irritabilité est le...
... ne veut plus voir...

... sur sa nature intime,...
..., et en dehors de...
... les transform...
disposition naturel...
... spécial, ...
... par le peut é...
..., contreshissa,...

opposées, formule...
... frappés les lois...
aides, et pour lequ...

... produit par l'ms...
... lassus, de ress...
... à Galien, il supp...
... corps là où se bine...
ration quantitate...
... la maladie est m...
ard des mouvement...
s parties. Boerh et...
ant d'obstacles né...
er. Boerhave, dans...
... trouble les ...
sang, des humeurs...
du corps humain,...
... qui considère h...
les solides et des...
... de la ...

maladie, cette doctrine a subi le sort de tant d'autres et est tombée dans l'erreur par suite de son exagération. En effet, malgré les remarquables découvertes dont chaque jour s'enrichit l'anatomie pathologique, il existe encore bon nombre de maladies (*Mal. dynamiques*) dans lesquelles les plus patientes recherches s'appuyant sur les moyens d'investigation les plus délicats, sont et seront encore longtemps impuissantes à découvrir, soit dans les liquides, soit dans les solides de l'économie aucune altération positive et appréciable. Vouloir réduire la maladie à une altération anatomique est, de par l'expérience des siècles et l'observation de chaque jour, aussi peu fondé que faire consister la maladie dans la seule réaction de l'économie contre une cause morbifique.

Entre ces deux opinions contraires, ont pris position les organo-vitalistes modernes qui, pour interpréter la maladie, sa nature, sa cause et ses éléments ont, à des degrés divers, reconnu l'inéluctable nécessité de ne pas séparer les éléments dynamiques des éléments matériels de l'organisation.

La maladie, dit Chomel, est une altération notable survenue soit dans les dispositions matérielles des liquides ou des solides, soit dans l'exercice d'une ou de plusieurs fonctions. Dans le même ordre d'idées Andral définit la maladie une altération des parties constituantes du corps et des actes qui doivent s'y accomplir.

M. Bouchut, penchant visiblement vers les doctrines vitalistes, définit la maladie un désordre des forces et des parties constituantes du corps nécessaires à l'exercice des fonctions; car ce qui la caractérise, c'est le trouble général ou partiel des fonctions. D'autre part, MM. Béhier et Hardy, frappés de l'influence que les sciences physico-chimiques exercent sur les progrès des sciences médicales, appellent maladie toute modification soit anatomique, soit physiologique, soit chimique survenue dans l'économie accidentellement et en dehors de toute action organique régulière.

Discuter chacun des termes de ces nombreuses définitions, montrer comment et pourquoi ils nous paraissent prêter le flanc à la critique, nous eût entraîné à des développements trop considérables; nous n'avons pu le faire en passant que pour quelques-unes d'entre elles. D'autre part, aucune de ces définitions ne répond absolument à l'idée que nous nous faisons de la maladie : nous préférons donc, plutôt que de nous rallier à l'une ou à l'autre, proposer à notre tour une définition nouvelle de la maladie.

Dans une autre article du Dictionnaire (*voy.* Lois de la pathologie, t. III, fasc. 1), M. le professeur Schützenberger et moi, avons déjà fait voir que si les corps vivants et spécialement l'organisme humain sont, en tant que corps matériels, soumis aux lois physico-chimiques, ils sont, en tant que corps organisés, dépendants des lois de la biologie.

Parmi ces lois, l'une des plus importantes est représentée par la loi de l'évolution continue, progressive et régressive en vertu de laquelle le mode d'existence de l'organisme humain apparaît comme un processus ininterrompu de formation, de développement et d'entretien par intussusception, caractérisé par les phases d'une incessante mutation. Cette évolution incessante qui, dans tout l'organisme et dans chacune de ses parties commence dès la naissance pour ne finir qu'à la mort, ne saurait cesser quand survient une maladie : elle continue d'après les lois qui régissent la vie de chaque tissu et de chaque organe, avec cette différence radicale qu'au lieu d'aboutir à un résultat qui soit compatible avec la persistance de la santé absolue, elle conduit à un résultat qui, d'une façon passagère ou définitive, est inconciliable avec l'idée que nous concevons de l'état de santé.

Nous voici amenés à spécifier ce que nous entendons par ce mot : la santé absolue ou l'état physiologique existe, quand l'organisme humain présente toutes les qualités matérielles qui lui sont nécessaires, qu'il est parfaitement adapté au milieu où il doit vivre, et que du point de vue dynamique il offre une régularité harmonique de toutes les fonctions en concordance parfaite avec le milieu ambiant.

Cet état de santé absolue n'est que très-rarement réalisé, ou s'il l'est ce ne saurait être pour longtemps. La dépendance dans laquelle se trouve l'organisme quant au milieu ambiant, l'influence que lui ont imprimée les organismes qui lui ont donné naissance, et surtout l'incessante évolution dont il est le théâtre s'y opposent. On pourrait donc affirmer que dans un organisme donné l'état de santé n'est jamais que relatif, et que l'état physiologique individuel présente des cas qui conduisent par des nuances infinies jusqu'à l'état pathologique ou à la maladie, de telle sorte que les limites de l'un ou de l'autre n'ont rien d'absolument tranché dans la réalité.

Comme cependant il est nécessaire de tracer dans une certaine mesure cette limite, nous dirons, en nous appuyant sur les considérations précédentes, que la maladie est une évolution, un processus organique dont le mode est absolument inconciliable avec l'idée du type physiologique de l'organisme, celui-ci étant constitué par l'intégrité et l'harmonie parfaite des organes et des fonctions, et leur adaptation au milieu ambiant. Ce deuxième terme que nous introduisons dans la définition nous paraît avoir ici une importance sur laquelle nous aurons l'occasion d'insister plus tard.

Appliquons notre définition à quelques cas litigieux que les auteurs, selon leurs opinions, ont admis dans le cadre des maladies, ou ont cru devoir en exclure. Nous le ferons avec d'autant plus de développement, que nous aurons ainsi l'occasion, en prenant pour exemple des faits, d'exposer plus explicitement notre pensée.

Pour nous les sécrétions exagérées et habituelles, auxquelles sont sujettes certaines personnes (sueurs aux pieds, écoulements sanguins fournis périodiquement par des hémorrhoïdes, etc.) constituent des maladies ; sans doute ces sécrétions semblent être le résultat de fonctions supplémentaires ; nous reconnaissons encore que l'économie finit par s'y adapter, et que leur suppression peut présenter des dangers ; toujours est-il qu'elles sont le résultat d'une évolution organique modifiée ou exagérée qui continue ; à ce titre elles nous paraissent devoir figurer dans les cadres des maladies. En raison de leur peu de gravité, malgré leur caractère de persistance, on les appelle infirmités, et on a défini ce mot : maladie limitée qui occupe une portion de l'organisme non essentielle à la conservation de la vie.

Si nous sommes très disposés à considérer comme maladies les troubles fonctionnels divers qui accompagnent quelquefois l'écoulement menstruel, et on les retrouve en effet identiquement semblables dans un certain nombre de maladies utérines, nous resterons sur la réserve quant aux troubles qui suivent l'accouchement. En effet, si, d'une part, la grossesse et l'accouchement nous apparaissent comme une évolution organique qui fait pour ainsi dire partie intégrante de la vie complète de l'organisme féminin, il n'en est pas moins vrai que d'autre part les troubles généraux qui suivent la parturition, sont la conséquence de l'évolution organique régressive dont l'utérus et ses annexes sous le siège. L'utérus doit revenir, d'un état qui n'a plus sa raison d'être, depuis l'expulsion du fœtus, à son état normal ; la plaie utérine, suite du décollement du placenta, doit se guérir. De par ces deux ordres de considérations, et tout en reconnaissant que la puerpéralité est une des fonctions de l'organisme féminin, nous regardons l'état puerpéral comme établissant en quelque sorte une transition entre la santé et la maladie, et légitime ce que nous disions plus haut des gradations infinies qui mènent de l'une à l'autre. Un certain nombre de modifications que l'organisme présente dès la naissance, telles que le bec-de-lièvre, les doigts surnuméraires ou soudés, etc., nous semblent constituer des difformités, et ne pas absolument mériter le nom de maladies. En effet, elles sont bien le résultat d'une évolution organique déviée, modifiée, arrêtée ou exagérée pendant la vie intra-utérine, et partant d'une maladie très-réelle; mais cette évolution, une fois qu'elle a produit son effet, s'arrête : ses résultats persistent et sont indélébiles absolument comme des adhérences suites de phlegmasies anciennes, des taies de la cornée, ou des cicatrices avec perte de substance résultat d'ulcérations. L'ulcération était la maladie, la cicatrice et la perte de substance en sont les suites et constituent la difformité.

Des lésions de ce genre peuvent entraîner consécutivement une évolution anormale en entravant certaines fonctions; dès lors elles deviennent cause et élément initial d'une maladie; exemple : des adhérences du péricarde et du cœur peuvent déterminer l'hypertrophie des parois de cet organe et des irrégularités dans la circulation.

Si les difformités constituent une maladie, elles manquent en tout cas de quelques-uns des caractères que tout le monde s'accorde à reconnaître à la maladie : elles n'ont pas de période ni de marche, leur durée est indéfinie. Bien différentes, sous ce rapport, de certaines humeurs qui, pour persister pendant longtemps, n'en ont pas moins une période d'augment, d'état de déclin, et qui sont le siège d'une évolution organique, constante, anormale, sans laquelle elles n'existeraient pas.

Pour nous, la perte d'un membre constitue une mutilation et ne mérite pas le nom de maladie. Sans doute c'est une maladie, qui a pu directement par la gangrène, ou indirectement en nécessitant l'amputation, causer la perte du membre, mais, toujours est-il, que cette maladie, dont nous retrouvons la trace dans le passé, a cessé d'exister. Il n'y a plus, dans ce cas, d'évolution morbide; tout au plus pourrait-on la retrouver dans l'atrophie dont le moignon du membre amputé est le siège; encore, celle-ci, s'arrête-t-elle au bout d'un certain temps et ne dépasse-t-elle pas certaines limites.

Nous irons même plus loin, et nous refuserons même le titre de maladie à ce que l'on a plus justement l'habitude de caractériser sous le nom de lésions chirurgicales. Une section de la peau, par un instrument quelconque, une fracture osseuse, etc., ne sont pas, à vrai dire, des maladies. Ce sont les effets subits résultant de l'action d'une cause matérielle sur l'organisme, mais nullement les résultats d'une évolution organique. Celle-ci, au contraire, sera la conséquence nécessaire de la plaie et de la fracture et devra amener la cicatrisation et la formation du cal. Et si l'on décrit, à titre de maladie, ces lésions chirurgicales, c'est bien parce qu'on a pris l'habitude de confondre la lésion primitive, cause de la maladie avec la maladie ou l'évolution organique elle-même.

Nous hésiterons pareillement à considérer comme maladies l'affaiblissement de la plupart des fonctions qui se manifeste à un âge avancé; cet affaiblissement survient en vertu de l'évolution régressive qui, à un moment donné, se manifeste fatalement dans l'organisme; il est parfaitement conforme aux lois de la physiologie.

Les développements dans lesquels nous venons d'entrer n'ont que trop fait voir, combien, devant la réalité objective des faits, il est difficile de préciser scientifiquement où commence et où cesse ce qu'il faut appeler maladie. Ce qui le prouve, c'est la nécessité qu'ont, depuis des siècles, éprouvé les médecins de différencier par des expressions spéciales ce qu'on ne saurait considérer comme une maladie dans la stricte acception de ce mot : mutilation, infirmité, difformité, lésion chirurgicale et maladie, autant de termes qui répondent à des idées selon. nous différentes.

Il nous reste, pour terminer ce qui touche à cet ordre d'idées, à définir un certain nombre de termes à la valeur réelle desquels certaines écoles attachaient et attachent encore une importance peut-être exagérée.

D'après la doctrine de l'École de Montpellier, l'état morbide comprend trois états différents : l'indisposition, l'affection et la maladie.

Sans nous astreindre au sens qu'on réservait à ces mots, exposons celui qu'on leur attribue aujourd'hui.

A l'indisposition, état intermédiaire qui n'est ni la santé ni la maladie, mais conduit souvent de l'une à l'autre, se rapportent les troubles qui se lient aux dérangements momentanés des fonctions, à l'établissement ou la cessation d'une fonction particulière, à l'accroissement du corps ou de certains organes, au défaut d'adaptation de l'économie aux différents milieux qu'il rencontre, etc. L'indisposition, état essentiellement transitoire, est bientôt remplacée par la santé ou par la maladie.

L'affection est un terme d'une signification infiniment plus vague et plus générale que celle qui se rattache au mot maladie, lequel implique l'idée d'une évolution organique troublée, dans un point déterminé et circonscrit de l'économie. Par affection, on indique une souffrance vague, une viciation générale de l'économie qui tient sous sa dépendance des maladies locales souvent multiples. La bronchite, la gastrite, l'hémorrhagie cérébrale, etc., sont des maladies ; la scrofule,. la fièvre jaune, le typhus sont des affections qui ont pour manifestations des maladies du sang, des glandes, ou d'organes spéciaux. On a l'habitude de se servir plus spécialement du terme affection pour désigner les états morbides résidant primitivement dans des appareils organiques répandus dans toute l'économie, notamment les appareils nerveux, vasculaires, glandulaires.

Nous ne bâtons ni d'ajouter ici que les recherches incessantes de l'anatomie et de la physiologie pathologiques, en établissant sur un terrain plus solide la pathogénie des maladies, et en démontrant la cause anatomique réelle d'un grand nombre d'affections que nous ne connaissions jusqu'ici que par leurs manifestations cliniques, ont déjà eu et continueront certainement d'avoir pour effet de diminuer très-notablement la classe des affections, en faisant passer bon nombre d'entre elles dans la classe des maladies.

Plan et division. Dans l'étude de la maladie, nous resterons fidèle à la division classique et traditionnelle, et nous traiterons dans autant d'articles séparés : des causes de la maladie, de ses manifestations phénoménales, de ses complications, de ses modes de propagation, de ses périodes, de sa marche, de sa durée, de sa terminaison, de son diagnostic, de son pronostic, de ses éléments et de son traitement.

Force nous sera de nous restreindre sur chacun de ces points aux notions les plus essentielles : l'histoire de la maladie embrassant, en réalité, toute la pathologie générale ; certaines questions doivent d'ailleurs être traitées dans des articles spéciaux du dictionnaire.

II. Étiologie. L'étiologie est la partie de la pathologie qui s'occupe des *causes morbifiques*, c'est-à-dire des causes de l'évolution morbide. Cette étude, bien qu'on en ait dit, suppose un rapport étroit, constant entre les causes et les effets produits. Or, ce rapport persiste dans l'organisme humain, comme dans tous les autres corps organisés. Sans doute, on a objecté que sous l'influence d'une même cause, la réaction de l'organisme n'était pas toujours identique, quelquefois même manquait complétement. Ce fait tient à ce que, de tous les organismes, celui de l'homme est à la fois le plus complexe et le plus compliqué, en raison du grand nombre de phénomènes dont il est le théâtre. D'autre part aussi, rien de plus complexe et de plus mobile que les conditions intrinsèques et extrinsèques dans lesquelles il se trouve placé, que les causes souvent multiples qui viennent à la fois agir sur lui. De là résulte, nécessairement, une difficulté extrême de mettre en évidence le rapport qui relie les effets produits aux causes productrices ; de là ces exceptions, plus apparentes que réelles, dont chacune implique toujours une inconnue négligée, un élément causal mal ou incomplètement interprété, mais qui ne saurait infirmer en rien le principe. Cela est si vrai, que toutes les causes physico-chimiques dont, en raison de leur nature, l'action nous est mieux connue, nous montrent un rapport constant entre elles et l'évolution morbide qu'elles déterminent. Un caustique produit toujours une eschare, dont la chute laisse à nu une plaie qui devra se cicatriser. Sans doute le caustique, pour agir à une profondeur donnée, a besoin de plus de temps chez le vieillard que chez l'enfant, chez un campagnard à la peau rude et épaisse, que chez une jeune femme des villes à la peau fine et délicate, mais cette différence dépend uniquement des modifications subies par la peau aux différents âges, et sous l'influence des conditions diverses auxquelles a été soumis l'organisme. La constance du rapport de l'effet à la cause se manifeste encore, quand, volontairement et dans un but thérapeutique, nous soumettons l'organisme à l'action de certains agents : sur des organismes parfaitement identiques par les conditions qu'ils présentent, et dans lesquelles ils sont placés, l'effet produit sera sensiblement identique. L'expérience et l'expérimentation, éléments fondamentaux de la méthode expérimentale, sont basées sur la fixité et la constance entre les causes productrices et leurs effets. Il y a dans ce rapport une loi générale à laquelle l'organisme humain ne saurait échapper.

Cela posé, quel sens devons-nous attacher au mot cause ? Si nous voulons entendre, par là, le rapport qui existe entre les modifications organiques intimes et successives qui constituent l'évolution morbide et les circonstances qui l'ont déterminée, et désigner l'influence directe immédiate par laquelle l'évolution organique de régulière qu'elle était devient normale, force nous serait bien d'avouer que cette cause *prochaine immédiate* nous échappe encore pour la plupart des maladies. Bien que pour certaines d'entre elles (maladies dépendant de causes physico-chimiques par exemple), cette cause puisse être, sinon toujours déterminée avec toute la rigueur désirable, du moins entrevue dans une certaine mesure, nous maintiendrons les traditions classiques, en signalant surtout les causes *eloignées*, c'est-à-dire les circonstances, les conditions et les agents qui déterminent l'évolution morbide.

Division. Les causes éloignées des maladies ont été divisées : quant à leur *siége* en *externes*, constituées par des circonstances, ou des agents existant en dehors de l'organisme, et *internes* se rattachant à des conditions developpées dans l'individu lui-même ; quant à l'*intensité de leur action*, en causes *principales*, en raison de leur importance prépondérante réelle, incontestable dans la production de la maladie et *accessoires* ou adjuvantes, dont l'action, isolément insuffisante, vient s'ajouter à celle d'autres causes morbifiquès. Quant à l'*étendue de leur action* en causes *locales* qui n'agissent que sur un point limité, circonscrit du corps, et *générales* qui agissent sur des appareils organiques, des tissus ou des liquides répandus dans tout l'organisme, et portent le trouble dans l'ensemble de l'économie. Quant à leur *nature*, on a admis des causes *mécaniques*, *physiques*, *chimiques*, qui agissent sur l'organisme humain comme sur les autres corps de la nature, d'après les lois de la physique et de la chimie, et des causes *physiologiques* qui résultent de l'apparition aux différents âges de la vie de certaines fonctions ; apparition précoce ou tardive, lente ou rapide, facile ou pénible, faible ou énergique, qui souvent s'accompagne de troubles retentissant dans les grands appareils organiques : la dentition, la puberté, l'éruption menstruelle, la ménopause, etc., bien qu'appartenant à une évolution physiologique parfaitement régulière, peuvent devenir autant de causes de maladie. Enfin, sous le nom de causes *occultes*, on a réuni toutes les circonstances dans lesquelles aucune cause de maladie appréciable ne peut être invoquée. Quant à leur *mode d'action*, et c'est à ce point de vue qu'il importe surtout de les considérer, les causes des maladies ont été divisées en *prédisposantes* et en *déterminantes*.

Causes prédisposantes. Elles exercent sur l'organisme et son évolution une action lente et progressive, engagent celle-ci dans une direction qui se rapproche de la maladie, et par conséquent dispose l'organisme à devenir malade. Tantôt ces causes sont *générales*, c'est-à-dire qu'elles agissent sur un grand nombre d'individus à la fois, sur des populations entières, ou seulement sur un groupe de population isolé dans une ville, un camp, une prison, etc.; tantôt elles sont *individuelles* ou *particulières*.

Causes prédisposantes générales. L'*atmosphère* qui nous entoure agit incessamment sur l'organisme par sa *température*, sa *pression*, son *état hygrométrique*, sa *composition chimique*, sa richesse en *électricité* et en *ozone*, son état de *repos* ou d'*agitation* par les vents, la direction, l'intensité, la continuité de ceux-ci. Ajoutons-y l'action de la *lumière*, et nous aurons signalé les principaux éléments qui influent sur le développement de l'évolution morbide à titre de causes prédisposantes générales. Les variations plus ou moins brusques et les combinaisons multiples que peuvent présenter et former entre eux ces facteurs divers impriment à chaque saison, au climat de chaque localité, de chaque pays, son cachet particulier. Aussi, ne sommes-nous pas étonné de voir les *influences climatériques* et *saisonnières* agir comme causes prédisposantes des maladies, chaque climat ou saison agissant par ses caractères les plus marqués, en même temps que par la résultante de chacun de ses éléments. Rien ne prouve mieux la profondeur et la réalité de l'influence exercée par les agents climatériques sur l'évolution de l'organisme que les phénomènes survenant chez les personnes qui changent de climat. Les changements et les modifications intimes qui sont alors imposés à l'évolution organique, et qu'on désigne sous le nom d'*acclimatement* (lequel n'est qu'une des formes de l'adaptation à un nouveau milieu), d'autant plus profonds que l'écart entre les deux climats est plus considérable et que la transition de l'un à l'autre a été plus brusque, constituent, eux aussi, des causes prédisposantes de maladie. Leur cessation est l'indice de l'*adaptation* de l'organisme au nouveau climat. Ces considérations s'appliquent aux saisons dans les pays où le passage de l'une à l'autre s'opère très-rapidement. La même loi d'adaptation s'applique à toutes les autres influences nouvelles auxquelles un organisme ou une série d'organismes ne sont pas encore adaptés : changement de profession, passage de la vie civile à la vie militaire, modification de régime alimentaire, etc.

Causes prédisposantes individuelles. Age. Certaines maladies sont plus fréquentes pendant l'enfance, d'autres pendant l'âge adulte, d'autres enfin pendant la vieillesse; elles le sont en raison des conditions spéciales propres à tout l'organisme et à chacune de ses parties, à chaque âge de la vie, conditions qui les disposent à devenir le siège de certaines évolutions morbides de préférence à d'autres. Si, par exemple, les hypertrophies du cœur, les altérations valvulaires, les incrustations calcaires des parois artérielles et des cartilages, s'observent plus fréquemment chez les vieillards, cela tient à la composition histologique de ces organes et à la lenteur avec laquelle s'accomplissent nécessairement les transformations des tissus qui les composent, tout comme la prédisposition des enfants aux maladies du système nerveux s'explique par l'excitabilité fonctionnelle de cet appareil à cet âge de la vie. L'âge influe, comme cause prédisposante, non-seulement sur le développement de l'évolution morbide, mais encore sur sa forme, sa marche, sa durée, sa terminaison : les moindres phlegmasies, dans le jeune âge, déterminent une fièvre intense ; dans la vieillesse, des phlegmasies étendues peuvent exister sans fièvre, mais s'accompagnent de tendance au collapsus et à la prostration; les maladies aiguës affectent de préférence les enfants ; les maladies chroniques, les vieillards ; une même évolution morbide, la bronchite, a le plus souvent une marche aiguë et une terminaison heureuse chez l'adulte, tandis que chez le vieillard elle revêt la forme chronique et entraîne souvent une terminaison fatale.

Sexe. Les différences que présentent les deux sexes dans l'ensemble de leur constitution peuvent faire prévoir, pour les maladies de chacun d'eux, un cachet variable, et pour chacun d'eux aussi des maladies spéciales, indépendamment, bien entendu, de celles qui ont les organes génitaux pour siège. Quelques observateurs, il est vrai, n'ont voulu voir, dans ces différences de l'évolution morbide dans les deux sexes, que le résultat d'habitudes hygiéniques et sociales, spéciales à chacun d'eux; mais, sans vouloir nier leur influence, on peut opposer à cette opinion l'exemple de classes entières d'individus chez lesquelles hommes et femmes sont soumis aux mêmes conditions hygiéniques, sans que l'influence du sexe sur l'évolution morbide cesse de se manifester. La constitution naturelle de l'organisme féminin le rapproche de celui de l'enfant : aussi, voyons-nous chez tous deux les évolutions morbides affecter de certaines ressemblances, être accompagnées, par exemple, de phénomènes nerveux, souvent prédominants.

Tempérament. Le tempérament, caractérisé par la prépondérance fonctionnelle d'un des grands appareils de l'économie sur tous les autres, est un des éléments qui impriment à l'organisme normal son *individualité*. Or, les appareils doués de l'activité fonctionnelle la plus grande sont, par cela même, ceux qui sont les plus excitables et par conséquent les plus disposés à devenir le siège d'une évolution morbide. D'où il suit que, quand, sous l'influence d'une cause morbifique, une évolution morbide se développe dans l'organisme, elle survient le plus volontiers dans l'appareil prédominant : tantôt elle s'y développe exclusivement ; d'autres fois, quand elle siège dans un autre appareil, le système prédominant n'est affecté que secondairement et ne manifeste son pouvoir que par des phénomènes morbides accessoires qui se combinent avec ceux de la maladie principale. Chez les individus à tempérament nerveux, par exemple, des phénomènes morbides, dépendant de l'appareil nerveux, se mêlent habituellement aux manifestations morbides des maladies des autres appareils. Les *tempéraments sanguin, nerveux, bilieux, lymphatique*, désignent (les deux derniers d'une façon très-imparfaite par leur dénomination) autant de types ou formes principales, auxquels on rapporte les caractères que, dans des proportions et des combinaisons infinies, présente chaque organisme ; il est relativement rare de les rencontrer dans leur pureté absolue ; le plus souvent, ils se combinent entre eux de façon à constituer les tempéraments *mixtes*, dont l'influence comme cause prédisposante est plus difficile à apprécier.

Constitution. Par ce mot on désigne l'ensemble des appareils fonctionnels de l'économie, considérés quant à leur force, leur développement, leur activité et leurs rapports réciproques. Un organisme dont tous les appareils sont bien développés, régulièrement actifs, et dans un rapport harmonique (avec la latitude que permettent les différents tempéraments), nous offre le type d'une constitution *forte* et vigoureuse. Ceux qui en jouissent résistent plus facilement et plus longtemps aux influences morbides. Mais aussi, en raison même de l'énergie avec laquelle s'accomplit chez eux l'évolution organique, si des causes morbides parviennent à avoir prise sur eux, l'évolution morbide qui en résulte est plus intense, ses manifestations plus énergiques ; donc, en tant que cause prédisposante de l'évolution morbide, la constitution forte n'a qu'une influence minime ; elle intervient quand l'évolution morbide est engagée.

Au contraire, la constitution *faible* oppose moins de résistance aux influences morbides, et constitue une cause de prédisposition puissante et constante aux maladies. Que celles-ci éclatent, et l'on verra l'évolution organique, habituellement peu active, se transformer pareillement en une évolution morbide à marche lente ou irrégulière, à manifestations qui tantôt sont peu intenses, tantôt manquent complétement. Les individus à constitution faible et délicate forment la majorité des *valétudinaires ;* chacun sait combien ont de prise sur eux les causes morbifiques.

Idiosyncrasie. Sous le nom d'*idiosyncrasie fonctionnelle*, on désigne la disposition particulière en vertu de laquelle, dans certains organismes, certaines fonctions s'exécutent habituellement d'une façon anormale : tel est, par exemple, le ralentissement habituel du pouls. Par *idiosyncrasie morbifique*, on entend la disposition spéciale d'un organe ou d'un appareil à être affecté plutôt qu'un autre par certaines causes morbides et à devenir sous leur influence le siège de manifestations morbides. L'idiosyncrasie est un fait dont la cause nous échappe et dont, cependant, nous constatons chaque jour l'influence considérable sur le développement de la maladie. En sens contraire de l'idiosyncrasie, agit l'*immunité*, c'est-à-dire cette disposition spéciale dont jouissent certains organismes, de résister à l'influence de certaines causes morbifiques ; en sorte que, de deux organismes en apparence parfaitement identiques, exposés à la même cause morbifique, l'un, qui jouit à son égard de l'immunité, restera indemne, tandis que l'autre, qui n'est pas dans ce cas, tombera malade. La raison d'être de l'immunité nous est inconnue ; mais nous connaissons quelques-unes des conditions dans lesquelles elle se produit. *Congénitale* chez beaucoup de personnes, elle peut aussi être *acquise* et constituer un des avantages qui résultent de maladies antérieures (soit spontanées, soit volontairement produites par des inoculations), et des modifications intimes, encore inconnues dans leur essence, qu'elles ont imprimées à l'organisme, de telle sorte qu'une maladie ayant existé chez une personne, celle-ci est préservée de cette *même* maladie pendant un temps plus ou moins long. Tantôt cette immunité acquise est *permanente* et dure pour le reste de la vie; tantôt, et le plus souvent, elle n'est que *temporaire* (scarlatine, rougeole, coqueluche, fièvre typhoïde, vaccine, etc.). D'autres fois, l'immunité à l'égard de certaines maladies est passagèrement assurée par d'autres maladies qui se trouvent avec les premières à l'état d'*antagonisme ;* pendant tout le temps, par exemple, qu'une personne est anémique, elle ne sera pas prédisposée aux affections goutteuses.

Maladies antérieures. Si, comme nous venons de le voir, certaines maladies ont pour privilége d'assurer à l'économie une immunité plus ou moins prolongée, il en est d'autres, au contraire, et c'est le plus grand nombre, qui agissent d'une manière évidente comme causes morbifiques prédisposantes. Leur mode d'action peut varier et mérite d'être spécifié. Les unes augmentent la prédisposition morbide en déterminant un affaiblissement général de l'organisme, qui le rend plus apte à subir l'influence de toutes les causes morbifiques ; elles rendent faibles les constitutions primitivement fortes, et les placent, pour un temps variable, dans les mêmes conditions que les constitutions faibles. Les maladies dites générales, telles que le choléra, les affections typhoïdes, sont dans ce cas. La prédisposition morbide qu'entraîne ce groupe de maladies diminue à mesure que tend à disparaître l'état de faiblesse qu'elles ont engendré, et par conséquent à mesure qu'on s'éloigne du moment où a cessé la maladie première. Il est évident que plus celle-ci aura été longue, grave, plus la faiblesse qui en sera résultée aura été grande, plus aussi sera marquée la prédisposition morbide *générale*. D'autres maladies, et spécialement les maladies locales, prédisposent l'organisme à la répétition fréquente des *mêmes* accidents. Cette tendance peut être rapportée tant aux modifications histologiques que la maladie première a laissées dans les organes qu'aux modifications fonctionnelles, et notamment à l'augmentation de l'excitabilité qu'elles y auront déterminée. Les reproductions fréquentes d'angines, de bronchites, blennorrhagies, chez les mêmes personnes, peuvent ici être citées comme exemples. Les maladies de ce groupe déterminent donc une prédisposition morbide *spéciale* à la *même* maladie dans le *même* organe. Mais ce n'est pas la seule. Elles prédisposent, en effet, l'organe qui a été une première fois le siège d'une évolution morbide à être plus tard le siège de maladies *différentes*, résultat des modifications subies par les tissus ou les fonctions : la pneumonie prédispose à la tuberculisation pulmonaire ; la gastrite, au cancer de l'estomac ; la blennorrhagie, aux rétrécissements de l'urèthre, etc. Enfin, les maladies locales augmentent la prédisposition morbide des organes placés dans le voisinage de ceux qu'elles ont eus pour siége, ou d'organes reliés à ceux-ci par un lien fonctionnel, prédisposition qui se traduit tantôt par une maladie identique par sa nature avec celle de la maladie primitive (pleurite après une pneumonie), tantôt par une maladie toute différente (tétanos après la blessure d'un nerf).

Hérédité. De même que les traits du visage, les tempéraments, les constitutions, certaines dispositions à contracter telle ou telle maladie, sont transmises par voie d'hérédité ; cette influence est démontrée pour le développement des affections tuberculeuses, cancéreuses, pour l'épilepsie, l'aliénation mentale, plusieurs dermatoses, etc. L'influence de la prédisposition héréditaire, soit que la maladie qu'elle détermine se propage de génération en génération ou se borne à l'une d'elles, manifeste son action d'une manière très-variable. Et l'on peut dire ici qu'un grand nombre de faits paraissent échapper aux *lois de l'hérédité* formulées par M. Lucas.

Sous l'influence de l'*hérédité directe*, se manifestent chez les enfants les mêmes maladies que chez le père ou la mère. Sous l'influence de ce qu'on a appelé l'*hé-rédité indirecte*, se produisent chez les enfants les mêmes maladies que chez les membres en *ligne collatérale* de la même famille : grands-oncles, oncles ou cousins.

Considérée comme cause prédisposante des maladies, l'hérédité offre dans son action des variétés si nombreuses, que nous ne pouvons que signaler les princi-pales. Tantôt, dans une même famille, les enfants d'*un seul sexe* sont seuls atteints de la même maladie héréditaire, ceux de l'autre sexe en sont exempts et sont affectés d'une maladie héréditaire d'une nature toute différente. D'autres fois, les parents transmettent une prédisposition dont eux-mêmes paraissent indemnes, mais que leurs parents à eux avaient déjà présentée, de telle sorte que la prédisposition héréditaire paraît sauter une génération (*hérédité alter-nante*), c'est-à-dire que les enfants présentent la même maladie que leurs aïeux (*atavisme*). Quelle est la part relative d'influence qui, dans le fait de la prédis_ position morbide héréditaire, revient au père et à la mère? A cet égard, on a cru remarquer, et par des raisons physiologiques il ne répugne pas de l'admettre, que l'influence du père, dont l'intervention se borne à l'acte de la fécondation, est moins grande que celle de la mère qui, tout en ayant une part égale à celle du père dans l'acte de la conception, fournit seule au développement du nouvel être pendant toute la durée de la vie intra-utérine, et le nourrit encore de sa propre substance pendant toute la période de l'allaitement.

Ces considérations nous amènent à rappeler la division que les anciens avaient déjà établie entre les maladies *congénitales* proprement dites (engendrées avec) qui remontent à la conception et les maladies *connées* (nées avec) embrassant celles que le fœtus apporte en naissant. A cette division se rattache très-étroite-ment celle que M. Jaumes a proposée: entre les maladies *conceptionnelles*, héré-ditaires par excellence qui ont pour véhicules les spermatozoïdes ou l'ovule, élé-ments primordiaux de l'être futur altérés dans leur composition anatomique ou chimique, sans que nous puissions le démontrer, mais comme la logique nous force à l'admettre, et les maladies *gestationnelles* (fièvres éruptives, par exemple) transmises par la mère au fœtus pendant la vie intra-utérine et auxquelles la dénomination de maladies héréditaires nous paraît pouvoir être refusée.

Signalons seulement, pour les séparer des maladies héréditaires, les *maladies de naissance* contractées par le fœtus pendant la gestation (hydrocéphale) ou au moment de l'accouchement (certaines ophthalmies par exemple), et les *maladies de famille*, qui, bien que se rapprochant par certains caractères des maladies héré-ditaires, s'en différencient pourtant suffisamment. On donne ce nom à des maladies qui se produisent chez tous les enfants d'une famille, le père et la mère n'en ayant jamais présenté aucun symptôme et n'en étant pas atteints plus tard. Dans ces cas, les organismes de tous les enfants bien qu'identiques *diffèrent* cependant par la maladie même qu'ils présentent des deux organismes de l'union, desquels ils résultent.

Mentionnons encore comme causes prédisposantes les *impressions morales* (crainte, effroi, exaspération, etc.), qui agissent tantôt sur un organisme indivi-duel, tantôt sur des groupes plus ou moins nombreux d'individus : armée, po-pulation d'une ville assiégée, etc. C'est à l'influence d'impressions morales vives que doivent être rapportés les cas d'hystérie qui souvent se multiplient parmi les femmes réunies dans une même salle d'hôpital.

Toutes les causes prédisposantes de l'évolution morbide que nous venons d'étudier jusqu'ici forment un premier groupe naturel ; en effet elles sont *intrinsèques*, c'est-à-dire résident dans l'organisme lui-même dont elles servent à caractériser l'individualité propre. Elles diffèrent par là d'une seconde catégorie de causes pré disposantes *extrinsèques*, existant en dehors de l'organisme, qui le modifient d'une façon lente mais continue et le disposent ainsi à devenir le siège de.cer. taines maladies. Ces *modificateurs de l'organisme* sont : l'*alimentation*, les *vê. tements*, l'*exercice* ou le *mouvement*, les *habitudes*, les *professions*, auxquels il faut ajouter l'*atmosphère* que nous retrouvons parmi les causes prédispo. santes individuelles quand nous la considérons comme agissant sur un seul orga. nisme. Ils correspondent à ce que les anciens désignaient sous les noms d'*ingesta*, *applicata, gesta, percepta* et *circumfusa*.

Par leur ensemble et leurs combinaisons infiniment multiples et variées, tous ces éléments constituent les conditions extérieures, le *milieu* dans lequel tout l'or. ganisme et chacune de ses parties est appelée à se développer ; ils lui font subir des mutations plus ou moins profondes dont une bonne partie nous échappe, mais dont nous pouvons apprécier le résultat qui n'est autre que la prédisposition de l'organisme ou de certains de ses appareils à devenir le siège d'une évolution morbide. L'action de l'alimentation, des vêtements, des professions, etc., sur l'organisme, est trop variée et d'ailleurs assez connue pour que nous puis- sions et devions l'analyser dans ses détails pour chacun de ses modificateurs. Qu'il nous suffise de dire d'une façon générale, que pour juger à sa juste va- leur leur action sur un organisme donné il faut apprécier : 1° cet organisme en lui-même, 2° l'ensemble et la résultante de l'action des modificateurs auxquels il est soumis, et les rapports qui existent entre eux. Montrons-le par un exemple : Une alimentation azotée abondante, des boissons alcooliques non-seulement ne seront pas nuisibles, mais nécessaires à un ouvrier d'un tempérament lympha- tique, qui pendant l'hiver sera par sa profession pénible, astreint à des exercices corporels fatigants. Tandis que cette même alimentation imposée à un homme d'une constitution forte, d'un tempérament sanguin, forcé pendant les chaleurs de l'été, de continuer ses occupations sédentaires, deviendra pour lui une cause prédisposante à de nombreuses maladies. Ajoutons que de tous ces modificateurs externes, les plus importants sont l'alimentation, qui agit par sa nature, son exa- gération, son insuffisance, sa régularité, etc., et les professions qui déterminent l'atmosphère ou le milieu ambiant dans lequel vit l'organisme, les vêtements qui le protègent, les habitudes qu'il contracte, l'état de repos ou de mouvement imposé à certains appareils organiques, d'où résulte une excitabilité fonctionnelle, une nutrition exagérée ou diminuée. Nous voici arrivés à la limite où intervient un nouvel effet des causes que nous venons d'étudier. En effet, si les manières d'être propres à chaque organisme et les modificateurs externes ne jouent dans bon nombre de cas que le rôle de causes prédisposantes, ils peuvent aussi, à la longue, amener dans l'état anatomique ou fonctionnel de l'organisme des modifi- cations tellement profondes qu'elles ne sont plus compatibles avec l'idée que nous concevons de l'évolution organique normale. La cause prédisposante ayant produit, sans l'intervention d'aucune autre cause morbifique, une évolution morbide, s'est transformée en cause déterminante. Que faut-il entendre par ce mot ?

Causes déterminantes. Si les auteurs sont généralement d'accord pour le sens qu'il faut rattacher aux causes prédisposantes et les divisions qu'il convient d'y établir, il n'en est plus de même quant aux causes déterminantes, au sujet des- quelles règne une certaine confusion. Nous attachant strictement au sens que comporte chaque expression, nous désignerons par *causes détermmantes* ou *effi-cientes* de l'évolution morbide, celles qui agissent directement et manifestent leur action au moment même où elles se produisent ou peu de temps après. Ces causes, en raison de leur nombre et de leur manière d'agir, peuvent se diviser en : '1° *causes occasionnelles* ou *excitantes*, qui, insuffisantes pour produire par elles seules l'évolution morbide, exigent pour cela la nécessité de l'action anté-rieure d'une cause prédisposante ; 2° *causes suffisantes*, c'est-à-dire qui peuvent suffire à déterminer la maladie et la déterminent en effet ; 3° *causes spéciales ou spécifiques*, dont l'action produit constamment une même maladie caractérisée par des manifestations morbides à peu près semblables.

Nous n'insisterons pas sur les causes occasionnelles (froid, chaud, écarts de régime, etc.), qui, selon la cause prédisposante antérieure, peuvent produire plu-sieurs maladies différentes, sans les déterminer toujours en pareille circonstance; notons seulement que souvent leur influence est douteuse et qu'au lieu d'un rap-port de cause à effet, il peut n'exister entre la circonstance remarquée et la mala-die qu'une simple coïncidence.

Les causes suffisantes comprennent toutes les causes qui déterminent sur ou dans l'organisme des lésions de corporalité et de matérialité, c'est-à-dire des mo-difications dans les conditions mécaniques, physiques ou chimiques que doit nor-malement présenter l'organisme. Dans cette catégorie rentrent le choc, la pres-sion, la pénétration de corps solides sur certains points de l'organisme ; la fulgu-ration, les extrêmes de température produisant la brûlure ou la congélation, les agents chimiques (caustiques), qui, en soustrayant aux tissus l'eau ou des prin-cipes qui en font partie intégrante, y rendent désormais la continuation de la vie impossible.

Les causes spéciales ou spécifiques ont pour caractère commun de produire des effets déterminés, qu'il suffit de constater pour qu'on puisse les rapporter à une *espèce* de cause particulière. Elles se distinguent par là des causes suffisantes (mécaniques ou physico-chimiques) que l'on a essayé à tort selon nous d'y faire rentrer : un choc violent par exemple sur une partie de l'organisme peut y déter-miner une plaie contuse, ou une contusion des parties molles, ou l'écrasement d'un organe situé dans la profondeur, tandis qu'une cause spécifique ne produira et ne pourra jamais produire qu'une évolution morbide qui, en raison de ses ca-ractères et du rapport intime et particulier qui la relie à cette cause sera elle-même appelée *spécifique*.

Les notions que nous possédons sur l'action des causes spécifiques, sont depuis une dizaine d'années et sous l'influence des données nouvelles que viennent utile-ment fournir les investigations microscopiques et les expérimentations sur les animaux, en voie d'incessantes transformations.

Bon nombre d'entre elles n'ont pas encore acquis un degré de certitude scien-tifique suffisante. Cette raison, ainsi que les limites qui nous sont imposées, nous obligent à ne les signaler que d'une façon générale ; elles feront dans les articles spéciaux du *Dictionnaire* l'objet d'une étude approfondie.

Parmi les causes qui nous occupent, les unes résident dans l'existence, à la surface externe de l'économie ou dans son intimité, d'organismes vivants (*para-site*), de nature végétale ou animale (épizoaires, entozoaires, épiphytes, ento-phytes), qui subsistent et se développent aux dépens de l'organisme humain et deviennent par les modifications anatomiques ou les troubles fonctionnels qu'ils y produisent, le point de départ d'une évolution morbide spéciale, appelée *parasi-

taire. Le *parasitisme* tend chaque jour à englober un plus grand nombre de maladies dont la nature et la cause réelles nous échappaient il y a peu d'années encore : un grand nombre de dermatoses reconnaissent pour cause la présence de parasites.

D'autres causes, et celles-ci méritent plus particulièrement le titre de *spécifiques*, résident dans le fait de la pénétration dans l'organisme de principes, dont la nature nous est inconnue ou n'est encore que mal déterminée, mais dont l'action se manifeste toujours par des caractères identiques.

Citons ici les *venins*, c'est-à-dire des produits de sécrétions propres à certains animaux, chez lesquels ils constituent une *sécrétion physiologique* continuellement produite par un appareil spécial et destinée le plus souvent à les défendre ou à attaquer leur proie. Pour qu'un venin agisse sur l'organisme, il faut qu'il y pénètre par *absorption :* la présence d'une solution de continuité des tissus, quelque minime qu'elle soit d'ailleurs, est donc nécessaire. L'effet de venin se borne toujours à l'organisme qui a été soumis à son action, lequel ne peut pas le transmettre à son tour. Par cet ensemble de caractères, les venins se différencient des *virus*.

Avec MM. Hardy et Béhier, nous définirons le virus, un agent morbide inconnu dans sa nature, accidentellement fourni par l'organisme affecté d'une maladie particulière (appelé *virulente* en raison de son origine et de ses effets) et susceptible de se transmettre par *inoculation* de l'organisme qui l'a produit à un autre organisme ; lequel, après avoir été le siège de la même évolution morbide, pourra le transmettre à son tour. Le venin épuise son action sur un seul organisme, le virus s'entretient, se multiplie, se renouvelle malgré son passage d'un organisme à l'autre, et se rapproche par ses propriétés de la manière d'être des *ferments* ou des *parasites*. Ordinairement combinés aux solides et surtout aux liquides animaux, à des liquides puriformes (variole, syphilis, morve), à de la sérosité (vaccine), à de la salive (rage), les virus pénètrent dans l'organisme, tantôt par les solutions de continuité du tégument externe, tantôt par simple contact sur les muqueuses, tantôt par voie d'absorption pulmonaire. Ces modes divers sont prédéterminés par la nature même des virus : pour les uns (virus syphilitique, rabique, morveux, etc.), le contact direct est nécessaire, ce sont les *virus fixes ;* d'autres sont appelés *virus diffusibles*, puisque, outre le contact, ils peuvent se transmettre par l'atmosphère qu'ils ont pour véhicule. Des recherches relativement récentes tendraient à rattacher l'action de certains virus à une influence parasitaire ; la présence d'organismes élémentaires (bactéridies) se multipliant prodigieusement dans un temps très-court, dans le sang des organismes soumis à l'action du virus charbonneux (Davaine), permet de l'admettre.

Ajoutons que tantôt les maladies, dues à l'existence d'un virus, se développent spontanément chez l'homme et les animaux (variole, rage, morve), tandis que d'autres fois elles ne se produisent que par suite de l'absorption d'un virus, provenant d'un autre organisme. L'intervalle, variable selon la nature des virus, qui s'écoule entre leur absorption et le moment où, après être restés à l'état latent, ils commencent à manifester leur action, a reçu le nom de *période d'incubation*.

Quant aux *effluves* émanés des marais, leur action paraît due aux spores des végétaux inférieurs qui s'y développent et qui, répandus dans l'air, pénètrent dans l'organisme par la voie pulmonaire. Bien que la valeur des recherches de M. Lemaire sur la nature des *miasmes* émanés de l'organisme humain ait été mise en doute, on peut cependant dire, d'une manière générale, que les investigations modernes rendent de plus en plus probables la nature parasitaire des agents pathogéniques virulents, contagieux, paludéens et miasmatiques.

III. Des symptômes. Sous ce nom, on désigne les phénomènes particuliers, qui, dans les organes ou dans les fonctions, se produisent sous l'influence de la maladie, et sont accessibles à l'investigation clinique. Ils diffèrent des *phénomènes physiologiques* et avertissent le médecin et le malade des modifications ou du trouble survenus dans l'organisme.

Bien que ce terme ait pour lui le prestige d'un usage traditionnel, et présente l'avantage de traduire par un seul mot l'idée qu'il renferme, on pourrait, en s'en tenant à la signification étymologique propre (σύν, avec, et πίπτω, je tombe), lui préférer, comme plus juste, les termes de *manifestations phénoménales de la maladie*, ou mieux encore celui de *phénomènes pathologiques morbides* qui sont, par eux-mêmes . assez clairs pour rendre toute définition inutile.

Différencions, tout d'abord, le *symptôme* du *signe*. Le symptôme est un phénomène morbide constaté par le médecin ; le signe est le résultat de l'appréciation par le médecin de chacune des circonstances qui se rapportent à la maladie et lui permettent de déterminer son existence, sa nature, son siège, sa cause, sa gravité, sa durée et sa terminaison probables. Si les signes les plus importants sont généralement tirés des symptômes, il ne faudrait pas oublier que tout ce qui a trait, non-seulement à la maladie, mais encore au malade peut, pour le médecin sagace, être transformé en signe de la maladie qu'il doit combattre. Sexe, âge, tempérament, constitution, état social, profession, idiosyncrasies, maladies héréditaires, état de santé antérieur, etc., peuvent devenir autant de signes précieux qui, joints à la connaissance de la cause de la maladie actuelle, de sa durée, de sa marche, de son évolution générale, de l'influence qu'un traitement antérieur a déjà exercée sur elle, permettent d'en établir avec certitude le diagnostic, le pronostic et le traitement. Ce que, sous forme aphoristique, on a exprimé en disant : *tous les symptômes sont des signes, mais tous les signes ne sont pas déduits des symptômes*. L'étude des symptômes et des signes constitue cette partie de la science, qui, sous le nom de *symptomatologie* ou *phénoménologie morbide*, et de *séméiologie*, nous aide à établir le diagnostic des maladies.

Division. Nombreux sont les symptômes, nombreux aussi les points de vue auxquels on s'est mis pour les diviser. Quelques-uns se produisent, avant que la maladie proprement dite n'éclate, pendant cette période intermédiaire entre la santé et la maladie, que les uns appelaient *indisposition*, que, pour certaines maladies spéciales, on désigne sous le nom d'*incubation*, que l'on a encore comparé à la *germination*. Ce sont les *symptômes avant-coureurs prodromaux, prodromes*, ou *préludes morbides :* tristesse et changement de caractère chez les enfants qui seront affectés de méningite tuberculeuse, prostration générale chez les malades menacés de fièvre typhoïde, etc.

De nature et de durée très-variables, les prodromes peuvent manquer, moins souvent peut-être qu'on ne le pense ; bien que souvent ils fournissent, au médecin vigilant, des indications précieuses sur la maladie qui va surgir, leur valeur n'est en général que secondaire au point de vue du pronostic ; ce qui tient à ce que les prodromes sont le plus souvent des manifestations morbides fonctionnelles.

Les symptômes sont *fonctionnels* ou *dynamiques* quand ils consistent dans un trouble ou une modification dans les fonctions, (dyspnée, inappétence, paralysie);

organiques, *physiques* ou *anatomiques* quand ils résident dans un changement dans les conditions physiques de siége, de volume, de surfaces, de densité, de pesanteur, de mobilité, etc., présentées par les organes (matité, râles, souffles, frottement). Les symptômes sont *subjectifs*, quand tels que la douleur ils ne peuvent être perçus que par le malade qui en rend compte au médecin ; *objectifs* quand ce dernier peut en constater l'existence, en apprécier l'intensité à l'aide de tous les moyens d'investigation dont la science moderne l'a abondamment pourvu (voussure, battements, crépitations). Les symptômes sont *locaux* quand ils siégent à l'endroit même qu'occupe l'organe malade : point de côté dans la pneumonie, douleurs dans les névralgies ; *généraux* quand ils consistent dans des troubles survenus et répandus dans un grand nombre d'organes et de fonctions (fièvre, sueurs, adynamie).

On appelle *apparents* ou *patents* les symptômes qui, dans leur lieu d'origine ou à une distance plus ou moins éloignée, se manifestent d'une façon quelconque ; en opposition avec les symptômes *latents* qui, cachés dans la profondeur du corps ou des organes, ne peuvent être révélés que par des moyens d'investigation spéciaux.

Les uns priment la scène morbide par leur persistance, leur étendue, ou leur intensité ; égophonie dans l'épanchement pleurétique, albuminurie : dans la néphrite, ils sont dits symptômes *principaux* en opposition avec les symptômes *accessoires* ou *épiphénomènes* (herpès labial dans la pneumonie, délire dans la fièvre) qui peuvent apparaître dans le cours d'une maladie, et n'ont alors qu'une valeur plus restreinte.

Certains symptômes sont dits *primitifs* ou *initiaux* (chancres dans la syphilis, frisson au début des maladies inflammatoires, etc.), puisqu'on les voit constamment apparaître au début de la maladie ; d'autres sont appelés *secondaires* ou *consécutifs*, en raison de l'époque plus tardive de leur production dans le cours ou vers la fin de l'évolution morbide (douleur consécutive aux pleurites, gommes syphilitiques). On a encore appelé symptômes *sympathiques*, ceux qui se développent en vertu de liens spéciaux, souvent inconnus, sur des organes autres que celui qui avait été d'abord affecté (boule hystérique, vomissements qui accompagnent les maladies des méninges, douleur dans le genou accompagnant les coxalgies). Signalons enfin le symptôme *pathognomonique*, dont la présence permet d'apprécier, d'une manière absolue, l'espèce et la nature d'une seule et même maladie, et d'affirmer que cette maladie existe à l'exclusion de toute autre (graviers ou sables dans les urines, tintement métallique dans l'hydropneumo-thorax). Ces symptômes pathognomoniques sont peu nombreux ; bon nombre de ceux qu'on avait admis n'ont pas résisté à la sanction de l'expérience.

A ces divisions scolastiques des symptômes correspondent des divisions des signes, que nous nous contenterons de mentionner sans y insister davantage.

Signes fonctionnels, et signes *organiques*, *physiques*, anatomiques, appelés aussi signes *sensibles*.

Signes *présents*, *actuels*, et signes *commémoratifs* ou *passés*.

Signes *caractéristiques*, *suffisants*, *vrais*, suffisant pour faire reconnaître une maladie, et parmi eux le signe pathognomonique.

Est-il besoin d'ajouter que rarement un symptôme existe seul ; que presque toujours il y en a un grand nombre qui tantôt dépendent de causes variées, distinctes ou reliées entre elles, tantôt se rattachent à une seule cause dont ils indiquent la nature ? Il est évident que les symptômes diffèrent selon les maladies ;

c'est en partie ainsi que celles-ci se reconnaissent. Mais on peut aller plus loin, et affirmer que les symptômes d'une même maladie sont modifiés par plusieurs facteurs : 1° Par l'*organisme* sur lequel ils se développent, et par les conditions d'âge, de sexe, de tempérament, de constitution, d'idiosyncrasie, d'état de santé antérieur, qui lui sont inhérentes et qui constituent son individualité propre.

2° Par la *maladie* elle-même, qui peut modifier les symptômes par sa forme anatomique spéciale, son siège dans l'organe qu'elle affecte, son intensité, son étendue, sa durée, etc.; ainsi, les symptômes d'une pleurite varient selon qu'elle est sèche ou accompagnée d'épanchement, selon que celui-ci est libre ou enkysté, selon qu'il siège à droite ou à gauche, qu'il est d'abondance faible, moyenne ou considérable, qu'il remonte à quelques jours ou à plusieurs mois.

3° Par le *monde extérieur* avec ses influences multiples (habitation, profession, alimentation, etc.), tantôt régulières et naturelles, tantôt accidentelles et spéciales, épidémiques, endémiques, etc. Le monde extérieur modifie les symptômes, puisqu'il modifie la maladie et lui imprime un cachet spécial. Les symptômes d'une affection puerpérale·observée dans un service hospitalier diffèrent par leur gravité et leur acuïté de ceux que présentent les affections semblables dans la pratique civile. Dans les pays tropicaux, les fièvres intermittentes et les dysenteries diffèrent très-notablement par leurs symptômes de celles qu'on observe dans nos pays.

4° Les symptômes sont enfin modifiés par l'*intervention des médicaments*, remèdes et agents divers, que le médecin administre et emploie dans un but thérapeutique. Il est souvent besoin de toute sa sagacité pour discerner la part qui, dans les changements subis par les symptômes, revient à chacun de ces ordres de modificateurs.

Ajoutons enfin que, d'une façon très-générale, il existe entre les symptômes une certaine relation réciproque, par exemple entre les symptômes généraux et les symptômes locaux, entre les symptômes fonctionnels et les symptômes organiques, de telle sorte que l'intensité des uns commande celle des autres ; il n'y a cependant rien d'absolu à cet égard : chez les individus à tempérament sanguin ou à tempérament nerveux, des symptômes locaux, très-minimes et peu étendus, peuvent entraîner les symptômes généraux les plus graves, comme chez les vieillards des symptômes organiques, tels que des pneumonies très-étendues, peuvent arriver à leur dernière période et ne déterminer que des phénomènes généraux et fonctionnels à peine appréciables. Ici, nous trouvons la raison de ces faits dans l'influence de la loi de l'individualité et, dans une moindre mesure, de la loi de l'adaptation.

IV. DE LA PROPAGATION DE LA MALADIE. Envisagée au point de vue le plus général, cette question demande à être étudiée, quant à la propagation de la maladie, sur le même organisme, sur plusieurs ou un grand nombre d'organismes.

A. *Sur le même organisme,* les maladies locales peuvent se transmettre à des distances plus ou moins considérables de leur siége primitif, et cela par des mécanismes différents et, faisons-le remarquer immédiatement, avec une rapidité très-variable.

1° Certaines maladies, en raison même de la cause qui les détermine, se propagent en se déplaçant suivant l'action de la *pesanteur* à laquelle elles obéissent. C'est ainsi que les balles et les corps étrangers, arrondis ou obtus, perdus dans l'épaisseur des parties molles, se déplacent généralement, à moins qu'ils ne rencontrent un obstacle (os, aponévrose, tendons) dans leur trajet, dans le sens ver-tical. L'évolution organique qu'elles déterminent par leur présence et qui consiste dans une atrophie en avant et une réparation des tissus en arrière du corps étranger suit naturellement le même sens. Nous en dirons autant des corps étrangers artificiellement introduits ou anormalement survenus dans des canaux organiques : pièces de monnaie dans l'œsophage, calculs urinaires dans les ure-tères, calculs biliaires, etc., avec cette différence qu'ici la progression du corps étranger est, outre l'action de la pesanteur, favorisée par la contraction des parois des canaux où ils sont renfermés. Nous retrouvons l'action de la pesanteur dans la migration des abcès considérables (abcès par congestion partant de la colonne vertébrale pour aboutir à la partie inférieure du bassin), dans le déplacement des ecchymoses, dans la formation des hernies, etc.

2° D'autres maladies se propagent *mécaniquement*, comme la cause qui les détermine, par transport, soit actif, soit passif, d'un point de l'organisme sur l'autre. Transport actif : les dermatoses vésiculeuse, pustuleuse, que l'acarus de la gale entraîne à sa suite par l'irritation de la peau qu'il détermine, se produi-sent partout où cet acarus s'est transporté. Les symptômes multiples de la trichi-nose se manifestent dans tous les points de l'organisme où les trichines ont pénétré. Transport passif : à l'exemple de la gale qui ici encore pourrait être citée, car on retrouve les lésions qui la caractérisent partout où les malades ont mécaniquement transporté les acarus, ajoutons celui des épiphytes végétaux dont les sporules, transplantés dans un point de la peau favorable à leur développe-ment, y pullulent et y déterminent les lésions que leur présence entraîne à sa suite. Signalons encore, outre ces exemples empruntés aux maladies parasitaires, le transport mécanique du pus blennorrhagique qui, porté sur la muqueuse ocu-laire ou nasale, y détermine une évolution organique inflammatoire, analogue à celle qui lui a donné naissance. Dans tous ces exemples, nous voyons le transport mécanique s'effectuer arbitrairement. D'autres fois, sans cesser d'être mécanique, il obéit à certaines conditions qui lui sont imposées par les canaux dans lesquels il s'effectue.

L'un des modes de propagation les plus efficaces et les plus rapides de la maladie réside dans le transport de produits résultant d'une évolution organique anormale par les trois systèmes vasculaires : artériel, veineux, lymphatique. Mé-connu jusqu'à une époque relativement rapprochée, ce mode de propagation a été mis en évidence par les beaux travaux de Virchow, et chaque jour sont enregistrés de nouveaux faits qui en dépendent. Depuis longtemps déjà on avait remarqué que, dans certaines circonstances, une plaie, souvent insignifiante en apparence, un érysipèle, donnait lieu, au bout de quelque temps, à une inflammation siégeant dans les vaisseaux lymphatiques de la région, et se propageant jusqu'aux gan-glions dans lesquels ceux-ci se réunissaient. Or les recherches micrographiques ont démontré jusqu'à l'évidence le charriage mécanique de certains débris de tumeurs cancéreuses à travers les lymphatiques jusque dans les ganglions, et ont permis de constater la similitude absolue des éléments morphologiques de ces tumeurs avec ceux qu'on rencontrait disséminés sur différents points des lympha-tiques et accumulés dans les ganglions.

Dans les veines et dans les artères, des faits analogues, observés en grand nombre, expliquent la propagation au loin de la maladie d'un organe à un autre. Tantôt, dans les cas de dysenterie chronique, ce sont des globules de pus qui, par les radicules veineuses de la veine porte, sont amenés dans ce vaisseau, mais sont arrêtés à leur passage dans les capillaires du foie, où ils ont pour résultat la formation d'abcès. Tantôt ce sont des débris de coagulum veineux qui, formés dans les veines des membres, les veines utéro-ovariques, etc., en sont détachés par le torrent circulatoire, entraînés par lui à travers les cavités droites du cœur jusque dans une des branches secondaires ou un des troncs de l'artère pulmonaire, où leur calibre les empêche d'aller plus loin (embolies). Un même rapport unit les abcès qui se développent dans les organes chez les malades affectés de vastes plaies suppurantes (pyohémie). D'autres fois, les corps ainsi mécaniquement transportés par le sang peuvent, par l'exiguïté de leur diamètre, pénétrer plus avant et ne sont arrêtés que dans les capillaires (embolies capillaires).

Dans le système artériel, se produisent des faits analogues : des débris de valvules cardiaques modifiées dans leur texture, des particules de plaques athéromateuses faisant saillie dans l'artère et arrachées par le courant sanguin, sont charriés au loin par lui jusque dans les artères des membres, du cerveau ou des autres organes. Bien que la maladie ainsi propagée puisse varier quant à ses symptômes en raison de la diversité des organes où elle se développe, au fond elle consiste toujours en un obstacle plus ou moins absolu à la circulation qui a pour résultat un défaut relatif ou un manque absolu de nutrition des parties et des organes situés au delà. Ajoutons encore que la maladie peut se propager par le sang modifié dans sa composition chimique par la présence de principes putrides (septicohémie), ou par suite de la suppression absolue ou prolongée de certaines sécrétions. Celle-ci aura pour effet la rétention dans le sang de principes excrémentitiels qui, mis en contact avec les organes, pourront y déterminer une évolution morbide.

3° La maladie peut se propager par *contiguïté de tissu*. Sur la portion du prépuce qui recouvre un chancre siégeant sur le gland, ne tarde pas à se produire un chancre. De même, on a des exemples d'une évolution organique inflammatoire de la base du poumon droit qui, s'étant propagée à la plèvre diaphragmatique correspondante, et de là au péritoine pariétal, puis au feuillet de la face convexe du foie, et enfin au parenchyme de cet organe, a eu pour résultat la formation d'abcès du foie qui, grâce aux adhérences établies entre tous ces organes, ont pu se vider par les bronches. Sans recourir à des exemples rares, ne voit-on pas très-souvent l'inflammation du poumon se propager à la plèvre et réciproquement ? Au lieu de recourir, pour expliquer la propagation de la maladie par contiguïté de tissu, à l'influence du système nerveux, nous serions plus tenté d'en chercher la raison dans une évolution cellulaire analogue qui s'opère dans deux tissus voisins après s'être propagée de l'un à l'autre par l'intermédiaire du tissu connectif.

4° La maladie peut se propager par *continuité de tissu*. L'érysipèle ambulant, qui sous nos yeux envahit tour à tour la plus grande partie de l'enveloppe cutanée ; la péritonite, la pleurite, qui se propagent presque toujours à toute la séreuse ; la laryngite, qui devient trachéite, bronchite, quand elle ne remonte pas de bas en haut pour donner lieu au coryza, en sont des exemples frappants.

5° La maladie peut se propager par le *système nerveux*. On désigne cette propagation sous le nom de *sympathie*. La sympathie est due à une action réflexe du système nerveux ; elle désigne les troubles survenus dans un organe à l'occasion et par le fait de phénomènes morbides produits dans un autre organe.

On a divisé les sympathies en sympathies *fonctionnelles* existant entre des organes unis par une corrélation de fonctions, et en sympathies nerveuses qui elles-mêmes ont été, au point de vue anatomique, sous-divisées en sympathies du cerveau, de la moelle et du système ganglionnaire. Citons comme exemple des premières la sympathie qui existe entre l'utérus et les mamelles, et en vertu de laquelle se produisent dans les maladies utérines des douleurs mammaires si intenses. Comme exemple de sympathie cérébrale, rappelons les vomissements dans la méningite aiguë.

B. La propagation de la même maladie sur *plusieurs organismes* peut s'opérer par la contagion ou par l'infection de l'air.

V. DE LA MARCHE DE LA MALADIE. On appelle marche de la maladie le mode suivant lequel naissent, se développent et se succèdent les phénomènes anormaux qui la constituent. Tout d'abord, il y a lieu ici de distinguer les maladies dites *latentes* qui évoluent dans l'ombre, en silence, pour ainsi dire, et pendant la plus longue durée de leur existence ne se manifestent par aucun trouble fonctionnel ou modification organique qui ait appelé sur elles l'attention du malade ni du médecin.

On désigne sous le nom de *contagion*, la transmission d'une maladie d'un individu atteint à un ou plusieurs autres individus. Ici il importe de distinguer entre la *contagion immédiate*, pour la réalisation de laquelle le *contact* de deux organismes par une de leurs parties est nécessaire, et la contagion *médiate*, pour laquelle ce contact n'est pas indispensable. Cette contagion pouvant s'effectuer par des *contages* répandus dans l'air et portés à distance par ce véhicule d'un organisme sur l'autre. Les maladies qui se transmettent ainsi sont dites *contagieuses*. Elles peuvent donner lieu, par leur propagation et leur diffusion rapide, à des *épidémies*, c'est-à-dire à des maladies identiques survenues un grand nombre de fois en même temps parmi une population (choléra, variole, typhus, etc.). Ce que nous venons d'appeler contagion médiate correspond à l'*infection* dans le sens que lui ont attribué quelques auteurs; avec cette différence toutefois que certaines *maladies infectieuses* (fièvres intermittentes par exemple) ne sont pas contagieuses. Leur propagation ne s'opère pas d'un organisme sur l'autre; au lieu de donner lieu à des épidémies, elles ne produisent que des *endémies*, c'est-à-dire des maladies sévissant exclusivement sur certaines populations soumises à des causes morbifiques spéciales. Trop souvent l'usure et la dilatation des parois de l'aorte ne se révèle que quand la rupture de ce vaisseau va faire périr le malade par hémorrhagie interne; c'est ainsi que des tumeurs intra-crâniennes (abcès, tubercules du cerveau ou du cervelet, etc.) peuvent exister pendant longtemps et ne trahir leur présence que quand éclatent les convulsions suivies du coma précurseur de la mort prochaine, que des épanchements pleurétiques abondants, que les tumeurs fibreuses de l'utérus remplissant parfois une bonne partie du petit bassin, que des kystes rénaux peuvent exister à l'état latent. Comment expliquer cette possibilité? Toutes ces maladies, remarquons-le, ont pour caractères communs d'affecter pour la plupart ou bien des organes dont la vie propre n'est pas absolument indispensable à la vie de l'organisme, ou diminue notablement après un certain âge (utérus), ou bien des organes pairs (cerveau, poumons, reins, etc.), pour lesquels le défaut d'activité de l'un peut être efficacement remplacé par une activité supplémentaire de l'autre; enfin et surtout toutes les maladies se ressemblent par la lenteur de leur évolution. Il en résulte que les organes qui en sont le siége, ont le temps de s'adapter aux modifications organiques qui les constituent, absolument comme l'économie tout entière peut s'adapter sans inconvénient et sans secousses aux changements du milieu ambiant externe,

pourvu que ceux-ci se produisent d'une façon lente progressive. Cela est si vrai
qu'à côté de tumeurs intra-crâniennes relativement énormes, d'épanchements
pleurétiques très-abondants et cependant latents, etc., on voit ces lésions identiques
minimes quant à leur volume ou à leur quantité se révéler par des symptômes
très-accentués : c'est qu'alors elles se sont produites rapidement et que l'organisme n'a pas eu le temps de s'adapter à leur présence! Cette application de la
loi d'adaptation nous paraît ici incontestable. A coté des maladies latentes, signalons en passant les maladies que l'on a appelées larvées, parce qu'elles produisent
et tiennent sous leur dépendance des symptômes très-différents de ceux qu'elles
offrent habituellement. L'étude plus attentive des formes morbides auxquelles la
syphilis, l'herpétisme, la scrofule, l'intoxication paludéenne, etc., peuvent donner
naissance, aura pour effet, nous l'espérons, de faire disparaître cette catégorie de
maladies.

En opposition avec les maladies latentes se placent les maladies *apparentes* de
beaucoup les plus nombreuses. A l'étude de leur marche se rattache celle de
leur type, de leurs périodes, de leur durée.

Le *type* de la maladie (de τύπος forme, empreinte) est l'ordre suivant lequel
ses symptômes se succèdent, se reproduisent ou s'exaspèrent. Le type est continu,
intermittent ou rémittent.

Dans le type *continu* l'évolution morbide persiste d'une façon constante depuis
le commencement jusqu'à la fin, sans interruption bien marquée ; il ne nous
paraîtrait pas absolument exact d'ajouter comme on le fait souvent avec une
égale intensité. En effet, outre qu'il est évident que l'intensité des symptômes
ne saurait être la même au début et à la fin d'une maladie, la clinique démontre
tous les jours que, dans une évolution morbide, il existe habituellement des époques où les symptômes (fébriles notamment) augmentent, d'autres où ils diminuent d'intensité; que d'autre part sous l'influence de causes diverses, il peut
survenir, à plusieurs reprises, des redoublements dans cette intensité appelés
paroxysmes ou *exacerbations* suivies d'améliorations passagères ou *rémissions*.

Le type est dit *intermittent*, quand la maladie se reproduit à certaines époques,
laissant entre elles un intervalle de temps plus ou moins long pendant lequel la
santé est bonne en apparence du moins. Chaque reproduction de la maladie prend
le nom d'*attaque*. L'hystérie, l'épilepsie, la goutte, etc., présentent le type intermittent.

Quand la maladie se reproduit à des intervalles sensiblement réguliers, elle est
dite *périodique ;* chaque réapparition constitue un *accès ;* dans les fièvres périodiques, l'intervalle qui sépare chaque accès reçoit·le nom d'*apyrexie* ou *intermission*. Mentionnons, sans les décrire, les différentes variétés du type périodique :
type *quotidien, tierce, quarte* (avec leurs sous-variétés *double tierce* et *double
quarte, tierce* et *quarte doublée*), *quintane* et *sextane*. Quelquefois les accès bien
que périodiques n'offrent pas une régularité suffisante, ils sont dits alors : *erratiques* ou *atypiques*. Dans le type intermittent, chaque attaque paraît se produire
d'une façon indépendante de celle qui précède et de celle qui suit ; au contraire,
dans le type périodique, il existe entre les accès un rapport et une dépendance
réciproques.

Le type *rémittent* résulte de la combinaison des types continu et intermittent.
Une maladie est dite rémittente quand avec des symptômes continus elle présente
périodiquement ou à des intervalles connus d'avance des accès.

VI. Des périodes. L'évolution morbide peut présenter dans son cours des phases appelées *périodes*; à vrai dire, elles ne sont bien manifestes que dans certaines maladies aiguës. Les maladies suraiguës arrivent sans transition à leur summum d'intensité, tandis que nombre de maladies chroniques présentent tantôt une évolution lente, graduelle et insensible, tantôt une suite d'exacerbations et d'améliorations, qui, survenant sans ordre et sans liaison apparente, ne permettent pas de saisir des périodes réelles.

Aux trois périodes anciennes de *crudité*, de *coction* et de *crise* pendant lesquelles le produit morbide se développe, mûrit et est rejeté de l'organisme, ont été substituées des périodes dont quelques auteurs se sont ingénié à plaisir à multiplier le nombre. En en admettant jusqu'à huit, on a oublié que l'invasion et la fin ne font que marquer le moment où l'organisme devient malade et où il cesse de l'être; que vouloir distinguer entre le déclin et la terminaison, c'est tenter des distinctions subtiles et souvent impossibles; que la convalescence est l'état intermédiaire entre l'état de maladie et l'état de santé, et que par conséquent invasion, terminaison, fin, convalescence de la maladie ne méritent pas le nom de périodes de l'évolution morbide. Nous n'en reconnaîtrons donc que trois : période d'augment, période d'état, période de déclin.

La *période d'augment, d'accroissement* ou *de progrès* dure jusqu'à ce que les symptômes aient acquis tout leur développement. Elle commence par l'*invasion* ou le *début* de la maladie. Tantôt subite et nettement accusée, tantôt précédée de prodromes dans les maladies aiguës, l'invasion dans les maladies chroniques échappe le plus souvent à l'attention du malade, en raison du caractère insidieux de leurs premiers symptômes. Les phénomènes qui signalent l'invasion de la maladie sont quelquefois persistants et caractérisent celle-ci (rougeur, chaleur, tumeur, douleur de la peau dans l'érysipèle), mais le plus souvent ils cessent dès le premier jour et sont remplacés par d'autres manifestations morbides (frisson initial des inflammations aiguës, point de côté de la pneumonie). De l'augmentation rapide ou graduelle des symptômes caractéristiques de la maladie jusqu'à ce qu'ils aient atteint leur summum d'intensité, dépend la longueur de la période d'augment. Ne dépassant pas quelques jours dans certaines maladies aiguës, elle peut se prolonger pendant des mois dans les maladies chroniques.

Elle aboutit à la *période d'état* marquée par l'intensité à peu près permanente des principaux symptômes arrivés à leur apogée. Cette période dans les maladies aiguës est moins longue que la période d'augment; c'est dire qu'elle est fort courte, si courte que quelquefois elle manque presque complétement. Son apparition qui nous échappe dans la plupart des maladies chroniques, peut dans les maladies aiguës fébriles être rigoureusement déterminée par l'emploi méthodique du thermomètre. La période d'état qui commence quand les symptômes cessent de s'aggraver, se termine quand leur intensité diminue et est suivie par la période de *déclin*, de *decroissance* pendant laquelle l'évolution morbide entre dans la voie *regressive* qui devra conduire à la fin de la maladie. Dans les fièvres intermittentes les périodes ont reçu le nom spécial de *stades*.

L'expérience a confirmé ce que la physiologie eût pu faire prévoir : à savoir que si, pour les périodes comme pour la durée de l'évolution morbide, la nature et le siége de la maladie ont une influence prépondérante, l'organisme malade, représenté par son âge, son sexe, son tempérament, etc., exerce également sa part d'action.

VII. DE LA DURÉE. — On désigne par durée de la maladie l'espace de temps compris entre le début et la terminaison de l'évolution morbide. Le passage de l'état physiologique à l'état morbide se fait souvent d'une façon lente et progressive, il en résulte qu'il est souvent difficile pour ne pas dire impossible de déterminer d'une façon rigoureuse le commencement et la fin d'une évolution morbide, et que force est de s'en tenir aux approximations. Cette remarque a quelque importance dans la pratique quand le médecin a intérêt à être fixé sur la durée de la maladie, depuis son début jusqu'au moment où il est appelé à la combattre.

La durée des maladies varie extrêmement ; on les a divisées à ce point de vue en maladies aiguës et maladies chroniques, selon qu'elles ne dépassaient pas ou excédaient la durée de quarante jours.

Parmi les *maladies aiguës* ont été distinguées : les maladies *éphémères* qui ne durent qu'un ou tout au plus deux ou trois jours, et dont les manifestations sont peu intenses ; bon nombre d'entre elles ne sont probablement que des maladies *avortées*, c'est-à-dire arrêtées dans leur évolution (fièvres éphémères). Les *maladies suraiguës ou foudroyantes*, dont la durée est à peine de quelques jours, quelquefois seulement de quelques heures : l'intensité de leurs symptômes leur donne habituellement un caractère de très-grande gravité (hémorrhagies, péritonites, suite de perforations intestinales, etc.). Les maladies *subaiguës* dont la durée se prolonge jusque vers le quarantième jour et dont les symptômes sont de moindre gravité ; enfin les maladies à *évolution cyclique*, dues généralement à une cause spécifique, dont la durée fixe, déterminée par une succession régulière de phénomènes morbides nettement caractérisés, nous a été révélée par une observation attentive (fièvres éruptives, fièvre typhoïde, érysipèle, etc.).

Les maladies *chroniques* peuvent se prolonger pendant plusieurs années et avoir une durée illimitée ; on les appelle alors maladies *chroniques lentes*. Tantôt chroniques d'emblée, tantôt suite de maladies aiguës, elles ne présentent pas en général l'intensité des symptômes observés dans les maladies aiguës ; et cependant elles sont d'une gravité beaucoup plus grande et n'ont que rarement une terminaison favorable, ce qui nous explique les altérations organiques et les troubles fonctionnels souvent indélébiles auxquelles elles aboutissent trop souvent. Ces considérations ont montré que, pour différencier les maladies aiguës des maladies chroniques, on s'appuie non-seulement sur leur durée, mais encore sur l'intensité de leurs symptômes. Or, en se plaçant à ce double point de vue, on ne tarde pas à s'apercevoir qu'en face de la réalité vivante, la division en maladies aiguës et chroniques ne saurait toujours être maintenue d'une façon absolue : ainsi certaines névralgies rebelles essentiellement chroniques par leur durée, mériteraient cependant presque d'être rangées parmi les maladies aiguës, si l'on n'avait égard qu'à l'intensité des douleurs qu'elles entraînent avec elles. D'autre part, une même maladie (rhumatisme articulaire) peut revêtir le caractère aigu, subaigu ou chronique, et enfin dans bon nombre de maladies chroniques on voit, chez la même personne, l'évolution morbide repasser par intervalles et plus ou moins fréquemment à l'état aigu ou subaigu (bronchite, blennorrhagie, arthrite, etc.), sans parler des accidents ou des complications à forme aiguë, qui peuvent venir se greffer sur une maladie chronique et en augmenter rapidement la gravité.

La durée de certaines maladies est prédéterminée par leur nature même : les fièvres éruptives sont des maladies aiguës ; les cancers, des maladies chroniques. Pour le plus grand nombre, la durée de l'évolution morbide dépend de l'organisme sur lequel elle se produit, de son âge, de son sexe, de son tempérament, de son état de santé antérieur, etc. ; autant de facteurs qui constituent l'individualité propre et spéciale de l'organisme et modifient, abrègent ou prolongent la durée de l'évolution morbide dont il est le siége. Remarquons encore que, pour plusieurs maladies, les récidives ont une plus longue durée que ne l'avait eu la première atteinte (ophthalmie, blennorrhagie), ce qu'on pourrait expliquer par les lésions anatomiques persistantes, quoique légères, que celle-ci a déjà entraînées, tandis qu'on a voulu noter le contraire pour d'autres maladies (variole, varioloïde). Ajoutons enfin que la durée de la maladie est notablement influencée par tous les modificateurs de l'organisme et par conséquent aussi par le traitement auquel on soumet celui-ci.

VIII. TERMINAISON. Les maladies peuvent se terminer par la guérison, par la métastase, par la production d'une anomalie persistante à laquelle l'économie peut s'habituer, par la mort.

1° *Guérison.* La terminaison par la guérison est réalisée quand les fonctions et les organes sont revenus à leur état normal. La guérison peut être *spontanée* ou obtenue par l'intervention de l'art. Les modes de guérison diffèrent d'après la nature des maladies. Dans quelques maladies constituées par un symptôme unique, les névralgies par exemple, la guérison peut être instantanée, ou du moins survenir dans un temps très-court. Le plus ordinairement, les symptômes perdent graduellement de leur intensité, s'affaiblissent et disparaissent peu à peu, de façon à établir une transition plus ou moins sensible entre la maladie et la santé. Dans les maladies aiguës, ce passage s'établit très-souvent avec assez de rapidité ; les symptômes généraux et fonctionnels d'abord, puis les symptômes locaux, diminuent en peu de temps d'intensité. Dans les maladies chroniques, au contraire, la guérison ne s'obtient que d'une façon lente et graduelle. Dans les maladies intermittentes, les accès ou les attaques diminuent de fréquence, d'intensité, de longueur, et finissent par ne plus se produire. Les modifications de structure, survenues dans les tissus des organes, siége de l'évolution morbide, peuvent ou bien disparaître peu à peu par *résolution*, ou bien tout à coup par *délitescence*. Ce phénomène, assez rare, que l'on observe parfois pour l'érysipèle, certaines dermatoses, etc., doit faire craindre le développement d'une maladie des organes internes.

Quelquefois les maladies présentent dans leur cours un changement notable qui paraît influencer d'une manière très-directe leur marche et hâter leur terminaison. Ce changement est le plus souvent constitué par l'apparition d'un symptôme nouveau ou l'exagération d'un symptôme déjà observé, et est suivi le plus ordinairement d'une modification favorable et d'une terminaison heureuse et prochaine de l'évolution morbide. On a donné le nom de *crise* à cette modification de la maladie, de *phénomènes* et de *jours critiques* aux symptômes qui la constituent et aux jours auxquels ils surviennent. Les crises et les phénomènes critiques, auxquels les anciens attachaient une si grande importance, ont repris aujourd'hui une certaine valeur depuis l'emploi clinique du thermomètre et les analyses chimiques des urines (*Voy.* le mot CRISE).

Entre la maladie et la santé se place un état intermédiaire dans lequel les phénomènes morbides ayant disparu, les fonctions reprennent peu à peu leur activité régulière : c'est la *convalescence*. La longueur de la convalescence dépend de la longueur de l'évolution morbide elle-même et du nombre, de l'étendue et de la gravité des troubles organiques ou fonctionnels qu'elle a déterminés.

2° *Métastase.* La maladie peut se terminer en se transformant en une autre maladie ; ce changement a reçu le nom de *métastase*. Sous ce nom, il faut le dire, les anciens désignaient une foule de phénomènes morbides dont ils ne comprenaient pas l'apparition, et que nous pouvons expliquer aujourd'hui par le fait du transport physique de certains produits morbides (embolies, globules de pus, etc.) loin de leur point d'origine. D'où il résulte que bon nombre des notions qui de par les doctrines anciennes auraient dù trouver leur place ici se trouvent indiquées au chapitre qui traite de la propagation des maladies. Pour qu'une métastase réelle existe, il faut que la première maladie ait entièrement disparu et se soit complètement efíacée devant la nouvelle. Citons, comme exemple de métastase, la production rapide d'une maladie de même nature que celle qu'elle remplace dans un tissu analogue à celui qui était afíecté : catarrhe bronchique s'effaçant devant un catarrhe vésical ; eczéma de la jambe remplacé par un eczéma de la face, etc.

3° La maladie peut se terminer par des *altérations persistantes*, indélébilus, qui seront un obstacle au retour intégral à l'état de santé antérieur à la maladie, mais qui cependant ne sont pas incompatibles avec un état de santé relative, en raison de l'adaptation de l'organisme aux nouvelles conditions intrinsèques qui lui sont imposées. La perte d'un membre à la suite de gangrène ; l'existence d'une cicatrice à la suite d'une plaie qui, après avoir suppuré, s'est cicatrisée, sont compatibles avec un état relatif de santé, de même que la perte ou l'altération plus ou moins étendue d'un organe pair peut, dans une certaine mesure, être compensée par l'activité fonctionnelle supplémentaire de l'autre organe resté sain.

4° La maladie peut se terminer par la *mort* du sujet. Elle survient par des mécanismes divers et d'une manière très-différente. L'action de la foudre, une syncope peut entraîner la mort d'une manière instantanée, *subite*. La rupture du cœur ou d'un gros vaisseau, certaines hémorrhagies cérébrales considérables, déterminent la mort d'une manière encore très-rapide. Dans les maladies aiguës, l'approche de la mort n'est le plus souvent annoncée que par une aggravation dans les symptômes. Dans les maladies chroniques, à moins qu'un accident imprévu, une syncope, par exemple, ne vienne brusquement terminer les jours du malade, on voit le plus ordinairement la mort être précédée par l'apparition de quelques phénomènes particuliers dont l'ensemble constitue l'*agonie*. Affaiblissement graduel des mouvements, de l'intelligence, de la sensibilité; altération profonde des traits de la face; sueur froide et visqueuse; difficulté respiratoire de plus en plus grande, notamment pour l'inspiration; râle trachéal; faiblesse, fréquence, irrégularités du pouls : tels en sont les principaux caractères. La durée de l'agonie varie de une à trente-six et même quarante-huit heures. Quant à son mécanisme, la mort, ainsi que l'a démontré Bichat, est toujours le résultat d'un obstacle à l'exercice d'une des fonctions indispensables à la continuation de la vie. Or, celle-ci n'étant possible que si le cœur, les poumons et le cerveau agissent, et ces trois organes exerçant entre eux une influence réciproque, il en résulte que la cessation d'action de l'un d'eux entraîne fatalement la mort.

IX. DIAGNOSTIC. Reconnaître l'existence d'une maladie, la distinguer des autres maladies, c'est en établir le *diagnostic* (διάγνωσις, discernement, διά, entre, parmi, γινώσκω, je connais). Les deux termes de cette définition impliquent l'existence de deux opérations différentes et successives de l'esprit. En effet, tout d'abord le médecin doit reconnaître et grouper les signes positifs qui caractérisent la maladie, il en pose ainsi le diagnostic *simple* ou *spécial;* puis il doit, et cela surtout quand il peut rester des doutes dans son esprit, rechercher les signes qui séparent une maladie donnée de toutes les autres avec lesquelles elle offre quelque ressemblance : ce qui constitue le diagnostic *comparatif* ou *différentiel.*

Le diagnostic spécial *complet* d'une maladie n'est établi que quand sont réso-
lues de nombreuses questions qu'il importe de signaler rapidement. Ce diagnostic
complet comprend : 1° le diagnostic *anatomique*, lequel porte: *a.* sur l'organe
malade et le genre de lésion dont il est affecté : diagnostic *anominal; b.* sur la
partie de l'organe qui est le siége de l'évolution morbide, sur l'étendue de celle-ci,
sur ses limites : diagnostic *local* ou *topographique; c.* sur la forme anatomique
spéciale de l'évolution morbide : diagnostic *anatomo-pathologique;* 2° le diagnostic *étiologique*, qui consiste à déterminer la cause sous l'influence de laquelle
l'évolution morbide s'est produite, d'où il sera souvent possible de déduire la
nature spéciale de celle-ci ; 3° le diagnostic de l'intensité et du degré d'activité de
l'évolution morbide ; 4° le diagnostic de la période à laquelle elle est arrivée ;
5° le diagnostic *dynamique* qui s'occupe de déterminer le caractère symptomatique général de la maladie ; 6° le diagnostic des *complications* qui, en présence de
plusieurs évolutions morbides sur le même organisme, recherche s'il existe entre
elles un rapport pathogénique de cause à effet, ou si, au contraire, ce ne sont
que des maladies *concomitantes* indépendantes entre elles, développées par l'effet
d'une simple coïncidence. La solution de *toutes* ces questions n'est pas rigoureusement indispensable pour établir le diagnostic complet de *chaque* maladie : au
médecin d'apprécier quelles sont celles que, dans chaque cas spécial, il est surtout nécessaire d'élucider.

Les *éléments* du diagnostic se trouvent dans : les *causes* qui ont pour résultat
le développement de la maladie ; les *symptômes* objectifs et subjectifs qu'elles
présentent ; son *mode d'invasion*, sa *marche*, sa *durée ;* les effets produits par les
agents thérapeutiques antérieurement employés. Il s'en faut de beaucoup que
tous ces éléments aient une même valeur ; celle dont jouissent les symptômes
objectifs que le médecin peut reconnaître et apprécier par lui-même est le plus
souvent prépondérante. Les éléments du diagnostic s'obtiennent par l'interroga-
toire du malade ou des assistants, et par l'application méthodique des procédés
cliniques d'investigation. Le diagnostic d'une maladie influe d'une manière directe
sur son pronostic.

IX. Pronostic. Le pronostic (de προγινώσκω, je connais d'avance) est un jugement anticipé sur tout ce qui doit ou peut arriver pendant le cours d'une maladie ou
à sa suite. Il porte sur les principaux symptômes que peut présenter l'évolution
morbide, sur les complications que l'on peut redouter, sur la durée de la maladie,
sur sa terminaison heureuse ou funeste, enfin sur les modifications qu'elle peut,
après un temps plus ou moins long, imprimer à l'état habituel de l'organisme.
Comme pour le diagnostic, les bases du pronostic, c'est-à-dire les *signes pronos-
tiques* de l'évolution morbide, sont fournies par ses causes, son mode d'invasion,
ses symptômes, sa marche, sa nature, son intensité, les complications qu'elle
peut présenter, et aussi par les modifications que lui impriment les moyens thérapeutiques employées pour la combattre.

X. Des éléments de la maladie. Parmi les nombreuses et importantes questions qu'a soulevées l'étude de la maladie en général, il en est peu qui aient été
autant agitées que celle des éléments constitutifs de la maladie. Cette préoccupation
était légitime : en présence de l'infinie variété des manifestations de l'évolution
morbide, de ses causes, de ses rapports avec d'autres maladies, les esprits à tendance synthétique devraient se demander s'il n'était pas possible de ramener les
maladies à un petit nombre d'éléments.

Aussi trouvons-nous déjà dans Gallen la trace de cette pensée, dans Galien,

quand il proclame la nécessité de déterminer à combien de types on péut ramener « les maladies générales primaires et simples qui sont comme les éléments des
autres. » Depuis lors la question ainsi posée a reçu de nombreuses solutions, chacune d'elles variant selon l'idée que chaque chef d'école se faisait de la maladie
elle-même.

Galien révèle son génie pratique, quand il affirme la rareté des maladies *simples*, comparée à la fréquence incomparable des maladies *composées*, et qu'il
reconnaît qu'une maladie engendre la maladie, un phénomène morbide un second, celui-ci un troisième et ainsi de suite. Il n'erre que quand il veut trouver les
éléments simples de toutes les maladies générales ou locales dans les altérations
quantitatives ou qualitatives d'une des quatre humeurs : sang, bile, atrabile ou
pituite qui, douées des qualités particulières de chaleur, de sécheresse, d'humidité, de froid, devaient produire quatre maladies simples : chaudes, sèches, humides et froides. Cette division dichotomique se retrouve dans ce que la plupart
des doctrines médicales ont formulé sur les éléments. Pour beaucoup d'entre
elles les éléments de la maladie doivent être recherchés dans le strictum et le
laxum de la fibre solide vivante, ce qui correspond au spasme de Hoffmann, à
l'excitabilité de Cullen, à la sthénie et à l'asthénie de Brown, à l'irritation de
Broussais. Pour tous la maladie est primitivement générale et procède de deux
éléments simples et primitifs : l'excitation ou la faiblesse. La même tendance se
manifeste dans l'ancienne école iatro-chimique qui veut trouver les éléments
morbides primitifs dans l'acidité ou l'alcalinité des humeurs.

Cependant une observation plus impartiale de la nature vint révéler ce que ces
doctrines renfermaient d'idées fausses et étroites, et fit admettre un nombre
d'éléments de la maladie de plus en plus considérable. Stoll n'ayant en vue que
des états morbides généraux capables d'influencer les maladies locales, distingue
les éléments inflammatoire, bilieux, putride et mixte; Selle, le pituiteux, le ver-
mineux, le laiteux, le nerveux, le périodique, le rachitique, l'arthritique, le scrofuleux, le vénéneux, l'organique. Ici nous voyons pour la première fois admettre
comme éléments morbides, des maladies soit locales (entozoaires), soit générales
(scrofule, goutte), soit des causes spécifiques (poison, miasme).

Avec Barthez, qui veut qu'on admette autant d'éléments qu'il y a d'actes dans
les maladies, et Bérard qui reconnaît comme éléments : douleur, spasme, pléthore,
fluxion, inflammation, éréthisme nerveux, fièvre, faiblesse, malignité, état bilieux,
putride, pituiteux, rhumatismal, goutteux, scrofuleux, cancéreux, périodique,
infection virulente, empoisonnement, les éléments, nous venons de le prouver,
ne font qu'augmenter.

Entrant dans la même voie, Monneret admet des éléments prochains consistant
dans : 1° un trouble des propriétés vitales : irritabilité, contractilité, sensibilité,
troubles intellectuels; 2° altérations du sang ; 3° lésions simultanées des liquides
et des solides; 4° altérations locales communes à tous les solides : lésions de
calorification, circulation, sécrétion, nutrition, formation d'un produit morbide
homologue ou hétérologue.

Enfin, Forget donne une extension marquée à la signification du mot élément,
qu'il définit : tout phénomène appréciable entrant dans la composition d'une
maladie. Comme conséquence, il admet comme éléments de la maladie, outre les
symptômes qu'il reconnaît comme les plus importants et les plus nombreux, les
causes, la marche, la durée, les terminaisons et les résultats thérapeutiques.

Cette revue rapide des phases par lesquelles a passé depuis des siècles la doctrine des éléments, nous montre que la vérité s'est épurée à l'épreuve du temps et de l'expérience basée sur l'observation. Si quelques auteurs ont trop multiplié le nombre des éléments, nul doute que ceux-ci ne soient nombreux et divers. Comme Galien déjà l'avait reconnu, bien rarement un élément unique constitue toute la maladie, et la maladie peut être appelée *simple*; presque toujours elle est *composée*, c'est-à-dire le résultat de la *combinaison* de plusieurs éléments primitifs.

Avant de proposer une classification des éléments, insistons sur le sens que nous attachons à ce mot : il découle de notre définition de la maladie, que nous considérons comme une évolution organique déviée du type physiologique.

Pour nous, nous reconnaissons comme éléments *toutes les anomalies irré-ductibles qui font partie intégrante d'une évolution morbide et concourent à sa constitution par leur enchaînement étiologique avec d'autres éléments.* Par *irré-ductibilité* nous entendons que l'élément doit être indécomposable en un autre ou en plusieurs autres actes morbides.

Restant fidèle à la pensée qui a dicté notre définition, nous comparons volontiers ce qui survient dans la maladie à ce qui se passe normalement dans une fonction organique; pour que la fonction puisse s'accomplir, il faut, dans les tissus et les organes d'un appareil, la réunion d'un certain nombre de conditions physico-chimiques, anatomiques et biologiques. De même dans le cours d'une évolution morbide, nous rencontrons en nombre considérable des conditions physico-chimiques, anatomiques et fonctionnelles, mais toutes anor-males, c'est-à-dire déviées à des degrés divers de leur type physiologique, toutes aussi réagissant les unes sur les autres, par conséquent reliées entre elles par un rapport étiologique. Toutes ces conditions anormales sont des éléments de la maladie. Ils la constituent par leur réunion et leur combinaison.

Ces considérations ont pu faire pressentir la division que nous proposons d'établir parmi les éléments morbides, c'est-à-dire les anomalies constitutives de la maladie. Il peut exister 1° des anomalies *physico-chimiques* qui sans doute ne constituent *jamais à elles seules* une évolution, un processus morbide, mais qui en sont souvent le *point de départ* et l'élément générateur. C'est ainsi qu'après une fracture osseuse (élément physique) surviennent la douleur, l'immobilité du membre (anomalie fonctionnelle), l'ecchymose, l'épanchement sanguin, le travail de réparation de l'os (évolution cellulaire), qui a pour résultat la constitution du cal provisoire, puis définitif. Après une luxation non réduite survient la formation d'une nouvelle cavité articulaire, l'impossibilité de certains mouvements, l'atro-phie partielle du membre; d'autres fois un élément physico chimique intervient dans le *cours* d'une maladie : n'est-ce pas parmi les éléments de ce genre que doit se placer l'oblitération d'un vaisseau qui aura pour résultat un autre élé-ment également physique, augmentation de pression en arrière du point oblitéré, à moins qu'une circulation collatérale ne permette le rétablissement de l'équi-libre.

D'autres fois encore l'élément physico-chimique apparaît comme le *résultat final* de l'évolution morbide. Le rachitisme, l'ostéomalacie, ont pour résultat des fractures ou des déformations multiples du squelette. Citons encore parmi les éléments physico-chimiques, les anomalies produites par les caustiques de tout genre, par la congélation, les altérations des globules sanguins déterminées par certains gaz (oxyde de carbone, acide carbonique), et les altérations du sang par la diminution relative de certains éléments (albumine); par la présence de principes excrémentitiels (urée, bile), ou de principes qui normalement doivent disparaître par le fonctionnement des organes (sucre).

2° Des *éléments parasitaires.* Ici encore se présente une classe d'éléments qui ne constituent jamais à eux seuls la maladie : mais qui en font *partie intégrante ;* car sans le parasite pas de maladie. Eux aussi peuvent être l'élément initial de la maladie (gale, trichine, etc.), mais aussi apparaître dans le cours d'une maladie : obéissant ainsi à cette loi générale à laquelle sont soumis tous les organismes animaux et végétaux, et d'après laquelle les parasites se développent de préférence sur des organismes faibles, ou affaiblis par des maladies antérieures : *oïdium albicans* du muguet, achorion du favus; mousses, champignons, sur les végétaux, etc.

Quelle que soit leur importance, les éléments physico-chimiques et parasitaires n'ont cependant dans la maladie qu'un rôle *secondaire,* primé et de beaucoup par celui des éléments principaux qui sont constitués par :

3° Des *anomalies de la vie végétative des cellules.* Les remarquables travaux de Virchow ont démontré que ces anomalies constituent la classe la plus nombreuse des éléments de la maladie. En effet, si très souvent ces anomalies nous apparaissent comme l'élément initial de l'évolution morbide, elles en sont aussi, dans un certain nombre de cas, le résultat final (*atrophies,* diminution du nombre des globules rouges du sang, *anémie*). Tantôt les cellules prolifèrent d'une manière exagérée, soit quant à leur volume (*hypertrophie*), soit quant à leur nombre (*hyperplasie*). Tantôt un certain genre de cellules se produisent dans un point de l'économie où elles ne doivent pas exister normalement (*hétérotopie*), ou à une époque de la vie où on ne les rencontre pas habituellement (*hétérochronie*). Ces anomalies de la vie végétative des cellules donnent lieu aux différents genres de *tumeurs,* à des *néoplasies* qui sont dites *homologues* ou homoplastiques (*Lobstein*), quand elles naissent dans des tissus qui leur ressemblent, *hétérologues,* quand elles diffèrent du type de la partie où elles prennent naissance. Tantôt les cellules et leurs noyaux se segmentant par fissiparité augmentent en nombre, par conséquent se ramollissent et donnent lieu à la *suppuration ;* tantôt les mêmes cellules (tissu conjonctif), bien que proliférant d'une façon exagérée, ne parcourent pas toutes leurs phases d'évolution, n'arrivent pas à leur dernier terme, et produisent l'*induration.* D'autres fois elles tombent en déliquium par suite d'infiltration graisseuse transitoire, et peuvent être résorbées; d'autres fois les cellules entrent dans une phase d'évolution régressive et subissent la *métamorphose* ou *dégénérescence* graisseuse. Par ces deux processus elles peuvent conduire à l'*atrophie,* qui peut consister dans une diminution de volume de la partie, ou bien dans une simple substitution de cellules graisseuses aux cellules y existant normalement. Enfin les cellules peuvent se modifier dans leurs formes, s'allonger par leurs extrémités, devenir fusiformes et donner naissance à la formation de fibres qui, elles-mêmes peuvent, soit par l'imprégnation de sels de chaux présenter la dégénérescence calcaire, soit subir une véritable ossification.

Rattachons aux anomalies de la vie végétative des cellules, les altérations qui, d'après les travaux récents de Conheim peuvent survenir dans le protoplasme au milieu duquel elles peuvent se produire.

Nous n'avons pu ici passer en revue *toutes* les anomalies si variées de la vie végétative, soit dans les cellules préexistantes, soit dans le protoplasma qui leur donne naissance. Ce que nous avons dit suffira, nous l'espérons, pour faire apprécier à leur juste valeur le rôle important et varié qu'elles jouent en tant qu'éléments de la maladie. Un grand nombre d'entre elles ont pour résultat final :

4° Des *anomalies de structure des solides*. C'est ainsi qu'une endocardite valvulaire pourra, par suite de la prolifération de l'épithélium qui tapisse la face interne du cœur, aboutir à un rétrécissement ou à une insuffisance d'un des orifices du cœur, ou qu'une suppuration ayant eu pour résultat la formation d'une bride cicatricielle à la hauteur d'une articulation, déterminera une fausse ankylose angulaire des os qui la constituent; c'est encore ainsi qu'une ulcération pourra déterminer la communication anormale de deux cavités voisines.

Ces anomalies de structure, la plupart du temps persistantes, ou tout au moins d'une durée longue, ne sont jamais des éléments survenant spontanément ; ils sont toujours, dans le cours de l'évolution morbide, consécutifs, soit à des anomalies cellulaires, nous venons de le montrer, soit à des anomalies physico-chimiques, soit, mais plus rarement, à des éléments parasitaires.

5° Des *anomalies fonctionnelles dans les appareils organiques*. A la rigueur nous pourrions, en grande partie du moins, presque rattacher toutes ces anomalies au système nerveux : c'est en effet par son intermédiaire (système nerveux cérébro-spinal et grand sympathique) que ces anomalies fonctionnelles se manifestent, quel que soit d'ailleurs l'appareil siége de l'évolution morbide. Remarquons ici qu'en vertu de la loi de l'unité de l'être, et spécialement en vertu de la connexion qui réunit entre elles toutes les parties du système nerveux, des anomalies fonctionnelles surviennent très-souvent dans des appareils autres que ceux ou celui qui sont primitivement malades. Signalons parmi les éléments de ce genre les anomalies primitives des facultés psychiques, le délire, le coma, le spasme, la paralysie, l'hyperesthésie, l'anesthésie, la douleur, l'ataxie, la sympathie, etc.

Rattachons aux anomalies fonctionnelles la *fièvre* que nous pouvons considérer comme *un* élément, bien qu'à vrai dire elle se compose d'éléments multiples : éléments physico-chimiques, anomalies de la vie végétative des cellules, anomalies fonctionnelles ; ce que les anciens avaient déjà reconnu en rangeant la fièvre parmi les *syndromes*.

Après avoir exposé les différents éléments constitutifs de la maladie, il nous reste à parler de l'enchaînement qui les relie. Il n'a rien d'arbitraire. Ces éléments, en effet, s'engendrent l'un l'autre, sont par conséquent reliés l'un à l'autre par un rapport nécessaire de cause à effet; souvent il arrive que plusieurs éléments peuvent se rapporter à un seul élément, et réciproquement ; que plusieurs éléments morbides concourent simultanément et synergiquement à la production d'un seul élément unique. En dehors de cet énoncé très-général, il serait peut-être difficile de rien fixer d'absolu quant à la succession chronologique des éléments entre eux.

Ce rapport nécessaire et prédéterminé entre les éléments, repose sur la loi de l'unité de l'être vivant et sur la loi de dépendance et de concordance qui existe entre tous les éléments constitutifs, tissus, humeurs, organes, appareils et fonctions. Toutefois, si un élément étant donné n'a pas toujours pour conséquence forcée un autre élément, cela tient à l'intervention d'autres lois auxquelles est soumis l'organisme, nous voulons dire la loi de l'individualité organique, de la dépendance du milieu et de l'adaptation.

Cependant rappelons ce fait que déjà, chemin faisant, en nous occupant des divers ordres d'éléments morbides, nous avons fait ressortir par des exemples, à savoir que si tantôt l'évolution morbide débute par un élément consistant dans une anomalie de la vie végétative des cellules, tantôt par un élément physico-chimique ou parasitaire, tantôt enfin, mais beaucoup plus rarement, par un élément purement fonctionnel, l'anomalie de structure n'est le plus souvent que l'élément terminal auquel aboutit l'évolution morbide. Établissons, d'autre part, que les différents ordres d'éléments morbides se combinent entre eux sans que jamais, on peut l'affirmer, la filiation s'établisse nécessairement entre des éléments de même ordre. Supposons, par exemple, une plaie (élément physique) de la paupière inférieure, il s'établit une suppuration (élément cellulaire) qui aboutit à une cicatrice (anomalie de structure). Mais cette cicatrice, en vertu de ses propriétés rétractiles, produit un ectropion (élément physique) qui a pour résultat de l'épiphora et de la photophobie (anomalies fonctionnelles) et bientôt après une inflammation de la conjonctive qui pourra devenir ulcéreuse (élément cellulaire) et aura pour résultat terminal la formation d'une opacité de la cornée (anomalie de structure), d'où la cécité (anomalie fonctionnelle).

XI. Du traitement. On appelle *thérapeutique* cette partie de la pathologie qui consiste à étudier les divers moyens propres à amener la terminaison partielle d'une évolution morbide, ou à en modifier favorablement et en faire disparaître quelques symptômes. Cette extension de la définition est légitimée par l'impossibilité reconnue de guérir un grand nombre de maladies, en présence desquelles cependant la thérapeutique ne doit pas rester inactive. La thérapeutique comprend : 1° l'étude des propriétés physiques, chimiques et physiologiques des moyens employés pour agir sur la maladie ; elle embrasse donc non-seulement la *matière médicale*, mais encore l'étude d'un certain nombre d'agents thérapeutiques, tels que l'électricité, la gymnastique, etc., dont l'usage devient de jour en jour plus fréquent ; 2° la *thérapeutique proprement dite*, qui étudie le rapport plus ou moins saisissable existant entre l'action du moyen employé et la maladie contre laquelle il est dirigé.

Appliquer les données de la thérapeutique à une évolution morbide constatée sur un organisme donné, dans le but d'en obtenir la terminaison, d'en diminuer les symptômes, la durée ou l'intensité, c'est en instituer le *traitement*. Établir un traitement efficace, tel est le but final vers lequel doivent converger toutes les sciences médicales. Physique, chimie, botanique et zoologie, anatomie et physiologie normale et pathologique, pathologie et clinique, recherches étiologiques, détermination du diagnostic de l'organisme malade et de l'évolution morbide sous toutes ses faces et à tous ses points de vue, appréciation du pronostic, ne sont que les éléments fournis par la science et l'art médical sur lesquels le médecin pourra et devra légitimement baser le traitement. En face d'une maladie quelconque, le médecin, une fois fixé sur sa nature, son siège et sur toutes les particularités se rapportant au malade et aux circonstances dans lesquelles il s'est trouvé ou se trouve encore, doit se demander quels sont les moyens *indiqués* pour faire cesser la maladie, en diminuer la durée ou l'intensité ; en d'autres termes, il doit chercher à *saisir les indications*. Aussi Barthez a-t-il avec raison défini la thérapeutique la *science des indications*, et le traitement n'est-il que l'ensemble des moyens mis en œuvre pour les remplir.

L'*indication fondamentale, principale, essentielle*, c'est-à-dire celle qui consiste à combattre les manifestations morbides les plus pénibles ou pouvant compromettre le plus immédiatement la vie des malades, est évidemment celle que le médecin remplira d'urgence et en premier lieu. (Arrêter une hémorrhagie persistante, faire cesser une suffocation imminente, calmer une douleur intolérable, etc.) Il parera ensuite aux indications *secondaires* ou *accessoires*. L'ordre dans lequel les diverses indications seront successivement ou simultanément remplies sera déterminé par le *plan* ou la *méthode de traitement* que le médecin aura préféré. Il obéit à chaque indication spéciale par le choix d'une médication, d'un remède, ou d'une opération. Dans chaque *médication*, c'est-à-dire dans chaque classe de médicaments jouissant de *propriétés pharmaco-dynamiques* sensiblement analogues ; dans chaque catégorie d'*agents thérapeutiques*, il choisit celui qui lui paraît le plus propre à produire l'*effet thérapeutique* qu'il veut obtenir ; mais, avant d'y avoir recours, il en pèse aussi avec soin les *contre-indications*, c'est-à-dire les circonstances qui, dans le cas spécial, pourraient en rendre l'emploi inutile, nuisible ou même dangereux. S'agit-il d'un effet thérapeutique à obtenir par une opération chirurgicale, le médecin, parmi les *méthodes* et les *procédés* que lui fournit la *médecine opératoire*, aura recours à celui qui sera le plus sûr, le plus prompt et qui donnera les meilleurs résultats définitifs. Tout ce qui sert à remplir une indication est un remède, mais non toujours un médicament. Si tous les médicaments sont des remèdes, tons les remèdes (opérations, électricité, eau, etc.) ne sont pas des médicaments.

En présence de toute maladie, il y a une indication à saisir et à remplir ; serait-ce l'*expectation* pure et simple ?

Pratiquer l'expectation, c'est s'abstenir volontairement et d'une manière raisonnée, en face d'une maladie que l'on prévoit devoir évoluer et se terminer favorablement sans un traitement actif ; quitte à intervenir, dès que le rendrait nécessaire un symptôme, un accident, une complication, dont, malgré une surveillance attentive, on n'aurait pu prévoir l'apparition. L'étude et la connaissance plus exactes des causes, de la nature et des périodes de certaines maladies ; l'existence de certaines conditions individuelles ; les résultats statistiques fournis par l'expérience ou l'expérimentation, rendent, dans bon nombre de cas, l'expectation légitime.

C'est surtout quand il s'agit d'instituer le traitement d'une maladie, et de répondre aux indications thérapeutiques qu'elle peut présenter, qu'apparaît l'utilité de la doctrine des éléments de la maladie telle que nous l'avons envisagée. En effet, chaque médicament, remède ou agent thérapeutique, s'adresse plus spécialement à l'un de ces éléments ; en le modifiant, elle modifie la maladie. C'est celui d'entre eux qui s'oppose le plus directement à une terminaison favorable de la maladie qu'il importe le plus de combattre. Si, par exemple, dans une pneumonie, c'est la fièvre ou le délire qui domine les autres symptômes, c'est aux agents antipyrétiques ou aux opiacés qu'il faudra recourir. Sont-ce, au contraire, des mucosités accumulées dans les bronches ou l'inflammation pulmonaire qui, par son intensité ou son étendue, menacent de faire périr le malade par asphyxie, les expectorants ou les émissions sanguines qui seront indiqués. Mais, faisons-le remarquer, il n'existe pas de rapport nécessaire entre le genre des agents thérapeutiques et l'ordre des éléments morbides contre lesquels ils sont dirigés ; de telle sorte que des agents thérapeutiques d'un certain ordre peuvent être employés pour combattre des éléments morbides d'un ordre tout différent ; des caustiques, agents chimiques, sont employés pour agir sur des tumeurs, résultat d'anomalies de la vie végétative des cellules.

D'autre part, il peut arriver qu'un même élément morbide puisse être combattu avec succès par plusieurs agents thérapeutiques d'ordre très-différent, et agissant, les uns d'une façon *directe* sur l'élément lui-même, les autres d'une manière *très-indirecte* sur d'autres organes de l'économie qui ne sont nullement affectés, action que nous pouvons rapporter aux lois de l'unité de l'être et de la dépendance et concordance qui relie tous les éléments constitutifs de l'organisme. C'est ainsi que le liquide d'une ascite ou d'un épanchement pleurétique (élément physique) peut être, soit directement, éliminé par une ponction abdominale ou thoracique, c'est-à-dire par un agent thérapeutique physique ; mais ce même liquide peut aussi indirectement être éliminé par l'effet de médicaments qui, agissant sur la vie végétative des cellules du rein, déterminent une diurrhèse très-abondante (anomalie fonctionnelle) qui, par son effet sur la composition du sang, aura pour résultat final la résorption du liquide épanché dans la cavité pleurale. C'est grâce à cette possibilité d'atteindre, par voie détournée et souvent lointaine et compliquée, certains éléments de la maladie, que nous pouvons agir efficacement sur des évolutions morbides, en face desquelles, sans cette ressource, nous serions condamnés à l'impuissance.

On peut affirmer que l'expectation est presque toujours légitime, quand le praticien n'a devant lui qu'une de ces maladies légères et courtes qu'il prévoit devoir guérir spontanément. Elle n'est plus permise quand, plein d'une confiance exagérée dans la puissance et l'efficacité de la *force médicatrice et conservatrice de la nature*, il abandonne à celle-ci le soin de mener à bien des évolutions morbides où il pourrait intervenir avec efficacité. Sans doute c'est dans la nature même de l'organisme en général et de chaque appareil et organe en particulier qu'il faut chercher les principes de toute guérison ; sans doute l'art, basé sur la science médicale, n'a d'autre but que de favoriser, d'imiter et de provoquer les opérations curatives naturelles ; mais encore faut-il le faire, c'est-à-dire favoriser l'expectoration des mucosités accumulées dans les voies respiratoires d'un vieillard affaibli, donner issue au pus qui fuse sous une aponévrose résistante, solliciter la sécrétion urinaire ou alvine chez le malade menacé d'urémie, etc. Faute d'agir ainsi, il s'exposerait à de terribles mécomptes, celui qui, admettant que la plupart des maladies sont susceptibles de guérir sans traitement actif et par la seule influence de la nature, ne ferait rien ou à peu près pour les combattre.

Après ces considérations générales sur le traitement, établissons rapidement les *divisions* établies sur les *divers genres de traitement* et le *but* que le médecin a en vue quand il les emploie.

Le traitement est *général*, quand il s'adresse à des appareils organiques généraux, c'est-à-dire répandus dans tout l'organisme (sang, appareil circulatoire et nerveux, systèmes glandulaires, etc.). Il est *local* ou *topique*, quand l'évolution morbide qu'il s'agit de combattre est peu étendue ou fixée sur un organe limité. Au point des connaissances doctrinales qui, dans l'esprit du médecin, président à l'établissement du traitement, on l'appelle *rationnel*, quand, partant de nos connaissances anatomico-physiologiques et pathologiques, nous pouvons établir un lien suffisamment précis, un rapport d'effet à cause, entre la lésion à combattre et l'effet thérapeutique du remède employé ; en opposition avec le traitement *empirique*, où l'effet thérapeutique du médicament dans telle maladie ne nous est connu qu'*à posteriori* par suite d'expérience antérieure, sans que, dans l'état actuel de la science, il nous soit absolument possible de l'expliquer suffisamment. Parmi les traitements empiriques, figurent les traitements *spécifiques*, où nous voyons un médicament spécial exercer contre une maladie déterminée une même action favorable, presque toujours constante ; malgré tous les efforts et les espérances presque toujours déçues des expérimentateurs, le nombre des trâitements par les *médicaments spécifiques* reste encore assez restreint (quinquina et ses dérivés, contre les maladies à type intermittent ; mercure, contre la syphilis ; iode, contre la scrofule ; anthelminthiques, etc.).

Quant aux moyens et agents thérapeutiques qu'il emploie, le traitement est *hygiénique* ou *diététique*. Ce mode de traitement, dont l'influence de plus en plus prépondérante se révèle dans *toutes* les maladies, est chaque jour mieux appréciée et rationnellement expliquée grâce aux progrès des sciences physico-chimiques, constitue à lui seul presque tout le traitement dans un grand nombre de maladies chroniques et de maladies mentales (traitement *moral*). Son action s'explique par la *loi de dépendance* en vertu de laquelle l'organisme est soumis au milieu ambiant physique et moral, et entretient avec lui des rapports nécessaires et incessants. Il sert toujours d'utile *adjuvant :* au traitement *médical proprement dit*, *interne* ou *pharmaceutique*, qui emprunte à la *matière médicale* (inégalement composée de corps appartenant au règne végétal, minéral et animal) la grande majorité de ses moyens, puis au traitement *chirurgical* appelé aussi *externe*, en raison des points de l'organisme sur lesquels le plus ordinairement porte son action.

Pour modifier dans un sens favorable l'évolution morbide, le médecin s'attache tantôt à combattre la cause qui l'a déterminée : *sublatâ causâ, tollitur effectus ;* le traitement est alors dit : *causal ;* d'autres fois, quand la nature intime de l'évolution morbide est suffisamment connue, il est possible d'agir *directement* sur elle ; l'évolution morbide est alors combattue dans son essence. D'autres fois, enfin, bien que nous connaissions la nature de l'évolution morbide, elle peut, en raison de son siége, de sa longue durée, des lésions anatomiques irrémédiables qu'elle a déjà déterminées, etc., rester au-dessus de nos ressources thérapeutiques. Nous ne pouvons rien pour la faire disparaître où même l'arrêter. Mais presque toujours, il nous est au moins, dans une certaine mesure, possible d'en modérer la rapidité, d'en faire disparaître les manifestations morbides ou les symptômes les plus pénibles ou les plus douloureux. C'est alors le traitement *symptomatique* à l'application duquel le médecin est forcé de se résigner.

Une maladie peut se développer sur l'organisme, celui-ci se trouvant dans des états généraux très-différents, et précisément opposés à celui qu'exigerait le traitement applicable à une maladie pour agir efficacement. Le mercure n'agit le plus souvent avec succès dans la syphilis constitutionnelle, que quand l'organisme est affaibli, dans de certaines limites ; au contraire, les grandes opérations chirurgicales qui exposent à des hémorrhagies considérables, sont suivies de fièvre, de suppurations prolongées, etc., demandent que l'organisme ne soit pas trop affaibli. Dans les cas de ce genre, le *traitement proprement dit*, doit être précédé d'un traitement *préparatoire* destiné à amener, dans l'économie, les modifications organiques voulues, pour que le traitement *principal* puisse, de la façon la plus prompte et la plus sûre, exercer l'action qu'on en attend. Souvent, après le traitement principal et par le fait même de son action, il arrive que, l'évolution morbide terminée, l'économie reste dans un état de faiblesse, de débilité, qu'il importe de faire disparaître (chloro-anémie, à la suite des maladies aiguës, où les émissions sanguines abondantes et répétées, la diète, les hyposthénisants ont été nécessaires). Le traitement principal doit alors être suivi d'un traitement *consécutif*, destiné à replacer l'organisme dans des conditions normales. Enfin, pour prévenir le retour possible d'une évolution morbide qui pourrait récidiver, ou pour empêcher l'apparition d'une maladie à laquelle l'organisme est prédisposé, en raison de sa disposition héréditaire ou des conditions habituelles de milieu auquel il est exposé, le médecin prévoyant institue un traitement *préventif* ou *prophylactique*, dont l'effet devra être de déterminer dans l'économie les modifications inverses de celles qui favoriseraient le développement de la maladie que l'on redoute.

Selon les maladies qu'il est destiné à combattre, le traitement est *radical*, *définitif* ou *curatif*, quand il détermine une terminaison favorable et persistante de l'évolution morbide ; il n'est que *palliatif*, quand il n'a pour but que de faire, pour un temps plus ou moins long, cesser une évolution morbide ou quelques-unes de ses manifestations les plus importantes.

Ce n'est que par abus et négligence de langage que l'on se sert souvent des expressions de traitement *reconstituant, antiphlogistique*, etc., qui ne sont que synonymes de celles plus justes ,de traitement par l'emploi des médicaments ou agents thérapeutiques empruntés à la médication reconstituante, antiphlogistique, etc.   L. Hecht.

§ II. **Simulation des maladies.** I. Définition. En médecine légale, on est convenu de ne pas restreindre la signification du mot *simulation* à son sens grammatical et de l'appliquer aux divers genres de fraude en matière de maladies. C'est sous le nom de *maladies douteuses* que Metzger étudie cette partie de la *médecine judiciaire*, et il y aurait peut-être avantage à adopter cette dénomination.

Dans les livres classiques de médecine légale, dans les traités d'Orfila, de Bevergie, de Briand et Chaudé, etc., on étudie successivement les *maladies simulées proprement dites*, les *maladies pretextées, dissimulées* et *imputées*.

Il n'est pas, à mon sens, bien utile, dans une étude médico-légale, de s'occuper à part des *maladies prétextées* et des *maladies imputées*. Et tout d'abord, les auteurs ne sont pas même d'accord sur ce que l'on doit entendre par *maladie prétextée*; les uns, avec Orfila , voulant que toute maladie prétextée soit une maladie feinte ; les autres, avec Briand par exemple, admettant que la maladie prétextée peut être feinte ou réelle. Si la maladie est feinte, elle rentre tout simplement dans le groupe des maladies simulées proprement dites : la simulation n'étant, dans l'immense majorité des cas, qu'un *prétexte* pour parvenir à un but déterminé. Lorsqu'au contraire la maladie est réelle, le rôle du médecin légiste doit se horner à constater s'il n'y a pas *simulation par exagération*, si la maladie, par sa nature et son intensité, peut justifier la demande du patient, en d'autres termes, si elle est suffisante pour faire accorder au malade les avantages qu'il réclame.

Quant aux *maladies imputées*, c'est-à-dire celles que l'on attribue à autrui, si elles sont réelles, elles peuvent être rangées parmi les maladies dissimulées, cachées par l'individu qui en est atteint ; si elles sont fausses, il n'y a plus dans l'imputation qu'une affaire de l'ordre moral, qu'une calomnie.

Les maladies simulées (*morbi ficti, simulati*) et les maladies dissimulées (*morbi celati, dissimulati*) doivent donc seules nous occuper ici.

II. Classifications. Bien que les modes de simulation soient fort variés, un certain nombre de médecins, qui se sont occupés tout spécialement de ces questions, n'ont cru devoir adopter aucune classification.

Zacchias, en particulier, a étudié successivement les maladies simulées sans suivre aucun plan, aucun ordre méthodique, et Percy et Laurent, dans leur excel-   .

lent article Simulation du Dictionnaire en 60 volumes, ont tout simplement adopté l'ordre alphabétique qui, dans un dictionnaire, se présentait naturellement à l'esprit.

Tous les auteurs n'ont pas agi ainsi, et Marc d'abord, dans sa Thèse inaugurale, puis dans l'article Déception du Dictionnaire en 21 volumes, suivant, du reste, en cela, l'exemple de J. B. Silvaticus et de Fortunatus Fidelis, a divisé les maladies simulées en maladies simulées dans leurs symptômes et en maladies simulées dans leurs causes. Les premières sont les *maladies imitées* ou *simulées par imitation* (*studio acquisiti morbi*); les secondes sont les *maladies provoquées* ou *simulées par provocation* (*arte provocati morbi, ex industriâ excitati morbi*).

Si l'on se bornait à étudier les maladies imitées et provoquées, on n'envisagerait qu'une partie de cette vaste question de la simulation. Une maladie peut être *alléguée* sans qu'il existe de phénomènes apparents pour la caractériser, elle ne se traduit que par les plaintes et les cris des patients (*verbis enuntiati morbi*). Une maladie réelle peut être exagérée dans ses symptômes; assez souvent aussi, on exagère les conséquences, les résultats d'un accident, d'un traumatisme réel : Zacchias avait désigné ce genre de fraude sous le nom de *simulatio latens*, par opposition à la simulation complète ou *simulatio aperta*.

Les lésions qui caractérisent une maladie peuvent encore être aggravées ou simplement entretenues à l'aide de moyens artificiels. Enfin, la fraude peut porter seulement sur la cause à laquelle une maladie réelle est attribuée : l'individu atteint d'une maladie vraie peut chercher à lui donner une fausse origine. Un fait analogue peut se passer dans les cas de dissimulation : on ne cache pas la maladie elle-même, mais on tente d'induire en erreur sur les causes qui l ont déterminée.

Dehaussy-Robécourt, Moricheau-Beaupré, H. Gavin, etc., ont tous proposé des classifications destinées à comprendre ces divers genres de simulation et qui n'atteignent pas complétement leur but.

Moi-même j'ai proposé ailleurs de diviser les modes de simulation en deux grandes classes, suivant que la maladie est complétement ou partiellement le fait de la fraude. Le tableau ci-dessous résume cet essai de classification :

1° Simulation complète. . . { Maladies alléguées. Maladies imitées. Maladies provoquées.

2° Simulation partielle.. . . { Maladies exagérées. Maladies aggravées. Maladies entretenues.

On pourrait encore, en se plaçant tout spécialement au point de vue du diagnostic, les distinguer en : 1° *maladies fausses*, comprenant les *maladies alléguees et imitées*, et 2° en *maladies réelles*, mais *provoquées aggravées, entretenues* ou *exagérées*.

Il est du reste inutile d'insister plus longuement sur ces classifications, car elles ne sauraient servir de base à une étude d'ensemble sur les maladies simulées; toutes elles exposeraient inévitablement à des longueurs et à des redites : une même maladie pouvant, au point de vue de la simulation, rentrer dans plusieurs des groupes établis dans chaque classification.

Pour éviter ces inconvénients, il est infiniment plus simple de faire l'étude des maladies simulées comme complément de la description des affections des divers organes et des divers appareils, en indiquant à propos de chacune d'elles les genres de simulation dont elles sont susceptibles. C'est du reste le plan qui a déjà été suivi dans ce Dictionnaire et qui continuera à l'être (Voy. ALIÉNATION MENTALE, AMAUROSE, BLESSURES, etc., etc,).

Bien qu'il soit difficile de tirer quelques préceptes généraux, quelques règles, de faits variés à l'infini et qui se présentent bien rarement sous le même aspect, bien que par conséquent l'étude de la simulation se prête peu à un exposé didactique, il ne sera cependant pas, je crois, sans intérêt ni sans utilité d'entrer ici dans quelques considérations générales et d'indiquer brièvement : 1° les causes principales de simulation; 2° les maladies le plus souvent simulées; 3° les moyens généraux de découvrir la fraude; 4° enfin la législation en matière de simulation.

III. DES CAUSES DE SIMULATION. Le premier auteur d'une monographie sur les maladies simulées, J. B. Silvaticus, avait cru pouvoir ranger les causes de simulations sous trois chefs principaux : *la crainte, la honte et l'intérêt : Reducuntur ad timorem, vel ad verecundiam, vel ad lucrum*. D'après Marc, ces deux mots : *incivisme* et *immoralité*, comprennent à la rigueur tous les motifs qui peuvent porter à simuler. Toutefois, ajoute-t-il, en examinant ces motifs de plus près, on peut les grouper autour des huit chefs suivants : *l'intérêt pécuniaire, l'ambition, la haine, la crainte, le chagrin, la paresse, l'amour* et *le fanatisme*.

Il me paraît bien plus simple et plus exact de dire que toute passion à satisfaire, tout intérêt à servir peut, à un moment donné, devenir une cause de simulation. Le mensonge est une arme dont les hommes ont toujours su user pour parvenir à leur but.

Dans une civilisation comme la nôtre, qui chaque jour se raffine, mais qui aussi se déprave, il ne faudrait pas croire que les motifs de simulation disparaissent, ils ne font que se modifier, et un certain nombre de circonstances spéciales de notre vie sociale actuelle sont ainsi devenues des causes fréquentes de tentatives de fraudes.

Tenter l'énumération complète des divers motifs de simulation serait une tâche aussi ingrate que stérile. Qu'il me suffise de rappeler que les mobiles les plus futiles comme les plus graves peuvent porter à recourir à la fraude. Généralement proportionnées au but à atteindre, les tentatives de simulation varient à l'infini, depuis les innocents subterfuges de l'écolier et de l'apprenti qui feignent une indisposition pour déserter la classe et l'atelier, ou bien encore les ruses de la femme capricieuse, qui oblige ainsi à céder à ses désirs, jusqu'aux tentatives désespérées des criminels qui cherchent, dans la simulation, soit une excuse à leurs fautes, soit un moyen d'adoucir leur captivité et même d'échapper au châtiment. Il n'est rien moins que rare de voir un individu désigné pour faire partie d'un jury, pour tester dans une affaire criminelle, pour remplir enfin une des charges quelconques qui peuvent incomber à tout citoyen, alléguer, prétexter une maladie pour se soustraire à ces obligations. Dans les établissements industriels, dans les grandes administrations, souvent encore les ouvriers, les employés exagèrent les conséquences d'une maladie, d'un accident résultant de leur service dans le but d'obtenir, soit des dommages-intérêts, soit des pensions viagères; de même aussi d'autres fois, des individus malintentionnés aggravent des blessures réelles reçues dans une rixe afin de demander à l'auteur des violences des dommages-intérêts plus considérables.

Les mendiants ont de tout temps eu recours à la simulation pour exciter la commisération publique, pour se faire admettre dans les asiles, les hôpitaux, et les fraudes, moins grossières aujourd'hui, sont cependant loin d'avoir disparu dans cette classe d'individus.

Les causes de dissimulation moins variées, présentent généralement plus de gravité; on aura pour but d'éviter la destitution d'un emploi incompatible avec l'infirmité dont on est atteint, on cherchera à cacher des blessures reçues dans un duel ou à l'occasion d'un meurtre, on cherchera à dissimuler la nature d'une maladie contagieuse, etc. Dans les affaires d'assurances sur la vie, la dissimulation de maladies est encore un fait qui se reproduit fort souvent.

Bien que l'armée soit fort loin — on le voit d'après ce qui précède — d'avoir le monopole de la simulation, le médecin militaire est certainement plus exposé que tout autre à être trompé par ceux auxquels il est appelé à donner des soins. Il est un fait que cependant je dois m'empresser de reconnaître, c'est que les maladies simulées sont aujourd'hui beaucoup moins nombreuses qu'autrefois dans l'armée. Cet heureux résultat doit être attribué à ce que les jeunes gens, un peu plus instruits, en général, que par le passé, appréhendent moins la conscription, et aussi à la sollicitude du commandement, qui a su atténuer, dans la limite du possible, les rigueurs et les exigences du service militaire.

Les tentatives de simulation commencent dès le moment où il s'agit de reconnaître l'homme apte au service, et suivant le titre auquel doit servir le militaire, la fraude se présente sous un aspect différent. Devant le conseil de révision, le jeune conscrit cherchera à simuler une maladie, il alléguera une infirmité ou provoquera une lésion quelconque; tandis que l'engagé volontaire, le remplaçant, qui désirent entrer au service, feront au contraire tous leurs efforts pour dissimuler les infirmités dont ils peuvent être atteints.

Il arrive assez souvent que des individus, lorsqu'ils se présentent à la visite du médecin pour être reconnus aptes au service, ignorent qu'ils sont atteints de maladies qui les y rendent impropres. On ne doit jamais oublier cette possibilité de la *dissimulation par ignorance* qui, au point de vue du recrutement de l'armée, n'aurait pas de conséquences moins graves que la *dissimulation réelle*, c'est-à-dire que s'il y avait fraude volontaire de la part des hommes soumis à l'examen médical.

Au régiment, chaque jour se présentent de nouveaux motifs de simulation pour le soldat paresseux. Se faire porter malade et obtenir une exemption quelconque du médecin est une industrie que pratiquent sur une vaste échelle un certain nombre d'hommes dans tous les régiments. Qu'il s'agisse d'un exercice, d'une revue, d'une marche militaire, d'une corvée quelconque, le même stratagème est employé. Pour les hommes punis, en particulier, recourir à la simulation est le seul moyen de se faire ouvrir les portes de la salle de police, et ceux qui se trouvent dans ces conditions ne sauraient être trop suspectés.

Si l'affection alléguée ou provoquée est tant soit peu grave, le militaire est envoyé à l'hôpital, et là, s'il trouve un médecin qui ne sache pas dévoiler la fraude, il pourra retirer de plus grands avantages de sa supercherie. D'abord, en exagérant ses souffrances, ou en entretenant son mal, il pourra rester plus longtemps à l'hôpital, et quoique ce séjour n'ait rien de bien séduisant, plus d'un paresseux le préfère encore à celui de la caserne. D'autres, et ceux-là ont des raisons spéciales, les condamnés militaires, font tous leurs efforts pour rester à l'hôpital, une fois qu'ils ont pu y entrer : chez eux la fraude est traditionnelle.

Dans les hôpitaux militaires, il est une époque, revenant avec une périodicité invariable, et à laquelle tous les malades, à bien peu d'exception près, accusent une certaine aggravation dans leur état. Un matin, on est tout surpris de trouver les visages assombris, personne n'a dormi, on a perdu l'appétit, les douleurs se sont ravivées. Dès le premier moment, on ne s'explique pas cette recrudescence subite et générale, mais bientôt tout s'éclaircit : la fin du mois est proche et l'on va accorder des congés de convalescence. La chose est tellement vraie que, si le congé est obtenu, tous les symptômes accusés la veille ont disparu le lendemain, la gaieté revient et la guérison est assurée. Il faut encore signaler un motif de simulation ou au moins d'exagération d'une maladie réelle que l'on observe assez souvent chez les militaires, et que dans la clientèle civile on a l'occasion de constater bien plus fréquemment : c'est le désir d'être envoyé à une station thermale.

En campagne surgissent de nouveaux motifs de fraude. Lorsqu'une grande guerre éclate, il est de remarque que le nombre des simulations augmente immédiatement dans des proportions notables, et, en présence de l'ennemi, plus d'un, sentant son courage faiblir, songe à recourir à la fraude pour échapper au danger; il en est même qui vont jusqu'à se mutiler volontairement.

Le plus souvent, les fraudes un peu sérieuses ont pour mobile un intérêt important; la réforme est le but auquel on vise, et la ténacité, la persévérance que déploient certains individus est parfois inouïe. Enfin, d'autres hommes atteints de maladies réelles cherchent à exagérer leurs souffrances ou leurs infirmités, non plus seulement pour obtenir un congé de réforme, mais une gratification renouvelable, et même, s'il est possible, une pension de retraite.

Dans tous les cas que nous avons supposés jusqu'à présent, la simulation n'était qu'un moyen de parvenir à un but bien déterminé, mais il est, il faut le dire, des individus qui simulent sans qu'aucun intérêt particulier les pousse à recourir à la fraude.

On a voulu voir dans ces simulations sans but des symptômes d'aliénation mentale; je ne nie nullement qu'il n'en soit ainsi dans un certain nombre de cas — chez des hystériques, par exemple, — mais il en est d'autres où il est absolument impossible d'invoquer cette excuse; l'individu trompe, avec la conscience de sa fraude, uniquement pour avoir le plaisir de tromper.

IV. DES MALADIES SIMULÉES EN GÉNÉRAL. Le temps des grossières simulations est passé; on ne simule plus, comme du temps d'Ambroise Paré, des ulcères en appliquant sur la jambe une rate de bœuf, des hémorrhoïdes en introduisant des portions d'intestins d'animaux dans le rectum, l'ictère en se barbouillant le corps avec de la suie délayée dans l'eau; de semblables supercheries, même pour les yeux les moins exercés, n'auraient pas la moindre chance de succès. Mais si la science a marché, si aujourd'hui nos moyens d'investigation sont plus nombreux et plus précis, d'un autre côté l'industrie des simulateurs n'est pas restée en arrière, les moyens de fraude se sont perfectionnés, et les difficultés, pour le médecin chargé de les découvrir, n'ont fait qu'augmenter. Il est encore aujourd'hui des individus qui font profession d'indiquer aux conscrits les moyens de se rendre impropres au service, qui leur apprennent à imiter ou à provoquer des maladies qui pourront les faire exempter. Dans les régiments, il existe, pour simuler les maladies, des recettes que les anciens soldats transmettent aux recrues et qui se perpétuent ainsi dans certains corps. Enfin, dans les prisons et en particulier dans les pénitenciers d'Afrique, ces recettes sont réunies, s'il est permis de s'exprimer ainsi, en corps de doctrine, et forment ce que les prisonniers désignent sous le nom de « catéchisme de maquillage. »

Il est une infinité de circonstances qui font varier le mode de simulation. Tout d'abord doit entrer en ligne de compte le mobile de la fraude ; on cherchera à proportionner la gravité de la maladie simulée à l'importance du but à atteindre. Devant le conseil de révision, on alléguera une infirmité qui entraîne *a priori* l'exemption : l'épilepsie, la surdité, l'amaurose ; on ne reculera même pas devant une mutilation volontaire. Au régiment, pour obtenir l'exemption d'un service quelconque, pour être envoyé à l'hôpital ou à l'infirmerie, on simulera une maladie aiguë, passagère, une indisposition de peu de gravité. Enfin les simulateurs plus osés qui ne tendent à rien moins qu'à obtenir un congé de réforme ou même une pension de retraite, chercheront à feindre une maladie grave, chronique, ou une infirmité, pouvant justifier leur demande.

L'individu, s'il est un peu habile, tentera de simuler une maladie que les circonstances particulières dans lesquelles il s'est trouvé, auront pu aider à développer ; il cherchera, autant que faire se pourra, à attribuer sa maladie à une cause plausible, à donner à sa fraude les apparences de la vérité ; enfin les moyens dont il a pu disposer, les conseils qu'il a pu recevoir, le milieu dans lequel il vit, exerceront la plus grande influence sur le genre de simulation qu'il adoptera.

Les maladies qui pour être simulées n'exigent que de l'inertie et de la persévérance (surdité, amaurose, imbécillité, etc.) sont adoptées bien plus souvent que celles qui exigent le concours permanent et actif de la volonté et de l'intelligence (paralysies, contractures, manie aiguë, etc.). Les maladies qui ne se révèlent à nous par aucun phénomène apparent, par aucun symptôme objectif, dans lesquelles les renseignements fournis par le malade constituent presque à eux seuls tous les éléments du diagnostic (douleurs rhumatismales, névralgies, etc.) sont, on le devine, celles auxquelles les simulateurs accordent aussi la préférence.

Les affections le plus ordinairement simulées sont généralement sans gravité, et les moyens employés pour les imiter ou les provoquer, dépourvus de danger. A la caserne, par exemple, l'un accusera une douleur très-vive dans les lombes, dans les membres inférieurs, et simulera un lumbago, une sciatique qu'il attribuera à un refroidissement, aux fatigues d'une marche, un autre se présentera avec une langue couverte d'un enduit blanchâtre après s'être frappé le coude contre la muraille pour accélérer son pouls, prétendra avoir perdu l'appétit et simulera ainsi un embarras gastrique, un troisième s'introduira dans l'œil une poudre irritante quelconque, du tabac à priser, par exemple, ou se lotionnera avec de l'urine, de l'eau de savon pour provoquer une conjonctivite, un quatrième s'introduira entre le prépuce et le gland ou entre les lèvres du méat urinaire, un morceau d'écorce de garou, et provoquera ainsi une balano-posthite ou une uréthrite aiguë, etc.

Voilà quelques-uns des cas qui se présentent le plus souvent à l'observation du médecin de régiment et qui forment, pour ainsi dire, le fond de sa pratique journalière en fait de simulations.

Les moyens auxquels les simulateurs ont recours ne sont pas toujours aussi simples et les maladies qu'ils allèguent ou provoquent sont parfois choisies parmi les plus graves, les plus dangereuses et même les plus invraisemblables. Ainsi, on possède quelques observations de diabète sucré (Germain Sée, *Bulletin de la Société médicale des hôpitaux de Paris*, t. IV, n° 7, p. 557), de tétanos (Beck, *Ele-*

ments of *Medical Jurisprudence*, p. 19), de rage, simulés (Percy et Laurent, *Dict. des sciences méd.*, art. SIMULATION, t. LI, p. 353. — Orfila, *Traité de méd. légale*, 3ᵉ édit., 1836, t. I, p. 415). Certains individus se sont introduits de petits cailloux dans la vessie pour se faire tailler (Debaussy-Robécourt, Thèses de Paris, 1805, p. 36); enfin, une femme dont parle Lentin (Metzger, *Médecine légale*, trad. par Ballard, notes de la p. 217), se serait fait amputer successivement les deux seins pour mettre fin à des douleurs dont elle *prétendait* que ces organes étaient le siège, mais en réalité pour exciter la charité publique.

Parfois, il arrive que les simulateurs dépassent le but qu'ils voulaient atteindre, qu'au lieu de provoquer une lésion légère, ils déterminent une infirmité grave, et même des accidents mortels : ainsi des ophthalmies entraînant une perte plus ou moins complète de la vision sont quelquefois survenues à la suite de l'emploi d'agents irritants, de caustiques qui devaient servir seulement à provoquer une légère conjonctivite (Ollivier d'Angers, *Ann. d'hyg. et de médecine légale*, 2ᵉ sér., t. XXV, p. 104); une otite profonde et une méningite consécutive mortelle ont été la conséquence de l'introduction de corps étrangers dans le conduit auditif externe (H. Larrey, *Gaz. des hôpit.*, 1854, p. 353); tout récemment succombait dans mon service, au Val-de-Grâce, un condamné militaire à la suite d'accidents d'infection putride déterminés par un vaste phlegmon diffus de la cuisse, provoqué par le malade lui-même (Edm. Boisseau, *Des maladies simulées et des moyens de les reconnaître*, p. 463).

Dans quelques circonstances, le simulateur peut être pris dans son propre piége, et finir par être atteint, en réalité, de la maladie qu'il avait seulement l'intention de simuler. Les exemples de femmes, devenues réellement hystériques, après avoir eu un certain nombre d'attaques simulées, ne sont pas rares ; des auteurs dignes de foi, Wildberg (*Magazin für die gerichtliche Arzneiwissenschaft*, 1831, p. 293), Metzger (*loc. cit.*, notes de la page 215), Prosper Lucas (Laurent de Marseille, *Étude médico-légale sur la simulation de la folie*, p. 374), ont aussi observé des cas d'épilepsie réelle, survenue à la suite d'accès simulés souvent répétés.

Il est encore quelques autres infirmités, le strabisme (Scarpa, *Traité des maladies des yeux*, et Jules Cloquet, *Dict. en 21 vol.*, t. XIX, p. 534), le bégayement (Marc Colombat, *Traité de tous les vices de la parole et en particulier du bégayement*, p. 277), la déviation latérale du rachis (*Mémoire sur les déviations simulées de la colonne vertébrale*, par J. Guérin, p. 49), etc., que l'on peut acquérir réellement à la suite d'une imitation prolongée.

V. DES MOYENS GÉNÉRAUX DE DÉCOUVRIR LA FRAUDE. Mis en face d'une maladie douteuse, le médecin a toujours un problème grave et difficile à résoudre, une question délicate à trancher.

Zacchias, qui le premier a établi quelques règles, quelques préceptes, pour arriver à la découverte de la fraude, conseille d'avoir égard à cinq ordres de faits : 1° *aux circonstances extérieures ;* 2° *au genre de la maladie ;* 3° *au peu d'empressement du malade à prendre des médicaments ;* 4° *aux phénomènes qui accompagnent la maladie ;* 5° *enfin à ceux qui la suivent.* Ces règles ont été pendant longtemps servilement acceptées ; les auteurs qui ont suivi Zacchias se sont le plus souvent bornés à commenter les préceptes qu'il avait posés.

Marc (*Dict. en 21 vol*, t. VI, p. 370) établit dix règles que H. Gavin (*On feigned and Factitious Diseases chiefly of Soldiers and Seamen*, p. 2) a adoptées sans rappeler le nom de leur auteur. Orfila en indique onze, et Casper, renchérissant encore, n'en donne pas moins de treize. Pour ma part, il me paraît bien inutile de multiplier les préceptes, les règles générales.

Un examen attentif du prétendu malade, une observation consciencieuse, la comparaison des symptômes allégués ou présentés par le simulateur à ceux de la maladie qu'il feint d'avoir, doivent suffire pour faire découvrir la fraude. Un jugement droit, au service de notions scientifiques bien nettes, bien précises, permettra le plus souvent de résoudre toutes les difficultés.

J.-B. Silvaticus avait déjà dit : *Morborum omnium et præsertim internorum signa certa pathognomonica ante omnia probè scire necesse est;* et le docteur Cheyne n'a guère fait que le répéter, lorsqu'il a dit : *It is Obvious that the Discovery of it will be most readily made by those who are best Physiologists and Pathologists.* » C'est avec beaucoup de raison que Metzger a proposé de donner à cette partie de la médecine légale le nom de *Séméiotique judiciaire.* Cette expression me semble très-heureusement choisie et mériterait certainement d'être acceptée : toutes les questions que le médecin est appelé à résoudre dans les cas de simulation n'étant pas autre chose, en réalité, que des questions de diagnostie différentiel.

Tout d'abord, la première question que l'on doive se poser est celle-ci : La maladie existe-t-elle ? Cette première partie du problème résolue, il s'agit de savoir, la maladie existant, si elle est exagérée, aggravée, entretenue, et, en outre, si elle n'est pas due à des causes auxquelles le malade se serait volontairement exposé, en d'autres termes, si elle n'a pas été provoquée. La solution de ces diverses questions n'est pas sans présenter de nombreuses difficultés.

Un certain nombre de maladies, *a priori,* ne peuvent être simulées, une pleurésie, par exemple, tandis que d'autres, au contraire, sont l'objet d'une préférence marquée, précisément à cause de la facilité avec laquelle on peut les imiter ou les provoquer : la surdité, l'aphonie, l'incontinence d'urine, la conjonctivite, etc. Il y a même dans ce fait d'un grand nombre d'individus présentant à la fois et dans les mêmes circonstances les mêmes lésions quelque chose qui peut mettre sur la voie de la fraude ; c'est ainsi qu'on a observé plus d'une fois de véritables *épidémies* de simulation d'épilepsie, d'amaurose, d'héméralopie, etc.

En présence d'un cas suspect, il faut se livrer à l'examen le plus complet, à l'observation la plus minutieuse. Il ne faut pas avoir seulement égard à l'état actuel du prétendu malade, aux symptômes morbides qu'il allègue ou qu'il présente, mais bien encore se renseigner sur l'époque du début de la maladie, les causes auxquelles elle est attribuée, sa marche, sa durée. Souvent, on apprend que l'individu est malade seulement depuis qu'il a un intérêt quelconque à simuler, souvent aussi on ne trouve qu'une étiologie banale, insignifiante et même ridicule ; enfin si le simulateur sait imiter plus ou moins exactement les symptômes de la maladie dont il se prétend atteint, il pourra être moins édifié sur sa marche habituelle, sur sa durée, et commettre sur ce point quelque erreur dont on ne manquera pas de tirer parti.

L'étude des phénomènes morbides allégués ou présentés nous fournit bien évidemment les éléments les plus importants, pour parvenir à la découverte de la fraude. S'il est dans certaines maladies des phénomènes que l'on peut imiter (convulsions dans l'épilepsie, par exemple), il en est d'autres, heureusement, que la volonté et l'astuce du simulateur sont impuissantes à reproduire (pâleur initiale dans l'épilepsie, par exemple), ou que l'imposteur au moins n'imite qu'incomplètement (coloration de la face pendant l'attaque d'épilepsie). Il est, par contre, certains phénomènes très-facilement imitables, même trop facilement imitables, la surdité, par exemple, car le simulateur, pour prouver la réalité de sa maladie, les pousse jusqu'à l'exagération et nous aide ainsi à dévoiler la supercherie.

Tous les symptômes d'une maladie sont loin d'avoir la même valeur, le fait est banal, bien qu'il ne soit pas toujours assez mis en relief dans les traités classiques de pathologie. Dans une expertise sur une maladie douteuse, il ne faut pas s'attacher à rechercher les symptômes qui n'ont absolument rien de pathognomonique, mais au contraire ceux qui appartiennent bien en propre à la maladie supposée, qui en sont la vraie caractéristique.

D'une façon générale, dans toute maladie suspecte, autant les phénomènes objectifs méritent de confiance, autant les phénomènes subjectifs en méritent peu. La science moderne a mis à notre disposition des instruments de diagnostic qui peuvent nous rendre, dans ces cas douteux, d'immenses services ; qu'il me suffise de citer l'ophthalmoscope, le laryngoscope, etc. Ces moyens d'investigation, en nous permettant de constater exactement l'état d'organes inaccessibles à nos sens et dont les fonctions sont prétendues lésées, ont facilité notre tâche dans un grand nombre de circonstances. Mais, tout en reconnaissant les services qu'ils peuvent nous rendre, il ne faudrait cependant pas en exagérer l'importance, car ils pourraient parfois, si l'on s'adressait exclusivement à eux, nous induire en erreur. Pour ce qui est de l'emploi de l'ophthalmoscope en particulier, il ne faut pas oublier, ainsi que l'a fait remarquer avec beaucoup de raison M. Wecker (*Traité des maladies des yeux*, 1ʳᵉ édit., t. II, p. 104), que le fond de l'œil peut présenter des altérations assez manifestes, sans que pour cela la fonction visuelle en soit elle-même notablement troublée. Les variations physiologiques sont nombreuses et on pourrait facilement considérer comme pathologique ce qui est compatible avec une vision normale. C'est pour ce motif, ajoute M. Wecker, qu'avant de procéder à l'examen ophthalmoscopique, il est nécessaire, *pour éviter de grossières erreurs*, d'interroger l'état fonctionnel des organes de la vision. Mais, dans la circonstance spéciale qui nous occupe en ce moment, le malade ayant tout intérêt à nous tromper, nous ne pouvons ajouter foi aux renseignements qu'il fournit ; il faut chercher à nous éclairer d'une autre façon et ne tenir compte que des lésions bien nettes, bien évidemment susceptibles d'entraîner un trouble notable de la fonction visuelle. — Lorsqu'on a constaté une lésion assez grave pour porter atteinte aux fonctions d'un organe, rien souvent n'est plus difficile que de savoir si l'individu soumis à notre examen n'exagère pas, si, en d'autres termes, l'altération fonctionnelle alléguée correspond bien à la lésion organique constatée.

Outre les instruments d'exploration que je viens de rappeler, on a encore dans ces dernières années appliqué le sphygmographe au diagnostic de l'épilepsie (Aug. Voisin, *Annales d'hyg. et de méd. lég.*, 1868, 2ᵉ série, t. XXIX, p. 344), des paralysies simulées (Wladim. Tomsa , *Allgemeine militärische ärztl. Zeitung*, 3-4; 1864). Les propriétés des prismes ont été appliquées à la découverte de l'amaurose simulée (A. von Græfe, *Archiv für Ophthalmologie*, B. II, Abth. ɪ, p. 266. Berlin, 1855. — H. Græfe (de Halle), *Annales d'oculistique*, t. LXI, p. 297 ; 1869). Il n'est pas jusqu'à des substances introduites récemment dans la thérapeutique qui n'aient été conseillées pour dévoiler certaines supercheries : l'atropine dans le cas de myopie suspecte (J. van Roosbroeck, *Considérations sur la myopie*, in *Annales d'oculistique*, 1861, t. XLV,

p. 172), la fève de Calabar dans le cas de mydriase provoquée à l'aide de préparations belladonées (Lacronique, *Recueil de mémoires de médecine militaire*,
3e série, t. X, p. 312; 1863, et Coste, *Antagonisme de l'ésérine et de l'atropine*.
Ibid., t. XXIV, p. 79). Enfin, dans les éruptions cutanées provoquées, qu'il s'agisse
d'affection du cuir chevelu pouvant simuler le favus, de pustules au menton pouvant simuler le sycosis, le microscope nous permettra de constater l'absence des
parasites qui caractérisent ces maladies. Dans un cas d'hématémèse suspecte, on
pourrait encore distinguer, par l'examen microscopique, le sang humain du sang
d'animal qui aurait pu être ingéré.

Sans vouloir rejeter le moins du monde les renseignements que l'on peut trouver dans les antécédents de l'individu, dans sa situation morale, les motifs qui
ont pu le porter à simuler, il faut, je crois, laisser un peu à l'arrière-plan tous
les moyens extra-médicaux d'investigation. On ne doit évidemment se priver
d'aucune ressource, pourvu qu'elle soit licite, mais, autant que faire se peut,
il faut procéder uniquement avec les armes que la science met à notre disposition
et dans l'immense majorité des cas, heureusement, elles sont suffisantes.

Lorsqu'on interroge un malade suspect, il faut, plus que dans tout autre cas,
employer des expressions vulgaires pour être sûr de bien se faire comprendre, et
en outre ne pas oublier d'adresser les questions de manière à ne pas faciliter les
réponses. Un certain nombre de simulateurs ont étudié dans des livres scientifiques la maladie qu'ils cherchent à imiter, et il leur arrive souvent d'employer
des termes techniques ordinairement ignorés des individus étrangers à notre art.
Enfin, il importe de savoir que quelques malades, par condescendance pour le
médecin, par bonhomie, ont l'habitude de répondre toujours affirmativement aux
questions qu'on leur adresse; il est nécessaire d'être prévenu de ce fait pour
éviter, dans certains cas, une méprise regrettable, pour ne pas considérer comme
simulateur un malade réel qui croit se rendre plus intéressant en ne nous contre-
disant jamais.

Quelques fourbes, lorsqu'ils voient que leur fraude a peu de chances de succès,
n'hésitent pas à feindre une autre maladie; la succession rapide d'affections
variées, survenues sans causes appréciables, doit évidemment rendre l'individu
qui les présente plus que suspect.

Le malade qui se plaint toujours, qui ne trouve jamais d'expressions suffisantes
pour rendre compte de ses souffrances, doit encore inspirer une certaine défiance,
tout en n'oubliant pas qu'une douleur supportée sans la moindre plainte par un
individu peut paraître intolérable à un autre, et que par conséquent il faut savoir tenir compte de la susceptibilité individuelle.

Zacchias considérait dans ces cas suspects, comme un fait très-important, le
peu d'empressement que met le malade à réclamer des soins et à prendre les
médicaments qu'on lui prescrit. On ne saurait accorder une grande valeur à cette
considération, car rien n'est plus commun que de rencontrer de réels malades
qui ne mettent pas le moindre empressement à consulter le médecin et qui ont
une répugnance invincible pour tout médicament, tandis que par contre il n'est
pas rare de trouver des simulateurs assez impudents pour réclamer des soins avec
la plus grande insistance et exécuter scrupuleusement toutes les prescriptions.

Il est une règle dont on ne doit pas se départir : ne jamais trancher ces
questions de simulation avant d'avoir acquis une certitude, ne jamais porter un
jugement prématuré. En procédant autrement, on s'expose aux mécomptes les
plus désagréables, aux erreurs les plus graves. Foderé (*Traité de médecine*

légale et d'hygiène publique, t. II, p. 471) 'et Cheyne (*Dublin Hospital Reports,* vol. IV, p. 137) ont ainsi rapporté l'observation de deux individus qui furent considérés comme simulateurs et qui succombèrent avant qu'on eût reconnu la réalité de leur maladie.

Lorsque, après une observation minutieuse, attentive et prolongée, le doute sub. siste dans notre esprit, pour éviter des erreurs déplorables on n'a qu'une con- duite à tenir : parler en faveur de l'homme suspect ; mieux vaut se faire tromper dix fois que d'avoir à se reprocher la condamnation d'un homme dont on n'aurait pas su reconnaître le mal.

Autrefois, on avait souvent, beaucoup trop souvent, recours à l'emploi des moyens douloureux, comme mode d'investigation dans ces cas douteux, et il est nécessaire de s'expliquer ici sur ce point. En thèse générale, je crois qu'il faut repousser formellement l'emploi de tout moyen douloureux ; la question a été abolie, ce n'est certes pas à nous de la rétablir. Il est cependant un cas dans le- quel on me paraît autorisé à avoir recours à quelque médication un peu violente: en présence d'une maladie très-suspecte, quand l'individu s'obstine, refuse de ca- pituler, on peut, ce me semble, sans sortir des limites de ses attributions, recou- rir à un traitement énergique, douloureux même, pourvu toutefois que la médica- tion employée soit une de celles qui seraient susceptibles d'amener la guérison, si la maladie était réelle. Ainsi, un individu accuse une sciatique, on lui applique un, deux, trois vésicatoires, la médication est rationnelle si la maladie est réelle; s'il y a fraude, fatigué de ce traitement un peu douloureux, mais, somme toute inoffensif, le simulateur ne tardera pas à capituler.

Les ventouses dites « expulsives, » d'un usage fréquent, dans les hôpi- taux, pour hâter la sortie de malades qui y prolongeraient indéfiniment leur sé- jour, me paraissent aussi un moyen dont l'emploi se justifie parfaitement. Per- sonne non plus ne contestera que l'on ne soit autorisé à recourir aux inhalations de gaz irritants (acide sulfureux, ammoniaque), pendant une attaque suspecte d'épilepsie, pour constater l'état de la sensibilité de la muqueuse nasale, ou bien encore à quelques épreuves douloureuses sur un individu qui se prétend atteint d'une paralysie complète et du mouvement et de la sensibilité d'un membre ou d'une partie quelconque du corps.

Quant aux moyens non-seulement douloureux, mais pouvant encore offrir quelques dangers, il faut les repousser d'une façon absolue. Pour découvrir, par exemple, la simulation de l'aphonie, on a conseillé d'avoir recours à l'inhalation de certains gaz irritants, le chlore en particulier, dans le but de déterminer l'éternument ou une toux sonore. Si l'action de ces gaz se bornait à la provoca- tion de la toux, leur emploi se justifierait facilement, mais il n'en est pas ainsi. En employant les inhalations de chlore dans un cas d'aphonie suspecte, j'ai provoqué chez le simulateur une bronchite capillaire qui ne fut pas sans gravité. Depuis cette époque, j'ai pour ma part absolument renoncé à l'emploi de pareils moyens.

Pour la même raison et *a fortiori*, les anesthésiques, le chloroforme en particu- lier, bien que pouvant rendre de réels services dans certaines maladies douteuses (aphonie, bégayement, paralysies, contractures, etc.), doivent être complète- ment rejetés.

Des chirurgiens dont on ne saurait contester ni la prudence ni l'habileté ont eu à déplorer des accidents mortels, et je ne pense pas, malgré l'autorité d'un des maîtres de la chirurgie, M. Sédillot, que le chloroforme pur et bien manié ne tue jamais. L'emploi des anesthésiques présentant toujours des dangers, nous ne devons donc pas y recourir.

M. Tourdes (*Dict. encyclop. des sciences médicales*, t. IV, page 515), tout en rejetant en principe l'emploi du chloroforme, comme moyen de diagnostic dans les maladies simulées, fait cependant quelques restrictions et admet l'emploi du chloroforme dans les cas où on n'aurait pas seulement pour but la découverte de la fraude, mais encore l'intérêt du malade. Le conseil de santé des armées dans son *Instruction du 2 avril 1862 sur les maladies ou infirmités qui rendent impropre au service militaire*, autorise à recourir à l'emploi des anesthésiques avec une extrême réserve, dans les hôpitaux militaires, sur des sujets incorporés et lorsqu'il s'agit d'affections susceptibles d'entraîner la réforme.

Si nous devons nous interdire à peu près complétement l'emploi des anesthésiques, il n'en est pas de même de l'électricité, qui peut nous éclairer dans certains cas difficiles. Non-seulement elle peut nous rendre des services comme moyen d'investigation, mais elle peut être encore utilisée comme moyen douloureux et inoffensif, pourvu toutefois qu'on l'emploie avec ménagement.

Enfin, lorsque, en face d'un cas douteux, on a épuisé toutes les ressources que la science met à notre disposition pour triompher de la résistance des simulateurs qui souvent hésitent à s'avouer vaincus, il faut, suivant les individus, savoir modifier sa manière de procéder. A la résistance opiniâtre du paysan qui puise toute sa force dans son inertie, il faut opposer une ténacité qui le décourage, car il ne cédera que lorsqu'il sera bien convaincu d'avoir perdu absolument toute chance de réussite. On doit au contraire démontrer au citadin intelligent par des preuves palpables, matérielles, que sa supercherie est évidente, en évitant, toutefois, de froisser publiquement son amour-propre, ce qui pourrait retarder une capitulation pour laquelle il n'attend souvent qu'une occasion favorable.

Il est un certain nombre de ruses plus qu'autorisées qui peuvent amener rapidement la découverte de la fraude et que, par conséquent il importe de connaître.

Parfois, les moyens les plus simples, les plus naïfs même, sont ceux qui réussissent le mieux ; ainsi on demandera à un faux sourd : « Depuis quand êtes-vous sourd ? » et il lui arrivera de répondre : «Depuis tant de temps. » A un individu simulant l'incontinence d'urine on dira : « Je désirerais vous voir uriner demain matin; » et il conservera son urine pendant la nuit.

Les questions captieuses peuvent aussi être adressées avec succès ; en faisant raconter au simulateur l'histoire de sa maladie, on lui demandera incidemment s'il n'a pas éprouvé quelques symptômes qui ne s'observent jamais dans la maladie qu'il allègue, et, voyant la confiance qu'il inspire, il se croira obligé de répondre affirmativement.

On peut encore, auprès d'un malade suspect, affirmer qu'on est certain d'obtenir une prompte guérison, qu'on possède un remède infaillible. On prescrit gravement : pilules avec *mica panis* ou potion avec *aqua fontis*, à laquelle on peut ajouter une substance inerte quelconque, et assez souvent la guérison ne tarde pas à s'effectuer. Cette manière d'agir m'a plusieurs fois procuré de réels succès et ce moyen inoffensif a l'immense avantage de permettre au simulateur de capituler sans que son amour-propre soit froissé, sans même que l'entourage se doute de la fraude ; tout se passe entre le médecin et le faux malade. Smith Gordon (*the Principles of forensic medicine*, p. 470), vante beaucoup l'emploi de certain remède contre les maladies suspectes qui était très en vogue, de son temps au moins, dans les hôpitaux militaires anglais. Cette panacée, qu'on avait décorée du nom de *mixture diabolique*, se composait d'aloès, d'asa-fœtida et de gomme ammoniaque. On la donnait à petites doses répétées de manière à entretenir des nausées d'une façon continue, et ordinairement le faux malade ne tardait guère à se déclarer guéri.

On a encore conseillé, pour faire capituler le simulateur, de le menacer d'une opération en en exagérant la gravité. C'est là un subterfuge inoffensif auquel, dans un cas donné, il est, à mon sens, permis de recourir.

Un bon moyen pour découvrir la fraude consiste encore à faire observer l'individu à son insu et, mieux encore, à multiplier soi-même ses visites, à faire surtout deux visites coup sur coup; dans ce dernier cas, le simulateur venant d'être examiné, se croit délivré de votre présence pour quelque temps, et pense que le moment est opportun pour dépouiller le masque, au moins pendant quelques instants.

Les moyens de surprise abondent : je me bornerai à en signaler ici quelques-uns auxquels on a souvent recours, et qui méritent d'être connus.

Il est une épreuve qui, au conseil de révision, ne manque pas de réussir. Un jeune homme se présente, il se prétend atteint de myopie. On lui met devant les yeux des verres n° 5, il ne lit pas, des verres n° 4, il lit encore moins ; alors, d'un ton assuré, on lui dit : je vois ce qu'il vous faut ; on lui met devant les yeux des verres plans et il lit sans hésitation.

Dans les cas de surdité suspecte, un moyen des plus simples et des meilleurs consiste à adresser la parole d'abord à très-haute voix à l'individu et à abaisser progressivement l'intonation. Souvent le simulateur se laisse prendre à ce piége grossier en apparence et continue à répondre même lorsque la voix est abaissée jusqu'à son ton normal. On peut encore, en s'adressant à l'entourage, accuser le simulateur d'un délit quelconque. Il faut que l'individu ait une grande volonté, un grand empire sur lui-même pour pouvoir cacher son émotion. Dans des cas semblables, le vaguemestre a été plus d'une fois, dans les hôpitaux, l'auteur involontaire de la découverte de la fraude. En entrant dans les salles, il nomme les hommes pour lesquels il possède des lettres, et il est arrivé que le fourbe, oubliant son rôle un instant, ait répondu à l'appel. — Je ne voudrais pas multiplier de semblables faits ; qu'il me suffise de dire que chacun doit savoir s'inspirer des circonstances et mettre à profit les détails en apparence les plus insignifiants dans chaque cas particulier.

VI. DE LA LÉGISLATION EN MATIÈRE DE SIMULATION. Dans les temps anciens, la législation était d'une sévérité excessive contre ceux qui cherchaient à se soustraire par la fraude aux obligations du service militaire.

Les Grecs les traitaient comme faussaires, et Charondas, le législateur de Thurium, abolit la peine de mort, qui était prononcée contre eux, il leur envoyait des habits de femme et les faisait exposer pendant trois jours en place publique.

Sous la république romaine, des peines sévères étaient aussi encourues par ceux qui se mutilaient. Pendant la guerre italique, le sénat condamna à la prison perpétuelle Caius Valienus, qui s'était coupé le pouce gauche pour s'exempter de cette guerre.

Suétone raconte qu'Auguste fit confisquer les biens d'un chevalier et le fit vendre comme esclave avec ses deux fils, auxquels il avait coupé les pouces pour les exonérer du service militaire.

Constantin, pour mettre un frein à ces mutilations, avait ordonné que ceux qui s'en rendraient coupables fussent marqués au fer rouge et conservés au service.

Au moyen âge et pendant les croisades, on envoyait une quenouille et un fuseau à ceux qui refusaient de se rendre à la guerre.

En France, sous le premier empire, les mutilations devinrent à un moment fort nombreuses, et en 1807 on créa les compagnies de pionniers, qui devaient recevoir tous ceux qui se mutileraient et se rendraient volontairement impropres au service.

En Autriche, les soldats qui simulaient des maladies étaient, autrefois au moins, très-sévèrement punis. Dans certains cas, ils encouraient des châtiments corporels, dans d'autres ils étaient condamnés à rester au service pendant toute leur vie (Isfordink. *militarische Gesundheit Polizei*. Vienne, 1827).

Aujourd'hui, en France, le jeune soldat qui se rend impropre au service est passible des peines édictées par la loi du 21 mars 1832, et qui ont été confirmées par la loi du 1er février 1868. Les articles 41 et 42 de cette loi sont ainsi conçus :

Art. 41. — Les jeunes gens appelés à faire partie du contingent qui seront prévenus de s'être rendus impropres au service militaire, soit temporairement, soit d'une manière permanente, dans le but de se soustraire aux obligations imposées par la présente loi seront déférés aux tribunaux par les conseils de révision, et, s'ils sont reconnus coupables, ils seront punis d'un emprisonnement d'un mois à un an. . . . .

Art. 42. — Ne comptera pas pour les années de service exigées par la présente loi, le temps passé dans l'état de détention en vertu d'un jugement.

D'après l'article 270 du code de justice militaire, les mêmes peines sont applicables aux tentatives des délits prévus par l'art. 41 de la loi du 1er février 1868.

En outre, l'individu qui a cherché à se rendre impropre au service militaire peut être condamné à payer des dommages-intérêts au jeune soldat qui par ce fait a été indûment compris dans le contingent, et à lui fournir un remplaçant.

Dans notre code de justice militaire, il n'existe pas de peine édictée contre le soldat qui simule une maladie après son incorporation. Quand la fraude est démontrée, le militaire peut être puni par le chef de corps de deux mois de prison au maximum, ou traduit devant un conseil de discipline qui peut décider son envoi aux bataillons d'Afrique.

Cependant la question de simulation se présente assez souvent devant les conseils de guerre, mais d'une façon indirecte, lorsqu'un militaire, accusé d'un crime ou d'un délit quelconque, feint la folie, et que la défense tend à le faire considérer comme irresponsable de ses actes. Le même fait se représente encore bien plus souvent devant les cours d'assises, où les accusés en simulant l'aliénation mentale, cherchent à bénéficier des dispositions de l'article 64 du code pénal.

Il y a certainement, à propos de la simulation, une lacune dans le code militaire. L'article 276 du code pénal punit d'un emprisonnement de six mois à deux ans les mendiants même invalides qui feignent des plaies ou infirmités. Si l'individu qui trompe la commisération publique est passible d'une peine grave, il me semble que le militaire qui cherche par la fraude à se soustraire aux obligations de son service ne doit pas être traité moins sévèrement.

E. BOISSEAU.

BIBLIOGRAPHIE. — GALENUS. *Opera omnia*. Édition D. C. Kühn, t. XIX, p. 1 : *Quomodò morbum simulantes sint deprehendendi libellus*. — PARÉ (Ambroise). *OEuvres complètes* Édit.

Malgaigne, t. II, chap. xxii, xxiii, xxiv. — Silvaticus (J. B.). *De iis qui morbum simulant deprehendendis liber.* Mediolani, 1594. — Fidelis (Fortunatus). *De relationibus medicorum.* 1674. Cap. ii : *De dignoscendis his qui morbum simulant.* — Pigray (P.). *Epitome des préceptes de chirurgie,* liv. VII, chap. viii : *Autres maladies auxquelles le chirurgien peut être appelé pour rapporter.* — Bohnius (J.). *De officio medici duplici.* 1689, in-4°, p. 165. — Zacchiæ. *Quæstiones medico-legales, in quibus ex materiæ,* etc., t. I, 1657, lib. III, cap. ii : *De morborum simulatione.* — Valentini. *Pandectæ medico-legales.* Franc., 1701, in-4°. — Hoffmann (Fr.). *De morbis fictis.* Halle, 1700. — Zittmann (J. Fr.). *Medicina forensis.* Lipsiæ, 1706. — Luther (C. F.). *Dissertatio de morbis simulatis ac dissimulatis.* Erfurt, 1728. — Steublin (Fr. Wilh.). *De. ægroto mendace.* Erfurt, 1711. — Waldschmidt. *De morbis simulatis ac dissimulatis.* Kiloniæ, 1728. — Vogel (R. A.). *Dissertatio de morborum simulatione.* Gœttingen, 1769. — Gansne. *Dissertatio de simulatis morbis et quomodò eos dignoscere liceat.* Gœttingen, 1769. — Balinger. *Dissertatio de morbis simulatis.* Gœttingen, 1774. — Neumann. *Dissertatio de morborum fictione.* Wittenb., 1788. — Schneider. *Dissertatio de morborum fictione.* Francfort, 1794. — Alberti. *Systema jurisp med. leg.* Halle, 1725. — Teichmeyer. *Instit. medicinæ leg. vel forensis.* Iena, 1742. — Ludwig. *Institutiones medicinæ forensis.* Lipsiæ, 1765. — Kannengiesser. *Institutiones medicinæ legalis,* cap. v. Kiel. — Faselius (F.). *Elementa medecinæ forensis.* Iena, 1767. — Pyl. *Aufsätze und Beobachtungen aus der gerichtlichen Arzneiwissenschaft,* 8 vol. Berlin, 1785. — Plenck. *Elementa medicinæ et chirurgiæ forensis.* Viennæ, 1781. — Brendelius. *Medicina legalis sive forensis.* Hannover, 1789. — Tropanegger. *Decisiones medicinæ forensis.* Dresde, 1733. — Fahner. *Vollständiges System der ger. Arzn.* Stendal, 1795. — Lentin. *Beiträge zur ausüb. Arzneiw.* Leipzig, 1797-1804. — Schlegel. *Mat. für d. Staatsarzn.* Jena, 1800. — Helbig. *Bemerkungen über vorgeschützte Krankheiten.* In Rust's *Magazin der gesammten Heilkunde,* t. VI, p. 165 ; 1819.— Metzger. *Principes de médecine légale ou judiciaire.* Traduits par J. Ballard. Paris, 1813, p. 212.— Fodéré. *Traité de médecine légale et d'hygiène publique.* Paris, 1813, t. II, p. 452. — Mahon. *Médecine légale.* Rouen, 1801, t. I, p. 324. — Belloc (J.). *Cours de médecine légale théorique et pratique,* 2ᵉ éd. Paris, 1811, p. 235. — Dehaussy-Robécourt (H. B). *Exposé d'une nouvelle doctrine des maladies simulées.* Th. de Paris, 1805. — Létier (J. B.). *Dissertation sur les maladies simulées et sur les moyens de les reconnaître.* — Gilbert. *Encyclopédie méthodique.* Paris, 1808, t. III, p. 429. — Marc (C. H.). *Dissertatio medica sistens fragmenta quædam de morborum simulatione.* Paris, 1811. — Blatchford. *Inaugural Dissertation on feigned Diseases.* New-York, 1817. — Daille. *Essai sur les maladies simulées.* Thèse. Paris, 1818. — Souville. *Examen des infirmités ou maladies qui peuvent exempter du service militaire ou nécessiter la réforme.* Paris, 1810, in-8°. — Borie (L.). *Traité des maladies et infirmités qui doivent dispenser du service militaire.* Paris, 1818, section iv, p. 148. — Moricheau-Beaupré. *Mémoire sur le choix des hommes propres au service militaire.* Paris, 1820. — Mann. *Dissertatio medica forensis de viâ ac ratione, quâ morbi simulati deprehendi possint.* Lipsiæ, 1820. — Percy et Laurent. *Art. Simulation.* In *Dictionnaire en 60 volumes,* t. LI. Paris, 1821. — Marc. *Art. Déception.* In *Dictionnaire en 21 vol.,* t. VI, 1823. — Bégin. *Art. Réforme.* In *Dictionnaire de médecine et de chirurgie pratiques.* Paris,1835, t. XIV, p. 159.— Coche. *De l'opération médicale au recrutement.* Paris, 1824. — Fallot. *Mémorial de l'expert dans la visite de l'homme de guerre.* Bruxelles, 1829. — Hennen. *Principles of Military Surgery.* 2ᵉ éd. London, 1818. — Cheyne. *Medical Report on the feigned Diseases of Soldiers.* In *Dublin Hospital Reports,* vol. IV. — Paris et Fondlanque. *Medical Jurisprudence.* London, 1823 — Smith Gordon. *Principles of Forensic Medicine.* 2ᵉ éd. London, 1824. — Hutchinson. *Pract. Obs. on Surgery.* 2ᵉ éd. Lond., 1826. — Marshall (H.). *Hints to Young Military Officers.* London, 1828. — Du même. *On the Enlisting, Discharging and Pensioning of Soldiers.* London, 1829. — Kirchhoff. *Hygiène militaire à l'usage des armées de terre.* 2ᵉ éd. Anvers, 1823, p. 17.— Isfordink. *Militärische Gesundheit Polizei,* etc. Vienne, 1827. — Krügelstein. *Erfahrungen über die Verstellungskunst in Krankheiten.* Leipzig, 1828. — Schnetzer. *Ueber die wegen Befreiung von Militärdienste vorgeschützten Krankheiten und deren Entdeckungsmittel.* Tübingen, 1829. — Ohnes. *De morbis, qui hominem ad militiam invalidum reddant, et de ratione, quâ morbos simulantes sint deprehendendi.* Diss. inaugur. med. Berol., 1831. — Degousée. *Essai médico-légal sur les maladies simulées.* Th. de Strasb., 1829, n° 907.— Speyer (H. F.). *Systematische Darstellung der ärztlichen Untersuchung des menschlichen Organismus. Ein Leitfaden zu richtiger Beurtheilung und Entscheidung zweifelhafter Gesundheitszustände in allgemeiner als in besonderer Beziehung auf Rekrutirung und Militair-Entlassung.* Hanau, 1833. — Anschütz (J. A.) *Dissertatio de morbis simulatis præsertim in militibus obviis.* Wirceburgi, 1834. — Taufflieb. *Examen médico-légal des maladies simulées, dissimulées et imputées.* Strasbourg, 1835. Thèse de concours pour le professorat. — Beck. *Elements of Medical Jurisprudence.* London, 1836. — Tourdes (G.). *Des cas rares en médecine légale.* Thèse de concours pour le professorat. Strasbourg, 1840. — Goutt. *Considérations sur la simulation*

des maladies dans les régiments. Thèses de Paris, 1844. — Scott, Forbes et Marshall. Art.
Feigned Diseases. In *Cyclopœdia of medicine*, t. II. — Copland. Art. *Feigned Diseases*. In
Dictionary of Practical Medicine. Éd. de 1858. — Ballingall. *Outlines of Military Surgery*.
2e éd Edinburgh, 1858 *Feigned and Factitious Diseases*, p. 524. — Ollivier (d'Angers).
Mémoires sur les maladies simulées. In *Annales d'hygiène publique et de médecine légale*,
1re série, t. XXV, p. 100, 1841, et ibid., t. XXX, p. 352, 1843. — Gavin (H.). *On Feigned and
factitious Diseases, chiefly of Soldiers and Seamen*. London, 1843, 1 vol. in-8°. — Bayard
(H.). *Mémoire sur les maladies simulées* In *Annales d'hygiène et de médecine légale*,
1re série, t. XXXVIII, p. 217. — Bernard (H.) *Dissertation sur les maladies simulées*. Th.
de Paris, 1854, n° 197. — Tanneau. *Des maladies simulées les plus communes au point de vue
du recrutement*. Thèses de Montpellier, 1855. — Leudguer-Fortmorel. *Considérations pratiques
sur l'opération du recrutement et quelques maladies simulées*. Th. de Paris, 1855., n° 168.—
Boisseau (Edm.). *Considérations sur les maladies simulées dans l'armée en particulier*. In
Annales d'hygiène publique et de médecine légale, 2e sér., t. XXXI, p. 331, 1869. — Du même.
Des maladies simulées et des moyens de les reconnaître. Paris, 1870, in-8°. — Consulter les
traités de médecine légale de Briand et Chaudé, H. Bayard, Devergie, Orfila, Taylor, Casper,
Buchner, etc. — On trouve en outre des observations disséminées dans divers recueils et en
particulier dans les suivants : *Gazette des hôpitaux*, *Union médicale*, *Annales d'hygiène
publique et de médecine légale*, *Annales médico-psychologiques*, *Recueil de mémoires de
médecine et de chirurgie militaires*, *Archives belges de médecine militaire*, *Edinburgh
Medical and Surgical Journal*, *Casper's Vierteljahrschrift für gerichtliche und öffentliche
Medizin*, *Allgemeine militärische ärztl. Zeitung*, etc.   E. B.

MALADIE D'ADDISON [*Voy.* Bronzée (Maladie)].

MALADIE DE BASEDOW [*Voy.* Exophthalmique, (Cachexie)].

MALADIE DE BRIGHT. Les anciens médecins n'ignoraient pas que l'hydropisie pût avoir sa source dans une altération des reins ou de la sécrétion
urinaire. Hippocrate, Galien, Cœlius Aurelianus, Arétée, Alexandre de Tralles
signalent ce fait dans leurs écrits. Avicenne et les médecins arabes saisissent plus
nettement encore la relation qui unit certaines hydropisies avec les affections des
reins. Néanmoins, depuis la Renaissance, quelques observations seulement témoignent de cette liaison qui reste dans l'ombre malgré les déclamations de van
Helmont. Mais lorsque, au siècle dernier, Cotugno eut déterminé expérimentalement
la présence de l'albumine dans l'urine des hydropiques, Cruickshank essaya de fonder sur l'état des urines une distinction importante des hydropisies, il sépara les
hydropisies avec urine coagulable de celles où ce symptôme faisait défaut. Des observations multipliées et précises de Wells et de Blackall, au commencement de ce
siècle, contribuèrent à faire admettre la distinction entrevue et proposée par
Cruickshank, et préparèrent ainsi la découverte de Bright. Après avoir rappelé
l'influence que les maladies du cœur et des gros vaisseaux, les maladies du foie et
des veines, l'inflammation des membranes séreuses exercent sur le développement
de l'hydropisie, ce médecin distingué annonce que l'hydropisie a une autre source
dans des altérations particulières des reins, et il ajoute que, toutes les fois que ce
symptôme dépend de ces altérations rénales, l'urine est plus ou moins albumineuse, tandis qu'il ne l'a jamais trouvée coagulable dans un grand nombre d'autres hydropisies observées par lui et subordonnées à des maladies organiques du
foie.

Plus tard, Christison et Gregory, en Angleterre, Martin Solon, Bayer et ses
élèves, en France, confirmèrent l'exactitude des recherches faites par Bright
Tout d'abord donc l'observation nous apprend que l'hydropisie peut se rattacher
à certaines lésions rénales, puis l'expérience conduit à la découverte de l'albumine dans l'urine des hydropiques, et le rapport qui unit l'hydropisie aux
affections rénales avec albuminurie est enfin reconnu. Bright, qui saisit le mieux

cette liaison, a l'honneur de voir donner son nom à une maladie qui avait pour principaux caractères la présence de l'albumine dans l'urine et la coïncidence d'une anasarque avec des lésions rénales d'aspect différent. Toutefois, quelques auteurs préfèrent la dénomination d'albuminurie ou de néphrite albumineuse à celle de maladie de Bright ; mais le mot *albuminurie*, n'exprimant qu'un état symptomatique, est bientôt abandonné, et bon nombre de médecins refusent d'appeler du nom de néphrite albumineuse une lésion qui souvent ne leur paraît rien moins qu'inflammatoire. Or, c'est à cette circonstance, plus encore qu'à la reconnaissance vis-à-vis d'un des médecins les plus illustres, que la dénomination de maladie de Bright dut son succès. Ainsi la confusion touchant la lésion anatomique des reins, dans les cas d'anasarque avec urines albumineuses, a pu favoriser l'appellation de maladie de Bright, et conséquemment il n'y a pas lieu d'être surpris si aujourd'hui nous croyons devoir nous opposer à cette dénomination, en tant qu'on voudrait en faire la représentation d'une espèce morbide. L'application des recherches histologiques à la clinique montre avec évidence que les lésions rénales décrites sous le nom de maladie de Bright, loin d'être toujours identiques, diffèrent non-seulement par le siége de l'altération dans le parenchyme du rein, mais encore par la nature du processus morbide. D'ailleurs, il suffit de faire l'examen microscopique du rein brightique pour se convaincre que les différents degrés d'altération décrits par Bright et ses successeurs ne peuvent être les phases successives d'une même altération, mais des altérations distinctes, non-seulement par leur siège élémentaire, mais par leur nature et leur évolution. Johnson, Virchow, Grainger Stewart, Cornil, moi-même et beaucoup d'autres plaident dans ce sens, et si, comme je me suis appliqué à le faire (*Atlas d'anat. pathol.*), poussant l'analyse plus loin, on cherche à s'éclairer sur l'étiologie de ces diverses altérations, il est facile de voir qu'elles répondent à des causes multiples, et que chacune de ces causes imprime en quelque sorte son cachet à la lésion rénale. Personne ne contestera que l'altération des reins consécutive à la scarlatine ne soit fort différente de l'altération graisseuse ou stéatose des buveurs d'alcool et de la néphrite interstitielle et atrophique qui accompagne quelquefois l'intoxication saturnine prolongée. Pourtant, en voyant ces lésions chez trois individus différents, on n'eût pas manqué autrefois d'en faire les degrés d'une même affection, quand en réalité il ne s'agit nullement dans ces cas de processus identiques. La première de ces altérations ou néphrite catarrhale, résultat d'une infiltration des épithéliums par des substances protéiques, est quelquefois susceptible de guérison, c'est lorsque l'exsudat se métamorphose sans avoir détruit les cellules épithéliales. La seconde, qui consiste en une accumulation de graisse, ou mieux en une transformation graisseuse des épithéliums des reins, est ordinairement mortelle et d'une durée relativement courte. La troisième, enfin, qui est produite par un épaississement du stroma conjonctif, est un état également sérieux, mais d'une durée toujours longue. Ainsi, ces altérations différentes d'origine et de nature ne peuvent être considérées comme faisant partie d'une même maladie, et la dénomination de maladie de Bright n'est en réalité qu'un terme général sous lequel viennent se grouper des lésions multiples et dissemblables Envisagée au point de vue de l'anatomie pathologique, cette maladie brightique n'a même pas qualité pour représenter un genre, c'est-à-dire une réunion d'états ayant entre eux une analogie marquée et se rapprochant les uns des autres par des caractères communs, puisque nous ne pouvons voir ni analogie, ni caractères communs dans les altérations que nous venons de citer comme exemple. Je sais bien que si on n'examine que le côté symptomatologique de cette prétendue maladie, on m'objectera que l'anasarque et l'albuminurie en sont des phénomènes pour ainsi dire constants ; cela est vrai, mais doit-on attacher plus d'importance au symptôme qu'au désordre matériel auquel il est subordonné ? personne ne l'admettra Il importe donc de reconnaître la diversité des lésions brightiques, que l'on peut grouper sous les chefs suivants :

1° Néphrite épithéliale ou catarrhale ;

2° Néphrite conjonctive ou interstitielle ;

3° Stéatose ou dégénérescence graisseuse des reins ;

4° Leucomatose ou dégénérescence amyloïde des reins.

Ajoutons que ces lésions se compliquent quelquefois et qu'il est un certain nombre de cas mixtes que l'on peut hésiter à ranger dans l'un ou l'autre de ces genres, à. moins d'une grande habitude.

Ainsi décomposée, la maladie de Bright peut être envisagée à un point de vue réellement pratique, car, les lésions qu'elle comprend ayant chacune une évolution déterminée, il suffit de la connaissance du genre d'altération pour être renseigné sur cette évolution. Ce renseignement est plus complet encore quand au lieu de s'arrêter au genre on s'applique à distinguer l'espèce. Or la néphrite catarrhale s'observe dans la plupart des maladies fébriles aiguës, et de là les néphrites scarlatineuse, érysipélateuse, typhoïde, etc. A la néphrite conjonctive ou interstitielle se rattachent les néphrites syphilitique, plombique et un certain nombre d'autres lésions dont l'étiologie est jusqu'ici indécise. Le genre stéatose a pour représentants spécifiques les stéatoses alcoolique, phosphorique, etc. Le genre leucomatose a pour type la leucomatose scrofuleuse, celle des maladies cachectiques. Si donc il suffit, pour arriver à diagnostiquer une maladie de Bright, de la coïncidence d'une albuminurie avec lésion rénale et anasarque, il importe, pour savoir comment marchera cette maladie et quelles indications thérapeutiques elle réclame, de rechercher le genre de l'altération rénale, de s'enquérir de la cause qui l'a produite, afin d'en déterminer l'espèce ; alors seulement le diagnostic sera complet, il sera possible d'instituer une thérapeutique rationnelle et de prévoir l'évolution ultérieure et la complication décrite sous le nom d'*urémie*, puisque cette complication est dans une certaine mesure subordonnée à la nature de la lésion brightique. N'ayant pas à décrire ici les altérations désignées jusqu'à présent sous le nom de maladie de Bright, nous n'avons pas non plus à nous occuper des accidents urémiques, qui rentrent dans la pathologie des reins (*Voy.* Néphrite et Reins).   E. Lancereaux.

MALADIE DE FOIN (*Voy.* Asthme)

MALADIE DES SCYTHES, *Maladie féminine* (θήλεια νοῦσος). Hérodote raconte qu'au moment où les Scythes, après leur grande incursion dans la Médie et la Palestine, quittaient la Syrie, leur arrière-garde ayant pillé le temple de Vénus Uranie à Ascalon, la déesse envoya une maladie de femmes à ceux d'entre les Scythes qui avaient pillé le temple, et que ce châtiment s'étendit à jamais sur leur postérité. Les Scythes, ajoute-t-il, disent que cette maladie est la punition du sacrilège commis, et que ceux qui voyagent dans leur pays s'aperçoivent de l'état de ces malades qu'ils appellent *Enarées*, c'est-à-dire évirés (*Hist.*, I, 105). Ailleurs, parlant des sorciers et des jongleurs de ce même peuple, il dit : « Les *énarées* prétendent qu'ils tiennent ce don (l'art de la divination) de Vénus elle-même, et

se servent, pour exercer leur art, de l'écorce de tilleul, etc. (*Ibid*, IV, 67). » Hippocrate, contemporain d'Hérodote, bien que plus jeune, complète ces documents
un peu vagues. Un grand nombre de Scythes, dit-il, deviennent impuissants
(εὐνουχίαι), s'occupent à des ouvrages de femmes et parlent comme elles. On les
appelle *anandres* (ἀνανδριεῖς) ou efféminés. Les indigènes attribuent ce changement à Dieu ; ils respectent et adorent ces hommes, chacun craignant pour soi
un pareil malheur (*Des airs, des eaux et des lieux*). Ainsi, les énarées d'Hérodote sont bien exactement les anandres d'Hippocrate.

Et maintenant faut-il reléguer l'existence de ce phénomène au rang des fables
comme l'antiquité nous en a transmis un si grand nombre ? Les voyageurs modernes
qui ont parcouru les pays habités par les Tartares, descendants des anciens Scythes,
vont nous répondre. Reinegg, dans sa description du Caucase, s'exprime ainsi :
« Le plus remarquable des peuples nomades du Kuban est celui des Nogays ou des
Montugays. Ils se distinguent des autres par le caractère mongol que présente
leur physionomie... lorsqu'ils sont épuisés par une maladie ou qu'ils avancent en
âge, la peau de tout leur corps se sillonne de rides profondes, leur barbe tombe,
et dans cet état ils ressemblent tout à fait à des femmes. Ils deviennent inaptes à
l'acte de la génération, et leurs sensations comme leurs actions cessent de ressembler à celles du sexe auquel ils appartiennent. Obligés de fuir la société des
hommes, ils vivent au milieu des femmes dont ils adoptent le costume. On pa-
rierait même cent contre un que ce sont de vieilles femmes fort laides (*Beschreibung der Kaukasus*, Th. I, p. 269, Pétersb., 1796 ; et Sprengel, *Hist. de la
méd.*, trad. de Jourdan, t. I, p. 208. Paris, 1815). » Jules Klaproth, le fils du
célèbre chimiste, a constaté la même chose chez ces mêmes Tartares Nogays, et il
ne manque pas de comparer l'état qu'il a observé avec celui qui a été signalé par
Hérodote et par Hippocrate (*Reise in der Caucasus und nach Georgien*, Th. I,
p. 283, Berlin, 1812). Enfin, suivant une note fournie à M. Daremberg par un
médecin qui a voyagé dans les mêmes contrées, M. Chotomsky, on observe parmi
les Tartares beaucoup d'individus affectés d'impuissance par suite de l'équitation
(Hippocrate, *OEuvr. chois.*, trad. par Daremberg, note p. 497. Paris, 1842,
in-12).

Le fait est donc bien établi, il ne reste plus qu'à l'expliquer, et, ici, les auteurs
ont largement donné carrière à leur imagination, faisant assaut de sagacité ré-
trospective et d'érudition.

Le pieux Hérodote accepte franchement la légende, c'est une vengeance de
Vénus ; passons. Hippocrate, lui, n'est pas d'aussi facile composition : il n'admettait pas les maladies divines ; aucune, selon lui, n'est produite sans l'intervention
d'une cause naturelle. Malheureusement, cette cause naturelle, il la cherche dans
une hypothèse tout à fait inadmissible. L'équitation habituelle, fait-il observer, dé-
mine des fluxions sur les articulations inférieures, et les Scythes traitent cette
maladie par la section des veines situées derrière les oreilles ; or, dit-il, si l'on
ouvre certaines veines placées derrière les oreilles, cette opération rend les hommes
impuissants ; il pense donc que les Scythes coupent précisément ces veines-là. Au
total, la cause première serait l'équitation, et la preuve qu'il en donne c est
que la maladie affecte surtout les riches qui vont toujours à cheval. Remarquons qu'un peu plus haut il avait noté, en parlant des mœurs des Scythes, que
la mollesse et l'humidité de leur constitution, dues elles-mêmes au climat, diminuent leurs facultés génératrices, et que, de plus, l'exercice journalier du cheval
atténue encore leur puissance virile ; et ailleurs aussi : partout où l'équitation est

habituelle, beaucoup sont sujets aux fluxions articulaires, à la sciatique, et perdent le goût des plaisirs vénériens.

A l'époque de la renaissance, l'explosion des manifestations syphilitiques ramena forcément l'attention des médecins vers les maladies des organes génitaux observées par les anciens, et quelques auteurs crurent pouvoir admettre que l'anaphrodisie des Scythes était la conséquence des écoulements *gonorrhéiques*, comme on les appelait alors (Ch. Patin, *Comment. in vetus monum. Ulpiœ Marcell.*, p. 413, etc). On voit, par tout ce qui précède, que rien ne saurait justifier une semblable assertion, qui a déjà été réfutée par Mercuriali (*Var. lect.*, III, 7) et par Astruc (*de Morb. ven.*, I, 2).

Bouhier, dans ses commentaires sur Hérodote, voit, dans la maladie féminine (θήλεια νοῦσος), une allusion à un vice infâme. Les Scythes dont il s'agit seraient tout simplement ce que les anciens désignaient sous le nom de *Pathici*, des hommes servant de femmes aux autres hommes (*Rech. et dissert. sur Hérodote.* Dijon, 1746, p. 292). Cette nouvelle supposition n'est pas plus acceptable que la précédente; elle a cependant été reproduite dans ces derniers temps par un des plus grands érudits de l'Allemagne, M. Rosenbaum, qui s'est efforcé de la faire prévaloir (*Geschichte der Lustseuche.* Halle, 1839, t. 1, p. 141), s'appuyant particulièrement sur cette circonstance que les anciens désignaient par les mots θήλεια νοῦσος le genre de débauche dont il s'agit ici.

D'autres, s'en référant aux généralités d'Hippocrate sur les Scythes ou Sarmates, ont accusé l'intempérie du climat. D'autres encore ont vu là des causes multiples. Bagard, l'un des premiers qui se soient occupés de la question d'une manière spéciale, met bien en cause le froid extrême et l'humidité, mais il admet en outre l'absence de mouvement pendant l'enfance, une équitation continuelle pendant la jeunesse, une faiblesse originelle due à des parents obèses et lymphatiques; enfin, il croit pouvoir y joindre un état moral analogue à celui des personnes qui croyaient qu'on leur avait noué l'aiguillette. Le célèbre aliéniste Friedreich a relevé, après quelques autres, la dernière influence signalée par Bagard et lui a fait jouer le principal rôle dans la maladie des Scythes. Il la regarde très-positivement comme une véritable *monomanie*, dans laquelle les hommes se croient changés en femmes.

Mais c'est particulièrement à l'équitation forcée que le plus grand nombre des médecins ont, avec raison, je crois, rapporté l'origine des phénomènes qui nous occupent. Seulement, encore ici, que d'explications différentes ! Sprengel avance que les Scythes nomades, excités par l'exercice du cheval, auraient été très-adonnés à la masturbation, d'où la stérilité, l'effémination, la pusillanimité et une sorte d'aliénation (*Apologie des Hippokrates*, 2e part., p. 616. Leipzig, 1792, in-8°). Hippocrate avait, en quelque sorte, réfuté à l'avance cette assertion quand il avait dit (*loc. cit.*) que les Scythes, toujours à cheval et portant des culottes, ne touchaient presque jamais à leurs parties sexuelles. Citons actuellement l'autorité d'un grand praticien, Lallemand, qui est entré en partie dans les idées de Sprengel. Après avoir rapporté plusieurs cas d'anaphrodisie, suite de pertes séminales chez des individus qui avaient fait abus de l'équitation, il fait voir que l'exercice du cheval, par suite des frottements et des secousses du périnée, a pour résultat d'irriter les canaux déférents; de là, l'irritation gagne l'épididyme et le testicule. D'autres fois c'est en agissant sur la marge de l'anus et en provoquant une constipation opiniâtre, et comme conséquence des pollutions diurnes très-énervantes; ailleurs, c'est en stimulant des besoins factices et les portant à l'excès, ou bien enfin en augmentant l'irritation quand elle a été développée par des excès récents (*Des pertes séminales*, 1ʳᵉ part., p. 581 et suiv. Paris, 1836, in-8º).

Nous pourrions multiplier encore ces citations relatives aux explications données par les auteurs sur l'impuissance des Scythes, celles qui précèdent suffisent pour montrer que le problème est loin d'être résolu et combien, dans l'intérêt de la science, il serait à désirer que des médecins voyageurs pussent examiner la question sur les lieux mêmes, afin d'apprécier rigoureusement les conditions dans lesquelles le phénomène se produit, et les circonstances qui peuvent influer sur sa production.

En attendant, nous renvoyons les personnes qui voudraient étudier l'histoire de la maladie des Scythes aux mémoires ou dissertations qui suivent et qui ont été spécialement consacrés à ce sujet : .

Bibliographie. — Bagard. *Explication d'un passage d'Hippocrate touchant les Scythes qui deviennent eunuques.* Nancy, 1761, in-8º. — Bose. *Progr. de Scytharum* νόσῳ θηλείᾳ *ad illustrandum locum Herodoti.* Lipsiæ, 1778, in-4º. — Heyne (Chr. G.). *De maribus inter Scythas morbo effeminatis,* etc. In *Comment. soc. reg. sc. Gœttingensis ad. ann.* 1778. Gœttingæ, 1779, t. I, in-4º. — Nebel (Em. Lad. Wilh.). *Epistola de morbis veterum obscuris.* Sect. I. Giessæ, 1794, in-4º. — Graff (Carl). Θήλεια νοῦσος, *seu morbus fœmineus Scytharum.* Wirceburgi, 1815, in-8º. — Stark (C. G.). *De* νούσῳ θηλείᾳ, *apud Herodotum, Prolusio.* Jenæ, 1827, in-4º. — Friedreich (C.). Θήλεια νοῦσος, *Historisches Fragment.* In *Magaz. für die philosoph. Mediz. und gerichtl. Seelenkunde,* t. I, p. 75. Würzburg, 1829, in-8º. E. Bgd.

MALADIE DU SOMMEIL (anglais : *Sleeping-dropsy;* noms indigènes à la côte d'Afrique : *n' tonzi, lalangolo, m' bazo-nicto; — somnolenza* du docteur Gaigneron; *hypnosie* de Dangaix et Nicolas). Cette dénomination a été donnée à une maladie du cerveau, exclusivement observée, jusqu'à présent, chez les nègres originaires de divers points de l'Afrique occidentale, du Congo surtout, caractérisée par les manifestations physiques du sommeil porté beaucoup au delà des limites physiologiques et, le plus souvent, à un degré plus avancé, par des accidents convulsifs qui ne tardent pas à être suivis de mort. Cette maladie serait le résultat d'une hypérémie passive de l'encéphale et des méninges.

Winterbottom, le premier, en 1819, a signalé cette singulière maladie parmi les esclaves noirs du littoral du golfe de Bénin, et particulièrement chez les nègres Poulahs. En 1840, le docteur Clark, fixé à Sierra-Leone, en publia une relation sous le nom de *sleeping-dropsy* (hydropisie narcotique) qui serait la traduction littérale de la dénomination employée par les nègres. Dans son mémoire, il dit l'avoir observée chez les noirs des tribus de l'intérieur du continent. A partir de 1860, les médecins de la marine française détachés au service de l'immigration de la côte d'Afrique aux Antilles eurent occasion d'observer la maladie du sommeil. Dangaix, Gaigneron, Nicolas l'étudièrent successivement, mais le petit nombre des cas qu'ils rencontrèrent suivant les circonstances dans lesquelles ils se trouvaient ne leur permirent pas de pousser très-loin leurs investigations nécroscopiques. Boudin et Hirsch donnèrent dans leurs ouvrages de géographie médicale, l'analyse des travaux publiés jusqu'alors sur ce sujet. Tout récemment le docteur Guérin, médecin de 2ᵉ classe de la marine, attaché depuis plusieurs années au service de la Martinique, a rédigé une thèse très-intéressante qui est le résumé de l'observation de 134 cas de maladie du sommeil et de 32 autopsies. C'est particulièrement à ce travail que nous empruntons les éléments de cet article.

Étiologie. Jusqu'à présent on ne sait rien sur les causes de cette maladie bizarre. Le point capital, c'est qu'elle n'a été observée jusqu'à présent que chez des nègres africains ; aussi Boudin l'a-t-il rangée parmi les maladies ethniques Mais, chose singulière, c'est que jamais cependant elle n'a encore été signalée parmi les nègres, exempts de tout mélange, nés aux Antilles. Cette maladie n'avait Jamais été notée par les divers médecins qui ont écrit sur les affections de ces colonies. Dutroulau lui-même ne l'a pas observé et n'en parle que d'après Gaigneron. Tous les cas recueillis par le docteur Guérin se sont offerts chez des noirs provenant de la côte d'Afrique et ayant, au plus, cinq à huit ans de séjour aux Antilles. C'est à tort que les médecins attachés à l'immigration africaine ont d'abord cru à une maladie épidémique d'origine récente sévissant chez les noirs des tribus de l'intérieur et résultant d'une disette. Ils ignoraient que la *maladie du sommeil* était connue des médecins anglais depuis 1819. Comme l'a fait remarquer avec juste raison le docteur Nicolas et après lui le docteur Guérin, on ne peut attribuer à cette maladie le caractère épidémique et encore moins la supposer importable. Sur 1,207 émigrants que Nicolas a amenés du Congo aux Antilles, il n'a observé que 5 fois la maladie du sommeil. Sur 100 décès on pouvait compter 1 somnolent. Si, dans certaines circonstances, il a été légitime de penser que la mauvaise alimentation avait pu jouer un rôle dans le développement de la maladie, le docteur Guérin cite ailleurs des cas où les sujets, bien que transportés loin de leur pays, jouissaient, sous tous les rapports, de conditions hygiéniques excellentes.

Les passions tristes paraissent avoir une influence manifeste sur l'invasion de l'*hypnosie*. Toutefois plusieurs des malades dont l'observation est relatée dans la thèse de Guérin ne semblaient pas avoir été déprimés par le chagrin.

L'hypnosie attaque tous les âges et tous les sexes à peu près indistinctement, cependant, d'après Guérin, l'âge de prédilection serait de 12 à 18 ans. Elle est relativement plus rare dans l'enfance.

SYMPTÔMES. Nous ne pouvons mieux faire que d'emprunter à la thèse de Guérin, la description qu'il a tracée et qui est, jusqu'à présent, la plus complète.

« Le début est rarement brusque, presque toujours les malades éprouvent des prodromes qui surviennent au milieu de la santé la plus parfaite.

« Il se déclare d'abord une légère céphalalgie occupant, le plus souvent, les régions sus-orbitaires, quelquefois, c'est un sentiment de constriction aux tempes. Cette céphalalgie, n'est jamais intense ; après quelques jours, survient un besoin de dormir, d'abord léger, débutant après les repas, rarement dès le matin. Le malade peut d'abord y résister, puis après un certain temps, il y succombe malgré lui. Cette somnolence est souvent précédée d'une sensation d'engourdissement du cuir chevelu et d'une pesanteur de la paupière supérieure qui s'abaisse graduellement jusqu'à amener l'occlusion presque complète de l'œil. Ce prolapsus de la paupière supérieure disparaît en partie, quelques instants après le réveil. Ce n'est que dans la période avancée de la maladie que ce phénomène persiste au point que l'œil reste constamment à moitié fermé.

« Quelques jours après, les accès de sommeil deviennent de plus en plus longs ; ils surprennent le malade dans toutes les positions, le plus souvent après les repas. Alors, s'il n'est excité, quel que soit le besoin de manger, il s'assoupit et s'endort, sans changer d'attitude.

« Dans cette période de la maladie, la marche devient lourde ; le malade est paresseux, triste ; il évite ses compagnons. La figure se tuméfie surtout pendant le sommeil, des veinules saillantes parcourent la surface de la sclérotique; les conjonctives sont humides, le globle oculaire semble faire saillie. Déjà, à cette période, on peut reconnaître, à première vue, la maladie du sommeil, même en dehors des accès de somnolence. Pendant cette phase, le pouls est ordinairement plein, sans dureté, il varie de 70 à 75. La température de la peau est le plus souvent normale, elle tend plutôt à diminuer qu'à augmenter ; du reste, quand la maladie touche à sa fin, il n'existe que de la sécheresse, sans augmentation notable de la chaleur. L'appétit se maintient, la langue humide est quelquefois recouverte d'un enduit blanchâtre. Les fonctions de la vie animale s'accomplissent assez régulièrement. Sur cent quarante-huit observations que nous avons recueillies, contrairement à ce qu'a dit Dangaix, nous n'avons jamais constaté de diarrhée chez les somnolents ; ils ont plutôt une tendance à la constipation due au défaut d'exercice qui est une conséquence inévitable dans la dernière phase de la maladie. Les urines ne contiennent jamais d'albumine à quelque période qu'on les examine.

« Les accès de sommeil devenant de plus en plus fréquents, de plus en plus longs, le malade arrive à ne pouvoir plus s'éveiller spontanément. Les mouvements deviennent saccadés. La marche est chancelante, la station debout est difficile, l'équilibre paraît instable, il faut exciter le malade pour qu'il résiste au sommeil et encore n'y parvient-on pas toujours ; il s'endort dans toutes les positions.

« Enfin, arrive le moment où le sommeil devient une véritable léthargie ; le malade passe à l'état de masse inerte. La mort a lieu, le plus ordinairement, sans secousse; du moins, c'est ce qui se présente dans la forme adynamique. D'autres fois, vers la seconde période, souvent dès le début, apparaissent des accidents nerveux variables ; tantôt ce sont des crises violentes, des mouvements désordonnés, dont le malade se rend compte sans qu'il puisse les modérer. D'abord, les attaques convulsives sont éloignées ; après chacune d'elles, les accès de sommeil deviennent plus graves, et, vers la fin de la troisième période, les convulsions sont incessantes; leur intensité est alors moins grande, les muscles ne sont agités parfois que d'un mouvement imperceptible. Dans les derniers jours, le pouls est faible, petit, fréquent, à peine sensible.

« L'intelligence est conservée intacte pendant les deux premières périodes, son activité est moins grande pendant la troisième, et, lorsque le malade approche de sa fin, bien qu'il n'existe jamais de délire, les facultés intellectuelles semblent complètement anéanties. Nous n'avons pas remarqué de troubles, ni de la vision, ni de l'odorat, ni du goût. La sensibilité générale tend à s'émousser avec les progrès de la maladie. Dans la dernière période, il faut une excitation violente pour ranimer les sens endormis, et, lorsqu'on y parvient, ce n'est qu'au bout d'un certain temps après que l'excitation s'est produite que le mouvement réflexe semble se manifester. Nous sommes porté à admettre que ces mouvements saccadés qui ont lieu pendant la marche du relâchement musculaire, croissant avec l'intensité du mal, sont la conséquence de la compression de l'encéphale. Le docteur Nicolas n'a pas observé de convulsions chez ses malades. Cependant ces accidents existent souvent dans cette maladie, mais ils peuvent parfois passer inaperçus, surtout lorsqu'ils sont peu violents. »

Marche et durée. « Le cours de la *maladie du sommeil*, dit le docteur Guérin, est ordinairement lent et continu ; elle parcourt ses différentes périodes dans un temps qui varie de trois mois à une année au plus. Dans quelques rares exceptions, la marche est interrompue par des moments d'amélioration qui peuvent même abuser le médecin et lui faire croire à une convalescence. D'autres fois, les symptômes, sans diminuer d'intensité, restent stationnaires ; puis la maladie reprend sa marche progressive. La deuxième période est celle qui a le plus de durée. Lorsque la troisième période apparaît, le malade est près de sa fin. »

PRONOSTIC. Le pronostic est des plus graves. Aucune guérison n'avait été signalée avant la thèse du docteur Guérin. Sur 148 cas traités à la Martinique par ce distingué confrère, une seule guérison avait été obtenue ; mais la maladie avait été prise tout à fait au début, avant que les symptômes fussent très-accusés.

ANATOMIE PATHOLOGIQUE. Sur trente-deux autopsies pratiquées douze heures au plus après la mort, le docteur Guérin a trouvé presque toujours les sinus de la dure-mère dilatés, plus ou moins gorgés de sang ; les vaisseaux arachnoïdiens et ceux de la surface de l'encéphale présentaient une très-notable augmentation de volume, quelquefois même ils étaient variqueux.

Les méninges n'offraient jamais de traces d'inflammation récente ou chronique. Leur surface était toujours lisse, sans granulations.

Sur trois sujets seulement, il a trouvé le liquide céphalo-rachidien un peu plus abondant qu'à l'état normal. Ce liquide, d'une limpidité parfaite, ne contenait aucun flocon albumineux. Chez l'un de ces trois sujets, il existait une infiltration séreuse modérée de l'arachnoïde siégeant au niveau de la surface basilaire ; cet œdème ne s'étendait pas à toute la circonférence du bulbe. Dans ces trois cas, il existait également une dilatation anormale des veines méningées.

La masse encéphalique a toujours offert une consistance normale ; une seule fois elle était manifestement indurée, concurremment avec la dilatation des vaisseaux méningiens. Un examen minutieux du tissu du cerveau et de ses annexes n'a jamais pu faire découvrir ni ramollissement, ni aucune autre lésion. Dans une autopsie que le docteur Griffon du Bellay a faite au Gabon, il a cru remarquer le ramollissement de la protubérance. Gaigneron, qui a assisté à une autopsie faite par le docteur Lherminier, à la Pointe-à-Pitre, aurait observé la même lésion ; mais ces deux médecins ajoutent que cet état pouvait bien être la conséquence de la décomposition si rapide dans les pays chauds, les autopsies ayant été pratiquées longtemps après le décès.

Le docteur Guérin n'a pas trouvé de piqueté exagéré en pratiquant des coupes sur le cerveau. Les cavités des ventricules étaient dans des conditions normales ; dans quelques cas, on y trouvait une sérosité limpide, mais en très-petite quantité. Chez les trois sujets où il paraissait y avoir une augmentation du liquide céphalo-rachidien, les cavités des ventricules étaient vides.

Aucun autre organe de ces trente-deux cadavres soumis à l'autopsie n'offrait d'altérations pathologiques. Les cavités séreuses ne contenaient pas d'épanchement. Sur aucun point de l'économie, il n'y avait d'infiltration œdémateuse.

« Si on accepte, dit le docteur Guérin, la théorie qui attribue la production du sommeil naturel à une congestion momentanée de l'encéphale, on trouve une analogie frappante entre la production du sommeil naturel et l'état pathologique qui constitue l'*hypnosie*. Il existe cependant une différence dans la forme des deux sommeils. Le sommeil naturel est précédé d'un sentiment de bien-être ; le sommeil de l'hypnosie débute par du malaise, de la céphalalgie, et, lorsqu'il est développé, il rappelle le sommeil de l'intoxication par l'opium. »

Pour cet observateur distingué, la maladie de sommeil serait due à une congestion passive de l'encéphale. Jusqu'à meilleure interprétation, nous nous rangeons à cette opinion. Mais pourquoi cette maladie paraît-elle spéciale aux nègres du Congo ? C'est ce qu'il serait important d'élucider.

TRAITEMENT. Les résultats négatifs fournis par tous les moyens qui ont été essayés contre la maladie du sommeil ne permettent pas de formuler un traitement efficace.

On a employé inutilement les émissions sanguines locales appliquées à la nuque, aux mastoïdes, ou à l'anus. Les purgatifs les plus divers et les plus énergiques ont été administrés. On a largement usé des révulsifs, des frictions excitantes, pendant qu'on faisait des affusions froides sur la tète. Dans tous les cas qu'il a traités, le docteur Guérin a appliqué un séton à la nuque. Le café, rationnelle. ment indiqué, a été donné à toute dose pour combattre le sommeil, mais en vain. La faradisation cutanée n'a pas eu plus de succès.

Malheureusement tous ces moyens, jusqu'à présent, n'ont pu réussir à conjurer une terminaison fatale.

BIBLIOGRAPHIE. — CLARK. In *Lond. Med. Gazette*, 1840, septembre, p. 970. Et *Edinburgh monthly Journal of Med. Sciences*, 1842. Et *Transact. of the London Epidemiol. Society*, I, 116. — DANGAIX. *Moniteur des hôpitaux*, 1861, n° 100. — GAIGNERON, cité par DUTROULEAU *Traité des Maladies des Européens dans les pays chauds.* 1re édit., Paris, 1861, p. 101; et 2e édit., 1868, p. 159. — NICOLAS. In *Gazette hebdomadaire*, 1861, octobre, p. 670. — BOUDIN. *Annales d'hygiène publique*, etc., 2e sér. t. XVII, p. 69, 1862.—HIRSCH. *Handbuch der histor.- geograph. Path.*, t. II, p. 658. — GUÉRIN (P. M. A.). *De la Maladie du sommeil.* Thèse de Paris, 1869.   A. L. DE M.

MALADIE DE WERLHOFF (*Voy.* PURPURA).

MALADIES RELIGIEUSES (*Voy.* FOLIE).

MALADRERIES (*Voy.* ÉLÉPHANTIASIS).

MALAGA (EAUX MINÉRALES ET STATION HIVERNALE DE), *athermales, bicarbonatées ferrugineuses faibles, carboniques faibles.* Nous n'indiquons que pour mémoire les eaux ferrugineuses froides que signale M. le docteur Rubio dans la province de Málaga et auprès de la ville de ce nom. Cet auteur dit qu'elles émergent au bord du chemin de la Abadia, dans le lit du ruisseau le Peral, à la fontaine de Cerezo et près du pressoir de Bastant.

Nous devons étudier avec d'autant plus de soin les avantages et les inconvénients du climat de Málaga que nous avons passé sous silence, à dessein, ALICANTE et ALMERÍA qui sont regardées comme stations hivernales par presque tous les auteurs. Nous ne dirons rien non plus de Valencia parce que les conditions climatériques de ces trois ports de l'Andalousie sont à peu près les mêmes que celles de Málaga, à l'exception qu'elles sont beaucoup plus favorables dans cette dernière ville, qui est sans contredit, avec Séville, le séjour le plus agréable de toute la péninsule ibérique.

Málaga, en Espagne, dans l'Andalousie, est une ville de 70,000 habitants et un port sur la mer Méditerranée; elle est le chef-lieu d'une intendance. La ville, assise sur le torrent Guadaljore, est remarquable par une promenade nommée l'Alameda, plantée de beaux arbres et ornée de statues de marbre blanc, par sa cathédrale et son palais épiscopal, par ses aqueducs, par ses doubles murs, par la tour de Pimental et par ses trois châteaux forts de Gibralfaro, d'Atarazana et d'Alcazaba. Le port, fermé par un môle, est éclairé par un phare à foyer tournant.

Málaga, par 36°42′ de latitude et par 6°48′ de longitude, a été bâtie au fond d'un golfe limité par la pointe de los Cantales, incliné au sud et complétement découvert du côté du large ; la ville est abritée au nord et à l'est par une chaîne de montagnes qui n'a d'interruption que dans un seul point et très-peu protégée du côté de l'ouest. La montagne du nord a 1,000 mètres d'élévation ; la Cordillera s'abaisse progressivement de l'E. à l'O. et forme une vallée où les vents du N. O. ont un accès assez facile. La base de ces montagnes qui ont reçu les noms de Chiurana, de Jonquera et d'Altron est couverte de figuiers sauvages, d'oliviers, d'amandiers, d'orangers, de citronniers, de cactus et surtout de vignes qui produisent des raisins que l'on fait sécher (*pasas*) et dont les plus beaux sont exportés surtout en Angleterre et en France. Les moyens et les petits servent à faire les vins sucrés qui constituent le commerce principal de Málaga. La culture du cotonnier, de la canne à sucre et de la cochenille a réussi dans ces derniers temps et produit une récolte qui, chaque année, acquiert une plus grande importance.

C'est de l'E. que souffle surtout le vent à Málaga ; les points d'où il vient le plus souvent ensuite sont le N. O., l'O., le S. O., le S. E., le N. E., le N. et le S. Les Espagnols appellent *levante* le vent de l'E., *ponente* celui de l'O., *vendebal* celui du S. O. lorsqu'il est fort, *leveche* lorsqu'il est faible ; les autres vents de Málaga sont des vents de terre désignés sous le nom de *terral*. Le levante apporte, en général, une assez grande humidité et tempère les grandes chaleurs, il existe peu en hiver ; le ponente donne au contraire la sécheresse et le beau temps, mais c'est lui qui est le plus froid pendant la mauvaise saison ; le vendebal apporte la tempête, c'est le plus froid et le plus humide. Le vent du S. E. correspond au siroco et, cependant, il est doux et agréable pendant les mois de novembre, de décembre, de janvier, de février et de mars ; celui qui vient du S. O. est tiède et facilite la respiration de ceux surtout qui n'ont pas les voies aériennes dans un état d'intégrité complet. Le vent du N. est rare et cela se comprend aisément à cause de l'élévation des montagnes à cette orientation. La température hivernale est abaissée pendant sa durée, mais il rend le ciel plus clair et chasse les nuages. Le vent du N. E., en passant sur la sierra Nevada (*chaîne de montagnes couvertes de neige*), prend une température beaucoup moins élevée, aussi est-il le plus froid des vents de l'hiver. Le terral, qui n'est autre chose que le mistral, passe au travers de la solution de continuité de la chaîne des montagnes du N. et de l'E., en apporte une certaine quantité de sable qui se substitue à l'eau vésiculeuse de l'air ; il ne dure presque jamais plus de quarante-huit heures de suite pendant lesquelles le thermomètre baisse en hiver.

M. le docteur Martinèz y Montes a pris très-exactement, pendant neuf années, la température des différentes heures du jour à Málaga et il a trouvé que la moyenne de l'année est de 19°,1 centigrade, que la chaleur moyenne de l'été est de 29°,8, que celle de l'automne est de 16°,3, que celle de l'hiver est de 13°,1 et qu'enfin celle du printemps est de 20°,3. La température moyenne de chacun des mois de la saison d'hiver est, suivant le même observateur, de 19°,8 centigrade pour le mois d'octobre, de 16°,3 pour novembre, de 12°,6 pour décembre, de 11°,7 pour janvier, de 12°,7 pour février, de 14°,8 pour mars et enfin de 17°,6 pour le mois d'avril MM. les docteurs Edwin Lee et Boudin qui ont aussi expérimenté la température de Málaga ne sont pas tout à fait arrivés aux mêmes résultats. Ainsi M. Lee n'indique pas une variation de température s'élevant au-dessus de 2° centigrade par jour à Málaga, tandis qu'on se souvient qu'à Madère et en

particulier à Funchal, la variation est quelquefois d'au moins 6°,5 centigrade par
vingt-quatre heures. Suivant M. Boudin la température moyenne des douze mois de
l'année diffère sensiblement de celle que nous venons de donner d'après le travail
de M. le docteur Martinez y Montes, M. Boudin dit que la température moyenne de
l'année est, à Málaga, de 20° centigrade, celle de l'hiver de 15°,1, celle du printemps de 18°2, celle de l'été de 21°,6 et celle de l'automne également de 21°,6 centigrade. D'après nos observations personnelles et surtout d'après les renseignements que nous avons pris à Málaga, nous sommes porté à penser que la statistique
de M. Martinez est la plus exacte et la plus complète et que l'écart de température
journalière que M. Lee n'évalue pas à plus de 2° centigrade est beaucoup plus
considérable et s'élève à environ 6° à 7° centigrade. Ce qui est certain, c'est qu'a-
près le coucher du soleil la température s'abaisse le plus sensiblement, et cependant il est très-remarquable que la fraîcheur des nuits ne soit jamais assez marquée pour que les habitants aient senti la nécessité de garnir de vitres les châssis
de leurs fenêtres, clos seulement la nuit par des volets de bois qui garantissent
plus contre la lumière que contre le froid et l'humidité. Si le thermomètre conserve à Málaga une assez grande régularité, le baromètre est encore plus stable; sa
hauteur moyenne est de 762 millimètres. Les pluies sont très-peu fréquentes, mais
elles sont intenses pendant qu'elles existent; c'est surtout du mois de septembre au
mois de décembre qu'elles arrivent. Leur hauteur moyenne dans une année est de
420 millimètres seulement d'après M. Lee. L'air de Málaga est remarquablement
sec dans les quartiers de la ville qui ne sont pas trop voisins de la mer; aussi le
linge imbibé d'eau cesse-t-il promptement d'être mouillé et les sels déliquescents
à un haut point s'effleurissent très-lentement à Málaga, pendant le jour au moins;
car, pendant les nuits, il y a quelquefois une rosée assez abondante. C'est le
rayonnement tellurique qui accélère surtout la végétation que les pluies ne pourraient seules entretenir. Le ciel est presque toujours clair à Málaga. M. Martinez
résume ainsi la moyenne des jours pendant les 454 jours qu'a duré son observation. Le ciel a été serein pendant 219 jours, légèrement nuageux pendant
109 jours, couvert pendant 76 jours, pluvieux pendant 29 jours et brumeux 1 jour
seulement.

Málaga est, selon nous, le poste d'hiver le plus complet qui existe sur les bords
de la mer Méditerranée. Nous avons vu que dans presque toutes les autres stations, les malades, et particulièrement les phthisiques, ne peuvent utilement
prolonger leur séjour au delà du mois de février ou de mars pendant lesquels le
mistral souffle avec une telle violence qu'il pénètre, malgré toutes les précautions,
dans les appartements les mieux clos. Il n'en est pas de même à Málaga, qui
peut devenir alors un séjour complémentaire que nous avons plusieurs fois utilisé
avec un grand profit pour les malades. Ils doivent être prévenus cependant qu'il
faut garder le lit ou au moins la chambre pendant les deux ou trois jours que
souffle le terral. Les poitrinaires, quel que soit leur tempérament, ceux surtout qui
ont une constitution assez peu excitable, se trouvent, en général, très-bien de passer
la mauvaise saison à Málaga dont le climat sec a une action tonique et reconstituante qui leur permet de revenir dans leur pays avec une amélioration souvent
très-manifeste.   A. ROTUREAU.

Bibliographie. — Martinez y Montez. Topographia medica de la ciudad de Málaga. Málaga,
1852. — Lee (Edwin). Spain and its climates, p. 64. — Boudin. Géographie et statistique
médicales, t. 1, p. 253. — Delaborde (Alexandre). Itinéraire en Espagne. — Delavigne (Ger-
mond). Itinéraire en Espagne et en Portugal. Paris, 1861. — Gigot-Suard (L.). Des climats
sous le rapport hygiénique et médical, guide pratique dans les régions du globe les plus

propices à la guérison des maladies chroniques. Paris, 1862, in-12, p. 543-559. — LAMBRON (Ernest). *Les Pyrénées et les eaux thermales sulfurées de Bagnères-de-Luchon...* . *Indications générales pour le choix d'une résidence d'hiver.* Paris, 1864, in-12, p. 1062-1063.
A. R.

MALAGUETTA. Synonyme de MANIGUETTE, appliqué comme ce dernier mot aux *Graines de Paradis,* et, par extension, à un certain nombre d'autres produits, qui n'ont entre eux d'autres rapports que d'avoir une saveur piquante plus ou moins poivrée (*Voy.* MANIGUETTE). PL.

MALAIRE (Os). Os de la face, situé sur la partie latérale et supérieure du maxillaire supérieur, qu'il unit, d'une part, à l'apophyse zygomatique du temporal, d'autre part, à l'apophyse orbitaire externe du frontal et à la grande aile du sphénoïde. On l'appelle aussi *os jugal* ou *zygomatique,* puisqu'il complète l'espèce d'arc-boutant osseux qui unit le crâne à la face, et *os de la pommette,* à cause de la saillie des téguments qu'il détermine.

Aplati de dehors en dedans, l'os malaire a la forme d'un quadrilatère irrégulier, dont deux angles sont situés sur une ligne verticale, et les deux autres sur une ligne horizontale. Une de ses faces regarde en dehors et un peu en avant, l'autre, en dedans et un peu en arrière.

La *face externe ou cutanée* de l'os malaire est verticale, lisse, convexe dans le sens antéro-postérieur. Elle présente plusieurs petits orifices, qui livrent passage à des nerfs, et donne attache, en bas, au muscle grand zygomatique et au muscle petit zygomatique, quand il existe. Cette face est recouverte, dans une grande partie de son étendue, par le muscle orbiculaire des paupières.

La *face interne ou temporale,* légèrement concave, présente, à sa partie supérieure et antérieure, une apophyse aplatie qui s'en détache perpendiculairement, et qui est désignée sous le nom d'apophyse orbitaire. C'est une lame triangulaire, à base postérieure et supérieure, recourbée d'avant en arrière, dont la face supérieure, concave, fait partie de la paroi externe et un peu du plancher de l'orbite et offre un ou deux *orifices malaires internes,* dont la face inférieure, convexe, fait partie de la fosse temporale. Le bord supérieur de l'apophyse orbitaire est dentelé et anguleux, et s'articule avec le bord externe de la facette orbitaire de la grande aile du sphénoïde; son bord externe s'unit à angle mousse avec le bord supérieur et antérieur de l'os malaire; son bord interne s'unit avec la face orbitaire du maxillaire supérieur.

Au-dessous de l'apophyse orbitaire, la face interne de l'os malaire présente, en arrière, une surface lisse, qui concourt à former la paroi externe de la fosse zygomatique, et sur laquelle on voit un ou plusieurs trous malaires; en avant, une surface triangulaire, extrêmement raboteuse, qui s'articule avec l'apophyse malaire du maxillaire supérieur.

Des grands *bords* de l'os malaire, deux sont *supérieurs:* l'un *antérieur* ou *orbitaire,* est semi-lunaire, mousse, arrondi, et forme le tiers externe de la base de l'orbite; l'autre *postérieur* ou *temporal,* mince, sinueux et recourbé en S italique, donne attache à l'aponévrose temporale. Des bords *inférieurs,* l'*antérieur,* très-inégal, dentelé, s'articule, avec l'apophyse pyramidale du maxillaire supérieur; l'autre *postérieur* ou *massétérin,* presque horizontal, est épais, tuberculeux et donne insertion au muscle masséter.

L'*angle supérieur* ou *frontal* de l'os est le plus allongé et le plus épais des quatre. Formé par la convergence des deux bords supérieurs de l'os et de l'apophyse orbitaire, il est vertical et se termine par des dentelures profondes, par lesquelles il s'unit intimement à l'apophyse orbitaire externe du frontal. L'*angle postérieur* ou *zygomatique*, plus large et plus mince que le précédent, est taillé en biseau aux dépens de son bord supérieur, et s'articule avec l'extrémité de l'apophyse zygomatique, qui repose sur lui. L'*angle antérieur*, mince et aigu, s'unit au maxillaire supérieur au niveau du trou sous-orbitaire ; l'*angle inférieur*, enfin, est droit, ou même obtus, et s'articule avec le bord externe de l'apophyse malaire du maxillaire supérieur. Un tubercule, appelé *tubercule malaire*, se voit très-près de cette union.

Ainsi donc, l'os malaire s'articule avec le maxillaire supérieur, le frontal, le sphénoïde et le temporal. Il constitue la charpente de la joue et contribue à former les parois de l'orbite, de la fosse temporale et de la fosse zygomatique, ainsi que l'arcade zygomatique.

Composé presque exclusivement de tissu compact, il est traversé par un ou plusieurs canaux dits malaires.

Cet os se développe par un seul point d'ossification, qui apparaît vers le cinquantième jour de la vie fœtale.   M. Sée.

MALAISIE (Synonymie : *Notasie, grand Archipel indien, Inde archipélagique, grand Archipel malais*).

Définition. C'est le nom qu'on donne aujourd'hui à la portion la plus occidentale des trois grandes divisions de l'Océanie et qui comprend les groupes de Java, de Sumatra et de Sumbava-Timor, qu'on appelle aussi îles de la Sonde ; l'archipel des Moluques, le groupe de Célèbes, le groupe de Bornéo et l'archipel des Philippines.

Le nom de Malaisie est tiré de celui de la race indigène prépondérante en cette partie du monde, les Malais. La Hollande et l'Espagne se partagent aujourd'hui cet immense domaine. Cependant, l'Angleterre et le Portugal y occupent quelques points, et la moitié du pays est encore indépendante de fait.

Position géographique. La Malaisie s'étend entre le 10° degré de latitude S. et le 19° de latitude N. et entre les 90° et 128° de longitude O.

Topographie. Elle se compose d'une multitude d'îles de toutes grandeurs depuis Bornéo dont la superficie est plus considérable que celle de la France, jusqu'aux rochers de corail dont le nombre et l'étendue augmente sans cesse par le travail incessant des zoophytes. Toutes les îles de quelque importance sont montagneuses et la plupart de constitution *volcanique*. Il en est qui ne sont formées que d'un seul volcan dont la base plonge dans les flots ; d'autres, comme Java, déroulent un véritable chapelet de ces cônes éruptifs. Java en compte quinze en activité et un nombre plus grand d'éteints ; Sumatra en compte cinq en ignition ; les Philippines au moins autant.

Les volcans de Java ont ceci de particulier qu'ils ne vomissent plus guère aujourd'hui de laves ou de matières en ignition, mais des masses énormes de boue liquide et sulfureuse et des torrents d'eau bouillante chargée d'acide sulfurique. Ces eaux corrosives dissolvent les roches dans les entrailles de la montagne et il arrive un jour où la croûte amincie cède à la pression des vapeurs et fait explosion, laissant passer des flots dévastateurs qui inondent la contrée à plusieurs lieues à la ronde. Il arrive même que la montagne entière s'effondre et disparaît engloutie dans un lac de boue, entraînant dans la catastrophe, villages et habitants. C'est ce qui a eu lieu en 1772, 1817, 1822.

Les îles *Nias* qui dépendent du groupe géographique de Sumatra, les *Moluques*, etc., ne sont pas moins que Java exposées aux catastrophes volcaniques et aux tremblements de terre. Sous les splendeurs d'une végétation exubérante qui couvre jusqu'au sommet des montagnes, la terre cache des fentes et des crevasses qui lancent des torrents de vapeur sulfureuse. En 1843, à la grande Nias, la terre et la mer s'étreignirent en d'horribles convulsions pendant 9 minutes. Une montagne entière, l'*Harifa*, avec un village et une multitude d'habitations rurales disparurent dans le gouffre, et les bâtiments à l'ancre furent lancés à 160 pieds dans l'intérieur des terres, quoiqu'ils fussent éloignés de plus de 1 lieue de la montagne. Un événement à peu près semblable eut lieu à l'île Banda (Moluques), en 1853, et nous en pourrions citer beaucoup d'autres.

Les *montagnes* de la Malaisie atteignent des hauteurs très-diverses, mais le plus hautes, qui sont dans l'île de Java, ne dépassent pas 4,500 mètres. C'est presque la limite des neiges perpétuelles sous l'équateur ; aussi sont-elles souvent couronnées de glace et la végétation des hauts sommets présente-t-elle tous les caractères de la flore alpestre.

Les *rivières* sont nombreuses. Les plus grandes sont à Bornéo et à Sumatra. Celles de Bornéo sont même navigables pour les plus grands bâtiments dans une étendue considérable, et, durant la saison des pluies, des navires calant de 12 à 15 pieds peuvent remonter jusqu'au centre du pays. Dans les îles de moindre étendue qui sont parcourues d'un bout à l'autre, par une ou plusieurs chaînes de montagnes, comme Java, par exemple, les rivières dont le cours est transversal sont nécessairement moins importantes. Tous les fleuves et rivières de la Malaisie ont cela de commun qu'ils débordent, dans la saison des pluies, entraînant des montagnes où ils prennent leur source un limon fertile qu'ils déposent tout le long de leur cours et qui fait la richesse de l'agriculture. Cependant, les alluvions qu'ils entraînent en trop grande abondance ont aussi un inconvénient : celui de déterminer des deltas fangeux à leur embouchure et des marécages dans toutes les dépressions de terrain qu'ils rencontrent sur leur parcours. C'est ainsi que la côte orientale de Sumatra est en grande partie rendue inhabitable.

Des plaines alluviales entrecoupées de rivières et de marais composent en résumé la topographie de cette région couverte de forêts impénétrables et où la circulation n'est possible que par le lit des rivières. Les miasmes qui s'en dégagent lui ont valu des marins le nom de « *côte de la peste.* » La population ne consiste qu'en quelques hordes nomades qui parcourent dans leurs chétives embarcations ces lieux solitaires ; les villes qui furent jadis construites dans les localités les plus favorisées, à l'embouchure des principaux fleuves, ont été peu à peu reléguées à plusieurs lieues du bord de la mer par la formation progressive des atterrissements.

Une grande partie de Bornéo, la plus considérable peut-être, est dans des conditions analogues. A Java, où les rivières ont plus de pente, les inconvénients sont moindres ; cependant les villes que les Hollandais trouvèrent, il y a deux siècles et demi, établies sur les bords de la mer et Batavia elle-même qu'ils construisirent dans la même condition en sont aujourd'hui très-écartées. Sans doute l'assiette de Batavia a été en partie déplacée par le gouverneur Daendels et ses successeurs, mais je parle de l'ancienne ville construite sur les ruines de la cité indigène de Jacatra, au bord de la mer, et qui se trouve éloignée aujourd'hui de plus de 5,000 mètres de la rade par suite de l'accroissement continuel des alluvions sur le littoral. La population extrêmement dense de Java forcée d'asservir de plus en plus le sol à ses besoins ne permet pas aux marécages de s'étendre dans la même proportion que dans les îles peu peuplées de Sumatra et de Bornéo. Un système compliqué de canaux contient ou régularise les inondations et en tire parti pour l'agriculture. Les rivières y sont d'ailleurs plus encaissées et ont plus de pente que dans les deux autres grandes îles. Cependant les déserts fangeux et couverts de jungles de la province de Bantam font un lugubre contraste avec les campagnes florissantes des autres parties de l'île de Java.

Les *lacs* sont nombreux dans les grandes îles de la Malaisie. On en trouve à toutes les hauteurs et bien des cratères éteints recèlent aujourd'hui dans leur vaste excavation une nappe d'eau dormante. Près du village de *Siampore*, dans l'île de Sumatra et à une altitude considérable, se voit un lac long de 20 milles et large de 12 à 15. Sa profondeur est de 80 brasses et il est encadré de montagnes dont deux sont ignivomes. L'*Indrargéri*, un des principaux fleuves de l'île, y prend sa source.

La carte hypsographique de Müller en indique un autre situé à 6,000 mètres de hauteur, près du volcan *Mérapi*, dans la même île. On en connaît aussi dans les Philippines, aux Célèbes, aux Moluques, à Bornéo.

MINÉRALOGIE. Ce serait une tâche tout à fait hors de proportion avec le cadre qui nous est tracé et les limites qui nous sont imposées que d'entreprendre la description géologique de la Malaisie. La multitude d'îles non moins que la grande étendue de beaucoup d'entre elles et leur variété s'oppose à tout tableau d'ensemble. Nous devons donc nous borner à signaler les minéraux précieux à différents titres que ces îles renferment. *Java* la plus riche à tous autres égards est la plus pauvre en métaux. La *lignite*, le *naphte*, l'*asphalte* et les *mines de sel*, sont jusqu'à ce jour ses seules richesses minéralogiques. *Sumatra* possède de l'*or*, du *cuivre*, du *fer*, de l'*arsénic*, de l'*étain*, du *pétrole* et de la *lignite*. Crawford porte à 36,000 onces d'or la quantité annuelle extraite de l'île de Sumatra.

L'acier fabriqué par les Malais de *Ménang-Kabo* (Sumatra), passe pour aussi bon que le meilleur qui se fabrique en Europe. *Banka*, île de moyenne grandeur, voisine de la précédente, est célèbre dans le monde entier pour l'excellence de l'étain qu'on y recueille. Le gisement s'étend par toute l'île qui n'a pas moins de 112 myriamètres carrés; il est enveloppé d'une couche d'alluvion noirâtre mais peu profonde, de sorte que l'extraction du métal est facile. En 1844, les mines ont fourni 1,757,225 livres d'étain et la production a dû beaucoup augmenter depuis. Indépendamment de l'étain, Banka renferme de l'*argent*, du *cuivre*, du *plomb*, de l'*arsénic*, du *fer*, de l'*améthyste* et du *cristal de roche*. L'île de *Bilitoen* qui touche presque à la précédente en est comme une succursale au point de vue des mines d'étain; mais le gouvernement hollandais y fait exploiter de préférence le fer qui s'y trouve à la superficie du sol à l'état oxydulé magnétique et on en fabrique, sur place, de l'acier.

Le sol de *Bornéo* est le plus riche de la Malaisie, au point de vue minéralogique : le *diamant*, l'*or*, le *platine*, le *fer*, le *cuivre*, le *charbon* y sont les principaux produits de ce règne. *Landak* et *Langouw* sont les deux localités où les naturels et les Chinois très-nombreux à Bornéo recherchent surtout le diamant. C'est toujours dans des couches de gravier et de galets, à une profondeúr de 20 à 25 pieds, et dans les flanes des coteaux à pente douce que se trouvent les dépôts de cette pierre précieuse.

On en rencontre aussi quelquefois dans le lit de la rivière de Djambi, mais la recherche en est difficile.

Les mines d'or de Montrado, de Mandor et de Lara sur la côte occidentale de Bornéo occupent au moins huit mille ouvriers.

Le platine est plus rare que l'or. L'*antimoine* est très-abondant. La ville de Sadong a pris une grande importance grâce à l'exploitation de ce métal.

A *Célèbes* plusieurs districts sont riches en terrains aurifères : toutes les mines connues se trouvent dans la péninsule septentrionale.

L'or en paillettes ou en grains est obtenu au moyen de lavage, comme à Bornéo, et il s'en perd beaucoup par les procédés imparfaits de manipulation. Le minerai d'or est ordinairement accompagné de cuivre, quelquefois de platine. Le cuivre existe aussi isolément et en dépôts considérables ; les indigènes s'en servent pour confectionner des ustensiles de ménage, des bracelets, etc. L'étain y existe aussi mais en moindre quantité qu'à Banka. Avec le fer et l'acier les naturels fabriquent des armes élégamment damasquinées et d'une trempe excellente.

On trouve aux *Philippines* de l'or en paillettes dans le lit de quelques rivières, mais son extraction a été jusqu'ici fort négligée. Il en est de même des mines d'argent, de fer, de cuivre, de plomb, de mercure qu'on dit y exister.

BOTANIQUE. 1° *Géographie botanique.* Dans presque toutes les îles de la Malaisie, la végétation est d'une richesse luxuriante. Les pentes des montagnes, les vallées et les terrains d'alluvion en général, sont couverts de cultures ou de forêts vierges.

Il n'est même pas rare que les bois envahissent jusqu'aux plus hauts sommets des montagnes. Les îles et les parages où celles-ci manquent, sont moins bien partagées parce que les rivières plus rares et moins profondes n'arrosent qu'imparfaitement la terre. Les terrains calcaires et granitiques sont peu fertiles : cependant il n'y a que les crêtes décharnées des montagnes primitives qui se refusent à toute végétation de haut jet.

Les *Moluques* sont de toutes les îles du grand archipel indien les moins fertiles et les moins boisées ; *Java*, au contraire, occupe le premier rang sous ce rapport. La fécondité du sol, la variété et la profusion des espèces végétales qui se disputent l'espace, sont telles qu'on ne saurait faire un pas hors des sentiers battus sans une hache à la main pour se frayer la voie. Les plantes croissent sur les plantes ; des milliers de parasites s'acharnent sur les géants de la forêt, les serrent de leurs bras noueux, s'entrelacent, descendent vers le sol, remontent à la cime et fournissent à leur tour un point d'appui aux lianes dont les tiges entre-croisées s'élancent d'une cime à l'autre, et forment avec le feuillage des arbres un dôme de verdure à travers lequel les rayons du soleil ne fournissent qu'une clarté douteuse. A une hauteur de 7,000 pieds, alors que la terre végétale devient rare et l'air froid, la végétation commence à se montrer rabougrie et clair-semée ; de nombreuses espèces de *mousses* couvrent les troncs, de longues barbes d'*Usnées* pendent des branches. Des troncs courbés, des rameaux tortus, un feuillage nain, roide et sec caractérisent les arbres et les buissons de cette haute région. C'est la flore alpestre et son triste aspect qui succède aux splendeurs de la végétation exubérante des tropiques.

Voici les *éricées* et surtout les *vacciniées*, arbustes dont le nombre domine celui des *rhododendron*, *leptospermum* et *myrica* qui sont des arbres.

La grande famille des figuiers ne compte plus qu'un seul représentant : le *ficus heterophilla* qui croit en broussaille. Des fougères peu différentes de celles d'Europe se mêlent aux précédents. A la cime du mont Gedé (9,000 pieds) croit abondamment un chèvrefeuille (*lonicera*), un *hypericum*, un *bellis*, un *gnaphalium* arborescent, une *valériane*, une *renoncule*, une *swertia* et jusque dans les cendres volcaniques une petite *gentiane*, formes végétales qu'on ne s'attendrait pas à rencontrer sous une latitude de 6 degrés, mais qui diffèrent cependant, comme espèces, de toutes celles connues en Europe. Les *cryptogames* seuls font exception vu que le plus grand nombre ne diffèrent pas de ceux d'Europe, à tel point que quand on foule les pelouses formées par les *Sphaignes* sur la cime du *Patocha*, on se croirait, dit Temminck, transporté dans les tourbières de la Hollande.

La végétation envahit donc tout l'espace, depuis les bords de la mer jusqu'à la cime des montagnes et même jusqu'aux bords des cratères en éruption, car certaines espèces de fougères, telles que le *pteris aurita* et le *blechnum pyrophilum* couvrent de leurs frondes les bords des gouffres dans lesquels des matières boueuses sont en ébullition. Les mêmes plantes servent de bordure aux mares sulfureuses et plongent leurs racines dans ces eaux acides. Il semble que la chaleur de la terre compense la fraîcheur de l'air sur les hautes cimes volcaniques. A ce luxe de végétation naturelle vient se joindre, en l'île de Java, la fécondité produite par de nombreuses cultures exploitées avec persévérance par des millions de bras. Des *rizières* immenses s'étendent à perte de vue et donnent jusqu'à trois récoltes par an ; des plantations de *café* couvrent le flanc des montagnes ; la *canne à sucre* et le thé récemment introduit de Chine fournissent des produits abondants.

Les autres îles de la Malaisie ne sont ni aussi fertiles, ni aussi bien cultivées que Java ; mais toutes possèdent plus ou moins des cantons en culture et des beautés naturelles et pittoresques. *Sumatra* produit en plus grande variété qu'aucune autre les bois de construction, d'ébénisterie, de teinture, et ceux à gomme et à résine. On y cultive le *cotonnier*, le *caféier*, le *tabac*, l'*indigotier*, le *riz* qui fait la base de la nourriture des indigènes et plusieurs plantes de la famille des légumineuses. Le camphre de Sumatra, le meilleur du monde, est tiré du *Dryobanalops camphora* et s'exporte au Japon où on le mêle au produit du *laurus camphora* pour être ainsi consommé ou livré au commerce européen.

Une exploration scientifique, faite par des Anglais, a fait découvrir à 4° de l'équateur et à une hauteur de 1,700 mètres seulement, une flore alpestre dans l'île de Sumatra. C'est au sommet du *Gounong-Bonko*, à 18 milles du port de Benkonlen, que s'est montré ce phénomène tout à fait remarquable à si petite distance de l'équateur et à une si faible altitude. Le sommet de cette montagne est couvert de *Vaccinium*, de *Rhododendron*, à côté d'une nouvelle espèce de *myrtacée*, tandis qu'une *mousse* épaisse tapisse les rochers et les troncs des arbres.

Une merveille d'un autre ordre nous a été révélée par un Anglais encore. Le Dr Arnold découvrit à Sumatra la plus grande fleur connue qu'il dédia à sir Stamford Bafles, alors gouverneur (pour l'Angleterre), et qu'il appela en conséquence *Raflesia*. Cette fleur, qui a la forme d'un choux énorme, a 8 pieds de circonférence et ne pèse pas moins de 15 livres. Ajoutons, pour que rien ne manque à un tel prodige, que cette fleur croît et s'épanouit sans tige ni feuille, et qu'elle constitue presque toute la plante, car la mince racine qui l'attache à la terre n'a pas 6 pouces de longueur. La substance des pétales et du nectaire est nourrissante et

ti·sentant : le ficus
ti·erentes de celles
·9,000 pieds) croît
h bellis, un graphe·
·rlia et jusque dan
·es qu'on ne s'atten
à différent cependan,
·s cryptogames seul
·es de ceux d'Europ
·et les Sphaignes un
·r dans les tourbier

·ds de la mer jusqu'
··ées en éruption, n
·a et le blechnum py·
·lles dans lesquels le
·rrent de bordure en
·ce acides. Il seu
it ·ur les hautes ci
·bre, en l'île de la
·ées avec persévéra.
·lent à perte de vu
·e café couvrent le
·nt introduit de Chine

·i aussi bien cultivés
·es en culture et des
·nde variété qu'm·
·e, et ceux à gomme
·indigène, le riz
·ntes de la famille
·onde, est tiré du
·le au produit du
·tice européen.
·A découvrir à 4° de
·e trois alpestres dans
·8 milles du port de
·nable à si petite dis·
·cette montagne est
·lle espèce de myr·
·troors des arbres.
·Anglais encore. Le
·il dédia à sir Stan·
·la en conséquence
·Js de circonférence
·manque à un tel
·t qu'elle constitue
·rre n'a pas 6 poi·
·nourrissante et

probablement très-azotée, car elle exhale une odeur de viande. C'est une plante parasite qui pousse sur les racines et le tronc du *Cissus angustifolia*. Elle se forme et croît sous une enveloppe globuleuse, comme plusieurs plantes de la famille des Champignons. La Raflesia a depuis été trouvée dans d'autres îles de la Sonde.

Les *Moluques* sont célèbres par leurs arbres à épices. C'est aux îles volcaniques que croissent de préférence le *poivrier*, le *muscadier*, le *giroflier*, le *cannelier*. Du reste on ne saurait les mettre en parallèle avec le sol magnifique et inépuisable de Java. Autant les terres incultes sont rares en cette dernière, autant les terrains cultivés sont rares aux Moluques. La nature pierreuse et rocailleuse du sol n'est guère propre aux entreprises agricoles de quelque importance et la culture *obligatoire* des arbres à épices absorbe tout le labeur des habitants. En outre, ces îles sont peu peuplées et le *palmier-sagou* qui fournit à la nourriture des habitants n'exige aucun soin de leur part.

Célèbes est fertile, mais peu cultivée, d'autant moins que le système des cultures obligatoires et des corvées n'y a pas encore été établi par les Hollandais comme dans les autres îles.

Les *Philippines*, très-fertiles, mais encore livrées à la barbarie pour les 3/4 de leur étendue et aux Espagnols pour l'autre quart, ne produisent pas beaucoup, en comparaison de ce qu'elles pourraient donner. Le *tabac*, le *riz* et le *sucre* en sont les principales denrées.

Timor est de toutes les grandes îles la moins favorisée par la nature.

2° *Nomenclature des principales familles.* Après ce coup d'œil général sur la *géographie botanique* de la Malaisie, nous passerons en revue les *principales familles végétales* dont nous ne citerons guère que les espèces qui intéressent l'hygiène et la matière médicale.

1° *Monocotylédones.* Plusieurs plantes qui croissent dans les marais et les eaux stagnantes ressemblent à celles d'Europe ; telles sont celles des genres *lotus*, *nymphœa*, *urticularia lemna*.

Les *Pandanées*, les *Cypéracées*, les *Restiacées* sont abondantes. La grande famille des *Graminées* est représentée par *Oryza sativa* et *glutinosa*, *Zea maïs*, *Saccharum officinarum*, *Bambusia*. Les Bambous acquièrent une hauteur et une grosseur extraordinaire et contribuent avec les Palmiers et les Fougères arborescentes à donner un cachet spécial à la végétation.

Les principaux *palmiers* sont le *cocos nucifera*, le *metroxylon sagus* qui donne le sagou, l'*uncaria gambir* dont on extrait le cachou. On tire aussi ce produit de l'*arcea catechu*. Le suc de l'arcea fermenté avec du riz se transforme en une liqueur fortement alcoolisée, l'*arac*.

L'*Arenga saccharifera* fournit aux indigènes du sucre qu'ils préfèrent à celui de la canne et une liqueur fermentée, le (*toddi*).

Le palmier *Nipa* et le *Calamus rottan* (rottang) abondent dans les terrains d'alluvion, rendent souvent inaccessibles les berges même des rivières et opposent le plus grand obstacle à la circulation.

Citons encore le Sangdragon (*Calamus draco*) et le palmier à éventail (*Chamœrops humilis*).

Liliacées : Diverses espèces d'*aloës*.

Dioscoréacées : Agave, Dioscorea hirsuta, plante vénéneuse.

Broméliacées : Ananas.

Musacées : Bananier en variétés innombrables.

Amaryllidées · *Scilla maritima*, *Radix toxicaria*, émétique puissant usité par les indigènes contre les intoxications et contre les blessures empoisonnées.

Amomacées : *Maranta indica* (arrow-root), *gingembre*.

Orchidées : *Vanilla planifolia*, *aromatica* importée à Java en 1825.

2° *Dycotylédonées*. *Cycadées, Conifères, Cupulifères* dont le genre *quercus* forme des forêts entières.

Pipéracées · *piper nigrum*, *piper betel*.

Artocarpées. *arbre à pain*; *ficus elastica* qui donne le caoutchouc; *Syco-more*, *Cannabis indica* vel *sativa* qui sert à préparer le *haschisch*; *Antiaris toxi-caria*, arbre gigantesque dont l'écorce laisse écouler après incision un suc laiteux qui sert aux Dayaks pour empoisonner leurs flèches.

Euphorbiacées : *Ricinus communis*; *Aleurites moluccana*; *Curcas purgans*; *Croton-tiglium*; *hura crepitans* ou *sablier* dont les feuilles ont été essayées sans grand succès contre la lèpre, mais qui paraissent avoir plus d'efficacité en appli-cation topique contre la frambœsia : *Manhiot utilissima* (manioc, pain de cassavo).

Laurinées : *Cinnamomum zeylanicum* (cannellier), *Dryobaxalops campnora* ; *laurus persea* (avocat).

Myristicacées : *Myristica fragrans* (muscadier).

Apocynées : *Strychnosticuté* ou *Upasticuté* sert avec l'antiaris, déjà cité, et avec d'autres apocynées du genre *nerium* à empoisonner les flèches. Une plante de la même famille, l'*Ophioxylon serpentinum*, passe pour le contre-poison.

Solanées : *Datura stramonium*; *Nicotiana tabacum*; *Solanum tuberosum*; *Solanum ovigerum*; *Capsicum annuum*.

Verbénacées : *Tectona grandis*, vulgairement Teck, l'un des plus beaux arbres qu'on connaisse et le plus durable dans les constructions, forme des forêts entières.

Ebénacées : *Ebenus*; *Styran benzoï*.

Rubiacées : Caféier, *Cinchonas* importés d'Amérique et cultivés avec succès ; *Nauclea orientalis*, fébrifuge.

Rhizophorées, forment des forêts aux bords de la mer et à l'embouchure des rivières sur les terrains alternativement inondés et abandonnés par l'eau salée. Contribuent à l'insalubrité du pays.

Ombellifères : *Hydrocotyle asiatica* préconisé contre la lèpre et les affections herpétiques.

Rhamnées : *Ziziphus jujuba*, dont l'infusion tonique et amère donne de bons résultats dans le traitement des diarrhées atoniques et de la dysenterie chronique.

Myrtacées : *Syncarpia vertholenia*, espèce de bois de fer ; *Melaleueca leuco-dendron* et *cajeputi*, dont les feuilles fournissent une huile bonne en frictions contre le rhumatisme et que les indigènes prennent à l'intérieur contre certaines maladies de l'estomac. On l'a vantée pour le traitement du choléra asiatique, sans beaucoup de raison, je crois; *Caryophyllus aromaticus* (giroflier); *Punica gra-natorium*, très-efficace contre le tænia.

Légumineuses : *Indigofera tinctoria*; *Acacia catechu*, donne du cachou; *Ta-marindus indicus*.

Térébenthacées : *Mangifera indica*, aux fruits délicieux.

Cactées : *Nopal*, sur lequel vit la cochenille.

Papavéracées : *Papaver somniferum*, dont on tire un opium de qualité infé-rieure et en petite quantité.

Ménispermacées . *Anamirta cocculus*, dont le fruit tournit un suc vénéneux qui sert aux Dayaks de Bornéo dans la préparation de leur poison. On s'en sert aussi pour la pêche.

Rutacées : Quassia , Simarouba.

Méliacées : Liquidambar altinguiana, arbre gigantesque, le plus grand de la Malaisie et qui atteint une hauteur de 140 à 180 pieds.

Cédrélacées : Surecena mahogoni, espèce d'acajou.

Cucurbitacées : Citrillus edulis; cucumis melo.

Sterculiacées ou *Bombacées : Piper cubebœ; theobroma cacao, Durro libethinus*, dont le fruit est dit vulgairement *pain des singes*, mais que les indigènes mangent aussi.

Malvacées : Gossypium arboreum et *G. herbaceum* (cotonniers).

Guttifères : Mangoustan, au fruit délicieux.

Aurantiacées : Oranger ; Citronnier; Limonier.

Sapotacées : Acer javanicum (érable blanc) ; *Nephelium cappaceum.*

A une altitude de 3 à 4,000 pieds croissent en abondance les fruits et légumes d'Europe ; mais il est nécessaire de renouveler souvent les semences pour qu'elles ne dégénèrent pas. Le rosier fleurit toute l'année en ce climat délicieux et contribue à en embellir le séjour.

Faune. Elle n'est pas moins riche que la flore et nous devrons nous borner à en fournir un aperçu caractéristique.

Mammifères. 1° *Quadrumanes* répandus partout, excepté aux Moluques, présentent à considérer : l'orang-outang (*Simia satyrus*), plusieurs espèces de gibbons (*Hylobates*), de *Semnopithèques*, dont le plus curieux est le *S. nasicus*, et de *Cercopithèques ;* le *Tarseum spectrum* (dans l'île Célèbes) jusqu'ici l'unique du genre ; le *Stenops tardigradus* de mœurs nocturnes.

2° *Marsupiaux*, à Célèbes et à Timor, mais inconnus dans les îles de la Sonde et aux Philippines, sont représentés par des *Phalangers*, particulièrement le *Phalangista cavifrons.*

3° *Carnassiers.* Plusieurs espèces de tigres, de panthères et de chats-tigres. Les plus remarquables sont le *tigre royal*, le *tigre longibande*, la *panthère noire* (*felis melas*) dont Temminck conteste l'existence, mais que d'autres naturalistes assurent avoir vu à Sumatra. A cette classe se rattache un carnassier anomal qui a la robe de la panthère, mais qui tient pour son genre de vie des Viverrins et des Ichneumons : c'est le *Linsang gracilis* de Müller. Bornéo est la patrie unique de la *Viverra-Boici* et du *Potamophilus barbatus* qui forme la transition des *Paradoxures* aux *Loutres*. L'ours noir ou des cocotiers (*Ursus malayanus*) vit à Bornéo et à Sumatra. Cette île nourrit aussi une espèce nouvelle de chiens, *Canis sumatranus*, grand et bel animal.

4° *Ruminants : Cervus equinus*, très-grand cerf ; *Cervus russa*, *Antilope depressicornis* (aux Célèbes), ruminant remarquable qui forme la transition des antilopes aux bœufs. *Bos bubalus* ou buffle domestique, probablement originaire de l'Inde continentale, et *Bos sondaïcus*, buffle indigène d'un naturel indomptable.

5° *Rongeurs*, représentés par des porcs-épics, des écureuils, des lièvres, dont le plus remarquable, *Lepus melanonauchen*, est propre à Java, enfin par les rats et les souris.

6° *Pachydermes : Elephas sumatranus*, distinct de l'éléphant d'Asie et de celui d'Afrique, existe à Sumatra, peut-être à Bornéo, mais pas ailleurs. Ces deux

îles sont aussi la patrie unique du *Rhinocéros bicorne* et du *tapir*. Java nourrit
le *rhinocéros unicorne;* Célèbes le bahi-russa *(sus babi russa),* animal singulier
qui tient du cerf et du cochon. Les sangliers *(sus vittatus* et *verrucosus)* sont
beaucoup plus cosmopolites. Bornéo possède en propre le cochon blanc *(sus barbatus)* ou *Babi-puti,* à tête hideuse et pourvue de longues moustaches.

6° *Insectivores : Hylomis suillius,* genre nouveau et rare découvert par Müller.
Gymnura raflesii, semble servir de transition à la classe des Didelphes. Cet être
singulier n'existe qu'à Bornéo et à Sumatra.

7° *Chéiroptères.* Java est la patrie de la plus grande des roussettes, le *Péteropus
edulis,* dont les plus grands individus ont près de 5 pieds d'envergure et qui
dévaste les vergers. Les *Pachysomes* et les *Vespertillions* sont aussi très-nombreux
dans toutes les îles; les *Galéopythèques,* aux Philippines.

Nous signalerons enfin les *animaux domestiques,* dont les principaux sont le
cheval, la vache, la chèvre, le mouton, le buffle appelé karbo *(bos bubalus),* le
chien et le chat.

Oiseaux. La classe des *oiseaux* est principalement représentée par les *perroquets,* le *cacatoës,* l'*oiseau du paradis,* le *lori,* le *colibri,* le chanteur des montagnes *(musicarpa cantatrix),* le béo *(gracula religiosa)* qui apprend vite à imiter
la voix humaine; quelques espèces de *perdrix ;* la poule sauvage *(gallus bankiva
et furcatus),* le *paon,* compagnon du tigre, dont il annonce l'approché par son cri
aigu ; l'oiseau-rhinocéros *(Buceros lunatus),* qui doit son nom vulgaire à la corne
recourbée en faucille qu'il porte sur son bec.

La famille des *pigeons* se signale par *Columbo malaccensis, Columbaœneœ;
Phasianella.* Les oiseaux nocturnes sont : *Strix flammea, Caprimulgus affinis.*
Les échassiers comptent des hérons et des cigognes, tels que *Cantalus lactus,
Ardea nigripes, Ciconia leucocephala, Ciconia capillata.* Les Gallinacées sont
remarquables par leur grosseur ou l'éclat de leur plumage comme la *poule et le
coq d'Inde,* le *faisan doré.* A cette tribu se rattache la section anomale des
Mégapodes, qui ne couvent point leurs œufs, mais, à l'instar des reptiles, en
confient l'incubation à la chaleur solaire ou à celle de la fermentation produite
dans les détritus végétaux qu'ils accumulent à cet effet. Ces singuliers oiseaux construisent ainsi des monticules de terre et de feuilles en forme de tumulus où ils
enfouissent les œufs isolément. C'est au moyen de leurs pieds qui sont munis de
doigts plus ou moins préhensibles qu'ils élèvent ces monticules de plusieurs pieds
de hauteur. On présume que, comme les reptiles encore, ils ne prodiguent aucun
soin à leurs petits.

Le charmant oiseau nommé *voleur de riz (fringilla orizofora)* et le *moineau*
franc importé de Hollande sont les passereaux familiers des maisons rustiques. Les
*martins-*pêcheurs et chasseurs brillent par l'éclat de leur plumage.

Citons enfin deux espèces d'hirondelles ou plutôt de martinets, *Cypselus esculentus* et *C. fucifagus,* souvent confondus sous la désignation commune d'*hi-
rundo esculenta,* qui fournissent les nids comestibles connus sous le nom de *nids
de Salanganes.*

Ces nids, qu'on recueille deux fois par an dans les rochers caverneux voisins de
la mer, se vendent jusqu'à 20,000 francs les 125 livres. Il est vrai qu'il faut 50 à
60 nids pour faire une livre.

Reptiles. Crocodile *(Crocodilus biporcatus),* Monitor *bivittatus,* *Lacerta
azurea; Hemidactylus frœnatus,* *Platydactylus guttatus* (Gekko). Les *Crapauds*
et les *Grenouilles* représentent les Batraciens. Les *Serpents* sont nombreux, et

plusieurs sont venimeux, tels que : *Naja sputatrix*, *Trigonocephalus rhodosto-men*, *Elaps furcatus*, et un *Hydrophis* ou serpent de mer, répandu dans toute la mer des Indes. Parmi les non venimeux, nous citerons le *Python bivittatus*, qui atteint une longueur de 20 pieds et plus, et qui remplace le Boa constrictor, inconnu dans la Malaisie.

Poissons. Ils sont nombreux dans la mer, les lacs et les rivières, et la plupart sains et agréables. Quelques espèces, cependant, sont vénéneuses, et ce sont les seules que nous citerons : 1° le *Tetrodon*, de la famille des *Gymnodontes* et le plus dangereux de tous ; 2° et 3° *Balistes monoceros* et *B. vetula*, de la famille des *Sclérodermes ;* 4° *Clupea nasus (Malacoptérygiens)*, espèce de Hareng ; 5° l'espèce *Chœtodon*, de la famille des *Squammipennes*, et la Bonite (*Scomber pelamys*), d'une chair délicate et très-saine en temps ordinaire, acquièrent à certaines époques des propriétés vénéneuses. Ces observations, empruntées au docteur van Leent, de la marine royale hollandaise, concordent parfaitement avec celles que nous avons faites nous-même en Océanie, il y a douze ans (*Topographie hygiénique et médicale de la Nouvelle-Calédonie*, 1860 ; Thèses de Paris). Nous croyons avoir établi, par des expériences, que les poissons toxicophores doivent généralement leur propriété malfaisante et trop souvent mortelle aux modifications physiologiques qu'ils subissent à l'époque du frai, et que ce sont les œufs de l'animal qui renferment la plus forte proportion de principe toxique. C'est au point que quelques grammes d'œufs du Tétrodon occasionnent la mort, alors que la chair du même poisson ne produit que des accidents légers ou même point du tout. Nous avons fait la même observation à *Cuba*, sur des espèces propres à la mer des Antilles.

Mollusques. *Céphalopodes : Sépia. Conchifères : huîtres*, parmi lesquelles la *Perlière* donne lieu à une pêche fort active aux Moluques et aux Philippines.

Crustacés. Genres *Fragurus, Cancer, Astacus*, sont les plus communs. Les *Gécarciens* sont plus rares.

Arachnides, Scorpions de différentes espèces, dont la piqûre cause quelquefois des accidents douloureux et fébriles. On a même observé des cas mortels causés par le gros Scorpion des bois.

Les *Phrynus* et les *Mygales* (Araignées monstrueuses) sont presque aussi venimeux que les Scorpions.

Les *Millepieds, Scolopendres*, sont très-incommodes.

Insectes. Les *Moustiques*, les *Cancrelats* et les *Fourmis*, pullulent. Les plus terribles parmi celles-ci sont les Fourmis blanches, *Termes fatalis* (Névroptères), qui ruinent tout et rendent inhabitables les lieux qu'elles envahissent. Dans les forêts surtout à Java, ces insectes creusent et soulèvent le sol de façon à former une série régulière d'éminences que le Fourmilier (*Manis javanica*) a fort heureusement le soin de creuser pour en manger les hôtes. Les *Fourmis noires* gâtent les aliments ; les *rouges* causent une piqûre cuisante.

Les *Hyménoptères* présentent à considérer l'Abeille commune (*Apis mellifica*), une espèce pas plus grosse qu'une fourmi (*Apis meluta*), et qui donne aussi le miel et la cire ; le *Bourdon des bois*, qui creuse le bois et cause du dégât, même dans les maisons.

Les *Hémiptères* sont représentés principalement par les genres *Cimex* et *Cicada*.

Lépidoptères : Phalènes, Papillons, Bombix mora, ou Ver à soie du mûrier.

Orthoptères : une Sauterelle verte qui dégage une odeur insupportable ; *Mantis laticollis,* vulgairement *Feuille ambulante,* parce que, les ailes de l'insecte étant repliées, on le confond avec les feuilles des arbres auxquelles il ressemble parfaitement.

ANNÉLIDES. Sangsues (*Hirudo vittata* et *javanica*), abondent à Java, Sumatra, Bornéo.

Échinodermes, très-nombreux. Les *Holothuries* ou *Tripangs* donnent lieu à une pêche fort active à Célèbes et aux Moluques.

Polypes. Ceux du corail particulièrement sont partout sur la côte, et transforment sans relâche le fond de la mer.

Pour achever de donner une idée exacte de la richesse et de la variété de la faune malaisienne, et comme pour combler les lacunes que nous avons forcément laissées, nous reproduirons une appréciation faite par l'un des plus savants naturalistes de la Hollande, Temminck : « Cette zone géographique (la Malaisie), qui, dans plus de la moitié de son étendue territoriale, n'a pas encore été étudiée, nous offre dès à présent un nombre bien plus considérable d'animaux que n'en fournit l'Europe entière. La quantité vraiment prodigieuse de mammifères, d'oiseaux, de reptiles, de poissons, de crustacés, de mollusques, d'insectes et de zoophytes, surpasse de beaucoup, dans quelques classes, la richesse de la nature dans la vaste Afrique, les Antilopes de cette partie du monde seules exceptées. On peut établir, sans crainte de s'abuser beaucoup, que la population ailée des îles de l'archipel Indien égale et peut-être surpasse même en nombre la grande multitude d'espèces d'oiseaux trouvée dans l'Amérique méridionale. »

CLIMAT. La Malaisie, située tout entière dans la zone intertropicale, appartient nécessairement à la catégorie des climats chauds et humides. Elle est coupée par l'équateur, s'avance jusqu'au 10e degré de latitude dans le S., et jusqu'au 19e vers le N.; ce qui nous fait préjuger une égalité de température dont l'île de Luçon seule est exceptée par sa situation au delà du 10e degré. Celle-ci a, en revanche, le triste privilége des *typhons,* ouragans qui marquent le renversement des *moussons* à la limite géographique imposée par la nature à ces vents périodiques. Durant l'été de l'hémisphère sud, le vent de N. O. règne dans l'archipel Indien ; il y porte le nom de *mousson d'O., mousson des pluies, mousson mauvaise.* Puis, quand le soleil passe dans l'autre hémisphère, c'est-à-dire durant l'été septentrional, le vent change de direction avec lui, car il souffle toujours vers l'hémisphère le plus échauffé, et il devient alors S. E. C'est la *mousson d'E., mousson sèche* ou *bonne.* Dans les îles de la Sonde, la mousson d'O. dure d'octobre en avril. Alors commence le renversement de mousson, période transitoire et de courte durée, marquée par des calmes, de courtes brises d'E., qui peu à peu s'établissent et finissent par dominer tout à fait. La mousson d'E. occupe le reste de l'année. Celle-ci se trouve donc partagée en deux saisons ou moussons à peu près égales, l'une pluvieuse et de vents d'O., l'autre sèche et de vents d'E., sauf deux périodes transitoires et de courte durée qui marquent le passage d'une mousson à l'autre. Nous avons déjà signalé celle d'avril. Quant à celle d'octobre, elle est marquée par la variabilité du temps qui, de constamment beau, devient capricieux et changeant. Des calmes interrompent la fraîche brise d'E., mais ils ne sont que les avant-coureurs des bourrasques du N. O. ou de l'O., constamment accompagnées de tonnerre et de pluie. Le ciel se couvre de plus en plus ; des masses de nuages obscurcissent l'horizon, et à la fin le vent (mousson) de l'O, sort triomphant de la lutte et atteint son apogée au mois de novembre.

Pour l'île Luçon (Manille, Philippines), située entre le 12e et le 19e degré de latitude N., les moussons sont du S. O. et du N. E. La première règne quand le vent souffle du S. E. dans les îles de la Sonde ; la deuxième, quand le vent y souffle du N. O. Ce sont les mêmes vents du N. et du S. qui dévient en sens opposé au sud et au nord de l'équateur. A Luçon, c'est la mousson de S. O., durant de mai en octobre, qui est la saison pluvieuse, et c'est la mousson de N. E. qui est la saison sèche. Les typhons, qui soufflent en tourbillon (cyclones, ont lieu durant la saison pluvieuse et surtout aux renversements de mousson. Ils ne descendent pas au sud des Philippines. Les grains du N. O., qui s'abattent de temps en temps sur les côtes N. O. de Sumatra, sont de courte durée et ne sont que la queue des ouragans lointains du golfe du Bengale. Les coups de vent de la côte N. O. de Célèbes sont de courte durée, et les bourrasques de Timor-Coupang n'ont pas non plus la violence des typhons.

La *température* moyenne dans l'archipel Indien est de 30°, suivant van Leent. Le matin, à six heures, le thermomètre indique en moyenne 24° centigrades ; à trois heures de l'après-midi, 31°, et, deux ou trois heures après le coucher du soleil, 27°. Les mois de la belle saison donnent la température la plus élevée ; les pluies rafraîchissent l'air dans l'autre saison, surtout quand elles sont tombées déjà depuis quelques jours. La différence nyctémérale du thermomètre varie de 4°,2 à 5°,6.

Les oscillations diurnes du baromètre n'offrent que peu d'amplitude, comme dans tous les pays très-rapprochés de l'équateur. Van Leent les estime à peine à 5 millimètres du matin au soir.

Du mois d'avril au mois d'août, le baromètre indique la plus forte pression atmosphérique, et la plus basse d'août en avril.

Le *psychromètre* marque, en moyenne, dans la saison sèche, 0,80 à 0,81, et dans la saison des pluies 0,91 à 0,98, c'est-à-dire une saturation presque complète. C'est que les pluies tombent alors par torrents, et le bruit des eaux du ciel est tellement assourdissant qu'il couvre tous les autres, hormis celui des coups de tonnerre qui les accompagnent. « C'est alors que les rivières, débordant de leur lit, menacent de ruine les plaines qu'elles parcouraient naguère comme des filets d'eau calme et peu profonde. Alors les tourbillons déracinent et emportent les arbres ; les chemins des montagnes sont rendus impraticables par les éboulements de terre, et les lieux où peu de jours avant la nature avait l'aspect le plus riant deviennent le théâtre d'incroyables dévastations. Mais, avec la bonne saison, tout cela est bien vite réparé et oublié ; l'homme jouit alors largement des splendeurs incomparables de la nature dont Java surtout est si largement dotée et dont toutes les îles de l'archipel des Indes orientales ont une bonne part (Van Leent). »

Les orages ont lieu surtout dans la saison pluvieuse. Ils éclatent alors chaque jour, dans l'après-midi, et s'accompagnent d'une pluie abondante. Mais ils sont encore fréquents, sans être violents, dans la belle saison, qui n'est pas aussi sèche qu'on pourrait le croire. Ils se lient à l'apparition de la *brise de terre* et reparaissent chaque soir peu de temps après le coucher du soleil, aussi bien dans la bonne que dans la mauvaise saison. Indépendamment des vents alizés et des moussons, qui sont les vents généraux des contrées intertropicales et qui soufflent librement en pleine mer, le littoral de ces mêmes contrées est rafraîchi par des brises locales soufflant alternativement du côté de la mer et du côté de la terre, et qui ne sont que des échanges atmosphériques tenant à l'inégalité d'échauffement de l'écorce terrestre et de la surface liquide. Ces brises ont une grande importance partout, non-seulement parce qu'elles tempèrent l'ardeur du littoral qui sans elles serait souvent inhabitable, mais parce qu'elles dispersent les miasmes qui se dégagent des côtes d'alluvion. A ce point de vue, elles méritent une attention toute particulière sur les côtes basses et marécageuses des îles de la Sonde. Si la brise de terre purifie l'air que respirent leurs habitants, elle porte aux marins des bâtiments à l'ancre ou naviguant près du rivage les émanations malsaines des alluvions et de la flore palustre.

Les données générales que nous avons fournies jusqu'ici ne s'appliquent qu'à la zone torride ou zone du littoral. Mais on comprend facilement qu'elles ne sauraient s'appliquer à l'intérieur des terres si vastes et si accidentées qui constituent les grandes îles de la Malaisie. Nous allons jeter un regard sur leur climat, en nous bornant à Java, pris comme type, pour ne pas donner trop d'extension à cette partie de notre travail. Cette île, la plus importante par sa richesse et sa population, a été divisée par le savant Junghuhn en quatre zones. La première, ou *torride*, comprend le terrain situé entre la mer et une hauteur de 2,000 pieds. Elle a une température moyenne de 27°,5 centigrades aux limites intérieures et de 23° aux supérieures. Son humidité moyenne est de 20^{gr},25 de vapeur d'eau par mètre carré.

La zone d'alluvion, qui forme la côte nord et une petite partie de la côte sud, produit ces émanations funestes désignées sous le nom collectif de miasme paludéen.

La deuxième zone ou *tempérée* s'étend d'une altitude de 2,000 pieds à celle de 4,500. La température y est de 23° (limite inférieure) à 18°,7 (limite supérieure). L'humidité y est moindre que dans la zone torride, 15^{gr},7 en moyenne.

La troisième zone ou *fraîche*, d'une altitude de 4,500 à 7,500 pieds, a une température moyenne de 18°,5 à 13° (limite supérieure). C'est la zone des nuages qui enveloppent tout d'un épais brouillard vers le milieu du jour et se déchargent alors en pluies et en coups de tonnerre. Puis le ciel se dépouille et le temps redevient superbe. Si l'orage n'éclate pas, la terre reste ensevelie dans les brouillards, qui ne se dissipent qu'après le coucher du soleil par leur condensation en rosée abondante. Dans cette zone, le vent de S. E. règne presque constamment.

Dans la quatrième zone ou *froide*, la température moyenne est de 13° à la limite inférieure (7,500 pieds), et de 8° seulement à la supérieure (10,000 pieds). Elle descend même quelquefois au point de congélation sur les sommets les plus élevés, où manque l'abri des arbres de haute futaie. L'humidité y est en moyenne de 11^{gr},60 à la limite inférieure, et de 0^{gr},70 à la supérieure. Les vapeurs n'y forment point de nuages, et la pluie y est rare. Durant le calme des nuits, quand le vent d'E., qui règne ici sans interruption, est tombé, il arrive parfois que les vapeurs qui montent des zones inférieures sont transformées en grésil dans cette atmosphère glacée. C'est dans cette région que les convalescents des maladies contractées sur le littoral vont rétablir leur santé tout en s'épargnant ainsi un voyage en Europe. Il existe des maisons de convalescence établies dans ce but à Malang, à Ounarang, où se trouve un établissement thermal, et à Gadock. « Certains points de la zone tempérée de Java paraissent aussi favorables aux malades atteints de tuberculisation pulmonaire que les localités les plus renommées sous ce rapport. Dans la partie orientale de cette île, et par la latitude de la zone tempérée, l'air est sec, la température n'a pas de brusques variations, et la moyenne thermométrique est de 18° à 22° (Van Leent). »

Batavia, la capitale de Java et de toutes les possessions hollandaises qui comprennent à peu près toute la Malaisie, sauf les Philippines, est si célèbre, dans le monde entier, par son insalubrité autant que par ses richesses, que nous ne saurions nous dispenser d'en dire quelques mots. Cette grande ville, réputée comme type de colonie insalubre, ne mérite plus autant sa funeste renommée depuis que le gouverneur général Daendets (1811) et ses successeurs en ont profondément modifié l'assiette en desséchant les marigots, écartant les cimetières, abandonnant en partie l'ancienne ville pour s'étendre dans les vastes faubourgs qui ocenpent aujourd'hui un rayon de deux lieues en dehors de l'ancienne enceinte. On ne trouve plus à présent dans la ville proprement dite que les magasins du gouvernement et du commerce retenus là par le voisinage de la baie. De neuf heures du matin jusqu'à quatre heures du soir, la longue et unique rue qui renferme ces entrepôts se remplit d'une foule agitée ; puis chacun retourne à son habitation des faubourgs, et un silence sépulcral succède à l'agitation bruyante de la journée. La *température* moyenne de l'année à Batavia est de 27°,80. Celle du mois le plus chaud (novembre) est de 29°,14 ; celle du mois le plus frais (février) est de 27°,08. La température est donc aussi uniforme qu'on pouvait l'attendre d'une localité maritime qui n'est qu'à six degrés de l'équateur. Les variations nyctémérales sont assez régulières. Le matin, à six heures, la température est à son minimum ; de midi à une heure, elle atteint son maximum (30° à 31°) ; le soir, de huit à neuf heures, 27° à 28°. Une température aussi élevée et aussi uniforme doit certainement être très-énervante, surtout accompagnée d'une *humidité* moyenne annuelle de 21^{gr},65 de vapeur d'eau par mètre cube d'air atmosphérique.

La quantité moyenne mensuelle de *pluie* est de 0^m,1608. La plus forte quantité tombe en février et mars ; la moindre, en août et septembre.

Il est évident que chacune des îles montagneuses de la Malaisie pourrait être décomposée, comme Java, en un certain nombre de zones jouissant de conditions climatériques propres. Célèbes est dans des conditions meilleures que toute autre, parce que les terrains d'alluvion y sont remplacés par de belles plaines herbeuses et ondulées ; c'est la plus salubre de toutes. Les Moluques sont assez saines également. Cependant Amboine, la principale, a beaucoup perdu de sa salubrité depuis 1835, en raison des tremblements de terre qui en ont bouleversé le sol et changé ses conditions hygiéniques.

Une autre remarque doit être faite, à propos du climat de ces îles, c'est que quand la saison pluvieuse règne depuis les *îles de la Sonde* jusque sur la côte occidentale de *Célèbes*, l'atmosphère des *Moluques*, de *Céram* et de toute *la côte orientale de Célèbes* jouit de la belle saison ou de la mousson sèche.

PATHOLOGIE. La connaissance du climat nous a préparés à aborder la question des maladies. Il en est trois qui peuvent être raisonnablement imputées aux conditions climatériques soit qu'elles dépendent du solou des météores. Ce sont la *fièvre paludéenne*, la *dysenterie* et l'*hépatite*. Les *fièvres paludéennes* doivent être mises au premier rang. Elles se rencontrent presque partout et il n'est pas rare de les voir sévir sous forme épidémique. C'est pendant le changement de mousson et dans la saison des pluies que cela arrive.

De 1840 à 1850, les fièvres ont régné à *Java* sur une très-grande étendue et avec un caractère fort grave. Depuis qu'un tremblement de terre épouvantable a bouleversé l'île d'*Amboine*, en 1835, les fièvres ont souvent sévi avec intensité dans ce pays où elles étaient presque inconnues avant cette catastrophe.

Les formes sous lesquelles les maladies palustres se montrent dans le grand archipel des Indes sont, par ordre de fréquence, les types quotidien, tierce, quarte de la fièvre intermittente ; le type irrégulier et enfin la cachexie palu-déenne. Ceci ressort du tableau suivant, fourni par van Leent auquel nous emprunterons presque tout ce que nous allons dire sur la pathologie de la Malaisie. Les bâtiments hollandais en station dans cet archipel ont fourni de 1855 à 1857 :

Fièvres intermittentes quartes	46
— tierces	990
— quotidiennes	2,889
— irrégulières	164
TOTAL	4,089

La statistique des années ultérieures donne des résultats analogues, quant aux rapports des différents types entre eux. Ces fièvres sont parfois franches, mais ordinairement accompagnées d'un état catarrhal du tube digestif, ainsi que de troubles plus ou moins accentués des fonctions du foie ou enfin des manifestations rhumatismales.

Quand elles prennent le caractère pernicieux, c'est ordinairement la *forme syncopale* chez l'indigène, tandis qu'elles revêtent indifféremment toutes les formes de la perniciosité chez l'Européen.

Assez fréquemment, soit après soit avant les accès intermittents, la fièvre revêt le mode *rémittent.* « On a distingué les rémittentes catarrhale, gastrique, bilieuse, etc. Cette fièvre aux formes multiples doit être désignée simplement sous le nom de *fièvre rémittente endémique* (Van Leent). »

Se manifestant souvent avec une certaine bénignité, la fièvre rémittente prend parfois toute la gravité d'une maladie maligne ; dans ce cas elle a été décrite par les médecins des colonies hollandaises sous le nom de *fièvre typhoïde.* Il nous semble que c'est à tort et la remarque suivante de l'auteur déjà cité paraît indi-quer qu'il y a eu en effet confusion de deux maladies bien distinctes ou que du moins on a employé une expression vicieuse au point de vue de la nomenclature française. « Si les *fièvres typhoïdes*, dit-il, s'y rencontrent assez fréquemment, si les fièvres rémittentes de forme gastrique ou bilieuse prennent souvent, lors de la période d'adynamie, le caractère typhoïde, nous ferons remarquer que les ré-sultats des autopsies ne donnent que fort rarement les altérations pathologiques du véritable typhus. Comme par ailleurs les pétéchies se montrent encore plus exceptionnellement dans le cours de ces fièvres, nous croyons être en droit d'af-firmer que le typhus pétéchial et l'*iléo-typhus (typhus abdominal)* doivent être comptés parmis les maladies peu fréquentes des Indes orientales (Op. cit.) [1]. » En effet, s'il en était autrement, l'archipel des Indes présenterait une exception entre les pays tropicaux où la fièvre typhoïde est relativement rare.

La *Dysenterie* est une des maladies les plus redoutables dans ces parages. En tout temps et presque partout sporadique, elle se présente souvent à l'état d'épi-démie. Européens et indigènes y sont également sujets. Pourtant, dans quelques épidémies, ce sont surtout les Européens nouvellement débarqués que la maladie choisit pour victimes. Les anciens résidents, sans être exemptés, jouissent du même degré d'immunité *relative* que les indigènes. La dysenterie est peu fré-quente dans les Moluques, et à Amboine elle est même exceptionnelle.

Un fait très-remarquable c'est qu'à Java, sur quelques plateaux situés à une

---

[1] *L'Iléo-typhus* ou *typhus abdominal*, des Allemands, correspond à notre *fièvre typhoïde.*

hauteur considérable, la dysenterie sévit beaucoup plus que dans des lieux moins élevés. Nous en prenons occasion pour rappeler la théorie étiologique exposée par M. Dutroulau dans son livre *Maladies des Européens dans les pays chauds*, théorie fondée sur une observation analogue faite par lui dans nos Antilles.

Relativement à la fréquence de la maladie en question dans les possessions hollandaises, il est intéressant de citer le relevé statistique fait par le Dr Pop sur le personnel maritime embarqué et à terre

1860, sur	2,996	Européens	215	dysentérique	7,17 °/°
1861,	2,812	—	189	—	6,72
1862,	2,446	—	171	—	6,72
1863,	2,226	—	134	—	6,02
1864,	2,182	—	60	—	2,75
1865,	2,615	—	86	—	3,28

Quand la dysenterie passe à l'état chronique, il n'y a guère d'espérance de salut pour le malade que dans un changement de climat, soit en Europe, soit en certaines localités placées dans la zone froide des hauteurs que nous avons déjà signalées à propos du climat de Java.

L'*hépatite* accompagne souvent la dysenterie, mais elle est aussi fréquemment primitive. C'est dans le premier cas surtout qu'on la voit suivie d'*abcès*. L'*hypertrophie du foie* est une conséquence de l'influence climatérique et, en particulier, de l'intoxication palustre. A ce titre elle accompagne l'*hypertrophie splénique* plus fréquente qu'elle encore. L'*ascite* arrive naturellement comme conséquence de cet engorgement prolongé.

Ce sont les Européens qui payent le plus lourd tribut aux maladies du foie ; ce qui s'explique par la perturbation profonde des fonctions de cet organe, par suite du passage dans un climat brûlant. Mais ce qui prouve bien que la chaleur est la moindre cause de ces affections, c'est qu'elles sont rares à Célèbes, aux Moluques et dans les baies de l'archipel de Riow-Lingga, situées sous la même latitude que le littoral de Java, Sumatra, Bornéo, où elles sont fréquentes. Les fièvres palustres en sont évidemment la cause immédiate ; au moins des engorgements et des hypertrophies. On recommande beaucoup à Java et à Sumatra le séjour dans les montagnes pour rétablir les malades atteints d'affection du foie.

Le *choléra* existe en permanence dans toutes les îles. Plusieurs auteurs fixent à l'année 1819 la première apparition du choléra aux Indes orientales. Mais il paraît que c'est à tort ; car le Dr Pop, inspecteur du service de santé de la marine de Pays-Bas, a publié une lettre de Bontius, écrite de Batavia en 1631, et dans laquelle ce célèbre médecin fait part des ravages que faisait alors le choléra dans cette ville, « où il régnait tout comme la peste en Hollande. » Toutefois, ce n'est que depuis 1819 que le choléra s'est étendu successivement à toutes les îles sous forme épidémique. Il disparut cependant de 1830 à 1853, époque à laquelle il fit une nouvelle apparition sur la côte de Sumatra et se propagea dans tout l'archipel où il est demeuré constamment depuis, soit sous forme épidémique soit à l'état sporadique. L'épidémie de 1864 à 65 fit à Java des ravages épouvantables. Comme en Europe, et probablement même partout, la *cholérine* qui n'en est qu'une forme mitigée précède et accompagne les épidémies cholériques.

Les *affections catarrhales* de la muqueuse digestive, surtout la *diarrhée*, sont fréquentes. C'est au commencement de la saison des pluies que le médecin a le plus d'occasion de les observer. Le catarrhe gastro-intestinal attaque de préférence les indigènes et les jeunes sujets qui, nouvellement arrivés, s'exposen aux indigestions. On accuse aussi les suppressions de sueur de les provoquer. La *diarrhée bilieuse* n'est pas moins fréquente et sert souvent de précurseur à la dysenterie. Ces différents flux intestinaux compliquent parfois la fièvre palustre et cessent avec elle quand la médication antipériodique est employée avec succès.

Enfin la *diarrhée chronique* peut être à la fois la suite et la conséquence de la dysenterie.

Les *hémorrhoïdes* se montrent chez presque tous les Européens d'un certain âge qui ont séjourné longtemps dans le pays. On les voit aussi apparaître à la suite des flux intestinaux ou comme conséquence des engorgements du foie.

Le *béribéri* est une affection des indigènes, comme la *lèpre* et l'*éléphantiasis des Arabes*, bien qu'il puisse, comme ces dernières affections, attaquer accidentellement les Européens. Le D[r] van Leent et plusieurs de ses confrères hollandais font du béribéri, une forme du *scorbut* et proposent de remplacer cette désignation bizarre par celle d'*hydrémie scorbutique*. « Le béribéri ne se montre jamais, dit-il, qu'à la suite d'un appauvrissement considérable du sang. C'est la condition indispensable du développement de cette maladie. »

On le rencontre, du reste, dans toutes les localités de la Malaisie, mais là surtout où les conditions hygiéniques de la population sont mauvaises, que ce soit sous le rapport du logement, de la nourriture ou du travail forcé. On a généralement remarqué que les convalescents de maladies graves et surtout de fièvre intermittente sont le plus exposés à la maladie ; ce qui viendrait à l'appui de l'opinion précitée que partagent plusieurs médecins anglais exerçant aux Indes, entre autres Carter et Morehead. L'*ivrognerie de l'opium* (une des causes principales de la décadence de la race indigène dans l'archipel indien) détermine une forme d'*aliénation mentale* connue sous le nom d'*omok* et qui n'a pas été, que nous sachions, signalée avec cette violence en Chine où l'ivresse de l'opium n'est cependant pas rare. Sous l'influence de cette exaltation cérébrale, les individus ont un penchant irrésistible à répandre le sang et tuent toutes les personnes qui leur tombent sous la main, fussent-elles de leur propre famille. Aussi la loi autorise-t-elle à les assommer comme des chiens dans la rue. Ce *délire aigu* ne nous semble pas assez distinct de l'*œnomanie* pour qu'on en fasse une entité morbide. Il doit se confondre avec elle. Nous en dirions volontiers autant du *mata-glap* (littéralement : *yeux aveuglés*). « Les individus atteints de cette étrange hallucination, dit van Leent, commettent un ou plusieurs meurtres, croyant voir dans leurs victimes des animaux féroces, surtout un tigre. Ils ne choisissent pas les personnes qu'ils font tomber sous leurs coups, mais ils frappent au hasard toutes celles qui les fréquentent ou qui se trouvent accidentellement à leur portée. Le mata-glap a déjà souvent mis à l'épreuve la perspicacité et l'expérience des magistrats et des médecins. Les légistes n'ont pu nier l'existence de cette sorte d'aliénation (Op. cit.). » Soit : mais alors en quoi ce délire diffère-t-il du précédent ? En rien, et dès lors c'est la même *manie*. « Une autre forme non moins singulière, dit le même auteur, mais qui n'a jamais de conséquences terribles est connue sous le nom de *lata*. Elle ne se rencontre guère que chez les femmes indigènes. Elle se manifeste par une impulsion démesurée, irrésistible vers l'imitation de tous les actes qu'exécutent les personnes qui attirent l'attention du malade. C'est une sorte de danse de Saint-Gui, accompagnée de folie momentanée, mais dans laquelle les mouvements sont provoqués et réglés par ceux qu'exécute une autre personne. Les tribunaux ont eu également à se prononcer sur

la non-culpabilité d'actes commis dans des cas de cette nature. Cette manie momentanée paraît être une des formes innombrables de l'hystérie (Op. cit.). »
Nous ne saurions accepter cette assimilation et nous croyons plutôt qu'il faut la rapprocher de la *forme* convulsive ou *choréique* de l'alcoolisme chronique décrite par Magnus Huss. Nous y sommes d'autant plus autorisés que nous savons que les femmes fument aussi l'opium. « A ma grande surprise, dit Ida Pfeiffer, je rencontrai dans les maisons consacrées à l'opium jusqu'à des femmes qui fumaient aussi passionnément que les hommes. »

L'*asthme nerveux* nous est signalé comme attaquant de préférence la même classe d'individus. Cette dernière affection nous amène à parler des *affections de l'appareil respiratoire* dont la fréquence et la gravité paraissent être moindres qu'en nos climats. Il n'y a pas à en douter au moins en ce qui regarde la *pleurésie* et la *pneumonie*. En effet, dans l'espace de cinq ans (1860-1865) la pleurésie idiopathique ou primitive ne s'est montrée que vingt-quatre fois chez 12,661 Européens et la pneumonie vingt-deux fois seulement. Il est très-remarquable que cette affection ne se présente non plus qu'exceptionnellement dans la zone froide des montagnes.

Nous regrettons de ne pas trouver les mêmes données statistiques à propos de la *phthisie* dont nous aurions quelque raison de soupçonner la fréquence. Mais on nous apprend seulement qu'elle règne chez les Européens, aussi bien que chez les indigènes. Selon le Dr Heymann, les Javanais et les Africains y seraient plus sujets que les Chinois habitant de la même contrée.

Les affections légères du larynx et des bronches ne sont pas rares. La *grippe* et la *coqueluche* se sont montrées quelquefois à l'état épidémique. Les maladies de *l'appareil circulatoire* sont très-communes. L'*hypertrophie concentrique* ou *excentrique* du cœur (anévrysmes actif et passif) sont, dit-on, le triste apanage des Européens que leurs occupations retiennent dans les localités les plus chaudes du littoral. Ne faut-il pas faire quelque réserve en faveur des palpitations nerveuses de la chlorose et de l'anémie ?

La *péricardite* et l'*endocardite* sont des conséquences du *rhumatisme articulaire* qui n'est pas une maladie rare.

Les *fièvres éruptives* (*rougeole* et *variole*) se montrent assez fréquemment, même sous forme épidémique. La première est très-bénigne et, quoique les indigènes ne prennent aucune précaution dans le cours de l'éruption, il n'en résulte pas de ces affections consécutives si redoutables en nos climats froids. Les épidémies de *variole* sont au contraire très-meurtrières, fait concordant avec ce que nous savons de la plus grande gravité de cette affection dans les pays chauds.

Les *maladies de la peau* sont communes chez les Européens et surtout chez les indigènes. A eux appartient exclusivement le *bouton d'Amboine*, sorte de pian dont on trouvera la description à l'article FRAMBŒSIA. Ils n'ont pas moins souvent la *gale*, mais ils la partagent avec les Européens. Ceux-ci ont la spécialité de l'*herpès circinné* et du *lichen tropicus*. Il y a une forme d'*ichthyose* très-commune aux Moluques où elle est connue sous le nom de *cascadoë*.

On observe fréquemment l'*éruption furonculeuse* qui, de temps en temps, se montre même sous forme épidémique. Van Leent croit avoir constaté, sur la côte de Sumatra où les fièvres palustres règnent presque partout avec intensité, que ces éruptions coïncident avec la période de rémission de l'épidémie palustre, et qu'elles atteignent de préférence les personnes qui ont été épargnées par la fièvre intermittente.

L'*albinisme* partiel ou général s'observe quelquefois concurremment avec l'hypertrophie de la glande thyroïde chez les indigènes qui habitent les hautes vallées et qui sont alors les légitimes représentants de nos crétins des Alpes. A Java, on les appelle vulgairement kakerlaks (cancrelats). Il serait instructif d'établir un parallèle entre la constitution géologique de ces hautes vallées et celle des Alpes où règne le goitre. C'est ce que nous ne saurions faire ; mais nous rappellerons du moins l'opinion qui attribue le goître à l'usage des eaux *magnésiennes*. Ce doit être le cas habituel dans les montagnes volcaniques de Java.

Les maladies *constitutionnelles*, telles que la *scrofule* et la *syphilis*, ne sont pas rares. La *chlorose* et l'*anémie* sont fréquentes chez les Européens comme chez les indigènes. La *tuberculose* n'attaque pas seulement les poumons, mais aussi le foie et, chez les enfants, les méninges.

Les *affections vermineuses* sont fort répandues. Ce sont les *oxyures* et les *lombrics* que l'on rencontre le plus fréquemment, chez les enfants indigènes surtout; mais le *tœnia solium* et le *trigonocephalus dispar*, sont eux-mêmes assez répandus dans la zone chaude du littoral comme dans la région montagneuse.

Nous avons déjà eu l'occasion de parler de quelques *névroses*. Ajoutons-y le *tétanos* dont la fréquence, bien connue dans les pays chauds en général, n'est pas démentie en celui que nous décrivons.

Enfin les *maladies des yeux*. La *conjonctivite* est plus fréquente et surtout plus tenace qu'en Europe. Sa gravité nous est démontrée par ce fait qu'elle se complique de chémosis et d'abcès. Le *pterygion* est très-commun chez les indigènes. La *kératite* affecte volontiers chez eux la marche chronique, tandis qu'elle est plutôt aiguë chez l'Européen. L'*héméralopie*, l'*hyperémie de la rétine* et même la *rétinite* ne sont pas rares. Cette dernière affection est une des plus sérieuses dont l'organe de la vue soit menacé chez l'Européen habitant du littoral.

La *cataracte* sénile et la *presbytie* se montrent très-souvent avant l'âge chez les Chinois répandus dans toute la Malaisie. Mais, comme on ne les signale pas chez les autres peuples qui vivent sous le même climat, il faut les attribuer à une idiosyncrasie de race plutôt qu'aux influences climatériques. Le fait n'en est pas moins intéressant à constater.

ACCLIMATEMENT. La faculté d'acclimatation pour la race blanche européenne dans la Malaisie, ne peut entrer en question que par rapport à la zone brûlante du littoral. Il faut donc de suite mettre au-dessus de toute discussion les 3/4 du pays ; comme toutes les fois, à notre avis, qu'il s'agit d'acclimatement dans les régions tropicales. Mais il reste encore à distinguer, sur la zone restreinte qui fait l'objet d'une suspicion légitime, les côtes basses et marécageuses de celles qui ne le sont pas. Ce n'est pas la chaleur qui rend un pays inhabitable, car un pays peut être à la fois très-chaud et très sain, comme Taïti, par exemple ; et l'Européen peut y propager sa race aussi bien que dans sa patrie. Il ne saurait donc être question ici que des localités notoirement insalubres de l'Archipel indien, et pour serrer la question d'aussi près que possible je prendrai pour type *Batavia*, dont la renommée d'insalubrité égale ou surpasse toutes les autres. Il est bien vrai que depuis deux siècles et demi que les Hollandais s'y sont établis ils ne s'y sont guère multipliés; mais cela parait tenir à d'autres causes qu'au climat. D'abord au petit nombre d'Européens qui venaient s'y établir, puis au défaut de mariages. Aujourd'hui même que la population européenne a beaucoup augmenté, nous dit-on, il n'y a encore que 5,576 individus de race blanche dans toute la Résidence (province) de Batavia, sur une population totale de 517,762 habitants. Encore, sur ce chiffre si faible de sujets de race blanche, 4,128 sont nés dans les Indes de parents européens et 981 seulement venus d'Europe. Cette statistique ne comprend pas l'armée qui ne compte pour elle que 1,000 Européens.

Il faut aussi considérer que les mariages entre Européens sont rares et le concubinage avec les femmes indigènes le mode d'alliance le plus ordinaire. Mais les enfants qui naissent de ces unions sont des métis qui ne figurent pas dans le dénombrement de la race blanche ou européenne. Ainsi, il ne se contracte, bon an, mal an, que 52 mrriages à Batavia, dans la race européenne et le chiffre moyen des naissances légitimes n'est que de 180. En général, il naît plus de garçons que de filles, ce qui réfute suffisamment l'objection opposée par les non-partisans du cosmo olitisme humain. Dans les pays intertropicaux, disent-ils, les Européens produisent plus d'enfants femelles que de mâles. On a même été jusqu'à dire qu'à Batavia, les descendants d'Européens à la troisième génération ne faisaient plus que des filles. Cette assertion paraît démentie par la statistique. En réalité si l'on n'est pas encore suffisamment fondé à affirmer l'acclimatement de la race européenne à Batavia, parce que la statistique n'a pu opérer que sur des éléments trop réduits, il n'y a pas de raisons plausibles pour la nier.

L'*acclimatement individuel* que quelques auteurs appellent *petit acclimatement* (par opposition au nom de *grand acclimatement* qu'ils donnent à l'*acclimatement de race*), nous paraît possible et même probable; au moins dans certaines conditions qui sont précisément celles où se trouvent les Européens.

Ils exploitent la terre par l'entremise des bras des indigènes; ils sont l'intelligence qui dirige et les autres sont le bras qui exécute. Mais eux et même leur postérité indigénisée seraient-ils capables de se livrer à tous les travaux sur cette terre, tout en croissant et multipliant, de façon à en faire une nouvelle patrie; ce qui serait le vrai, le grand acclimatement? C'est ce que l'expérience n'a pas encore résolu et ne sera probablement pas appelée de sitôt à résoudre.

Ce qu'on peut affirmer, c'est que la mortalité jadis effrayante parmi les Européens a diminué considérablement depuis les mesures prises par le général Daendels et par ses successeurs, dont nous avons dit quelques mots au paragraphe consacré au climat, et grâce aussi aux progrès acquis dans l'hygiène privée. Les chances de longévité, à Batavia, sont trois à quatre fois plus grandes qu'il y a 50 ans, dit le docteur van Leent. De nos jours, le chiffre moyen de la mortalité pour les Européens se trouve dans la proportion relativement favorable de 1 : 18. (La proportion est plus favorable chez les indigènes, car elle est de 1 : 24, 80.) Il est permis d'espérer que l'extension des cultures et l'assainissement des terres par la canalisation, le drainage, etc., non moins que les progrès dans l'hygiène privée feront des loisirs de plus en plus grands à la mort.

ANTHROPOLOGIE. La population totale de la Malaisie, dont on ne peut du reste fixer le nombre que très-approximativement, peut être évaluée à 26,000,000 d'habitants ainsi répartis suivant leur origine :

Européens et métis assimilés.	330,000
Chinois.	250,000
Arabes	19,000
Autres étrangers orientaux.	37,000
Indigènes.	25,500,000

Les indigènes présentent de nombreuses variétes anthropologiques qu'on peut cependant rattacher à trois troncs principaux :

La race malaise;

La race malayo-polynésienne;

La race indo-chinoise;

La race nègre.

Cette dernière qui fut peut-être la population primitive de la Malaisie et qui, en tous cas, est de date fort ancienne, a été de plus en plus refoulée dans les forêts et les localités inaccessibles de l'intérieur des grandes îles Philippines; dans la petite « île de los negros » dépendant du même groupe, dans l'intérieur de Halmaheira ou Gilolo une des Moluques et enfin peut-être dans l'intérieur de Bornéo et de Sumatra. Mais leur existence en ces dernières îles n'est pas encore bien prouvée. Il reste tant de territoires inexplorés et le nombre des petites îles où les Européens ne mettent pour ainsi dire jamais le pied est si considérable qu'il est impossible d'arrêter les limites de l'établissement actuel des nègres dans la Malaisie.

Ceux qui sont le mieux connus et en apparence les plus nombreux de beau-coup sont aux Philippines. « Les noirs des îles Philippines, dit Bernardo de la Fuente, missionnaire qui a vécu parmi eux, sont de deux races différentes. On sup-pose, dans le pays, que l'une descend des Malabars, parce que, bien que leur peau soit tout à fait noire, leurs cheveux sont longs, fins et brillants comme ceux des autres Indiens, et leur visage n'est point défiguré par le nez épaté et les grosses lèvres des nègres de Guinée. Ce peuple, soit qu'on l'observe dans l'état d'esclavage, soit qu'on le considère dans l'état de liberté, a des manières qui indiquent un certain degré de civilisation. Quant aux noirs de la seconde race que l'on connaît sous le nom d'*Aetas*, ils sont dispersés dans les montagnes où ils mènent une vie errante; ils ont dans les traits quelque chose de la difformité des nègres et comme eux ils ont des cheveux crépus. On en trouve quelques-uns dans l'île de Luçon, et ils sont très-nombreux dans la *isla de los negros*, dont ils se croient les pre-miers habitants. Ils errent à l'aventure, par familles séparées, en se nourrissant des fruits que la terre produit spontanément. Il n'est jamais venu à ma connais-sance qu'une de ces familles nègres ait fixé sa demeure dans un village. S'il leur arrive d'être faits esclaves par les mahométans, ils se laissent battre jusqu'à la mort plutôt que de se soumettre à aucune fatigue, et ni la force ni la persuasion ne peuvent obtenir d'eux le moindre travail. »

Le Gentil, Gabriel Lafond, Domény de Rienzi et autres voyageurs, s'accordent à nous représenter ces sauvages que les Espagnols appellent *negritos del monte* (petits nègres des bois) ou simplement *negritos* comme des nègres de très-petite taille, au nez épaté, aux cheveux laineux mais moins courts que ceux des nègres de Guinée, aux lèvres grosses et à la peau d'un noir roussâtre. La taille de beaucoup d'entre eux atteint à peine 4 pieds et demi, mais Lafond en a vu de plus grands. Par cet ensemble de caractères, il est facile de recon-naître leur parenté avec les tribus noires des montagnes de la péninsule, de Malacca et des îles Andaman dans le golfe du Bengale, limite occidentale de la région où on les a trouvés. Crawford a signalé la même petitesse de taille de certains Samangs (tribus noires) de la presqu'île de Malacca.

Les nègres des possessions hollandaises de l'archipel Indien appartiennent aussi à la même race. « Les négritos, dit le docteur van Leent, sont d'une couleur noire-roussâtre. Il n'ont pas la peau couleur d'éhène des nègres d'Afrique.

Ils sont petits et frêles; mais leur système musculaire est assez développé. Leur chevelure est crépue; le front est plus découvert que chez la race nègre proprement dite. Ils ont le nez camus, retroussé vers le bout; la bouche aux lèvres épaisses proémine fortement. La lèvre supérieure est allongée au milieu et relevée; la mâchoire inférieure est très-étroite. »

Ce portrait est un peu plus complet que celui qui nous a été fourni pour les nègres des Philippines, mais il est facile de voir qu'il s'applique à une même race. C'est, à notre avis, celle que nous trouverons avec des modifications diverses produites par des croisements et des influences de milieu dans toute la Mélanésie. Et si nous voulons remonter à sa source ce n'est pas en Océanie mais sur le continent asiatique, au milieu des populations *dravidiennes*, qu'il en faut chercher le berceau. Le *Mounda* de nos jours avec sa peau noire ou couleur chocolat, ses cheveux tantôt lisses, tantôt frisés et même crépus, sa bouche grande, prognathe, à lèvres épaisses et renversées, son nez gros et épaté, sa tête rétrécie à la région frontale et enfin sa petite taille ($1^m,61$) nous en représente la souche. Mais, modifié par les résultats de la conquête, c'est-à-dire par une longue promiscuité avec les envahisseurs, il nous représente peut-être moins fidèlement la race primitive de l'Inde et de l'Indo-Chine que les négritos des Philippines. Bien qu'il ne nous soit pas encore donné de déchirer le voile qui nous cache les obscures profondeurs de l'histoire de l'humanité, il est permis de conjecturer que les anciens Moundas poussés par les flots pressés des envahisseurs dravidas, puis Aryas, sont descendus par la péninsule de Malacca dans l'archipel Indien d'où ils se sont répandus ensuite dans la Mélanésie et dans l'Australie. Toujours est-il, que les idiomes australiens se rattachent, suivant le savant linguiste français Maury, aux langues *dravidiennes* de l'Inde et que Pickering a rencontré parmi les tribus qui parlent ces langues les mêmes types qu'il venait d'observer en Australie (de Quatrefages). La race de nègres à cheveux lisses et de couleur fuligineuse qu'on observe aux Philippines et dans quelques autres îles de l'archipel Indien, côte à côte avec les Aétas ou négritos avec lesquels ils se confondent par des transitions insensibles, nous semblent devoir être rattachés à la même famille que les Australiens. Les uns et les autres qui sont arrivés à constituer une race fixe nous paraissent issus du croisement de la race Munda primitive avec les anciens Dravidas, peuple de race jaune. Les *Dravidas* actuels de l'Inde, ont perdu plusieurs des caractères de leurs ancêtres pour prendre en échange quelques-uns de ceux de la race noire à laquelle ils se sont mêlés après l'avoir conquise. Leur peau est de couleur chocolat ou de café brûlé qui est bien celle des Australiens; ils ont, comme eux, la tête rétrécie au niveau de la région frontale, le front médiocrement découvert et un peu fuyant, la face en losange par l'élargissement des pommettes et le rétrécissement de la mâchoire inférieure et du front, la bouche prognathe et les lèvres un peu épaisses et renversées. Mais ils ont le nez droit quoique un peu écrasé à la racine, les yeux sensiblement obliques et les cheveux lisses et rudes.

Ce portrait qui nous révèle un mélange des deux types noir et jaune paraît devoir s'appliquer aux noirs à cheveux plats des Philippines dont parle Bernardo de la Fuente et sauf l'obliquité des yeux, nous ne voyons pas en quoi il diffère de celui des Australiens que nous avons vus nous-même dans la Nouvelle-Galles du Sud.

En résumé les *Aétas* sont la race primitive (ou au moins la plus ancienne qui

reste) des Philippines, des Moluques et probablement de toute la Malaisie. Les
nègres fuligineux, à cheveux lisses ou frisés en longues mèches qu'on a quelquefois nommés *Endamènes*, sont une race mixte et par conséquent moins
ancienne qu'on trouve en des degrés divers de civilisation, mais avec des caractères
physiques communs aux Philippines et dans quelques autres îles de la Malaisie,
surtout en Australie où ils forment la masse de la population.

Nous ne dirons qu'un mot de l'état social et des mœurs des Aétas qui sont à peu
de chose près celles des Endamènes; car, comme le dit Rienzi, « les noirs se son
tellement mêlés dans les Philippines, que leurs coutumes ainsi que leurs traits
et leur taille offrent peu de différences ». Gabriel Lafond prétend avoir visité
« *un de leurs villages* dans la montagne », ce qui prouve déjà qu'ils ne sont
pas tout à fait aussi brutes que le dit Bernardo de la Fuente, puisqu'ils ont au
moins un rudiment de société. Les Espagnols prétendent que toutes les tentatives
faites pour les civiliser sont restées infructueuses et qu'ils ont un penchant irrésistible pour la vie sauvage. C'est le raisonnement des Anglais en Australie, mais
nous savons ce qu'il vaut. L'extrait suivant du récit de l'auteur espagnol déjà
cité vaut une réfutation en règle : « Non loin de ma mission de Bugunam
dans l'île de los Negros, dit le P. Bernardo de la Fuente, se trouvait une horde
de familles de noirs qui avait certains rapports de commerce avec quelques
Indiens barbares. Ceux-ci leur donnèrent l'idée que les tentatives que je faisais
pour les engager à recevoir le baptême n'avaient d'autre objet que de les mettre
dans une position où le gouvernement pût les forcer à *payer le tribut*. En
conséquence, je ne parvins jamais à réussir auprès d'un seul. Je crois en
général que bien peu de nègres ont été convertis.... J'ai toujours été très-
doux et très-bienveillant avec ces familles de noirs, espérant que la grâce du
Seigneur finirait par fructifier dans leurs cœurs et je *m'aperçus à la fin* qu'ils
commençaient à avoir confiance en moi et *qu'ils m'obéissaient pour plusieurs
choses*. »

Notre auteur ajoute qu'ils parlent la langue *bohalane*, distincte de la langue
tagale, qui est celle des Indiens jaunes dont nous parlerons bientôt.

Les negritos connaissent l'usage de l'arc, dont ils se servent très-habilement à
la chasse des bêtes fauves, au dire de M. Ed. Plauchut. « La religion des Aétas,
suivant Rienzi, est plutôt une crainte servile qu'un véritable culte. Ils croient à la
puissance de certains génies malfaisants, auxquels ils offrent des sacrifices de riz,
de coco et de cochon. Ces sacrifices sont également offerts aux âmes de leurs
ancêtres. » Ce dernier trait seulement mérite d'être relevé comme ayant été également noté par Dumont d'Urville chez les Papous de la Nouvelle-Guinée, et par
nous chez les Néo-Calédoniens ; et enfin comme une analogie avec le *culte des
ancêtres* professé chez les races jaunes de l'extrême Orient.

2. *Race indo-chinoise*, représentée par les *Tagals* des Philippines. Plusieurs
auteurs, et entre autres Prichard, ont fait des Tagals une branche de la famille
malaise ; mais nous adoptons la classification de M. de Quatrefages, qui en fait
des Indo-Chinois, comme les peuples voisins de la Cochinchine, de Siam, etc.
Ils ont bien quelques traits de ressemblance avec les Malais ; mais, comme
le dit Rienzi, leur peau tire plus sur le blanc (elle est d'un jaune citron) ;
leur nez est plus saillant, la mâchoire et les pommettes moins proéminentes, et
ils ont cette obliquité des yeux qui caractérise la race mongole et qu'on trouve
d'une façon si prononcée chez les Chinois et les Indo-Chinois. Ils sont en général
petits, mais bien faits et robustes. Leurs cheveux sont noirs et roides, et ils leur

donnent une espèce de vernis par l'application habituelle de l'huile de coco. Les femmes déploient beaucoup de goût dans l'arrangement et l'embellissement de leur chevelure qu'elles attachent avec de longues épingles d'or ou d'argent. Les *Tagals*, qu'on appelle aussi les *Indiens des Philippines*, forment la masse de la population de cet archipel ; mais les Malais sont nombreux aussi sur la côte, particulièrement de la grande île de Mindanao, où ils font la loi. Ceux-ci sont mahométans, tandis que les Tagals sont presque tous chrétiens. Ils étaient, il y a quatre siècles, plongés dans la barbarie ; mais ils ont atteint un certain degré de civilisation sous la direction des moines espagnols. « Ils sont intelligents, mais paresseux, amis du plaisir et surtout du jeu, et livrés à toutes sortes de superstitions. Ce sont des instruments servilement dociles entre les mains des moines, dont la puissance est sans bornes sur leurs esprits. Il faut cependant avouer que ces religieux défendent avec un zèle et un courage infiniment louables les chrétiens de ce grand archipel contre le despotisme et la cupidité de certains magistrats espagnols (Rienzi). »

3. *Race malayo-polynésienne.* Nous désignons sous ce nom une grande famille humaine qui s'est étendue des grandes îles de la Malaisie (Sumatra, Bornéo, Célèbes) jusqu'aux confins orientaux de la Polynésie. Ce sont les *Battaks* de Sumatra, les *Dayaks* de Bornéo, les *Bougis* de Célèbes, les *Alfores* ou *Harfores* de la même île et des Moluques, les *indigènes de Timor* et des petites îles voisines, et enfin quelques autres peuplades moins considérables. « La race des Battaks (celle que j'appelle malayo-polynésienne) est de grandeur moyenne, fortement bâtie et bien musclée ; la forme du crâne tient le milieu entre celui des races caucasique et malaise. Les Battaks ont l'occiput arrondi, le front large et aplati, la figure oblongue, les lèvres bien proportionnées. En comparaison de la race malaise, ils ont les os jugulaires moins proéminents, la mâchoire inférieure moins large, le nez plus mince, plus droit, moins aplati et la bouche plus petite. Les traits sont réguliers et souvent véritablement beaux ; les hommes ont la barbe assez épaisse. Les femmes battaks ont les seins plus volumineux et plus en demiglobe que ceux des femmes malaises. La race battak a la peau de couleur brun clair ; les joues ont quelquefois une teinte rose ; la chevelure est fine et noire, quelquefois de couleur châtain (van Leent). » Ajoutons que la tête est dolychocéphale.

On trouve parmi les *Lampongs* de la côte de Sumatra et les *indigènes* des îles *Nias*, qui sont de même race, des femmes d'une rare beauté. Chez eux, comme chez les indigènes de Sumatra et de Célèbes (Battaks proprement dits, Macassars, Bougnis), la taille s'élève souvent bien au-dessus de ce que nous appelons la moyenne, et tous les voyageurs s'accordent à signaler la haute et belle stature des hommes de certaines tribus. La couleur de la peau varie du blanc jaunâtre au brun clair ; l'angle facial est aussi ouvert que chez les Européens. En somme, si l'on avait à tracer un portrait général des Polynésiens, même des plus belles tribus, comme sont celles de Taïti, de Tonga-Tabou, de Nouka-Hiva, on ne pourrait donner d'autre signalement que celui qui précède. L'analogie des caractères physiques se renforce des rapports qu'on découvre entre les langues, l'organisation sociale et les croyances religieuses, rapports qui, quoique altérés, sont cependant indubitables. Telles sont les raisons qui nous ont conduit à admettre une parenté étroite entre les Polynésiens et les peuplades malaisiennes ci-dessus désignées, et à les réunir dans une même race sous le nom de *malayo-polynésienne*. Mais nous nous refusons catégoriquement à y faire entrer les Malais, qui ont des caractères parfaitement distincts et dont l'origine ne saurait être identique.

Nous allons emprunter à différents voyageurs, et surtout aux résidents hollandais, quelques renseignements propres à fixer l'opinion du lecteur sur l'état social des principales nations de cette race.

Les Battaks de Sumatra, d'après Oppe, fonctionnaire hollandais établi parmi eux, et d'après Ida Pfeiffer, qui a visité récemment jusqu'à leurs tribus les plus sauvages, vivent en société. Ils ont un code de lois, des chefs dont ils respectent l'autorité et qui, conjointement avec les plus âgés du village, règlent les affaires de la communauté et forment un tribunal pour juger les délits et aplanir les différents. Le peuple leur est soumis; celui-ci est même, à certains égards, le serf du rajah (chef). L'inceste, le meurtre, le vol, le rapt, sont punis de mort. La peine capitale s'exécute d'une manière qui doit être décrite, parce qu'elle a donné lieu à une imputation qui n'est pas parfaitement exacte, celle de *cannibalisme*. Le coupable, lié à un poteau, y demeure quelque temps exposé aux regards de la foule; on lui transperce ensuite le cœur avec un glaive étroit, et aussitôt après les assistants lui coupent les chairs vives et en dévorent les lambeaux palpitants. Les parents de l'offensé et l'offensé lui-même, s'il existe encore, sont de droit les premiers admis à prendre part à cet horrible festin. « En aucune autre circonstance le Battak ne montre de penchant décidé à dévorer son semblable, ni même les prisonniers de guerre. On ne peut dire conséquemment qu'il soit anthropophage; aussi l'administration n'éprouve-t-elle pas de résistance sérieuse à interdire ces exécutions barbares qui n'ont plus lieu maintenant que dans les localités les moins accessibles des vallées solitaires (Temminck, d'après Oppe). » Ces peuplades sont vêtues grossièrement, mais décemment. Elles cultivent la terre pour en tirer leur principale subsistance, à laquelle elles ajoutent assez rarement la chair des buffles et des porcs qu'elles élèvent. Les tribus qui vivent disséminées dans les gorges des montagnes et les localités arides se nourrissent principalement de lézards, de serpents, de bêtes fauves et d'une très-grande espèce de fourmis.

Les villages situés non loin de la côte et sous la protection du pavillon hollandais sont construits sur pilotis, comme ceux des Malais, et n'offrent rien de particulier à signaler; mais ceux de l'intérieur sont établis dans les gorges des montagnes, et de façon à ce qu'on ne puisse y pénétrer que par une entrée unique qui donne dans la rue principale. Cette rue est une plate-forme élevée à 6 ou 7 pieds au-dessus du sol, au niveau des maisons également sur pilotis et qui sont alignées de chaque côté. Ce sont des hangars dont le plancher est formé de lattes à claire-voie, à travers laquelle passent les immondices qui s'accumulent au-dessous, au profit des animaux de basse-cour qu'on y élève, et d'où se dégagent naturellement des miasmes putrides. Chaque case donne asile à deux ou trois familles. Le village est entouré et protégé par des haies impénétrables de bambou et de rottan épineux. Le but des indigènes, en s'établissant de cette façon, est autant de se mettre à l'abri des attaques de l'ennemi que des atteintes du tigre, de l'éléphant et du rhinocéros. C'est ainsi qu'on fait nos premiers ancêtres.

On manque encore d'observations exactes et suffisantes sur le culte de cette nation et sur la langue qui lui est propre. Cependant on a pu constater, quant à la langue, une liaison intime entre les dialectes des différentes peuplades de la même race établies dans la Malaisie, et des rapports plus éloignés, mais encore très-reconnaissables avec ceux de la Polynésie.

« Les Battaks, comme les Dayaks, dit Ida Pfeiffer, n'ont point de rite religieux ; ils ne prient pas et n'ont ni prêtres, ni temples. Ils croient aux bons et aux mauvais génies ; ils en admettent un petit nombre de bons et un grand nombre de mauvais. » Cependant elle fut témoin, durant son voyage dans l'intérieur de Sumatra, d'une cérémonie religieuse accompagnée de sacrifice, d'invocation et de danse, « pour prier, dit-elle, les mauvais esprits de ne traverser d'aucun obstacle le dangereux voyage » qu'elle exécutait en compagnie d'un rajah. Les Israélites dansaient devant l'arche. Les derviches musulmans ne croient pas moins être agréables à Dieu en entremêlant leurs prières de danses solennelles. On ne voit pas pourquoi les Battaks n'auraient pas la même idée. La célèbre voyageuse semble donc contredire sa première assertion, et elle ajoute : « Celui qui n'aurait pas su que cette invocation s'adressait au chef des mauvais esprits, ou, comme nous disons, à Lucifer, aurait regardé tout cela comme un culte très-beau de la divinité. Jamais, chez aucun peuple, je ne vis une cérémonie d'une apparence aussi solennelle. » De son côté, Temminck, après nous avoir dit que les Battaks ne professent aucun culte et ne révèrent pas un être tout-puissant, ajoute : « Leur divinité tutélaire du bien comme du mal est leur *Bego*. Cet être invisible n'est invoqué comme protecteur, ou conjuré comme malfaisant, qu'en vociférant des cris tumultueux ; ce bruit assourdissant a lieu lorsqu'ils projettent quelque expédition guerrière, et lorsqu'ils veulent écarter un danger dont ils sont menacés ou une maladie qui les afflige. » C'est là une forme très-barbare de culte, sans doute ; mais ce n'en est pas moins un culte, et il est alors inexact de dire qu'ils n'en ont pas.

Leur code est écrit sur des feuillets d'écorces d'arbres en caractères bizarres et différents de ceux des autres peuples de l'archipel. Rienzi prétend que ces caractères s'écrivent de gauche à droite comme le sanscrit, tandis que les Malais écrivent de droite à gauche avec les caractères qu'ils ont reçus des Arabes.

Les grandes phases de l'existence, naissance, mariage, enterrement, ne sont marquées par aucune cérémonie, si ce n'est quand il s'agit d'un chef.

Les hommes doivent acheter leurs femmes. Si un homme est trop pauvre pour en acheter une, il va s'établir dans la famille de celle qu'il veut épouser et y travaille comme esclave. On achète quelquefois sa future dès l'âge le plus tendre, sans doute pour l'avoir à meilleur marché, et on l'élève dans sa propre maison comme un enfant jusqu'à l'âge des fiançailles. Au reste, les femmes sont soumises aux plus rudes traitements, car les hommes se contentent de construire leurs maisons et de planter le riz, et leurs compagnes font tout le reste. Les infortunées ont en outre la charge d'allaiter leurs enfants jusqu'à l'âge de trois à quatre ans et de les porter sur leurs épaules pendant leurs travaux. Quant aux hommes, ils se contentent de porter leurs armes qui ne les abandonnent point. « Mâcher du siri (bétel), fumer du tabac est leur principale occupation ; leur bouche ne se repose pas un seul instant. On peut dire la même chose des femmes qui fument aussi et même des enfants de cinq ou six ans à peine (Ida Pfeiffer). »

Les *Dayaks* sont les aborigènes de Bornéo comme les Battaks le sont de Sumatra. Ils forment un grand nombre de tribus qui se distinguent plus ou moins entre elles par le dialecte et les mœurs quoique parlant au fond la même langue, professent des idées et des usages sociaux analogues et vivant toutes à peu près au même état de civilisation ou plutôt de barbarie. En tout et pour tout ils se rapprochent des aborigènes de Sumatra. Ils sont généralement bien conformés ; leur chevelure est épaisse, noire et luisante et leur peau est d'un jaune tirant sur le brun clair ou foncé suivant l'habitat.

Les hommes sont presque tous musculeux et d'une stature moyenne. Leur force est moindre que ne semblerait le comporter leur développement musculaire, ce qui est le propre des sauvages en général. Leurs pieds courts larges et plats sont tournés en dedans, disposition que j'ai notée chez les naturels des *Pômotous* (Polynésie) et qui permet de cheminer avec aisance dans des sentiers fort étroits, mais qui pourrait bien aussi être une conséquence de la même habitude prolongée de génération en génération. Leur physionomie régulière et avenante porte l'empreinte d'un caractère doux.

Les femmes sont généralement de petite taille et présentent moins d'harmonie dans les formes que la plupart des hommes. Les Dayaks sont très-sujets à des affections herpétiques qui paraissent provenir de leur nudité partielle et de la malpropreté dans laquelle ils croupissent. Il se trouve parmi eux, aussi bien que chez les indigènes des îles Nias, cette forme d'ichthyose qu'on rencontre chez beaucoup de peuplades demi-sauvages de la Mélanésie et que nous avons notée chez les Néo-Calédoniens. Quelques tribus Dayaques sont sédentaires et industrieuses et s'adonnent à la culture du sol, ainsi qu'à la fabrication du fer; d'autres sont nomades et vivent du produit de leur rapines ainsi que des productions spontanées de la terre. Les peuplades agricoles se déplacent elles-mêmes au gré de leurs intérêts passagers. Les obstacles qui s'opposent à ce que ces tribus puissent se fixer quelque part sont ou les incursions des Malais ou la nature du pays qu'ils habitent. La plus grande partie de Bornéo ne consiste guère, en effet, qu'en terres alluviales basses et marécageuses, entrecoupées d'innombrables rivières et renfermant une infinité de lacs répandus çà et là. Ajoutons encore que le pays est presque partout couvert de forêts impénétrables. Une partie considérable de ces terrains se trouve plus ou moins submergée pendant toute l'année et, durant la mousson d'ouest, les hautes terres elles-mêmes, quand elles sont à proximité des rivières, sont couvertes de plusieurs pieds d'eau pendant des semaines et des mois. De là vient que d'immenses espaces sont forcément incultes et que d'autres ne sont habités que dans la saison favorable. On y trouve alors des champs de riz, de maïs, de cannes *à* sucre, de courges, de pastèques, de patates, etc. L'existence nomade que mènent la plupart des Dayaks est vraisemblablement la cause pour laquelle ils tiennent si peu à se construire de bonnes habitations. Ordinairement leurs demeures ne consistent qu'en une bâtisse légère de troncs et de feuilles de palmier, dont le plancher, formé de lattes à claire voie, est élevée de 4 à 5 pieds au-dessus du sol. Ces habitations de forme oblongue ont le toit assez bas et sont d'autant plus malsaines que les porcs et la volaille grouillent et picorent dans le fumier qui s'accumule au-dessous, comme à Sumatra. Elles ne renferment ordinairement qu'une ou deux familles et sont destinées à être délaissées ou transportées ailleurs. D'autres habitations construites dans des localités meilleures ou par des tribus plus stables comme sont celles qui exploitent les mines de fer, présentent des conditions de solidité et d'ampleur vraiment remarquables. Elles sont exhaussées sur des piliers de 12 à 15 pieds de hauteur et ont 140 pieds de longueur et au delà. Douze ou quinze familles y trouvent asile. Chez les Dayaks-Pari, un village ne se compose souvent que d'une ou deux cases de plusieurs centaines de pieds de long et logeant chacune 4 ou 500 individus. Mais petites ou grandes les habitations sont également sales et misérables ; un tronc d'arbre grossièrement entaillé sert d'échelle pour y donner accès. Les villages sont défendus par une forte palissade de troncs de palmier ou de bois de fer. Le costume des Dayaks ne consiste guère qu'en une sorte de pagne qui couvre le milieu du corps et en un bandeau qui maintient leur chevelure. Ces deux pièces sont fabriquées d'écorce d'arbre. Les jours de gala, une petite veste complète la toilette. Certaines tribus usent du tatouage dont les premiers linéaments sont tracés dans le jeune âge et qu'on augmente progressivement, comme pour marquer en signes indélébiles les principales phases de l'existence, jusqu'au point de couvrir le corps, des pieds à la tête, de festons et d'arabesques. L'opération du tatouage, qui est propre aux hommes, s'accompagne de fêtes et de cérémonies qui ont peut-être quelque chose de religieux. Non contents de pareils ornements, hommes et femmes portent encore dans le lobe de l'oreille des rondelles de bois de 2 ou 3 pouces de diamètre et qui donnent à cet organe une extension démesurée. Ces pendants d'oreille sont ornementés de sculpture et de plaques d'or. Les deux sexes portent des colliers de cornalines et de bulles d'or et des bracelets de cuivre jaune. Leurs armes les plus généralement usitées sont le coutelas et la sarbacane qui sert à lancer avec une adresse étonnante, à 30 ou 40 mètres de distance, de petites flèches empoisonnées. La sarbacane qui est surmontée d'un fer aigu sert en même temps de lance. Un bouclier de bois tenu au bras gauche complète l'armure de guerre du Dayaque qui d'ailleurs ne sort jamais sans armes. Cette coutume, commune à toutes les tribus sauvages ou simplement barbares que nous connaissions personnellement, n'est pas seulement l'effet du défaut de sécurité, mais d'un point d'honneur barbare dont quelques-unes des nations les plus policées n'ont pas encore perdu tout vestige. Les Dayaks chassent tous les animaux avec leurs flèches empoisonnées, ce qui ne les empêche pas de se nourrir de leur chair.

Le poison s'extrait par décoction du suc que fournissent l'écorce, les rameaux et les feuilles des arbres cités au paragraphe consacré à la botanique et, après qu'on a laissé reposer et fermenter convenablement les décoctions, on les mélange en différente proportion, on les concentre et on les conserve pour l'usage.

Les rivières de Bornéo étant très-poissonneuses, le poisson entre pour une large part dans la nourriture des Dayaks qui le harponnent avec une espèce de lance ou le prennent avec des filets.

Jetons maintenant un regard sur l'état social et le caractère moral de ce peuple. Comme pour les Battaks de Sumatra, il y a lieu de distinguer les tribus indépendantes de celles qui ne le sont pas. Il ne s'agit pourtant pas ici de la domination hollandaise beaucoup plus récente et moins bien établie à Bornéo qu'à Sumatra, mais de celle déjà ancienne des Malais. Lorsque ces conquérants barbares, poussés tout à la fois par le fanatisme musulman et par l'esprit de rapine, se furent répandus dans le plus grand nombre des îles de la Malaisie, les naturels contraints d'abandonner le littoral aux nouveaux venus s'écartèrent de plus en plus du voisinage de leurs oppresseurs. Suivant la voie des rivières dont le pays est semé, la plupart des tribus indigènes de Bornéo se retirèrent dans l'intérieur où elles se choisirent des asiles d'un difficile accès au milieu des bois et des montagnes, ou bien vécurent nomades sur le bord des cours d'eau entre les marais qui les défendent et les champs qu'elles cultivent autant que le besoin s'en fait sentir et que la saison le permet. Ce sont celles qu'on trouve aujourd'hui dans la jouissance de leurs mœurs indépendantes et de leurs coutumes sauvages réunies par groupe de 20, 40 et tout au plus 60 individus; fréquemment obligées de changer de séjour pour se soustraire aux violences des Malais qui cherchent à s'emparer de leurs récoltes ou à les réduire en esclavage.

Les tribus plus éloignées des côtes ou retirées dans les montagnes sont mieux assurées de leur tranquillité et partant plus stables. Elles se composent d'un plus

grand nombre d'individus et se soustrairaient assez facilement aux exigences des
Malais, n'était le besoin incessant qu'elles éprouvent de se procurer du sel.
Les unes et les autres vivent chacune sous la direction d'un chef dont
l'autorité paraît fort restreinte, mais dont la personne est très-respectée. Enfin
un certain nombre de tribus qui ont embrassé l'islamisme vivent sur le littoral
d'une vie commune avec les Malais, dont elles ont adopté ou plutôt subi les lois
et les mœurs. Nous ne parlerons ici que des tribus païennes et plus ou moins
indépendantes. Les résidents hollandais et les voyageurs s'accordent assez à représenter les Dayaks comme naturellement doux, traitables et pacifiques.

« J'avoue sans peine, dit Ida Pfeiffer, que j'aurais eu du plaisir à voyager plus
longtemps parmi les Dayaks indépendants. Je les trouvai généralement honnêtes,
bons et réservés ; et, à cet égard, je les mets au-dessus de tous les peuples dont
j'avais fait jusqu'alors la connaissance. On m'objectera peut-être que couper des
têtes et conserver des crânes, ce ne sont pas précisément des marques de bonté ;
mais il faut considérer que cette triste coutume est plutôt le résultat d'une profonde ignorance et d'une grande superstition. On lit dans beaucoup de descriptions
de voyages que les Dayaks témoignent leur amour à leur bien-aimée en déposant
une tête d'homme à ses pieds. Cependant un voyageur, M. Temminck, prétend
que ce n'est pas vrai. Je serais tentée de me ranger à son opinion. Où ces sauvages
prendraient-ils toutes ces têtes, si tout amoureux faisait un pareil cadeau à sa
fiancée? La triste coutume de la décollation semble plutôt avoir pris son origine dans la superstition; car quelque rajah tombe-t-il malade ou bien entreprend-
il un voyage chez une autre tribu, lui et sa tribu s'engagent à faire le sacrifice
d'une tête d'homme en cas de guérison ou d'heureux retour. Le rajah meurt-il,
on sacrifie une tête ou même deux. Dans les traités de paix plusieurs tribus fournissent également de part et d'autre un homme pour être décapité, mais dans la
plupart on sacrifie des porcs à la place des hommes. S'il a été fait vœu de fournir
une tête, il faut qu'on se la procure à tout prix. En ce cas quelques Dayaks se
mettent d'ordinaire en embuscade dans l'herbe des jungles ou sous des feuilles
sèches et guettent leur victime des journées entières. Quelque être humain que ce
soit, homme, femme ou enfant, qui approche, ils lui décochent un trait empoisonné,
puis s'élançant sur lui, comme le tigre sur sa proie, détachent d'un seul coup de
sabre la tête du tronc. Cette tête mise dans un panier destiné particulièrement
à cet usage et ornée de cheveux d'hommes est rapportée dans la tribu. Ces meurtres
deviennent naturellement l'occasion de représailles sanglantes.... Malgré cela
je maintiens mon dire et pour en donner des preuves, je n'ai qu'à citer leur vie
domestique vraiment patriarcale, leur moralité, l'amour qu'ils portent à leurs
enfants et le respect que les enfants témoignent à leurs parents. » (Ida Pfeiffer,
Mon second voyage autour du monde.) L'illustre voyageuse est par trop optimiste
si les Dayaks sont aussi *chasseurs de tête*[1] qu'elle le dit. Il n'est malheureusement
guère permis d'en douter, car les rapports hollandais et anglais s'accordent avec
le sien. Dans ces tristes équipées, suivant le voyageur S. Muller, un rôle important
est réservé aux *bilian* ou chanteuses publiques, qui cumulent avec ces fonctions
celles de devineresses, de magiciennes, de conjuratrices des mauvais esprits, de
sages-femmes, etc. Aucun acte important de la vie ne peut se faire sans la présence de quelque bilian. Les fêtes qu'elles dirigent s'accompagnent de libations
copieuses d'arack ou d'une autre liqueur enivrante qui disposent agréablement

---

[1] C'est le nom que leur ont donné les Anglais (Head hunters). Les Hollandais les ont gra-
tifiés d'un nom analogue.

à célébrer la conquête d'une tête. « Celle-ci est déposée sur une natte au milieu de l'habitation et l'on danse tout autour avec des contorsions diaboliques. Le vainqueur reçoit des louanges exagérées sur la valeur qu'il vient de déployer, ce qui ne manque pas d'exciter, au plus haut degré la jalousie des autres et ne les détermine que trop facilement à mériter, par le même moyen, d'aussi flatteuses distinctions (S. Muller). » Comment à de si barbares coutumes les Dayaks peuvent-ils allier des vertus domestiques comme celles dont les voyageurs cités leur délivrent le certificat ? « Ils se contentent généralement d'une seule femme et la traitent bien, se réservant la partie la plus difficile de l'ouvrage. Les divorces, les querelles sont excessivement rares et les mœurs incomparablement plus pures que celles des Malais. Les jeunes gens et jeunes filles sont tenus assez séparés les uns des autres. » Suivant Muller et Temminck, la religion des Dayaks consiste en un mélange d'anthropomorphisme et de fétichisme. Ils ont des idoles de bois et des amulettes qui sont censées garder les habitations, protéger la récolte de riz, préserver des maladies. Dans toutes les entreprises importantes qu'ils ont en vue ainsi que dans les événements décisifs de leur existence, ils consultent le vol de l'*Antang*, espèce d'oiseau de proie fameux, chez les Indous, sous le nom sanskrit de *Kstremankara* (oiseau de bon augure). Ils ont une foi entière dans les bons ou mauvais présages qu'ils tirent du vol de cet oiseau, après l'avoir invoqué et lui avoir offert du riz. Quant aux divinités qu'ils supposent revêtues de la forme humaine quoique invisible, ils paraissent aussi les avoir empruntées à l'ancien culte indien, comme leur *Sang-Jang* et leur *Maharadja*, termes qui rappellent leur origine.

Les naissances, les décès et les funérailles sont accompagnées d'une multitude de cérémonies dont on trouve les analogues chez les peuples barbares de l'Inde, soit anciens, soit modernes. Les morts sont inhumés ou bien réduits en cendre et ce qui reste de leurs dépouilles est enfermé dans de petites cabanes ou dans un tronc d'arbre creusé à cet effet. On orne le tombeau d'un ou plusieurs crânes humains, quand le défunt est de noble condition, *dans la persuasion que celui-ci pourra disposer des services* de l'individu immolé à cette fin. « Ni la soif du carnage, ni le désir du meurtre, ni aucun esprit de vengeance, dit Temminck, ne les porte à couper des têtes ; ils ne sont pas non plus anthropophages. Une superstition héréditaire, passée en coutume, les porte à commettre ces actes qu'ils croient méritoires. »

Les voyageurs auront beau plaider les circonstances atténuantes qu'il n'en sera pas moins acquis que les Dayaks sont plongés dans une barbarie sauvage qui les laisse aujourd'hui en arrière de tous les Polynésiens.

Les détails dans lesquels nous sommes entrés, nous permettront d'être courts sur les *Alfores*. Ils font la chasse aux têtes, comme les Dayaks et par des procédés aussi traîtres. Ils estiment du reste les têtes des femmes et même des enfants autant que celles des hommes. En revenant avec leur butin ils annoncent de loin leur succès en sonnant de la conque marine qui est leur cor de chasse. Les femmes et les enfants viennent au-devant des vainqueurs avec des chants d'allégresse et les conduisent en triomphe au *baileo* ou case consacrée à recevoir et conserver les hideux trophées comme des drapeaux pris sur l'ennemi. Là on abandonne les têtes aux enfants qui en sucent le sang, pour acquérir du courage et de la bravoure, puis les crânes dépouillés de leur chair que les Alfores ne mangent pas, car *ils ne sont pas cannibales*, sont suspendus dans le baileo.

C'est dans ces occasions solennelles, qui s'accompagnent de fêtes bruyantes, que les enfants reçoivent leur premier vêtement : les garçons, une ceinture d'écorce large comme la main, et les filles, une pièce d'étoffe de 30 centimètres environ de largeur qu'on roule autour des reins. Tel est le costume national. L'homme qui a conquis une tête orne son vêtement de dessins et de coquillages blancs. Ce sont les décorations des Alfores. « En effet, pour eux, la conquête d'une tête est un aussi glorieux fait d'armes que pour un général européen une bataille gagnée, et pour un soldat le coup mortel par lequel il terrasse son ennemi. Au fond, l'un vaut l'autre (Ida Pfeiffer). »

Malgré cela, on dépeint en général les Alfores comme des gens « bons, tranquilles et de mœurs honnêtes. » Ils cultivent la terre mieux que les Malais, paresseux et larrons. Ils sont groupés en *tribus*, tantôt isolées les unes des autres, tantôt confédérées comme le sont celles de Céram, la principale des îles Moluques. En ce cas, les chefs de tribu reconnaissent l'autorité d'un *roi*, forme de gouvernement qui rappelle celle des peuplades les plus avancées de la Polynésie. Leur religion comporte la croyance à un grand nombre de divinités qui sont censées résider en certains arbres, rivières, oiseaux, et qui influent sur toutes les circonstances de la vie. Les Alfores de Célèbes, qui sont les moins barbares, croient en outre à une divinité suprême (*Epong*). Comme les Battaks, ils croient que l'esprit des morts passe dans le corps d'un animal. Quoiqu'ils n'aient pas de culte proprement dit, ils ont des prêtres sorciers qui président à tous les actes principaux de l'existence, particulièrement à la cérémonie du tatouage que les enfants subissent en grande pompe vers l'âge de dix ans. Cependant il y a des tribus qui ne se tatouent pas. Ils ont une formule de *serment* très-solennelle et très-respectée. On a noté chez eux, comme chez les précédentes peuplades, quelque chose d'analogue au *tabou* polynésien ; mais cette institution y est moins systématiquement réglée. Ils portent les morts sur les cimes escarpées ou les brûlent. Les Alfores achètent leurs femmes et se contentent généralement d'une seule. Les séparations sont rares. Les femmes s'occupent des travaux agricoles ; les hommes n'y prennent part que lorsqu'il s'agit de défricher le sol. Leurs habitations sont semblables à celles des Dayaks. La législation des Alfores a beaucoup d'analogie avec celle des Battaks. L'adultère est puni de mort ; aussi est-il fort rare. « Toucher du bout du doigt une femme mariée, entrer dans une case en l'absence du propriétaire, nous dit M. Bick, résident hollandais, suffit pour mériter une forte amende. » C'est pousser un peu loin le respect de la propriété mobilière. Les anciens du village forment le tribunal qui connaît des crimes et délits, et règle les différends. Il est remarquable que les Alfores, grands buveurs d'arak comme tous les habitants de la Malaisie, n'aient point de querelles et que, dans les différends qui peuvent survenir pour des questions de propriété ou autres, ils se soumettent sans contrainte à la décision des anciens de la tribu dont l'opinion chez eux tient lieu de lois. Ces jugements sont dictés par les coutumes de leurs ancêtres et des traditions auxquelles ils portent une vénération toute particulière[1]. Nous en avons dit assez pour montrer l'analogie de mœurs et d'état social qui existe entre les Alfores et les deux nations précédemment étudiées. Elle vient à l'appoint des res-

---

[1] Voici un exemple de jugement à mettre à côté de celui de Salomon. Un Alfore part pour un petit voyage sur mer sans avoir pris la précaution de laisser des moyens d'existence à sa femme. Mais le vent contraire le retient loin des rivages de sa patrie plus longtemps qu'il ne l'avait prévu. Sa femme désespérée et mourant de faim reçoit d'un voisin toutes sortes de secours. Arrive le mari qui traduit les coupables devant le tribunal. Mais les juges, eu égard aux circonstances atténuantes, n'infligèrent que l'amende au ravisseur et au mari l'admonition de ne plus être si imprévoyant. ♦

semblances physiques pour témoigner de l'identité d'origine et de race que nous voulons établir et qui constitue le point capital de notre thèse. Les Alfores ont le teint brun très-clair, de beaux yeux noirs, des cheveux de même couleur, frisés et longs, qu'ils nouent par devant, en forme de disque et dont ils grossissent le paquet en le bourrant de pailles de riz, comme nos belles grossissent leur chignon avec du crin. Beaucoup aussi laissent flotter leur riche chevelure sur les épaules. S'ils ont beaucoup de cheveux, en revanche ils ont peu de barbe. Il ne paraît pas cependant qu'ils s'épilent comme les Malais, et quelques-uns portent une fine moustache dont ils semblent très-fiers. Ils ont le corps svelte et bien proportionné, le nez long, les lèvres larges, mais pas proéminentes ; la physionomie régulière, l'air avenant. Leur figure, dit-on, respire la bonté et la douceur. Les femmes alfores sont assez belles, et parmi les jeunes filles il y a des figures extrêmement jolies.

On voit quelle erreur a été introduite en anthropologie en faisant des Alfores (Harefores, Alfouras, Alfourous) une *race noire*, à l'instar de Prichard et Lesson, qui ont entraîné la croyance de leurs contemporains. Les Alfores ne constituen point une race distincte, mais sont un rameau de celle que nous appelons *Malayo-polynésienne*. Ils ne forment pas même une nation ; car on les trouve à Célèbes, aux Moluques et dans les îles situées entre l'extrémité occidentale de la Papouasie ou Nouvelle-Guinée et la côte occidentale d'Australie, c'est-à-dire dans les îles Arrou, Timor-Laout, Key, et autres moins importantes. Il n'est même pas impossible qu'ils habitent à l'intérieur de la Nouvelle-Guinée, car on y a signalé aussi des « *Alfourous*. » Mais, comme ce mot ou autre analogue signifie simplement *sauvages* dans la langue des Malais, il s'applique peut-être, en cette grande île, à des noirs. Tels étaient, du moins, les « *deux* ou *trois* » hommes qu'y vit Lesson et qui lui furent signalés par les Papouas du havre Dorey comme appartenant à des tribus sauvages et féroces de l'intérieur. C'étaient des nègres fuligineux, à cheveux lisses, comme ceux de l'Australie qu'il avait déjà baptisés du nom d'*Endamènes*, ce qui lui donna l'idée de créer son rameau *Alfourou-Endamène*.

Profitons de l'occasion pour signaler une erreur partagée par Prichard et beaucoup d'autres. Les *Igorrotes* des Philippines, confondus avec les Aétas ou nègres, nous paraissent être, au contraire, des jaunes purs. Ce sont probablement des représentants de la race jaune primitive dont le croisement avec les Aétas a donné naissance aux Endamènes ou noirs fuligineux signalés par Bernardo de la Fuente.

À côté des peuplades encore sauvages dont nous avons eu à faire le triste tableau, vit un peuple de même race, remarquable par son intelligence et son énergie, qui prime déjà les conquérants malais et finira peut-être par leur faire expier les outrages dont ils ont abreuvé la race indigène. Nous voulons parler des *Bouguis*, qui forment la principale population de la grande île Célèbes, et qui, en y joignant les *Macassars*, leurs frères, sont au nombre de plus de deux millions. Hommes et femmes sont de haute taille, très-bien faits, forts, d'un teint jaune cuivré ou rouge brun clair, d'une physionomie bien supérieure à celle des Malais. Ils ont l'œil noir et pétillant d'intelligence, le nez bien conformé, les pommettes et les mâchoires très-peu saillantes, les lèvres belles, le visage ovale, le front haut et une opulente chevelure. Ce sont les hommes les plus beaux et les plus adroits de l'archipel, ceux qui rappellent le mieux les Taïtiens. Ils se distinguent par leur instruction, leur politesse, leur habileté dans l'art nautique et dans celui de tisser et de teindre les étoffes. Dans les classes aristocratiques, les femmes elles-mêmes savent ordinairement lire et écrire. Ils professent le culte de l'islam, mais sans fanatisme, et, chose bien curieuse chez des musulmans, les femmes vivent sur le même pied d'égalité que les hommes. On les peint, du reste, comme « bien faites, assez jolies, propres, modestes, chastes, constantes, douces, aimantes et dignes d'être aimées. » Que pourrait-on désirer de mieux, même en Malaisie? Aussi, les hommes se contentent-ils généralement d'une seule femme, ou, s'ils veulent doubler leur bonheur, il faut au moins que la première épouse consente à recevoir une compagne. En effet, les droits sont égaux et réciproques, et la gestion des affaires publiques n'échappe même pas au beau sexe. Il y a même un certain royaume à Célèbes dont les habitants pacifiques et commerçants préfèrent être gouvernés par des reines « qui ont moins le goût de la guerre et qui sont plus calmes et plus paisibles que les rois. » C'est vraiment dommage qu'elles se fassent limer et noircir les dents comme les Malais. Au moins faudrait-il les en-châsser après dans de belles plaques d'or, comme on fait à Sumatra. Les hommes sont vifs, gais, braves, résolus, mais colères, rusés et extrêmement vindicatifs. Ils sont excellents cavaliers et manient toutes les armes, y compris les armes à feu, avec une extrême dextérité. Les deux sexes aiment la poésie, la musique, la danse et la parure. Malgré ces goûts raffinés et les étoffes de soie dont ils se cou-vrent, ils vivent dans de grandes cages en bambou tout à fait semblables aux habitations de Taïti, et, ce qui est pire, bon nombre d'entre eux sont des pirates déterminés. La civilisation des Bouguis, qui est à peu près celle des aïeux au moyen âge, n'est pas due au mahométisme, car l'introduction de ce culte à Cé-lèbes est de date plus récente. Il est même postérieur à la première apparition du christianisme en cette île (1572) avec les Portugais. Mais, à peu près à la même époque, les musulmans y établirent leurs imans, et, dès 1660, la plus grande partie de la population était convertie au culte du prophète. Depuis lors, le catho-licisme n'y a plus d'autels et les missionnaires protestants établis par les Hollan-dais ont fait peu de prosélytes. Ce sont les Indous qui, vers les premiers siècles de notre ère, paraissent avoir civilisé une partie des Alfores aborigènes de Célèbes, comme ils civilisèrent à la même époque les Javanais et quelques tribus de Su-matra. Ces Alfores, civilisés et probablement mêlés de colons indous, constituèrent deux corps de nation qu'on appela depuis Bouguis et Mankassars. Il paraît qu'on rencontre dans le pays des restes de sculpture hindoue et de tombeaux anciens couverts de figures et d'inscriptions analogues à celles qu'on rencontre dans l'Inde. La langue ancienne de Célèbes, qui sert aujourd'hui de langue savante et exotérique, a un alphabet analogue à l'alphabet sanskrit, et il est remarquable que cet alphabet, ainsi que la langue bouguise, offre peu de différence avec l'al-phabet et la langue des Battaks de Sumatra (Rienzi). Parmi les noms des douze mois de l'ancien calendrier, aujourd'hui remplacé par le calendrier mahométan, on en rencontre six qui sont évidemment indous.

Les Célébiens possèdent des notions assez étendues en astronomie. Leur code de lois est réputé très-sage. Rienzi cite un fragment d'un de leurs poëmes, qui ne manque ni de délicatesse ni de grâce.

Nous en avons dit assez pour donner une idée des caractères physiques, intel-lectuels et moraux comme aussi de l'état social des différents peuples de la race malayo-polynésienne. Nous n'avons omis que les indigènes de l'île de Timor pro-prement dite, que les Hollandais appellent Timor-Konpang pour la distinguer de la petite île de Timor-Laout. Leur civilisation est à peu de chose près la même que celle des Bouguis et, quant à leurs caractères physiques, il nous suffira de

dire, d'après Temminck : « Les naturels de Timor appartiennent à la race jaune
polynésienne. Sous le rapport de la taille, de la conformation et des traits du
visage, ils ressemblent beaucoup aux Dayaks de Bornéo et à certaines tribus alfores.
Cette affinité évidente est confirmée par leurs traditions. »

4ᵉ *Race malaise*. Elle est un peu plus petite, moins musculeuse et plus frêle
que la précédente. Chez elle, la couleur de la peau est plus foncée et varie de la
teinte cuivrée ou brun clair au rouge de brique foncé et au bistre tirant plus ou
moins vers le noir. Le nez est court, aplati et large, avec les narines très-dilatées.
Les mâchoires sont très-proéminentes et l'inférieure est très-large. Les os jugulaires sont très-accentués. Le visage est presque aussi large que long, de sorte
que la face est osseuse et carrée. La bouche est très-grande, avec des lèvres
épaisses. L'œil est petit et l'espace interorbitaire large. L'angle facial est de 80 à
85 degrés au plus ; mais cette dernière ouverture angulaire est rare, de sorte que
le front est plus fuyant dans la race malaise que dans la nôtre. L'occiput est aplati
et carré. Les hommes n'ont presque pas de barbe. Les femmes ont les seins petits
et coniques. Tous ont la chevelure très-noire, épaisse et assez dure, toujours abondante, rarement bouclée. Ils sont brachycéphales tandis que les Malayo-Polynésiens sont dolichocéphales.

En somme, c'est un type qui se rapproche du Chinois. Pour achever de le faire
connaître, nous transcrirons un portrait tracé sans prétention, mais aussi sans
esprit de système et qui, à ce titre, mérite attention. « La race malaise, dit madame Ida Pfeiffer, ne se distingue pas par sa beauté. Ils sont encore mieux de
corps que de figure. Celle-ci est déformée au dernier point par une large mâchoire
très-saillante, par une grande bouche, des dents noires, limées et une lèvre inférieure très-flasque et très-saillante. Leurs dents sont teintes d'un noir très-bril-
lant qu'ils composent avec de l'antimoine, du gambir et autres ingrédients.
Beaucoup liment aussi leurs dents jusqu'à la moitié ou bien les affilent en pointe
aiguë. La grosseur de la lèvre inférieure provient du *siri* qu'ils mâchent et qu'ils
tiennent souvent entre la dent d'en bas et la lèvre. Leur corps est généralement de
grandeur moyenne ; les hommes ont la taille un peu plus élancée que les femmes.
La couleur de leur teint est d'un rouge brun clair et quelquefois d'un brun foncé ;
leurs cheveux et leurs yeux sont noirs ; ils ont le nez plat avec de larges narines ;
leurs mains et leurs pieds sont petits, mais trop maigres et trop osseux (Prichard
prétend que leurs bras sont un peu longs).

« Dès l'âge de 8 ou 10 ans, ils commencent à mâcher du siri, qui se compose
d'une feuille de *bétel* dans laquelle on enveloppe un petit morceau de noix d'*arec*,
de la *chaux* et un peu de *gambir* (espèce de cachou extrait des feuilles du Nuclea
gambir). Ils se frottent aussi d'une manière dégoûtante les dents et les lèvres de
tabac, et en mettent également dans leur bouche à laquelle le siri donne une
teinte rouge de sang. »

Les Malais sont mahométans, mais professent d'une manière fort lâche le culte
du prophète. Leurs femmes jouissent de beaucoup de liberté, elles sortent seules
et sans voiles ; elles sont mêmes trop légèrement vêtues, car la plupart ne portent
que le *sarong*, pièce de coton fixée au-dessous ou au-dessus des seins et descendant jusqu'aux genoux. Les femmes des classes élevées y ajoutent une courte
jaquette ou une robe. Le costume des hommes diffère peu de celui des
femmes : ils ajoutent au sarong un pantalon court. Au premier abord, on ne
distinguerait souvent pas les deux sexes si les hommes ne portaient autour de la
tête un mouchoir, tandis que les femmes ne se coiffent qu'avec leurs cheveux.

« Les mariages se font et se rompent sans beaucoup de cérémonie. Chacun des époux a le droit de divorcer. On trouve des hommes et des femmes jeunes qui en sont déjà à leur sixième divorce. »

Les Malais sont intelligents, mais paresseux, libertins et perfides. Antipathiques à la vie agricole par paresse et par orgueil, car ils considèrent le travail de la terre comme avilissant, ils s'adonnent avec succès à la navigation et au commerce et sillonnent les mers de l'Indo-Chine depuis l'Australie jusqu'aux côtes du Céleste-Empire. Ils ont aussi d'adroits artisans qui travaillent l'or et l'argent avec une perfection qui étonne, eu égard à la grossièreté de leur outillage, fabriquent des armes blanches excellentes et des armes à feu passables, fondent des canons, construisent des bâtiments légers et rapides (*prahos*), tissent des étoffes de soie et de coton, et construisent enfin sur pilotis des habitations vastes, mais généralement malpropres. Par-dessus tout, malheureusement, le Malais est pirate et se fait honneur de son infâme métier, comme naguère les Algériens. Toutes les petites îles de l'archipel Indien, toutes les côtes des grandes îles indépendantes, comme Mindanao, et la plus grande partie de Bornéo, sont des repaires d'écumeurs de mer.

Les Malais joignent volontiers au métier de pirates celui de marchands d'esclaves et sont un véritable fléau pour les peuplades encore sauvages dont ils retardent la civilisation, loin de la favoriser. En effet, quand ils ne les réduisent pas en esclavage pour leur propre service ou pour celui des princes musulmans, ils les corrompent en les associant à leur infâme métier, ou tout au moins leur volent leur récolte et les écrasent d'exactions. En résumé, pour la religion, la civilisation et les mœurs, les Malais disséminés sur toutes les côtes de l'archipel Indien, et que Junghuhn a baptisés du nom de *cosmopolites malais*, peuvent être comparés aux Barbaresques de la Méditerranée. Ils occupent aussi la partie méridionale de la péninsule de Malacca où ils ont fondé de nombreux établissements et une partie considérable de l'intérieur de Sumatra, d'où la race entière a pris origine suivant l'opinion du savant Marsden.

C'est là, en effet, dans l'ancien royaume de Ménangkabo, aujourd'hui soumis aux Hollandais, qu'on parle le plus purement la langue malaise. C'est aussi le foyer persistant de ce fanatisme musulman qui, du quatorzième au seizième siècle de notre ère, lança ses adhérents à la conquête de tout l'archipel et qui, de nos jours, entreprit une nouvelle croisade par le fer et le feu, sous couleur de réforme religieuse, et l'eût probablement achevée si les Hollandais n'avaient à grand'peine arrêté les progrès des fanatiques *Padris*.

Toutes ces peuplades dispersées sont malaises, dans le sens le plus rigoureux du mot : elles parlent un même dialecte, ont à peu près les mêmes mœurs, sont sensiblement au même état de civilisation, usent de l'alphabet et de l'écriture qu'elles ont reçus des Arabes, leurs premiers apôtres. Il y a, en outre, des tribus qui parlent des dialectes assez voisins de la même langue, mais qui diffèrent par le degré de civilisation, comme les *Reyangs* de Sumatra et les *Orangs-Bénoa* qui vivent dans les montagnes de la péninsule de Malacca. Ceux-ci forment une peuplade encore sauvage que quelques-uns supposent être la souche première de toute la race.

Il y a enfin un peuple, plus distinct encore des cosmopolites malais par les mœurs, la civilisation, les caractères physiques et qu'on classe généralement dans la race malaise parce qu'il s'en rapproche plus que de toute autre pour les traits et pour la langue qui n'est qu'un dialecte malais. Nous voulons parler des

indigènes de Java, qui sont au nombre de plus de 10 millions et qui sont formés
de Sondanais (race aborigène), d'Indous et de Malais, proprement dits. C'est
sur un fait historique des mieux établis et non sur une hypothèse que nous
étayons notre jugement sur ce peuple. Dans les premiers siècles de notre ère,
les Indous apportèrent leur civilisation et leur culte aux aborigènes encore sauvages de la grande île de Java et des autres moins importantes du même groupe
géographique.

Ces Indous étaient des *Aryas* sectateurs de Brahma. Mais la révolution religieuse qui s'opéra peu de temps après sur le continent de l'Inde ne pouvait manquer d'avoir son contre-coup dans les îles. Les Bouddhistes (Aryas aussi), envahi-
rent à leur tour Java et en convertirent les habitants au nouveau culte. Aux
temples détruits de Brahma et Çiva, succédèrent ceux de Bouddha.

Un empire (qui fonda plus tard des colonies dans les îles voisines de Sumatra,
Bornéo et Célèbes) éleva l'île de Java à un degré de civilisation et de grandeur
qu'elle ne connaît plus depuis bien longtemps, ainsi que l'attestent les *milliers
de temples, de statues, de bas-reliefs* dont les forêts cachent aujourd'hui les
splendeurs déchues, mais encore reconnaissables. Les ruines de la grande ville de
Modjapahit, antique capitale de cet empire, occupent plusieurs milles carrés de
terrain. Des débris d'aqueducs, de fontaines et de bains ; les murs encore debout
de palais et de temples, l'innombrable quantité de statues et de sculptures qui
jonchent le sol témoignent de son luxe et de sa prospérité. On trouve disséminés
par toute l'île des ruines de palais et de monuments religieux (*Boro-Boro, Bram-
banan,* les *Mille-temples,* etc., etc.), antiques et muets témoins d'une civilisation
que les affreux et fanatiques Malais vinrent détruire au quatorzième siècle, en y
jetant le brandon des discordes religieuses et achevant la conquête par les
armes.

Le mahométisme était déjà devenu la religion des Javanais et l'île était partagée
en un grand nombre de petits états musulmans rivaux, quand les Hollandais
vinrent y planter leur pavillon en 1610. Seuls, les montagnards de *Tangger* étaient
et sont encore restés fidèles à l'ancien culte corrompu, il est vrai, par d'autres
superstitions. C'est aussi le cas des insulaires de *Bali* qui professent toujours le
brahmanisme.

Les Javans de nos jours, tous soumis à la Hollande, professent l'islamisme,
mais d'une façon peu correcte et non sans avoir conservé plusieurs des anciennes
croyances. On les divise en deux tribus : les *Sondanais* qui peuplent les districts
de la Sonde (partie occidentale) et les *Javanais* proprement dits, qui occupent
le reste de l'île. Les premiers sont considérés comme les descendants les plus
authentiques et les moins mélangés de la race aborigène. « Ils offrent une
différence remarquable, quant à l'extérieur, avec les autres. En général de taille
petite et bien prise, le Sondanais est fort, musculeux ; il a le front haut, les os
jugulaires et maxillaires larges, le nez aplati, la bouche grande, les dents très-
blanches et les lèvres épaisses. La peau est d'un teint brun clair. Le Javanais est
plus élancé mais moins fort. En général, cette tribu est douée d'une beauté supérieure, ce qui surtout se remarque chez les femmes dont la taille est svelte et
gracieuse. La couleur de la peau est plus foncée, si ce n'est chez le Javanais des
montagnes dont le teint est beaucoup plus clair. Il y a même parmi ceux-ci des
femmes d'une remarquable blancheur et d'une grande beauté. Cette différence existe
également chez les familles de naissance aristocratique, ce qui tient à l'influence
de la vie à l'intérieur et à l'abstention du travail des champs. Les Javanais, en

général, ont le nez moins plat que les Sondanais ; toute la figure est plus allongée ; les hommes ont souvent des moustaches (van Leent). »

Les différences qu'on remarque entre les deux tribus de Java tiennent aux degrés divers de mélange des trois peuples qui ont cohabité sur le même sol. Elles sont moins grandes que celles qui distinguent le Javan pris en masse du Malais proprement dit, et ce n'est vraiment que pour ne pas multiplier les races à l'infini qu'on fait entrer les indigènes de Java dans la race malaise. Au moins faut-il en faire une branche à part, comme nous l'avons fait. Ils ne se distinguent pas moins par les mœurs que par les caractères physiques. D'une nature douce avec une grande tendance pour l'apathie, dit van Leent, d'accord en son jugement avec les autres auteurs hollandais et anglais que nous avons lus, le Javanais a une foule de bonnes qualités qui, d'ordinaire, prédominent en lui. Aimant son sol natal, attaché aux us et coutumes de ses ancêtres qui forment un code traditionnel (*hadat*), il est sobre et n'est pas paresseux quand il s'agit d'un travail qui lui sert à s'entretenir avec les siens. Il aime sa famille ; il est sans contredit modéré, honnête, hospitalier, poli. Très-soumis à ses supérieurs, il est envers les prêtres de sa religion d'un respect qui dégénère facilement en fanatisme aveugle. L'aristocratie, quoique d'une courtoisie remarquable, est inférieure aux gens du peuple quant aux qualités morales. En général fière, encline à la mollesse et à la vie voluptueuse des Orientaux, c'est une caste dégénérée et vicieuse. Deux passions sont communes à toutes les classes de ce peuple : la passion de l'opium et celle du jeu. Toutes les deux mènent à la ruine ; elles sont avec le fanatisme les causes presque uniques de tous les méfaits, de tous les crimes (van Leent). Insouciant et prodigue, routinier et crédule, le Javanais est, pour le caractère, les mœurs, l'état social et *politique* que les Hollandais ont conservé à leur profit, au même degré de civilisation où les Européens se trouvaient vers la fin du moyen âge.

Pour achever notre tâche peut-être déjà trop longue, nous dirons, en nous appuyant sur la haute autorité de M. de Quatrefages, que la Malaisie présente un véritable fouillis de races qu'on a beaucoup de peine à distinguer aujourd'hui, tant elles se sont mêlées et jusqu'à un certain point confondues. Toutes les races de l'Inde et de l'Indo-Chine s'y sont donné rendez-vous depuis les siècles pré-historiques jusqu'à l'ère moderne. Dravidas et Mundas, Allophyles et Aryas, Indo-Chinois, Malayo-Polynésiens, Nègres, Malais enfin s'y sont successivement établis, on ne sait trop dans quel ordre chronologique. Du mélange des races primitives : jaune, blanche et noire, sont sorties les races mixtes que nous y voyons aujourd'hui. Cependant, les Aétas ou Negritos nous semblent les rejetons purs ou presque purs de la race noire la plus ancienne connue. Les Malayo-Polynésiens sont probablement aussi anciens et descendants des blancs allophyles de l'Inde[1] ; du moins, ils ne paraissent pas avoir subi beaucoup de mélanges avec les races hétérogènes. Les beaux types de Taïti, par exemple, ne se distinguent par aucun caractère saillant des blancs. C'est ce que nous avons pu constater nous-même sur le vivant et ce que Blumembach remarquait dans sa collection comparative des crânes (*Collectio craniorum variarum gentium*). Quant aux Malais, c'est une race où domine le type jaune. Dans cette ignoble face, il y a du Mongol surtout, mais il y a aussi du Nègre. Fidèles aux us de leurs ancêtres, ils

---

[1] On sait que les blancs allophyles (ἀλλόφυλή, autre tribu), ainsi nommés pour les distinguer des blancs Aryas et Sémites, forment par leurs caractères physiques comme la transition entre les trois grandes races blanche, jaune et noire.

continuent de se retremper dans le sang des esclaves, de toutes races et de toutes couleurs qu'ils font chez leurs voisins. Ils prêtent aussi leurs filles aux Chinois répandus au nombre de plus d'un million dans la Malaisie, et qui ne peuvent amener des compagnes du Céleste-Empire, parce que l'émigration des femmes y est sévèrement interdite. Or, ce commerce dure depuis des siècles. « Les Chinois établis dans presque toutes les îles malaises s'y marient avec des femmes du pays, parce qu'ils ne peuvent en amener de Chine et de ce mélange il résulte que beaucoup de Malais ont les yeux bridés et obliques, comme les Chinois (Rienzi). »

On peut donc, à bon droit, nommer les Malais, une race métisse. Une religion commune, le mahométisme, leur a donné une cohésion et une force qui leur ont permis de dominer les autres peuplades barbares et sans liens politiques. Cette domination va diminuant depuis que la Hollande a solidement fixé son pavillon dans les principales îles de l'archipel. Il est à souhaiter, dans l'intérêt de l'humanité, qu'elle cesse tout à fait.   V. DE ROCHAS.

. BIBLIOGRAPHIE. — TEMMINCK (C. J.). *Possessions néerlandaises de l'Inde archipélagique.* — RIENZI. *Océanie* in *Univers pittoresque.* — CRAWFURD. *History of the Indian* in *rchipelago.* — SIR STAMFORD RAFLES. *History of Java.* — PFEIFFER (Ida). *Mon second voyage autour du monde.* Traduction de Suckau. — VAN LEENT (Dr). *Les possessions néerlandaises des Indes orientales.* In *Archives de médecine navale.* — PRICHARD. *Histoire naturelle de l'homme.* — DE QUATREFARGES. *Rapport sur les progrès de l'anthropologie,* 1867. — DU MÊME. *Les Polynésiens et leurs migrations.*

MALAMBO (ÉCORCE DE). On donne ce nom à une écorce de diverses provinces de la Nouvelle-Grenade (Choco, Antioquia et Popayan), que Bonpland apporta en Europe, à la suite de son voyage avec de Humboldt. Cadet, auquel il la communiqua, en étudia la composition chimique, et la fit connaître aux médecins. Cette écorce est peu usitée. Elle est en morceaux plus ou moins cintrés, épais de 10 à 15 millimètres; son périderme est mince, blanc, un peu rosé par places, marqué de tubercules et de petites taches noires, dues à la présence d'un lichen. Au-dessous, l'écorce est dure, filandreuse, d'un gris un peu rougeâtre, contenant entre ses fibres une résine amère et aromatique. La saveur du *Malambo* est âcre, très-amère et aromatique.

L'origine de l'écorce de Malambo est restée longtemps inconnue. Bonpland paraissait disposé à la rapprocher de l'écorce d'Angusture produite par un *Gusparia;* Zea, botaniste néo-granadin, auquel Cadet l'avait soumise, lui trouvait de grands rapports avec l'écorce de Winter et pensait qu'elle pourrait bien être produite par un *Drymis;* Guibourt, dans la 4e édition de son *Traité des drogues simples*, la comparait plus volontiers aux produits du *Cannella alba*. On sait maintenant que c'est à côté des *Cascarilles*, qu'il faut placer ce produit. Karsten a pu s'assurer, en effet, que c'est l'écorce d'une Euphorbiacée du genre *Croton*, qu'il a décrite sous le nom de *Croton Malambo* (*Voy.* pour la description de la plante le mot CROTON).

CADET. *Sur le Malambo.* In *Journal de Pharmacie*, I, p. 20. — GUIBOURT. *Drogues simples,* 4e édit., III, p. 507, et 6e édit., II, 365. — KARSTEN. *Flora Columbiæ*. Berlin, 1860.   PL.

MALAMIDE ($C^8H^8Az^2O^6$). Nous n'avons presque rien à ajouter à ce qui a été dit de ce corps à l'article ASPARAGINE. On examine, dans cet article, la question de savoir jusqu'à quel point l'asparagine peut être considérée comme l'amide de l'acide malique et mériter, à ce titre, d'être assimilé à la *malamide*.

Cette substance s'obtient en faisant passer un courant de gaz ammoniac sec dans une dissolution alcoolique d'éther malique. Elle cristallise en prismes droits rectangulaires, terminés par des biseaux. Elle est soluble dans l'eau et dans l'alcool.

La malamide se combine équivalents à équivalents avec la tartramide, qui est un produit de l'action de l'ammoniaque sur l'éther tartrique.

Elle dévie à gauche le plan de polarisation.

On a dit, en traitant de l'asparagine, qu'elle peut se décomposer en ammoniaque et en acide aspartique. Nous complétons ici cette indication en ajoutant que cet acide, ainsi obtenu, diffère par ses propriétés optiques de celui qui est préparé avec la fumarimide. Le premier dévie le plan de polarisation ; il le dévie à droite quand il est dissous dans les acides, et à gauche quand il est dissous dans les alcalins, tandis que le second est sans action sur la lumière polarisée. Il y a donc un acide aspartique *actif*, et un acide aspartique *inactif*. On l'obtient en faisant bouillir une dissolution d'asparagine additionnée d'oxyde de plomb. Le sel plombique qui se forme, purifié par l'eau bouillante et par l'alcool, est ensuite décomposé par l'hydrogène sulfuré. On filtre la liqueur pour enlever le sulfure de plomb et l'on évapore.

L'acide aspartique actif cristallise en tables rectangulaires tronquées aux angles. Il est soluble dans l'eau, plus dans l'eau chaude que dans l'eau froide, moins soluble dans l'alcool. Les acides azotique et chlorhydrique, ainsi que les dissolutions alcalines, le dissolvent en assez grande proportion.

L'acide aspartique inactif a la forme de croûtes cristallines. Il est plus soluble dans l'eau que le précédent et soluble également dans les acides azotique et chlorhydrique. M. Pasteur a constaté que si l'on traite ce corps par l'acide azotique contenant de l'acide azoteux, on le transforme en acide malique (*Voy.* MALIQUE).

Pour le préparer, on chauffe à 200° du bimalate d'ammoniaque ; on fait ensuite bouillir avec de l'acide chlorhydrique, et l'on évapore : il se forme des cristaux de chlorhydrate d'acide aspartique. On dissout ce sel dans l'eau; on partage la liqueur en deux parties égales, dont l'une, saturée par l'ammoniaque, est ensuite réunie à l'autre. Il se dépose, par le refroidissement des cristaux d'acide aspartique inactif.

MALANEA. Genre de Rubiacées, établi par Aublet, et qui ne comprend plus que l'espèce, qui lui a servi de type, le *Malanea sarmentosa* AUBLET. On en a retiré les deux espèces, qui avaient quelque intérêt médical, le *Malanea verticillita* LAM., qui donne le *Bois de Losteau*, et le *Malanea racemosa* LHERMINIER, auquel on a attribué le *quinquina bicolore*. La première est passée dans le genre *Antirhœa* COMM., dont il a déjà parlé tom. V., p. 407. La seconde rentre probablement dans le genre *Stenostomum* GŒRTN (*Voy.* ce mot).

* AUBLET. *Plantes de la Guyane*, I, 106. planch. 41. — LHERMINIER. In *Journal de pharmacie*, XIX, p. 384. — GUIBOURT. *Drogues simples*, 6ᵉ édit., III, p. 191.　　　　　　PL.

MALAPARI, MALAPARIUS. Arbre des Moluques, dont Rumphius (*Herbar. amboinense*, III, p. 107) a décrit les propriétés surprenantes. Son écorce et ses racines neutralisent, suivant lui, la plupart des poisons, des venins, et guériraient les accidents causés par les champignons vénéneux. On a cru que c'était une Légumineuse du genre *Pongamia*. M. Miquel vient d'en faire un genre de cette famille, sous le nom de *Malaparius* (*Fl. Ind. batav.*, I, p. 1, 1082) ; mais ses véritables affinités sont inconnues.　　　　　　H. BN.

MALARIA (*mala aria*). Ce nom a été donné spécialement à l'air infecté par miasmes palustres. Mais sa signification a été étendue par quelques auteurs à les l'air rendu malsain par diverses sortes d'émanations végétales et animales, telles que celles qui se dégagent dans les grands centres de population.

MALATES. Sels provenant de la combinaison de l'acide malique avec un oxyde.

On distingue deux séries de malates : l'une formée par des malates neutres ; l'autre par des malates acides. Cela est dû à ce que l'acide malique est bibasique. Les malates sont donc représentés par deux formules générales qui accusent également la bibasicité de leur acide.

$$\text{Malates neutres} = C^8H^4O^8, 2MO.$$
$$\text{Malates acides} = C^8H^4C^8. \left. \begin{array}{l} MO \\ HO \end{array} \right\}$$

M étant le métal de l'oxyde, ou le groupe moléculaire qui en joue le rôle.

Presque tous les malates ne sont solubles que dans l'eau ; celui à base de peroxyde de fer est le seul connu, qui soit aussi soluble dans l'alcool. Chauffés au-dessous de 200°, les malates émettent de l'eau et se convertissent en *fumarates*.

Plusieurs malates, notamment ceux à base de potasse, de chaux et de magnésie on les rencontre dans presque tous les fruits acides, et surtout en quantité notable, dans les baies du sorbier, dans les verjus, dans les pommes aigres. Les malates solubles peuvent cristalliser presque tous, mais les malates acides affectent, en général, des formes cristallines plus remarquables que celles des malates neutres.

Au point de vue des propriétés optiques, les malates se divisent également en deux séries : celle des malates actifs, c'est-à-dire qui ont la propriété, étant dissous, de dévier le plan de polarisation de la lumière polarisée : la seconde série comprend les malates inactifs dont les dissolutions sont dépourvues de la propriété que l'on vient d'indiquer.

Les malates ont été particulièrement étudiés par MM. Liebig, Richardson, Merzdorf et Pasteur. Comme les malates n'ont pas encore, d'emploi thérapeutique, nous ne signalerons ici que ceux qui ont été le mieux étudiés.

Malate acide ou *bimalate d'ammoniaque.* Ce sel cristallise en gros prismes rhomboïdaux droits, qui présentent quelquefois des facettes hémiédriques. La densité de ces cristaux est de 1,55. A la température de 15°,7 100 parties d'eau en dissolvant 52,15.

Le bimalate d'ammoniaque est insoluble dans l'alcool ; chauffé au bain d'huile de 160 à 200°, il fond, se boursoufle, dégage un peu d'ammoniaque et laisse un résidu de *fumarimide.* La composition de ce sel est représentée par la formule

$$\left. \begin{array}{l} C^8H^4O^8 \ AzH^4O \\ HO \end{array} \right\} = C^8H^5 (Az \ H^4) \ O^{10}.$$

Pour le préparer, on traite le malate de plomb par une quantité d'acide sulfurique dilué, insuffisante pour décomposer tout le malate mis en expérience ; on filtre le mélange et en fait deux parties égales du liquide filtré ; on sature l'une par du carbonate d'ammoniaque, et, après y avoir ajouté l'autre, on évapore le tout à consistance de sirop.

Malate acide ou *bimalate de chaux.* Ce sel se présente sous la forme de beaux prismes limpides, appartenant au système rhombique. Ces cristaux exigent pour se dissoudre, 50 parties d'eau froide : chauffés à 100°, ils perdent 22,57

pour 100 d'eau ; chauffés à 180°, ils se déshydratent entièrement. Leur formule
est

$$C^8H^4O^8 \left.\begin{matrix} CO \\ HO \end{matrix}\right\} + 8 \text{ aq.}$$

Ce composé se trouve tout formé dans beaucoup de plantes : le tabac en contient une grande quantité, et on peut l'extraire directement des baies du *Rhus glabrum*, ou *copallinum*, en les épuisant à l'eau bouillante et en concentrant le liquide par l'évaporation. Toutefois, le procédé le plus suivi pour préparer le malate acide de chaux consiste à écraser les baies du sorbier des oiseaux, récoltées avant leur complète maturité, et à les exprimer fortement. On porte le suc à l'ébullition et on le filtre. On le fait bouillir ensuite pendant plusieurs heures avec du lait de chaux, qu'on ajoute en quantité suffisante pour neutraliser la liqueur. Pendant cette opération, il se déposera, sous la forme de poudre grenue, du malade neutre de chaux. On recueille ce dépôt, on l'introduit dans un mélange bouillant d'une partie d'acide azotique et de dix parties d'eau : dès que la liqueur azotique bouillante refusera de dissoudre le malate neutre, on la filtrera. Par le refroidissement, il se déposera de beaux cristaux de malate acide de chaux, qu'on purifiera par plusieurs cristallisations successives.

Malate neutre de plomb. En mêlant des dissolutions d'acétate de plomb et de malate d'ammoniaque, on produit un dépôt blanc caillebotté qui se convertit en aiguilles quadrilatères groupées autour d'un centre commun, si on l'abandonne pendant quelques heures en présence d'un excès d'acétate de plomb. Ces cristaux sont du malate neutre de plomb ayant pour formule

$$C^8H^4O^8 \left.\begin{matrix} PbO \\ PbO \end{matrix}\right\} + 4 \text{ aq.} = C^8H^4Pb^2O^{10} + 4 \text{ aq.}$$

Ce sel fond dans l'eau bouillante en une masse transparente et poisseuse ; il est très-peu soluble dans l'eau froide et plus soluble dans l'eau bouillante : une solution aqueuse concentrée le dépose à l'état d'aiguilles brillantes.

Le malate neutre de plomb amorphe placé sous une cloche en présence d'acide sulfurique, peut perdre assez facilement toute son eau de cristallisation. La déshydratation est plus longue et plus difficile si le sel est cristallisé, et il faut alors chauffer à 150° environ.

Le malate neutre de plomb, qui fond lorsqu'on le jette dans l'eau bouillante, ne fond pas à sec et conserve même son aspect cristallin si on l'expose à une température de 170°. Chauffé à 220°, il perd de l'eau de constitution et passe à l'état de fumarate de plomb.

Toutes les propriétés du malate de plomb, optiquement actif, on les trouve dans le malate de plomb optiquement inactif : seulement on remarque que ce dernier met beaucoup plus de temps à passer de l'état caillebotté à l'état cristallin, que le malate actif. Tandis que quelques heures suffisent pour la transformation de ce dernier, l'autre, ou l'actif, ne se transforme souvent qu'après plusieurs jours.

Cette différence peut servir à reconnaître si l'acide constituant d'un malate de plomb donné, est ou n'est pas optiquement actif.

MALAGUTI.

MALAVAL (LES DEUX).

Malaval (JEAN). Né à Lézan, petite commune du département du Gard, le 2 mars 1669, mort à Paris le 16 juillet 1758. Ce chirurgien, plus célèbre que méritant, est parvenu, sans grand bagage scientifique, sans découverte aucune et sans une habileté chirurgicale du premier ordre, à faire retentir les trompettes de la renommée. On a peut-être le secret de tout le bruit qui s'est fait autour de son nom, en se rappelant que Malaval fut protégé par Hecquet, par Dionis, par Ledran; qu'il fut un praticien sage, judicieux, bon observateur, ne se laissant diriger que par les faits, ennemi acharné de tout système; qu'il excellait dans ces opérations qui sont du domaine de la petite chirurgie; que personne ne saignait mieux que lui, et qu'il fut longtemps chargé à Saint-Côme de la démonstration de ce côté important mais secondaire de l'art. Avec ces qualités, Malaval est devenu chirurgien de Saint-Côme (1701), chirurgien du Parlement (1721), démonstrateur royal (1724), vice-directeur, directeur, trésorier de l'Académie de chirurgie. Il n'a laissé aucun ouvrage. On trouve seulement de lui, dans les mémoires de l'Académie de chirurgie, plusieurs observations sur les plaies de la tête avec dénudation des os du crâne; il décrit aussi avec exactitude une hernie du trou ovalaire, et une hydropisie abdominale compliquée de squirrhes énormes aux deux ovaires; enfin, il démontra, par des faits, assez intéressants, que le mercure ne convient presque jamais dans le traitement des affections cancéreuses.

Malaval (ADRIEN). Fils du précédent; né à Paris, en 1708, fut docteur en médecine de la Faculté de Paris (21 octobre 1733), médecin du Châtelet de Paris. Il mourut d'une fièvre maligne, le 16 avril 1741, et fut inhumé à Saint-Germain-de-l'Auxerrois. Il n'avait que trente-trois ans. Voici la copie de l'acte de son décès relevé sur les registres de cette paroisse :

PAROISSE DE SAINT-GERMAIN-DE-L'AUXERROIS. *Du jeudi (17 août 1741) Mre Adrien Malaval, âgé de trente-trois ans, docteur régent en la Faculté de médecine de Paris, conseiller médecin ordinaire du roy au Chastelet de cette ville, époux de D^e Anne-Louise Villain, décédé le jour d'hier à six heures du matin en sa maison rue des Lavandières, a été inhumé en présence de Sr Pierre Foubert, chirurgien du roy en sa cour de Parlement, son beau-frère, et de Sr Claude Villain, marchand épicier et ancien consul de cette ville, son cousin, lesquels ont signé.*

C. Villain; Foubert; Labrüe, curé. A. C.

MALAXATION de μαλάσσω, j'amollis, CHIRURGIE. Ce terme désigne un procédé de massage qui n'a reçu que de rares applications, et qui consiste à pétrir avec les doigts des tumeurs, de façon à en diminuer la consistance, à en dissocier les éléments et à en déplacer les particules.

Fergusson a imaginé sous ce nom une méthode de traitement des anévrysmes dont il est parlé à l'article ANÉVRYSME (t. IV, p. 604).

La malaxation est usitée dans le traitement des épanchements sanguins, à une période dans laquelle le dépôt fibrineux est devenu résistant. Elle constitue alors une sorte de broiement ou d'écrasement à l'aide des doigts, et doit être suivie du massage méthodiquement pratiqué au voisinage de l'épanchement. Son emploi repose sur ce principe, que dans les larges épanchements sanguins les dépôts fibrineux qui s'accumulent à la périphérie forment une masse résistante qui n'est résorbée qu'après une durée assez longue. En brisant et dissociant les caillots par la malaxation, on favorise la régression graisseuse et la résorption; de plus, le massage fait au voisinage de l'épanchement tend à faire infiltrer les parties liquides dans les interstices cellulaires, et par suite en facilite la résorption.

Dans le traitement des kystes synoviaux et des kystes tendineux.là malaxation pratiquée à la suite de la ponction sous-cutanée ou de l'écrasement remplit un but analogue.

Après une injection iodée dans la cavité vaginale pour le traitement de l'hydrocèle, on exécute une manœuvre qui se rapporte à la malaxation et qui a pour but d'assurer le contact de la solution avec toutes les parties de la séreuse.

Velpeau a signalé plusieurs fois dans ses leçons cliniques la malaxation qui résulte des examens répétés des tumeurs. Sous l'influence des pressions et de la palpation il se produit souvent, au bout de quelques jours, une augmentation du volume des tumeurs à consistance molle. L'examen anatomique rend compte de cet effet, en démontrant dans beaucoup des tumeurs recueillies dans les services hospitaliers les plus fréquentés, des épanchements sanguins dus à des ruptures vasculaires, et dont il faut tenir compte dans les études anatomo-pathologiques.   A. H.

MALDIVES   (*Voy.* Indoustan).

MALÉON (Eau minérale de), *athermale, bicarbonatée sodique moyenne, carbonique forte.* Dans le département de l'Ardèche, dans l'arrondissement de Privas, dans la commune de Saint-Sauveur-de-Montagut, à 3 kilomètres du village des Ollières, émerge, au milieu du lit du ruisseau l'Ozène, la source de Maléon dont le griffon était complétement submergé, dans les grandes eaux, avant les travaux de captage exécutés pendant les années 1857 et 1858. L'eau de Maléon est claire et limpide; son odeur et sa saveur sont manifestement sulfureuses; sa température est de 13°,7 centigrade; elle a été analysée en 1859 par M. Ossian Henry qui a trouvé que 1,000 grammes renferment les principes suivants :

Bicarbonate de soude.	1,260
— potasse.	0,180
— c. ux.	0,172
— magnésie.	0,030
— fer	traces.
Chlorure de sodium	0,288
Sulfate de soude.	0,027
Phosphate de chaux et d alumine.	0,010
Silice.	0,020
Iodure alcalin.	indices.
TOTAL DES MATIÈRES FIXES.	1,987
Gaz acide carbonique libre	2 gr. 630

Le gaz acide sulfhydrique, qui existe au griffon, n'a jamais été dosé.

Les propriétés thérapeutiques de la source de Maléon sont depuis longtemps appréciées des habitants de la contrée; mais il n'y avait pas d'établissement minéral avant l'année 1858. Depuis cette époque, une salle de buvette, dix cabinets de bains munis d'appareils de douches de toute forme et de tout calibre, sont à la disposition des malades qui viennent essayer de se guérir, à Maléon, de dyspepsies rebelles; d'engorgements hépatiques et spléniques occasionnés par une fièvre intermittente, ou produits par un état morbide des vaisseaux hépatiques ou une altération de la bile; de troubles des voies uro-poiétiques, utilement combattus, ordinairement, par une médication alcaline. Les bicarbonates, et particulièrement le bicarbonate de soude et l'acide carbonique libre que l'eau de Maléon renferme en proportion notable ou considérable, donnent une explication suffisante de son action curative. C'est, au contraire, le gaz acide sulfhydrique

que l'odorat n'a aucune peine à constater au point d'émergence de cette source, qui rend un compte suffisant de l'indication de cette eau minérale dans les affections légères et sécrétantes de la peau. Ces dermatoses doivent être surtout traitées par l'eau en boisson, car, en bains et en douches, on aurait tort d'en attendre une grande efficacité, attendu que son gaz sulfureux ne peut avoir une grande influence thérapeutique, puisque l'eau de Maléon doit être artificiellement chauffée avant de servir à l'usage externe.

On *exporte*, en petite quantité, cette eau bicarbonatée.

A. ROTUREAU.

BIBLIOGRAPHIE. — MAZADE. *Analyse chimique de l'eau de Maléon.* 1859. — HENRY (Ossian). *Rapport sur l'eau minérale de Maléon, commune de Saint-Sauveur-de-Montagut (Ardèche).* In *Bulletin de l'Académie de médecine,* t. XXV, p. 1000.   A. R.

MALÉIQUE (ACIDE). *Acide pyromallique. Acide pyrosorbique.* L'acide maléique est un produit pyrogéné dérivé de l'acide malique.

Si l'on compare les formules de ces deux acides, on voit qu'elles ne diffèrent que par les éléments de deux molécules d'eau :

$$C^8H^4O^8 = \text{acide maléique.}$$
$$C^8H^6O^{10} = \text{acide malique.}$$

En effet, on prépare l'acide maléique, en chauffant rapidement de l'acide malique dans une cornue spacieuse, jusqu'à ce que le résidu commence à s'épaissir. On retire alors le feu, et la distillation continue encore d'elle-même pendant quelque temps. La liqueur distillée donne l'acide maléique après avoir été concentrée au bain-marie. L'acide maléique se présente sous la forme de prismes rhomboïdaux obliques, dont les sommets portent ordinairement des faces octaédriques. Il est incolore et inodore ; sa saveur, d'abord acide, est bientôt suivie d'une sensation très-désagréable, presque nauséabonde. Il est soluble dans l'eau, l'alcool et l'éther : sa dissolution, abandonnée à elle-même dans un vase ouvert, grimpe le long des parois, se dessèche et donne lieu à une efflorescence ayant l'aspect de choux-fleurs.

L'acide maléique cristallisé fond vers 130°, entre en ébullition vers 160, dégage de l'eau et passe à l'état d'anhydride maléique, ou d'acide maléique anhydre. La composition de cet anhydride est la même que celle de l'acide maléique, moins les éléments de deux molécules d'eau.

$$C^8H^4O^8 = \text{acide maléique,}$$
$$C^8H^2O^6 = \text{acide maléique anhydre.}$$

Il est à remarquer que, si au lieu de chauffer brusquement à 60° l'acide maléique, on le fait bouillir dans un tube long et étroit, de façon que l'eau qui se dégage retombe sans cesse, il se convertit en *acide fumarique*, son isomère, doué exactement de la même composition, mais dont les propriétés sont toutes différentes.

La dissolution d'acide maléique n'est pas troublée par l'eau de chaux ; elle l'est par l'eau de baryte, et le dépôt qui se forme dans le liquide se change peu à peu en paillettes cristallines ; cependant ce dépôt disparaît dans un excès d'eau de baryte ou d'acide maléique.

L'acétate de plomb versé dans une dissolution étendue d'acide maléique y détermine un précipité blanc, qui bientôt prend l'aspect micacé.

L'acide maléique se convertit en acide succinique lorsqu'on abandonne du malate de chaux à la fermentation avec du fromage (Dessaignes).

C'est à Vauquelin d'abord et plus tard à Braconnot, qu'on doit les premières notions sur la production de l'acide maléique (*An. de Ch. et de Phys.*, t. VI, p. 337 et t. VIII p. 159).

Lassaigne en a étendu l'examen (*An. de Ch. et de Phys.*, t. XI, p. 93), et Pelouze en a fait une étude presque complète (*An. de Ch. et de Phys.*, t. LVI, p. 72).

Maléique anhydre (Acide). *Anhydride maléique.* Ce corps a été découvert par M. Pelouze en 1834 (Voy. *Annales de Chimie et de Physique*, t. LVI, p. 72). Il prend naissance dans la distillation de l'acide malique, de l'acide maléique, et de l'acide fumarique.

Le procédé le plus commode pour préparer cet anhydride consiste à distiller rapidement l'acide maléique, jusqu'à ce que le résidu renferme de l'acide fumarique cristallisé ; on rectifie le produit distillé, en ayant soin de mettre de côté les premières portions qui sont aqueuses, et l'on répète les rectifications jusqu'à ce qu'il n'apparaisse plus d'eau en distillant, ni résidu d'acide fumarique dans la cornue.

Cet anhydride est cristallisé, fond à 57° et bout à 176°. Sa composition ($C^8H^2O^6$) est la même que celle de l'acide malique, moins *quatre* molécules d'eau, et que celle de l'acide maléique moins *deux* molécules d'eau.

MALAGUTI.

MALFORMATION. On s'accorde généralement à désigner sous le nom de *malformation* ou de *vice de conformation*, toute une classe d'*anomalies simples* ou mieux d'*hémitéries* généralement apparentes à l'extérieur, produisant un degré variable de difformités capables de mettre obstacle à l'accomplissement d'une ou de plusieurs fonctions, résultant enfin presque toujours d'un arrêt de développement. Les malformations offrent un intérêt d'autant plus grand que plusieurs d'entre elles peuvent être corrigées par la main du chirurgien. Comme exemples de malformations, nous citerons : le bec-de-lièvre, la division de la voûte palatine, l'imperforation de l'anus, la syndactylie, etc., etc. Nous renvoyons, pour l'histoire générale des malformations, aux articles TÉRATOLOGIE et HÉMITÉRIE et, pour leur histoire particulière, aux articles spéciaux concernant les malformations des diverses régions.   A. DUPLAY.

MALGAIGNE (JOSEPH-FRANÇOIS), né à Charmes-sur-Moselle, département des Vosges, le 14 février 1806 ; mort à Paris, le 17 octobre 1865. Fils d'un pauvre officier de santé, Malgaigne fut, dès son jeune âge, destiné à la médecine ; seulement, cet homme qui devait être un des esprits les plus distingués de la médecine contemporaine, un chirurgien éminent, professeur de la Faculté, membre et président de l'Académie, qui devait laisser un nom justement estimé et célèbre, était destiné purement et simplement à remplacer son père, comme officier de santé, dans le petit village de Charmes. Après avoir passé par l'école de la commune, Malgaigne fut envoyé dans un petit collége du voisinage, dirigé par un ecclésiastique instruit, et où il reçut une excellente et très-complète éducation universitaire. En 1821, il se rendit à Nancy, et, en même temps qu'il y commençait ses études médicales, il y compléta ses études littéraires. C'était déjà un jeune homme ardent au travail, quelque peu ambitieux, sentant sa valeur réelle et menant de front la médecine et la littérature. Pendant qu'il publiait quelques articles dans le *Propagateur de la Lorraine*, il se faisait recevoir officier de santé à l'âge de dix-neuf ans. Le but du père était atteint, et il exigea que le fils vînt exercer sa profession auprès de lui. Malgaigne visait plus haut; et, malgré son père, il se rendit à Paris. La misère l'y attendait; il dut y vivre avec 85 centimes par jour, et plus d'une fois il se trouva dans le plus entier dénûment; mais le courage ne lui fit jamais défaut. Il donne quelques leçons d'anatomie et de physiologie, et entre, en 1828, à l'hôpital militaire du Val-de-Grâce, comme élève stagiaire. Au bout de deux ans, se croyant la victime d'une injustice, il donne sa démission, et se hâte de passer sa thèse de docteur en 1831. A cette époque, la malheureuse Pologne essayait de reconquérir sa liberté; la France avait pour elle les plus nobles sympathies (et rien de plus, hélas!), et quelques-uns de ses enfants ambitionnèrent l'honneur de combattre et de mourir pour elle; Malgaigne partit comme chef d'une ambulance militaire, organisa le service médical, assista à l'assaut de Varsovie, et ne quitta la Pologne qu'avec son dernier défenseur. En revenant à Paris, il put entendre cette parole d'un ministre français : *L'ordre règne à Varsovie!* En 1835, Malgaigne fut nommé professeur agrégé, et, à la suite d'un brillant concours, chirurgien du bureau central des hôpitaux. Il fut successivement attaché à l'hôpital Saint-Louis et à celui de la Charité. Dès qu'il fut nommé au bureau central, Malgaigne institua à l'École pratique des cours publics sur l'anatomie chirurgicale; il les continua pendant quatre ans au milieu d'un grand concours d'auditeurs qu'attirait tout à la fois sa science profonde, son talent de parole, son originalité, et, il faut le dire, son amour pour la discussion et pour le paradoxe. Jamais homme, ni professeur ne fut plus convaincu que lui, et, alors même qu'il se trompait, c'était de la meilleure foi du monde et en se croyant absolument sûr de la vérité. Au milieu de quelques erreurs, parmi quelques paradoxes, combien d'idées vraies et neuves d'ailleurs et de jalons posés pour les découvertes ultérieures les plus fécondes. Quelque temps après, il organisa ses conférences célèbres du bureau central sur les hernies et sur les bandages. Malgaigne concourut quatre fois pour le professorat, et ce ne fut qu'au quatrième concours, en 1850, qu'il fut nommé à la chaire de médecine opératoire, où il succédait à Blandin. Il était, depuis 1846, membre de l'Académie de médecine, qui le choisit, en 1865, pour son président. C'est sur son fauteuil présidentiel, et dans l'accomplissement de ses fonctions, qu'il fut frappé d'une attaque d'apoplexie dont il ne se releva pas; c'était à la séance du 10 janvier; M. Malgaigne n'a donc présidé l'Académie que deux fois.

Malgaigne fut un homme remarquable à tous les points de vue, la nature l'avait excellemment et exceptionnellement doué, il ajouta à tout ce que donne la nature un travail incessant, pour lequel il ne consulta pas assez ses forces, car il était délicat et fréquemment indisposé. Ses œuvres, dont nous publierons la nomenclature, ne sont pas seulement nombreuses, elles sont pour la plupart originales et remarquables. Il est impossible de ne pas signaler, d'une façon toute spéciale, son *Manuel de médecine opératoire*, devenu classique, et qui est encore le meilleur, le plus complet et le plus impartial des résumés sur cette partie de la science; son *Traité d'anatomie chirurgicale*, où l'esprit paradoxal et critique de l'auteur s'est donné libre carrière, « et qui est bien plus l'œuvre d'un chirurgien que celle d'un anatomiste », selon M. Jarjavay et tous ceux qui ont lu cet ouvrage, remarquable à plus d'un titre. L'œuvre capitale de Malgaigne est son *Traité des fractures et des luxations*, pour lequel il a recueilli un nombre prodigieux d'observations, étudié toutes les pièces anatomiques réunies dans les musées nationaux ou étrangers, et qui constitue un véritable monument de l'art chirurgical. Ici, comme dans tous ses travaux, Malgaigne se montre extrêmement sévère sur les preuves, et ses déductions sont rigoureusement appuyées sur les données de la méthode numérique, dont il était un partisan trop absolu; cette exagération, toutefois, en donnant à la science une base solide, et à l'esprit d'observation une méthode rigoureuse, a été beaucoup plus utile que nuisible; les exagérations de Malgaigne sont peu dangereuses, les préceptes qu'il a donnés sont de la plus incontestable utilité. A côté de ces travaux de premier ordre, on doit signaler son édition d'Ambroise Paré. Ce travail qui semble se lier à une histoire générale de la chirurgie, restée en projet, a montré que Malgaigne n'était pas seulement un savant, mais en même temps un écrivain et un critique très-remarquable. Il ne s'est pas contenté d'enrichir de notes précieuses le texte du vieux chirurgien, il l'a fait précéder d'une introduction qui est véritablement une œuvre magistrale, et dont la chirurgie moderne a le droit d'être justement fière. A côté de ces travaux, signalons encore ses *Leçons sur les hernies*, ses mémoires sur la *luxation de la rotule*, ses *leçons d'orthopédie*, etc., etc. Nous croyons savoir que, dans ses dernières années, Malgaigne avait fait sur la *Bible* un travail très-important au point de vue historique, critique et philologique. Cette étude, que l'auteur avait laissée à peu près complète et qui contenait la matière d'un volume, était en opposition avec les données de l'orthodoxie catholique. Nous avons tout lieu de craindre, et cela est à regretter, que ce curieux ouvrage de Malgaigne soit à jamais perdu.

Malgaigne a été, sans conteste, un des plus brillants professeurs de l'époque actuelle; il avait, on doit le reconnaître, tout ce qu'il faut pour instruire, attirer et captiver l'attention; la science et l'érudition dont nous avons déjà parlé, et, de plus, une grande clarté d'exposition, une élocution facile, et ce qui constituait l'homme, à proprement parler, un accent spécial, un timbre de voix singulier, mais fait pour frapper, une grande énergie d'expression, des attaques subites, des invectives, des prosopopées, etc., tout ce qui, en un mot, et dans une certaine mesure, constitue l'orateur. Malgaigne, en effet, était vraiment orateur, et il en fournit la preuve dans un procès célèbre que lui avait intenté le docteur J. Guérin. Comme notre vieux Gui Patin, Malgaigne voulut se défendre lui-même en première instance et en appel, et, comme le médecin du dix-septième siècle, non-seulement il gagna ses procès, mais il sortit de l'audience après avoir charmé ses juges et son auditoire, et en laissant de lui cette opinion que, s'il n'avait pas été un grand chirurgien, il aurait pu être un avocat éminent. Son talent de parole, sa réputation étendue le désignèrent, en 1847, au choix des électeurs du quatrième arrondissement de Paris; il fut nommé député et vint siéger dans les rangs de l'opposition. Son début oratoire ne fut pas heureux à la Chambre. Soit qu'il eût mal choisi son sujet, soit qu'il n'eût pas mesuré ses forces ou que l'auditoire ne lui fût pas sympathique, il éprouva un véritable échec. La révolution de 1848, survenue quelques jours après, le rendit fort heureusement à ses études premières et à un milieu qui lui convenait mieux de tous points. A l'Académie de médecine, comme à la Faculté, c'est-à-dire sur son vrai terrain, il eut toujours les plus légitimes succès.

Comme homme et comme chirurgien, Malgaigne fut plein d'honneur et de loyauté, et il a emporté la réputation incontestée d'un homme de bien. Il avait proposé à la Société de chirurgie, qui l'adopta, la devise suivante : « VÉRITÉ DANS LA SCIENCE ; MORALITÉ DANS L'ART. » C'était également la sienne.

Voici la liste de ses ouvrages les plus importants :

I. *Nouvelle théorie de la vision.* (lu à l'Institut en 1830). — II. *Mémoire sur les luxations scapulo-humérales.* In *Journal des progrès*, 1850. — III. *Nouvelle théorie de la voix.* In *Archives générales de médecine*, 1831. — IV. *Coup d'œil sur la medecine et la chirurgie en Pologne, pendant la dernière révolution.* In *Gazette médicale de Paris*, 1832. — V. *Des polypes utérins* (Th. agrég.). Paris, 1833, in-4°. — VI. *Manuel de médecine opératoire.* Ibid., 1834 ; 7° édit., 1861. Traduit dans la plupart des langues de l'Europe. — VII. *Lettre sur divers points de l'histoire et de la thérapeutique des hernies, adressée à l'Académie des sciences et à l'Académie de médecine.* In *Gazette médicale*, 1835. — VIII. *Mémoire sur la détermination des diverses espèces de luxations de la rotule.* Paris, 1836, in-8°. — IX. *Considérations sur l'opération de la cataracte*, etc., etc. In *Bulletin de thérapeutique*, 1837. — X. *Sur une nouvelle méthode de réduction des luxations scapulo-humérales.* In *Bull. de thérap.*, 1838. — XI. *Mémoire sur le rectocèle vaginal.* In *Mémoires de l'Acad. de méd.*, 1838. — XII. *Traité d'anatomie chirurgicale et de chirurgie expérimentale.* Paris, 2 vol. in-8°, 1838 ; 2° édit., 1858. — XIII. *Recherches statistiques sur la fréquence des hernies selon les sexes, les âges et les diverses populations.* Lu à l'Académie des sciences, séance du 15 juillet 1839. — XIV. *Nouvelle méthode d'opérer les kystes séreux et synoviaux.* In l'*Examinateur médical*, 1840. — XV. *Examen des doctrines sur l'étranglement des hernies.* In *Gaz. méd.*, 1840. — XVI. *Ponction dans l'hydrocéphale chronique.* Paris, 1840, in-8°. — XVII. *Œuvres complètes d'Ambroise Paré, revues et collectionnées sur toutes les éditions, avec variantes, ornées de 217 planches, accompagnées de notes historiques et critiques, et précédées d'une introduction sur l'origine et les progrès de la chirurgie en Occident du sixième au quatorzième siècle et sur la vie et les ouvrages d'Ambroise Paré.* Ibid.' 1840, 3 vol. in-8°. — XVIII. *Etude statistique sur les luxations.* In *Annales de la chirurgie française et étrangère*, 1841. — XIX. *Recherches sur les fractures des cartilages intercostaux.* Paris, 1841, in-8°. — XX. *Des appareils dans le traitement des fractures en général* (conc. méd. opér.). Ibid., 1841, in-4°. — XXI. *Mémoire sur un nouveau moyen de prévenir l'inflammation après les grandes lésions traumatiques, et spécialement après les opérations chirurgicales.* Ibid., 1841, in-8°. — XXII. *Statistique des résultats des grandes opérations dans les hôpitaux de Paris.* In l'*Examinateur médical*, 1841. — XXIII. *Leçons cliniques sur les hernies* (recueillies par M. Gelez). 1841. — XXIV. *Etude sur l'anatomie et la physiologie d'Homère.* Paris, 1842, in-8°. — XXV. *Études statistiques sur les étranglements herniaires et sur les opérations de hernies étranglées.* Paris, 1842. — XXVI. *Du traitement des grands emphysèmes traumatiques.* Ibid., 1842, in-8°. — XXVII. *Lettres sur l'histoire de la chirurgie. Études chirurgicales sur la Bible. Des Asclépiades et des Asclépions. Histoire de Jean de Troyes*, etc., etc. In *Gazette des hôpitaux*, 1842. — XXVIII. *De quelques dangers du traitement généralement adopté pour les fractures de la rotule.* In *Journal de chirurgie*, 1843 — XXIX. *Lettres sur l'histoire de la chirurgie.* Ibid., 1843. — XXX. *Mémoire sur la valeur réelle de l'orthopédie et spécialement sur la myotomie rachidienne dans le traitement des déviations latérales de l'épine.* Paris, 1845, in-8°. — XXXI. *Traité des fractures et des luxations*; tome Ier, *des fractures*; tome II, *des luxations.* Ibid., 1847-1854, 2 vol. in-8°, avec un atlas de 30 planches in-folio.

Malgaigne a, en outre, rédigé dans la *Gazette médicale* les *Leçons de Dupuytren et de Lisfranc* ; il a été le rédacteur en chef, de 1843 à 1855, du *Journal de chirurgie*, devenu en 1847 la *Revue médico-chirurgicale.* À l'Académie de médecine, il a prononcé plusieurs discours et rédigé des rapports très-importants, insérés dans les bulletins de cette société. Enfin il a prononcé, à la Faculté de médecine, l'*Éloge* de Roux, et écrit un certain nombre d'articles dans la *Biographie générale* de Firmin Didot, et, entre autres, l'article *Dupuytren.*

H. Mr.

MALIGNITÉ. La notion de *malignité*, dans le cours des temps, n'a pas été invariable. Dans Hippocrate, elle s'appelle κακόηθεα qui signifie méchanceté, malveillance ; l'irrégularité des symptômes y est attachée. Ainsi, les fièvres malignes sont pour lui celles dont l'issue est incertaine, les crises anormales, avec abcès ou métastase. En maint passage, la gravité semble peu distincte de la malignité ; elle paraît pourtant plus spécialement exprimée par le mot κακόν, qui est le mot sacramentel des prénotions défavorables. Galien, dans ceux de ses ouvrages où il parle le plus de la malignité, notamment dans les *Commentarii* et le *De* *probis pravis que alimentorum succis*, n'ajoute rien au double sens hippocratique.

Ce double sens a été formellement accepté par certains auteurs qui ont admis par cela même deux genres de malignité. Ainsi, on lit dans les *Definitiones*, ouvrage qu'on a faussement attribué à Galien, mais qui est du moins fort ancien : « Malignus morbus est qui facultate quidem magnus est et difficilis, specie vero debilis, neque statuta judicationis habet tempora. Aliter malignus morbus vocatur qui ægris periculum minatur neque spem salutis admittit. » Mais, en général, on s'en est tenu à l'interprétation que comporte l'expression de κακοήθεια, et les écrivains latins l'ont souvent rendue par le mot *pravitas*, qui signifie *irrégularité*, *état tortueux*. Foës, par exemple, appelle la malignité « *naturæ quædam pravitas.* » Mais c'est Dolœus qui en donne la meilleure idée (*Encyclop. méd.*, lib. IV, *de febribus*, c. v,); elle tient, dit-il, du serpent plus que du lion « nec enim leonis robur sed et serpentis astutia. » Dès les premiers temps, un dissentiment s'est établi, qui a fait couler beaucoup d'encre. Les uns ont attribué aux fièvres putrides d'alors le caractère de la malignité, laquelle pouvait provenir, suivant eux, d'une corruption particulière et putride des humeurs tout aussi bien que d'une corruption par simple contagion ou par quelque cause intrinsèque (Linden, Ex. VIII. § 57) : *Soboles latentis cacochymiæ pessimæ.* D'autres, spécifiant davantage encore le sens de *malignité*, et l'identifiant avec celle d'*ataxie*, ont retiré ce caractère aux fièvres putrides. G. Baldinger est un de ceux qui ont fortement insisté sur cette distinction. Dans les fièvres malignes, peau sèche, constipation, absence de crises; dans les putrides, diarrhée, hémorrhagie, etc. (*Opus. med.*, Gœtting, 1727, program. v).

On devine que la notion dont nous nous occupons est une de celles qui devaient être le plus atteintes par les progrès de l'anatomie pathologique et de l'étiologie positive. La raison en est simple. Cette notion, on vient de le voir, ne représentait qu'une manière d'être de la maladie considérée comme espèce ou comme variété; que son génie propre, son caractère particulier, abstraction faite de ses conditions anatomiques, qui étaient presque toujours ignorées, ou de ses conditions étiologiques, qui n'avaient de fondement que dans les théories du temps. La maladie avait un bon ou un mauvais caractère, comme une personne; et le mot de *malignité*, répondant à quelque chose d'offensif et d'insidieux, n'avait pas foncièrement un autre sens en pathologie qu'en morale. Comme espèce, la maladie était maligne en soi, par nature; comme variété, elle était maligne privativement, par une disposition secrète, assez analogue au caprice des gens. Dans la première catégorie se rangeaient, par exemple, certaines fièvres, la peste, la fièvre cérébrale, la miliaire, la fièvre jaune, etc.; dans la seconde, toute maladie présentant inopinément des symptômes graves (délire, sueurs, faiblesse et précipitation du pouls, marche rapide, etc.,) que ne comporte pas son évolution habituelle; et ces symptômes ont été rapportés en général à des perturbations des fonctions nerveuses (*Voy.* ATAXIE).

En ce qui concerne les fièvres, on comprend aisément le peu de fixité qu'offrait, pour la détermination des espèces malignes, un caractère tiré de circonstances aussi mobiles. C'est pourquoi beaucoup d'auteurs se sont plaints de l'usage qui en a été fait. Sydenham, en termes assez crus, accuse les médecins de couvrir volontiers du mot *malignité* leur ignorance et leur impéritie, et met sur le compte d'une mauvaise direction thérapeutique les symptômes violents qu'on se plaît à traiter de malins. C'est un genre d'interprétation que pouvait peut-être se permettre l'auteur d'une *Méthode complète pour guérir presque toutes les maladies*, mais qui était loin de suffire à lever la difficulté. Les vraies fièvres malignes « ne sont pas communes, » dit Sydenham; mais à quels signes les reconnaître? En quoi se différencient-elles clairement de celles dont la gravité, étrangère à toute influence maligne, ne serait que l'effet d'un traitement inhabile? Voilà ce qu'il ne lui eût pas été facile d'établir. Ce qu'il y a d'assez curieux, c'est que, une soixantaine d'années plus tard, lui-même, Sydenham, était accusé par un autre observateur célèbre et l'un de ses admirateurs, par Huxham, de n'avoir pas su traiter les fièvres malignes (*Essai sur les fièvres*, chap. VIII); d'où l'on pourrait induire qu'il en a, à son tour, involontairement exagéré le nombre. Pinel se tire d'affaire en empruntant aux Coaques et à différents pyrétologues, Huxham, Lind, Pringle, Selle, des tableaux de fièvres, continues ou intermittentes, marquées par des symptômes d'origine encéphalique, le tremblement de la langue, la garrulité, le coma, ou par de brusques changements dans l'ordre des phénomènes, par l'irrégularité du type ou des stades, par la coexistence de certaines complications, etc.; et avec ces éléments il façonne des fièvres malignes, cérébrale, lente nerveuse, inflammatoire, bilieuse, muqueuse, adynamique. Tout cela, on ne le conteste pas, pouvait être l'expression d'une observation exacte des phénomènes objectifs des maladies, et avoir son application dans la pratique; mais ce n'en était pas moins, comme nosologie, un arrangement artificiel; et Pinel, en appuyant Sydenham dans sa revendication en faveur des fièvres malignes, tombait avec lui dans la même illusion, ou plutôt dans la même impuissance. Pas plus que lui, en effet, il ne donnait le moyen de distinguer les fièvres inflammatoire, bilieuse, muqueuse et adynamique *malignes* de celles qui n'étaient que *graves*, ou qui, simples et bénignes à leur début, revêtaient soudainement un caractère pernicieux et tournaient vers une issue funeste. Ajoutons que, dans ce système, les deux classes des fièvres adynamiques et des fièvres ataxiques ou malignes ne sont qu'un dédoublement du groupe des symptômes malins, et que nombre de ceux qui ont été rangés dans les premières, comme la convulsion, les vertiges, les troubles de l'ouïe et de la vue, le tremblement de la voix, appartiennent tout aussi bien aux secondes. Ajoutons encore que les traits qui étaient censés donner à la fièvre dite maligne une physionomie tantôt inflammatoire, tantôt muqueuse ou bilieuse, n'avaient souvent rien qui répondit réellement à cette caractéristique; exemple : les *pétéchies* dans la fièvre maligne inflammatoire. Arbitraire et anarchie, voilà ce qu'on ne peut s'empêcher de constater aujourd'hui dans cette subordination d'une partie importante de la nosologie à une simple expression symptomatique, telle que la malignité.

Dans les maladies extérieures, ce caractère a été attaché à certains phénomènes morbides, de nature diverse, témoignant de la gravité exceptionnelle du mal et de l'impuissance de la thérapeutique. Ainsi la terminaison d'un érysipèle par gangrène, l'état charbonneux, la tendance d'une tumeur à récidiver ou à se généraliser, celle d'un ulcère à s'agrandir, à ronger les tissus, à s'irriter par l'application du remède (*noli me tangere*), ont été considérés comme des signes de malignité, lesquels pouvaient être inhérents à une maladie déterminée, en être inséparables, ou bien ne s'y joindre qu'à titre d'accident, d'une manière plus ou moins imprévue et insidieuse.

Les progrès de l'anatomie pathologique ont, disions-nous, à l'égard des maladies internes comme des maladies externes, modifié et rectifié la notion de la malignité. L'anatomie pathologique intervient de deux manières principales dans la distinction nosologique des états morbides. Elle assigne, quand elle le peut, aux symptômes leur raison physiologique par la détermination du siége et de la nature de la lésion ; et, quand elle n'est pas assez heureuse pour aller jusque-là, elle attache au moins à certains états pathologiques un signe anatomique fixe, dont l'observation lui a révélé l'existence, alors même qu'elle ne peut encore saisir la corrélation entre ce fait anatomique et l'appareil symptomatique. C'est ce qu'elle a fait pour la fièvre typhoïde, pour la maladie de Bright, et plus récemment pour la maladie d'Addison. Or, cette double lumière, elle l'a portée dans l'histoire des maladies malignes.

Elle en a détaché d'abord, par ses études sur le système nerveux, tous les désordres fonctionnels directement et naturellement liés à des lésions matérielles des centres nerveux et de leurs enveloppes ; car, ainsi que nous le disions au mot ATAXIE, il n'y a rien absolument d'*anormal* et partant de *malin*, dans des convulsions, du délire, de la loquacité, qui ont leur raison d'être dans une méningite. Qu'on puisse, à la rigueur, conserver l'épithète de malin à un exanthème compliqué de délire alors même que le fond de cette complication consiste dans une lésion cérébrale, soit ; c'est une satisfaction qu'on peut se donner. Mais ce serait se payer de mots que d'étendre cette épithète aux cas où la lésion cérébrale est l'élément constitutif de la maladie, comme il l'était en réalité dans la fièvre maligne continue des anciens ; ce serait un jeu d'esprit comparable à celui qui tendrait à ranger dans les maladies malignes toutes les pleuro-pneumonies ou toutes les péritonites assez graves pour donner lieu à des symptômes inquiétants et mettre la vie en péril. Des réflexions analogues seraient applicables à beaucoup d'autres points de l'histoire des fièvres malignes, notamment de la *bilieuse*, dont beaucoup de symptômes malins trouvent dès à présent leur explication dans les altérations de la glande et des voies biliaires.

En second lieu, l'anatomie pathologique, en joignant simplement, à défaut d'interprétation, ses données brutes aux autres apports de l'observation, est parvenue tout au moins à revêtir d'un certain caractère scientifique et à rendre profitables à la clinique elle-même certains faits qui ne sont pourtant connus jusqu'ici qu'empiriquement. Ainsi, devant l'ensemble fortement relié de tous les caractères anatomiques et symptomatiques de la fièvre typhoïde, les évacuations alvines, le météorisme, les taches lenticulaires n'apparaissent plus comme des indices banals de malignité pouvant se montrer au cours de diverses pyrexies, mais comme des parties d'un tout, comme des traits d'une même figure ; et la clinique en tire avantage, encore qu'elle ne voie pas parfaitement clair dans la corrélation des ulcérations intestinales ou d'un exanthème cutané de forme aussi spéciale avec tous les autres éléments constitutifs de la fièvre typhoïde. Même genre de progrès en ce qui concerne les tumeurs. On sait les discussions qui se sont élevées à l'Académie de médecine, il y a une quinzaine d'années, sur les caractères anatomiques de la bénignité ou de la malignité des tumeurs. Sur ce point, nous devons nous borner à la simple remarque générale que comporte cet article : on ne voit assurément aucun rapport étiologique nécessaire entre la présence de tel ou tel élément histologique dans une tumeur et la tendance de cette tumeur à s'accroître indéfiniment en dépit de toute médication, à s'ulcérer, à récidiver après l'ablation, à infecter enfin l'économie. Il est vrai encore que ce rapport, non-seulement ne paraît pas étiologiquement nécessaire, mais, de fait, n'est pas constant. Et, néanmoins, l'anatomie micrographique démontre de la façon la plus péremptoire que cette corrélation existe réellement. Chondromes, fibromes, cancers à noyaux, n'ont pas la même marche, la même tendance à récidiver, et la différence qui les sépare sous ce dernier rapport est telle, qu'elle peut et doit peser d'un poids considérable dans le pronostic et le traitement chirurgical. La forme extérieure d'une tumeur, sa consistance, sa couleur permettent souvent d'affirmer que celle-ci est sujette à récidive; mais c'est sa composition intérieure qui dira toujours le mieux dans quelle mesure. Ce résultat n'est-il point un grand pas fait dans l'étude de la malignité?

L'étiologie est encore, avons-nous dit, un ordre de connaissances hostiles à l'ancienne conception de la malignité. Nous parlons ici de ces causes palpables qui tantôt, dans une lésion anatomique, livrent le mécanisme intelligible de la maladie, et tantôt, dans un agent venu du dehors, livrent le vrai moteur du mouvement pathologique. L'étiologie en rattachant la maladie à une origine certaine comme l'anatomie en révélant la localisation morbide de laquelle procèdent les troubles fonctionnels, ne pouvaient que démolir peu à peu une notion déduite d'une nosologie exclusivement symptomatologique. Du pus est accidentellement résorbé à la surface de quelque foyer interne; des abcès se montrent au loin : signe de malignité de la maladie principale! Un vaisseau s'oblitère dans le cours d'une phlegmasie; de là, gangrène : la phlegmasie était maligne! Qu'était-ce encore que la malignité du charbon avant qu'on connût les bactéridies? Quelle belle maladie maligne on eût faite (et on l'a peut-être faite) avec les symptômes de la trichinose! C'est le pendant du changement de point de vue que la découverte des affections parasitaires a introduit dans la pathologie cutanée où le prurit, les vésicules et la plupart des dermatoses étaient rattachées à l'élaboration secrète, aux pérégrinations et à la décharge d'humeurs âcres.

Sur le terrain de l'étiologie comme sur celui de l'anatomie pathologique, on voit donc la maladie successivement ramenée de la malignité à la gravité, et la nature ou l'énergie de la cause morbigène, ainsi que le mode particulier de son effet, se substituer à l'inconnu, à l'imprévu, au soudain, à l'insidieux. On peut encore, si l'on veut, persister à ranger dans la catégorie des maladies malignes celles mêmes dont la cause provocatrice est plus ou moins saisissable, si les manifestations directes de cette cause ou ses manifestations deutéropathiques ont ce caractère de l'insidiosité; mais le nombre n'en sera pas grand et l'on n'accolera plus, par exemple, dans une même interprétation nosologique, une encéphalite et une fièvre cérébrale pernicieuse.

Et ceci nous amène à conclure sur le sens qui doit être réservé à la notion de malignité et sur le rôle qui peut lui rester acquis dans la clinique.

Étant écartés les symptômes et groupes de symptômes, qui, ayant pour moteur une lésion anatomique connue et étant physiologiquement explicables, ne peuvent, pour cela seul, alors même qu'ils porteraient sur le système nerveux, être, au vrai sens, réputés malins;

Étant écartés les symptômes et groupes de symptômes qui, sans être physiologiquement explicables, sont manifestement inhérents à une lésion ou à un ensemble de lésions anatomiques déterminées;

Étant écartés enfin les symptômes et groupes de symptômes qui sont l'effet direct et l'effet ordinaire, normal, régulier d'une cause appréciable, fussent-ils de la plus haute gravité;

Il reste :

Premièrement, des maladies dans lesquelles la tendance funeste, la mobilité des manifestations morbides (anatomiques ou fonctionnelles), leur expression insolite, leur marche irrégulière, une réaction languissante ou violente à l'excès, un danger imminent sans signes avant-coureurs, — ou bien sont l'expression anormale et irrégulière d'une cause plus ou moins connue et dont les manifestations sont habituellement différentes (miasme variolique : variole maligne et variole bénigne) ; — ou bien ne peuvent être dérivées, dans l'état actuel de la science, d'aucune cause, d'aucune lésion et sont pour le praticien une énigme indéchiffrable (fièvre pernicieuse) ;

Secondement, de secrètes dispositions de l'organisme vivant, en vertu desquelles il répond anormalement à l'action offensive des agents morbifères, connus ou inconnus, et, après une lutte bizarrement accidentée, succombe à une attaque dont, en d'autres circonstances, il se fût dégagé sans peine.

Cette seconde proposition se recommande par sa portée pathogénique. Elle écarte la fausse idée d'un rapport constant entre le symptôme et la cause morbigène ; elle ne subordonne pas arbitrairement la malignité de la maladie à la malignité de la cause ; elle laisse à l'économie la part qui lui revient dans le drame pathologique et ouvre à la thérapeutique une voie praticable d'intervention.

Dans notre manière d'entendre la question, toutes les anciennes disputes sur le cadre des maladies malignes, sur le point de savoir si l'on doit les distinguer des putrides, si elles doivent ou non sortir du domaine de la pyrétologie, si elles sont passibles de la médication *chaude* ou de la médication *froide ;* toutes ces disputes disparaissent. On peut appeler maligne telle ou telle maladie ayant les caractères indiqués plus haut, mais il n'y a plus de place pour aucune dans le cadre nosologique ; plus de classe des *fièvres* malignes ; plus de groupe des *maladies* malignes ; plus de traitement propre aux fièvres ou maladies malignes, mais seulement des indications corrélatives aux expressions particulières, aux modalités symptomatiques ou anatomiques de la malignité.   A. Dechambre.

Bibliographie. — Nous avons, autant que possible, donné seulement les dissertations et mémoires, dans lesquels la question a été traitée d'une manière générale, quoiqu'il soit bien difficile de séparer l'histoire de la malignité de celle des fièvres auxquelles elle est si étroitement liée dans les idées doctrinales des siècles passés. — Betera (Felix). *De cunctis corporis humani affectibus, maligna et deleteria qualitate, febribus malignis,* etc. Brixiæ, 1591, in-fol. — Colle (Joh.). *De morbis malignis.* Patav. 1620, in-fol — Hoffmann (Fred.). *De malignitatis natura, origine et causa.* Halæ, 1695, in-4°. — Starcke. *De morbis malignis.* Ultrajecti, 1701, in-4°. — Wedel (G. Wolffg.). *De malignitate in morbis.* Jenæ, 1721, in-4°. — Ebler (J.-P.) *De malignitate morborum.* Wurceburgi, 1760, in-4°. — Büchner (Andr.-El. v.). *De gradibus malignitatis in morbis malignis.* Halæ, 1755, in-4°. — Nicolai (Ern.-Ant.). *De notione morbi maligni.* Jena, 1763, in-4°. — Bœhmer (Ph.-Ad.). *De notione malignitatis morbis adscriptœ.* Lepsiæ, 1772, in-4°. — Fahner (Joh.-Christ.). *Epistola de dissentione medicorum quoad malignitatis notionem.* Jenæ, 1779, in-8°.— Du même. *De causis et signis malignitatis.* Ibid., 1780, in-4°. — Ackermann. *De malignitatis morborum dissertioribus signis.* Kiloniæ, 1782. — Baldinger. *Malignitas in morbis.* In opusc. Gœttingæ, 1787, in-8°. — Chambon de Montaux. *Traité de la fièvre maligne simple,* et des *fièvres compliquées de malignité.* Paris, 1787, in-12°, 4 vol. — Lacanal (P.). *Essai sur la putridité et la malignité dans les maladies aiguës.* Th. de Montp. au V. n° 8, in-4°. — Nicolet (S.-M.) *Quelques idées sur la malignité.* Th. de Montp. an VII, n° 5, in-4°. — Jaunes (Fl.) *Tableau analytique de la malignité considérée comme élément essentiel.* Th. de Montp. 1817, t IV, n° 107. — Mérat. Art. *malignité.* In *Dict. en 60 vol.,* t. XXX ; 1818.—Stosch (V.). Art. *Malignitas.* In *Encyclop.Wörterb.* t. XXII, Berlin. 1840. — Devay (Fr.) *Rech. et observ. cliniques sur la malignité·dans les maladies fébriles.* In *Rev. méd.,* 1845, t. I, p. 305 et t. II, p. 31, 321. — Bos (L.-G.). *Traité spécial de la malignité dans les maladies.* Montpellier, 1848, in-8.   E. Bgd.

MALINGA (*Voy.* Cocotier).

MALIQUE (Acide). Cet acide existe à l'état libre ou à l'état de combinaison dans presque tous les fruits rouges, dans les pommes, les poires, les prunes, les groseilles vertes, l'ananas et le raisin, dans les champignons, dans les feuilles de joubarbe, d'épinard, de tabac, dans les feuilles et les tiges d'aconit, de belladone, de chanvre, de laitue, de pavot, de rue, de sauge, de tanaisie, de thym, de valériane, de mélilot ; dans les fleurs de camomille, de sureau, de bouillon-blanc ; dans les graines de cumin, de persil, d'anis, de lin, de poivre ; dans les racines de guimauve, d'angélique, d'aristoloche , de bryone, de réglisse, de primevère, de garance, dans la carotte et la pomme de terre. Sa grande diffusion dans le règne végétal explique pourquoi tant d'acides organiques portant des noms particuliers, ont été trouvés identiques avec l'acide malique, dès qu'ils ont été bien étudiés : tels sont les acides *sorbique*, de Donovan ; *ménispermique*, de Boullay ; *solanique* et *tanacétique*, de Peschier ; *achilléique*, de Zénon; *manihotique*, d'Henry et Boutron Charlard ; *euphorbique*, de Riegel, etc., etc.

On doit à Scheele (*Opusc.* II, 196) la découverte de cet acide, et à M. Liebig (*Annal. de Poggend.*, t. XVIII, 357) l'établissement de sa formule chimique

$$C^8H^6O^{10} = C^8H^4O^8HO \atop HO \Big\}$$

et partant de sa véritable composition.

L'acide malique, étant bibasique, donne naissance, en se combinant avec les bases, à deux séries de sels : les sels neutres qui contiennent deux molécules de base, et les sels acides qui en renferment une seule, l'autre étant remplacée par les éléments d'une molécule d'eau.

Les propriétés de l'acide malique varient suivant qu'il est actif ou inactif sur la lumière polarisée. Quand il est actif, il est toujours lévogyre, et il se présente sous la forme de petites aiguilles groupées en mamelons, déliquescentes, solubles dans l'eau et dans l'alcool, fusibles à 100°, commençant à abandonner de l'eau à 130° et à donner naissance à des acides pyrogénés (acides maléique et fumarique) à la température de 175 à 180°.

L'acide malique inactif et dont la dissolution n'exerce, par conséquent, aucune action sur le plan de polarisation de la lumière polarisée, se présente sous forme de mamelons inaltérables à l'air, cristallise facilement, fond à 133°; et commence à se décomposer vers 155°.

Actif ou inactif, l'acide malique dissous dans l'eau, ne donne lieu à aucun dépôt, lorsqu'il est mis en contact avec l'eau de chaux, l'eau de baryte, ou des dissolutions d'acétate d'argent ou d'azotate de plomb ; mais avec l'acétate de plomb il fait naître un dépôt blanc floconneux qui se convertit peu à peu en cristaux blancs soyeux.

On se procure l'acide malique actif en versant de l'acétate de plomb dans une dissolution de bimalate de chaux, sel dont nous avons déjà indiqué la préparation : il se forme du malate de plomb insoluble qu'on lavera à plusieurs reprises. Une fois purifié par ces lavages, on le met en suspension dans de l'eau et on le décompose par un courant d'hydrogène sulfuré. Il se formera ainsi du sulfure de plomb, et l'acide malique restera dans le liquide ; celui-ci, évaporé au bain-marie jusqu'à ce qu'il ait pris la consistance sirupeuse, et abandonné à lui-même dans un endroit chaud, finira par cristalliser. C'est ainsi qu'on obtient de l'acide malique *actif.* Pour avoir l'acide malique *inactif*, on dirige un courant de vapeur nitreuse dans une solution d'acide *aspartique inactif* (*Voy.* ASPARAGINE et MALAMIDE). Lorsque le dégagement d'azote a cessé, on sature par l'ammoniaque et on précipite par l'acétate de plomb. On décompose ensuite le malate de plomb par l'hydrogène sulfuré. MALAGUTI.

MALLAT DE BASSILAN (J). Médecin voyageur, né à Angoulème en 1808, fit ses études et prit le grade de docteur à la Faculté de Paris en 1830. Il entra au service de l'Espagne en qualité de chirurgien de l'École royale de médecine de Barcelone; puis, envoyé aux Philippines, il remplit les fonctions de médecin en chef à l'hôpital Saint-Jean-de-Dieu à Manille. Mallat utilisa cette position pour entreprendre d'importantes recherches sur les sciences naturelles et géographiques. Les services qu'il rendit là aux marins français après le naufrage de la *Magicienne* furent récompensés par la croix de la Légion d'honneur, et, en 1844, le ministre de la marine en France, l'amiral de Mackàu, le nomma notre agent consulaire dans les mers de l'Indo-Chine. Lors de l'occupation temporaire de l'ile de Bassilan, il déploya une énergie et un courage qui lui méritèrent l'autorisation d'ajouter à son nom celui de cette île. Depuis lors Mallat revint en France et se livra, à Paris, à la pratique médicale; c'est là qu'il mourut d'une attaque d'apoplexie le 13 janvier 1863. Il était membre de la Société de géographie.

Ce médecin laborieux et instruit a laissé les ouvrages suivants :

I. *Essai sur la teigne faveuse.* Th. de Paris, 1830, n° 136. — II. *Les îles Philippines considérées au point de vue de l'hydrographie et de la linguistique.* Paris, 1843, in-8°, tabl. — III. *Archipel de Solou ou description des groupes de Basilan, de Solou et de Tawi-Tawi, suivie d'un vocabulaire français-malais.* Paris, 1844, in-8°, cartes, pl. — IV. *Les Philippines, histoire, géographie, mœurs,* etc. Paris, 1846, in-8°, 2 vol., atl. in-fol.   E. Bɴᴅ.

MALLE (Pierre-Nicolas-François), chirurgien militaire et anatomiste contemporain; distingué plutôt par son savoir et par son ardeur au travail que par l'originalité de son esprit. Il était né à Calais le 12 février 1805, et entra comme chirurgien surnuméraire au Val-de-Grâce au commencement de 1823; dans le courant de la même année il obtint, à la suite d'un concours, l'emploi de chirurgien sous-aide provisoire à l'armée d'Espagne. De retour en France, il est successivement attaché aux hôpitaux de Calais, de Nancy, puis de Strasbourg, remporte les prix de la Faculté et de l'hôpital militaire d'instruction de cette dernière ville et se fait recevoir docteur en 1829. Dès l'année suivante, il concourt pour l'agrégation et l'emporte; dès ce moment il fait des cours publics d'anatomie et de chirurgie et se présente successivement à différentes chaires. Malgré ses échecs, l'éclat de ses épreuves accroît encore sa réputation, qu'il soutient d'ailleurs par d'importantes publications. Enfin, en 1837, il obtient la chaire d'anatomie physiologique normale et de maladies syphilitiques à l'hôpital d'instruction. Appelé tout à coup en Algérie et chargé du service de l'hôpital de Mustapha situé *extra-muros,* on le voyait tous les jours aller dans l'intérieur de la ville à l'hôpital du dey, où il donnait des leçons d'anatomie et de chirurgie. Une constitution encore plus robuste que la sienne n'aurait pu résister à tant de fatigues; son intelligence épuisée avait besoin de repos, et cependant il lui fallut encore, en 1849, diriger à Rome le service de santé de l'armée expéditionnaire. Dès lors se manifestèrent les premiers symptômes d'une affection cérébrale qui l'obligea d'abandonner ses fonctions et l'emporta brusquement dans le courant du mois d'août 1852; il n'avait que quarante-sept ans.

Les ouvrages suivants attestent la prodigieuse activité de son esprit et la variété de ses connaissances.

I. *Quelques considérations sur plusieurs points de chirurgie.* Th. de Strasb., 1829, n° 906. — II. *Du mécanisme des mouvements de la respiration, considérés,* etc. Paris, 1833, in-4°. — III. *Dissert. sur les généralités de la physiologie et sur le plan à suivre,* etc. Th. de conc. (ch. de physiol.). Strasb., 1834, in-8°. — IV. *Histoire médico-légale de l'aliénation mentale.* Th. de conc. (méd. lég.). Strasb., 1835, in-4°. — V. *Des contre-indications aux opé-*

rations chirurgicales. Th. de conc. (path. ext.). Strasb., 1836, in-4°. — VI. *Mém. sur les tumeurs ganglionnaires de la région cervicale*. Paris et Strasb., 1836, in-8°. — VII. *Rapp. général sur les travaux de l'Académie des sciences, agriculture*, etc., *du Bas-Rhin*. Strasb., 1836, in 8°. — VIII. *Histoire médico-légale de l'aliénation mentale*. Ibid., 1836, in-8°. — IX. *Considérations médico-légales sur les empoisonnements simples et complexes, suivies*, etc. Ibid., 1838, tabl. 2. — X. *Essai d'analyse toxique générale*. Ibid., 1838, in-8°. — XI. *Exposition historique et appréciation des secours empruntés par la médecine légale à la physique et à la chimie*. Th. de conc. (méd. lég.). Ibid., 1858, in-8°. — XII. *Mém. sur les luxations scapulo-humérales*. In *Mém. de l'Acad. de méd*, t. VII, p. 595; 1838. — XIII. *Des attributs particuliers de la médecine légale comme science et comme art*. Th. de conc. (méd. lég.). Ibid., 1840, in-8°. — XIV. *Clinique chirurgicale de l'hôpital d'instruction de Strasbourg*. Paris, 1840, in-8°. — XV. *Traité de médecine opératoire* (Encyclopédie des sc. méd.). Paris, 1841, in-8°. Ouvrage très-bien fait et qui n'a pas eu le succès qu'il méritait. — XVI. Un certain nombre de notes et d'articles dans divers recueils. E. Bco.

MALLÉOLAIRES (Artères) *Voy*. Pied et Tibiale antérieure.

MALLÉOLES (*Voy*. Jambes, Péroné, Tibia).

MALMIGNATTE. Nom vulgaire d'une araignée, du genre *Latrodecte* (*voy*. ce mot), regardée comme très-venimeuse, et dont il a déjà été question (2° sér., t. II, p. 15). Cette araignée, d'un noir sombre, portant 13 à 15 taches d'un rouge de sang sur l'abdomen, est commune dans le midi de l'Europe. Son venin, actif pour les espèces dont l'animal fait sa proie, n'a point, pour l'homme, les effets redoutables qu'on lui avait attribués (*Voy*. Araignées et surtout Latro-dectes). A. Laboulbène.

MALO (SAINT-) (Station marine de). Dans le département d'Ille-et-Vilaine est un chef-lieu d'arrondissement peuplé de 10,886 habitants, un port de mer et une école de navigation. La ville est construite sur un rocher dans la presqu'île d'Aron qui rejoint la terre ferme au moyen d'une jetée de plus de 200 mètres de longueur nommée le Sillon. Les murailles qui entourent Saint-Malo, les deux tours fameuses de Qui-qu'en-Grogne et de Solidor, l'arsenal, les chantiers de construction mari- time, l'arrivée des bateaux marchands qui reviennent de pêcher la morue au banc de Terre-Neuve, la chambre de l'hôtel où naquit Chateaubriand meublée encore comme elle l'était alors, les rochers dont la baie est parsemée et qui rendent son entrée peu sûre, difficile même, par le gros temps, le voisinage de Saint-Servan et de Dinard où de petits bateaux à vapeur conduisent plusieurs fois toutes les heures, sont les curiosités ou les promenades que les hôtes accidentels de Saint-Malo aiment le plus à visiter. Les excursions les plus suivies et les plus intéres- santes sont le passage à l'île de Jersey ou le voyage sur le bateau qui monte et descend la Rance dont les bords charmants, mais trop peu connus, sont appréciés de ceux qui ont parcouru pourtant les principaux points de notre globe.

Saint-Malo est une station marine très-suivie depuis qu'une ligne ferrée con- duit promptement et à prix réduits à ce port où le flux atteint une des plus grandes hauteurs que l'on connaisse, puisqu'il s'élève, aux marées de l'équi- noxe, jusqu'à plus de 15 mètres. La plage est très-belle et très-agréable quoi- qu'elle soit recouverte de galets dans certains points; elle rachète cet inconvénient par son étendue, son animation, son aspect pittoresque et varié très-goûté des baigneurs qui peuvent toujours se mettre à l'eau et prendre des bains à la lame en se rendant aux points que recouvre la mer à certaines heures et qui ont la pos- sibilité d'aborder à la nage ou à pied ferme le sommet des rochers qui hérissent, de distance en distance, la surface de l'eau. Un des plus intéressants est le Grand-Bé, où sont les cendres glorieuses de l'auteur des *Natchez*.

Un vaste casino est le lieu de réunion des étrangers qui y trouvent une installation convenable de bains de mer chauds, des logements suffisants et une table bien servie.   A. ROTUREAU.

MALOET (Les deux).

Maloet (PIERRE), médecin militaire distingué, attaché à l'Hôtel des Invalides et à l'Académie des sciences. Né à Clermont, en Auvergne, en 1684, il mourut à Paris, d'une pneumonie, le 14 janvier 1742, laissant la réputation d'un praticien habile et d'une probité exemplaire. Nous avons relevé l'acte de décès de Pierre Maloet. Le voici :

PAROISSE SAINT-LOUIS-DES-INVALIDES. *L'an mil sept cent quarante-deux, le seizième du mois de janvier, Messire Pierre Maloët, conseiller-médecin ordinaire du roy et de l'Hôtel royal des Invalides, docteur régent ès Facultez de Paris et de Montpellier, membre de l'Académie des sciences, âgé de cinquante-uit ans, décédé le quatorzième dudit mois, a été inhumé dans la cave de cette glise, par nous soussigné supérieur des prêtres de la congrégation de la mission de l'Hôtel royal des Invalides, et curé de l'église paroissiale de Saint-Louis dud. hôtel, en présence de Mre Pierre Camus, procureur au Parlement, cousin du défunct, de Mre Pierre Basile le Large, advocat au Parlement, et autres, qui ont signé.*

Camus; Le Large; Dom Jacques Le Hermand; Dom Louis de Loustrel; Bailly.

Pierre Maloet a publié plusieurs mémoires et observations, parmi lesquels nous citerons :

I. *Observations sur une espèce d'ankylose, accompagnée de circonstances singulières.* In *Mém. de l'Acad. des sc.*, année 1728, p. 197. — II. *Observations de deux hydropisies enkystées des poumons, accompagnées de celle du foie.* In *Mém. de l'Acad. des sciences*, année 1732, p. 260. — III. *Observation d'une hémorrhagie par la bouche qui, en moins d'une minute qu'elle a duré, a été suivie de la mort du malade, et dont le sang venait immédiatement du tronc de l'artère sous-clavière droite.* In *Mém. de l'Acad. des sc.*, année 1733, p. 108.

Maloet (PIERRE-LOUIS-MARIE), fils du précédent, né à Paris le 8 mai 1730, mort le 22 août 1810, après avoir été docteur de la Faculté de Paris (20 octobre 1752), professeur de physiologie et de matière médicale, médecin de la Charité, conseiller du roi (brevet du 24 juillet 1780), médecin de mesdames Adélaïde et Victoire, médecin consultant de l'empereur Napoléon, etc. Maloet avait mérité toutes ces places : c'était un homme probe, un médecin distingué, un praticien habile et dévoué à la cause publique. Il en donna une preuve éclatante en se rendant à Brest, en 1758, et en y prodiguant, dans un cas d'épidémie, ce zèle, ce talent, ce courage, dont tant de membres de notre profession ont donné des exemples en pareilles occasions. Nous ne connaissons de lui que ces trois opuscules :

I. *An vitæ exercitium a fibrarum sensibilitate?* Paris, 1752, in-4°. — II. *An ut cæteris animantibus, ita et homini sua vox peculiaris?* Paris, 1757, in-4°. — III. *Éloge historique de Vernage.* Paris, 1776, in-8°.   A. C.

MALOU (LA) (EAUX MINÉRALES DE). *Voy.* LA MALOU.

MALOUIN (Les deux frères).

Malouin (CHARLES). Naquit à Caen, en 1695, et mourut à Paris en 1718. On a de lui :

De vero et inaudito artificio quo moventur solida, unaque de cordis et cerebri motu. Caen, 1715, in-4°.

Malouin (PAUL-JACQUES) naquit à Caen et fut baptisé dans l'église Saint-Jean de cette ville, le 29 juin 1701. Docteur de Reims (3 février 1724) et de Paris (28 août 1730), il mourut à Versailles le 3 janvier 1778. Il fut professeur de médecine au collège de France, et de chimie au Jardin du roi ; membre de l'Académie des sciences (1742). C'était un homme instruit, laborieux, doué d'un cœur excellent, exerçant sa profession avec conscience, ne pouvant souffrir qu'on se permît des plaisanteries sur la médecine et les médecins, intraitable sur ce point, et sachant infiltrer la confiance dans l'esprit de ses malades. Un autre mérite de Malouin, c'est celui d'avoir compris l'importance de l'hygiène, et d'avoir fait servir ses talents d'observation à l'étude des maladies populaires. Pendant neuf années consécutives, de 1746 à 1754, il a soumis à un rigoureux examen les épidémies qui régnèrent à Paris, et l'on peut voir sous le titre de *Histoire des maladies épidémiques observées à Paris, en même temps que les différentes températures de l'air,* le fruit de ses recherches patientes et soutenues (Voy. *Mémoires de l'Académie des sciences,* années 1746, p. 151 ; 1747, p. 563 ; 1748, p. 531 ; 1749, p. 113 ; 1750, p. 311 ; 1751, p. 137 ; 1752, p. 117 ; 1753, p. 35 ; 1754, p. 495.)

Il a publié de plus :

I. *Expériences faites au sujet de la maladie des chevaux, appelée la morve.* In *Mém. de l'Acad. des sc.,* année 1761, p. 173. — II. *In reactionis actionisque æqualitate œconomia animalis.* Paris, 1730, in-4°. — III. *Traité de chimie, contenant la manière de préparer les remèdes qui sont le plus en usage dans la pratique de la médecine.* Paris, 1734, in-12. — IV. *Lettre en réponse à la critique du Traité de chimie.* Paris, 1755, in-12. — V. *An herniæ inguinali cum adhæsione, subligatum nocet?* Paris, 1757, in-4°. — VI. *Pharmacopée chimique, ou chimie médicinale contenant la manière de préparer les remèdes les plus utiles et la méthode de les employer pour la guérison des maladies.* Paris, 1750, in-12, etc., etc. — VII. Plusieurs articles dans l'*Encyclopédie méthodique* et dans la *Collection des arts-et-métiers.* A. C.

MALOUINES (ILES) ou *Iles Falkland, Malvinas* des Espagnols, forment, dans l'Atlantique du Sud, un groupe composé de plus de 200 îles ou îlots. Elles sont situées devant la côte d'Amérique du Sud, à 350 milles environ à l'est de l'entrée S. E. du détroit de Magellan, entre 51° et 52° S. et entre 59° 50′ O. et 63° 50′ O. Deux de ces îles seulement ont une grande étendue, ce sont les Malouines de l'Est et de l'Ouest qui sont séparées par un détroit d'une largeur variant de 2 à 18 milles. Tout le groupe comprend une surface de 7,600 milles carrés ; le littoral est considérablement échancré par des baies et des détroits.

Cet archipel semble avoir été vu par Améric Vespuce ; Sebold le visita en 1599 ; Streng, en 1688, lui donna le nom de Falkland ; Bougainville y fonda, en 1764, un établissement dont les préparatifs avaient eu lieu à Saint-Malo, d'où le nom de Malouines ; ces îles furent restituées à l'Espagne en 1767, puis à la Confédération de la Plata ; et, enfin, en 1833, les Anglais en prirent possession et y sont encore établis aujourd'hui.

Le sol des îles Malouines est inégal et montueux. On aperçoit des chaînes de montagnes rocheuses de plus de 300 mètres d'élévation, traversant de vastes plaines incultes et limitées par une côte rocheuse. Dans les ravins, le terrain est mouvant et aqueux. Sur plusieurs points de la baie de la Soledad, viennent se jeter quelques ruisseaux qui fournissent une eau excellente. Le pic du mont

Adam, situé dans les Malouines de l'Ouest, atteint 700 mètres au-dessus du niveau de la mer.

Il serait difficile de citer une région plus exposée que les Malouines aux tempêtes, en été comme en hiver. Pendant l'été, un jour de calme est un événement extraordinaire. Généralement il vente moins la nuit que le jour, mais ni de nuit ni de jour, ni à aucune époque de l'année, ces îles ne sont exemptes de grains subits et très-violents, ni de coups de vents qui soufflent très-fort, bien qu'ils ne durent que quelques heures, ordinairement. La direction du vent dominant est l'ouest. Les vents de N. E. et du nord amènent un temps sombre et très-triste avec beaucoup de pluie. Le vent d'est coïncide généralement avec le beau temps ; il règne particulièrement pendant les mois d'avril, mai, juin et juillet. Le tonnerre et les éclairs sont rares.

La température aux îles Malouines n'offre pas de grandes oscillations ; la moyenne est plutôt basse. En raison de la fréquence de la pluie et du vent, le froid, en réalité modéré, est beaucoup plus sensible que si le temps était sec et serein. Depuis 1825, le thermomètre n'est descendu qu'une seule fois à — 5°,6, à midi ; et il n'est monté qu'une seule fois au-dessus de + 26° à l'ombre. La moyenne oscille entre — 1°,11 et + 10° en hiver, et + 4°,50 et + 18°,33 en été.

Jamais on n'a vu la glace dépasser l'épaisseur de 25 millimètres ; il est rare que la neige, sur les terres basses, atteigne une plus grande épaisseur. La pluie est très-fréquente, mais elle ne tombe pas longtemps de suite, son évaporation est fort rapide. Le sol ne donne pas lieu à des exhalaisons palustres, aussi le climat de ces îles est-il réputé extrêmement sain.

Ceux qui ont le plus d'expérience de ces parages disent que le climat de l'île de l'Ouest est plus doux que celui de l'île de l'Est.

Les parties les plus élevées de l'île de l'Est sont de roches quartzeuses ; le schiste argileux prédomine dans les régions intermédiaires ; un grès, où l'on trouve des empreintes parfaites de coquilles se rencontre par couches dans les formations primitives. Le sol des îles est surtout formé de tourbe ; près de la surface, l'argile mélangée de détritus végétaux constitue un sol propre à la culture.

Un fait remarquable dans la flore des îles Falkland, c'est l'absence complète d'arbres ; dans les vallées, on rencontre une grande variété de plantes odoriférantes, qui, en novembre et décembre, couvrent le sol. Comme plantes caractéristiques de ces îles, nous citerons le *Tassac* (*Dactylis glomerata*) espèce gigantesque de graminées qui croît également en Sibérie. Le céleri, le cochlearia, l'oseille et d'autres plantes réputées antiscorbutiques y viennent en abondance, on trouve aussi l'airelle et le *Myrtus nummuralia*. Les différents peuples qui ont habité les Malouines y ont importé les animaux d'Europe les plus utiles qui y ont rapidement multiplié.

Le rivage des îles est couvert d'oiseaux aquatiques ; on y rencontre des troupes innombrables de pingouins, de canards, d'oies, de sarcelles, de bécassines. Le poisson, de bonne qualité, foisonne, pendant l'été, dans toutes les baies. Les lacs nombreux de ces îles abondent aussi en poissons fort délicats. Les îles Falkland offrent donc de très-grandes ressources de ravitaillement aux navires qui reviennent des mers du Sud, sans faire courir aucun danger pour la santé des équipages.

En 1861, la population s'élevait à 352 hommes et 214 femmes. Nous n'avons pu recueillir aucun renseignement sur les maladies observées le plus fréquemment ; nous savons seulement que les affections aiguës des voies respiratoires y sont communes, comme on peut le prévoir d'après ce que nous avons dit du climat de cet archipel.

Bibliographie. — *Arch. de méd. nav.*, t. XI, p. 332. — *Les Malouines ou Falkland*, par le capitaine B.-J. Sulivan, 1869 (dépôt des cartes et plans de la marine, n° 39).
A. L. de M.

MALPIGHI (Marcello). Né à Crevalcuore, près de Bologne, le 10 mars 1628 ; mort à Rome le 29 novembre 1694, un des plus célèbres anatomistes, un des hommes les plus illustres de l'Italie, Malpighi s'adonna d'abord à l'étude des lettres et de la philosophie sous François Natalis. Il perdit fort jeune encore ses parents et, abandonné à lui-même, il ne savait quelle direction donner à ses études, lorsque Natalis lui conseilla d'apprendre la médecine. Il étudia à Bologne sous Barthélemy Massaria et Mariano, et c'est dans les amphithéâtres de ces deux professeurs, célèbres à divers titres, qu'il prit un goût particulier pour les dissections et l'anatomie, dont il fit toute sa vie une étude approfondie et presque spéciale. Il reçut le bonnet de docteur en 1653 et eut le courage et le bon sens de professer son admiration pour Hippocrate, dans une université où l'on n'appréciait alors que les doctrines des Arabes. On se moqua un peu de lui, on le traita de novateur ignorant, mais tout cela ne nuisit pas à sa réputation naissante et ne fit peut-être que la confirmer dans l'esprit des hommes sensés. Toujours est-il qu'il fut nommé professeur à Bologne en 1656 ; mais, dans la même année, il quitta cette ville pour aller professer à Pise la médecine théorique. Il eut le bonheur de se lier dans cette ville avec l'illustre physicien Borelli, pour lequel il montra toute sa vie une grande vénération. C'est à lui, dit-il, qu'il doit la rectitude de son esprit et ses connaissances philosophiques les plus utiles ; c'est lui qui lui a appris que le raisonnement n'est rien sans l'expérience et qu'elle seule, peut donner un fondement solide aux systèmes scientifiques. Il est certain que Malpighi resta toujours fidèle à ces saines données et qu'il leur doit ses plus belles découvertes et ses plus beaux titres de gloire. La santé du jeune professeur ne se trouvant pas bien de l'air de Pise, il revint à Bologne en 1659 et reprit la chaire qu'il avait antérieurement occupée. Il la quitta de nouveau en 1662 pour aller à Messine occuper celle de premier professeur de médecine, que la mort de Castelli laissait vacante et à laquelle étaient alloués de très-beaux émoluments. Mais les médecins siciliens étaient fort attachés aux doctrines des arabes, Malpighi leur paraissait peut-être un intrus, et, pour ces deux raisons, ils lui suscitèrent des ennuis qui, au bout de quatre ans, le ramenèrent à Bologne, où il reprit avec ardeur ses études anatomiques. Il resta cinq ans dans sa patrie, mais en 1691, le cardinal Pignatelli, devenu pape sous le nom d'Innocent XII, qui l'aimait et l'estimait, le fit venir à Rome et le nomma son premier médecin. Sans être très-vieux, Malpighi était fatigué et sa santé se trouvait déjà gravement compromise par des excès de travail ; il était sujet à la goutte, à des douleurs néphrétiques et souffrait de violentes palpitations de cœur. Trois ans après son arrivée à Rome, il succomba, dans le palais Quirinal, à une attaque d'apoplexie. Il était membre de la Société royale de Londres et de la célèbre Académie des Arcades.

Le nom de Malpighi est justement célèbre et le temps ne peut que lui donner un nouveau lustre ; c'est la juste récompense des vrais savants, de ceux qui aban-

donnant les théories preconçues, les raisonnements métaphysiques, les disputes
stériles de la scolastique, ont étudié et observé la nature, ne racontant que ce
qu'ils ont vu, ne tenant compte que de ce qui est bien observé. C'est là un
des traits caractéristiques du talent de Malpighi ; aussi alors même qu'il n'a
pas bien vu ou complétement observé , alors même qu'il se trompe , ses
erreurs ne sont pas préjudiciables à la science, il suffira à un travailleur
nouveau de les reprendre ou de les contrôler après lui pour les compléter ou
les corriger. Cette tournure d'esprit, si commune aujourd'hui, ne constitue pas
pour Malpighi un mince titre au respect de la science ; il vivait au milieu des
insanités arabesques, dans un temps et dans un pays où la scolastique était encore
triomphante en médecine ; son premier maître en anatomie, Massari, s'efforçait
de démontrer, comme notre Riolan, que la circulation du sang est une erreur ;
Malpighi sut résister à ce courant. Le dut-il à Borelli, le dut-il à son propre génie? peu importe. Toujours est-il que peu d'hommes ont fait plus que lui de
grandes et d'utiles découvertes. Il est le premier ou un des premiers qui se soit
occupé de l'anatomie de structure, cette science qui sous le nom d'histologie a
fait depuis de si grands progrès en Allemagne et en France ; c'est-à-dire qu'il
fut un des premiers à appliquer le microscope à l'étude de l'anatomie. Il est également un des premiers qui ait eu recours à l'usage des injections dans les préparations cadavériques. Il serait fastidieux et inutile de démontrer toutes les découvertes de Malpighi, nous nous occuperons seulement des plus importantes.

Une des premières et une de celles qui prouvent le mieux sa sagacité et sa profonde observation est la démonstration de la structure des poumons. Avant lui
cet organe était regardé comme un viscère charnu dans lequel l'air se mélangeait
au sang. Il démontre que le poumon est composé d'un nombre infini de lobules,
suspendus aux dernières ramifications des bronches ou de la trachée, complétement distincts et séparés entre eux ; que chaque lobule est formé d'un nombre
considérable de vésicules communiquant entre elles et avec les bronches ; qu'il
n'est pas vrai que l'air et le sang se mélangent directement dans le poumon,
que l'air se trouve dans les cellules et le sang dans les parois de leurs
enveloppes. Mais Malpighi se trompa en prenant pour de vrais cellules le
tissu intercellulaire auquel il attribue les mêmes fonctions ; il ne vit pas non plus
très-bien la fonction vraie du poumon et se rendit mal compte de la façon dont
l'air et le sang peuvent se mettre en contact. Ces belles découvertes firent déjà
beaucoup d'envieux à Malpighi, et ils lui contestèrent la priorité de la découverte.
Le savant prit la peine de répondre et d'une façon fort juste : le véritable inventeur, dit-il, n'est pas celui qui trouve par hasard et presque en aveugle tel ou
tel point de la science, mais celui qui sait féconder la découverte et l'asseoir sur
des expériences bien faites qui permettent d'en déduire toutes les conséquences ;
de même que le fondateur d'une ville n'est pas celui qui a ramassé au hasard
quelques habitants, mais celui qui leur a donné les lois et les institutions qui les
gouvernent.

Les recherches de Malpighi sur la peau, ne sont ni moins ingénieuses, ni moins
célèbres ; il a découvert les papilles de l'enveloppe cutanée sur les animaux
d'abord, puis sur l'homme, et cette découverte, confirmée par Ruysch et par Albinus est, aujourd'hui, hors de doute. C'est lui qui le premier a mis à nu la couche
profonde de l'épiderme, qu'il désigne sous le nom de *corpus mucosum, corpus
reticulare* et que la science reconnaissante a appelée le *corps muqueux de
Malpighi.* Certes les découvertes de l'anatomiste italien ont été singulièrement

dépassées et complétées depuis, mais à lui revient le premier mérite d'une étude où il fallait autant de laborieuse patience que de sagacité. Malpighi entreprit également l'étude si délicate et si féconde du rein et c'est lui qui a découvert les glandules qui portent son nom et qui sont bien réellement des glandes, ainsi qu'il l'avait dit : « En résumé, dit à ce sujet M. le professeur Sappey, Malpighi a démontré que le rein est formé par la réunion de plusieurs lobes ; il a reconnu que la substance corticale est essentiellement constituée par les circonvolutions des tubes ; le premier aussi, il a signalé l'existence et même la texture intime des glandules urinaires ; et, en même temps qu'il dotait la science de ces conquêtes nouvelles, il réfutait l'erreur commise par Bellini en établissant que tous les tubes viennent se réunir dans les papilles et que c'est par ces papilles seules que s'écoule l'urine. Ce travail est un de ceux où se révèlent de la manière la plus éclatante la rare sagacité et le grand sens dont il était doué. » Malpighi s'est également occupé de la structure du foie, de la texture du cerveau, de la formation du poulet dans l'œuf, etc., etc. Il ne borna pas ses recherches à l'homme ; insatiable de découvertes et comprenant déjà toute l'importance de l'anatomie comparée, il dissèque non pas seulement les animaux supérieurs, mais même les insectes et les végétaux. Mais, à propos de ceux-ci, il eut peut-être le tort d'abandonner sa méthode et de procéder un peu trop par analogie. Ainsi que l'a observé Cuvier, il s'est trompé en regardant les trachées des végétaux comme de véritables organes respiratoires, et les vaisseaux propres comme de véritables vaisseaux de circulation. Malgré ces erreurs, son traité d'anatomie végétale mérite une mention toute spéciale et une place très-distinguée. Aussi Plumier, en signe de reconnaissance, sans doute, a-t-il désigné sous le nom de *Malpighia*, un genre de plantes de la famille des érables ; depuis la science a fait des *Malpighiacées* une famille tout entière, à laquelle appartient le genre *Malpighia*.

On a de Malpighi :

I. *Observationes anatomicæ de pulmonibus.* Bologne, 1661, in-fol., avec la dissertation de Bartholin : *De pulmonum substantiá et motu.* Copenhague, 1663, in-8° ; Leyde, 1672, in-12, et dans la *Bibliothèque anatomique de Manget.* — II. *Exercitatio de omento, et adiposis ductibus.* Bologne, 1661, in-12. — III. *Epistola anatomica de cerebro.* Ibid., 1665, in-12. — IV. *Epistola anatomica de lingua.* Ibid, 1665, in-12. — V. *Epistola de externo tactûs organo.* Naples, 1664, in-12. — VI. *De viscerum nominatim pulmonum, hepatis, cerebri corticis, renum, lienis, structurá, exercitationes anatomicæ.* Accedit dissertatio ejusdem, de polypo cordis. Amsterdam, 1669, in-12 ; Iéna, 1677, in-12 ; ibid., 1683, in-12 ; Francfort, 1678, in-12 ; Toulouse, 1682, in-12 ; Montpellier, 1683, in-12 ; Iéna, 1697, in-12 ; Amsterdam, 1698, in-12. Trad. en franç. Paris, 1687, in-12. A été inséré également dans la *Bibliothèque anatomique de Manget.* — VII. *Dissertatio epistolica de Bombyce cum figuris.* Londres, 1669, in-4°. Trad. en français. Paris, 1686, in-12. — VIII. *De formatione pulli in ovo dissertatio epistolica.* Londres, 1673, in-4°. Trad. en français. Paris, 1686, in-12. — IX. *Anatome plantarum. Cui subjungitur appendix iteratas et auctas ejusdem auctoris de ovo incubato observationes continens. Cum figuris elegantissimis.* Londres, 1675, in-fol. — X. *Anatomes plantarum pars altera.* Ibid., 1679, in-fol. ; ibid., 1686, in-fol. — XI. *Appendix repetitas auctasque de ovo incubato observationes continens, epistola de glandulis' conglobatis.* Londres, 1789, in-4° ; Leyde, 1690, in-4°. — XII. *Consultationum medicinalium centuria.* Publiées par Jérôme Gaspari. Padoue, 1713, in-4° ; Venise, 1744, in-4°. Par Cajetan Armillei. Venise, 1747, in-8°. — XIII. *Marcelli Malpighii opera omnia, figuris elegantissimis, in æs incisis illustrata, tomis duobus comprehensa.* Londres, 1666, in-fol. ; Leyde, 1687, in-4°, 2 vol. — XIV. *Opera posthuma, figuris æneis illustrata. Quibus præfixa est ejusdem vita ab ipsomet scripta.* Londres, 1697, in-fol. ; Venise, 1698, in-fol. ; Amsterdam, 1698, in-4° ; ibid., 1700, in-4° ; Venise, 1743, in-fol.   H. Mn.

MALPIGHIACÉES. Famille de Dicotylédones, voisine des Acérinées et des Sapindacées. Elle comprend des plantes ligneuses, à feuilles stipulées, le plus souvent opposées, tantôt glabres, tantôt portant des poils, les uns soyeux, les autres en forme de navette, fixés par leur milieu et urticants. Le calice est persistant, à 5 lanières, munies à la base d'une ou plus souvent de deux grosses glandes. Les pétales, au nombre de cinq, sont longuement onguiculés, frangés ou dentés sur leur bord. Les étamines sont en général au nombre de dix, soudées toutes ensemble à leur base, et terminées par des anthères courtes, qui avortent chez plusieurs d'entre elles. L'ovaire est libre, composé de trois, plus rarement de deux carpelles, cohérents ou distincts au sommet, contenant chacun un ovule, pendant à l'angle interne de la loge ou au milieu de la cloison, et qui reste presque ortho-trope. Les styles au nombre de trois sont libres ou soudés. Le fruit est tantôt drupacé, tantôt sec et relevé d'ailes membraneuses ou de pointes épineuses ; d'autres fois , il est formé de trois carpelles distincts ailés, indéhiscents ou rare-ment bivalves. Les loges du fruit, dont le nombre peut varier de 3 à 1, con-tiennent chacune une seule graine, dont le testa double recouvre un embryon exalbuminé, droit, courbe ou même circulaire.

Les Malpighiacées habitent surtout les plaines et les forêts vierges de l'Amérique tropicale. Rares dans l'Asie équatoriale, elles le sont encore plus dans l'Afrique australe.

Elles ne fournissent que peu de plantes à la médecine. On utilise les fruits aci-dules de certains *Malpighia* comme rafraîchissants et antiputrides ; et les écorces de plusieurs *Byrsonima* comme astringentes et toniques.

Jussieu. *Ann. Museum*, XVIII, p. 479. — De Candolle. *Prodrom.*, I, 577. — Adrien de Jus-sieu. *Monographie des Malphigiacées*. Paris, 1834. — Lindley. *Nat. Syst.* 121. — Bentham et Hooker. *Gen. Plant.*, I, 251.   Pl.

MALPIGHIE, *Malpighia* Rich. Genre de Dicotylédones, qui donne son nom à la famille des Malpighiacées. Établi d'abord par Linné, ce groupe a été de-puis lors revisé par les botanistes qui l'ont subdivisé en plusieurs genres et qui, à l'exemple de Richard, ne font rentrer dans les Malpighia que les espèces répon-dant aux caractères suivants : Calice 5 partite, marqué de 6 à 10 glandes. Pétales onguiculés, glabres, à limbe denticulé. Dix étamines fertiles, monadelphes à la base. Ovaire glabre, triloculaire, surmonté de 3 styles distincts. Fruit charnu , à nucules à peine cohérents, marqué de crêtes ou d'ailes sur le dos. Semences ovoïdes, contenant un embryon droit.

Les plantes de ce groupe sont des arbrisseaux ou de petits arbres. Leurs feuilles opposées, munies de stipules fugaces, sont entières ou dentées, tantôt glabres, tantôt munies de poils. Parfois ces poils prennent la forme de navette et sont placés horizontalement, attachés à la feuille par leur milieu : ils sont urticants.

Certaines espèces de Malpighia nous intéressent par leurs fruits, qui sont mangés sous le nom de *Cerise* ou de *Merise d'Amérique* ou des *Antilles*.

Tel est le *Malpighia glabra* L., arbrisseau de la Jamaïque, de Cayenne et du Brésil, à feuilles glabres, entières, dont les fleurs sont disposées en ombelles, à l'aisselle des feuilles, et dont les fruits ressemblent à une petite cerise rouge, sil-lonnée de rainures. Ils ont une saveur acidule assez agréable et sont rafraîchis-sants.

Le *Malpighia punicifolia*, qui diffère du précédent par ses fleurs solitaires, donne des fruits analogues, qu'on mange aux Antilles, roulés dans du sucre. Son écorce est astringente. De ses branches découle une gomme qu'on a comparée à la gomme arabique.

Le *Malpighie urens* L., arbrisseau à rameaux glabres, mais à feuilles armées sur la face inférieure de poils en navette prurients, est connu sous les noms de *Bois Capitaine*, *Brin d'Amour*, *Couhaya*, *Cerisier de Courwith*. Ses baies acidules et astringentes sont employées contre la dysenterie. Son écorce est aussi astringente.

Un certain nombre d'espèces, qui rentraient autrefois dans les *Malpighia*, les *M. crassifolia* L., *Moureila* Aubl., *spicata* Cav., *verbascefolia* L., et dont on fait maintenant des *Byrsonima* sont remarquables par leur bois ou leur écorce toniques et astringents.

Aublet. *Plant. de la Guyane*, I, 461. — Richard. In Jussieu, *Annal. Mus.*, XVIII, p. 480. — De Candolle. *Prodr.* I, p. 577. — Endlicher. *Gener. Plant.*, 5585. — Bentham et Hooker. *Gener. Plant.*, I, 251.   Pl.

MALT (*Voy.* Bière).

MALTE. Géographie. L'île de Malte est située dans la Méditerranée, sous le 35° 53′ de latitude N., et par le 12° 11′ de longitude E. Elle est à 100 kilomètres environ au sud de la Sicile, et à 250 kilomètres des côtes d'Afrique. Autour d'elle, d'autres îles, à distance très-rapprochée, forment un archipel compact. Gozo, la plus grande, est un peu plus au nord, et séparée de Malte par un chenal de 5 kilomètres de large, au milieu duquel se trouve la petite île de Comino.

La forme de l'île principale est ovale; elle a 28 kilomètres de long sur 16 de large; sa superficie est d'environ 180 kilomètres carrés. Son aspect est celui d'un grand rocher blanc, descendant régulièrement à la mer par une pente rapide, du sud au nord. Le point le plus élevé, la colline de Bingemma, n'a pas plus de 250 mètres au-dessus du niveau de la mer. L'intérieur de l'île est accidenté, onduleux; les côtes sont déchiquetées par des ravins profonds, à bords escarpés, et partout inabordables. Il n'existe à l'intérieur ni lac, ni rivière. Pendant la saison des pluies, les ravins et les vallées se transforment en petits cours d'eau, qui, du reste, sont vite absorbés par la nature poreuse du sol. La terre est rare sur ce rocher. Mais l'industrie des habitants y a pourvu; on a été en demander à la Sicile, et on l'a, parcimonieusement mais habilement, distribuée dans les lieux propres à la culture. On en fabrique aussi de toutes pièces en broyant la surface molle des rochers, et en laissant exposé à l'action de l'atmosphère ce pulverin de nouvelle espèce. En deux ou trois ans, assure-t-on, le terrain ainsi préparé peut recevoir les semis ou les plantations.

C'est donc à force d'art que l'on a pu instituer dans l'île de Malte l'industrie horticole et maraîchère, qui constitue aujourd'hui son principal commerce. Les oranges et les mandarines, les citrons, le coton, les roses y sont cultivés avec succès, et, pour ces premiers produits, l'exportation arrive à un chiffre considérable. Avec ces quelques pelletées de terreau, précieusement recueillies au delà des mers, les Maltais sont devenus les fournisseurs de tout le Levant, et bon nombre d'entre eux ont, en émigrant sur les côtes voisines, inauguré la culture maraîchère; en Algérie, notamment, où elle n'existait pas, et où elle est encore, en grande partie, entre leurs mains.

Le Maltais est une race absolument vouée à l'activité, au travail; gens robustes, bons matelots, hardis nageurs, jardiniers consommés, on les rencontre partout où leur industrie peut prospérer; et si l'on a égard à la densité de la population résidant sur l'île-mère, on est étonné de la densité également remarquable de la

population flottante, au dehors. Les Maltais sont très-nombreux en effet sur tout
le littoral de l'Afrique; et, à Smyrne, à Beyrouth, à Constantinople, dans l'archipel
Grec, on les compte par milliers. Ils sont facilement reconnaissables à un type
particulier, à une langue qui leur est propre, et qui semble formée de vocables
appartenant à tous les idiomes du Midi, à leur prodigieuse mobilité, et à leur
intelligence commerciale. Généralement sobre, du reste, et d'une constitution où
le muscle domine, tel est l'homme que Malte envoie, avec les produits de son
sol, des colonnes d'Hercule jusqu'au fond de la Corne-d'Or.

MÉTÉOROLOGIE.   Le climat est ordinairement chaud dans l'île, surtout à Civita-
Vecchia, ancienne capitale située dans l'intérieur. L'influence des vents d'Afrique
et de Syrie s'y fait sentir, et la réverbération d'un ardent soleil sur la surface
uniformément blanche du sol et des maisons y rend la température souvent difficile à supporter. Ce qui caractérise cette situation pendant l'été, c'est le peu de
différence que l'on constate entre la chaleur du jour et celle de la nuit. Il semble
que cette porosité du rocher et des matériaux de construction retienne plus facile-.
ment le calorique; de sorte que c'est tout au plus s'il y a un écart de quelques
degrés dans les hauteurs thermométriques prises à douze heures de distance.

Voici quelles ont été, en 1867, les conditions météorologiques de l'île : (L'obser-
vatoire est situé à une altitude de 35 mètres environ au-dessus du niveau de
la mer.)

La hauteur barométrique moyenne pour toute l'année a été 757 millimètres ;
le maximum a été de 769 millimètres, en février, et le minimum de 746 millimètres, en janvier. La température moyenne a été de 20° centigrades pour l'année ;
mais elle est montée jusqu'à 40° en moyenne pour le mois de juillet; l'écart
moyen entre les températures les plus hautes et les températures les plus
basses de la journée n'a jamais dépassé 5 à 6 degrés. Du reste, il ne gèle jamais
à Malte, et Boisgelin raconte comme un fait extraordinaire la congélation d'une
mare d'eau sur les hauteurs, en 1788. Les vents dominants sont ceux du nord.
Ils ont régné pendant 121 jours, et surtout en juin ; les vents d'ouest ont soufflé
pendant 99 jours, et surtout en décembre ; les vents d'est pendant 81 jours, et
surtout en mai ; les vents du midi pendant 46 jours seulement; enfin il y a eu
calme plat pendant 18 jours. Ces observations sont, à très-peu près, identiques
à celles des années 1866 et 1865 ; ce qui permet de les considérer comme normales. Il y a eu 81 jours de pluie, dont 22 en décembre et 16 en novembre ;
mai, juin et juillet comptent deux jours de pluie pour tout le trimestre. En 1866,
on avait eu 90 jours de pluie, et 82 en 1865. La quantité d'eau tombée en 1867
est évaluée à 32 ou 33 centimètres ; et ce chiffre est à noter, si l'on veut se rendre
compte tout à l'heure des conditions du régime des eaux dans ce pays, entièrement dépourvu de lacs et de rivières.

On peut dire en effet que le Maltais ne boit que de l'eau de pluie. Aussi tous
les aménagements désirables sont-ils institués pour la recueillir et la conserver.
Les habitations sont construites dans ce but, c'est-à-dire qu'elles sont terminées
en terrasses, d'où l'eau s'écoule par des conduits spéciaux jusqu'à la citerne de la
cour intérieure. Il en est de même dans la campagne, où un drainage intelligent
amène l'eau vers des réservoirs et des bassins publics. Il y a cependant des sources
dans l'île ; et deux aqueducs en amènent les produits jusqu'à la cité. De ces deux
aqueducs, l'un, celui de Wignancourt, alimenté par dix sources, donne environ
1700 litres d'eau à la minute; l'autre, celui de Fanara, avec trois prises d'eau,
fournit 295 litres, par minute aussi. Ces conditions permettent même à la ville

de se donner des fontaines; mais, encore une fois, c'est la citerne intérieure, alimentée par la pluie, qui fournit la boisson de l'habitant.

Quant à ces réservoirs, bassins et citernes, ils étaient, en 1865, au nombre de 4294, dans la ville; les réservoirs publics étaient au nombre de 274; et, dans la campagne, on en comptait 123. Tontes mesures sont donc sagement prises pour utiliser le peu de ressources du pays en eau potable; et la disette est, là, moins à craindre que dans certaines parties de notre beau pays de France.

Géologie. La structure géologique du sol est cependant, plus que partout ailleurs, défavorable à la conservation de l'eau. Le rocher de Malte, les assises de l'île sont un calcaire grossier, qui forme la masse la plus considérable du sous-sol; au-dessus se trouvent des bancs de pierres à sablon, molles et poreuses, et de nuances diverses, jaunes, blanches ou rougeâtres. La surface de l'île en est couverte presque entièrement, les trois quarts pour le moins, surtout au centre et à l'est. Vers l'ouest, on rencontre des marnes et des sables de couleur, et aussi des bancs de corail calcaire. Très-peu d'alluvions, si ce n'est dans les vallées de l'intérieur, et surtout vers l'ouest. Ces pierres à sablon, dont nous venons de parler, sont celles dont on se sert pour les constructions dans le pays; elles se laissent facilement tailler et mettre en œuvre; mais elles n'offrent aucune résistance à l'action du temps, et elles absorbent beaucoup d'eau pendant la saison des pluies.

Flore et faune. Nous avons dit plus haut dans quelles conditions la culture avait dû se développer, et à travers quelles difficultés on a pu arriver à la constituer. Il ne faut donc pas s'étonner si la flore du pays est fort peu diversifiée. Mais, sur ces terres rapportées, sur ce sol hétérogène dont chaque parcelle représente une somme de travail et de dangers, les plantes parasites seraient, en vérité, mal à leur place. Aussi n'y connaît-on guère que les plantes de rapport, blé, coton, orge, avoine, luzerne, etc. La somme de blé récoltée ne suffit pas à la consommation du pays, et l'on évalue à un tiers la quantité demandée à l'importation. En revanche, le coton s'exporte vers les marchés étrangers; on le sème en mars et avril, et on le récolte en octobre. En dehors de ces deux produits principaux, la culture du pays se porte de préférence vers les légumineuses, dont il se fait aussi un commerce assez fort. Les melons de Malte sont surtout renommés, ainsi que les pastèques. Quant aux orangers, on comprendra facilement, d'après ce qui vient d'être dit, qu'ils ne poussent pas en pleine terre; on les plante dans des fosses ou des caisses préparées *ad hoc*, et c'est dans ces conditions qu'ils produisent les fruits savoureux que nous connaissons. Les figues y sont excellentes aussi, mais en petit nombre, et consommées dans le pays.

La faune comme la flore, et pour les mêmes raisons, est réduite à un petit nombre d'espèces, et exclusivement aux espèces utiles; le cheval est petit, mais très-vigoureux; l'âne, au contraire, est de grande taille et de belles formes; il rend les plus grands services dans cette contrée si accidentée, et les voyageurs surtout l'apprécient et le préfèrent. Par sa situation même, Malte était naturellement désignée comme un point de repère pour toutes les émigrations ailées; aussi, à certaines époques fixes, le gibier à plume est-il très-commun dans l'île, pigeons, cailles, bécassines, alouettes, grives, canards sauvages. Mais ce sont là des passagers, et il ne reste guère de races domestiques à demeure. Le poisson, en revanche, est bon et abondant.

Les abeilles fournissent un miel exquis, doué d'un parfum tout particulier, et très-apprécié dans le Levant; on assure que la grande quantité de fleurs d'oranger qui existe dans l'île serait la cause première de cette particularité. Les habitants se livrent du reste à l'apiculture avec un soin extrême, et digne en tous points de la signification étymologique du nom primitif du pays, *Melita*.

Aspect. La seule ville importante de l'île est la cité Valette. L'ancienne capitale, située à l'intérieur, Civita-Vecchia, est aujourd'hui presque déserte. La cité Valette, au contraire, offre le spectacle de la plus prodigieuse activité. Son vaste port, partout bordé de quais larges et commodes, est encombré de navires de tous les pays et de toutes les dimensions ; et les constructions, étagées les unes au-dessus des autres, et les rues reliées entre elles par des escaliers monumentaux, tout cela fourmille de gens et de bêtes. L'habit rouge des soldats anglais tranche hardiment sur le blanc vif des rochers et des murailles ; les vêtements noirs des femmes et des religieux forment un autre contraste aussi saisissant, et la netteté de ces diverses nuances accuse davantage encore la mobilité de cette foule, que l'on voit monter et descendre avec une vivacité d'allures peu habituelle chez les peuples méridionaux.

La cité Valette occupe l'extrémité d'une langue de terre qui partage le port en deux anses profondes, divisées elles-mêmes en un grand nombre de petites criques. De ce point culminant, le terrain descend en pente vers l'intérieur ; la Floriana, autre partie de la ville, se trouve au point de jonction de la presqu'-île ; à l'est, de l'autre côté du grand port, est le quartier nommé Vittoriosa, et, dans la marse de l'ouest, on voit l'île de la Quarantaine. Tout cet énorme pâté de constructions, casernes, hôpitaux, habitations particulières, édifices publics, est environné d'une ceinture de fortifications presque inexpugnables, qui dominent au loin la mer et le pays. On se souvient du mot plaisant qui échappa à Cafarelli-Dufalga, chef du génie, lorsque Bonaparte prit possession de l'île, au mois de juin 1798 : « Heureusement, dit-il, qu'il y avait là quelqu'un pour nous ouvrir les portes. » Nous verrons tout à l'heure que, malgré cette longue suite de murs blancs, réverbérant violemment la lumière solaire, les ophthalmies sont relativement peu fréquentes chez les habitants.

Démographie. Les Maltais sont d'origine carthaginoise ; mais la race s'est fortement imprégnée du type arabe, surtout pour les traits du visage ; les yeux sont noirs et brillants, la bouche est large et bien garnie ; le front est bas et les cheveux à peu près crépus. La physionomie, prise dans son ensemble, est plus significative à ce point de vue que le détail des traits ne permettrait de le faire comprendre. La musculature est très-développée chez les hommes ; les femmes ont les extrémités très-délicates, et le teint chaud, mais pâle cependant.

On comptait, en 1865, 144,868 habitants dans les deux îles. En voici la répartition :

	HOMMES.	FEMMES.	AU TOTAL.
1° Population civile : Maltais	66836	68206	135042
— — Anglais résidents....	749	658	1407
— — Étrangers.	856	407	1263
Total de la population civile. . .	68441	69271	137712
2° Population militaire.	6015	1141	7156
Totaux.	74456	70412	144868

La première impression que doit produire la lecture de ces chiffres est celle d'une densité de population très-considérable. Malte et le *Gozo* ont, en effet, à elles deux, une superficie totale de 180 kilomètres carrés seulement ; ce qui donne une proportion de 805 habitants par kilomètre. Si l'on compare ce chiffre avec celui des autres pays d'Europe, et, pour plus de sûreté, avec ceux de ces pays récemment étudiés dans ce Dictionnaire par notre savant confrère le docteur Bertillon, on se rendra facilement compte de l'énorme différencé constatée. En Autriche, en effet, on trouve 55 habitants par kilomètre ; en Bavière, 60 ; en France, 69 ; dans le duché de Bade, 95 ; en Angleterre, 132 ; en Belgique, 162. On voit que les chiffres les plus élevés sont encore loin de la densité de population particulière à Malte. Un grand nombre de ces habitants sont, il est vrai, pendant une grande partie de l'année, répandus sur le littoral de la Méditerranée pour les besoins de leur commerce. Mais il y a aussi beaucoup de Maltais fixés à demeure au dehors, et si la densité réelle se trouve ramenée, par les nombreuses absences, à un chiffre un peu moindre, il reste certain que la race maltaise est, dans son pays d'origine, bien au-dessus des conditions normales.

Si l'on déduit, des chiffres ci-dessus, les étrangers, les résidents anglais et la population militaire, il reste un total de 135,042 habitants, qui donne encore la proportion de densité 750 par kilomètre carré.

Cependant, en 1813, la peste a sévi dans l'île avec rigueur ; on ne compte pas moins de 4486 décès de cette cause pour cette année ; en 1837 et en 1865, le choléra a fait aussi de nombreuses victimes. Les épidémies antérieures de peste, bien que fort éloignées de l'époque actuelle, doivent encore être mentionnées, comme fait historique d'une certaine valeur, au point de vue de cette exubérance de population. Et Malte n'a point été ménagée ; car elle a eu quatre fois la peste, en moins de deux siècles, en 1519, 1593, 1623 et 1663.

Quoi qu'il en soit, la population de Malte, Gozo non compris, était de 92,500 en 1819 ; en 1828, elle était de 99,876 ; et en 1838, de 103,000. En 1851, le census officiel comptait 108,833 âmes, plus 14,663 pour le Gozo ; 123,496 au total. Le document publié en 1865 porte ce chiffre à 135,042 pour les deux îles, abstraction faite des étrangers. L'accroissement, de 1819 à 1851, aurait donc été de 5 pour 1000 en moyenne ; de 1851 à 1861, il aurait plus que doublé. Les documents du commencement du siècle sont probablement entachés de quelque inexactitude ; cependant il convient de faire entrer en ligne de compte la prospérité qu'a dû provoquer dans le pays le mouvement, tous les jours plus considérable, de la navigation dans la Méditerranée, et, en particulier, les conditions favorables où s'est trouvé le commerce maltais lors de la guerre de Crimée.

La *natalité*, cependant, ne fournit pas de résultats hors ligne. Si l'on prend les chiffres de la période 1819-1834, on trouve un total de 54,625 naissances, soit 3,414, année moyenne, pour une population, moyenne aussi, de cent mille âmes ; la proportion est donc de 34 pour 1,000. Pour les trois années 1863, 1864 et 1865, les naissances ont été au nombre de 14,400 ; 4,800, année moyenne ; proportion : 36 pour 1,000 de la population native, 33 pour 1,000 de la population totale. En France, nous n'avons, il est vrai, que 26 pour 1,000 ; mais, en Angleterre, le chiffre est de 35 ; en Belgique, il est de 33 ; et, en Autriche, il monte même à 43.

Parmi ces naissances, la proportion mâle est supérieure, au moins pour les dernières années, à la proportion féminine. On a, en effet, dans la période triennale 1863-65, 51,6 garçons contre 48,4 filles, pour 100 naissances. Ce résultat, s'il se confirme dans l'avenir, modifiera profondément les conditions actuelles de la population maltaise ; car, parmi les indigènes, les proportions sont : 49,5 hommes, 50,5 femmes pour 100 habitants. L'adjonction de la population militaire et des étrangers, ou des Anglais, change absolument ces chiffres, comme il est facile de le comprendre. On trouve alors, pour le total, le rapport masculin 51,4 contre 48,6, rapport féminin.

La *matrimonialité* donne une moyenne de 970 mariages par an, de 1863 à 1865. La proportion est de 6,7 pour 1,000 âmes de population; c'est un chiffre relativement inférieur. Les chances de mariage sont de 6,5 pour les femmes, et de 6,9 pour les hommes. Cette infériorité du chiffre des mariages, mise en regard de la proportion des naissances, laisserait à penser sur les conditions de moralité de la population. De tout temps, du reste, Malte a été citée pour la facilité de ses mœurs, mais nous n'avons aucun renseignement concernant les naissances illégitimes, et il serait inexact, dans ces circonstances, de tirer aucune conclusion touchant la fécondité des unions. L'absence des documents relatifs aux catégories d'âge ne permet même pas d'établir la fécondité du sexe féminin

La *mortalité* de l'île de Malte doit être envisagée à un double point de vue. Dans un pays où l'élément étranger apporte un appoint de population aussi considérable, il serait utile, en effet, de pouvoir séparer nettement les résultats afférents à la race indigène, de ceux qui concernent les habitants venus du dehors, et qui sont soumis, par conséquent, aux influences de l'acclimatation. Les documents ne sont pas toujours favorables à cette distinction si importante; et, cependant, si l'on se reporte aux chiffres donnés pour la population en 1865, on verra qu'*un quinzième* de cette population est exotique. Nous tâcherons d'exclure, autant que possible, de nos calculs cette fraction hétérogène, et nous aurons, du reste, comme expression des effets de l'acclimatation, les résultats particuliers aux troupes de la Grande-Bretagne en garnison à Malte.

Les chiffres de la période 1822-1834, qu il est intéressant de citer à différents points de vue, donnent une moyenne annuelle de 2,580 décès pour une population civile, moyenne aussi, de 100,270. La proportion est donc 25,8 pour 1,000. Mais les étrangers sont compris dans ce chiffre, à l exception de l'armée.

Aussi, n'insisterions-nous pas sur ce calcul, si le document qui le fournit ne donnait, en même temps, un précieux renseignement sur la mortalité par mois de l'année. Ce relevé, opéré pour une période de treize années, offre des garanties d'exactitude suffisantes, au point de vue de l'influence saisonnière. Voici donc les proportions obtenues :

Sur 100 décès constatés, il s'en produit : en janvier, 8,72; en février, 8,28; en mars, 8,32; en avril, 7,19; en mai, 6,85; en juin, 7,67; en juillet, 9,19; en août, 8,72; en septembre, 7,99; en octobre, 9,20; en novembre, 9; en décembre, 8,95.

Ainsi, et comme conséquence assurément digne d'attention, on peut dire que les mois d'avril, mai et juin sont la saison la plus propice, tandis que juillet est, au contraire, un mois à éviter, ainsi que octobre et novembre, dans des conditions de constitution médicale toutes différentes, cependant.

La mortalité observée pendant les années 1858, 1859, 1860 et 1861 donne des résultats plus précis en ce qui touche la population native, du moins au point de vue des décès; car le recensement de 1851 est déjà bien éloigné pour fournir une base de calcul tout à fait exacte; et les chiffres de 1865 constatent une progression tellement considérable, qu'il est à peu près impossible de la considérer comme s'étant effectuée dans des conditions normales. Il y a, en effet, une différence de 37,000 âmes entre les deux chiffres. Nous avons déjà fait observer que la guerre de Crimée avait eu, pour Malte, pour sa prospérité, pour son développement, des conséquences exceptionnelles; il est donc probable que l'accroissement de population a eu lieu, à cette époque, dans des proportions plus élevées que pour les années suivantes, et dès lors le calcul de cet accroissement perdrait toute signification.

Prenons donc, sous cette réserve, les chiffres de 1851, quoique, évidemment, beaucoup trop faibles, et constatons une mortalité par conséquent supérieure à la réalité. Le total des décès, pour les populations urbaine et rurale réunies, donne la proportion moyenne : 24 pour 1,000 habitants.

Si nous avons ainsi mentionné la circonstance des deux populations, c'est qu'il existe entre elles un écart de moyennes tellement élevé, qu'il est difficilement explicable. On trouve, en effet, de 1859 à 1861, une proportion de 20,8 pour les habitants de la ville, et une proportion de 27,7 pour ceux des 21 districts de la campagne.

La dernière période d'observation, relative aux trois années 1863-65, donne une proportion plus forte que celles constatées jusqu'à cette époque ; mais ici les chiffres contiennent la population étrangère et l'effectif de la garnison. La moyenne est de 30 pour 1,000, c'est-à-dire supérieure à celles de la France et de l'Angleterre. Relativement au sexe, on trouve la portion féminine de la population, favorisée dans les premiers chiffres ; à la ville, on compte 21,40 décès pour 1,000 hommes, et 20,16 pour 1,000 femmes. A la campagne, on a 27,95 pour 1,000 hommes, et 27,35 pour 1,000 femmes. Mais cette proportion s'est complétement modifiée pour la période suivante : 28,95 décès masculins, 31,10 décès féminins.

En résumé, les conditions statiques actuelles de la population agglomérée de toute l'île sont celles d'un excédant de 3 naissances pour 1,000 sur le chiffre des décès.

Nous avons dit que les conditions de mortalité du soldat anglais à Malte pouvaient donner une idée de l'influence de l'acclimatation. Pour la période de neuf années, comprise entre 1859 et 1867, cette garnison a perdu, année moyenne, 15,84 pour 1,000 de son effectif. Mais ce chiffre n'est absolument significatif que si on le compare à celui de la troupe indigène (*fencible artillery*), qui ne perd, dans la même période et dans les mêmes conditions, que 8,38. Il faut ajouter encore, à la charge de l'effectif anglais, une moyenne de 13,40 pour 1,000 renvoyés en Angleterre pour raison de santé, ce qui doit augmenter, en fait, la proportion mortuaire réelle, l'état de ces derniers étant, en effet, assez mauvais pour nécessiter la réforme définitive du plus grand nombre, 75 sur 100.

NOSOGRAPHIE. L'étude de la constitution médicale de Malte est rendue difficile par la différence des dénominations scientifiques appliquées aux maladies, et par le vague que comportent certaines désignations. Ainsi, non-seulement les termes techniques ne sont pas ceux que nous employons en France ; mais là même, dans le pays, les documents de l'hôpital ne donnent pas la même nomenclature que ceux de l'état civil. Un certain nombre de maladies, il est vrai, porte des noms généralement adoptés, et pour celles-là, du moins, la certitude existe.

Quoi qu'il en soit, nous suivrons ici l'ordre méthodique adopté par les registres de l'hôpital. Cet établissement, l'Hôpital civil central, est situé dans la partie de la ville appelée Floriana. Il reçoit les indigènes et les étrangers. Pendant les trois années 1859, 1860 et 1861, il a eu en traitement 4,044 malades, dont il faut déduire 81 enfants admis avec leurs parents, et 20 parents admis avec leurs enfants. La moyenne *annuelle* des malades traités est donc de 1,434. Mais il nous a semblé plus exact de prendre ici le chiffre total de la période pour base de comparaison.

Les documents de l'état civil fournissent la mortalité par maladie, pour les mêmes années, parmi la population urbaine native, et, pour les années 1858, 1859 et 1860, parmi la population rurale. Comme il n'y a pas eu d'épidémies ni de circonstances anormales dans la santé publique pendant ces deux périodes, on peut parfaitement les considérer comme analogues, et les totaliser pour le calcul proportionnel. Enfin, la garnison a été observée, avec plus ou moins de détails, depuis 1849 jusqu'en 1867.

La *variole* occupe le premier rang dans la nomenclature adoptée. La proportion des entrées à l'hôpital est de 4,5 pour 1,000 malades. La mortalité, en ville, a été de 1,25 pour 1,000 habitants; à la campagne, 0,94; au total, 1,13. A l'hôpital, la mortalité a été de 5,3 pour 100 malades. Il faut faire observer, avant d'aller plus loin, que cette mortalité de l'hôpital est généralement très-considérable. On ne compte pas moins de 561 décès en trois ans, ce qui donne la proportion 130 pour 1,000. On verra plus loin que la mortalité infantile est pour peu de chose dans ces chiffres, ce qui rend la moyenne encore plus élevée.

La vaccination est pratiquée à Malte, grâce aux prescriptions assez sévères de l'autorité anglaise. Une ordonnance de 1855 la rend absolument obligatoire, et condamne à une amende de 20 schellings, au maximum, les parents ou tuteurs qui auraient négligé d'y soumettre leurs enfants. Du 14 mars au 6 juillet 1861, les vaccinations pratiquées dans les deux îles ont été au nombre de 7,410.

La *rougeole* et la *scarlatine* ont ensemble une moyenne de 50 décès par année, soit 0,51 pour 1,000 habitants.

Nous avons, fait remarquer que, malgré la vivacité des rayons solaires et leur réverbération sur les murs et les rochers blancs, l'*ophthalmie* était relativement peu fréquente; on ne constate, en effet, qu'une moyenne annuelle de 45 cas à l'hôpital pour 1,000 malades. La *cataracte* et l'*amaurose* ont chacune à peu près deux entrées par an, 1,6 pour 1,000 malades.

L'*érysipèle* a une moyenne de 9,2 décès par an pour 1,000 habitants.

La *dysenterie* est assez fréquente, 15 cas pour 1,000 malades; sa gravité, à l'hôpital, est de 35 pour 100. La *diarrhée* donne 47 cas comme fréquence; gravité 30 pour 100. Ces chiffres sont d'autant plus difficiles à comprendre, que l'on ne retrouve ni la diarrhée ni la dysenterie parmi les causes de mort sur les registres de l'état civil. En revanche, la *gastrite* et l'*enterite* donnent un total de 699 décès, soit 2,38 par an pour 1,000 habitants.

La *fièvre intermittente* est rare, 19 cas pour 1000 malades; et la *fièvre typhoïde* bien plus encore, à peine 3 cas. On n'en trouve pas trace aux documents de la mortalité. Mais, sous la désignation *fièvre nerveuse* et *typhus*, on a une moyenne annuelle de 0,75 décès par 1000 habitants.

Ici se présente une difficulté réelle dans l'appréciation de ces diagnostics. Si nous nous reportons, en effet, à la nomenclature des maladies, adoptée l'an dernier par la commission du Collège médical de Londres, nous n'y voyons pas trace de la « fièvre nerveuse », et la définition donnée du « typhus » se rapproche tellement de celle qui nous est connue, que l'on se trouverait dans l'obligation d'admettre l'existence de cette maladie, à Malte, si, d'autre part, son absence du registre d'hôpital ne laissait espérer une fausse interprétation. La solution de cette difficulté se trouve peut-être à la ligne suivante : *fièvre continue*. C'est ce qu'il importe d'examiner, pour une étude sérieuse du climat de Malte ; car, ici, les cas sont nombreux ; on les trouve dans la proportion 64 pour 1000 malades, avec une gravité de 11 pour 100.

Qu'est-ce donc que cette *fièvre continue*, terme adopté, non-seulement pour Malte, mais pour la métropole britannique et ses autres possessions ? La nomenclature que nous venons de citer, et qui, bien que récente, a dû cependant tenir compte des termes jusqu'alors usités, donne la définition suivante : « fièvre continue simple, n'ayant aucun caractère spécifique. » Mais il n'est pas admissible qu'une affection de cette gravité soit aussi dénuée de symptômes tranchés, et il y a lieu de penser que le petit nombre constaté de fièvres typhoïdes s'explique par l'adjonction de la plupart des cas au chapitre de la fièvre continue.

Il existe aussi, dans le pays, une fièvre spéciale dont nous trouvons la mention détaillée dans la statistique médicale de l'armée, et qui porte hardiment le nom de *fièvre de Malte*. Cette affection présente les caractères habituels de la fièvre, qui n'est, pour nous, la plupart du temps, qu'un symptôme elle-même ; mais ici la durée de la maladie, et l'absence de toute lésion organique, de toute perturbation nerveuse, de toute intermittence appréciable, constituent réellement une entité morbide particulière, si les descriptions sont exactes et complètes. Voici le tableau qu'en donne le docteur Boileau, aide-chirurgien au 29e régiment.

Fièvre de Malte. Invasion brusque de phénomènes fébriles du type continu, disparaissant graduellement au bout de sept jours environ, par détente, sans aucune éruption concomitante, et caractérisée par la faiblesse, l'anorexie, la soif, la langue blanche, le pouls rapide, et la céphalalgie. Le malade se présente à la visite, dans un état de langueur marqué, avec des vertiges, chancelant comme un homme ivre, la bouche pâteuse, les yeux humides, la face rouge, frissonnant, se plaignant de douleurs dans les jambes et dans les lombes. Il est rare que cet état date de plus de vingt-quatre heures ; il y a eu la plupart du temps des vomissements bilieux. C'est là, au premier abord, un état gastrique fébrile tout simplement. Ce qui différencie peut-être la fièvre de Malte de cette affection bien connue, c'est la marche régulière des symptômes qui vont en s'exaspérant jusqu'au soir du troisième jour ; le pouls bat jusqu'à 148 pulsations ; la température du corps monte jusqu'à 39 degrés ; il y a des symptômes d'angine et même d'inflammation pulmonaire. Puis, à partir du quatrième jour, un amendement très-notable se déclare, et l'amélioration continue jusqu'au septième jour, où le malade est considéré comme guéri. L'auteur que nous citons attribue ces manifestations à des conditions hygiéniques mauvaises, et quelquefois à des intempérances de régime. Il établit une différence marquée entre cet état et la fièvre rémittente gastrique, qui a, dans ces parages, une durée beaucoup plus longue, et dont le malade ne se débarrasse que difficilement, après de fréquentes rechutes.

Les chiffres donnés par le document militaire attribuent à cette fièvre continue une proportion très-considérable. Ainsi, pour la période 1859-66, la moyenne des admissions de cette cause a été de 182 pour 1000 hommes de garnison ; et, en 1867, elle est montée à 229. Son summum de fréquence est en juin, juillet, août et septembre. La gravité a été, en 1867, de 3, 5 pour 100 malades ; le docteur Boileau a mentionné, dans son rapport, que la mortalité était presque toujours due à des complications exceptionnelles, en ce qui touche à la fièvre de Malte proprement dite.

Le *rhumatisme*, terme un peu bien vague aussi, accuse une proportion de 85 cas pour 1000 malades ; sa gravité est de 6,8 pour 100.

Le nombre des *vénériens* et *syphilitiques* traités est de 111, année moyenne, pour 1000 malades.

La catégorie des maladies *zymotiques* épuisée, nous arrivons aux maladies *constitutionnelles*. Nous y trouvons, en premier lieu, l'*hydropisie*, avec une gravité exceptionnelle, 54 décès pour 100 malades. Pour la population native, la proportion est de 0,31 pour 1000 habitants. Les *scrofules* comptent seulement 11 admissions à l'hôpital sur 1000 malades ; c'est peu ; la proportion de mortalité parmi les natifs est de 0,10 pour 1000 habitants.

La *phthisie pulmonaire* mérite un examen plus détaillé. Malte est, en effet, une des stations indiquées comme résidence propice aux tuberculeux ; il y a donc un intérêt spécial à donner les chiffres recueillis, comme enseignement pour cette catégorie de malades. Si l'on se reporte à la période 1822-1854, on trouve un chiffre de 1363 décès, soit en moyenne 105 par année, ou 1,05 pour 1000 habitants, population civile, étrangers compris. De 1858 à 1861, la moyenne est de 0,8 pour 1000, population native seulement. Relativement au sexe, les proportions, pour les natifs, sont : 0,63 parmi les hommes, 0,92 parmi les femmes; un tiers en sus. Comme influence de la résidence, on a : 1,0 parmi la population urbaine, et 0,52 seulement parmi la population rurale ; moitié moins. L'influence de la saison se détermine, pour la mortalité phthisique, par les proportions suivantes : sur 100 décès phthisiques, on en a, en janvier, 8,44 ; en février, 6,89 ; en mars, 8,44 ; en avril, 8,95 ; en mai, 10,8 ; en juin, 6,67 ; en juillet, 8,07 ; en août, 8,07 ; en septembre, 7,56 ; en octobre, 9,47 ; en novembre, 7,71 ; en décembre, 8,95. Ces chiffres résultent de l'observation de treize années consécutives ; et il n'est pas impossible de leur attribuer une signification assez exacte. Si l'on consulte les observations météorologiques de cette époque, aucune connexion n'existe, il est vrai, entre les chiffres mortuaires et les conditions de la température. Mais février, qui a ici une mortalité très-inférieure, présente, si l'on s'en souvient, le maximum de hauteur barométrique, tandis que janvier, avec le minimum de cette hauteur moyenne, a une mortalité phthisique très-élevée ; ainsi, s'expliquerait peut-être cet écart considérable entre ces deux mois voisins. Mai, le mois le plus éprouvé, est celui où prédominent les vents d'est ; juin, qui a le chiffre le plus faible, est noté comme l'époque où les vents du nord sont le plus fréquents. A l'hôpital, c'est-à-dire parmi la population pauvre, la proportion des admissions est de 20 pour 1000 malades, et la mortalité est de 52 pour 100 phthisiques.

Les *affections de l'appareil respiratoire*, bronchite, pneumonie et pleurésie ont ensemble une mortalité de 1,97 pour 1000 habitants. La pneumonie, à elle seule, donne un peu plus de moitié de cette proportion. Pour la population rurale, la moyenne monte à 2,38 au lieu de 1,97. A l'hôpital, on compte 85 cas de ces trois maladies pour 1000 malades, et la gravité y est de 22 pour 100.

Les maladies du *foie* et de la *rate* sont fréquentes, et ces dernières surtout parmi les habitants de la campagne. On compte 0,51 décès par hépatite, et, pour les décès par splénite, 0,25 au total, 0,42 à la campagne.

La *coqueluche* a une mortalité assez forte ; et, sous la rubrique *dentition*, on trouve des chiffres tellement élevés qu'il serait imprudent de les accueillir. Nous n'avons, du reste, pas les éléments de population, par âge, nécessaires pour cette appréciation. Il en est de même pour les décès par *vieillesse*, en moyenne 35 par an, les deux tiers appartenant à la population rurale, mais dont on ne peut fournir que le rapport à la population de tout âge, 0,25 à la ville, 0,50 à la campagne.

Nous avons dit plus haut que les chiffres de morbidité et de mortalité des troupes anglaises pouvaient donner une idée à peu près exacte des conditions sanitaires pour les étrangers, et des chances d'acclimatation, surtout en les comparant aux chiffres analogues de la troupe indigène, l'artillerie de remparts ; mais il faut tenir compte aussi des conditions d'âge, qui sont plus élevées parmi ces derniers; les proportions sont cependant à leur avantage.

Pour les Anglais, voici comment s'est répartie la mortalité en 1867 : sur un effectif de 2,291 hommes au 1ᵉʳ janvier, effectif qui ne comprend qu'une partie des corps en garnison, il y avait 214 hommes au-dessous de vingt ans, parmi lesquels la mortalité a été de 4,68 pour 1,000; 557 de vingt à vingt-quatre ans, mortalité, 1,80 ; 1023 de vingt-cinq à vingt-neuf ans, mortalité, 1,47 ; 332 de trente à trente-quatre ans, mortalité, 3,92 ; 152 de trente-cinq à trente-neuf ans, mortalité, 52, 7 ; 13 au-dessus de quarante ans, mortalité, 77, C'est là le seul document que nous ayons sur l'influence de l'âge dans ce pays.

Pendant la période de neuf années comprises entre 1859 et 1867 il y a eu en moyenne un chiffre de 5,610 Anglais en garnison à Malte, officiers non compris. L'effectif de la milice indigène a été, pour le même espace de temps, de 597. Ces bases posées, voici comment s'est comportée la morbidité, c'est-à-dire l'admission à l'hôpital : pour les Anglais, 886 malades par 1000 hommes ; pour les Maltais, 823. Nous avons dit plus haut que la mortalité avait été de 8,58 seulement parmi les indigènes, et qu'elle montait à 13,84 parmi les Anglais, indépendamment des hommes renvoyés en Angleterre pour raison de santé. Voici quelles sont les proportions des principales maladies pour ces étrangers, comparativement avec la partie armée de la population indigène :

La *maladie vénérienne* n'offre pas un chiffre élevé, relativement surtout à ceux de l'armée en Angleterre, ou ailleurs ; c'est cependant à peu près le chiffre le plus fort de la nomenclature. Les proportions sont 79 pour 1,000 Anglais, 69 pour 1,000 Maltais. En Angleterre, l'armée a une moyenne de 329 vénériens ; il est donc permis d'espérer que la facilité de mœurs reprochée aux Maltaises a rarement, toute proportion gardée, des conséquences fâcheuses. Cependant la différence devrait être plus grande des indigènes aux Anglais. Inutile d'insister sur ce point.

Les *ophthalmies*, dont nous avons constaté le peu de fréquence dans la population, sont plus nombreuses parmi la garnison. Il y a, en effet, 81 cas sur 1,000 malades admis parmi les Anglais, au lieu de 45, chiffre de l'hôpital civil. Quant à la garnison indigène, une épidémie particulière a sévi sur elle pendant les années 1865 et 1866 ; pour les années précédentes, la moyenne est de 90. Il est fort possible que le service militaire donne lieu à cette affection plus fréquemment que toute autre condition d'existence, et l'on s'en rend parfaitement compte, du reste, quand on a vu les factionnaires exposés à un ardent soleil, sur un mur blanc, entouré d'autres constructions également blanches, avec le scintillement des flots pour tout horizon, et pour tout abri une espèce de bouclier mobile au haut d'une perche.

Le *rhumatisme* est très-fréquent aussi parmi les Anglais ; la proportion des atteintes est de 47 pour 1,000 hommes. Pour 1,000 malades, on compte 53 cas. C'est un chiffre très-inférieur cependant à celui de la population maltaise, 85, et aussi à celui de la milice indigène, qui est le même à peu près, 82.

Nous avons donné les chiffres relatifs à la *fièvre continue*. Nous nous abstiendrons, en ce qui concerne les flux intestinaux et les maladies du foie ou de la rate, ces affections, de caractère chronique, se terminant le plus souvent après le retour en Angleterre.

La *phthisie* cependant doit être signalée au point de vue de la comparaison avec les chiffres donnés plus haut pour la population. Il y a parmi les soldats anglais, une proportion moyenne de 4,03 décédés ou réformés de cette cause pour 1000 hommes.

Ce chiffre est supérieur à celui des troupes anglaises dans les autres possessions méditerranéennes, Gibraltar, et antérieurement les îles Ioniennes. Les décès, dans le pays, donnent 1,53 pour le soldat anglais, et 1,30 pour le soldat indigène.

L'*aliénation mentale*, dont il n'est question ni dans les documents de la police ni dans ceux de l'hôpital, existe dans une assez forte proportion parmi les miliciens ; 2,42 cas pour 1,000 hommes, année moyenne. On n'en compte, au contraire, que 1,35 parmi les soldats anglais, et ce résultat est d'autant plus remarquable, que la proportion des cas d'alcoolisme, ainsi que celle des suicides, assez élevée parmi les Anglais, n'existe pour ainsi dire pas parmi les indigènes. Il y a eu dans ces neuf années *quatre* miliciens admis par ivresse et pas un suicidé. Les soldats anglais donnent au contraire 83 cas d'ivresse et 2 suicides par an.

Telles sont les conditions démographiques et nosographiques de l'île de Malte. En résumé, pays salubre, intéressant à visiter, station d'hiver très-favorable à partir de février, et même propice jusqu'à la fin de juin. Du fameux ordre religieux et hospitalier, il ne reste que des vestiges ; mais les monuments, les églises, les palais sont empreints d'un caractère particulier qui rappelle à chaque pas ces époques chevaleresques. Au double point de vue de la santé corporelle et de la distraction intellectuelle nécessaire, Malte est une excellente station à recommander.   C. ELY.

BIBLIOGRAPHIE. — D'AVEZAC *L'Univers, les îles d'Afrique.* Paris, 1848. — *Statistical Reports on the Sickness, Mortality and Invaliding, among the Troops in the Mediterranean.* Londres, 1858. — *Report on the Sanitary Condition and Improvement of the Mediterranean Stations.* Londres, 1863. — *Army Medical Departement Reports*, 1859-1867.   C. E.

MALTINE (*Voy.* DIASTASE).

MALTOSE. Glycose particulière, obtenue par l'action de la diastase sur l'amidon ; elle a un pouvoir rotatoire de même sens que celui de la glycose ordinaire. L'amidon insoluble se transforme d'abord en dextrine soluble, et cette dextrine, sous l'influence de la diastase, se transforme en maltose. La maltose, sous l'action prolongée des acides étendus, passe à l'état de glycose ordinaire.

MALUS (*Voy.* POMMIER).

MALVA (*Voy.* MAUVE).

MALVACÉES. Famille de Dicotylédones. Tel que l'avait établi A. L. de Jussieu, ce groupe formait plutôt un ensemble naturel de familles, très-rapprochées les unes des autres, qu'une famille unique. Aussi les botanistes en ont séparé successivement les *Sterculiacées*, les *Byttnériacées* et les *Bombacées* pour ne laisser dans les *Malvacées* proprement dites que les plantes qui répondent aux caractères suivants : Calice monosépale, à cinq pièces, souvent doublé par un verticille de bractées, qui forment une sorte d'involucre, nommé *calicule*. Corolle à 5 pétales, contournés en spirale avant leur développement, souvent reliés entre eux à la base par le tube des étamines. Étamines généralement nombreuses, soudées par leur filet en un tube qui entoure l'ovaire et le style, libres par leurs anthères uniloculaires, le plus souvent réniformes. Ovaire formé de plusieurs carpelles uni ou pluriovulés, tantôt verticillés autour d'un axe central et plus ou moins soudés entre eux, tantôt groupés en une sorte de capitule. Les styles sont libres ou plus ou moins soudés. Le fruit est composé de coques verticillées autour de l'axe et presque libres, d'autres fois de carpelles groupés en tête, d'autres fois encore de carpelles monospermes ou polyspermes, qui se soudent entre eux de manière à former une capsule pluriloculaire à déhiscence loculicide ou même un fruit presque charnu, indéhiscent. Les graines, parfois couvertes de poils cotonneux à la surface, contiennent un embryon droit, le plus souvent sans endosperme, à cotylédons foliacés, repliés sur eux-mêmes. Les Malvacées sont des plantes herbacées, des arbustes ou même des arbres. Leurs parties sont le plus souvent imprégnées d'un mucilage qui les rend adoucissantes et les fait quelquefois employer comme nutritives. C'est ainsi qu'on utilise en médecine les *Mauves*, les *Guimauves*, certains *Hibiscus*, et qu'on mange en Orient les fruits du *Gombo* (*Hibiscus esculentus*). Le duvet qui revêt les graines de quelques espèces prend une importance considérable dans les *Gossypium* ou *Cotonniers*.

BROWN (Robert), in *Tuckey Congo*, 428. — DC. *Prodrom.*, I., 429. — ENDLICHER. *Gener. Plant.*, 978. — GUIBOURT. *Drog. simples*, édit. VI., t. III. — H. BAILLON ap. PAYER. *Leçons sur les familles naturelles.* PL.

MALVAVISCUS DILLEN. Genre de Dicotylédones, appartenant à la famille des Malvacées. Ce genre ne contient pas de plantes spécialement médicinales ; la plupart pourraient être employées comme émollientes comme les autres Malvacées.

Quelques auteurs donnaient autrefois ce nom à la Guimauve.

ANGUILLARIA.¶*Simpl.*: DILLENIUS. *Elth.*, 210, tab. 170, fig. 208. — ENDLICHER. *Gener.*, 5278 — BENTHAM et HOOKER. I, 206.

MALVERN. (EAUX MINÉRALES DE), *athermales, bicarbonatées ferrugineuses faibles, carboniques faibles.* Les deux villages de Little-Malvern (petit Malvern) et de Great-Malvern (grand Malvern) en Angleterre, dans les comtés de Worcester et d'Hereford, sur le cours de la Savern, à 4 kilomètres de distance l'un de l'autre, sont situés sur le point le plus élevé de collines qui occupent une position charmante et qui sont à 400 mètres au-dessus des belles et riches plaines qui les entourent. On découvre de là une partie du Worcestershire, du Gloucestershire et du pays de Galles. C'est peut-être à Malvern que l'on jouit des sites les plus riants et les plus variés de l'Angleterre. Les maisons de plaisance et les villas, dont les différents styles enlèvent la monotonie de l'agencement uniforme des habitations anglaises, sont nombreuses aux environs de Malvern qui a 4,500 âmes de population agglomérée. L'air est d'une pureté remarquable, il est très-agréable et souvent assez chaud pendant le milieu du jour de la saison minérale ; mais, le soir et le matin, il est, en général, assez froid et assez humide. Les promenades et les excursions sont intéressantes ; la vieille abbaye du Mont-Plaisant, les vallées de l'Herefordshire, de Monmouth, de Brecknockshire, de Radnor, de Salop et les villes de Warwic, d'Oxford et de Gloucester, sont, le plus ordinairement visitées par les hôtes accidentels de Malvern.

Les deux sources de Little et de Great-Malvern se nomment : *Saint-Ann's well* (puits Sainte-Anne) et *Holy well water* (puits de l'eau sainte): Leur eau ne diffère guère, par ses qualités physiques et chimiques, de celle d'une source ordinaire, si ce n'est par la quantité un peu plus considérable de son gaz acide carbonique dont les bulles sont pourtant assez rares. L'eau de Malvern est très-claire, sans goût et sans odeur tranchés, d'une grande fraîcheur (11°,5 centigrade). Scuda-more, qui a fait son analyse sommaire en 1819, a trouvé que 1,000 grammes de l'eau de la source de Great-Malvern contiennent les principes suivants :

Carbonate de fer	0,023
— magnésie	traces.
Sulfate de soude	0,027
Chlorure de calcium	0,026
TOTAL DES MATIÈRES FIXES	0.076

EMPLOI THÉRAPEUTIQUE. L'eau des deux sources se prend en boisson, en bains généraux et en lotions partielles. Il est remarquable que les eaux si peu minéra-lisées de Malvern produisent, chez quelques personnes qui en boivent un, deux ou trois verres le matin à jeun et à un quart d'heure d'intervalle, des signes d'une indigestion manifeste tels qu'éblouissements, tintements d'oreilles, ver-tiges, nausées et même purgation quelquefois. Il est assez commun aussi, mais cela s'explique plus facilement à cause du principe martial qu'elles renferment, que les eaux de Malvern activent sensiblement la circulation sanguine et donnent naissance à un état pléthorique qui pourrait n'être pas sans dangers si le médecin n'y prenait garde. Les bains et les lotions n'ont pas d'effets physiologiques bien accusés, mais ils semblent aider à l'efficacité curative de l'eau en boisson dans les accidents scrofuleux où la peau est malade, où les tissus profonds même sont affectés aussi. Le docteur Wall rapporte plusieurs observations qui prouvent que les eaux de Malvern intus et extra donnent de beaux résultats dans les fissures à l'anus. Ces eaux ont encore une grande réputation parmi les gens du peuple qui leur reconnaissent depuis longtemps une vertu puissante contre les ophthalmies en général, et surtout contre celles des sujets lymphatiques ou strumeux. Ce n'est pas seulement des lotions simples qui doivent être pratiquées alors, mais des compresses, renouvelées aussitôt qu'elles sont sèches, doivent être entretenues avec un grand soin sur les yeux.

Les eaux de Malvern en boisson ont enfin, au dire du docteur Johnstone, une efficacité incontestable dans les affections catarrhales de la vessie, dans les diverses espèces de gravelle, dans les névralgies et les névroses, et même dans la phthisie pulmonaire.

Nous ne nous portons garant d'aucune des propriétés précieuses que certains auteurs prêtent aux eaux de Malvern, mais nous avons constaté nous-même le calme et la douceur de la vie à ce poste minéral où l'on doit profiter de tous les avantages d'un traitement hydrothérapique complet suivi dans les meilleures conditions hygiéniques. Les cures par l'eau froide étaient en honneur, à Malvern, dès 1656, aussi les malades entraient-ils dans l'eau avec leurs habits qu'ils con-servaient mouillés pendant une partie de la journée, sans en éprouver d'accidents quelque sensibles qu'ils fussent au froid et à l'humidité. Cette pratique est abandonnée aujourd'hui, mais le traitement externe, on peut dire local même, n'en a pas moins conservé la première place dans la thérapeutique hydro-minérale de la station de Malvern.

Durée de la cure, de 30 à 45 jours.

On n'*expor* pas l'eau des sources de Malvern, et cependant on a constaté leurs effets favorables dans quelques hôpitaux de Londres, où elles ont été administrées à l'intérieur et surtout à l'extérieur.

A. Rôtūrèau.

Bibliographie. — Herberden: *Attentive Observation*, etc., 1756. In *Metropolis of the Wate, Cure*. 1858. — Wall. *Treatise on the Malvern Waters*. — Vetter. *Heilquellenlehre*, etc. Berlin, 1845. — Johnstone. *A Residence at Malvern and the Use of its Spring*. London. — Grant (James esq.): *A few Days at Great Malvern*. — Lee (Edwin). *Cheltenham, Malvern and Leamington, being Part V*. London, 1860, in-12, p. 28-36. A. R.

MAMELLES. Organes glanduleux, servant à la sécrétion et à l'excrétion du lait.

§ I. **Anatomie.** Tous les animaux pourvus de mamelles ont été rangés dans la même classe (mammifères).

A peine développées, rudimentaires chez le mâle, elles ont surtout de l'importance chez la femelle. En général, les espèces qui ne produisent qu'un seul petit à la fois, ne possèdent qu'une seule paire de ces organes; au contraire, celles qui sont multipares en présentent un nombre plus ou moins considérable. On peut même dire qu'il y a presque toujours une concordance parfaite entre le nombre des mamelles et celui des individus, composant la portée; afin que chacun d'eux puisse aisément trouver sa nourriture. Ce sont ordinairement les plus petits mammifères qui présentent le plus grand nombre de mamelles; toutefois, il n'y a rien d'absolu et les variations sont d'autant plus fréquentes qu'il s'agit d'espèces appartenant à un groupe plus élevé dans l'échelle zoologique. Enfin on observe souvent des différences entre les individus d'une même espèce.

Chez les animaux même de petite taille, qui se rapprochent de l'homme par l'ensemble de leur organisation (quadrumanes) il n'existe qu'une seule Laire de ces organes ; il en est de même pour la plupart des mammifères de très-grande taille (éléphant, rhinocéros, hippopotame, tapir). Les solipèdes, les siréniens et les cétacés doivent également être rangés dans ce groupe. Les ruminants font presque tous exception. En effet, chez eux il y a quatre mamelles. Parfois, il est vrai, une seule paire est bien développée. Même remarque pour les grands carnassiers.

Il y a deux paires de mamelles chez le lion, la panthère, la genette, la loutre. La plupart des petites espèces de cet ordre (chat, chien) présentent trois ou quatre paires de mamelles. Chez certains rongeurs, on en trouve jusqu'à six ou sept (agouti).

Il est bon d'ajouter que chez le hamster, le zemni et le cochon d'Inde, il n'en existe qu'une seule paire. Les marsupiaux offrent aussi un très-grand nombre de mamelles, on en a rencontré jusqu'à quatorze. (Didelphis murina et didelphis tricolor). Lorsqu'on trouve ces organes en nombre impair, on peut dire, qu'un ou plusieurs d'entre eux s'est atrophié. En effet, il n'est pas rare d'observer un plus grand nombre de mamelons chez le fœtus que chez l'adulte.

La position des mamelles est très-variable ; d'ordinaire elles sont situées de chaque côté de la ligne médiane sur la face ventrale du corps, soit dans la région thoracique, soit au niveau de la région abdominale ou encore au voisinage de l'anus.

Toutefois, chez quelques espèces, elles se trouvent sur les flancs ou même sur le dos.

Les mamelles sont pectorales ou à la fois pectorales et épigastriques chez les mammifères qui offrent le plus d'analogie avec l'homme (quadrumanes, cheiroptères). Chez les quadrupèdes, elles sont presque exclusivement abdominales.

Les mamelles du cheval et du chameau sont situées dans les aines. Chez les cétacés, les mamelles viennent s'ouvrir sur les côtés de la vulve. Enfin, il existe un petit insectivore (*Sorex crassicaudatus*) qui possède trois paires de mamelles, dont deux sont situées dans l'aine et la troisième à la base de la queue au niveau de l'anus.

Comme exemples de mamelles situées sur les flancs ou sur le dos, nous citerons le Capromys Fournieri et le Myopotame, grand rongeur voisin du castor.

Pour plus de détails nous renvoyons aux ouvrages de Cuvier (*Leçons d'anatomie comparée*, t. VIII, leçon 38e) et de M. Milne-Edwards (*Leçons sur l'anatomie comparée et la physiologie de l'homme et des animaux*, t. IX, 1re partie, leçon 78e).

Dans l'espèce humaine, les mamelles sont situées à la partie antérieure et supérieure de la poitrine où elles représentent deux saillies arrondies, plus ou moins accusées que surmonte une papille appelée *mamelon*, autour duquel se trouve un cercle coloré qui a reçu le nom d'*aréole*. A peine développées avant la puberté, elles prennent, à cette époque, un accroissement qui est en rapport avec le développement de l'appareil génital. C'est pendant la grossesse qu'elles acquièrent le volume le plus considérable. Durant la vieillesse, elles s'atrophient de plus en plus.

La peau qui les recouvre est d'une extrême finesse ; à la périphérie, elle laisse souvent voir par transparence, le réseau veineux sous-cutané, ce qui lui donne une teinte marbrée, légèrement bleuâtre. Ce caractère ne se rencontre guère que chez les jeunes filles. Après la grossesse et l'allaitement, la peau perd son poli ; elle ne présente plus au toucher cette douceur qu'on ne retrouve nulle part ailleurs : Sa surface offre des traînées blanchâtres, irrégulières, plus ou moins déprimées, indices de la distension exagérée qu'elle a subie. Au niveau de l'aréole, elle change de couleur; rosée chez les femmes blondes, elle est d'un rouge brun jaunâtre chez les femmes brunes et d'un noir mat avec un reflet purpurin chez les négresses. Ces différentes colorations sont toujours plus foncées chez les femmes qui ont eu des enfants. Quoique très-fine, la peau paraît chagrinée et comme rugueuse au toucher, ce qui tient tout à la fois à de petits plis qui permettent une distension plus considérable et à la présence de follicules pileux auxquels sont annexées des glandes sébacées, le tout faisant relief surtout à la périphérie. Les poils ressemblent à un léger duvet chez les femmes blondes ; chez les brunes, au contraire, ils sont souvent longs et durs.

La peau qui recouvre le mamelon est encore plus fine; ses autres caractères sont les mêmes qu'au niveau de l'aréole. Cependant, on n'y rencontre jamais de longs poils ; sur son sommet qui paraît comme crevassé, on voit un certain nombre d'orifices qui correspondent aux conduits excréteurs de la glande (*canaux galactophores*).

Au-dessous de la peau, se trouve la couche de tissu cellulo-adipeux dont l'épaisseur et les rapports varient suivant les parties que l'on considère. Plus ou moins développée à la périphérie, elle diminue insensiblement sur les bords de l'aréole et disparaît complétement au niveau du mamelon ; autrement dit, la peau adhère ici complétement aux parties sous-jacentes, tandis qu'en dehors la couche aréolaire du derme prend des proportions plus ou moins considérables. C'est entre les tractus qui la forment et qui vont se continuer avec l'enveloppe également fibreuse de la glande qu'on trouve la graisse accumulée. Une fois débarrassée de cette couche graisseuse, la mamelle se présente sous la forme d'une masse sensiblement arrondie sur les bords, un peu tassée sur elle-même en avant, présentant, à son centre, un renflement ovoïde qui n'étant plus soutenu par les parties superficielles, s'affaisse et perd la disposition véritable qu'on voit très-bien sur la coupe antéro-postérieure d'une mamelle intacte. En arrière, elle est toujours un peu excavée. Cette masse est mamelonnée, irrégulière; sa couleur n'est pas exclusivement blanchâtre : par places, on trouve encore de petits prolongements de la couche cellulo-graisseuse qui s'insinuent entre les lobes et les lobules de la glande et se continuent avec une autre couche épaisse, située à la partie postérieure de la glande qu'elle sépare de l'aponévrose du muscle grand pectoral. Toute cette graisse se comporte de la même manière.

Quand elle est peu abondante : la peau est presque immédiatement appliquée sur la glande qui se trahit au dehors sous une forme presque hémisphérique, le mamelon est saillant et l'on peut facilement par la palpation reconnaître les différents lobes et lobules, d'où cette sensation mamelonnée qu'on éprouve. Si on la saisit en totalité, elle se déplace fort peu, à moins qu'il ne s'agisse d'une femme d'un certain âge ayant eu de nombreuses grossesses, dans ce cas tous les tissus ayant diminué de consistance et la peau étant relâchée, la mamelle a de la tendance à glisser par en bas dans la station verticale, de même qu'elle s'aplatit dans le *décubitus dorsal*. Il n'est donc pas étonnant qu'elle puisse se déplacer plus facilement ; mais en dehors de ces conditions, elle est très-peu mobile. Ses rapports, bien qu'encore variables, peuvent cependant être appréciés d'une façon assez exacte : Elle occupe un espace compris entre la 3e et la 6e ou 7e côte ; parfois, elle descend un peu plus bas. En dedans, elle empiète légèrement sur le bord sternal ; en dehors, elle s'étend plus ou moins vers l'aisselle. Le mamelon correspond, un peu en dehors, à l'union du 4e cartilage avec la côte ; quelquefois, un peu au-dessous de celle-ci.

Lorsque la graisse est très-développée, non-seulement elle repousse la peau en avant, ce qui fait paraître l'aréole déprimée et le mamelon moins saillant ; mais, en s'insinuant entre les différentes parties de la glande, elle déforme celle-ci qui s'étire et perd en largeur ce qu'elle gagne en longueur. En outre, comme la graisse abonde aussi en arrière, la glande est rejetée en avant ; si l'on ajoute à cela qu'elle est encore comprimée de cette manière, on comprend très-bien qu'elle puisse s'atrophier à la longue. Enfin, le poids même de cette masse ayant de la tendance à attirer les tissus par en bas, les mamelles se déplaceront et s'affaisseront avec la plus grande facilité ; de sorte que, même chez les jeunes filles, elles pourront être pendantes et offrir, par conséquent, des rapports très-différents. L'examen de la glande devient alors plus difficile ; et cela, parce qu'on en est plus éloigné, ensuite parce qu'elle a changé de forme. Règle générale : on ne devra pas se contenter d'examiner la mamelle dans le sens transversal ou vertical, il faudra toujours relever celle-ci contre la poitrine et la palper dans le sens antéro-postérieur.

Nous avons encore à parler d'une bourse séreuse, signalée par M. Chassaignac (*Société de chirurgie*, séance du 1er juin 1855), qui se trouverait en arrière de la mamelle dans ce tissu cellulaire lâche qu'on considère généralement comme la continuation de la lame profonde du fascia superficialis des régions voisines. Avec un couteau à amputation nous avons sectionné un grand nombre de mamelles appartenant à des femmes soit adultes soit vieilles sans jamais pouvoir rencontrer cette bourse séreuse. Ce n'est pas à dire pour cela qu'elle n'existe pas ; toutefois, nous tenons à faire remarquer qu'elle est moins fréquente qu'on ne le croit généralement.

Enfin, M. Giraldès (*Considérations sur l'anatomie chirurgicale de la région mammaire*, in *Mémoires de la Société de chirurgie*, t. II, page 198) a mentionné l'existence de fibres jaunes dépendantes du fascia superficialis, lesquelles s'attacheraient au bord inférieur de la clavicule et constitueraient un véritable ligament suspenseur de la mamelle. C'est en vain que nous l'avons cherché.

Vaisseaux. Les artères de la mamelle proviennent de plusieurs sources. En haut, la thoracique supérieure (branche de l'axillaire) envoie quelques rameaux descendants. Des rameaux semblables sont fournis par la mammaire externe (branche de l'axillaire); sur les côtés du sternum, de petites branches de la mammaire interne se dirigent de dedans en dehors. Enfin, on trouve encore sur la surface de la région, des branches provenant des intercostales aortiques, et plus spécialement, de celles qui se trouvent dans le 2ᵉ et 3ᵉ espace intercostal.

Toutes ces branches artérielles prennent, chez la femme, un grand développement pendant la grossesse et pendant l'allaitement.

Les veines suivent, en général, le trajet des artères. Chaque artère est accompagnée par une ou deux veines; il n'y a rien de constant. Les plus superficielles s'aperçoivent à travers les téguments sous la forme de lignes bleuâtres. Signalons, à cette occasion, le cercle veineux de Haller qui circonscrit l'aréole dans les deux sexes, mais il est loin d'être constant.

Quant aux lymphatiques de la glande mammaire, on les a divisés en *superficiels* et en *profonds*.

Les vaisseaux superficiels, au nombre de trois ou quatre, partent d'un réseau très-fin qui se trouve au niveau de l'aréole, et convergent vers l'aisselle.

Les vaisseaux profonds plus nombreux et plus volumineux partent des lobules de la glande qu'ils entourent d'un réseau; de là, ils traversent l'organe pour gagner les ganglions axillaires, situés sous le grand pectoral.

Parmi les lymphatiques de cette région, il en est qui se jettent dans les ganglions situés derrière le sternum; un certain nombre d'autres passent dans la paroi antérieure de l'abdomen pour se rendre aux ganglions inguinaux.

Les *nerfs* proviennent :

1° Du plexus cervical superficiel par les branches sus-claviculaires;
2° Du plexus brachial par les branches thoraciques;
3° Des nerfs intercostaux.

Anomalies. Le développement rudimentaire des deux mamelles coïncide ordinairement avec l'absence ou le développement rudimentaire de l'utérus ou des ovaires. Ce faible développement est très-fréquent à l'âge de la puberté. Chez les jeunes filles chlorotiques, tuberculeuses, syphilitiques, parfois chez les personnes saines le même fait se présente, et, le plus souvent, cette disposition se transmet héréditairement.

Quant au manque des deux mamelles, qui est rare, suivant Velpeau, il ne se rencontre que dans les cas de malformation du thorax incompatible avec la vie.

On remarque également l'absence d'une mamelle dans le cas de développements vicieux, tels que; 1° l'absence du muscle pectoral, et de la moitié antérieure des troisième et quatrième côtes; de sorte que la peau sert exclusivement de paroi à ce niveau (Froriep et Ried); ou 2° absence de l'ovaire correspondant (deux faits de Scanzoni).

Les observations de Louzier et Geoffroy-Saint-Hilaire montrent que ces vices de conformation sont héréditaires.

Birkett a signalé l'absence congéniale des mamelles (*Amazia*).

Cooper, Pears, Caillot, Laycock l'ont vue coïncider avec le manque d'ovaires.

Mais le nombre des mamelles est plus souvent augmenté que diminué (*Polymastia*, de Meckel, *Pleiomazia*, de Birkett).

On voit ordinairement la mamelle surnuméraire au-dessous de la mamelle normale, ou dans le creux de l'aisselle; rarement dans d'autres points; parfois à la région lombaire, sur l'épaule, ou même sur le dos (Manget). Dans le cas de Robert, la mamelle siégeait sur la face externe de la cuisse gauche et donnait du lait.

Quand il y a quatre mamelles, les deux surnuméraires sont ordinairement situées chacune dans une cavité axillaire.

Lorsqu'il existe cinq mamelles, deux sont situées dans les cavités axillaires, la cinquième au-dessus de l'ombilic (Gorré).

Les mamelles surnuméraires atteignent rarement le développement des glandes normales. Elles sont toujours très-petites.

Fœrster a observé un carcinome dans une mamelle surnuméraire située dans l'aisselle, alors que la mamelle normale ne présentait rien de particulier.

La polymastie se voit également dans le sexe masculin.

Quant aux anomalies du mamelon, la plus fréquente est la mauvaise conformation coïncidant avec un développement normal de la glande, à la suite des pressions mécaniques (corsets). Les déformations sont souvent dues aux professions (couturières). Le mamelon est parfois petit et semble rétracté au point de disparaître complétement, si bien qu'on ne peut plus le faire saillir au dehors.

Les mamelons peuvent manquer (Paulinus, Lentilius, Ledel).

Blasius observa un mamelon sans conduits excréteurs.

Un plus grand nombre de mamelons se voit surtout d'un côté, plus spécialement du côté gauche.

On voit souvent deux mamelons sur la même mamelle.

G. Honnaüs a observé cinq mamelons d'un seul côté.

Les mamelons surnuméraires ont habituellement des canaux excréteurs, mais ils peuvent ne pas être entourés d'une aréole : parfois, ils en ont une propre o.. commune.

HISTOLOGIE. La mamelle appartient à la catégorie des glandes en grappe, c'est avec la glande lacrymale qu'elle offre le plus d'analogie ; on peut, en effet, la décomposer jusqu'à un certain point en une série de glandes simples dont les canaux excréteurs viennent s'ouvrir isolément au niveau du mamelon.

A la période moyenne de la vie, en dehors de la grossesse et de l'allaitement, on compte dans la mamelle quinze à vingt lobes ; chacun d'eux est formé d'un nombre très-variable de lobules dans la constitution desquels entrent des vésicules ou grains glandulaires.

Ces derniers sont sensiblement arrondis et mesurent de 10 à 15 cent. de mill. de diamètre; on leur décrit généralement une membrane ou kyste qui n'est qu'une transformation du tissu conjonctif, dense et serré, au milieu duquel sont plongées les vésicules ou grains glandulaires. Ces cavités sont toujours tapissées d'un épithélium pavimenteux, ce qui empêche de les confondre avec leurs conduits excréteurs. Ceux-ci partent de différents groupes de vésicules, se réunissent et forment des canaux plus volumineux (conduits lobulaires) qui vont se jeter à leur tour dans un canal unique (conduit galactophore).

Après avoir reçu tous les canaux excréteurs de tous les lobules qui composent un même lobe, ces derniers dont le diamètre est de 2 à 3 millimètres se dirigent vers le mamelon ; au-dessous de l'aréole, ils se dilatent de manière à former une petite ampoule allongée de 4 à .9 millimètres de largeur (sinus lactifères) ensuite leur diamètre diminue de plus en plus, si bien que dans le mamelon il est seulement de 1 millimètre ou 1 millimètre et demi.   .

D'une manière générale, l'épithélium qui tapisse les conduits excréteurs de la glande mammaire est cylindrique.

Dans les plus petits canaux, les cellules sont directement en contact avec une couche de tissu conjonctif d'épaisseur variable mais située longitudinalement. Dans les plus gros canaux, cette couche de tissu conjonctif est plus épaisse, elle est parsemée de noyaux et de fibres élastiques isolées ou anastomosées ; entre elle et l'épithélium on voit une couche lamelleuse qui a la plus grande analogie avec l'élastique interne des vaisseaux. Plusieurs auteurs prétendent avoir rencontré des fibres musculaires lisses dans les parois de ces canaux ; n'ayant pas fait de recherches à cet égard, nous ne pouvons rien préciser. Toutefois, MM. Kölliker, Eberth et Henle (*Handbuch der Gewebelehre des Menschen* von Kœlliker , 5te Auflage ; Leipzig, 1867, S. 571) affirment qu'il leur a toujours été impossible de les démontrer. Il n'en est pas de même au niveau de l'aréole et du mamelon où elles sont surtout évidentes à l'époque de la grossesse, et se présentent sous la forme de faisceaux onduleux entre-croisés un peu dans tous les sens. La peau qui recouvre ces parties est extrêmement délicate : la couche épidermique n'a que $0^m,013$ tandis que la couche de Malpighi offre $0^m,090$ d'épaisseur ; les cellules qui composent cette dernière renferment une grande quantité de pigment.

Les papilles ont de $0^m,070$ à $0^m,220$, elles seraient assez pauvres en corpuscules de Meissner (Kölliker) ce qui ne laisse pas que d'étonner *a priori*.

Les glandes sudoripares et sébacées n'offrent aucune particularité. Cependant, nous devons dire qu'on est encore divisé sur la question de savoir s'il existe véritablement des canaux lactifères aberrants (*Glandulæ lactiferæ aberrantes, accessoriæ*, Luschka, Henle. — *Glandes auréolaires*, Duval. Paris, 1861) pour expliquer ces faits déjà signalés par Morgagni, Winslow, Meckel, et dans lesquels on a vu suinter au niveau de l'aréole un liquide analogue au colostrum.

Disons seulement qu'il n'y a aucune difficulté à admettre que cette sécrétion puisse avoir simplement son point de départ dans les glandes sébacées. .

Nous savons déjà comment se distribuent les artères et les veines ; les capillaires forment, autour des lobules glandulaires, un réseau à mailles relativement étroites. On n'a pas encore pu démontrer, à l'aide d'injections, l'existence de vaisseaux lymphatiques se rendant dans la glande (Kölliker, *loc. citat.*) ; cependant, tout fait présumer qu'il en existe. Les nerfs doivent se comporter ici comme à l'égard des autres glandes de la peau ; on en voit un grand nombre qui accompagnent les vaisseaux, mais on ne connaît pas leur terminaison exacte.

Développement. A ce point de vue, les mamelles se comportent de la même manière que les autres glandes de la peau : la partie épithéliale provient du feuillet supérieur du blastoderme (feuillet corné de Remak), la partie conjonctive dérive du feuillet sous-jacent (feuillet moyen de Remak).

D'après Langer (*Ueber den Bau und die Entwickelung der Milchdrüsen mit 3 Tafeln*, Wien 1851) et Kölliker (*loc. cit.*), on voit, du quatrième au cinquième mois, au-dessous de l'épiderme proprement dit, une masse arrondie composée de cellules qui se continuent directement par en haut avec celles du corps de

Malpighi, et entourée d'une couche très-mince de tissu conjonctif qui n'est qu'une transformation de la partie correspondante du derme.

Entre le septième et le huitième mois, on aperçoit déjà, à la périphérie de cette masse, un certain nombre de prolongements qu'on peut considérer comme les premiers rudiments des lobes futurs.

Durant les derniers mois de la vie intra-utérine, ces prolongements piriformes se creusent et se mettent en communication avec l'extérieur à leur partie supérieure qui est relativement étroite, pendant que leur partie inférieure, qui est la plus large, reste pleine et présente à sa périphérie une foule de bourgeons.

Au moment de la naissance, la glande mesure de 7 à 9 millim. de diamètre ; elle est composée de douze à quinze lobes se décomposant eux-mêmes en un nombre variable de lobules dont on distingue très-bien les canaux excréteurs qui sont creux et tapissés d'un épithélium cylindrique, des renflements mamelonnés qui leur sont appendus. Ceux-ci paraissent sensiblement ronds, ils sont remplis de jeunes cellules et n'offrent pas de traces de membrane d'enveloppe : ils plongent donc au milieu d'un tissu conjonctif mou, aréolaire, contenant dans ses mailles de nombreuses cellules arrondies pourvues de un à trois noyaux, et des globules sanguins rouges en si grande quantité qu'on croirait, par place, à une véritable extravasation sanguine; remarque importante, les vaisseaux qui sillonnent ce tissu sont remplis de globules et énormément distendus (petites veines et capillaires). Nous croyons avoir rencontré çà et là de petites ruptures, cependant nous ne voudrions rien affirmer.

Quoi qu'il en soit, il s'agit là d'une véritable hypérémie active qui est évidemment en rapport avec le développement rapide de la glande dans les derniers mois de la vie intra-utérine. Ce processus nous explique pourquoi la mamelle est tuméfiée pendant les deux ou trois premiers jours qui suivent l'accouchement, pourquoi aussi elle laisse souvent suinter, par la pression, deux ou trois gouttes d'un liquide analogue au colostrum, et cela aussi bien chez les enfants du sexe féminin que chez ceux du sexe masculin auxquels on ne fait pas pourtant les seins, comme on dit vulgairement. Au surplus, nous avons sectionné par le milieu les mamelles d'une dizaine d'enfants et toujours sur la coupe, quel que fût le sexe, nous avons constaté, à l'œil nu, une tache de 8 à 9 millim. d'un rouge brun plus ou moins accusée.

D'après Langer (*loc. citat.*), jusqu'à la puberté on ne constaterait pas de véritables grains glandulaires.

A cette époque, il s'en développerait un certain nombre, ce qui est encore en rapport avec le gonflement et parfois le suintement liquide qui se produisent chez les garçons comme chez les filles. Toutefois, ce n'est que pendant la grossesse que la glande acquiert son entier développement. Après l'accouchement, ou après la période de lactation, l'activité des éléments n'étant plus mise en jeu, l'hypérémie vasculaire cesse peu à peu et la glande reprend les caractères qu'elle avait auparavant. Il est probable qu'un certain nombre de grains glandulaires s'atrophient complétement pour se former de nouveau à l'occasion d'une seconde grossesse et ainsi de suite. A partir de la ménopause, les grains glandulaires disparaissent peu à peu, si bien que, sur des mamelles de vieille femme, on ne trouve plus que des canaux excréteurs, et encore les plus petits se confondent-ils avec les tractus conjonctifs qui séparent entre eux les lobules graisseux hypertrophiés.

Chez l'homme, la mamelle n'a que 3 à 5 centimètres de largeur sur 3 à 6 centimètres d'épaisseur. Au point de vue histologique, tantôt elle ressemble à la mamelle du nouveau-né ; tantôt elle offre la plus grande analogie avec la mamelle de la femme adulte et l'on y trouve des grains glandulaires parfaitement développés. Ce dernier cas est le plus rare.

Quoi qu'il en soit, elle est susceptible de fonctionner dans une certaine mesure.

§ II. **Physiologie.** On vient de voir qu'à l'état normal la glande mammaire n'atteint que pendant la grossesse son complet développement, c'est qu'après l'accouchement elle doit fournir au nouveau-né un aliment en rapport avec les forces de son organisme.

Les modifications qui surviennent à ce moment sont identiques à celles que nous avons indiquées aux deux époques de la naissance et de la puberté.

Toutefois, comme ici la cause agit d'une façon plus intense, plus prolongée, les modifications sont aussi plus profondes, plus complètes.

Avant d'aller plus loin, rappelons qu'à l'état de repos les vésicules glandulaires sont tapissées par de l'épithélium pavimenteux, et les canaux excréteurs par de l'épithélium cylindrique. Disons en outre, qu'on ne trouve dans l'intérieur de la glande qu'nn peu de mucus jaunâtre contenant quelques cellules épithéliales qui se sont détachées des parois.

Sous l'influence de la dilatation active des vaisseaux, le tissu conjonctif s'épaissit, les vésicules glandulaires se développent et, vers le deuxième ou le troisième mois de la grossesse, on trouve dans leur intérieur des cellules épithéliales remplies de granulations graisseuses.

Ces éléments ne tardent pas à s'accumuler dans les canaux excréteurs, poussés qu'ils sont par d'autres cellules épithéliales plus jeunes qui subissent à leur tour la même évolution. Il en résulte que, vers le milieu de la grossesse, on peut déjà faire sortir par le mamelon un liquide jaunâtre dans lequel nagent des cellules épithéliales remplies de granulations graisseuses et des débris de ces mêmes cellules. Le liquide en question n'est pas du lait véritable, c'est du colostrum dont la sécrétion se fait d'une façon très-active pendant les trois ou quatre premiers jours qui suivent l'accouchement. A cette époque, les culs-de-sac glandulaires contiennent bien encore des cellules épithéliales remplies de granulations graisseuses, mais celles-ci sont plus volumineuses et très-pâles. A peine arrivées dans les canaux excréteurs, elles perdent très-rapidement leurs caractères; membranes et cellules, tout disparaît et l'on ne voit plus que des granulations graisseuses de différente grosseur, isolées ou agglomérées qui sont les seuls éléments figurés du lait véritable.

Les modifications précédentes retentissent naturellement sur l'entourage de la glande. De bonne heure les mamelles se gonflent et deviennent plus saillantes. La peau est distendue ; à la périphérie, les veines sous-cutanées sont plus apparentes. Au centre, l'aréole paraît plus large et le mamelon plus saillant.

Les phénomènes du côté de la peau pourraient, à la rigueur, s'expliquer par le développement des tissus sous-jacents, mais comment comprendre la coloration plus foncée de l'aréole et l'hypertrophie des glandes sébacées qui se trouvent sur les bords, sinon en admettant une suractivité des éléments qui entrent dans la constitution de ces parties.

Tous ces changements sont très-importants à connaître : bien qu'offrant une marche continue, progressive, ils varient d'une femme à l'autre et, pour la même femme, on constate de grandes différences suivant qu'il s'agit de la première ou de la deuxième grossesse ; ils éprouvent aussi des temps d'arrêt ordinairement suivis de recrudescence. Dans certains cas, ils peuvent cesser brusquement, ce qui coïncide soit avec l'expulsion prématurée, soit avec la mort du fœtus.

D'après cela, il est difficile de ne pas admettre, dans la grossesse, une relation intime entre ce qui se passe du côté de l'utérus et ce qui survient du côté de la mamelle. Au surplus, chez presque toutes les femmes, les mamelles sont le siège de sensations particulières à l'approche des règles. Il en est dont les seins augmentent manifestement de volume à cette époque : l'aréole paraît souvent plus colorée; enfin, le mamelon se gonfle et on en voit sortir du colostrum, ce qui suppose une vascularisation plus considérable et d'une durée suffisante pour mettre en jeu l'activité cellulaire. Coïncidence remarquable, dans ces cas il s'agit presque toujours de femmes chez lesquelles la menstruation met longtemps à s'établir. Dès que le sang commence à couler, ces dernières modifications disparaissent; de sorte que non-seulement il y a un rapport entre le développement de l'utérus et le développement des mamelles pendant la grossesse, mais ce rapport existe encore pendant la menstruation : on le trouve également à l'état pathologique, et quelques observateurs ont signalé certains phénomènes de douleurs de gonflement des mamelles dans les affections de l'utérus ou de ses annexes (myomes, kystes).

Cette corrélation fonctionnelle est sans doute établie par le système nerveux. Il est même permis de supposer que la section des nerfs qui se rendent à la mamelle empêcherait la sécrétion de se produire, chez les animaux, à l'époque de la parturition.

M. Cl. Bernard (*Leçons sur les propriétés physiologiques et les altérations pathologiques des liquides de l'organisme*, t. II, Paris 1859) dit qu'il a tenté quelques expériences dans ce but, malheureusement elles n'ont pas été terminées. À ce propos, il reproduit les recherches d'Eckhard qui avait sectionné chez les chèvres, les nerfs inguinaux et lombaires pour voir s'il y avait une diminution sensible dans la proportion du lait sécrété. Or cette influence ne fut pas très-manifeste. Ce qui l'étonnait à juste titre, c'est qu'on n'eût pas constaté d'incontinence laiteuse. En effet, il existe dans l'aréole et le mamelon des fibres musculaires auxquelles, sans aucun doute, se rendent des nerfs. Du reste, comment expliquer ces phénomènes de rétention du lait chez certains animaux quand on leur enlève leurs petits ou qu'on leur donne un aliment qui n'est pas à leur convenance. On sait que les ménagères employaient alors une petite tige de bois qu'elles introduisent dans le pis pour vaincre la résistance du sphincter.

Tout ceci prouve bien qu'il s'agit d'une action nerveuse et, en présence des résultats d'Eckhard, on est forcé de conclure que la paralysie du sphincter a passé inaperçue ou qu'elle n'existait pas; auquel cas tous les nerfs n'auraient pas été coupés; ajoutons que dans les cas de sécrétion lactée exagérée on a obtenu les meilleurs effets de l'emploi local de l'électricité.

Lorsque la sécrétion lactée est établie, l'utérus n'a plus aucune influence sur elle; mais il est à remarquer que l'irritation partie des mamelles retentit à son tour sur l'utérus, Suivant M. Depaul (Liégeois, *Traité de physiologie*, Paris, 1869), l'utérus de la femme qui allaite reviendrait beaucoup plus lentement à ses dimensions primitives que l'utérus de la femme qui n'allaite pas. Cet auteur aurait même vu, chez une femme qui allaitait depuis un certain temps, l'utérus aussi développé que celui d'une femme enceinte de 6 mois. La lactation une fois achevée, cet organe reprit immédiatement les dimensions qu'il offre à l'état normal.

Après la ménopause, plusieurs malades, atteintes de sarcome et de carcinome de la mamelle, nous ont dit avoir vu leurs règles revenir au moment où les tumeurs avaient pris un développement plus considérable. Dans deux circonstances, il nous a été donné de faire l'autopsie et nous n'avons trouvé aucune altération concomitante du côté de l'utérus.

Ces faits, bien qu'en petit nombre, ont cependant de la valeur ; ils tendent de plus en plus à prouver l'existence de centres nerveux trophiques tenant plusieurs organes sous leur dépendance.

Bien que d'une manière générale les mamelles ne sécrètent du lait que pendant la grossesse, il y a aujourd'hui dans la science un certain nombre d'observations qui permettent de dire que cette règle n'a rien d'absolu. Baudelocque a signalé le fait d'une jeune fille de 8 ans qui allaita pendant un mois son petit frère que sa mère ne pouvait nourrir. Audebert parle d'une femme qui put encore nourrir à l'âge de 62 ans. D'autres observateurs ont signalé des faits semblables. M. Colin a vu une brebis de 6 mois qui n'avait pas encore été couverte donner une quantité fort notable de lait très-blanc, crémeux et coagulable comme celui qui est sécrété dans les conditions normales. On a vu, en outre, différentes femelles d'animaux qui, n'ayant pas été fécondées, ont pu fournir du lait véritable à l'époque où le part aurait dû s'effectuer. Enfin de Humboldt et M. Auzias Turenne disent avoir rencontré des hommes lactifères (Joly, *Thèses de Paris*, 1851). Tout le monde connaît l'histoire du bouc de Lemnos ; M. Schlossberger a analysé du lait provenant d'un pareil animal, et il a reconnu qu'il ne différait pas sensiblement de celui fourni par les femelles de la même espèce.

Ces faits ne laissent pas que d'étonner au premier abord. Pour tous, cependant, on peut invoquer la succion |: l'excitation qui en résulte est bien capable d'entretenir la fonction après la grossesse, pourquoi ne la ferait-elle pas naître en dehors de cet état ?

Dans les cas où la mamelle est le siége de tumeurs, on peut souvent par la pression faire sortir quelques gouttes de colostrum. Le fait du néoplasme est évidemment seul en cause ; c'est lui qui produit une excitation mécanique et amène la dilatation plus ou moins persistante des vaisseaux de la mamelle. Dès lors, rien n'empêche d'admettre que la succion provoque une semblable excitation. C'est, du reste, un moyen analogue qu'emploient les ménagères pour les chèvres ou les vaches lorsque celles-ci ont perdu leur année, c'est-à-dire lorsque la fécondation n'a pas eu lieu. La facilité avec laquelle la sécrétion du lait s'établit à l'époque de la naissance et, de même, à l'époque de la puberté indique déjà que ce phénomène est possible entre ces deux époques pour l'un et l'autre sexe ; à plus forte raison, dans la période de la vie où la sécrétion du colostrum se voit également pour les deux sexes. Enfin, à un âge relativement avancé, on peut admettre que les culs-de-sac glandulaires ne sont pas encore complétement atrophiés.

Le lait n'est pas filtré à travers des cellules fixes ; il y a une dissolution de cellules, c'est une véritable sécrétion épithéliale. M. Cl. Bernard l'a comparée avec beaucoup de raison à la sécrétion de la muqueuse des parties latérales du jabot chez le mâle et la femelle des pigeons. Au moment de l'éclosion des œufs, il se fait une vascularisation plus considérable de la muqueuse ; celle-ci s'hypertrophie et, à la surface, on trouve une substance blanchâtre analogue à du lait coagulé, composée de cellules épithéliales remplies de granulations graisseuses et des débris de ces cellules. C'est cette substance qui est ingurgitée aux petits et leur sert de première nourriture.

§ III. **Pathologie.** CONTUSIONS ET PLAIES. A. *Contusions, ecchymoses.* La position, le volume et la forme des mamelles sont autant de conditions qui les exposent aux violences extérieures. Le simple froissement ne produit qu'une douleur peu intense et de courte durée ; mais, s'agit-il d'une contusion véritable, les douleurs sont très-vives, lancinantes, elles durent toujours un certain temps et s'accompagnent de gonflement, voire même d'ecchymose.

L'absence d'ecchymose n'implique pas l'absence de rupture vasculaire, elle prouve seulement que l'épanchement sanguin n'est pas superficiel, et, en outre, qu'il est peu considérable.

En effet, pour peu que quelques vaisseaux superficiels aient été rompus, on voit une ecchymose irrégulière d'un gris d'acier, plus ou moins jaunâtre, suivant le temps qui s'est écoulé depuis l'accident ; de plus, elle correspond au point contusionné.

Il n'en est pas de même de la rupture de vaisseaux profonds qui, nous le répétons, peut exister sans trace d'ecchymose du côté de la peau : ce qui doit y faire penser, c'est le caractère des douleurs, et surtout le gonflement, qui sont des phénomènes de réaction tenant à la présence d'une certaine quantité de sang épanché ; du reste, fût-il abondant, celui-ci peut mettre quelque temps avant de se faire jour jusqu'à la peau.

D'une manière générale, l'ecchymose provenant de la rupture d'un assez grand nombre de vaisseaux profonds, se présente sous la forme d'un croissant dont la convexité suit exactement le pli de la peau qui limite la mamelle par en bas. Les deux formes d'ecchymoses peuvent se rencontrer en même temps, se confondre, descendre plus bas.

Dans certaines circonstances, il existe au niveau du point contusionné une bosse sanguine, phénomène qui a ici une gravité toute particulière en ce qu'il indique un écrasement du tissu cellulo-graisseux ; or, on sait que les inégalités de la mamelle et sa grande mobilité rendent cet écrasement très-difficile, de sorte qu'en présence d'une bosse sanguine on devra supposer que la contusion a été très-forte et que le tissu glandulaire placé entre le corps contondant et les côtes a subi des altérations plus ou moins considérables. En pareil cas, on doit craindre une inflammation aiguë qui, s'il s'agit d'une nourrice, pourra avoir des conséquences redoutables ; mais, n'en fût-il rien, on doit encore appréhender pour l'avenir ; en effet, toutes les fois qu'il s'agit d'un épanchement sanguin un peu abondant et, à plus forte raison, toutes les fois que le tissu cellulo-graisseux a été broyé, le processus de réparation devant aboutir à la formation d'une cicatrice, celle-ci pourra produire l'atrophie de la glande et amener des douleurs plus ou moins persistantes, par sa tendance naturelle à se rétracter.

Ce n'est pas tout : bon nombre de tumeurs, comme nous le verrons plus tard, semblent avoir une pareille origine.

Les ecchymoses de la mamelle ne coïncident pas toujours avec un traumatisme ; Astley Cooper, qui a le premier attiré l'attention sur ce fait (*Œuvres chir.*, trad. de MM. Chassaignac et Richelot, Paris, 1837), dit qu'on les rencontre d'ordinaire chez les jeunes filles à menstruation pénible ou irrégulière. Velpeau (*Traité des maladies du sein.* Paris, 1858) les aurait également remarquées chez les femmes, dans les mêmes circonstances, vers l'âge de retour, etc.

A l'approche des règles, les mamelles se gonflent, déviennent le siége de douleurs excessivement vives qui se propagent le long de la partie interne des bras jusque dans les doigts ; puis, il se forme une large tache semblable à celle que produirait un coup violent : d'autres taches plus petites et moins prononcées se dessinent sur d'autres parties; L'auteur anglais a vu, en outre, du sang pur ou mélangé avec du lait, sortir par le mamelon; Voici l'observation : « Mistriss Long, âgée de 21 ans, sujette à des troubles de la digestion; à des affections bilieuses et à des phlegmasies des poumons; a eu deux enfants.

« À son premier, elle avait du lait dans les mamelles; mais elle n'était pas assez bien portante pour le nourrir. Pendant sa seconde grossesse, elle eut souvent des évanouissements et fut atteinte d'une pneumonie qui exigea des saignées répétées. L'enfant naquit vivant, mais il mourut au bout de trois mois;

« La mamelle gauche sécréta du lait ; mais la mamelle droite n'en produisit point. Il se fit par le mamelon un écoulement de sang qui s'arrêta au bout de trois jours pour reparaître après un certain temps; à plusieurs reprises;

« La quantité de sang qui s'écoula ainsi en une fois aurait pu être contenue dans une soucoupe ; le lait fourni par le sein gauche se montra teint de sang.

« Cette femme était accouchée en juin 1821 et en octobre de la même année elle sentit une tumeur se développer dans la mamelle. En juin 1822, la tumeur existait encore et était excessivement douloureuse. »

Cette tumeur pouvait bien n'être qu'un hématome ; cependant il n'est pas impossible qu'elle eût une autre nature et provînt de la néoplasie inflammatoire qui aurait elle-même succédé à l'épanchement sanguin.

Quoi qu'il en soit, on peut rapprocher ce qui est survenu dans le cas d'ecchymose spontanée de ce que nous avons dit survenir dans certains cas d'ecchymose traumatique.

Une semblable terminaison est sans doute très-rare, Astley Cooper avancé que l'ecchymose spontanée n'a, par elle-même, aucune gravité ; qu'elle dure d'ordinaire huit jours et persiste rarement jusqu'à l'époque menstruelle suivante: Cependant, à notre point de vue, il suffit d'un fait pour démontrer qu'il peut en être autrement, d'où nous concluons qu'on doit toujours porter un pronostic réservé lorsqu'il s'agit d'ecchymose un peu considérable de la mamelle; quelle qu'en soit du reste la cause. Une autre particularité intéressante, ce sont les douleurs et le gonflement qui précèdent l'ecchymose: il est permis de supposer qu'indépendamment des ruptures vasculaires superficielles, il existe aussi des ruptures vasculaires profondes ; car on ne peut pas admettre que l'hypérémie simple soit capable de produire des phénomènes aussi accusés.

En ce qui concerne le traitement : s'il s'agit d'un simple froissement ou d'une contusion légère, on prescrira des cataplasmes vineux, des cataplasmes saupoudrés de sel ammoniac, des cataplasmes arrosés d'extrait de Saturne ou même de laudanum. Les cataplasmes émollients soulagent sans doute au moment où on les applique ; mais, à mesure qu'ils se refroidissent, les malades les supportent très-mal. Pour peu qu'on ait affaire à une contusion un peu forte, avant d'employer les mêmes moyens, on devra recourir à une application de sangsues en dehors de la mamelle ce qui atténue toujours immédiatement les douleurs ; il sera souvent utile de donner de l'opium à l'intérieur.

On doit proscrire les vessies de glace comme ayant des inconvénients dans cette région ; les onctions avec l'onguent mercuriel ou avec la pommade à l'iodure de plomb conviennent plus tard, lorsque l'ecchymose a disparu. A cette période, si la douleur et l'empâtement persistent, Velpeau conseille de couvrir la mamelle d'un large vésicatoire volant et de recourir ensuite aux emplâtres de savon, de ciguë ou de Vigo ; enfin, s'il y avait menace de suppuration, il faudrait employer les cataplasmes émollients, et le pus une fois formé, se comporter comme nous le dirons à propos des abcès.

Les ecchymoses spontanées réclament, suivant nous, la même médication. De plus, on devra se préoccuper de l'état général et insister plus particulièrement sur les emménagogues, les toniques et les reconstituants.

Plaies. En présence d'une plaie de la mamelle, qu'elle ait été produite par un instrument piquant, tranchant; contondant ou par une arme à feu. La première chose à rechercher, c'est si les côtes; la plèvre, les poumons ou même le cœur ont été intéressés.

Dans le cas où il y aurait une lésion de ces parties; on devra s'en préoccuper exclusivement et satisfaire aux indications particulières qu'elle réclame ; toutefois, il ne faudra pas oublier qu'on est séparé de la peau par une couche épaisse de tissus dans lesquels le traumatisme a produit des désordres plus ou moins considérables pouvant à leur tour devenir la cause de complications nouvelles.

Si les organes profonds n'ont pas été lésés, comme les accidents à redouter rentrent dans les différentes formes d'inflammation de la mamelle, il en sera question plus loin.

En ce qui concerne les plaies simples et superficielles, rappelons seulement qu'on devra faire tout son possible pour obtenir la réunion immédiate et, si l'on n'y parvient pas, surveiller avec beaucoup de soin la cicatrisation, afin d'éviter les cicatrices de la peau.

BRULURES. Elles sont dues le plus souvent à la combustion des vêtements ou à leur imbibition par un liquide bouillant.

Dans les deux cas, le pronostic est toujours fâcheux; Ce n'est pas qu'elles aient une grande profondeur, rarement elles dépassent le troisième ou le quatrième degré ; mais d'ordinaire, elles portent sur une large surface et, ne fût-ce que sur un point limité, c'est presque toujours l'aréole et le mamelon qui; en raison de leur position et de leur forme, sont atteints ; de sorte que; s'il survient une cicatrice centrale, on pourra craindre une oblitération partielle ou totale des canaux galactophores. On ne saurait donc prendre trop de précautions pour prévenir un semblable résultat.

L'application bien comprise de la baudruche et du collodion élastique nous paraît mériter la préférence dans les brûlures du premier et du deuxième degré ; pour les brûlures plus profondes, nous n'avons rien de spécial à dire, si ce n'est qu'il faut surveiller attentivement la cicatrisation:

Une question posée par M. Billroth (*Handbuch der allgemeinen und speciellen Chirurgie*, III. Band, Zweite Abth:, Erste Lief. Erlangen, 1865), c'est celle de savoir ce que devient la glande mammaire lorsque les canaux galactophores sont complétement oblitérés. Ce chirurgien pense qu'après s'être développée comme d'habitude à l'époque de la grossesse, la glande ne pouvant se débarrasser de son produit de sécrétion , reprend ses dimensions primitives et finit par s'atrophier. Pour soutenir cette thèse, il se base sur ce qu'on observe du côté de la parotide, après la ligature du canal de Sténon; enfin, il croit que cette oblitération peut donner lieu à des ectasies kystiques, comme cela arrive pour la vésicule biliaire, après la ligature du conduit cystique.

Nous n'avons pas eu l'occasion de suivre des malades ; toutefois nous ne pouvons partager cette manière de voir : en effet, il s'écoule parfois dix ou douze ans entre deux grossesses, et, pourtant, la même femme, qui n'avait pas cherché à nourrir son premier enfant, allaite très-bien le second. Quant à la rétention des produits sécrétés envisagée comme cause d'affection kystique de la mamelle, l'expérience de tous les jours prouve qu'il n'en est rien. On pourrait même démontrer que cette affection est plus fréquente chez les femmes qui ont allaité que chez celles qui n'ont jamais nourri. Du reste, au double point de vue de l'anatomie et de la physiologie, il n'est pas rigoureusement juste de comparer deux glandes dont l'une ne doit subir qu'à des intervalles éloignés des modifications de structure en rapport avec sa fonction, et dont l'autre est constituée de manière à pouvoir sécréter continuellement, quitte à déverser son produit à des intervalles plus ou moins rapprochés.

Pour ce qui est de la comparaison avec la vésicule biliaire, nous croyons inutile de la réfuter.

INFLAMMATIONS AIGUES. La congestion (hypérémie active) des mamelles et les lésions du mamelon et de l'aréole d'une part, les conditions dites de milieu et celles, non moins importantes, tirées de l'état de l'organisme d'autre part ; voilà, suivant nous, les éléments qui doivent être surtout pris en considération pour expliquer tout à la fois la fréquence et la modalité des inflammations aiguës dont les organes sont le siège aux différentes périodes de la vie. En se basant sur eux, on arriverait certainement à d'autres règles au double point de vue de la prophylaxie et de la thérapeutique ; mais, outre que les documents recueillis jusqu'à ce jour nous paraissent insuffisants pour entreprendre une semblable étude, ce serait sortir des limites dans lesquelles nous devons nous renfermer.

A. *Érysipèle* et *lymphangite.* Ces deux formes d'inflammation du réseau lymphatique superficiel, ne s'observent guère en l'absence de lésions de l'aréole et du mamelon. Les nourrices y sont surtout très-exposées, si elles continuent d'allaiter du côté malade. La succion, en effet, empêche le tissu de granulation de se former ou déchire celui-ci s'il est déjà formé, de sorte que les lymphatiques restent presque constamment ouverts et, par suite, les germes morbides de toute espèce peuvent y pénétrer avec la plus grande facilité. Les matières pulvérulentes en décomposition, les parasites de la bouche du nourrisson (stomatite aphtheuse) et ceux du lait aigri, tels sont les agents d'irritation les plus généralement admis. Dans les maternités, on peut, en outre, invoquer les miasmes qui y séjournent en quelque sorte d'une façon permanente : ce qui explique pourquoi les inflammations dont nous parlons s'y observent beaucoup plus fréquemment qu'en ville. Parfois, les malades se sont exposées au froid ou ont commis quelque écart de régime ; ces causes suffisent souvent en dehors de toute lésion de l'aréole et du mamelon.

La rongeur uniforme, le gonflement œdémateux faisant relief sur les bords et la douleur au moindre attouchement permettront de distinguer l'érysipèle de l'érythème simple. S'il s'agit d'un cas de lymphangite, on verra des traînées rougeâtres, à peine saillantes, se dirigeant vers l'aisselle du même côté ; les ganglions de cette région seront constamment tuméfiés et douloureux. Dans la majorité des cas, les phénomènes locaux sont précédés de frissons irréguliers ; or, si ces derniers continuent, c'est que le processus a de la tendance à affecter une forme diffuse : si après avoir cessé, ils se montrent de nouveau, on devra, ou bien faire la même hypothèse ou bien penser à un abcès sous-cutané. En dehors de ces circonstances, l'érysipèle et la lymphangite durent rarement plus de huit ou dix jours.

Traitement. Il faut avant tout supprimer les causes d'irritation, quelle qu'en soit la nature. On se contentera d'entretenir sur la mamelle affectée une chaleur douce et humide ; on prescrira, en outre, de légers purgatifs.

Les mesures diététiques ayant ici une haute importance, on devra s'en préoccuper d'une façon toute particulière.

Dans le cas où l'affection aurait de la tendance à devenir diffuse, ce sont les purgatifs qui donnent encore les meilleurs résultats. Quant aux saignées locales ou générales, la plupart des auteurs les regardent comme plus nuisibles qu'utiles.

B. *Phlegmon sous-cutané.* Il comprend deux variétés, suivant que l'inflammation est limitée au tissu cellulaire sous-aréolaire ou qu'elle est située plus en dehors dans la couche cellulo-graisseuse. Le *phlegmon sous-aréolaire* tient ordinairement aux affections de l'aréole elle-même ; tantôt il donne lieu à un gonflement en masse, tantôt il se présente sous la forme d'un noyau isolé : dans ce dernier cas, l'inflammation a presque toujours son point de départ dans une glande sébacée. L'aspect acuminé et la rougeur livide auxquels se joignent les douleurs lancinantes parfois très-vives, la formation d'une pustule au sommet du cône et l'issue d'un véritable bourbillon , tels sont les signes que l'on constate habituellement (abcès tubéreux ou furonculeux).

A moins que les douleurs ne soient très-intenses, il est inutile d'inciser ; on se contentera donc d'ordonner des cataplasmes émollients ; d'ordinaire, la guérison sera complète au bout de dix ou douze jours. Pour ce qui est de la première forme d'inflammation sous-aréolaire, nous n'avons rien de bien spécial à mentionner : elle se termine souvent par résolution ; d'autrefois, elle s'étend et gagne le tissu cellulo-graisseux. Les moyens employés sont les mêmes que pour le *phlegmon sous-cutané* proprement dit.

Celui-ci est rarement primitif ; dans la majorité des cas, il reconnaît pour cause une inflammation soit de la peau soit de la glande elle-même. D'après Velpeau, on l'observerait plutôt chez les jeunes filles, en dehors de la puerpéralité que chez les femmes qui viennent d'accoucher ou qui nourrissent. Il s'annonce d'ordinaire par de la douleur du gonflement et de la rougeur sur un point limité de la mamelle qui paraît s'être boursouflée superficiellement à ce niveau. C'est avec l'inflammation de la glande qu'on peut surtout le confondre durant la période puerpérale. Cependant, la rougeur manque souvent au début dans la mastite ; en outre, les douleurs sont beaucoup plus vives. Lorsque l'inflammation siège dans le tissu cellulaire sous-mammaire, la glande est soulevée en masse et la rougeur, si elle existe, occupe la base de la mamelle, de sorte qu'il est assez difficile de commettre une erreur. Relativement au diagnostic avec l'érysipèle et la lymphangite , nous ne pouvons que répéter ce qui a déjà été dit : le phlegmon superficiel a souvent pour point de départ l'une ou l'autre de ces deux affections ; or, pour peu que la rougeur et l'empâtement se localisent, toute distinction devient impossible.

Abandonnée à elle-même, cette sorte d'inflammation se termine presque toujours par suppuration : les abcès se montrent de préférence sur la moitié externe et inférieure de la mamelle ; c'est en haut et en dedans qu'ils se voient ensuite le plus ordinairement. D'après Velpeau, les femmes qui ont les seins volumineux et lourds, n'en offriraient, pour ainsi dire, que de ces deux espèces. Ils sont uniques ou multiples : ces derniers, suivant le même auteur, se rencontreraient principalement durant la période puerpérale et dépendraient d'une inflammation parenchymateuse ; par contre, les premiers se verraient en dehors de la grossesse ou de l'allaitement et tiendraient habituellement à des affections de la peau, à des traumatismes. Leur existence se révèle par des caractères identiques à ceux des abcès phlegmoneux en général ; cependant, s'il s'agissait d'une femme possédant un grand embonpoint, dont les seins fussent gonflés par le travail de la lactation ou par un engorgement laiteux, la rougeur et la fluctuation de l'abcès pourraient être confondues avec celles de l'engorgement physiologique. Pour éviter toute erreur, il suffira de se rappeler que, dans le cas d'abcès, les symptômes locaux et généraux remontent toujours au moins à une semaine.

A la suite d'un érysipèle ou d'un violent traumatisme, l'inflammation peut affecter une forme diffuse qui met souvent la vie des malades en danger ; parfois, la mastite donne lieu aux mêmes accidents, il en sera bientôt question.

Traitement. Au début, on se comportera comme s'il s'agissait d'un phlegmon ordinaire, autrement diton instituera un traitement antiphlogistique aussi énergique que possible, en tenant compte, toutefois, des causes qui ont amené l'inflammation et des conditions dans lesquelles se trouvent les malades. Si l'on n'a pas pu éviter la suppuration, il faudra inciser de bonne heure, à moins cependant que la glande ne soit affectée, auquel cas on se conformerait aux indications spéciales que présente cette forme d'inflammation.

C. *Phlegmon profond.* De même que le phlegmon superficiel, le phlegmon profond s'établit presque toujours secondairement dans la mamelle : ce sont les inflammations de la glande qui lui donnent le plus souvent naissance ; puis, viennent les affections des côtes, de la plèvre ou des poumons, et en dernier lieu les traumatismes. Il est très-rare de le voir limité à un seul point : habituellement il affecte une forme diffuse ; dans le premier cas, le gonflement et la douleur sont plus marqués sur telle au telle partie de la circonférence de la mamelle ; c'est là aussi que la rougeur apparaît en premier lieu. Dans le second cas, le gonflement comprend toute la région ; la glande paraît comme repoussée au-devant de la poitrine, et quand on la comprime d'avant en arrière, on dirait qu'elle repose sur une éponge (Velpeau) ; la peau est lisse, tendue, parfois légèrement rougeâtre. La gêne de la circulation étant considérable, on aperçoit, par transparence, de grosses veines ; enfin, les malades accusent constamment des douleurs sourdes, profondes qu'augmentent à peine les pressions modérées.

Cette forme d'inflammation marche très-vite vers la suppuration : du cinquième au sixième jour, souvent plutôt, on constate des frissons répétés, des sueurs abondantes ; l'empâtement et la rougeur sont surtout marqués à la base de la mamelle qui offre un volume énorme et semble reposer sur une vessie remplie de liquide.

Quant à la fluctuation, il est toujours très-difficile de la percevoir : parfois le pus se fraye un chemin sous la peau en suivant les cloisons de la mamelle ; il en résulte deux foyers, l'un profond, l'autre superficiel, communiquant ensemble par un trajet de plusieurs trous ordinairement assez étroits, c'est là ce que Velpeau a désigné sous le nom d'abcès en bouton de chemise ou en bissac. D'autres fois ils fusent du côté de l'abdomen, de l'aisselle ou du cou. Dans certains cas, le pus aurait gagné le médiastin et les plèvres.

Traitement. La suppuration étant ici la règle, les antiphlogistiques locaux auront très-peu de chance de succès. On devra donc immédiatement recourir à la médication générale : on a beaucoup vanté le calomel et le tartre stibié à haute dose : Velpeau dit avoir obtenu quelques succès non douteux en les associant aux saignées et aux purgatifs.

Quoi qu'il en soit, l'abcès profond une fois établi, il n'y a plus à balancer : le meilleur de tous les remèdes, c'est l'incision ; elle sera faite à la base de la mamelle et dans le point le plus déclive (ordinairement en bas et en dehors). S'il existe des fusées soit en avant, soit sur les côtés, on pratiquera toutes les contre-ouvertures jugées nécessaires pour favoriser l'écoulement du pus. L'emploi des drains, les injections détersives et la compression, tels sont les autres moyens à conseiller dans le même but.

D. *Mastite proprement dite.* On peut la rencontrer à toutes les périodes de la vie, mais elle est incomparablement plus fréquente pendant la lactation : sur 50 cas de mastite observés par Winckel (*Die Pathologie und Therapie des Wochenbetts.* Berlin, 1869), une seule fois, la femme ne nourrissait pas. Ed. Martin, cité par le même auteur, serait arrivé à une proportion un peu plus forte ; sur un relevé de 72 cas, Nunn (*Lancet,* June 22, 1861, et *Transact. of the Obstetr. Soc. of London,* vol. III, p. 197) en a trouvé 58 se rapportant à la période de la lactation, 7 à celle de la grossesse et 7 à une période étrangère à la puerpéralité.

Ce sont les affections de l'aréole et du mamelon qui lui servent habituellement de point de départ : parfois, les malades disent avoir pris froid : d'autres fois, elles allaitaient irrégulièrement ou bien avaient cessé brusquement d'allaiter.

Les phénomènes inflammatoires sont presque toujours précédés d'un engorgement laiteux : or, beaucoup d'auteurs croient encore aujourd'hui que c'est le lait retenu qui s'altère et donne lieu à l'inflammation. Bien que n'ayant pas à discuter cette question, nous ferons observer qu'on n'a fourni, jusqu'à ce jour, aucune preuve directe à l'appui d'une semblable manière de voir ; ce qui se passe dans le galactocèle semblerait même plaider tout à fait en sens opposé.

Au surplus, l'engorgement laiteux ne s'accompagne pas toujours d'une inflammation de la glande ; loin de là. D'une manière générale, la mastite survient toutes les fois que l'hypérémie active dépasse un certain degré ; quant à l'engorgement laiteux, il est bien difficile d'indiquer dans chaque circonstance son mode de production : cependant, lorsqu'il coïncide avec des lésions de l'aréole et du mamelon, lorsqu'il survient à l'occasion d'un refroidissement, l'inflammation étant très-fréquente, on peut supposer qu'il tient au processus inflammatoire lui-même et qu'il ajoute fort peu à la gravité de ce dernier. En effet, en dehors de ces conditions, il se termine presque toujours par résolution, et pourtant l'accumulation laiteuse est parfois beaucoup plus considérable que dans les cas précédents.

Quoi qu'il en soit, l'inflammation débute sur un point limité de la glande ou envahit d'emblée l'organe tout entier.

Lorsqu'il existe une excoriation du mamelon, l'inflammation se propage le long de canaux galactophores jusqu'aux lobules correspondants ; ceux-ci sont d'ordinaire remplis de lait (l'accumulation tient évidemment à la compression exercée sur les canaux galactophores), le tissu conjonctif qui leur sert de gangue est fortement hypérémié ; l'infiltration séreuse et plastique augmente de plus en plus ; enfin, la substance intercellulaire se ramollit et il se forme du pus. Ce mode de terminaison est presque constant : l'abcès qui en résulte offre des parois inégales, mal délimitées ; peu à peu la peau s'amincit et, soit qu'on attende son ulcération, soit qu'on l'incise, le pus qui s'écoule est épais, grumeleux ; parfois il s'engage en même temps des faisceaux de tissu conjonctif nécrosé.

En introduisant un stylet, on se rend très-bien compte des irrégularités de la face interne ; fréquemment, il existe des prolongements, des arrière-cavités (abcès en bouton de chemise ou en bissac).

Le *processus* de réparation se fait à l'ordinaire ; toutefois, il est plus lent ce qui tient à la configuration des parties. L'écoulement du lait est une cause fréquente de fistule. Souvent aussi l'infiltration séreuse et plastique s'étend; d'autres lobules sont envahis ; de là, des noyaux d'induration , des abcès. Ces derniers ne se succèdent qu'à plusieurs jours d'intervalle : Velpeau en a vu naître ainsi jusqu'à 52 et 63 sur le même sein ; dans de pareilles circonstances, on sera constamment sous le coup de la pyohémie, surtout si les malades se trouvent dans un milieu infectieux (maternités). La septicémie est plus rare ; cependant le pus exhale parfois une odeur infecte.

La mastite s'annonce par de la douleur et du gonflement soit sur un point isolé, soit sur plusieurs points à la fois ; la mamelle n'est pas soulevée en masse, elle offre des noyaux bosselés très-douloureux à la pression ; la rougeur de la peau n'est pas uniforme, elle peut faire défaut au début. Peu à peu, les symptômes s'accentuent davantage : la douleur, de sourde qu'elle était, devient lancinante, les bosselures semblent plus superficielles, la peau offre une rougeur plus marquée enfin, les ganglions de l'aisselle se prennent à leur tour ; le pus existe ; toutefois, la délimitation de l'abcès met plus ou moins de temps à se faire. Il s'écoule ordinairement de 15 à 20 jours avant que la peau s'amincisse et se perfore. Durant ce dernier laps de temps, les malades sont en proie à une fièvre intense : au moment où la suppuration commence, elles ressentent habituellement un violent frisson et la température rectale atteint facilement 40° C. Tant que le pus ne s'est pas fait jour au dehors, celle-ci reste élevée ; mais, l'abcès une fois ouvert , elle descend rapidement et, à part les variations très-légères qui ont lieu entre le matin et le soir, il est rare d'observer de véritables recrudescences.

Winckel et Kiwisch auraient noté dans plusieurs circonstances un violent frisson après l'ouverture de l'abcès ; les jours suivants, la température offrait des oscillations considérables et les malades mouraient de pyohémie. Ces phénomènes peuvent s'expliquer de différentes manières ; malheureusement, il n'est pas dit si l'ouverture avait eu lieu spontanément ou si l'on avait pratiqué une incision aux téguments.

Quand de nouveaux abcès doivent se former, la température se met à remonter mais progressivement, et l'on n'observe pas ces alternatives qui sont toujours d'un pronostic très-fâcheux. L'inflammation passe-t-elle à l'état chronique, la température resto à peu près normale.

La description précédente se rapporte plus spécialement à ce qu'on observe pendant la grossesse et l'allaitement ; en dehors de la puerpéralité, la mastite se termine fréquemment par résolution. Si elle suppure, la marche est plus rapide, les abcès ont moins de tendance à se multiplier et, comme en définitive la guérison arrive plus vite, le pronostic est relativement favorable.

Traitement. La conduite du chirurgien variera naturellement suivant les conditions dans lesquelles se trouvent les malades.

Supposons d'abord un cas de mastite en dehors de la puerpéralité : on emploiera, au début, tous les moyens capables de prévenir la suppuration ; si la femme est jeune et forte, s'il existe la moindre réaction inflammatoire, Velpeau conseille la saignée du bras ; la plupart du temps, il suffira d'appliquer 15 à 20 sangsues autour de la mamelle. Celle-ci sera recouverte de cataplasmes tièdes et l'on insistera plus particulièrement sur les révulsifs intestinaux.

En admettant que la douleur et le gonflement diminuent, on hâtera de beaucoup la guérison en prescrivant des frictions avec l'onguent mercuriel double, sans suspendre pour cela l'usages de purgatifs. Inutile d'ajouter que les malades devront toujours observer une diète sévère.

Si malgré l'emploi de ces moyens, le processus se termine par suppuration : tant que celle-ci restera limitée, on ne se hâtera pas d'inciser. En effet, les malades ne courent aucun danger immédiat, et l'on peut espérer, jusqu'à un certain point, la résorption de l'abcès. Par contre, dans le cas de suppuration diffuse, que celle-ci soit primitive ou secondaire, il faudra toujours inciser de bonne heure; car, d'une part le tissu de granulation n'a pas de tendance à se former et d'autre part, les matières puriformes se décomposent avec la plus grande facilité; or, si ces dernières ne sont pas rapidement éliminées, il peut survenir une véritable septicémie. Ici l'incision unique sera rarement suffisante : à l'aide d'une sonde cannelée, on cherchera s'il existe des décollements, des arrière-cavités et l'on pratiquera des contre-ouvertures dans les parties déclives. Pour faciliter l'écoulement du pus et prévenir sa décomposition, on devra, en outre, passer des drains et faire des injections : celles-ci seront tout d'abord antiseptiques ou simplement détersives; plus tard, on les rendra légèrement stimulantes.

Enfin, lorsque le tissu de granulation sera suffisamment formé, on retirera les drains qu'on remplacera par des mèches de charpie et on commencera à établir une compression méthodique.

Dans ce but, on peut employer soit des compresses graduées, soit des plaques d'agaric et l'on maintiendra les parties en place à l'aide de bandelettes de diachylon ou même avec des bandes ordinaires préalablement amidonnées.

A l'aide d'une compression bien faite, il est rare que la guérison n'arrive pas très-vite; par contre, si elle est mal faite, d'une part les malades ne peuvent la supporter et, d'autre part, il en résulte de nouveaux abcès. Dans tous ces cas on ne devra pas perdre de vue l'état général des malades.

Supposons maintenant un cas de mastite durant la grossesse : tout en cherchant à combattre énergiquement l'inflammation, on devra éviter de débiliter les malades; les purgatifs qui ont de si bons effets ne devront être administrés qu'avec ménagement à cause de leur double action sur l'utérus et la mamelle.

Enfin, s'il s'agissait d'un cas de mastite durant la lactation : on devrait, au début, empêcher la malade d'allaiter du côté affecté. Comme les préparations de mercure, de fer, d'iode, de bismuth, d'arsénic, de zinc et d'antimoine, passent dans le lait et peuvent avoir une action nuisible sur le nourrisson, d'après G. Lewald (Breslau, 1857), on userait de ces moyens avec ménagement. On ne devra pas non plus oublier que les saignées et les purgatifs diminuent la sécrétion lactée. Relativement au sevrage, à moins de conditions locales et générales graves, on fera en sorte de concilier, autant que possible, les intérêts de l'enfant et ceux de la mère.

INFLAMMATIONS CHRONIQUES. *Abcès froids. Fistules.* C'est ici surtout qu'il serait important de connaître les conditions exactes dans lesquelles survient tel ou tel processus. Bon nombre de tumeurs n'ont pas d'autre origine et personne ne peut dire, au début d'une inflammation chronique de la mamelle, quelle en sera la conséquence.

Nous ne ferons que signaler l'*eczéma chronique*, attendu qu'il en sera question plus loin (*Voy.* MAMELLES DANS LEURS RAPPORTS AVEC L'ACCOUCHEMENT). On sait qu'il se rencontre assez souvent, en dehors de la puerpéralité, chez les jeunes filles et surtout chez les femmes d'un certain âge : or, comme les caractères anatomiques peuvent être très-différents, il ne faudra pas oublier que la gale donne aussi lieu à des lésions très-variables (l'aréole est un lieu d'élection) ; on devra encore songer à la syphilis (l'éruption qui revêt d'ordinaire la forme papuleuse n'est jamais limitée à la mamelle). Ce n'est pas tout ; comme, à la longue, les caractères typiques disparaissent, on pourrait s'en laisser imposer par une tumeur de mauvaise nature (cancroïde, carcinome), mais, l'anamnèse, la marche et, au besoin, l'emploi de topiques appropriés ne tarderaient pas à lever tous les doutes.

Pour ce qui est des inflammations qui siégent plus profondément (*mastite interstitielle, subaiguë et chronique*) nous avons vu qu'aux deux époques de la naissance et de la puberté, les mamelles subissent des modifications en rapport avec leur développement, nous avons vu également que, lorsque la congestion sanguine (hypérémie active) dont elles sont le siége dépasse certaines limites, toute la région se tuméfie, devient douloureuse et qu'en pressant sur le mamelon, on peut faire sortir quelques gouttes de colostrum.

D'ordinaire ces phénomènes ne tardent pas à disparaître ; parfois, ils persistent, s'accentuent même davantage au point de donner lieu à un abcès laiteux : la marche est relativement lente, les malades ont rarement de la fièvre ; aussi ne peut-on pas ranger ce processus parmi les inflammations franchement aiguës. Si nous en parlons ici c'est qu'assez souvent, chez les jeunes filles, on observe par la suite des indurations plus ou moins persistantes, offrant alors un caractère inflammatoire essentiellement chronique. Du reste, nous voulions en rapprocher les indurations semblables qui surviennent particulièrement chez les personnes mal réglées, et celles qui succèdent à un simple froissement ou à une contusion légère.

Dans tous ces cas, les malades se plaignent d'une sensation de chaleur et de pesanteur dans le sein, elles accusent aussi des douleurs gravatives plutôt que lancinantes ; celles-ci se montrent surtout à l'époque des règles. Les deux mamelles peuvent être prises en même temps ; d'ordinaire, il y en a une qui est plus volumineuse que l'autre. La forme ne change pas sensiblement ; par la palpation, on trouve qu'une partie de la glande s'est épaissie, indurée, il est impossible d'établir une délimitation précise entre les lobes malades et ceux qui ne le sont pas ; toutefois, dans la partie correspondante, on constate de l'empâtement voire même de la rougeur de la peau ; par la pression, les malades accusent toujours une douleur plus ou moins vive. Ces phénomènes peuvent disparaître au bout d'un ou deux mois ; d'autres fois, ils persistent et il se fait de temps en temps de nouvelles poussées inflammatoires : dans l'intervalle, l'induration augmente pendant que la tuméfaction diminue au niveau des anciennes masses, et il en résulte un état dont la durée n'a plus de limites précises. Dans les deux cas, mais surtout dans le dernier, il n'est pas rare de voir ultérieurement apparaître de véritables fibromes.

Ces sortes d'indurations suppurent moins facilement que celles qui succèdent à la grossesse et à l'allaitement ; cependant, s'il s'agit de personnes scrofuleuses ou tuberculeuses, on peut les voir se ramollir et donner lieu à des abcès chroniques. Au lieu de se faire jour à l'extérieur, le pus s'enkyste parfois ; plus tard, la partie liquide est résorbée et l'on constate des foyers caséeux qui étaient regardés autrefois comme de nature tuberculeuse. Bien que par leur confluence les granulations tuberculeuses puissent également donner lieu à de semblables foyers, caséeux, on n'est pas autorisé, croyons-nous, à admettre une semblable origine. Pour cela, il faudrait avoir observé une véritable éruption miliaire dans la mamelle ; or, c'est ce qui reste à constater.

Les *indurations* et mieux les *abcès froids* qui surviennent en dehors de la grossesse et de l'allaitement soit en arrière, soit sur les côtés de la glande mammaire, reconnaissent très-rarement pour cause une mastite : ils tiennent ordinairement à une périostite ou à une ostéite costale qui est elle-même primitive ou consécutive à une affection de la plèvre ou des poumons. Il ne faut donc pas les confondre avec les formes précédentes. Enfin, dans bon nombre de cas, il est impossible de remonter à la cause et l'on pourra facilement s'en laisser imposer par un sarcome ou un carcinome suivant que la femme sera jeune ou déjà d'un certain âge.

En ce qui concerne le traitement, le chirurgien ne devra pas perdre de vue l'état général qui d'ordinaire présente des indications spéciales. Localement, à moins qu'on n'ait affaire à une affection étrangère à la glande, on emploiera la compression, les badigeonnages avec la teinture d'iode, les emplâtres résolutifs, tant qu'il n'y aura pas de perforation de la peau. Dans le cas contraire, avant de recourir à ces moyens, il sera toujours indispensable de s'assurer s'il n'existe pas d'obstacle mécanique à l'écoulement du pus ; la dilatation, les contre-ouvertures seront souvent par cela même indiquées.

Les *fistules* dites *purulentes* sont presque toujours imputables au chirurgien ; peu importe qu'elles succèdent à une suppuration aiguë ou chronique. Il est vrai de dire qu'elles sont de plus en plus rares. Avec le stylet on arrivera, d'ordinaire, dans une cavité anfractueuse présentant des cloisonnements incomplets, des prolongements irradiant souvent dans plusieurs sens. D'autres fois, on tombera sur une côte dénudée ou même on pénétrera jusque dans la poitrine. Pour peu que l'affection dure depuis un certain temps, les malades maigrissent, prennent de la fièvre le soir ; elles ont des sueurs nocturnes et perdent l'appétit. S'il existe une prédisposition tuberculeuse, on ne tardera pas à observer des phénomènes du côté de la poitrine, etc.

On commencera par employer les moyens précédemment indiqués ; en admettant qu'on ait échoué, il n'y a pas à hésiter, il faut fendre le trajet des fistules rebelles, cautériser au besoin, et panser à plat.

Pour ce qui est des *fistules lactées* (nous parlons, bien entendu, de celles qui succèdent à l'ouverture du galactocèle), il faut, avant tout, supprimer l'allaitement.

Tumeurs. C'est dans la monographie malheureusement inachevée d'Ast. Cooper qu'on trouve les premiers documents scientifiques sur les tumeurs de la mamelle. Depuis lors, cette question n'a pas cessé d'attirer l'attention des chirurgiens et des anatomo-pathologistes ; parmi les auteurs qui ont le plus contribué à la faire progresser, nous citerons : Velpeau, Cruveilhier, Birkett, Paget, Meckel de Heinsbach, Reinhard, Lebert, Virchow et Billroth.

Kystes. Les follicules pileux de l'aréole leur servent parfois de point de départ, l'accumulation tient au gonflement et au ratatinement de la peau (affections de l'aréole et du mamelon) ; dans certains cas, le processus irritatif ou formatif occupe le tissu conjonctif sous-aréolaire. L'accumulation de cellules épidermoïdales et de la graisse n'est jamais très-considérable, aussi le volume de ces kystes dépasse-t-il rarement celui d'un pois à cautère ou d'une noisette (athérome, loupe de l'aréole).

Le tissu cellulaire graisseux et le tissu conjonctif interstitiel peuvent, à leur tour, devenir le point de départ de kystomes, ceux-ci coïncident souvent avec des tumeurs, il en sera question plus loin.

Enfin, on a aussi rencontré des échinocoques (acéphalocytes) ; parfois il existe plusieurs petites cavités, d'autres fois on ne trouve qu'une poche plus ou moins vaste avec ou sans diverticulum (Pour plus de détails, voir Astley Cooper, *loc. citat.*, p. 517. — Malgaigne, *Gazette des hôpitaux* 1853, p. 356 et Birkett, *loc. citat.*, p. 183).

La plupart du temps, ce sont les acini et les conduits excréteurs, de la glande mammaire qui se dilatent et donnent lieu aux formations kystiques les plus variées ; tout d'abord, il faut distinguer le cas où on a affaire à des kystes simples et ceux où il s'agit de kystes composés :

A. *Kystes simples.* Ils surviennent de préférence aux deux époques de la puberté et de la ménopause. Au moment où la glande mammaire se développe, on peut admettre la formation isolée d'un ou plusieurs lobules, l'évolution trop hâtive de ces derniers, par rapport aux canaux excréteurs (kystes d'évolution de Meckel).

A la période d'atrophie de la glande mammaire l'ectasie porte rarement sur les acini, ce sont les canaux excréteurs et particulièrement les conduits galactophores qui, par suite de déviation ou de rétrécissement partiel, deviennent le siège de dilatations ordinairement très-petites, mais très-nombreuses (kystes d'involution de Meckel). Au début, ces kystes renferment un liquide analogue au colostrum ; plus tard, le caractère primitif disparaît et l'on ne trouve plus qu'un liquide séreux ou colloïde : parfois, il se fait des hémorrhagies ; on rencontre aussi des concrétions blanc jaunâtres qui sont formées de cellules épithéliales, de cristaux de cholestérine et de phosphate tribasique. Les parois sont lisses ou présentent des points rugueux, des saillies analogues à des cloisons incomplètes, ce qui indique la fusion de plusieurs kystes en un seul dont les dimensions sont parfois considérables. Les tissus périphériques ont été peu à peu refoulés et se sont atrophiés ; d'autres fois, il s'est formé des épaississements avec induration, indice d'un travail inflammatoire chronique.

Durant la grossesse et surtout pendant la lactation, la dilatation se fait quelquefois très-rapidement (galactocèle des auteurs). On admet généralement que l'obstruction des canaux galactophores a lieu directement par le lait épaissi qui ferait office de bouchon. Quoi qu'il en soit, l'accumulation laiteuse est souvent très-considérable : on a retiré jusqu'à 500 grammes, 600 grammes et même 5 kilogrammes de lait (Scarpa) ; à la longue, le contenu se transforme, il se fait des épanchements sanguins. C'est ce qui explique comment on peut rencontrer un liquide butyreux, séreux ou hémorrhagique.

M. Virchow (*Pathologie des tumeurs*, trad. de Aronssohn, t. Ier, 1867) pense que ce que l'on a décrit en France, sous le nom de kystes sanguins, rentre en général dans cette catégorie.

B. *Kystes composés.* Les formes précédentes donnent souvent lieu à des kystes composés. A côté des épaississements simples dont il a déjà été question, on observe des proliférations parfois très-considérables de nature fibromateuse, myxomateuse, sarcomateuse, ou carcinomateuse, faisant saillie à l'intérieur de la cavité. On trouve en dehors, dans les points correspondants, des tumeurs qui offrent des caractères semblables. Un kyste simple peut donc servir de point de départ à de véritables pseudoplasmes, il en résulte à un certain moment des formations très-complexes qui ressemblent, en tout point, à ce qui a été décrit, depuis Müller, sous le nom de kysto-sarcome. Or, disons-le de suite, il est souvent impossible de distinguer quelle a été la marche du processus, autrement dit si le kyste s'est formé primitivement ou secondairement. Nous aurons, du reste, l'occasion d'y revenir encore dans les paragraphes suivants.

Les loupes de l'aréole se reconnaîtront à leur siége, à leur petit volume et surtout à l'existence de comédons ou de grains de mil dans le voisinage. Les kystes dont parle Velpeau (*loc. cit.*, p. 363), n'avaient probablement pas leur siége dans les follicules pileux, mais dans la glande mammaire.

Les kystes qui se forment de toutes pièces dans le tissu cellulo-graisseux ou dans le tissu conjonctif interstitiel ne diffèrent pas, au point de vue clinique, de ceux qui se développent dans les acini ou les conduits excréteurs de la glande. Les kystes à échinocoques sont si rares qu'il est inutile d'insister.

Pour ce qui est des kystes qui ont leur siége dans la glande mammaire proprement dite, il faut supposer qu'il s'agit d'un kyste simple datant de la puberté et placé superficiellement, auquel cas la fluctuation pourra mettre sur la voie du diagnostic : en admettant qu'il soit situé profondément, on pourra le prendre tout aussi bien pour un fibrome simple ou kystique, que pour un sarcome ou pour un adénome; en effet, dans tous ces cas, la tumeur peut remonter à une ou plusieurs années, ne pas causer de douleurs, offrir un petit volume, être arrondie ou bosselée, dure, élastique, plus ou moins mobile, etc.; si l'on se trouvait en présence d'une tumeur offrant les caractères précédents, mais ayant débuté à l'époque de la ménopause, on devrait encore se tenir en garde, attendu que la tumeur primitivement kystique peut, en l'absence de douleurs, d'adhérences ou d'engorgement ganglionnaire, avoir déjà changé de nature. Dans trois cas semblables où les tumeurs siégeaient superficiellement et avaient un volume assez considérable, M. Billroth (*loc. cit.*, p. 96) dit avoir porté le diagnostic kysto-carcinome, et, en fait, deux fois la tumeur aurait récidivé.

Quant aux kystes laiteux, ils n'offrent de difficultés au point de vue du diagnostic que lorsqu'ils remontent à plusieurs années et se présentent chez des femmes d'un certain âge. Dans les conditions opposées, l'anamnèse et le volume permettront presque toujours de tomber juste; en supposant qu'il existe en même temps des phénomènes inflammatoires subaigus ou chroniques, on pourrait croire à un abcès, mais une pareille erreur n'a que peu d'importance, au point de vue du pronostic.

Dans le cas de kystes composés, s'il s'agit d'une femme ayant dépassé 25 ou 30 ans, on sera la plupart du temps réduit à discuter la bénignité ou la malignité de la tumeur (fibrome, sarcome, carcinome).

Adénomes. Si le fait de l'hyperplasie glandulaire suffisait pour caractériser un adénome, on pourrait appliquer cette dénomination à presque toutes les tumeurs de la mamelle. En effet, la plupart de celles qui se développent dans le tissu conjonctif interstitiel offrent, à un certain moment, une multiplication des culs-de-sac glandulaires; mais il s'agit là d'une irritation de voisinage; les fibromes circonscrits qui siègent au-dessous de l'aréole ne renferment jamais de culs-de-sac glandulaires, hypertrophiés ou non. Par contre, ceux qui ont pris naissance à la périphérie des lobules en contiennent presque toujours. Du reste, si l'hyperplasie glandulaire jouait le rôle principal, elle se reproduirait après l'ablation des tumeurs; or, lorsqu'un sarcome avec hyperplasie glandulaire simple récidive ou se généralise, on ne retrouve plus que du tissu sarcomateux, ce qui prouve bien que le tissu glandulaire ne jouait qu'un rôle accessoire.

Est-ce à dire pour cela qu'on ne rencontre jamais d'adénome véritable dans la mamelle? Nous ne voulons pas aller aussi loin; mais nous croyons que M. Broca est, à son tour, beaucoup trop absolu lorsqu'il fait rentrer dans les adénomes, d'une part, ce que M. Cruveilhier nommait *corps fibreux*, et, d'autre part, ce que

Velpeau appelait *tumeurs adénoïdes* (*Dict. encyclop.*, art. Adénome). Pour nous, les adénomes de la mamelle sont des tumeurs qui doivent offrir la plus grande analogie avec la glande elle-même, et dans lesquelles, par conséquent, les culs-de-sac glandulaires, disposés les uns à côté des autres, sont séparés par une faible quantité de tissu fibreux. Quant aux corps fibreux de M. Cruveilhier, ce sont des fibromes purs ou papillaires. Pour ce qui est des tumeurs adénoïdes de Velpeau, MM. Ranvier et Cornil, qui ont eu maintes fois l'occasion d'examiner des tumeurs diagnostiquées telles par ce chirurgien, disent avoir trouvé, non-seulement des fibromes, mais encore des myxomes et des sarcomes purs ou papillaires. Les adénomes vrais étaient en minorité infime. Jusqu'à ce jour, il ne nous a pas été permis d'en rencontrer un seul cas, et M. Billroth, qui ne met pas en doute l'existence de ces tumeurs, n'a pas été plus heureux que nous (*loc. cit.*, p. 83).

Épithéliomes. Il est certain aujourd'hui qu'on rencontre dans la mamelle, soit des épithéliomes purs, soit des épithéliomes et des sarcomes ou des carcinomes. Malheureusement nos connaissances pathogéniques laissent beaucoup à désirer. Sans discuter la question de savoir si les cellules nouvellement formées proviennent des cellules qui tapissent les cavités glandulaires, ou si elles naissent à côté de ces dernières aux dépens d'un tissu embryonnaire de nouvelle formation, nous dirons seulement que les amas de cellules épithéliales ont toujours paru en relation plus ou moins directe avec les éléments glandulaires. M. Billroth (*loc. cit.*, p. 83) a décrit une tumeur de cette nature qui s'était développée, en six mois, chez une femme de quarante ans. Elle offrait le volume du poing et avait été prise pour un carcinome. « A la coupe, dit cet auteur, on pouvait déjà apercevoir une texture différente de celle des cancers ordinaires. » On voyait, en effet, une foule de petites cavités de la grosseur d'un petit pois, remplies d'une bouillie blanchâtre (masses cellulaires). Le tissu interposé entre les acini dégénérés était un peu épaissi, et présentait quelques jeunes éléments. La malade mourut, et l'on put s'assurer, à l'autopsie, que les ganglions de l'aisselle n'étaient pas malades. Dans un cas rapporté par Model sous le titre de Cystosarcome adénoïde, on trouva dans les acini des *masses athéromateuses* qui se présentaient sous la forme de *petites perles*. A côté de ce fait, on peut en citer un certain nombre d'autres désignés comme des hyperplasies simples ou glandulaires, mêlées de parties fibreuses, embryoplastiques ou fibroplastiques, et dans lesquels on aurait trouvé, en dehors de la mamelle, du tissu glandulaire, et par suite une substance glandulaire de nouvelle formation (Guérin-Rose, Chalvet, Parmentier ; *Bullet. de la Soc. anat.*, 1858, 1861, 1860). L'École de Vienne a également publié certains faits de carcinomes avec hyperplasie glandulaire spécifique (Rokitansky, *Path. anat.*; Schuh, *Pseudoplasmen*).

Fibromes. Sous ce titre nous décrirons différents états rangés autrefois soit parmi les hypertrophies, soit parmi les indurations bénignes et qui, en réalité, appartiennent aux fibromes diffus. Ce n'est pas tout, comme les tumeurs nevromatiques et nodosités de Velpeau, correspondent assez exactement aux corps fibreux de Cruveilhier, ces derniers ayant été distraits par nous du groupe des adénomes parce que l'hyperplasie glandulaire, lorsqu'elle existe, n'est que secondaire à celle du tissu fibreux interstitiel, nous les ferons rentrer dans les fibromes circonscrits.

M. Virchow (*loc. cit.*, p. 318 et suiv.) laisse de côté les hyperplasies diffuses de la peau et du tissu sous-cutané pour ne s'occuper que de celles qui ont leur point de départ dans le tissu conjonctif interstitiel : sous le nom générique d'éléphantiasis du sein, il décrit deux formes, l'une molle, l'autre dure qui répondent également à certaines variétés d'hypertrophie et d'induration bénigne de la mamelle; toutes deux sont assez difficiles à délimiter, la première donne lieu à des tumeurs qui atteignent un volume parfois très-considérable, on en a vu qui pesaient 25 kilogrammes, 30 kilogrammes et même davantage, elles sont très-riches en suc et, par suite, relativement molles. A la coupe, leur tissu qui est d'un blanc laiteux laisse toujours s'écouler une quantité plus ou moins considérable de sérosité ; par le raclage on obtient un liquide moins transparent, ce qui tient à son mélange avec des débris épithéliaux contenus dans les cavités glandulaires. Il est rare, en effet, qu'à la longue sinon d'emblée l'hyperplasie ne porte pas également sur la glande, de là de grandes variétés comme aspect. Cependant on a rencontré des cas où, même après de longues années, le tissu glandulaire était absolument intact.

C'est à cette dernière catégorie de tumeurs que Birkett donnait le nom d'hypertrophie vraie, tandis qu'il réservait celui d'hypertrophie fausse pour désigner les tumeurs de la première catégorie. De même que la glande, le tissu cellulo-graisseux peut être envahi à son tour, la peau est naturellement distendue, aussi paraît-elle amincie ; parfois, elle prend également part à l'hyperplasie, et alors tous les tissus qui entrent dans la constitution de la mamelle sont pris en même temps. La seconde forme est comparativement très-fréquente ; de plus, la mamelle n'atteint jamais ici des dimensions aussi considérables, ce n'est qu'au début, durant la période qu'on a considérée à juste titre comme inflammatoire; plus tard, le tissu fibreux se rétracte, les culs-de-sac et les canaux glandulaires s'atrophient, si bien qu'à la fin la mamelle peut avoir un volume moins considérable qu'à l'état normal (Virchow).

Au bout d'un temps plus ou moins long, et après la cessation complète de toute espèce de phénomène inflammatoire, il survient, soit un certain nombre d'indurations, soit une seule masse lisse englobant tout le sein. Cette masse ou ces noyaux indurés persistent ainsi plusieurs mois, puis vont en diminuant; parfois, il s'en forme d'autres, etc.

Durant la première période, le tissu sous-cutané prend souvent part au processus, son épaisseur devient trois ou quatre fois plus considérable (polysarcie graisseuse) ; à l'hyperplasie du tissu conjonctif interstitiel s'ajoute presque constamment, par irritation de voisinage, une prolifération des cellules épithéliales, qui distendent de proche en proche les culs-de-sac et les canaux excréteurs. Durant la seconde période, le tissu conjonctif interstitiel qui était relativement mou, riche en sucs et très-vasculaire, devient dur et comme sclérosité, par contre, le tissu graisseux continue d'augmenter de volume; de là vient que le mamelon se retire de plus en plus. Quant au tissu glandulaire, il s'atrophie, comprimé qu'il est par le tissu conjonctif interstitiel. Les cellules épithéliales subissent la dégénérescence granuleuse, et l'on voit peu à peu les vésicules terminales, ainsi que les petits canaux excréteurs, disparaître. Les canaux galactophores persistent seuls : sur une coupe médiane antéro-postérieure de la mamelle, on les voit s'éloigner du mamelon et irradier à la périphérie entre les grands lobules de graisse, ils sont plus ou moins tortueux et offrent alternativement des rétrécissements et des dilatations.

Dans le premier cas, leur lumière peut disparaître complétement ; dans le second, ils contiennent une substance caséeuse grisâtre ou jaunâtre, plus ou moins liquide et donnent souvent lieu à de véritables kystes. La dilatation des sinus est très-fréquente ; s'ils sont encore en communication avec le mamelon, ce dernier, qui est toujours plus ou moins rétracté, peut laisser suinter par la pression un liquide analogue au colostrum ; on voit, d'après cela, combien sont grandes les analogies entre cette forme de fibrome et le carcinome atrophique.

Au point de vue anatomique on ne peut faire le diagnostic qu'en étudiant attentivement au microscope les différentes parties de la tumeur, surtout à la périphérie, dans les points les moins durs, les moins atrophiés. En admettant qu'on ait affaire à un carcinome, on trouvera des alvéoles communiquant entre eux et avec les espaces plasmatiques du voisinage.

Le suc dit cancéreux peut donner le change, attendu que dans le cas de fibrome on obtient parfois un suc analogue dont les éléments proviennent des cavités glandulaires. Au lieu de plusieurs indurations on n'en rencontre souvent qu'une plus ou moins bien limitée : du moment où elle adhère intimement aux parties environnantes, il est plus probable qu'elle restera diffuse. Cependant, elle s'isole parfois et finit par constituer une tumeur distincte.

D'ordinaire, le fibrome circonscrit présente, dès le début, une délimitation bien tranchée ; en outre, il est mobile sur les parties environnantes : qu'il possède ou non un pédicule, le processus est toujours le même, il consiste au début dans une inflammation du tissu conjonctif interstitiel ; toutefois celle-ci reste limitée à un ou plusieurs lobules qui, dès le principe, ont de la tendance à s'isoler pour faire saillie soit en avant, soit en arrière ou sur les côtés ; à mesure que la tumeur s'isole davantage, elle tire sur son pédicule, qui finit même par se rompre : il s'ensuit qu'à un certain moment la tumeur peut devenir complétement mobile et indépendante. Dire que tous les fibromes circonscrits renferment, à un moment donné, des culs-de-sac glandulaires serait aller trop loin ; il est parfaitement possible qu'un certain nombre n'en contiennent jamais.

Cependant, si nous nous en rapportons à ce qui nous a été donné d'observer, en cherchant bien, on retrouve presque toujours des vestiges de culs-de-sac, et mieux de petits canaux excréteurs. Au surplus, on comprend très-bien qu'à la longue tous les éléments glandulaires puissent disparaître complétement sous l'influence de la rétraction du tissu fibreux ; il n'est pas rare de trouver des îlots crétacés disséminés dans la tumeur. Il ne faut pas confondre ces cas avec ceux dans lesquels la tumeur ayant pris naissance dans le trajet des conduits galactophores, il se développe des végétations pariétales en si grand nombre, que la cavité en est complètement remplie ; tout d'abord on croirait à une tumeur solide, et, cependant, il s'agit d'un fibrome kystique ; sur une coupe, on trouve une foule de masses arrondies et lobées plus ou moins déformées par pression réciproque, mais qu'on peut toujours séparer les uns des autres. M. Virchow range ces tumeurs parmi les fibromes papillaires intra-canaliculaires ; bien qu'on les rencontre rarement combinés aux fibromes éléphantiasiques du sein, il compare ce qu'on voit ici à ce qui se passe dans l'éléphantiasis papillaire de la peau. Quant aux fibromes circonscrits avec ou sans hyperplasie glandulaires, il leur donne le nom de fibromes lobulaires du sein, parce qu'ils se comportent à l'égard des fibromes diffus, lisses, comme l'éléphantiasis tuberculeux à l'égard de l'éléphantiasis lisse ou diffus de la peau.

Ces fibromes diffus de la mamelle surviennent généralement chez des personnes jeunes : la forme molle se rencontre particulièrement chez les jeunes filles chlorotiques et mal réglées. Les degrés élevés se voient à côté de l'éléphantiasis endémique ou sporadique. Il est exceptionnel de les observer après trente ans.

Le processus offre parfois une marche très-rapide. De plus, les deux mamelles sont presque toujours envahies en même temps. Plusieurs auteurs ont rapporté des cas dans lesquels ces organes étaient tellement augmentés de volume, qu'ils pendaient non-seulement sur le ventre, mais encore descendaient plus bas sur les cuisses jusqu'au genou. Bien que nous ne puissions pas discuter ces faits, nous croyons cependant que l'hyperplasie ne portait pas exclusivement sur le tissu conjonctif interstitiel et sur la glande ; mais que le tissu sous-cutané prenait également part au processus (polysarcie graisseuse). Nous avons vu qu'à la longue la peau subissait parfois des modifications semblables : il devient alors très-difficile de se rendre compte de l'état des parties sous-jacentes : tous les tissus semblent confondus en une seule masse molle, nullement douloureuse à la pression et qui n'incommode les malades que par son volume et par les tiraillements continuels qu'elle exerce. En admettant qu'une semblable tumeur fût limitée à une seule mamelle, on pourrait, au début, penser à un sarcome embryonnaire. Du reste, la marche ultérieure est bien différente.

La forme dure débute souvent à l'âge adulte : de même que la précédente, elle se lie fréquemment à des troubles menstruels. D'ordinaire, l'affection débute par des phénomènes inflammatoires subaigus ; ceux-ci peuvent persister pendant un temps très-long et présenter des alternatives de repos et de recrudescence jusqu'à ce qu'il se soit formé une masse de plus en plus épaisse et dure. D'autres fois, elle offre une marche relativement aiguë et, vu les poussées successives et les phénomènes de ratatinement ultérieur, s'il s'agit d'une femme d'un certain âge, on aura d'autant plus de raison pour croire à un carcinome atrophique ; en effet, la consistance, l'adhérence aux parties profondes, la rétraction du mamelon et l'écoulement d'un liquide séreux ou sanguinolent par ce dernier, les douleurs voire même les ganglions engorgés dans l'aisselle, tous ces signes pourront exister. Le diagnostic clinique n'est donc pas aussi facile qu'on a bien voulu le dire. Cependant en tenant compte des conditions antérieures, de l'âge de la malade, des connexions de la tumeur avec les parties soit superficielles soit profondes, on trouve, dans la majorité des cas, des motifs suffisants pour se prononcer. Si, au bout de plusieurs mois, et en l'absence de phénomènes inflammatoires, on ne trouvait pas de ganglions engorgés dans l'aisselle, on serait par cela seul autorisé à rejeter l'idée d'un carcinome atrophique attendu que, dans cette forme, les ganglions se prennent très-rapidement.

Le fibrome circonscrit parfaitement mobile ne peut être confondu qu'avec un kyste ou un sarcome. L'adénome de la mamelle nous semble si rare qu'il est préférable de ne pas y songer. Comme la tumeur peut être le siège d'une ou de plusieurs dilatations glandulaires renfermant un liquide séreux, séro-albumineux, en supposant qu'on soit arrivé à éliminer l'idée d'un sarcome, le diagnostic doit être posé de la façon suivante : le fibrome est-il primitif ou consécutif ? autrement dit, le processus a-t-il débuté dans le tissu glandulaire (kyste d'évolution ou d'involution de Meckel) ? ou bien a-t-il pris naissance dans le tissu conjonctif interstitiel ? Sans vouloir nier qu'on puisse résoudre le problème au lit du malade, nous pensons qu'il est prudent d'attendre l'examen anatomique pour dire si le kyste s'est formé de toutes pièces dans le tissu conjonctif interstitiel, en dehors des culs-de-sac ou des canaux glandulaires.

Lipomes. Ces tumeurs peuvent être simples, sans combinaison, mais ce n'est pas la règle. D'ordinaire, il existe des altérations concomitantes des tissus sous-jacents ; nous avons vu, en effet, à propos du fibrome diffus (forme dure), que consécutivement à l'inflammation du tissu conjonctif interstitiel, il se fait une hyperplasie du tissu graisseux ambiant, laquelle persiste, s'exagère même à mesure que le tissu fibreux se rétracte, se condense davantage. Dans le carcinome atrophique il se passe des phénomènes analogues ; le tissu graisseux ne reste pas intact, très-souvent il subit également une véritable hyperplasie, ce qui tient, croyons-nous, à ce que les altérations, dont le tissu conjonctif interstitiel est le siège bien qu'au fond de nature différente, passent par des phases entièrement semblables.

Dans les deux cas, les culs-de-sac et les petits canaux excréteurs disparaissent : sur une coupe, les canaux galactophores se présentent sous forme de traînées jaunâtres en état d'ectasie simple ou kystique, qui du mamelon vont se perdre dans un tissu fibreux dur, présentant ou non des aréoles carcinomateuses en voie de régression. Immédiatement en dehors, se trouvent les grands lobes lipomateux. Au lieu d'être atrophié le tissu glandulaire peut, lui-même, prendre part à l'hyperplasie qui primitivement développée dans le tissu cellulaire interstitiel s'étend en en quelque sorte, à tous les tissus qui composent la mamelle. Ce dernier état rentre dans les hypertrophies des anciens auteurs, il en a été également question à propos du fibrome diffus (forme molle). Restent les lipomes dans lesquels la glande demeure intacte, et qui, nous n'hésitons pas à le dire, sont excessivement rares. Presque tous les faits publiés jusqu'à ce jour se rapportent aux deux premières variétés. Des trois observations publiées par Velpeau (*loc. cit.*, p. 371 et suiv.), une seule appartient à la dernière. C'est à M. Virchow que revient l'honneur d'avoir distingué avec précision ces différents états. Comme l'hyperplasie porte sur tout le tissu adipeux qui enveloppe la glande mammaire, l'expression de polysarcie du sein est parfaitement justifiée ; celle de lipome capsulaire a également sa raison d'être, au point de vue anatomique, par analogie avec ce qui se passe du côté des reins : mais, au point de vue clinique, elle est trop vague et il est excessivement important d'établir une délimitation tranchée entre les cas où l'hyperplasie graisseuse n'est qu'un phénomène accessoire, cachant une affection plus ou moins grave des tissus sous-jacents, et ceux où le processus évolue dans le tissu sous-cutané, à côté de la glande intacte.

Aux premiers, on pourrait donner le nom de *faux lipomes* et aux seconds celui de *vrais lipomes;* ces derniers étant excessivement rares, au lit du malade, on devra n'y songer qu'en dernier lieu : par conséquent, en présence d'un développement plus ou moins considérable de la mamelle, du moment où l'on constatera l'existence de masses lobulées molles superficielles, il faudra d'abord penser soit à un fibrome diffus (forme dure), soit à un carcinome atrophique ou enfin à un fibrome diffus (forme molle) compliqué d'hyperplasie graisseuse. De ces trois catégories de tumeurs, les deux premières offrent une physionomie toute particulière et, s'il est souvent très-difficile de les distinguer entre elles, en tenant compte de l'âge, des symptômes et de la marche, on pourra presque toujours les différencier des autres formes de néoplasie de la mamelle. En ce qui concerne la troisième, c'est plutôt une affection de la jeunesse que de l'âge adulte ou de la vieillesse ; elle débute toujours avant 30 ans ; les deux mamelles sont envahies en même temps ; au surplus, elle est loin d'être fréquente. Mais, même en admettant qu'on puisse éliminer successivement ces différents états qui, à notre avis, constituent de faux lipomes, on ne serait pas encore en droit de supposer qu'il s'agit d'un lipome vrai, tant l'existence de cette tumeur nous paraît être rare. Nous ne parlons, bien entendu, que de l'hyperplasie graisseuse pure, car, ainsi qu'on le verra plus loin, on rencontre assez souvent des myxomes lipomateux qui, bien que pouvant dé-buter dans le tissu graisseux sous-cutané, n'en constituent pas moins un genre de tumeur bien différent comme nature. Après, cela, viendraient les cysto-myxomes, puis les myxo-sarcomes. Voilà pour les lipomes diffus; quant aux lipomes circon-scrits, M. Virchow les croit encore plus rares; des trois cas, rapportés par M. Vel-peau, le seul qui mérite ce nom, aurait donné lieu à une erreur de diagno-stic. La relation ne saurait donc servir de type ; un fait excessivement impor-tant à noter (on croyait avoir affaire à un kyste): se proposant de faire une injection iodée, le chirurgien enfonce un trocart dans la tumeur ; comme il ne sortait rien, il introduit un stylet et l'extrémité de celui-ci jouait intérieure-ment comme s'il se fût agi d'une cavité. Après l'extirpation, on put s'assurer que la tumeur était exclusivement composée de pelotons graisseux ; elle avait le volume d'un œuf de poule (*Traité des maladies du sein,* 2ᵐᵉ édition, 1858, p. 203).

Myxomes. Ces tumeurs ont. été généralement régardées comme des cysto-sarcomes (Mettenheimer, H. Meckel, Harpeck, Bruch, Schulz); mais, comme le fait remarquer M. Virchow, il est très-difficile d'interpréter les observations an-ciennes, attendu qu'on rencontre aussi dans la mamelle de simples sarcomes gélatineux, de véritables cystosarcomes gélatineux et des carcinomes gélatineux. ·Il est certain que plusieurs des tumeurs, décrites par A. Cooper sous le titre d'hy-datides et par Velpeau sous celui d'adénoïdes, ne sont que des myxomes plus ou moins purs. Elles prennent plutôt naissance dans le tissu conjonctif interstitiel, mais il n'est pas impossible non plus qu'elles débutent dans la couche graisseuse sous-cutanée ; ce qui le ferait supposer, ce sont ces cas où la tumeur est composée de grands lobes, présentant à la fois les caractères du myxome et du lipome, et dans lesquelles on ne trouve pas de traces du tissu glandulaire. Nous avons examiné un cas de ce genre : malheureusement nous ne pouvons pas dire si la glande avait été refoulée et était restée dans la plaie ou si elle avait disparu au milieu de la prolifération. Quoi qu'il en soit, même lorsque le processus débute superficiellement, pour peu qu'il ait de la tendance à prendre une forme diffuse, on voit les canaux galactophores non-seulement persister mais se dilater par suite des tiraillements qu'ils éprouvent : De là, ces grandes fentes qui divisent la tumeur en plusieurs masses secondaires ; après avoir écarté ces dernières, si l'on introduit une sonde cannelée et qu'on incise à mesure qu'on est arrêté, on finit par mettre à découvert des masses mamelonnées très-molles, qui se conti-nuent en dehors avec le tissu néoplasique. C'est donc bien ce dernier qui, en s'accroissant, pénètre dans les canaux galactophores, au point de les remplir com-plétement. Les· phénomènes qui se passent ici sont identiques à ceux qu'on ob-serve dans le fibrome papillaire intra-canaliculaire. Toutefois, ces proliférations offrent d'ordinaire un développement beaucoup plus considérable et plus rapide, en outre elles conservent toujours le caractère muqueux, tandis que, dans le tissu interstitiel, on trouve plutôt l'aspect fibroïde. Les kystes véritables seraient assez rares (Virchow); lorsque ces excroissances siègent dans les conduits superficiels, elles peuvent finir par se faire jour à la surface et, alors, apparaissent des masses fongneuses dont les caractères offrent la plus grande analogie avec ce que l'on voit dans certains cas de sarcome et de carcinome gélatineux.

Au· point de vue clinique, s'il est permis d'éliminer parfois cette dernière espèce de tumeur (*Voy.* Carcinome), nous ne connaissons pas de signes qui permettent d'en faire autant pour la première. Quant au diagnostic avec les différentes formes de fibromes et de lipomes, nous en avons déjà parlé précédemment, nous n'y reviendrons pas.

Enchondromcs. On ne connaît pas un seul cas d'enchondrome pur de la mamelle. Le fait d'Ast. Cooper est très-discutable ; on peut en dire autant de ceux publiés par MM. Nélaton et Cruveilhier.

D'ordinaire, le tissu cartilagineux se trouve mélangé à d'autres tissus offrant une malignité plus ou moins grande (squirrhe, Warren ; myxome et cancroïde, E. Wagner). Par contre, les enchondromes des mamelles sont très-fréquents chez les chiennes. J. Müller, MM. Lebert et Wirchow, en ont observé ; au centre, il n'est pas rare de trouver du tissu osseux véritable. Nous avons examiné deux cas de ce genre.

Sarcomes. Ces tumeurs se présentent avec des caractères tellement variés qu'on les a généralement confondues avec toutes les autres productions morbides qui surviennent dans le sein ; en effet, d'une part elles peuvent s'accompagner d'ectasie kystique, et d'autre part elles se combinent presque toujours avec le fibrome ou le myxome. Enfin, il est des cas où l'on rencontre des caractères appartenant soit au cancroïde soit au carcinome, et, alors, on est indécis sur la question de savoir s'il s'agit d'une simple combinaison ou d'une métaplasie, d'une dégénérescence véritable.

Les sarcomes se développent de préférence dans le tissu conjonctif interstitiel au pourtour des sinus et des conduits galactophores, au voisinage du mamelon ; plus rarement à la périphérie des lobules glandulaires (Virchow). Mais, comme le fait remarquer cet auteur, la tumeur a une grande tendance à envahir les parties situées en dehors de la glande, et c'est ainsi qu'il se forme dans le tissu cellulo-graisseux des masses souvent très-considérables. Peu à peu, la peau devient adhérente, puis elle s'ulcère. Le point de départ dans le tissu cellulaire sous-cutané doit être excessivement rare. Nous ne l'avons rencontré qu'une seule fois, et il s'agissait d'un cas de sarcome mélanique qui s'était primitivement développé dans la peau de la jambe. Si nous insistons sur le développement du sarcome, c'est que, vu le siège primitif et la tendance marquée vers l'envahissement, on constate de bonne heure la rétraction du mamelon et l'adhérence à la peau, parfois aussi, quoique rarement, aux parties profondes : tous signes qui ont été regardés comme pathognomoniques du carcinome. Avant d'aller plus loin, disons que la néoplasie peut affecter une forme circonscrite ou, au contraire, une forme diffuse ; dans le premier cas qui est le plus commun, la tumeur ordinairement lobée, simple, paraît souvent bien limitée, souvent même elle est entourée d'une sorte de capsule ; dans le second, elle est mamelonée, irrégulière. Cependant, il arrive quelquefois qu'elle est lisse, unie comme un lipome, un fibrome ou un myxome, ce qui fait qu'on trouve dans les auteurs, à propos des hypertrophies, bon nombre de choses qui s'appliquent au sarcome diffus. La production d'ectasies kystiques n'est pas constante. S'il s'agit d'une forme limitée et que le développement se fasse surtout en dehors dans le tissu cellulo-graisseux, on comprend très-bien qu'il puisse ne pas se produire de kyste, mais même dans les formes diffuses, il arrive souvent qu'on n'en rencontre pas. Toutefois, il faut admettre que le développement néoplasique s'est fait régulièrement, et supposer qu'à la longue les canaux glandulaires, primitivement dilatés, se sont peu à peu atrophiés pour disparaître complétement au milieu de la production morbide. D'une manière générale, ce n'est pas ainsi que les choses se passent. Le développement n'est pas uniforme, il fait des progrès variables ; la dilatation a lieu sur un point pendant que la compression s'exerce sur un autre, il en résulte une sorte de dislocation qui aboutit à la production de cavités ou de fentes semblables à celles qui ont été déjà signalées à propos du myxome. Tantôt elles sont lisses, unies et contiennent un liquide séreux, butyreux ou hémorrhagique, tantôt elles présentent des saillies papillaires; celles-ci sont souvent en si grand nombre que les cavités ou fentes en sont complétement obstruées. Ce qui ajoute encore à la ressemblance avec les fibromés et les myxomes kystiques, ce sont les caractères du tissu néoplasique qui est rarement partout uniforme et offre toujours plus ou moins l'aspect du tissu fibreux (fibro-sarcome) ou du tissu muqueux (myxo-sarcome). Parfois il existe une combinaison de tous ces tissus et on se trouve en présence d'une tumeur très-complexe (fibro-myxo-sarcome kystique).

Les excroissances papillaires signalées plus haut présentent ordinairement les mêmes caractères que ceùx de la néoplasie : Autrement dit, elles consistent soit un tissu sarcomateux pur, soit en un tissu fibro-myxo-sarcomateux; cependant elles peuvent aussi présenter la plus grand analogie avec le tissu glandulaire : or il s'agit le plus souvent d'un simple refoulement des lobules glandulaires d'une hernie, d'une adénocèle (W. Busch, *Chirurgische Beobachtungen*, Berlin, 1854). Jusque-là il n'y a rien de changé à la tumeur en ce qui concerne sa nature; mais, comme l'a démontré Reinhardt (*Path. anat. Untersuchungen*, Berlin, 1852), on rencontre aussi des culs-de-sac glandulaires de nouvelle formation en quantité plus ou moins considérable; dès lors, il y a lieu d'examiner si l'on ne se trouve pas en présence d'un cancroïde. Ces cas sont très-embarrassants, attendu que le processus peut être de nature irritative et l'on manque souvent de point de repère pour se prononcer entre l'hyperplasie simple et l'hyperplasie spécifique. Quoi qu'il en soit, la persistance de l'ancien tissu glandulaire et son hyperplasie sont des phénomènes relativement assez rares pour qu'on doive, en principe rejeter l'opinion de Reinhardt qui croyait pouvoir expliquer ainsi la formation du cysto-sarcome proliférant (Virchow, *loc. cit.*). Nous le répétons : les masses papillaires sont ordinairement formées par un tissu analogue à celui qui constitue la néoplasie. Quant aux poches qui les renferment, il est facile de se convaincre qu'elles résultent de l'ectasie des canaux excréteurs; il ne faut donc pas les confondre avec les cavités de nouvelle formation qui résultent de la transformation caséeuse ou colloïde des éléments de sarcome. Sur des coupes appropriées, on se rend très-bien compte des connexions qu'elles offrent avec la glande. De même que les végétations qui en partent, elles sont recouvertes d'épithéliums pavimenteux; celui-ci, il est vrai, se desquame très-rapidement, mais sur des pièces fraîches on le rencontre constamment. Avec le nitrate d'argent on obtient des figures qui ne peuvent laisser aucun doute même pour les plus grandes cavités. Du reste, à l'aide d'un stylet comme l'indique M. Virchow, on pénètre de sac en sac, de fente en fente, depuis le mamelon jusqu'à la périphérie. Çà et là, on est seulement arrêté par des diaphragmes incomplets dans lesquels s'engagent les excroissances solides qui présentent à ce niveau une sorte d'étranglement. Ce sont ces dernières qui, par pression réciproque, atrophient peu à peu les parois des kystes, de sorte qu'à la longue plusieurs d'entre eux finissent par communiquer; il en résulte des cavités plus ou moins vastes, diversement cloisonnées et contenant des masses charnues qui les remplissent parfois complétement. Au premier abord, on croirait à une tumeur unique, mais en y regardart d'un peu plus près, on voit bientôt qu'il s'agit d'un certain nombre de végétations qui, par leur confluence et leur enchevêtrement, se sont déformées et pelotonnées ensemble sans pour cela se fusionner comme on l'a prétendu. En résumé : dans le cysto-sarcome de la mamelle, l'élément glandulaire ne joue qu'un rôle secondaire (ectasie kystique, hyperplasie simple); sans doute, la configuration de ces tumeurs est par cela même modifiée, mais leur nature n'en dépend pas ; Ce qui le prouve, c'est l'examen des tumeurs généralisées : *en dehors des cas de cancroïde (hyperplasie spécifique) celles-ci ne renferment jamais de culs-de-sac glandulaires;* or, on sait que les masses secondaires qui se développent dans les organes reproduisent toujours le type de la tumeur primitive qui leur a donné naissance ; par conséquent, loin de constituer une espèce particulière, le cysto-sarcome de la mamelle doit être regardé comme une variété des autres tumeurs du même genre dans lesquelles le tissu glandulaire peut rester intact ou être complétement atrophié.

La plus ou moins grande malignité de ces tumeurs dépend de leur plus ou moins grande richesse en éléments cellulaires par rapport à la substance fondamentale. Ainsi, le sarcome encéphaloïde peut être regardé comme le plus grave, puis viennent le myxo-sarcome et enfin le fibro-sarcome. Pour ce qui est des cas où les tumeurs développées secondairement dans les organes ont montré des culs-de-sac glandulaires, ils doivent être mis à part, au même titre que ceux où les masses généralisées renfermaient des alvéoles carcinomateuses. Comme l'examen des tumeurs primitives n'a pas toujours été fait et lorsqu'il l'a été, comme les caractères du cancroïde ou du carcinome peuvent avoir passé inaperçus, les résultats publiés jusqu'à ce jour plaidant également pour et contre la métaplasie, il est plus sage de s'abstenir.

Les sarcomes de la mamelle se rencontrent à tout âge, mais on les observe surtout à la période moyenne de la vie et comme ils remontent presque toujours à deux, quatre ou six ans, voir même davantage, on peut dire qu'ils débutent spécialement dans la jeunesse. Leur accroissement se fait tantôt uniformément, tantôt par accès, jusqu'à ce qu'ils aient atteint des proportions souvent colossales. Le siège, la forme, la consistance et les rapports de ces tumeurs n'offrent rien de caractéristique. Durant la première période de leur évolution, alors qu'elles ont seulement un petit volume, il n'existe aucun signe qui permette de les distinguer des kystes profonds ou des fibromes circonscrits. Si leur volume est plus considérable, de deux choses l'une, ou bien elles présentent déjà certains caractères de malignité ou bien il n'en constate pas encore. Dans le premier cas, c'est avec les différentes formes de cancroïde ou de carcinome qu'on est le plus exposé à les confondre. Or toute la question consiste à savoir à quelle époque la malade s'est aperçue de sa tumeur : si c'est au-dessus de 35 ou 40 ans, neuf fois sur dix on tombera juste en portant le diagnostic de cancroïde ou de carcinome. Dans le second cas, si la femme est jeune, en admettant qu'il ne soit pas permis de se prononcer immédiatement, la marche ultérieure ne tardera pas de mettre sur la voie du diagnostic.

Carcinomes. La mamelle a été considérée à juste titre comme le terrain classique de ces tumeurs. Nulle part, elles ne sont aussi fréquentes, et nulle part elles n'atteignent un développement aussi complet. Le processus débute dans le tissu conjonctif interstitiel et affecte soit la forme circonscrite, soit la forme diffuse. Tout d'abord il se fait une prolifération des éléments contenus dans les espaces plasmatiques. La substance fondamentale paraît plus riche en suc, plus molle et contient un plus grand nombre de vaisseaux, un peu plus tard les éléments proliférés constituent des îlots arrondis, séparés par des travées fibreuses plus ou moins épaisses. Il en résulte un système de cavités (alvéoles carcinomateuses) qui sont la véritable caractéristique de ces tumeurs. A la périphérie du néoplasme il n'est pas rare de rencontrer une hyperplasie des éléments glandulaires. Au premier abord, on pourrait croire qu'il existe un rapport direct entre la prolifération des cellules épithéliales et le développement du carcinome, mais il est facile de se convaincre du contraire. En effet, à l'aide du nitrate d'argent, on ne trouve pas de continuité entre les cavités glandulaires et les alvéoles carcinomateuses. Or c'est l'inverse qu'on devrait observer si le rapport en question existait. Cette hyperplasie des éléments glandulaires n'est donc pas primitive, elle est subordonnée au développement du carcinome, et par suite on peut la considérer comme tenant à une irritation de voisinage. Sans doute, il est des cas où, de même que dans le sarcome, on est fort embarrassé; mais il ne faut pas oublier qu'on peut également rencontrer ici des tumeurs mixtes présentant par conséquent à la fois les caractères du carcinome et du cancroïde. D'une manière générale, lorsque le processus débute au pourtour des lobules glandulaires, les acini et les petits canaux excréteurs disparaissent de très-bonne heure. Quant aux canaux galactophores, ils persistent toujours plus ou moins, souvent même on les trouve en état d'ectasie simple ou kystique, ce qui n'existe pas lorsque le processus débute au centre de la mamelle. Une fois constituée, la tumeur offre une tendance continuelle à s'accroître. Toutefois, il y a de grandes différences suivant qu'il s'agit de telle ou telle forme. Il est des cas où les cellules contenues dans les alvéoles disparaissent de très-bonne heure (dégénérescence granuleuse). En même temps les travées fibreuses s'épaississent, reviennent sur elles-mêmes et, sur une coupe, on ne voit plus au microscope que du tissu fibreux parsemé çà et là de granulations graisseuses. C'est ce dernier état que M. Virchow a l'habitude de désigner, dans ses cours, sous le nom de *guérison apparente du cancer;* et en fait, quand on examine les parties périphériques de la tumeur, on retrouve toujours des points où le tissu carcinomateux présente des caractères moins séniles (squirrhe atrophique des auteurs, carcinome cicatriciel du sein, squirrhe vrai de M. Billroth). On a prétendu que dans cette forme les ganglions de l'aisselle n'étaient envahis que très-tard; c'est une erreur, croyons-nous, qui tient sans doute à ce que leur volume reste toujours très-petit. Cette remarque est très-importante car, ainsi que nous l'avons dit précédemment, il est une forme de fibromes qui a la plus grande analogie, au point de vue clinique, avec le carcinome atrophique. Rappelons aussi l'intégrité du tissu graisseux, voire même son hyperplasie, ce qui ajoute encore à la ressemblance qu'ont entre elles ces deux formes de tumeurs.

Dans le carcinome fibreux, après s'être développées complétement, les cellules peuvent aussi subir la dégénération graisseuse; mais, comme il se forme toujours de nouvelles cellules, d'une part, dans les espaces plasmatiques du stroma, et d'autre part, dans le tissu conjonctif voisin, il s'ensuit que, si la tumeur diminue sur un point, elle acquiert un volume plus considérable sur un autre et en fin de compte elle envahit toujours. Il n'est pas rare de rencontrer deux, trois et même un plus grand nombre de noyaux carcinomateux disséminés dans la glande. Parfois, ils se développent sous la peau et font relief à la surface; d'autrefois, tous les tissus sont envahis en même temps, et la mamelle adhère en masse au muscle grand pectoral; les deux formes peuvent se combiner ensemble. C'est dans le carcinome encéphaloïde que l'envahissement est surtout rapide; toutefois, la tumeur n'acquiert jamais un volume aussi considérable que dans le carcinome colloïde. Dans l'une et l'autre forme, on rencontre fréquemment des foyers caséeux, des épanchements sanguins, etc., tous phénomènes sur lesquels nous croyons inutile d'insister. Signalons encore la rapidité de l'ulcération de la peau, ce qui est en rapport avec le développement de ces tumeurs.

Ici, peut-être plus que partout ailleurs, le carcinome mélanique est excessivement rare. Les deux cas cités par Velpeau sont des sarcomes mélaniques disséminés.

Règle générale : les ganglions de l'aisselle se prennent très-promptement dans toutes les formes de carcinomes. Tout d'abord, ils ne sont qu'hypertrophiés, ils contiennent une plus grande quantité de suc et sont plus vasculaires qu'à l'état normal ; plus tard, ils présentent des traînées blanchâtres partant le la périphérie et dans lesquelles on retrouve des alvéoles carcinomateux analogues à ceux de la mamelle. A une période plus avancée, les tumeurs de l'une et l'autre région se trouvent souvent confondues ensemble.

Pour ce qui est des parties plus éloignées, on sait que la colonne vertébrale est en quelque sorte un lieu d'élection (*Du cancer de la colonne vertébrale et de ses rapports avec la paraplégie douloureuse*, par Léon Tripier, Paris, 1866). Le processus débute presque toujours par des phénomènes qui ont la plus grande analogie avec l'ostéite condensante ; puis, un peu plus tard, on voit les jeunes cellules s'accumuler peu à peu dans l'intérieur des cavités agrandies (espaces plasmatiques) de ce tissu osseux imparfait que nous avons considéré comme du tissu ostéoïde. Au centre de la masse, on retrouve toujours des caractères identiques à ceux du carcinome mammaire. Bien que les phénomènes néoplasiques apparaissent presque toujours au centre des corps vertébraux, les masses secondaires, en s'accroissant, finissent par comprimer la moelle et les nerfs, soit isolément, soit en même temps ; de là, des altérations variables (dégénération secondaire, névrite) qui se traduisent durant la vie par des symptômes très-importants à connaître et sur lesquels nous aurons bientôt l'occasion de revenir.

Dans la plupart des cas de généralisation, ce sont les organes thoraciques qui sont les premiers envahis ; puis, viennent les organes abdominaux et en particulier le foie. Du reste, dans certains cas de carcinomes fibreux à marche lente, on retrouve des masses secondaires à peu près dans tous les tissus.

Les carcinomes de la mamelle débutent d'ordinaire à un âge relativement avancé. Il est rare de les observer au-dessous de 35 ans. C'est entre 45 et 50 ans qu'on les rencontre le plus souvent. Toutes les femmes y sont exposées; peu importe qu'elles soient riches ou pauvres, blondes ou brunes, qu'elles aient eu ou non des enfants. Relativement à l'influence que peuvent avoir les inflammations antérieures de la mamelle, on ne peut rien dire de précis. Pour ce qui est des traumatismes légers, la plupart des auteurs ne voient là qu'une simple coïncidence et, en fait, sur le nombre de femmes qui se sont donné ou ont reçu des coups légers au sein, il en est relativement très-peu chez lesquelles on voie survenir plus tard des carcinomes; par contre, s'il existe une prédisposition soit directe soit indirecte, non pas seulement aux carcinomes, mais aux tumeurs d'une façon générale, on comprend très-bien que la moindre cause d'irritation puisse favoriser le début du processus néoplasique au même titre qu'elle en accélère ultérieurement la marche.

D'ordinaire, l'affection débute par un petit noyau dur qui, s'il n'est pas le siége de douleurs, peut passer inaperçu jusqu'au moment où il aura atteint un volume assez considérable pour attirer l'attention des malades. A ce moment, on cònstate par la palpation une tumeur de la grosseur d'une noix ou même d'un petit œuf de poule qui occupe d'ordinaire les parties périphériques de la glande : elle est dure, élastique et se déplace facilement sur les parties profondes; par contre, il est impossible de la séparer des lobules glandulaires voisins avec lesquels elle fait corps. Quant à la peau, elle n'est pas encore adhérente ; toutefois, elle forme souvent un léger méplat à ce niveau. On ne trouve qu'exceptionnellement les ganglions axillaires engorgés à cette période.

Les phénomènes ultérieurs sont très-variables : tantôt la tumeur diminue de volume et s'atrophie, tantôt elle s'accroît régulièrement ou mieux irrégulièrement ; dans tous les cas, elle a de la tendance à l'envahissement et les ganglions se prennent toujours très-rapidement. A son tour, la peau ne tarde pas à devenir manifestement adhérente : peu à peu elle rougit, s'amincit et finit par se rompre ; il en résulte des ulcérations plus ou moins considérables, dont les caractères varient, non-seulement d'une forme à l'autre, mais, pour la même forme, suivant qu'il s'agit de telle ou telle période. Les masses exubérantes, saignant facilement se voient surtout dans les carcinomes mous ; à mesure qu'elles tombent par ulcération ou par gangrène, il s'en forme de nouvelles, de telle sorte que l'aspect champignonnant est ici la règle. Dans les carcinomes durs, on voit bien aussi des fongosités ; mais elles n'offrent jamais un développement aussi considérable ; ce n'est qu'au début ou seulement de loin en loin. D'ordinaire, l'ulcération a une forme irrégulière ; les bords en sont amincis et le fond, qui est à niveau ou légèrement déprimé, laisse suinter une matière grisâtre ou gris rougeâtre, exhalant une odeur infecte. Dans le carcinome atrophique, les bords sont tellement renversés en dedans que souvent on n'aperçoit pas d'ulcération ; on voit seulement une dépression dans laquelle s'engage la peau adossée à elle-même et offrant deux ou trois plis qui irradient en dehors.

Pendant que ces phénomènes se passent à la superficie, il est rare que la tumeur ne contracte pas des adhérences avec les parties profondes ; et de même, sur les côtés, on peut trouver des masses ou des traînées de nouvelle formation. Mais déjà la santé générale a éprouvé de profondes modifications. Sous l'influence de la sécrétion ichoreuse, des hémorrhagies répétées, des douleurs continuelles, les malades perdent rapidement leurs forces ; elles n'ont plus d'appétit, elles ne dorment plus ; puis, elles se mettent au lit : les forces vont toujours en diminuant, la maigreur et l'anémie se prononcent davantage ; enfin, surviennent tous les signes de la cachexie cancéreuse.

Au lieu de rencontrer au début une seule tumeur, on voit souvent en même temps plusieurs noyaux isolés; bien que plusieurs d'entre eux finissent par se réunir, comme il s'en développe toujours de nouveaux à la périphérie, on a affaire à une forme clinique distincte (squirrhe disséminé de Velpeau). Parfois, toute la glande est prise en même temps (squirrhe en masse de Velpeau). L'adhérence aux parties profondes se remarque toujours ici de très-bonne heure.

Il est une autre forme dans laquelle la glande est également prise en masse; mais, au lieu d'augmenter de volume, elle se ratatine, prend une consistance pierreuse et adhère très-promptement au thorax. Pendant que ces phénomènes se passent dans la profondeur, la peau s'épaissit et devient le siège d'un grand nombre de nodosités ; celles-ci ne sont pas seulement localisées à la région, elles s'étendent très-rapidement à la périphérie, souvent même les deux mamelles sont envahies à là fois et alors on observe de larges plaques indurées offrant une coolration brunâtre ou brun rougeâtre qui recouvrent toute la partie antérieure du thorax (squirrhe en cuirasse de Velpeau). Ces phénomènes se succèdent toujours avec beaucoup de rapidité; dès que les nodosités de la peau commencent à être un peu confluentes, il survient de la gène de la respiration, les malades ressentent des douleurs atroces et la mort arrive au milieu des angoisses les plus cruelles. On a remarqué que cette forme survenait particulièrement chez les femmes âgées de 35 à 40 ans. D'une manière générale, il est permis de dire que, moins la femme est âgée, plus la forme de carcinome est grave : ainsi, le carcinome encéphaloïde se montre d'habitude au-dessous de 40 à 45 ans. A partir de 60 ans, on ne rencontre plus guère que le carcinome atrophique. Dans la première forme, les malades succombent très-vite à la généralisation; dans la seconde, il n'est pas rare de les voir mourir d'une affection complètement étrangère.

Le squirrhe commun tient le milieu; c'est dans cette forme qu'il est surtout donné de suivre pas à pas l'envahissement des différents organes. Très-fréquemment, avant d'accuser aucun symptôme soit du côté de la poitrine soit du côté de l'abdomen, les malades se plaignent de douleurs vagues dans la moitié inférieure de la colonne vertébrale et particulièrement au niveau de la région lombaire. Un peu plus tard, ces douleurs, qui tout d'abord ne se montraient qu'à des intervalles éloignés, deviennent plus intenses, plus rapprochées; elles irradient tantôt dans un seul des membres inférieurs, tantôt dans les deux à la fois. Enfin il survient de la paraplégie. Tout d'abord, on constate de la flaccidité, puis de la contracture; mais, ce qui prime tous les autres symptômes, ce sont les douleurs; aussi, doit-on conserver l'épithète de douloureuse que M. Charcot a proposée pour désigner cette espèce de paraplégie.

Lorsqu'il existe des symptômes permettant de soupçonner la généralisation, les phénomènes précédents perdent naturellement une partie de leur importance; dans le cas contraire, on comprend toute la portée qu'ils peuvent avoir au double point de vue du pronostic et du traitement.

Gommes. Dans son livre sur la syphilis, M. Lancereaux admet deux formes distinctes de lésions syphilitiques des glandes mammaires; l'une diffuse (mastite syphilitique), l'autre circonscrite (mastite gommeuse). A l'appui de cette manière de voir, il rapporte un certain nombre d'observations dont la valeur nous paraît très-relative; en ce qui concerne la mastite syphilitique notamment, il cite deux cas du docteur Ambrosoli (*Gazetta medica lombardia*, n° 36, 1864), qui ne sont rien moins que probants : il s'agit, en effet, de deux jeunes filles, l'une de 19 ans, l'autre de 24 ans, qui toutes les deux présentèrent, peu de temps après la disparition d'un exanthème syphilitique, une tuméfaction diffuse, ferme, légèrement douloureuse, sans changement de coloration à la peau. Il existait simultanément des ganglions durs dans l'aisselle. L'iodure de potassium (180 et 200 grammes) aurait fait disparaître ces accidents sans qu'il en restât la moindre trace. M. Lancereaux ajoute qu'il aurait vu un fait tout à fait semblable (*Traité historique et pratique de la syphilis.* Paris, 1866, p. 223). Les symptômes précédents semblent se rapporter à une congestion plus ou moins vive de la mamelle qui, vu l'âge des malades, pouvait très-bien être en rapport avec des troubles menstruels; mais, même en admettant qu'il existât une mastite véritable, on ne serait pas autorisé à admettre davantage qu'il eût là rien de spécifique. On sait combien sont fréquentes les inflammations parenchymateuses à la suite des lésions de la peau de la mamelle et particulièrement du mamelon et de l'aréole. A vrai dire, on ne mentionne pas si l'éruption cutanée portait sur la région. Quoi qu'il en soit de pareils faits nous paraissent insuffisants et, jusqu'à plus ample informé, ncus nous refusons à admettre l'existence d'une mastite syphilitique. La présence de ganglions fermes et durs, d'une part; la guérison à la suite de l'administration de l'iodure de potassium, d'autre part, tels sont les seuls phénomènes qui ont jusqu'à un certain point de la valeur. Toutefois, si les malades venaient d'avoir des éruptions cutanées (sur le tronc probablement), il n'y a rien d'étonnant à ce que les ganglions axillaires fussent engorgés, et, ce qui pourrait étonner précisément, c'est qu'on rencontrât un pareil engorgement sans rougeur de la peau de la mamelle, attendu que la mastite interstitielle à marche lente s'accompagne très-rarement d'engorgement ganglionnaire. Pour ce qui est du fait de la guérison à la suite de l'administration de l'iodure de potassium, il ne prouve absolument rien. En effet, les symptômes en question auraient pu très-bien disparaître spontanément. Du reste, on voit tous les jours de ces engorgements de la mamelle s'amender ou disparaître complétement sous l'influence de l'iodure de potassium, et pourtant la syphilis n'est nullement en cause.

En ce qui concerne la mastite gommeuse, nous nous contenterons de faire remarquer que cette dénomination n'a aucune raison d'être. Les faits de MM. Verneuil, Maisonneuve, Richet, etc., prouvent qu'on peut rencontrer des gommes ou tumeurs gommeuses dans le tissu cellulaire sous-cutané ou dans la peau de la mamelle, absolument comme partout ailleurs; mais ils n'autorisent nullement à admettre l'existence d'une mastite gommeuse. Si l'on adoptait une pareille dénomination, il n'y aurait pas de raison pour ne pas admettre également l'existence d'une mastite carcinomateuse, sarcomateuse, etc.

Myomes. En présence de la couche musculaire relativement épaisse qui se trouve au niveau de l'aréole et surtout du mamelon, on s'étonne que les myomes de cette région ne soient pas plus fréquents. La plupart des observations qui ont été publiées se rapportent à des cas de tumeurs érectiles avec développement musculaire considérable. M. Virchow (*die Krankhaften Geschwulste*, III B., erste Haft, S. 125) insiste sur la fréquence de cette combinaison des éléments vasculaires et musculaires, de sorte qu'on est souvent très-embarrassé pour dire s'il s'agit d'une tumeur érectile ou d'un myome télangiectasique; nous ne connaissons pas un seul fait de myome avéré de la mamelle.

Angiomes. A propos des angiomes glandulaires, M. Virchow rapporte une observation d'Image, dans laquelle il est question d'une jeune fille de 21 ans, qui, deux ans auparavant, avait remarqué une tache rougeâtre au niveau de l'aréole de l'une de ses mamelles, qui était de temps en temps le siège de douleurs. Peu à peu l'organe augmenta de volume; à la fin, celui-ci était très-considérable. Après l'amputation, on trouva que les veines étaient très-développées, particulièrement la veine mammaire; elle offrait des dilatations ampullaires. Dans les ampoules, il existait des productions valvulaires; et, au niveau des parties rétrécies, les parois étaient très-épaisses. Ces veines communiquaient avec des espaces creux qui traversaient toute la mamelle. D'après le même auteur, Conrad Langenbeck aurait déjà antérieurement observé deux cas semblables sur des jeunes filles âgées de 18 à 20 ans. La glande, qui était augmentée de volume, ressemblait à un goitre vasculaire; elle était traversée dans tous les sens par des artères et des veines dilatées (*Loc. cit.*, S. 369).

Nous ne ferons que rappeler la fréquence du développement musculaire dans les tumeurs érectiles superficielles qui occupent l'aréole et le mamelon.

Pour ce qui est des carcinomes, sarcomes, myxomes, etc., télangiectasiques,
nous croyons inutile d'insister ; on devra seulement se souvenir qu'au point de
vue du pronostic, l'hyperplasie vasculaire, fût-elle très-considérable, ne joue
qu'un rôle accessoire, en ce qui concerne la nature de la production morbide.

Névromes. Sous ce titre, on a décrit des tumeurs très-différentes comme
nature, mais présentant toutes pour caractère d'être plus ou moins douloureuses. Or, lorsqu'il s'agit de fibromes, de myxomes, de sarcomes ou de carcinomes, comme on ne rencontre plus de traces de fibres nerveuses dans leur
intérieur (à la périphérie, on trouve bien des tubes nerveux plus ou moins atrophiés ; mais, au centre, la gaîne médullaire et le cylinder-axis ont disparu, et la
gaîne schwannienne finit par se confondre avec le tissu néoplasique), il ne saurait être question de névromes véritables. Ce sont tout au plus de faux névromes. Par contre, il existe une catégorie de petites tumeurs regardées par les uns
comme de vrais névromes, par les autres comme de faux névromes, suivant
qu'on prenait pour point de repère les caractères physiologiques ou la nature
même du tissu, et dans lesquelles on n'a trouvé jusqu'ici que du tissu fibreux
sous différentes formes (tumeurs fibreuses, fibro-nucléaires). Elles dépassent
rarement le volume d'un petit pois, et siègent presque toujours dans le tissu
cellulaire sous-cutané. Elles se font encore remarquer par leur dureté et leur
peu de tendance à l'ulcération. Enfin, elles donnent lieu à des douleurs excessivement vives, offrant d'ordinaire le caractère névralgique. Nous avons eu plusieurs fois l'occasion d'examiner de semblables tumeurs ; mais, soit qu'elles ne
continssent pas de tubes nerveux, soit que nous ne fussions pas à même de les
mettre en évidence, nous restâmes persuadé qu'il ne s'agissait pas de névromes
véritables. Dans ces derniers temps, nous avons pu, à l'aide de l'imprégnation
avec le chlorure d'or, nous convaincre (dans deux circonstances, notamment)
qu'elles contenaient une quantité innombrable de tubes de Remak, et, par suite,
que nous nous trouvions en présence non de fibromes, mais bien de névromes
véritables non médullaires. Il serait peut-être prématuré de dire qu'il doit toujours en être ainsi ; cependant, nous sommes très-disposés à l'admettre. L'examen
d'un plus grand nombre de tumeurs peut seul permettre de vider cette question.

Il est des cas où, en l'absence de lésions anatomiques, les mamelles sont également le siège de douleurs très-vives, offrant d'ordinaire un caractère intermittent et irradiant vers le cou, l'épaule, le bras, voire même la hanche, soit d'un
seul côté, soit des deux côtés à la fois. C'est ce qu'on décrit généralement sous le
nom de *névralgies de la mamelle.* Depuis Valleix, la plupart des auteurs admettent qu'il s'agit là de névralgies intercostales ; cependant, on a fait observer avec
raison que les points de repère indiqués par ce médecin manquaient le plus
souvent. Ce n'est pas une raison, croyons-nous, pour mettre quand même le
point de départ de ces douleurs dans la mamelle. En compulsant les observations
qui ont été publiées, on peut, en effet, se convaincre que ces prétendues névralgies de la mamelle se voient presque exclusivement chez les jeunes filles nerveuses,
mal réglées, et chez les femmes de 40 à 50 ans. Il semble, dès lors, très-naturel
de placer ailleurs que dans la mamelle le siége de ces névralgies. Ce qui viendrait
encore confirmer cette manière de voir, c'est, d'une part, l'insuccès presque
constant des préparations narcotiques employées localement ; et, d'autre part, la
persistance de ces douleurs après l'amputation de la mamelle. Par contre, sous
l'influence de conditions hygiéniques ou autres meilleures, et passé un certain
âge, on a vu ces douleurs disparaître comme par enchantement.

Voilà tout ce que nous avions à dire ici des maladies de la mamelle. Un chapitre spécial est consacré plus loin aux maladies corrélatives à l'état de lactation.

AFFECTIONS DE LA MAMELLE CHEZ L'HOMME. Le peu de développement et l'absence de fonctionnement de la glande mammaire, telles sont les conditions qui rendent si rares, chez l'homme, les affections de cet organe.

L'eczéma localisé ne s'y rencontre qu'exceptionnellement; les éruptions syphilitiques, ou tenant à la présence de l'acarus scabiei, seraient, toutes choses égales d'ailleurs, plus fréquentes.

Pour ce qui est des inflammations plus profondes, elles reconnaissent presque toujours pour cause un traumatisme, et affectent d'ordinaire une marche subaiguë ou chronique.

Quant aux tumeurs, ce sont les athéromes de l'aréole, les cancroïdes, et surtout les carcinomes qui s'y observent le plus souvent.

Tout ce qui a été dit à propos des symptômes et de la marche de ces tumeurs pouvant trouver ici son application, nous ne croyons pas devoir y insister.

THÉRAPEUTIQUE ET MÉDECINE OPÉRATOIRE. Il ne sera question ici que des tumeurs.

La compression et l'extirpation sont les seules méthodes qui offrent des particularités inhérentes à la région. Quant à la destruction par la cautérisation en nappe, elle est bien rarement applicable comme méthode curative, au traitement des tumeurs du sein. On ne peut la conseiller que pour des tumeurs ulcérées, anfractueuses, occupant une large surface tout en restant peu épaisses. On peut encore parfois être obligé d'y recourir pour des malades qui refusent l'intervention de l'instrument tranchant; mais, actuellement, l'anesthésie a rendu cette répugnance bien rarement invincible. Du reste, la cautérisation linéaire devrait être préférée alors sans hésitation à la cautérisation en nappe qui ne sera guère employée que comme méthode palliative, dans certains cas de tumeurs inopérables, pour détruire des fongosités exubérantes, très-volumineuses, saignant abondamment, ou fournissant une suppuration fétide. Le caustique le plus généralement employé est la pâte au chlorure de zinc, caustique facile à manier, possédant une action coagulante précieuse, à l'inverse des caustiques alcalins (potasse, pâte de Vienne) qui, s'ils agissent plus rapidement et provoquant moins de douleur, augmentent les chances d'hémorrhagie.

1° Compression. Cette méthode, régularisée par Samuel Young (1809), a été employée par Récamier contre toutes les tumeurs du sein indistinctement; aussi, après quelques succès, éprouva-t-il de nombreux revers qui firent rejeter à peu près complètement la compression comme méthode de traitement des tumeurs du sein. Trousseau et Velpeau revinrent les premiers à son emploi pour les inflammations de la mamelle, pour les inflammations chroniques surtout. C'est là, en effet, que la compression donne les meilleurs résultats. M. Broca l'a conseillée comme méthode générale de traitement des adénomes du sein (1851). Mais, dans cette classe des adénomes, M. Broca fait rentrer non-seulement des indurations inflammatoires chroniques, mais aussi des fibromes, et des sarcomes. Or nous savons que les sarcomes peuvent pendant longtemps affecter la marche et les caractères cliniques des tumeurs bénignes, pour devenir plus tard rapidement envahissants, et parfois même se généraliser. Si, confiant dans la nature bénigne de la tumeur, le chirurgien a trop attendu, il est obligé de faire une opération relativement grave, à cause du volume de la production morbide, et la malade se a bien plus exposée à la récidive; car, à cette période, la tumeur est bien moins nettement limitée, la zone *latente* est généralement beaucoup plus étendue qu'à une époque rapprochée du début.

Le rôle de la compression, d'après ces considérations, est singulièrement restreint : on l'emploiera seulement pour des tumeurs présentant tous les caractères de la bénignité, et encore devra-t-on toujours se tenir en garde et surveiller attentivement la marche ultérieure de la production morbide.

La région mammaire se prête assez bien à l'emploi de la compression, pourvu qu'on procède avec précaution et d'une manière graduelle. La respiration est toujours un peu gênée pendant les premiers jours, parce que le bandage entrave les mouvements des côtes ; mais, les malades s'habituent peu à peu à respirer suivant le type abdominal.

La compression des tumeurs du sein se fait habituellement à l'aide d'un bandage circulaire qui comprime la tumeur contre les côtes par l'intermédiaire d'un disque d'agaric. Young employait des plaques de plomb ou d'étain ; mais, l'agaric, conseillé par Récamier, est bien préférable.

Chez les femmes maigres, des tours de bande circulaires avec deux bretelles destinées à empêcher leur déplacement peuvent suffire. Mais, le plus souvent, on est obligé de faire en outre quelques tours de bande obliques, passant sur l'épaule du côté sain. On protégera soigneusement avec de l'ouate la peau de l'aisselle et on laissera autant que possible la mamelle saine au-dessus du bandage. Enfin, on fixera les unes sur les autres les bandes imbriquées, à l'aide d'un grand nombre d'épingles, de manière que le bandage forme un tout solide.

Les femmes, habituées par l'usage du corset à respirer suivant le type costo-supérieur, éprouvent souvent pendant les premiers jours une dyspnée très-fatigante, surtout dans le décubitus dorsal ; on procédera donc, tout d'abord, avec ménagement pour habituer peu à peu la malade à supporter une compression suffisante.

Le premier bandage se relâche promptement, en général, par suite de la diminution de la tumeur ; aussi, devra-t-on le renouveler fréquemment au début du traitement. La résolution, rapide tout d'abord, devient de plus en plus lente et par suite le bandage peut être ultérieurement laissé plus longtemps en place.

L'ulcération, si elle n'est pas survenue spontanément par suite des progrès de la tumeur, mais par suite d'une irritation locale bien constatée, n'est pas une contre-indication ; seulement, on renouvellera le bandage fréquemment pour panser la plaie.

Chez les femmes à mamelles pendantes, on devra suivre le conseil de Velpeau, c'est-à-dire comprimer la tumeur sur un coussin d'agaric interposé entre la mamelle et le thorax.

Si la compression n'amène pas, après quelques jours, une diminution sensible du volume de la tumeur, si les douleurs persistent, il faut y renoncer.

Parfois la tumeur diminue au début, pour reprendre ensuite une marche progressive ; dans ces cas, il ne faut pas hésiter, une opération radicale est indispensable.

Lorsque la tumeur n'est plus opérable, la compression peut souvent être employée avantageusement, comme moyen palliatif, contre les douleurs, les végétations et les champignons fongueux des tumeurs ulcérées, surtout si ces excroissances sont le siège d'hémorrhagies. Malheureusement elle n'est pas toujours tolérable : mais, on peut l'essayer avant de recourir à des moyens plus énergiques, tels que la cautérisation partielle.

2° *Extirpation.* C'est la méthode curative par excellence.

Elle peut être faite par divers procédés, dont trois seulement sont applicables d'une manière générale aux tumeurs du sein ; ce sont : l'extirpation par l'instrument tranchant et l'extirpation par la cautérisation linéaire *galvanique* ou *potentielle.*

L'anse coupante et l'écrasement linéaire ne peuvent être employés avantageusement que pour des tumeurs bien pédiculisées, formes rares à la région mammaire. M. Chassaignac a essayé, il est vrai, d'appliquer sa méthode à l'extirpation de toutes les tumeurs du sein ; mais, il est obligé alors de pédiculiser la tumeur, d'inciser le plus souvent la peau avec le bistouri, de fractionner la tumeur, souvent même de la disséquer au préalable, dans une grande partie de son étendue, pour conserver la peau saine. Enfin, lorsque la tumeur n'est pas parfaitement limitée, mobile, il est à peu près impossible de ne pas laisser quelques prolongements de la production morbide dans la plaie. D'après cela, on comprend, sans peine, que cette méthode d'extirpation des tumeurs du sein ne soit pas passée dans la pratique.

L'anse coupante galvano-caustique est passible à peu près des mêmes reproches ; en outre, son maniement est plus difficile et elle s'expose plus que l'écrasement linéaire aux hémorrhagies consécutives ; il ne peut donc en être question pour le traitement des tumeurs du sein.

Extirpation avec le bistouri. Pour les tumeurs bénignes, on extirpe la tumeur seule, sans chercher à empiéter sur les tissus sains. Le plus souvent, on peut les énucléer après avoir fait à la peau une incision simple, droite ou courbe, en respectant la glande en partie ou en totalité.

Si la tumeur est ulcérée, il est évident qu'une incision simple ne peut suffire ; si elle est très-volumineuse, il faut enlever avec elle une partie plus ou moins considérable des téguments qui la recouvrent, pour faciliter la réunion des lèvres de la plaie. Si le mamelon a dû être sacrifié, on conseille généralement, chez les femmes encore jeunes, susceptibles de devenir mères, d'extirper la glande mammaire tout entière. A notre avis, les craintes qui ont motivé ce précepte ne sont nullement fondées.

Si la nature bénigne de la tumeur n'est pas certaine, il ne faut pas hésiter, malgré la mobilité et l'absence d'adhérences avec les parties voisines, à empiéter sur les tissus sains ; si la tumeur est un sarcome, un cancroïde ou un cancer, il faut dépasser largement ses limites, surtout lorsqu'elle n'est pas bien mobile, lorsqu'elle offre des prolongements ou des adhérences avec les tissus environnants : dans ce dernier cas, lorsqu'on ne va pas bien au delà des limites apparentes du mal, la récidive dans la plaie est presque assurée.

Avant l'opération, on explorera attentivement la région malade pour constater le volume de la tumeur, sa mobilité ou ses adhérences à la peau et aux parties environnantes, l'étendue de ses prolongements ; on examinera l'aisselle pour s'assurer de la présence ou de l'absence de tumeurs ganglionnaires, de leur volume, de la hauteur à laquelle ils remontent.

La malade devra être couchée, le bras écarté du tronc, pour faire saillir le grand pectoral.

On procède à l'incision cutanée simple dans le cas de tumeurs bénignes superficielles, pouvant s'énucléer facilement ; l'opération n'offre dans ce cas aucune particularité digne d'intérêt.

Lorsque l'incision simple ne doit pas suffire, on fait habituellement une incision

elliptique parallèle aux fibres du grand pectoral, comme l'a conseillé Pemper-
nelle. C'est la meilleure direction à suivre, surtout lorsque la tumeur est volumineuse et profonde (c'est, du reste, dans cette direction que se trouve habituellement le plus grand diamètre de la tumeur). En outre, lorsqu'il y a dans
l'aisselle des ganglions altérés, il suffit le plus souvent pour aller à leur recherche de prolonger en haut et en dehors l'incision primitive. Si la limite externe
de la tumeur se trouvait trop éloignée de la masse ganglionnaire, il faudrait la
découvrir par une incision spéciale isolée de la première.

L'incision cutanée étant faite, un aide saisit la tumeur avec les doigts ou avec
une pince de Museux, et la soulève de bas en haut. On commence dans ce sens
la dissection de la tumeur, en confiant à un aide le soin d'appliquer un doigt sur
chaque vaisseau ouvert et en faisant absterger avec soin la plaie après chaque
coup de bistouri. Lorsqu'on juge que la séparation de la tumeur est suffisante par
en bas, on reporte le bistouri au-dessus et on achève de haut en bas la dissection
en faisant constamment agir le tranchant sur les tissus sains. Si rien ne presse, on
poursuit attentivement tous les prolongements de la tumeur qu'il est plus
facile de bien sentir lorsqu'ils sont encore adhérents à la masse principale.

S'il y a beaucoup de vaisseaux ouverts et si l'on redoute une perte sanguine
trop abondante , on se hâte d'enlever la masse principale, on lie les vaisseaux puis
on procède avec une attention minutieuse à la recherche des portions altérées
qui ont pu échapper à l'action de l'instrument. Cette exploration de la plaie doit
toujours être faite avec le plus grand soin : si le grand pectoral paraissait, il faudrait largement exciser la partie correspondante ; si les prolongements allaient
jusqu'aux côtes, on devrait les ruginer ; on a même conseillé de les réséquer :
Mais, on augmenterait singulièrement ainsi les dangers inhérents à l'opération
sans espoir d'atteindre les limites du mal. Le mieux, dans les cas où on suppose
que la dégénérescence a des racines aussi profondes, c'est de ne pas opérer.

La tumeur ayant été enlevée, les artères liées, s'il y a des ganglions altérés,
on va à leur recherche soit en prolongeant vers l'aisselle l'incision primitive,
soit en pratiquant une incision séparée. Le plus souvent, les tumeurs ganglionnaires siègent sur la face externe du grand dentelé où on peut les atteindre
facilement et sans danger de léser les vaisseaux axillaires, après avoir écarté au
préalable le bras du tronc. Si l'altération a atteint les ganglions situés plus
haut, jusqu'au-dessous de la clavicule, on redoublera de précautions, abandonnant complétement le bistouri pour ne se servir que des doigts, à l'aide desquels
on cherche à énucléer les masses malades ou au moins à les pédiculiser. Si le pédicule ainsi formé renferme des artères ou des veines volumineuses, on y applique
une ligature en masse avant d'y porter le bistouri ou les ciseaux. La veine axillaire
a été plusieurs fois ouverte et déchirée dans ce temps de l'opération : la compression, dans ces cas, a presque toujours suffi à arrêter l'hémorrhagie. M. Barrier a fait une fois la ligature latérale qui a réussi.

Si l'opérateur n'a pas un nombre d'aides suffisant pour comprimer les vaisseaux ouverts, il pourra être obligé de lier ces derniers à mesure, ce qui rend
l'opération beaucoup plus longue. Le mieux, dans ce cas, est d'avoir à sa disposition de petites pinces à pression continue qui pourront, à la rigueur, être
suppléées par de grosses serres-fines, au moyen desquelles on saisira l'extrémité de chaque vaisseau ouvert.

L'opération terminée, il faut constater encore que tous les tissus malades ont
été complétement enlevés; puis, on lave la plaie avec de l'eau tiède pour s'assurer

que tous les vaisseaux pouvant donner du sang ont été liés ou tordus et on procède au pansement.

Si la perte de substance de la peau est trop étendue pour qu'on puisse rapprocher les bords, il faudra renoncer à la réunion immédiate. On favorisera ultérieurement, lorsque la réaction inflammatoire sera tombée, la formation de la cicatrice en rapprochant les bords de la plaie avec des bandelettes de diachylon et un bandage approprié.

On devra tenter la réunion immédiate toutes les fois que les bords se rapprocheront facilement et que la plaie sera limitée à la région mammaire, de telle sorte qu'après le pansement il ne reste dans la profondeur aucun diverticulum, aucune cavité où des liquides puissent s'accumuler. La suture enchevillée, qui réunit très-bien le fond de la plaie, remplit parfaitement cette indication. Une condition importante de succès, c'est l'absence de corps étrangers ; aussi faut-il, lorsqu'on veut tenter la réunion immédiate, faire très-peu de ligatures ; la torsion, si elle est suffisante, sera seule employée ; sinon on se servira pour les ligatures de fils très-fins dont on coupera les deux chefs au ras des nœuds. La plaie étant abstergée avec soin, on procède à la réunion.

Quelques chirurgiens se servent, pour rapprocher les bords, de bandelettes de diachylon. Nous conseillons de préférence la suture enchevillée qui réunit beaucoup mieux le fond de la plaie et remplit ainsi l'indication la plus importante ; en outre, elle est moins irritante que le diachylon et prédispose moins, par conséquent, à l'érysipèle.

Lorsque la plaie est très-profonde, lorsqu'on a dû faire un grand nombre de ligatures, il ne faut pas tenter la réunion immédiate complète, mais affronter les bords dans les trois quarts de leur étendue à peu près, en laissant dans le point le plus déclive une ouverture qui donne issue aux liquides sécrétés dans les parties profondes et qui laisse passer les fils à ligature. On maintient l'ouverture au moyen d'une mèche cératée et imbibée au besoin d'un liquide hémostatique.

Lorsque l'incision a dû être prolongée dans l'aisselle pour l'ablation de ganglions altérés, la réunion immédiate est presque impossible, et la tenter serait souvent dangereux : aussi, dans ce cas, on se contente de réunir, au moyen de la suture enchevillée, la partie interne de la plaie là seulement où la réunion des parties profondes peut se faire très-exactement : dans la cavité qui reste béante à la partie externe, on introduit une mèche ou des boulettes de charpie ; puis on achève le pansement et on applique un bandage modérément serré.

En agissant ainsi, on obtient souvent pour une grande partie de la plaie les bénéfices de la réunion immédiate, tout en évitant les dangers d'une suppuration profonde, qui pourrait donner lieu à un phlegmon diffus.

Accidents. Les accidents pendant l'opération sont rares. Une syncope peut survenir si la malade, très-faible, perd une certaine quantité de sang ; mais c'est là un accident que le chirurgien doit prévoir et prévenir comme nous l'avons dit. Nous avons indiqué aussi les précautions à prendre pour éviter la lésion des vaisseaux axillaires : si la veine est ouverte, on fera une compression très-exacte ; si on avait lésé l'artère, il faudrait pratiquer immédiatement la ligature au-dessus et au-dessous de la blessure.

L'hémorrhagie après l'opération est très-rare, lorsque les artères ont été recherchées et liées avec soin. Si elle est peu abondante, la compression suffira, sinon on **ouvrira la plaie pour chercher le vaisseau ouvert** ; ou bien on appliquera, sur le

point d'où provient le sang, des tampons de charpie imbibés d'un liquide hémostatique (perchlorure de fer plus ou moins étendu d'eau) et on fera un peu
de compression.

Le tétanos survient rarement après l'extirpation des tumeurs du sein. Velpeau
n'en cite que deux cas dans son livre.

Les phlegmons et les décollements du tissu cellulaire se produisent assez souvent à la suite de l'érysipèle ; dans les autres cas, il est généralement facile de
les éviter par des pansements bien faits et une surveillance attentive, nécessaire
surtout lorsqu'on a tenté la réunion immédiate.

La pyohémie et la septicémie ne se rencontrent guère que dans les grands hôpitaux et lorsqu'on a été obligé de remonter plus ou moins haut dans l'aisselle.

L'accident le plus fréquent, celui qui compromet le plus souvent le succès de
l'opération est l'érysipèle ; il affecte habituellement la forme ambulante. D'une manière générale, il est plus grave chez les femmes très-grasses et chez les malades
faibles, anémiques. Velpeau a observé une forme d'érysipèle grave qu'il a nommé
érysipèle bronzé, à cause de la couleur de la peau envahie. Cet érysipèle est rapidement mortel; il s'accompagne fréquemment de la formation de plaques gangréneuses étendues.

Enfin, on observe parfois une pleurésie du côté correspondant, pleurésie qui survient parfois par suite du refroidissement de la poitrine pendant les pansements,
d'autres fois par propagation de l'inflammation de la plaie à la plèvre Lorsque
les symptômes de cette affection apparaissent avec un appareil fébrile modéré, à
la suite de l'extirpation d'un sarcome ou d'un carcinome volumineux, mal limité,
adhérent aux tissus environnants, le chirurgien portera un pronostic très-réservé,
car il doit alors soupçonner le développement dans le poumon et sur la plèvre
de tumeurs métastatiques.

Résultats immédiats. L'ablation par l'instrument tranchant des tumeurs du
sein, faite dans de bonnes conditions hygiéniques, est en somme une opération
bénigne, lorsque la plaie reste limitée à la région mammaire. Sa gravité augmente
lorsque le chirurgien a dû enlever des tumeurs ganglionnaires volumineuses dans
l'aisselle, et elle s'accroît en raison de la profondeur à laquelle il a dû manœuvrer.
Mais, même dans ces conditions, les malades survivent le plus souvent à l'opération et la plaie se cicatrise.

Galvanocaustie. Les tumeurs du sein peuvent être extirpées à l'aide du
galvanocautère qui se manie comme le bistouri et dissèque les tissus couche
par couche, sous l'œil du chirurgien (pour le manuel opératoire, voir l'article
Galvanocaustie). Toutefois c'est une méthode qui n'est pas à la portée de tous les
chirurgiens à cause du prix des appareils et des connaissances spéciales nécessaires pour leur maniement.

Si on emploie un galvanocautère rougi à blanc, la plaie est à peine escharifiée
et ne diffère guère de la plaie qui succède à l'action de l'instrument tranchant,
aussi peut-on l'explorer facilement et suivre les prolongements de la tumeur :
mais, alors l'hémostase est incomplète sinon nulle et il faut reporter le cautère
chauffé au rouge sur les orifices artériels béants. En outre, la plaie se trouve
à peu près dans les conditions d'une plaie par instrument tranchant, sauf la
possibilité de la réunion immédiate. Lorsqu'on s'est servi d'un galvanocautère
simplement rouge, la plaie ne saigne pas ; elle est recouverte d'une eschare d'un
millimètre d'épaisseur environ qui constitue un véritable pansement par occlusion, soustrait la plaie aux influences extérieures et s'oppose par conséquent d'une

manière généralement efficace au développement des érysipèles et de l'infection purulente. Ce n'est pas tout; la cautérisation galvanique est très-superficielle, le cautère ne rayonne pas dans les parties adjacentes, et n'y provoque pas la réaction souvent si grave qui suit les brûlures étendues. Ces avantages sont compensés par la difficulté qu'on éprouve pour explorer la plaie et s'assurer qu'il ne reste pas de prolongements de la tumeur ; de plus, on est forcé de renoncer à la réunion immédiate et enfin cette méthode n'est applicable qu'aux tumeurs bien limitées, sans envahissement des ganglions axillaires.

Cautérisation linéaire. Cette méthode a été conseillée par Girouard de Chartres qui s'en servit tout d'abord pour l'extirpation des tumeurs du sein. Il employait d'abord un instrument formé de deux arcs métalliques qui étreignaient la tumeur à sa base ; ces arcs étaient creusés d'une rainure pour recevoir le caustique ; Lorsque la peau était détruite, il renouvelait le caustique et rapprochait les deux arcs, jusqu'à ce que la base de la tumeur fût entièrement divisée.

M. Girouard simplifia bientôt son procédé, en supprimant la compression. Il entourait la base de la tumeur d'un collier étroit de pâte de Vienne, pour détruire la peau. L'eschare produite, il l'incisait, et introduisait au fond de cette rainure de petites lanières de pâte de chlorure de zinc. La rainure, chaque jour plus profonde , recevait de nouvelles lanières de caustique et des tumeurs volumineuses se détachaient ainsi en quelques jours sans écoulement de sang. Pour les cas où la tumeur a des prolongements, M. Girouard a conseillé et mis en pratique le procédé suivant : la peau et le tissu cellulaire sous-cutané étant escharifiés et incisés, on fouille au fond de l'eschare avec une sonde cannelée qu'on glisse sous la tumeur ; puis, dans le trajet ainsi creusé, on enfonce de petites flèches de pâte au chlorure de zinc. On en applique autant que la sensibilité de la malade le permet et on renouvelle cette opération deux fois par jour. La tumeur se décolle bientôt et alors, en poursuivant le décollement, on rencontre les irradiations cancéreuses qui se révèlent par leur consistance et surtout par leur résistance au caustique. Lorsqu'on tombe sur une de ces irradiations, on reconnaît, à l'aide d'une légère traction sur la tumeur, dans quel sens et à quelle profondeur elle se porte, on creuse tout autour le tissu cellulaire avec la sonde cannelée et on y enfonce des flèches jusqu'au point où l'irradiation s'arrête. Tant que l'eschare reste dure et se tend par la traction, il faut porter le caustique plus loin.

M. Maisonneuve enfonce directement sous la base de la tumeur des flèches de chlorure de zinc, au moyen de ponctions faites avec un bistouri aigu. Ce procédé est d'une exécution très-prompte, mais il est très-douloureux, car c'est le chlorure de zinc qui détruit la peau : or l'action du chlorure de zinc est lente et la cautérisation de la peau par cet agent s'accompagne souvent de douleurs atroces. Aussi, sous ce rapport, le procédé de M. Girouard, escharifiant la peau en dix ou quinze minutes au moyen de la pâte de Vienne qui ne provoque qu'une douleur modérée est bien préférable. Quant aux parties profondes, leur cautérisation par le chlorure de zinc n'est pas extrêmement douloureuse.

En outre, M. Girouard suit l'action de son caustique, il ne risque pas de s'égarer. M. Maisonneuve, employant son procédé, a vu une flèche perforer la plèvre.

Une malade de M. Bauchet, opérée de même, mourut au bout de huit jours avec une large perforation de la plèvre par une flèche caustique (Broca, *Traité des tumeurs*).

Dans le cas de tumeurs volumineuses le procédé de M. Girouard donne lieu à des plaies très-étendues dont la cicatrisation doit être surveillée avec soin. On doit autant que possible la diriger de telle sorte que la plaie soit recouverte à peu-près complètement par la peau de l'abdomen : si la peau de la région sous-claviculaire est attirée en bas par la formation de la cicatrice, il est évident, en effet que la peau du cou subira une tension plus ou moins forte qu'il faut éviter. Pour cela, M. Girouard cherche à faire adhérer la peau aux parties sous-jacentes au niveau ou un peu ʌu-dessous de la clavicule. Il emploie à cet effet la canté-risation linéaire avec la pâte de Vienne, cautérisation qu'il pratique au moment de la chute de l'eschare. Ce moyen est ingénieux mais les faits manquent pour juger de sa valeur pratique.

Du reste, quel que soit le procédé mis en usage, l'extirpation des tumeurs du sein par la cautérisation linéaire est une opération longue et douloureuse, inapplicable lorsqu'il existe des ganglions altérés dans l'aisselle. .

Choix de la méthode d'extirpation. Malgré les efforts faits depuis quelques années pour remplacer le bistouri par les caustiques dans le traitement curatif des tumeurs, l'extirpation par l'instrument tranchant est restée la méthode la plus généralement applicable à l'ablation des tumeurs du sein.

On lui a reproché des accidents graves que la méthode galvanocaustique et la cautérisation linéaire évitent habituellement.

L'instrument tranchant expose, en effet, à une réaction inflammatoire plus vive lorsqu'on n'obtient pas la réunion immédiate ; la plaie exige des pansements et des soins minutieux. Après l'extirpation par la cautérisation linéaire, la malade n'est pas condamnée au repos et peut reprendre à peu près son genre de vie habituel. L'extirpation par la galvanocaustie provoque également une réaction en général très-modérée. Enfin, et c'est là l'objection capitale, la méthode san-glante expose beaucoup plus à l'érysipèle ; mais la cautérisation, quoi qu'aient dit ses partisans, n'en met pas complètement à l'abri.

Quant à l'infection purulente, elle est rare à la suite de l'extirpation des tumeurs du sein par le bistouri ; elle ne survient guère qu'après l'ablation de masses ganglionnaires volumineuses de l'aisselle : or, dans ces cas, le bistouri peut seul être employé. La cautérisation linéaire n'est pas applicable et le couteau galvanocaustique n'est pas assez facile à manier pour qu'un chirurgien prudent le conduise sur les vaisseaux axillaires.

Tels sont les inconvénients réels de la méthode sanglante appliquée aux tumeurs du sein.

Mais ces inconvénients, sauf dans certains cas particuliers sur lesquels nous reviendrons, sont compensés par de nombreux avantages.

1° L'extirpation se fait sans douleurs, grâce au sommeil anesthésique, tandis que la cautérisation potentielle est accompagnée de douleurs vives et prolongées. La galvanocaustie, vu la rapidité de son action, offre les mêmes avantages que le bistouri.

2° Avec le bistouri, on enlève toutes les parties malades, en ménageant com-plétement les parties saines, de telle sorte que si la peau n'est pas ulcérée ou altérée dans une trop grande étendue, on pourra rapprocher après l'opération les bords de la plaie et obtenir, sinon la réunion immédiate complète, du moins une cicatrice étroite presque linéaire. Avec la galvanocaustie on peut, il est vrai, ménager les tissus sains, mais la réunion immédiate est impossible. De plus, on n'est pas aussi sûr d'enlever tous les tissus malades lorsque la tumeur a des pro-longements et des adhérences. La cautérisation potentielle détruit inutilement les tissus situés dans une grande étendue, la plaie qui succède à son action est très-large, la cicatrisation se fait lentement et la rétraction de la cicatrice peut avoir des inconvénients sérieux. En outre, aussi bien que la galvanocaustie, plus souvent même peut-être, la cautérisation peut laisser échapper, malgré l'attention la plus minutieuse, quelques prolongements de la tumeur.

L'instrument tranchant devra donc être employé de préférence non-seulement dans les cas de tumeurs bénignes ou peu étendues, lorsqu'on pourra tenter avec quelques chances de succès la réunion immédiate, mais aussi lorsque la tumeur présentera des prolongements mal limités, des adhérences un peu étendues; car, ce que le chirurgien doit rechercher avant tout, c'est l'extirpation complète du mal.

Sauf les cas où il existe des prolongements et des adhérences, ce sont malheureusement les plus fréquents, le couteau galvanocaustique ou la cautérisation linéaire seront préférables à l'instrument tranchant toutes les fois que la peau sera largement ulcérée ou envahie par la production morbide dans une étendue telle que le rapprochement des bords de la plaie serait impossible après l'extirpation complète.

Résultats définitifs. Les résultats définitifs varient surtout avec la nature de la tumeur extirpée :

Si la tumeur est de nature bénigne (lipomes, fibromes, myxomes, etc), la guérison est radicale.

Quant aux sarcomes, leur extirpation amène encore le plus souvent une guérison complète, lorsqu'elle est pratiquée à une époque rapprochée du début de la tumeur, et que celle-ci est bien limitée, libre d'adhérences avec les parties environnantes. Dans le cas contraire, les récidives sont assez fréquentes car alors la zone latente de développement de la tumeur est souvent très-étendue, et il est impossible au chirurgien de s'assurer de ses limites. La tumeur récidivée apparaît souvent longtemps après l'extirpation de la tumeur primitive. Elle peut rester longtemps inaperçue à cause de son petit volume et de son accroissement très-lent au début, puis tout à coup plus rapide; aussi la considère-t-on souvent comme une véritable repullulation. Parfois, au moment de l'extirpation, il existe dans le même sein des tumeurs sarcomateuses multiples; en ce cas, la récidive peut s'expliquer par le développement d'une tumeur isolée qui existait déjà, mais n'avait pas été reconnue au moment de l'opération.

Quelle que soit d'ailleurs la cause de la récidive, les tumeurs récidivées peuvent être enlevées, et il arrive parfois qu'après la troisième ou la quatrième extirpation, faite en dépassant très-largement les limites du mal, on obtient une guérison durable.

Il arrive parfois qu'on observe la métastase quelque temps après l'ablation d'un sarcome chez une malade dont la santé générale ne laisse rien à désirer, et malgré l'absence complète d'engorgements ganglionnaires. Malheureusement nous n'avons aucun signe qui puisse la nous faire soupçonner et il n'existe pas d'époque déterminée pour l'apparition de cet accident.

A la suite de l'extirpation des tumeurs décrites sous le nom d'hétéradénomes, tumeurs que M. Virchow a rangées parmi les cancroïdes, la récidive est fréquente. Ces tumeurs offrent, du reste, au point de vue des résultats définitifs, une grande analogie avec les carcinomes.

L'ablation des carcinomes donne d'assez tristes résultats ; et, depuis que le cancer a été nettement séparé des diverses formes de sarcomes qu'on avait longtemps confondues avec lui, on ne connaît pas d'observations bien concluantes de guérison radicale d'un cancer de la mamelle.

Quelle que soit la période du développement de la tumeur à laquelle on ait pratiqué l'extirpation, la tumeur se reproduit presque fatalement, soit qu'il y ait récidive par continuation, soit qu'il y ait véritable repullulation. Enfin, si la malade ne succombe pas aux progrès de l'affection locale, l'infection cancéreuse et la généralisation viennent clore la scène. La récidive se fait presque toujours sur place, soit dans les environs du siège de la tumeur primitive, soit dans les ganglions axillaires et sous-claviculaires.

L'extirpation n'empêche donc pas la terminaison fatale; mais, elle la retarde le plus souvent presque toujours même lorsqu'on la pratique de bonne heure en empiétant largement sur les tissus sains.

D'une manière générale, la tumeur enlevée récidive d'autant plus vite que sa marche était primitivement plus rapide, plus largement envahissante. Malgré le petit volume et la mobilité de la tumeur, si les ganglions axillaires ont été envahis à une époque rapprochée du début, on doit s'attendre à une récidive rapide, à marche rapidement envahissante. Néanmoins l'opération, faite tout à fait au début, paraît retarder la terminaison fatale.

Les carcinomes durs, à trame fibreuse serrée, à marche très-lente, n'envahissant les ganglions axillaires qu'à une période avancée de leur développement, présentent, après l'extirpation, une marche complétement différente. Si la tumeur a été totalement enlevée, la récidive se fait souvent après un temps assez long, parfois même il s'écoule plusieurs années, pendant lesquelles la malade est débarrassée des douleurs, de la gêne et de l'inquiétude morale qui la tourmentaient. Lorsque la récidive a lieu, on peut, par une seconde opération, rendre encore une fois la santé à la malade; mais les récidives ultérieures se rapprochent habituellement de plus en plus et la production morbide affecte à chaque réapparition une marche plus envahissante qui rend enfin l'intervention chirurgicale impossible ou au moins très-difficile et dangereuse.

Léon Tripier.

Maladies des mamelles dans leur rapport avec la lactation et l'allaitement. Comme étude complémentaire de la pathologie des mamelles, nous examinerons successivement, en nous plaçant plus particulièrement à un point de vue pratique :

1° Quelles contre-indications à l'allaitement peuvent naître des maladies des mamelles ;

2° Quelles sont les maladies des mamelles qui se rattachent plus directement à l'influence de l'allaitement considéré comme cause déterminante ou occasionnelle.

I. L'étude des conditions organiques normales favorables à l'allaitement n'est pas toujours facile ; elle ne fournit pas, malgré une observation attentive, les résultats pratiques sur lesquels il est important de se baser pour obtenir les conditions organiques nécessaires au développement d'un nourrisson; celui-ci, avec une vitalité exprimée et soutenue par une très-bonne conformation, représente un coefficient actif qui peut fournir un apport considérable, souvent inattendu, à l'accomplissement de l'œuvre désirable de sa nutrition ; tandis qu'un enfant débile, mal constitué ou mal conformé, souffrira jusqu'à languir et à mourir d'inanition en présence de l'appareil lactifère le mieux conformé et le plus abondamment fourni. Il est nécessaire de tenir compte de cette donnée, qui semble étrangère au problème, pour arriver à une solution souvent difficile, et que dans beaucoup de cas le temps seul permet de réaliser complétement. En passant successivement en revue les principales malformations et maladies des mamelles et du mamelon, pour en déduire des conséquences relatives à la sécrétion et à l'excrétion du lait considéré comme aliment du nouveau-né, nous ne nous dissimulons pas qu'une partie de ces données est essentiellement obscure, incomplète et très-aléatoire dans l'espoir de succès qu'elle renferme, et que nous aurons plutôt préparé qu'obtenu la solution du problème.

a. *Absence et formation rudimentaire des seins.* Les arrêts de développement des glandes mammaires coïncident presque toujours, portées à un degré extrême, avec l'absence ou la malformation des organes génitaux internes et externes, par conséquent la stérilité, qui en est la conséquence ordinaire, enlève l'occasion d'apprécier la puissance sécrétoire ou même la possibilité de sécrétion dans des organes absents ou considérablement arrêtés dans leur développement.

Les cas où les mamelles font complétement défaut, déjà très-rares, coïncident le plus souvent avec des arrêts de formation très-caractérisés, du sternum, des côtes et des muscles pectoraux, se rattachant à un ordre de monstruosités trop considérables pour que le sujet qui en est affecté puisse arriver à la période d'évolution i puberè des organes génitaux. Le développement incomplet des mamelles, ordinairement lié au même défaut des organes génitaux, héréditaire dans quelques familles, coïncidant avec un développement généralement arrêté, ou avec des affections constitutionnelles diathésiques, ou produit par l'usage prématuré et abusif des corsets (ce qui est plus rare aujourd'hui, il faut en convenir), amène nécessairement une réduction, si ce n'est une insuffisance absolue dans la sécrétion lactée.

Soupçonnée avant la grossesse, cette organisation au-dessous du type normal peut être confirmée pendant la gestation chez une femme d'ailleurs bien constituée, par un examen répété à différentes époques, sans qu'on puisse affirmer toujours d'avance jusqu'à quel point ce faible développement des mamelles aura sur leurs fonctions une influence décisive. Il faut voir l'organe sécréteur à l'œuvre, observer comment il se comporte au moment de la fluxion laiteuse, et suivre pas à pas, mais avec une attention soutenue, les progrès de l'enfant, en les évaluant surtout par la méthode des pesées faites à certains intervalles.

Le mamelon peut manquer originairement ou être développé d'une manière insuffisante. A l'absence complète il n'y a pas de remède à opposer; trop court, il peut être avantageusement modifié, allongé par la succion d'un enfant plus fort, par l'emploi des ventouses ou suppléé par l'usage des mamelons artificiels. On sera donc moins absolu en portant un jugement dans ce dernier cas, tandis que s'il y a absence complète, il ne faut pas oublier qu'on ferait en vain exercer les efforts les plus énergiques et les plus persévérants par un enfant assez développé, ou par un jeune chien, comme on l'a conseillé et fait pratiquer quelquefois, au point d'amener une inflammation de la glande elle-même; celle-ci, tout en sécrétant la quantité de lait nécessaire à la nourriture d'un enfant, ne pourra la lui fournir dans des conditions de préhension et de déglutition convenables, il faudra d'avance renoncer à l'allaitement.

b. Dans les cas de *polymastie*, assez rares en Europe, plus fréquents aux Antilles, la masse glandulaire en se divisant et se subdivisant perd plutôt qu'elle ne gagne dans ses propriétés sécrétantes; elle doit par cela même inspirer peu de

confiance dans le succès ou la facilité de l'allaitement. On se tromperait singulièrement, et en pure perte, en présentant à l'enfant comme un véritable mamelon
un de ces appendices ou tubercules placés, comme on en a vu des exemples,
sur une tumeur plus ou moins mammaire; cette erreur, plusieurs fois
commise, pourra se reproduire encore si on ne se défend pas suffisamment
contre les apparences, sources d'erreurs quelquefois inévitables, tant qu'on
n'aura pas obtenu sur ces points d'engorgements disséminés, qui appartiennent bien plus par leur siège et leur origine à la famille des glandes sébacées,
plus ou moins hypertrophiées et altérées, des notions histologiques qu'une étude
micrographique attentive peut seule fournir.

   c. Dans l'*atrophie* des mamelles qui est tantôt la conséquence d'une affection
de ces organes, tantôt la suite de l'*involution* sénile de l'appareil génital intérieur
et extérieur, la sécrétion lactée est réellement insuffisante, si elle n'est pas complétement nulle. On doit se prémunir d'autant plus contre les chances d'erreurs
en pareil cas, que les seins ne diminuent pas toujours dans leur volume apparent
par le fait de l'atrophie de leur tissu glandulaire, s'ils participent au développement graisseux général qu'on observe chez un bon nombre de femmes au moment de la ménopause. Bien qu'ils présentent alors une masse considérable, le
tissu glandulaire n'y tient qu'une place restreinte, et reste non-seulement au
point de vue de la masse, mais sous le rapport de l'organisation intime, de la véritable structure glandulaire, du nombre des *acini*, complétement en défaut.

   d. L'*hypertrophie des seins*, quoiqu'en apparence plus avantageuse que l'*atrophie*, pour l'allaitement, ne constitue pas, en réalité, un avantage sur lequel il
faille compter pour en espérer, et, à plus forte raison, en assurer le succès. Cette
hypertrophie, d'ailleurs, coïncide assez souvent avec la stérilité; ou elle se développe à l'époque de la puberté, ce qui est plus rare, ou elle vient, au contraire,
plus souvent, aux approches de la ménopause, c'est-à-dire à une époque où la
conception et la grossesse sont tout naturellement plus exceptionnelles. La
grossesse, d'ailleurs, lorsqu'elle coïncide avec cette maladie, souvent très-douloureuse, ne suit pas toujours régulièrement sa marche naturelle, elle se termine
par un avortement au troisième mois ou un peu plus tard; dès lors, la question
d'allaitement ne doit préoccuper que très-secondairement l'accoucheur.

   Veit cite, d'après Jordens, un cas dans lequel la pression exercée sur l'hypo-
gastre par les seins hypertrophiés, causa l'avortement. Il ne considère pas l'hypertrophie générale comme un obstacle à la conception et nous sommes de cet avis,
la stérilité qui souvent l'accompagne vient plutôt des affections des organes génitaux qu'on observe assez ordinairement avec elle. Les *fibromes* de la mamelle
(*hyperplasie conjonctive partielle*), qui affectent le tissu conjonctif interstitiel
comprimant les acini, doivent, en amenant ou favorisant leur atrophie, rendre
la sécrétion lactée insuffisante, s'ils ne la détruisent pas complétement; ceci est
à considérer dans l'appréciation des divers éléments anatomiques qui constituent
l'hypertrophie des mamelles.

   L'aménorrhée concomitante ou consécutive est, du reste, presque toujours,
l'obstacle à une grossesse qui pourrait devenir elle-même une sérieuse complication.

   e. L'*hypertrophie* (adénome) *glandulaire partielle*, qu'on rencontre le plus
souvent chez des femmes non mariées et stériles, n'est pas rare non plus chez des
jeunes filles qui, plus tard, peuvent devenir mères, sans être pour elles un obstacle à l'allaitement. J'ai vu plusieurs fois l'accomplissement régulier de la

fonction être suivi d'un retour complet des points hypertrophiés à l'état normal, du moins d'un arrêt très-prononcé dans leur développement pathologique. C'est, du reste, une question qui peut être posée au médecin ou à l'accoucheur, que de savoir si une jeune fille, présentant plusieurs points d'hypertrophie glandulaire du sein, peut être mariée sans inconvénient ou sans danger ; pour moi, je n'hésite pas à dire qu'on doit, sauf d'autres motifs graves, répondre par l'affirmative. Bien plus, je considère la grossesse et l'allaitement, s'il est praticable dans ces conditions, comme devant avoir plutôt une action résolutive favorable. Je pourrais citer plusieurs observations à l'appui de cette opinion.

f. Quant à l'*hypertrophie graisseuse locale ou circonscrite* (LIPOME) *ou gé-* *nérale* (LIPOME DIFFUS, Virchow), donnant lieu, dans ce dernier cas, à un développement monstrueux des mamelles, comme elle se rattache le plus souvent à des anomalies de la menstruation déterminant la stérilité, et qu'elle paraît plus souvent à l'époque de la ménopause, on n'a pas à se préoccuper ici de la question de l'allaitement, ni de son influence sur l'état local et général, et réciproquement, à moins qu'il ne s'agisse tout simplement d'un véritable lipome, qu'il serait plus sûr d'opérer de bonne heure, surtout s'il est très-développé et peut, par son volume, par la gêne et la pression qu'il produit sur la glande, exercer sur ses fonctions une influence fâcheuse.

g. J'en dirai de même du *galactocèle ou tumeur laiteuse par rétention*, en tant qu'il a son siège dans la glande mammaire, si cette maladie ne devait pas être décrite dans un article général aussi étendu que le comporte aujourd'hui l'état de la science. Rien n'autorise à espérer que le lait ou ses éléments, plus ou moins altérés, qui constituent la tumeur mammaire puissent, ou trouver un écoulement plus facile, ou se résorber plus promptement par les efforts de succion de l'enfant ; et, comme la tuméfaction gêne ou suspend les fonctions sécrétoires et excrétoires des parties voisines par la compression atrophique à laquelle elles sont nécessairement soumises, le moment de l'allaitement serait mal choisi pour traiter le galactocèle, quelle que soit la méthode qui sera préférée ; le succès sera d'autant plus assuré qu'on fera taire plus complètement l'activité fonctionnelle de la glande malade, l'enfant souffrirait si on comptait sur lui pour en rendre le résultat plus rapide et plus certain.

Comme le galactocèle est constitué par une tumeur à marche chronique, qu'il n'est pas rare de le voir se développer pendant la grossesse (Barrier, *Gaz. méd.* *de Lyon*, p. 9, ann. 1850), la question de l'allaitement posée à son sujet n'est pas seulement une vue théorique, pratiquement on peut avoir à la résoudre. En face d'un allaitement à conseiller ou à défendre, j'inclinerais sans hésiter pour le second parti, qui permettrait seul de s'occuper avec quelque chance de succès d'un traitement toujours long et souvent difficile. Je me suis prononcé, dans un autre travail, en faveur d'une méthode de traitement que je crois incontestablement la meilleure : c'est l'*incision* suivie de la *cautérisation* après l'évacuation complète de la poche qui renfermait les masses laiteuses (*Du galactocèle et de son traitement.* Lyon, 1857. *Voy.* le chapitre *Galactocèle* dans le *Traité des maladies du* *sein* de Velpeau).

i. La présence de *fistules mammaires*, anciennes ou récentes, mais surtout anciennes, simples ou compliquées, uniques, multiples, voisines ou éloignées de la base du mamelon, contre-indique à peu près formellement l'allaitement. La succion s'opère mal, et déjà, avant qu'elle ne commence, une partie du lait sécrété a pris cours par l'orifice fistuleux. Les tissus au milieu desquels s'ouvrent et cheminent les trajets fistuleux sont plus ou moins indurés et douloureux, disposés à s'enflammer de nouveau sous l'influence des moindres stimulations, et elles sont fréquentes, souvent très-violentes de la part de l'enfant, sans parler de celles qu'entretient déjà la simple sécrétion du lait; aussi, bien loin de favoriser l'allaitement dans ces cas, est-il plus prudent à tous les points de vue d'en détourner les mères, et de ne pas oublier que s'il était déjà commencé, c'est dans le sevrage absolu, combiné avec l'emploi énergique des purgatifs, qu'on peut fonder un espoir sérieux de succès, qui serait acheté trop cher et indéfiniment reculé si le nourrissage commencé était continué.

j. L'histoire de l'*agalaxie*, de la *galactorrhée*, ayant été donnée aux articles Allaitement et Lactation, nous n'avons pas à la reprendre incidemment, renvoyant, pour ce qui a été dit de ces affections et de leur influence sur le nourrissage, aux descriptions et aux considérations qui ont été présentées à leur sujet. Quant à des maladies plus graves, telles que les différentes formes de *sarcomes*, cancer, myxomes, enchondromes, tumeurs kystiques, etc., comme elles se montrent en général à une période de la vie de la femme, éloignée de celle où les grossesses se présentent le plus ordinairement, on n'a pas à se préoccuper du rôle qu'elles peuvent jouer dans les fonctions mammaires qui, le plus ordinairement, ont cessé lorsque ces maladies arrivent à un développement assez considérable pour attirer l'attention des malades et du chirurgien. Toutefois, si l'accoucheur n'a pas à apprécier leur influence, et le trouble qu'elles peuvent produire dans les fonctions sécrétoires d'organes au repos, le pathologiste a de l'intérêt à savoir (ce qui nous a paru jusqu'ici très-obscur), quel rôle la lactation et l'allaitement ont pu jouer dans la production des maladies dites *organiques* des mamelles. Sous ce rapport, les observations données par les auteurs, même les plus complets et les plus consciencieux, laissent beaucoup à désirer; il est nécessaire désormais que dans l'étude des maladies du sein, l'influence de leurs fonctions soit plus exactement étudiée pour arriver à quelques résultats dans une appréciation qui peut être la source de conseils utiles ou dangereux, suivant l'exactitude de leur point de départ.

k. Nous indiquerons la conduite à tenir dans les cas d'*inflammation* aiguë des mamelles, à l'occasion des suites morbides de l'allaitement, dans le paragraphe où il sera question de la mastite puerpérale chez les femmes qui allaitent . et de son traitement préventif et curatif.

l. Comme un article spécial a été consacré aux *affections syphilitiques* de la mamelle, de celles au moins qui peuvent se transmettre à l'enfant, au mécanisme de cette transmission et aux indications .qu'elle présente, ce serait faire double emploi que d'en parler ici autrement que pour mémoire; et, comme les maladies cutanées de cette région ne peuvent donner lieu à aucune considération particulière, nous n'en dirons rien de plus que ce qu'on développera à l'occasion des affections contagieuses, telles que la gale, le favus et les autres maladies parasi_. taires qui, par leur présence sur la peau des mamelles, ne viennent pas accroître la liste des contre-indications à l'allaitement. Cette étude, qui nous entraînerait trop loin et sera complétée aux différents articles consacrés aux maladies de la peau, ne rentrant pas dans le cadre que nous nous sommes tracé, ferait un double emploi, auquel nous renonçons, avec l'espoir fondé qu'on trouvera un ample dédommagement en consultant les articles indiqués.

m. Cicatrices. Les difformités produites au sein par des cicatrices résultant de brûlures, de plaies contuses, d'opérations graves ou d'anciens abcès, etc., peuvent devenir des obstacles à l'allaitement en altérant plus ou moins la forme, diminuant considérablement, détruisant même quelquefois complètement la saillie du mamelon, si elles sont superficielles ; elles peuvent même amener l'oblitération des conduits galactophores. Situées profondément dans le tissu glandulaire, ou à la périphérie de l'organe, elles constituent des brides qui gênent l'expansion de la mamelle au moment de la fluxion dont elle est le siège pendant la grossesse, et qui reçoit une nouvelle activité à l'époque de la fluxion laiteuse. J'ai noté plusieurs fois, chez des femmes qui avaient eu une inflammation mammaire après une première couche, une tendance atrophique avec une grande persistance à rester douloureuse et à se congestionner facilement. Ce n'est donc qu'avec une très-grande réserve qu'il faut encourager de nouveau à l'allaitement les femmes qui auront traversé les phases pénibles d'une inflammation du sein à une première couche peu éloignée, et ne pas se hâter de dire d'avance : « A une seconde grossesse, vous nourrirez facilement et sans danger » ; avec plus de raison ou pourrait, sans crainte de se tromper, donner un conseil tout opposé.

n. Hémorrhagies. Je ne possède aucune observation sur laquelle je puisse baser avec une suffisante autorité le conseil de s'abstenir de l'allaitement ou de le pratiquer dans les cas d'hémorrhagie mammaire qui ont été plutôt indiqués que décrits par les auteurs. L'écoulement sanguin peut se faire par le mamelon, ou donner lieu à des épanchements interstitiels intramammaires, sans qu'il en résulte pour la malade et la sécrétion lactée ni danger, ni obstacle ; en dehors d'une lésion grave, de productions de nature *maligne*, qu'il importerait de constater, on peut établir, en théorie au moins, que l'établissement régulier avec la continuation de la fonction est plutôt une circonstance heureuse que défavorable. mais encore faut-il que ces épanchements sanguins ne soient pas l'expression ou l'accompagnement d'un état dysménorrhéique, incompatible le plus ordinairement avec la possibilité d'une grossesse.

o. La mastodynie des femmes enceintes, qu'il ne faut confondre ni avec l'*hyperesthésie*, ni avec la *névralgie* des mamelles signalée chez quelques femmes en dehors de l'état de grossesse, n'est pas un obstacle à l'allaitement, si elle ne se rattache pas à une cause organique d'irritation, ni à un *processus* inflammatoire ; souvent même des femmes qui avaient souffert beaucoup des seins, dans les derniers mois de la grossesse, ont pu faire d'excellentes nourrices, si d'ailleurs elles avaient ces glandes et surtout les mamelons bien conformés. Quant à la névralgie mammaire, qui se rattache plus souvent à l'anémie, et qui se joint ordinairement à d'autres manifestations hystériques, à la névralgie intercostale, par exemple, ou elle cesse pendant la gestation et ne se reproduit pas au moment de l'allaitement, ou elle se lie à un état général qui est lui-même une cause de stérilité ; dans ce cas, le plus ordinaire, en n'a pas à se préoccuper des conditions plus ou moins favorables à l'allaitement, puisque la conception n'a lieu que rarement, et que les fonctions mammaires ne sauraient être par cela même mises en jeu. Il sera bon, toutefois, d'être averti si une grossesse arrive, et de surveiller avec plus de soin l'état des mamelles au moment de la fièvre de lait et au début de l'allaitement, si la femme est autorisée à donner le sein à son enfant. Il est évident, d'ailleurs, qu'il ne saurait être question ici de l'*hyperesthésie* et des *névralgies symptomatiques* d'autres états plus graves qui par eux-mêmes présentent bien plus de danger ; elles rentrent alors dans la catégorie des différentes altérations *organiques* de nature *maligne* qui contre-indiqueront essentiellement toute tentative et, à plus forte raison, toute continuation d'allaitement.

Il est certain, néanmoins, que la mastodynie, très-bien décrite par Romberg depuis les premières indications données par A. Cooper dans son *Traité des maladies du sein* (*Irritable breast*), ne serait pas compatible avec un allaitement régulier si elle était arrivée à ce degré d'intensité qui non-seulement rend la glande très-douloureuse au moindre attouchement, mais empêche les malades de se coucher sur le côté affecté, le poids même de la mamelle leur devenant insupportable. Le plus souvent, dans ces cas, il y a une ancienne et profonde anémie, des phénomènes hystériques, c'est-à-dire de grands obstacles et à la conception et à l'arrivée de la grossesse à terme; par conséquent, la question de l'allaitement se présentera rarement d'une manière sérieuse, en temps opportun.

Ajoutons, en terminant, que les difficultés de l'étude des conditions organiques, physiologiques ou pathologiques des mamelles, favorables, ou contraire, à l'allaitement, ne doivent décourager ni les observateurs, ni les praticiens; bien loin de là, ils y trouveront dans l'avenir un ample dédommagement à des recherches ardues qui réclament autant de constance que de finesse et de perspicacité dans l'emploi des moyens d'investigation que possède aujourd'hui la clinique et qui vont en se perfectionnant et se complétant tous les jours. Nul doute que ces questions, mieux approfondies, ne jettent plus tard une utile lumière sur le problème si complexe de la mortalité des enfants nouveau-nés que la médecine et l'économie sociale ont tant d'intérêt à élucider aujourd'hui.

II. Nous arrivons aux maladies des mamelles qui peuvent compliquer l'allaitement. Quoi qu'on puisse dire, dans le but très-louable d'encourager et de favoriser l'allaitement maternel, il n'en est pas moins vrai qu'un certain nombre de lésions se développent soit au mamelon, soit à l'aréole, soit dans le parenchyme de la glande mammaire, chez les femmes qui nourrissent dans les meilleures conditions. Ces lésions, qu'on peut rattacher à l'état puerpéral, se liant beaucoup plus directement comme effet à la lactation, mais surtout à l'allaitement, doivent être décrites ici avec d'autant plus de soin qu'elles ont été laissées en dehors du cadre de la pathologie générale des mamelles, et qu'elles revêtent soit par la nature de la cause qui les détermine, soit par l'époque à laquelle on les voit se développer, soit par leurs symptômes, des caractères tout spéciaux et réclament comme traitement des indications non moins spéciales.

A. *Maladies du mamelon.* *a. Érythème des papilles.* La peau du mamelon est rouge, mais une pression légère lui fait perdre cette coloration; l'organe est douloureux. Le derme n'est pas infiltré, il n'y a pas de gonflement, et en un jour, même en quelques heures, l'érythème peut disparaître. S'il persiste et que la succion ne soit pas interrompue, l'épiderme se détache et l'on voit se produire des érosions, ou bien le derme s'enflamme, un phlegmon se développe.

b. Ecchymoses et hémorrhagies. Elles se montrent au sommet du mamelon, et le mécanisme de leur production donne la raison de leur siége. Dans la succion, la base du mamelon est saisie entre les mâchoires de l'enfant, tandis que la partie supérieure est légèrement comprimée entre cet organe et la voûte palatine. L'extrémité seule est libre de toute pression, et c'est à cet endroit que les efforts de succion font affluer le sang, de là des ecchymoses linéaires ou arrondies dans l'épaisseur du derme, l'épanchement d'une gouttelette de sang sous l'épiderme soulevé qui tombe et fait place à des érosions.

c. Eczéma du mamelon. On voit se développer d'abord sur un des mamelons ou sur les deux à la fois, des vésicules arrondies, du volume d'un grain de millet, remplies d'une sérosité transparente et au nombre de 3 à 8. Bientôt elles éclatent, la sérosité s'écoule, et alors l'épiderme se sépare, ou bien le chorion reste dénudé, laisse s'écouler une petite quantité de sang et de liquide séreux, et devient le siège d'une excoriation. Dans certains cas l'eczéma envahit l'aréole sans dépasser toutefois les limites de cette zone et revêt la forme chronique. L'aréole et le mamelon sont recouverts de croûtes épaisses jaunes ou brunâtres, qui souvent résistent aux divers traitements avec une désolante opiniâtreté. La cause d'irritation étant écartée, ces croûtes se détachent plus facilement, mais si l'allaitement est continué, et quelquefois même alors qu'il est interrompu, elles se fendillent et à travers les fissures, suinte un liquide qui envahit les parties non encore malades, et provoque partout où il s'étend une sensation très-vive de cuisson et de démangeaison.

d. Érosions, fissures, ulcérations. Nous avons vu qu'à la suite de l'érythème, des hémorrhagies et de l'eczéma, se produit une exfoliation de l'épiderme qui laisse le derme à nu, c'est ce que les auteurs ont appelé l'*érosion*.

Les érosions siègent ordinairement au sommet du mamelon, quelquefois à sa base, plus rarement sur l'aréole, leurs dimensions ne dépassent guère 1 à 3 millimètres. Elles reposent sur le derme dont les papilles tuméfiées, rouges, souvent saignantes après la succion, fournissent une exsudation qui, en se desséchant, forme des croûtes jaunes ou brunes. L'épiderme peut se régénérer sous ces croûtes, mais la cause qui a produit les érosions ne cessant d'agir, on voit celles-ci se creuser de sillons auxquels on a donné les dénominations de *fissures, gerçures, crevasses*.

Les fissures se rencontrent le plus souvent au sommet et à la base du mamelon, dans le sillon qui le sépare de l'aréole, rarement on les observe sur l'aréole. Au sommet elles n'affectent aucune direction régulière et se glissent sinueusement entre les papilles ; semi-lunaires à la base, elles ont de la tendance à embrasser le mamelon ; sur l'aréole elles ne sont presque jamais rectilignes, mais toujours un peu irrégulières. Si deux ou trois heures se sont écoulées depuis la dernière succion, les fissures sont masquées en totalité ou en partie par des croûtes; si l'enfant vient de quitter le sein on est en présence de petites fentes longues de 1 à 5 millimètres, parfois encore plus étendues dans le sillon de la base, larges de 1/2 millimètre à 1 millimètre environ à leur surface. Si l'on écarte les lèvres de la petite plaie, on la voit s'enfoncer à une profondeur de 1 à 2 millimètres, et quelquefois dépasser les limites du derme. Les bords sont dentelés par les papilles du chorion, rouges et saignants si la fissure est récente et vient d'être irritée par le nourrisson, renversés en dedans lorsque le mal compte déjà plusieurs jours d'existence. Immédiatement après la succion s'écoule une petite quantité de sang, bientôt il s'y mêle du pus, et alors se forment des croûtes qui seront encore enlevées lorsque le sein sera présenté à l'enfant. Les fissures, avons-nous dit, peuvent dans certains cas dépasser l'épaisseur du derme, elles pénètrent dans le tissu conjonctif sous-cutané et deviennent alors la source de désordres plus ou moins graves. Sans parler des inflammations de la peau et de la glande, c'est ici le lieu de rappeler qu'on a vu des portions de mamelon complétement enlevées ou détruites. On a même cité des exemples d'ablations complètes de ces organes produites par le progrès de crevasses siégeant à leur base, le mamelon serait resté à la bouche de l'enfant. Les fissures se cicatrisent généralement au bout de huit jours, lorsqu'on les soumet à un traitement convenable ou mieux encore lorsqu'on cesse l'allaitement, mais il arrive aussi que les bords de la crevasse se détruisent ou bien plusieurs crevasses se confondent et l'on a sous les yeux des

ulcérations de forme allongée. Le fond en est constitué par les couches profondes
du derme dont les papilles sont détruites ou par le tissu conjonctif sous-cutané,
il est recouvert par du pus mêlé de sang qui se dessèche et forme des croûtes. Ces
ulcérations constituent le degré le plus élevé des lésions dermiques du mamelon
et de l'aréole, elles siègent le plus souvent au sommet et à la base de l'organe,
presque jamais sur l'aréole. Bouchut a vu souvent alors que l'ulcération existait
au sommet, des accidents particuliers se produire. Au fond de la plaie, les orifices
des conduits galactophores sont détruits ou réunis ensemble en nombre plus ou
moins considérable, il se forme une sorte de cloaque et le lait s'écoule en nappe
avec tant d'abondance que les enfants sont comme suffoqués. Puis l'inflammation
se propageant le long des canaux sécréteurs, ceux-ci peuvent être oblitérés; nous
verrons plus loin quelle conséquence peut avoir cet accident. Les crevasses et les
ulcérations extrêmement rebelles aux divers traitements qui leur sont opposés,
favorisent le développement de divers processus inflammatoires. Soumises à une
thérapeutique rationnelle, elles durent de 8, 10, à 12 jours lorsque l'enfant est
éloigné du sein, mais après la guérison elles laissent des cicatrices plus ou moins
étendues qui déforment le mamelon, et peuvent encore à un prochain nourrissage, sous l'influence des tiraillements qu'elles subissent, devenir le point de
départ d'une nouvelle inflammation.

Les fissures du mamelon sont fréquentes, et trop souvent viennent mettre
à l'épreuve la patience de l'accoucheur. En 1864, Winckel les observa 70 fois
sur 200 accouchées; plus tard, à Rostock, sur 150 accouchées il les rencontra
72 fois. L'érythème des papilles, l'eczéma, les ecchymoses et les hémorrhagies se
développent ordinairement dans la première semaine de la lactation, mais on peut
aussi les voir apparaître plus tard. Pour ce qui regarde les gerçures et les ulcérations, sur 81 cas rassemblés par Winckel, 19 se déclarèrent le deuxième jour,
16 le troisième, 23 le quatrième, 7 le cinquième, 9 le sixième, 2 le septième, 5
encore plus tard [1].

e. Phlegmon du mamelon. Le phlegmon du mamelon se produit rarement
d'emblée, il est en général consécutif aux fissures et s'observe par conséquent vers
la même époque ou un peu plus tard. Il se présente avec les caractères suivants :
la peau est d'un rouge sombre, le mamelon est augmenté de volume, tendu, extrêmement douloureux au moindre contact. Le gonflement envahit bientôt l'aréole
et l'on remarque quelquefois sur la peau du sein des traînées rouges dues à l'inflammation des lymphatiques, enfin la tuméfaction des ganglions axillaires est
à peu près constante.

D'après Velpeau, le phlegmon siégerait dans les conduits galactophores ou dans
le tissu conjonctif interstitiel, dans le premier cas on verrait le pus sortir par les
orifices des canaux, dans le second il se réunirait au foyer pour former des abcès
globuleux. Mais alors même que l'inflammation ne siége pas primitivement dans
les conduits excréteurs, la suppuration peut détruire leurs parois et créer des
fistules laiteuses. Si le foyer du phlegmon est considérable et que la suppuration
persiste, le mamelon peut être détruit dans une étendue variable.

Nous séparons des affections précédentes le *muguet* et les *aphthes* dont il sera
question plus loin.

Étiologie de ces diverses maladies du mamelon. On peut dire que certaines
femmes blondes, à peau fine, sont plus sujettes que d'autres aux affections du ma-

---

[1] L'excellent ouvrage du professeur Winckel, de Rostock, sur la pathologie des suites
de couches, nous a fourni de nombreux et utiles éléments pour la rédaction de cet article.

melon, mais il est un grand nombre de causes plus directes et plus actives que nous allons passer en revue. Trop souvent, pendant la grossesse, les femmes négligent l'hygiène des seins, tandis que ces organes devraient être simplement soutenus, ils sont au contraire, pour un motif de coquetterie, écrasés par des corsets dont le frottement arrête le développement des papilles du mamelon, en même temps qu'il les irrite. D'autres fois, ce sont les soins de propreté qui font défaut, dans les derniers temps de la grossesse les seins n'étant point lavés, le colostrum qui s'écoule forme des croûtes sous lesquelles l'épiderme se ramollit et devient ainsi prédisposé aux érosions et aux gerçures.

L'allaitement est-il commencé, le mamelon est exposé à mille injures, dont il éprouve bien souvent l'influence fâcheuse. Mais d'abord les ecchymoses, les crevasses et autres affections du mamelon sont-elles plus fréquentes chez les multipares que chez les primipares? Winckel établit, par la statistique, une fréquence égale; sur 100 cas, dit-il, 47 femmes étaient primipares, 38 avaient eu 2 enfants, 9 en avaient eu 3, 6 en étaient à leur 6e accouchement. Toutefois, malgré ces chiffres qui parlent en faveur de l'immunité relative des primipares, nous croyons que celles-ci sont plus souvent atteintes, et qu'une statistique plus étendue donnerait un autre résultat. Il est naturel de penser que le mamelon doive être à un second allaitement plus disposé à affronter les violences que lui fait subir le nourrisson, et que la femme plus expérimentée le mettra mieux à l'abri des causes qui pourraient le léser. La mauvaise conformation du mamelon entre pour une grande part dans l'étiologie des fissures. Parfois il est petit, peu saillant, et se dessine à peine sur l'aréole, ou bien avec un volume normal il s'efface sous l'influence d'un gonflement exagéré de la glande. En pareilles circonstances, l'enfant peut à peine arriver à le saisir, il s'irrite et le presse avec rage entre ses mâchoires. En dehors de toute malformation, il est des enfants dont on peut dire qu'ils ont la bouche meurtrière, et qui tettent avec une force et une violence telles que le mamelon le plus sain et le mieux constitué ne tarde pas à devenir malade. Enfin, si la sécrétion du lait est peu abondante, le nourrisson, après avoir épuisé le sein, peut aussi dans des accès de colère faire éprouver au mamelon plus d'une violence préjudiciable.

On ne se préoccupe pas davantage des soins à prendre pendant l'allaitement; après avoir donné à teter, les femmes laissent exposés à l'air leurs mamelons imbibés de lait et de salive, ou les recouvrent sans avoir pris la précaution de les laver. La plupart ont aussi la déplorable habitude de laisser les enfants s'endormir tenant entre les mâchoires le mamelon qui macère dans les liquides de la bouche, et qu'ils pressent encore machinalement. Et cependant, cette pratique devrait être évitée avec d'autant plus d'attention, que d'après les recherches de Bley la salive des nouveau-nés donne une réaction acide dès la fin du premier jour et pendant le cours de plusieurs semaines. Faut-il croire avec Rossi que les inflammations de la bouche de l'enfant sont la cause la plus fréquente des gerçures? non, car il est d'observation commune que la bouche des nourrissons était saine, le plus souvent, avant que le mamelon fût malade.

Symptomatologie. Il n'est pas rare de voir une femme souffrir depuis plusieurs jours d'une érosion, et ne point en avertir l'accoucheur; elle-même, ou les personnes qui l'entourent, n'attachent à la lésion qu'une importance minime et jugent inutile toute intervention médicale. Le médecin se trouvera donc tout à coup en face d'une fissure profonde dont la marche initiale lui aura échapé, s'il n'a pas lui-même examiné fréquemment les seins.

Cet examen réclame la plus minutieuse attention, car des fissures extrêmement ténues peuvent se cacher dans le sillon qui sépare le mamelon de l'aréole. Quelquefois leur existence est révélée par la présence d'une certaine quantité de sang dans les selles ou les vomissements du nouveau-né, l'accoucheur devra se tenir en garde contre ce symptôme, et ne point croire facilement à un état grave de l'enfant alors qu'il s'agit simplement d'une lésion du mamelon, dont la nourrice ne s'est pas encore plainte. Cependant, le plus souvent à peine l'érosion est-elle formée que les femmes accusent une douleur qui rend le diagnostic facile. Cette douleur due à l'irritation des nerfs sensitifs qui aboutissent à la plaie, est plus ou moins intense, et ne se manifeste pas toujours de la même manière ; ainsi il est des femmes qui accusent la souffrance la plus vive aux premiers instants de la succion, et n'éprouvent ensuite aucune sensation pénible, tandis que chez d'autres, c'est le contraire qui a lieu. Quelques-unes savent l'éviter ou le modérer en donnant à la bouche de l'enfant une position qui permette à la gerçure de n'être pas pressée entre les mâchoires. La douleur portée à son maximum est atroce et peut amener des lipothymies, des convulsions, elle se fait sentir jusque dans l'aisselle où elle s'accompagne de gonflement des ganglions, et dans la région scapulaire. La femme tremble à la pensée de donner le sein ; lorsque l'enfant s'approche, l'angoisse survient dès les premiers efforts de succion, elle fait entendre des gémissements étouffés, saisit et tord avec fureur tout ce qui se trouve sous sa main. Ces souffrances ne tardent pas à retentir sur l'état général, l'appétit s'en va, le sommeil fuit la malade, la fièvre s'allume. En cet état de choses, bien des nourrices renoncent spontanément à l'allaitement, quelques-unes plus robustes, moins sensibles, ou plus courageuses, continuent par un prodige d'amour maternel à donner le sein à leur enfant. Mais plus d'une fois il arrive qu'elles doivent s'arrêter, soit parce que leur santé est ébranlée, soit parce qu'une inflammation de la glande se déclare, soit parce que le lait devient insuffisant et perd ses qualités nutritives.

S'il est rare de voir un état fébrile accompagner l'eczéma simple, l'érythème, et les fissures légères, on constate ordinairement une fièvre intense, lorsqu'il s'agit de crevasses profondes et d'ulcérations. La fièvre, d'après Winckel, revêt différents types, elle peut atteindre son fastigium le matin, si l'enfant a puisé abondamment pendant la nuit au sein malade, parfois le maximum est à midi, le plus souvent il s'observe le soir. Le thermomètre monte à 40° C., et dépasse même ce chiffre. Winckel a observé que si pendant la période d'état de la fièvre on cesse l'allaitement, si on éloigne des gerçures toute cause d'irritation, on voit se produire une défervescence rapide. Grünewaldt conclut également de ses recherches que l'on rencontre des températures de 38 à 40° C., dont la seule cause réside dans des fissures et des excoriations douloureuses. On n'est donc nullement autorisé à croire que des traumatismes aussi faibles soient capables de provoquer la fièvre. D'ailleurs ce ne sont pas les plaies en elles-mêmes, qui sont la raison de l'ascension thermométrique, mais plutôt l'excitation répétée des nerfs sensitifs.

Pronostic. Le pronostic, favorable en ce qui concerne l'érythème, l'eczéma simple du mamelon, les hémorrhagies et les fissures légères, ne l'est plus autant lorsqu'il s'agit de crevasses profondes, d'ulcérations, de phlegmons, ou d'eczémas de l'aréole.

Nous avons vu que le mamelon est dans certains cas détruit en totalité ou en partie, et qu'on peut voir survenir des lymphangites, des érysipèles et des abcès de la glande. Outre ces accidents locaux, la santé de la nourrice est souvent profondément atteinte, et le nourrisson lui-même, demandant la vie à un organisme malade, n'est point à l'abri du danger.

Traitement. Avant tout, il importe de prévenir les lésions, et pour cela de surveiller l'hygiène des mamelons, surtout vers la fin de la grossesse. On éloignera tout ce qui pourrait gêner leur développement ou les irriter, on enlèvera les croûtes formées par le colostrum en même temps qu'on fera des lotions avec un liquide astringent ou spiritueux ; après quoi, l'on aura soin de les essuyer convenablement et de les recouvrir avec une couche mince d'onate. Dubois prescrivait des onctions avec la pommade au tannin (axonge, 30 grammes ; tannin, 4 grammes).

Si le mamelon est petit, mal conformé, on devra s'appliquer à l'allonger doucement, soit en le moulant en quelque sorte par une pression intelligente des doigts, mais très-modérée, pour ne pas produire une trop forte irritation dont le retentissement vers l'utérus pourrait amener accidentellement ce qu'on a cherché quelquefois à obtenir artificiellement dans certaines circonstances, un travail fluxionnaire. Il est incontestable qu'un mamelon trop court, suscitant de la part de l'enfant de violents efforts de succion, est par cela même plus disposé à s'enflammer et à s'ulcérer. Si, avec quelques précautions, on atténue l'influence fâcheuse de ce traumatisme, et si l'on en prévient les effets avant qu'il se soit développé, il ne faut pas se dissimuler que la congestion active, préparée par la grossesse et complétée par l'accouchement, détermine, dans les différents éléments anatomiques dont se compose la mamelle, une prédisposition aux affections aiguës de nature irritative ou inflammatoire.

L'enfant est né, et sa mère veut le nourrir ; ses mamelons sont sains, bien conformés ; quelles précautions doit-elle prendre pour les préserver de toute lésion ? De même que pendant la grossesse elle leur évitera les moindres froissements, le contact d'un vêtement trop serré et trop grossier. Elle règlera les heures des tetées, leur donnera des intervalles assez considérables pour que l'organe puisse se reposer des violences de la succion, et, avant qu'elle présente le sein, enlèvera les liquides qui peuvent s'accumuler dans la bouche de l'enfant. Nous avons indiqué les dangers qui résultent d'une succion prolongée ; aussi, lorsque le nourrisson semblera rassasié, faudra-t-il lui enlever le sein afin qu'il ne s'endorme pas en mâchonnant le mamelon. C'est après la succion que cet organe exige les plus grands soins, on doit éviter qu'il reste longtemps exposé à l'air, alors qu'il est encore humide, puis le laver doucement et l'essuyer avec un linge fin ; on a même conseillé de le recouvrir d'un capuchon en plomb percé d'un trou à son sommet. Dans les cas où le mamelon est mal conformé, et fait au-dessus de l'aréole une saillie insuffisante pour une succion facile, il faut s'efforcer de l'allonger. La pratique la plus simple consiste à le saisir avec les doigts rassemblés et à tirer sur lui, mais souvent on peut exercer une pression trop vive qui n'est pas sans inconvénients. On a proposé d'entourer le mamelon rudimentaire d'un anneau de collodion qui en se rétractant le ferait saillir ; c'est là un moyen d'une efficacité douteuse. Le vulgaire emploie volontiers de jeunes chiens, ou la fiole à médecine ; d'autres fois, on confie aux enfants le soin d'allonger eux-mêmes le mamelon par leurs efforts ; mais il est préférable de substituer à ces forces aveugles des manœuvres moins violentes, et nous n'hésitons pas à conseiller la ventouse de caoutchouc comme remplissant le mieux le but qu'on se propose d'atteindre.

Si, malgré les précautions les plus sages, le mamelon devient malade, il est nécessaire de recourir à une médication convenable, et, sans vouloir rappeler les nombreux moyens dirigés contre les affections que nous venons de décrire, nous nous proposons de tracer un tableau dans lequel se retrouvent des modes de traitement répondant aux diverses indications dans l'*erythème simple*, le *phlegmon au début*. Martin conseille des lotions avec l'eau blanche; on n'a pas à redouter l'intoxication plombique, lorsqu'on a soin de laver le mamelon avant que l'enfant le saisisse. Si le phlegmon tend à suppurer : cataplasmes, ouverture avec le bistouri, dès que le pus est collectionné. Le même auteur emploie contre l'eczéma simple du mamelon, les érosions et les excoriations légères une solution de nitrate d'argent (1 : 30), ou des lotions astringentes, alun (1 : 30), sulfate de zinc, acide tannique (1 : 50), etc., etc. Des ulcérations viennent-elles à se développer, on les touche avec un pinceau trempé dans un mélange de baume de copahu et du Pérou, en même temps que l'on fait des lotions avec l'eau blanche. Trousseau employait d'abord une solution faible de nitrate d'argent, passait au sulfate de zinc ou de cuivre ; puis, dans les cas opiniâtres, avait recours à la pommade suivante : précipité blanc, 20 centigrammes ; axonge, 15 grammes. Il va sans dire qu'avant la succion on doit essuyer le mamelon afin qu'il ne porte pas la moindre trace du sel mercuriel. Velpeau recommande l'usage d'un mélange d'huile et d'eau de chaux, les solutions concentrées de nitrate d'argent ou de sulfate de zinc (1 à 2 parties pour 6 parties d'eau), et enfin la cautérisation avec la pierre infernale. Cazeaux repousse l'emploi du crayon de nitrate d'argent qui serait, dit-il, la cause fréquente de mastites. Legroux badigeonnait les ulcérations avec un mélange de collodion, d'huile de ricin et de térébenthine, puis recouvrait le mamelon d'un morceau de baudruche qu'on ramollissait avec de l'eau sucrée, quelques instants avant la succion. Bourdel et Anselmier prétendent avoir obtenu des succès avec le benjoin en teinture ou en poudre. Dans le vulgaire et même dans les Maternités, lorsque les fissures sont superficielles, ou qu'il s'agit de simples érosions, on fait usage de lotions avec le vin sucré. Enfin, lorsque des crevasses profondes ou des ulcérations se sont creusées, on a beaucoup préconisé le traitement suivant : la plaie est cautérisée avec une solution de nitrate d'argent, puis recouverte de collodion. Ce moyen nous semble un peu illusoire, du moins en ce qui concerne la protection donnée par le collodion ; car celui-ci se recoquille et ne tarde pas à tomber au moindre effort de succion, ou même sous l'influence de la perspiration cutanée. L'*eczéma de l'aréole* est de toutes les maladies que nous venons de passer en revue la plus rebelle et la plus persistante; le tannin et la glycérine, la cautérisation avec une solution de nitrate d'argent, de sublimé (1 : 90), ou de potasse caustique (1 : 2) recommandée par Hebra, sont trop souvent infidèles.

Tous ces moyens trouvent de puissants auxiliaires dans les bouts de sein en caoutchouc ou en tétine de vache préparée, mais les enfants n'acceptent pas volontiers ces mamelons artificiels. Pour vaincre ces répugnances, Cazeaux conseille de les remplir de lait chaud, puis de les renverser sur le mamelon malade. Le nourrisson suce sans peine le lait contenu dans le bout de sein qui, sous l'influence du vide produit, est bientôt rempli sans interruption par le lait de la mère. Enfin, lorsque les ressources de l'art sont épuisées et que la santé de la mère ou de l'enfant semble sérieusement menacée, il faut cesser l'allaitement. Nous traiterons la question du sevrage à l'article des maladies de la glande, tout en faisant nos réserves pour les cas où l'un des côtés seul est pris, ce qui n'est pas rare, ou tous deux inégalement affectés, ce qui est plus fréquent. Dans ce dernier cas, on

doit s'attacher à guérir vite le moins malade, de façon à laisser reposer complètement l'autre, qui, par cette précaution rigoureusement suivie, se guérit lui-même
bien plus facilement.

Après l'énumération de toutes les ressources que possède la thérapeutique pour
la guérison des gerçures du sein, il ne sera pas sans utilité d'ajouter quelques
détails complémentaires sur l'emploi de celles qui paraissent pratiquement les
plus avantageuses. En effet, une source d'erreurs dans l'appréciation des divers
moyens conseillés pour la guérison des érosions, gerçures et fissures du mamelon
et une cause d'insuccès dans leur emploi, proviennent de ce que le plus souvent
on les choisit et on les combine sans discernement. Aux ressources plus ou moins
rationnelles conseillées par l'expérience, viennent se joindre une foule de remèdes
dont le succès est au moins apocryphe et dont l'action est plutôt contraire que
favorable à la guérison, c'est ici le cas de se défendre de trop de zèle, et de procéder avec discernement, avec mesure et énergie, en prenant la direction ferme
et minutieuse en même temps du choix du traitement et de son application. Il
faut d'abord bien apprécier le siége, la forme et l'étendue du mal, examiner le
mamelon avant, pendant et après la succion, et faire soi-même toutes les applications qui offrent quelques difficultés ou présentent quelques dangers. Il est certain
que, pour une lésion très-souvent de petite étendue, il importe de ne pas toucher à côté les surfaces saines, comme je l'ai vu faire quelquefois, et de ne rien
appliquer sur les points malades avant de les avoir soigneusement mis à découvert
et abstergés. Il est bon aussi de laisser, après ces applications, le plus de temps
possible le mamelon en repos, de profiter du sommeil de l'enfant pour ne pas le
présenter trop tôt au sein, et de lui donner une fois ou deux le biberon pour lui
faire prendre patience. On ne saurait mettre trop d'attention, de persévérance et
de soins dans un traitement qui est le plus souvent laissé à la discrétion plus ou
moins aveugle, mais toujours dangereuse, de la famille, des gardes ou des com-
mères.

Je préfère, sauf quelques cas exceptionnels, l'emploi de la solution d'azotate
d'argent avec le pinceau, aux attouchements avec le crayon dont l'action est presque toujours trop profonde. Il ne faut pas d'ailleurs se faire illusion sur l'action de
ce moyen et de tout autre procédé ; si l'allaitement continu d'être fréquent, douloureux, l'inflammation périphérique ne diminuera pas, elle gagnera du côté du
sein par les conduits galactophores ou vers l'aisselle par la peau et les lymphatiques, et la mastite, l'érysipèle, la lymphangite avec adénite, ne tarderont pas à
se développer. Pour elles, le meilleur moyen préventif, c'est la cessation de
l'allaitement, heureuses les malades si on y a songé et si on l'a fait exécuter à
temps.

Comme moyen accessoire à employer au début, nous conseillons de recouvrir
les surfaces rouges excoriées avec un mélange soit de poudre de riz et de guimauve, soit d'amidon, de sucre candi et d'alun pulvérisés, l'action dessiccative et
absorbante de ces poudres, rendue astringente par la présence de l'alun, est souvent fort utile ; on peut lui donner plus d'énergie, par l'addition du sulfate de
zinc, du borax, ou toucher avec le sulfate de cuivre employé solide en cristaux
bien polis, comme pour les inflammations chroniques avec granulations de la
conjonctive palpébrale. On a souvent le tort de revenir trop vite à une nouvelle
application du crayon de nitrate d'argent, surtout si la première a été d'une
énergie suffisante, on ne laisse pas aux produits plastiques le temps de s'orga-
niser en cicatrice de bonne nature, on les détruit à mesure, et la solution de con-

tinuité, au lieu de se réduire et de se. fermer, s'accroît d'une manière sensible en même temps que les couches profondes ou périphériques se fluxionnent, s'infiltrent par la sécrétion de nouveaux produits inflammatoires surajoutés aux premiers.

f. Muguet. Cette affection différant essentiellement des précédentes par la nature du processus, il nous a semblé logique de lui consacrer un paragraphe spécial. La science possède plus d'un cas démontrant la possibilité de la transmission du muguet de l'enfant à la nourrice, qui à son tour a contaminé d'autres nourrissons. Pour que le muguet puisse se développer sur le mamelon, il faut qu'il soit le siége d'érosions, de fissures, ou mieux il suffit que la couche cornée de l'épiderme ait été enlevée Dans ces conditions, un enfant porteur d'un muguet étant approché du sein, le mamelon présente au bout de quatre à cinq jours de petites taches blanches formées par l'*oidium albicans*. Ces taches sont toujours d'étendue fort restreinte, sont enlevées à chaque succion ; quelquefois elles se réduisent à des points imperceptibles qui échappent aux investigations de l'œil nu. Aussi bien souvent l'attention n'est-elle attirée de ce côté, que lorsqu'on voit un enfant vigoureux et bien portant, boire au même sein qu'un enfant atteint de muguet et contracter cette maladie; mais si l'on examine soit à l'aide de la loupe, les sillons interpapillaires ou les gerçures. qui sont le cortége ordinaire du muguet, soit à l'aide du microscope les liquides qui ont baigné le mamelon, l'existence du parasite se révèle. Le muguet se traite avec les érosions ou les fissures qui l'accompagnent, la plupart des moyens que l'on oppose à ces lésions peuvent détruire l'oïdium.

Comme il importe extrêmement de s'occuper en même temps de l'enfant et de la nourrice, le mieux est de les séparer pour les soumettre isolément chacun au traitement énergique et spécial conseillé en pareil cas. Si le mamelon n'est pas complétement guéri lorsque l'enfant prendra de nouveau le sein, on peut avoir des craintes pour une nouvelle contagion, et réciproquement. On devra surveiller très sévèrement la nourrice et s'assurer qu'elle ne se met pas en rapport avec un autre nourrisson, et surtout avec un enfant dont la bouche serait déjà malade. Lorsqu'on jugera convenable de redonner le sein, il faudra avant et après chaque tetée s'assurer que le mamelon est en bon état de propreté, qu'il n'est ni ramolli, ni enflammé, insister sur les lotions toniques et astringentes (décoction, teinture de quina, de benjoin, eau-de-vie de lavande ou simplement vieux cognac fortement étendu d'eau), essuyer et sécher avec le plus grand soin.

On comprendra facilement toute l'importance qu'il y a de bien apprécier des cas de ce genre, et d'en préciser exactement soit l'étiologie, soit la nature. Guersant avait déjà cité un exemple de communication du muguet de l'enfant à la nourrice, par conséquent de contagion directe, ce qui n'était pas l'opinion d'A. Dugès qui admettait la possibilité de la contagion indirecte, c'est-à-dire d'un autre enfant par l'intermédiaire de la nourrice dont le sein aurait reçu transitoirement le dépôt du germe du mal; ce fait qui peut être exact (Bouchut, *Maladies des nouveau-nés*, p. 492), n'est pas suffisant pour accréditer une opinion aussi opposée aux résultats de l'observation la plus vulgaire. Deux observations communiquées à l'Académie de médecine (séance du 28 décembre 1858) par M. P. Pirondi, sont venues s'ajouter aux faits analogues de Trousseau, Blache et Gubler.

g. Aphthes. Quelques auteurs ont parlé d'aphthes communiqués au mamelon par la bouche de l'enfant, il y a là une double erreur, les aphthes ne sont point contagieux et ne se développent que sur les muqueuses.

B. *Maladies de l'aréole, du tissu conjonctif et de la glande; érysipèle et lymphangite.* *a.* L'érysipèle et la lymphangite qui se montrent pendant l'allaitement ont leur point de départ, on l'a dit plus haut (p. 384), dans les érosions et les gerçures, portes ouvertes à l'infection ; aussi dans le traitement de ces inflammations la cause doit-elle préoccuper le médecin et l'accoucheur. Dans les cas bénins, les symptômes locaux et généraux ayant peu d'intensité, si la fissure est peu profonde, située sur l'aréole, et peut être mise à l'abri du traumatisme de la succion, il sera possible de continuer l'allaitement.

Mais lorsque l'appareil symptomatique a pris un développement considérable, lorsque les lésions, causes de l'érysipèle ou de la lymphangite, sont profondes et ont résisté au traitement déjà dirigé contre elles, le sevrage est formellement indiqué, du moins en ce qui concerne le sein malade. Continuer à nourrir serait allumer une fièvre encore plus vive, causer des douleurs atroces, et préparer le développement d'un phlegmon.

b. Phlegmons sous-cutanés et profonds (Voy. p. 385 et suiv.). S'agit-il d'un simple furoncle de l'aréole, l'inflammation étant localisée et circonscrite, on continuera l'allaitement en ayant soin de protéger le mal contre les morsures de l'enfant. Le furoncle développé au voisinage des conduits galactophores, peut comprimer un ou plusieurs de ces canaux, et amener ainsi leur dilatation et la production des tumeurs dont nous aurons à parler. S'il vient à suppurer, le pus peut se faire jour dans les canaux excréteurs qui dès lors communiquent avec le foyer de l'abcès. En pareil cas, l'allaitement doit être immédiatement supprimé du côté malade, pour épargner à l'enfant l'ingestion d'un lait altéré par la présence du pus.

Ce que nous avons dit du furoncle aréolaire, convient en partie au phlegmon sous-cutané. Peu volumineux, bien circonscrit, situé à une certaine distance du mamelon, il ne s'oppose pas à l'allaitement, moins encore peut-il le contre-indiquer s'il est situé à la base du sein. Quelquefois cependant la douleur qu'il provoque oblige la femme à suspendre le nourrissage. Si l'abcès est lié à une inflammation de la glande, le sevrage est au premier rang des indications.

En ce qui concerne le phlegmon diffus, à peine a-t-on besoin de dire que la violence de l'inflammation, la douleur et le gonflement souvent assez considérable pour effacer le mamelon, commandent impérieusement dès le début la cessation de l'allaitement. Les mêmes considérations sont applicables au phlegmon profond.

c. Engorgement laiteux. Maladies de la glande. Dans les suites de couches normales, ou voit au deuxième ou troisième jour les seins se gonfler et devenir légèrement douloureux, cet état ne s'accompagne pas de fièvre, quoi qu'en disent un grand nombre d'auteurs qui ont donné à l'ensemble des phénomènes observés au moment de la turgescence des seins le nom de fièvre de lait. Ce n'est point ici le lieu de discuter cette opinion, mais, pour l'exposition de notre sujet, il convient de dire que, dans tous les cas où le gonflement mammaire physiologique s'accompagne d'élévation de température, des lésions de l'appareil génital ou du mamelon sont responsables de l'ascension thermométrique. Parfois, et surtout chez les femmes qui ne nourrissent pas, on observe un gonflement exagéré des seins, ils sont extrêmement durs et tendus, la peau est sillonnée de veines bleuâtres, les mouvements des bras sont douloureux. Cet état n'est que l'exagération des conditions physiologiques et n'est lié à aucune lésion, aussi n'est-il nullement accompagné de fièvre, et c'est à peine si au moment de la plus grande intensité des

symptômes le thermomètre atteint 38°, 38°,2. Il disparaît d'ailleurs sponta_
nément, sans le secours d'aucune médication, et par le simple écoulement du
lait, que le liquide s'échappe naturellement, ou qu'il soit sucé par l'enfant ; aussi
nous paraît-il superflu de recourir aux applications et aux bandages compressifs
conseillés par Scanzoni et Velpeau. Pareil engorgement peut survenir, mais à un
moindre degré dans les derniers temps de la grossesse, lorsque le colostrum est
sécrété en trop grande abondance, on le voit également lorsque le nourrisson
chétif ou même vigoureux ne suffit point à épuiser des seins richement pourvus,
ou bien encore après le sevrage. Mais en aucune de ces circonstances il ne saurait
être grave, et se résout toujours de lui-même.

Velpeau a donné de l'engorgement laiteux, une description fort confuse, et dans
laquelle on reconnaît tour à tour la fièvre de lait, l'engorgement laiteux tel que
nous venons de l'esquisser, et la mastite au début. Les observations incomplètes
nullement concluantes citées par cet auteur, ne retracent que des faits dans les_
quels l'inflammation de la glande a été arrêtée dès les premiers jours, ou s'est
résolue avant la suppuration sous l'influence du traitement. A. Cooper attribue
l'engorgement laiteux à l'inflammation des conduits galactophores, mais sa des_
cription se rapporte à une forme de tumeur par rétention dont nous parlerons
plus loin. Scanzoni donne à la tuméfaction exagérée des seins le nom de fièvre de
lait, réservant ainsi à quelques cas seulement la désignation donnée en France
à la montée de lait, mais encore s'écarte-t-il de la réalité en parlant des symptômes
fébriles.

d. Mastite (*Voy.* p. 387).   Scanzoni déclare que l'inflammation de la mamelle
atteint avec une égale fréquence les femmes qui n'allaitent pas, et les nourrices.
Nous n'hésitons pas à repousser cette opinion pour accepter celle de la majorité
des auteurs. D'après Winckel, la mastite se montrerait aussi souvent chez les
multipares que chez les primipares. Sur 50 femmes soumises à son observation,
22 étaient primipares, 19 bipares, 7 avaient eu trois enfants, une en avait eu
quatre, une autre cinq. Pour ce qui est de l'époque à laquelle l'inflammation se
développe, on peut en juger par la statistique de Nunn. Chez 58 nourrices :

19 fois la mastite débuta au	1er	mois.
14 — —	2e	—
3 — —	3e	—
1 — —	4e	—
3 — —	6e	—
1 — —	8e	—
1 — —	9e	—
17 — — après la	10e	—

De ces chiffres il ressort que la mastite est plus fréquente pendant les quatre
premières semaines qui suivent l'accouchement.

Relativement à l'étiologie, laissons de côté les coups, l'impression du froid, les
écarts du régime, puis les cas où la mastite se développe par métastase pendant
les cours d'une métrophlébite, pour ne nous occuper que de ce qui a trait directement à la lactation. L'engorgement laiteux est-il capable de produire la mastite ?
Déjà nous avons fait une réponse négative. Tel que nous l'entendons, le gonflement simple de la glande, à la fin de la grossesse, pendant l'allaitement ou après
le sevrage, est de durée trop éphémère pour être la cause d'une irritation inflammatoire. La part que lui font un certain nombre d'auteurs, tels que Veit, Scanzoni et Velpeau dans l'étiologie de la mastite, tient à ce qu'ils ont considéré dans
plus d'un cas comme engorgement laiteux, une inflammation de la glande au dé-

but. Certaines tumeurs par rétention, celles que l'on observe après la galactophorite, ont peut-être une influence plus certaine sur le développement de la mastite parce qu'elles déterminent sur le parenchyme glandulaire une irritation permanente, mais la congestion et la production de l'exsudat ne sont pas fatalement suivis de suppuration. Dans certains cas des conduits excréteurs oblitérés et dilatés se rompent, et le lait s'épanche dans les tissus glandulaire et conjonctif où il détermine la formation du pus.

Faut-il ajouter foi à l'opinion généralement admise, et d'après laquelle le sevrage brusque est une cause d'inflammation extrêmement fréquente. C'est encore l'engorgement laiteux qui est en cause, et nous ne voulons pas répéter ce que déjà nous avons dit. Winckel déclare formellement que bien souvent il a vu l'allaitement brusquement interrompu par l'apparition des règles ou la mort de l'enfant, sans que la glande se soit enflammée. D'ailleurs, en étudiant les observations citées par Velpeau, on voit que le plus souvent la mastite avait débuté avant que l'enfant ne fût éloigné du sein, et qu'elle avait été la cause du sevrage. Et puis ces observations ne disent pas, ce qu'il importerait de savoir, si les mamelons étaient sains.

En ce qui concerne les altérations du lait comme cause de mastite, on ne sait rien de certain. Gibb a fait des recherches dans ce sens et croit que la fermentation du sucre produit des vibrions et des monades qui irritent la glande et la disposent à suppurer. Plusieurs centaines d'examens, portant sur du lait de provenances diverses, ne lui ont permis de constater cette altération que dans des cas où des abcès s'étaient développés pendant un allaitement prolongé. Et ainsi trouve-t-il dans la fermentation du lait la cause des abcès tardifs de la lactation. C'est là une opinion qu'il faut admettre avec réserve, au demeurant ce qui se passe dans le galactocèle, semblerait prouver l'innocuité des altérations du lait.

Après avoir passé en revue les causes douteuses ou peu fréquentes de la mastite, nous arrivons à celles qui dans la grande majorité des cas déterminent son développement, nous voulons parler des érosions et des gerçures du mamelon ou de l'aréole. Un certain nombre de conduits galactophores viennent s'ouvrir dans la plaie, et par leur paroi se transmet l'inflammation qui gagne la périphérie de la glande. Ce n'est pas seulement pendant la durée des fissures que se développe l'inflammation de la glande, on le voit encore survenir 15 jours même après leur cicatrisation. On ne peut ici mettre en doute les rapports de causalité, car les acini malades correspondent directement au siège de la gerçure, et alors même que la plaie était cicatrisée, des douleurs vives, prélude de l'abcès, se faisaient sentir dans la mamelle.

Les indications de la mastite relatives à l'allaitement se résument en ce précepte : il faut éloigner le nourrisson du sein malade.

Il importe d'écarter la cause qui irrite les gerçures, point de départ de l'inflammation, et la glande dont elle appelle la sécrétion. Il faut en outre que la mamelle soit condamnée à l'inactivité absolue, et le meilleur moyen de l'obtenir est le sevrage, car aussi longtemps que l'enfant continuera à teter, le lait se reproduira. Si l'affection est au début et que la femme puisse encore supporter la succion sans trop de douleur, on essayera de pratiquer en deux ou trois jours un sevrage graduel, mais si le pus est formé, si la souffrance est vive, on devra retirer immédiatement le sein au nourrisson. Et qu'on ne redoute pas les effets fâcheux de l'engorgement laiteux, nous avons vu qu'ils étaient purement imaginaires, aussi n'hésitons-nous pas, à la suite de Bertuch, Winckel et Ed. Martin, à condamner les manœuvres pratiquées dans le but d'extraire le lait de la glande malade. Elles ne sont nullement justifiées, et de plus elles sont barbares et retardent l'arrêt de la sécrétion.

L'intérêt du nourrisson réclame aussi le sevrage, dans le plus grand nombre des cas ; l'inflammation débutant par les conduits galactophores, une certaine quantité de pus se trouve tout d'abord mélangée avec le lait. Plus tard, lorsque les acini sont enflammés à leur tour, lorsque des phlegmons périmammaires se sont développés, et que les canaux excréteurs communiquent avec ces foyers, le pus afflue dans le lait. Puis des fistules venant à s'établir, le liquide s'écoule au dehors plus ou moins abondamment, et la succion, si elle était continuée, n'amènerait qu'un lait mêlé de pus, et d'ailleurs en quantité insuffisante pour nourrir l'enfant.

Il n'est pas rare de voir un sein, autrefois abcédé, se trouver lors d'un nouvel accouchement impropre à la lactation. Des acini en nombre souvent considérable ont été oblitérés par la cicatrisation, ou bien dilatés ils constituent de petites tumeurs contenant du lait, du sang ou des éléments épithéliaux. En outre, des conduits galactophores ont été obturés par l'inflammation ou la cicatrisation des gerçures. La quantité de lait que pourrait fournir la glande, se trouve donc considérablement diminuée par l'altération des éléments sécréteurs et par l'oblitération des canaux excréteurs ; ajoutons qu'à la suite de l'inflammation il se produit dans certains cas une rétraction des conduits galactophores qui peut effacer le mamelon et produire même à sa place une sorte d'infundibulum, d'où résulte un obstacle insurmontable à la succion.

e. Tumeurs par rétention. Il est un certain nombre de tumeurs par rétention qui se développent pendant la lactation, ou plus ou moins longtemps après cette période, ces tumeurs constituées par du lait qui subit à la longue des altérations diverses et peut être remplacé par du sang, ont reçu le nom de galactocèle. Il ne nous appartient pas d'en donner une description complète, et nous nous bornerons à exposer en quelques mots les divers processus qui peuvent leur donner naissance. Dans une première forme de ces tumeurs, un ou plusieurs conduits galactophores se sont oblitérés à la suite de l'inflammation ; le lait, continuant à être sécrété, les dilate et bientôt se forme un kyste qui parfois atteint des proportions considérables. En d'autres circonstances, le tissu conjonctif périmammaire ou la glande étant enflammé, l'exsudat comprime des sinus ou des canaux excréteurs, dont les parois finissent par adhérer entre elles, le lait ne peut s'écouler et l'on voit se développer un galactocèle. Ces tumeurs indiquent en général le sevrage. Lorsqu'elles sont à leur début, on doit craindre que l'irritation produite par la succion sur l'ensemble de la glande, n'active la sécrétion des acini compris dans le kyste, et n'augmente ainsi son volume. D'après Scanzoni, sous l'influence de l'inflammation ou d'une tension excessive, il peut se rompre, le lait est versé dans les tissus et donne lieu à la formation d'un abcès.

Les rapports de la lactation avec les autres tumeurs du sein sont souvent trop éloignés, et point assez nettement dessinés pour faire l'objet d'un paragraphe spécial.   A. Bouchacourt.

MALADIES VÉNÉRIENNES ET SYPHILITIQUES. *Division.* Il n'y a pas d'exemple de blennorrhagie du mamelon. La peau de l'aréole et celle qui se continue avec la muqueuse des conduits galactophores est assez fine chez certaines femmes pour qu'il ne soit peut-être pas impossible d'y faire développer artificiellement l'inflammation blennorrhagique, mais on chercherait vainement dans quelles circonstances la maladie pourrait s'y transmettre par contagion naturelle.

Il n'en est pas tout à fait de même du chancre simple. Il y a dans la science quelques exemples de chancres simples de la mamelle, soit chez la femme, soit chez l'homme. Ces chancres, encore plus rares que ceux de la bouche, et pour des causes analogues (*Voy.* Bouche), s'observent en général chez des malades affectés primitivement de chancres simples génitaux et sont le résultat d'une inoculation consécutive. Cette inoculation se fait habituellement, chez eux, à la peau du sein par le grattage au moyen des doigts souillés de pus chancreux, lequel est, comme on sait, éminemment réinoculable. La maladie est ainsi transportée des organes sexuels, siège ordinaire du chancre simple, à la mamelle qui n'en est jamais que le siège d'occasion. Le chancre simple mammaire ne présente donc que des particularités accidentelles dans ses modes de transmission ; d'un autre côté il n'a pas de caractères physiques spéciaux. C'est au total une variété peu importante et dont il n'y a rien à dire qui ne rentre dans l'histoire générale de la maladie (*Voy.* Chancre simple).

La seule maladie vénérienne qui tienne une grande place au sein, où elle a une importance capitale et de jour en jour mieux reconnue, c'est la syphilis, et surtout la syphilis primitive.

I. *Syphilis primitive du sein, ou chancre syphilitique mammaire. Historique.* Le chancre syphilitique mammaire a été signalé par les observateurs dès l'origine de la syphilis, mais c'est dans des descriptions tout à fait sommaires où l'on devine ce chancre plutôt qu'on ne le reconnaît.

« Nutrix, dit Fernel, a qua pollutus infans lac sugit, contrahit luem a mammis. »

Amatus Lusitanus rapporte une très-belle observation concernant un enfant syphilitique qui infecta sa nourrice. Celle-ci communiqua ensuite la maladie à d'autres enfants ou adultes, au point que, dans l'espace d'un mois, neuf personnes furent infectées (*Aphrodisiacus,* t. I, p. 654).

Brassavole cite une observation analogue. Il dit positivement que le sein de la nourrice fut inoculé par l'enfant syphilitique : « Receperat vero in mamma contagium. »

Rondelet est plus explicite, il qualifie d'ulcération la lésion du sein qui se développe dans ces cas : « Cum vero nutrices a pueris contagium accipiunt, tunc in mammis primum fiunt ulcera. »

Trajan Petronius n'est pas moins précis : « Videmus nutrices, dit-il, ulcere in papillis orto, in gallicam luem incidere. »

Ambroise Paré avait fait la même remarque : « Souvent, dit-il, l'enfant, ayant la vérole, la donne à sa nourrice : car par la grande chaleur et ulcère qu'il a en sa bouche il imprime au mamelon, qui est poreux, laxe et rare, le virus qui se communique par tout le corps, qui premièrement et le plus souvent se montre au mamelon. » Paré cite ensuite une observation où il suppose que c'est la nourrice qui a infecté l'enfant, bien qu'elle eût au contraire les signes d'une contagion primitive (elle avait les *tetins tous ulcérés*). « Cette nourrice, dit-il, avait la vérole et la bailla à l'enfant, et l'enfant à la mère, et la mère au mari, et le mari à deux autres petits enfants qu'il faisait boire et manger et souvent coucher avec lui. » Bref, la nourrice qui n'avait peut-être pas tous les torts, eut le fouet sous la custode, et elle l'eût eu par les carrefours, n'eût été la crainte de déshonorer la maison.

Nicolas de Blegny admet aussi la transmission de la maladie du nouveau-né à la nourrice, car récapitulant tout ce qu'il a dit sur la contagion syphilitique, il lui trouve quatre voies principales : « la verge aux hommes, la vulve aux femmes, la bouche aux enfants, et les mamelons aux nourrices. »

Fabre, au dix-huitième siècle, alla plus loin que ses devanciers ; il décrivit, dans le chancre mammaire, non-seulement l'ulcération des mamelles, mais encore l'adénite axillaire. « La première partie qui est affectée, dit-il, est le mamelon, parce que la bouche de l'enfant l'imprègne d'une saliva infectée. Il survient donc à cette partie d'abord une phlogose douloureuse, et ensuite de petits boutons qui se changent en ulcères ou chancres. Très-souvent les glandes des aisselles, ou celles du col se gonflent en même temps, de même que celles des aines, où il survient des bubons lorsque les chancres occupent les parties de la génération. Après les symptômes primitifs, la nourrice en éprouve d'autres qui caractérisent la vérole confirmée » (*Traité des maladies vénériennes*, p. 16).

Hunter vint à ce moment et l'on sait quelle doctrine il professa touchant la contagion. On nia dans son école la transmission de la syphilis secondaire, et par-dessus tout celle de la syphilis congénitale. Il y eut, il est vrai, des opposants. Les plus attachés aux anciennes traditions et les plus explicites sur la communication de la syphilis des nourrissons aux nourrices furent Bosquillon, Petit-Radel, Bertin, Boyer, Belpech. Toutefois ils n'ajoutèrent rien d'important à ce qu'on savait avant eux sur les caractères des lésions mammaires chez les nourrices contagionnées.

Quant aux continuateurs de Hunter, c'est leur opinion, personne ne l'ignore, qui fut le plus en crédit pendant une longue période de près de trente années. Sans doute ils ne manquaient pas de rencontrer des chancres sur le sein des nourrices, mais ils avaient une singulière manière de les interpréter. M. Ricord a fait représenter un de ces chancres dans son Iconographie (pl. XV). Voici comment il expliquait alors ces accidents.

Les nourrices étaient accusées de se transporter elles-mêmes la maladie des parties sexuelles aux mamelons, par l'action de tirailler, de traire ceux-ci à l'aide de leurs doigts souillés du virus, chose possible pour le chancre simple, mais impossible pour le chancre syphilitique, puisque le virus de la syphilis n'est pas réinoculable ; ou bien on supposait qu'elles s'étaient prêtées à des manœuvres telles, que l'acte vénérien se serait accompli entre les deux seins, lesquels auraient été directement inoculés par la verge, ce qui peut expliquer le développement exceptionnel d'un chancre de la base du sein, mais non celui des chancres du mamelon ou de l'aérole, de beaucoup les plus fréquents. En d'autres termes, on ne croyait pas, avant que j'en eusse donné la preuve clinique, qu'au sein, comme à la bouche (*Dictionnaire des sciences médicales*, t. X, p. 255), comme partout, un accident primitif pût procéder d'une lésion secondaire, et on cherchait à se rendre compte de ces cas en faisant intervenir à tout prix un agent contagieux de même ordre, c'est-a-dire un chancre primitif semblable au chancre communiqué.

Ceux mêmes qui croyaient à la contagion de la syphilis congénitale, comme M. Diday, loin de rechercher sur le mamelon des nourrices le chancre, comme signe pathognomonique de cette contagion, semblaient craindre au contraire de le rencontrer. Ils parlent de lésions papuleuses, comme s'il leur importait beaucoup d'établir une parfaite similitude entre l'effet et la cause et de trouver des accidents identiques chez les deux individus infectés l'un par l'autre. En tout cas, ils hésitent et font appel à de nouvelles recherches. « Quant à la lésion, dit M. Diday, par laquelle l'affection débute chez la nourrice, ce point n'est pas encore assez bien déterminé, il pourrait devenir le sujet d'un travail intéressant. Je rappellerai seulement que j'ai vu une plaque papuleuse, qui ne s'ulcéra pas le moins du monde, être chez une nourrice la lésion initiale, le point de départ de la syphilis constitutionnelle qu'elle avait prise de son nourrisson » (*Traité de la syphilis des nouveau-nés*, p. 205).

Aucun de nos contemporains, même parmi les plus contagionnistes, ne s'est expliqué plus clairement sur ce sujet que tous semblent avoir cherché à éviter. MM. Vidal, Cazenave, Gibert, de Castelnau, Bouchut (maladies des nouveau-nés), Velpeau (maladies du sein), tous sans exception se contentent d'affirmer la contagion de la syphilis congénitale sans indiquer la forme sous laquelle se présente tout d'abord la maladie sur le sein contagionné.

Les choses en étaient là quand j'entrepris mes recherches sur le chancre mammaire concurremment avec celles que je poursuivais sur le chancre céphalique (*Études cliniques sur le chancre produit par la contagion de la syphilis secondaire et spécialement sur le chancre du mamelon et de la bouche; in Archives générales de méd.*, 1859, 5ᵉ série, I, 15). Le premier de ces chancres était donc complétement inconnu ou oublié au moment de ces recherches; et si je n'ai eu qu'à interpréter le chancre céphalique et à le rattacher à sa véritable origine, j'ai dû faire plus pour le chancre mammaire, car il m'a fallu, avant cela, le retrouver, le ressusciter pour ainsi dire, et lui assigner, ce qui n'avait pas été fait anciennement, les caractères génériques du chancre induré.

Étiologie. Le chancre syphilitique mammaire peut se rencontrer chez l'homme, mais par hasard et comme une grande rareté. Il est au contraire très-fréquent chez la femme; toutefois ici encore le champ d'observation est bien circonscrit, car c'est presque exclusivement dans ses fonctions de nourrice que la femme est exposée aux contacts spéciaux qui inoculent la syphilis au sein.

A l'Antiquaille, où existe une crèche pour les nourrices et les nouveau-nés syphilitiques, M. Dron a relevé le nombre des nourrices infectées par des enfants pris à la maternité et envoyés à la crèche pour y être traités, pendant ces dix dernières années. Voici ce relevé :

1860	4 nourrices.	1865	17 nourrices.
1861	7 —	1866	11 —
1862	7 —	1867	19 —
1863	8 —	1868	11 —
1864	11 —	1869	15 —

L'allaitement, en raison de la fréquence des lésions buccales, nasales et autres, chez le nouveau-né syphilitique, est en effet pour la nourrice une source très-féconde de contagion.

En dehors de l'allaitement il n'y a plus, pour le chancre mammaire, que des causes tout à fait accidentelles dont une seule mérite une mention spéciale, bien qu'elle n'ait été notée que très-exceptionnellement, c'est la succion exercée par un adulte affecté de syphilis, sur le sein d'un autre individu.

J'ai observé tout récemment un chancre syphilitique mammaire au pourtour du mamelon droit chez un jeune homme de Chambéry qui m'était adressé par M. Carret neveu, et qui avait subi une semblable succion. Les femmes sont plus exposées que les hommes aux contacts de cette nature, et parfois même c'est pour les nouvelles accouchées une nécessité de recourir à un adulte qui remplisse auprès d'elles le rôle de *psylle*. J'ai cité (*Arch. de méd.*, 1859) un exemple de nourrice infectée par une autre femme qui l'avait tetée pour faire ses bouts de sein. Il y a d'autres observations du même genre dans la science (Bourgogne, *Relation d'une affection syphilitique communiquée à plusieurs femmes par la succion des seins*, 1825; et Ricord, *Lettres sur la syphilis*, p. 103); mais ces faits sont au total peu nombreux, et leur rareté fait contraste avec la grande fréquence de ceux qu'on observe dans les conditions spéciales dont nous avons parlé plus haut, c'est-à-dire chez les nourrices qui allaitent des enfants syphilitiques.

Sans parler des observateurs précédemment cités qui sont allés jusqu'à mentionner le chancre mammaire, presque tous les syphilographes qui ont écrit depuis l'origine de la vérole en Europe, jusqu'à l'époque huntérienne, ont noté la transmission de la syphilis dans l'allaitement. Et pourtant de toutes les sources de la contagion syphilitique, c'est celle que Hunter et ses disciples ont niée le plus obstinément et, il faut bien le reconnaître, avec le plus d'apparence de raison.

Il y avait ici, en effet, pour les anticontagionnistes une double cause d'erreur que les observations récentes ont seules fait découvrir : d'abord le chancre primitif, qu'on rencontrait bien sur le sein des nourrices, mais qu'il répugnait, ainsi que nous l'avons vu, de rattacher à des accidents secondaires, aux lésions congénitales du nouveau-né; ensuite l'immunité dont jouissent les mères nourrices en face de leurs propres enfants infectés qu'elles allaitent impunément. Cette seconde cause d'erreur est spécialement inhérente à l'hérédité, mais elle s'explique par le même principe qui sert à rendre compte de toutes les immunités acquises par une infection antérieure. C'est un corollaire de la grande loi de l'irréinoculabilité du virus syphilitique, sur laquelle nous aurons à nous expliquer ailleurs (*Voy.* Syphilis). En effet, la mère, en laissant de côté les cas assez rares d'immunité naturelle, ne peut pas être enceinte d'un enfant syphilitique sans avoir été infectée antérieurement, ou sans contracter la syphilis par le fait même de la gestation. Dès lors, pendant l'allaitement, l'enfant ne peut pas lui donner une maladie dont une première atteinte a été pour elle un préservatif contre des atteintes ultérieures.

Cette immunité des mères nourrices avait frappé les anticontagionnistes, et elle ne laissait pas que de les entretenir dans leurs idées favorites. Les observations montrant des mères nourrices avec des enfants syphilitiques, qu'elles ont pu allaiter sans présenter elles-mêmes aucun signe de maladie, sont très-nombreuses dans la science. Les syphilographes de l'école huntérienne se plaisaient naguère encore à ces exhibitions, qu'ils regardaient comme tout à fait concluantes en faveur de leur doctrine. M. Cullerier, à lui seul, a rapporté six observations de ce genre recueillies en peu de temps (*Union méd.*, 1854). Mais déjà à cette époque le fait avait été signalé par un observateur qui avait su lui donner sa véritable signification. C'est Colles (*Med. Press*, Dublin, décembre 1844) qui a posé, le premier, en principe qu'un nouveau-né, affecté de syphilis congénitale, bien qu'il en ait des symptômes à la bouche même, ne fait jamais venir d'ulcération au sein qu'il tette, si c'est sa mère qui l'allaite, tout en restant capable d'infecter une nourrice étrangère.

M. Diday, en 1854, se mit à rechercher les faits qui confirmaient et ceux qui infirmaient en apparence la loi de Colles, et de cette étude nouvelle il résulta que le nouveau-né syphilitique, quand il avait infecté sa mère nourrice, avait, non pas une syphilis congénitale, mais une syphilis acquise, contractée accidentellement dans des circonstances particulières qu'il faut connaître.

Rien n'est mieux démontré aujourd'hui que la transmission de la syphilis dans l'allaitement; rien aussi ne s'explique mieux, au moins quand il s'agit d'une syphilis congénitale. C'est que la syphilis congénitale a pour siège de prédilection les organes mêmes qui sont en rapport avec le sein de la nourrice. Les lésions buccales sont fréquentes dans la syphilis héréditaire (voy. BOUCHE); mais cette affection est, en outre, presque toujours caractérisée par un coryza aigu ou chronique, avec jetage par les narines. Les sécrétions nasales du nouveau-né peuvent donc se mettre aussi en contact avec le sein de la nourrice; de là, des inoculations sur lesquelles M. Roger (Union méd., 1865) a spécialement appelé l'attention.

Quant à la syphilis acquise, on l'observe chez le nouveau-né plus souvent qu'on ne serait tenté de le croire.

Supposons qu'une nourrice ait la syphilis, soit qu'elle l'ait reçue de son nourrisson, soit qu'elle l'ait puisée à une autre source. Un nourrisson étranger prend par occasion le sein de cette nourrice; il contracte, bien entendu, la maladie; mais c'est la syphilis acquise qui se développe chez lui et qui généralement se manifeste tout d'abord par un chancre buccal. Ces circonstances, en apparence fortuites, se reproduisent en réalité assez souvent, grâce à l'habitude qu'ont les nourrices de se prêter mutuellement leurs nourrissons, et à la nécessité où se trouvent quelquefois les familles de recourir momentanément à une nourrice bénévole.

Qu'arrive-t-il ensuite? Le nourrisson qui a gagné la syphilis au contact d'un sein étranger apporte à son tour la contagion au sein de sa nourrice habituelle. Cette nourrice fût-elle sa mère, rien ne s'oppose à ce qu'elle contracte elle-même la maladie, car celle-ci n'est pas une syphilis héréditaire, la seule pour laquelle il y ait une solidarité préétablie entre la mère et l'enfant, la seule par conséquent qui crée une immunité en faveur des mères nourrices. Dès lors, la loi de Colles paraît se trouver en défaut; mais l'exception, comme on le voit; n'est qu'apparente. Ainsi s'expliquent les faits relatés par M. Diday (loc. cit., p. 287), et notamment ceux d'Ambroise Paré, de Bertin, de Cuzack, de Faccn, où les mères nourrices ne furent infectées qu'après que les enfants eurent gagné la syphilis au contact de nourrices étrangères qui leur avaient donné accidentellement le sein.

M. Amilcar Ricordi, à qui nous devons la relation des endémo-épidémies syphilitiques de Casorezzo, de Uboldo, de Marcallo (Sifilide da allattamento, Milano, 1865), a rapporté aussi plusieurs observations de ce genre. Parlant de la loi de Colles, il la regarde comme très-générale et ne présentant qu'une seule exception véritable, dont il ne cite, du reste, aucun exemple : c'est quand l'enfant a une syphilis héréditaire provenant du chef paternel; il peut se faire alors, selon lui, que la mère n'ait pas été infectée par son enfant pendant la gestation et qu'elle le soit plus tard pendant l'allaitement. M. Bron (De la syphilis communiquée dans l'allaitement, Lyon médical, 1870) a pu de son côté, sur un très-grand nombre d'observations, constater plusieurs fois la justesse de ces importantes déterminations.

D'autres fois le nourrisson contracte la maladie d'une autre manière, à la suite de la vaccination, par exemple; puis, cette syphilis, également acquise, il la rapporte à sa nourrice, comme dans les cas précédents. Ainsi s'expliquent beaucoup de faits, observés dans ces dernières années, où les nourrices infectées par leurs nourrissons ont été souvent notées comme étant les mères de ceux-ci (endémo-épidémies vaccino-syphilitiques de Lupara, de Rivalta, de Bergame).

L'allaitement est donc une source très-féconde de contagion syphilitique pour le nouveau-né. Mais la maladie ne s'arrête pas là; il est rare qu'elle ne se transmette pas consécutivement à des personnes étrangères, au mari de la nourrice, à ses enfants, à ceux du voisinage, aux personnes chargées de veiller sur ces enfants.

Tous ces cas réunis autour des premiers forment quelquefois un véritable centre endémo-épidémique. C'est ainsi que les choses se sont passées dans le plan de Nérac (*Voy.* ce mot). Plusieurs observations analogues ont été rapportées par divers médecins, et figurent soit dans le livre de M. Diday (p. 269, 298 et *passim*), soit dans mon mémoire des Archives (mars 1859), soit dans diverses relations publiées récemment (Ricordi, Dron). A Rivalta, à Lupara, à Bergame, à Cazorezzo, à Uboldo, à Marcallo, le nombre des malades ainsi affectés les uns par les autres a été considérable. Les trois dernières endémo-épidémies avaient eu pour origine l'allaitement; dans les autres, la maladie s'était communiquée d'abord par la vaccination, mais l'allaitement avait été ensuite un de ses modes les plus actifs de propagation.

D'ailleurs, dans l'allaitement on trouve réunies au plus haut point les conditions physico-mécaniques réputées pour être particulièrement favorables à la contagion. On a fait valoir l'humidité, la chaleur, la congestion vasculaire et l'éréthisme nerveux des organes contigus. La ténuité des membranes, la fréquence des excoriations, les pressions, les frottements, les aspirations, les tiraillements répétés, ont pour nous une influence bien mieux établie, et nulle part, si ce n'est peut-être aux parties génitales, on ne les rencontre au même degré que sur les organes mis en jeu dans l'allaitement.

Notons enfin que la contagion *médiate* peut s'observer aux seins aussi bien qu'aux organes génitaux. Ainsi Bertin (*Traité de la maladie vénérienne des nouveau-nes*, p. 149) rapporte l'observation d'une femme mariée, mère de quatre enfants très-sains, qui reçut et allaita un nourrisson étranger syphilitique. Huit jours après, son propre enfant eut des chancres à la bouche, et plus tard des accidents secondaires. Quant à elle, elle resta depuis lors exempte de tout symptôme vénérien.

Symptômes. Quelle que soit la période de la syphilis d'où procède le virus, la lésion qui se développe sur le sein, à la suite des contacts que nous venons d'exposer, est une lésion primitive; c'est le chancre syphilitique mammaire.

Les observations de chancres mammaires bien démontrés, ayant tous les caractères de l'accident syphilitique primitif, sont déjà plus nombreuses qu'on ne pourrait le supposer de prime abord, en songeant à la date récente de mes premières publications sur ce sujet. M. Pacchiotti en a rapporté une vingtaine dans la seule endémo-épidémie de Rivalta, et M. Quarenghi sept recueillies à Torre de Busi. M. Amilcar Ricordi en a fait connaître onze recueillies dans l'endémo-épidémie de Cazorezzo, huit dans celle de Uboldo, et plusieurs, mais en nombre indéterminé dans celle de Marcallo. A Lupara, onze nourrices, au rapport de M. Marone, furent infectées par leurs nourrissons. Il est dit que les seins de ces nourrices présentèrent des ulcères variables quant à l'aspect, mais toujours indurés, situés la plupart sur le mamelon ou sur l'aréole, et qu'un certain nombre de nourrissons étrangers, qui les tétèrent accidentellement, eurent comme symptômes primitifs des chancres indurés des lèvres. D'autres observateurs, MM. Viennois (*Thèses de Paris*, 1860); Barillier (*Journ. de méd. de Bordeaux*, 1860); A. Guérin (*Maladies des organes génitaux de la femme*, p. 96); Roger (*Union méd.*, 1865, p. 148); Profeta (*Syphilide per allattamento*, Firenze, 1866); Audoynaud (*Étude sur la syphilis communiquée par l'allaitement*, 1869) ont rapporté des faits semblables. M. Dron (*loc. cit.*) en a fait connaître de nouveaux qu'il a observés à l'Antiquaille. Moi-même j'ai ajouté à mes observations anciennes plusieurs faits plus récents et qui concordent en tous points avec les premiers.

Le chancre mammaire est presque toujours situé sur le mamelon ou à sa base ou à son pourtour.

Sur 87 cas de chancres mammaires empruntés à divers auteurs ou tirés de ma propre pratique, j'en trouve 24 où l'ulcération occupait le mamelon, 17 où elle était située à la base de celui-ci, et 16 où elle siégeait à son pourtour, c'est-à-dire sur l'aréole ou tout près; les autres sont désignés comme affectant aussi le sein, mais sans que la partie du sein occupée par l'ulcération soit spécifiée. Les chancres à siège excentrique sont peut-être ceux que le nouveau-né inocule, non avec la bouche, mais avec le nez et au moyen de mucosités fournies par le coryza, comme le professe M. Roger.

J'avais cru d'abord que le chancre induré mammaire ne différait sous aucun rapport du chancre induré commun; mieux avisé, j'ai dû reconnaître qu'il était plus rarement solitaire, unique, et plus souvent multiple que celui des autres régions.

Voici comment peuvent être classées, sous ce rapport, les 87 malades dont je viens de parler, et qui étaient toutes des nourrices :

Malades affectées de chancres multiples des deux seins			26
—	—	d'un seul sein.	13
—	—	d'un chancre unique du sein gauche.	25
—	—	— du sein droit.	14
—	—	— sans indication du côté affecté.	9
		Total.	87

Les cas de chancres syphilitiques multiples du sein sont donc presque aussi nombreux que ceux de chancres solitaires. Cette remarque a été confirmée récemment par M. Audoynaud (*loc. cit.*, p. 34). Évidemment cette multiplicité inusitée est le résultat du mode suivant lequel s'effectue la contagion syphilitique dans l'allaitement. Dans aucune autre circonstance, en effet, il n'y a des contacts aussi multipliés, aussi rapprochés les uns des autres; il s'opère alors un grand nombre d'inoculations simultanées ou une série d'inoculations successives, mais se suivant de très-près, et par conséquent bien faites pour fournir sur plusieurs points à la fois un résultat positif.

MM. Pacchiotti et Bicordi ont rapporté des observations de chancres mammaires au nombre de 5 ou 6 d'un seul côté. Ces chancres furent au nombre de 8 chez une des nourrices citées par ce dernier, 5 à droite, et 3 à gauche.

L'incubation du chancre mammaire est très-difficile à déterminer d'une manière précise; car ce n'est pas à partir du début de l'allaitement, mais de l'époque où la syphilis a commencé à paraître chez l'enfant allaité, soit à la bouche, soit dans les fosses nasales, qu'il faut la calculer. Dans un cas porté sur le tableau suivant, où une nourrice traitée à l'Antiquaille (obs. 7 de mon mémoire), n'avait donné le sein que trois jours au nourrisson syphilitique qui l'avait infectée, le chancre mammaire commença à se développer au bout de trois semaines. Une autre femme, qui figure aussi dans le tableau, rendit l'enfant au bout de quatre jours, et le chancre se développa chez elle au bout d'un mois. On voit par là qu'il n'est pas nécessaire que l'allaitement soit continué longtemps pour que l'infection ait lieu. D'autres observations, dont deux ont été rappelées par M. Tardieu (*Étude médico légale sur les maladies provoquées ou communi-*

quées. 1864, p. 96), démontrent aussi qu'un contact très-court suffit pour le déterminer.

M. Dron a recherché, dans une série de seize observations choisies à cette intention, l'époque du développement du chancre chez la nourrice, en prenant pour point de départ la cessation de l'allaitement, cessation amenée dans la plupart des cas par la mort du nourrisson.

Voici le résultat statistique de ces recherches :

OBSER- VATIONS.	SORT DE L'ENFANT.	ÉPOQUE DU DÉVELOPPEMENT DU CHANCRE MAMMAIRE CHEZ LA NOURRICE.
1	Mort au bout de 2 mois.	3 jours après la mort de l'enfant.
2	Mort au bout de 2 mois et 6 jours. . . .	8 jours après la mort de l'enfant.
3	Mort au bout de 37 jours.	8 jours après la mort de l'enfant.
4	Mort au bout de 1 mois 1/2.	8 jours après la mort de l'enfant.
5	Mort au bout de 3 mois 1/2.	15 jours après la mort de l'enfant.
6	Mort au bout de quelques semaines . . .	15 jours après la mort de l'enfant.
7	Allaité par une chèvre, guéri.	3 semaines après la cessation de l'allaitement.
8	Mort au bout de 1 mois et 3 jours. . . .	3 semaines après la mort de l'enfant.
9	Rendu au bout de 4 jours	1 mois après que l'enfant a été rendu.
10	Rendu à ses parents.	1 mois après que l'enfant a été rendu.
11	Mort au bout de 2 mois 7 jours.	Peu après la mort de l'enfant.
12	Mort au bout de 5 mois 1/2.	Quelque temps après la mort de l'enfant.
13	Mort au bout de 5 mois 1/2.	12 jours après que l'enfant a été rendu.
14	Mort au bout de 3 jours.	3 semaines après la mort de l'enfant.
15	Mort au bout de 3 mois 8 jours.	1 mois après la mort de l'enfant.
16	Mort au bout de 3 mois 8 jours.	Quelques jours après la mort de l'enfant.

Dans toutes ces observations on voit qu'il s'est écoulé un certain temps, tantôt plusieurs jours, tantôt plusieurs semaines, tantôt même plus d'un mois, entre la cessation de l'allaitement et le développement du chancre. Or, rien n'empêche que pendant ce temps d'incubation la nourrice prenne un second nourrisson ; elle aura toutes les apparences de la santé, et cependant la syphilis sera en germe chez elle, et lorsque ce germe éclora sous forme de chancre, le second nourrisson contractera nécessairement la maladie. C'est ce qui est arrivé pour les cinq dernières nourrices de la statistique de M. Dron. Après leur premier nourrisson syphilitique, elles en ont pris un autre, et le chancre mammaire qui leur est survenu bientôt n'a pas manqué de se communiquer au dernier enfant allaité. Nous verrons plus loin quelles difficultés ces faits sont de nature à faire naître en hygiène et en médecine légale.

La période de début du chancre mammaire n'offre rien de particulier à noter, si ce n'est qu'on a peut-être plus souvent l'occasion d'observer au sein que partout ailleurs la papule par laquelle commence généralement le chancre syphilitique primitif. Mais lorsqu'on est obligé de s'en rapporter sur le début de l'affection au souvenir des malades, on apprend simplement que le chancre a commencé par un petit bouton, une écorchure, une crevasse, tous accidents assez fréquents dans l'allaitement pour qu'on ne songe pas à les attribuer dans le principe à la syphilis.

La forme, c'est-à-dire la configuration du chancre, a la même régularité au sein que dans les autres régions ; la coloration spécifique n'en est pas moins accentuée. Tout ce que nous aurons à dire sous ce rapport du chancre syphilitique en général est applicable au chancre mammaire (*Voy.* CHANCRE SYPHILITIQUE).

L'étendue et la profondeur des chancres indurés mammaires ne s'écartent guère de la moyenne. Cependant c'est au sein que j'ai observé un des plus grands chancres plats que j'aie vus ; il avait 4 centimètres de diamètre ; je l'ai fait dessiner pour l'album de l'Antiquaille. Hunter a rapporté une observation de chancre mammaire qui détruisit le mamelon ; il y en a un certain nombre d'autres semblables dans la science. L'ulcération a été notée plusieurs fois comme ayant fait le tour du mamelon, ou comme présentant les dimensions d'un noyau de prune, d'une pièce de 1 franc, de 2 francs, de 5 francs (Ricordi).

L'induration est en général bien marquée, quelquefois chondroïde, d'autres fois simplement parcheminée. Il y a des observations où elle a persisté après la cicatrisation du chancre ; en sorte qu'on peut dire que le sein est une des régions où l'induration se formule le mieux.

Le chancre du mamelon est presque toujours proéminent, comme celui du bord libre des lèvres, et rentre tout à fait dans la catégorie des chancres indurés bombés, saillants, qu'on a quelquefois pris pour des tumeurs papillaires ou cancéreuses. Celui de la base a souvent l'apparence d'une fissure ou rhagade circonscrivant une partie de la circonférence du mamelon, et située plutôt en haut ou en dehors, qu'en bas ou en dedans. Il faut l'entr'ouvrir peu à peu et le déplisser pour bien voir la forme arrondie ou oblongue et toujours très-régulière de l'ulcération. Le chancre du pourtour de la papille, c'est-à-dire le chancre de l'aréole, est plus souvent plat et parcheminé. Il en est de même de celui des parties du sein encore plus éloignées du centre. C'est seulement par exception qu'on rencontre à la région mammaire des chancres appartenant aux variétés cupuliformes ou infundibuliformes.

Les femmes qui allaitent ont plus particulièrement des chancres à surface humide, dépouillée, fournissant une sécrétion séro-purulente ou purulente plus ou moins abondante. Au contraire, chez les nourrices qui ont cessé d'allaiter, le chancre est recouvert de croûtes sèches ou demi-sèches, et en général assez fortement adhérentes à la surface de l'ulcération.

Le chancre syphilitique mammaire subit fréquemment la transformation *in situ* en papule. M. Ricordi a cité un certain nombre d'observations de chancres mammaires contractés accidentellement par des nourrices, et qui se seraient communiqués à des nouveau-nés sous forme de plaques muqueuses buccales (*loc. cit.*, p. 50). Mais ces prétendues plaques muqueuses n'étaient évidemment que des chancres primitifs ayant subi cette même transformation *in situ*, encore plus fréquente à la bouche des nouveau-nés qu'au sein des nourrices.

Le chancre syphilitique mammaire se cicatrise quelquefois en laissant persister un noyau induré à la place de l'ulcération. Plus tard il peut rester encore comme vestige apparent de la lésion, une cicatrice, ou bien une tache rouge ou brune, longue à s'effacer. On doit rechercher avec soin les traces locales du chancre ; car souvent elles sont, comme nous le verrons plus loin, de précieux indices pour le médecin.

Le chancre syphilitique mammaire s'accompagne généralement d'adénite axillaire indolente. Nous avons vu que Fabre avait déjà noté cette adénite. Depuis lui, tous les auteurs qui ont admis la transmission de la syphilis du nouveau-né à la nourrice, ont aussi fait mention de cet engorgement des glandes axillaires, sans se douter néanmoins qu'il fût symptomatique d'un chancre mammaire, d'un vrai chancre induré.

« Rien n'est plus commun, dit M. Diday, que de voir chez les nourrices infectées par le sein les glandes lymphatiques de l'aisselle correspondant s'engorger ;

la plupart des observations que j'ai vérifiées m'en ont offert un exemple. Cela signifierait-il que la lésion dont dépend les engorgements soit un chancre primitif? Pas le moins du monde. S'il en était ainsi, si les tuméfactions glandulaires offraient les mêmes conditions pathogéniques que les bubons produits par le chancre primitif, elles devraient suppurer quelquefois. Or l'absence de suppuration est, au contraire, un de leurs caractères les plus constants, pathognomoniques » (*loc. cit.*, p. 295).

Sans doute, l'adénite de l'aisselle symptomatique du chancre mammaire reste généralement indolente et se termine presque toujours par résolution ; mais en est-il donc autrement de l'adénite des autres régions quand elle est provoquée, non par le chancre simple, mais par le chancre induré, et M. Diday ne faisait-il pas, en 1854, une confusion qu'il serait le premier à condamner aujourd'hui ?

Cette adénite doit être recherchée, non-seulement dans le creux axillaire, mais encore au-devant de cette région, sous le grand pectoral, où je l'ai constatée plusieurs fois.

Ajoutons que si la suppuration de l'adénite axillaire à la suite des chancres syphilitiques du sein est rare, elle n'est pas sans avoir été observée. Hunter en a cité un cas (*Traité de la mal. vén.*, p. 660).

Le chancroïde syphilitique n'a jamais été observé au sein, à moins qu'on ne considère comme telles certaines lésions, de nature suspecte, contractées par des nourrices en allaitant des enfants syphilitiques et qui sont signalées comme ayant rétrocédé. M. Roger a cité un cas de ce genre, M. Diday aussi. C'est cependant une variété chancreuse qu'on devrait rencontrer spécialement chez les mères-nourrices.

Le chancre simple ne se montrant que très-exceptionnellement au sein, il est naturel qu'on ne rencontre pas de chancre mixte dans cette région ; je n'en connais aucun exemple.

Diagnostic. Le diagnostic du chancre mammaire est le même que celui du chancre syphilitique, à peu de chose près, et pour ne rien dire qui fasse double emploi, nous devons nous borner à des considérations exclusivement applicables à la syphilis primitive du sein.

On pourrait confondre ce chancre avec des fissures, des aphthes, du muguet, des excoriations eczémateuses ou des tumeurs furonculeuses ou papillaires du sein. Il a été décrit maintes fois dans ces dernières années comme un tubercule muqueux, une plaque muqueuse, précisément en raison de la grande tendance qu'il a à se transformer, *in situ*, en papule.

Ici, comme dans les autres régions, on a pour se guider les caractères généraux du chancre, c'est-à-dire l'ulcération avec sa forme, sa couleur et la disposition habituelle de son fond et de ses bords ; on a en outre l'induration de la base du chancre, et l'adénite axillaire qu'on retrouve, il est vrai, dans d'autres lésions ulcéreuses du mamelon, mais pas avec l'indolence, la rénitence et la multiplicité propres à l'adénite syphilitique primitive.

Du reste, le diagnostic de ce chancre a une importance particulière due aux constatations médico-légales que motive si souvent la transmission de la syphilis entre nourrissons et nourrices.

Diagnostic médico-légal. Fabre est le premier auteur, à notre connaissance, qui ait envisagé la question de la transmission de la syphilis du nourrisson à la nourrice, et réciproquement, au point de vue de la médecine légale.

Brassavole avait déjà dit : « Si infans, a Berephrotrophio receptus, pustulas per corpus habeat et nutrix in mammis ac papillis pustulas quæ facile curari non possint, judica nutricem hanc ab infante recepisse contagium. » Mais le mot *judica* était probablement pris par cet auteur dans son sens le plus général, et peut aussi bien s'entendre d'un diagnostic simple que d'un diagnostic médico-légal. D'ailleurs l'histoire de la pauvre femme, dont parle A. Paré, qui fut fouettée sous la custode, est bien la preuve qu'à cette époque la justice était, dans ces cas, tout à fait sommaire, et réclamée contre les nourrices plutôt qu'en leur faveur.

Au contraire, il semblerait, d'après Fabre, que de son temps comme du nôtre c'était la famille du nourrisson qui était le plus souvent l'objet des poursuites. « On sait, dit-il, que les pères et mères qui ont la vérole s'attirent des procès mineux et déshonorants de la part des nourrices qui ont été infectées par leurs nourrissons. Dans ces occasions, les juges ne peuvent prononcer que sur la consultation des médecins et des chirurgiens. »

Cullerier a cherché (*Journal général de médecine*, t. IV, p. 32 ; 1816) à formuler quelques règles générales applicables aux différents cas de cette nature, mais il lui manquait la connaissance exacte du chancre mammaire et ses rapports judiciaires sont loin d'être inattaquables.

La doctrine huntérienne touchant l'innocuité de la syphilis secondaire, c'est-à-dire de toute espèce de lésions syphilitiques, hormis la lésion primitive, vint interrompre momentanément ces expertises. En effet, bien peu de médecins, surtout à l'époque où cette doctrine régnait dans toute sa plénitude à l'hôpital du Midi, osèrent s'élever contre elle au point de venir la contredire devant les tribunaux. Et encore cette abstention des experts fut-elle toute au profit de la vérité et de la justice, car avec les idées d'alors, et tout en admettant la contagion de la syphilis héréditaire, comme M. Diday, par exemple, il suffisait de trouver chez une nourrice un chancre primitif pour conclure que c'était elle, et non le nourrisson, qu'on devait incriminer. On ne s'arrêtait même pas là, et poussant la logique jusqu'au bout, ce n'était pas seulement chez la nourrice qu'on tenait le chancre primitif pour un indice accusateur, mais encore chez son mari, à qui il était cependant impossible que cette femme transmit autrement sa maladie, après l'avoir reçue, elle aussi, sous cette forme de son nourrisson.

On comprend dès lors combien devaient être embrouillées, incertaines et périlleuses toutes ces expertises devenues aujourd'hui, dans la plupart des cas, si claires, si simples et si sûres.

J'ai exposé dans un travail spécial les règles qui devaient diriger l'expert dans ces recherches (*De la transmission de la syphilis entre nourrissons et nourrices au point de vue de la médecine légale*. In *Gazette hebdomadaire*, 1861, p. 589). Ces règles qui n'étaient elles-mêmes qu'une déduction logique de mes recherches générales sur la contagion de la syphilis secondaire, n'ont pas tardé à entrer dans la pratique. M. Tardieu les a appliquées aux divers ordres de faits, dans un travail très-sagement conçu (*loc. cit.*), où son expérience consommée comme médecin légiste, lui a permis de formuler plus d'un précepte nouveau toujours de nature à simplifier plutôt qu'à compliquer l'expertise.

Il est bien entendu que les deux parties doivent être examinées, et qu'il ne faut pas plus négliger la visite du nouveau-né, de ses parents, si c'est possible, que celle de la nourrice. Toutefois, ce n'est pas ici le lieu d'exposer les symptômes de la syphilis congénitale, qu'on est appelé à constater chez le nouveau-né, dans ces cas, et de la distinguer de la syphilis acquise que celui-ci présente aussi quelquefois. Ce diagnostic trouvera place ailleurs, ainsi que tout ce qui est de nature à porter la lumière sur ce côté de l'expertise (*Voy.* NOUVEAU-NÉS, SYPHILIDES).

Mais, qu'on le sache bien, c'est du côté de la nourrice qu'on trouve en général le plus d'éclaircissements dans ces sortes d'affaires, et le chancre mammaire est le véritable pivot sur lequel roule presque toute l'expertise.

Si la nourrice a été infectée par son nourrisson, la maladie a dû suivre, chez elle, au sein, les phases régulières que nous venons d'exposer.

A partir du jour où des symptômes syphilitiques quelconques se sont montrés chez le nourrisson, ou seulement à partir de l'époque ou des lésions ont apparu chez lui à la bouche ou dans les fosses nasales, il s'est opéré chez la nourrice le travail particulier que nous avons fait connaître, lequel est d'abord latent et constitue l'incubation de la maladie, puis apparent et concentré dans le principe sur le lieu même où s'est effectuée la contagion, c'est-à-dire sur le sein.

Le chancre mammaire, avec l'incubation qu'il présente et le siége qu'il occupe habituellement, avec l'ulcération, l'induration, l'adénite axillaire indurée et tous les autres caractères du chancre syphilitique primitif, non moins prononcés au sein que partout ailleurs, est donc la lésion la plus importante à noter, soit qu'elle se présente au début ou à l'état de plein développement, soit qu'il n'en reste que des traces ou des vestiges plus ou moins anciens.

Après le chancre mammaire, et dans un délai dont nous apprécierons ailleurs la durée, éclatent chez elle les accidents secondaires. Ces accidents peuvent se manifester partout, car la syphilis consécutive des nourrices ne diffère pas de celle des autres malades ; on les observe aux organes génitaux comme sur les autres parties du corps, et même dans ces régions de préférence à toutes les autres ; mais cette éruption secondaire ne se montre jamais qu'à une date postérieure à celle de la lésion mammaire primitive ; il y a entre les deux séries de symptômes un intervalle bien marqué, et pendant longtemps le chancre du sein reste seul, sans qu'il y ait rien de syphilitique aux organes génitaux notamment. MM. Cullerier et Bardinet ont eu l'occasion de faire l'examen des parties génitales de la nourrice au début de la maladie, l'un huit jours avant l'apparition de la syphilis secondaire, l'autre aussitôt après l'explosion des accidents ; je l'ai fait moi-même plusieurs fois à l'apparition de chancres mammaires bien caractérisés ; mais, même plus tardive, cette exploration des organes sexuels peut fournir de précieux renseignements, et l'expert ne doit jamais manquer de la pratiquer.

La nourrice a d'habitude des enfants vivants dont la bonne santé peut être encore invoquée en sa faveur. Cependant elle aurait pu, et ces faits ne sont pas rares dans la science, après avoir été infectée par son nourrisson, communiquer sa maladie à ses enfants, ou à son mari, ou à des enfants du voisinage, à qui elle aurait donné le sein accidentellement ; mais chez eux la syphilis se manifesterait aussi sous forme de chancre primitif d'abord, d'accidents secondaires ensuite, et tout cela à des époques telles, que cette descendance de la syphilis de la nourrice serait nécessairement plus jeune, de date plus récente, et presque toujours non moins bien accusée que la maladie originelle.

Le nourrisson a quelquefois été confié à plusieurs nourrices : les premières peuvent n'avoir rien contracté, surtout si elles l'ont allaité avant que la maladie fût déclarée chez lui. Habituellement la contagion n'en épargne aucune. Un nourrisson des environs de Lyon, qu'on m'a présenté il y a quelque temps, avait infecté successivement trois nourrices. Nous avons vu que la contagion pouvait s'étendre encore plus loin, au point que la maladie formait parfois une espèce d'endémo-épidémie plus ou moins étendue.

Quand c'est, au contraire, la nourrice qui donne la maladie au nouveau-né, on peut encore trouver chez elle un chancre primitif, mais c'est un chancre génital. Il y a des cas plus embarrassants : c'est quand la nourrice a un chancre mammaire, qui lui a été communiqué par un adulte faisant auprès d'elle l'office de psylle, ou par un nouveau-né du voisinage à qui elle a donné accidentellement le sein, ou enfin par un premier nourrisson syphilitique, dans les conditions particulières signalées par M. Bron et que nous avons exposées plus haut. Au milieu de ces difficultés, qui sembleraient de prime abord devoir être insurmontables, l'examen de l'enfant permet encore d'arriver à la vérité.

En effet, c'est dans ces circonstances, évidemment les plus rares de toutes, que le nourrisson a les symptômes, non de la syphilis congénitale, mais de la syphilis acquise, laquelle se manifeste presque toujours alors par un chancre buccal (voy. Bouche), plus récent bien entendu, et par conséquent encore plus facile à reconnaître que celui de la nourrice.

Dans ces expertises, souvent très-délicates, chaque détail doit être méthodiquement exposé et les dates exactement précisées, afin qu'on saisisse bien l'ordre d'évolution et la concordance des symptômes chez les deux individus examinés. Plusieurs rapports, cités par M. Tardieu, mentionnent jusqu'au traitement institué par des médecins appelés à visiter, dans le principe, soit le nourrisson, soit la nourrice. Les faits seront contradictoirement discutés, s'il y a lieu ; mais surtout les conclusions seront nettes et précises. C'est ce que la justice demande au médecin expert, et c'est ce qu'elle a le droit d'exiger dans l'état actuel de nos connaissances en syphiliographie, et spécialement pour tout ce qui concerne le diagnostic du chancre mammaire et du chancre buccal.

Prophylaxie et traitement. La nourrice à laquelle on va donner un nouveau-né peut avoir la syphilis. On reconnaîtra qu'elle est malade soit en l'examinant elle-même, soit aussi en examinant ses enfants et surtout le dernier-né, celui qui est encore à la mamelle et que va remplacer le nourrisson qu'on se propose de lui confier. On se défiera d'une nourrice qui aura allaité un premier nourrisson mort prématurément. Les observations rapportées par M. Dron sont bien de nature, en semblable occurrence, à motiver une enquête sur les principaux symptômes présentés par l'enfant dans sa maladie et sur les causes de sa mort prématurée.

L'administration ne se désintéresse déjà plus de ces questions, et tous les bureaux de nourrices dans les grandes villes sont pourvus d'un médecin chargé de constater l'état de santé de ces femmes chez qui d'ailleurs la syphilis est beaucoup plus rare que chez les nouveau-nés qu'on leur confie.

C'est donc le nouveau-né qui doit être examiné à ce point de vue avec la plus scrupuleuse attention. L'examen doit même porter, si c'est possible, sur les parents. La syphilis communiquée aux nourrices par les nourrissons cause assez de ravages pour que les médecins ne négligent, ni dans les maternités, ni dans la clientèle civile, cet examen préalable qui est la première des mesures de prophylaxie en pareil cas.

Toutefois, il ne faut pas se le dissimuler, les difficultés de ce triage des enfants syphilitiques sont très-grandes, et tiennent à ce que la maladie n'éclate pas en général au moment de la naissance, mais seulement après un temps d'incubation parfois assez long. Il est même bon de savoir à quoi s'en tenir sur les règles de conduite applicables aux différents cas, règles sur lesquelles on n'est pas complètement d'accord et dont la transgression est pourtant de nature à engager la responsabilité légale du médecin.

Un enfant vient au monde en apparence bien portant ; ses parents n'ont aucun signe de syphilis ; on le donne à une nourrice étrangère, puis au bout d'un, deux ou trois mois la maladie se déclare chez lui et il infecte sa nourrice. Évidemment la responsabilité du médecin est tout à fait à couvert. Il y a eu, il est vrai, une contagion qu'il n'a pas prévue, mais il ne pouvait pas la prévoir ; les parents de l'enfant lui ont caché leurs antécédents syphilitiques, et il n'a été appelé à visiter ce dernier qu'à sa naissance, ou un peu plus tard, mais à une époque où la syphilis n'était pas déclarée chez lui ; eux seuls sont responsables.

Le même cas peut se présenter, avec cette différence que le médecin connaît les antécédents syphilitiques des parents. La syphilis est probable ou possible chez l'enfant, bien qu'il soit né en apparence bien portant ; le médecin le sait, que doit-il faire ?

C'est dans ce cas que les tribunaux peuvent avoir à se prononcer sur la conduite du médecin, si celui-ci a donné à la nourrice l'assurance qu'elle n'avait rien à craindre de l'enfant. Deux procès en dommages-intérêts intentés à des médecins dans des circonstances de ce genre, ou à peu près, et relatés l'un par M. Tardieu (*loc. cit.*, p. 68), l'autre par moi (*Traité des maladies vén.*, p. 734), montrent que ce n'est pas seulement à la famille du nourrisson, mais encore au médecin de cette famille, que certaines nourrices infectées dans l'allaitement entendent faire remonter la responsabilité de leur mal.

Quand le médecin a lieu de craindre le développement de la syphilis chez l'enfant, il n'a, selon nous, qu'un parti à prendre : pas de nourrice étrangère, conseiller l'allaitement maternel, et, à défaut de cette ressource, faire pratiquer l'allaitement artificiel. Voilà mon avis, mais dès à présent je ne dois pas dissimuler que cette manière de voir ne paraît pas avoir prévalu.

MM. Fournier et Chauffard (Société médicale des hôpitaux, séance du 23 février 1865) croient qu'alors, à défaut de la mère, on ne doit pas renoncer absolument à l'allaitement naturel et qu'on peut sans scrupule confier l'enfant à une nourrice étrangère, pourvu qu'on l'avertisse des dangers de contagion auxquels elle s'expose. M. Roger avait déjà exprimé une opinion analogue (*Union médicale*, 1865, p. 297), et plus récemment M. Jacquemier (*Dictionnaire encyclopédique des sciences médicales*, t. III, p. 260) s'est exprimé dans le même sens.

Une nourrice qui aurait gagné la maladie dans ces conditions, c'est-à-dire après avoir été avertie, et probablement aussi après avoir exigé une rémunération plus forte, ne pourrait évidemment pas intenter une action civile, pas plus à la famille de l'enfant qu'au médecin, puisqu'elle aurait été pour ainsi dire indemnisée d'avance d'un dommage annoncé et prévu.

On est même allé plus loin : on a pensé qu'il n'était pas toujours nécessaire de prévenir la nourrice, et qu'en exerçant sur elle et sur l'enfant une grande surveillance, et en remédiant de suite aux premiers accidents, en cautérisant la plus petite ulcération à la bouche de l'enfant, la plus légère écorchure sur le sein de la nourrice, on pourrait éviter sûrement l'infection. C'est ainsi que M. Diday s'est comporté dans un cas particulier qu'il recommande comme exemple à suivre dans la pratique courante.

Nous n'en maintenons pas moins l'opinion exprimée plus haut. Nous admettons volontiers que la contagion n'est pas inévitable chez les nourrices qui allaitent des nouveau-nés syphilitiques. Le virus ne s'inocule au sein, comme ailleurs, qu'à la faveur de gerçures ou d'excoriations auxquelles les mamelons de certaines femmes sont beaucoup plus exposés que d'autres. L'emploi des bouts de seins artificiels que peu d'enfants, il est vrai, prennent volontiers ; l'habitude d'enduire le mamelon d'un corps gras avant de le livrer à l'enfant (Guérard) et de le lotionner dès qu'il sort de la bouche de celui-ci avec une solution de chlorure de chaux, ou de bichlorure de mercure (Lallemand), ou bien de perchlorure de fer, d'acide phénique ; la suspension momentanée de l'allaitement dès que l'enfant a des lésions suspectes à la bouche ou la nourrice des excoriations au sein ; la cautérisation hâtive de chacune de ces lésions, ainsi que nous l'avons déjà dit ; toutes ces précautions sont de nature à diminuer beaucoup les chances d'infection et sont pour la nourrice de bons moyens prophylactiques. On doit toujours les employer quand il y a lieu, et on a d'assez fréquentes occasions de le faire, le médecin ne sachant souvent la vérité sur l'état du nouveau-né qu'après que celui-ci a été confié à la nourrice, ou même quand l'infection est déjà déclarée chez lui. Mais ces moyens sont trop éventuels dans leurs résultats, même quand on en use avec le plus de diligence et d'assiduité, pour qu'on puisse adopter des règles de conduite fondées sur la certitude de leur succès.

M. Jacquemier a proposé un moyen qui, s'il était praticable, mériterait d'avoir le pas sur tous ceux qui précèdent. Il consisterait à éloigner l'enfant du sein de la nourrice, tout en conservant celle-ci qui trairait le lait nécessaire pour chaque repas et qui le donnerait à l'enfant à la cuiller ou au biberon ; il faudrait pour cela se procurer une nourrice bonne laitière et très-exercée à traire son lait ; si une seule ne suffisait pas, deux pourraient atteindre le but (*Voy.* ALLAITEMENT).

Toutefois, cet expédient n'est qu'un détour par lequel on entre dans la pratique de l'allaitement artificiel.

L'allaitement naturel par une nourrice étrangère saine qu'à notre avis le médecin ne doit jamais conseiller est, nonobstant, un fait accompli : c'est le cas, comme nous l'avons dit, de mettre en usage toutes les ressources de la prophylaxie.

Mais alors il peut arriver que la nourrice, quoique ne présentant point encore de symptômes d'infection, effrayée seulement par l'apparition de lésions suspectes chez le nouveau-né, vienne auprès de la famille de celui-ci, auprès du médecin, avec l'intention de ne plus allaiter. Le médecin doit la vérité toute entière aux deux parties. Il sait qu'il y a dans la syphilis un temps d'incubation, et s'il juge que la nourrice est probablement infectée, bien qu'aucun signe ne l'annonce encore d'une façon apparente au dehors, il pourra, sans rien lui dissimuler bien entendu, user de son autorité morale pour lui faire continuer l'allaitement. En tous cas, il doit lui défendre de toutes ses forces de prendre un autre nourrisson, à qui elle risquerait de communiquer la contagion. C'est encore dans le même sens qu'il devrait agir, si la nourrice venait à lui avec des signes non douteux d'infection. Loin de cesser l'allaitement, c'est le cas, au contraire, de profiter des incidents spéciaux que celui-ci a fait surgir. Le traitement, en effet, peut se faire alors comme si le nouveau-né était allaité par sa mère, c'est-à-dire qu'il peut être à la fois direct et indirect. Le médecin s'empressera donc de traiter la nourrice, puisqu'elle est malade ; on aura, par ce moyen, un lait mercurialisé qui suppléera, pour l'enfant, à ce que la médication directe pourrait avoir d'insuffisant.

Ce que nous venons de dire montre assez que le traitement général du chancre mammaire, soit qu'il s'adresse à la nourrice seule, soit qu'il ait une double destination et qu'on le dirige aussi contre la maladie du nourrisson par l'intermédiaire du lait, ne diffère pas sensiblement de celui qui est applicable au

chancre syphilitique en général. La base de la médication interne est le mercure
et les principes que comporte l'administration de ce médicament, ainsi que celui
des autres antisyphilitiques, sont les mêmes pour les nourrices que pour les
autres malades (*Voy.* Chancre syphilitique).

Le traitement local n'offre, lui aussi, que des particularités peu importantes
dans ses applications aux chancres syphilitiques du sein. Il y a lieu, évidemment,
de renoncer à l'emploi de pommades ou de solutions qui pourraient devenir un
obstacle à l'allaitement. Il y a lieu aussi de précipiter, autant que possible, la
guérison du chancre mammaire, et c'est dans ces cas surtout que les cautérisations
légères avec le crayon de nitrate d'argent, renouvelées tous les jours ou tous les
deux jours, trouvent leur application. Dans l'intervalle, on panse le chancre avec
de la charpie imbibée de vin aromatique, ou bien on le saupoudre légèrement de
calomel. C'est le pansement le plus inoffensif et le moins répugnant pour le nourrisson.

II. *Syphilis consécutive du sein, accidents secondaires et tertiaires, lait
syphilitique.* La région mammaire peut être affectée d'accidents syphilitiques
secondaires ou tertiaires, aussi bien à la suite d'un chancre situé n'importe où,
qu'à la suite d'un chancre du sein. C'est déjà une remarque que nous avons
faite à propos du chancre buccal et des accidents consécutifs de la bouche et du
gosier : les lésions syphilitiques secondaires et tertiaires ont certains sièges d'é-
lection déterminés par des causes diverses, mais tout à fait indépendants du siège
précédemment occupé par la lésion primitive.

La peau du sein n'est exempte d'aucun genre de syphilide : la roséole, les
papules, les pustules, les tubercules s'y rencontrent plus ou moins fréquemment,
et toujours avec les caractères généraux que ces éruptions présentent dans les
autres parties du corps.

L'aréole et le mamelon ont une organisation qui semblerait les prédisposer
plus particulièrement aux larges papules humides, c'est-à-dire aux plaques
muqueuses. Sans doute on observe au sein des plaques muqueuses, mais celles-ci
ne figurent guère qu'au dernier rang dans les statistiques où les plaques muqueuses des diverses parties du corps sont rangées par ordre de fréquence. En
outre, il y a, au sein, à distinguer les plaques muqueuses consécutives, de celles
qui sont primitives et qui résultent de la transformation du chancre *in situ*.
Cette distinction ne présente pas de difficultés sérieuses, et, somme toute, les
syphilides mammaires rentrent complètement dans le type général des syphilides, il n'y a donc pas à en faire l'objet d'observations spéciales (*Voy.* Syphilides).

La glande mammaire devient parfois le siége d'altérations particulières, rentrant dans la catégorie des accidents de transition ou des accidents tertiaires.
C'est une forme encore incomplètement connue de mammite et de tumeurs
gommeuses suivant d'ailleurs au sein la même évolution que dans les autres organes, et principalement dans les organes externes et dans le tissu cellulaire.
Ces lésions, observées en petit nombre, et seulement dans ces dernières années,
par Virchow, Lancereaux, Ollier, Richet, Verneuil, n'ont au sein que l'intérêt
qui résulte de la comparaison que l'on peut faire de leurs caractères cliniques
avec ceux des autres tumeurs du sein. Il en a été question précédemment
(*Voy.* Tumeurs de la mamelle).

La question la plus spéciale, la plus intéressante, et aussi la plus controversée
qui ait été soulevée à propos des lésions syphilitiques de la glande mammaire, est

celle qui touche à l'état dans lequel se trouve le produit de sécrétion de cette glande, c'est-à-dire le lait, chez les femmes affectées de syphilis.

Le lait d'une nourrice syphilitique est-il apte à transmettre la syphilis au nourrisson? Autrefois, on ne mettait pas en doute le caractère contagieux des sécrétions normales chez les syphilitiques : c'était le sperme qui était censé transmettre la maladie dans le coït, la salive dans les rapports buccaux et le lait dans l'allaitement. On n'admettait pas qu'il pût exister au sein des produits plus manifestement imprégnés de virus syphilitique que le lait lui-même.

Hunter nia, bien entendu, les propriétés contagieuses du lait, au même titre qu'il niait celles du sang et de toutes les sécrétions normales ou pathologiques. Pour ce qui concerne le lait, il cite deux observations qui ont, à coup sûr, beaucoup moins d'importance qu'il ne leur en attribue. Un petit garçon, une jeune femme, avalèrent, l'un du lait contenant une certaine quantité de pus chancreux, l'autre du lait mêlé de muco-pus blennorrhagique, sans en être aucunement indisposés. Il en conclut que le véritable pus vénérien, lors même qu'il est ingéré dans l'estomac, n'affecte ni ce viscère, ni la constitution. Comme on le voit, Hunter ne rapportait pas des faits où du lait véritablement syphilitique fut en cause.

B'ailleurs, cette question de savoir si le lait syphilitique est, oui ou non, contagieux, est complexe. On peut se demander, en premier lieu, si ce liquide est inoculable et apte à faire développer un accident primitif au point inoculé. C'est ce qui arrive, même quand on opère avec le sang, dont l'inoculation est suivie du développement d'un chancre au point inoculé, chancre après lequel surviennent, dans leur ordre normal d'évolution, les accidents secondaires et autres. C'est ce qui arrive, en un mot, toujours après l'inoculation du virus syphilitique, à quelque produit pathologique ou normal qu'il soit attaché.

Or, sur ce côté de la question, tout le monde est à peu près d'accord. On a fait des expériences d'inoculation, et l'on a pu voir que le lait syphilitique n'était pas inoculable.

M. Profeta a pratiqué, sur des individus sains, trois inoculations de lait provenant de femmes affectées de syphilis. Deux de ces faits remontent à 1866 (*loc. cit.*, p. 16); un autre, plus récent, est une expérience d'inoculation de lait syphilitique pratiqué sur le bras d'un médecin, M. Perelli, par injection, au moyen de la seringue Pravaz, et cela sans résultat (*Prodotti di secrezione normale et pathologica degl'individui sifilitici*, 1869, p. 7). On doit aussi à M. Padova (*Giornale italiano*, 1867, vol. IV, p. 403). Six expériences semblables, et également négatives, faites dans les années 1866-67, à la clinique de Scarenzio de Pavie.

Déjà M. Bugès (*Thèse de Paris*, 1852) avait rapporté le cas remarquable d'une petite fille venue au monde bien portante, qui suça pendant cinq mois le lait d'une nourrice affectée d'une syphilide tuberculeuse sans contracter la maladie. Il est vrai que la nourrice fut mise tout de suite à l'usage des mercuriaux. MM. Ricord, Cullerier, Nonat, Venot, ont également rapporté quelques faits à l'appui de la même opinion négative. D'autres observations, plus récentes, ont peut-être plus de valeur en raison du soin que l'on a pris d'éviter autant que possible les causes d'erreur. De ce nombre sont trois observations de M. Profeta (*loc. cit.*, p. 9) et six de M. Pellizzari (*Giornale italiano di malattie veneree*, 1866, vol. II, p. 205, et 1867, vol. IV, p. 318).

Les faits cliniques, il faut bien l'avouer, ont beaucoup moins de valeur dans cette question que les expériences d'inoculation. Nous ne parlons pas des faits négatifs qui précèdent, mais surtout de ceux qui ont été allégués ou qu'on pour-

rait alléguer comme positifs. En effet, à combien de difficultés les observateurs
n'ont-ils pas à se heurter ! Si le lait est infecté, celle qui le sécrète ne peut manquer de l'être aussi, et l'on est toujours en droit de soupçonner que c'est, non
par le lait, mais par le contact d'une lésion syphilitique du sein, ou même d'une
simple excoriation saignante (puisque le sang syphilitique est contagieux), avec
la bouche de l'enfant que la maladie s'est communiquée à celui-ci. Si l'on ne
trouve pas de symptômes apparents sur le sein au moment où on l'examine, il
sera difficile de prouver qu'il n'en avait pas existé auparavant. Et même eût-on
pu constater leur absence pendant toute la durée de l'allaitement, il resterait encore à invoquer contre les partisans de ce mode de communication par le lait la
possibilité d'une contagion médiate, comme divers observateurs, et notamment
Bertin, en ont cité des exemples, ou d'une contagion par une autre voie que
l'allaitement.

Et pourtant c'est moins à ceux qui nient la contagiosité du lait des sujets syphilitiques qu'on est en droit de demander leurs preuves, lesquelles ne peuvent
être que négatives, qu'à ceux qui l'affirment et qui jusqu'à ce jour n'ont pu fournir que des faits positifs passibles de toutes les objections qui précèdent, et par
conséquent très-contestables. Telles sont les observations citées en faveur de la
contagion du lait par Bell, Double, Mahon, Lane et Parker, Melchior Robert, Fi-
lippo Cerasi, Brunelli.

Il est vrai que les contagionnistes ne se sont pas demandé seulement si le lait
était inoculable. Ils ont pensé que les produits contagieux de la syphilis ne se com-
portaient peut-être pas tous de la même façon, et l'on a fait pour le lait, comme
pour le sperme, une exception. Le sperme est contagieux, puisqu'il y a des syphilis
héréditaires transmises par le père ; cependant ce liquide n'est pas inoculable. De
même on a supposé que le lait, sans produire aucun effet au point contaminé, et
par suite de la digestion régulière à laquelle il est soumis dans les voies gastro-
intestinales, portait le virus syphilitique dans l'économie, et avait le privilège de
faire développer des syphilis acquises dépourvues d'accident primitif. C'est à la
démonstration de ce fait que s'était attaché Melchior Robert ; c'est du moins le
sens qu'il a donné à ses observations.

Une dame, infectée par son mari pendant qu'elle nourrissait, communiqua la
syphilis à son enfant ; mais par quelle voie ? Ses mamelons étaient on ne peut
plus sains. Du côté de l'enfant on ne trouva ni plaie, ni cicatrice, ni pléiade en-
gorgée ; le seul phénomène patent était une roséole généralisée.

Un autre enfant, après avoir été allaité pendant deux mois par une nourrice
syphilitique, fut sevré. Quinze ou vingt jours après, cet enfant avait six plaques
muqueuses à l'anus, des taches sur le corps et une éruption impétigineuse sur la
tête. Aucune ulcération, aucune cicatrice à la bouche ; pas d'engorgement ganglionnaire au cou, ni à l'aine. Au dire de la mère, la nourrice n'avait aucune
lésion syphilitique aux seins.

Ainsi, voilà deux enfants qui n'ent eu, en apparence, aucun accident primitif,
et chez qui la syphilis est censée avoir éclaté d'emblée dans l'ensemble de l'organisme ; et c'est parce que chez eux l'accident primitif a fait défaut que l'observateur rapporte l'infection au lait des nourrices.

Quant à nous, qui venons de refuser au prétendu virus dont le lait serait le
véhicule le pouvoir d'inoculer la syphilis sur des surfaces où rien n'est de nature
à le désagréger, il nous répugnerait sans doute beaucoup de lui accorder la propriété de subir impunément l'action du suc gastrique, de survivre à la digestion

du lait, et, après avoir ainsi échappé à une cause de destruction à laquelle ne résistent pas en général les autres virus, d'aller infecter tout le système sans contaminer les points qu'il touche le plus immédiatement.

Tout cela est évidemment contraire aux notions les plus élémentaires de la physiologie. Mais, n'importe, si des faits comme ceux de Melchior Robert se produisaient en grand nombre, nous n'hésiterions pas à les expliquer comme lui. Toutefois, la grande loi que la syphilis acquise commence toujours par le chancre nous a paru si vraie, et les exceptions qu'elle présente en apparence s'expliquent si facilement, surtout chez la femme et chez le nouveau-né, comme nous le verrons plus tard (*Voy.* SYPHILIDES), que nous nous croyons autorisé, jusqu'à preuves nouvelles, à nier ce mode de contagion.   J. ROLLET.

BIBLIOGRAPHIE. — Anatomie et physiologie. — HOFFMANN (Maur.). *De naturali et præternaturali mammarum constitutione.* Altorfii, 1662, in-4°. — MENCELIUS (F.-Wilh.). *Diss. anatomico-physiologica de structura mammarum.* Lugd. Batav., 1720, in-4°. — GÜNZ (I.-Godf.); præs. J.-F. CRELL. *De mammarum fabrica et lactis secretione.* Lipsiæ, 1734, in-4°. — BŒHMER (Ph.-Ad.). *Epistola anatom. problematica ad J.-Th. Eller de mammarum ductibus.* Halæ. 1742, et in Haller *Disput. anat.,* t. V, p. 821. — REICHART (G.-W.). *De uteri connexione cum mammis.* Magdeb., 1754, in-4°. — ALBINUS (B.-Sig.). *De papillis mammæ et papillæ muliebris.* In *Annot. acad.,* lib. III, c. XII, p. 56. Leydæ, 1756, in-4°. — KŒLPIN (Alex.-Bernh). *Schediasma de structura mammarum sexus sequioris, nuper etc.* Gryphiswaldiæ, 1765, in-4°, fig., et en allemand, Berlin, 1767, in-8°, pl. — COVOLO (J.-B.). *De mammis observationes anatomicæ.* In *Tab. posthum. de J.-D. Santorini.* Parmæ, 1775, in fol., p. 92. — GIRARDI. *De structura mammarum.* Ibid., p. 110. — AXEMAET (J.). *De mirabili quæ mammas inter et uterum intercedit sympathia.* Leydæ, 1784, in-4°. — CRUSIUS (S.-G.). *De mammarum fabrica et lactis secretione.* Lipsiæ, 1785, in-4°. — KLEES (Joh.-G.). *Bemerkungen über die weiblichen Brüste.* Frankf. A. M., 1795, in-8°. — JOHANNIDES (Ad.). *Physiologiæ mammarum specimen.* Halæ, 1801, in-8°, fig. — BRAUN (Joh.-Adam). *Ueber den Werth und die Wichtigkeit der weiblichen Brüste.* Gotha, 1805, in-8°; et ibid., 1811, 2 vol. in-8°, pl. 5. — LANDES (Jos.-Fr). *Considérations anatomiques, physiologiques et pathologiques sur les mamelles.* Th. de Mont., 1815, t. II, n° 40. — GUTERMANN (G.-Fr.). *De mammis et lacte, in qua,* etc. Tubingæ, 1727, in-4°. — MAGENDIE. *Rapp. sur une femme ayant trois mamelles, dont une à la cuisse.* In *Journ. gén. de méd.,* t. C, p. 57; 1827. — DZIATZKO (C.). *De mammarum structura.* Berolini, 1830, in-8°. — BERGH (Joh. van den). *De mammis.* Lugd. Bat. 1737, in-4°. — RUDOLPH *Menstruation durch die Brüste.* In *Hufeland Journ.,* t. LIX, p. st-V., p. 122; 1824. — SCHMETZER. *Milchabsonderung in männl. Brüsten.* In Würtenb. Corresp. Bl. t. VI, n° 35; 1837. — COOPER (sir Astl.). *On anatomy of the Breast.* London, 1840, in-4°; et *Plates of the female Breast.* Ibid., 1840, in-fol. — KNAFFL. *Ein Fall von Gynækomastie.* In *OEsterr. med. Jahrbb,* t. XXI, stck. 2; 1842. — DIXON (J.-L.-W.). *Discharge of Milk at the Axillæ.* In *The Lancet,* 1842-43, t. II, p. 844. — PEDDIE (Alex). *On the Mammary Secretion, its character,* etc. In *The Monthly Jour.,* t. IX, 1re part., p. 65; 1848-49. — MARROTTE. *Mamelles supplémentaires.* In *Bull. de la Soc. méd. des hôpit.,* t. I. p. 21; 1849. (Édit. de 1861.) — LUSCHKA. *Die Anatomie der männlichen Brustdrüse.* In *Muller's Archiv für Physiol.,* 1852, p. 402. — SCANZONI. *Ueber die Milchsecretion und die entzündlichen Anschwellungen der Brustdrüsen bei Neugeboren.* In *Verhandl. der phys.-med. Ges. zu Würzburg,* t. II, n° 19; 1852. — LECLERC. *Observation d'une femme ayant trois mamelles.* In *Gazette des hôpit.,* 1852, p. 559. — ECKHARD (E.). *Die Nerven der weiblichen Brustdrüse und ihr Einfluss auf die Milchsecretion.* In *Beiträge zur Anat. und Physiol.* Giessen, 1855, p. 1; in-4°. — GRUBER (Wenz.). *Ueber die männliche Brustdrüse und über die Gynækomastie.* In *Mém. de l'Acad. des sc. de St-Petersbourg,* 7e série, t. X, n° 10, 1856, pl. 1, et br. ibid., in-4°. — LANGER (Karl). *Ueber den Bau und die Entwickelung der Milchdrüsen bei beiden Geschlechtern* (aus *Denkschr. der k. Akad. de Wiss.,* 1859). Wien, 1859; in-4°, pl. 3. — DUVAL (F.-Jos.). *Du mamelon et de son auréole.* Th. de Paris, 1861, in 3.

Pathologie. — Maladies, en général. — FICK (J.-J.). *De morbis mammarum.* Ienæ, 1689, in-4°. — NANNONI (Angelo). *Trattato sopra i mali delle mamelle.* Firenze, 1746, in-4°. — ROWLEY (Wm.) *A Practical Treatise of the Diseases of the Breast of Women.* London, 1772, in-8° — GIBBONS. *De mulierum mammis et morbis quibus obnoxiæ sunt.* Edinb. 1775, in-8° — HAURT (Ed.). *De morbis mammarum.* Edinb., 1782, in-8°. — GRUNER. *De statu sano et morboso mammarum in gravidis et puerperis.* Ienæ, 1792. — MAYER *De mammis muliebribus in statu sano et morboso consideratis.* Erfordiæ, 1800, in-4°. — VOGT *De mammarum structura et morbis.* Vitebergæ, 1805. — *(Rob.). Obs. on the anatomical*

Structura, Physiology and Pathology of the Mamma. Edinb., 1809, in-8°. — Saunois (J.-C.). *Considérations médicales sur les mamelles.* Th. de Paris, 1812, n° 62. — Benedict (T.-W.- G.). *Bemerkungen über Krankeiten der Brust und Achsel-Drüsen.* Breslau, 1825, in-4°. — Cumin (W.). *A General View of the Diseases of the Mamma, with Cases,* etc. In Edinb. Med. and Surg. J., t. XXVII, p. 226; 1827. — Cooper (sir Astl.) *Illustr. of the Diseases of the Breast.* Lond., 1829, in-4°. — Gummich (Fr). *De cognoscendis mammarum muliebrium morbis.* Berol , 1830, in-8°. — Nevermann (J.-F.-G.). *De mammarum morbis curandis.* Rostochii, 1834, in-8°. — Travers (Benj.). *Obs. on the Principal Morbid affections of the Mamma.* In Lond. Med. Chir. Transact., t. XVII, p. 503, 1832. — Kyll. *Bemerkungen über die Krankheiten der Brüste während des Wochenbettes und des Säugungsperiod.* In New Ztschr. fur Geburtsk., t. VII, p. 53; 1839. — Carpentier-Méricourt. *Traité des maladies du sein, comprenant les affections simples et cancéreuses.* Paris, 1845, in-8°. — Birkett (I.). *The Diseases of the Breast and their Treatment.* Lond., 1850, in-8°. pl. 12. — Meckel (H). *Pathologische Anatomie der Brustdrüse.* In Illustr. med. Ztg., t. Ier, n° 3; 1852. — Velpeau (A.). *Traité des maladies du sein et de la région mammaire.* Paris, 1854, in-8°. 2e édit. Paris, 1858, in-8°. — Hoffmann (I.). *Zur Pathologie der männlichen Brustdrüsen.* Giessen, 1855, in-8°, pl. 1. — Scanzoni (Fr. W.). *Die Krankheiten der weiblichen Brüste und,* etc. Prag, 1855, in-8°. — Bryant (Th.). *Clinical Report on Inflammation and Tumours of the Breast,* etc. In Guy's Hosp. Reports, 3e sér , t. X, p. 85; 1864. — Rezzonico (Ant.) *Delle malattie delle mamelle.* In Ann. univ. di med., t. CC, p. 3, 233; 1867.

Inflammations, abcès, fistules. — Chapelle. *De inflammatione mammarum.* Leidæ, 1670. — Cludde (I.). *Treatise on the Inflammation of the Breast peculiar to lying-in Women.* Ipswich, 1799, in-8°. — Sponitzer (G -C.-W.). *Ueber Entzündung, Eiterung und Verhartung der Brüste, vorzuglich der Wocherinnen.* In Hufeland's Journ., t. VII, st. II, p. 36, 1798. — Teucher (C.-Aug.). *De abscessibus et ulceribus mammarum.* Halæ, Magdeb., 1748, in-4°. — Underwood (M). *On the Mammary Abscess.* In Surgical Tracts, e^lc. Lond., 1787, in-8°. — Boer (Luc-Joh). *Ueber die Säugung neugeborner Kinder und Behandlung der Brüste bei Kindbetterinnen.* Wien, 1808, in-8. — Gevdron (Ars.-P -J.-B.). *Diss. sur le phlegmon des mamelles et sa terminaison par suppuration.* Th. de Paris, 1815, n° 282. — Jubin (René). *Dissert. sur les mamelles et sur leur inflammation.* Th. de Paris, 1817, n° 37. — Jeffreys (II.). *The Treatment of Mammary or Milk Abscess in Cases of surgery.* London, 1820. in-8°. — Rudbach (I.-F.-G.). *De variis inflammationis mammarum formis.* Halæ, 1823, in-8°. — Holbrook (I.) *Practical Observ. on .. Inflammation of the Mamma.* Lond., 1825, in-8°. — Trümpy (Æm). *De mastitide.* Turici, 1844, in-8°. — Stuhka. *Ueber zwei Formen von Mastites der Kinder.* In Journ. Kinderkr., 1847, déc. — Ratzenbeck. *Zur Behandlung der Mastitis der Säugenden* In Prag. Vierteljahrsschr., t. XXXVII, p. 191; 1853. — Nélaton. *Sur l'étiologie et le diagnostic des abcès du sein.* In Presse méd., 1853, et Rev. méd. chir., t. XIII, p. 168; 1853. — Giraldès. *Des abcès du sein.* In Gaz. des hôpit., 1854, p. 581. — Chassaignac. *Mémoire sur le traitement chirurgical des abcès du sein.* In Gaz. méd., 1855, p. 40, 57, 609. — Gilmour (I.). *On Sparganosis or Milk Abscess.* In The Lancet, 1856, t. I, p. 626. — Meisner (Em.-Ap.). *Zur Lehre von den Milchfisteln.* In Prag. Vierteljahrsschr., t. LIII, p. 95; 1857. — Chabrely. *Observations de mammite et de tumeurs mammaires.* In Journ. de méd. de Bordeaux, 1859. — M'Clintock. *Some Remarks on Mammary Inflammation and Abscess.* In Dublin med. Press., 1860, may 2. — Claude (Seb.-Em.-Aug.). *Du phlegmon des abcès parenchymateux du sein.* Th. de Paris, 1862, n° 95. — Nunn (Th.-W.). *On Inflammation of the Breast, and Milk Abscess; with an Analysis of seventy-two Cases.* In Transact. of the Obstetr. Soc., t. III, p. 197; 1862. — Schklau. *Ueber Entzündung der Drustwarze und Drustdrüse bei Wocherinnen.* In Berl. klin. Wchschr., t. I, n° 19, 20; 1864. — Degli Occhi. *Della mastoite lattea ossia dell'infiammazione delle mamelle durante l'allatamento.* In Ann. universi di med., t. CXCV, p. 570; 1866.

Galactocèle. — Grojean (Nic.). *De θροφδωσει, hoc est de lactis in mammis coagulatione.* Basileæ, 1670, in-4° — Scarpa. *Raccolta straordinaria di latte nella mamella.* In Opuscoli di chirurgia,* t. II, p. 183. Pavia, 1825. — Hervez le Chégoin. *Mém. sur la présence du caséum dans l'urine, et de la bile et du pus dans les vaisseaux de la glande mammaire.* In Journ gén. de méd., t. CII, p. 297; 1828. — Bouchacourt. *Du galactocèle et de son traitement par l'incision suivie de la cautérisation.* In Gaz. méd. de Lyon; 1857 p. 47. — Forget (Am.). *Considérations pratiques sur le galactocèle mammaire ou tumeur laiteuse du sein* In Bull. de thérap., t. XXVII, p. 555; 1841.

Névralgie. — Heineke (C.-F.). *De mastodynia nervosa.* Berolini, 1824, in-8°. — Tott (C.-A). *Ein Fall von nervösem Weiberbrustschmerz (mastodynia nervosa).* In Hufeland's Journ., t. LXXI, st. II, p. 123; 1830. — Rufz (E.). *Affection douloureuse des glandes mammaires.* In Arch. gén. de méd., 4e série, t III, p. 72; 1843. — Werner (A.). *Einige Beobachtungen über schmarzhafte Atrophien der mamma, cirrhosis mammæ, und atrophirender sarcome derselben.* In Ztschr. für rat. med N° Folge, t. V, p. 29, pl. 3. Heidelb.,

1854, in-8°. — Lechat (J.-B.). *De la névralgie de la mamelle* Th. de Paris, 1859, n° 52.
Tumeurs, affections diverses, opérations. — Wollebius (J.). *De cancro mammarum.*
Basilæ, 1767, in-4°. — Houppeville (de). *La guérison du cancer au sein.* Rouen, 1793, in-12.
— Hartung (O.-P.-V.). *De optima cancrum mammarum extirpandi ratione.* Altorfii, 1720,
in-8°. — Tabor (G.). *De cancro mammarum ejusque nova extirpandi methodo.* Traj ad.
Rhen., 1721, in-4°. — Salucci. *Nouvelles remarques sur l'amputation des mamelles.* Paris,
1750.— Le Cat. *Sur l'amputation du carcinome des mamelles.* In *Prix de l'Acad. de chir.*,
t. I, p. 241. Paris, 1755, in-4°. — De la Sone. Id. Ibid., p. 268. — Peter (C.). *Diss. sistens
historiam rariorem mammæ cancrosæ, sanguinem menstruum fundentis, methodo simpli-
ciori sanatæ.* Tubingue, 1763, in-4°. — Ollenroth. *Von äusserlichen Krankheiten der Wei-
berbrüste.* In *Hufeland's Journ.*, t. VII, D. 81 ; 1798.— Du même. *Einige Drüsenverhärtungen
in den Weiberbrüsten,* etc. Ibid., t. XI, St. IV, 65 ; 1800. — Desault (P.). *Sur l'opération du
cancer au sein.* In *OEuvres*, par Bichat, t. II, p. 273. Paris, 1798, in-8°.— Adams (Jos.). *Obs.
on the Cancerous Breast.* Lond, 1801, in-8°. — Jördens. *Beobachtung und Abbildung einer
monströsen Anschwellung der Brüste in der Schwangerschaft.* In *Hufeland's Journ.*, t. XIII,
p. 58 ; 1801.— Robert (J.-L.-M.). *L'art de prévenir le cancer au sein des femmes.* Marseille,
1812, in-8°. — Rhatmann (Casp.-Melch.). *De mammarum muliebrium statu sano, carcino-
mate et extirpatione.* Landishut, 1817, in-8°. — Desruelles (H.-M.-J.). *Obs. et réflex. sur les
kystes des mamelles.* In *Journ. univ. des sc. méd.*, t. XXVII, p. 356 ; 1822.— Bell (Sir Ch.).
On the Varieties of Diseases comprehended under the Name of Carcinoma Mammæ. In
Lond. Med. Chir. Transact., t. XII, p. 213 ; 1822. — Kober. *Obs. incrementi mammarum
rarioris.* Lipsiæ, 1829, in-4°. — Bédor. *Considérations appuyées de faits particuliers sur
la gynécomastie ou sur l'hypertrophie des mamelles chez l'homme.* In *Gaz.méd.*,1836, p. 689.
— Fingerhuth (C.-A). *Beobachtungen und Bemerkungen über die Hypertrophie der Brustdrüse.* In *Zeitschr. f. d. gesammte Med.*, t III. p. 159 ; 1836 et anal. in *Arch. gén. de
méd.*, 2ᵉ sér., t. XIV, p. 446 ; 1837. — Græfe (E.). *Heilung einer ungewöhnlich grossen
cysto-sarcoma der weiblichen Brust.* In *Græfe's und Walther's Journ.*, t. XXVII. p. 576,
pl. 1 ; 1838. — Nélaton (A.). *Des tumeurs de la mamelle.* In *Th. conc agr. chir.* Paris,
1839, in-4°. — Du même. *Hypertrophie douloureuse de la glande mammaire chez un homme.*
In *Gaz. des hôpit.*, 1856, p. 126. — Gorham (J.). *Case of extraordinary Development of the
Mammæ in the Human Adult.* In *Lond. Med. Gaz.*, t. XXVI, p,659 ; 1840.— Bérard (Aug.).
Diagnostic différentiel des tumeurs du sein. Th. de conc. Paris. 1842, in-8°. — Seubersky.
Enorme Hypertrophie beider Brüste. In *Weitenweber's Beiträge*, 1841, et *Schm. Jahrbb.*,
Spl. III, p. 67 ; 1842. — Cruveilhier (J.). *Mém. sur les corps fibreux de la mamelle* In
Bull. de l'Acad. de méd., t. IX, p. 550 et *Discuss anal.* Ibd., passim Paris, 1843-44. in-8°.—
Tanchou (P.). *Recherches sur le traitement des tumeurs cancéreuses du sein.* Paris, 1844,
in-8°, pl. 5.— Du même. *De la discussion qui vient d'avoir lieu à l'Académie de médecine sur les
tumeurs du sein.* Paris, 1844, in-8°. — Steifensand. *Ueber die Brustgeschwulst der Neuge-
bornen.* In *Corresp. Bl. rein. und westfäl. Aerzte*, 1844, n° 4. — Weitenweber (W.-Rud.).
Ueber die Hypertrophie der Brüste. In Prag. *Vierteljahrsschr.*, t. XIII, p. 80 ; 1847.—
Coley (J. Milm.). *On Lymphatic Tumour in the Female Breast* In *The Lancet*, 1848, t. I,
p. 579. — Robert (A.). *Considérations pratiques sur les kystes séreux profonds ou interstitiels de la mamelle.* In *Bull. de thérap.*, t XXXVI, p. 159 ; 1849. — Szokalski. *Einiges
über den Krebs und die Brustdrüse.* In *Neue Zeitung für Medizin* 1850, n° 5, 6. —
Birkett (J.). *Description of some of the Tumors removed from the Breast and preserved,* etc.
In *Guy's Hosp. Rep.*, 2ᵉ sér., t. VI, p. 327 ; 1849.— Du même. *Glandular Mammary Tumour
and Cyst,* etc. Ibid., t. VII, p. 505, pl. ; 1851. — Du même. *Adénocèle.* Ibid., 5ᵉ sér., t. I,
p. 131 ; 1855. — Du même. *On True Hydatid. cysts developped in the Mammary Gland.* In
the Lancet, 1867, t. I, p. 263. — Ripault (H.). *Obs. d'un cas de dermatose cancéreuse du
sein offrant une grande ressemblance avec la chéloïde.* Dijon, 1851, in-8°. — Lesauvage.
Mém. sur les tumeurs éburnées du sein. In *Rev. méd.*, 1852, t II, p. 637. — Schou. *Ueber
Cystosarcome der Brustdrüse.* In *Wien. med. Wochenschr.*, 1854, n° 13, 15. — Weber (Ad.).
Das Adenoïd der weiblichen Brust. Giessen, 1854, pl. 2. — Robin (Ch.). *Mém. sur une
altérations du tissu propre de la mamelle, confondue avec le tissu hétéromorphe
dit cancéreux.* In *Compt. rend. de l'Acad. des sc.*, t. XLI, p. 533 ; 1855. — Lorin et Robin.
Mém. sur une altération spéciale de la glande mammaire. In *Arch. gén. de méd.*, 5ᵉ série,
t. V, p. 452. 710 ; 1855 — Ollier. *De l'origine glandulaire des tumeurs adénodes du sein,
de leur migration,* etc. In *Gaz. méd. de Lyon*, 1855, p. 144.— Rousseau. *Tumeur éléphan-
tiaque des mamelles.* In *Revue méd.-chir.*, 1856, p. 586. — Bertherand (E.-L.). *Des tumeurs
du sein chez l'homme.* In *Ann. méd. de la Flandre occid.*, 1856. — Campana. *Tum. du sein
de nature complexe.* In *Bull. de la Soc. anat.*, 1857. — Bonnet. *Des moyens de prévenir
la récidive du cancer du sein après son extirpation.* In *Gaz. méd. de Lyon*, 1857, p. 8, 28.
— Estrellé (C.). *Storie di straordinario accrescimento del seno, e cenni generali sull' iper-
trofia delle mamelle.* In *Annali univ. di med.* t CLXII. p. 155 ; 1857. — Goyrand. *Etudes*

sur les tumeurs adénoïdes du sein. In Bull. de thérap., t. LIII, pag. 535 ; 1857. — Porez (Aug.). Des tumeurs adénoïdes du sein. Thèse de Paris, 1858', n° 210. — Harpeck (K.). Beitrage sur pathologischen Anatomie des cysto-sarcoma mammæ, mit besonderer, etc., in Studien der physiologischen Instit. zu Breslau, 1858, Heft I — Erichsen (J.). On the Diagnosis of Tumours of the Breast. In British Med. J., 1860, p. 259. — Billroth (Th.). Untersuchungen über den feineren Bau und die Entwicklung der Brustdrüsengeschwülste. In Wirchow's Arch., t. XVIII, p. 51, pl. ; 1860. — Relhié (Aug.). Diagnostic des tumeurs malignes du sein. Th. de Paris, 1861, n° 115. — Broca (P.). Sur le traitement des adénomes et des tumeurs irritables de la mamelle par la compression. Paris, 1862, in-8°.—Launay (Cl.). Des tumeurs adénoïdes ou tumeurs partielles de la mamelle. Th. de Paris, 1863, n° 5. — Senfleben. Zur chirurgisch-pathologischen Kenntniss der Brustdrüsengeschwülste. In Deutsche Klin., 1865, p. 101, 109, 135. — Bryant (Th.). On the Diagnostic Value of the retraited Nipple as Symptome of Disease of the Breast. In Brit. med. Journ., 1866, t. II, p. 635. — Du même. On the Diagnosis of Tumours of the Breast. Id., 1857, t. II p. 263, 383, 379, 417. — Du même. Diseases of the Breast in the Male. In The Lancet, 1868. t. I, p. 285. — De- marquay. Kystes multiples de la mamelle. In Gaz. des hôpit., 1857, p 638. — Sacasa (Rob.). Des tumeurs du sein au point de vue du diagnostic différentiel et du traitement. Th. de Paris, 1867, n° 160, pl. 2 — Vidal (P.-Fréd.). Essai sur le kystes de la mamelle. Th. de Paris. 1867, n° 117. — Desgranges. Tumeurs du sein. In Leçons de clinique chirurgicale. Paris, 1867, in-8°. — Brémard (Paul). Etude sur les tumeurs adénoïdes de la mamelle. Th. de Paris, 1868, n° 88. — Moor (Ch.-H.). On Certain Causes et Mammary Cancer. In British Journ , 1869 , t. II, p. 460. Voir, en outre, les dictionnaires, les traités de pathologie chirurgicale, d'accouchements, des maladies des femmes, et les différents recueils de méde- cine, comptes rendus des sociétés savantes, et notamment de la Société anatomique, qui renferment une masse véritablement innombrable d'observations particulières, dont la simple énumération eût rempli plusieurs pages.   E. Bgd

MAMILLAIRES (Tubercules). Deux tubercules, blanchâtres extérieurement, gris intérieurement, situés en arrière du *tuber cinereum*, en avant de l'espace interpédonculaire (*Voy.* Cerveau).

MAMINA ou *Arbor pinguis*. Sous ces noms, Rumphius a décrit un arbre qui croît à Amboine et qui laisse découler de son tronc une sorte de lait épais, vis- queux et blanchâtre, qui se concrète en une substance jaunâtre, de saveur astrin- gente et désagréable. Cet arbre est de grandeur médiocre : ses rameaux allongés et recourbés portent des feuilles alternes, ovales aiguës, de la longueur de la main et de la largeur de 3 ou 4 doigts, grossièrement dentés en scie, glabres, fermes, luisantes, parcourues de rares nervures transversales. Les plus jeunes feuilles sont un peu plus grandes, moins fermes, de couleur foncée et si luisantes qu'on dirait qu'elles ont été enduites d'huile. Les fleurs sont en petites grappes pendantes et sont formées de trois sépales jaunes entourant de petites étamines de même cou- leur. Le fruit, qui est rare, est une petite baie, oblongue, ombiliquée, rouge à la maturité, contenant sous une pulpe lactescente, peu épaisse, une noix dure, avec une amande de saveur agréable.

Les jeunes feuilles de cet arbre ont une saveur d'abord acidule, puis amère, astringente. On les emploie à Amboine pour purger les enfants de naissance du meconium ou pour calmer les coliques des tout jeunes enfants. Chez l'adulte, ces feuilles ne produisent aucun effet purgatif ; elles peuvent être mangées en guise de légume.

Le suc qui découle du tronc est employé comme vernis. On le donne aussi comme purgatif, lorsqu'il a été délayé dans l'eau.

On ne connaît pas encore la vraie place de cette plante dans les familles na- turelles.

Rumphius, Amboin. Herb. II, 249, pl. 83.   Pl.

MAMMAIRE INTERNE (ARTÈRE). Tronc commun des artères intercostales antérieures, qui fournit également quelques ramifications aux organes contenus dans le médiastin antérieur et au diaphragme.

L'artère mammaire interne, remarquable par l'étendue de son trajet et la multiplicité de ses branches, est une artère du calibre de la temporale et dont le diamètre est d'environ 3 millimètres. Elle naît de la sous-clavière au même niveau que la thyroïdienne inférieure, mais sur un point diamétralement opposé, se dirige immédiatement en bas, au devant du sommet de la plèvre, derrière l'extrémité interne de la clavicule, pénètre dans la poitrine en croisant le cartilage de la première côte, se porte un peu en dedans, vers le sternum, puis continue à descendre verticalement, parallèlement au bord de cet os, dont elle est distante de 8 à 10 millimètres, quelquefois de 5 millimètres seulement, et, arrivée au niveau de la sixième côte, se divise en deux branches.: l'une interne, l'autre externe.

Située, à son origine, au devant du scalène antérieur et croisée par le nerf phrénique, qui passe au devant d'elle pour se placer à son côté externe, la mammaire interne est recouverte à ce niveau par le tronc veineux brachio-céphalique, qui la sépare de l'extrémité interne de la clavicule. Plus bas, elle répond, en avant, aux cartilages des côtes et aux muscles intercostaux externes ; en arrière, au muscle triangulaire du sternum et à la plèvre pariétale. Elle est accompagnée dans tout son trajet par deux veines, excepté à son origine, où ces deux veines se réunissent en un vaisseau unique, qui va se jeter dans le tronc veineux brachio-céphalique, et quelquefois, à droite, dans la veine cave supérieure.

Elle fournit un nombre considérable de *branches collatérales*, dont les unes, postérieures, se distribuent aux organes de la cavité thoracique, tandis que les autres sont destinées aux parois de la poitrine ; ces dernières sont distinguées en antérieures ou perforantes, et en externes ou intercostales.

Les *branches postérieures* ou viscérales, très-variables quant à leur nombre et leur volume, se dirigent vers la cavité thoracique et se ramifient dans le thymus, le tissu graisseux et les glandes lymphatiques du médiastin antérieur, et dans le péricarde, parfois aussi dans la portion inférieure de la trachée et dans les bronches. Constamment une branche, longue et grêle (*artère diaphragmatique supérieure, péricardiaco-phrénique*), née souvent à la hauteur de la première côte, descend, avec le nerf phrénique, au devant de la racine du poumon, accolée par la plèvre à la surface du péricarde, auquel elle donne des ramifications, s'étend jusqu'au diaphragme et s'y distribue, en s'anastomosant avec les divisions des diaphragmatiques inférieures ; cette artère établit donc une communication entre la sous-clavière et l'aorte abdominale.

Parmi les *branches pariétales*, les plus considérables sont les *externes* ou *intercostales antérieures*. Chacun des six premiers espaces intercostaux en reçoit deux, qui souvent naissent par un tronc commun et dont le calibre augmente de haut en bas, de même que la longueur de ces espaces Elles se détachent un peu au-dessus de l'espace intercostal auquel elles sont destinées, et descendent derrière le cartilage costal supérieur de cet espace pour gagner, l'une, le bord inférieur de la côte qui est au-dessus, l'autre, le bord supérieur de la côte qui est au-dessous. Elles longent ces bords en fournissant des ramifications aux muscles intercostaux, au périoste et aux côtes, et s'anastomosent par inosculation avec les intercostales aortiques, de telle sorte qu'il est souvent impossible de déterminer la limite respective de ces deux ordres de vaisseaux.

Les *branches antérieures* ou *perforantes*, en nombre égal à celui des espaces intercostaux, vont directement d'arrière en avant, traversent les muscles intercostaux internes et se divisent en une multitude de rameaux musculaires, cutanés et mammaires. Les rameaux musculaires se recourbent en dehors, sous le grand pectoral, dans lequel ils se distribuent. Les autres rameaux traversent ce muscle et se répandent dans la peau de la région antérieure de la poitrine ; ceux des trois premiers espaces intercostaux fournissent à la mamelle, particulièrement chez la femme, des divisions qui prennent un grand développement dans les derniers temps de la grossesse et qui, après l'accouchement, ont quelquefois jusqu'à 2 millimètres de diamètre. Dans ces circonstances, M. Cruveilhier a vu la deuxième perforante atteindre le volume de la radiale et décrire de nombreuses flexuosités. Ces rameaux mammaires se dirigent de dedans en dehors et passent, les uns, sous la mamelle, qu'ils pénètrent par sa face profonde, les autres, plus nombreux, dans le tissu cellulaire sous-cutané.

Les branches antérieures, avant de traverser les muscles intercostaux, fournissent, en dedans, quelques rameaux très-grêles qui se dirigent vers le sternum et forment à la face postérieure de cet os, en s'anastomosant avec des rameaux semblables venus du côté opposé, un réseau assez fourni, d'où se détachent des ramifications périostiques et osseuses. Quelquefois ces rameaux naissent directement de la mammaire interne.

Des deux *branches terminales*, l'*interne*, ordinairement plus petite, continue le trajet primitif des vaisseaux, passe entre la portion sternale et la portion costale du diaphragme, descend le long de la paroi antérieure de l'abdomen, derrière le muscle grand droit, dont elle traverse la gaîne pour pénétrer dans l'épaisseur du muscle et s'y diviser en un grand nombre de rameaux descendants. Quelques-uns de ces rameaux, en général d'un faible calibre, s'anastomosent avec les ramifications de l'artère épigastrique et établissent une communication entre l'artère sous-clavière et l'iliaque externe ; d'autres perforent d'espace en espace le feuillet antérieur de la gaîne du grand droit et se distribuent à la peau de la région. On a signalé des ramuscules qui s'engagent dans le ligament suspenseur du foie pour s'anastomoser avec l'artère hépatique. Enfin Luschka a mentionné une artériole d'un calibre variable qui se détache de cette branche près de son origine, descend au voisinage de l'appendice xiphoïde, et s'unit, au devant de cet os, avec le vaisseau correspondant du côté opposé, par une anastomose transversale d'où part une artériole destinée au péricarde ; cette dernière traverse l'appendice xiphoïde ou passe entre ses deux moitiés.

La *branche terminale externe* se dirige obliquement en bas et en dehors, derrière les cartilages de la septième, huitième, neuvième, dixième et onzième côte, qu'elle croise obliquement, le long des insertions costales du diaphragme, fournit, dans ce trajet, deux artères intercostales antérieures à chacun des espaces correspondants, lesquelles se comportent comme celles qui naissent du tronc du vaisseau, et donne de nombreux rameaux, les uns postérieurs, destinés au diaphragme, les autres antérieurs, qui se distribuent aux muscles de la paroi abdominale.

Anomalies. « Il est peu d'artères, dit M. Cruveilhier, qui soient moins variables dans leur *origine ;* les seules variétés qui aient été observées se réduisent à celles dans lesquelles cette artère provient du tronc brachio-céphalique, de la crosse de l'aorte ou d'un tronc commun avec la thyroïdienne inférieure. » Quain, dans un cas, a vu l'artère mammaire interne naître de la sous-clavière en arrière du scalène antérieur. Plusieurs fois son origine a été trouvée au côté externe de ce muscle. Lorsque la mammaire interne naît de la portion terminale de la sous-clavière, elle se dirige d'abord en dedans, en passant, soit en arrière, soit en avant du scalène antérieur. Quelquefois l'artère, à son origine, est ascendante, et, après un court trajet, elle se réfléchit de haut en bas pour prendre sa direction habituelle.

On a rencontré, sur quelques sujets, une ou deux *artères mammaires internes accessoires*, provenant de la sous-clavière et descendant le long de la face interne de la paroi thoracique, à une distance variable de l'artère principale ; ces artères accessoires étaient parfois unies entre elles par des anastomoses transversales.

La mammaire interne peut fournir des branches surnuméraires ou des artères qui naissent habituellement de la sous-clavière ou de l'axillaire; ainsi, elle donne quelquefois naissance à une thyroïdienne surnuméraire, à la scapulaire transverse, à la cervicale superficielle ou à la cervicale profonde. Les rameaux destinés à la trachée et aux bronches peuvent prendre un certain développement. Plusieurs auteurs ont mentionné l'existence d'une artère *mammaire externe*, naissant de la mammaire interne à la partie supérieure du thorax et s'en écartant à angle aigu derrière les quatre ou six premières côtes ; dans ces cas, c'est la mammaire externe qui fournit les intercostales antérieures. **M. Sée.**

MAMMÉE. *Mammea* L. Genre de plantes Dicotylédones, de la famille des Guttifères, caractérisé de la manière suivante : arbres à feuilles opposées, coriaces, ponctuées, marquées de nervures réticulées, à fleurs axillaires ou terminales. Le calice s'ouvre à la floraison en deux valves caduques ; les pétales sont au nombre de 4 à 6, à estivation imbriquée ; les étamines nombreuses, libres, hypogynes ; l'ovaire est ové, biloculaire, à loges biovulées, ou 4-loculaire à loges uniovulées. Les étamines ou le pistil avortant chez un certain nombre de fleurs, on trouve sur le même pied des fleurs mâles, femelles et hermaphrodites. Le fruit est une grosse baie à mésocarpe pulpeux et fibreux à la fois, contenant de 1 à 4 graines. Ces semences ont un tégument épais, formé à l'extérieur de fibres qui se confondent avec celles du péricarpe, lisse à l'intérieur. L'embryon, sans albumen, a une petite radicule et deux gros cotylédons réunis en une seule masse.

Les plantes de ce genre habitent les régions tropicales du globe ; l'espèce la plus connue et la seule qui nous intéresse est le *Mammée d'Amérique* ou l'*Abricotier de St-Domingue*. C'est un bel arbre des Antilles, portant de grandes fleurs blanches et odorantes, à quatre pétales. Le fruit est gros, arrondi, ou un peu tétragone, charnu. Une enveloppe coriace, astringente, et une pellicule amère recouvrent une chair ferme, dorée, parcourue de fibres, ayant la saveur et la consistance des pêches jaunes, nommées *pavies*. Ce fruit est mangé aux Antilles, soit seul, soit coupé en tranches et imbibé de rhum. On en fait aussi des marmelades.

L'écorce de *Mammée* donne avec l'eau une décoction qu'on utilise aux Antilles soit contre le farcin des chevaux, soit pour détruire les *chiques* ou puces *pénétrantes*, dont les nègres sont fréquemment attaqués.

En distillant les fleurs avec de l'eau-de-vie on obtient une liqueur très-connue aux Antilles sous le nom d'*eau des Créoles*.

PLUMIER. *Gener.* 44 et *Icones*, 170. — LINNÉ. *Gener.* 1156. — ENDLICHER. *Gener.* 3442. — TUSSAC. *Flore des Antilles.* IV, pl. 7. — PLANCHON et TRIANA. *Mémoire sur la famille des Guttifères*, 214. — GUIBOURT. *Drogues simples*, 6ᵉ édit., III, 601. PL

MAMMIFÈRES (CLASSIFICATION). Les mammifères constituent le groupe le plus élevé de tout le règne animal. c'est-à-dire celui dont l'organisation offre le plus haut degré de complication. Ils font partie du sous-embranchement des vertébrés allantoïdiens, qui comprend aussi les oiseaux et les reptiles proprement dits. Presque tous ont le corps couvert de poils, et l'on trouve des traces de ce mode de téguments même chez les cétacés. Ils sont pourvus de mamelles, ont le sang rouge et chaud, les globules presque toujours discoïdes, le cœur a quatre cavités, et la respiration pulmonaire. On peut se faire une idée de leurs principaux caractères organiques par ceux de l'homme, qui constitue la plus parfaite de toutes les espèces qui s'y rapportent ; leur mode de reproduction est toujours analogue au sien, en ce sens que tous produisent des petits vivants. Il y a cependant parmi eux des genres qui n'ont pas de placenta. Ostéologiquement, les mammifères diffèrent des autres animaux en ce qu'ils ont un double condyle occipital et que leurs maxillaires inférieurs droit et gauche sont constamment d'une seule pièce, au lieu d'être formés de plusieurs os, comme cela se voit chez les vertébrés ovipares. Ce groupe d'animaux renferme les espèces dont le rôle au sein de la création est le plus important, et l'homme tire de beaucoup d'entre eux un parti considérable. C'est dans cette classe qu'il a trouvé ses principaux animaux domestiques, et le nombre des produits qu'ils lui fournissent est pour ainsi dire infini. C'est ce que nous aurons l'occasion de constater en passant en revue, dans d'autres articles de ce Dictionnaire, les différentes familles de mammifères. Nous nous occuperons donc ici de préférence de la classification générale de ces animaux.

Les anciens ne connaissaient qu'une faible partie des mammifères qui sont aujourd'hui décrits dans les ouvrages des naturalistes ; ceux qui sont propres au nord de l'Europe ou de l'Asie, à l'Afrique méridionale et à l'Inde, étaient restés ignorés tout aussi bien que les populations animales des deux Amériques et de l'Australie. Les Grecs et les Romains n'avaient pas même eu la possibilité de relever quelques indications relatives à des mammifères de la Syrie et de l'extrême Orient, dès lors consignées, les premières dans les livres saints, les autres dans les ouvrages des Chinois ou des Japonais ; et, si quelques espèces des régions arctiques furent signalées aux savants du moyen âge par les manuscrits scandinaves, ce ne fut qu'à l'époque de la Renaissance que les cadres mammalogiques purent être enrichis de la liste des animaux propres aux régions de l'ancien continent un peu éloignées de l'Europe centrale et méridionale ou vivant en Amérique ; ceux de l'Océanie et de l'Australie ne furent même découverts que plus tard, à la fin du dix-huitième siècle ou depuis le commencement du dix-neuvième. On comprend combien les progrès de la zoologie durent être lents, et pourquoi il fut si difficile d'amener au point où elle est aujourd'hui cette science dont Aristote a jeté les premières bases il y a déjà vingt-deux siècles. Les données fournies par l'étude des mammifères actuellement existants à la surface du globe étaient elles-mêmes insuffisantes pour conduire à un résultat définitif. L'examen de leurs caractères, tant spécifiques que génériques ; la recherche des lois qui ont régi leur répartition à la surface du globe, soit sur les différents continents ou dans les îles, soit dans les principales mers, ne pouvaient, il faut bien le reconnaître, conduire à des résultats sérieux et concluants que si l'on savait d'autre part à quelle époque de la vie du globe toutes ces espèces et tous ces genres différents les uns des autres avaient apparu dans les contrées qu'ils habitent, de quelles régions ils provenaient, et quelles ont été les causes de leur première apparition, ainsi que les liens, soit généalogiques, soit purement zoologiques, qui les rattachent aux êtres qui ont existé précédemment. Pour bien classer les mammifères, il fallait, en effet, les connaître tous et les connaître sous les différents rapports de leur structure anatomique, de leur physiologie et de leur distribution géographique ou paléontologique.

Mais, si l'absence de relations entre les Européens et les autres parties du monde et la lenteur avec laquelle ces relations se sont plus récemment établies ont longtemps empêché les progrès des différentes branches de l'histoire naturelle, l'anatomie et la physiologie comparées, qui sont si utiles à étudier lorsque l'on veut se faire une idée exacte de la nature des êtres, ne firent à leur tour que des progrès peu rapides et d'ailleurs subordonnés à la découverte des animaux eux-mêmes. Il fallait approfondir la structure de ces derniers, comprendre le jeu des organes dont leur corps est constitué, apprécier les conditions de leur existence, et éclairer par un examen attentif du mode de développement leur constitution individuelle et les rapports qu'ils peuvent avoir les uns avec les autres ou avec notre propre espèce. C'est ce qui invita les savants à ces investigations, à la fois si attrayantes et si utiles pour les autres branches des connaissances humaines, qui ont produit tant de résultats si remarquables et donné lieu à des applications si précieuses.

Mais, il faut bien l'avouer, quelque remarquables que soient ces résultats, ils sont encore bien incomplets, et le grand problème de l'origine des êtres est jusqu'à présent resté sans solution. L'appréciation des affinités des espèces et, par suite, celle de leur filiation apparente ou réelle, qui s'y rattache d'une manière si directe, n'ont pu de leur côté être formulées que d'une manière incomplète. De nouvelles et nombreuses recherches pourront seules nous en donner une idée sinon les établir d'une manière définitive. Aussi, ne doit-on attribuer qu'une valeur purement relative aux hypothèses que certains naturalistes, éminents sans doute, mais à vues plus spéculatives que réellement scientifiques, ont, à l'exemple de Buffon, proposées pour répondre à toutes ces grandes questions. Le voile qui les enveloppe encore n'a pu être soulevé qu'en partie; et la classification qui serait tout à fait naturelle, définitive même s'il en était autrement, n'a de son côté qu'une valeur relative. Ses progrès sont incontestables sans doute, surtout en ce qui concerne les mammifères, et telle qu'on peut l'établir aujourd'hui, elle nous donne de ces animaux ainsi que de leurs affinités, une idée bien plus exacte que ne pouvaient le faire les essais tentés précédemment. C'est ce que nous constaterons en passant en revue les phases diverses qu'elle a successivement traversées, et en discutant les données sur lesquelles on a tour à tour essayé de l'établir.

Aristote n'a pas eu à sa disposition les matériaux nécessaires pour établir une classification des mammifères capable de donner une idée suffisamment exacte des animaux de cette classe. Le nombre de ceux que l'on connaissait de son temps était trop peu considérable, et certains groupes ne s'y trouvaient d'ailleurs représenté par aucune espèce. Cependant il était déjà arrivé, à cet égard, à quelques rapprochements dignes d'être remarqués, et, s'il ne plaçait pas les cétacés avec les mammifères terrestres, appelés par lui quadrupèdes vivipares, il savait parfaitement qu'ils ont le même mode de reproduction que ces derniers. D'autre part un des groupes acceptés par lui réunit sous le nom de bisulques les ruminants et les orcins, ce qui est une association tout à fait naturelle et qui a prévalue.

Au treizième siècle, Albert le Grand ajouta l'indication de quelques espèces de mammifères à celles dont on avait parlé avant lui; le morse et quelques cétacés furent de ce nombre.

Plus tard, au seizième siècle, Césalpin tenta de classer les animaux qui nous occupent, mais sans arriver à des résultats aussi précis que ceux que publia, cent ans plus tard, un savant anglais nommé Jean Ray. Celui-ci fit remarquer que des animaux à cœur pourvu de deux ventricules comme les quadrupèdes vivipares, produisant également des petits vivants et qui ont la respiration pulmonaire ainsi que le corps couvert de poils, peuvent n'avoir que deux pieds au lieu de quatre, par exemple le manati ou lamantin, qu'il classe auprès des phoques. En parlant des cétacés proprement dits, il montre qu'ils ont aussi l'organisation des quadrupèdes vivipares et non celle des poissons. Il appelle les cétacés *pisces cetacei vel belluæ marinæ*, ajoutant que, sauf le milieu dans lequel ils vivent, la conformation extérieure de leur corps, leur peau privée de poils et leur mode de progression, qui est la nage, ils n'ont presque rien de commun avec les poissons, tandis que le reste de leur organisation s'accorde avec ce que l'on connaît des quadrupèdes vivipares.

Dans son *Systema naturæ* (édition de 1748), Linné, qui avait d'abord continué à séparer, sous le nom de *plagiuri*, les cétacés des quadrupèdes vivipares, les rapporta à la même classe qu'eux sous la dénomination commune de *Mammalia*, d'où l'on a tiré le mot mammifères, et il partagea l'ensemble de cette classe en sept ordres distincts qui sont :

1° Les PRIMATES, d'abord nommés anthropomorphes. Ce sont, indépendamment de l'homme, les singes, les lémures et les chauves-souris, animaux auxquels le naturaliste suédois ajoute les *bradypes* ou paresseux, qu'il a quelquefois, et avec plus de raison, associés aux brutes, c'est-à-dire aux édentés.

2° Les BRUTA ou ces mêmes bradypes, réunis aux *myrmecophaga* ou fourmilliers, aux *manis* ou pangolins, aux *dasypus* ou tatons, et, ce qui ne peut être accepté, au rhinocéros, à l'éléphant ainsi qu'aux *trichecus*, comprenant le lamantin, le dugong et le morse.

3° Les FERÆ ou les bêtes féroces. Ce sont les genres *phoca, felis, viverra* et *mustela*, plus ceux des *didelphis* (les sarigues), *talpa, sorex* et *erinaceuus*, qu'on a dû éloigner des précédents.

4° Les GLIRES ou rongeurs.

5° Les PECORA ou les genres *camelus, moschus, cervus, camelopardalis* et *bos*.

6° Les BELLUÆ, comprenant les genres *equus, hippopotamus, tapirus* et *sus*. Linné avait d'abord employé pour ces animaux le nom de *Jumenta*, que j'ai repris pour une partie d'entre eux, en réservant pour les autres la dénomination de porcins, emprunté de Vicq-d'Azyr.

7° Les CETE, vulgairement appelés cétacés, tels que les Dauphins, les Cachalots et les Baleines.

Vers la même époque, Buffon publiait son *Histoire naturelle générale et particulière*, ouvrage si riche en observations relatives aux mammifères et que rendaient plus précieux encore les descriptions anatomiques que Daubenton y ajoutait. Bientôt après Pallas réunit, pendant ses voyages dans les différentes parties de l'empire russe, des documents d'une grande importance ; Shaw fit connaître plusieurs des genres si singuliers que les navigateurs rapportaient des terres australes, et beaucoup d'autres savants étendaient à leur tour les horizons de cette branche de la science. Aussi, Vicq-d'Azyr, à la fois zoologiste distingué et anatomiste éminent, Storr, Blumenbach et d'autres encore, purent-ils apporter des perfectionnements réels à la classification de Linné ; mais, n'ayant pas toujours su se laisser guider dans leurs travaux par les principes de la méthode naturelle que A. L. de Jussieu avait formulée dès l'année 1789, ils n'arrivèrent pas à des résultats durables. Quelques années après, G. Cuvier et Étienne Geoffroy Saint-Hilaire commencèrent la publication de leurs beaux travaux sur différents groupes de mammifères ; Lacépède et Camper s'occupèrent des cétacés, et dans d'autres parties de l'Europe la mammalogie recruta de nouveaux adeptes. La ménagerie du Muséum de Paris et les riches collections de cet établissement ont aussi fourni à Frédéric Cuvier les matériaux de nombreuses publications, dans lesquelles les mœurs des mammifères sont exposées avec autant de soin que leurs principaux caractères distinctifs. Son histoire des mammifères est un véritable monument élevé à la mammalogie. L'Angleterre, la Hollande, l'Allemagne, la Russie, l'Amérique ont également pris part à ce grand mouvement. Aussi, à diverses époques, l'accumulation de tous les matériaux nouveaux a-t-elle permis de remanier la classification mammalogique et de lui faire faire des progrès importants. Les découvertes de G. Cuvier sur les mammifères fossiles vinrent à leur tour fournir de précieuses indications, et l'on fut dès lors conduit à tirer de l'ostéologie même des mammifères des caractères d'une grande utilité.

Plusieurs classifications dignes d'être exposées et discutées ici ont été publiées dans le courant de ce siècle, ce sont : 1° celle de G. Cuvier, reposant principalement sur la considération des membres et du système dentaire ; 2° celle de Blainville, qui subordonne ces caractères à ceux fournis par le mode de développement ; 3° celle de F. Cuvier, qui attribue une importance particulière au mode de dentition, et 4° celle de M. Richard Owen, qui repose sur la considération du cerveau. Nous allons donc exposer les résultats obtenus au moyen de ces quatre modes de classifications, ce qui nous permettra de formuler ensuite, d'une manière plus utile, l'état actuel de la distribution méthodique des mammifères. Il nous sera dès lors facile de nous faire une idée des affinités qui rattachent les unes aux autres les principales familles de cette classe, et de comprendre le mode suivant lequel elles doivent être groupées en ordres et en sous-classes.

Classification d'après les membres. En combinant les caractères des membres avec ceux que fournit le système dentaire, on est conduit à distinguer plusieurs ordres dans la classe des mammifères. Sauf les sirénides et les cétacés, tous ces animaux ont deux paires de membres apparentes extérieurement, et ces membres sont terminés tantôt par des doigts pourvus d'ongles ou de griffes, comme chez les singes, les ours, les chiens, les lapins, etc. ; tantôt par des doigts engagés dans des sabots, comme cela se voit chez les ruminants, ainsi que chez le rhinocéros, le cheval, le porc, etc. Sur cette différence repose la distinction des mammifères en deux catégories principales, les onguiculés ou mammifères à doigts terminés par des ongles, et les ongulés, qui possèdent des sabots.

Les mammifères quadrupèdes qui sont pourvus de doigts onguiculés, se subdivisent en deux groupes, suivant qu'ils ont des mains, c'est-à-dire les extrémités terminales pourvues d'un pouce opposable aux autres doigts, ou bien au contraire le pouce dirigé dans le même sens que ces doigts, et dans l'impossibilité de leur être opposé. Aux premiers appartiennent l'homme, ainsi que les singes et tout l'ordre des quadrumanes ; le reste comprend les carnassiers de toutes sortes, les marsupiaux, les rongeurs et les édentés. Quant aux animaux à sabots, ils ont l'estomac disposé pour la rumination, ou au contraire incapable de se prêter à cet acte ; ce sont les ruminants et les pachydermes. Il n'y a pour Cuvier qu'un seul ordre parmi les mammifères qui ne possèdent que les deux membres antérieurs : c'est l'ordre des cétacés.

La classe des mammifères se trouve ainsi partagée en neuf ordres, qui sont :
1° les bimanes ou l'homme ; 2° les quadrumanes (singes et lémuriens) ; 3° les carnassiers, sous-divisés en chéiroptères, insectivores, plantigrades, digitigrades et am-
phibies ou phoques ; 4° les marsupiaux ; 5° les rongeurs ; 6° les édentés ; 7° les
pachydermes ; 8° les ruminants : 9° les cétacés.

Quelques modifications ont dû être apportées à ce mode de classement des
mammifères.

L'homme a trop de rapports par sa structure anatomique avec les singes et en
particulier avec les premiers genres de cette famille d'animaux pour qu'il soit
nécessaire d'établir pour lui un ordre à part et le caractère qu'il présente d'être
bimane, au lieu d'avoir les quatre membres également transformés en mains,
ne justifie pas le groupe des bimanes proposé par Blumenbach, et adopté par Cuvier. Il est plus convenable de revenir à l'ordre des primates de Linné, qui
répond aux bimanes et aux quadrumanes réunis. Les chéiroptères, les insectivores et les phoques ne sauraient rester associés dans un seul et même ordre
avec les carnivores ; ils constituent autant d'ordres distincts. Quant aux marsupiaux, leur mode de reproduction ainsi que les particularités anatomiques qu'ils
présentent doivent les faire éloigner de tous les mammifères à génération ordinaire. Les pachydermes ne constituent pas un groupe naturel. Les éléphants sont
trop différents des rhinocéros, des chevaux et des hippopotames pour qu'on les
laisse avec eux, et ces derniers ne doivent pas davantage être réunis les uns aux
autres ; les rhinocéros forment le noyau d'un ordre à part auquel se rapportent
aussi les tapirs de même que les chevaux, et l'on doit au contraire rapprocher les
hippopotames ainsi que les sangliers et les autres porcins des ruminants, qui sont
bisulques comme eux, c'est-à-dire à pieds fourchus. Cuvier a fait connaître plusieurs genres de mammifères éteints qui relient d'une manière si intime les porcins
aux ruminants qu'il est difficile de dire pour certains d'entre eux s'ils doivent
être associés aux ruminants et placés à côté des chevrotains ou reportés au contraire auprès des bisulques qui ne ruminent pas. Restent les cétacés. En classant
les lamantins et les dugongs dans le même ordre que les dauphins et les baleines, parce qu'ils manquent comme eux de membres postérieurs ou n'en ont
que des rudiments invisibles au dehors, Cuvier n'a pas tenu un compte suffisant
des autres particularités anatomiques de ces deux sortes d'animaux. A part leur
forme extérieure, les lamantins et les dugongs, dont on fait aujourd'hui l'ordre
des sirénides, ont beaucoup plus d'analogie avec les proboscidiens et avec certains
porcins qu'avec les cétacés souffleurs, et de Blainville a même proposé de les
mettre dans le même ordre que les éléphants, en les regardant comme les représentants aquatiques de ce groupe d'animaux. Les proboscidiens et les sirénides
constituent l'ordre des gravigrades : les premiers sont les gravigrades terrestres,
et les autres les gravigrades aquatiques. Quant aux monotrèmes dont Cuvier faisait une simple famille d'édentés, ils diffèrent des autres animaux de ce groupe
par des caractères si importants, et ils ont à certains égards tant de ressemblance
avec les marsupiaux, qu'on a dû les rapprocher de ces derniers. C'est un point
sur lequel nous reviendrons plus loin.

Classification d'après le système dentaire.   Il est peu d'organes qui fournissent de meilleurs caractères pour la distinction des mammifères en espèces et en
genres que le système dentaire ; et comme les pièces qui le constituent résistent
plus facilement que les autres à la destruction, les naturalistes y ont plus fréquemment recours. Aussi a-t-on soin de réunir dans tous les musées d'anatomie

comparée des exemples de toutes les diversités qu'il présente, et leur examen continué dans les différents genres de chaque ordre n'offre pas un médiocre intérêt. La diagnose de certaines familles repose en partie sur des caractères de dentition communs aux différents animaux réunis dans ces familles, et la définition des ordres eux-mêmes est confirmée par des particularités analogues. Ainsi les dents molaires des singes, des ruminants, des porcins et des jumentés ont une forme facile à définir et qui. est spéciale à chacune de ces grandes divisions. Les molaires des édentés et celles des cétacés offrent cela de particulier, qu'elles ne possèdent qu'une seule racine chacune, tandis que celles des animaux précédents peuvent en avoir plusieurs. On établit encore que les espèces de ces deux ordres de mammifères n'ont que des dents molaires; l'encoubert a cependant des incisives, et la première paire de dents de certains paresseux soit vivants, soit fossiles, pourrait très-bien être considérée comme une canine. Quoi qu'il en soit, les édentés et les cétacés sont des mammifères homodontes, c'est-à-dire à dents semblables entre elles, tandis que les autres mammifères, soit placentaires, soit marsupiaux, ont au moins deux sortes de dents, des molaires et des incisives, ce qui a lieu pour les rongeurs, les éléphants et les wombats, et le plus souvent trois sortes de ces organes, comme nous le voyons pour les primates, les insectivores, les carnivores, les ongulés et la plupart des marsupiaux. On pourrait ajouter que la structure des dents offre dans certains groupes des particularités qui ne se retrouvent point ailleurs. C'est ce que M. John Tomes a fait voir pour les marsupiaux qui, sauf le wombat, présentent cette particularité que les canalicules de la dentine se continuent jusque dans l'émail, quelle que soit d'ailleurs la formule dentaire de ces animaux.

Frédéric Cuvier, à qui l'on doit d'importantes recherches sur les dents considérées au point de vue des caractères qu'elles peuvent fournir pour la distinction des genres de cette classe, a fait intervenir le système dentaire dans la distribution des mammifères en ordres. Mais, dans certains cas, il a accordé, aux indications tirées de ce système, plus de valeur qu'elles n'en ont réellement; aussi a-t-il été conduit à disperser les marsupiaux dans plusieurs de ses groupes au lieu d'en former une sous-classe à part, comme le voulait de Blainville, ou même un ordre, comme G. Cuvier avait proposé de le faire. Le travail publié à cet égard par F. Cuvier constitue l'article ZOOLOGIE du *Dictionnaire des sciences naturelles* (t. LIX, p. 357 à 519). Il a paru en 1829. L'auteur y admet onze ordres, qui sont: 1° les *quadrumanes*, divisés en familles sous les noms de singes, sapajous et lémuriens; 2° les *insectivores*, partagés en roussettes, chauves-souris, insectivores proprement dits, auxquels l'auteur rattache avec raison le galéopithèque, et insectivores à poche, tels que les péramèles, les sarigues, les phascogales et les dasyures; 3° les *carnivores*, auxquels F. Cuvier associe le thylacyne, qui est un genre de gros marsupiaux appartenant à la même famille que les dasyures; 4° les *phoques*; 5° les *marsupiaux frugivores*, divisés en phalangers et kangurous; les genres koala et phascolome font partie de la même famille que les kangurous; 6° les *rongeurs*: l'auteur leur réunit le chéiromys, rapproché des lémuriens par de Blainville et par d'autres zoologistes; 7° les *édentés*, partagés en tardigrades, doracophores ou tatous, oryctéropes, myrmécophages, lépidophores ou pangolins; 8° les *monotrèmes*; 9° les *pachydermes*, divisés en pachydermes proprement dits, proboscidiens et solipèdes; 10° les *ruminants* répondant aux chameaux, aux chevrotains, aux girafes, aux cerfs et aux ruminants à cornes creuses; 11° les *cétacés*, dont les différentes familles sont celles des cétacés

herbivores, des cétacés pisciformes, des narvals, des cachalots et des baleines.
Classification d'après le mode de développement. La classe des mammifères, telle que tous les naturalistes la comprennent depuis Linné, s'est trouvée
définitivement constituée, lorsque, sur la remarque de Bernard de Jussieu, cet
auteur eut associé aux quadrupèdes vivipares, c'est-à-dire aux mammifères terrestres, aux phoques et aux sirénides (lamantins et dugongs), les cétacés proprement
dits, qu'on en avait laissés éloignés à cause de leurs habitudes essentiellement
aquatiques et de leur apparence pisciforme. Ces cétacés devaient, en effet, être
réunis aux animaux qui nous occupent, puisqu'ils nourrissent, comme eux,
leurs petits avec le lait sécrété par leurs glandes mammaires, et qu'ils sont vivipares à la manière des mammifères ordinaires, pourvus également d'un cœur à
quatre cavités, de sang chaud à globules circulaires, de poumons, etc. Mais
depuis cette importante rectification apportée au classement des mammifères
ordinaires et des cétacés, d'autres animaux de la même classe, dont on ne connaissait alors que quelques espèces, toutes du genre des sarigues, furent découverts en Australie. On les réunit d'abord aux sarigues véritables, sous le nom générique de *didelphis.* Toutefois il ne fut pas difficile de constater que ces didelphes
australiens devaient constituer des genres particuliers, dont les principaux sont
ceux des phascolomes, des kangurous, des phalangers, des dasyures et des myrmécobies. L'exploration des Terres australes ajouta à cette liste les deux genres
plus singuliers encore des ornithorhynques et des échidnés, qui furent d'abord
rapprochés des édentés, et placés auprès des fourmiliers. Mais des caractères importants ont conduit à les séparer de ces derniers sous le nom de monotrèmes.

Les didelphes américains et les mammifères australiens, qui leur avaient
d'abord été associés génériquement par Linné, n'ont pas la même conformation
des organes génitaux que les espèces de cette classe qui vivent dans nos pays,
en Asie et en Afrique, ou que les représentants américains de ces dernières. Les
didelphes australiens ont, comme les sarigues, les mamelles placées dans une
poche abdominale, et leurs petits, qui naissent avant terme, par suite d'une sorte
d'avortement naturel, sont également reçus dans cette poche, où ils passent les
premiers temps de leur vie extérieure, attachés au mamelon de leur mère.

L'ornithorhynque et l'échidné ont un cloaque comme les oiseaux ; leurs ovules
sont plus gros que ceux de ces animaux ; leur allantoïde ne fournit pas de véritable placenta, particularité que présentent d'ailleurs les didelphes ; et leur fœtus,
quoique subissant toutes les phases de son évolution dans l'oviducte, s'y développe plutôt à la manière de celui des reptiles ovovivipares que suivant le mode
propre aux mammifères placentaires. Telles sont les considérations sur lesquelles,
dans un mémoire sur la place que doivent occuper dans la série animale l'ornithorhynque et l'échidné, publié en 1813[1], de Blainville s'est appuyé pour rejeter
les mammifères à bourses et les monotrèmes après tous les animaux de la même
classe, soit mammifères terrestres soit cétacés, qui sont pourvus de placenta et ne
présentent pas la double gestation caractéristique des marsupiaux. Plus tard, il a
distingué trois sous-classes de mammifères : 1° les *monodelphes* ou placentaires,
qui possèdent un placenta, et ont la génération normale ; 2° les *didelphes* ou marsupiaux, manquant de placenta, engendrant avant le complet développement du
fœtus, mais pourvus d'une poche mammaire, dans laquelle le développement de
ce dernier se complète ; 3° les *ornithodelphes* ou monotrèmes, plus semblables

[1] On a observé tout récemment une sorte de marsupialité de l'échidné (*Voy.* Owen.
Transactions de la Société royale de Londres pour 1865)

aux oiseaux par la présence d'un cloaque, et à génération plutôt ovovivipare que réellement vivipare.

L'examen du mode de placentation des mammifères monodelphes pouvait jeter quelque jour sur les affinités qu'ont entre eux les différents ordres de cette sous-classe. Il était donc intéressant de coordonner les faits recueillis à cet égard par les auteurs, et de chercher à en tirer parti. C'est ce qu'a fait M. Milne-Edwards, dans un mémoire publié en 1844. Je me suis servi moi-même de ces indications dans le premier volume de l'histoire de ces animaux, que j'ai publiée en 1854.

Parmi les mammifères monodelphes dont la vie se passe à terre, on reconnaît trois sortes de placentas bien distincts : 1° les placentas discoïdes, propres à l'homme et aux autres primates (singes et lémuriens), ainsi qu'aux chéiroptères, aux insectivores et aux rongeurs ; 2° les placentas zonaires, particuliers aux carnivores, et 3° les placentas diffus, en général, divisés en cotylédons multiples, que l'on observe chez les pachydermes, les porcins et les ruminants ; de là, la distinction de trois groupes correspondants de monodelphes sous les noms de disco-placentaires, zonoplacentaires et polyplacentaires. M. Edwards a depuis lors (1868) remplacé ces dénominations par les suivantes : hématogénètes, mésallantoïdés et mégallantoïdiens. Mais il ne faudrait pas avoir dans la disposition de cet organe transitoire, et surtout dans son apparence, une confiance absolue. On risquerait, en effet, de rapprocher des animaux très-différents par tous leurs autres organes. Ainsi les damans, qui sont, comme G. Cuvier et de Blainville l'ont reconnu, des mammifères plus voisins des rhinocéros que de tous les autres, ont un placenta d'apparence zonaire, qu'on pourrait croire, si l'on n'en faisait une étude plus attentive, comparable à celui des carnivores. Cependant les villosités y ont un autre caractère. Le daman ne saurait donc être placé auprès des carnivores, comme M. Edwards avait d'abord proposé de le faire. D'après M. Huxley, le placenta des chevrotains diffère à quelques égards de celui des autres ruminants et il en est de même de celui des chameaux ; celui des éléphants offre aussi une disposition particulière. Ajoutons qu'on n'a pas encore de notions suffisamment complètes au sujet du même organe chez les édentés et chez les mammifères aquatiques, ce qui rend difficile d'établir sur les dispositions qu'il affecte une classification définitive.

Caractères tirés de l'encéphale. Un autre mode de classification des mammifères repose sur la considération de leur cerveau, dont les hémisphères ont tantôt des circonvolutions plus ou moins semblables à celles de l'homme, et tantôt manquent de ces circonvolutions, ce qui semble d'abord indiquer deux grandes catégories parmi ces animaux. Comme les mammifères pourvus de circonvolutions sont en même temps plus intelligents que les autres, et que c'est parmi eux que se rangent nos espèces réellement domestiques, ainsi que toutes celles qui sont susceptibles de recevoir une sorte d'éducation, on leur a donné le nom de *mammifères éducables (educabilia)*. Le chien, le chat, l'éléphant, le cheval, l'âne, le bœuf, la chèvre, le mouton, le chameau, le lama et le porc sont dans ce cas. Les singes, les makis, les carnivores sauvages, les pachydermes, les ruminants et les cétacés ont aussi des circonvolutions très-apparentes, et font partie des mammifères éducables. Les autres animaux de la même classe, c'est-à-dire ceux qui manquent de circonvolutions cérébrales, ou qui ont ces circonvolutions peu développées, sont plutôt instinctifs qu'intelligents ; aucune de leurs espèces n'a pu être attachée à la nôtre à la manière des précédentes. En effet celles que nous élevons dans nos habitations sont moins nos associés que nos captifs ; tels sont le lapin et le cochon d'Inde. On a donné à la division qui les comprend le nom d'*inéducables* (*ineducabilia*). Les chéiroptères, les insectivores, les rongeurs et les édentés sont tous des mammifères inéducables.

M. Owen a accepté ces deux grands groupes admis antérieurement par plusieurs auteurs, et il en a tenu compte dans la classification, basée sur l'encéphale, qu'il a donnée des animaux mammifères ; il y en a ajouté deux autres, l'un pour l'homme, l'autre pour les marsupiaux et les monotrèmes réunis. Il y a donc, pour ce savant, quatre catégories primordiales ou sous-classes de mammifères caractérisées par autant de formes particulières du cerveau.

Ce sont :

1° Les *archencéphales*, dont l'homme seul fait partie ;

2° Les *gyrencéphales*, comprenant les quadrumanes, les carnivores, les proboscidiens, les pachydermes, les ruminants et les cétacés, tous supposés pourvus de circonvolutions ; ils répondent exactement aux mammifères éducables ;

3° Les *lissencéphales* ou les chéiroptères, les insectivores, les rongeurs et les édentés, animaux qui, suivant M. Owen, n'ont jamais de circonvolutions proprement dites, n'en ont que de très-faibles, ou ont même le cerveau tout à fait lisse ; ce sont les inéducables, dont il a été question plus haut ;

4° Les *lyencéphales*, c'est-à-dire les marsupiaux et les monotrèmes, considérés par M. Owen comme n'ayant point de corps calleux, destiné à relier l'un à l'autre les deux hémisphères droit et gauche.

Mais cette classification des mammifères doit être bien plutôt envisagée comme l'expression de certaines affinités qu'ont entre eux les différents groupes naturels qu'elle associe sous les noms de gyrencéphales et de lissencéphales, que prise dans l'acception rigoureuse des noms qu'elle emploie pour désigner les grandes divisions reconnues par elle et en particulier les deux sous-classes des gyrencéphales et des lissencéphales.

En effet, l'on savait déjà, lorsqu'elle a paru, que certaines espèces de la catégorie des gyrencéphales ou mammifères à cerveau plissé, ont parfois le cerveau lisse, et que plusieurs de ceux qui rentrent dans les lissencéphales ou mammifères à cerveau supposé constamment lisse sont, au contraire, pourvus de véritables circonvolutions. En ce qui concerne les gyrencéphales, Isid. Geoffroy avait montré comment les circonvolutions s'effacent graduellement chez les derniers singes du nouveau continent jusqu'à conduire au cerveau à peu près lisse des ouistitis, qui sont les plus petits des animaux de cette famille, et l'on peut constater une semblable décroissance de l'encéphale chez les lémuriens, si l'on passe des plus grosses espèces de cette famille, les indris et les makis, à celles qui ont une moindre taille, les galagos, les microcèbes ou le tarsier. Les petits chevrotains ont moins de circonvolutions que le porte-musc et que les autres ruminants, et il en est de même du daman, comparé au reste des pachydermes, animaux qui le dépassent d'ailleurs beaucoup en dimensions. D'autre part, les lissencéphales sont bien loin d'être toujours privés de circonvolutions ; et quoique ceux qui en présentent en aient, en général, moins que les gyrencéphales, il existe également chez eux un rapport entre l'abondance de ces plis de la surface des hémisphères cérébraux et le volume relatif des espèces que l'on observe. Les gros rongeurs ont des circonvolutions, et le plus volumineux d'entre eux, le cabiai (*Hydrochœrus capybara*), est celui chez lequel elles sont le plus accentuées. Il y en a aussi chez les grandes roussettes, tandis que les autres chéiroptères, dont la taille est inférieure à la leur, en sont à peu près dépourvues. Les insectivores, parmi lesquels se rangent les plus petits mam-

milères, en sont presque entièrement privés. Quant aux édentés, ils en présentent, au moins, quelques traces, même dans les plus petites espèces; et les plus
grandes, telles que le fourmilier tamanoir et l'oryctérope, en ont de très-évi-
dentes. Si les glyptodontes, animaux actuellement éteints, qui étaient de très-gros
tatous propres à l'Amérique méridionale, semblent avoir été moins bien doués sous
ce rapport que certains tatous actuels, le priodonte et autres, on peut dire que
les grands édentés du groupe des paresseux, comme les scélidothériums, les mylo-
dons et les mégathériums rentraient, au contraire, dans la règle, puisque leur cerveau présentait des plis plus nombreux et mieux marqués que ceux de leurs analogues encore existants. Le développement des circonvolutions cérébrales est donc
en rapport avec la taille des animaux, et plus ils sont volumineux, plus ils peuvent en posséder. Cela se voit aussi chez les marsupiaux qui surpassent les autres
en dimensions : les espèces d'une même famille ont des circonvolutions ou en
sont au contraire privées suivant qu'elles acquièrent une plus ou moins grande
taille. Les kangurous, envisagés dans leurs différents genres, nous en fournissent
une démonstration évidente.

Toutefois, ce n'est pas le volume absolu qui détermine, pour un groupe donné,
la présence ou l'absence des circonvolutions chez les espèces qui s'y rapportent ;
certaines espèces appartenant à des groupes différents peuvent en avoir ou en être
privées, quoique atteignant des dimensions comparables. Ainsi la fouine en présente, et le lapin et le lièvre n'en possèdent pas ou n'en ont qu'une faible trace.

Il peut même arriver que les circonvolutions cérébrales manquent à une espèce
de grandeur supérieure à une autre espèce qui en possède, ce que l'on constate,
si l'on examine le lièvre et le lapin ou la belette et l'hermine. Mais dans chaque
groupe naturel on voit les circonvolutions augmenter ou, au contraire, s'effacer,
suivant l'accroissement ou le décroissement de la taille; et dans une même
espèce gyrencéphale elles peuvent exister ou manquer entièrement, suivant que
l'exemplaire de l'espèce étudiée est adulte ou jeune, ou mieux encore fœtus, et
surtout embryon. De la sorte, on peut considérer les mammifères à cerveau lisse
appartenant à des séries qui renferment aussi des espèces à cerveau plissé, comme
étant des arrêts de développement de ces dernières, et, ce qui est digne de remarque, ces espèces sont aussi les plus petites pour chaque groupe naturel. L'homme,
pris aux différentes époques de sa vie intra-utérine ou extérieure, passe par de
semblables conditions; et pour la série des primates à laquelle il appartient, il
est aussi l'espèce dont le cerveau subit les modifications les plus considérables.
C'est là un gage de sa supériorité intellectuelle.

La classification de M. Owen, qui nous fournit ces remarques, ne présente donc
pas les avantages que son auteur lui supposait alors qu'il proposait de partager les
mammifères monodelphes, l'homme mis à part, en gyrencéphales et lissencéphales, et, il faut bien le reconnaître aussi, il a été conduit à une innovation très-
discutable en établissant une sous-classe à part pour l'homme, parce que le cerveau
de ce genre de mammifères est plus riche en circonvolutions que celui des autres
primates, et que son intelligence dépasse celle de tous les animaux de sa classe.
La valeur des caractères qui rattachent l'homme aux primates ne saurait être contestée, et l'analogie de conformation de son cerveau avec celui des premiers genres de ce groupe reste évidente quelque supériorité qu'on lui reconnaisse.

La sous-classe des lyencéphales, fondée sur la considération exclusive du cerveau est-elle mieux justifiée? Nous allons voir qu'il n'en est pas ainsi.

Le cerveau des marsupiaux n'est pas aussi différent de celui des monodelphe

que l'a cru le savant naturaliste anglais. Si ce célèbre anatomiste nie la présence
du corps calleux chez les mammifères de cette sous-classe et chez les monotrèmes, c'est parce qu'il regarde à tort comme répondant à la commissure antérieure la bande de substance blanche qui relie les deux lobes de leurs hémisphères.
Mais cette bande, ayant bien les rapports et l'emplacement de celle qu'on appelle ailleurs le corps calleux, elle ne doit pas porter ici un autre nom, et, depuis
que de Blainville et Leuret en ont établi la véritable signification anatomique,
tous les auteurs qui se sont occupés du cerveau des mammifères implacentaires
ont rejeté l'interprétation donnée par M. Owen.

Sans nier l'utilité des indications que l'examen du cerveau peut fournir à la
classification générale des mammifères, on doit donc reconnaître que les caractères
cérébraux de ces animaux ne nous sont pas encore assez bien connus pour que
l'on puisse s'en faire une idée rigoureuse et exacte. Ce n'est qu'après avoir fait,
dans les différents ordres de cette classe, une étude détaillée des particularités
de toutes sortes qu'ils présentent que l'on pourra subordonner ces particularités
les unes aux autres d'une manière définitive, et apprécier leurs rapports avec les
mœurs de ces animaux et leurs différents actes. Cette étude, commencée par
Cuvier et Tiedemann au point de vue anatomique, a été continuée avec succès par
Leuret, et plus récemment étendue à différents groupes de la même classe par
Gratiolet, par M. Dareste et par plusieurs autres auteurs ; mais elle est loin d'être
achevée. Il faut même le reconnaître, les découvertes auxquelles elle a conduit
nous font plutôt connaître la conformation extérieure du cerveau envisagé dans
ses hémisphères que le rapport de ces dispositions avec les actes des mêmes animaux, actes dont Frédéric Cuvier avait entrepris l'étude ; aussi savons-nous encore très-peu de chose sur les différences profondes que le même organe présente
dans sa disposition intime. C'est pourquoi il est jusqu'à présent si difficile d'apprécier la valeur zooclassique des caractères sur lesquels ces savantes observations ont
appelé l'attention des zoologistes.

La phrénologie scientifique, c'est-à-dire la notion exacte des particularités
anatomiques de l'encéphale envisagées dans leurs relations avec la physiologie
et la psychologie comparées, est encore trop peu avancée pour que l'on puisse
attacher une confiance absolue aux résultats obtenus jusqu'à ce jour dans
cet ordre de recherches ; et cependant ce n'est qu'en en poursuivant la difficile
analyse qu'on arrivera à appliquer d'une façon à la fois utile et sérieuse la notion
des caractères tirés du cerveau à la classification des mammifères. Par les fonctions élevées dont il est chargé, l'encéphale domine l'organisme tout entier ; il doit
donc fournir des caractères de premier ordre ; mais, tant que les corrélations existant
entre les particularités qu'il présente et celles qui distinguent les autres organes
nous échapperont, les caractères qu'il nous fournit n'auront pas la valeur qui leur
appartient, et il sera impossible de se laisser guider par eux, comme on le fait
pour ceux que présentent les autres systèmes d'organes, tels que les membres,
les dents ou l'appareil reproducteur. C'est pour cela qu'en tenant uniquement
compte du facies cérébral, au lieu de remonter aux caractères profonds de l'encéphale, Leuret est arrivé à une répartition à la fois si arbitraire et si peu acceptable des
animaux de cette classe. On en jugera par la distribution qu'il a proposée en 1839
et que nous reproduisons d'après son *Anatomie comparée du système nerveux.*

Il reconnaît quatorze formes principales du cerveau et groupe ainsi, en se laissant
guider par elles, les mammifères qu'il a pu observer. Le premier groupe comprend des chéiroptères, des insectivores et une grande partie des rongeurs associés

à l'ornithorhynque ; le second, d'autres rongeurs, le tanrec et la sarigue ; le troisième, les canidés ; le quatrième, les félidés et les hyènes ; le cinquième, l'ours,
le coati, les mustélidés, la civette et la genette ; le sixième, la mangouste ; le
septième, les paresseux, les tatous, les pangolins, l'encoubert, le wombat et le
daman ; le huitième, l'oryctérope, le kanguroo et la roussette ; le neuvième, les
ruminants ; le dixième, les porcins ; le onzième, le phoque ; le douzième, les cétacés ; le treizième, l'éléphant, et le quatorzième, les makis ainsi que les singes.

Mais il n'y en a pas moins des caractères importants à tirer du cerveau des
mammifères, et, si l'on joint ces caractères à ceux que fournissent les autres systèmes d'organes dont nous avons déjà parlé, tels que les membres, les dents et le
développement, on confirme par de nouvelles preuves les différents groupes naturels dont l'ensemble forme la classe de ces animaux, et on arrive à une distinction
plus rigoureuse de chacun d'eux.

Ainsi des particularités communes se retrouvent dans l'encéphale de l'homme
et des singes, quoique les plus petits de ces derniers n'aient pas de circonvolutions et qu'ils semblent sous ce rapport très-éloignés de l'espèce humaine dont
le cerveau est si riche en plis de cette nature. Voilà donc une première catégorie,
et c'est de cette catégorie que l'on doit rapprocher les lémuriens, animaux chez
lesquels on remarque d'ailleurs une gradation parallèle à celle que nous constatons pour les singes américains, si nous nous élevons des ouistitis, qui sont les
derniers d'entre eux, aux sapajous, aux atèles ou aux hurleurs, par lesquels commence la série des cébins.

En négligeant certaines variations secondaires et de peu d'importance, on
reconnaît aussi aisément que le cerveau des carnivores présente, dans l'ensemble
de ces animaux, des dispositions communes, et il est facile de démontrer par la
considération de cet organe qu'ils forment un groupe non moins naturel que
celui des primates.

Les jumentés, les ruminants et les porcins ont aussi des affinités qui les relient
les uns aux autres si l'on considère non-seulement leur encéphale mais aussi leurs
autres traits distinctifs, et l'on peut en conclure qu'ils ne doivent pas être éloignés
dans la classification. Cependant les éléphants paraissent différer des autres ongulés sous plusieurs rapports.

Les cétacés proprement dits forment aussi une catégorie distincte.

Quant aux autres mammifères, leurs différentes séries présentent moins d'homogénéité ; et, si l'on peut regarder comme ayant de l'analogie entre eux les chéiroptères, les insectivores et les rongeurs, ce qui est même contestable à certains
égards, il semble que les cerveaux des édentés se rapportent à plusieurs formes,
et qu'il en est de même pour ceux des marsupiaux. Le cerveau d'un wombat,
d'un kanguroo, d'un dasyure ou d'une sarigue n'ont certainement pas la même
apparence, et les deux genres connus de monotrèmes sont aussi très-différents l'un
de l'autre par leur conformation encéphalique, puisque l'échidné a des circonvolutions rappelant celles des pangolins, tandis que l'ornithorhynque, dont l'encéphale
a d'ailleurs une autre apparence, est complétement dépourvu de plis cérébraux.

Classification actuelle. Nous venons de voir qu'aucune des classifications proposées par les naturalistes postérieurement à Linné ne répondait d'une manière
absolue aux exigences de la méthode naturelle. Elles n'en ont pas moins concouru
dans une large part aux progrès de la mammalogie, en appelant l'attention sur
les différents ordres de caractères qui peuvent être employés pour arriver à un
résultat définitif. Si l'on connaissait d'une manière encore plus complète ces ca-

ractères, et s'il était possible d'en établir une subordination rigoureuse, le but serait bien plus près d'être atteint. Mais la science n'est pas encore parvenue à se soustraire à toute idée systématique ; c'est en particulier ce qui a lieu lorsque l'on prend séparément les membres, les dents, le mode de développement ou le cerveau, dans l'espoir d'y trouver la notion des affinités réelles qu'ont entre eux les différents groupes dont se compose la classe entière des mammifères, et de juger de leur distribution en séries naturelles. Aussi reste-t-il encore bien des questions à élucider, et de nouvelles recherches sont indispensables pour arriver à un résultat définitif.

Quoi qu'il en soit, on est d'accord sur certains points, et il est possible, dans l'état actuel de nos connaissances, de répartir les animaux qui nous occupent en groupes véritablement naturels et d'établir de ces groupes une classification qui, sans être définitive, en exprime cependant la valeur et consacre d'une manière utile les affinités qui les rattachent les uns aux autres. Les vues théoriques relatives à la filiation des espèces, que préconisent maintenant un grand nombre de personnes, peuvent y puiser de nouvelles indications, en même temps que la science réellement positive, je veux dire celle qui ne procède que par l'observation éclairée de l'expérience , n'a point à en désavouer les conclusions, quelque provisoires qu'elles paraissent à certains égards.

I. Une première grande division de mammifères, à laquelle on attribue le rang de sous-classe, est celle des MONODELPHES, aussi appelés *mammifères placentaires.* Leur mode de génération est franchement vivipare, et leur allantoïde reçoit un système de vaisseaux placentaires destinés à mettre le fœtus en communication avec sa mère pendant toute la durée de la vie intra-utérine. C'est ainsi que leur parviennent les matériaux de leur premier développement. Leur placenta peut différer notablement de celui de l'espèce humaine, rester villeux, former des amas multiples en rapport avec plusieurs points du chorion, ou bien acquérir la forme de gâteau discoïde propre au fœtus humain. Il ne manque jamais, et au moment où le petit brise ses enveloppes pour se détacher de cet appareil transitoire et commencer sa vie extérieure, il a déjà terminé tout son développement fœtal. Sa nourriture consiste en lait ; il est apte à opérer la succion des mamelles, et il quitte le mamelon ou le reprend suivant ses besoins, sans y rester adhérent ; il n'a pas besoin de séjourner dans une poche pour compléter son développement, et dans certains cas il est même assez fort pour suivre immédiatement sa mère. Les animaux de cette catégorie n'ont jamais d'os marsupiaux.

1. Il en est parmi eux qui se rapprochent notablement de l'homme par certains points de leur conformation cérébrale, par la disposition de leur système dentaire, par leur régime ainsi que par d'autres particularités faciles à saisir ; ils doivent être classés dans le même ordre que l'homme lui-même. Tous ont les doigts onguiculés ; leurs pouces sont habituellement opposables aux quatre extrémités, et leur placenta est, comme celui du fœtus humain, de forme discoïde. Ce sont les singes. On pourrait leur laisser en propre le nom de *primates.* Auprès d'eux se placent, comme ordre à part plutôt que comme simple famille, les *lémures,* chez lesquels on retrouve encore une partie des caractères qui viennent d'être signalés. Arrivent ensuite les chéiroptères ou chauves-souris, les insectivores et les rongeurs. Ceux-ci, bien que onguiculés, ne possèdent plus de véritables mains. Les premiers d'entre eux sont faciles à distinguer par leurs membres antérieurs transformés en ailes ; les seconds ont les molaires relevées par des saillies en forme de pointes, et les troisièmes sont pourvus de deux sortes de dents seulement. Les

singes, les lémures, les chéiroptères, les insectivores et les rongeurs sont tous zooplacentaires.

2. Les PROBOSCIDIENS ou éléphants, qui rappellent les rongeurs par plusieurs de leurs principaux caractères, mais qui ont les mamelles pectorales, n'ont pas les pieds réellement pourvus de sabots, quoiqu'on les réunisse souvent aux ongulés proprement dits, comme ayant sous ce rapport la conformation propre à ces derniers. Ils forment une catégorie à part, peu nombreuse dans la nature actuelle, mais à laquelle s'ajoutent plusieurs espèces éteintes comparables aux éléphants encore existant de nos jours, et des genres entièrement anéantis, tels que les mastodontes et des dinothériums. Les éléphants ont d'ailleurs une forme particulière de placenta rappelant celle des carnivores par son apparence zonaire; mais ils ont l'allantoïde lobée.

3. Ainsi que nous l'avons vu, de Blainville proposait de classer dans le même ordre que les proboscidiens, les *sirénides*, c'est-à-dire les dugongs, les rytines et les lamantins, animaux aquatiques à membres antérieurs transformés en rames natatoires et qui n'ont point de traces apparentes des membres postérieurs. Nous les laisserons auprès d'eux; mais en en faisant un ordre à part.

4. Chez les ongulés véritables, tels que les *jumentés* ou pachidermes herbivores, les *ruminants* et les *porcins*, répondant aux pachidermes omnivores, l'allantoïde s'allonge en avant et en arrière du fœtus, et les villosités placentaires y forment en général des amas multiples dits cotylédons, ce qui a valu à ces animaux la dénomination de polyplacentaires. Ainsi que nous l'avons déjà rappelé, on est conduit par l'étude des fossiles à réunir les deux ordres des ruminants et des porcins sous le nom de bisulques, comme le faisaient déjà les anciens. Si dans la nature vivante ces deux groupes semblent isolés l'un de l'autre, parce que les espèces qui appartiennent au premier jouissent seules de la possibilité de ruminer, et que, sauf les hyémosques ou chevrotains de Guinée, elles ont toutes les métacarpiens et les métatarsiens principaux réunis en canons, certains genres éteints les relient aux porcins, qui n'ont pas de canons et ne ruminent pas.

L'examen que G. Cuvier et de Blainville ont fait des damans ou hyraciens ne semble pas permettre de les séparer des jumentés malgré l'apparence zonaire de leur placenta et la disposition incomplétement ongulée de leurs pieds. Isidore Geoffroy a cependant proposé d'en faire un groupe à part.

5. Nous passons ensuite aux *carnivores*, animaux à doigts onguiculés, qui sont pourvus de trois sortes de dents, dont le cerveau possède toujours des circonvolutions, et que leurs autres caractères font aussi reconnaître aisément. Leur placenta est de forme zonaire, ce qui les a fait appeler dans la classification d'après le mode de développement des zonoplacentaires.

6. Ces animaux nous conduisent aux *phoques*, ordre particulier de mammifères quadrupèdes, onguiculés, à cerveau pourvu de circonvolutions, dont la conformation est appropriée à la nage. Les phoques vivent dans les eaux de la mer et se nourrissent de substances animales.

7. L'ordre suivant est celui des *cétacés*, dont les particularités distinctives sont bien connues. Nous en avons déjà indiqué les principales familles.

8. Un autre groupe comprend des *édentés*, dont les caractères sont si importants, qu'ils justifieraient presque la distinction d'une sous-classe à part. L'infériorité de leur conformation cérébrale, l'uniformité presque absolue de leurs dents, la disposition onguiculée de leurs doigts, joints au grand développement de leurs ongles, et la bizarrerie de leurs formes extérieures, qui indique une

sorte de tendance vers les reptiles, ne permettent de les confondre avec aucun
des autres ordres de la même classe. Ils se partagent en bradypes ou paresseux,
fourmiliers, pangolins, oryctéropes et tatous. La plupart sont américains, et c'est
aussi dans cette partie du monde qu'ont vécu différents genres de grande taille,
éteints depuis la période quaternaire. Le macrothérium, animal gigantesque, qui
habitait l'Europe pendant l'époque miocène, était aussi un édenté. Quoique
pourvu de dents, il semble avoir eu surtout de l'analogie avec les pangolins, dont
les espèces vivent en Asie et en Afrique. On n'a pas encore de renseignements
suffisamment exacts sur le mode de développement des édentés et leurs formes
de placentation ont été encore peu étudiées.

II. La seconde sous-classe des mammifères est celle des didelphes ou marsupiaux. Ces animaux, tout en ayant dans leur apparence extérieure beaucoup de
ressemblance avec les monodelphes terrestres, tels que les lémures, les insectivores,
les rongeurs, les carnivores, etc., s'en éloignent par une disposition spéciale des
organes génitaux, et ils ont un autre mode de développement. Avec l'absence de
véritable placenta coïncide chez eux une expulsion précoce du fœtus qui est mis
au monde peu de temps après sa phase embryonnaire, avant que son développement ne soit achevé ; il complète au mamelon de sa mère, dans une poche
ventrale enveloppant les mamelles, ou dans des plis de la peau du ventre, qui
sont un rudiment de cette poche.

Les didelphes ou mammifères à double gestation sont tantôt pourvus de circonvolutions cérébrales et tantôt dépourvus de ces plis du cerveau ; presque
tous ont trois sortes de dents, et ces dents répètent souvent par leur apparence
celles des mammifères placentaires.

C'est surtout en Australie que vivent les marsupiaux ; ils y constituent les différentes familles des phascolomes, des phalangers, des kangurous, des dasyures
et des myrmécobies comprenant elles-mêmes plusieurs tribus et un assez grand
nombre de genres. Ils forment en grande partie la population de ces régions loin-
taines. On en trouve déjà à la Nouvelle-Guinée, et la famille des phalangers a
même des représentants aux îles Moluques. Tous ces mammifères sont pourvus
d'os marsupiaux.

Les sarigues sont les seuls marsupiaux actuels qui soient étrangers aux terres
australes ; elles vivent en Amérique. Un genre éteint qui paraît avoir eu avec elles
beaucoup d'analogie, a vécu autrefois en Europe. On en trouve les débris dans
les terrains tertiaires, éocène et miocène. La faune éocène inférieure possédait
un animal très-singulier dont Blainville a fait un genre de carnivores sous le nom
d'*arctocyon*, mais qui appartenait peut-être à la sous-classe des marsupiaux.

III. Dans les ORNITHODELPHES ou *monotrèmes*, qui ne comprennent que les
deux familles des *ornithorhynques* et des *échidnés*, l'une et l'autre formées d'un
seul genre, nous trouvons une disposition particulière des organes génitaux femelles. Les oviductes aboutissent séparément à un cloaque, comme cela a lieu
chez les allantoïdiens ovipares ; en outre les ovules sont d'un volume relativement
considérable, et l'allantoïde ne fournit pas de placenta. Le fœtus se développe
donc à la manière de celui des ovovivipares, des vipères par exemple. C'est une
condition encore inférieure à celle des marsupiaux. Les monotrèmes présentent
d'ailleurs quelques autres particularités en rapport avec ce caractère d'infériorité.
La présence d'os marsupiaux semble les rapprocher des didelphes, et il paraît que
le jeune des échidnés passe les premiers temps qui suivent sa naissance, retenu
à la mamelle, ce qui indique dans ce genre une sorte de marsupialité. Toutefois

les monotrèmes se rattachent aussi aux édentés par plusieurs traits importants, et nous avons déjà dit que les auteurs les ont d'abord associés à ces animaux. Seuls parmi les mammifères ils possèdent des os coracoïdiens distincts, ce qui établit une nouvelle analogie entre eux et les ovipares aériens.

Répartition géographique et paléontologique. Il résulte des détails qui précèdent que certains groupes de mammifères n'ont de représentants que dans des régions limitées du globe, et que les conditions géographiques de ces dernières semblent avoir régi leur distribution à la surface du globe, Suivant que les obstacles qui séparent ces régions sont plus difficilement surmontables et qu'ils remontent à une époque géologique plus ancienne, les faunes mammifères sont elles-mêmes plus différentes les unes des autres. Les monotrèmes ne vivent qu'en Australie, et la population de ce singulier continent est presque entièrement formée de marsupiaux. Quelques espèces de rats peu différentes, il est vrai, par leur genre, de celles de l'ancien continent, s'y font cependant remarquer, et l'on voit avec elles un petit nombre de chéiroptères, également plus semblables à ceux qui vivent en Asie et en Afrique qu'aux espèces sud-américaines. La Nouvelle-Guinée appartient au même système, mais aux îles Moluques les marsupiaux ne sont plus représentés que par un seul genre, et ce sont les monodelphes qui dominent. Ailleurs, ces derniers constituent seuls la faune, et si les édentés, plus nombreux dans l'Amérique que dans l'ancien monde, fournissent aux contrées méridionales de ce continent différentes familles qui n'ont point de représentants chez nous, toutes les divisions secondaires de la classe dont nous traitons ne sont pas astreintes à une répartition aussi régulière. Cependant les singes américains diffèrent, comme tribu, de ceux de l'ancien continent. Les lémures fournissent à Madagascar des genres qu'on ne retrouve point autre part, pas même en Afrique; les phyllostomidés sont des chéiroptères exclusivement américains, et aucune espèce de ptéropodidés, c'est-à-dire de roussettes, ne se rencontre avec eux. En outre, il n'y a des viverrins et des mangoustes que dans l'ancien continent, et quelques divisions de même valeur sont également particulières à certaines régions. Au contraire, d'autres groupes ont des représentants dans le nouveau continent aussi bien que dans l'ancien. On remarque alors que les genres ou les tribus communs à ces deux continents fournissent le plus souvent des espèces aux régions arctiques en même temps qu'aux régions tempérées. Ceux qui sont circonscrits aux abords de l'équateur, ou s'avancent davantage vers le pôle sud, comme au cap de Bonne-Espérance ou en Patagonie, sont rarement communs au nouveau continent et à l'ancien.

L'association d'animaux si différents les uns des autres dans les grandes circonscriptions géographiques et la manière dont les principales faunes se sont trouvées constituées est un des problèmes les plus difficiles que soulève l'origine des espèces. Un fait non moins curieux est la dispersion de certaines tribus sur tous les points du globe. Ainsi il y a partout des murins et des vespertilions; mais remarquons en passant que ces groupes cosmopolites comptent parmi les derniers de leurs séries respectives, tandis que les genres supérieurs, comme les roussettes, les phyllostomes et ceux des premières tribus de rongeurs, sont circonscrits dans leur habitat.

A part l'enhydre ou loutre marine, les animaux marins appartiennent à d'autres ordres que ceux qui occupent la surface des continents ou celle des îles, et l'on constate qu'en général leurs espèces australes ou propres au Pacifique, parfois même les genres représentés sur cette immense surface diffèrent de ceux que l'on observe dans l'océan Atlantique boréal ou sous le pôle arctique. C'est ce que nous constatons pour les phoques et pour les cétacés. Les sirénides sont assujettis à un autre mode de répartition : le rytine, anéanti depuis moins d'un siècle, était limité à quelques points du grand Océan voisins des îles Aléoutiennes ; les dugongs sont de la mer des Indes et la mer Rouge ; ils s'étendent aussi sur les côtes de l'Australie ; quant aux lamantins, on en trouve sur les côtes septentrionales de l'Afrique et dans les parties de l'Amérique qui avoisinent le golfe du Mexique, mais ils y sont d'espèces différentes. Dans quelques pays, ces animaux remontent assez avant dans les fleuves ; ainsi il y en a jusque sur le cours du haut Amazone, dans la région dite le Maragnon. Il y a donc des sirénides dans les eaux douces aussi bien que dans les eaux marines ; ceux-ci conservent, il est vrai, des habitudes littorales. Les cétacés, bien qu'on les suppose exclusivement propres aux eaux marines, ont aussi leurs représentants fluviatiles. En effet, indépendamment des animaux de cet ordre qui se tiennent aux embouchures des grands fleuves, comme le plataniste, du Gange ou de l'Indus, il y a des delphinidés exclusivement fluviatiles ; tels sont l'inia et certains dauphins d'espèce particulière, vivant exclusivement dans l'Amazone et dans ses principaux affluents et qui ne se rendent jamais à la mer.

On reconnaît plusieurs grands centres d'apparition des mammifères terrestres : celui de l'Australie, plus nettement caractérisé qu'aucun autre par les particularités propres aux espèces qui l'occupent ; celui de Madagascar, riche en quadrumanes de la famille des lémures, et qui, malgré son voisinage de l'Afrique, ne possède aucune espèce de singes ; celui de l'Amérique méridionale, et celui de l'ancien continent, auquel se rattache comme sous-division la faune de l'Amérique septentrionale. Les autres démembrements de ce dernier nous sont fournis par plusieurs faunes secondaires, au nombre desquelles on distingue celles de l'Asie septentrionale, de l'Europe et de la partie méditerranéenne de l'Afrique. Il faut y ajouter la faune de l'Afrique proprement dite et celle de l'Inde, qui ont l'une et l'autre des caractères plus tranchés et sont plus riches en espèces et en genres.

La faune européo-asiatique, aujourd'hui décimée et réduite à un nombre assez restreint d'animaux, a été, à une époque géologiquement peu reculée, presque aussi variée que celles de l'Afrique et de l'Inde. En effet, pendant l'époque quaternaire, elle a possédé des éléphants, des rhinocéros, des hippopotames, de grandes espèces de bœufs et de cerfs. Des carnassiers redoutables, tels que le lion des cavernes, la panthère, des hyènes, le grand ours et d'autres encore, en faisaient également partie ; mais peu à peu tous ces animaux ont disparu par l'influence de la période glacière et, concurremment, des espèces du Nord, telles que le renne, le glouton, sans doute aussi l'isatis, se sont étendues jusque dans nos contrées pour en disparaître ensuite.

De semblables extinctions ont eu lieu en même temps dans l'Amérique méridionale, ainsi qu'en Afrique, et l'on constate que les espèces alors anéanties dans ces deux continents se rattachaient par les traits principaux de leur organisation à celles qui de nos jours sont plus particulièrement caractéristiques des pays dont il s'agit. Beaucoup d'édentés se remarquent parmi les fossiles de l'Amérique et, en Australie, ce sont surtout des marsupiaux que l'on reconnaît parmi les espèces perdues.

En s'étendant sur tous les points du globe, l'homme a contribué, après les éléments, à faire disparaître toutes ces espèces ou à diminuer le nombre de leurs représentants. L'Europe a surtout été le témoin de ces anéantissements ; mais la conquête de certains animaux a donné le moyen de repeupler toutes ces contrées, et, par la culture, elles ont formé des centres de civilisation. Le chien, le cheval, l'âne, le bœuf et diverses autres espèces du même genre, la chèvre, le mouton, le porc, sont devenus, en Asie, en Europe et en Afrique, la source de nos richesses, comme le lama l'est encore pour certaines parties de l'Amérique méridionale. Des lieux déserts ont été transformés par l'agriculture, et les Européens ont porté sur tous les points du globe ces espèces empruntées à la nature sauvage et modifiées dans leurs caractères pour les propager à l'infini et en multiplier les races.

Antérieurement à l'époque quaternaire, avaient existé sur plusieurs parties du monde d'autres populations de mammifères, et on a la preuve qu'il y a eu en Europe plusieurs successions analogues. Dans l'Inde, de nombreux mammifères vivaient pendant la période miocène. Quoique différents par leurs espèces de ceux qui habitaient l'Europe, ils avaient cependant avec eux une certaine ressemblance générique. Les traces d'une population non moins singulière ont été retrouvées dans le Nébraska, aux États-Unis. Elle se rattache par des liens analogues à celle dont nous observons les restes fossiles dans les marnes de Ronzon, près le Puy en Velay et dans quelques autres localités. Antérieurement avaient apparu dans nos contrées les paléothériums, les anoplothériums, les hyènodons, etc., qui ont laissé leurs débris dans les dépôts gypseux de Paris, et plus anciennement encore les lophiodons, enfouis dans le calcaire grossier. Ce ne sont pas là les plus anciens mammifères de la période tertiaire. Les lignites du Soissonnais et les argiles de Meudon, dont le dépôt est antérieur à celui du calcaire grossier et des argiles plastiques, ont fourni plusieurs genres différents des précédents, parmi lesquels il nous suffira de citer le paléonictis, de l'ordre des carnivores, et le coryphodon, qui appartenait aux jumentés. L'arctocyon, dont nous avons déjà parlé, n'est pas moins ancien.

La période secondaire a eu aussi ses mammifères, mais ceux dont les débris ont été découverts dans les sédiments qu'elle a laissés étaient de petite taille, et leurs caractères semblent tellement différents de ceux des espèces propres à la période tertiaire ou encore existants, qu'on n'a pu les attribuer à aucune des familles auxquelles appartiennent ces derniers. On les a presque exclusivement rencontrés en Angleterre. Ce sont, pour l'étage de Purbeck, les plagiaulaux, ainsi que plusieurs autres également très-singuliers, et, pour l'oolithe de Stonesfield, différents genres, dont les principaux sont considérés par beaucoup d'auteurs comme appartenant à la sous-classe des marsupiaux. Ainsi que nous l'avons déjà dit, tous ces anciens mammifères étaient de petite taille. Tels étaient aussi les microlestes du Wurtemberg. Ce genre, très-incomplètement connu, appartenait à une date plus reculée encore, puisqu'on l'a trouvé dans des couches du trias.

Ces curieuses découvertes ont été le fruit des recherches faites par les naturalistes soit sur les débris fossiles que l'on rencontre sur tous les points du globe, soit sur les parties osseuses ou le système dentaire des animaux actuels. Elles nous montrent l'importance des comparaisons ostéologiques entreprises dans les principaux musées. L'un des plus savants naturalistes du siècle dernier, Guettard, avait entrevu la nécessité de recourir à cet examen lorsque, après avoir essayé en vain de se faire une idée exacte des caractères anatomiques des animaux enfouis dans le gypse de Montmartre, il disait que leur détermination restera incomplète tant que l'anatomie comparée ne viendra pas au secours des géologues.

L'esprit élevé de Buffon lui avait fait entrevoir la grandeur des résultats auxquels ces études devaient bientôt conduire, et dans l'un des chapitres de son *Histoire des minéraux* il écrivait ces mots remarquables à propos des fossiles : « Je le répète, c'est à regret que je quitte ces objets intéressants, ces précieux monuments de la vieille nature, que ma propre vieillesse ne me laisse pas le temps d'examiner assez pour en tirer les conséquences que j'entrevois... D'autres viendront après moi qui pourront supputer... » Pallas, Cuvier, de Blainville, Owen, etc., ont montré combien ces prévisions du grand naturaliste étaient fondées, et chaque jour de nouvelles découvertes viennent s'ajouter à celles dont la science leur est redevable.   Paul Gervais.

Bibliographie. — Ray (J.). *Synopsis methodica animalium*, in-8°. Londres, 1693. — Buffon (avec la collaboration de Daubenton). *Hist. nat. gén. et partic.* L'édition in-4° est citée de préférence à l'in-8° et aux réimpressions, avec ou sans parties complémentaires du même ouvrage. — Klein. *Quadrupedum descriptio brevis*, in-4°; 1740. — Brisson. *Regnum animale in classes IX distributum*, in-8°. Paris, 1756. — Schreber. *Die Säugethiere in Abbildungen nach der Natur mit Beschreibungen*, in-4°. Commencé à Erlangen en 1775, continué par Goldfuss et par A. Wagner. — Vicq-d'Azyr. *Système anatomique des animaux*, 1 vol. in-4°; 1792 (fait partie de l'Encyclopédie méthodique). — Pennant. *History of Quadrupeds* (la 3° édit., 2 vol. in-4°, a paru, à Londres, en 1793). — Illiger. *Prodromus systematis mammalium*, 1 vol. in-8°. Berlin, 1811. — G. Cuvier. *Ossements fossiles*, 1re édition, 4 vol. in-4°, 1811-1812 (extrait des Annales du Muséum); 2° édition, 5 vol. in-4°, 1821-1823; 3° édition, texte, 10 vol. in-8°, atlas, 2 vol. in-4°, avec explication, 1834-1836. — Desmarest. *Mammalogie*, 1 vol. in-4°. — Cuvier. *Dents des mammifères*, 1 vol. in-8° avec pl. Paris, 1825. — Temminck. *Monographies de mammalogie*, 2. vol. in-4°, avec pl. Paris, 1827-1840. — Geoffroy Saint-Hilaire et Cuvier (Fr.). *Hist. nat. des mammifères*, 3 vol. in-fol. Paris, 1824 (presque tous les articles sont dus à Fr Cuvier). — Cuvier (Fr.). Article *Zoologie*, dans le tome LIX du *Dictionnaire des sciences naturelles*; 1829. — Gray (J. E). *Catalogue of the specimen of mammalia in the Collection of the British Museum*; 3 parties in-12, savoir : *Lest of the Mammalia*; *Cetacea and seals et Furcipeda*; et 2 vol. in-8°, savoir : *Seals and Whales* (1866); *Carnivorous, Pachydermatous and Edentata* (1869). — Waterhouse. *Nat. Hist. of the Mammalia*, in-4°. Londres. Deux volumes seulement ont paru : t. I, *Marsupiata* (1846); t. II, *Rodentia* (1848). — Gervais (P.). *Hist. nat. des mammifères*, 2 vol. in-8°. Paris, 1854 et 1855.

Voir pour les Monographies, Descriptions spéciales et Observations ou Remarques diverses, les différents recueils édités en France ou à l'étranger, les faunes régionales, les voyages scientifiques et autres publications. La *Bibliothèque zoologique* de Victor Carus et Engelmann, t. II, p. 1261 à 1412, énumère la plus grande partie de ces travaux parus antérieurement à l'année 1861.   P. G.

MANARDO (Giovanni), une des gloires de la médecine italienne, à l'époque de la grande rénovation intellectuelle; il était né à Ferrare, le 24 juillet 1462, et avait fait ses études dans cette ville, sous Fr. Benzi, mais surtout sous le célèbre Leoniceno, qui attirait alors à Ferrare une foule d'étudiants. Quoique très-jeune encore, — il n'avait alors que vingt ans, — Manardo commença des cours en 1482, et il les continua jusqu'en 1495. A cette époque, il devint le médecin et l'ami du grand savant Pic de la Mirandole, et il collabora au traité que celui-ci composait contre l'astrologie judiciaire, puis il revint à Ferrare vers 1502. Dix ans après, en 1513, il fut, sur sa haute réputation, appelé auprès de Ladislas VI, roi de Hongrie, qui désirait l'attacher à sa personne. Ladislas étant mort, Manardo demeura quelque temps encore en Hongrie et retourna enfin, en 1519, à Ferrare, qu'il ne devait plus quitter désormais. En 1526, à la mort de Leoniceno, il fut seul jugé digne de succéder à son ancien maître.

Manardo succomba, le 8 mai 1536, aux excès qu'il commit, dit-on, avec une jeune personne que, malgré son grand âge, il avait épousée en secondes noces, ce qui donna lieu à l'épitaphe épigrammatique que lui composa P. Curtius :

Dum, Manarde, vigil cum prole Coronidis esses,
   Vidisti vitam perpetuam esse tuam.
Et dum formosa cum Pallade conjuge dormis,
   Sensisti mortem curvus adesse senex.
Hic nunc clare jaces, et quem Podalirion esse
   Vidimus, annosum sustulit ipsa Venus.

Manardo doit être mis au nombre des médecins qui, rejetant l'autorité des Arabes, ont mérité le titre de restaurateurs de la science. Du reste, voici la profession de foi dans laquelle il arbore hautement le drapeau de l'indépendance et du libre examen : « *Rem si ullo unquam tempore, imprimis nostro sœculo summe necessariam puto, hac in arte scribere ea ingenuitale et audacia, ut, veritate prœ oculis habita, neque auctoritatis, neque antiquitatis, propter mille etiam annos ulla ratio habeatur. Ex ignavia enim et nimia in seniores observantia, factum esse cognosco, cur hactenus non solum nihil arti a nostratibus sit adjectum, sed etiam priscorum commentaria sine delectu, velut oracula suscepta sint; licet quandoque ita fœda et barbara ut intelligi non possint* » (*Med. epist.*, lib. II, epist. 1). A ces audacieuses propositions il ajoute que, dans l'examen des malades, il vaut mieux consulter le pouls et l'état des urines que les astres. C'est donc à tort que Haller donne notre auteur pour semi-arabiste et semi-galéniste. Il était ce qu'on appellerait aujourd'hui un libre penseur. Cet esprit d'indépendance se montre encore dans la querelle sur la dérivation et la révulsion, où il prit parti pour Brissot. Enfin, il s'occupa avec succès de la botanique, surtout à l'occasion de ses critiques sur Mesné.

Manardo a écrit les ouvrages suivants :

I. *Medicinales epistolœ, recentiorum errata et antiquorum decreta penitissime reserentes. Epistola Huberti Barlandi*, etc. Parisiis, 1528, in-8°; Argentorati, 1529, in-8°, etc. — II. *In Primum artis parvœ Galeni librum commentarius.* Basileæ, 1536, in-4°. — III. *Epistolarum medicinalium libri XX. Ejusd. in Joh. Mesue simplicia, etc.* Basileæ, 1540, in-fol ; Venetiis. 1611, in-fol.; et sous ce titre ἰατρολογία ἐπιστολικὴ, *sine curia medica viginti libris epistolarum*, etc. — IV. *De morbo Gallico epistolœ duœ et de ligno indico totidem*, insérées dans la collection de Luisinus.   E. Bgd.

MANCANILLA (*Voy.* HIPPOMANE, MANCENILIER).

MANCENILIER (*Hippomane* L.). Genre de plantes, de la famille des Euphorbiacées, dont les fleurs sont monoïques et apétales. Dans les fleurs mâles, on observe un petit calice gamosépale, à deux ou trois divisions peu profondes, dont une postérieure, imbriquées dans le bouton, et un androcée ordinairement diandre. Du centre de la fleur s'élève une petite colonne commune qui bientôt se partage en deux filets latéraux, alternes avec les sépales, supportant chacun une anthère biloculaire, extrorse, à loges déhiscentes par une fente longitudinale et surmontées d'une courte saillie du connectif. Les fleurs femelles ont le même périanthe, un peu plus développé, plus ordinairement trimère, et un ovaire pluriloculaire, supère, surmonté d'un style à autant de branches étroites, aplaties, radiées, enroulées en dehors au sommet, stigmatifères en dedans, qu'il y a de loges à l'ovaire. Dans l'angle interne de chacune de celles-ci, dont le nombre varie de cinq ou six à neuf ou dix, on observe un seul ovule, inséré vers le haut de l'angle interne, descendant, anatrope, à micropyle supérieur et extérieur, coiffé d'un petit obturateur. Le fruit est une drupe. Son épicarpe est coloré ; son mésocarpe, charnu, pulpeux, est parcouru par des vaisseaux laticifères qui contiennent un suc laiteux abondant, surtout avant la maturité complète. Le noyau est épais, osseux ou pierreux, très-inégal en dehors, couvert de rugosités et d'angles saillants, enveloppé par la pulpe du mésocarpe qui pénètre dans leurs anfractuosités. A l'intérieur, il est partagé en un nombre variable de logettes (6-8, ou davantage), contenant chacune une graine descendante qui, sous ses téguments minces, renferme un épais albumen charnu, huileux, entourant lui-même un embryon à radicule supère, cylindro-conique, à cotylédons foliacés. Au centre du fruit est une columelle épaisse, ligneuse, qui supérieurement est séparée des loges ou coques du noyau par un canal oblique, donnant, au niveau de chaque loge, passage au funicule séminal. Les Manceniliers sont des arbres de l'Amérique tropicale. Tous leurs organes sont gorgés d'un suc laiteux âcre, renfermé dans des vaisseaux laticifères. Leurs feuilles sont alternes, simples, pétiolées, accompagnées de deux stipules latérales caduques. Leurs fleurs forment des épis terminaux composés, chargés de bractées alternes, avec des bractéoles latérales. Dans l'aisselle des quelques bractées inférieures se trouvent des fleurs femelles, ordinairement solitaires. Plus haut, il y a dans l'aisselle de chaque bractée un glomérule de fleurs mâles.

La plus célèbre des espèces de ce genre est le Mancenilier commun ou véneneux, ou *Hippomane Mancinella* L. (Spec., 1431), qui est le *Mancanilla* de Plumier (Gen., 49, t. 30), et le *Mancinella venenata* de Tussac (Fl. Ant., III, 21, t. 5). C'est un arbre des plages maritimes des Antilles et des côtes voisines de la terre ferme, car on l'a retrouvé sur le littoral du Mexique méridional, à Costa-Rica, Panama, Carthagène, Caracas, au sud de la Floride et même sur la côte mexicaine du Pacifique. Il croît souvent sur les sables et dans les mares saumâtres de ces côtes, où plusieurs animaux marins rongent son écorce ou son feuillage, et peuvent, dit-on, devenir par là vénéneux. Toutes ses parties sont glabres. Son tronc, lisse et nu, se partage ensuite en branches vigoureuses, chargées de feuilles alternes, persistantes. Son bois est pâle et mou, mais ouvrable; son écorce, lorsqu'on l'incise, laisse échapper une quantité quelquefois considérable de lait épais, d'un blanc pur, visqueux, tachant les vêtements, la peau, le fer, et qui se retrouve dans beaucoup d'autres parties de la plante. On a dit avec raison que le feuillage rappelle beaucoup celui d'un Poirier. Les feuilles, ovales-aiguës, arrondies à la base, plus ou moins acuminées au sommet, ont un limbe de 10 à 12 centimètres de longueur, sur 5 ou 6 de largeur. Leurs bords sont découpés en petites dents ou crénelures glanduleuses, quelquefois fort peu marquées. Elles sont presque coriaces, glabres, penninerves, finement veinées, d'un beau vert brillant et lisse en dessus, d'un vert blanchâtre et terne en dessous. Leur pétiole, cylindrique et assez grêle, accompagné à sa base de stipules peu développées, atteint quelquefois la longueur même du limbe, bien qu'en général il soit un peu plus court. Au point de rencontre de son sommet avec la face supérieure du limbe, on observe deux petites glandes orbiculaires, très-rapprochées l'une de l'autre, se touchant même sur la ligne médiane, et légèrement saillantes. L'épi a d'un demi-décimètre à un décimètre et demi de longueur. Les fleurs, distantes les unes des autres, sont très-peu visibles, sans éclat; les mâles, jaunâtres; les femelles, verdâtres, avec des styles pourprés. Le fruit à l'air d'une petite Pomme d'api; il est globuleux et déprimé, large d'environ 3 ou 4 centimètres, porté par une queue longue d'environ un demi-centimètre. Sa couleur est jaune, avec une teinte d'un beau rouge d'un côté seulement; et son aspect est tellement appétissant, que la plupart des empoisonnements produits par le Mancenilier sont déterminés par cette pomme que les voyageurs portent à leurs lèvres pour se rafraîchir ou se mourrir. Les erreurs funestes provoquées par cette ressemblance étaient fréquentes autrefois, surtout parmi les étrangers. Aussi le gouvernement fait-il détruire autant que possible, au dire de Tussac et de sir Schomburgk, cet arbre dont le fruit et le feuillage sont aussi agréables à la vue que pernicieux pour la santé. Les habitants le connaissent généralement beaucoup mieux et s'en éloignent avec horreur; ils le désignent sous les noms d'Arbre-poison, Arbre de mort, Noyer vénéneux, et ils répètent un grand nombre de légendes plus ou moins fabuleuses sur cet arbre, qui fut long-temps considéré comme le plus terrible des poisons végétaux. Non-seulement ses feuilles, son fruit, son suc laiteux, passaient pour donner la mort, pour brûler la peau, détruire les yeux ; mais encore, le voyageur imprudent qui s'endormait sous son feuillage charmant ne devait plus se réveiller. Était-ce une vapeur sub-tile qui s'échappait du Mancenilier pour causer ces accidents formidables ? Ou bien fallait-il que la pluie ou la rosée qui avaient séjourné sur les feuilles tombassent en suite sur le corps de l'imprudent pour agir topiquement, au contact de la peau et des muqueuses ? Le célèbre Jacquin, dans son voyage aux Antilles, réduisit à leur véritable valeur ces assertions exagérées. Il reçut pendant plusieurs heures, sur le corps presque nu, une pluie violente, traversant le feuillage d'un Manceniller, et il n'en ressentit aucun mal. C'est qu'il n'y a, en effet, de dangereux dans le Man-cenilier que son latex, lequel ne s'écoule que quand il y a solution de continuité des organes qui le renferment. Et encore faut-il que la plante soit fraîche pour que ce latex conserve toute son intensité d'action ; car son poison s'altère ou dis-paraît par le fait de la chaleur, de la dessiccation. Il m'est arrivé, pendant près d'un mois, d'étudier sur des échantillons secs les feuilles, les fleurs et les fruits de l'*Hippomane*, de les faire bouillir pour les ramollir, de passer des heures d'étude, le visage penché sur le porte-objet où ces parties étaient déposées, de goûter l'eau dans laquelle elles avaient bouilli, sans avoir éprouvé le moindre accident. Le seul point important, c'est de ne pas manger la portion charnue du fruit frais, et de ne pas appliquer sur la peau le latex, qui la brûle à la façon d'un corps vésicant, et surtout de ne pas laisser couler sur le conjonctive une goutte de ce liquide, qui produit des ophthalmies intenses par son contact. Les sauvages s'en servent pour empoisonner leurs flèches. D'ailleurs, la médecine et l'industrie peuvent en tirer quelque profit. Il y a beaucoup de caoutchouc dans le latex, mais il est peu exploité. A petite dose, les fruits et le bois sont diurétiques. L'écorce le bois, sont sudorifiques, et on les a préconisés contre les accidents syphiliti-ques. On s'est servi du suc comme irritant pour le traitement d'ulcères tenaces ou de mauvaise nature. On dit même qu'avec un extrait de son écorce, on a pu guérir des fièvres intermittentes rebelles. Aux Antilles, on croit que le *Bignonia Leucoxylon*, vulgairement désigné sous le nom de Poirier, est le meilleur contre-poison du Mancenilier.

Le Mancenilier épineux, nommé par Linné *Hippomane spinosa*, est une espèce mal connue. On n'a guère de renseignements sur cet arbre américain que la figure qu'en a donnée le P. Plumier (*op. cit.*, t. CLXXI, fig. 1), et celle de la Flore des Antilles de Tussac. L'échantillon de M. épineux, qui existe dans l'herbier du Muséum de Paris, et qui a des feuilles de Houx (d'où le nom de *Sapium ilicifolium* W., *Spec.*, IV, 513), paraît bien appartenir à une plante du même genre que l'*H. Mancinella*; mais ses fleurs nous sont inconnues. Tussac cite cependant l'*H. spinosa* comme un poison redoutable et comme un remède contre les fièvres intermittentes quartes. C'est aussi l'extrait de l'écorce qui sert à cet usage. Ses graines sont purgatives H. BN.

L., *Gen.* n. 1088. — LAMK, *Illustr.*, t. 793. — A. JUSS., *Tent. Euphorbiac.*, 51, t. 16, fig. 54. — GUIB., *Drog. simpl.*, éd. 6, II, 344, fig. 446. — ROSENTH., *Syn. plant. diaphor.*, 820. — H. BAILLON, *Étud. gén. du groupe des Euphorbiacées*, 539, t. 6, fig. 12-20.

MANCHOT. Genre d'oiseaux palmipèdes marins, dont l'organisation est très-remarquable et dont la chair est comestible. Les caractères du genre sont d'avoir un bec renflé et dilaté à la base de la mandibule supérieure, convexe en dessus ; des ailes impropres au vol, réduites à des moignons aplatis ressemblant à des nageoires, pourvues de vestiges de plumes sous forme de squames ; les tarses portés tout à fait en arrière, très-gros, très-courts, très-élargis ; quatre doigts, trois antérieurs réunis par une membrane, plus un pouce petit et collé à la partie inférieure du bord.

Ces oiseaux diffèrent des Pingouins, avec lesquels on les a souvent confondus, car ces derniers ont des ailes à rémiges et leurs pieds n'offrent pas de pouce. Les Pingouins habitent les régions boréales et au contraire les Manchots sont des contrées australes dans les mers du Sud.

Buffon a dit que les Manchots sont « le moins oiseaux possible, » et en effet leurs mœurs répondent à leur organisation. Ces animaux ont une vie tout aquatique ; ils vivent sur mer pendant huit mois de l'année et souvent au large, soit gîtés sur un glaçon, soit nageant jusqu'à 130 lieues des côtes. Leurs évolutions sur l'eau ou dans l'eau sont des plus vives : ils nagent le corps submergé, la tête seule en dehors ; ils plongent à de grandes profondeurs et restent longtemps sous l'eau. Quand ils rencontrent un obstacle, ils s'élancent hors de l'eau, et retombent au delà de l'objet qui gênait leur marche.

Si les mouvements de ces oiseaux sont aisés et très-faciles dans l'eau, ils sont au contraire lourds et embarrassés lorsqu'ils sont à terre. Leurs pieds, placés à l'arrière de l'abdomen, les obligent à se tenir debout, le corps vertical, ayant pour point d'appui non-seulement les doigts, mais le tarse entier. Cette attitude et la coloration du corps blanche et noire les a fait comparer par les voyageurs à des files de petits enfants ayant des tabliers blancs. Du reste, l'indolence de ces oiseaux posés à terre est extrême : ils ne fuient qu'à regret, se laissent approcher de très-près et ne se défendent qu'à coups de bec. Ils pincent fortement et peuvent enlever le morceau sur une jambe nue. Le cri des Manchots rappelle le braiement de l'âne.

La ponte a lieu vers la fin de septembre ou au commencement d'octobre, dans des trous pratiqués dans le sable, et, pour quelques espèces, sur la roche elle-même. Les œufs ne sont pas nombreux, un ou deux tout au plus. Ce peu de fécondité rapproché des récits des voyageurs, où il est dit que ces oiseaux sont en nombre prodigieux, prouve leur longévité dans les endroits inhabités dont l'homme ne trouble pas la solitude. Mais déjà les localitées visitées autrefois par Narborough, Drake et par Cook sont moins peuplées : dans quelques endroits ces oiseaux ont presque entièrement disparu, et les espèces actuellement existantes finiraient par s'éteindre à la manière du Dronte de l'île Maurice, si leur habitat glacé et porté jusqu'aux zones polaires australes ne les préservait très-efficacement.

La chair de ces oiseaux offre une grande ressource aux marins dans les mers inhospitalières habitées par les Manchots ; les navigateurs sont unanimes à cet égard ; mais les uns lui trouvent le goût de l'oie, d'autres la déclarent médiocre, d'autres enfin la disent musquée et d'un goût de poisson prononcé. Il s'agit peut-être d'oiseaux d'espèce et d'âges différents.

L'espèce de Manchot la plus commune est le GRAND MANCHOT de Buffon (*Aptenodytes patagonica* Forst., ἀπτήν, -ῆνος sans ailes, δύτης, plongeur), qui se trouve à la Terre-de-Feu, aux îles Malouines et à la Nouvelle-Guinée, dont la couleur est d'un blanc ardoisé en dessus, d'un blanc lustré et satiné en dessous, avec masque noir entouré d'une sorte de cravate d'un jaune vif et doré. La fourrure en est estimée. **A. LABOULBÈNE.**

MANDCHOURIE [*Voy.* CHINOIS (Empire)].

MANDIOCCA (*Voy.* MANIOC, MANIHOT).

MANDRAGORE (*Mandragora* T.). § I. **Botanique.** Genre de plantes, de la famille des Solanées, que Linné a fait rentrer dans le genre *Atropa*. Leurs fleurs ont un calice turbiné, à cinq divisions profondes, et une corolle gamopétale, campanulée, quinquéfide, plissée dans sa longueur et imbriquée dans le bouton. Les étamines, au nombre de cinq, sont insérées sur la portion inférieure de la corolle ; elles se composent d'un filet dilaté à sa base, au-dessus de laquelle il porte une sorte de manchette de poils nombreux ; après quoi, il se rétrécit et supporte une anthère biloculaire, introrse, déhiscente par deux fentes longitudinales. Le gynécée est formé d'un ovaire, dont la portion inférieure est épaissie en un disque glanduleux superficiel, et qui s'atténue supérieurement en un style dont le sommet stigmatifère est renflé en tête. Dans chacune des deux loges de l'ovaire se trouve un placenta épais, adné à la cloison, et multiovulé. Le fruit est une baie qu'accompagne, à sa base, le calice persistant et à peine accru. La cavité de cette baie est unique, par suite de modifications dans les tissus du placenta et de la cloison ; elle renferme de nombreuses graines réniformes, dont l'embryon arqué est entouré d'un albumen charnu. Les Mandragores sont des plantes herbacées, vivaces, originaires de l'Europe méridionale. Leur racine est épaisse, charnue, pivotante, souvent bifurquée. Les feuilles forment, sur une tige extrêmement courte, une rosette serrée qui s'étale à la surface du sol ; chacune d'elles est ovale, longuement atténuée à sa base, entière, ondulée. Les fleurs naissent aussi à la surface du sol, portées chacune par un pédoncule plus ou moins dilaté dans sa portion supérieure.

Pendant longtemps les botanistes modernes n'ont parlé que d'une Mandragore, employée en sorcellerie et en médecine ; c'était le *Mandragora officinarum* L. Cependant les anciens distinguaient deux Mandragores. « Dioscoride et Pline, dit Fuchs (*Hist. des plantes*, 369, ch. 202), mettent deux espèces de Mandragores, à savoir le masle et la femelle. Le masle est blanc, lequel les Grecs appellent μώριον. De cestui-cy nous baillons icy le pourtraict (cette figure représente certainement un *Mandragora*) sans les pommes, toutes foys lesquelles nous n'avons peu rencontrer. La femelle est noire, appelée des Grecs θριδακίας, pour la semblance des feuilles. Théophraste toutes foys, au sixième livre de l'*Histoire des plantes*, second chapitre, semble constituer une troisième espèce de Mandragore, de laquelle le fruict est noir, amassé comme grains de raisin. » Cette dernière description s'applique, sans doute, à la Morelle maniaque des médecins de ce temps, c'est-à-dire probablement à la Belladone. Mais les deux premières se rapportent à des Mandragores véritables, celles dont Dioscoride « afferme publiquemēt que les pommes des deux premiers Mandragores sont semblables aux moyeux d'œufz, et palles. » Toutes les véritables Mandragores d'Europe ont en effet le fruit vert d'abord, puis jaune à la maturité. C'est ce que l'on voit très-bien représenté dans le travail spécial que Bertoloni a publié en 1835, à Bologne, sous le titre de *Commentarius de Mandragoris*, et dans lequel il établit que la seule espèce de Mandragore admise par Linné peut être décomposée en trois espèces différentes, qu'il a nommées *Mandragora officinarum, vernalis* et *microcarpa*.

I. La Mandragore officinale (*M. officinarum* L., *Spec.*, 181, (part.); Vis., *Vir. bonon.*, 6.— *Atropa Mandragora* L., *Spec.*, ed. 2, 259.—Sibth., *Fl. græc.*, III, 26, t. 232 (part.) est une plante cultivée en Sicile. On la trouve aussi en Calabre, en Crète, en Cilicie, dans le nord de l'Afrique, dans le midi de la France, et en Espagne. On l'appelle vulgairement, en Italie, *Mandragola femmina*, et chez nous Mandragore femelle, Main de gloire, Herbe aux magiciens. Sa racine est épaisse, longue, fusiforme, blanchâtre en dedans, noirâtre à la surface, entière ou bifurquée, et, dans ce cas, plus ou moins analogue de forme à la partie inférieure du tronc, avec les membres abdominaux de l'homme ; d'où les noms anciens d'*Anthropomorphon* ou de *Semi-homo*. Les feuilles sont assez grandes, les extérieures obtuses au sommet, les intérieures aiguës, d'un vert un peu glauque, luisantes en dessus, plus pâles en dessous, plus ou moins hérissées de poils et ciliées sur les bords, à pétioles allongés. Les fleurs se succèdent pendant longtemps sur la plante, et ont des pédoncules d'un vert rougeâtre, dilatés et pentagonaux dans leur portion supérieure. Les corolles sont grandes, trois fois environ aussi longues que le calice, d'un violet pâle. Le fruit est ovoïde-oblong, obtus, avec un petit apicule, égal en longueur au calice qui l'entoure. Sa couleur est jaune fauve à la maturité, et son odeur forte, mais non désagréable. Bertoloni croit que Matthiole, Lobel, Dodoens, etc., n'ont pas connu cette plante, et que c'est la seule que Linné ait pu étudier et décrire.

II. La Mandragore mâle (*Mandragola maschia* ou *Mela canina* des Italiens), inconnue de Linné, est le μανδραγόρας de Dioscoride (lib. IV, cap. 74). Bertoloni l'a nommée *Mandragora vernalis*. Elle développe, en effet, ses feuilles et ses fleurs au commencement du printemps. Cultivée dans nos jardins, elle y fleurit en mars ou en avril. Sa véritable patrie paraît douteuse ; on sait seulement qu'elle existe depuis une haute antiquité dans les jardins d'Italie. Sa racine est semblable de forme à celle de la précédente, mais plus grosse et pâle à l'extérieur (ordinairement d'un blanc sale). Ses feuilles sont bien plus grandes également. Les fleurs sont nombreuses, pressées, à pédoncules d'un vert pâle, plus courts que les feuilles, velus. Leur corolle est d'un blanc verdâtre ou un peu jaunâtre. Les fruits sont beaucoup plus volumineux que ceux de l'espèce précédente, gros comme une pomme d'api, globuleux, lisses, jaunes, dépassant de beaucoup le calice. Linné n'a pas connu cette espèce. Mais c'est celle que Dioscoride a mentionnée, et Fuchs l'a figurée, sans fleurs ni fruits, dans son *Histoire des plantes*.

III. Bertoloni a observé une troisième espèce, bien distincte, suivant lui, des précédentes, et originaire de la Sardaigne. Il l'a nommée *M. microcarpa*. C'est le *Mandragola minore* des Italiens. Celle-ci a une racine bien plus petite que les précédentes, noirâtre à l'extérieur. Ses feuilles sont étroites, ovales-lancéolées, aiguës ou obtuses au sommet, d'un vert sombre, entières et ordinairement unies, tandis qu'elles sont plus ou moins corruguées dans les deux espèces précédentes. Ses fleurs sont disposées comme celle du *M. officinarum*. Leur corolle est deux fois aussi longue que le calice, et d'un violet foncé. Les anthères sont d'un blanc violacé. Le fruit est très-petit, globuleux, apiculé, plus court que le calice au fond duquel il se trouve logé. Telles sont les trois plantes qui paraissent avoir été indifféremment employées en Italie, comme médicaments ou comme poisons, sous le nom de Mandragore officinale.　　　　　　　　　　　　　H. Bn.

Tournefort, *Inst. Rei herb.*, 76, t. 12. (*M. vernalis*). — J., *Gen.*, 125. — Gærtner, *De fruct.*, II, 236, t. 131. — Endlicher, *Gen.*, n. 5859; *Enchir.*, 334. — Dun., in DC. *Prodromus*, — Guib., *Drog. simpl.*, édit. 6, II, 494, fig. 509. — Rich. (A), *Elém. d'Hist. nat. méd.*, éd. 4, II, 421. — Mér. et Del., *Dict. mat. méd*, I, 498. — Cazin, *Pl. médic. ind.*, éd, 3, 611. — Rosenth, *Syn. plant. diaphor.*, 466.

§ II. **Emploi médical**. Toutes les parties de la mandragore ont été employées en médecine : les feuilles, les semences, la racine; celle-ci est la partie la plus usitée, sous forme de *poudre*. Ces diverses parties peuvent être soumises aux mêmes préparations pharmaceutiques que la belladone. Les feuilles de mandragore pourraient entrer dans le baume tranquille au même titre que celles des autres solanées.

Action physiologique. Elle est analogue à celle de la belladone, avec laquelle d'ailleurs la mandragore offre de grandes ressemblances, tant sous ce rapport que sous celui des effets thérapeutiques, paraissant seulement lui être un peu inférieure en énergie. Ainsi, la mandragore dilate la pupille, provoque la sécheresse et la constriction du gosier, et suscite le délire atropique avec ses rêves fantasques et ses hallucinations bizarres. Mais si à trop fortes doses elle produit ces accidents, auxquels s'ajoutent l'agitation et l'insomnie, à doses modérées elle calme la douleur et apaise l'excitation nerveuse. Il semblerait aussi que, mieux que la belladone et à l'instar de l'opium, elle provoque le sommeil. A cette action hypnotique se joindraient encore des propriétés anesthésiques qui ont attiré l'attention des plus anciens observateurs. Il résulta des propriétés stupéfiantes et délirantes de cette plante qu'elle servit à des buts divers. La magie et la sorcellerie en usaient ou plutôt en abusaient sur leurs adeptes ou leurs victimes, pour leur communiquer les troubles cérébraux qui les mettaient à leur merci et faisaient ressortir la puissance de leur art pernicieux. Souvent aussi la mandragore entra dans ces breuvages narcotiques destinés à provoquer une léthargie qui allait jusqu'à simuler la mort, pratique périlleuse que certaines œuvres dramatiques ont rendue célèbre. Mieux inspirée, la médecine grecque et romaine tira parti de cette faculté d'engourdir et même d'abolir momentanément la sensibilité pour supprimer la douleur. On trouve, en effet, dans plusieurs passages des ouvrages d'Hippocrate, de Galien et de Celse le conseil d'administrer la mandragore préalablement aux grandes opérations chirurgicales; et ces prescriptions de nos premiers maîtres viennent ainsi, en s'y reliant, devancer les méthodes anesthésiques plus parfaites, conquises par la chirurgie contemporaine (*Voy*. dans ce Dictionnaire, l'article Anesthésie chirurgicale, aux pages 434 et 435).

Action thérapeutique. Si d'une part, ainsi qu'il a été dit plus haut, Hippocrate, Galien et Celse, d'autre part Dioscoride, et plus tard son commentateur Mattioli, avaient signalé et recommandé la mandragore comme somnifère, narcotique et anesthésique, elle n'était plus au moyen âge qu'une sorte d'*herbe aux sorciers*, et comptait à peine parmi les médicaments. On voit cependant Boerhaave y revenir et l'employer en cataplasmes, bouillie dans du lait, sur les tumeurs scrofuleuses; Hoffbert et Swediaur la conseillent contre les indurations squirrheuses et syphilitiques; Gilibert, comme calmant, contre les accès de goutte. Quelques médecins allemands tentent aussi sa réhabilitation. Elle n'en reste pas moins méconnue et délaissée, et la belladone lui est préférée dans tous les cas où néanmoins il n'aurait pas été sans intérêt d'examiner comparativement l'action de ces deux plantes congénères. L'étude de la mandragore mériterait donc d'être reprise et sérieusement faite, au double point de vue chimique et pharmacodynamique; il y a encore d'utiles applications cliniques à en espérer.

Ainsi, de nos jours, en a pensé M. Michéa, qui a expérimenté avec succès la mandragore dans le traitement de l'aliénation mentale. Sur quatre cas, il a obtenu une guérison, et deux améliorations. Il a fait usage de la poudre de la racine, à doses croissantes, jusqu'à un gramme.

Les *doses* et *modes d'administration* de la mandragore sont indiqués comme devant être à peu près les mêmes que pour la belladone; la première toutefois paraît pouvoir être prescrite à doses supérieures à celles de la seconde. C'est à de nouvelles et précises expériences à les mieux déterminer. Bodard dit que l'écorce est un purgatif drastique et un émétique violent; il serait donc bon d'en dépouiller la racine avant de la pulvériser.

Les considérations toxicologiques relatives à la belladone sont également applicables à la mandragore. Toutes les parties de cette dernière plante possèdent les propriétés toxiques communes aux solanées vireuses; et ses fruits notamment, par suite de leur ressemblance avec de petites pommes, ont parfois donné lieu à des empoisonnements accidentels.

Bibliographie. — Gatelan (L.). *Rare et curieux discours de la plante appelée mandragore.* Paris, 1639. — Schuid (J.). *De mandragora, disp. philologica.* Leipzig, 1651. — Deusing (A.). *Diss. de pomis mandragoræ.* Groningue, 1859. — Holtzbom (A.). *Diss. de mandragora.* Upsal, 1702. — Gleditsch (J.-G.). *Sur la mandragore,* dont l'histoire a été familière dans l'antiquité. In *Mémoires de l'Académie de Berlin.* 1778. — Mérat et de Lens. Article *Atropa mandragora.* In *Diction. univ. de matière médicale,* t. I, p. 498. — Michéa. *De l'emploi de la mandragore dans l'aliénation mentale.* In *Gazette médicale de Paris,* 1854 et *Annuaire de thérap. de Bouchardat,* 1855, p. 20. D. DE SAVIGNAC.

MANDRILL. Nom vulgaire d'une espèce de singe du genre *Mandrilla* (*Simia maimon* Linn., Jeune âge, et *Simia mormon,* L., adulte), habitant la côte d'Afrique, et surtout la Guinée.

Le mâle a jusqu'à 5 pieds de longueur; son corps est trapu, les membres robustes; le pelage d'un gris brun, olivâtre en dessus, blanchâtre en dessous. La face est longue, coupée obliquement, le menton porte une barbiche jaune, les joues sont nues, renflées, à rides profondes, d'un bleu changeant en violet, le nez est d'un rouge vif avec l'extrémité écarlate; les oreilles, les mains et les pieds d'un noir bleuâtre; les fesses nues, larges, ont une coloration rosée fort vive, à teintes bleues et lilas sur les côtés. L'anus est placé très-haut, les parties génitales sont d'un rouge vif.

Les jeunes et les femelles ont le museau plus court que le mâle et d'un bleu uniforme. Le nez devient rouge chez les jeunes au moment où les canines se développent.

Les Mandrills sont d'un aspect hideux, d'une brutalité et d'une lascivité remarquables. C'est à eux qu'on peut attribuer les enlèvements de négresses dont on parle à propos des Orangs-outans. Ils portent d'ailleurs avec ces derniers et d'autres singes anthropomorphes le nom vulgaire d'hommes des bois (*Voy.* Mammifères et Singes). A. LABOULBÈNE.

MANETTIE. *Manettia.* Mutis. Genre de Dicotylédones, de la famille des Rubiacées. Aublet avait nommé ces plantes *Nancitæa,* mais le nom qui a prévalu est celui de *Manettia,* sous lequel Mutis les avait désignées. La seule espèce, qui mérite l'attention du médecin, est le *Manettia cordifolia*, décrite et figurée par Martius dans son *Specimen materiæ medicæ brasiliensis*. C'est une plante de la province des Mines et de Villa-Rica, dans le Brésil. Sa tige herbacée est volubile : ses feuilles opposées sont ovales, cordées à la base, aiguës au sommet, finement pubescentes sur les deux faces. Les pédoncules axillaires sont uniflores. Le calice de la fleur a quatre lobes ovales, lancéolés, pubescents ; la corolle est infundibuli-forme, longue d'un pouce, rouge, glabre extérieurement, villeuse à l'intérieur : elle porte, insérée à sa gorge, 4 anthères sessiles. Le fruit est une capsule ovale, s'ouvrant de haut en bas en déhiscence septicide.

Les racines du *Manettia cordifolia* sont ligneuses, de couleur brune. D'après Martins, elles sont émétiques, et leur écorce est usitée dans le Brésil, à la dose de un demi-gros à un gros, contre les hydropisies et la dysenterie.

AUBLFT. *Plantes de la Guyane*, I, 96, pl. XXVII.— MUTIS in LINNÉ. *Mantis*. 556. — MARTIUS. *Specim. mat. medic. brasil*. pag. 19, tabl. 7. — DE CANDOLLE. *Prodr*. IV, 363. — LINDLEY. *Medical Botany*. 239.   PL.

MANGANATES (*Voy.* MANGANÈSE).

MANGANÈSE Mn=28. § I. **Chimie.** Le manganèse métallique a été isolé presque en même temps par Scheele et par Gahn en 1774. C'est un métal d'un gris blanchâtre ressemblant à certaines fontes de fer; il est cassant, d'une extrême du-reté. La lime ne l'attaque pas : il raye au contraire l'acier le mieux trempé; un fragment à angle aigu coupe le verre comme le ferait un diamant. Il est inalté-rable à l'air humide; chauffé au contact de l'air, il s'oxyde en se colorant de diverses couleurs comme l'acier. Il n'est pas magnétique. Il n'entre en fusion qu'aux températures les plus élevées. Sa densité est de 7,20.

Extraction. M. H. Deville l'a obtenu en traitant le carbonate de manganèse par du charbon de sucre dans un creuset brasqué; on chauffe le mélange dans un feu de forge, à la plus haute température que l'on puisse produire. On obtient ainsi un culot de manganèse métallique. Mais le métal ainsi obtenu n'est pas pur; il est combiné à du carbone et constitue ainsi une sorte de *fonte* de manganèse, dont les propriétés s'écartent sensiblement du manganèse pur.

M. Brunnet a obtenu du manganèse ne renfermant que quelques traces de *silicium* de la manière suivante : on place, par couches alternatives, deux parties de *fluorure de manganèse* et une partie de *sodium* en plaques minces, on tasse avec un pilon, on recouvre le tout d'une forte couche de sel marin fondu et pul-vérisé, et on finit de remplir le creuset avec des fragments de fluorure de cal-cium. On chauffe le creuset, muni de son couvercle, au feu de forge. On chauffe doucement d'abord; bientôt la réduction a lieu, elle se manifeste par un siffle-ment dans la masse, et par une flamme jaune sortant du creuset. On chauffe alors jusqu'au rouge blanc pendant une demi-heure, et on laisse refroidir lente-ment, en bouchant toutes les ouvertures du fourneau. On casse le creuset et au fond on trouvera un culot de manganèse qui représente à peu près la moitié du métal renfermé dans le fluorure.

Combinaisons du manganèse avec l'oxygène. Les composés oxygénés du manganèse sont nombreux : on en connaît six. La première combinaison, le pro-toxyde MnO est une base énergique; la seconde le sesquioxyde Mn^{2}O^3 est une base très-faible; la troisième est une combinaison des deux premiers oxydes MnO. Mn^{2}O^3 = Mn^{3}O^4; la quatrième le peroxyde n'est ni acide ni base; enfin la cinquième l'*acide manganique* MnO^3, et la sixième l'acide *permanganique* Mn^2O^7 sont des acides bien caractérisés.

Protoxyde de manganèse MnO. On obtient le protoxyde de manganèse en calcinant au rouge le carbonate de protoxyde dans un tube de verre à travers lequel on fait passer en même temps un courant de gaz hydrogène sec que l'on continue jusqu'au refroidissement de l'appareil. L'acide carbonique se dégage, et l'hydrogène, en s'opposant à la rentrée de l'air, prévient la suroxydation du produit. On peut l'obtenir plus simplement en calcinant au rouge l'oxalate de manganèse préalablement desséché, dans un tube de verre reposant sur une grille. Il se dégage des volumes égaux d'acide carbonique et d'oxyde de carbone; le résidu est du protoxyde de manganèse pur. Ainsi préparé, il se présente sous la forme d'une poudre vert clair, très-ténue; il se suroxyde facilement, et s'enflamme même quand on le touche avec un corps incandescent, et se transforme en une poudre brune foncée, l'oxyde mangano-manganique $MnO. Mn^2O^3$.

En traitant un sel de protoxyde de manganèse par la potasse caustique, on obtient un précipité blanc, l'hydrate de protoxyde de manganèse; mais cet hydrate n'est pas stable; il attire rapidement l'oxygène de l'air, brunit peu à peu et devient hydrate de sesquioxyde.

Le protoxyde de manganèse est une base puissante; il se combine facilement avec les acides pour former des sels qui, pour la plupart, sont isomorphes avec les sels de fer correspondants.

Sesquioxyde de manganèse Mn^2O^3. On l'obtient en chauffant l'azotate de manganèse dans une cornue de grès jusqu'au rouge sombre; c'est une poudre d'un brun foncé. Calciné plus fortement, il prend de l'oxygène et se transforme, comme le peroxyde, en oxyde intermédiaire $MnO. Mn^2O^3$.

Le sesquioxyde de manganèse est une base faible et très-peu stable. Mis en contact avec l'acide sulfurique à la température ordinaire., ou au plus à la température de 40 à 50°, il se dissout en donnant une teinte brune à la liqueur. En élevant la température jusqu'à 100°, de l'oxygène se dégage, le sel est transformé en sulfate de protoxyde de manganèse, et la liqueur se décolore.

Oxyde manganoso-manganique $Mn^3O^4 = MnO. Mn^2O^3$. Il résulte de la combinaison du protoxyde avec le sesquioxyde de manganèse. Il se dissout à la température ordinaire dans l'acide sulfurique en produisant un mélange de sulfate manganeux et de sulfate manganique. Par l'ébullition ce dernier est décomposé, de l'oxygène se dégage, et la liqueur ne renferme plus que du sulfate manganeux. Cet oxyde prend naissance lorsqu'on chauffe au rouge, au contact de l'air, tous les autres oxydes ou acides de manganèse. C'est une poudre rouge brun.

Bioxyde ou *peroxyde de manganèse* MnO^2. Il existe tout formé dans la nature. On le trouve quelquefois cristallisé sous forme d'aiguilles brillantes, quelquefois aussi en stalactites; mais le plus souvent en masses compactes douées de l'éclat métallique, ou en masses ternes dont la couleur varie du noir au brun. On peut l'obtenir pur et anhydre, en chauffant graduellement une solution très-concentrée d'azotate de protoxyde de manganèse jusqu'à 150°. Il se dégag des vapeurs nitreuses, et il se dépose une masse d'un brun noir brillant qui constitue le bioxyde anhydre.

$$MnOAzO^5 = MnO^2 + AzO^4.$$

Dans ces derniers temps on a réussi à régénérer le bioxyde en utilisant les résidus de la préparation du chlore. On sait que le chlore se prépare en faisant réagir l'acide chlorhydrique sur le peroxyde de manganèse. Il se forme de l'eau, du chlore et du protochlorure de manganèse.

$$MnO^2 + 2HCl + 2HO = MnCl + Cl.$$

Le résidu consiste donc en une solution de protochlorure de manganèse. On le décompose par de l'hydrate de chaux en quantité double de celle qu'il faudrait pour opérer la décomposition. Il en résulte du chlorure de calcium et un mélange de chaux et de protoxyde de manganèse.

$$MnCl + 2\,CaO = CaCl + MnO + CaO.$$

On laisse déposer et on décante la solution de chlorure de calcium. Dans le résidu en bouillie on fait passer un courant d'air très-divisé. L'oxygène est absorbé et il se forme une combinaison de chaux et de bioxyde de manganèse, très-lourde et se déposant facilement. Elle peut servir immédiatement en une nouvelle production de chlore en la traitant par l'acide chlorhydrique. On voit que, de cette manière, une même quantité de peroxyde de manganèse peut servir indéfiniment pour la préparation du chlore.

En n'ajoutant qu'un seul équivalent de chaux au chlorure de manganèse, on obtient du chlorure de calcium et du protoxyde de manganèse hydraté ; ce dernier absorbe encore l'oxygène de l'air qu'on y injecte ; mais, au lieu de peroxyde, on n'obtient plus qu'une combinaison de protoxyde avec le bioxyde qui, traité par l'acide chlorhydrique, donnerait beaucoup moins de chlore.

On peut obtenir le peroxyde de manganèse hydraté en faisant passer un courant de chlore dans de l'eau tenant en suspension du carbonate de manganèse très-divisé. Cet hydrate est une poudre d'un brun foncé.

Le bioxyde de manganèse ne joue ni le rôle ni d'un acide ni d'une base ; mais en perdant ou en gagnant de l'oxygène, il peut devenir l'un ou l'autre. Chauffé avec de l'acide sulfurique concentré, il perd la moitié de son oxygène, et il se se forme un sulfate de protoxyde.

$$MnO^2 + SO^3HO = MnO\,SO^3 + HO + O.$$

Chauffé au rouge sans addition d'acide, il ne perd que le tiers de son oxygène, et se convertit en oxyde intermédiaire $MnO.\,M^2O^3$.

Lorsqu'on le chauffe avec une solution d'acide oxalique, une vive effervescence a lieu, il se dégage de l'acide carbonique, et il reste de l'oxalate de protoxyde de manganèse,

$$2\,(C^4O^6 2HO) + 2\,MnO^2 = (C^4O^6 2MnO) + 4CO^2 + 4HO$$

Acide oxalique.	Bioxyde de manganèse.	Oxalate de manganèse.	Acide carbonique.	Eau.

Cette dernière réaction peut servir à constater la pureté du bioxyde. On reçoit l'acide carbonique qui se dégage dans une solution de potasse caustique ; cette solution pesée avant et après l'absorption, donne le poids de l'acide carbonique dégagé. Le poids, connu, on calcule facilement celui du bioxyde de manganèse auquel il correspond :

$$2\,CO^2 : MnO^2 :: p : x.$$

Acide manganique MnO^3. A cause de sa facile décomposition, on n'a pas encore réussi à obtenir cet acide à l'état de liberté, et on ne le connaît qu'en combinaison avec la potasse ou la soude. Le manganate de potasse étant facilement cristallisable, celui de soude, au contraire, étant déliquescent, c'est dans le premier de ces sels qu'il est utile d'étudier l'acide manganique.

Le manganate de potasse se prépare en calcinant jusqu'au rouge, dans un creuset, parties égales de potasse caustique et de peroxyde de manganèse en poudre fine. Au bout de trois quarts d'heure on retire le creuset du feu, on coule la matière dans une capsule, et l'on verse de l'eau sur la matière encore chaude. On obtient ainsi une solution d'un vert émeraude très-intense, on la filtre sur un tampon d'amiante placé au fond d'un entonnoir en verre. La liqueur est ensuite évaporée dans le vide de la machine pneumatique, au-dessus d'une capsule remplie d'acide sulfurique concentré. On obtient ainsi des cristaux d'un beau vert de manganate de potasse. On dépose ces cristaux sur une plaque de porcelaine dégourdie qui absorbe promptement l'excès de potasse mélangé aux cristaux.

Pendant la calcination, une partie du peroxyde de manganèse a cédé de son oxygène à une autre partie, il en est résulté de l'acide manganique MnO^3 qui s'est combiné à la potasse, et l'oxyde intermédiaire $MnO.Mn^2O^3$, que le filtre d'amiante a séparé de la liqueur.

Les cristaux verts de manganate de potasse se dissolvent sans altération dans une dissolution de potasse caustique un peu concentrée, et se déposent de nouveau par l'évaporation de la liqueur. Mais si on les fait bouillir dans de l'eau pure, la solution devient d'un beau rouge, et il se dépose des flocons bruns d'hydrate de peroxyde de manganèse. Une partie de l'acide manganique a cédé de son oxygène à l'autre, il en est résulté du peroxyde de manganèse et de l'acide permanganique reste combiné à la potasse.

$$3KO.MnO^3 = MnO^2 + 2Ko + Ko.Mn^2O^7$$
Manganate de potasse. — Peroxyde de manganèse. — Potasse. — Permanganate de potasse.

Cette facile décomposition de l'acide manganique, même combiné à une base puissante, rend impossible l'isolement de l'acide manganique.

La décomposition a encore lieu quand on ajoute un acide à la solution verte de manganate. Il ne se forme plus alors du bioxyde de manganèse, mais du protoxyde qui reste combiné avec l'acide ajouté, et du permanganate rouge de potasse.

$$5KO.MnO^3 + 4SO^3 = MnOSO^3 + 3KO.SO^3 + 2KO.Mn^2O^7.$$

L'eau pure seule, ajoutée en grande quantité au sel vert, le fait passer au rouge, c'est alors l'oxygène dissous dans cette eau qui a fait passer l'acide manganique à l'état d'acide permanganique. Au contraire un excès de potasse caustique versée dans le permanganate rouge le fait repasser à l'état de manganate vert ; il se dégage alors du vert au rouge et du rouge au vert n'a pas lieu d'une manière brusque ; si l'on ajoute les dissolutions altérantes par petites portions, la liqueur, renfermant alors des quantités variables, de manganate et de permanganate, passe par toutes les nuances intermédiaires entre le rouge et le vert, c'est-à-dire par toutes les nuances du violet. Ce sont ces changements de couleurs qui ont fait donner au manganate de potasse le nom de *caméléon minéral*.

Acide permanganique Mn^2O^7. Nous avons vu qu'en faisant bouillir le manganate de potasse vert avec de l'eau, on le transformait en permanganate rouge, mais le procédé le plus simple pour préparer ce dernier sel et le suivant ; on introduit dans un creuset de fer 5 parties de potasse caustique qu'on a fait dissoudre dans la plus petite quantité d'eau possible ; d'un autre côté on fait un mélange intime de 5 parties et demie de chlorate de potasse et de 4 parties de peroxyde de manganèse, le tout finement pulvérisé et on ajoute le mélange à la potasse. On chauffe doucement d'abord pour dessécher la pâte ; pendant cette dessiccation il se forme déjà une partie notable de manganate de potasse, on chauffe ensuite lentement jusqu'au rouge sombre. Après le refroidissement, on pulvérise le produit, et on le fait bouillir avec 200 parties d'eau. La dissolution, qui est maintenant d'un rouge intense, est filtrée à travers de l'amiante, puis, après l'avoir saturée par l'acide azotique étendu, on l'évapore à une douce chaleur ; par le refroidissement, le permanganate de potasse cristallise. Pour obtenir le sel pur, il faut le dissoudre dans une petite quantité d'eau, et le faire cristalliser de nouveau ; on fait sécher les cristaux sur des briques.

Ces cristaux se présentent sous la forme de longues aiguilles, presque noirs et à reflet métallique ; ils sont peu solubles dans l'eau, il faut 16 parties d'eau froide pour en dissoudre une partie. La solution est d'un rouge pourpre très-intense. La facilité avec laquelle elle abandonne de l'oxygène aux corps qui peuvent s'y combiner, le fait ranger parmi les oxydants les plus puissants ; elle oxyde la plupart des matières organiques, l'acide sulfureux, l'hydrogène sulfuré, le soufre et le sulfure de carbone, ce dernier corps qui n'est pas attaqué par l'acide azotique fumant, est transformé en acides carbonique et sulfurique.

C'est du permanganate de potasse ainsi préparé que l'on extrait l'acide permanganique. Pour cela, on réduit le permanganate en poudre, et on l'introduit peu à peu dans de l'acide sulfurique refroidi à l'aide d'un mélange réfrigérant. L'acide permanganique, mis en liberté, gagne le fond du vase sous la forme d'un liquide brun-rouge foncé, et très-dense. Soumis à un froid de — 20°, il ne se solidifie pas. Il est très-instable. Il attire l'humidité de l'air en se décomposant. Chauffé au-dessus de 65°, il détone avec violence. On peut obtenir le même acide en solution dans l'eau, en décomposant une solution de permanganate de baryte, obtenu, comme nous le dirons plus bas, par de l'acide sulfurique ajouté goutte à goutte. Il se précipite du sulfate de baryte insoluble, et la liqueur décantée renferme l'acide permanganique ; cette dissolution est d'un beau rouge, mais elle se décompose promptement, même à froid.

Permanganates métalliques. Nous venons de voir la préparation et les propriétés du permanganate de potasse ; la plupart des autres permanganates peuvent être préparés de la manière suivante. Dans une dissolution chaude de permanganate de potasse, on verse une solution de nitrate d'argent, il se forme, par double décomposition, du nitrate de potasse et du permanganate d'argent ; ce dernier se dépose, par le refroidissement de la liqueur, en beaux cristaux peu solubles. Un poids connu de permanganate d'argent est ensuite broyé avec une solution concentrée de chlorure, du métal que l'on veut transformer en permanganate, et pris en quantité telle, que le chlore qu'il renferme transforme exactement l'argent du permanganate en chlorure d'argent ; on sépare ce dernier par filtration sur de l'amiante, et on concentre la solution dans le vide. Le permanganate cristallise après l'évaporation de l'eau.

Combinaison du manganèse avec le soufre. On ne connaît que le protosulfure. On le prépare en chauffant du peroxyde de manganèse avec du soufre, de l'acide sulfureux se dégage.

$$MnO^2 + 2S = MnS + SO^2.$$

Vers la fin, la chaleur doit être poussée jusqu'au rouge sombre pour chasser l'excès du soufre.

On peut l'obtenir à l'état d'hydrate en précipitant un sel de protoxyde de manganèse par un monosulfure alcalin. Il se forme un précipité, couleur de chair, que l'on lave et que l'on fait sécher. Le protosulfure de manganèse se dissout dans les acides étendus avec dégagement d'acide sulfhydrique.

Chlorure de manganèse. On peut obtenir le protochlorure de manganèse en traitant le carbonate de manganèse par l'acide chlorhydrique, mais il vaut mieux utiliser les immenses quantités de ce chlorure qui restent comme résidu dans la fabrication du chlore. En chauffant le peroxyde de manganèse avec de l'acide chlorhydrique, il se dégage du chlore, et il se forme du protoxyde de manganèse. On le débarrasse du perchlorure de fer qui se forme en même temps (le peroxyde de manganèse contient toujours une quantité plus ou moins grande de peroxyde de fer); on évapore la solution à siccité, pour éliminer l'excès d'acide chlorhydrique; on reprend par l'eau; puis on fait bouillir la solution pendant quelque temps avec un peu de carbonate de manganèse. L'acide carbonique se dégage, et le protoxyde de manganèse déplace le peroxyde de fer pour former du protochlorure de manganèse. Le peroxyde de fer se précipite.

Le protochlorure de manganèse cristallise en lames quadrangulaires renfermant quatre équivalents d'eau de cristallisation. Soumis à une température élevée, il perd son eau et éprouve la fusion ignée. C'est un sel blanc, styptique, déliquescent, par conséquent très-soluble dans l'eau, soluble aussi dans l'alcool; la solution alcoolique brûle avec une flamme rouge scintillante.

Sesquichlorure. On l'obtient en traitant à froid l'hydrate de sesquioxyde de manganèse par l'acide chlorhydrique étendu. La solution est rouge, à chaleur la décompose, du chlore se dégage, et il reste du protochlorure incolore.

Bromure et iodure de manganèse. On peut les obtenir par double décomposition. On fait dissoudre dans la plus petite quantité d'eau possible un mélange d'équivalents égaux de sulfate de protoxyde de manganèse et de bromure ou d'iodure de potassium. En ajoutant son volume d'alcool à la solution, le sulfate de potasse se précipite, et dans la liqueur il ne reste que du bromure ou de l'iodure de manganèse, qui se dépose, cristallisé, par l'évaporation du liquide.

Sulfate de manganèse. On retire le sulfate de protoxyde de manganèse des résidus de la préparation de l'oxygène par le protoxyde de manganèse et l'acide sulfurique. Ces résidus renferment le sulfate de manganèse, toujours accompagné de sulfate de peroxyde de fer; on traite par l'eau, on filtre et on fait bouillir la dissolution avec un peu de carbonate de manganèse; tout le fer se précipite à l'état de peroxyde. On peut encore le préparer en traitant le carbonate de manganèse par l'acide sulfurique étendu.

Le sulfate de manganèse cristallise avec des quantités d'eau de cristallisation, et sous des formes cristallines différentes, suivant la température à laquelle la cristallisation a lieu. Ainsi, les cristaux qui se déposent entre 0 et 7°, renferment 7 équivalents d'eau de cristallisation et ont la forme de prismes rhomboïdaux obliques. Ces cristaux sont roses et isomorphes avec le sulfate de fer. Les cristaux qui se déposent entre 7 et 20° renferment 5 équivalents d'eau. Dans cet état, ils sont plus pâles, et sont alors isomorphes avec le sulfate de cuivre. Déposés entre 20 et 30°, ils renferment 4 équivalents d'eau et ont la forme de prismes rhomboïdaux droits; ils sont alors presque incolores.

Azotate de manganèse. Le protoxyde de manganèse se combine facilement avec l'acide azotique ; l'azotate qui résulte de la combinaison est très-soluble et difficilement cristallisable. Le sesquioxyde est transformé par l'acide azotique, en protoxyde, qui se dissout, et en peroxyde, qui se précipite.

Carbonate de manganèse. Il se rencontre dans la nature, sous forme de rhomboèdres très-semblables à ceux du spath d'Islande. Il a toujours une teinte rosée plus ou moins prononcée, souvent il présente un éclat nacré. On peut l'obtenir par double décomposition, en précipitant le chlorure ou le sulfate de protoxyde de manganèse par une dissolution de carbonate de soude. C'est une poudre blanche, légèrement rosée, insoluble dans l'eau, soluble dans l'eau chargée d'acide carbonique. Exposé à une température élevée, au contact de l'air, il abandonne son acide carbonique, attire l'oxygène et se transforme en oxyde intermédiaire :

$$\text{Mn.O.Mn}^2\text{O3.}$$

Chauffé à l'abri de l'air, il perd encore son acide carbonique, et il reste du protoxyde de manganèse.

Caractère des sels de protoxyde de manganèse. Les sels de protoxyde de manganèse sont d'un blanc d'autant plus rosé qu'ils renferment plus d'eau de cristallisation. La potasse et la soude caustiques produisent dans leur dissolution un précipité blanc d'hydrate de protoxyde, qui attire promptement l'oxygène de l'air et devient brun foncé. L'ammoniaque produit, dans les sels neutres, le même précipité, mais la moitié seulement de l'oxyde de manganèse est éliminée, l'autre moitié forme, avec le sel ammoniacal formé, un double sel, sur lequel un excès d'ammoniaque n'a plus d'action.

Les sels de manganèse avec excès d'acide, ne sont pas précipités par l'ammoniaque. Le précipité d'hydrate de protoxyde est soluble dans un excès d'ammoniaque tant que l'oxygène n'a pas exercé son influence sur lui. La solution ammoniacale étant exposée à l'air, il y a absorption d'oxygène, et le manganèse finit par se précipiter complétement à l'état d'hydrate de sesquioxyde. Les carbonates alcalins produisent dans les sels de protoxyde un précipité d'un blanc sale, insoluble dans un excès de réactif. Le ferrocyanure de potassium produit un précipité blanc rosé. L'hydrogène sulfuré est sans action sur les sels de manganèse. Les monosulfures alcalins les précipitent, au contraire, en couleur de chair. Cette dernière réaction est caractéristique. Toute substance renfermant du manganèse, sous quelque forme que ce soit, calcinée au contact de l'air avec un excès de potasse caustique laisse un résidu de caméléon minéral facile à reconnaître.

LUTZ.

§ II. **Pharmacologie.** On peut établir deux sections dans la série des composés du manganèse employés en médecine.

Dans la première, se trouvent les composés qui, primitivement, paraissaient suffire pour des cas d'ailleurs assez restreints.

Dans la seconde, viennent se placer des préparations très-nombreuses, suggérées par le perfectionnement des manipulations chimiques et surtout par les applications nouvelles du manganèse à la thérapeutique dans ces vingt dernières années.

Parmi les premiers composés sont :

Le *bioxyde* ou *peroxyde de manganèse.* Il ne faut employer, dit le Codex, que celui qui est en masses composées d'aiguilles brillantes d'une couleur gris d'acier.

Le *sulfate de manganèse*. Le Codex conseille de le préparer en faisant réagir le sulfate ferreux sur le bioxyde de manganèse.

Le *chlorure de manganèse* (*muriate, hydrochlorate de manganèse; hydrochlorate de protoxyde de manganèse*). Sel rosé, cristallisé en lames quadrilatérales, contenant 5 pour 100 d'eau, déliquescent, très-soluble dans l'eau et dans l'alcool. On évapore pour faire cristalliser (Soubeiran).

Dans le second ordre de composés, nous indiquerons :

Le *carbonate de manganèse*. C'est, dit avec raison Soubeiran, le composé manganique le plus avantageux pour l'emploi médical. Il est insipide, se dissout dans les acides de l'estomac, et se conserve parfaitement, n'étant pas oxydable au contact de l'air comme le protocarbonate de fer.

Les *pilules de carbonate ferro-manganeux.*, Pr. : sulfate ferreux cristallisé pur, 75 ; sulfate manganeux cristallisé pur, 25 ; carbonate de soude cristallisé, 120 ; miel fin, 60 ; eau, q. s. F. S. A. (même mode de préparation que pour les pilules de Vallet) des pilules de 20 centigrammes chacune.

En outre de ces pilules, M. Burin du Buisson prépare un *saccharure* et un *chocolat* au carbonate ferromanganeux.

La *poudre pour eau gazeuse*. Bicarbonate de soude, 20 ; acide tartrique, 25 ; sucre pulvérisé, 53 ; sulfate ferreux, 1,50 ; sulfate manganeux, 0,75. Mêlez avec soin et enfermez dans des flacons bien bouchés. On met une cuillerée à café de cette poudre pour chaque verre d'eau et de vin que l'on boit aux repas (Pétrequin).

Le *lactate de manganèse*. On l'obtient en traitant une solution de sulfate de manganèse par du lactate de soude ou du lactate de chaux. Le précipité est lavé à l'alcool et séché. Il se présente sous forme de plaques cristallines, légèrement colorées en rose, assez solubles dans l'eau bouillante et très-peu solubles dans l'eau froide (Dorvault).

Le *lactate de fer et de manganèse*, plus employé que le précédent, peut s'obtenir directement ou par simple mélange des deux sels. Il est en plaques jaunes rougeâtres.

Le *sirop de lactate de fer et de manganèse*. Lactate ferromanganeux, 4 ; sucre en poudre, 16. Triturez ensemble, et ajoutez eau distillée, 200. Dissolvez rapidement ; versez la liqueur dans un matras au bain-marie, contenant sucre cassé, 384. Filtrez après solution. Ce sirop contient environ 15 centigrammes de lactate de fer et 5 centigrammes de lactate de manganèse par 30 grammes. On en prend une ou deux cuillerées par jour (Burin du Buisson, Pétrequin).

Les *pastilles de lactate ferromanganeux*. Lactate de fer et de manganèse, 20 ; sucre fin, 400 ; eau, q. s. Faites des pastilles à la goutte de 5 centigrammes (Burin du Buisson). Six à huit par jour, à l'instar des pastilles de Gélis et Conté (Pétrequin).

L'*iodure de manganèse*. Burin du Buisson le prépare en décomposant une solution d'iodure de baryum par du sulfate de manganèse. Deschamps, d'Avallon, le prépare en traitant du carbonate de manganèse hydraté par de l'acide iodhydrique. Ce procédé est celui adopté par Hannon pour la préparation du *sirop d'iodure manganeux*. Pr. carbonate manganeux, 4 grammes ; dissolvez dans s. q. d'acide iodhydrique, et mêlez le soluté à 530 grammes de sirop de gayac et de salsepareille. Deux à six cuillerées par jour.

L'iodure manganeux, sous forme de cristaux blancs (Burin du Buisson) ou roses (Deschamps, d'Avallon), est un sel très-altérable et d'une conservation difficile, analogue en tout, du reste, à l'iodure ferreux.

L'*iodure ferromanganeux.* Burin du Buisson, procédant selon la formule de Dupasquier pour l'iodure de fer, compose un soluté officinal d'iodure ferromanganeux qui contient un tiers de son poids de proto-iodure de fer et de manganèse; ces deux sels s'y trouvent environ dans la proportion de 3, iodure ferreux, et 1, iodure manganeux. Ce soluté sert à la préparation du sirop et des pilules ci-dessous :

Le *sirop d'iodure ferromanganeux.* Soluté officinal d'iodure ferromanganeux, 6; sirop blanc, 294. Mêlez. 30 grammes de ce sirop contiennent 20 centigrammes de proto-iodure ferromanganeux. M. Pétrequin en donne une ou deux cuillerées par jour.

Les *pilules d'iodure ferro-manganeux.* Soluté officinal, *ut supra*, 16; miel, 5; poudre absorbante, 9,5. F. S. A. une masse pilulaire, dont les portions divisées par le pilulier, comme ensuite les pilules elles-mêmes, sont roulées dans du fer réduit par l'hydrogène; on termine par un enrobage au baume de Tolu, selon le procédé de Blancard pour les pilules d'iodure de fer. On fait ainsi cent pilules, dont chacune contient environ 5 centigrammes d'iodure ferromanganeux. Pétrequin en prescrit deux à quatre par jour.

Le *protoxyde de manganèse* ou *oxyde manganeux*, le *phosphate de manganèse*, le *citrate de manganèse*, le *citrate de fer et de manganèse*, le *tartrate de manganèse*, le *malate de manganèse*, le *valérianate de manganèse*, objets de divers essais, sont moins employés que les composés précédents, et il suffit en conséquence de les mentionner.

Enfin le *permanganate de potasse.* Il s'emploie en solution aqueuse, pour laquelle il importe de faire exclusivement choix de l'eau distillée. Ce sel, en effet, attaque fortement toutes les matières organiques et est de même décomposé par elles; il y a donc incompatibilité entre toutes préparations de substances organiques, infusions, décoctions, etc., et ce sel, dont la solution ne doit pas même être filtrée au papier, mais seulement, s'il y avait lieu, à travers du verre pilé, un sable quartzeux ou de l'amiante. On évitera notamment l'adjonction à toute solution de permanganate de potasse, de la glycérine, une vive réaction, avec projection et inflammation, résultant du contact de ces deux substances (Stan. Martin, *Bull. gén. de thérap.*, 1864, t. LXVI, p. 405).

Solution de permanganate de potasse de Demarquay. Permanganate de potasse, 1 ; eau distillée, 1000.

Ce sel, pour l'emploi thérapeutique, doit être chimiquement pur; déjà irritant par lui-même, il le devient d'autant plus qu'il a été imparfaitement préparé.

§ III. **Thérapeutique.** I. Historique. Le peroxyde de manganèse était connu de toute antiquité; il est indiqué par Pline sous le nom de *lapis magnes*, autrement dit pierre magnétique ou aimant, et confondu par lui avec le véritable aimant ou fer magnétique; il en mentionne l'emploi dans la fabrication du verre (liv. XXXVI, 1), pratique fort ancienne, comme on le voit; mais il n'est pas question dans cet auteur de son emploi en médecine. Les peintres de l'antiquité l'ont utilisé, d'après H. Davy (*Transactions philosophiques*, 1815). Plus tard et pendant bien longtemps le minerai de manganèse était aussi désigné sous le nom de *magnesia nigra*, magnésie noire. L'erreur des anciens naturalistes qui n'y voyaient qu'une variété de fer magnétique fut rectifiée seulement en 1774, par Scheele, qui y reconnut un oxyde métallique particulier. Peu après et dès la même année, Gahn en retira et isola le manganèse; mais auparavant, dit-on, Cromstedt avait soupçonné l'existence de ce métal. A la fin du dernier siècle et au commencement de celui-ci, les préparations de manganèse commencent à être employées en médecine, d'abord pour l'usage externe, puis pour l'usage interne. Bréra, en Italie, devançant les applica tions spéciales qui devaient en être faites de nos jours, se sert du peroxyde de manganèse, dès 1822 et 1825, contre la diarrhée atonique (*Saggio clinico sull' iodio*), puis comme emménagogue et antichlorotique (*Voy.* Jourdan, *Pharmacopée universelle*, 2ᵉ éd., 1840, t. II, p. 9). Cette initiative avait été peu remarquée et restait sans imitateurs, lorsque, de 1848 à 1850. M. Hannon, professeur à l'uni- versité de Bruxelles ; en 1850 et 1851, M. Pétrequin, professeur à l'École de médecine de Lyon, et M. Burin du Buisson,'pharmacien à Lyon, donnèrent à la double question de l'emploi du manganèse en thérapeutique, et de son rôle comme élément des principes immédiats de l'organisme, une importance toute nouvelle.

Le point de départ de la question se trouvait, en effet, dans les récents travaux d'hématologie. La présence du manganèse sur divers points de l'organisme, dans les os, l'épiderme, les poils, avait été signalée par Fourcroy, Vauquelin, Burdach, de Bibra, Marchand : Berzelius l'avait trouvé dans les os, le suc gastrique, le lait ; John, Lassaigne, de Bibra, dans l'urine. Son existence dans le sang pouvait donc se présumer ; en 1830, Wurzer la démontre ; en 1844, Marchessaux la constate également (*Anatomie générale*, p. 159) ; en 1848, Millon annonce à l'Institut qu'il a reconnu et dosé, dans le sang, non-seulement le manganèse, mais, en moindre proportion, de la silice, du cuivre et du plomb (*Comptes rendus des séances de l'Académie des sciences*, t. XXVI, p. 41). L'analyse de Millon est vive- ment critiquée par Melsens, qui conteste l'existence normale, dans le sang, des métaux signalés par Millon (*Annales de chimie et de physique*, 3ᵉ série, t. XXIII. p. 358). Alors Wurzer, revenant sur ses premières expériences, reconnaît de nou- veau et maintient la présence du manganèse dans le sang (*Gazette médicale de Strasbourg*, 1849, p. 177). Deschamps, d'Avallon, soutient la même opinion, ainsi que Malaguti, Durocher et Sarzeaud, qui décèlent dans les êtres organisés, non-seulement le cuivre, le plomb, le manganèse, mais encore l'argent (*Comptes rendus de l'Acad. des sciences*, t. XXIX, p. 780, et *Annales de chimie*, 3ᵉ série, t. XXVIII, p. 129). L'une des pièces les plus importantes du procès, le *mémoire* de M. Hannon, conclut à la démonstration de l'élément manganique du sang, ainsi que les observations de Martin-Lauzer (*Gazette méd. de Paris*, 1849, p. 733), et les études et recherches de Pétrequin et Burin du Buisson. Mais, à côté même des défenseurs les plus persistants de la cause du manganèse, M. Bonnewyn, à Tirlemont, ne peut, dans cinq analyses minutieuses de sang humain, déceler ce métal (Victor Guibert, *Hist. des nouv. médicaments*, Bruxelles, 1860) ; et M. Glénard, professeur de chimie à l'École de médecine de Lyon, dans quarante analyses de sang, dit n'avoir rencontré qu'une seule fois le manganèse (*Gazette méd. de Lyon*, et *Journal de pharmacie*, 1854). Faut-il donc, ainsi que le pense M. Glénard, ne considérer le manganèse que comme un élément accidentel du sang (comme le sont probablement le cuivre, le plomb et l'argent) ; ou faut-il se rendre aux opinions, si habilement déduites, de M. Pétrequin, s'appuyant d'ail- leurs sur les expériences de MM. Lecanu et Lhéritier, d'après lesquelles les oxydes de fer et de manganèse seraient en proportion constante dans l'hématosine ? Il est si habituel de rencontrer, l'un à côté de l'autre dans la nature, le fer et le manganèse, que l'on se sent disposé à pencher en faveur de ceux qui soutiennent l'existence en commun, quoique en proportions très-différentes, de ces deux mé- taux dans les globules sanguins. Mais encore est-il à désirer que le fait soit péremptoirement et définitivement élucidé. Selon la teneur de la décision scientifique à cet égard, le rôle du manganèse en thérapeutique sera différemment interprété.

II. Action physiologique. Même dans les travaux modernes où l'on s'est le plus occupé des applications cliniques des préparations de manganèse, leur action physiologique a été peu ou point étudiée. On leur attribue généralement des propriétés toniques et stimulantes, comparables à celles des préparations ferrugineuses, et encore ne serait-ce que par les effets thérapeutiques qu'on les aurait constatées. Les composés insolubles paraissent pouvoir se dissoudre dans les acides de l'estomac et se prêter facilement à l'absorption. Leur action locale semble être un peu excitante, du moins celle du peroxyde, si l'on en juge par les effets qui résultaient lorsque celui-ci était appliqué sur les plaies ou employé au pansement des dartres. Peut-être aussi ce peroxyde peut-il agir, soit en cédant de l'oxygène, soit en absorbant les acides, se comportant ainsi à l'instar de la magnésie, avec laquelle du reste il a été parfois associé dans cette intention, contre le pyrosis et les dyspepsies flatulentes. Les composés manganiques solubles sont dissolvants, détersifs, un peu irritants et le deviendraient beaucoup si l'on en exagérait la dose ou si l'on n'étendait pas suffisamment leur dissolution. C'est ce dont on a pu s'assurer, par exemple, dans les essais récents d'emploi extérieur dont le sulfate de manganèse et le permanganate de potasse ont été l'objet. Pur ou en solution concentrée, ce dernier sel agit même comme caustique. Enfin le manganèse tend à produire des effets purgatifs, contrairement au fer; en outre, les sels solubles de fer sont astringents et coagulants, tandis, comme nous le disions plus haut, que ceux de manganèse sont fluidifiants. Prenons donc garde que l'on ne se soit trop préoccupé aujourd'hui des analogies thérapeutiques de ces deux métaux sans remarquer assez leurs dissemblances.

III. Action thérapeutique. Ce fut sous l'influence d'idées chimiatriques que le bioxyde de manganèse s'introduisit dans la thérapeutique interne. La facilité avec laquelle il cède de son oxygène avait fait supposer qu'il pouvait modifier certaines maladies inflammatoires où domine l'élément putride.

Kapp en fit usage dans la syphilis, tant en pommade dont il se servait comme de l'onguent mercuriel, qu'en gargarismes et à l'intérieur sous forme de pilules. Les succès qu'il dit en avoir retirés furent-ils de même nature que ceux que l'on obtient par le fer contre les formes cachectiques de cette maladie? A la rigueur on pourrait admettre cette analogie, mais non une action spécifique comparable à celle du mercure.

La thérapeutique externe tira-t-elle un parti plus positif de l'emploi du bioxyde de manganèse? On en peut douter d'après l'abandon qui en fut bientôt fait. Si Grille prétendit que, à la mine de manganèse de Mâcon, la gale était inconnue parmi les ouvriers et que les galeux venaient s'y guérir, si Morelot et Jadelot assurèrent que les dartres et la teigne elle-même étaient heureusement modifiées par des pommades au peroxyde de manganèse, Alibert (*Élém. de mat. méd. et de thérap.*) déclare que, après des expériences très-suivies, il n'a pu obtenir les mêmes résultats.

L'acétate et le chlorure de manganèse furent employés, en gargarisme, contre les aphthes. Le second de ces sels fit partie de mélanges purgatifs.

Mais c'est dans le sulfate de manganèse que réside au plus haut degré une propriété purgative, qui paraît avoir été pour la première fois bien constatée par Gmelin. Ce sel détermine surtout des évacuations bilieuses. Il suffit d'en pres-

crire 4 grammes ; et si l'on peut aller jusqu'à 8 ou 10, il faut se défier de l'exemple
de Thompson, qui prescrivait ce sel depuis 15 jusqu'à 30 grammes. On a vu une
dose de 1 ou 2 grammes déterminer de la diarrhée et des coliques chez certains
sujets. Quant aux doses exagérées de ce sel, elles provoquent, ainsi que l'a dit
Gmelin, une vive irritation des voies digestives avec accompagnement de graves
accidents toxiques. C'est donc là un purgatif cholagogue oublié et négligé à tort,
mais dont il faut user avec ménagement. Je l'ai vu autrefois employé avec avantage par l'un de mes anciens maîtres, le Dr Quoy, alors professeur de clinique
médicale à l'école de Brest ; il le prescrivait à la dose de 4 grammes seulement,
souvent en dissolution dans une infusion de séné. Pour ne pas rompre l'ordre
historique, nous remettons à parler plus loin de l'emploi de ce sel à l'extérieur.

Autant vaut dire que les préparations de manganèse étaient à peu près inusitées, au point qu'il en était peu ou pas question dans les traités de matière
médicale, lorsque MM. Hannon, Pétrequin et Burin du Buisson vinrent les préco-
niser dans le traitement de la chlorose, des anémies, des cachexies, en un mot
dans celui des diverses maladies où il y a lieu d'opérer la régénération du sang
et d'accroître l'énergie des fonctions vitales. Se fondant sur les études d'hématologie que nous avons dû résumer succinctement plus haut, comme point de
départ et justification de l'emploi thérapeutique du manganèse, ces expérimentateurs crurent doter la médication tonique et reconstituante d'un agent, qui,
dans des cas donnés, allait lui imprimer une nouvelle efficacité. Reprenant en
même temps l'étude de la chlorose, M. Hannon établit que cette maladie revêt
trois formes, selon que l'organisme pèche par la diminution du fer, du manganèse, ou de ces deux métaux à la fois. Et il s'efforçait même de tracer la distinction symptomatique de ces trois formes, à chacune desquelles aurait correspondu
l'indication de l'emploi isolé de l'un ou l'autre de ces deux métaux, ou de leur
emploi simultané.

M. Pétrequin du moins ne suivit pas M. Hannon sur ce terrain spéculatif ; il
jugea le manganèse comme pouvant diminuer, dans l'organisme, en même temps
que le fer, au fur et à mesure de la diminution des globules du sang, la proportion
de chaque élément métallique étant supposée rester la même dans chaque glo-
bule ; et, pensant alors qu'il était rationnel, pour régénérer ces globules, d'apporter à l'organisme du manganèse aussi bien que du fer, il considéra le premier
comme l'adjudant du second, et les associa l'un à l'autre dans ses formules pharmacologiques. Ce point de vue, cette façon d'agir étaient plus conformes aux
données de l'observation. La distinction d'une chlorose ferrique et d'une chlorose
manganeuse est impossible en clinique, si même elle n'est pas inadmissible en
théorie. Néanmoins il n'était pas sans intérêt de vérifier si le manganèse, seul et
par lui-même, avait ces propriétés toniques, excitantes, reconstituantes, et toutes
autres qualités voulues, pour réformer la dyscrasie sanguine et relever les fonctions alanguies dans les chloroses et les anémies. C'est ce que nous avons expérimenté, en faisant choix des anémies les plus prononcées, telles que celles qui
s'étaient longuement établies sous l'influence énervante des pays chauds ; et
jamais, par l'emploi du manganèse seul, nous n'avons obtenu de résultats satisfaisants. Toutefois, une observation contraire aux nôtres a été produite par Henri
Gintrac, qui par l'administration du sulfate manganeux seul, progressivement
porté jusqu'à 1 gramme par jour, après insuccès de tous autres remèdes, a
triomphé d'une grave cachexie paludéenne, avec hydropisie, importée d'Algérie.
Pour nous ce succès est une exception, et le manganèse est incontestablement

inférieur au fer comme tonique et reconstituant ; il est au surplus, à ce titre, généralement abandonné aujourd'hui comme moyen isolé. Mais n'en reste-t-il pas moins un adjuvant réel du fer, et quel est le degré d'efficacité des préparations ferro-manganiques ?

L'expérimentation ne leur a pas manqué. Indépendamment des très-intéressants travaux de leurs préconisateurs, de nombreuses observations ont été produites. à leur sujet (*Voy.* le résumé de ces observations et les noms de leurs auteurs dans le mémoire de M. Burin du Buisson, *De la présence du manganèse dans le sang et de sa valeur en thérapeutique*, Paris-Lyon, 1854). On les a recommandées particulièrement dans les cas où le fer seul avait échoué ; mais quelques observateurs vont jusqu'à les mettre, en toute occurrence, au-dessus des préparations qui ne contiennent que du fer. Cependant elles ont assez peu prévalu dans la pratique, et les remèdes exclusivement ferrugineux ont continué à leur être préférés. Elles n'en méritent pas moins de rester inscrites dans nos formulaires ; l'idée en est rationnelle ; et si l'on a peut-être parfois surfait leur vertu, il n'en paraît pas moins acquis qu'elles ont été une ressource chez quelques sujets soumis infructueusement à d'autres modes de médicamentation. Nous croyons que les préparations ferro-manganiques, surtout celles qui contiennent du sulfate de manganèse, conviendront spécialement chez les sujets que le fer constipe obstinément, de même que chez les chlorotiques les plus disposés, comme cela a lieu si souvent, à la constipation. Ainsi encore là où le fer réveillerait ou susciterait des douleurs gastralgiques, l'adjonction du manganèse pourrait prévenir cet accident, et même le manganèse pourrait être exclusivement invoqué dans certains cas analogues à ceux dont nous allons parler.

Le docteur Arthur Leared, à Dublin, a récemment appliqué le bioxyde de manganèse à une certaine forme de dyspepsie douloureuse, se manifestant peu après l'introduction des aliments dans l'estomac. Ce médicament lui a généralement réussi, mieux que le carbonate de fer et le sous-azotate de bismuth en pareil cas, avec l'avantage en sus de ne point provoquer ou entretenir la constipation comme le font ces deux dernières préparations (*Medical circular* et *Dublin medical Press*, janvier 1844. *Bull. gén. de thérapeutique*, 1864, t. LXVI, p. 377). A son exemple, le Dr Goddard Rogers, à Londres, a usé du même moyen, en l'étendant à d'autres formes de gastralgies, quelques-unes avec vomissements, et les mêmes succès ont suivi ce mode de traitement (*Lancet*, mars 1864. *Bull. gén. de thérapeutique*, 1864, t. LXVII, p. 41). C'est donc un nouveau médicament à essayer contre les affections nerveuses de l'estomac, surtout si elles se lient à un état chloro-anémique. Le bioxyde de manganèse était administré à la dose de 50 à 60 centigrammes, trois fois par jour, avant les repas.

Une autre application nouvelle du manganèse a été faite par le Dr Hoppe ; il s'agit ici du sulfate et de son emploi externe, sous forme de pommade : *sulfate de manganèse*, grammes, 4 ; *axonge*, 30 ; préparez par solution. Pour M. Hoppe, c'est un résolutif préférable à la pommade iodée, particulièrement dans les cas où domine un certain degré de racornissement des produits fibreux, comme dans les anciens engorgements glandulaires, et dans les cas de roideur persistante après la guérison des affections articulaires, lésions traumatiques, arthrites rhumatismales et goutteuses. Sont cités encore comme ayant été favorablement modifiés par ce moyen, des gonflements scrofuleux, des épiphyses, des os longs, des engorgements des glandes cervicales, salivaires, mammaires, le goître, l'hypertrophie du foie. Les frictions avec la pommade au sulfate manganeux provoquent parfois une éruption pustuleuse, pouvant même apparaître loin du lieu de l'application de la pommade, comme pour la pommade stibiée, éruption considérée par Hoppe plutôt nuisible qu'utile, sauf dans les cas d'engorgements ganglionnaires et glandulaires. Lorsqu'on veut obtenir des pustules, on porte la dose du sulfate de manganèse à 6 grammes pour 30 d'axonge (*Würt. Corr.-Blatt.* et *Med. chirurg. Monatsb.*, mai 1857. *Bull. gén. de thérap.*, 1857, t. LIII, p. 237).

Le permanganate de potasse diffère par son mode d'action des autres composés de manganèse. Il agit par la vivacité de ses réactions sur les substances organiques qu'il décompose en se décomposant lui-même en partie ; de là son emploi pour dénaturer les matières putrides et annuler leur fétidité. Il était depuis quelques années déjà employé comme désinfectant par les Américains, les Anglais, les Allemands, lorsque, en 1860, Demarquay l'introduisit en France au même titre. Son efficacité est en effet remarquable, et se constate par la disparition soudaine de l'odeur fétide des plaies et des divers produits de sécrétion morbide ou d'altération organique ; en même temps les surfaces suppurantes se modifient et tendent à la cicatrisation. Demarquay, qui le considère comme le désinfectant par excellence et qui l'a exclusivement adopté comme tel dans sa pratique, l'a employé et l'emploie journellement dans les circonstances les plus variées, plaies de mauvaise nature, affections gangréneuses et diphthériques, scrofules et cancers ulcérés, ozène, sueurs fétides, catarrhes purulents de la vessie, ulcères phagédéniques, etc. En présence de résultats qui, sous beaucoup de rapports, ne laissent rien à désirer, on pourrait s'étonner que le permanganate de potasse ne se soit pas encore plus généralisé dans la pratique chirurgicale. Il a cependant des avantages réels et peu d'inconvénients ; lorsqu'il est pur et très-étendu, au millième, par exemple, il ne cause pas de douleur ; il n'a aucune odeur, supérieur en cela aux solutions chlorées et phéniquées ; il tache le linge et la peau ; à cet inconvénient, Réveil conseille d'opposer des lavages avec l'eau acidulée d'un centième d'acide chlorhydrique. Au contact des linges et de la charpie, il se décompose, et c'est encore un inconvénient si l'on a intérêt à le maintenir intact à la surface d'une plaie ; pour éviter cette réduction, lorsque l'on doit recourir à des pansements permanents, Réveil a employé avec succès une charpie d'amiante dont on recouvre les plaies et que l'on arrose avec la solution de permanganate de potasse.

Ce sel, avons-nous dit, est communément employé dans le service de M. Demarquay, à la Maison municipale de santé, en solution au millième. On a cette solution toute préparée, ou bien l'on en tient une autre plus concentrée, au centième, par exemple, que l'on étend, au moment du besoin, en telles proportions que l'on désire. On emploie même des solutions concentrées jusqu'au dixième pour agir à la fois comme désinfectants et caustiques sur les cancers. Enfin, dans certains cas, M. Demarquay emploie le permanganate de potasse sous forme solide : permanganate pulvérisé, carbonate de chaux, amidon, parties égales ; mêlez. On saupoudre avec ce mélange la charpie posée sur la plaie, et l'on termine le pansement comme à l'ordinaire.

Le permanganate de potasse a été l'objet d'expérimentations d'autres genres, parmi lesquelles nous trouvons son usage interne.

M. Oliffe s'en loue contre la fétidité de l'haleine, l'ayant fait boire en solution à la dose de 15 et 20 centigrammes par jour. Ce médicament lui a paru supérieur, en pareil cas, au chlorate de potasse.

M. Van den Corput l'a souvent fait prendre à l'intérieur en solution, jusqu'à

1 gramme et demi par jour, progressivement et par cuillerées, dans les maladies zymotiques.

En Angleterre, on a employé une solution à un ou deux centièmes en gargarismes, dans les angines, surtout l'angine couenneuse ; cette médication aurait aussi, d'après Réveil, fourni quelques bons résultats à l'hôpital des Enfants malades, dans les services de MM. Blache, Bouvier, Roger et Bouchut.

Le Dr J.-G. Rich se sert contre la blennorrhagie d'une injection de permanganate de potasse, 30 centigrammes pour 30 grammes d'eau, qui lui réussirait presque constamment (*Canada Lancet* et *Edinburgh med. Journ.*, septembre 1864. In *Bull. gen. de thérap.*, t. LXVII, p. 379). Van den Corput se loue aussi d'injections au permanganate contre certaines uréthrites, mais à 1 pour 100.

Le Dr Duncan (de Dublin), se basant sur une théorie pathogénique contestable du rhumatisme, propose, citant à l'appui deux faits peu concluants, le permanganate de potasse contre cette maladie (*Med. Press and Circular*, 16 mai 1866. In *Bull. gen. de thérap.*, t. LXXI, p. 377).

Le bioxyde de manganèse sert à la préparation de l'oxygène, du chlore, et entre dans le mélange destiné aux *fumigations guytonniennes* : *chlorure de sodium pulvérisé*, grammes, 200 ; *bioxyde de manganèse*, 100 ; *acide sulfurique*, 200 ; *eau commune*, 200 (*Codex*). On peut également faire ces fumigations avec le bioxyde de manganèse et l'acide chlorhydrique. Dans les deux cas, elles consistent en un dégagement de chlore.

Le manganèse existe dans plusieurs eaux minérales, mais généralement en trop minimes proportions pour que l'on puisse dire en quoi et jusqu'à quel point il contribue à leurs propriétés thérapeutiques. Ce sont les eaux : de Carlsbad, Marienbad, Seidschutz, Fazenbad, en Bohème ; de Spa, en Belgique ; d'Ems, de Marienfels, de Langenschwalbach, de Kreutznach, de Pyrmont, en Allemagne ; de Tunbrigde, en Angleterre ; de Luxeuil et de Cransac, en France. C'est à Cransac que se trouvent les sources les plus riches en manganèse ; l'une d'elles, la source Haute, contient jusqu'à, grammes, 1,55 de sulfate de manganèse pour 1,000.

Les *doses et modes d'administration* des préparations manganiques et ferromanganiques ont été suffisamment indiqués dans le cours de cet article ; leur posologie est la même que celle des préparations correspondantes du fer.

IV. TOXICOLOGIE. Le professeur Cowper a signalé plusieurs cas d'une affection observée sur des ouvriers d'une manufacture de produits chimiques, spécialement employés à pulvériser de l'oxyde noir de manganèse. Cet oxyde aurait produit chez les ouvriers des accidents en partie analogues à ceux que déterminent les composés de plomb et ceux de mercure. Ainsi, le manganèse paralyserait les nerfs du mouvement ; mais il différerait du mercure en paralysant surtout les membres inférieurs et en ne produisant pas de tremblement ; et il différerait du plomb en n'agissant pas comme lui sur le canal intestinal. On ajoute que cette paralysie du manganèse s'est montrée très-rebelle à tous les modes de traitement (*Revue médicale*, t. II, p. 267, année 1857).

Le chlorure de manganèse et le permanganate de potasse, introduits dans l'estomac, agiraient comme les caustiques et les poisons irritants ; il en serait de même du sulfate de manganèse à forte dose, le seul de ces composés sur lequel on trouve quelques documents toxicologiques.

Le sulfate de manganèse produit des vomissements, une sécrétion abondante de bile, une vive irritation de l'estomac, des convulsions, la paralysie, et peut amener la mort à la suite d'une dépression extrême ou d'un état apoplectique (Gmelin, Orfila).

Si une trop forte dose de chlorure ou de sulfate de manganèse avait été ingérée, on leur opposerait comme contre-poison une solution de carbonate ou de phosphate de soude, qui donnerait lieu à la précipitation immédiate d'un sel insoluble et non irritant.

En présence d'un empoisonnement par le permanganate de potasse, dont aucun cas jusqu'ici n'est venu à notre connaissance, mais qu'il faut prévoir, vu l'emploi fréquent de ce sel de nos jours, on pourra, se fondant sur sa décomposition au contact de toute substance organique, administrer la première substance de ce genre qu'on aura sous la main : du lait, du bouillon, une infusion végétale, telles que celles de thé ou de café, une décoction de quinquina ; mais il faudra surtout préférer le sucre, qui, même à froid, décompose rapidement le permanganate de potasse, c'est-à-dire, l'acide permanganique ; de cette décomposition résultent du sesquioxyde de manganèse, de la potasse et de l'oxygène.

Nous conseillons donc, en cas d'empoisonnement par le permanganate de potasse, d'administrer le plus tôt possible de l'eau fortement sucrée, qui agira en même temps comme émollient et adoucissant sur la muqueuse gastrique très-compromise par ce poison caustique, et comme neutralisant ; pour rendre cette neutralisation doublement complète, il serait peut-être bon d'aciduler avec un peu de vinaigre l'eau sucrée, afin de saturer la potasse mise en liberté. Peu après ce traitement chimique, on s'efforcera d'ailleurs, comme dans tous les cas analognes, de vider l'estomac par un vomitif. On pourrait aussi bien du reste administrer dès le début et du même coup une forte dose de sucre et 10 à 15 centigrammes de tartre stibié en dissolution dans un grand verre d'eau.

Le choix des moyens ultérieurs se déduira, comme dans tous les empoisonnements de ce genre, du degré des lésions produites sur les organes digestifs et de la nature des phénomènes consécutifs exprimés par les autres appareils.

DELIOUX DE SAVIGNAC.

BIBLIOGRAPHIE. — SCHRODTER (V.-J.-C.-A.). Diss. num magnesia vitriarium in febribus inflammatoriis adhibenda sit. Jena, 1793. — GRILLE (R.). Sur l'emploi de l'oxyde de manganèse dans les maladies cutanées. In Actes de la Soc. de santé de Lyon, II, 62, 63. — MORELOT (D.)- Mémoires sur le même sujet. In Annales de la Société de médecine de Montpellier, III. 202- — HANNON (J.-D.), Etudes sur le manganèse, de ses applications thérapeutiques, etc., broch. in-8°, Bruxelles, 1849. — DU MÊME. Presse méd. belge, 1848. 1849, 1850. — DONVAULT. Notions pharmacologiques sur les préparations de manganèse. In Bull. gén. de thérapeutique. 1849, t. XXXVII, p. 355. — PÉTREQUIN (J.-E). Premier mémoire sur le manganèse. In Gazette médicale de Paris, 1849, p. 735; deuxième mémoire : Nouvelles recherches sur l'emploi thérapeutique du manganèse, comme adjuvant du fer. In Bull. gén. de thérap., 1852, t. XLII, p. 193, et broch. in-8° Paris, 1852, J.-B. Baillière. — BURIN DU BUISSON. De la présence du manganèse dans le sang et de sa valeur en thérapeutique. Broch. in-8°, Paris, 1854. J.-B. Baillière. Lyon, Savy. — GINTRAC (Henri). Observation d'anasarque et ascite, suite de fièvre intermittente ; guérison par le sulfate de manganèse. In Union médicale, juin 1853. — CONDY. Mém. sur les propriétés désinfectantes et thérapeutiques des permanganates alcalins, présenté à l'Académie de médecine, le 17 septembre 1861. — DEVARQUAT. Note sur les propriétés désinfectantes du permanganate de potasse. In Comptes rendus de l'Académie des sciences, 1863. — COSMAO-DUMENEZ. Du permanganate de potasse, de ses applications thérapeutiques. In Bull. gén. de thérap., 1865, t. LXIX, p. 433. — Articl s MANGANÈSE, du Dict. de Mérat et Delens, et de la 8° éd. du Traité de matière médicale de Trousseau et Pidoux. Voir encore sur le permanganate de potasse : LEDREUX. Recherches sur le cancer de l'utérus. Thèse de Paris, 1862. — CASTEX. Mémoire à l'Acad. de médecine, 1862. — RÉVEIL. Archives gén. de médecine, 1864, et formulaire raisonné des médicaments nouveaux, 1865.

D. DE S.

MANGARA (ou *Tajaoba*). Aroïdées du Brésil dont la souche est âcre, vési-cante ou caustique. Cu.te, elle perd ce principe irritant ; et, riche en fécule, elle devient alimentaire. Pisou (*Brasil.*, 95) en distingue plusieurs sortes, nommées *M. brava*, *M. miri*, *M. peuna* (Mér. et Del., *Dict. nat. méd.*, IV, 216).

II. Bn.

MANGET (Jean-Jacques), né à Genève, le 19 juin 1652, mort dans la même ville le 15 août 1742. Manget est un véritable type du médecin du dix-septième siècle ; honnête, laborieux, chercheur, compilateur par-dessus tout, très-fort sur le raisonnement et le syllogisme, théoricien ferré, et probablement assez mauvais praticien, malgré sa grande réputation. Il se consacra d'abord à l'étude de la théo-logie, mais ne tarda pas à l'abandonner pour la médecine, qu'il étudia avec un grand succès, non point au lit du malade, comme on pourrait le croire, mais uni-quement dans les livres, ce qui ne l'empêcha pas de prendre avec éclat son titre de docteur à Valence, en Dauphiné, en 1678. Il devint même, en 1699, médecin de l'électeur de Brandebourg, plus tard roi de Prusse. Si Manget avait pris une. devise, il aurait dû choisir la suivante : *Il compilait, compilait, compilait;* seu-lement il ne compilait pas seul, et, au dire d'Éloy, le savant Daniel Leclerc fut un de ses plus actifs collaborateurs. Malgré cette collaboration, on devra se méfier beaucoup de ses indications biographiques et bibliographiques, et en particulier de sa *Bibliotheca scriptorum medicorum*.

Manget a édité les *Opera medica* de Barbette, la *Pharmacopœa Schradero-Hoffmania*, le *Tractatus de febribus* de Fr. Pierrs, le *Compendium practicæ medicinæ* de Schmitz, le *Sepulchretum* de Bonnet. Voici, en outre, la longue liste de ses ouvrages :

I. *Messis medico-spagirica, qua abundantissima seges pharmaceutica è selectissimis, qui-busque, tum pharmacologis et chymiatris, celeberrimis inter recentiores practicis, tum va-riis operibus miscellaneis, necnon curiosioribus rerum naturalium scriptoribus resecta, compositissimo ordine cumulatur.* Genève, 1683, in-fol. — II. *Bibliotheca anatomica, sive recens in anatomia inventorum thesaurus locupletissimus.* Genève, 1685-1699. 2 vol. in-fol. — III. *Bibliotheca medico-practica, qua omnes humani corporis morbosa affectiones, artem medicam propius spectantes explicantur, et per curationes, consilia, observationes et cada-verum inspectiones anatomicæ tractantur.* Genève, 1695-1698. 4 vol. in-fol. — IV *Bibliotheca chemica curiosa, sive rerum ad alchimiam pertinentium thesaurus.* Genève, 1702. — V. *Bibliotheca pharmaceutico-medica, seu rerum ad pharmaciam galenico-chymicam spec-tantium thesaurus refertissimus.* Genève, 1703-1704. 2 vol. in-fol. — VI. *Observations sur la maladie qui a commencé depuis quelques années à attaquer le gros bétail en divers en-droits de l'Europe.* Genève, 1716 ; Paris, 1745, in-12 — VII. *Theatrum anatomicum, quo corporis humani fabrica et quæstiones subtiliores continentur.* Genève, 1717, 2 vol. in-fol. — VIII *Bibliotheca chirurgica, qua omnes morbi chirurgici a capite ad calcem recensentur, cum suis remediis et curationibus.* Genève, 1721. 4 vol. in-fol. — IX. *Traité de la peste, re-cueilli des meilleurs auteurs anciens et modernes.* Genève, 1721 ; Lyon, 1722. 2 vol. in-12. — X *Nouvelles réflexions sur l'origine, la cause, la préservation et la cure de la peste.* Genève, 1722, in-12. — XI. *Bibliotheca scriptorum medicorum veterum et recentiorum, in qua sub eorum omnium qui a mundi primordiis ad hunc usque annum vixerunt, nominibus, ordine alphabetico adscriptis, vitæ compendio enarrantur, opiniones et scripta, modesta subinde adjecta epicrisei, recensentur.* Genève, 1731. 4 vol in-fol. H. M...r.

MANGHAS (*Voy.* Manguier et Cerbera).

MANGIFERA (*Voy.* Manguier).

MANGLES. Expression souvent employée, dans les pays à Palétuviers, comme synonyme de Manglier. On en distingue de plusieurs sortes. Le M. noir est le *Rhizophora Mangle* L. Le R. *Candel* L. s'appelle M. rouge. Le M. *cantivo* est le

Sapium aucaparium; et le M. aveuglant, l'*Excœcaria Agallocha.* Les M. blancs et gris sont des *Avicennia* et des *Conocarpus* ou des *Lumnitzera.* Le M. vénéneux est le *Gerbera manghas.*

MANGLIERS.   Le véritable Manglier est le *Rhizophora Mangle* L. Mais beaucoup d'autres plantes partagent avec lui ce nom et celui de Palétuviers, notamment plusieurs Rhizophorées, tels que *Bruguiera, Carallia,* etc., les *Avicennia, Ægicera,* etc., qui tous croissent dans les marais saumâtres ou marais formés le long des côtes tropicales, et dont les longues racines adventives se couvrent de mollusques et autres invertébrés marins.   H. Bn.

MANGOLD (Les deux).   Ces deux célèbres médecins ne paraissent pas appartenir à la même famille.

Mangold (Pierre), né à Mœnchenstein le 26 décembre 1686, mort à Durlach le 11 mai 1758, fut docteur en médecine de Bâle, parcourut la Suisse, la France, la Belgique, la Hollande, l'Angleterre, l'Allemagne; obtint la charge de conseiller du margrave de Bade-Durlach, le titre de comte palatin; s'occupa beaucoup plus de jurisprudence que de médecine, et n'a laissé qu'une petite dissertation sans importance : *Dissertatio de sex rebus non naturalibus,* Bâle, 1706, in-4°.

Mangold (Christophe-André), né à Erfurt en 1719, mort le 2 juillet 1767, après avoir été professeur d'anatomie à l'université de cette ville, s'est fait connaître par de nombreuses publications, dont voici les principales :

I. *Programma de generatione fossilium figuratorum.* Erfurt, 1748, in-4°.— II. *Chymische Erfahrungen und Vortheile in Bereitung einiger sehr bewährten Arneymittel, nebst verschiedenen physikalischen Anmerkungen über dieselben.* Erfurt. 1748, in-4°. — III. *Vorgesetzte chymische Erfahrungen und Vortheile.* Francf., 1749, in-4°. — IV. *Dissertatio de ingenti exanthematum acutorum differentiâ, quoad causam et curationem.* Erfurt, 1765, in-4°. — V. *Dissertatio de generibus et speciebus tumorum.* Erford., 1764, in-4°. — VI. *Dissertatio de generibus et speciebus vulnerum.* Erford., 1765, in-4°.   A. C.

MANGOUSTAN.   On donne ce nom à une plante du genre *Garcinia* L., dont le fruit est mangé dans les Indes orientales et aux Philippines, et qui a des propriétés légèrement laxatives. Cette espèce, ainsi que son fruit, sera décrite avec ses nombreuses congénères à l'article Garcinie.

Le *Mangoustan du Malabar,* que l'on a longtemps regardé comme un *Garcinia* (*Garcinia malabarica* Lam.), est en réalité un Plaqueminier (*Diospyros*). (*Voy.* ce mot).

MANGUE, MANGUIER (*Mangifera* L.).   Le genre Manguier appartient à la famille des Anacardiacées. Il s'y distingue par des fleurs polygames dioïques, à androcée très-irrégulier. Leur calice est à quatre ou cinq pétales imbriqués et caducs. Leur corolle a autant de pétales alternes, imbriqués, souvent épaissis sur la ligne médiane et vers la base. En dedans de la corolle, se trouve un gros disque charnu, glanduleux, circulaire, en forme de bourrelet. L'androcée est formé d'un nombre variable d'étamines, insérées à la base de ce gros disque; il y en a souvent cinq, superposées aux sépales, mais elles sont stériles, sauf une seule, celle qui est superposée au sépale 1, ainsi que l'a démontré Payer. Le gynécée est celui d'une Anacardiacée en général : libre, formé d'un ovaire sessile, uniloculaire, surmonté d'un style simple et latéral, à extrémité stigmatifère. Dans la loge ovarienne, se voit un seul ovule ascendant, anatrope, à micropyle dirigé en bas.

a. Les M. blancs
a. Le M. veiné

gle L. Mais beau-
-tuy, notam-
, les *Aricennia*,
mais formés le
: se couvrent de
H. Bn.

:.-..t pas appar-

·, mett à Durlach
Suisse, la France,
rge de conseil-r
a beaucoup plus
dissertation sans
.'oh, in-4°.

l.-2 juillet 1767,
·... J-est Cat. con-
· s :

:.-4°.— II. *Chpuiévin*
·:· It f. nebst zw-
· -:-. — III. Forge-
IV. *Dissertatio de u-*
·. L. fart, 1707, in-8°.
:-P.— VI. *Dissertatio*
J. C.

Garcinia L., dont
·, t qu'il a des pro-
, sera décrite avec

·rmm : un *Garcinia*
Diospyros). (Foy.

: r a parfait à la
-mu distiques, à
, les imbriquées et
·cont épaissis sur
·re un gros dis-
.r-iée est formé
isque; il y en a
·, saif une seule,
yret. Le gynécée
·:-ssile, andro-
·ivée dans la loge
· dirigé en bas.

Le fruit ou la Mangue, le *Mango*, est une grosse drupe, ovoïde ou réniforme, à noyau fibreux, continu ou bivalve. Il renferme une seule graine comprimée, à téguments minces, avec un gros embryon charnu à radicule infère, à cotylédons plans-convexes, volumineux, souvent lobés. Les Manguiers sont de beaux arbres, à feuilles alternes, pétiolées, simples, entières, coriaces. Leurs fleurs sont réunies en grappes ramifiées de cymes, au sommet des rameaux. Tous sont originaires de l'Inde et des régions voisines de l'Asie tropicale; mais les Manguiers, étant souvent des arbres à fruits, cultivés comme tels, et ayant produit un grand nombre de variétés horticoles, ont été introduits dans presque toutes les régions tropicales du globe. Le M. de l'Inde, ou *Mangifera indica* L. (*M. domestica* GÆRTN.), est un bel arbre qui atteint 10 à 15 mètres de hauteur. Sa tige, couverte d'une écorce épaisse et rugueuse, d'un brun ou d'un gris noirâtre, se partage en branches nombreuses et étalées. Les feuilles sont oblongues-lancéolées, de 1 pied de long au plus, fermes, coriaces, d'un beau vert. Les fleurs sont jaunâtres, striées de rouge pourpré; elles sont petites et réunies en grand nombre sur des inflorescences dont les axes prennent une teinte jaune ou rouge, suivant les variétés. Le fruit est jaune, rouge, verdâtre ou d'un pourpre noirâtre. La peau est mince et ferme. La pulpe, jaunâtre, succulente, odorante, est souvent filandreuse, mêlée de longs poils ou filaments qui proviennent du noyau. Sa graine est ovale-aplatie; son embryon est très-amer. La véritable patrie de cet arbre est le Malabar; il a été introduit et naturalisé aux îles de France et de la Réunion, à Madagascar, aux Antilles, à la Guyane, etc. Ses nombreuses variétés sont souvent, dans nos colonies, greffées sur sauvageons. Toutes ses parties sont résineuses. Son bois brûle facilement, et en répandant un parfum qui le fait rechercher comme le Santal. La résine qui en découle est recommandée comme antisyphilitique et comme antidysentérique. Les feuilles servent à l'ornementation; elles passent pour guérir les odontalgies. Les graines amères sont, dit-on, anthelminthiques. Elles sont fort astringentes, riches en tannin. Suivant M. Avequin (in *Journ. Pharm.*, XVII, 421), c'est de l'acide gallique que contient l'embryon, et son extraction serait profitable et facile. Le péricarpe est la partie la plus usitée dans la Mangue, dite parfois M. à perruque, à cause des filaments qui s'y rencontrent. Cette chair est fort sucrée, juteuse, parfumée; on la mange fréquemment comme fruit de dessert, soit seule, soit coupée en tranches avec du sucre, du vin, des liqueurs alcooliques, des arômes divers, soit bouillie, ou salée, ou confite au vinaigre, au sucre. On en fait des envois en Europe, ordinairement dans du sirop de sucre ou en confitures. Cette chair est considérée comme tonique, rafraîchissante; on la croit bonne à guérir les maladies intestinales et les affections scorbutiques. Mais, dans la plupart des variétés, la saveur de ce fruit est plus ou moins térébinthacée, ce qui le rend bien inférieur à nos bons fruits fondants de la famille des Rosacées. On dit que l'abus de ce fruit produit des purgations et des éruptions cutanées. Les jeunes bourgeons s'emploient encore dans l'Inde contre la toux et l'asthme.

H. Bn.

L., *Gen.*, n. 278; *Spec.*, 290. — GÆRTN., *Fruct.*, II, t. 100. — KUNTH, *Terebinth.*, 3. — DC, *Prodr.*, II, 63. — ENDL., *Gen.*, n. 5915; *Enchirid.*, 600. — MÉR. et DEL., *Dict. Mat. méd.*, IV, 216. — GUIB., *Drog. simpl.*, éd. 6, III, 493.—A. RICH., *Elém.*, éd. 4, II, 342. — ROSENTH., *Syn. pl. diaphor.*, 854. — BENTH. et HOOK., *Gen.*, 420, n. 7. — H. BAILLON, in *Payer Leç. sur les fam. nat.*, 409.

MANIE (*mania*, *furor*, *insania*). Les étymologistes ne sont pas d'accord sur l'origine du mot μανία. Suivant les uns, il dérive de μῆνις, *furor*,

colère; suivant d'autres, de μάνα ou μήνη, *luna*, lune (on a cru longtemps que
la folie était un effet de l'influence des astres, et surtout de la lune); enfin,
d'après l'opinion qui nous paraît le mieux fondée, μανία viendrait de μαίνομαι,
insanio, je déraisonne, je délire.

Quoi qu'il en soit de son origine, le mot μανία a été employé par les
médecins, poëtes, orateurs et historiens grecs pour désigner la folie et plus particulièrement les formes exaltées et furieuses de cette maladie. On trouve cette
dénomination dans les écrits hippocratiques, mais sans aucune signification nosologique déterminée. Celse, dans le tableau un peu confus qu'il trace de la folie, ne
sépare pas avec une netteté suffisante, la manie de la frénésie. Arétée donne au
mot *mania* un sens plus précis en l'appliquant spécialement à une variété d'aliénation mentale caractérisée par l'agitation, la violence et la fureur. Cet observateur
habile nous a laissé une description animée, vive et saisissante de la manie.
Cœlius Aurélianus, traducteur et commentateur de Soranus dont les œuvres ne
sont point parvenues jusqu'à nous, énumère les causes de la manie, indique sa
marche, tantôt continue, tantôt intermittente, et signale avec assez d'exactitude
l'état physique des maniaques pendant les accès. Galien, loin d'ajouter quelques
éclaircissements à l'histoire de la manie, la noie dans les théories troubles de
l'humorisme et de la bile noire.

Pendant le moyen âge, les saines notions de l'antiquité sur la manie sont
faussées par les aberrations du galénisme ou obscurcies par les préjugés et les
superstitions de ce temps-là. Les médecins d'alors, Alexandre de Tralles, Marcellus de Sida, Aétius, Sylvaticus, Jacob Sylvius, frappés surtout par le spectacle
des vésanies épidémiques qui désolaient la plus grande partie de l'Europe, ne
nous ont guère transmis que le récit des phénomènes crisiaques dont ils ont été
les témoins; et, sous l'influence de cette préoccupation à peu près exclusive, ils
ont laissé de côté la manie pour ne s'occuper que de l'étude de la mélancolie et
particulièrement de ses deux manifestations prédominantes à cette époque, la
lycanthropie et la démonopathie. Cependant van Helmont mentionne la manie,
qu'il attribue à la fureur de l'archée, Forestus en publie des observations,
Fernel en donne une description concise, et Félix Plater, dans son essai de
classification, la fait figurer parmi les aliénations d'esprit « *mentis aliena-
tiones*. »

Sennert, François Sylvius de Le Boë parlent de la manie, sans apporter à son
histoire aucun élément nouveau. Sydenham signale la manie développée à la suite
de fièvres intermittentes. Willis expose sur cette maladie des considérations pratiques intéressantes que déparent des vues théoriques empruntées aux fantaisies
chimiatriques du temps : « Dans la manie, dit-il, les esprits animaux font effervescence, de même que certains réactifs au contact des acides concentrés. » La
théorie de Vieussens ne vaut pas mieux. Suivant lui, la manie tient à l'agitation
des esprits animaux provenant d'un grand feu existant dans le sang. Boerhaave
décrit la manie avec exactitude et la distingue soigneusement de la frénésie.
Paul Zacchias s'étend longuement sur la manie, la frénésie et la fureur, et sur
leurs conséquences médico-légales. Dans sa classification, Sauvages range la
manie parmi les délires, qui forment la troisième classe des vésanies. Lorry, en
exagérant les connexions qui unissent entre eux les divers troubles fonctionnels
du système nerveux, a établi une confusion fâcheuse entre la manie, la mélancolie
et les autres formes d'aliénation mentale. Cullen émet sur la manie des idées
plus vraies et plus pratiques que ses devanciers, en dégageant la notion de cette

maladie de toute préoccupation systématique et en rattachant son origine et sa nature à une lésion de l'appareil cérébral.

Malgré tous ces efforts, malgré tous ces travaux, l'histoire de la manie restait encore pleine d'équivoques et d'obscurités, lorsque parut, en 1802, le *Traité médico-philosophique* de Pinel sur la manie, première et heureuse tentative de monographie, qui devint le signal et le point de départ d'une féconde impulsion pour l'étude clinique de l'aliénation mentale.

Le mémoire publié par Esquirol en 1818, l'article inséré par Calmeil en 1839 dans le *Dictionnaire de médecine*, renferment des descriptions très-détaillées et très-complètes, auxquelles on a peu ajouté depuis, et qui ont servi de guide et de modèle à tous ceux qui ont écrit sur la manie.

Les incertitudes et les confusions qui ont longtemps pesé sur la détermination nosologique de la manie, se trahissent surtout dans les définitions que les auteurs ont essayé de donner de cette vésanie.

D'après Pinel, la manie « est marquée au moral comme au physique par une vive excitation nerveuse, par la lésion d'une ou de plusieurs fonctions de l'entendement, avec des émotions gaies ou tristes, extravagantes ou furieuses (*Traité de la manie*, édit. de l'an IX, p. 160). »

« La manie, dit Esquirol, est une affection cérébrale chronique, ordinairement sans fièvre, caractérisée par la perturbation et l'exaltation de la sensibilité, de l'intelligence et de la volonté (*Des maladies mentales*, édit. de 1838, p. 132). »

Ces deux définitions, analogues en apparence, présentent, en réalité, des différences profondes, essentielles. Celle de Pinel ne préjuge rien de la nature et du siége de la manie ; elle ne compte pas, non plus, la marche et la durée du délire, parmi les éléments pathognomoniques de la maladie. La définition d'Esquirol, au contraire, fait très-formellement de la manie une affection cérébrale ; elle la localise anatomiquement et fonctionnellement dans le cerveau ; et, de plus, elle attribue à la chronicité une valeur caractéristique.

Dans sa simplicité, la définition de Pinel nous paraît préférable à celle d'Esquirol, qui a le tort grave d'exclure de la manie les formes *aiguë* et *fébrile*, généralement admises et décrites aujourd'hui par les manigraphes. Aussi les définitions les plus récentes se rapprochent-elles davantage de la formule plus large de Pinel que de la formule trop étroite d'Esquirol. « La manie, dit Baillarger, est caractérisée par une surexcitation générale et permanente des facultés intellectuelles et morales. » Marcé la définit : « Un délire général qui s'accompagne d'excitation, de conceptions délirantes et d'hallucinations. » Dagonet : « Une affection caractérisée par la surexcitation désordonnée des facultés, d'où résultent l'incohérence des idées, des erreurs de jugement, la lésion de l'attention, une mobilité sans but et des impulsions instinctives violentes. » Griesinger a donné à la manie une définition qui s'éloigne sensiblement des précédentes par sa signification métaphysique et sa tournure hautement spiritualiste. D'après le regrettable professeur de Berlin, « la lésion fondamentale de la manie consiste dans une perturbation de la force motrice de l'âme, de l'effort, par suite de laquelle cette dernière est libre, n'est plus retenue par rien, et est même considérablement exagérée, et pour cette raison même le malade sent le besoin de manifester au dehors cette surexcitation de ses forces. »

A toutes ces définitions, nous n'essayerons pas d'en ajouter une nouvelle. Il n'est pas plus facile de définir la manie que la folie. La seule chose qu'il importe de retenir, c'est que la marque spécifique de cette vésanie consiste dans une surexcitation ou dans une perturbation générale des facultés psychiques, surexcitation ou perturbation qui, tout en conservant leur caractère essentiel de généralité, peuvent néanmoins prédominer dans un des trois ordres de facultés qui concourent au fonctionnement mental, comme nous le verrons à propos des divisions de la manie.

La manie est, sans contredit, l'espèce de folie la plus fréquente. Les documents de tous les temps et de tous les pays sont unanimes sur ce point. Les statistiques les plus récentes s'accordent à prouver que les maniaques forment à peu près le cinquième de la population des établissements d'aliénés.

Le printemps et l'été sont les saisons les plus favorables au développement de la manie. Dans tous les asiles la proportion des maniaques s'accroît depuis le mois de mars jusqu'à la fin d'août. Pendant les trois mois qui correspondent aux plus grandes chaleurs, cette proportion est environ de moitié plus élevée que dans le reste de l'année. D'après Lombroso (de Pavie), le chiffre le plus haut des entrées, dans tous les manicomes d'Italie, correspond aux mois de juillet et d'août. Néanmoins, il n'est pas rare que le mois de décembre fournisse une proportion de maniaques aussi grande que les mois de l'été.

La jeunesse et l'âge viril sont les périodes de la vie où la manie se montre avec le plus de fréquence. Cette maladie éclate surtout de 20 à 35 ans. Au-dessous de 20 ans elle est fort rare ; de 35 à 50 ans, elle suit une progression décroissante; dans la vieillesse, elle fait place à la démence. Quoique très-rares dans l'enfance, des cas authentiques de manie ont été observés sur des sujets de 3 à 9 ans par Haslam, Esquirol, Marc, Prichard, Foville, Stoll, Jacobi, Zeller, Pignoco, Guislain, Forbes Winslow, Engelken, Romberg, Ch. West, Schubert, Morel, Griesinger, Brierre de Boismont, John Mislar et Vanderkolk. La manie infantile est rarement primitive; elle s'associe presque toujours à une dentition difficile, à des accidents convulsifs, et notamment à la chorée; ou bien elle se montre à la suite d'une maladie aiguë, telle que la méningite, la fièvre typhoïde, la variole, etc.

Suivant Esquirol et Calmeil, le sexe masculin aurait une aptitude plus grande que le sexe féminin à contracter la manie. D'après Marcé, au contraire, les femmes fourniraient à la manie un contingent plus nombreux que les hommes. D'où vient cette divergence? Elle vient probablement des sources différentes auxquelles ces observateurs ont puisé leurs renseignements. Esquirol et Calmeil ont consulté les statistiques de Charenton, c'est-à-dire d'un établissement ouvert aux aliénés de tous les pays ; Marcé s'en est rapporté aux statistiques de Bicètre et de la Salpêtrière, qui ne reçoivent que les aliénés du département de la Seine. Les résultats indiqués par Esquirol et par Calmeil sont exacts ; ceux qu'a signalés Marcé le sont également. Que faut-il en conclure? C'est qu'en province la manie est plus fréquente chez les hommes que chez les femmes, et qu'à Paris, au contraire, les femmes y semblent plus sujettes que les hommes. Ce fait est confirmé par les relevés des asiles départementaux ; il est surtout corroboré par une statistique officielle consignée dans les *Études pratiques sur les maladies mentales,* du docteur Girard de Cailleux : dans le tableau des maniaques venant du département de l'Yonne, les hommes figurent en plus grand nombre que les femmes ; tandis que dans la colonne des maniaques venant du département de la Seine, le chiffre des femmes est plus élevé que celui des hommes.

Quoi qu'il en soit, la différence dans la proportion des maniaques, hommes et femmes, n'est pas aussi tranchée de nos jours que du temps d'Esquirol, et cette différence tend de plus en plus à s'effacer, à mesure que la paralysie générale, par sa fréquence toujours croissante, chez l'homme, se substitue, dans les statisques, aux autres formes de vésanies et notammeut à la manie (Marcé).

L'hérédité joue certainement un rôle prépondérant dans l'étiologie de la manie. Ce n'est pas à dire que la manie procède fatalement de la manie. Non; cela signifie plus justement que le délire maniaque est assez souvent le produit héréditaire d'une forme quelconque de névropathie, d'aliénation mentale ou de faiblesse intellectuelle chez les ascendants, ainsi que Morel l'a très-bien fait ressortir dans son mémoire sur la *Folie héréditaire*. Près d'un tiers des maniaques, dit Calmeil, comptent dans leur parenté des imbéciles, des épileptiques, des sujets en démence, des paralytiques, des aveugles-nés et des sourds-muets. D'après les recherches plus récentes du docteur Grainger Steward, la proportion des cas héréditaires de manie serait de 51 pour 100.

La plupart des manigraphes inscrivent le tempérament sanguin et le tempérament nerveux au nombre des causes prédisposantes de la manie. Sans exagérer l'influence, toujours incertaine et obscure des tempéraments, on peut dire que la manie frappe de préférence les sujets doués d'une constitution pléthorique, forte et robuste, les personnes impressionnables, celles d'un caractère vif, irritable et colère, d'une imagination ardente et fougueuse. Morel a beaucoup insisté sur l'influence prédisposante du tempérament nerveux congénital, qui constituerait, suivant lui, une sorte d'aptitude et une condition particulière de réceptivité pour la folie. Griesinger va encore plus loin. Pour lui, la prédominance du système nerveux est plus qu'une prédisposition à la folie, c'est un état prodromique, un acheminement, un premier pas vers l'aliénation mentale.

Quelques manigraphes, entre autres Schrœder van der Kolk, Clouston, Mandsley, Dupouy et Berthier, attribuent un rôle important aux diathèses et aux maladies constitutionnelles dans l'étiologie de la manie. Toutefois, nous croyons que Dupouy et Berthier ont exagéré la portée de cette influence, lorsqu'ils ont admis des folies chlorotique, scrofuleuse, rhumatismale, goutteuse, cancéreuse, syphilitique.

Il serait intéressant de savoir si une conformation particulière du crâne et une certaine disposition anatomique de l'encéphale ne pourraient point créer une prédisposition au délire maniaque. Malheureusement, la réaction excessive qui s'est faite et qui se perpétue encore contre la doctrine de Gall a détourné systématiquement de cette utile voie les investigations des aliénistes, et nous en sommes toujours réduits sur ce point aux recherches ébauchées de Greding, de Broussais, d'Esquirol, de Parchappe, de Calmeil, de Milivié et de Leuret. Ces observateurs ont rencontré, chez un certain nombre de maniaques, une configuration bizarre, plus ou moins extraordinaire, de la face et du crâne, une proéminence marquée de l'occiput, des régions pariétales et de l'os frontal; sur différents points de la tête, des crêtes, des saillies osseuses, des bosses nombreuses, un allongement insolite de l'ovale antéro-postérieur du crâne, un abaissement et une étroitesse notable du front, un rétrécissement de toute la cavité crânienne, et quelquefois une densité plus grande de la masse cérébrale.

Les névroses, comme l'hystérie, l'épilepsie, la chorée, favorisent la production de la manie et lui communiquent une physionomie particulière en rapport avec la nature de l'état nerveux. Suivant Griesinger, la filiation serait même tellement étroite entre la névrose et l'aliénation mentale que l'une ne serait qu'une transformation de l'autre.

Loiseau, dans sa thèse sur la folie sympathique, a réuni un grand nombre d'exemples de manie liée sympathiquement, par *consensus*, par voie réflexe, à diverses affections des viscères abdominaux, des poumons, de l'appareil vasculaire et des organes génito-urinaires.

Quelle est la part d'influence des professions sur la production de la manie? Les statistiques que nous avons compulsées pour éclaircir ce sujet offrent des résultats tellement variables et disparates, suivant le temps et les lieux où elles ont été dressées, qu'il nous a paru impossible d'en tirer aucune conclusion formelle et définitive. Ce qui ressort, en effet, le plus clairement de ces documents, c'est que les professions qui dominent dans une contrée sont généralement celles qui y produisent les cas les plus nombreux de manie. Ainsi dans les pays agricoles, les maniaques se recrutent surtout parmi les agriculteurs; dans les centres industriels, parmi les manufacturiers et les artisans ; dans les grandes cités, on voit la manie éclater surtout parmi les riches qui abusent de la vie, parmi les spéculateurs que la fortune enivre de ses faveurs ou frappe de ses revers, parmi les négociants auxquels les préoccupations d'affaires ne laissent ni trêve ni repos, parmi les artistes et les gens de lettres qui s'épuisent dans l'étude et dans la veille et qui luttent avec désespoir contre les difficultés de l'existence et contre l'indifférence du public, enfin parmi les ouvrières que l'insuffisance des salaires réduit à une vie misérable et dont l'imagination est sans cesse exaltée par mille sujets de surexcitation.

La manie est assez commune chez les militaires. En temps de paix et dans les loisirs de la garnison elle se manifeste plus particulièrement sur les vieux soldats adonnés à l'intempérance; en temps de guerre et dans les camps, elle frappe surtout les jeunes recrues rudement éprouvées par les fatigues, les privations, les émotions et les périls des combats.

L'excès de la population, la vie agitée, tumultueuse, difficile, des grandes villes, le conflit incessant et terrible pour se procurer les moyens de subsistance, disposent plus à la manie que l'existence plus facile, plus calme et plus douce des campagnes.

On a prétendu que la proportion des maniaques était plus grande parmi les célibataires que parmi les gens mariés. Cette assertion aurait besoin d'être fondée sur des preuves nouvelles et plus décisives. A Charenton, nous avons toujours vu autant ou plus de maniaques mariés que de maniaques célibataires. En tous cas, le mariage, avec les responsabilités et les soucis qu'il entraîne le plus souvent après lui, nous semble bien plus propre à engendrer la manie que le célibat égoïste et affranchi de toutes les préoccupations de la famille. Tout bien considéré, à l'inverse de la plupart des manigraphes, nous serions porté à regarder le célibat plutôt comme un effet que comme une cause de la manie; car ne pourrait-on pas soutenir avec quelque apparence de raison que s'il y a beaucoup de célibataires parmi les maniaques, c'est parce que leur état d'aliénation mentale les a éloignés du mariage ou ne leur a pas permis de trouver un parti?

L'inconduite, le libertinage, la débauche, la dépravation et le désordre des mœurs, les excès vénériens, les abus de l'oisson, figurent à juste titre au premier rang des causes déterminantes de la manie. En parcourant les statistiques d'Esquirol, de Desportes et de Parent-Duchâtelet, on est frappé de la proportion dans laquelle cette espèce de folie atteint les filles publiques, livrées à toutes sortes d'excès.

On doit compter encore parmi les causes de la manie : les travaux intellectuels excessifs amenant d'abord l'excitation, puis la fatigue des fonctions cérébrales ; les fortes et vives émotions morales, les chagrins prolongés, les passions contenues, l'orgueil, l'ambition, l'exaltation religieuse, les déceptions ou les contrariétés d'amour, la crainte de la pauvreté et l'ardente poursuite de la richesse, les revers de fortune et les pertes de jeu.

Les accès de manie se sont montrés en Europe avec une fréquence insolite à la suite des grandes crises sociales et des grandes commotions politiques, révolutions ou guerres, qui entraînent toujours tant de catastrophes financières, tant de ruines commerciales et tant de désastres industriels. D'après les aliénistes américains, un pareil fait ne se serait pas produit dans les États-Unis pendant la dernière guerre de la sécession. La proportion ordinaire des aliénés n'aurait pas augmenté dans ce pays durant cette longue et terrible lutte.

Selon les manigraphes français les lésions traumatiques du crâne produisent rarement la manie, et l'on peut tenir pour exceptionnels les cas où cette maladie est survenue à l'occasion d'une chute ou d'un coup sur la tête. Telle n'est pas l'opinion du docteur Skae, qui, sur 10 observations de manie traumatique, en signale 6 où la maladie a été l'effet d'un coup ou d'une violence sur la tête.

L'insolation est une cause assez active du délire maniaque, surtout pour les soldats en campagne dans les pays chauds, et pour les cultivateurs exposés sans abri aux ardeurs du soleil.

Les irrégularités, les troubles et notamment la suppression du flux menstruel déterminent quelquefois, chez les femmes, des accès de manie ou en provoquent le retour.

La grossesse et l'allaitement excercent une influence incontestable sur le développement de la manie, mais l'influence étiologique de l'état puerpéral est encore plus grande et plus manifeste. Sur 44 cas de folie puerpérale Marcé a noté 29 fois la forme maniaque.

Enfin, on a rapporté des cas de manie déterminés ou aggravés par la présence d'helminthes dans les organes digestifs, de larves dans les cavités nasales ou dans le conduit auditif externe.

Esquirol et Calmeil ont décrit la manie tout d'une pièce. Les seules divisions admises et indiquées par ces auteurs sont celles qui ressortent de la marche et de l'intensité du délire : *manie aiguë, manie chronique; manie continue, manie intermittente, manie rémittente.* Ces divisions sont légitimes, pratiques, et méritent d'être conservées ; mais elles ont paru insuffisantes à quelques manigraphes contemporains, qui en ont ajouté d'autres, basées, soit sur les circonstances étiologiques, soit sur la nature des conceptions délirantes. De là, les variétés dites *manie gaie, manie triste; manie calme, manie furieuse; manie bienveillante, manie malfaisante; manie homicide, manie incendiaire, manie hallucinatoire, manie épileptique, manie hystérique, manie puerpérale,* etc.

. Des divisions aussi nombreuses nous semblent plus propres à augmenter la confusion qu'à la dissiper. D'ailleurs, la plupart d'entre elles sont défectueuses et en contradiction formelle avec la nature même de la manie ; telles sont la manie gaie et la manie triste, la manie homicide et la manie incendiaire, qui impliquent une constance et une fixité de conceptions ou de penchants qu'exclue le délire maniaque.

On ne doit pas perdre de vue, en effet, que ce qui constitue le caractère pathognomonique et le fond même de la manie, c'est la perturbation simultanée de toutes les facultés, c'est le délire général. Mais, d'autre part, il faut reconnaître aussi que, si toutes les facultés sont surexcitées ou troublées dans la manie, la surexcitation et le trouble peuvent *prédominer* dans un ordre de facultés, tantôt dans les facultés intellectuelles, tantôt dans les facultés affectives et morales, tantôt dans les fonctions de volition.

Cette vue, d'ailleurs conforme à l'observation clinique et déjà signalée par Pinel, a conduit à grouper dans trois catégories correspondantes les faits compris sous le terme générique de manie. Ces trois catégories sont : la *manie intellectuelle* ou *manie proprement dite; la manie affective* ou *manie raisonnante;* la *manie impulsive.*

Encore une fois, ces variétés ont cela de commun, qu'elles impliquent toutes un trouble général de la raison. Mais, ce qui les distingue les unes des autres, ce qui les particularise, c'est le désordre, non pas exclusif, mais *prédominant,* de telle ou telle faculté.

Envisagée à un point de vue plus général et sous le rapport nosologique, la manie admet, en dernière analyse, deux grandes classes ou groupes principaux. La première classe est constituée par toutes les variétés de la *manie franche, simple, primitive, idiopathique.* La seconde classe est formée par les *manies mixtes, hybrides,* dont les manifestations phénoménales complexes et vagues présentent un mélange, un amalgame de folie et de raison, et dans lesquelles l'état mental, au lieu d'être accidentel, est le plus souvent lié à une organisation défectueuse, de sorte qu'on pourrait les nommer encore *manies constitutionnelles* ou *diathésiques.* Cette seconde classe comprend la manie raisonnante, la manie impulsive et leurs variétés. La troisième classe est formée par les manies *secondaires, compliquées, symptomatiques;* elle embrasse toutes les manies étroitement liées à une cause pathologique antérieure ou actuelle bien déterminée : telles sont les manies alcoolique, puerpérale, hystérique, épileptique, choréique et paralytique.

I. MANIE SIMPLE, FRANCHE, PRIMITIVE, IDIOPATHIQUE. *Manie intellectuelle.* Cette forme représente, à vrai dire, le type classique de la manie. Elle offre la plus complète image du bouleversement de toutes les fonctions encéphaliques ; mais, pourtant, ce qui frappe le plus au milieu de ce chaos, c'est la surexcitation de l'intelligence, la confusion des opérations intellectuelles et l'extrême mobilité des dispositions affectives.

La manie éclate parfois subitement, à la suite d'une émotion vive et profonde, d'une commotion morale imprévue, d'un violent accès de colère, d'un excès alcoolique, d'une insolation prolongée ; dans ces cas, le délire revêt la forme aiguë **et** atteint presque d'emblée, en quelques heures, son maximum d'intensité.

Mais cette explosion soudaine de la manie n'en est point le début le plus commun. Ordinairement, l'invasion du délire maniaque s'annonce par un certain nombre de phénomènes précurseurs consistant en des modifications somatiques et morales qui peuvent se soustraire aisément à un examen superficiel, mais qui n'échappent jamais à une observation attentive et éclairée.

Quelquefois on découvre, dès l'enfance, les premiers germes de la manie ou les indices éloignés d'une fatale aptitude pour cette maladie. Beaucoup d'enfants ainsi malheureusement prédisposés se font remarquer par la bizarrerie de leurs inclinations, la violence de leur caractère, leur penchant à la colère, au désordre et à la destruction, leur humeur difficile, leur insubordination indomptable, leur tempérament réfractaire à toute discipline et à toute éducation. Ils sont sujets à des maux de tête, à des crises nerveuses; leur sommeil est agité et souvent troublé par des songes. Le plus souvent, ces phénomènes, au lieu de s'atténuer ou de disparaître avec l'âge, persistent ou s'aggravent à mesure que l'enfant grandit. Nous insisterons plus longuement sur ce point important à l'occasion de la manie raisonnante.

D'autres signes précurseurs apparaissent à une époque plus rapprochée du début de la manie, en présagent l'imminence et en constituent la *période prodromique* ou d'*incubation*.

La durée de cette période peut varier de six mois à quelques jours. Elle présente assez généralement deux stades : l'un mélancolique, l'autre expansif.

Pendant le stade mélancolique, les malades tombent dans la tristesse et dans l'abattement; ils sont chagrins, difficiles, anxieux, en proie à des inquiétudes vagues et à de sinistres pressentiments. Ils éprouvent des céphalalgies, des migraines, des sensations de serrement dans les régions temporales, de pesanteur et de constriction au front et à l'occiput, un malaise indéfinissable, de l'angoisse respiratoire. Le sommeil fait défaut, ou bien il est court, léger, fréquemment interrompu par des rêves et des cauchemars.

A ces symptômes nerveux viennent s'ajouter des troubles gastriques et intestinaux justement signalés et bien décrits par Pinel : « Les maniaques, dit-il, se plaignent, au prélude des accès, d'un resserrement dans la région de l'estomac, du dégoût pour les aliments, d'une constipation opiniâtre, des ardeurs d'entrailles qui leur font rechercher des boissons rafraîchissantes ; » leur bouche est pâteuse, leur langue recouverte d'un enduit saburral épais.

Bientôt le caractère s'altère, les sentiments se transforment et les habitudes se modifient. Les sujets deviennent impatients, irritables, mécontents de tout, insouciants de leurs intérêts et de leurs affaires, indifférents et quelquefois durs pour leur femme, leurs enfants, leurs amis et leurs proches. Ils témoignent de la tiédeur, de l'éloignement, et même de la répugnance, de l'antipathie et du dégoût, pour les personnes et pour les objets qu'ils affectionnaient naguère le plus.

Au stade mélancolique de la période prodromique succède le stade expansif. Les malades déploient alors une activité excessive; ils éprouvent un besoin continuel d'agir et de marcher; ils recherchent avec une sorte d'avidité le mouvement et le grand air ; ils vont et viennent sans cesse et font de longues courses, sans accuser de fatigue; ils parlent avec plus d'aisance et de volubilité que de coutume, ils se livrent à des dépenses inutiles et à des spéculations hasardées ; ils conçoivent des projets insensés de fortune et de voyage. Cet entrain, cette agitation expansive alternent quelquefois avec des moments de dépression profonde pendant lesquels les sujets restent sombres, taciturnes, préoccupés d'eux-mêmes, en butte à des terreurs paniques.

Pendant le stade d'exaltation beaucoup de maniaques ont un appétit vorace et mangent avec avidité ; d'autres éprouvent une surexcitation des organes génitaux et se livrent avec fureur aux excès vénériens.

Tels sont, d'une manière générale, les symptômes les plus ordinaires de la manie dans sa période prodromique et à son début.

Peu à peu l'agitation augmente, arrive à son comble, devient **permanente et** offre tous les caractères de délire maniaque confirmé.

L'expression et la physionomie du délire maniaque ne sont pas toujours les mêmes. Elles varient non-seulement sur des sujets différents, mais aussi sur le même sujet et quelquefois dans un espace de temps très-court. Tantôt, en effet, ce sont les phénomènes d'exaltation qui dominent, tantôt les phénomènes d'incohérence. Il en résulte qu'on peut, sous le rapport de la symptomatologie, distinguer deux variétés de manie intellectuelle : la manie *exaltée* et la manie *incohérente*.

Lorsque l'exaltation prend le dessus, la mémoire s'avive, l'imagination acquiert une activité surprenante, les idées pullulent à l'infini et se multiplient avec une prodigieuse fécondité. Ces maniaques écrivent avec facilité, parlent avec abondance, improvisent des vers, étonnent par l'éclat de leurs expressions, par l'éloquence de leurs discours, par l'élévation de leur pensée, par la richesse et la variété de leurs conceptions, et aussi par la pétulance et l'extravagance de leurs actes. Cette forme, plus particulièrement connue sous le nom d'*exaltation maniaque*, trouvera le complément de sa description dans le paragraphe consacré à la manie raisonnante, dont elle est, à vrai dire, une variété.

Quand, au contraire, l'incohérence domine, l'harmonie est détruite, l'équilibre est rompu entre les éléments fonctionnels de l'entendement. Les facultés syllogistiques et dirigeantes, l'attention, le jugement et la réflexion semblent avoir perdu leur pouvoir régulateur ; elles sont dominées et maîtrisées par les facultés conceptives, la sensation, la perception, la mémoire et l'imagination. Incessamment distraits et entraînés par des impressions fugitives et toujours renouvelées, ces aliénés sont incapables de toute application. Assaillis à la fois par les souvenirs multiples du passé et par la succession vive et rapide des sensations actuelles, ils associent les idées les plus disparates, ils créent les conceptions les plus bizarres. Bien n'égale la mobilité de leurs pensées. La vue d'un objet, un mot prononcé fortuitement, une simple consonnance, un bruit, suffisent pour en changer le cours. Les idées se succèdent avec une rapidité inconcevable, se pressent pêle-mêle et se heurtent, sans suite sans ordre et sans lien apparents.

Même désordre dans le langage. Les maniaques incohérents, laissent échapper de leur bouche des phrases décousues, des mots sans liaison, sans rapport avec leurs idées et leurs actions.

Suivant Griesinger, l'incohérence maniaque est le résultat obligé de la précipitation avec laquelle s'accomplissent tous les phénomènes psychiques, de l'impossibilité où se trouvent les malades d'amener chaque idée isolément à un degré de conscience complète, des changements brusques que présente leur humeur, et des travestissements que l'imagination fait revêtir aux impressions venant des organes des sens.

D'après Falret, au contraire, l'incohérence serait plutôt apparente que réelle chez les maniaques ; elle tiendrait uniquement à ce que le travail de la pensée est plus rapide que sa manifestation, et à ce que beaucoup de chaînons intermédiaires échappent à l'observateur ; il y a toujours, dans ce pêle-mêle apparent, un ordre caché qu'il faut rechercher et qu'une observation approfondie fait souvent découvrir. La justesse de cette remarque est confirmée par des faits nombreux et spécialement par les récits et les aveux de certains maniaques qui, après leur guérison, rendent un compte très-exact des moindres détails de leur délire et montrent le rigoureux enchaînement de leurs idées les plus insensées et l'inflexible logique de leurs actes les plus extravagants.

La loquacité est, sans contredit, un des symptômes les plus saillants, un des traits les plus significatifs de la manie. Comme on vient de le voir, chez les maniaques exaltés elle se traduit surtout par des phrases ampoulées, des déclamations sonores, des discours emphatiques, des réminiscences littéraires, des improvisations prétentieuses. Chez les maniaques incohérents, elle se manifeste par un babil intarissable, un bavardage incorrect, des mots détachés, des phrases tronquées, entrecoupées de vociférations, de chants et de cris, dont quelques-uns rappellent ceux des animaux. Certains de ces malades répètent pendant des heures, pendant des journées entières, les mêmes propos, les mêmes locutions, les mêmes noms, les mêmes chants. D'autres se créent un vocabulaire à part, dont il est impossible de saisir le sens.

La voix est éclatante ou rauque, et cette raucité semble moins tenir à la fatigue du larynx qu'à un état nerveux spécial, car on l'observe dès le début de l'accès.

Rien de variable comme les dispositions du caractère et de l'humeur des maniaques. Ceux-ci sont gais, expansifs, prodigues, satisfaits de tout et de tous; ceux-là sont moroses, défiants, soupçonneux, égoïstes, mécontents de tout ce qui les entoure. Les uns sont doux, paisibles, débonnaires, inoffensifs; les autres (et c'est le plus grand nombre) sont irascibles, emportés, intolérants, dangereux. Quelques-uns passent brusquement de la joie à la douleur, de la tristesse à la gaieté, du rire aux larmes, de la douceur à la colère, de la tendresse à la haine, des prières aux menaces, des caresses aux violences.

La plupart de ces malades rompent avec les affections, les croyances et les habitudes de la vie normale. Ils méconnaissent leurs amis; ils sont indifférents, souvent même hostiles et malveillants pour leurs plus proches parents; ils les prennent en aversion, ils les repoussent avec dureté, ils les injurient ou ils les frappent. Ils sont insociables. Les femmes, naguère les plus réservées, les plus modestes, les plus scrupuleuses, oubliant la retenue, la timidité de leur sexe, abjurant toute pudeur, affectent d'employer des mots grossiers, des jurements, des paroles obscènes, et se livrent à des actes d'un cynisme révoltant.

L'aspect et les allures du maniaque peignent l'exaltation du système nerveux et trahissent le trouble de la raison. La face est animée, les traits sont crispés et grimaçants, les yeux injectés et brillants, le regard vif, la démarche précipitée. Les mouvements sont brusques, les gestes tumultueux, incessants; les malades vont, viennent, courent, marchent à grands pas, sautent, crient, chantent et se livrent à toutes sortes d'actes désordonnés; s'ils rencontrent un obstacle, loin de chercher à l'éviter, ils le renversent ou le brisent. Leurs vêtements sont en désordre et pendent par lambeaux. Quelques-uns ne supportent ni linge, ni habit, et s'obstinent à rester nus.

Beaucoup de maniaques, surtout parmi les chroniques, sont enclins à la malpropreté. Ils se barbouillent le visage de salive, d'urine et même de matières stercorales; ils mangent des débris d'aliments ramassés parmi les ordures, ils remplissent leurs poches de cailloux et de chiffons, ils introduisent dans leur nez et dans leurs oreilles de la viande, du pain mâché, des objets dégoûtants; ils se parent de plumes, de rubans, de morceaux de laine et de tous les oripeaux qui leur tombent sous la main.

Les forces musculaires prennent part à la suractivité générale. Suivant Pinel, Esquirol, Calmeil, Ideler et Marcé, ces forces sont doublées et triplées. Griesinger ne partage pas cette opinion : « Dans la majorité des cas, dit cet éminent professeur, rien de semblable n'existe; il est si peu vrai que les maniaques soient plus forts qu'à l'état normal, qu'il suffit souvent d'un seul gardien pour les contenir :

ordinairement cette apparente exagération des forces physiques vient seulement de la manière décidée avec laquelle le malade, dans chacun de ses actes, fait agir ses muscles. Mais, ce qui est exact et aussi très-remarquable, c'est de voir les maniaques faire pendant un temps parfois très-long une dépense de forces musculaires à laquelle un individu bien portant ne pourrait pas suffire. » En effet, on les voit quelquefois, pendant des semaines et des mois entiers, en proie, jour et nuit, à l'agitation la plus véhémente, sans témoigner la moindre lassitude, et sans que l'énergie des mouvements et la vigueur des membres paraissent amoindries. Griesinger explique la possibilité de cette énorme dépense musculaire par le fait d'une anomalie de la sensibilité des muscles, qui éteint chez les maniaques le sentiment de la fatigue.

Les sens participent souvent à l'exaltation et au trouble des autres fonctions cérébrales. La vue et l'ouïe surtout acquièrent une finesse extrême, et ainsi s'explique la vive impression produite sur les maniaques par la lumière et par le bruit. Chez un tiers des malades, à peu près, cette hyperesthésie multiplie les faux jugements et donne naissance aux illusions les plus étranges. Certains maniaques voient les objets tantôt plus petits, tantôt plus grands que nature; parfois ils les aperçoivent renversés, et les hommes leur apparaissent les pieds en l'air et la tête en bas. Ils prennent une fenêtre pour une porte, une rivière pour une route, des nuages pour des ballons. Quelques-uns, trompés par l'odorat et par le goût, repoussent des aliments ou des boissons qu'ils trouvent mauvais et qu'ils croient empoisonnés.

Les maniaques sont quelquefois aussi le jouet des hallucinations les plus actives. Les uns s'entretiennent avec des interlocuteurs invisibles; les autres s'escriment contre des ennemis imaginaires; ceux-ci aperçoivent, dans leur chambre, sur leurs vêtements, ou sur leur lit, des teintes lumineuses, des reptiles, des animaux immondes ou malfaisants.

Les illusions des sens, les hallucinations et les fausses sensations concourent puissamment à vicier le jugement de ces aliénés, à aggraver leur délire et à les pousser souvent à des actes de destruction, de violence et de férocité. Celui-ci met en pièces ses matelas, ses couvertures ou ses habits, parce qu'il les croit imprégnés de liqueurs corrosives; celui-là brise les meubles et les ustensiles à son usage pour les transformer et leur donner, par un nouveau travail, un prix inestimable; un autre démolit les parquets ou les cloisons de sa cellule pour en retirer des trésors chimériques; on en voit qui mettent le feu à une maison pour la purifier, ou qui tuent des inconnus, des amis ou des proches, croyant se venger d'un ennemi. Calmeil, à qui nous empruntons ces faits, cite l'exemple d'un maniaque qui était poursuivi du besoin de tuer, se figurant qu'il était doué du pouvoir de ressusciter immédiatement sa victime et de lui procurer pour l'éternité mille jouissances ineffables. Un autre maniaque, dont le docteur Sentoux a rapporté l'intéressante histoire dans sa thèse inaugurale, fut arrêté au moment où il allait violer et assassiner sa bonne, convaincu qu'il était Dumolard en personne.

Ainsi, les hallucinations et les conceptions délirantes s'observent quelquefois dans le délire maniaque; mais, loin de faire partie de ses éléments nécessaires, de ses symptômes pathognomoniques, elles n'interviennent que d'une manière secondaire, accessoire, à titre d'accidents et de complications. Elles diffèrent essentiellement de celles qui se manifestent dans la monomanie en ce que celles-ci sont persistantes et fixes, tandis que dans la manie elles sont mobiles, changeantes et fugitives ; chaque impression nouvelle provoquant immédiatement dans l'esprit du maniaque des images nouvelles, les idées délirantes n'ont pas le temps de se fixer dans sa pensée.

Tandis que, chez les maniaques, la sensibilité sensoriale est exaltée ou pervertie, la sensibilité générale paraît diminuée ou même abolie complétement. Les uns se roulent avec délices à demi nus dans la neige; d'autres se plaisent à contempler le soleil en plein et à subir l'action de ses rayons les plus ardents ; d'autres restent exposés sans abri à des pluies torrentielles, ou marchent impunément des heures entières sur la terre humide ou sur le carreau. Comme le fait remarquer justement Calmeil, les maniaques doivent à la préoccupation de leur délire de se montrer aussi peu accessibles aux impressions atmosphériques ; Marcé les compare aux soldats qu'anime le feu de la bataille ; leur excitation les rend indifférents à l'action des agents extérieurs. Mais malgré l'obtusion de la sensibilité , et sans que les malades en aient conscience, la chaleur, le froid et l'humidité exercent sur leur santé une influence fâcheuse et deviennent le point de départ de congestions cérébrales, de pleurésies, d'inflammations pulmonaires ou de phlegmasies intestinales. Aussi, faut-il garantir les maniaques contre les températures excessives et les entourer des meilleures conditions hygiéniques.

L'insomnie est le partage d'un grand nombre de maniaques ; la nuit n'apporte aucune trêve à leur délire ; au lieu de dormir, ils parlent, ils s'agitent ou, s'ils s'endorment, leur sommeil est inquiet, troublé, sans cesse interrompu.

L'excitation des organes génitaux est beaucoup plus commune et plus vive dans la période prodromique du délire, dont elle est un symptôme, que pendant les autres phases de la manie. Elle est moins fréquente chez les hommes que chez les femmes. À la vue d'un homme, au son de sa voix, au bruit de ses pas, les femmes maniaques qui éprouvent les penchants érotiques sont entraînées à des paroxysmes d'agitation se traduisant par des regards provocateurs, des gestes expressifs et des propos obscènes. Presque tous les maniaques sont enclins à l'onanisme, et cette funeste habitude contribue à les rendre incurables.

Dans la grande majorité des cas, la menstruation est irrégulière ou supprimée pendant un accès de manie. Le retour des règles n'a souvent aucune influence sur l'état mental ; parfois aussi il amène une aggravation dans les symptômes ; d'autres fois enfin le rétablissement régulier de la menstruation, après une longue interruption, détermine la guérison, à la manière d'un mouvement critique.

À part les symptômes d'embarras gastrique que l'on constate quelquefois au début de la manie, les fonctions digestives s'exercent, chez les maniaques, avec énergie et régularité. Quelques sujets mangent copieusement et ne semblent jamais rassasiés ; d'autres montrent un appétit capricieux et bizarre, s'imposant la diète un jour ou deux et dévorant ensuite leurs aliments avec voracité. La répugnance, que montrent quelques maniaques pour manger ou pour boire, provient quelquefois d'hallucinations passagères ou d'une mauvaise disposition des organes digestifs. En général, ces aliénés digèrent avec une grande promptitude, même au milieu de leur délire le plus violent. Ils sont moins sujets à la constipation que les mélancoliques. Presque tous les maniaques, surtout quand l'agitation est très-vive, rendent les urines et les déjections alvines dans leur lit ou dans leurs vêtements, non par suite de la faiblesse des sphincters, mais par oubli ou par calcul, plus souvent encore, d'après Marcé, par suite de l'anesthésie des muqueuses vésicale et intestinale, qui ne sentent plus le contact des matières à excréter.

la respiration est accélérée, haletante, pendant les paroxysmes d'excitation.

lorsque le maniaque se livre à des emportements de colère, à des actes tumul-
breux et désordonnés; elle est naturelle dans tous les autres moments.

J. Frank et Georget ont signalé la fréquence, la tension et l'accélération du
pouls comme caractéristiques dans la manie. Tel est quelquefois, en effet, l'état
de la circulation, au début de la manie aiguë, lorsque l'invasion du délire s'annonce par des symptômes fébriles; mais, au bout de quelques jours, quand la
fièvre est tombée, le pouls se modifie, et il offre alors des caractères tellement
variables, qu'on en chercherait vainement un appartenant en propre à la manie.
De là, sans doute, le désaccord qui règne dans les opinions des observateurs qui
se sont occupés spécialement de ce sujet. Ainsi, tandis que Leuret et Métivié
établissent qu'après les hallucinés les maniaques offrent, en un temps donné,
plus de battements artériels que les autres sujets en délire, Jacobi assure que,
dans presque la moitié des cas (20 sur 50), au milieu même des plus vives
exacerbations, la fréquence du pouls ne dépasse pas le chiffre normal des pulsations, ou même s'abaisse au-dessous de ce chiffre, pour s'accélérer de nouveau
pendant les périodes de rémission. Ce résultat surprenant est contesté par Marcé,
qui fait remarquer très-justement que, dans les moments d'agitation, le pouls
subit une accélération mécanique et passagère, bien distincte de l'état fébrile.
Cette manière de voir est confirmée par les recherches toutes récentes du docteur
Clouston, qui a trouvé, dans la manie, une fréquence moyenne de 81 pulsations,
la moyenne normale étant représentée par 77. Calmeil signale des variations
fréquentes et souvent instantanées dans la fréquence et la force du pouls des
maniaques, suivant qu'ils sont calmes ou agités, animés par la violence du délire
ou abattus par la fatigue. Le même observateur constate que les artères et les
veines des maniaques acquièrent un degré considérable de dilatation au cou, aux
pieds, aux mains, chaque fois que la fureur est imminente et que l'explosion de
la colère est poussée très-loin. D'après Griesinger, le pouls, dans la manie, est un
peu accéléré et plutôt petit que plein; il ajoute que les bruits du cœur sont
souvent anormaux pendant la période d'agitation violente, et qu'ils deviennent
réguliers lorsque l'agitation cesse.

Suivant Ludwig Meyer, cité par Griesinger, dans la grande majorité des cas, le
thermomètre indique une température du corps normale ou même au-dessous
de la normale. Ce n'est que dans l'agitation maniaque qui accompagne la paralysie
générale progressive que la température du corps semble s'élever. D'après le docteur Westphal, le thermomètre monte à 38° et même à 38°,2 pendant les périodes d'excitation; il ne marque que 37° les jours de calme. Cet observateur
ajoute que la coïncidence des oscillations de température avec les alternatives de
calme et d'agitation est d'un mauvais augure quand elle se répète souvent. Le docteur Clouston a entrepris récemment des recherches très-nombreuses et très-précises sur la température du corps chez les aliénés. Le résultat constant de ces investigations a été que la température est positivement plus élevée pendant les
périodes d'excitation: Lorsque de courtes attaques de manie se succèdent périodiquement et à des intervalles très-rapprochés, la différence n'est pas aussi
accentuée que dans les cas de manie périodique revenant à de longs intervalles.
Les périodes exactes de la température la plus haute varient notablement; dans
dans 5 cas sur 12, cette augmentation coïncidait avec le *summum* de l'excitation;
dans deux cas, elle le précédait; dans deux autres, elle le suivait et persistait
durant l'état subaigu; dans un cas, elle variait entièrement; enfin, dans deux cas,
c'était pendant la période de l'excitation la plus vive que la température était

le plus basse. La plus grande différence observée sur le même maniaque, calme ou excité, a été de 5°,60 Farenheit, ou de 1°,20 centigrade. Le docteur Clouston a observé encore que la fréquence moyenne du pouls correspond presque exactement avec la température, s'élevant et tombant comme elle. Il résulte aussi des recherches du même observateur que lorsque, dans la manie, la température dépasse 38° et le pouls 80 pulsations, cette élévation de la chaleur et des pulsations artérielles est l'indice d'une inflammation viscérale intercurrente, et le plus souvent d'une de ces pneumonies ou de ces phthisies commençantes, qui restent si souvent à l'état latent chez les maniaques.

Chez beaucoup de maniaques, la transpiration est abondante et souvent fétide. Leur sueur exhale alors une odeur de souris, que Guislain a regardée comme caractéristique, mais qui, d'après Marcé, ne serait que le résultat de la malpropreté, car on la rencontre surtout dans les asiles d'indigents, et l'usage des bains la rend insensible.

Calmeil a observé des maniaques qui rendaient des flots de salive plus ou moins infecte, soit au commencement, soit au milieu, soit vers la fin de l'accès.

Quant à la quantité et aux qualités de l'urine, les recherches les plus minutieuses n'ont abouti jusqu'à présent qu'aux résultats les plus contradictoires, ce qui s'explique suffisamment par la difficulté qu'on éprouve à recueillir les déjections des maniaques.

Cependant, s'il faut en croire les recherches de Lailler, les aliénés seraient plus sujets au diabète que les hommes sains d'esprit.

Les maniaques sont sujets à des *accès de fureur*. Autrefois, lorsque les aliénés étaient chargés de chaînes, jetés dans des cachots et soumis aux traitements les plus barbares, ces accès étaient tellement fréquents et tellement prolongés que la fureur fut longtemps regardée comme un des éléments essentiels ou plutôt comme le type même de la manie ; de là vient que les anciens manigraphes ont employé les expressions de *furor* et de *furiosi* pour désigner la manie et les maniaques. D'autres ont fait de la fureur une variété du délire maniaque et l'ont décrite sous les noms de *frénésie* ou de *manie furieuse*. Mais depuis que les aliénés, grâce à la bienfaisante réforme de Pinel, sont traités avec humanité et avec douceur, depuis que l'espace, le grand air, la liberté des mouvements ont remplacé pour eux les fers, les entraves et les autres moyens de coercition, la fureur est devenue si rare dans les asiles que les aliénistes la considèrent aujourd'hui comme un simple épisode de la manie ; c'est à proprement parler la colère des maniaques.

La fureur éclate quelquefois d'une manière instantanée, imprévue. D'autres fois, son explosion est annoncée par un certain nombre de signes sur lesquels Calmeil a appelé justement l'attention : tel malade accélère tout à coup sa marche, profère subitement un mot, une phrase qu'il ne prononce jamais dans un autre moment ; tel autre fronce les sourcils, roule ses yeux dans les orbites, lance des regards menaçants, éprouve une rougeur soudaine de la face, un bouillonnement extrême dans la tête, des battements insolites dans les artères, un violent tremblement des membres ; et aussitôt la fureur se déchaîne, les traits se crispent, les yeux deviennent étincelants et hagards, les cheveux se hérissent ; le furieux pousse des cris sauvages et des hurlements terribles ; il bondit, se roule à terre et se précipite contre les murailles ; il exerce sa rage sur les arbres ou sur les meubles; il brise tous les objets qui tombent sous sa main; il arrache ses vêtements; il frappe ou il mord ceux qui l'approchent; il se déchire, il se mutile lui-même, il ensanglante ses chairs. Une maniaque furieuse, citée par Calmeil, amputa une partie de sa langue, ses lèvres et plusieurs lambeaux de peau qu'elle crachait au visage des autres malades.

Parfois la fureur se manifeste sans cause appréciable et comme une impulsion irrésistible; mais le plus souvent elle est provoquée par une contrariété, un mot blessant; un acte de brutalité, une direction inintelligente, ou encore par une hallucination ou une illusion des sens. Elle est plus commune et plus durable chez les femmes que chez les hommes, plus fréquente pendant les grandes chaleurs de l'été et les froids rigoureux de l'hiver que pendant le printemps et l'automne. Quelques maniaques ne se livrent que la nuit aux emportements de la fureur, d'autres s'y livrent indifféremment la nuit ou le jour.

Le délire maniaque affecte quelquefois une marche tellement irrégulière et capricieuse qu'on chercherait vainement à établir dans son évolution des périodes distinctes. D'autres fois, au contraire, il se montre sous la forme d'accès, présentant trois stades assez nettement dessinés d'augment, d'état et de déclin.

Pendant la *période ascendante* ou d'*augment*, les symptômes délirants se multiplient et l'agitation ou l'incohérence vont sans cesse croissant jusqu'au paroxysme.

A cette période généralement courte succède la *période stationnaire* ou d'*état*, caractérisée par une excitation persistante, mais à des degrés variables et avec des moments de rémission et d'exacerbation. Chez les femmes, les recrudescences du délire se manifestent le plus souvent à l'approche des époques menstruelles. Les froids très-vifs, les chaleurs excessives, les orages, les changements brusques de température, une constipation opiniâtre, une visite inopportune, une impression désagréable, sont les causes les plus ordinaires des exacerbations de la manie.

Lombroso (de Pavie) a fait des recherches très-suivies et très-intéressantes concernant l'influence des conditions météorologiques sur les accès paroxystiques des maniaques. Suivant ces recherches, l'élévation de la température n'a pas, sur le nombre des paroxysmes, l'influence qu'on croit généralement. La pression atmosphérique, au contraire, exerce une influence très-grande. Lorsque le baromètre est à 0,760mm, le nombre des accès va en diminuant; mais lorsque le baromètre s'abaisse ou se relève, surtout lorsque l'amplitude des variations est très-grande, on note une augmentation extraordinaire dans les paroxysmes. Lombroso admet aussi, avec Mead, Bartholoni, Chiarugi, Boesch, et Guislain, l'influence de la nouvelle lune sur l'apparition ou le retour des accès de manie. Il résulte, en effet, d'un relevé qu'il a fait pendant les années 1866 et 1867, que la moyenne des accès maniaques est de 14 pour 100 pendant la nouvelle lune, de 9 pour 100 pendant le premier et le dernier quartier, et de 10 pour 100 pendant la pleine lune. Toutefois ce n'est pas à la lune elle-même que Lombroso attribue cette influence, mais aux variations barométriques produites par les révolutions de cet astre.

Une température modérée, une vie régulière, un régime bien ordonné, un bon état des fonctions digestives, une direction intelligente et douce, l'éloignement de toute cause d'excitation sont autant de conditions favorables à l'apaisement et à la rémission du délire.

Les rémissions deviennent surtout fréquentes dans la *période décroissante* ou de *déclin* de l'accès maniaque. Elles revêtent même alors un caractère de netteté assez prononcé pour constituer de véritables intervalles lucides, pendant lesquels les malades sont calmes, raisonnables, apprécient parfaitement leur position et semblent sortir d'un long rêve. Ces intervalles peuvent se prolonger pendant plusieurs heures, pendant une journée et en imposer pour une guérison subite; mais bientôt l'agitation reparaît avec tous ses caractères, tantôt progressivement, tantôt d'une manière soudaine. Toutefois, lorsqu'ils se multiplient et se prolongent, les intervalles lucides présagent la fin prochaine de l'accès.

Dans d'autres cas, le déclin de la manie s'annonce plus franchement, et sans ces alternatives de lucidité et d'agitation, par un amendement graduel du délire, par une diminution progressive de l'agitation, par le retour du calme et du sommeil. « Tantôt, dit Marcé, l'agitation et l'incohérence des idées disparaissent simultanément; tantôt, au contraire, les pensées redeviennent logiques et bien coordonnées, les allures sont convenables; mais on voit persister pendant des semaines entières une légère excitation qui se traduit principalement par une activité inaccoutumée de l'esprit et par un incessant besoin d'agir. D'autres malades, tout en arrivant à un calme complet, restent incohérents et pendant quelque temps déraisonnent à froid; ce n'est qu'à la longue que l'ordre et l'harmonie se rétablissent dans leur entendement. »

La manie est dite *continue* lorsqu'elle suit un cours régulier et qu'elle parcourt ses périodes sans interruption et sans rémittence.

La manie *rémittente* ne diffère de la continue qu'en ce que le désordre des idées et des actions offre des rémissions plus ou moins marquées, plus ou moins régulières.

Les rémissions sont de deux ordres. Les unes, *à courtes périodes*, ne durent qu'une ou plusieurs heures; elles se montrent tantôt quotidiennement, soit le matin, soit le soir; tantôt tous les deux ou trois jours, et parfois avec une certaine régularité. Les autres sont les rémissions *à longues périodes;* elles durent des jours entiers, des semaines et des mois.

L'intermittence est plus fréquente dans la manie que dans les autres espèces de folies. D'après Esquirol, elle peut être comptée pour un tiers dans une grande réunion de maniaques. Les accès sont tantôt réguliers, tantôt irréguliers. Quelquefois, ils affectent, comme les fièvres intermittentes, le type quotidien, tierce ou quarte; mais le plus souvent ils ne reviennent que tous les huit jours, tous les mois, tous les trois mois, deux fois l'année, tous les ans, tous les deux, trois ou quatre ans. Ils peuvent revêtir alors une forme franchement *périodique*, reparaître à des époques déterminées, au retour du printemps, de l'automne, par exemple.

Les accès de manie intermittente surviennent quelquefois sans cause appréciable; ou bien ils sont provoqués par des affections morales, par des indispositions ou des maladies accidentelles, l'embarras gastrique, la constipation, la céphélalgie, etc. Les accès périodiques éclatent spontanément et sans autres causes connues que l'époque, la saison, l'année où les accès antérieurs ont eu lieu. Ils présentent aussi cela de particulier, qu'ils ne sont pas réguliers seulement dans leur retour, mais qu'ils le sont encore dans la nature des symptômes et le caractère du délire; à chaque crise, ce sont les mêmes gestes, les mêmes discours, les mêmes extravagances, les mêmes aberrations de jugement.

Pendant longtemps, les intermissions sont franches ; le retour aux idées, aux affections, aux habitudes de la santé est complet. Mais, à la longue, les intermittences se changent en simples rémissions, qui finissent par un état habituel de démence.

La manie est très-variable dans sa durée. Envisagée sous ce rapport, elle peut, comme toutes les autres maladies, présenter deux états principaux : l'état aigu ; l'état chronique.

L'*état aigu* est caractérisé non-seulement par la marche rapide des symptômes mais encore par leur intensité plus grande. L'agitation, le désordre des idées, l'incohérence des paroles, l'impétuosité des mouvements et la violence des actes sont portées à leurs limites extrêmes. Il y a, en même temps, de la fièvre, de la chaleur et de la sécheresse de la peau ; d'où la dénomination de *manie fébrile* employée encore par quelques auteurs pour désigner l'état aigu.

La manie aiguë parcourt ses périodes d'une manière régulière et dans un temps assez court, variant de quelques heures ou de quelques jours à quelques semaines

· Deux variétés de la manie aiguë méritent une description spéciale, ce sont : la *manie transitoire* et le *délire aigu vésanique*.

Manie transitoire. La manie transitoire (*mania subita, acutissima, brevis, ephemera, furor transitorius*), qu'il ne faut pas confondre avec la manie impulsive, dont il sera question plus loin, est un véritable accès de délire maniaque, éclatant brusquement chez un individu sain d'esprit, atteignant d'emblée son paroxysme, se traduisant toujours par des actes de violence ou de fureur, s'accompagnant de la suppression totale du sens intime et disparaissant, après une durée qui varie de vingt minutes à six heures, ne laissant au sujet qu'un souvenir confus de ce qui s'est passé pendant l'accès. On est d'autant plus fondé à considérer la manie transitoire comme une manie aiguë qu'elle s'accompagne presque toujours de phénomènes fébriles et qu'elle paraît se rattacher le plus souvent à une hypérémie soudaine et passagère de l'encéphale.

L'accès de manie transitoire est généralement isolé ; les récidives sont extrêmement rares.

Il se manifeste quelquefois spontanément ; mais le plus ordinairement il survient sous le coup d'une émotion vive, d'un chagrin violent, d'une forte insolation, d'un excès alcoolique, de l'ingestion d'une substance stupéfiante, d'une hallucination, d'une illusion des sens, d'un rêve terrifiant.

La manie transitoire peut se montrer aussi sous l'influence de l'état puerpéral, de la grossesse et de l'allaitement, ainsi que sous l'influence des grandes névroses, la chorée, l'hypochondrie, l'hystérie et surtout l'épilepsie.

Enfin, on l'observe aussi parfois dans le paroxysme et dans la période décroissante des pyrexies à température élevée, telles que les fièvres éruptives, la fièvre typhoïde, les fièvres intermittentes et le rhumatisme articulaire aigu.

Dans toutes les circonstances qui viennent d'être énumérées, la manie transitoire se lie intimement à l'état pathologique sur lequel elle se développe ; elle en procède, et l'on peut dire alors qu'elle est symptomatique ou secondaire. Les conditions étiologiques ne changent rien, d'ailleurs, au caractère du délire, qui reste toujours, quelles que soient ses causes, empreint de violence, de fureur, et d'une aveugle impulsion au meurtre et à la destruction.

Délire aigu vésanique. Quelques maniographes, et en particulier Marcé et Dagouet, rapprochent de la manie le délire aigu vésanique et le considèrent même comme l'expression la plus élevée et la forme la plus grave de l'exaltation maniaque.

Le délire aigu vésanique, dont on trouve une indication rudimentaire dans Abercrombie, a été signalé expressément pour la première fois par Calmeil. A l'esquisse si saisissante et si vraie qu'en a tracée cet auteur, Brierre de Boismont, Baillarger, Jessen, Thulié, Ach, Foville, ont ajouté d'autres traits importants qui en complètent le tableau.

Le délire aigu est quelquefois primitif et éclate d'emblée; le plus souvent il est secondaire et se montre dans le cours d'une manie ordinaire ou d'une mélancolie. Le malade est en proie à l'agitation la plus violente. Libre, il ne peut rester en place; fixé, sa tête, ses membres sont continuellement en mouvement. Il vocifère ou il parle sans cesse avec une intarissable volubilité et de la manière la plus incohérente. Il paraît obsédé par les hallucinations les plus actives et les plus diverses; il n'a plus conscience de ce qui l'entoure. Le sommeil est très-rare; la fièvre est intense; le pouls dépasse 120 pulsations; la peau est brûlante et couverte d'une sueur visqueuse; la tête est chaude, les yeux sont rouges, saillants, chassieux, hagards; la voix est rauque, la bouche sèche, la soif vive; et cependant, sous l'influence de ses idées délirantes ou d'une véritable hydrophobie due au spasme du pharynx, le malade rejette les boissons, repousse les aliments et se livre à une expuition continuelle. Ses traits sont profondément altérés, et sa physionomie exprime tantôt la joie, tantôt la terreur ou la colère. Dans une période plus avancée, le pouls s'accélère encore; il est faible et mou; les lèvres, les dents et la langue s'encroûtent et deviennent fuligineuses; l'haleine est fétide, la voix tremblante et affaiblie, la parole mal articulée, la respiration irrégulière et haletante, l'insomnie opiniâtre, les évacuations involontaires. Des spasmes se manifestent dans les muscles du visage, des soubresauts dans les membres, et quelquefois des convulsions généralisées épileptiformes. Quelques sujets meurent dans le coma à la suite de ces attaques; d'autres sont pris de diarrhée, d'adynamie profonde, et succombent dans le marasme.

Faut-il, avec Marcé et Dagonet, voir dans le délire vésanique un délire purement nerveux, une manie aiguë compliquée de fièvre et poussée jusqu'à ses dernières limites, en d'autres termes, une manie à l'état *suraigu*? Il est évident que, si l'on compare les symptômes du délire aigu avec ceux de la manie, on leur trouve une si frappante ressemblance, qu'on est porté à conclure à l'identité d'origine et de nature. Une autre raison donnée par Marcé, c'est que les lésions trouvées à l'autopsie ont toujours été insuffisantes pour rendre compte des phénomènes observés pendant la vie, et que, dans le délire aigu, « comme dans la manie simple, on note l'injection légère du cerveau et de ses membranes, un épanchement séreux sous-arachnoïdien; mais aucune trace de produit plastique, aucune altération de la couche corticale. » Telle était aussi, dans le principe, la manière de voir de Calmeil qui, dans sa première description du délire aigu (*in art.* ALIÉNÉS du *Dict. en* 30 *vol.*, 1833), déclarait que « l'autopsie ne fournit pas l'explication de ces funestes accidents. » Mais depuis lors Calmeil est revenu de cette opinion. Un très-grand nombre d'autopsies, une étude plus attentive des lésions cadavériques, et surtout l'application du microscope aux recherches nécropsiques, lui ont permis de constater chez les malades qui succombent à cette affection les lésions suivantes : de la sérosité sanguinolente ou jaunâtre dans la cavité arachnoïdienne, des produits fibro-plastiques au-des-

sous de l'arachnoïde; l'injection et la turgescence des vaisseaux de la pie-
mère; de larges plaques violacées ou rougeâtres dans la trame de cette membrane; des adhérences entre la pie-mère et la couche périphérique du cerveau;
la tuméfaction, le gonflement des circonvolutions cérébrales, leur teinte rouge
ou violacée, tatouée çà et là d'orifices vasculaires saignants et de taches ecchymotiques; la diminution de consistance de la substance cervicale; la vascularisation excessive de la substance blanche; la coloration framboisée des corps striés
et des couches optiques; l'état vésiculeux et comme chagriné de l'épendyme
des ventricules; et au microscope, des cellules pioïdes, des corpuscules grann-
leux et des globules sanguins dans la sérosité de l'arachnoïde et dans le réseau
de la pie-mère; une dilatation remarquable et comme un état anévrysmal ou
variqueux des vaisseaux capillaires, et l'infiltration de leurs parois par de fins
granules moléculaires.

La présence constante de ces lésions a déterminé Calmeil à regarder aujour-
d'hui le délire vésanique aigu, non plus comme un trouble dynamique des fonctions cérébrales, mais comme une maladie inflammatoire des méninges et de la
substance corticale de l'encéphale. Dans son *Traité des maladies inflammatoires
du cerveau* (Paris, 1859), il le décrit sous le nom de *périencéphalite diffuse
aiguë*, le distingue formellement du délire maniaque franc et le rattache nosologiquement à la paralysie générale des aliénés (*périencéphalite diffuse chronique*),
dont il en fait la forme aiguë. C'est cette manière de voir, si magistralement développée dans son bel ouvrage, que nous avons soutenue nous-même dans notre
thèse inaugurale *sur les questions les plus controversées de la paralysie générale*
(Paris, 1857). Ach. Foville, dans l'article DÉLIRE du *Nouveau dictionnaire de
médecine et de chirurgie pratiques* (t. XI, 1869), se rattache également à l'opinion de Calmeil : « A notre avis, dit-il, le délire aigu est une forme de méningo-
périencéphalite; il offre les plus grandes analogies avec les états morbides, très-
différents les uns des autres, que l'on distingue sous les noms de méningite,
d'encéphalite, de délire fébrile, de manie avec fièvre, et il se confond entièrement
avec toutes ces affections quand elles sont parvenues à leur summum d'intensité. »

Baillarger professe sur le délire aigu une opinion mixte, qui pourrait concilier
ou du moins expliquer les opinions divergentes de Marcé et de Bagonet, de Calmeil et de Foville. Suivant lui, le délire aigu n'est pas un état pathologique simple
et unique; sous ce nom on a décrit des faits d'une nature très-différente, qu'il
distingue en deux classes : ceux qui appartiennent à la manie simple et ceux qui
se rapportent à une autre variété de manie qu'il nomme *manie congestive*. Voici
les traits distinctifs de ces deux états, suivant Baillarger. Le délire aigu simple,
ou manie suraiguë, est caractérisé par les symptômes habituels de l'accès menia-
que portés à leur dernière violence et accompagnés de fièvre. Le délire aigu
congestif ou manie congestive est caractérisé par une agitation musculaire très-
grande, et qui devient comme convulsive, le tremblement des lèvres, des paroles
tronquées, un délire général dans lequel prédominent des idées de grandeur. En
outre, on constate des signes de congestion, l'injection des conjonctives, la
rougeur de la face, etc. La peau est chaude, le pouls fort et fréquent. A mesure
que la maladie s'aggrave, on observe des soubresauts des tendons, des grince-
ments de dents. Bientôt arrive la période de prostration et la mort. A l'autopsie
on découvre des marques d'une congestion beaucoup plus forte que dans le
délire aigu simple. Baillarger rattache la manie congestive à la paralysie géné-

rale des aliénés. On l'observe, dit-il, au début de la période maniaque de la paralysie générale; elle est donc précédée des prodromes et des premiers symptômes de cette affection. Il est aisé de voir que la forme de délire aigu désignée par Baillarger sous le nom de manie congestive est exactement la même que nous avons décrite avec Calmeil sous le nom de périencéphalite ou méningo-encéphalite diffuse aiguë. Nous ne croyons pas devoir insister ici plus longuement sur cette question, qui reviendra naturellement et sera traitée avec plus de détails, à l'occasion de la paralysie générale.

En résumé, il nous paraît difficile de faire du délire vésanique aigu une maladie à part. Sans doute, comme le fait remarquer justement Baillarger, si on l'oppose à la simple excitation maniaque, on trouve des différences assez notables; mais si on le compare au délire maniaque, aux violents accès de manie, les différences tendent déjà à disparaître; elles n'existent pour ainsi dire plus entre la manie fébrile et le délire aigu. Il y a, de l'avis de tous les manigraphes, de tels rapports de succession, de mélange et souvent d'identité entre ces deux états, qu'il est impossible de saisir leurs caractères différentiels. Si l'on ajoute à ces motifs de rapprochement déjà si importants que l'étiologie, et notamment l'influence de l'hérédité, sont les mêmes, que les prodromes sont exactement semblables, et surtout que le délire aigu éclate presque toujours à la manière d'un accès, soit au début, soit dans le cours d'une manie ordinaire, on est porté à ne point séparer nosologiquement le délire aigu de la manie aiguë, mais à le regarder comme l'expression la plus intense de la manie aiguë, comme une manie suraiguë.

Reste alors la question posée par Baillarger, de savoir s'il convient de distinguer deux formes de délire aigu : l'une se rapprochant de la manie franche; l'autre appartenant plus spécialement à la paralysie générale. Cette distinction est, en effet, justifiée par l'observation clinique et par l'anatomie pathologique. Sous le nom de délire aigu, on a certainement confondu jusqu'à présent deux états morbides qui n'ont entre eux de commun que la violence des troubles cérébraux et certaines apparences symptomatologiques, mais qui diffèrent l'un de l'autre par la nature même de l'affection et par les lésions cadavériques. L'une de ces variétés de délire, celle que Calmeil appelle méningo-encéphalite diffuse aiguë, et que Baillarger nomme manie congestive, présente d'abord pendant la vie tous les symptômes d'une hypérémie inflammatoire des méninges et du cerveau, avec prédominance de l'agitation musculaire et des idées de grandeur, et un appareil fébrile intense, plénitude, force et fréquence du pouls, élévation considérable de la température; puis, à l'autopsie, toutes les altérations caractéristiques d'une inflammation récente des organes encéphaliques. L'autre variété, au contraire, offre tous les caractères d'un délire purement nerveux, comparable au délire des opérés ou mieux encore, suivant la juste remarque de Thulié, au délire famélique ou d'inanition. Ici, au lieu de phénomènes inflammatoires et réactionnels, on observe des signes d'anémie; point d'élévation de température, point de fièvre. Le pouls est petit et dépressible, quelquefois accéléré; mais cette accélération, loin d'être l'indice d'un état fébrile, est le résultat de la diminution des globules sanguins, du relâchement des capillaires et de l'abaissement de la tension artérielle, propres à l'état anémique. Il y a donc, en définitive, deux espèces de délire aigu vésanique : l'une liée à une congestion inflammatoire du cerveau et de ses membranes, s'accompagnant toujours de fièvre, se terminant souvent par une mort rapide ou aboutissant tôt ou tard à la paralysie générale; l'autre, au contrai..., plus voisine de la manie, toujours apyrétique, susceptible de guérison, rarement funeste, et paraissant, d'après les dernières recherches de Thulié, résulter d'une anémie cérébrale.

L'*état chronique* est celui qu'Esquirol a eu principalement en vue dans sa définition de la manie et dans l'incomparable description qu'il en a tracée. Dans cet état, la manie ne présente plus ni phases, ni périodes, et sa durée se prolonge au delà du terme habituel. L'excitation intellectuelle va en déclinant ; l'exubérance des idées fait place à l'uniformité des conceptions ; à la véhémence du langage succède peu à peu un babil monotone et continu ; les fausses sensations et les hallucinations s'émoussent ou se dissipent ; les mouvements, sans cesser d'être désordonnés, sont moins vifs, moins impétueux, les impulsions moins déréglées; l'impressionnabilité diminue ; les transports de joie ou de colère, les sentiments de crainte ou de haine qui animaient autrefois le malade se changent en une apathie profonde, une indifférence complète ou une insouciance absolue ; l'appétit, les fonctions digestives reprennent leur régularité ; le sommeil seul reste imparfait. Les maniaques chroniques passent leur vie au milieu d'alternatives incessantes de calme et d'excitation, ayant leurs affections, leurs antipathies, leurs habitudes et conservant des idées délirantes qui donnent à chacun d'eux sa physionomie spéciale.

Plus rarement on observe, dans la manie chronique, au lieu de ce calme relatif, une agitation permanente, des cris incessants, de l'insomnie, des mouvements tumultueux et violents, comme dans l'état aigu. Ce délire continuel amène un amaigrissement et une apparence de cachexie auxquels les sujets même les plus délicats résistent avec une extraordinaire énergie. On rencontre aussi, dans les asiles, des maniaques qui vivent durant de longues années au milieu d'une excitation dont la violence, suivant la juste expression de Marcé, semble dépasser les limites des forces humaines.

La manie chronique apparaît quelquefois primitivement et d'emblée ; mais le plus souvent elle succède à un ou plusieurs accès de manie aiguë. Elle aboutit généralement à la démence par l'affaiblissement graduel des facultés mentales.

II. MANIES MIXTES, HYBRIDES. 1° *Manie raisonnante.* Il n'y a certainement pas, en pathologie mentale, de question plus obscure, plus confuse et plus controversée, que celle de la manie raisonnante. Depuis soixante-dix ans, elle a été l'objet de recherches persévérantes et de discussions nombreuses, sans avoir encore reçu de solution satisfaisante. Nous en sommes donc réduit, à défaut d'une opinion décisive, à exposer sur ce sujet l'état antérieur et l'état actuel de la science, et l'avis des manigraphes les plus autorisés.

La manie raisonnante a été signalée pour la première fois par Pinel, en 1802, dans la première édition de son *Traité médico-philosophique sur l'aliénation mentale.* Il la nomme encore *manie sans délire,* par opposition à la manie délirante ou manie franche, dont nous avons tracé le tableau. Pinel assigne pour caractères à la manie raisonnante : la perversion des fonctions effectives, des impulsions aveugles à des actes de violence ou même d'une fureur sanguinaire, sans altération sensible dans les fonctions de l'entendement, la perception, le jugement, l'imagination, la mémoire, etc. « L'aliéné, dit-il, peut alors lire, écrire, réfléchir, comme s'il jouissait d'une raison saine, et cependant, par un contraste singulier, il met en pièce ses vêtements, déchire quelquefois ses couvertures ou la paille de sa couche, et controuve quelques raisons plausibles pour justifier ses écarts et ses emportements. »

L'opinion de Pinel a été reproduite et développée par Jacquelin Dubuisson et par Fodéré.

La manie sans délire fut admise aussi par Reil, Heinroth, Hoffbaüer.

Le docteur Prichard, tout en critiquant la dénomination de manie sans délire et même celle de manie raisonnante, rapporte des observations semblables à celles de Pinel, c'est-à-dire des cas d'aliénation portant principalement sur le caractère, les affections, les habitudes. Aux noms de manie sans délire et de manie raisonnante, il substitue celui de *folie morale*, « moral insanity. »

Pour Esquirol, « cette variété de folie, que Pinel a nommée manie raisonnante, que le docteur Prichard appelle folie morale, est une véritable monomanie... Les signes de la monomanie raisonnante sont, ajoute-t-il, le changement, la perversion des habitudes, du caractère, des affections.

Marc rattache aussi la manie raisonnante à la monomanie, mais il en distingue deux variétés : l'une *instinctive*, l'autre *raisonnante*. « La première porte le monomaniaque, par l'effet de sa volonté primitivement malade, à des actes instinctifs, automatiques, qu'aucun raisonnement ne précède ; la seconde détermine des actes qui sont la conséquence d'une association d'idées. »

De 1820 à 1822, Falret père, en France, Henke, en Allemagne, commencèrent à réagir contre la doctrine de Pinel, et à nier l'existence de la manie sans délire.

Scipion Pinel considère la manie raisonnante comme une perversion des instincts et des affections, et propose de l'appeler *manie de caractère*.

D'après Brierre de Boismont, le délire des actes est le signe caractéristique de la manie raisonnante, et il la décrit sous le nom de *folie d'action*.

Pour Trélat, la manie raisonnante est une variété de la *folie lucide*.

Calmeil, au lieu de voir dans la manie sans délire de Pinel un ensemble de faits simples et identiques, y distingue deux catégories de cas, les uns qu'il rattache à la monomanie, les autres à la manie raisonnante. « La plupart de ces malades, dit-il, considérés de près, présentent des lésions prédominantes des penchants, des facultés affectives ; ou bien ils obéissent à des hallucinations, à des fausses sensations ; ce sont des *monomaniaques*. Mais il existe aussi un certain nombre d'aliénés que l'on qualifie de maniaques, et que le mode de dérangement de leurs facultés mentales ou affectives ne permet point de rapporter aux classifications adoptées par les nosographes. Ces aliénés possèdent des idées nombreuses qu'ils expriment avec une rare facilité ; doués d'une activité intellectuelle incroyable, d'une perspicacité d'esprit qui ne se dément dans aucune occasion, ils opposent sans se déconcerter des raisonnements subtils, adroitement combinés, aux observations de leurs proches, des médecins, des juges qui les interrogent. Les sens ne sont point lésés ; un enchaînement parfait règne dans la rédaction de leurs écrits. Ces individus ne sont véritablement ni maniaques, ni monomaniaques ; ils ont cessé d'être ce qu'ils étaient auparavant : éprouvant un degré d'excitation cérébrale qui les prive en partie du sommeil, qui les porte à parler, à agir continuellement, qui les entraîne dans une foule d'écarts de régime et de conduite, ils peuvent tomber également dans des accès de fureur, sans cesser pour cela de raisonner juste : le délire maniaque ne se présente pas avec cet ensemble de caractères. L'on peut, si l'on veut, conserver pour la classe d'aliénés que nous venons de signaler, la dénomination de *manie sans délire;* mais l'on ne peut oublier qu'à part la surexcitation générale des organes de l'innervation, nouveaux maniaques ne ressemblent point aux maniaques ordinaires. » Nous avons rapporté ce passage *in extenso* parce qu'il jette déjà un trait de lumière que le problème obscur de la manie sans délire, en séparant deux ordres de faits Pinel avait confondus à tort dans un même groupe.

Guislain partage les idées de Pinel sur la manie sans délire, et s'attache à en séparer la manie raisonnante ; mais le diagnostic différentiel de ces deux états ne repose que sur l'intensité de l'exaltation.

Bagonet admet la manie raisonnante et lui assigne pour caractère essentiel « une tendance irrésistible vers toute espèce de mouvement, et surtout vers des actions bizarres, désordonnées ou nuisibles. »

Marcé, dans son excellent *Traité des maladies mentales*, établit une distinction entre la manie raisonnante (de Pinel) et la monomanie raisonnante ou instinctive (d'Esquirol). Pour lui, la manie raisonnante se confond avec l'excitation ou l'exaltation maniaque. C'est « un état caractérisé par une simple suractivité de toutes les facultés intellectuelles, sans incohérence, sans idées délirantes. » Quant aux faits de monomanie raisonnante, ce sont, dit-il, ou des états congénitaux, dont on retrouve des traces dès la première enfance et qui peuvent légitimement être rattachés à de l'imbécillité, ou des états anormaux de l'intelligence consécutifs à des accès antérieurs de folie et se rapprochant de l'excitation maniaque.

Griesinger déplore et critique vivement la manie sans délire, « espèce pathologique, dit-il, que Pinel a créée pour le malheur de la science... » Si l'on recherche attentivement, poursuit ce savant aliéniste, quels sont les états maniaques auxquels le nom de manie sans délire pourrait convenir, on reconnaît tout d'abord qu'il n'y a pas un seul cas de manie dans lequel l'intelligence soit absolument intacte. Même dans les degrés les plus légers de la manie, l'intelligence participe à l'exaltation générale ; elle acquiert tout au moins une activité et une promptitude exagérées, et par cela même devient le plus souvent confuse... On ne peut pas dire non plus qu'il n'y a pas de délire dans les impulsions morbides qui portent les malades à commettre des actions de violence. En effet, ces pensées de meurtre, qui ne sont pas le résultat de circonstances morales antérieures, et qui sont uniquement provoquées par une disposition morbide de l'esprit, sont déjà en elles-mêmes des idées délirantes. » Mais, tout en rejetant « la dénomination vague et obscure de manie sans délire, » Griesinger accepte volontiers l'expression de manie raisonnante pour désigner « les états dans lesquels la confusion des idées est le moins accusée, où il y a le moins de conceptions délirantes, où l'on peut encore reconnaître une cohérence logique formelle dans la pensée, en un mot les états d'exaltation légère, qui le plus souvent ne font que précéder le début de la manie confirmée. » C'est l'opinion déjà exprimée par Marcé.

Un discussion engagée, en 1866 et 1867, au sein de la Société médico-psychologique, n'a servi qu'à mieux faire ressortir les dissidences qui divisent encore les manigraphes sur cet important sujet.

M. Brierre de Boismont a reproduit les idées qu'il avait exposées en 1849 dans la *Bibliothèque des médecins praticiens*. Pour lui, la manie raisonnante est une des variétés de la folie d'action. Elle est « une manifestation, exagérée par la maladie, d'un germe existant chez l'homme sain, dans son organisation, ses passions, mais qu'il maintient à l'état latent par l'influence de sa volonté... Elle se montre ordinairement avec les conceptions délirantes, les hallucinations, les illusions ; elle peut aussi se manifester sans ces symptômes... Le délire des actes,

dans la folie raisonnante, a un cachet spécial ; il est essentiellement nuisible...
Les délations calomniatrices, anonymes, les faussetés dans les écrits, le mensonge sous toutes les formes, le déshonneur, la ruine, le suicide, le meurtre, les accusations de violences corporelles, de vols, d'attentats aux mœurs, les procès en détention arbitraire, etc., tels sont les actes ordinaires des fous raisonnants.

Delasiauve comprend sous le vocable de *pseudo-monomanie* tous les faits rangés communément dans la manie sans délire, dans la manie raisonnante et dans la monomanie instinctive. Ces faits, qui n'ont, suivant lui, de la monomanie que l'apparence, « sont, dit-il, reliés entre eux par un concours de signes communs : l'aperception plus ou moins complète du caractère morbide des accidents, l'évolution des phénomènes subordonnée au hasard des mouvements nerveux, les efforts du patient plus ou moins victorieusement opposé aux propensions malfaisantes. » Delasiauve nomme encore la pseudo-monomanie *délire partiel diffus*, et voici dans quels termes il commente et justifie ce sous-titre : « Le délire est partiel, car respectant le pouvoir des opérations de l'entendement, il se distingue des délires généraux où ce pouvoir est compromis ; il est diffus, car, tandis que les conceptions fausses de la vraie monomanie, fortifiées par une action morale, sont circonscrites, opiniâtres, invincibles, ici, au contraire, les symptômes sont instables, erratiques, confus, rarement isolés et uniformes ; ils augmentent, diminuent, disparaissent, reviennent, varient de forme, au gré de l'influence nerveuse dont ils dépendent, laissant dans une douloureuse incertitude l'esprit qui sent, discerne et apprécie. »

Billod regarde le délire comme une condition nécessaire, essentielle de la folie ; pour lui il n'y a pas d'aliénation mentale sans une compromission de l'intelligence. Il rejette donc comme « inexactes et malheureuses » les appellations de manie sans délire et de manie raisonnante.

Ces expressions sont repoussées également par Morel, qui leur a substitué la dénomination de *folie des actes*, en ajoutant que cette folie n'existe jamais sans un trouble concomitant des facultés intellectuelles. « La lucidité d'esprit dont font preuve, dit-il, quelques aliénés chez lesquels prédomine la malfaisance des actes ne justifie pas les termes de *manie sans délire*, de *manie raisonnante*, vu que la folie ne peut pas exister sans lésion de l'entendement, et que, d'après les lois qui président au fonctionnement de l'intelligence, les aliénés ne peuvent pas ne pas raisonner. » Et afin de ne point laisser d'équivoque dans sa manière de voir, Morel ajoute : « Il ne faut pas attacher au terme folie des actes l'idée d'une situation mentale où l'intelligence ne soit pas ou soit à peine compromise, d'une situation enfin où l'on n'ait autre chose à enregistrer que la perversité maladive des actes moraux sans trouble des idées. Lorsque la perversité des actes existe en dehors d'un trouble intellectuel, il y a crime et non folie. » Selon Morel, la folie des actes serait le plus souvent héréditaire ; elle procéderait de l'état névropathique des ascendants, de sorte que « le délire plus ou moins généralisé du fils ne serait souvent que le complément de l'état d'excentricité ou de délire très-restreint du père ou de la mère. »

Jules Falret adopte l'opinion de Morel sur l'origine héréditaire de la folie raisonnante. Il croit aussi qu'elle prend habituellement sa source chez les ascendants, qu'elle est ordinairement liée à la constitution primitive des malades, qu'elle ne se montre guère que chez des individus prédisposés originellement à la folie et qui, dès les premiers âges de leur existence, manifestent dans leurs idées, dans leurs sentiments ou dans leurs penchants, des particularités tellement notables,, des bizarreries tellement prononcées, qu'ils se distinguent déjà de tous les autres enfants du même âge et sont marqués, dès leur enfance, du stigmate de la folie. Suivant lui, la manie raisonnante n'est pas une espèce distincte de maladie mentale ; elle n'est qu'une réunion arbitraire et artificielle de faits disparates, appartenant à des catégories différentes. Ces faits sont placés sur la limite de la raison et de la folie, entre les bizarreries natives du caractère, encore compatibles avec l'état physiologique, et les troubles plus prononcés de l'intelligence ou du moral dont la nature pathologique ne peut être contestée. Cela posé, J. Falret établit dans « le groupe informe des folies raisonnantes » les sept divisions qui suivent : 1° l'*exaltation maniaque;* 2° la *période d'exaltation prodromique de la paralysie générale;* 3° la *folie hystérique;* 4° l'*hypochondrie morale,* avec conscience de son état ; 5° *la folie du doute;* 6° certains *délires de persécution,* encore mal systématisés ou en voie d'évolution ; 7° les *états de trouble mental liés plus spécialement à l'influence héréditaire;* 8° les *accès très-courts de folie transitoire, à forme raisonnante.*

Ce qui ressort avant tout de cette nomenclature, c'est que la folie raisonnante n'est pas spéciale à la manie, et qu'on l'observe dans tous les types connus d'aliénation mentale. Nous n'avons donc pas à nous occuper des 4°, 5° et 6° catégories qui se rapportent à l'hypochondrie, à la mélancolie et au délire partiel ; les seules formes dont nous ayons à parler ici, pour ne pas sortir des limites de notre sujet, sont celles qui appartiennent proprement à la manie, savoir : l'exaltation maniaque ; l'exaltation prodromique de la paralysie générale ; la manie raisonnante des hystériques ; les états de manie d'origine héréditaire ; les accès de folie transitoire. Nous croyons même devoir distraire de la manie raisonnante les faits de cette dernière catégorie pour les ranger dans la manie impulsive, qui forme, dans notre classification, la troisième variété de la manie.

a. Exaltation ou excitation maniaque. Ce qui caractérise essentiellement cet état mental, dit J. Falret, c'est la surexcitation générale de toutes les facultés, ainsi que le désordre des actes, sans trouble considérable de l'intelligence et sans incohérence du langage. Les malades de cette catégorie, examinés superficiellement, ne semblent pas présenter de délire : leur conversation paraît suivie et raisonnable ; ils étonnent même par l'originalité et la fécondité de leurs idées, par leur esprit et par leur imagination pleine de ressources ; mais ils frappent également par la violence de leurs sentiments et leurs impulsions instinctives, par la bizarrerie de leurs actions et l'extravagance de leur conduite.

Leur intelligence est comme en fermentation et enfante mille entreprises, mille projets, souvent aussitôt abandonnés que conçus. Les conceptions pullulent dans leur esprit, et de cette production rapide des pensées résulte naturellement un certain désordre qui n'est pas comparable sans doute à l'incohérence, mais qui représente cependant une succession plus irrégulière d'idées qu'à l'état normal. Les souvenirs anciens se présentent en foule à l'esprit des malades. Ils se rappellent de longues tirades des auteurs classiques qu'ils avaient apprises dans leur enfance et dont ils n'auraient pu retrouver que des fragments isolés avant leur maladie. Ils composent des discours, des poésies. Ils parlent et écrivent sans cesse et souvent avec une variété de termes et un bonheur d'expressions qu'ils n'auraient pas eus à l'état normal. Ils causent aussi sans interruption et racontent des histoires interminables. Ces aliénés sont sans cesse en mouvement et ont une activité physique correspondante à leur activité intellectuelle et morale. Ils dorment peu, se lèvent la nuit pour se promener dans la campagne ; ils entreprennent de longues courses, des promenades, des voyages. Ils font des visites inutiles, s'installent pendant des heures entières chez des parents, chez des amis, ou même chez des personnes qu'ils connaissent à peine, et s'imposent à elles, sans aucune gêne et sans aucun respect des convenances ni des usages sociaux.

Sous l'influence de l'exaltation qui les domine, ils se montrent téméraires et entreprenants, souvent même insolents et grossiers. Ils prennent avec les personnes qui les entourent des libertés ou des familiarités qui leur étaient inconnues autrefois. Rien ne les choque ni ne les révolte dans leur propre conduite, dans leur manière d'être envers les autres hommes, et d'un autre côté, ils se blessent, avec une extrême facilité, pour les plus simples observations qu'on leur adresse. Ils veulent tout se permettre à l'égard des autres personnes et ne peuvent rien supporter d'elles. Ils sont, en un mot, susceptibles, irritables, colères, disposés à la discussion, aux contestations et même aux querelles pour les motifs les plus futiles. Leurs sentiments et leurs instincts se trouvent ainsi métamorphosés en même temps que leur intelligence est surexcitée. Ils sont devenus méchants, difficiles à vivre, disposés à nuire, à taquiner, à faire des niches, ou même à faire le mal. Leur langage reflète ces dispositions nouvelles de leur caractère; ils sont mordants, et ils ont souvent des reparties vives et spirituelles mais ordinairement très-caustiques. Ils saisissent avec une extrême facilité les ridicules, les travers ou les défauts de ceux avec lesquels ils sont en relation et choisissent toujours les paroles qu'ils savent leur être les plus pénibles pour les leur jeter à la face. Ils inventent ainsi mille histoires, mille mensonges; ils collectionnent tous les faits qu'ils entendent raconter autour d'eux, et passant avec habileté de la médisance à la calomnie, ils dépeignent les personnes avec lesquelles ils vivent sous les couleurs les plus fausses et les plus malveillantes, donnant à leurs récits perfides ou singulièrement travestis, toutes les apparences de la vraisemblance. Ils parviennent ainsi à semer dans leur entourage la guerre, le désordre, les luttes intestines, et à rendre toute vie de société impossible avec eux.

J. Falret ajoute que cet état d'exaltation maniaque n'est presque toujours que l'une des phases, un stade de la folie circulaire, auquel succède un état mental précisément inverse, c'est-à-dire une période de tristesse et de mélancolie. Cependant il admet aussi que l'exaltation maniaque peut, dans quelques cas rares, exister seule pendant de longues années, sans être un stade prodromique de la manie franche ou sans alterner d'une manière régulière avec la dépression mélancolique. Or cet état d'exaltation maniaque simple, qui se prolonge quelquefois pendant toute la vie des aliénés, constitue un des types les mieux accusés de la manie raisonnante.

b. Exaltation maniaque prodromique de la paralysie générale. L'explosion évidente de la paralysie générale est très-souvent précédée, tantôt pendant quelques années, tantôt pendant quelques mois seulement, d'une période d'excitation maniaque qui, suivant J. Falret, mérite aussi de figurer dans le cadre de la manie raisonnante. Les travaux les plus récents sur la paralysie générale des aliénés ayant prouvé que cette variété de manie se rattache toujours à une lésion inflammatoire des méninges et de la couche corticale du cerveau, nous avons pensé qu'elle trouverait plus naturellement sa place dans notre troisième groupe de manies, dans la classe des manies symptomatiques ou secondaires (p. 544).

c. Manie raisonnante des hystériques. J. Falret décrit sous ce nom un état mental, intimement lié à l'hystérie, état intermédiaire qui participe à la fois du caractère habituel des hystériques et des accès de manie hystérique proprement dite, avec délire général, trouble considérable de l'intelligence et désordre extrême des actes. Les manifestations de cette maladie sont très-souvent difficiles à saisir ; elles ne sont pas toujours appréciables pour le public, mais elles ne sont que trop évidentes dans la vie intime, au centre du foyer domestique. Là les aliénées hystériques donnent libre carrière aux idées absurdes qui germent dans leur intelligence, aux monstruosités qu'elles présentent dans leurs sentiments, aux énormités dont elles sont capables dans leurs actes, tout en conservant publiquement les apparences de la raison et en jouant leur rôle de femmes réservées, douces et bienveillantes, de manière à induire complétement en erreur les observateurs les plus exercés. Chez elles, la perversion du caractère, les mauvais sentiments, les penchants violents, les méchantes passions sont exaltés jusqu'au délire et parvenus à un degré d'intensité qui dépasse les limites de l'état normal. De plus, et c'est là ce qui rend leur dérangement mental incontestable, leur esprit est travaillé par des idées extraordinaires, par des conceptions absurdes, des désirs bizarres, des goûts dépravés, des instincts pervers. Enfin ces malades se livrent à des actes étranges, excentriques, insolites ou malpropres, profondément déraisonnables et marqués du sceau de la folie.

d. **J.** Falret place enfin parmi les fous raisonnants ces aliénés que Morel a fait figurer, sous le nom de *dégénérés,* dans l'une de ses subdivisions de la folie héréditaire. Ces individus, mal nés au physique comme au moral, sont prédisposés dès leur naissance à la folie et passent, pour ainsi dire, toute leur existence dans un état permanent de manie raisonnante à divers degrés. Si l'on remonte dans l'histoire de leurs ascendants, on y découvre de nombreux exemples d'aliénation mentale et de maladies nerveuses : l'hérédité morbide est en quelque sorte accumulée dans la famille de ces aliénés, qui résument en eux la plupart des caractères maladifs de leur race. Dès leur enfance, ils montrent ordinairement des facultés intellectuelles très-inégalement pondérées, faibles dans leur ensemble et remarquables·seulement par certaines aptitudes spéciales... Au moral, on constate chez eux les mêmes contrastes et les mêmes bizarreries. A côté de facultés affectives normalement développées, ils présentent des instincts pervers, des sentiments dépravés, des penchants violents et incoercibles ; ils se livrent à des actes tout à fait étranges, dénotant une mauvaise nature ou une absence complète de sens moral.

Arrivés à l'âge de la puberté, ils se font remarquer par l'excentricité de leur· caractère et les désordres de leur conduite. Susceptibles, irritables, fantasques, prenant tout avec passion, passant rapidement par les sentiments et les déterminations les plus opposés, ils entreprennent les travaux les plus différents, adoptent une profession avec ardeur pour la délaisser bientôt sans motif, se jettent dans tous les excès avec une sorte de frénésie, et étonnent ensuite leurs amis par la solennité de leur conversion ou par l'éclat de leur repentir. Les uns s'engagent comme soldats, les autres entrent dans des maisons religieuses. Mais ils en sortent bientôt pour leur insubordination et leur indiscipline. Ils mettent l'anarchie et la discorde partout où ils se trouvent ; en révolte ouverte avec leurs familles et la société tout entière, ils soulèvent partout la répulsion et la haine. Sont-ils mariés, ils font de la vie conjugale un véritable enfer, provoquant sans cesse autour d'eux des querelles intestines, des luttes cachées et d'horribles souffrances morales. Séquestrés dans les asiles, ils deviennent le fléau de ces établissements et y suscitent les désordres les plus multipliés. Paraissant raisonnables, malgré la profonde altération de leur nature intellectuelle et .morale, ils parviennent à convaincre de leur raison quelques amis, quelques parents, quelques serviteurs. Ils écrivent des lettres, des réclamations aux autorités, et souvent après bien des discussions et malgré l'avis contraire des médecins de l'établissement, ils sont remis en liberté par la justice, et recommencent bientôt le même genre de vie vagabonde et irrégulière, qui les fait passer successivement, et souvent un grand nombre de fois, soit devant les tribunaux, soit dans les asiles d'aliénés.

La plupart des auteurs dont nous venons de mentionner l'opinion s'accordent pour reconnaître que la manie raisonnante ne représente pas une variété *spéciale* d'aliénation mentale, mais qu'elle est un groupe artificiel de symptômes, un état symptomatique, pouvant se rencontrer dans des formes ou dans des périodes très-différentes. Comme on vient de le voir, J. Falret s'est fait l'interprète le plus formel de cette manière de voir. Mais il nous reste à faire connaître une dernière opinion, complétement opposée, celle du docteur Campagne, qui a publié récemment sur la manie raisonnante un traité fort étendu, dans lequel il cherche à prouver que c'est là « une maladie mentale simple, essentielle, primitive, idiopathique, pour le moins aussi nettement et aussi fortement caractérisée que toutes les autres maladies du moral; ou, en d'autres termes, que la manie raisonnante n'est qu'une *espèce* du *genre* manie.

Campagne distingue trois types de manie raisonnante : le type orgueilleux ; le type égoïste et le type envieux. Voici les principaux caractères qu'il assigne à chacun de ces types :

a. Type orgueilleux. Les maniaques raisonnants ont tous une sensibilité morale, vive, exagérée et très-mobile. La moindre chose, la plus légère émotion, la plus petite discussion, les anime, les passionne, les exalte, les surexcite outre mesure. Passant, sans transition aucune, d'un extrême à l'extrême opposé, ils changent rapidement d'avis sur les personnes et sur les choses. Susceptibles, irritables, emportés, violents, pleins d'un amour-propre mal placé, ils sont excessivement chatouilleux et querelleurs : un rien les exaspère et les met en colère. Indisciplinés et indisciplinables, ils ne connaissent que leur volonté et ne se conforment à aucune règle gênante. Leur bonheur suprême consiste à se croire des types de perfection et de vertu. Ils sont cancaniers, menteurs, soupçonneux, malveillants, paresseux, dissipateurs, imprévoyants, sans conduite, présomptueux, moqueurs, vantards, lâches, poltrons et superstitieux. L'obstination poussée jusqu'à l'entêtement aveugle, le despotisme, l'impudence, la fourberie, l'intrigue, l'hypocrisie, sont leurs défauts familiers. Ils sont insociables, fermés aux sentiments généreux, inaccessibles à l'amitié, indifférents pour leurs parents, mauvais fils, mauvais maris, mauvais pères, et ils n'apportent dans la vie de famille que le désagrément et le désordre.

Un point sur lequel Campagne insiste très-particulièrement, c'est que, chez les maniaques raisonnants, la sensibilité morale, toujours mobile, fantasque, irrégulière, tantôt affaissée, tantôt exaltée, *n'est jamais pervertie.* Suivant lui, Pinel, Esquirol et la plupart des manigraphes sont tombés dans une regrettable erreur lorsqu'ils ont prétendu que la manie raisonnante est caractérisée par le changement de caractère et par la perversion des affections. « Les sentiments affectifs ne sont jamais pervertis chez nos malades, écrit Campagne. L'observation la plus attentive, la plus minutieuse, ne parvient, dans aucun cas, à constater dans la manie raisonnante ces goûts dépravés, ces perversions instinctives si caractéristiques de certaines aliénations mentales. Les penchants au meurtre, au suicide, les appétits génésiques contre nature, n'existent pas chez ces malheureux, quoi qu'on en ait dit. Leurs actes, toujours motivés; ne sont, dans aucune circonstance, sous la dépendance directe d'une impulsion aveugle, irrésistible ; ils sont largement, sinon parfaitement raisonnés. Les fausses sensations ne sont pour rien dans les motifs de leurs déterminations; celles-ci, peu mûries·sans doute, sont fréquemment contradictoires, mais nullement étrangères au contrôle intellectuel.

La portée intellectuelle des maniaques raisonnants est limitée. Bavards, étourdis, utopistes, prolixes, bizarres, persifleurs, ils ont des qualités plus brillantes que solides. Il y a dans leur entendement plus d'agitation que d'activité réglée, plus d'apparence que de puissance. Doués d'une imagination vive, d'une compréhension facile, d'une mémoire sûre, brillante, ils donnent pendant leur jeune âge les plus belles espérances ; plus tard, ils s'arrêtent, ils s'étiolent ; et loin d'acquérir de l'instruction, ils finissent par tomber dans un état d'exaltation stérile, permanent, qui les conduit tôt ou tard dans les asiles d'aliénés. Leur esprit, inconstant et léger, est incapable de fixer pendant quelque temps son attention sur le même sujet. Ils se plaisent à ergoter à outrance, à contredire tout le monde. Toutes leurs opinions, toutes leurs appréciations portent l'empreinte d'un jugement faux. Leurs écrits, verbeux et diffus, sont encombrés de digressions et d'idées secondaires, qui obscurcissent la pensée principale, ensevelie dans des phrases sonores et vides de style.

Plus violents qu'énergiques, les maniaques raisonnants ne possèdent pas une grande force de caractère. Pour se convaincre de la faiblesse morale de ces aliénés, il suffit de voir leur poltronnerie, leur découragement, leur abattement, quand ils sont pris en flagrant délit d'évasion, d'escroquerie, ou de tout autre acte grave.

b. Type égoïste. Acariâtres, hargneux, difficiles, exigeants, intolérants, et d'une susceptibilité dont rien n'approche, les aliénés raisonnants, appartenant à cette variété, se font détester partout. Bien différents des maniaques orgueilleux, les maniaques égoïstes ne posent guère ni pour la grandeur, ni pour les talents. Leurs manières ont quelque chose d'inculte, de brutal, de matériel. Constamment disposés à trouver parfait ce qui vient d'eux, ils sont naturellement portés à médire de tout ce qui vient d'autrui. Leur intolérance n'a point de bornes; la moindre chose suffit pour les exaspérer, pour les mettre en colère, et alors ils se disputent avec tout le monde.

L'intelligence de ces malades ne fonctionne que dans le sens de leur passion; leurs idées, petites, étroites, minutieuses, ne les empêchent pas de se croire des hommes capables et bons à tout. Les maniaques raisonnants égoïstes n'ont rien de grand, pas même dans leur délire. Ils sont sujets à des idées hypochondriaques, se manifestant par accès, mais avec moins de force que chez les maniaques orgueilleux.

c. Type envieux. On l'observe plus souvent chez la femme que chez l'homme. Toujours l'œil au guet, le maniaque envieux et jaloux ne perd pas un mot, un geste des personnes qui l'environnent, afin d'y trouver un sujet de critique, de plainte ou de moquerie. Poussé par son caractère hargneux, il sent un besoin incessant de contrarier ou d'attaquer quelqu'un. La méchanceté, la haine, viennent favoriser les effets de l'envie, et rendent les maniaques de cette catégorie sinon redoutables, du moins excessivement désagréables. Prononcer un mot indiscret, humiliant ou blessant au dernier point, est pour eux un attrait irrésistible et un bonheur ineffable... La maniaque envieux est expansif quand il faut réagir; autrement il reste tranquille dans un coin, afin d'observer tout ce qui se passe autour de lui. Ses facultés intellectuelles sont harmoniquement appropriées aux besoins de son caractère; très-remarquables quand elles opèrent pour le compte de la jalousie et de l'égoïsme, elles manquent de vigueur, de sûreté, d'étendue dans toute autre circonstance. Les maniaques envieux sont les véritables représentants de l'*espèce venimeuse* des aliénés.

Un trait que Campagne regarde comme essentiel et caractéristique de la manie raisonnante, et qu'il donne pour commun à ses trois variétés, c'est l'absence de toute hallucination et de toute aberration sensorielle. Mais il ajoute que le délire intellectuel, chez les maniaques raisonnants, est aussi réel que le délire affectif; car en observant minutieusement ces malades, on parvient aisément à reconnaître qu'ils déraisonnent en tout, partout et toujours, quoique d'une manière vague, peu sensible parfois, et difficile à saisir.

Au demeurant, la manie raisonnante, telle que le docteur Campagne l'entend et la décrit, repose plutôt sur l'insuffisance de certaines facultés que sur leur désordre. C'est une maladie par défaut plutôt que par excès et par perversion des fonctions psychiques; c'est une anomalie, une difformité mentale, une monstruosité, plutôt qu'une perturbation morbide; c'est un vice d'organisation première, une lacune native dans les facultés, en un mot, une dégénérescence, une « idiotie partielle. » Elle prend sa source dans les ascendants, remonte même quelquefois à plusieurs générations, existe dès l'enfance, évolue progressivement avec l'âge, se trouve intimement liée avec la nature intellectuelle et morale de l'individu, se développe, se perpétue et meurt avec lui, en présentant des oscillations et des degrés divers d'intensité dans ses manifestations pendant la vie.

D'après Campagne, ce n'est pas seulement dans l'enquête étiologique et dans l'observation clinique qu'on acquiert la preuve que les maniaques raisonnants sont des êtres mal nés, incomplets, défectueux, dégénérés; on en trouve encore un témoignage matériel et irrécusable dans la conformation vicieuse de leur tête. Il résulte, en effet, des recherches de l'auteur, que le crâne des maniaques raisonnants est plus petit que celui des aliénés, en général; qu'il égale à peu près en volume celui des imbéciles, mais que les dimensions des courbes antéro-postérieure et postérieure sont moindres que chez tous les autres aliénés et même les idiots.

En définitive, du sein des opinions divergentes qui viennent d'être énoncées, ressort une vérité sur laquelle s'accordent tous les auteurs dissidents, et que nous formulerons comme la conclusion de ce long exposé, à savoir, que la manie raisonnante consiste dans une perturbation générale des facultés psychiques, avec un trouble peu sensible des fonctions intellectuelles proprement dites, et, au contraire, avec une prédominance marquée de la lésion des facultés affectives et morales, et de la malfaisance des actes. Il convient d'ajouter que cette vésanie tire souvent son origine d'une prédisposition native, d'un état héréditaire et constitutionnel, et qu'elle pourrait être alors considérée à bon droit comme une véritable folie *diathésique.*

Manie impulsive ou instinctive. Nous connaissons déjà deux grandes variétés de la manie : l'une, caractérisée par les lésions prédominantes de l'intelligence, *manie intellectuelle;* et l'autre, par les lésions prédominantes de la sensibilité affective et morale, *manie raisonnante.* Il nous reste à parler maintenant d'une troisième variété, dans laquelle prédominent les lésions de la volonté, c'est la *manie impulsive.*

Elle a été signalée pour la première fois, mais d'une manière encore vague, par Pinel, qui cite comme type du genre un maniaque de Bicêtre, sujet à des accès périodiques d'une « fureur forcenée, qui le portait avec un penchant irrésistible à verser le sang de la première personne venue. » Ce malade, ajoute Pinel, ne présentait aucune marque de lésion dans la mémoire, l'imagination ou le jugement.

Esquirol range les faits de cette nature dans une variété de monomanie qu'il nomme *instinctive*. La volonté, dit-il, est lésée : le malade, hors des voies ordinaires, est entraîné à des actes que la raison et le sentiment ne déterminent pas, que la conscience réprouve, que la volonté n'a plus la force de réprimer ; les actions sont involontaires, instinctives, irrésistibles. Et, suivant la nature du penchant, de l'impulsion, Esquirol décrit des monomanies érotique, d'ivresse, incendiaire et homicide,

La doctrine d'Esquirol sur ce sujet a été adoptée par Marc, par Georget, et reproduite de nos jours par Marcé. Elle a été combattue d'abord par Falret père, puis par Jules Falret et par Morel.

Tout en reconnaissant, avec les premiers de ces manigraphes, que le délire impulsif peut se présenter et se présente quelquefois sous la forme d'un penchant défini, fixe et même exclusif, ce qui lui donne toutes les apparences d'un délire partiel, il faut convenir aussi, avec Falret et Morel, que très-souvent l'impulsion est mal déterminée, variable chez le même malade, et subordonnée à des conditions intrinsèques ou à des circonstances extérieures fortuites. De nombreuses observations prouvent, en effet, que le fou impulsif peut être à la fois érotique, incendiaire et homicide, et qu'il peut commettre isolément des attentats de nature diverse, suivant la mobilité de ses impressions, les influences qu'il subit, les lieux où il se trouve, et les occasions qui s'offrent à lui au moment où sa volonté fléchit. En outre, la lésion de la volonté, quelque prédominante qu'elle soit, s'accompagne presque toujours d'autres phénomènes morbides dans la sphère de l'intelligence et du moral ; et il n'est pas douteux qu'au moment où l'aliéné cède aux suggestions délirantes, ce n'est plus seulement sa volonté qui succombe, ce sont aussi toutes ses autres facultés qui sont troublées, obscurcies et paralysées du même coup. En d'autres termes, il y a bien là tous les caractères d'un délire général ; et c'est pour ce motif que nous lui conservons, avec d'autres aliénistes, la dénomination de *manie impulsive*.

La manie impulsive est donc essentiellement caractérisée par un entraînement toujours violent et souvent irrésistible à commettre des actes dangereux ou nuisibles, ou à satisfaire certains besoins généraux de l'organisme, la faim, la soif et surtout l'appétit sexuel. Notons encore une fois que cet entraînement n'est pas toute la maladie, il n'en est que le symptôme prédominant. L'impulsion maniaque se rattache, en effet, à un ensemble pathologique souvent difficile à distinguer, mais qui n'en existe pas moins, et dont la connaissance est d'une importance majeure pour le diagnostic et pour la médecine légale. Cet ensemble pathologique se résume principalement dans des alternatives de dépression morale et de vive excitation, une impressionnabilité particulière et anormale, un état névropathique, tantôt défini, tantôt affectant un caractère complexe.

Prichard regarde la manie impulsive comme une perversion des instincts. Cette opinion peut être soutenue pour cette variété de délire impulsif qui n'est que l'expression exagérée et maladive d'un penchant naturel ; mais elle n'est pas applicable aux impulsions contre nature, homicides, suicides, incendiaires, qui sont les plus communes. Alors l'impulsion, comme l'a fort bien dit Jacoby, apparaît à l'individu comme quelque chose d'étrange, ne lui appartenant pas, ne faisant pas partie de son être; comme une force intérieure, une influence occulte s'imposant avec une implacable énergie.

La manie impulsive, comme la manie raisonnante, puise le plus souvent son origine dans un principe héréditaire et dans une prédisposition native; elle trouve son aliment principal dans une constitution névropathique ou dans une organisation cérébrale défectueuse et mal pondérée.

Elle se manifeste d'une manière intermittente, par accès, à intervalles irréguliers.

Tantôt l'accès fait explosion d'emblée, sans cause occasionnelle appréciable; tantôt aussi il est provoqué par des influences diverses, subjectives ou objectives. morales ou matérielles, telles qu'une contrariété, une émotion vive, une surexcitation nerveuse, une illusion des sens, une hallucination, l'abus des liqueurs alcooliques, l'aspect de telle ou telle personne, la vue ou le contact d'un objet brillant, du feu, d'une lumière éclatante, d'un instrument vulnérant.

La manie impulsive est quelquefois liée aussi par les connexions les plus étroites à certaines névroses convulsives, telles que la chorée, l'hystérie et l'épilepsie. Enfin elle rencontre encore des conditions étiologiques favorables dans la grossesse, l'état puerpéral et l'allaitement.

L'accès impulsif peut éclater brusquement ou se développer, au contraire, graduellement.

Dans le premier cas, qui est assez fréquent chez les épileptiques, le malade est pris soudain d'un besoin irrésistible de commettre des actes violents et nuisibles. Incapable de lutter contre l'impulsion morbide, il y cède instantanément; il se jette sur les objets qui l'entourent, les met en pièces ou les livre aux flammes; ou bien il s'empare d'un instrument vulnérant dont il frappe sans pitié la première personne qui s'offre à ses coups. Ici l'entraînement est aveugle, non motivé, et pour ainsi dire automatique.

Lorsque, au contraire, l'accès de manie impulsive se développe progressivement, l'acte de violence est presque toujours motivé et en rapport avec la nature même des conceptions délirantes et des convictions erronées qui dominent l'esprit. De plus, il est précédé de symptômes caractéristiques de résistance et de lutte. Ainsi, le malade est inquiet et agité; ses yeux égarés, ses traits altérés expriment les angoisses qui agitent son esprit; il devient sombre et taciturne; il est incapable d'application; il perd l'appétit et le sommeil; il fuit la société de ses amis, de ses proches, des personnes qui lui sont le plus chères. L'impulsion morbide le poursuit et l'obsède sans relâche; il en a conscience; il la combat avec énergie; il la repousse avec horreur, et quelquefois avec avantage. Dans ces cas, malheureusement assez rares, l'accès est pour ainsi dire avorté, il s'arrête à sa période prodromique; mais le plus souvent l'impulsion est la plus forte; elle triomphe de la résistance de la raison; alors les facultés sont dominées et vaincues par l'instinct, la volonté cède comme entraînée par une puissance implacable, et le malade, ainsi privé de son libre arbitre, se livre tout entier aux funestes incitations de son délire.

Ainsi qu'on vient de le voir, l'impulsion n'est pas toujours et fatalement irrésistible; quelques malades parviennent à la dompter. Mais, en général, le triomphe de la volonté est de courte durée; sa résistance s'émousse peu à peu, tandis que l'énergie de l'impulsion va sans cesse croissant : de sorte que tel aliéné qui a résisté dans les premiers accès finit presque toujours par succomber à un dernier assaut.

Les uns sont transportés d'une sorte de fureur maniaque au moment de l'action. Les autres accomplissent avec toutes les apparences du calme et du sang-froid les attentats les plus horribles.

Une fois l'acte consommé et le désir morbide assouvi, l'impulsion tombe tout à l'instant. L'accès peut se terminer ainsi brusquement par le retour subit de la raison. Alors les malades deviennent inoffensifs et s'abandonnent sans résistance aux personnes qui les entourent ; ils ont conscience de l'acte qu'ils viennent de commettre, mais tous n'en témoignent pas le même sentiment. Tandis que les uns ne montrent que de l'indifférence, d'autres manifestent des regrets et même de l'horreur pour leur attentat. Mais tous répondent invariablement qu'il n'y a point de leur faute, qu'ils ont agi sans savoir pourquoi, qu'ils n'ont pas pu faire autrement, qu'ils ont été poussés par une force irrésistible, par une puissance invincible. Quelques-uns même avouent qu'il leur sera impossible de ne pas recommencer si la liberté leur est rendue.

D'autres fois, l'accès de manie impulsive se termine d'une manière différente. Après l'accomplissement de l'acte, la raison ne recouvre pas sa netteté habituelle, et les facultés restent obscurcies pendant quelque temps. Le malade n'a pas conscience de ce qu'il vient de faire, il en perd le souvenir ou il n'en garde qu'un souvenir confus ; parfois aussi il éprouve les symptômes d'une faible excitation maniaque. Ce mode de terminaison de l'accès impulsif s'observe particulièrement chez les épileptiques.

En résumé, ce qui caractérise les actes impulsifs et ce qui les distingue essentiellement des actes passionnels, c'est qu'ils ne sont déterminés par aucun mobile, par aucun intérêt, par aucun sentiment de haine ni de vengeance ; c'est surtout parce qu'ils sont le produit d'un état pathologique et qu'ils s'accompagnent infailliblement d'une lésion intellectuelle, quelquefois obscure, il est vrai, mais qu'une rigoureuse analyse parvient toujours à discerner.

III. MANIES SECONDAIRES, SYMPTOMATIQUES. Cette troisième classe comprend les manies dites *alcoolique, puerpérale, hystérique, épileptique, choréique* et *paralytique*. Mais la description complète de ces variétés du délire maniaque ayant déjà trouvé sa place ou devant la trouver dans les articles ALCOOLISME (t. II, p. 654), PUERPÉRALITÉ, HYSTÉRIE, ÉPILEPSIE, CHORÉE, PARALYSIE GÉNÉRALE, nous nous bornerons à en donner ici le signalement et les principaux caractères.

a. La *manie alcoolique* est une des formes de la folie alcoolique aiguë ou *delirium tremens*. Elle survient à la suite d'un ou de plusieurs excès alcooliques, et le plus souvent chez des ivrognes de profession atteints depuis longtemps des symptômes de l'alcoolisme chronique. Elle présente les phénomènes ordinaires d'excitation de la manie aiguë simple. Mais, ce qui la caractérise d'une manière spéciale, ce sont certaines hallucinations de la vue. Les malades voient courir sur leur lit, sur le plancher, sur les murs, des rats, des souris, des grenouilles, des reptiles, des oiseaux, des animaux de toute sorte, des spectres, qui disparaissent brusquement et reparaissent de même. La langue est tremblante, la parole incertaine et embarrassée, les muscles de la face sont le siège de tressaillements fibrillaires ; les membres supérieurs et surtout les doigts sont agités de tremblements involontaires et incessants. Dans une forme plus grave, aucune partie du corps n'est exempte d'agitation, la soif est vive, la respiration anxieuse ; les traits sont profondément altérés, les paroles saccadées et inintelligibles, les mouvements incessants et incoercibles.

Dans les cas les plus simples, l'accès se termine par la guérison. Dans la forme grave, les malades succombent, tantôt d'épuisement, dans un état adynamique ; tantôt subitement, au milieu d'une agitation violente et d'accidents convulsifs.

b. A l'exemple de Marcé, il convient de comprendre sous le titre de *manie puerpérale,* non-seulement les cas de délire maniaque qui se manifestent sous l'influence de l'état puerpéral proprement dit, mais encore ceux qui se rattachent par des liens étiologiques à la grossesse ou à l'allaitement.

Pendant la grossesse, la manie est moins fréquente que la mélancolie ; sur 16 faits relevés par Marcé, on note 11 mélancoliques et 5 maniaques seulement.

Dans la moitié des cas environ, la manie débute dès les premiers temps de la conception, assez souvent dans le cours des trois premiers mois de la grossesse, plus rarement après le troisième mois.

Les symptômes sont les mêmes que ceux de la manie ordinaire, sauf peut-être une plus grande tendance aux impulsions nuisibles, qui n'est que l'exagération de ce phénomène psychique auquel on donne vulgairement le nom d'*envie.*

La terminaison de la manie de gestation est très-variable. Rarement la guérison a lieu pendant la grossesse même ; plus rarement encore l'accouchement exaspère le délire ; le plus souvent la parturition devient le point de départ de la guérison ; quelquefois, enfin, la manie reste incurable ou ne disparaît que longtemps après la délivrance.

Tandis que la mélancolie est plus fréquente que la manie chez les femmes enceintes, la manie, au contraire, est la plus commune des maladies mentales chez les nouvelles accouchées. Sur 79 observations de folie puerpérale, Marcé a trouvé 44 cas de délire maniaque, c'est-à-dire un peu plus de la moitié.

La manie peut éclater inopinément, et sous forme de délire transitoire, pendant le travail de l'enfantement. Les faits de cette nature peuvent être rangés en trois catégories. Dans les uns, les actions et les paroles sont d'une égale incohérence. Dans les autres, les actes délirants, motivés par les vives douleurs de la parturition, se rattachent logiquement à leur point de départ : ainsi, certaines femmes, au milieu d'un véritable accès de fureur, saisissant un couteau, s'ouvrent le ventre et pratiquent violemment l'extraction du fœtus. Enfin, dans une troisième variété de cas, le trouble intellectuel est plus général et revêt tous les caractères de la manie suraiguë : l'incohérence est complète, les malades n'ont nullement conscience de leur état, et rien dans les manifestations morbides ne trahit les causes physiques et morales qui ont donné naissance au délire.

La manie transitoire, qui survient pendant l'accouchement, cède, en général, spontanément lorsque le travail se termine ; dans le cas où elle se prolonge au delà de la délivrance, sa durée ne dépasse presque jamais un petit nombre de jours, et bien rarement elle se transforme en manie persistante.

La manie puerpérale proprement dite, c'est-à-dire celle qui se développe immédiatement après l'accouchement, offre, suivant la judicieuse remarque de Marcé, quelques connexions pathologiques avec le délire nerveux traumatique.

Elle se montre, soit dans les premiers jours qui suivent l'accouchement, surtout au moment de la fièvre de lait ; soit à l'époque du retour des couches. Son début est quelquefois subit. Mais, dans la grande majorité des cas, les accidents viennent progressivement et après une période prodromique qui varie de quelques heures à cinq ou six jours. Les malades sont tristes, moroses, mais plus souvent encore excitées ; leur loquacité est intarissable ; elles pleurent ou elles rient sans motif. L'insomnie devient complète, la langue est chargée, la bouche fuligineuse, la céphalalgie intense ; des hallucinations de la vue et de l'ouïe augmentent la violence et l'agitation et portent les accouchées à commettre des actes dangereux pour elles-mêmes, pour ceux qui les entourent et surtout pour leur enfant.

Quelques manigraphes ont assigné comme symptômes spéciaux et pathognomoniques à la manie puerpérale l'aspect particulier de la face, l'odeur de souris que les malades exhalent, la présence de l'albumine dans leurs urines et la nature érotique de leurs conceptions délirantes. Après une sérieuse analyse et une sévère discussion des faits sur lesquels sont basées ces assertions, Marcé conclut que la manie des nouvelles accouchées n'a, ni dans son délire, ni dans ses symptômes physiques, rien qui lui soit spécial, et que les phénomènes précités tiennent uniquement à l'état puerpéral concomitant.

La guérison est la terminaison la plus fréquente de la manie puerpérale; on l'observe environ dans les deux tiers des cas. Elle survient quelquefois rapidement, au bout de trois jours ; le plus souvent elle ne s'opère qu'après un ou plusieurs mois de durée. Dans le cinquième des cas, la manie puerpérale se termine par la mort, au bout d'un temps qui varie entre un et quatre septénaires. Lorsque la mort est prompte, les malades présentent généralement les signes du délire aigu vésanique, précédemment décrit (p. 524).

Chez les nourrices, la manie et la mélancolie se montrent en proportions à peu près égales. Les malades de cette catégorie comprennent celles chez lesquelles le délire maniaque éclate après la phase puerpérale, c'est-à-dire à dater de la sixième ou de la septième semaine qui suit l'accouchement jusqu'au sevrage inclusivement.

Suivant Marcé, la manie, à la suite de la lactation et du sevrage, reconnaît pour cause principale un état d'anémie et de débilitation ; elle survient, dans l'immense majorité des cas, chez les femmes profondément épuisées, que la moindre perturbation fonctionnelle jette dans un trouble nerveux complet.

La maladie débute tantôt brusquement, à la suite d'un refroidissement ou d'une émotion morale ; tantôt lentement et par gradation insensible. Une fois développée, elle ne se ressent en aucune façon de son origine spéciale. Les accès présentent toutes les nuances et tous les degrés, depuis l'excitation la plus légère jusqu'à cette agitation violente qui va jusqu'à la fureur ou au délire aigu. Quelquefois la manie revêt une forme intermittente et revient à chaque menstruation.

La manie des nourrices se termine le plus souvent par la guérison. L'incurabilité et la mort sont l'exception.

c. La *manie hystérique*, à côté des symptômes fondamentaux qui constituent l'état maniaque, offre quelques nuances spéciales résultant de l'association de la manie à l'hystérie. Il faut ajouter que la manie hystérique affecte souvent la forme raisonnante et la forme impulsive. Ce que nous avons déjà dit de la manie raisonnante des hystériques (p. 533) nous dispense d'entrer ici dans de longs développements. L'agitation des malades est caractérisée par des actes excentriques, par des paroles extravagantes, par un besoin incessant de mouvement et d'activité, par une tendance très-marquée à nuire, à briser, à détruire, à déchirer, à déplacer les objets qui se trouvent à leur portée, enfin par une impulsion irrésistible à injurier, à quereller, à taquiner, à exciter l'impatience et la colère, à frapper, à mordre, quelquefois même à blesser et à tuer. L'impressionnabilité est portée au plus haut degré ; mais, d'après Moreau (de Tours), les penchants érotiques ne seraient pas plus fréquents dans la manie hystérique que dans les autres variétés de manie. « Un des traits les plus saillants de cette vésanie, ajoute le même auteur, c'est la conscience parfois très-nette, parfois très-obscure, qu'ont les malades de leur trouble intellectuel. Les plus graves perturbations s'observent dans la partie affective de l'être moral. Le naufrage des facultés n'est complet que dans des cas exceptionnels et essentiellement transitoires. »

La manie hystérique a le plus souvent une explosion soudaine, instantanée. Dans la période d'état, elle est comme entrecoupée d'éclairs de lucidité qui contrastent avec le désordre antérieur des paroles et des actes. L'accès se termine assez généralement comme il avait commencé, c'est-à-dire d'une manière rapide, ou même subite. C'est, dit Moreau, un véritable réveil ; la malade a toutes les apparences d'une personne qui se débarrasse brusquement ou peu à peu par des efforts successifs d'un sommeil lourd et profond. La guérison s'obtient dans la moitié des cas environ.

d. La *manie épileptique* est la forme la plus fréquente des complications vésaniques de l'épilepsie.

Comme toutes les folies d'origine névrosique, elle éclate inopinément ou bien elle est précédée, pendant quelques heures, de tristesse, d'irritabilité, de céphalalgie, de légers mouvements convulsifs de la face ou des membres. Elle atteint en peu d'instants son paroxysme de violence, et elle présente un degré extraordinaire de fureur. Poursuivis par des hallucinations terrifiantes, les sujets s'arment du premier objet qui se trouve sous leur main, frappent autour d'eux à coups redoublés et épuisent leur rage sur les corps animés ou inanimés qui se rencontrent sur leur passage.

D'autres caractères bien signalés par J. Falret permettent encore de distinguer la manie épileptique de la manie simple : ainsi tous les accès, chez le même malade, présentent une ressemblance absolue ; malgré le désordre des actes, l'incohérence des idées et du langage est, en général, moins prononcée chez les maniaques épileptiques que chez la plupart des maniaques ordinaires; enfin, après l'accès, les épileptiques ne conservent qu'un souvenir vague et confus des faits qui se sont passés, tandis que dans la manie franche les sujets se rappellent fort bien toutes les circonstances de leur délire.

La manie impulsive s'observe fréquemment chez les épileptiques; elle survient quelquefois après une grande attaque, mais plus souvent encore à la suite d'un simple vertige; et elle se traduit par des actes graves, tels que le vol, l'incendie, le suicide et l'homicide surtout. L'acte, une fois exécuté, amène une sorte de détente, et sert, pour ainsi dire, de crise à l'accès. Les malades ne se souviennent que confusément, et même souvent ne se souviennent plus du tout des scènes les plus horribles de leur délire.

e. La manie se manifeste aussi dans la *chorée*, mais beaucoup moins fréquemment que dans l'hystérie et dans l'épilepsie. Le délire maniaque apparaît parfois dès le début de la chorée; mais dans d'autres cas, beaucoup plus nombreux, il ne se montre que huit, dix, quinze jours après les accidents convulsifs.

Marcé distingue deux formes dans la manie des choréiques : tantôt c'est un délire incohérent, avec une agitation extrême, des paroles sans suite, des cris rauques et inarticulés; tantôt, au contraire, ce délire se rattache d'une manière intime à des hallucinations et à des impressions maladives.

La manie choréique prend le plus ordinairement les caractères graves du délire aigu ; l'agitation convulsive atteint une violence effrayante, et les malades suc-

combent au milieu d'accidents ataxiques ou d'un coma profond. On peut considérer la guérison comme exceptionnelle.

f. La manie, qui est souvent le prélude d'une *paralysie générale*, consiste en
une exaltation extraordinaire de toutes les facultés, une activité démesurée de
corps et d'esprit, qui se manifeste non-seulement dans le langage et dans les
écrits, mais plus particulièrement encore dans la conduite. Ces malades montrent des aptitudes imprévues ; ils conçoivent les idées les plus variées et les plus
étranges ; ils forment les projets les plus divers et les plus surprenants. Quelques-uns se lancent dans des entreprises considérables, dans des spéculations
hasardées ou dans des témérités aventureuses, qui les mènent promptement à la
fortune ou à la ruine. Mais, au milieu de cette surexcitation et de cette fécondité intellectuelles, on remarque de temps en temps des absences momentanées
de mémoire, des bizarreries, des défaillances, des lacunes dans les conceptions
qui trahissent une démence commençante et constituent la marque caractéristique de l'exaltation maniaque prodromique de la paralysie générale. Quelquefois
aussi, dès cette période, une observation attentive permet de découvrir une dilatation inégale des papilles, quelques tressaillements fibrillaires des muscles de la
face et un très-léger embarras de la prononciation, qui constituent des signes
d'une valeur caractéristique.

Les futurs paralytiques offrent les plus grands contrastes dans leur humeur et
les plus singulières inégalités dans leurs sentiments et dans leur caractère. Ils
passent rapidement de la joie à la tristesse, de la sympathie à l'antipathie, de
l'amour à la haine, de la bienveillance à la colère, de la douceur à la violence. Un
rien les irrite et les contrarie. Ils sont sujets à des emportements subits et passagers ; ils provoquent quelquefois inopinément des scènes publiques, font des
sorties ridicules et inattendues, querellent et frappent le premier venu pour des
prétextes futiles, manifestent en un mot une susceptibilité maladive à l'occasion
d'un fait insignifiant.

Ces malades sont entreprenants, audacieux, pleins de présomption et de confiance en eux-mêmes. Doués d'une activité physique exubérante et comme agités
d'un besoin de mouvement fébrile, ils ne peuvent rester en place, ni s'astreindre
à aucune occupation sédentaire ; ils font des visites, entreprennent des voyages et
se livrent simultanément à plusieurs genres de travaux. Ils abandonnent leur vie
régulière pour une existence vagabonde et aventureuse ; ils se livrent à toutes
sortes d'excès ; ils deviennent prodigues, dissipateurs, vaniteux, fanfarons ; ils
exaltent leurs forces physiques et morales ; ils croient même avoir acquis des
talents nouveaux, et se disent poëtes, artistes, musiciens. Ils forment mille rêves
ambitieux et ne connaissent aucun obstacle à leur réalisation.

Leur sens moral étant émoussé, amoindri, ces maniaques s'abandonnent sans
aucune retenue à toutes leurs impulsions, et ne respectent plus ni usages, ni
décence, ni convenances sociales. Ils sont négligés dans leur mise, ils tiennent
des propos inconvenants et grossiers ; ils jurent ; ils brutalisent leurs femmes,
leurs enfants et leurs serviteurs ; ils commettent des actes réputés délictueux ou
criminels, des vols, des faux, des attentats à la pudeur, qui les conduisent quelquefois devant la justice alors qu'aucun fait n'avait encore trahi chez eux l'existence d'une perversion des sentiments et des penchants.

Une des particularités les plus importantes de la manie paralytique, c'est la
fréquente apparition de rémittences qui peuvent durer plusieurs mois ou même
plusieurs années et en imposer pour une guérison à des yeux inexpérimentés.

Les caractères propres et les signes distinctifs de toutes les variétés du délire maniaque ont été tracés d'une manière si complète, dans le cours de cet article, que revenir sur leur diagnostic différentiel serait nous exposer à des longueurs inutiles et à des redites superflues. Il suffira donc d'exposer, en peu de mots, la diagnose de la manie en général avec divers états morbides qui peuvent prêter à la confusion.

La manie se distingue de la *folie circulaire* ou *à double forme* en ce que, dans cette dernière variété d'aliénation mentale, le délire maniaque alterne toujours et d'une manière régulière avec le délire mélancolique. Il importe donc, pour établir le diagnostic, de constater expressément cette succession de la manie et de la mélancolie, cette alternance de l'excitation et de la dépression.

La surexcitation des facultés psychiques, l'exaltation des idées, la loquacité, l'incohérence du langage, l'exubérance et le désordre des mouvements qu'on observe chez les maniaques, forment un contraste si frappant avec la tristesse, l'abattement et la taciturnité des *mélancoliques*, qu'il n'est guère possible de confondre ces deux espèces d'aliénés. Cependant, sous l'empire des frayeurs qui les obsèdent, les lypémaniaques s'agitent quelquefois et poussent jour et nuit des cris horribles. Les accès de panophobie aiguë, de lypémanie anxieuse, de mélancolie avec agitation (*melancholia agitans*), pourraient en imposer pour de véritables accès de manie, si l'on ne prenait pas en suffisante considération les commémoratifs, le début de la maladie, le caractère des phénomènes initiaux, la nature des symptômes actuels, le fond même des conceptions délirantes, l'habitude extérieure du malade. Quelque violente que soit l'agitation mélancolique, elle diffère toujours de l'agitation maniaque par les idées et les manifestations de défiance et de terreur qui dominent la scène, par des gestes et des propos significatifs, par l'égarement des traits et l'altération profonde de la physionomie, par des craintes d'empoisonnement, par un refus opiniâtre de boire et de manger, souvent enfin par des tentatives de suicide.

La généralisation du trouble mental, la diffusion et la généralité du délire, l'incohérence des idées, établissent une ligne de démarcation nettement tranchée entre la manie et la *monomanie*, dans laquelle le délire est systématisé, partiel ou circonscrit dans un petit cercle de conceptions ou de sentiments. Néanmoins, on ne doit pas perdre de vue qu'au milieu du bouleversement de tous les phénomènes psychiques l'attention du maniaque s'arrête quelquefois sur une idée dont le retour est involontaire; de sorte que la manie peut offrir quelques-uns des traits de la monomanie.

L'affaiblissement acquis et progressif des facultés psychiques dans la *démence*, leur imperfection et leur insuffisance originelles dans l'*imbécillité*, leur oblitération native et organique dans l'*idiotie*, établissent des différences fondamentales, essentielles, entre ces trois variétés de maladies mentales et la manie. Cependant, il ne faut pas oublier que les déments, les imbéciles et même les idiots, sont sujets à des mouvements d'emportement et de violence qui peuvent simuler le délire maniaque. Mais les antécédents du sujet et l'étude attentive de l'accès, dans lequel on voit toujours percer la faiblesse ou l'infirmité intellectuelle, ne tarderaient pas, au besoin, à dissiper les doutes.

Assez souvent le délire violent, qui se montre parfois dans la première période des pyrexies, notamment de la *pneumonie*, de la *fièvre typhoïde* et des *fièvres éruptives*, est confondu avec un accès de manie aiguë.

En ce qui concerne la pneumonie et les fièvres éruptives, l'erreur ne peut pas être de longue durée; car elle est promptement dissipée par l'apparition des signes pathognomoniques, qui se montrent du deuxième au cinquième jour : toux, expectoration caractéristique, dyspnée, râles, souffle, bronchophonie, pour la pneumonie; éruptions cutanées spéciales, pour les fièvres exanthématiques.

Quant au délire initial de la fièvre typhoïde, lorsqu'il revêt un caractère de violence, son diagnostic avec la manie aiguë présente plus de difficultés. Cependant un examen attentif ne tarde pas à triompher de ces difficultés, en permettant de constater la manifestation des signes pathognomoniques de la dothiénentérie, à savoir : le gargouillement iliaque, les taches rosées lenticulaires, le dicrotisme du pouls, la sibilance bronchique, et par-dessus tout la marche tout à fait caractéristique de la température fébrile. Ce dernier signe, si bien étudié dans ces derniers temps, suffit à lui seul pour donner au diagnostic la plus grande certitude. On connaît notamment la valeur toute particulière de la première période du cycle thermique typhoïde. Cette période initiale, qui s'étend du premier au cinquième jour, consiste dans une ascension graduelle régulière (de 37°,5 à 40°,5), interrompue chaque matin par une chute également régulière de cinq dixièmes de degré. Les deux autres périodes thermiques, la période stationnaire et la période descendante, s'effectuent aussi par oscillations matutinales et vespérales, mais suivant un mode un peu moins régulier. Dans la manie aiguë franche, le thermomètre n'atteint jamais 40°,5, et la marche de la température n'offre ni la régularité, ni les variations diurnes qu'on observe dans la fièvre typhoïde.

Un autre signe différentiel a été indiqué par Dumesnil (de Rouen) : c'est la présence de l'albumine dans l'urine chez les dothiénentériques. Ce signe doit être pris en sérieuse considération; mais il est trop fugace et il n'est pas assez constant pour qu'on lui accorde une valeur absolue, et pour que son absence autorise à conclure nécessairement et toujours à l'existence d'un délire maniaque.

Il ne nous paraît pas possible d'établir un diagnostic différentiel entre le *délire méningitique* proprement dit et le *délire aigu vésanique*. D'ailleurs ces deux affections présentent les mêmes lésions et les mêmes symptômes; la seule différence est dans le degré. Les altérations inflammatoires sont plus étendues et plus profondes, les phénomènes pathologiques sont plus prononcés et plus intenses dans le délire vésanique que dans la méningite.

Quant à la manie aiguë bénigne, elle offre avec la méningite des nuances différentielles assez notables. Ainsi, dans la méningite, le pouls est fort, plein, et très-fébrile longtemps avant que le délire ait toute son acuïté; il y a une céphalalgie vive et persistante, souvent des vomissements, et bientôt du strabisme, des soubresauts tendineux, des contractions musculaires, des paralysies, du coma. Dans la manie, le pouls offre, il est vrai, au début un peu d'accélération, mais cette accélération tombe bientôt malgré la gravité croissante du délire; la céphalalgie est modérée ou nulle; les vomissements manquent, et il n'y a ni.soubresauts, ni contractures, ni coma.

Les *délires toxiques*, provoqués par l'ingestion des solanées vireuses, sont remarquables par leur début subit, par la multiplicité des illusions et par la nature spéciale et toujours la même des hallucinations. En outre, ces délires sont accompagnés le plus souvent de mouvements convulsifs, de dysurie, de vomissements, de superpurgations et de divers accidents du côté des voies digestives.

La manie, dit Esquirol, est, de toutes les aliénations mentales, celle qui guérit le plus sûrement si elle est simple, si les prédispositions ne sont pas trop nombreuses et n'ont point une influence trop énergique. Guislain compte 7 guérisons sur 10 malades ; Calmeil 263 guérisons sur 545 cas : Marcé admet la curabilité de la manie dans la proportion des deux tiers si l'on a soin d'éliminer tous les faits appartenant au délire maniaque symptomatique de la paralysie générale, et qui autrefois étaient confondus avec la manie franche.

Suivant Calmeil, les chances de guérison sont plus favorables aux femmes qu'aux hommes ; les premières guérissent dans le rapport de 3 sur 5, et les seconds dans la proportion de 2 sur 5.

Les guérisons sont plus nombreuses et plus rapides dans la jeunesse que dans l'âge adulte et dans l'âge mûr.

Un premier et un second accès guérissent fréquemment, tandis que la guérison devient infiniment plus douteuse passé le troisième accès. Sur 269 maniaques guéris, Esquirol en compte 152 à leur premier accès, 79 au second, 32 au troisième, 18 au quatrième, 10 au delà.

D'après la même statistique, 27 malades guérirent dans le premier mois, 32 dans le deuxième, 18 dans le troisième, 30 dans le quatrième, 24 dans le cinquième, 20 dans le sixième, 20 dans le septième, 19 dans le huitième, 12 dans le neuvième, 13 dans le dixième, 25 dans le douzième. 18 guérisons furent obtenues dans la deuxième année, et 13 seulement dans les années suivantes. Sur 25 guérisons, Marcé en a noté 14 dans le premier mois, 6 dans le deuxième et le troisième mois, 3 dans le quatrième et 2 dans le cinquième. Il résulte de ces données que le chiffre des guérisons, assez élevé pendant la première année, baisse d'une manière notable pendant la deuxième, et qu'au delà de ce terme les chances de curabilité deviennent de plus en plus rares.

La saison influe aussi sur le nombre des guérisons. Dans sa statistique, Esquirol constate 45 guérisons en mars, avril et mai, 61 en juin, juillet et août, 67 en septembre, octobre et novembre, et 32 seulement en décembre, janvier et février; d'où il suit que les maniaques guérissent peu en hiver, que le chiffre des guérisons s'élève au printemps et s'accroît pendant l'été, saison où s'achèvent les convalescences de mai, pour atteindre son maximum à l'automne. La manie qui résiste à l'influence favorable du printemps, cesse presque toujours au retour de l'automne ; celle qui débute pendant l'été, et qui se prolonge au delà du mois de novembre, se calme pour l'ordinaire et disparaît vers le printemps suivant (Calmeil).

L'hérédité aggrave le pronostic de la manie. Sans exclure la guérison une première fois, elle est une condition très-défavorable après un certain nombre de rechutes.

La manie intermittente est la forme la plus opiniâtre ; elle est généralement regardée comme incurable.

La violence des accès n'aggrave en rien le pronostic de la manie. Les véritables circonstances aggravantes de ce pronostic sont dans les prédispositions ou les conditions organiques qui président au développement du délire maniaque, et dans les complications qui l'entretiennent et le perpétuent. Pour ce motif, la manie raisonnante et la manie impulsive sont plus difficiles à guérir que la manie franche, le plus souvent elles sont absolument incurables. La manie hystérique guérit rarement ; la manie des épileptiques n'offre que des intermittences. La manie avec paralysie générale peut présenter de longues et trompeuses rémissions, mais elle ne guérit point.

Dans chaque fait en particulier, dit le professeur Griesinger, le pronostic se règle principalement sur les symptômes d'une affection organique plus ou moins présumable du cerveau. On doit regarder comme absolument incurables les maniaques chez qui l'on a trouvé les premiers signes, si légers qu'ils soient, de paralysie générale. Tous les symptômes de convulsion ou de paralysie persistante du côté des membres, du nerf facial ou des pupilles sont également très-suspects. Ces symptômes, à moins qu'ils ne soient tout à fait passagers, semblent indiquer une extension permanente du travail morbide aux parties situées à la base ou au centre du cerveau.

La guérison spontanée de l'accès maniaque s'opère de différentes manières : tantôt par une solution rapide, soudaine, comme dans la manie transitoire et dans quelques cas de manie impulsive ; tantôt lentement et par une diminution progressive des symptômes. Quelquefois la maladie se termine comme elle a commencé, par un état d'affaissement profond, par une courte période de mélancolie. D'autres fois encore le déclin de la manie est annoncé par le rétablissement de la menstruation, par le retour d'un coryza, d'un épistaxis, du flux hémorrhoïdal, par l'expulsion de vers intestinaux, par un ptyalisme abondant ; ou bien il coïncide avec l'apparition d'une maladie nouvelle, notamment de la diarrhée, d'une affection cutanée, d'une éruption furonculeuse, etc. Rousseau rapporte le cas d'un accès maniaque guéri presque immédiatement après l'évacuation d'une hématocèle rétro-utérine. Laffitte a vu un cas de manie aiguë guérie brusquement par une brûlure accidentelle. Lagardelle cite l'observation d'un maniaque chez lequel la manifestation de troubles gastriques provenant d'un cancer du pylore amena rapidement un calme profond. Lafontaine, Zuccari, Daudebertières, relatent des exemples de guérisons de la manie survenues à la suite de l'extirpation de tumeurs hydatiques ou carcinomateuses.

En 1848, Koster (de Bonn) signala l'influence favorable que la fièvre intermittente exerce sur toutes les formes de la folie, particulièrement sur la manie. Ce fait a été révoqué en doute par Bagonet ; mais plus récemment le docteur W. Nasse l'a étayé sur de nouvelles observations recueillies dans l'asile de Sachsenberg. Dans quatre cas de manie, l'apparition de la fièvre intermittente aurait amené trois terminaisons heureuses. Suivant l'auteur allemand, les améliorations et les guérisons se remarquent surtout dans les formes aiguës. La manie épileptique est aggravée plutôt qu'amendée par la fièvre intermittente.

Faut-il, à l'exemple d'Esquirol, attribuer à ces phénomènes la valeur de véritables crises? Il nous paraît préférable d'adopter à cet égard la réserve de Calmeil et de Griesinger. En définitive, dit Calmeil, le rétablissement des évacuations naturelles, l'apparition de certaines excrétions morbides est de bon augure pour la guérison de la manie: mais, d'un autre côté, on observe des phénomènes en apparence critiques, qui n'ont point modifié l'expression et l'intensité du délire. Quant à Griesinger, il s'exprime ainsi : « Dans quelques cas nous avons constaté ce que l'on appelle des phénomènes critiques; mais le plus souvent on ne voit rien de semblable ; aussi l'opinion d'Esquirol, pour qui la guérison n'était pas réelle là où il n'y avait pas de crises appréciables, nous paraît-elle dénuée de fondement. »

Assez souvent la convalescence de la manie n'est point franche, la guérison n'est qu'apparente, et la rechute est prochaine. Selon la très-juste remarque de Jessen, le calme est trompeur et le retour de l'accès est imminent lorsque le malade se sent extraordinairement bien et parle de sa guérison avec une joie bruyante et une satisfaction excessive. Le meilleur signe d'une guérison sûre, c'est quand le sujet revient à ses anciennes habitudes et à ses anciens penchants, quand il se tient bien, avoue qu'il a été réellement malade, reconnaît les erreurs de son délire et témoigne de l'affection et de la reconnaissance pour ceux qui l'ont soigné.

Outre la guérison, la manie peut offrir trois autres modes de terminaison : elle peut aboutir à la démence; se transformer en une autre maladie mentale ; se terminer par la mort.

La manie n'aboutit à la démence qu'en passant par l'état chronique. La surexcitation permanente des fonctions psychiques amène leur affaiblissement graduel.

La forme primitive de la maladie mentale s'altère, se modifie, et l'on voit disparaître le fonds d'expansion sur lequel s'étaient développées les conceptions délirantes.

La sensibilité s'émousse, la mémoire s'oblitère, les idées perdent de plus en plus de leur activité et de leur cohérence, jusqu'à l'entière décadence des facultés intellectuelles.

La transformation de la manie en monomanie est assez commune, et elle est loin d'être toujours favorable. L'excitation tombe peu à peu, les idées reprennent de l'ordre et de la suite; on croit marcher vers la convalescence; mais au milieu de cette intelligence dont l'équilibre tend à se rétablir, il reste soit une idée délirante isolée, soit des hallucinations qui font entrer la maladie dans la sphère des délires partiels et systématisés (Marcé).

Quant à la transformation de la manie en mélancolie, elle se montre généralement avec le caractère d'une succession régulière de deux périodes dont l'association constitue la folie circulaire ou à double forme.

Le délire aigu vésanique, qui peut être regardé comme la plus haute et la plus violente expression de la manie aiguë se termine presque toujours par la mort, ainsi que nous l'avons dit plus haut (p. 525), et la mort, dans ce cas, est le résultat de l'excès d'hyperémie ou de l'inflammation de l'appareil cérébral.

La manie subaiguë et la manie chronique occasionnent très-rarement par elles-mêmes une terminaison funeste. Sur plus de 1,200 maniaques, observés par Esquirol, 30 seulement succombèrent à une manie simple, 26 moururent dans le premier accès, 4 dans le deuxième. Un tiers succombe dans les trois premiers mois; un second tiers, du quatrième au douzième mois; et le troisième tiers, entre la deuxième et la sixième année.

Quelques maniaques meurent par l'épuisement nerveux, résultant de l'excès de leur agitation et de l'exaltation du délire (Esquirol). Les aliénistes anglais et américains désignent ce mode de terminaison par les expressions de *exaustion*, *gradual loos*, *general decay*. Le docteur Bucknill propose la dénomination plus significative de « syncope asthénique. » Il arrive parfois, et dans les temps froids particulièrement, que les maniaques sont frappés de mort subite, qu'Esquirol attribue, faute d'une meilleure explication, à une apoplexie nerveuse. Rarement, ajoute cet auteur, les maniaques sont foudroyés par l'hémorrhagie cérébrale; mais ils ont des congestions, des ramollissements partiels du cerveau, qui provoquent des convulsions épileptiformes, et amènent la mort en quelques jours. Le plus souvent la mort est causée par des affections intercurrentes aiguës ou chroniques : pneumonie, pleurésie, fièvre typhoïde, anthrax, diarrhée, phthisie pulmonaire, etc. Enfin, la mort peut être le résultat d'accidents ou d'événements malheureux, produits par la violence même du délire, tels qu'une blessure, une chute d'un lien élevé, etc.

Personne, aujourd'hui, ne met en doute que la manie n'ait son siége dans le cerveau et sa raison anatomique dans une altération de texture de cet organe. Bien que les recherches nécropsiques ne donnent pas toujours, à cet égard, de résultats évidents, il ne faut pas en conclure que la lésion n'existe pas ; elle échappe seulement à nos moyens d'investigation. Du reste, jusqu'à présent, même dans les cas où l'autopsie a fourni des résultats positifs, on n'est pas parvenu à découvrir une altération caractéristique, qui puisse être considérée comme spéciale au délire maniaque, et comme servant de point de départ aux symptômes observés pendant la vie. Cependant on peut ajouter qu'au milieu de la variété des lésions constatées dans l'appareil encéphalique des maniaques, les altérations dominantes appartiennent, pour l'ordinaire, aux produits d'un travail hypérémique ou inflammatoire plus ou moins ancien.

Dans les cas aigus, la pie-mère est injectée, traversée par d'innombrables vaisseaux tuméfiés. Le tissu cellulaire sous-arachnoïdien est infiltré de sang ou de sérosité sanguinolente, formant des taches ecchymotiques plus ou moins étendues, les unes rosées, les autres jaunâtres, d'autres violacées. Les méninges, au lieu de se laisser isoler facilement de la masse cérébrale, y semblent agglutinées, et ne s'en détachent qu'avec peine. On aperçoit alors très-distinctement des tractus ou filaments vasculaires, qui vont de la face interne de la pie-mère à la substance corticale du cerveau.

Le cerveau paraît plus volumineux qu'à l'état normal; les circonvolutions sont comme gonflées et turgescentes. La substance grise est diminuée dans sa consistance, hypérémiée, d'une teinte tantôt rosée, tantôt jaunâtre, d'autres fois ardoisée. La substance blanche est ferme, criblée de vaisseaux distendus par le sang, et marbrée de teintes rougeâtres. Ces teintes et ces marbrures se remarquent aussi dans l'épaisseur des circonvolutions, dans les corps striés, dans les cornes d'Ammon et dans les couches optiques.

Le cervelet et la moelle épinière participent généralement à l'état fluxionnaire de l'encéphale.

Dans la manie chronique, on ne trouve assez souvent aucune lésion *apparente* des centres nerveux. Dans un certain nombre de cas, cependant, on peut constater les stigmates d'altérations anciennes, congestives ou inflammatoires : oblitération fibrineuse des sinus de la dure-mère, épaississement et opacité de l'arachnoïde, épanchement séreux sous-arachnoïdien, excrétion pseudo-membraneuse, dépôts fibrineux, traînées laiteuses ou opalines sur le feuillet pariétal de cette méninge; aspect variqueux ou anévrysmatique des vaisseaux intracrâniens et du réseau de la pie-mère; masse cérébrale diminuée de volume; circonvolutions amincies et comme revenues sur elles-mêmes; substance grise anémiée et ramollie; substance blanche endurcie, principalement au centre de chaque hémisphère; atrophie de la voûte à trois piliers et de la cloison transparente; aspect granuleux de la surface des ventricules.

Il n'est pas rare de rencontrer dans le cerveau des maniaques des foyers apoplectiques anciens ou récents, diffus ou enkystés.

A l'autopsie d'une malade, morte d'une manie aiguë, Baillarger a trouvé une vésicule d'acéphalocyste, enchâssée dans la substance blanche du lobe postérieur droit.

Sans vouloir ni atténuer, ni exagérer l'importance de ces diverses altérations, il ressort de leur exposé que dans la manie les grands centres nerveux sont généralement le foyer d'une fluxion sanguine très-active; et cette affluence du sang vers des organes dont la délicatesse est extrême, doit certainement jouer un grand rôle dans la production des désordres fonctionnels.

La *séquestration* et l'*isolement* sont des moyens thérapeutiques de première nécessité dans la période aiguë de la manie, et généralement pour tous les maniaques agités et violents. La séquestration les met hors d'état de nuire; elle est une garantie pour leur sûreté personnelle et pour la sécurité publique; elle est une condition fondamentale de l'efficacité du traitement. Il n'est pas moins utile d'enlever les maniaques au milieu dans lequel leur délire a pris naissance, de les séparer de leur entourage habituel, et d'éloigner d'eux toutes les circonstances capables de multiplier leurs impressions, de donner plus de vivacité à leurs idées délirantes, et d'accroître l'intensité de leur agitation. Il importe même, dans l'intérêt bien entendu des malades, que ces mesures soient prises dès le début de la manie. En effet, les maniaques qui restent livrés à eux-mêmes, qui peuvent obéir aux impulsions du délire pendant l'acuité de la maladie, et que l'on soumet tardivement à la réclusion, offrent le plus de résistance aux moyens de guérison.

Les maniaques doivent être placés dans un vaste local, bien aéré, pourvu de bonnes conditions hygiéniques, donnant sur une grande cour, et mieux encore sur un parc ou un jardin. Le logis doit être simple, dépourvu de meubles inutiles, d'objets encombrants ou nuisibles. Si les malades ne sont que bruyants, il faut les laisser au grand air se livrer à toute leur mobilité, s'abandonner à toutes leurs extravagances, jouir, en un mot, de toute la liberté compatible avec leur propre sûreté. On n'a recours aux moyens de contention que dans les cas de violence extrême, lorsque les maniaques sont dangereux pour eux-mêmes ou pour autrui. Alors on maîtrise leurs emportements avec la *camisole*; on modère leurs mouvements avec les *entraves*; ou bien, à la dernière extrémité, on les fixe sur un fauteuil ou sur un lit. Encore la coercition doit-elle être momentanée, et cesser dès que le calme est rétabli. Dans un grand nombre d'asiles, en Angleterre et en Amérique, les aliénistes ont renoncé systématiquement, d'une manière radicale et absolue, à l'emploi de tous les moyens mécaniques de répression. Ces moyens sont remplacés par la surveillance assidue et l'active intervention des gens de service, qui se réunissent en grand nombre pour s'opposer aux actes nuisibles des maniaques agités. L'excitation dépasse-t-elle les limites ordinaires, l'aliéné est introduit par force dans une cellule matelassée, où on le laisse se débattre jusqu'à ce que la violence de l'accès soit tombée. Le *no-restraint* a été préconisé d'abord par le docteur Conolly, puis par le docteur Mundy. Dans un mémoire récent, le docteur Stolz (de Hall en Tyrol) constate que la tranquillité de l'asile a augmenté sous l'influence du non-restreint, que les actes de brutalité et de violence y sont devenus plus rares. Néanmoins cette méthode n'a pas prévalu en France, mais elle a donné lieu à des discussions longues et animées, d'où est ressortie cette vérité pratique, que les moyens coercitifs doivent être employés avec une grande réserve, et seulement à la dernière extrémité.

Les *bains tièdes* sont considérés à juste titre comme la base du traitement de la manie. « On doit en user avec sobriété, dit Marcé, chez les individus âgés, affaiblis par la misère et les privations, et présentant une tendance au délire chronique plutôt qu'une excitation nette et franche ; mais chez les sujets jeunes et vigoureux, quand la manie est récente et a fait brusquement explosion, quand l'insomnie est très-marquée, on insistera sur l'emploi de ce moyen, qui diminue l'éréthisme général, ramène le calme et le bien-être, rétablit le sommeil, rafraîchit la peau inondée de sueur. » La température de l'eau doit être, en moyenne, de 28 à 30 degrés centigrades ; pendant toute la durée du bain, on maintient sur la tête du malade une compresse ou une éponge imbibée d'eau froide. La surveillance la plus active est nécessaire pour prévenir les congestions, pour remédier aux syncopes ou pour contenir un sujet indocile.

La durée du bain peut être d'une heure, de deux heures et plus. Brierre de Boismont a préconisé l'usage des bains prolongés pendant dix, douze et même quinze et dix-huit heures, associés à des irrigations continues d'eau froide sur la tête. Tout en reconnaissant son incontestable efficacité, Marcé a porté sur ce moyen thérapeutique un très-sage jugement, auquel nous ne pouvons que souscrire : « La méthode, dit il, employée dans toute sa rigueur est loin d'être exempte de danger. En donnant à des malades fort agités des bains de dix-huit heures, on détermine quelquefois un tel état de faiblesse et de prostration, que de grands accidents peuvent en résulter, et que les sujets épuisés peuvent mourir sans que leur surexcitation se soit un seul instant calmée. A moins de circonstances exceptionnelles, je n'oserais donc pas conseiller un bain d'une journée ou d'une journée et demie ; au bout de trois ou quatre heures de durée, même dans les cas graves, un bain tiède a épuisé son action sédative, le reste est inutile ou dangereux. »

Le bain tiède peut être répété tous les jours, tous les deux jours, ou même à intervalles plus éloignés, selon les résultats obtenus et les indications du moment, par exemple, chaque fois que dans la journée le délire éclate avec plus de violence.

Les *douches froides* peuvent être employées soit comme moyen de répression, soit dans un but thérapeutique. Comme moyen de répression, elles sont dirigées pendant quelques secondes ou quelques minutes sur la tête des maniaques, et administrées en présence d'un médecin, qui profite d'un éclair de raison pour adresser à l'aliéné les avertissements ou le blâme que méritent sa conduite et ses actes. Plusieurs aliénés sont contenus par la crainte de la douche. Ce procédé d'intimidation convient surtout dans la manie raisonnante. Quelques maniaques guérissent subitement par l'impression morale, la surprise, la secousse douloureuse et inattendue que leur cause l'écoulement rapide et abondant de l'eau sur les yeux, la bouche, les narines, en menaçant de les asphyxier. La douche, dit Calmeil, devient inutile lorsque son effet moral est nul et qu'elle ne calme même pas momentanément la violence du délire. Elle peut devenir nuisible par la réaction qu'elle suscite après coup vers les centres nerveux, funeste par l'abus qu'en peut faire un surveillant dur ou malintentionné.

Les *affusions froides*, administrées pendant deux à cinq minutes, à l'aide d'un vase rempli d'eau qui sert à inonder à grands flots la tête et le corps du maniaque, agissent quelquefois efficacement en provoquant une réaction favorable ; mais d'autres fois elles ne font que stimuler et surexciter le malade, ou bien elles l'exposent, s'il est faible, à des maladies incidentes dangereuses. Les affusions ne doivent donc être employées qu'avec beaucoup de discernement.

On est encore peu fixé sur l'utilité de l'*hydrothérapie* appliquée d'une manière méthodique et rationnelle au traitement de la manie. La plupart des aliénistes la repoussent même, mais plutôt par une répugnance systématique ou instinctive que par des raisons plausibles et valables. Cependant les procédés hydrothé-rapiques paraissent avoir été employés avec succès dans certains manicomes, notamment dans l'asile Saint-Athanase, de Quimper, par les docteurs Follet, Baume et Reverchon. Sur 49 aliénés, dont 17 maniaques, régulièrement soumis aux pratiques de l'hydrothérapie, Baume et Reverchon ont obtenu 9 guérisons et 23 améliorations. Ces résultats sont encourageants et font désirer que l'hydrothé-rapie soit désormais appliquée dans les asiles plus largement qu'elle ne l'a été jusqu'à ce jour.

Les *émissions sanguines* générales et locales ne conviennent que dans la manie suraiguë et dans la forme congestive du délire aigu vésanique, chez des sujets jeunes, pléthoriques, dont l'agitation s'accompagne d'une grande plénitude du pouls, d'une vive injection de la face et de tous les signes d'une forte hypérémie cérébrale.

Les applications de sangsues à l'anus, à la vulve, aux malléoles, sont indiquées quelquefois pour prévenir ou pour combattre des accès intermittents ou des exacerbations mensuelles, survenant soit à l'âge de la ménopause, soit à la suite d'une suppression momentanée de la menstruation ou d'une hémorrhagie pério-dique.

Même dans ces circonstances spéciales, les émissions sanguines doivent être employées avec une grande réserve. Pinel avait remarqué, et ce fait a été confirmé par l'expérience générale, que les saignées trop abondantes ou trop répétées affai-blissent rapidement les malades, diminuent les chances de guérison et hâtent l'arrivée de la démence.

Les *vomitifs* et les *purgatifs* sont indiqués au début de la manie contre l'état saburral et l'embarras gastrique qui accompagnent souvent la période d'invasion. Plus tard, les purgatifs aident puissamment à la guérison en combattant la constipation et en exerçant sur le tube intestinal une révulsion utile. On prescrit de préférence les agents résineux et aloétiques, qui ont l'avantage de congestion-ner la muqueuse rectale, de favoriser le développement des hémorrhoïdes et de s'associer efficacement aux applications de sangsues à l'anus et à la vulve.

Outre leur action directe sur les voies digestives, les vomitifs exercent encore sur les phénomènes circulatoires et sur le système nerveux une influence sédative souvent très-salutaire dans les accès de manie aiguë. Le tartre stibié à dose raso-rienne a été préconisé par Weisener, Elssner et Guislain. Marcé, qui l'a expéri-menté un grand nombre de fois à Bicêtre sur des malades violemment agités et n'offrant aucune complication gastro-intestinale, rend compte en ces termes des résultats obtenus : « Quelquefois il a échoué, mais aussi, à diverses reprises, quand la tolérance s'établissait, quand les malades continuaient à se nourrir, j'ai vu, sous l'influence de doses qui n'ont jamais dépassé 50 centigrammes, l'agita-tion tomber en deux ou trois jours, et la convalescence s'établir avec une grande rapidité. Le tartre stibié agit ainsi par ses propriétés hyposthénisantes, il déprime directement le système nerveux sans déterminer dans l'organisme une spoliation aussi énergique que les émissions sanguines. Employé en lavage, le tartre stibié est encore un médicament utile. Il est pris sans difficulté à cause de son peu de saveur, et détermine du côté du tube digestif une révulsion modérée, mais per-manente, que quelques médecins allemands ont singulièrement préconisée. »

L'*opium* rend d'incontestables services dans le traitement de la manie, mais il faut savoir choisir et le mode d'emploi et les indications. Marcé le regarde comme nuisible, quand l'agitation est violente, quand le pouls est fort, développé, la face congestionnée et vultueuse ; il le considère, au contraire, comme très-utile, au déclin de l'état maniaque, quand il reste seulement une grande mobilité nerveuse, de l'insomnie et une incohérence d'idées indépendante de toute excitation et semblant indiquer une sorte d'atonie des fonctions nerveuses. Legrand du Saulle et Foville expriment une opinion différente. D'après eux, l'usage exclusif et méthodique de l'extrait thébaïque, à doses progressivement croissantes jusqu'à l'apparition des premiers symptômes d'intoxication, constituerait une médication toujours puissante et souvent efficace, même dans les accès de manie aiguë. Dans la manie alcoolique, l'opium agit à la manière d'un véritable spécifique ; il peut être administré d'emblée à des doses assez élevées.

Plusieurs manigraphes ont proposé de remplacer l'opium par la *jusquiame* dans le traitement de la manie. Suivant ces observateurs, la jusquiame pourrait être prescrite à haute dose sans jamais produire vers la tête les mouvements congestifs que déterminent les préparations opiacées. Nous avons vu souvent employer la jusquiame chez les maniaques dans le service de Calmeil, à Charenton, sans que les résultats obtenus aient justifié les espérances de ceux qui avaient préconisé spécialement cet agent.

Il y a déjà longtemps, le docteur Locher (de Vienne) a eu l'idée d'utiliser les propriétés sédatives de la *digitale* contre le délire maniaque. Son exemple a été suivi par les médecins anglais et par Guislain. En 1864, le docteur Robertson a publié dans le *Mental Science* une série de cas de manie aiguë ou chronique, récente ou ancienne, modifiés avantageusement par ce médicament, qu'il donne sous forme de teinture à la dose de 1 à 2 grammes par jour. Isambert a rapporté un cas de délire maniaque très-intense sensiblement amélioré sous l'influence de la teinture de digitale.

Suivant Dumesnil (de Rouen), l'efficacité de la digitale dans le traitement de la manie est singulièrement accrue par l'association de cet agent avec l'opium. Il administre la teinture alcoolique à la dose de 50 centigrammes à 1 gramme, et concurremment l'extrait gommeux thébaïque à la dose de 25 milligrammes à 5 centigrammes. Sous l'influence de ces deux médicaments combinés, l'excitation maniaque diminue promptement et ne tarde pas à céder.

Deux aliénistes autrichiens, Leidesdorf et Bresslauer, ont essayé avec succès le *chlorhydrate de papavérine* sur dix-sept maniaques en proie à une excitation considérable, privés de sommeil et sujets à des accès de fureur. La papavérine n'exerce pas d'action directe sur le trouble intellectuel ou plutôt sur le processus organique qui lui donne naissance ; mais elle diminue le nombre des pulsations cardiaques, elle modère l'activité musculaire, elle calme l'excitation et ramène le sommeil. Leidesdorf et Bresslauer administrent la papavérine, soit par les voies digestives, soit par des injections sous-cutanées.

L'emploi des sels de morphine par la *méthode hypodermique* a été préconisé par quelques manigraphes. Le docteur Silva Beirao (de Lisbonne) a guéri par ce moyen une manie avec agitation et penchant à la violence, qui était réfractaire depuis cinq mois aux médications les plus diverses. Le docteur Vix cite un cas analogue. Suivant le docteur Reissner (de Hofheim), la morphine administrée par injection sous-cutanée produit généralement peu d'effet dans la manie aiguë. Pour obtenir le narcotisme, il faut arriver à des doses élevées ; même alors le calme obtenu ne dure que peu de temps. C'est dans la manie chronique que l'emploi de la morphine semble trouver le plus d'indications, non pas, bien entendu, au point de vue du traitement curatif, mais pour atténuer certaines conséquences de l'affection, l'insomnie et l'agitation. Mais encore ici l'action du médicament est très-variable ; certains malades se calment pour des semaines ou des mois ; chez d'autres, des doses très-élevées de morphine ne donnent aucun résultat ; chez d'autres enfin, on n'observe que les suites fâcheuses de l'intoxication. Jamais les injections n'ont prévenu, ni même retardé les accès de la manie intermittente. Il en est de même pour les malades chez lesquels l'agitation est le résultat d'hallucinations de la vue et de l'ouïe. Enfin nous citerons comme très-importante sur ce sujet l'opinion du docteur Krafft-Ebing, de l'asile d'Illenau, où l'on pratique de dix à seize mille injections par an sur les aliénés. L'action de la morphine, introduite par la méthode hypodermique, diffère beaucoup, dit cet observateur, de celle que produit le même médicament absorbé par les voies digestives ; cette action est presque toujours sédative ; le contraire n'a été observé que dans des cas très-rares de manie compliquée d'anémie du cerveau. Les effets produits persistent rarement plus de six à sept heures après l'injection, et il faut plusieurs fois par jour renouveler l'opération. On commence par un ou deux centigrammes d'acétate. Le médicament produit assez souvent, au début, des vertiges et des vomissements, mais il est bientôt toléré et ne donne plus lieu qu'à des effets sédatifs. On accroît les doses progressivement, et on peut aller parfois jusqu'à 1 gramme sans déterminer d'accidents. Les injections de morphine donnent surtout de bons résultats dans les variétés de manie où le délire se complique de sensations névralgiques. Krafft-Ebing considère enfin que c'est le moyen le plus efficace pour combattre l'agitation et les insomnies si communes chez les maniaques.

Malgré les témoignages favorables que nous venons de citer, on ne doit recourir aux injections sous-cutanées de morphine, chez les maniaques, qu'avec une grande circonspection ; car il résulte d'un rapport adressé à la Société médico-chirurgicale de Londres par une commission spécialement chargée de l'étude de cette question que l'emploi de la méthode hypodermique dans le traitement des maladies mentales est loin d'être dépourvue de dangers.

Le *bromure de potassium* peut rendre des services réels, notamment dans les cas de manie accompagnés d'excitation érotique.

Le *camphre*, la *valériane*, l'*éther* et tous les antispasmodiques, sont des moyens accessoires qui ne répondent qu'à des indications tout à fait passagères.

Le *chloral* est un médicament nouveau, que les docteurs Westphal et Jastrowitz ont expérimenté récemment sur trente-quatre aliénés présentant tous un état d'excitation de diverse nature et en proie pour la plupart à des accès de manie grave. Les doses ont varié depuis 50 centigrammes par heure jusqu'à 2, 4, 6, 7 et même 8 grammes par heure et en une fois. Les fortes doses amènent le sommeil, les petites doses produisent de l'excitation ; mais, même les fortes doses, prolongées longtemps, ne modifient en rien la forme, ni la marche ultérieure de la manie. L'action hypnotique du chloral est accrue par son association aux injections sous-cutanées de chlorhydrate de morphine. Dans la manie alcoolique, le chloral s'est montré un remède souverain. Il diminue généralement la durée du délire et par conséquent le danger que l'agitation fait courir aux malades et à leur entourage.

Le *sulfate de quinine* réussit quelquefois contre la manie intermittente, surtout lorsque les accès sont récents et rapprochés. Il doit être administré pendant les périodes d'intermission.

La *diète lactée*, seule ou associée aux bains tièdes, aux purgatifs, aux narcotiques, a été conseillée par Baillarger dans le traitement de la manie aiguë et surtout de la manie puerpérale. On donne à un maniaque de 1 à 2 litres de lait par jour. C'est une médication, à la fois spoliative et sédative, qui, sans être toujours efficace, mérite de rester dans la pratique.

On a renoncé aujourd'hui très-sagement aux applications inutiles et barbares de moxas, de sétons et de cautères à la nuque, d'huile de croton tiglium et de pommades stibiées sur le cuir chevelu.

Les maniaques sont peu accessibles à un *traitement moral*. Ils ne peuvent assez maîtriser leur attention pour écouter et pour suivre les raisonnements qu'on leur fait. Cependant ils se laissent facilement intimider, et la crainte est le seul argument qui ait prise sur eux, mais elle ne doit jamais aller jusqu'à la terreur. C'est un instrument de guérison difficile à manier habilement, qui ne doit jamais être abandonné à des gens ignorants et grossiers, et dont l'application ne convient pas à tous les sujets. Il faut ménager la susceptibilité des maniaques; et, si la répression est nécessaire, l'exercer sans emportement et sans brutalité. On réussit quelquefois à captiver l'attention de ces malades en excitant leur admiration, leur surprise. Un phénomène curieux, inattendu, qui frappe vivement leurs sens, peut les ramener à la raison. Mais on doit surtout s'appliquer, par un extérieur imposant, par des paroles graves, par des avertissements ou des conseils énergiques, à leur inspirer de la confiance et du respect (Esquirol).

Lorsque le calme est rétabli, lorsque les maniaques commencent à reconnaître leur état, quoiqu'il reste encore des traces de délire, il faut les déplacer, les retirer des lieux témoins de leurs extravagances, les entourer d'objets nouveaux propres à les distraire, les exciter à l'exercice, les ramener au travail. Enfin, pendant la convalescence, les maniaques ont besoin de consolations, d'encouragements, de conversations agréables, de sensations douces, de promenades et de distractions variées. C'est alors que les voyages peuvent avoir une influence utile et confirmer la guérison.

MÉDECINE LÉGALE. Nous avons longuement développé dans le tome III de ce dictionnaire (p. 118-160) les diverses questions relatives à la médecine légale des aliénés. Les principes que nous avons posés, les solutions que nous avons données, s'appliquent de la manière la plus rigoureuse à la manie franche, qui est la plus évidente et la moins contestable des maladies mentales, le type même de la folie. En conséquence, nous pouvons nous horner ici à de courtes considérations touchant quelques points spéciaux, particulièrement délicats et obscurs, de l'étude médico-légale de la manie. Ces considérations auront pour objet la manie transitoire, la manie impulsive et la manie raisonnante.

Il est clair que les actes nuisibles et les attentats contre les personnes ou contre les propriétés, commis sous l'influence d'un accès de manie transitoire ou de manie impulsive, doivent bénéficier de l'immunité légale consacrée par l'article 64 du code pénal. Toute la difficulté consiste à fournir la preuve de la folie, et à démontrer que l'agent a cédé à des incitations maladives et irrésistibles, et non point aux suggestions de ses intérêts ou de ses passions.

Pour dissiper les obscurités du problème et porter la conviction dans l'esprit des juges, il faut établir la nature morbide du fait incriminé non-seulement d'après l'analyse même de l'acte, mais encore d'après l'étude clinique de l'agent. Il faut, à l'aide d'une observation attentive du sujet, d'une investigation rigoureuse sur ses antécédents, sur ses prédispositions organiques et sur ses conditions héréditaires et natives, d'une enquête scrupuleuse sur les circonstances au milieu

desquelles le fait s'est accompli et sur les influences prochaines qui l'ont provoqué, il faut, à l'aide de tous ces éléments bien coordonnés, remonter à la cause
génératrice de l'acte, montrer ses rapports nécessaires et pour ainsi dire fatals
avec l'état pathologique de l'inculpé, prouver, en un mot, que l'attentat est un
phénomène morbide et non un phénomène passionnel. Le criminel est poussé au
vol, à l'incendie, au meurtre, au carnage, par un mobile, la cupidité, l'ambition, la débauche, la jalousie, la haine, la vengeance ; chez lui, l'impulsion est le
résultat d'un coupable calcul et d'une odieuse perversité. Mais on chercherait vainement un mobile de cette nature pour expliquer les actes de violence ou de férocité d'un maniaque. Chez ce dernier, l'impulsion procède toujours d'une influence
maladive antérieure ou actuelle, d'un état névropathique, d'un trouble mental
ancien ou récent, d'une hallucination, etc. Ce qu'il importe alors au médecin
expert, c'est de démontrer l'existence du *substratum* pathologique non-seulement
par les caractères propres aux souffrances du système nerveux, mais aussi par la
manière dont l'acte a été perpétré. Là est le *criterium* du diagnostic médico-
légal.

La manie raisonnante soulève, en médecine légale, plus de difficultés encore
que la manie transitoire et la manie impulsive proprement dite. Comment, en
effet, se résoudre sans scrupule à exonérer de toute responsabilité, soit civile, soit
criminelle, des individus qui en imposent par des dehors de raison, qui mettent,
souvent avec une habileté prodigieuse, toutes les ressources de leur intelligence
au service de leurs instincts mauvais et pervers, qui raisonnent leurs projets et en
calculent tous les moyens d'exécution avec le sang-froid et le calme apparent
d'hommes sains d'esprit? Comment discerner clairement s'ils conservent assez
de liberté d'esprit pour contracter des actes civils, pour tester, pour signer une
procuration, pour donner leur consentement au mariage de leurs enfants? A
quels signes reconnaître si, en accomplissant un acte réputé crime ou délit, ils ont
eu une conscience suffisante de la valeur de cet acte, de sa nature criminelle ou
délictueuse, du préjudice qu'ils causaient à autrui ou des conséquences qui en
résulteraient pour eux-mêmes? En un mot, comment établir le caractère pathologique des actes accomplis par ces maniaques, souvent doués de tant de facultés
qu'on serait tenté; à première vue, de leur accorder le droit de disposer d'eux-
mêmes, de leur personne et de leurs biens? Ici encore, le meilleur moyen d'éviter
l'équivoque et de sortir d'embarras consiste à s'en tenir au diagnostic médical et
à demander la solution du problème, non pas à la psychologie normale, mais à
l'observation clinique. En appliquant rigoureusement à l'expertise médico-légale
de la manie raisonnante les moyens généraux du diagnostic et les procédés ordinaires d'investigation clinique, on parviendra à réunir tous les éléments d'un
jugement exact sur l'acte et sur l'agent.

Dans cette recherche, on ne doit pas perdre de vue que la manie raisonnante,
comme les autres formes de folie, présente fréquemment dans son cours des
périodes de rémittence très-prononcée, et même de véritables intermittences,
pendant lesquelles le malade peut recouvrer momentanément la raison et la
liberté morale. Dans ce cas, un maniaque déclaré absolument irresponsable dans
un moment donné de son existence peut être reconnu responsable dans un autre
moment, quelquefois même assez rapproché. La seule difficulté que l'on puisse
rencontrer alors consiste à discerner si l'intermittence est réellement complète et
à distinguer une simple rémission, plus ou moins marquée, d'une véritable intermittence ou d'une guérison momentanée. Mais ici encore, c'est à la clinique qu'il

appartient d'éclairer la médecine légale, qui, suivant les judicieux préceptes de J. Falret, de Morel, de Moreau (de Tours), se résume, en définitive, dans une simple question de diagnostic médical.   A. LINAS.

BIBLIOGRAPHIE. — CELSE. De re medicâ. — ARÉTÉE. De causis et signis morb., traduct. franç. de Renaud. Paris, 1838. Liv. Iᵉʳ, chap. vi et vii; chapitres traduits également par Trélat, in Journal des progrès et inst. médicales. t. V, p. 164 à 169. Paris, 1827. — CÆLIUS AURELIANUS. Acut. morborum, lib. I, cap. v; Chronic. morb., lib I, cap. iii. Lyon, 1567. De l'aveu même de Cælius Aurelianus, la description qu'il donne de la manie est empruntée, en grande partie, au médecin grec Soranus, dont l'ouvrage, antérieur d'un siècle à celui de Cælius, n'est pas parvenu jusqu'à nous. — GALIEN. De locis affectis, lib. III. cap. iii et iv. In Epitome Galeni operum, auctore Lacuna. Lyon, 1643. — ALEXANDRE DE TRALLES. De arte medicâ, lib. XII. Lausanne, 1772. — FORESTUS (P.). Observat., lib. X, 25. — STYVIUS (Fr.) (de le Boë). Medic. pratic. opera. Venise, 1736. — PLATER (Félix) Praxeos medicæ. Bâle, 1656. — WILLIS (Th). Opera omnia, t. II, cap. xi. Amsterdam, 1682. — SAUVAGES. Nosologie méthodique, t. II Paris. 1771. — CULLEN. Éléments de médecine pratique, trad. de Bosquillon. Paris, 1797. — ZACCHIAS (P.). Questions médico-légales. Lyon, 1674. — PLANER. Diss. de furore, seu mania. Tubingue, 1588. — MARCHAND et GORION. Diss. ergo a melancholiâ mania? Paris, 1600 — HARDOUIN et MONTRŒIL. Diss. ergo ex sanguine in mammis collecto mania? Paris, 1615. — DEODATUS. Observatio de mirabili admodum et horribili maniâ. Oppenheim, 1619. — SALZMANN. Diss. de maniâ ejusque speciebus. Strasbourg, 1619. — SENNERT. Resp. BLUMM. Diss. de maniâ. Wittemberg, 1620. — ZEIDLER. Diss. de maniâ. Leipzig, 1630. — ROLFINK. Diss. de maniâ. Iena, 1633. — MICHAELIS. Diss. de maniâ. Leipzig. 1636. — TAPPIUS. Diss. de maniâ. Helmstædt, 1644. — BEUTLET. Diss. de insaniâ. Iena, 1648. — MŒBIUS. Diss. de maniâ. Iena, 1648. — CROMBERT. Diss. de maniâ. Utrecht, 1649. — MÜLLER. Diss. de maniâ. Leyde, 1654. — ETSELIUS. Æger affectu maniaco laborans. Erfurt, 1659. — ROLFINK. Ordo et methodus cognoscendi et curandi maniam. Iena, 1666. — WOLFART. Diss. de maniâ. Bâle, 1666. — MATHIS. Diss. de maniâ. Strasbourg, 1669. — MYLIUS. Diss. de maniæ theoriâ et praxi. Genève, 1672. — WEDEL, resp. SCHLAPERIZI. Diss. de maniâ. Iena, 1673. — LANNOY. Diss. de maniâ. Leyde, 1674. — LEICHNEN. Diss. de maniâ. Erfurt, 1674. — GRAMER. Diss. de maniâ. Leyde, 1676. — HORST. Diss. de maniâ. Giessen, 1677. — POSNER. Diss. de maniâ. Iena, 1677. — FRANCKENAU. Demens idea, seu mania. Heidelberg, 1680. — WALDSCHMIDT. Diss. de maniâ. Giessen, 1680. — BERGER. Diss. de maniâ. Wittemberg, 1685. — ALBINUS. Diss. de maniâ. Francfort, 1692. — WEDEL. Diss. de maniâ. Iena, 1693. — FOCKY. Diss. de maniâ. Vienne, 1694. — FASCH. Diss. de maniâ. Iena, 1701. — SINAPIUS Diss. de maniâ. Harderwick, 1701. — JACOBI. Diss. de maniâ. Erfurth, 1710. — HOFFMANN. Explanatio affectûs maniaci. Halle, 1734. — VOGEL. Diss. de insaniâ. Gœttingue, 1736. — FURSTENAU. Diss. de maniâ. Rinteln, 1739. — PFEIFFER. Diss. de maniâ. Leyde, 1742. — HARMES. Diss. in causas morborum et mortis subjecti cujusdam maniaci. Kœnigsberg, 1744. — QUELMALZ. Diss. de maniacis. Leipzig, 1748. — KNIPHOF. Diss. de insaniâ. Erfurt, 1755. — RUTH et SACHTLEBEN. Positiones de maniâ. Prague, 1755. — BENEDEK. Diss. de maniâ et statu maniacorum in parysmo. Utrecht, 1762. — LOCHER. Observationes praticæ circa maniam. Vienne, 1762. — VOGEL. Diss. de insaniâ longâ. Gœttingue, 1763. — STUART Diss. de maniâ. Édimbourg, 1777. — AGASSIZ. Diss. de therapiâ maniæ. Erlangen, 1785. — COX. Diss. de maniæ. Leyde, 1787. — DUNCAN. Testamen medicum de insaniâ. Édimbourg, 1787. — DAQUIN. Philosophie de la folie. Chambéry, 1791. — CHIARUGI (V.). Traité médico-analytique de la folie. Florence, 1794. — CRIGHTON. Recherches sur la nature et l'origine des dérangements de l'esprit (en anglais). Londres, 1798. — PINEL. Traité de la manie. Paris, an IX. 2ᵉ édition sous ce titre, Traité médico-philosophique de l'aliénation mentale, Paris, 1809. — HALLARE. Diss. de maniâ, præcipuè de ejus causis. Gœttingue, 1802. — DACUBLER. Diss. de naturâ maniæ. Tubingue, 1806. — STEMMLER. Diss. de maniâ. Wurtzbourg, 1811. — DUBUISSON. Diss. sur la manie. Paris, 1812. — GALL. Sur les fonctions du cerveau. Paris, 1825. — FODÉRÉ. Traité du délire. Paris, 1817. — GEORGET. Dict. de médecine, art. Manie. — LUX. Diss. de maniâ furibundâ Berlin, 1827. — SZECULITS. Diss. de maniâ. Bude, 1828. — HOFFBAUER. Médecine légale relative aux aliénés, etc. (en allemand); trad. franç. par CHAMBEYRON. Paris, 1827. — BROUSSAIS. De l'irritation et de la folie. Paris, 1828. 2ᵉ édit., Paris, 1839. — FRANCK (I.). Praxeos medic. (trad. en franç. dans l'Encyclopédie des sciences médicales), chap. de la manie, t. III. Paris, 1840. — MARC. De la folie dans ses rapports avec les questions médico-judiciaires. Paris, 1840. — ELLIS. Traité de l'aliénation mentale, trad. de l'anglais par ARCHAMBAULT. Paris, 1840. — TRÉLAT. Recherches historiques sur la folie. Paris, 1839. — ESQUIROL. Des maladies mentales. Paris, 1838. — CALMEIL. Dict. de médecine, en 30 vol., t. XIX, art. Manie. Paris, 1839; — GUISLAIN. Leçons sur les phrénopathies. — BRIERRE DE BOISMONT. Art.

Aliénation mentale, dans la *Bibliothèque des médecins praticiens*. Paris, 1849. — CALMEIL. *Traité des maladies inflammatoires du cerveau*. Paris, 1859. — TRÉLAT. *La folie lucide*. Paris, 1861. — MARCÉ. *Traité pratique des maladies mentales*. Paris, 1862. — DU MÊME. *Traité de la folie des femmes enceintes* etc. Paris, 1858. — DAGONET. *Traité élémentaire et pratique des maladies mentales*. Paris, 1862. — MOREL. *Études cliniques sur les maladies mentales*. Paris, 1852. — FALRET (J. P. père. *Des maladies mentales*. Paris, 1864. — GRIESINGER. *Traité des maladies mentales*; trad. de l'allemand sur la 2e édit.; par DOUMIC. Paris, 1865. — MANDON. *Histoire critique de la folie instantanée, instinctive*. Paris, 1862. — LOISEAU. *De la folie sympathique*. Thèses de Paris, 1856. — BAILLARGER. *Leçons cliniques sur la manie congestive*. In *Gazette des hôpitaux*. Paris, 1858. — TRULIÉ *Étude sur le délire aigu sans lésions*. Thèses de Paris, 1865. — SENIOUX. *Sur la surexcitation des facultés intellectuelles dans la folie*. Thèses de Paris, 1867. — CAMPAGNE. *Traité de la manie raisonnante*. Paris, 1869. — MOREAU (J.), de Tours. *Traité pratique de la folie névropathique*. Paris, 1869. — LE PAULMIER. *Des affections mentales chez les enfants, et en particulier de la manie*. Thèses de Paris, 1856. — MARCÉ. *De l'état mental dans la chorée*. In *Mémoires de l'Académie de médecine*, t. XXIV. Paris, 1859. — GIRARD DE CAILLEUX. *Études pratiques sur les maladies nerveuses et mentales*. Paris, 1863. — DUMESNIL (E.). *Sur un signe propre à établir le diagnostic d'un accès d'aliénation mentale essentielle et du délire initial de la fièvre typhoïde*. In *Annales médico-psychologiques*, 4e série, t. II. Paris, 1865 — VOISIN. (Aug.). *Rapport sur le même sujet*. In *Ann. médico-psych.*, 4e série, t. III. Paris, 1864. — MOTET. *Troubles vésaniques masquant le début d'une fièvre typhoïde*. In *Gazette des hôp.*, n° 56. Paris, 1866. — GRAINGER-STEWARD. *De la folie héréditaire*, extrait du *Journal of mental science*, avril, 1864, trad. en franç. par DUMESNIL (E.), in *Ann. méd. psych.*, 4e série, t. IV. Paris, 1864. — DUPOUY. *Recherches sur les maladies constitutionnelles et diathésiques dans leurs rapports avec la folie*. In *Ann. méd. psych.*, 4e série, t. VIII. Paris, 1866. — GRIESINGER. *Relations des névroses avec la folie*. In *Ann. méd. psych*. Compte rendu du congrès aliéniste international, 4e série, t. X. Paris, 1867. — LOMBROSO (de Pavie). *Influence des conditions météorologiques sur le développement de la folie et la manifestation des accès de manie*, ibid. — FRANCIS SKAE. *Sur la folie traumatique*. In *Medico-chirurgical Transactions*, t. XLVIII, février, 1866; trad. par DUMESNIL, in *Ann. medico-psych.*, 4e série, t. X. Paris, 1867. — MAUDSLEY. *Sur quelques causes de la folie*. In *Journal of mental science*, 1867, trad. par DUMESNIL (E.), in *Ann. médico-psych.*, 4e série, t. XII. Paris, 1868. — WEBER. *Du délire ou folie aiguë pendant le déclin des affections aiguës*. In *Medico-chirurg. transact.*, vol. XLVIII; trad. par DUMESNIL (E.), in *Ann. médico-psych.*, 4e série, t. X. Paris, 1867. — LAILLER (A.). *De la glucoserie chez les aliénés*. In *Ann. médico-psych.*, 5e série, t. II. Paris, 1869. — SCHULE. *Du délire aigu*; analyse par le docteur HILDENBRAND. In *Ann. médico-psych.*, 5e série, t. III. Paris, 1870. — FUXE. *Sur la folie puerpérale*. In *Edinburgh medical Journal*, mai 1865, trad. par DUMESNIL (E.). In *Ann. médico-psych.*, 4e série, t. X. Paris, 1867. — KRAFFT-EBING. *Recherches sur la folie passagère*. Erlangen, 1868. Trad. par DOUMIC. In *Ann. médico-psych.*, 5e série, t. III. Paris, 1870. — JOUSSET. *Des impulsions morbides*. In *Ann. médico-psych.*, 4e série, t. V. Paris, 1865. — DAGONET. *De la folie impulsive*. In *Annales médico-psych.*, 5e série, t. IV. Paris, 1870. — FALRET (J.), DELASIAUVE, BRIERRE DE BOISMONT, MOREL, BELLOC. *Discussion sur la manie raisonnante*. In *Annales médico-psych.*, 4e série, t. VII, VIII, IX. Paris, 1866, 1867. — NASSE (W.). *Nouv. obs. sur l'influence des fièvres intermittentes sur la folie*; analyse par le docteur KUHN. In *Ann. méd.-psych.*, 4e série, t. VIII. Paris, 1866. — ROUSSEAU. *Accès de manie guéri à la suite de l'ouverture spontanée d'une hématocèle rétro-utérine*. In *Arch. cliniques des maladies mentales*, t. I, Paris, 1861. — LAFFITTE. *Manie aiguë, guérie brusquement par une brûlure accidentelle*. In *Arch. cliniques des maladies mentales*, t. I. Paris, 1861. — BUCKNILL. *Sur certains genres de mort auxquels succombent fréquemment les aliénés*. In *Journal of mental science*, trad. par E. DUMESNIL. In *Ann. méd.-psychol.*, 4e série, t. II et III. Paris, 1863 et 1864. — BAILLARGER. *Acépholocyste du cerveau chez une maniaque*. In *Arch. clin. des maladies mentales*. Paris, 1861. — LÉLUT. *Manie chronique avec état inflammatoire du cerveau*. Ibid. — FOVILLE (Ach.). *Guérison d'une manie aiguë par l'opium à dose élevée et progressive*. Ibid. — LAFFITTE. *Traitement du délire aigu par les antiphlogistiques*. Ibid. — ROBERTSON. *Traitement de la manie par la digitale*. In *Mental science*, janvier 1864. Trad. par DUMESNIL. In *Ann. méd. psych.*, 4e série, t. IX. Paris, 1867. — DUMESNIL (E.) et LAILLER (A). *De l'association de la digitale à l'opium contre l'excitation maniaque*. In *Ann. médico-psych.*, 4e série, t. X. Paris, 1868. — LEIDESDORF et BRESLAUER. *De l'action de la papavérine dans les maladies mentales*. In *Journal trimestriel de psychiatrie* (de Vienne); analyse par FOVILLE (Ach.). In *Ann. médico-psych.*, 5e série, t. II. Paris, 1869 — SILVA BEIRAO. *Des injections hypodermiques de morphine dans le traitement de la manie*. In *Gazetta medica de Lisboa*; analyse par LAFFITTE. In *Ann. médico-psych.*, 4e série, t. XII. Paris, 1868. — REISSNER. *Des injections médicamenteuses hypodermiques chez les aliénés*.

In *Journal allemand de psychiatrie* (année 1867) ; analyse par le docteur Hildenbrand. In *Ann. médico-psych.*, 5°, t. II. Paris, 1869. — Krafft-Ebing. *Sur le traitement des maladies mentales par les injections sous-cutanées de morphine.* In *Ann. de la Soc. de méd. de Gand* (mai 18;0), et in *Ann. médico-psych.*, 5° série, t. IV. Paris, 1870. — Charrière. *Manie intermittente, guérie par le bromure de potassium.* In *Ann. médico-psychol.*, 4° série, t. X. Paris, 1867. — Jastrowitz *De l'action thérapeutique de l'hydrate de chloral dans les maladies mentales.* In *Ann. médico-psych.*, 5° série, t. III Paris, 1870. — Reyfr- chon. *De l'hydrothérapie appliquée au traitement des affections mentales.* Thèses de Paris, 1867 ; analyse par Foville, in *Ann. médico-psych.*, 4° série, t. X. Paris, 1867.   A. L.

MANIGUETTE, MALAGUETTE. MELEGUETTA, ou encore GRAINES DE PARADIS, POIVRE DE GUINÉE.   On donne ces divers noms aux graines d'une espèce d'Amomum qui croît sur les côtes occidentales d'Afrique, surtout dans les parties de la Guinée qui portent le nom de *côte des Graines*. Ces semences sont rondes ou ovales, anguleuses, quelquefois cunéiformes ; leur couleur est rouge brun ; elles sont finement verruqueuses à la surface, et ont une amande de couleur blanche, d'une saveur âcre et brûlante. Leur odeur est faiblement aromatique.

La synonymie des *Amomum* auxquels on a attribué les *graines de Paradis* est extrêmement compliquée. Sur ce point difficile, nous nous bornerons à rapporter l'opinion de M. Daniell, qui a rassemblé sur les lieux des éléments très-nombreux de discussion.

Afzelius, dans ses *Remedia guineensia*, avait indiqué, après Linné, un *Amomum Grana Paradisi*, auquel il rapportait la véritable origine de la maniguette. Plus tard, en 1828, Roscoe avait crû trouver des différences spécifiques entre cette plante et celle qu'il avait obtenue de *graines de Paradis* envoyées des colonies anglaises de la Guyane, où les nègres avaient transporté la plante afri- caine. Aussi avait-il décrit une nouvelle espèce sous le nom d'*Amomum Mele- guetta*. Pereira reconnut qu'en réalité ces deux plantes n'étaient que deux formes différentes d'un même type spécifique, mais il eut le tort de les confondre avec l'*Amomum exscapum* Sims. M. Daniell, tâchant de débrouiller ce sujet, pense qu'une seule espèce (*Amomum Grana Paradisi* Afz., *Amomum Meleguetta* Ro- scoe), susceptible de varier beaucoup suivant les conditions d'existence, produit la véritable maniguette. Toutes les autres espèces donnent des graines de moindre valeur, qui n'ont ni la surface finement tuberculeuse, ni la saveur agréable, quoi- que très-piquante, des graines de Paradis.

L'*Amomum Grana Paradisi* a été transporté, comme nous l'avons dit, dans la Guyane, à Demerari, et une sorte de maniguette, récoltée dans ce pays, y sert à la consommation habituelle des nègres, mais n'arrive pas dans le commerce. Les graines, qu'on transporte, viennent toutes de la côte occidentale d'Afrique ; on les distingue en :

1° *Maniguette du cap des Palmes et de Sierra Leone.*   C'est la maniguette la plus commune, à grains plus petits, à testa moins verruqueux que dans la se- conde variété. Elle est fournie par la forme de l'espèce décrite par Afzelius sous le nom d'*Amomum Grana Paradisi.*

2° La *maniguette d'Acra.*   C'est la plus estimée ; les grains sont plus gros, plus verruqueux, d'un goût plus agréable ; ils portent à l'ombilic une sorte de petite touffe conique de fibres jaunes pâles. Elles proviennent de la forme de l'es- pèce qui répond à l'*Amomum Meleguetta* Roscoe.

Il est inutile de décrire ici toutes les graines d'*Amomum* qui peuvent être des succédanées de la maniguette, et que les indigènes emploient à son défaut. Con- tentons-nous d'indiquer rapidement les plantes qui peuvent les produire ;

1° *Amomum exscapum* Sims. (*A. Granum Paradisi* Hooker fil., *Amomum Af-zelii* Smith), très-voisin de l'*Amomum Grana Paradisi* d'Afzelius.

2° *Amomum longiscapum* Hooker fil.

3° *Amomum latifolium* Afzel.

4° *Amomum Danielli* Hooker fil., qui donne le *Bastard Meleguetta* de Pereira.

5° *Amomum palustre* Afzel.

6° *Amomum cereum* Hooker fil.

On trouvera des détails nombreux sur toutes ces espèces dans le mémoire de M. Daniell sur les Amomum de l'Afrique occidentale (*voy.* aussi le mot Amome).

Le nom de maniguette ou malaguetta a été donné aussi à un fruit d'Anonacée, le *Xylopia æthiopica*, qui présente des caractères tout différents de ceux des Amomum (*voy* Xylopia). On l'a également appliqué à un certain nombre d'autres fruits plus ou moins poivrés. Les Italiens le donnaient, du temps de Mathiole, aux graines du grand Cardamome (*voy.* Cardamome). D'après Gomes, les Portugais désignent sous ce nom les Pimeuts (*Capsicum fructescens*).

Ortega donne le même nom à la fleur non développée du *Myrtus pimenta*. Enfin on l'applique quelquefois au *Piment couronné* (*voy.* ce mot).

Linné. *Spec. Plant.*, 2. — Afzelius. *Remed. Guineen. Roscoë Scitamineæ.* — Hooker (J.-D.). *African species of Amomum.* In *Journal of Botany and kew Gardens Miscellany*, 203, VI, année 1854. — Daniell. *On the Amoma of Western Africa.* In *Pharm. Journal*, XIV, pag. 312 et 356, XVI, 465 et 511. — Pereira. *Materia Medica*, 4ᵉ édit. II, part. I, 244. — Planchon (G.) in Guibourt. *Drogues simples*, VIᵉ édit., II, 224. Pl.

MANILLE. *Voy.* Philippines.

MANIOC (*Manihot* Plum.). § I. **Botanique.** Genre de plantes, de la famille des Euphorbiacées, établi par le P. Plumier, pour le *Jatropha Manihot* de Linné et les espèces voisines. Les fleurs y sont monoïques, apétales et régulières. Dans les fleurs mâles, on observe, sur un réceptacle convexe, un calice gamosépale, campanulé, souvent pétaloïde, à cinq divisions peu profondes, imbriquées ou presque valvaires dans la préfloraison. L'androcée est formé de dix étamines, disposées sur deux verticilles. Cinq sont plus courtes, alternes avec les divisions du périanthe. Cinq, plus longues, leur sont superposées. Les filets sont grêles, libres; ils s'insèrent autour d'une sorte de disque central, à cinq ou dix lobes plus ou moins marqués. Leurs anthères sont biloculaires, introrses, déhiscentes par deux fentes longitudinales. Les fleurs femelles ont un périanthe caduc, analogue à celui des fleurs mâles, et dix étamines stériles, réduites à des languettes, insérées aussi autour d'un disque hypogyne à dix lobes. Le gynécée se compose d'un ovaire à trois loges, surmonté d'un style court, trapu, se terminant par une masse stigmatifère trilobée, plissée, lobulée, parcourue de sillons irréguliers. Dans chaque loge ovarienne se trouve un ovule descendant, anatrope, à micropyle extérieur et supérieur, coiffé d'un obturateur épais. Le fruit est capsulaire et tricoque. Le mésocarpe se sépare souvent des coques monospermes et bivalves. La graine, analogue à celle des Ricins, souvent bigarrée, est surmontée d'un arille caronculaire. Les Maniocs sont des arbres ou des arbustes, voisins, comme on vient de le voir, des Médiciniers. Leur racine est souvent tubéreuse, charnue, féculente; elle renferme aussi, comme toutes les parties de la plante, un latex blanc et opaque. Les rameaux sont chargés de feuilles alternes, simples ou palmées, souvent glauques, accompagnées de deux stipules latérales, caduques. Les fleurs sont groupées en grappes simples ou ramifiées, dont les fleurs femelles occupent la base, ou sont tout à fait isolées.

Le Manioc commun est probablement le *Manihot edulis* de Plumier, et le *Manihot utilissima* Pohl, que Linné appelait *Jatropha Manihot*. Ces noms ont pour synonymes : *Janipha Manihot* K., *Manihot edule* A. Rich., et *Jatropha stipulata* Velloz. C'est une plante dont les racines, épaisses, charnues, tubéreuses atteignent jusqu'à 1 mètre de longueur sur 20 à 30 centimètres de diamètre. Ces racines sont remplies de fécule contenue dans les cellules, et de suc laiteux dont les vaisseaux propres sont gorgés. Plantée dans tous les pays chauds et réussissant parfaitement de boutures, de tronçons, cette espèce émet des tiges hautes de 2 à 3 mètres, glabres, glauques, chargées d'une fleur farineuse blanchâtre, souvent teintées de rougeâtre. Les feuilles sont accompagnées de stipules lancéolées-subulées, caduques. Au sommet d'un long pétiole, se trouve le limbe qui est profondément palmatipartite, à 3-7 divisions entières, lancéolées ou linéaires-lancéolées, subspatulées, glauques à la face inférieure, d'un vert plus ou moins brunâtre en dessus. Les fleurs sont glabres dans la plupart de leurs parties ; elles forment des grappes terminales ramifiées, à longues divisions, à fleurs mâles pourvues d'un périanthe quinquéfide, tandis qu'il est quinquépartite dans les fleurs femelles. Cette espèce, depuis longtemps cultivée, a formé beaucoup de variétés, les unes à pétiole vert, rouge ou violacé ; d'autres à nervures rougeâtres, à limbe crispé, à racine noirâtre, grisâtre ou blanche ; il y en a même dont les feuilles sont presque entières. C'est ordinairement à cette plante qu'on donne les noms vulgaires de *Mandiocca, Mandijba, Manioc amer* ou *Juca amarya*.

Les fécules dites *Tapioca, Cassave. Moussache, Manioc*, etc., sont encore fournies dans les pays chauds, notamment dans l'Amérique tropicale, par le *Manioc doux* ou *Camagnoc, Aipi, Juca dulce*. Pohl l'a parfaitement reconnu comme une espèce distincte, en lui appliquant les noms de *Manihot Aipi, diffusa*, etc. M. Müller (d'Argovie) a substitué à ces noms (in DC. *Prodr.*, XV, p. II, n. 16) celui de *M. palmata*, et n'a pas adopté les noms spécifiques autrefois donnés à cette plante, en 1772-78, dans l'ouvrage de Gmelin (*Onomat. bot.*, V, 7), et, en 1776, dans l'ouvrage de Rottbœll (*Surin.*, 21), où elle est décrite ou représentée comme *Jatropha dulcis* et *mitis ;* et cela, parce que ce nom pourrait produire quelque confusion avec d'autres espèces, comme le *M. utilissima*, dont les produits sont également comestibles. Mais, si l'on veut changer les noms de plantes le plus généralement acceptés, ce qui n'est pas toujours sans inconvénient, en vertu d'une loi de priorité historique dont on abuse quelquefois, on ne peut ensuite se soustraire à cette loi une fois posée, par suite de je ne sais quel caprice inexpliqué ou mal expliqué, dont personne n'a à tenir compte ; comme si le nom spécifique de *palmata* du *Flora fluminensis* (10, t. 81), qui date de 1827, ne présentait pas beaucoup plus d'inconvénients dans un genre où la plupart des espèces sont pourvues de feuilles palmées, et surtout le *M. utilissima*. Les noms de *mitis* ou de *dulcis* ont au moins cet avantage, qu'ils traduisent bien l'expression vulgaire de *Manioc doux*. Si donc l'on s'attache, avant tout, aux lois de la priorité, cette espèce, si bien connue cependant sous le nom de *Manihot Aipi*, devra prendre les noms de *M. dulcis* ou de *M. mitis*. Cette plante se distingue de la précédente en ce que ses inflorescences sont très-divisées dès la base en longues ramifications ; ses bractées, petites et lancéolées ; son calice, glabre en dehors ; ses anthères, bien plus longues que larges, tandis qu'elles sont à peine plus longues que larges dans le *M. amer* ; et ses fruits, subglobuleux, non ailés, légèrement anguleux dans la portion supérieure, tandis

qu'ils sont, dans l'autre espèce, étroitement ailés, avec les ailes ondulées, sub-
crénelées. On pourrait bien, dans la pratique, désigner spécialement ce Manioc
sous le nom de M. d'Amérique, car je ne l'ai guère vu provenant des cultures de
l'ancien monde, et presque tous les échantillons qui sont dans les herbiers viennent de l'Amérique tropicale, du Brésil, du Pérou, du Mexique, de la Guyane.

H. Bn.

BAUHIN, *Pinax*, 91. — JACQ., *Amer.*, 256, t. 162. — LAMK, *Dict.*, IV, 14. — AUBL., *Guian.*, III,
Mém. 3, 6. — ENDL. *Gen.*, n. 5808. — GUIB., *Drog. simpl.*, éd. 7, II. 547. — A. RICH., *Elém.*,
éd. 4, II, 271. — MÉR. et DEL., *Dict. Mat. méd.*, III, 670. — H, BAILLON, *Et. gén. du gr. des
Euphorbiacées*, 505, t. 19, fig. 12-27. — ROSENTH., *Syn. pl. diaphor.*, 830.

§ II. **Emploi médical.** A. BROMATOLOGIE. La racine de manioc fournit une
fécule d'une blancheur éblouissante, d'un goût agréable, qui joue un rôle considérable dans l'alimentation des indigènes du Brésil, des Antilles, d'une partie de
l'Afrique, et qui forme dans les colonies européennes d'Amérique la base de la
nourriture de la population esclave.

Dans le manioc amer la fécule est associée à un principe amer, à une substance
volatile très-toxique, que O. Henry et Boutron-Charlard ont cru être de l'acide cyan-
hydrique; opinion qui a été confirmée par les expériences faites par Christian sur
du suc de manioc amer qui lui avait été envoyé de Démérari, et qui était dans de
bonnes conditions de conservation. Ce principe toxique passe dans le suc de la
racine; il s'élimine par expression et se décompose par l'action de la chaleur.
La cassave douce est plus fibreuse que la cassave amère. Elle est comestible et
ne contient aucun principe vénéneux.

« La *farine* de cassave, dit Pereira, s'obtient en râpant la racine de cassave et
en la lavant, et en soumettant la pulpe à une pression qui en sépare le suc vénéneux. La pulpe qu'on obtient est séchée au four, et en la remuant constamment.
C'est ce qu'on appelle la farine de manioc ou de cassave : c'est un mélange de fécule de manioc, de fibre végétale, de substances protéiques, etc. Le docteur Shier
a trouvé dans les racines coupées en tranches et séchées, 0,78 d'azote, et dans
la farine débarrassée du suc 0,36 seulement de ce principe, ce qui porte à 5,00
pour la racine sèche, et à 2,34 pour la farine de manioc les quantités de matière
azotée. La farine de manioc un peu grossière s'appelle *couaque* ou *coac;* celle qui
est fine reçoit sur les marchés anglais le nom de *cassava flour;* elle ressemble à
de la farine de froment. Cette farine sert aux colonies à la préparation du *pain
de cassave,* sorte de galette que l'on fait en chauffant sur des plaques la farine
de manioc. J'ai goûté de ce pain de manioc; il a une saveur douceâtre, fraiche,
légèrement aigrelette, peu agréable en somme, et il faut une certaine habitude
pour en user avec plaisir. La farine gonfle beaucoup dans les liquides chauds et
peut être employé à tous les usages alimentaires auxquels nous soumettons le
tapioka » (*voy.* Pereira, vol. II, part. I, p. 450).

La fécule de manioc, séparée des autres substances auxquelles elle est réunie
dans la farine, se présente sous l'aspect de petits grains souvent agglomérés
par groupes de trois ou quatre dans les cellules de la plante vivante; le hile est
circulaire, entouré d'anneaux, et le grain éclate en étoiles. Le grain de fécule de
manioc est le même, quelle que soit la variété, douce ou amère, de cassave d'où
on la retire (*ibid*).

MM. J.-L. Soubeiran et A. Delondre ont signalé parmi les produits végétaux
du Brésil qui ont figuré à l'exposition universelle de 1867, quatorze qualités de
manioc, les unes blanches, les autres jaunes; la fécule qui en est retirée paraît

dans toutes identique à elle-même (*La production végétale et animale*. Études faites à l'exposition universelle de 1867, p. 269).

On prépare avec le jus de manioc qui a été bouilli et exposé au soleil une sauce qui sert au Brésil et sous le nom de *pichuna tucupi* à assaisonner le poisson. Dans d'autres pays cette sauce prend le nom de *casareep* ou de *cassireepe*. On fait grand usage de ce condiment dans les Indes occidentales sous le nom de *pepper-pot*. C'est le *cabiou* ou *cabion* de la Guyane française. Dans le *tucupi* du Brésil, le jus de manioc est mélangé de piment.

On prépare à Cayenne, avec la farine de manioc, une liqueur rafraîchissante nommée *vicou*, et une liqueur enivrante nommée *cachiri*, qui est de consommation exclusivement locale.

On a exagéré quelque peu les propriétés nutritives du manioc, et on a cru que sa farine pouvait à elle seule entretenir pendant longtemps la santé et les forces. L'enthousiasme un peu naïf des voyageurs lui a fait cette réputation. Le manioc est de la fécule et ne peut rien de plus que cet aliment en général (*voy.* TAPIOCA).

B. TOXICOLOGIE. La farine de manioc et sa fécule sont utiles et inoffensives; les propriétés toxiques de cette racine exotique résident exclusivement dans son suc. Le manioc, on l'a vu plus haut, appartient à une famille suspecte, les *Euphorbiacées*, et à un genre encore plus suspect, le *Jatropha*, dont presque toutes les espèces sont plus ou moins malfaisantes. Les propriétés vénéneuses du manioc nt de notoriété et d'expérience vulgaires dans le pays où se cultive cette plante. Fermin, Ricord, Madiana, O. Henry et Boutron-Charlard ont étudié et expérimenté ce poison. J'ai déjà dit qu'il est rapproché de l'acide prussique par beaucoup d'observateurs. Le prussiate jaune de potasse y détermine en effet la formation de bleu de Prusse. L'enlèvement mécanique de ce poison par l'expression et le lavage, et sa destruction par l'action de la chaleur sont les deux points les plus saillants de son histoire.

Les premières expériences faites à l'aide de ce poison sont celles de Fermin, qui en communiqua les résultats à l'Académie de Berlin en 1764. Loiseleur-Deslongchamps et Marquis les ont résumées dans leur article MANIOC du *Dict. en 60 vol.* (t. XXX, p. 475). Il se servit du suc obtenu par expression ou du produit de la distillation de ce suc. Avec le premier de ces poisons il expérimenta sur des chats; la mort survint en peu de temps; elle fut précédée de troubles violents des fonctions digestives, de vomissements, de selles, de convulsions, etc. On se servit du produit de la distillation de 50 livres de jus de manioc pour une expérience dramatique, mais d'une légitimité morale plus que contestable. Trente-cinq gouttes provenant des deux premières livres de liquide qui passèrent à la distillation (le reste était inerte) furent administrées à un nègre empoisonneur qui mourut au bout de six minutes, après des évacuations répétées et des convulsions horribles. L'absence de toute lésion de l'estomac permit à Fermin de soutenir l'opinion, fort avancée pour cette époque, que le poison concentrait toute son action sur le système nerveux (*loc. cit.*), Ricord-Madiana a également tué des chiens en dix minutes avec ce suc. Barham, en 1794, a signalé aussi, avec l'extrême toxicité de ce produit, la présence constante des vomissements et des évacuations, la faiblesse de la vue, l'affaissement, les convulsions, l'état syncopal, etc. Pereira, se basant sur la constance des troubles digestifs, suppose qu'au principe volatil, source des symptômes nerveux, se joint quelque résine éméto-cathartique de nature irritante.

La thérapeutique de cet empoisonnement est peu connue. On croit, aux colonies, que le suc de *roucou* (*Bixa orleana* L.) est l'antidote du manioc ; mais cette opinion ne repose sur rien de scientifique. En l'absence de données expérimentales, on peut avancer par analogie que quand les quantités de suc sont peu considérables, les vomissements par cause mécanique et la pompe stomacale sont les moyens auxquels il faut recourir. Les symptômes nerveux se sont-ils produits, les affusions froides sur la tête et le rachis, et la respiration artificielle sont les moyens qui semblent devoir le mieux réussir.

C. THÉRAPEUTIQUE. La fécule de manioc est susceptible de remplir, *intus et extra* toutes les indications émollientes et diététiques des féculents, cataplasmes, tisanes, articles de diète légère, etc. Rien de particulier à en dire sous ce rapport. La pulpe fraîche obtenue en râpant la racine a reçu dans la médecine exotique quelques applications qu'il n'est pas inutile de rappeler ici. Wright, cité par Pereira (vol. II, part. I, p. 430), a employé avec succès ce topique comme modificateur des ulcères de mauvaise nature. Au dire du même auteur, le docteur Hamilton a observé sur lui-même l'action sédative immédiate d'un cataplasme de pulpe de manioc fraîche et non exprimée, après l'avulsion de la chique ou *pulex penetrans*. Le suc de manioc est un médicament cyanique et qui pourrait sans doute jouer le même rôle thérapeutique que ses congénères ; mais il a été jusqu'ici mal étudié et peu appliqué. FONSSAGRIVES.

MANIPULATIONS THÉRAPEUTIQUES. Les manipulations thérapeutiques constituent une partie importante de la chirurgie, qui, elle-même, ne désignait primitivement que l'ensemble des *ouvrages de la main* appliquée à la guérison des maladies, ou, comme le dit Ambroise Paré, « une habileté et industrieux mouvement d'une main assurée avec expérience, ou une action de main industrieuse, tendante à quelque bonne opération de médecine. »

Par manipulations, il faut donc entendre toute action thérapeutique de la main désarmée, fixe ou mobile, depuis les frictions calorifiques instinctives jusqu'aux savantes pratiques du taxis herniaire, et des réductions dans les luxations.

Les nombreuses variétés comprises entre ces formes ont un mode opératoire particulier et, toutes choses égales, des résultats sensiblement différents. Il était difficile de choisir l'un de ces modes pour type de tous les autres, et c'est ce qui nous a déterminé à les comprendre tous sous la dénomination la plus générale, c'est-à-dire en nous servant, à cet effet, de ce qu'ils ont de commun, l'emploi de la main. Sans doute, on s'est fréquemment servi d'instruments spéciaux : gants, strigilles, roulette, palette, verges, etc., pour pratiquer des mouvements sur la surface, mais nous pensons que de tous ces instruments il n'en est que deux, le gant et les verges plus ou moins modifiés qui soient de quelque utilité, et nous renverrons pour ce qui les concerne aux articles FRICTIONS et FLAGELLATION. Le terme *massage*, qui a servi de titre à un grand nombre de travaux estimables, a cet inconvénient capital de désigner une pratique grossière, composée d'une foule de mouvements élémentaires distincts qu'elle confond, ce qui rend impossible la détermination du rôle qui revient à chacun d'eux dans les effets généraux. A proprement parler, le massage désigne cette forme de manipulation plus convenablement dénommée *malaxation*, *pincement* et *pétrissage*, et qui consiste à presser les parties molles d'une manière intermittente entre le pouce, les doigts et la paume ; or il est évident que ni la pression mobile continue, ni l'écrasement, ni la vibration digitale, ni la pression simple, ne rentrent dans cette forme de manipulations. En sorte que, quand on dit *masser* une région, on n'a rien déterminé de la forme, de l'intensité, ni de la portée de la prescription. C'est pourquoi il conviendrait même, si la raison pouvait prévaloir sur l'usage, de retrancher ce terme du vocabulaire médical, et de lui substituer, selon les indications, les divers modes de manipulations. Enfin, c'est sous cette dernière désignation que nous trouvons, décrites dans toutes les langues de l'Europe, les pratiques de cette nature dont l'orthopédie fait un si fréquent usage.

Les manipulations thérapeutiques s'adressent à tous les systèmes organiques, et trouvent leurs indications plus ou moins urgentes dans presque toutes les maladies chroniques; elles constituent une partie importante du système de thérapeutique fonctionnelle, dans lequel on se propose de rétablir, en modifiant directement le jeu des fonctions, l'intégrité des actes physiologiques, et, par suite, la forme et la composition normale des tissus.

D'un autre côté, et au point de vue purement empirique, elles ont une place considérable dans l'histoire de la médecine populaire, et principalement dans celle de la gymnastique médicale de l'antiquité et des temps modernes. Mais nous négligerons à dessein dans ce travail le côté historique, qui trouvera mieux sa place ailleurs (*voy.* GYMNASTIQUE, FRICTIONS). A vrai dire, si la pratique des manipulations a, de tout temps, donné à l'art de guérir des résultats précieux, ce n'est guère que de nos jours que la science a pu les expliquer, s'en emparer, et leur fournir une théorie et une méthode. Les pages qui suivent sont donc un essai de systématisation dans lequel nous étudierons d'abord les diverses formes de manipulations; en second lieu, nous examinerons leurs effets physiologiques; enfin, nous exposerons les applications qui en ont été faites, et les résultats qui en ont été obtenus.

I. *Des formes diverses de manipulations.* Quoique dans la pratique les différentes formes de manipulations soient généralement combinées en vue d'un but physiologique, il importe pour l'étude expérimentale de les appliquer isolément, et la meilleure méthode de classement est, à coup sûr, la forme même du mouvement et son degré de simplicité. Nous distinguerons donc : 1° l'*application simple de la main* ou de l'extrémité des doigts sur la peau; 2° les *frôlements* ou *effleurements* des extrémités digitales (passes en contact des magnétiseurs); 3° les *frictions* plus ou moins fortes, mais sans pression; 4° les nombreuses variétés de *pressions*, continues ou intermittentes, fixes ou mobiles, lentes ou rapides, uniformes ou variables, et quant à la main de l'opérateur, digitales ou palmaires, à main ouverte fermée ou demi-fermée, mais conservant toujours la même attitude; 5° les *pétrissages, malaxations, pincements*, c'est-à-dire les manipulations qui résultent des pressions successives dans le mouvement d'opposition de la main et du pouce; 6° les *percussions;* 7° les *vibrations;* 8° les *mouvements articulaires communiqués* ou artificiels.

1° L'*application simple de la main* sur une région donnée de la surface cutanée produit de remarquables effets, dont l'étude a été trop négligée, et qui peuvent être systématiquement utilisés dans la médecine palliative. Chacun sait que bien des malades trouvent un soulagement considérable à poser leur propre main sur le front, sur la nuque, au creux de l'estomac, sur le trajet des nerfs, sur la poitrine ou sur l'abdomen; quelquefois c'est l'index ou le médius que l'on pose au point d'émergence d'un nerf de la face, avec ou sans pression; mais les résultats de ces applications sont loin d'être constants, et il arrive que le contact de la main sur le front ou sur la nuque, au lieu de soulager, exaspère la douleur. Ce résultat ne se produit jamais que pour la tête, et il est rare que dans les gastralgies, dans les entéralgies, dans les diarrhées douloureuses, l'application de la main pendant quinze ou vingt minutes n'amène pas un apaisement, souvent immédiat et quelquefois définitif.

Mais ces faits prennent un caractère mieux accusé, quand c'est une main étrangère au malade qui les produit; toutefois les résultats deviennent encore plus complexes, et il arrivera, sans que l'on puisse en donner de raison générale, que la même main, appliquée sur un sujet donné, produira, dans des conditions semblables, des effets fort différents. Il reste vrai néanmoins que d'ordinaire la main appliquée pendant un temps suffisamment long sur des surfaces, dont les plans profonds sont douloureux, l'intestin, le foie, l'estomac, les reins, la vessie, etc., détermine un soulagement rapide et marqué.

Les pratiques du magnétisme animal reposent en partie sur ces actions de contact; c'est en vain, cependant, que nous avons cherché dans les auteurs qui se sont occupés de cette question, des renseignements précis sur les phénomènes qui accompagnent les contacts prolongés. Absorbés dans la recherche et la contemplation du prétendu fluide, les magnétiseurs ont lâché la proie pour l'ombre, et « l'imposition des mains » est resté pour eux une pratique routinière, qui a sa raison d'être dans l'écoulement du « fluide. » Mesmer enseignait que le toucher à une petite distance de la partie (malade) est *plus fort*, parce qu'il existe un courant entre la main ou le conducteur et le malade! » Quant au contact, il l'établissait en posant pouce sur pouce, en opposition, c'est-à-dire le pouce et l'indicateur droit de l'opérateur sur le pouce et l'indicateur gauche du sujet (*Aph. CCXCI*). Mais le contact étant rapidement suivi de *passes*, dont nous nous occuperons plus loin. Les écrits du temps ne mentionnent pas souvent l'application continue des mains, et cependant l'aphorisme CCXCIII indique un procédé opératoire, qu'il est utile de relever. « Il est bon aussi, dit-il, d'opposer un pôle à l'autre, c'est-à-dire que si on touche la tête, la poitrine, le ventre, etc., avec la main droite, il faut opposer la gauche dans la partie postérieure, etc. »

Mesmer partait de cette hypothèse, reprise expérimentalement par Reichenbach, que le corps est polarisé, et que ses extrémités jouissent de propriétés distinctes, opinion qui, en dehors du prétendu fluide magnétique, a peut-être quelque fondement, puisque chaque individu peut être très-rigoureusement comparé à une pile, au sein de laquelle des courants variables s'établissent et se polarisent.

Laissant maintenant de côté les pratiques mesmériennes, l'application continue de la main se présente sous deux formes distinctes : 1° le sujet agit sur lui-même ; ou, 2°, c'est une main étrangère qui agit. Nous avons patiemment observé les deux ordres de phénomènes, et tout en croyant fermement que l'on peut obtenir, à l'aide de ces procédés, des résultats très-importants, nous pensons que ces résultats ne diffèrent pas dans l'une et l'autre forme. Avant tout, il y a là une question de *mains*. Telles mains provoquent un développement énorme de calorique sur le lieu où elles sont posées, telles autres mains ne déterminent aucun phénomène appréciable, qu'elles appartiennent ou non au sujet observé. Mais il n'est pas douteux que quand les deux mains sont appliquées sur deux points voisins, l'action calorifique ne soit plus intense. Peut-être n'y a-t-il là en jeu que l'étendue de la surface recouverte. Les régions où l'application de la main semble produire le plus d'effet sont l'abdomen, la poitrine, la nuque et le front. J'ai vu souvent des gastralgies passagères, principalement celles qui sont associées à la production abondante de gaz dans le tube digestif, se dissiper au bout de quinze ou vingt minutes sous l'influence de la chaleur développée ou communiquée par la main. Dans les bronchites, si fréquentes chez les emphysémateux, on favorise singulièrement l'expulsion des mucosités par le même procédé, et les crachats se détachent avec une facilité tout à fait comparable à celle que donnent les excitants des muscles bronchiques. Quelques formes de céphalalgies se trouvent très-améliorées par l'application de la main sur le front et sur la nuque; aussi trouve-t-on fréquemment les patients avec la main étendue sur l'une de ces régions; quelquefois c'est l'index seul qui presse un point d'émergence des nerfs de la face ou du cou. La main est du plus grand usage dans la médecine maternelle, et c'est très-souvent l'application simple sur quelque viscère ou sur le front, qui produit le plus de résultats. Beaucoup de petits malades s'endorment facilement lorsque leur mère leur prend la main, ce qui devient fréquemment l'origine d'une habitude fâcheuse.

Les effets du contact de deux surfaces vivantes méritent d'être étudiés. Quelque défaveur que le souvenir des pratiques mesmériennes donne tout d'abord à ce genre d'études, j'ai la conviction que le praticien trouvera les plus grands avantages à prescrire méthodiquement l'application prolongée des mains dans une foule d'affections douloureuses, qui ne sont pas liées à des altérations de structure. A mes yeux, la chaleur développée par la main se développe rapidement au contact d'une autre surface, et la propagation de calorique sur certains points de la profondeur peut amener, par voie de transformation, des mouvements moléculaires qui déterminent quelque restauration fonctionnelle; mais, en outre, il est probable que les courants voltaïques développés dans la pile vivante reçoivent des actions de contact des modifications importantes, quant à l'intensité, à la quantité, à la direction. Il est en tout cas très-probable que le contact joue en biologie, un rôle au moins aussi important que dans les phénomènes inorganiques. Aux faits d'application déjà cités, j'ajouterai cette remarque, que j'ai eu maintes fois l'occasion de vérifier, qu'un grand nombre de personnes s'endorment en joignant les mains. J'ai cru pouvoir en conclure que le contact des deux mains avait une certaine influence sur la production du sommeil, et en conseillant cette attitude dans certaines conditions d'insomnie, j'ai fréquemment obtenu de bons résultats. Il est certain que les conditions physiques de l'organisme doivent plus ou moins varier, selon qu'un principal circuit est ouvert ou fermé par la jonction ou la disjonction des mains.

2° Les *frôlements*, frictions douces avec les extrémités des doigts, passes en contact, etc., se pratiquent avec l'une ou l'autre main, ou avec les deux. Elles sont centripètes ou centrifuges par rapport à l'axe vertical; mais je n'ai, jusqu'à ce jour, reconnu un effet bien déterminé qu'aux frôlements centripètes. On doit les pratiquer en dirigeant la pointe des doigts en avant des doigts ou des orteils, vers le tronc des épaules, vers la nuque et dans la région spinale de bas en haut. Le mouvement doit être assez rapide et excessivement léger.

Cette forme de manipulation produit des effets physiologiques réflexes très-curieux à étudier, qui, selon les régions où elles sont pratiquées, se traduisent en frissons, horripilations, turgescence des tissus érectiles, etc. Les mouvements convulsifs qui succèdent au chatouillement de la plante des pieds sont une preuve de la puissance de ces frôlements, dont l'action est d'autant plus vive qu'ils sont appliqués sur un point plus éloigné du centre nerveux et qu'ils sont plus superficiels. Il est extrêmement probable que l'intensité de l'action du chatouillement tient à ce que le contact sur les corpuscules des extrémités terminales des nerfs, et que les impressions réflexogènes sont, en fait, d'autant plus puissantes que la distance parcourue est plus grande et que le nombre des éléments qui entrent en fonctions est plus considérable.

Les frôlements ou passes sont assez fréquemment employés par les gens du monde, par les magnétiseurs et par les malades eux-mêmes, parfois avec des succès qui perdent leur caractère de merveilleux, tout en restant obscurs, si l'on tient compte de la puissance des impressions périphériques et de leurs conséquences physiologiques. Toutefois, il est regrettable que le défaut d'observations sérieuses ne permette de se rendre compte ni des procédés employés, ni de la nature des algies traitées, ni de la durée des résultats obtenus ; mais il n'est pas douteux que des impressions cutanées périphériques telles qu'en produisent les frôlements légers dans les centres ou dans la continuité des nerfs eux-mêmes, des modifications importantes et parfois même curatives. Le cas le plus remarquable que j'en puisse citer est celui d'un fonctionnaire très-connu, qui est affecté depuis une vingtaine d'années de névralgie convulsive des nerfs thoraciques du plexus brachial ; la névralgie ne lui laisse, durant le jour, presque aucun répit ; d'habitude, on le voit serrer convulsivement le bras sur la poitrine ou saisir à pleine main la masse musculaire des pectoraux pour comprimer la douleur. Or les seuls moyens qui aient réussi à calmer temporairement cette névralgie sont ceux qui ont été appliqués sur la main, et spécialement les frôlements centripètes depuis l'extrémité des doigts jusqu'au poignet. J'ai vu constamment ces manipulations amener presque immédiatement un calme complet, qu'elles fussent appliquées par moi ou par les personnes de la famille du malade. J'ajouterai d'ailleurs que l'immersion de la main dans l'eau glacée ou chaude, la compression soutenue de la main, et en général toutes les impressions périphériques sur le côté malade, produisaient des résultats analogues, mais moins durables et moins complets. L'emploi méthodique de ce procédé et de quelques autres avait amené une amélioration notable et soutenue ; le mariage de la fille du malade amena la privation des soins habituels et le retour des douleurs convulsives qui, toujours modifiées par ces manipulations, reprennent au bout de peu de temps toute leur intensité. J'ai depuis profité de l'expérience acquise en cette circonstance, et je puis donner comme règle que des *frôlements centripètes* sur les extrémités, pratiqués avec la pulpe des doigts dirigée en avant, déterminent constamment une sédation plus ou moins complète, plus ou moins durable, des affections douloureuses du plexus ou des centres nerveux correspondants, lorsque les communications ne sont pas interrompues pas compression, destruction ou prolifération cellulaire, etc. C'est conformément à cette règle que j'ai obtenu assez fréquemment la diminution temporaire de névralgies dont les muscles de la face, ceux du plexus lombaire, cervical et brachial, paraissent être le siége. Il va de soi que ce n'est pas là un moyen curatif; mais, associé à d'autres procédés, il peut rendre des services considérables. La belle pensée de Bouchut, qui fait de la thérapeutique *l'art de provoquer des impressions curatives susceptibles de neutraliser les impressions morbides*, n'est vraie qu'à la condition de déterminer des impressions curatives d'une intensité proportionnelle aux impressions morbides. Or les frôlements n'ont, en soi, une action soutenue qu'en les pratiquant méthodiquement et pendant plusieurs mois. Encore est-il douteux que, sauf dans ces cas fort légers où le soulagement se confond avec la guérison, les frictions douces

(*Streichung*, des Allemands) puissent, à elles seules, constituer un procédé assez puissant. Néanmoins, le rôle des actions périphériques est tellement considérable, soit qu'il s'agisse de la circulation capillaire ou de l'innervation, qu'il serait fort utile d'étudier l'effet de ce mode de manipulation que les magnétiseurs n'ont pas compris et que les masseurs ne connaissent pas. Je donnerai comme exemple de *modus operandi* les frôlements circulaires sur la tête. Si l'opérateur, les doigs étendus, une main sur la nuque, l'autre sur les arcades sourcilières, les ramène d'une vers l'autre au sinciput, en effleurant le derme et la racine des cheveux avec la pulpe des doigts, il produira des effets physiologiques qui varieront sensiblement si l'on change le lieu, la direction et le mode' de frôlement; ces effets seront plus intenses s'ils ont été précédés du même mode d'effleurement de bas en haut tout le long de l'épine. Mais je dois dire que, dans les nombreuses expériences auxquelles je me suis livré pour déterminer l'action précise de ces manipulations, j'ai obtenu des résultats extrêmement variables, et en apparence contradictoires, qui me laissent penser qu'ici, de même que dans les applications des courants galvaniques, la condition actuelle du sujet fait varier les résultats physiologiques. Par là s'expliqueraient les contradictions que l'on relève dans les écrits des électriciens et des gymnastes allemands qui ont publié des observations, et parmi lesquels il faut citer le professeur Richter (de Dresde), qui, dans son *Organon der physiologischen Therapie*, a consacré un chapitre important aux mouvements curatifs (*Bewegungskuren*). « Il n'est pas douteux, dit-il, que cette action légère de la main n'agisse comme sédatif sur les centres nerveux et n'exerce une grande influence; on a pu l'observer sur les animaux, et l'on peut par là expliquer quelques-uns des effets surprenants du mesmérisme... Il n'est pas indifférent de passer la main dans un sens ou dans l'autre ; lorsqu'on la passe légèrement, en allant de la tête vers l'extrémité des membres, on diminue, paraît-il, l'excitation du cerveau, on combat les spasmes généraux et l'on produit le sommeil (comme chez les chiens et les chats). Le mouvement centripète est au contraire excitant, chez les animaux surtout, ce qui tient à la direction des poils. Lorsqu'on promène le pouce légèrement, en allant du milieu du front vers les tempes, on produit une excitation qui réveille, ou diminue la fatigue cérébrale et l'on dissipe les douleurs du front (*Op. cit.*, p. 215). On trouvera dans Neumann (*Die Heilgymnastik*. Berlin, 1852, p. 262) des renseignements plus étendus, mais encore très-obscurs, sur ce mode de manipulation, qui, au point de vue du mesmérisme, n'a été traité expérimentalement, à ma connaissance, que par Klage (*Versuch einer Darstellung des animalischen Magnetismus*. Berlin, 1819).

3º Les *frictions* avec la main constituent une forme très-commune et populaire de moyens curatifs. Nous parlerons ici des frictions simples sans emploi des substances médicamenteuses sous forme d'onguents, de liniments, alcoolats, savous, etc. Dans ce dernier cas, en effet l'action du mouvement se complique de ces effets topiques ou généraux de la substance employée ; il est difficile de faire la part du mouvement et celle des agents pharmaceutiques ; la friction n'est, en ce cas, qu'un moyen, soit de favoriser l'absorption cutanée, soit de développer dans ces agents des propriétés nouvelles et sous l'influence du calorique et de l'électricité qui résultent de la transformation du mouvement. Il est certain, en effet, que les onguents, pommades, liniments appliqués sur l'épiderme ont une action fort différente, selon qu'ils sont appliqués à l'état d'emplâtres, ou que la friction leur vient en aide. Le meilleur mode de friction, en ce cas, est la friction circulaire : les quatre doigts étendus décrivent sur la peau des circonférences plus ou moins larges, et ramènent incessamment vers le centre l'axonge qui sert d'excipient. D'ailleurs l'axonge simple est souvent nécessaire quand la friction doit se prolonger pendant un certain temps ; elle vaut mieux que l'huile ou la glycérine et permet aux doigts, mieux que tout autre corps, de glisser uniformément sur la peau. Cependant M. Laisné donne la préférence à l'huile fine, mais pour une raison de *pénétration* qui est erronée. Un mode de friction fréquemment employée en ce cas, à l'étranger, est la friction circulaire avec les pouces. Elle ne s'applique guère que sur de petites surfaces, quand il s'agit de faire résorber des engorgements glandulaires, des dépôts plastiques, thrombus péri-capillaires, hypertrophie des éléments connectifs ; en un mot cette masse d'états anatomo-pathologiques plus ou moins graves que la palpation nous révèle soit qu'elle provoque de la douleur, soit qu'elle permette de constater du gonflement, des épaississements des petites tumeurs mobiles, etc. Ces productions, selon leur origine, leur siége, leur étendue, compriment les vaisseaux et les nerfs, gênent les mouvements et deviennent souvent le point de départ d'une succession physiologique de phénomènes qui aboutissent à des infarctus viscéraux, à des ramollissements, à des tumeurs articulaires, etc. Or ces frictions circulaires prolongées et fréquemment répétées déterminent avec lenteur mais avec sûreté, quand le mal n'est pas lié à une cause générale, la résorption des produits néoplasiques que nous venons d'indiquer. Voici comment on les pratique : saisissant à pleines mains le membre ou la région du corps sur laquelle on veut pratiquer les *frictions circulaires avec les pouces*, on fait en sorte que les deux doigts se retrouvent en opposition ; puis alternativement de chaque pouce on décrit un cercle plus ou moins grand qui coupe le cercle du pouce opposé. Ce double mouvement ne devient uniforme, constant et facile qu'après une certaine pratique. Pour en obtenir les effets, il faut prolonger la friction durant une demi-heure au moins et souvent deux heures, et ce plusieurs jours de suite. C'est, on le voit, une œuvre de patience que les médecins ne peuvent pas exécuter eux-mêmes ; mais qu'ils peuvent toujours enseigner à l'une des personnes de la famille des malades. C'est en Angleterre surtout que ce mode de traitement se pratique ; j'ai vu à Édimbourg, sous la direction de Beveridge, une maison où dix *rubbers* (frictionneurs) des deux sexes étaient employés à ce genre de frictions, et j'ai pu non-seulement interroger les malades, mais suivre quelques-uns de très-près, et je suis resté vivement frappé des résultats que l'on peut obtenir d'un moyen aussi simple appliqué avec régularité, uniformité et durée. Beveridge avait pour théorie générale que toutes les affections chroniques étaient causées par des obstructions, et qu'en dissipant ces obstructions les maladies guérissaient spontanément ; la palpation habilement pratiquée lui faisait reconnaître un peu partout des anomalies de consistance et de forme, des « boules, » des « nœuds, » des glandes, des ganglions, des kystes, des névromes, en un mot des altérations organiques dont les troubles nutritifs de cause locale ou générale sont si souvent la cause. De tous les moyens mis en œuvre pour amener la résolution de ces productions accidentelles, les manipulations sont les plus sûres, et parmi les manipulations les frictions dont nous parlons se présentent avec l'avantage de pouvoir être exécutées par toutes les personnes à main un peu forte, à pulpe digitale et à éminence hypothénar musculeuses. L'action répétée du pouce amène en effet une fatigue énorme de cette région, et ce n'est qu'après un entraînement de quelques semaines que l'on arrive à pouvoir exécuter pendant quelques heures chaque jour ce mode de manipulations dont, je le répète, il ne faut attendre d'effets qu'après un certain temps.

Il n'est pas douteux que l'on puisse arriver à des résultats meilleurs au point
de vue de la résolution des infarctus par la combinaison de diverses formes de
manipulations: mais les procédés de Beveridge ont cela de bon, qu'ils n'exposent
à aucune fausse route, et qu'en multipliant les points sur lesquels la friction
doit être appliquée, ils arrivent très-bien, quoique par un chemin plus long, à
dégager de tout embarras circulatoire les lieux frictionnés. Les inconvénients du
« massage » brutal de Paris sont tels, pour les cas délicats, que du moment où il
faut employer des aides ignorants et forts, les frictions valent infiniment
mieux parce qu'elles sont plus régulières, plus constantes, plus uniformes. J'ai
vu, par exemple, plusieurs cas de tuméfaction douloureuse de l'articulation
coxo-fémorale, du genou ou du pied, ramenés à la consistance, à la sensibilité
normale, sans autre influence que celle de ces manipulations, alors que les traitements les mieux combinés, le repos, l'immobilisation, la compression, l'air, la
nourriture n'avaient pas suffi; j'ai vu des états congestifs et catarrhaux de l'œil
et des bronches, sur lesquels les médications ordinaires n'avaient aucune prise,
très-heureusement modifiées par les mêmes frictions qui, en France, ne m'ont
pas donné d'aussi beaux résultats, soit que les aides dont je me suis servi
fussent moins bien dressés, soit que l'impatience française s'accommodât mal
d'un traitement très-uniforme et très-prolongé; mais j'appris qu'un assez grand
nombre d'établissements analogues à celui de Beveridge à Édimbourg se sont
fondés et prospèrent sur plusieurs points de l'Angleterre et de l'Écosse, depuis la
mort du patient et ingénieux *rubber* écossais.

La friction générale ou locale à main pleine est pratiquée empiriquement dans
dans tous les cas où il s'agit de ranimer les fonctions de la peau ou de provoquer
des réactions fonctionnelles dans l'asphyxie, la syncope, le choléra, etc. Aucune
règle spéciale n'a été donnée pour cette pratique qui répond à des indications
urgentes, et qui est généralement associée à des claquements, à des pressions
respiratoires ou à des moyens pharmaceutiques; souvent même sans y attacher
plus d'importance, on la pratique avec des gants de crin, des linges grossiers ou
fins, des brosses, et même, comme Ambroise Paré les recommande dans sa relation de la cure du duc de Croy « avec conure-chefs, de haut en bas et de bas en
haut, à dextre et à senestre, et en rond et fort longuement ; *car les briefues,
c'est-à-dire faictes en peu de temps, font attraction sans aucunement résoudre* » (édit. Malgaigne, II, 171).

Décidé à éviter toute digression historique, nous nous bornerons à rapporter
ici quelques opinions des modernes sur les différents genres de frictions manuelles. Estradère, dans son importante thèse inaugurale (*Du massage*, etc.,
Paris, 1863, p. 68) distingue simplement les mouvements de *va-et-vient* en
ligne droite, frictions *rectilignes;* puis les *anguleuses*, les *spirales* et enfin les
courbes concentriques et excentriques. Phelippeaux, qui a récemment publié
dans l'*Abeille médicale* de très-nombreuses observations *sur les frictions et le
massage* (réunies en un fascicule, 1870) ne parait pas s'être occupé de cette
forme de frictions *sans pression*, il ne parle que des frictions douces, *passes,
frôlements*, des frictions fortes ou massage proprement dit, et des *malaxations*
ou *pétrissages*. Il va de soi cependant qu'entre les frôlements et les pressions, il
y a la friction, dont les effets sont fort différents. En peu de mots nous dirons que
les frôlements agissent sur le système nerveux par action réflexe; les pressions sur
le système vasculaire; les frictions sur les expansions périphériques du derme et
sur la production locale du calorique; nous aurons d'ailleurs à revenir sur ces ef-

fets. Blundell (*Medicina mechanica*, Londres, 1852, p. 54) distingue les frictions *linéaires, circulaires, cycloïdes*, et attribuent à chacune de ces formes, combinées ou non avec la pression, des effets qui nous paraissent plutôt résulter de la pression même que de la friction. Roth (*Handbook of the mouvement Cure*, Londres, 1856, p. 210) semble repousser la friction comme non scientifique, et ne lui consacre que quelques lignes dans lesquelles il dit que la friction n'est qu'une passe faite sur des surfaces plus petites et sans direction. Ribes a donné un excellent chapitre sur la question, mais en s'en tenant aux généralités des anciens, et sans indiquer aucun *modus operandi* (*Hygiène thérapeutique*, 1860, p. 332). Quant aux gymnastes allemands et suédois, ils ont confondu, en général, sous le nom de frictions *douces* et *fortes*, les frôlements et les frictions; cependant on trouvera dans Neumann, sous le titre de *Reibung* (*loc. cit.*, 277), un passage curieux sur les frictions très-fortes ; mais nous recommandons aux médecins les très-intéressantes généralités du professeur Richter sur ces frictions (*Organum*, etc., p. 213); on consultera aussi le mémoire de J. Bacot *sur l'usage et l'abus des frictions* (Londres, 1827).

La forme des frictions, qui avait complétement échappé aux anciens ainsi que le lieu de leur application (*voy.* sur ce point Galien, *De sanitate tuenda*, l. III; Celse, liv. II, sect. xiv, et Paul d'Égine, liv. II, sect. xviii) sont surtout les points qui, dans l'application expérimentale de ce mode de manipulations, doivent nous préoccuper. Ce n'est pas que les frictions puissent à elles seules, plus que les tisanes, par exemple, constituer un agent très-puissant; mais, associées à d'autres pratiques, aux mouvements, aux attitudes prolongées, elles rendent d'importants services. Voici comment nous en comprenons le classement, en supposant toujours qu'elles sont faites sans pression, avec la main entièrement ouverte : 1° frictions rectilignes : *a*) dans un sens uniforme ; *b*) dans les deux sens; 2° frictions circulaires concentriques ou excentriques, division admise par Estradère. Les premières sont surtout applicables sur les membres et sur la tête, les secondes sur l'intestin.

Le mouvement de la main peut être rapide ou lent. Rapide, la friction détermine une augmentation de la chaleur locale qui peut s'élever jusqu'à 10° au sein d'une température moyenne; lente, l'élévation est quelquefois nulle. Enfin il faut distinguer, surtout quant à l'abdomen, l'état de tension ou de relâchement des muscles. Si, par exemple, on pratique une friction circulaire sur l'abdomen pendant que les deux mains sont fixées à une barre, les bras étendus au-dessus de la tête, et l'abdomen repoussé en avant à l'aide d'un coussin fixé sur les lombes, on produira toujours une sensation de chaleur profonde et prolongée dans la masse intestinale, soit que le calorique superficiellement développé se propage de proche en proche, soit que la transmission du mouvement aux tissus et aux vaisseaux, eux-mêmes en mouvement, favorise les réactions chimico-organiques, sources de la chaleur animale. Pratiquez la même friction quand le sujet sera couché, les genoux fléchis, et vous n'obtiendrez rien ou presque rien de comparable. Le premier mouvement a été appliqué avec succès au traitement de la constipation liée à l'inertie intestinale ; le second est plutôt favorable dans les cas de diarrhée que les malades appellent relâchement, et qui est souvent due à l'irritation ou à la congestion de la tunique muqueuse.

La direction de la friction paraît avoir une influence notable sur ses effets actuels; on pourra en juger par l'expérience suivante : que, dans la première position que nous avons décrite, on pratique avec les deux mains une friction centri-

pète (du sternum au rachis), de chaque côté du tronc, en suivant avec les doigts
les espaces intercostaux, on obtiendra une ampliation énorme de la cavité thoracique, et, dans les cas de dyspnée asthmatique, un soulagement considérable ; la
friction en sens contraire sera désagréable et n'amènera aucune amélioration immédiate ; elle diminuera plutôt celle qui résulte de la seule attitude indiquée.
Mais c'est surtout dans les céphalalgies que l'influence de la direction des frictions est évidente ; telle direction ou telle autre amèneront souvent la diminution
ou l'augmentation de la douleur, sans qu'il soit possible de tracer à cet égard
une règle constante pour les mêmes individus et pour les mêmes causes.

Quant aux frictions rectilignes dans les deux sens que le peuple applique aux
contusions légères, aux crampes, au choléra, au refroidissement, il me paraît inutile d'insister. Le développement de calorique et la stimulation des centres nerveux par voie centripète sont cependant des effets qu'il est curieux de constater
et de rapprocher des autres moyens physiques de traitement (électricité, douches,
calorique, etc.). Ce qui est certain, c'est que la chaleur provoquée au sein des
tissus est autrement efficace que la chaleur communiquée par des substances à
température plus élevée.

4° Les *pressions* se pratiquent avec les doigts ou avec la main ; la main peut
être ouverte, fermée ou demi-fermée. Quant à leur forme, les pressions sont *continues*, exemple : la compression digitale dans les anévrysmes, ou du sus-orbi-
taire dans la migraine ; *intermittente ; mobiles*, exemple : pression centripète suivant le trajet des veines variqueuses ; ou *fixes :* compression de l'aorte abdominale.
Si elles sont mobiles, elles peuvent être lentes ou rapides, uniformes ou variables
d'intensité et de direction.

Les pressions constituent le mode le plus employé de manipulation, principalement sous ses deux formes fondamentales, l'écrasement et la pression mobile centripète. L'écrasement est une pratique chirurgicale populaire que Velpeau a rendue
classique dans les collections sanguines, suites de contusions ainsi que dans les
kystes séreux et synoviaux (voy. *Compendium de chirurgie*, I, p. 399). Associée
aux pressions prolongées mobiles le long des gaines tendineuses, elle joue dans
le traitement des entorses un rôle plus considérable que les malaxations et pétrissages dont nous parlerons plus loin et qui seuls constituent le véritable massage
oriental. Il n'est pas nécessaire d'entrer dans de longs détails sur l'art de pratiquer les pressions ; tantôt l'on se sert de la pulpe des doigts, tantôt des
pouces, tantôt de la paume ou de la main entière ; quelquefois on s'arrête
sur un point tuméfié pendant quelques secondes et l'on continue la pression
plus loin, ou bien l'on s'arrête suivant les indications ; ici la pression mobile
sera uniforme, tantôt elle sera ondulée ; le plus souvent la main glissera sur un
corps gras qui permettra de prolonger les séances et rend les pressions plus uniformes. Enfin, les pressions seront associées ou non aux frôlements, aux frictions,
aux malaxations et aux mouvements communiqués. Le grand avantage de la
nomenclature que nous proposons est ici très-sensible, puisqu'elle nous permettra,
quand nous parlerons des applications de formuler avec concision le manuel opératoire.

Les pressions sont souvent associées à la compression préalable à l'aide de la
bande roulée, soit avant, soit après l'opération. Je n'ai trouvé à cette pratique,
quand elle a été possible, que des avantages ; mais je n'en puis dire autant des
appareils fixes en tissus élastiques qui sont loin d'avoir le mérite des bandes de
toile posées méthodiquement.

Les pressions fixes s'appliquent sur les émergences des nerfs, sur certains points du crâne, sur les vaisseaux, quelquefois sur les collections enkystées; isolées, elles ont peu d'action. Quant aux pressions mobiles, l'important est leur direction; sans contester que dans certains cas elles ne puissent être dirigées avec avantage du cœur vers les extrémités, je n'ai jamais eu l'occasion d'en apprécier l'effet, et il me paraît douteux que l'on puisse par ce procédé retarder l'absorption veineuse aussi bien que par la compression fixe.

A cette réserve près, on peut dire que les pressions mobiles doivent toujours être dirigées de la région manipulée vers le cœur, ou tout au moins dans la direction du cours du sang veineux et des lymphatiques. Ainsi que nous le verrons, en effet, le résultat primitif le plus clair des pressions est d'accroître la résorption locale, et, par là, de rétablir l'intégrité des tissus et des fonctions.

Toutes les pressions s'exécutent dans l'état de relâchement. Sur la région abdominale, elles n'ont quelque effet qu'à la condition d'être faites dans l'attitude que l'on fait prendre pour pratiquer la palpation profonde; dans cette situation, on peut exécuter un grand nombre de mouvements, d'abord des pressions mobiles continues, qui suivent le trajet du gros intestin; puis des pressions alternatives à main demi-fermée sur une région quelconque; une pression générale progressivement augmentée et brusquement interrompue, des malaxations, des vibrations. On voit que la main de l'opérateur n'est pas prise au dépourvu, si l'on suppose que ces différentes formes de pression répondent à autant d'indications distinctes. Dans tous les cas, il faut reconnaître que dans l'état de relâchement musculaire de l'abdomen la main peut exercer sur tous les viscères inférieurs une action directe ou indirecte dont nous étudierons plus loin les différentes indications. Estradère, dans l'excellente thèse que nous avons déjà citée, a parfaitement reconnu dans les manœuvres en question une catégorie naturelle de *pressions*. Mais on y trouve côte à côte les *chatouillements*, qui ne doivent rien à la pression, le *sciage*, qui est une forme de friction avec le bord ulnaire de la main; le *pétrissage*, qui est autre chose qu'une pression.

5° En effet, les *pétrissages*, *malaxations*, *pincements*, résultent non de la pression simple de la main sur une région donnée, mais de cette même action sur une masse de tissu détachée pour ainsi dire de ses rapports naturels. Ce mouvement n'atteint donc pas les couches profondes de la région malaxée, et semble, tout au contraire, n'agir que sur les parties les plus voisines de la périphérie. Ces manipulations ont toujours des effets excitants très-semblables à ceux du pincement entre le pouce et l'index; on les pratique sur l'abdomen, et, en suivant une direction déterminée par les groupements musculaires, sur les muscles du tronc et des membres. Leur maximum d'action est sur les muscles du cou, où le pincement en masse peut comprendre des nerfs et des vaisseaux importants. Neumann a décrit ces mouvements sous le nom de *Knetung*. En général, ces pétrissages sont suivis ou mêlés de pressions mobiles qui en réalisent les effets topiques.

6° Les *percussions* se pratiquent, soit avec l'extrémité des doigts, leur face palmaire (*tapotements* de Laisné), ou avec le bord ulnaire de la main (*hachures*, *Hackungen* de Neumann). Les auteurs allemands et Estradère y ajoutent les claquements et les percussions à poings fermés qui me semblent avoir des indications qui ne ressortissent pas précisément à l'art de guérir.

La percussion en coups de hache, la plus employée, se pratique à l'aide des deux mains dont les bords internes viennent alternativement frapper une région donnée, soit, par exemple, la colonne rachidienne. Le malade étant à cheval sur une chaise retournée, les bras appuyés sur le dossier, le dos légèrement voûté, l'opérateur se place par derrière, et avec le bord ulnaire des mains et du petit doigt, les doigts souples, frappe alternativement de chaque main tout le long de l'épine dorsale, de haut en bas ou de bas en haut. Le point important, dans cette manœuvre, est de frapper élastiquement; on en fait souvent l'application sur le ventre, sur le thorax et sur les membres, dans différentes positions et en combinaison avec d'autres manipulations.

7° Les *vibrations* méritent d'être étudiées à part; elles sont produites par un tremblement de la main de l'opérateur qui se communique aux parties avec lesquelles on la met en contact. En général, on la pratique, la main ou les mains ouvertes, les doigts écartés et appliqués par leurs extrémités sur la région à laquelle on veut communiquer le mouvement vibratoire. Quelquefois on n'emploie qu'un ou deux doigts sur l'œil ou sur un tronc nerveux; quelquefois on saisit entre le pouce et l'index la racine du nez, pour imprimer une vibration dans la direction des tissus. Neumann décrit une vibration de la mâchoire inférieure qui consiste à la saisir à pleine main, le pouce couché le long des lèvres. Il y a aussi la vibration du larynx et la vibration du corps entier (*Allgemeine Körper-Erschütterung*), qui n'exige pas moins de huit aides et pour la description de laquelle je renverrai à Neumann (*Heilgymnastik*, p. 299).

On fait encore usage, en Allemagne et en Suède, de la vibration des membres (*Arm. und Bein-Erschütterungen*), qui consiste à saisir la main ou le pied et à imprimer à tout le membre une série d'oscillations extrêmement rapides. On trouvera sur l'emploi de cette forme de manipulation de curieux renseignements dans les écrits de Heidler (*Die Erschütterung als Diagnosticum und als Heilmittel*. Brunswick, 1853).

8° Les *mouvements articulaires* communiqués par les mains de l'opérateur sont ceux-là mêmes que la jointure exécute à l'état normal, *flexions* et *extensions*, *rotations*, *circumductions*, *torsions;* il faut ajouter à cette liste les *tractions* et *contre-tractions*, termes plus exacts, quand il s'agit de luxations, que ceux que l'on emploie d'ordinaire. Nous croyons inutile d'entrer ici dans la description du manuel opératoire des mouvements communiqués, quoiqu'il soit soumis à des règles fort importantes, il est facile de les trouver, si l'on apporte dans la pratique une instruction suffisante et des qualités personnelles de force et de patience indispensables.

Mais il importe de signaler ici les formes générales des mouvements articulaires communiqués, formes qui constituent la partie la plus nouvelle et la plus remarquable de la gymnastique dite *suédoise*. Étant donné que l'on veuille faire exécuter au pied des mouvements communiqués de flexion et d'extension, par exemple, le sujet peut se trouver dans trois conditions différentes : ou il laisse faire l'opérateur; ou il s'oppose au mouvement que l'opérateur exécute; ou il exécute activement le mouvement auquel l'opérateur résiste. De là trois sortes de mouvements artificiels : 1° ceux dans lesquels le sujet est passif; 2° ceux dans lesquels ses muscles sont allongés, tout en se contractant (mouvements *excentriques*), et 3° ceux dans lesquels ils se raccourcissent en se contractant (mouvements *concentriques*). Supposez le pied fortement fléchi sur la jambe : le jambier antérieur et les deux extenseurs des orteils sont raccourcis; leurs antagonistes, le triceps sural et péronier latéral sont au contraire allongés. Si, à ce moment, saisissant le pied à pleine main, au niveau des métatarsiens, vous vous efforcez d'étendre le pied par une action uniforme et lente, tandis que le sujet résiste doucement, les fléchisseurs du pied s'allongent peu à peu tout en restant à l'état de contraction ; les extenseurs du pied, au contraire, se raccourciront peu à peu, mais sans contraction. Le mouvement ou plutôt l'*effort* aura donc été localisé exclusivement dans le jambier antérieur, et dans les extenseurs des orteils qui sont, comme le muscle précédent, fléchisseurs du pied.

Au moment où le pied est dans l'extension complète, dites au sujet de changer brusquement la direction de sa résistance, et efforcez-vous de fléchir son pied malgré lui ; il se produira dans l'état des muscles un changement soudain : la tension des fléchisseurs du pied fera place au relâchement ; le relâchement des extenseurs fera place à une tension dont le premier effet sera de donner une vigoureuse impulsion aux humeurs des éléments vasculaires et cellulaires. Ainsi, quand l'opérateur exécute un mouvement malgré la volonté du sujet, il place les muscles en état de contraction extensive (*excentrique*, Neumann) ; on voit sur-le-champ que si dans l'exemple précédent le sujet fléchit le pied sur la jambe malgré la résistance de l'opérateur, le jambier antérieur sera en état de contraction *concentrique*. La même forme extérieure de mouvement peut avoir pour siége deux groupes musculaires fort différents.

En résumé, il y a à étudier deux sortes de mouvements communiqués, l'une non contractile (*passive*), l'autre contractile, et celle-ci peut être, quant au muscle, excentrique ou concentrique. Disons tout de suite que les gymnastes suédois, mais surtout le très-savant et très-perspicace docteur Neumann (de Berlin), ont attribué à ces deux formes de contraction des propriétés physiologiques différentes : la contraction concentrique amènerait un accroissement des phénomènes vasculaires centripète ; la contraction extensive, au contraire, favoriserait surtout la fonction artérielle et la plasticité organique. Nous reviendrons ailleurs sur les effets de la contraction musculaire, qui n'a été étudiée par les physiologistes que sous la forme de raccourcissement.

On voit que les mouvements articulaires ont de très-nombreuses applications, qu'il s'agisse de maladie des articles et des muscles, ou qu'il y ait indication à produire à l'aide des mouvements des modifications circulatoires centripètes ou centrifuges.

De la combinaison des différentes formes de manipulations. Nous avons eu souvent l'occasion de dire, en jetant un coup d'œil sur les huit formes principales de manipulations, qu'il y avait rarement indication de les employer isolées. J'en donnerai cependant un exemple : étant supposé une hypotrophie musculaire partielle, il y a lieu de faire exécuter à un ou plusieurs muscles des mouvements qui mettent ces muscles en état de contraction extensive, c'est-à-dire exécutés avec résistance du sujet. Si cette indication est unique, on obviera aisément au mal par la pratique répétée d'un même exercice. De même, s'il y a lieu de pratiquer des pressions mobiles, uniformes dans un cas de contusion suivi d'épanchement sanguin sous-cutané, par exemple, et que l'on ne puisse employer pour cette manipulation qu'une personne inexpérimentée, il sera utile de borner le traitement à une seule forme de pression, afin d'être sûr qu'elle sera bien appliquée ; mais si l'aide est expérimenté ou que l'on puisse soi-même agir méthodiquement, on associera à cette pression mobile des pressions ondulées régulières, des passes centripètes superficielles, des mouvements de contraction concentrique des muscles de la région affectée, etc.

Une autre considération des plus importantes se rapporte à l'attitude du malade pendant ou après les manipulations. En général, quand on veut obtenir des

effets de résorption veineuse, il importe de placer les parties dans le relâchement
le plus complet, et le résultat s'obtient à l'aide de positions dont l'influence a été
fort bien étudiée par les chirurgiens et en particulier par Nélaton. Si l'on veut,
au contraire, favoriser l'artérialisation, c'est-à-dire augmenter la quantité de sang
artériel qui, dans un temps donné, afflue dans une région déterminée, la tension
musculaire est indiquée et s'obtient par différentes attitudes prises et conservées
volontairement. Nous ne pouvons entrer ici dans la description des positions ;
c'est un point de pratique qui est à déterminer dans chaque cas individuel, plutôt que soumis à des règles générales. Les résultats obtenus par des attitudes
forcées, dans les anévrysmes poplités par Spence, Hart, Richet, et les très-
curieuses expériences de Verneuil sur l'état de la circulation dans l'extension
forcée (*Journal de physiologie*, t. I, p. 506) prouvent le cas qu'il faut faire de
ces attitudes dans les manipulations.

C'est ici le lieu de dire quelques mots du massage, qu'il est difficile de définir,
puisque chaque masseur a une façon à lui de le pratiquer, et que quand un médecin ordonne le massage sans autre indication, le hasard peut faire tomber
son client sur les tapotements de tel masseur, les compressions de tel autre,
les frictions de celui-ci, les claquements de celui-là, etc. En général, dans les
bains, les garçons font une friction énergique sur le dos, suivie de claquements plus ou moins retentissants. Le massage d'Aix est un pincement désordonné d'une région ; celui de Luchon est associé à des mouvements. Le massage
le plus connu, celui que pratiquent avec succès Ranson Saint-Maigrin, Lebâtard,
Girard, Magne, et beaucoup d'autres chirurgiens, consiste dans les pressions
mobiles centripètes associées à la flexion forcée du pied, et appliquées uniformément le long du tendon d'Achille jusqu'au mollet. Lebâtard veut que l'on n'emploie que les doigts ; Girard agit avec la paume de la main ; mais il prélude aux
pressions fortes par des effleurements centripètes du bout des doigts, qui sont
également recommandés par Phelippeaux (*op. cit.*, p. 56) ; mais aux pratiques de
Lebâtard, de Girard, de Ranson, il ajoute des pressions circulaires, centripètes,
fortes et continues, en ce sens que la main droite disposée en collier, embrasse
étroitement le cou-de-pied, prolonge la pression jusqu'au tiers moyen de la jambe,
et, avant d'être arrivée au terme moyen de sa course, est remplacée par la gauche
sur la convexité du pied. En outre, ce praticien décrit un troisième temps où des
pressions intermittentes avec les pouces sont suivies d'un *pétrissage* centripète
dont les mouvements « rappellent exactement ceux que l'on exécute en exprimant
une éponge imbibée d'eau. »

On voit à quelles variétés de mouvements le praticien a recours dans les manipulations thérapeutiques de l'entorse, et nous dirons plus loin ce que l'expérience nous a enseigné sur ce point. La nécessité de la suppression de ce vilain
mot de massage, bon tout au plus à rappeler la pratique des Orientaux, pour
lui substituer des désignations précises est encore plus évidente si l'on a en
vue les manipulations qui doivent précéder la réduction des luxations anciennes,
celles du taxis dans les hernies, celles du sclérème (Legroux), celle des scolioses
(Bouvier), de la goutte, des hydarthroses (Bonnet), etc. D'ailleurs, il faut bien le
dire, les manipulations n'acquièrent leur maximum d'intensité que lorsqu'elles
sont combinées de manière à intéresser les fonctions générales après les fonctions
locales. Souvent même il est inutile ou dangereux d'agir localement ; dans le
traitement de l'accès aigu de goutte articulaire, tarsienne par exemple, il y a
un moment où l'on n'obtient de bons résultats qu'en agissant sur le genou, les

cuisses, l'abdomen et les reins. Les pressions intermittentes sur l'abdomen (voy. Magendie, *Influence des pressions abdominales sur le mouvement du chyle dans le canal thoracique*, in Béraud, *Physiologie*, p. 341), ou sur le foie, les pressions continues mobiles, sur les veines crurales, associées à des mouvements d'inspiration profonde qui agrandissent le vide virtuel de la cavité thoracique, augmentent dans une proportion énorme l'effet des manipulations centripètes appliquées aux extrémités inférieures. Il va de soi qu'en vain on chercherait à favoriser les résorptions locales, si des infarctus viscéraux opposent un obstacle, situés sur un point supérieur au cours du sang veineux ou de la lymphe.

En résumé, le praticien doit tenir compte, dans la combinaison des manipulations, de la position initiale et des mouvements consécutifs, le tout en vue du but physiologique qu'il se propose d'atteindre.

Effets généraux des manipulations. La théorie de l'action thérapeutique des mouvements communiqués aux tissus organiques, ou déterminés par la mise en activité des éléments anatomiques, est, en thérapeutique, celle qui repose le plus immédiatement sur ce que nous savons de positif en biologie; en effet, le phénomène le plus général de la vie, c'est le mouvement, et toutes nos études physiologiques aboutissent finalement à reconnaître la série des mouvements, sous l'influence desquels les fonctions s'accomplissent. Je n'entends pas seulement parler ici des mouvements musculaires intérieurs ou extérieurs, dont J. Béclard a donné, dans sa *Physiologie*, une description d'ensemble si remarquable, mais encore des mouvements moléculaires intimes d'assimilation et de désassimilation, sous l'influence desquels s'accomplit la rénovation des éléments anatomiques. Quelque opinion que l'on entretienne sur la source de ces mouvements organiques, dont l'étude a reçu, en France, une impulsion si vive des belles leçons de Gavarret, sur les phénomènes physiques de la vie, et quelques liens qu'ils aient d'ailleurs avec l'électricité et la chaleur, il est certain que nous ne pouvons concevoir une fonction quelconque, sans la rapporter à un mouvement; aussi Claude Bernard a-t-il pu dire que « le mouvement musculaire constitue la principale fonction animale, et, par suite, que le système musculaire est le centre des phénomènes manifestés par les êtres vivants. » Marey, dans ses leçons du Collège de France (*Du mouvement dans les fonctions de la vie*, p. 205; 1868), tout en constatant que nous ne connaissons la sensibilité que par le mouvement qui l'accompagne, semble faire de la sensibilité un attribut spécial à l'animal, et distinguer ainsi fondamentalement deux grandes propriétés; mais il est évident que la sensibilité elle-même est subordonnée au mouvement d'assimilation et de désassimilation; et, ainsi que l'a démontré Gavarret, « le système nerveux ne s'adresse pas directement aux activités des éléments histologiques, il se contente de modifier les conditions d'exercice de ces activités » (*Phénomènes physiques*, p. 138). Or les activités propres dont il est ici question sont des mouvements d'échange moléculaire, de transformation chimique, d'élasticité, de contractilité, etc., qui proviennent par voie de conversion de la force dynamique répandue en quantité invariable dans l'univers, et dont la chaleur, l'électricité, le mouvement, ne sont que des modalités.

L'action des manipulations ou, si l'on veut, des mouvements artificiellement imprimés aux organes est donc conforme à la modalité dynamique de la vie, puisqu'il est incontestable que tout ce que nous en savons se réduit à des appréciations de mouvements d'électricité et de chaleur. Il reste à savoir comment et dans quelle mesure le mouvement artificiel peut modifier le mouvement spontané des fonctions et, par suite, les· éléments histologiques eux-mêmes. Or, si, dans la pratique, il y a lieu, pour analyser ce problème, de distinguer le cas où le mouvement est le résultat de l'action du système nerveux volitif, la distinction n'est pas aussi nécessaire dans l'étude générale des effets du mouvement, puisque ces effets se réduisent à des modifications organiques, qui s'effectuent naturellement dans l'état de santé, sous l'influence des mouvements spontanés normaux.

En restant à ce point de vue philosophique, on peut dire, en effet, que de même que la physiologie n'est autre chose que l'étude des mouvements fonctionnels, la pathologie est l'étude des mouvements morbides qui se produisent dans les actes intimes de la nutrition, de l'innervation, des circulations, des sécrétions, de la locomotion, etc.; ainsi comprise, en tenant compte des grands faits de conversion réciproque du mouvement en chaleur, la pathologie se rattacherait directement à la physiologie, et la thérapeutique aux deux sciences précédentes.

Quels grands faits observons-nous, en réalité, dans les maladies aiguës : des altérations de rhythme, de durée, d'intensité des mouvements du cœur, des mouvements respiratoires et des mouvements de sécrétion ; des états congestifs, inflammatoires ou non ; des variations de température liées à des transformations de mouvements moléculaires, etc.; et, dans les maladies chroniques, des altérations de composition, de densité, de texture des éléments histologiques, lesquelles dépendent nécessairement de troubles actuels ou antérieurs dans les mouvements d'endosmose et d'exosmose, d'assimilation et de désassimilation, en un mot, dans les actes de la vie cellulaire de l'organisation.

Or les manipulations ont une action directe plus ou moins profonde, plus ou moins définitive sur chacun de ces mouvements; elles peuvent favoriser l'abord du sang artériel, accélérer le cours du sang veineux, hâter la destruction des éléments frappés de mort, rétablir la nutrition dans les points où elle est interrompue par une compression quelconque ; dissiper ce que les micrographes appellent la tuméfaction, le trouble des cellules ; chasser les granulations graisseuses qui se déposent dans le protoplasme des cellules ; détacher les concrétions calcaires qui se forment dans tous les tissus, dans les infarctus de quelque durée, dans les ganglions lymphatiques, dans les glandes, dans les cryptes folliculaires des articulations et des gaînes synoviales, sur les parois des vaisseaux, sur les membranes; comme aussi les concrétions d'acide urique et d'urates des tendons, de la peau, du névrilemme; peut-être même les manipulations pourraient-elles s'opposer, enfin, aux proliférations hyperplasiques ou hétéroplasiques, qui ont de la tendance à persister ou à s'accroître, et qui portent les noms de sarcomes, fibromes, chondromes, névromes, etc.

Malheureusement, il s'en faut de beaucoup que la pratique se soit étendue à toutes ces altérations, et que l'on puisse s'attendre à des résultats constants dans des lésions uniformes. Toutes les conditions pathogéniques sont loin d'être connues, et ce n'est pas seulement la chronicité qui détermine la différence des mêmes états anatomo-pathologiques. Il semblerait que, par exemple, rien n'est plus facile, à l'aide des manipulations, que de dissiper tout état congestif des tissus; mais l'expérience vient prouver que tantôt on réussit aisément, et que tantôt, au contraire, on n'obtient aucun résultat appréciable dans un état pathologique, qui peut se modifier spontanément quelques heures après.

Il y a donc lieu, en pareil cas, de diriger la médication vers le point de départ physiologique du désordre qui s'est produit dans la vascularisation, et l'igno-

rance où nous sommes, en général, de l'origine physiologique des organopathies,
laisse aux manipulations un caractère empirique qu'elles ont, au reste, en commun avec la pharmacie. Toutefois, la simplicité d'action des manipulations permet de supposer que leurs effets pourront être scientifiquement expliqués
beaucoup plus tôt que celui des substances pharmaceutiques. Je n'en veux
d'autres preuves que les théories absolument hypothétiques auxquelles se livrent
actuellement deux maîtres reconnus de la science, pour rattacher l'action de
l'arsenic, l'un à la classe des « médicaments d'épargne, » l'autre à celle des
« dynamophores. »

Avant que l'on ne se rende bien compte de ce que peut être un médicament
qui, tout en empêchant de se « dénourrir, » est tonique, ou un médicament
qui, de lui-même, introduit dans l'organisme une certaine dose de « force, » il
y a lieu de croire que l'on connaîtra nettement la succession des effets d'un
agent primitivement mécanique, qui, par voie de transformation successive
dans ses résultats, arrive à produire des phénomènes vitaux. L'action d'un coup
qui, sans véritable traumatisme, détermine de la chaleur, de la rougeur, de la
tuméfaction et des proliférations, peut servir d'exemple à cette pensée. En effet,
bien que l'analyse actuellement possible des phénomènes consécutifs au *coup* ne
puisse satisfaire que des esprits peu exigeants, il n'est pas un seul médicament
pharmaceutique, dont les effets soient, à beaucoup près, aussi expliqués. S'il
faut donc, à l'égard des manipulations, se résigner, dans bien des cas, ou à
l'empirisme ou à l'hypothèse, au moins est-on, de même qu'avec les agents
physiques, l'électricité, le calorique, plus voisin des explications rationnelles,
que ne l'est la médecine pharmaceutique.

Applications thérapeutiques des manipulations. De ce qui précède on peut
conclure que dans presque toutes les maladies les manipulations seront utiles,
si l'indication peut être atteinte, réalisée ou facilitée par ce mode de traitement.
C'est ainsi que des frictions rectilignes lentes de haut en bas, pratiquées par le
malade lui-même le long des vaisseaux du cou auront pour effet, dans l'amygda-
lite, de diminuer la congestion de ces organes, surtout pendant la période de
résolution. Dans le coryza aigu, des pressions intermittentes, faites sur les os
propres du nez, entre le pouce et les doigts, et suivies de pressions mobiles,
dégagent momentanément le cerveau et peuvent, si les malades les répètent fréquemment, abréger la durée de cette période congestive, si pénible souvent pendant plusieurs jours ; des frictions circulaires à main pleine sur le thorax, l'application simple et prolongée de la main du malade sur la trachée, donnent un
soulagement considérable dans certains cas de trachéite douloureuse. De même,
dans les coliques venteuses, la chaleur de la main, aidée de quelques pressions
bien dirigées, détermine souvent des évacuations que les lavements n'obtiennent
pas, etc. Mais nous n'avons pas l'intention de passer en revue ces « petits moyens »
que les malades découvrent souvent eux-mêmes, et nous limiterons nos descriptions aux maladies de l'appareil locomoteur, des viscères, de la moelle et des
nerfs.

Appareil locomoteur. A. *Articulations.* Le traitement de l'entorse récente du
pied par les manipulations est aujourd'hui devenu classique, et nous avons donné
plus haut quelques descriptions du manuel opératoire. J'ai pu expérimenter la
plupart des procédés décrits par les auteurs, et je crois qu'ils sont tous bons en
ce qu'ils ont de commun, à savoir : des pressions mobiles prolongées centripètes
de l'extrémité des orteils jusqu'au genou, et même jusqu'au pli de l'aine. Quant

aux différents temps de l'opération, voici, selon moi, comment ils doivent se succéder : le malade étant couché et les mains de l'opérateur enduites d'axonge, 1° on pratique des passes très-légères de bas en haut, avec une certaine lenteur, avec l'extrémité des doigts qui doivent être tournés en avant, depuis le bout des orteils jusqu'au mollet. On vérifie, dans ce temps de l'opération, l'état des ligaments et des tendons, de façon à ne pas agir, par la suite, sur les points les plus douloureux. 2° On passe insensiblement de ces frôlements à des pressions ondulées, c'est-à-dire avec des alternatives régulières de pressions fortes et de relâchement sans cesser de presser légèrement ; ces pressions se pratiquent avec les pouces, les deux mains embrassant le pied du malade, pouces en dessus, en contournant les malléoles, selon le siége de l'entorse ; on a soin d'éviter pendant ce temps de presser les endroits douloureux ou gonflés. 3° Dans un troisième temps, les mains étant dans la même position et si l'articulation est moins susceptible, on fera entre le pouce et les doigts une sorte de malaxation régulière, intermittente, de tout le membre. 4° Enfin, on exécutera une série de pressions fortes, mobiles, prolongées jusqu'au tiers inférieur du mollet, en embrassant dans les deux mains toute la surface cutanée, de façon à refouler vers le haut tous les liquides du pied. A ce moment, on examinera avec les pouces l'état des articulations du métatarse et du tarse. En appuyant l'un des pouces sur la seconde rangée du tarse, on cherchera à faire jouer chacun des métatarsiens, et très-souvent on trouvera que le siége principal de la douleur est au niveau des articulations du cuboïde et du scaphoïde avec le troisième cunéiforme, le long du tendon du péronier latéral qui contourne la malléole externe. Cette forme guérit rapidement, de même que celle qui a pour siége les ligaments scaphoïdo-cunéiformes, calcanéo-cuboïdiens ; mais les entorses du ligament interosseux, du ligament antérieur péronéo-tibial, du ligament péronéo-astragalien antérieur, pour peu qu'elles soient graves, demandent un temps plus considérable. Nous ne pouvons entrer dans plus de détails, mais nous regrettons que les praticiens qui ont donné le résultat de leurs traitements par « le massage » n'aient pas spécifié le genre d'entorse auquel ils ont eu affaire, au point de vue de la durée du traitement et des formes de manipulation employées, car il est inadmissible que dans tous les cas d'entorse on doive employer la même forme. Cette question offre un grand intérêt, car il s'agit maintenant de savoir si dans un cinquième temps on doit appliquer à l'entorse les mouvements de flexion, d'extension et de torsion du pied ; la réponse sera *oui*, en général, dans les entorses tarso-métatarsiennes ; *non*, dans les entorses tibio-astragaliennes ou péronéo-astragaliennes, surtout lorsque le ligament interosseux est intéressé et qu'un certain degré de diastasis a été produit. En général, la première séance de manipulation doit être fort longue, si l'état du malade le permet, ce qui est la règle, car les souffrances du début sont remplacées au bout d'une demi-heure par une sensation de soulagement très-marquée qui fait redouter au malade la cessation des manœuvres; deux heures peuvent être utilement employées. A moins que l'entorse ne soit très-légère, on fera bien après les deux premières séances de ne pas employer la bande roulée ; il se produit, en effet, après quelques heures, un mouvement de turgescence qu'il faut borner à soulager, s'il est douloureux, par l'application de compresses résolutives fraîches. Ce mouvement se dissipe spontanément, et au bout de vingt-quatre heures le praticien se trouve en présence d'une articulation modérément gonflée, mais plus douloureuse que la veille à la pression, au moins dans les premiers moments. Il va de soi que l'action de l'opérateur dépend beaucoup du moment où il est appelé à agir et des autres circonstances variables du malade. L'entorse du genou exige l'association de la bande roulée et destinée aux manipulations. Quant à l'entorse simple de la hanche, il est nécessaire d'user de beaucoup de prudence. Renvoyons, pour de plus amples détails, au mot Entorse.

Les *luxations traumatiques* récentes sont réduites à l'aide de manipulations dont la description ne rentre pas dans notre cadre. Nous nous bornerons donc à appeler l'attention sur les heureux effets que l'on peut obtenir des manipulations dans les cas de luxation *ancienne*. Nous pensons qu'un grand nombre de luxations considérées comme irréductibles ne le sont en réalité que parce que l'on n'a pas fait précéder les tentatives de réduction violente de manipulations méthodiques, résolutives, en vue de dégager la jointure des produits d'irritation formative ou des épanchements concrétés qui établissent des adhérences ou s'opposent aux mouvements des surfaces ou aux flexions, en agissant mécaniquement à la manière des coins ; les tractions exécutées sans que l'on ait cherché tout d'abord à modifier l'état de l'articulation constituent un procédé véritablement barbare auquel le malade oppose une résistance d'autant plus énergique que sa volonté n'y prend aucune part. De là d'innombrables insuccès et des accidents graves ; en agissant lentement dans le sens du jeu musculaire, avec l'aide de la volonté expresse du malade, et seulement après quelques semaines de mouvements et de manipulations préparatoires, la réduction sera la règle toutes les fois que la déformation des surfaces ne s'opposera pas absolument au rétablissement des rapports normaux, ou que des néarthroses solides ne se seront pas formées. C'est surtout dans les luxations de l'épaule, du poignet et du pied, que l'on peut obtenir, même après plusieurs mois, des résultats satisfaisants. Le genou et le coude offrent plus de difficultés ; j'ai néanmoins obtenu, il y a quelques semaines, sur une jeune dame anglaise de la clientèle de M. Chepmell, un résultat incomplet, mais considérable, dans une luxation latérale externe du coude, datant de cinq années, avec néarthrose du radius. Après cinq semaines de manipulations quotidiennes associées aux courants continus, l'articulation diminua de volume d'environ un tiers, les douleurs intolérables cédèrent, les mouvements se rétablirent en grande partie. J'ai recueilli neuf observations de luxations traumatiques du poignet, du pied et de l'épaule, datant de trois semaines à deux ans, dans lesquelles le succès fut complet, après un traitement variant de trois semaines à six mois ; deux insuccès dans deux cas de luxations anciennes et graves du genou, et deux demi-succès dans des luxations anciennes du coude.

Arthrite goutteuse. Si le praticien est assez habile pour faire tolérer les manipulations dès le début de l'accès ou en plein accès, il y a avantage à les appliquer sur-le-champ, même dans la goutte franchement inflammatoire ; mais comme le succès, pour être réel, n'est presque jamais immédiat dans un accès sérieux, en ce sens que ce n'est souvent qu'au bout de quatre ou cinq jours que le soulagement commence, on fera bien de s'abstenir et d'attendre le déclin spontané de l'accès dont la durée varie entre trois semaines et trois mois. L'emploi des manipulations résolutives dans l'accès de goutte a pour avantages d'abréger de moitié la durée de l'accès aigu ; de diminuer des trois quarts le temps de la convalescence pendant lequel le malade ne peut marcher sans de très-vives douleurs ; de s'opposer aux engorgements périarticulaires organiques et calcaires qui, à mesure que les accès se multiplient, deviennent une cause permanente de provocation à de nouveaux accès. J'ai eu occasion de constater ces avantages dans une centaine de cas ; et, bien que le succès ait été plus ou moins complet, je suis parfaitement sûr que l'un ou l'autre des avantages a été obtenu, sans avoir jamais constaté aucun accident ; mais j'ajoute que je ne connais pas de manipulations plus pénibles à employer ni qui exige autant de confiance et de patience de la part du malade et de l'opérateur.

Il en est autrement dans l'intervalle des accès, sur leur déclin et dans les formes chroniques peu intenses, mais de très-longue durée, où l'on voit les petites articulations du pied se prendre l'une après l'autre, sans réaction générale, avec un gonflement partiel très-léger ; là, le praticien peut avoir de très-grands succès, alors même que tout l'arsenal pharmaceutique a été épuisé ; et, à ce propos, qu'il me soit permis de dire que je n'ai vu que trois médicaments ne jamais nuire et rendre souvent de grands services dans la goutte urique : l'arsenic, la quinine et l'aconit.

Le manuel opératoire ressemble fort, dans la goutte, à celui de l'entorse, pour ce qui est de la jointure ; mais il est de la plus haute importance d'associer aux manipulations locales des manipulations générales sur les principaux viscères de l'abdomen, des percussions légères (en hachures avec le bord ulnaire de la main) sur la région rénale, des frictions superficielles générales, et surtout des inspirations profondes et méthodiques qui, en introduisant dans les bronches une plus grande quantité d'air, favorisent la combustion des matières protéiques, un régime rigoureux et, quand il se peut, des exercices gymnastiques généraux, poussés jusqu'à la sudation, l'équitation, l'escrime, etc.

J'ai déjà dit que les engorgements périarticulaires étaient une provocation permanente à l'accès de goutte, et il est facile de le comprendre ; toutes choses d'ailleurs égales, les accès deviendront d'autant plus fréquents que ces engorgements, qui sont pour ainsi dire de véritables alluvions, seront plus nombreux et plus graves. Mais les manipulations appliquées dans l'intervalle des accès pouvant dégager les jointures, elles suppriment les causes déterminantes de nouveaux accès. Si donc on peut, par des moyens généraux, régime, exercice, sudation, etc., atténuer la prédisposition, il y aurait lieu de croire que la goutte serait l'une des maladies les plus faciles à prévenir, si les goutteux n'étaient en général gens mal disposés à suivre rigoureusement un régime sévère où Vénus et Bacchus seraient sagement réglés. En effet, il est rare que l'accès soit soudain ; il est, neuf fois sur dix, précédé pendant plusieurs jours de turgescence locale, de constipation, d'inappétence, et c'est dans cette période prodromique, souvent inaperçue, que les manipulations, et d'autres agents d'ailleurs, peuvent jouer un rôle important. Je connais des goutteux qui, depuis dix ans, préviennent ainsi constamment un ou deux accès par an. Je résumerai donc le rôle des manipulations dans la diathèse urique en disant qu'associées aux règles de l'hygiène, elles peuvent en général prévenir les déterminations articulaires et les déformations ; elles peuvent aussi abréger la durée de l'accès, dissiper certains néoplasmes, mais je n'ai jamais vu disparaître sous leur influence les *tophi* périosseux.

Arthrites diathésiques. Dans la période inflammatoire des rhumatismes, des tumeurs blanches et des synovites liées à des altérations osseuses ; il est douteux que l'on obtienne des résultats encourageants. J'ai eu dans quelques tentatives que j'ai faites des insuccès à peu près constants. Mais il n'en est pas de même dans l'état chronique de ces affections, et surtout dans les altérations consécutives, gonflements passifs, rétractions tendineuses, adhérences des gaines ou des synoviales, etc.; ici les manipulations ont pour elles l'expérience de tous les temps, et leur succès est uniquement une question de discernement de la part du médecin, d'habileté de la part de l'opérateur.

De toutes les articulations, la hanche est celle sur laquelle il est le plus malaisé d'agir avec succès et dans laquelle il est le plus facile de ramener, à l'aide de manœuvres intempestives, un état aigu qui force à interrompre le traitement. Toutefois, on sait qu'un grand nombre de chirurgiens ont obtenu du redressement forcé et brusque de la cuisse des résultats assez satisfaisants; mais ceux que l'on peut tirer de manipulations résolutives associées, au bout de quelque temps, à des mouvements doux imprimés à la jointure, sont infiniment meilleurs; je dirai même qu'elles sont absolument efficaces dans la coxalgie rhumatismale sans altération des surfaces ou du ligament rond, sans hydarthrose, mais avec le gonflement caractéristique et douloureux de toute la région fessière, proliférations cellulaires, exsudats plastiques, c'est-à-dire dans la grande majorité des cas de coxalgie de l'âge moyen ou de la vieillesse.

Mais dans la coxalgie scrofuleuse, dans la véritable arthrite avec destruction des cartilages, luxation incomplète de la tête du fémur, abcès internes, etc., il est évident que l'on ne doit espérer aucun succès des manipulations et des mouvements; c'est le seul cas où j'admette que la guérison par ankylose soit un but rationnel. D'ailleurs, sous cette désignation malheureuse, on comprend une foule d'affections si distinctes, qu'il est difficile de s'entendre sans définitions. Il est bien rare, dans mon opinion, que la coxite soit primitive; longtemps avant que l'un des éléments de l'articulation soit attaqué, il s'est fait dans l'épaisseur des tissus ambiants un travail de congestion et d'irritation formative de longue durée, pendant l'existence duquel le malade a commencé à boiter et à prendre de mauvaises attitudes, sans qu'il accuse aucune douleur spontanée; la palpation seule révèle l'état des tissus, six mois, un an et même dix-huit mois avant que les surfaces articulaires ou les ligaments profonds soient atteints. C'est cet état pathologique que les manipulations guérissent complétement quand elles sont associées à un traitement convenable.

Il faut d'ailleurs remarquer que les coxalgies de l'enfance sont très-souvent accompagnées de l'atrophie du membre tout entier, et cet état se modifie généralement, au bout de quelques mois d'exercices spéciaux appliqués avant tout état inflammatoire périarticulaire. Avec un peu d'attention de la part des familles et des médecins, on pourrait arriver à diminuer de beaucoup le nombre des cas incurables de cette redoutable maladie. Malheureusement, c'est le plus souvent à une période avancée que le chirurgien est appelé, et les indications qui se présentent n'ont plus la simplicité des premières périodes du mal.

Nous ne dirons qu'un mot de la *fausse ankylose du genou*, consécutive aux périostéites; il est douteux que les manipulations et les mouvements imprimés dans l'étroite limite où se meut la jointure, quand elle a conservé quelques mouvements, puissent suffire, même dans les cas simples, à ramener le membre à la rectitude, si les ligaments ont été intéressés, si des adhérences plus ou moins étendues brident l'articulation.

Presque toujours il faut en venir à l'extension forcée sous l'influence des anesthésiques; mais les manipulations, pratiquées plusieurs mois à l'avance, facilitent singulièrement l'opération et diminuent l'étendue des désordres consécutifs. Dans le cas grave du jeune J. S., qui a été vu par plusieurs chirurgiens, Campbell, Giraldès, Chepmell, Duval, et où je pratiquai l'extension forcée avec Nélaton, après huit mois de mouvements et de manipulations, la jambe fut presque complétement étendue sans efforts, et les désordres locaux étaient si peu sérieux, que je résolus de traiter le malade comme s'il avait une entorse, et j'eus la satisfaction de conserver presque entiers les mouvements du genou (1867). La guérison ne s'est pas depuis démentie (1870); et la différence légère qui existe entre les deux jambes tend, chaque année, à diminuer.

Mais, dans les flexions pathologiques et dans les raideurs musculaires, suite d'immobilité ou de rétraction, qui ne sont pas accompagnées de désordres articulaires, encore bien qu'il ait pu exister un certain degré d'arthrite, les manipulations associées aux mouvements rendront inutiles, dans un grand nombre de cas, la ténotomie et l'extension ou la flexion forcée, si l'on a la patience d'en continuer l'application pendant plusieurs mois, et surtout si on les associe à l'emploi des courants continus ou des courants d'induction qui se combinent fort heureusement avec les mouvements.

L'*orthopédie* fait fréquemment appel aux manipulations; à vrai dire, il n'est peut-être pas une seule difformité congénitale ou acquise qui ne puisse être amendée ou guérie par l'usage judicieux de ce mode de traitement associé aux diverses formes de la gymnastique médicale; mais la routine des orthopédistes mécaniciens, l'abus des ténotomies et les difficultés mêmes d'une bonne exécution des mouvements, les ont fait pour ainsi dire abandonner en France, tandis que les Allemands, Behrend, Neumann et Melicher, ainsi que les Suédois, en développaient les applications. Cependant Mellet avait écrit, dans son excellent *Manuel d'orthopédie* (1844) : « Les manipulations sont l'âme, la partie essentielle de l'orthopédie, et sans elles il est bien peu de difformités qui guérissent par l'emploi seul des appareils mécaniques » ; et il a effectivement donné des descriptions très-claires des manipulations qu'il employait, surtout dans les pieds bots où, suivant l'exemple de Venel, de Jacquart et d'Ivernois, les manipulations suivies de l'application d'un brodequin contentif constituaient tout le traitement, et la guérison était la règle. Mais la part faite à ces manipulations et ces manipulations elles-mêmes, telles que Mellet les décrit, me paraissent insuffisantes. Bouvier, qui, dans son savant ouvrage sur les maladies de l'appareil locomoteur, apprécie très-judicieusement les avantages de l'emploi de la main, cite (p. 225) deux cas de guérison du pied bot par des manipulations seules, l'un d'après Stolz, l'autre observé par lui-même. J'ai eu moi-même la patience de traiter pendant plus d'un an un enfant âgé d'un an, atteint de varus équin, qui m'avait été adressé par mon ami, le docteur Chepmell, et qui n'offre plus aujourd'hui qu'un degré insignifiant de déviation ; je n'employai que des manipulations, des courants d'induction et, au début, une banderoulée. Cette observation, jointe à un certain nombre d'autres dont les résultats ne furent complets qu'après une, deux ou trois années d'exercices pratiqués par les parents eux-mêmes, me permet d'affirmer que les résultats du traitement par les manipulations et les mouvements associés à l'application de bandages contentifs simples pendant la nuit seulement sont de beaucoup supérieurs à ceux des machines barbares des orthopédistes qui produisent, quand la rétraction musculaire est considérable et que la réduction est poussée un peu loin, des douleurs intolérables, des accidents locaux souvent graves, et ne donnent en définitive que des résultats très-incomplets, ainsi que la ténotomie elle-même. Bouvier (*op. cit.*, p. 262) et Malgaigne (*Leçons d'orthopédie*, p. 166) le constatent. Little, qui a consacré quelques pages excellentes à vanter les **mani**pulations (*Deformities of the human frame*, 1853), n'en dit pas un mot quand il s'agit du pied bot ; il en est de même de Brodhurst (*On club foot*, 1856); **Mal-**

gaigne, dans ses *Leçons d'orthopédie* (p. 121), et Lannelongue, dans sa thèse d'agrégation, ne leur donnent qu'un rang secondaire (contrairement à ce que disent à l'égard du premier Estradère et Phelippeaux). Mais la pratique des orthopédistes allemands, Eulenburg, Verner, Behrend, celle de Venel, celle de Bonnet, qui dit que, « sans les *manipulations*, les appareils, même associés aux sections tendineuses, ne produisent que des résultats insuffisants » (*Mal. artic.*, p. 493), mes propres observations, prouvent que le traitement par le redressement continu à l'aide des appareils de Scarpa ou de Little est de tous le plus mauvais. Les manipulations, l'électricité et les bandages, suffiraient dans la grande majorité des cas pour obtenir, à la longue il est vrai, une véritable guérison, sans cette déformation atrophique que laissent presque toujours après eux l'emploi des appareils articulés fixes. Cependant il peut y avoir dans quelques cas avantage à sectionner le tendon d'Achille, en associant les manipulations, ainsi que le veut Bonnet (*Mal. art.*, p. 494) ; mais jamais on ne laissera d'appareil à flexion continue si l'on veut agir rationnellement.

Quoi qu'il me reste à dire sur le rôle important des manipulations dans le pied bot et dans la main bote, pour laquelle Bouvier vient de décrire le mode couvenable de manipulations (*voy.* MAIN BOTE, p. 184 et 188), il est temps de parler de leurs autres applications orthopédiques et notamment de celles qui se pratiquent sur la colonne vertébrale.

Dans la région cervicale, le *torticolis*, l'*entorse*, les *luxations* se traitent par les manipulations avec un succès presque constant ; on leur associe avec avantage les courants d'induction ou les courants continus, les mouvements qui ont pour but de fortifier les antagonistes des muscles contracturés et l'attitude volontaire ; dans les traitements que j'ai appliqués ou vu appliquer à Berlin, je n'ai vu d'insuccès que dans les cas où la déformation état causée par des ankyloses vertébrales vicieuses, ou, chez des sujets âgés, par des indurations ganglionnaires et périarticulaires ; mais dans le torticolis musculaire, spasmodique ou rhumatismal, la guérison est la règle.

Malgaigne a noté l'extrême fréquence de l'arthrite atlo-axoïdienne chez les enfauts, et sa liaison avec les attitudes vicieuses de la tête (*Leçons d'orth.*, p. 275). Je crois que le torticolis primitivement musculaire est excessivement rare, et que cette déformation a presque toujours pour point de départ ou une entorse ou une arthrite légère des premières vertèbres et des tissus fibreux des muscles qui s'insèrent sur les lignes courbes de l'occipital et sur l'apophyse mastoïde. C'est donc sur cette région et non sur les muscles qu'il convient, surtout dans les cas récents, de pratiquer les manipulations et principalement des pressions alternatives avec les pouces, de l'apophyse mastoïde à la crête occipitale, suivies de pressions mobiles de haut en bas faites avec les doigts étendus le long des muscles du cou. On fera ensuite fonctionner les muscles contracturés en leur faisant exécuter leurs actions lentement et avec une légère résistance ; enfin la séance se terminera par la mise en contraction extensive des antagonistes sains, que l'on obtiendra en exécutant soi-même les mouvements qui leur appartiennent pendant que le sujet résistera doucement. Ces mouvements s'appliquent en posant une main sur le front, l'autre sur la nuque, et dans le premier cas résistant doucement à l'effort du malade, qui s'efforce d'exécuter le mouvement, ou en faisant résister le malade au mouvement que l'on imprime.

Phelippeaux a donné un manuel opératoire très-compliqué (p. 108, *loc. cit.*), dont le moindre inconvénient est, je crois, d'être inutile ; cependant il dit qu'ordinairement le torticolis rhumatismal est guéri au bout d'une heure, tandis qu'il demande des semaines et même des mois pour la guérison du torticolis par *rétraction* musculaire à l'aide d'appareils orthomorphiques. Cette distinction est très-juste; mais on peut dire ici qu'en général les manœuvres recommandées par les *masseurs*, médecins ou autres sont trop empiriques, trop générales; ils ne poursuivent pas assez la cause organique individuelle, et tout spécialement, à l'égard du torticolis récent, on la cherche trop souvent dans les muscles sterno-cléido-mastoïdien, splénius, trapèze, scalène antérieur, etc., alors qu'elle réside dans les insertions supérieures ou dans les articulations et dans les muscles occipito-atloïdiens, complexus, droits postérieur et obliques. Cette région est le siège de phénomènes pathologiques très-importants, que les manipulations modifient directement. On peut même dire que jamais la contracture musculaire du torticolis n'est primitive et essentielle, et les altérations des muscles ne surviennent que tardivement. Les moyens de traitement doivent donc s'adresser soit aux articulations, soit au système nerveux. Il sera question plus tard du torticolis lié au spasme fonctionnel (Duchenne) des écrivains, et du torticolis choréiforme.

Dans l'*entorse du cou et dans les luxations* des vertèbres, Ponteau (cité par Bonnet) et Bonnet (p. 627, *loc. cit.*) ont publié des observations de guérison immédiate; il est vrai qu'il ne s'agissait que d'entorses musculaires : j'ai présent à l'esprit un cas d'entorse articulaire grave du cou, probablement accompagné de subluxation, qui m'a été adressé en juin 1867 par le docteur Maximin Legrand. Ce ne fut qu'au bout de trois semaines que je parvins à opérer la réduction, tant à cause de l'extrême sensibilité de la jeune malade, âgée de 12 ans, qu'à cause des accidents nerveux qui accompagnaient les plus légères tentatives de redressement. L'accident était survenu par suite d'un mouvement brusque destiné à éviter le choc de la tête contre une muraille.

L'*entorse dorso-lombaire* (Bonnet) qu'il faut distinguer du *lumbago rhumatismal* se traitent tous deux par des manipulations. Lieutaud (*Précis de médecine prat.*, p. 557) et Martin aîné (cité par Bonnet, *loc. cit.*, p. 640) ont tous deux publié, il y a plus de trente ans, deux manuels opératoires; le dernier dit avoir recueilli plus de cent observations de guérison immédiate, et il en décrit deux dont l'une avait pour sujet Marc-Antoine Petit. Martin jeune recommande de presser fortement sur les muscles malades avec les deux pouces, auxquels on imprime de légers mouvements de va-et-vient de 1 ou 2 centimètres; ce procédé ressemble, à la forme rectiligne près, à ceux de Beveridge que j'ai décrit plus haut (p. 571). Estradère, Laisné, Phelippeaux ont publié des procédés opératoires trop compliqués; tous recommandent comme position le décubitus abdominal, sauf Phelippeaux qui, à tort, donne comme favorable la flexion antérieure du tronc, les mains appuyées. Estradère parle de frictions « d'abord douces, mais bientôt rudes, avec la main, la brosse ou le gant; on pratique ces frictions dans les sens les plus variés de haut en bas et de bas en haut; tantôt en droite ligne, tantôt obliquement, ou en décrivant des spires ou des courbes concentriques ou excentriques; puis on exerce diverses pressions en commençant par le pétrissage digital… Après cela on pratique le *sciage*, les *vibrations pointées*, le claquement, les vibrations et enfin les percussions *avec le poing fermé ou la palette*. On fait ensuite lever le malade, et on lui fait exercer les divers mouvements de flexion, d'extension et de latéralité de la colonne vertébrale qui rarement sont douloureux après un massage bien fait » (*loc. cit.*, p. 108). Cette citation suffit à elle seule pour montrer combien sont peu scientifiques les procédés du *massage*. Il est à peu près impossible dans ce mélange de mouvements de savoir à quoi l'on s'adresse. Laisné et Phelippeaux, pour être plus méthodiques, le premier surtout, n'en appliquent pas moins des manipulations souvent inutiles, fatigantes et douloureuses « depuis les crêtes iliaques jusqu'aux épaules. » Le troisième temps du premier est ainsi décrit : on emploie d'abord le pétrissage digital pour trouver les points encore douloureux qui auraient besoin d'être massés de nouveau, et l'on passe rapidement aux malaxations ou pétrissages à pleines mains. Dans ce but, on saisit entre les doigts et les éminences thénar et hypothénar, en allant toujours du sacrum vers les épaules et la nuque, toutes les régions musculaires du dos, et l'on produit ainsi des pressions excessivement fortes, méthodiques et intermittentes qui achèvent de dissiper les douleurs et font disparaître les contractions partielles et irrégulières des fibres musculaires » (*loc. cit.*, p. 76). Laisné procède *par ondulations*, et il entend sous ce nom des pressions circulaires de haut en bas faites avec les doigts étendus ou la main entière.

Sans entrer dans la discussion de ces procédés, nous croyons qu'il suffit, dans l'entorse légère lombo-dorsale et surtout dans le lumbago sacro-coccygien, de faire coucher le malade sur le ventre en lui recommandant de placer les fessiers dans le relâchement le plus complet ; posant ensuite les deux pouces de chaque côté du coccyx, la main ouverte, on suit les bords postérieurs des faces latérales du sacrum jusqu'à l'épine iliaque postérieure et supérieure ; sur cette ligne et le plus souvent au niveau des points d'émergence des nerfs rachidiens, se trouvent les foyers douloureux dans le lumbago rhumatismal ; après quelques pressions mobiles uniformes, on exécutera des pressions mobiles en cercle sur chacun des points douloureux, en variant le point de départ des pressions ; tantôt on partira du pli fessier, tantôt on s'étendra jusqu'aux crêtes iliaques, mais toujours de bas en haut ; enfin, appliquant toute la main sur le sacrum, on communiquera une vibration totale à toute la région. Dans les cas graves, on devra commencer les manipulations au bas de la jambe, et, par une malaxation régulière, suivie de pressions mobiles, on remontera jusqu'au dos, en insistant sur la région fessière ; souvent on obtiendra d'excellents résultats de simples frôlements centripètes, exécutés, les doigts en avant, du calcanéum au creux du jarret, sans même aller plus loin ; j'ai parlé plus haut (p. 568) de l'effet de ces frôlements périphériques sur les algies centriques, et l'occasion de les expérimenter se présentera rarement plus favorable que dans le lumbago d'intensité moyenne.

La névralgie lumbo-abdominale, que Valleix a justement distinguée du *tour de reins*, qui est une véritable entorse lombo-dorsale, se traite, ainsi que celle-ci, par des procédés analogues. Mais, pour peu que la névralgie soit liée à quelque congestion veineuse des sinus ou des reins ; pour peu que l'entorse dorso-lombaire ait été grave ou que les ruptures fibrillaires aient été étendues, il ne faut pas s'attendre à une guérison instantanée. Les formes légères sont incomparablement plus fréquentes que les formes graves, de sorte que sur dix cas de ces affections diverses désignées sous le nom générique de lumbago on en aura huit qui guériront en une ou deux séances, mais il s'en trouvera deux qui demanderont plusieurs semaines de traitement.

Dans les *déformations de la colonne vertébrale*, et notamment dans les *scolioses*, les manipulations, associées aux autres procédés de traitement (attitudes, mouvements combinés, élasticité, etc.), rendent les plus grands services. Quelque opinion que l'on entretienne sur les causes des scolioses (qui ressortissent à un grand nombre d'états morbides distincts), il est certain que l'état de rétraction et de relaxation musculaire est un fait vérifiable dans tous les cas, quelle qu'en soit la nature ; on trouve, en effet, sur la convexité des courbures des masses musculaires évidemment gonflées, et sur la concavité des fibres dures, raccourcies, déchicrnées. En plaçant les scoliotiques sur le ventre et en exerçant des malaxations à pleines mains sur ces portions relâchées et gonflées du sacro-spinal, on apportera aux malades un soulagement considérable et on s'opposera à la substitution graisseuse qui se produit dans les fibres musculaires qui ne fonctionnent pas. Neumann recommande, dans ces cas, des *claquements*, des *percussions*, des *hachages*, etc., comme propres à rappeler la vie capillaire dans les tissus relaxés soustraits aux pressions successives que leur imprime la contraction musculaire par la tension des aponévroses.

Quant aux manipulations à exercer sur le système osseux, elles consistent principalement en pressions exercées avec la main ouverte sur la convexité des côtes, tandis que la seconde main passe sous l'aisselle opposée, soulève le corps en le poussant légèrement en sens opposé. Mellet, Bouvier et Werner, disent que dans les déviations peu avancées on peut opérer un certain degré de redressement en saisissant entre les doigts les apophyses épineuses ; Werner attachait une importance considérable à ce procédé qui, fréquemment réitéré et associé à une attitude prolongée convenable, peut, en effet, détordre momentanément les colonnes vertébrales encore très-élastiques, et par suite s'opposer dans une certaine mesure aux rapports anormaux dont la continuité peut déterminer des altérations de forme, de consistance et de longueur, dans les disques et les ligaments intervertébraux.

Harrison (*Observ. on spinal diseases*, 1827) et son élève Serny (*Spinal curvature*, 1840) ont obtenu des succès incontestables et éclatants par l'usage des frictions et des pressions manuelles sur ses gibbosités. Les nombreuses observations avec planches, publiées par Serny, ne laissent pas de doute sur l'efficacité d'un mode de traitement dont le plus grand inconvénient est de durer plusieurs années. Malgré la vive critique de Pravaz père, Bouvier, qui parle de cette méthode à propos du mal de Pott (*loc. cit.*, p. 50), ne parait pas la désapprouver. Malheureusement nous avons peu de renseignements sur les pratiques de Harrison et de Serny, qui, fondées sur des idées pathologiques souvent erronées, paraissent avoir plus de succès dans la pratique que dans la théorie. Ce qui est certain, c'est qu'aux compressions mécaniques et au repos prolongé, Harrison joignait des frictions et des pressions manuelles (*voy*. Little, *op. cit.*, p. 26 et 389, et Serny, p. 16, 33 et *passim*), quelquefois douces, souvent très-violentes, et que eux ou leurs successeurs ont eu des accidents assez nombreux, qu'ils se sont bien gardés de publier. La pratique des frictions et des pressions est d'ailleurs avantageusement remplacée par les mouvements et manipulations de la gymnastique médicale.

On trouvera des renseignements plus étendus sur les manipulations de la gymnastique suédoise dans Neumann (*Ther. der chronischen Krankheiten*, p. 168) ; dans Both (*Cure of chronic diseases by movements*, p. 247) ; dans Laisné (*Du massage*, p. 94) et dans Eulenburg (traduit dans *Union médicale*, novembre et décembre 1864).

En résumé, les manipulations pratiquées sur la colonne vertébrale ou sur les parties qui l'entourent donnent, surtout dans leurs premières périodes, des résultats considérables qui dépendent des modifications déterminées dans les actes élémentaires de la nutrition locale plutôt que du résultat mécanique immédiat des pressions, redressements, etc.

Maladies des muscles. Bien que ni la chorée, ni les crampes ou spasmes fonctionnels, ni l'atrophie musculaire partielle, acquise ou congénitale, ne soient, à proprement parler, des maladies des muscles, nous croyons devoir parler à cette place des résultats obtenus dans les différentes affections qui ont cela au moins de commun, que leur siége apparent est dans le système musculaire. Pour la chorée aiguë les travaux de Laisné, Blache, Sée, Bouvier et autres ont rendu en quelque sorte classique le traitement par les manipulations. Dans son premier travail sur ce sujet, M. Blache indique la série des manœuvres par lesquelles Laisné fait passer un choréique. Il le suppose couché sur un lit rembourré, en forme de boîte, et maintenu immobile dans le décubitus dorsal par trois ou quatre aides pendant dix à quinze minutes; puis le praticien exécute des *massages* à pleines mains et longtemps répétés sur les membres supérieurs et inférieurs et sur le pourtour de la poitrine; puis viennent des frictions énergiques sur les mêmes parties; enfin ces manœuvres sont pratiquées à la partie postérieure du tronc, principalement à la nuque et sur les masses musculaires des gouttières vertébrales. Les séances durent une heure et sont toujours suivies d'amélioration. Les jours suivants on associe aux manipulations des mouvements communiqués et rhythmés (*Man. des hôp.*, 1854, n° 91). Sur cent six cas traités de la sorte, la moyenne de la durée de la maladie a été de trente-neuf jours, tandis que Billot et Barthez l'évaluent, sous l'influence d'autres traitements, de six semaines à deux mois, et Sée à soixante-neuf jours (Blache). Dix ans plus tard, Blache fils publia dans la *Gaz. hebdom.* la relation de trois cas de chorée *grave* guéris par Laisné; mais le manuel opératoire n'est pas suffisamment décrit; voici néanmoins ce que rapporte l'auteur des pratiques de Laisné : « L'enfant étant couchée, il fait d'abord un massage général des membres et plus particulièrement des muscles du tronc avec percussion légère de la main à plat sur les muscles du dos et sur les muscles sacro-lombaires, frictionner sur les parties latérales du cou avec massage modéré des muscles sterno-mastoïdiens et frictions sur la partie antérieure du larynx » (*Gazette hebdomad.*, 1864, n° 48). Viennent ensuite des mouvements communiqués au sujet passif et enfin des exercices cadencés auxquels Récamier et surtout Trousseau attachaient une importance plus grande qu'au *massage* (*Clin. méd.*, II, p. 150). Nous sommes sur ce point entièrement de son avis, surtout en présence des procédés tout à fait empiriques qui viennent d'être décrits. Les mouvements dirigés par un aide avec résistance de part ou d'autre et même les mouvements rhythmiques voulus par le malade nous ont donné, dans un petit nombre de cas aigus, des résultats supérieurs à ceux qu'indiquent Laisné et Blache. En fait de manipulations, les seules qui nous aient réussi sont des frôlements centripètes, des extrémités vers la moelle, et du sacrum au crâne. Souvent on arrive à faire cesser sur-le-champ les mouvements choréiques pendant un certain temps, L'emploi des courants continus aide singulièrement à obtenir ce résultat. Toutefois, comme la guérison spontanée de la chorée aiguë est hors de doute, ce n'est que dans les formes graves et surtout chroniques, que l'on peut juger de l'efficacité des manipulations. Or, de quelques cas de cette nature que j'ai pu observer, il résulte que le massage « à pleines mains » est loin de produire d'heureux résultats. Une jeune personne de quinze ans, atteinte de chorée hémiplégique depuis l'âge de deux ans, est sortie des mains d'un masseur beaucoup plus malade qu'avant l'emploi de ce moyen; les courants continus seuls lui ont procuré quelques soulagements. Par contre, les mouvements rhythmés, les attitudes prolongées, les frôlements centripètes et les courants m'ont donné des améliorations constantes, mais jamais de guérisons dans les cas de chorée chronique hémiplégique.

Mais dans les spasmes partiels, et notamment dans le torticolis spasmodique, même ancien, la guérison par les manipulations associées aux mouvements et aux attitudes est assez ordinaire. Les indications données sur ce point par Trousseau (*op. cit.*, p. 165) sont très-précieuses, mais insuffisantes. On se trouvera bien d'associer aux mouvements rhythmés dont il parle un véritable pétrissage des muscles affectés, surtout vers leurs insertions supérieures. Des mouvements de torsion de la tête sur la colonne vertébrale fixe avec une résistance douce et uniforme de l'opérateur aideront à la guérison. Sur six cas de torticolis spasmodiques très-anciens sur des adultes de plus de 50 ans, je compte trois guérisons et trois améliorations. Quant au torticolis choréique de l'enfance, la guérison est constante.

L'affection primitivement désignée sous le nom de *crampe des écrivains* est l'une de celles qui fournissent aux manipulations les succès les plus remarquables, soit qu'il s'agisse du véritable *spasme fonctionnel* de Duchenne, soit qu'il s'agisse de cette chorée des doigts qui, se propageant de la main à l'épaule, aboutit à des convulsions du membre ou à une véritable paralysie passagère si le sujet continue à écrire.

Des observations satisfaisantes ont été publiées à l'étranger par Neumann et Melicher sur l'effet des manipulations dans cette maladie qui frappe d'ordinaire des écrivains et des artistes. Pour mon compte, le hasard a fait que les deux premiers cas de ce genre que j'ai eu à traiter, j'ai obtenu deux guérisons complètes qui ne se sont pas démenties depuis dix ans. Les sujets sont un journaliste éminent et un administrateur à la tête d'une société importante, dont les journées se passaient souvent à entretenir des correspondances d'affaires en cinq ou six langues; écrire plus de dix lignes était devenu pour l'un et pour l'autre tout à fait impossible. Depuis lors, sur une vingtaine de cas, je n'ai guère obtenu de résultat complètement satisfaisant que sur un pianiste dont la guérison ne s'est pas soutenue, mais presque toujours des améliorations considérables dont j'ai conservé les preuves dans une collection d'autographes pris au commencement et dans le cours du traitement. J'espère pouvoir bientôt publier ces documents. Les manipulations consistaient en pressions ondulées suivies de pressions mobiles continues (p. 574) prolongées jusqu'au sternum en avant, et jusqu'à l'épine en arrière.

J'ai tout lieu de croire que le siége du mal, surtout dans la *chorea digitalis*, est dans le plexus brachial et non dans les muscles fléchisseurs. Un repos presque complet dans l'intervalle des séances est absolument nécessaire pendant quelques semaines, et le traitement doit durer plusieurs mois, circonstance qui le rend peu pratique.

Je dirai peu de mots de l'atrophie musculaire progressive et de la paralysie atrophique de l'enfance; alors même que l'on n'aurait aucune espérance de guérison, les manipulations plus diverses sont impérieusement commandées comme moyen de traitement hygiénique. Roth a publié plusieurs cas intéressants d'enfants atteints de paralysie de l'enfance singulièrement améliorés par le seul usage de manipulations passives (*Hygienic Treatm. of Paralysis*, p. 33). Les manipulations agissent ici en entretenant une sorte de vie factice dans les tissus qui subissent la transformation graisseuse. Sans pouvoir avancer que jamais j'aie vu guérir un malade atteint de l'une de ces deux affections et soumis aux différents traitements physiques que j'ai spécialement observés, je puis dire que j'ai toujours vu s'augmenter, quelquefois dans des proportions remarquables, la masse des éléments contractiles d'un membre ; dans l'atrophie graisseuse de l'enfance, le résultat restait définitivement acquis, tandis qu'il se perdait au bout d'un certain temps dans l'atrophie musculaire progressive des adultes. Au surplus, dans la première de ces affections, il est rare que tous les mouvements soient entièrement abolis ; le plus souvent, si l'on observe les sujets avant leur dixième année, les membres les plus atrophiés ont conservé un petit nombre de mouvements dont il faut savoir profiter pour appliquer, en même temps que des manipulations passives, des mouvements avec résistance du sujet. C'est surtout par le conflit entre l'acte volitif et la fibre musculaire que la nutrition s'accomplit activement, ainsi que le dit justement J. Müller. Beaucoup de médecins se rappelleront le cas singulier des trois enfants d'une dame américaine atteints, à différents degrés, d'atrophie graisseuse partielle des membres inférieurs, et qui, après plusieurs années de séjour à Paris et d'innombrables consultations, acquéraient, sous l'influence de l'électricité, des manipulations et des mouvements, un degré de force suffisant pour marcher sans que leur infirmité fût très-visible. A coup sûr, dans d'autres conditions sociales, ces enfants étaient voués à une paraplégie absolue. En résumé, la somme des mouvements que possède un paralytique chronique peut être singulièrement accrue par l'usage méthodique des manipulations, qui entretiennent et développent la vie locale dans les membres paralysés. D'ailleurs, l'influence de la périphérie sur les centres vitaux est loin d'être nettement déterminée, et il se pourrait fort bien, ainsi que Trousseau semble disposé à l'admettre, que les deux formes d'atrophie dont nous parlons fussent primitivement locales ; tout espoir d'arriver à la guérison ne devrait pas, en ce cas, être perdu. Il y a lieu, au surplus, d'examiner maintenant l'action des manipulations sur le système nerveux central.

Système nerveux. Lésions médullaires. Sans avoir la prétention de modifier directement la nutrition médullaire, il est hors de doute que les manipulations peuvent la favoriser en dégageant le voisinage des régions malades de tout obstacle à la circulation capillaire et à l'osmose. Or la plupart des affections médullaires sont accompagnées de gonflements, d'épaississements, plus ou moins circonscrits, lesquels résultent souvent de la paralysie des nerfs vaso-moteurs sympathiques ou spinaux, qui, en maintenant les vaisseaux dilatés ou resserrés, font perdre à la circulation le bénéfice de la pression artérielle locale, et, soit par l'hyperémie, soit par l'anémie (*voy.* Marey, *Circul*, p. 314, et Sée, *Du sang*, p. 206), suspendent les oxydations et les formations dans certains territoires nerveux.

Ces engorgements, dont le siège est dans le tissu connectif et qui résultent de l'état maladif des parties, de l'immobilité, de la douleur, etc., deviennent donc à leur tour des causes d'atrophie médullaire ; elles favorisent aussi les transsudats des membranes (Hasse, dans Niemeyer, p. 308) et les néoplasmes intra-rachidiens. Or on en obtient aisément la résorption à l'aide de différentes formes de manipulations pratiquées le long des gouttières vertébrales, malaxations, pétrissages, pincements, toujours associés à des pressions mobiles de bas en haut pour la région inférieure, de haut en bas pour la région cervicale ; mais souvent, surtout dans les maladies anciennes, cet état de voisinage n'existe pas, et les manipulations directes offrent alors peu de ressources.

Il faut, en tout cas, que l'affection médullaire soit bien légère pour que les manipulations puissent à elles seules amener la guérison; mais toujours elles produiront quelque amélioration; dans les hypérémies passagères de certaines portions de la moelle, qui, selon leur siége, s'accompagnent de névralgies intercostales, de mouvements convulsifs, d'oppression respiratoire, de contracture, des manipulations appropriées détermineront souvent la cessation de la crise. Je l'ai observé sur un grand nombre de sujets; mais les courants continus offrent sur les manipulations de grands avantages; les manipulations *in situ* agissent surtout sur l'élément vasculaire; l'électrisation voltaïque paraît agir directement sur l'élément nerveux médullaire lui-même, à qui elle semble rendre directement et temporairement une force suffisante de réaction. Ces deux modes de traitement se complétent donc merveilleusement, et j'ai souvent remarqué que les courants continus étaient beaucoup plus efficaces lorsque l'empâtement plus ou moins étendu qui se remarque souvent au niveau des portions malades de la moelle s'est résorbé ou ne s'est pas montré. On voit d'ailleurs des cas nombreux où des symptômes graves, vertiges, céphalalgies, troubles de vue, engourdissements, etc., étaient causés par la compression qu'exerçait sur la base du crâne, ainsi que sur la nuque, des masses interstitielles cellulo-adipeuses, si communes chez les polysarciques. La disparition de ces néoformations amenait la disparition complète des accidents, et nul remède local n'est mieux approprié à ce résultat que les manipulations énergiques pratiquées dans l'état de relâchement musculaire complet. On ne saurait donc nier l'influence de l'état organique des parties voisines de la moelle et du cerveau sur la fonction de ces organes. Une vingtaine de malades gravement atteints d'affections médullaires (atrophie musculaire, ataxie locomotrice, paralysis agitans, myélite chronique, etc.), et qui m'ont été adressés par mes amis les docteurs Chepmell et Cretin, ont tous été améliorés par les seules manipulations, à une époque où je ne faisais pas usage des courants continus; quelques-uns, que je n'ai pas suivis, auraient succombé à des affections intercurrentes, tandis que d'autres ont vu persister les améliorations obtenues. En ce moment même, je puis citer le cas d'un homme de quarante ans atteint de myélite chronique datant de deux ans avec paraplégie complète, paralysie vésicale et rectale, etc., qui m'avait été adressé par M. Mallez et que j'ai vu ultérieurement avec M. Gubler; les manipulations seules pratiquées par moi avaient amené en deux semaines une amélioration considérable, qui permettait au malade, soutenu par la main, de marcher une trentaine de pas; mais, un mois après, cette amélioration était complétement perdue et ne fut retrouvée que plus d'un an après, sous l'influence des manipulations méthodiquement pratiquées chaque jour, à la campagne, par le faire de l'un des hommes qui ont le plus fait pour vulgariser le traitement de l'entorse par le *massage*, M. Girard. Au moment de l'investissement de Paris, les renseignements qui m'étaient parvenus me laissaient croire que le malade était en pleine voie de guérison.

Nerfs périphériques. Nous avons indiqué plus haut le mode d'action présumé des frôlements, des frictions et des pressions dans certaines névralgies; l'étude expérimentale de l'action des manipulations serait, certes, des plus intéressantes; mais, au point de vue thérapeutique, la supériorité de l'électricité, sous ses divers modes, sur les manipulations enlèverait, en apparence, à nos observations tout caractère pratique. Bornons-nous donc à rappeler que, dans les névralgies qui ne sont pas liées à une altération permanente des centres nerveux, on obtiendra, après un temps plus ou moins long, une amélioration progressive, par l'emploi de pincements profonds, pratiqués de la périphérie vers le centre, entre les doigts et le pouce, et suivis de pressions mobiles continues dans le même sens, exercées sur une large surface, la main ouverte. Au bout d'un certain temps, un engourdissement général survient; de la chaleur se développe dans toute l'étendue du membre, on arrête la séance, et on laisse les parties en repos. Pour une névralgie rhumatismale, qui remonte à deux ou trois ans, il faut compter autant de mois de manipulations quotidiennes, que le malade doit, autant que possible, exécuter lui-même.

Mais, dans les névralgies hystériques, ces procédés, qui donnent rarement les mêmes succès, doivent être remplacés par des frôlements superficiels qui sont loin d'avoir l'efficacité des courants voltaïques ou même de l'électricité statique. La pression digitée, plus ou moins continue, associée à des frôlements superficiels, donne, en général, un soulagement marqué aux malades atteints de migraines congestives ou de névralgies faciales.

Appareil vasculaire. Dans les maladies du cœur et des gros vaisseaux, les manipulations rendent les plus grands services, soit en augmentant la perméabilité des tissus, au sein desquels s'opère l'échange des éléments, soit en stimulant ou en remplaçant artificiellement l'élasticité artérielle, et en diminuant ainsi les résistances que le sang éprouve à passer du cœur dans les vaisseaux; soit, enfin, en favorisant mécaniquement le cours du sang veineux, et en favorisant, par la résorption, des épanchements séreux interstitiels. Les effets consécutifs des modifications apportées à la circulation périphérique peuvent être considérables, car, sous l'influence des troubles hydrauliques de la circulation, les nerfs vaso-moteurs sympathiques et spinaux, réciproquement antagonistes, indispensables à la vie régulière des organes, cessent de régler le calibre normal des vaisseaux. Cet état réagit sur l'organe central, et devient, à son tour, une cause persistante de maladie.

Sans entrer dans plus de détails sur le mécanisme des actes circulatoires, si bien étudiés par Marey, nous nous bornerons à dire que le malade retirera toujours quelque avantage de ces manipulations périphériques, qu'il soit ou non atteint d'œdème ou d'ascite. Allons plus loin, et disons que, dans les affections cardiaques récentes avec ascite modérée et non encore ponctionnelle, la disparition temporaire de cet épanchement ou de l'anasarque peut généralement être obtenue.

Mais le soulagement est, en quelque sorte, beaucoup plus sensible dans les lésions des gros vaisseaux ou des orifices sans suffusions séreuses, mais avec oppression, angoisses, cyanose, etc. Jamais, bien entendu, ces pratiques ne guérissent une maladie sûrement déterminée; mais elles peuvent, dans une mesure considérable, prolonger les jours du malade.

Le manuel opératoire diffère dans les deux cas. Dans les épanchements séreux de toute nature, il faut procéder de la périphérie au centre, à l'aide de pétrissages pratiqués à pleines mains des orteils ou des doigts vers les troncs veineux, le malade étant couché quand il s'agit des jambes, assis et légèrement renversé en arrière quand il s'agit des bras. Ces *pétrissages*, pratiqués par les deux mains, seront mêlés et suivis de pressions mobiles continues, uniformes ou ondulées, dirigées dans le même sens. On aura soin, pendant la durée de ces manœuvres, qui peuvent être exécutées par un aide intelligent, de conseiller des *inspirations profondes et lentes* (par le nez, la bouche fermée, avec expiration par la bouche entr'ouverte), exercice qui, on le conçoit, favorise, par l'ampliation forcée du

thorax et le vide virtuel, l'afflux du sang veineux dans les poumons et son oxygé-
nation plus rapide.

La même recommandation doit se faire à l'égard des manipulations pratiquées
sur l'abdomen, le malade demi-couché, les genoux relevés, en vue d'obtenir la
résorption des ascites ; outre les malaxations à pleines mains, on peut ici exercer
des pressions uniformes, les deux mains ouvertes pendant vingt ou trente secondes ; on fait cesser subitement la pression, que l'on recommence après le
même intervalle ; enfin le *foulage* à poings fermés donne aussi dans ces cas d'excellents résultats.

Dans les affections cardiaques sans œdème, la direction des manipulations a
beaucoup moins d'importance ; il vaut mieux, en général, commencer par les
régions les plus rapprochées du cœur pour terminer vers les extrémités.

La valeur des manipulations directement appliquées comme moyen d'accélérer
le cours du sang dans le voisinage de régions congestionnées est facile à démontrer, non-seulement dans toutes les tuméfactions aiguës ou chroniques, mais
encore dans les états de pléthore vasculaire du cerveau, qui, sans arriver à l'apoplexie, y touchent de très-près. Personne ne conteste en pareils cas l'utilité des
moyens dérivatifs, pédiluves, sinapismes, sangsues, etc.; mais ces moyens sont
singulièrement favorisés par l'application des frictions rectilignes, de haut en
bas, le long du trajet des gros vaisseaux du cou ; il faut y joindre des mouvements de torsion des pieds exécutés avec résistance volontaire du sujet. L'afflux
du sang dans les muscles soumis à un mouvement actif, régularisé et soutenu
par la main directrice de l'opérateur, a des effets durables que n'ont pas toujours
les irritants cutanés. Mais les manipulations qui font le sujet de ce travail ne
constituent qu'une partie de l'art des mouvements curatifs qui, sous le nom de
gymnastique médicale, *Heilgymnastik*, *Kinesithérapie*, *Cinesie*, tend à prendre
une place importante dans la médecine positive, à côté de l'électricité et de l'hydrothérapie. Nous devons donc limiter nos remarques au sujet spécial qui nous
occupe, en nous bornant à indiquer que les mouvements et les attitudes complètent nécessairement toute application scientifique des manipulations.

Viscères. Ce qui nous reste à dire se lie trop directement à l'influence des
manipulations sur les systèmes vasculaire et nerveux pour qu'il soit nécessaire de
présenter ici de nouvelles considérations théoriques. C'est ainsi que, dans tous les
états congestifs des viscères, les manipulations convenablement exécutées peuvent
avoir les plus heureux résultats, en restituant aux capillaires et aux nerfs vaso-moteurs un certain degré d'activité temporaire ou permanent. Il n'y a d'autre limite
aux succès que l'on peut obtenir, que les dispositions pathogéniques des sujets et
l'habileté de l'opérateur. C'est ainsi qu'il m'est arrivé de voir guérir un certain
nombre de laryngites chroniques, de goitres (Dreyfus), d'engorgements hépato-
spléniques, etc., sous l'influence de manipulations pratiquées par les sujets eux-
mêmes, tandis que d'autres échouaient complètement et devaient leur guérison
à d'autres agents. Je dois cependant dire que les manipulations pratiquées sur
l'estomac et ses annexes ont presque toujours donné d'heureux résultats hors
les cas de tumeurs cancéreuses auxquelles elles donnaient toutefois quelque répit. Dans les digestions douloureuses ou lentes, des pétrissages ou des pressions
intermittentes suivies de l'application de la main à titre de calorifique réussissent
presque toujours et procurent une guérison définitive à ces gastralgiques nom.
breux à qui l'éther ou le laudanum n'ont donné qu'un soulagement temporaire.

Le pétrissage de l'abdomen suivi de frictions circulaires fortes sur les muscles du ventre placés dans l'extension par une attitude convenable m'ont donné un certain nombre de guérisons dans les constipations *ab inertia*. La gymnastique générale associée à ces pratiques en complète et en assure l'effet. Les hémorrhoïdes même volumineuses, qui ne sont pas très-anciennes, guérissent sous l'influence des manipulations pratiquées par le malade lui-même pendant plusieurs semaines.

On constate fréquemment chez les goutteux un état d'empâtement douloureux de la région périnéphrique, et cet état peut disparaître sous l'influence des manipulations locales et des exercices spéciaux de cette région musculaire ; sans doute un fonctionnement plus libre des reins est par là facilité.

Enfin j'indiquerai en passant l'emploi des manipulations dans les calculs hépatiques, dans les hernies étranglées, etc. ; j'ai omis à dessein les faits relatifs à la compression digitale dans les anévrysmes, sujet qui a été supérieurement traité ailleurs, mais je citerai en terminant les ingénieuses expériences de Sanzetti (de Padoue), qui a montré que la compression digitale artérielle pratiquée par le malade lui-même avait amené une rapide guérison dans un cas d'érysipèle phlegmoneux et dans un cas d'arthrite du poignet (*Archives générales*, février 1859). *Voy.* Gymnastique et Massage.   E. Dally.

Bibliographie. On trouvera dans Hippocrate, Celse, Rufus, Galien (*De sanitate tuenda*), Oribase (t. I, p. 456. Ed. Daremberg), Coelius Aurelianus, etc., des renseignements importants sur différents genres de manipulations. Mais il s'en faut que l'histoire de l'*entraînement* de l'antiquité pratiqué par les marchands d'esclaves, ἀνθρωποπῶλαι, ait encore été clairement tracée, et c'est là un sujet digne de recherches. — Mercuriali. *De arte gymnastica*, 1569. — P. Faber. *Agonisticon, sive de re athletica*. Lyon 1590. — Krause. *Die Gymnastik und Agonistik der Hellenen*. Leipzig, 1841. — N. Dally. *Cinésiologie, ou science du mouvement dans les rapports avec l'éducation, l'hygiène et la thérapie*. Paris, 1857. — Foissac. *Sur la gymnastique des anciens*, 1850. — Ling. *Traité sur les principes généraux de la gymnastique*, 1854-1840. Ouvrage suédois, traduit en allemand par Massmann. — Georgii. *Kinésithérapie, ou traitement des maladies selon la méthode de Ling*. Paris, 1847. — Richter, *Organon der physiologischen Therapie*. Leipzig, 1850. p. de 183 à 216. — Indersou. *The Therapeutic Manipulation*. London, 1842. — Londe. *Gymnastique médicale*. Paris, 1841. — Hartwig. *Die peripaletische Heilmethode oder die Bewegungscur*. Düsseldorf, 1847. — Heidler. *Die Erschütterung als Diagnosticum und als Heilmittel*. Brunswick, 1855. — Durand-Fardel. Art. *Kinésithérapie* du Supplément (t. X) du *Dictionnaire de médecine* de Fabre. — Fuller. *Medicina gymnastica*. — Tissot, *Gymnastique médicinale et chirurgicale*, 1780. On lira avec intérêt, notamment, le chapitre des *Frictions*, p. 582. — Andry. *L'Orthopédie*, 1741. — Blundell. *Medicina mechanica*. Londres, 1852. — W. J. Little, *On the Deformities of the Human Frame*. London, 1853, p. 26. *Manipulations*. — Lachaize. *Précis physiologique sur les courbures de la colonne vertébrale*. Paris, 1827. p. 112. — Bouvier. *Leçons sur les maladies chroniques de l'appareil locomoteur*, 1858. — Malgaigne, *Leçons d'orthopédie*, 1862. — Roth, *Handbook of the Movement Cure*. 1856 ; *Treatment of Paralysis and Paralytic Deformities*, 1860. — Neumann. *Die Heilgymnastik*. Berlin, 1852. — Le même. *Therapie der chronischen Krankheiten vom heilorganischen Standpunkte*. Leipzig, 1857. — Le même. *Die Athmungskunst des Menschen*, 1857. — Berrend. *Bericht über das gymnastisch-orthopädische Institut zu Berlin, de 1852 à 1865*. — E. Dally. *Plan d'une thérapeutique par le mouvement fonctionnel*. Thèse 1857. — Le même. *Remarques sur un cas d'éclampsie grave guéri par la respiration artificielle*. In Bull. de thérap., 1865. — E.-Tradère. *Du massage, son historique, ses manipulations*. — N. Laisné. *Du massage, des frictions et manipulations*. Paris, 1868. — Phélippeaux. *Étude pratique sur les frictions et le massage*. Paris, 1870. — Brodhurst. *On ankylosis*. London, 1861. — O. Reveil, *Formulaire des médicaments et des médications nouvelles*, p. 721, 1864. — Bourguet (d'Aix). *Traitement des cicatrices difformes (par les manipulations)*. In Bull. de thér., 1869, p. 207.   E. D.

MANN (Christoph David), né à Reutlingen (Souabe), le 18 octobre 1715. D'abord pharmacien, ou plutôt, comme on le disait alors, apothicaire, puis médecin dans sa ville natale, il se fit connaître assez avantageusement pour que les villes de Pfullingen et de Biberach l'aient successivement appelé à la place de médecin pensionné. Il mourut à Biberach, le 19 février. 1787.

On a de lui :

I. *Circa enchıreses phlebotomiæ, observationes et cautelæ chirurgiæ practicæ.* Halle, 1744, in-4°. — II. *Vier selten chirurgische Zufalle Ilund gluckliche Kuren.* Lindau, 1746, in-4°. — III. *Nachricht von Empropfung der Kinderblattern in Oberschwaben.* Ulm., 1770, in-8°. — IV. *Nachricht von den sogenannten Jordanbad der freien Reichstadt Biberach.* Biberach, 1777, in-8°.　　　　　　　　　　　　　　　　　　　　　　　　E. BOD.

MANNE (LOUIS-FRANÇOIS), chirurgien d'Avignon, qui jouissait d'une grande notoriété pendant la première moitié du dix-huitième siècle. Il était chevalier de l'ordre de Saint-Jean-de-Latran, chirurgien du vice-légat, de la princesse de Holstein et de l'archevêque, chirurgien-major de l'Hôtel-Dieu d'Avignon, etc. L'Académie de chirurgie l'avait admis, en 1759, comme membre associé. Il mourut le 28 décembre 1755. Manne est surtout demeuré célèbre pour avoir proposé, dans les cas de polypes volumineux de l'arrière-gorge, de fendre le voile du palais, afin d'extraire la tumeur avec plus de facilité, opération hardie qu'il pratiqua avec un plein succès dans des cas très-graves. On lui doit encore d'intéressantes remarques sur les plaies du cerveau avec absence de symptômes appréciables. Ces remarques sont consignées dans les opuscules suivants :

I *Dissertation curieuse au sujet d'un polype extraordinaire qui occupait la narine droite, qui bouchait les deux fentes nasales, et qui descendait par une grosse masse, extirpée à un pâtre du Dauphiné* Avignon, 1717, in-8°. — II. *Obs. de chirurgie au sujet d'une plaie de tête avec fracas, et une pièce d'os implantée dans le cerveau.* Ibid , 1729, in-12. — III. *Observ. de chirurgie au sujet d'un polype extraordinaire qui occupait la narine gauche,* etc. Ibid , 1747, in-8° (on trouve là trois nouvelles observations; la princ pale est longuement analysée à la suite du Traité des polypes de Levret. Paris, 1749, in-8°).

　　　　　　　　　　　　　　　　　　　　　　　　　　　E. BOD.

MANNE (MATTHIEU-LAURENT-MICHEL), né à Gap, le 23 mars 1734, entra en 1759 dans la marine en qualité de médecin entretenu ; puis, il passa comme professeur démonstrateur au collège de chirurgie de Toulon, position qu'il abandonna pour suivre l'amiral d'Estaing dans la guerre d'Amérique. De retour à Toulon en 1786, il remplit les fonctions d'aide de chirurgien-major au département de la marine et du port. Il se fit remarquer par son humanité et son courage lors du siège de cette ville qui était tombée au pouvoir des Anglais, et dans une épidémie de typhus qui avait éclaté au fort Lamalgue. Manne fut, en 1801, investi des fonctions de chirurgien en chef de l'arrondissement maritime de Toulon, et mourut quelques années après, le 19 mars 1806. Il avait été nommé, en 1782, membre correspondant de l'Académie de chirurgie, et chevalier de la Légion d'honneur lors de la création de cet ordre. On a de lui :

I. *Traité élémentaire des maladies des os.* Toulon, 1789, in-8°. — II. *Lettre sur les fractures dépendant de l'action musculaire.* In *Journ. gen. de méd.,* t XXIII, p. 267; 1865.

MANNE. § I. **Matière médicale.** La manne (du mot grec μάννα, manne) est une matière concrète et sucrée, apportée de la Sicile et de la Calabre où on la récolte sur deux espèces de frênes nommés *Fraxinus rotundifolia* et *Fraxinus ornus,* mais presque exclusivement par la première.

Le *Fraxinus rotundifolia,* quand il est cultivé, contient une si grande quantité de suc sucré que celui-ci en exsude souvent spontanément ; mais la manne qui est livrée au commerce est le produit d'incisions que l'on commence ordinairement au mois de juillet, et que l'on continue jusqu'au mois de septembre ou d'octobre. On obtient ainsi plusieurs produits qui varient en pureté, suivant l'époque de la récolte et suivant que la saison a été plus ou moins pluvieuse. Ainsi, dans les mois de juillet et d'août, la saison étant en général chaude et sèche, le suc se concrète jusqu'à sa sortie des incisions, sur l'écorce même des arbres, ou sur de petites pailles que l'on a disposées à cet effet, et constitue la manne la plus sèche, la plus blanche et la plus pure. On la nomme *manne en larmes*. Cette manne est celle dont le prix est le plus élevé quoique son action purgative soit moindre que celle des deux autres sortes. Elle est en morceaux irréguliers, ou allongés en forme de stalactites, secs, d'une couleur blanche, d'un aspect cristallin dans sa cassure, d'une saveur douce et sucrée.

Pendant les mois de septembre et d'octobre, la saison étant moins chaude et souvent pluvieuse, la manne se dessèche moins vite et moins complétement. Elle coule le long de l'arbre et se salit. Elle contient cependant encore une grande quantité de petites larmes, et, en outre, des parties molles, noirâtres, agglutinées, formant ce qu'on nomme des *marrons*. Ce mélange constitue la seconde sorte de manne que l'on trouve dans le commerce, la *manne en sorte*.

Enfin, on donne le nom de *manne grasse* à la manne que l'on récolte pendant le mois de novembre et le commencement de décembre. Elle coule jusqu'au pied de l'arbre et est reçue sur une couche de feuilles du même arbre, dont on a eu soin de couvrir le sol. Ce n'est qu'une masse molle, gluante et chargée d'impuretés.

La manne en larmes vient presque exclusivement de la Sicile, et la manne en sorte se divise en *manne de Sicile* ou *manne Géracy*, et *manne de Calabre* ou *manne Capacy*. Celle-ci contient de plus belles larmes et en plus grande quantité que la manne Géracy, par la raison qu'on ne les retire pas pour former une sorte particulière; aussi parait-elle plus belle et plus blanche lorsqu'elle est récente; mais comme elle est toujours très-molle et visqueuse, elle fermente et jaunit avec une grande facilité, et se convertit en *manne grasse* au bout de l'année. La manne de Sicile se conserve plus longtemps, mais cependant guère plus de deux ans; alors elle jaunit également, se ramollit et fermente. Il faut donc aussi la choisir nouvelle.

La manne a été analysée par Thenard qui l'a trouvée composée de trois principes: de sucre, d'un principe doux et cristallisable connu sous le nom de mannite, et d'une matière gommeuse et nauséeuse incristallisable. Le sucre existe dans la manne pour un dixième de son poids. La mannite constitue presque entièrement la manne en larmes (*voy.* Mannite). Il résulte des recherches récentes de M. Buignet que le sucre que renferme la manne est un mélange de sucre de canne et de sucre interverti, unis en proportion telle, qu'ils neutralisent, ou à peu près, leur action optique réciproque. Quant au principe nauséeux incristallisable, il ne serait autre chose que de la dextrine: c'est à elle que la manne doit le pouvoir rotatoire très-énergique et dextrogyre dont elle jouit. M. Buignet a pu l'extraire de la manne et prouver qu'elle a tous les caractères physiques et chimiques de la dextrine pure. Elle entre pour un cinquième environ dans le poids de la manne en larmes, et pour une plus grande proportion dans les diverses espèces de mannes en sorte. La proportion relative du sucre et de la dextrine est toujours constante: deux équivalents de dextrine pour un de sucre, c'est-à-dire juste la quantité de ces deux principes qui sont produits par la saccharification de l'amidon.

Autrefois on connaissait trois autres sortes de manne qui sont tout à fait ou-
bliées : 1° La *manne de Briançon*, qui exsudait spontanément dans les environs
de cette ville, des feuilles du mélèze, *Larix europœa*. Elle était en petits grains
arrondis, jaunâtres, d'une odeur nauséabonde, et jouissait d'une faible propriété
purgative. Suivant M. Berthelot, cette manne renferme un sucre particulier, la
mélézitose, qui présente beaucoup d'analogie avec le sucre de canne; il en diffère surtout par un plus grand pouvoir rotatoire et une résistance plus marquée
à l'action des ferments et des acides ; 2° La *manne d'Alhagi* ou d'*Agul*. Elle était
en petits grains, comme la précédente, et était fournie par une espèce de sain-
foin de la Perse et de l'Asie Mineure nommé *Alhagi mannifera*, 3° Le *téré-
niabin* ou *manne liquide*, constituée par une matière blanchâtre, gluante et
douce, assez semblable à du miel, suivant plusieurs auteurs; cette manne était
produite également par l'alhagi.

Parmi les substances analogues à la manne, on peut encore citer : 1° *La
manne de Sinaï*, qui a l'aspect d'un miel jaunâtre, et qui découle du *Tamarix
mannifera*, sous l'influence de la piqûre d'un insecte, le *Coccus manniparus*.
M. Berthelot l'a trouvée composée de 55 de sucre de canne, 25 de sucre interverti
et 20 de dextrine ou produits analogues, pour 100 parties ; 2° *La manne des
Eucalyptus* de l'Australie, principalement des *Eucalyptus dumosa*, *mannifera*,
et *resinifera*. Elle est en petites masses blanches, arrondies, grenues à la surface,
moins douce au goût que la manne ordinaire, et contient un principe sucré
particulier que M. Berthelot a décrit sous le nom de *melitose* (voy. Mélitose).

Le nom de manne est encore donné à d'autres substances. Sous le nom de
manne tombée du ciel; on désigne une substance alimentaire qui se développe rapidement dans certaines circonstances, en Perse et dans le voisinage du
mont Ararat, etc., et que les habitants de ces contrées ont employée comme aliment. D'autres disent qu'elle est apportée par des vents violents. Il est certain
qu'elle est formée de lichens, surtout de *Lecanora affini* Eversmann et de
Lecanora esculenta (*Lichen esculentus*, Pallas, *Parmelia esculenta*). La manne
des Hébreux était-elle une espèce de lichen ou bien une substance toute différente,
semblable à la manne du frêne et produite par les arbrisseaux des contrées traversées par les Juifs dans leur passage de l'Egypte en Palestine ? MM. Erhen-
berg et Hemprich affirment, d'après Burckhardt, que c'est la substance décrite plus
haut sous le nom de *manne de Sinaï* et produite par le *Tamarix mannifera*. Il
semble difficile de ne pas admettre leur opinion, si l'on compare la manne décrite
dans l'*Exode*, cette substance affectant la forme du coriandre, blanche comme la
neige, récoltée par les habitants avant le lever du soleil, se fondant et ne formant
plus qu'un enduit mielleux quand les rayons du soleil les ont touchés, que les
Arabes appellent encore manne, et qu'ils mangent en guise de miel. Mais cette
substance répond beaucoup moins à la manne décrite dans le livre des *Nombres;*
ce qui a fait penser à M. le Dr O. Rorke que la Bible a décrit, sous le même nom,
la manne de Sinaï d'une part, et de l'autre une substance plus dure, susceptible
d'être pilée et broyée, et qui pourrait bien être une des Lecanora dont nous venons
de parler.

Enfin le nom de *manne de terre* est donné à une substance sucrée,
souillée de terre, qu'on a apportée de Madagascar en morceaux irréguliers, de
couleur grisâtre. On lui donne généralement le nom de *dulcine*. Lorsqu'elle est
pure, elle forme un sucre isomérique de la manne, d'après M. Berthelot , cristal-
lisant en prismes incolores rhomboïdaux obliques. Sa saveur est légèrement

sucrée ; elle répand, lorsqu'on la jette sur les charbons ardents, la même odeur que le sucre. Elle est assez soluble dans l'eau, insoluble dans l'alcool absolu. Sous l'influence de l'acide nitrique, elle donne de l'acide mucique. Laurent lui avait donné le nom de *dulcose*, et M. Berthelot l'a appelée *dulcite*. On ignore encore le nom du végétal qui la produit.

La manne ordinaire (celle qui est fournie par divers *Fraxinus*) est administrée le plus souvent dans du lait ou quelque autre boisson, à la dose de 10, 20, 30, 60 grammes, suivant les cas ou suivant l'âge. La manne fait aussi partie de plusieurs préparations pharmaceutiques.

Tablettes de manne. Manne en larmes 150 grammes ; sucre pulvérisé, 800 grammes ; gomme arabique pulvérisée, 50 grammes ; eau de fleur d'oranger, 75 grammes. On fait fondre à une douce chaleur la manne dans l'eau de fleur d'oranger ; on passe à travers un linge ; on ajoute à la solution chaude la gomme arabique préalablement mélangée avec deux fois son poids de sucre. On incorpore le reste du sucre, et on fait des tablettes du poids d'un gramme (*Codex*).

Tablettes de manne de Manfredi ou *pastilles de Calabre*. On fait bouillir 125 grammes de racine de guimauve dans 2000 grammes d'eau pendant quelques minutes ; on ajoute 200 grammes de manne en larmes, on la fait dissoudre à chaud, et l'on passe. On ajoute 3000 grammes de sucre blanc et 60 centigrammes d'extrait d'opium dissous dans un peu d'eau ; on évapore en consistance d'électuaire ; on ajoute alors 100 grammes d'eau de fleur d'oranger et 4 gouttes d'essence de citron et de bergamote. On agite fortement avec une spatule de bois jusqu'à ce que la masse commence à s'épaissir ; on la coule alors sur des carrés de papier huilé. Quand la masse est refroidie, on la coupe en tablettes carrées.

Sirop de manne. Manne en larmes 60 grammes ; eau 80 grammes ; on agite de temps en temps jusqu'à ce que la manne soit dissoute ; on passe et on ajoute 150 grammes de sucre que l'on fait fondre au bain-marie. On passe à l'étamine.

Potion purgative à la manne. Médecine noire. Manne en sorte, 60 grammes ; feuilles de séné mondées, 10 grammes ; sulfate de soude, 15 grammes ; rhubarbe choisie, 5 grammes ; eau bouillante, 120 grammes ; on verse l'eau bouillante sur le séné et la rhubarbe ; après une demi-heure d'infusion, on passe avec expression. On ajoute le sulfate de soude et la manne ; on fait dissoudre sur un feu doux ; on passe avec expression. On ajoute le sulfate de soude et la manne ; on fait dissoudre sur un feu doux ; on passe ; on laisse déposer et on décante (*Codex*).

Marmelade de Tronchin. On pile bien dans un mortier de marbre 20 grammes de manne en larmes ; on y ajoute peu à peu 20 grammes de sirop de violette, puis 20 grammes de casse cuite, 20 grammes d'huile d'amandes douces et 3 grammes d'eau de fleur d'oranger.

Marmelade de Zanetti. Manne en larmes, 60 grammes ; sirop de guimauve, 4 grammes ; casse cuite, 50 grammes ; huile d'amandes douces, 50 grammes ; beurre de cacao, 24 grammes ; eau de fleur d'oranger, 15 grammes ; kermès minéral, 20 centigrammes. On fait fondre le beurre de cacao dans l'huile d'amandes douces. On délaye le kermès dans le sirop de guimauve et l'on mélange comme pour la préparation précédente. Cette marmelade est employée aux mêmes doses que la précédente.

Marmelade laxative au café. Manne en larmes, 50 grammes ; casse cuite, 50 grammes ; huile d'amandes douces, 50 grammes ; sucre blanc concassé, 50 grammes ; infusion concentrée de café, 75 grammes ; on fait fondre la manne dans l'infusion de café ; on passe ; on ajoute les autres substances ; on mêle avec soin.

Dose : deux cuillerées à café le matin et autant le soir, trois heures au moins après le dernier repas.   T. GOBLEY.

§ II. **Emploi médical.** La manne ordinaire, prise à petites doses, est alimentaire, et les habitants des pays où on la récolte l'emploient comme telle, en choisissant les plus belles larmes. On dit que la vipère en est friande. A doses plus élevées, la manne est laxative. Elle purge le plus souvent sans coliques, quand elle est pure ; ou, si les coliques accompagnent l'action évacuante, c'est sans doute par l'effet du déplacement de gaz ou de matières irritantes ; car aucune influence ne paraît être exercée sur la contractilité intestinale. La manne en sorte, dont les propriétés laxatives sont un peu plus prononcées, est moins souvent employée à cause de son goût plus nauséabond ; mais elle convient parfaitement pour des préparations purgatives complexes, dans lesquelles on l'associe au séné, à la rhubarbe, au jalap, etc. Quant à la manne grasse, le Codex l'exclut. On l'associait autrefois, comme la précédente, à d'autres médicaments ; on la falsifiait même quelquefois par l'addition de résidus de diverses plantes purgatives. Aujourd'hui, on ne l'emploie plus guère qu'en lavement, à la dose de 15 à 30 grammes. Du reste, quand la manne, même en larmes, doit être administrée à dose élevée dans un liquide, il est plus sûr, pour éviter les nausées, de la faire prendre à froid, sauf à en aider ensuite l'effet par des boissons chaudes. Il était autrefois recommandé de ne pas la faire bouillir ; mais il ne paraît que cette pratique, inutile d'ailleurs, lui ôte de ses propriétés. On donne plus haut la formule de plusieurs préparations excellentes qu'on s'étonne de voir, pour la plupart, abandonnées par les médecins.

Les indications de la manne n'offrent rien de bien spécial. Elle convient toutes les fois qu'il s'agit de purger faiblement, en ménageant la susceptibilité de l'intestin. C'est, néanmoins, une vieille pratique de l'appliquer surtout au traitement du rhume et du catarrhe chronique. Il en est ainsi notamment de la marmelade de Tronchin, de celle de Zanetti, et surtout des pastilles de Calabre, qui n'ont pas tout à fait perdu leur vieille réputation. On se proposait à la fois d'évacuer les mucosités passées des bronches dans le tube digestif, et d'exercer une action directement *pectorale*.

Quant aux autres espèces de manne indiquées plus haut, elles ne sont plus usitées en médecine (*voy.* MANNITE).   A. D.

MANNIDE. M. Berthelot, ayant fait agir entre 200 et 250° dans des tubes fermés à la lampe de l'acide butyrique sur la mannite, a remarqué, après avoir décanté le liquide butyrique, qu'il se trouvait au fond du tube était imprégnée d'une substance liquide. Il a dissous ce mélange dans l'eau, il l'a évaporé et repris par l'alcool absolu ; il a évaporé de nouveau, épuisé le résidu par l'éther et repris encore par l'alcool absolu (*Annales de chimie et de physique*, 3e série, t. XLVII, p. 312). C'est ainsi que ce chimiste croit avoir obtenu une nouvelle espèce à laquelle il a donné le nom de *mannide* pour rappeler sa provenance.

Le *mannide* est un corps sirupeux, doué d'un goût d'abord sucré puis amer : il est très-soluble dans l'eau et dans l'alcool anhydre. Chauffé à 140°, il émet des vapeurs visibles sans s'altérer. Abandonné à l'air humide, il passe à l'état de mannite, en s'assimilant les éléments de deux molécules d'eau.

Chauffé à 200° avec de l'acide benzoïque, le mannide produit un composé neutre identique avec le composé que forme la mannite sous l'action de ce même acide.

Maintenu à 100°, pendant quelques heures, en contact avec l'acide sulfurique concentré, le mannide s'y combine, et parait donner naissance à un acide copulé.

La composition du mannide est représentée par la formule $C^6H^5O^4$, qui est celle de la mannite moins les éléments de deux molécules d'eau. MALAGUTI.

MANNINGHAM (RICHARD). Nous savons peu de choses sur ce médecin, né vers le commencement du siècle dernier. Il était docteur en médecine, membre de la Société royale et du Collège des médecins de Londres, où il exerça avec le plus grand succès l'art des accouchements. Il fonda, dans sa propre maison, un hospice d'accouchements, alors qu'il n'en existait pas encore à Londres. Il a publié :

I. *Compendium artis obstetriciæ.* Londini, 1739, in-4°. Halæ Saxonum, 1746, in-4°. Traduit en anglais, avec ce titre : *Abstract of Midwifery.* London, 1744, in-4°. — *The Symptoms, Nature, Causes and Cure of the Febricula commonly called the Nervous an Cysterical Fever.* London, 1746, 1748, in-8°. II. M...N.

MANNITANE. Pour obtenir cette substance, on chauffe la mannite entre 180 et 200°, dans une capsule de porcelaine pendant quelques minutes. Dès que la capsule sera refroidie, on y verse de l'eau pour en dissoudre le contenu, et on fait cristalliser la liqueur convenablement concentrée par évaporation. La portion non cristallisée, c'est-à-dire les eaux mères, est évaporée à siccité et au bain-marie. Le résidu est repris par l'alcool anhydre ; la dissolution alcoolique est évaporée et le résidu est mis en contact pendant plusieurs heures, à la température de 100°, avec de l'oxyde de plomb. La masse est encore reprise par de l'alcool absolu, que l'on étend d'eau et que l'on fait traverser par un courant d'hydrogène sulfuré. Le liquide étant filtré, est de nouveau évaporé au bain-marie, repris par l'alcool absolu et puis évaporé. Le résidu de l'évaporation, étant chauffé jusqu'à 120°, constitue la *mannitane.*

La mannitane est une substance sirupeuse, douée d'un goût légèrement sucré ; elle est insoluble dans l'éther, très-soluble dans l'eau et dans l'alcool anhydre, et volatile à 140°. Elle réduit promptement le réactif cupro-potassique de Frommhertz. Sa composition est représentée par la formule $C^6H^{11}O^5$; formule égale à celle de la mannite moins les éléments d'une molécule d'eau.

Elle peut donc être considérée comme de la mannite, telle qu'elle se trouve dans les combinaisons, puisqu'on sait que cette dernière substance perd une molécule d'eau en se combinant avec d'autres corps.

On peut aussi envisager la mannitane comme de la mannite absolument anhydre ; non-seulement parce qu'elle contracte les mêmes combinaisons que la mannite, mais encore parce que, abandonnée longtemps à l'air, elle en absorbe l'humidité, s'assimile les éléments d'une molécule d'eau et passe à l'état de mannite (Berthelot, *Annales de chimie et de physique,* 5e série, t. XLVII, p. 306). MALAGUTI.

MANNITARTRATES. Sels composés d'acide mannitartrique et d'un oxyde basique. Jusqu'à présent, on n'en connaît que deux : le mannitartrate de chaux et le mannitartrate de magnésie (Berthelot, *Annales de chimie et de physique,* t. XLVII, p. 530). Les mannitartrates décomposés par la chaleur, répandent l'odeur de caramel, et soumis à la saponification, c'est-à-dire à l'action prolongée des alcalis, ils se décomposent en reproduisant leurs principes générateurs, l'acide tartrique et la mannite.

Mannitartrate de chaux. Substance blanche pulvérulente, soluble dans l'eau et insoluble dans l'alcool. Séché dans le vide, ce sel est représenté, suivant M. Berthelot, par la formule

$$C^{30}H^{15}Ca^3O^{35} + 6\ aq. \quad \text{ou bien} \quad C^{30}H^{12}O^{32}\left.\begin{matrix}CaO\\CaO\\CaO\end{matrix}\right\} + 6\ aq.$$

Séché à la température de 140°, il perd 4 équivalents d'eau. Chauffé sur une lame de platine, il se carbonise en développant une odeur de caramel, et laisse une cendre blanche et légère. Saponifié par la chaux à 100°, il se décompose très-lentement et régénère de l'acide tartrique et de la mannite cristallisée mélangée avec un peu de mannitane.

On prépare ce sel, en saturant avec de la craie une dissolution étendue d'acide mannitartrique. A la liqueur filtrée, qui doit être neutre, on ajoute la moitié de son volume d'alcool ; le mannitartrate de chaux se dépose. On lave ce dépôt avec un mélange d'alcool et d'eau à volumes égaux, et puis après l'avoir redissous dans l'eau et précipité de nouveau par l'alcool, et cela à plusieurs fois successives, on le dessèche à froid dans le vide.

Mannitartrate de magnésie. On le prépare comme le mannitartrate de chaux ; seulement au lieu de craie on se sert de sous-carbonate de magnésie pour saturer l'acide mannitartrique. C'est peut-être à cette dernière circonstance qu'est dû l'excès de base que l'on trouve dans ce sel. En effet, suivant l'analyse de M. Berthelot, la formule du mannitartrate de magnésie n'est pas aussi simple que celle du mannitartrate de chaux, et renferme sept équivalents de base au lieu de trois. Le chimiste précité, à qui l'on doit la découverte de ce sel, lui attribue, lorsqu'il a été desséché à 140°, la formule suivante

$$C^{30}H^{15}Mg^5O^{35} + 4\ MgO; \quad \text{ce qui équivaudrait à} \quad C^{30}H^{12}O^{32}\left.\begin{matrix}Mg\ O\\Mg\ O\\Mg\ O\end{matrix}\right\} 4\ MgO.$$

Soumis à la saponification ou à la décomposition ignée, il se comporte exactement comme le mannitartrate de chaux.　　　　　　　　　　MALAGUTI.

MANNITARTRIQUE (Acide). Combinaison de mannite et d'acide tartrique obtenue par M. Berthelot, en chauffant, pendant cinq heures, à 100 ou à 120°, poids égaux de ces deux substances (*Annales de chimie et de physique*, 5ᵉ série, t. XLVII, p. 330). L'acide ainsi préparé n'est jamais pur, car il renferme toujours, à l'état libre, de petites quantités de ses deux corps composants. Mais tout impur qu'il est, il peut servir à la préparation de mannitartrates purs qui permettront de déduire la véritable composition de leur acide. Cette composition est représentée par la formule

$$C^{30}H^{18}O^{35}, \quad \text{ou plutôt} \quad C^{30}H^{15}O^{32}\left.\begin{matrix}HO\\HO\\HO\end{matrix}\right\}$$

L'acide mannitartrique est donc un acide tribasique et paraît devoir donner naissance à trois séries distinctes de sels. A l'état libre, il a l'aspect d'une masse visqueuse, très-acide.　　　　　　　　　　MALAGUTI.

MANNITE. § I. **Chimie.** Ce corps a été découvert par Proust (*Journ. f. Chem. u. Phys.*, *Gehlen*, II, 83). Sa composition ($C^6H^7O^6$) a été établie par M. Liebig (*Ann. der Chem. u. Pharm.*, IX, 25), et il a été étudié par un grand nombre de chimistes, et notamment par M. Berthelot qui en a déterminé, pour ainsi dire, la constitution chimique (*Annales de chimie et de physique*, 3ᵉ série, t. XLVII, p. 297).

La mannite est un corps fort répandu dans le règne végétal ; on le trouve tout formé dans la *manne*, l'écorce de frêne, le céleri ordinaire, le céleri-rave, les racines de grenadier et de chiendent, dans l'écorce de cannelle blanche, dans la graine d'avocat et dans beaucoup d'exsudations végétales. On trouve aussi la mannite dans plusieurs algues, dans quelques champignons et dans le seigle ergoté.

La mannite prend naissance dans certaines réactions chimiques de la matière sucrée, et notamment dans quelques cas de fermentation. La source qui en est le plus riche est la *manne*, exsudation du *Fraxinus rotundifolia*, frêne qui croît dans l'Europe méridionale.

Aussi, en dissolvant la manne dans la moitié de son poids d'eau distillée contenant du blanc d'œuf, et en faisant bouillir pendant quelques minutes, puis en filtrant à travers une chausse de laine, obtient-on par le refroidissement du liquide une masse de cristaux colorés. Ceux-ci, après avoir été exprimés fortement sont dissous dans une petite quantité d'eau contenant du charbon animal, et la liqueur est chauffée pendant quelques instants : on la filtre et on la laisse refroidir. C'est ainsi que l'on obtiendra la mannite pure sous la forme de cristaux volumineux et incolores (Ruspini).

Il arrive quelquefois que la récolte de la manne venant à manquer, le prix de la mannite devient excessif. Dans ce cas, on peut la préparer en exposant, pendant deux ou trois mois, à des alternatives du froid de l'hiver et de la chaleur d'une chambre chauffée au calorifère, un mélange formé de glucose, de craie, de lait aigri et d'eau. Il se forme du lactate de chaux qu'on fait cristalliser : les eaux mères renferment beaucoup de mannite. Suivant les expériences de M. Strecker, on peut obtenir 1 kilogramme de mannite si l'on opère sur 10 kilogrammes de glucose (Strecker).

La mannite cristallise en prismes rhomboïdaux droits d'un éclat soyeux groupés souvent autour d'un centre commun. Elle a une saveur faiblement sucrée, et sa dissolution est optiquement inactive. Cent parties d'eau à 18° dissolvent 15,6 parties de mannite. Ce corps est fusible entre 160 et 165°, et cristallise par le refroidissement ; chauffé vers 200°, il passe en faible proportion à l'état de mannitane, en perdant de l'eau ; soumise à des températures diverses (pouvant dans quelques cas s'élever jusqu'à 250°), avec certains acides de nature organique, dans des tubes fermés, elle donne lieu à des combinaisons qui représentent les éléments de la mannitane et de l'acide, moins 2, 4 ou 6 molécules d'eau, selon que 1, 2 ou 3 équivalents d'acide ont concouru à la formation de ces nouveaux composés : ceux-ci, traités convenablement par l'eau, par l'alcool, par les acides ou par les alcalis, régénèrent l'acide à son état normal, et mettent en liberté de la mannitane.

Ces combinaisons mannitiques paraissent semblables, par leur constitution, aux corps gras et aux éthers ; seulement ces derniers corps reproduisent, en se décomposant, la glycérine ou l'alcool générateurs, tandis que les combinaisons mannitiques ne reproduisent point la mannite, mais la mannitane qui, à la longue et en absorbant de l'eau, deviendra mannite. Cette remarque ne s'oppose pas à ce que l'on considère la mannite comme un alcool triatomique, à l'instar de la glycérine.

On a décrit diverses combinaisons de mannite avec les acides sulfurique et phosphorique (Favre, *Annales de chimie et de physique*, 3ᵉ série, t. II, p 71), Knop et Schnedermann, *Annalen der Chemie und Pharmacie*, t. LI, p. 134). L'acide azotique monohydraté, en se combinant avec la mannite, donne naissance à des mannites nitriques, dans lesquelles on trouve que l'hydrogène, en quantités plus ou moins grandes, est remplacé par des proportions équivalentes d'hyponitride (Az O⁴). Exemple :

$$C^6H^5 (AzO^4)^2 O^6 = \text{Mannite dinitrique (Svanberg et Staaf).}$$
$$C^6H^4 (AzO^4)^3 O^6 = \text{Mannite trinitrique (Strecker).}$$

M. Riegel a observé et étudié plusieurs combinaisons de la mannite avec les bases terreuses et alcalines, avec l'oxyde de plomb et avec le chlorure de sodium (Berzelius, *Rapport annuel des travaux de chimie*, pour 1842). M. Ubaldini, de son côté, a étudié avec soin les combinaisons de la mannite avec la chaux, la baryte et la strontiane (*Journal de pharmacie*, t. XXXVII, p. 56).

La mannite n'est pas saccharifiée par les acides, n'est pas précipitée par l'acétate de plomb tribasique, et ne réduit pas le réactif de Frommhertz. Sa dissolution aqueuse mise en contact avec la levûre de bière n'entre pas en fermentation alcoolique, mais il n'en est plus ainsi si on l'abandonne pendant quelques semaines à la température de 40° avec de la craie, du fromage blanc ou du tissu pancréatique, ou de toute autre substance analogue.

Le tissu testiculaire de l'homme, du coq, du chien, du cheval transforme en glucose lævogyre la mannite dissoute dans l'eau ; la masse entière de la mannite ne subit pas cette transformation, mais la portion saccharifiée est très-appréciable.

La mannite est un produit constant de la fermentation lactique, lorsque la masse qui fermente n'est pas entretenue à l'état neutre (Pasteur). MALAGUTI.

§ II. **Emploi médical.** Il est assez singulier que, même dans les ouvrages les plus modernes, on soit peu d'accord sur les propriétés de la mannite et sur la question de savoir si c'est à elle que la manne doit sa vertu laxative. Thenard attribuait cette vertu à la substance nauséeuse, incristallisable, de la manne et non à la mannite ; il est certain, d'ailleurs, que la manne en larmes, la plus riche en mannite, est moins purgative que la manne en sorte, où le principe nauséeux est plus abondant. Une expérience, citée par Mérat et Delens (t. IV, p. 231), et celles de Pereira, rappelées par Gubler (*Commentaires thérapeutiques*, p. 695), tendent à confirmer l'opinion de Thenard.

Gubler pense qu'on pourrait utiliser l'*action de présence* de la mannite pour faire absorber un sel de cuivre sans s'exposer à la décomposition de ce sel par les liquides alcalins de l'économie. Il rappelle la faculté dissolvante de cette substance et le service qu'elle peut rendre quand il s'agit de dissiper les taches calcaires de la cornée.   D.

MANNITIQUE (ACIDE). Cet acide a été découvert par M. Gorup-Besanez (*Annales de chimie et de physique*, 5ᵉ série, t. LXII, p. 489). Lorsqu'après avoir broyé une partie de mannite sèche avec deux parties de noir de platine, on ajoute au mélange de l'eau, et que l'on expose le tout à l'action d'une température de 30 à 40°, il se dégage une petite quantité d'acides volatils et la masse prend bientôt une réaction franchement acide.

Si l'on continue l'expérience jusqu'à ce que toute la mannite employée ait entièrement disparu, on obtient un liquide presque incolore qui renferme l'*acide mannitique* et un sucre fermentescible.

Pour isoler l'acide, on précipite par le sous-acétate de plomb la liqueur qui le renferme, et on décompose le précipité par l'hydrogène sulfuré. La liqueur filtrée est concentrée jusqu'à consistance sirupeuse.

L'acide mannitique ne paraît pas susceptible de cristalliser. Il est soluble dans l'eau et dans l'alcool, et peu soluble dans l'éther. A + 80°, il commence à se décomposer. Chauffé sur une lame de platine, il se boursoufle, prend feu, brûle avec une flamme éclairante, en répandant l'odeur de sucre brûlé et en laissant pour résidu un charbon léger et brillant.

La dissolution aqueuse de l'acide mannitique est optiquement inactive, elle est précipitée en partie par l'acétate neutre de plomb, complétement par l'acétate basique et réduit la liqueur de Frommhertz : l'eau de chaux et l'eau de baryte n'y forment pas de précipité, mais un excès de ce dernier réactif en détermine un assez abondant, ainsi que le font les sels de cuivre et les sels de protoxyde de mercure, les uns et les autres additionnés d'ammoniaque. Le précipité produit par les premiers est vert, celui produit par les seconds est blanc.

Les analyses des mannitates assignent à l'acide mannitique la formule

$$C^{12}H^{12}O^{14} = C^{12}H^{10}O^{12} \begin{Bmatrix} HO \\ HO \end{Bmatrix},$$

ce qui montre que cet acide est bibasique et qu'il provient de l'oxydation de la mannite.

$$C^{12}H^{14}O^{12} + 4\,O = C^{12}H^{12}O^{14} + 2\,HO$$
Mannite. Acide mannitique.

Les mannites sont presque toutes solubles dans l'eau et ne peuvent cristalliser.

La substance sucrée qui se forme en même temps que l'acide mannitique est incristallisable et optiquement inactive, bien qu'elle présente toutes les réactions du glucose. MALAGUTI.

MANOMÈTRE. Varignon désignait sous le nom de *manomètre* ($\mu\alpha\nu\delta\varsigma$, rare ; $\mu\epsilon\tau\rho\sigma\nu$) un appareil destiné à mesurer le degré de raréfaction de l'air dans les machines pneumatiques.

On se sert aujourd'hui de ce mot pour désigner tout instrument ayant pour but de faire connaître la pression d'un liquide ou d'un gaz. Les manomètres ne sont pas seulement usités dans les expériences de physique, ils servent d'une manière continuelle dans l'industrie (chaudières à vapeur), et ont été employés dans certaines études de physiologie.

Quoique les appareils que nous allons décrire puissent, à l'aide de légères modifications, être employés à la mesure de pressions quelconques, les *manomètres* sont surtout destinés à mesurer les pressions supérieures à celles de l'atmosphère, et l'on conserve le nom de *baromètres* aux appareils ayant pour but la mesure des pressions plus faibles que la pression atmosphérique (éprouvette de la machine pneumatique).

Avant de passer à la description des manomètres, nous devons faire remarquer que, tandis que, pour les faibles pressions ou dans le cas d'expériences précises, on évalue les pressions en *millimètres de mercure* (hauteur verticale d'une colonne de mercure qui, sur la surface considérée, produirait la même pression), dans l'industrie les pressions sont mesurées en nombre d'*atmosphères*. On passe facilement, du reste, de l'un de ces modes de mesure à l'autre en se rappelant la pression atmosphérique équivaut à celle d'une colonne de mercure de 760^{mm} de hauteur verticale.

D'après les principes sur lesquels ils sont fondés, les manomètres ont été rangés en trois groupes que nous étudierons successivement.

I. *Manomètres à air libre*. Les manomètres à air libre sont une application du principe des vases communiquants : en les ramenant à la forme la plus simple, un manomètre à air libre consiste en un tube recourbé dont les extrémités sont ouvertes et à moitié rempli de mercure; l'une des extrémités est libre, l'autre est mise en communication par un tube à robinet avec le vase qui contient le liquide ou le gaz dont on veut mesurer la pression. Avant que le manomètre soit mis en place ou avant que le robinet ait établi la communication, le mercure est au même niveau dans les deux branches; au moment où l'on ouvrira le robinet, le mercure sera refoulé dans la branche libre, et après quelques oscillations l'équilibre s'établira de nouveau. A ce moment il faut (*voy*. HYDROSTATIQUE) que la pression soit la même en tous les points d'un plan horizontal quelconque pris dans l'intérieur du liquide. Si nous considérons le plan horizontal qui limite le mercure dans la branche où il est déprimé, la pression sur ce plan est précisément la pression cherchée. Dans l'autre branche elle doit être la même au même niveau, et elle est alors mesurée par la colonne de mercure située au-dessus, augmentée de la pression atmosphérique qui s'exerce librement sur le mercure. On aura donc à évaluer la distance verticale qui sépare les niveaux du mercure dans les deux branches et à augmenter de *un* le nombre d'atmosphères correspondants : ainsi, si la différence de niveau est de 1520 millimètres qui correspond à 2 atmosphères, la pression qui a produit cette dénivellation est de 3 atmosphères.

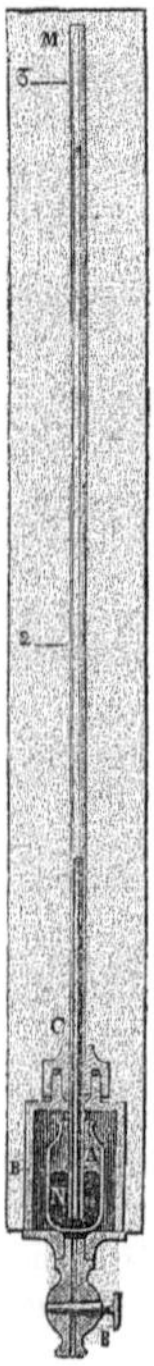

La disposition simple que nous venons d'indiquer ne peut être employée que lorsque les pressions à mesurer sont faibles; dans le cas contraire, en effet, il faut donner à chacune des branches une grande longueur au-dessous du niveau normal du mercure, afin que ce liquide ne vienne pas à être entièrement refoulé au delà de la courbure inférieure, ce qui entraînerait une déperdition du corps en expérience, et s'opposerait à toute mesure. Pour éviter cet inconvénient, on place sur la branche qui est en communication directe avec le réservoir une boule d'une capacité assez grande qui permet au mercure de s'élever notablement dans la branche libre sans presque baisser dans l'autre. Il est clair qu'il n'y a pas moyen de diminuer la longueur de la branche libre, puisqu'elle est en relation directe avec la valeur de la pression extrême que l'on veut mesurer.

On emploie souvent (fig. 1) une forme différente de la précédente : un tube en verre MN ouvert à sa partie supérieure plonge par l'extrémité inférieure dans une cuvette A contenant du mercure; cette cuvette est renfermée dans une boîte métallique B, communiquant avec le réservoir par un tube muni d'un robinet R et dans laquelle pénètre le tube de verre à travers une boîte à étoupe C. L'explication de cet appareil n'offre rien de particulier et, comme pour les formes précédentes, la différence de niveau du mercure dans le tube et dans la cuvette augmentée

Fig. 1.

de *une* atmosphère donne la mesure de la pression dans le réservoir. Dans ce cas, il est vrai, on ne peut voir le niveau du mercure dans la cuvette; mais comme la surface de celle-ci est considérable par rapport à la section du tube, on peut sans erreur sensible admettre que le niveau y est constant : on portera donc, à partir de ce niveau, des longueurs successives de 760^{mm}, et l'on marquera les chiffres 2, 3..., etc., aux points obtenus, le numéro 1 se trouvant au niveau même du mercure dans la cuvette.

Le manomètre à air libre dont l'usage est obligatoire pour les chaudières à basse pression (Ordonnance du 17 janvier 1846) dans lesquelles la pression de la vapeur ne dépasse pas deux atmosphères, devient d'un emploi impossible lorsque la pression s'élève à cinq ou six atmosphères seulement ; dans ce cas, en effet, la longueur du tube qui renferme le mercure doit atteindre quatre ou cinq fois la hauteur de 760 millimètres, environ 3^m,50. L'impossibilité est la même, à plus forte raison, lorsqu'il s'agit d'une locomotive ; pour les navires à vapeur, la difficulté provient de ce que le tube prend des inclinaisons diverses, et que c'est seulement la hauteur verticale qui donne la mesure de la pression. Aussi, dans le plus grand nombre de cas, maintenant, on fait usage de manomètres basés sur d'autres principes.

Il n'en est pas moins vrai, cependant, que le manomètre à air libre est le seul qui donne des mesures exactes pour les pressions. Aussi a-t-il été employé exclusivement dans les recherches précises de physique, notamment dans les études faites sur la loi de Mariotte par Dulong et Arago, et plus tard par M. Regnault. Mais, dans ce cas, il faut mesurer avec le plus grand soin au cathétomètre (*voy.* ce mot) la distance verticale des niveaux du mercure dans le tube et dans la cuvette. Dans les expériences de M. Regnault, la colonne de mercure atteignait une hauteur de 30 mètres, et un système particulier avait dû être employé pour permettre de transporter le cathétomètre à cette hauteur. De plus, M. Regnault, à l'aide d'une formule qu'il avait calculée, tenait compte de l'augmentation de densité des couches inférieures par suite du poids qu'elles avaient à supporter.

Lorsque les pressions à mesurer sont très-peu supérieures à celle de l'atmosphère, on emploie avantageusement le manomètre à air libre ; souvent même on y remplace le mercure par un liquide moins dense, afin de rendre plus considérables les différences de niveau.

Dans l'industrie, nous l'avons dit, le principal obstacle à l'emploi du manomètre à air libre consiste dans la grande hauteur à donner au tube contenant le mercure. On a cherché à parer à cet inconvénient, et M. Richard, après M. Collardeau, est arrivé à construire un appareil qui résout la difficulté. Pour comprendre le principe sur lequel il est basé, imaginons que l'on place à la suite deux manomètres à siphon, de manière que l'extrémité libre du premier vienne en communication exacte avec la partie du second qui devait être fixée au réservoir ; supposons que les deux manomètres soient l'un et l'autre à moitié remplis de mercure, de telle sorte que les surfaces libres soient sur un même plan, et que de l'eau occupe la partie des tubes comprise entre les deux masses de mercure. L'eau étant incompressible (du moins au point de vue pratique), on voit que tout déplacement d'une colonne de mercure sera identiquement transmis à l'autre, si les tubes ont le même diamètre. Lors donc que l'on ouvrira le robinet de communication avec le réservoir, on verra descendre les niveaux dans deux branches et monter le mercure dans les deux autres de la même quantité. Dans le tube extrême, la pression sur le plan horizontal passant par le niveau inférieur est mesurée par la colonne de mercure située au-dessus de ce plan ; dans le tube communiquant au réservoir, sur le même plan, la pression serait la même du fait de la colonne de mercure située au-dessus, mais, en outre, cette pression doit être augmentée de la pression transmise par l'eau de la première colonne de mercure à la seconde. En négligeant le poids de l'eau, comme première approximation, on voit que la pression dans le réservoir est le double de celle accusée par le manomètre extrême. On conçoit que l'on puisse réunir à la suite de la même manière, trois, quatre manomètres ou un plus grand nombre, et de même aussi on trouvera que la pression dans le réservoir sera sensiblement, trois, quatre, etc.; fois celle accusée par le manomètre extrême [1].

On peut concevoir facilement comment on peut arriver en se basant sur cette idée à construire un manomètre qui permette de mesurer des pressions élevées sans avoir recours à un tube d'une grande hauteur. Nous n'entrerons d'ailleurs dans aucun détail de construction, il nous suffit d'avoir fait comprendre la possibilité de résoudre cette difficulté.

La graduation de ce manomètre pourrait avoir lieu en s'appuyant sur la théorie que nous venons d'indiquer en note ; mais il faudrait pour cela, entre autres conditions, que tous les tubes eussent exactement le même diamètre. Il est préférable d'opérer cette graduation *par comparaison :* pour cela, on monte sur un même réservoir dans lequel on peut comprimer soit un gaz, soit de l'eau, le manomètre que l'on veut graduer et un manomètre à air libre. On opère la compression jusqu'à ce que le manomètre à air libre marque successivement 2, 5.... atmosphères, et l'on inscrit les chiffres 2,3.... aux points où s'arrête le mercure dans l'appareil en expérience.

Sans vouloir entrer dans aucun détail, nous dirons que l'on a imaginé des manomètres à colonne réduite (manomètre Galy-Cazalat) en obtenant l'équilibre entre les pressions du gaz et du mercure agissant sur des surfaces dans un rapport donné. Si ces surfaces sont dans le rapport de 1 à 10, la hauteur du mercure représentera seulement aussi $\frac{1}{10}$ de la pression du gaz.

II. *Manomètres à air comprimé.* Dans les manomètres à air comprimé, l'équilibre est obtenu par la compression d'une masse de gaz dans un espace fermé. En vertu de la loi de Mariotte, si un gaz est amené à occuper un volume qui est $\frac{1}{2}, \frac{1}{3}, \frac{1}{4}$ du volume qu'il occupe à la pression atmosphérique, il supporte des pressions qui sont égales à 2, 3, 4.... fois la pression atmosphérique.

Le manomètre à air comprimé (fig. 2) présente les mêmes parties essentielles que le manomètre à air libre à cuvette : seulement le tube dans lequel s'élève le mercure est fermé à la partie supérieure au lieu d'être ouvert. Dans ce tube est emprisonnée une masse de gaz telle, que, lorsque sa pression est égale à la pression atmosphérique, le niveau du mercure soit le même dans le tube et dans la cuvette.

---

[1] En réalité, la pression est un peu plus faible que celle que nous indiquons; soit, en effet, h la distance verticale commune des niveaux du mercure ; soit aussi D la densité du mercure, d celle de l'eau. La pression qui s'exerce à la surface supérieure du mercure dans l'avant-dernier manomètre est la différence des pressions dues à des colonnes de mercure et d'eau de même hauteur $h :$ cette pression est donc $h (D - d)$. De même une nouvelle pression $h (D - d)$ est due à l'action de l'avant-dernier manomètre sur le précédent; et comme les effets s'ajoutent sur celui-ci, la pression sera $2h (D - d)$. Ainsi de suite, si donc on a n manomètres, la pression à la surface supérieure du mercure du dernier sera $(n - 1) h (D - d)$: pour avoir la pression définitive, il faut ajouter la pression hD due à la dernière colonne de mercure. Sa pression cherchée est donc finalement

$$n - h(D-d) + hD = nhD \qquad (n-1) hd.$$

Si le mercure n'était pas pesant, on voit que la pression du gaz sur le réservoir serait immédiatement donnée par la réduction du volume de l'air; en réalité, on ne peut négliger le poids de la colonne soulevée à cause de la grande densité du liquide employé, et, par suite, la pression dans le réservoir est plus forte que ne l'indiquerait la compression de l'air. On ne peut cependant songer à employer un autre liquide plus léger, qui, outre l'inconvénient de produire des vapeurs à de hautes températures, dissoudrait l'air et fausserait, par suite, tous les résultats [1].

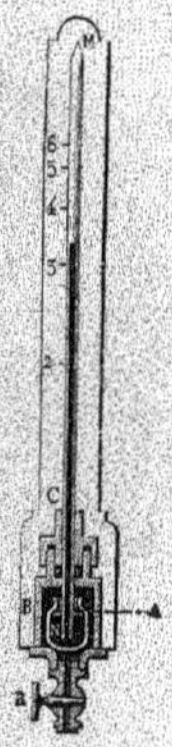

Malgré la possibilité d'arriver à une graduation théorique du manomètre à air comprimé, on n'a jamais recours à ce procédé, qui suppose au tube une régularité parfaite. La graduation se fait toujours *par comparaison*.

On conçoit facilement que l'on puisse de même faire un manomètre à air comprimé à siphon, dont la théorie est, du reste, exactement la même, et pour lequel on arriverait aussi facilement à une graduation théorique.

Les manomètres à tige cylindrique présentent un inconvénient grave : c'est que la variation de niveau du mercure diminue de valeur à mesure que la pression est plus élevée. Si, par exemple, la colonne d'air occupe une longueur de 40 centimètres à la pression atmosphérique, le niveau montera de $0^m,20$ lorsque la pression sera doublée (en négligeant la pression due à la colonne de mercure, ce qui est sans grande influence). Quand la pression sera amenée successivement à 4, 8 atmosphères, le volume sera réduit au $\frac{1}{4}$, $\frac{1}{8}$, et le niveau du mercure montera respectivement de $0^m,10$, $0^m,05$. C'est précisément dans les hautes pressions qu'il serait intéressant d'avoir des notions exactes sur les valeurs appréciées, et il en résulte un inconvénient sérieux. On diminue notablement cet inconvénient en remplaçant le tube cylindrique par un tube s'effilant en pointe à la partie supérieure : en effet, les volumes cessent alors d'être proportionnels aux hauteurs, et les divisions s'espacent davantage vers le sommet.

On pourrait arriver sans difficulté à une graduation théorique; mais, outre qu'elle serait moins simple que celle que nous avons donnée, elle exigerait que le tube fût régulièrement conique, ce qui ne peut jamais se présenter : aussi a-t-on toujours recours à la graduation *par comparaison*.

III. *Manomètres métalliques.* Les manomètres métalliques sont basés sur les déformations, les changements de courbure que subit un tube fermé et enroulé dans l'intérieur duquel on fait varier la pression.

Fig. 2.

[1] On peut facilement trouver la relation entre la hauteur de la colonne soulevée et la pression dans le réservoir. Supposons le tube cylindrique et, par suite, les volumes du gaz proportionnels aux longueurs; soient l la longueur du tube, h la hauteur de mercure soulevée, p la pression atmosphérique, P la pression dans le réservoir et D la densité du mercure. Nous admettons, d'ailleurs, que le niveau dans la cuvette puisse être considéré comme constant. En vertu de la loi de Mariotte, la pression de l'air confiné est $\frac{pl}{(l-h)}$; et cette pression doit s'ajouter à la pression hd, due à la colonne de mercure. On a donc :

$$P = \frac{pl}{(l-h)} + hD.$$

D'où l'équation $Dh^2 - Ph + l(P-p) = 0$, dans laquelle il suffit de donner à P les valeurs successives, 2, 3, pour en conclure les valeurs correspondantes de h, et, par suite, pouvoir graduer l'appareil. Une discussion, qui n'offre, du reste, aucune difficulté, permet de choisir entre les deux valeurs données par le calcul, l'une de celles-ci étant inadmissible.

Le manomètre Bourdon (fig. 3) est le type de ce genre d'appareil ; il consiste en un tube métallique à section elliptique formant une sorte de boucle sur une plaque métallique. L'une des extrémités, ouverte et munie d'un robinet, est fixée inva-

Fig. 3.

riablement sur la plaque. C'est par cette ouverture qu'on établit la communication avec le réservoir de vapeur ou de gaz dont on cherche la pression : le reste du tube est libre de se déformer et de se déplacer, et l'extrémité opposée est fermée; elle porte une aiguille qui, dans son mouvement, se déplace devant un arc sur lequel sont tracées des divisions. Lorsque, le robinet étant ouvert dans l'air, la pression est la même à l'intérieur et à l'extérieur du tube, les dimensions sont telles, que l'aiguille se trouve à une extrémité de l'arc gradué, en un point où l'on marque le chiffre 1. Lorsque le manomètre communique avec un réservoir dans lequel la pression est supérieure à celle de l'atmosphère, le tube se déforme de manière à se *dérouler*, à augmenter son rayon de courbure, et, par suite, l'aiguille se déplace. En opérant par comparaison, on fixe de même des points où s'arrête l'aiguille pour des pressions de 2, 3.... atmosphères.

Cet appareil est d'un usage très-commode; il est de petite dimension, et sa forme ne présente aucune partie saillante; il est construit entièrement en métal, et, par suite, ne peut se casser sous l'action d'un choc violent; ce qui est à craindre dans les appareils précédents où il y a une partie en verre; enfin il ne contient pas de liquide et, par suite, peut prendre toutes les positions sans cesser de donner des indications exactes. Aussi est-il exclusivement adopté dans l'industrie et rentre-t-il dans les instruments dont l'usage est imposé dans le cas de chaudières à haute pression.

Applications et usages du manomètre. Indépendamment des applications industrielles du manomètre que nous avons indiquées déjà, la mesure des pressions dans les chaudières à vapeur, cet instrument est employé dans divers cas. Il sert, dans un certain nombre d'expériences de physique, pour la mesure des pressions (compressibilité de l'eau, tensions des vapeurs, etc.); il fait partie intégrante de la machine de compression, dans laquelle il joue un rôle analogue à l'éprouvette dans la machine pneumatique ; il a été proposé dans la construction des bateaux sous-marins pour la mesure des profondeurs que l'on a atteintes, donnant ainsi connaissance de la grandeur des déplacements verticaux comme fait le baromètre dans une ascension en ballon.

Enfin, en physiologie, le manomètre trouve une application directe dans la mesure de la tension du sang dans le système circulatoire. C'est Hales qui, le premier, eut l'idée de mesurer cette tension par la hauteur à laquelle le sang s'élevait dans un tube fixé à une artère : plus tard, les expériences faites par Poiseuille et Magendie sur ce sujet furent rendues plus faciles par l'emploi d'un manomètre à mercure (manomètre à air libre); ce n'est pas ici la place de décrire ces expé.

riences ni d'indiquer la manière de les exécuter dans les meilleures conditions.

C'est aussi un manomètre à siphon qui constitue la partie essentielle du *kymographion* de Ludwig, destiné à enregistrer les variations de la tension du sang : un flotteur qui se déplace avec le niveau du mercure dans la branche libre entraîne dans son mouvement une tige dont les oscillations transmises à un pinceau viennent se retracer sur un cylindre tournant.

Le *Federkymographion* (kymographion à ressort) de Fick, destiné au même usage que l'appareil précédent, est semblable en principe au manomètre métallique de Bourdon. Le sang arrive dans un tube recourbé, fixé à son extrémité ouverte, et libre à l'autre extrémité qui est fermée. Les variations de pression intérieure ont pour effet de changer la courbure du tuyau et de faire mouvoir son extrémité libre, dont les déplacements, convenablement amplifiés et enregistrés, peuvent donner une connaissance exacte des changements de la tension sanguine.

Il nous suffit d'avoir indiqué ces applications à la physiologie d'un instrument que l'on pouvait penser tout d'abord être applicable seulement à l'industrie : nous n'insisterons pas davantage sur d'autres expériences dans lesquelles il a pu être utilisé, le principe étant toujours le même et la forme seule venant à varier avec les circonstances.   C. M. GARIEL.

MANOSCOPE. On a donné le nom de *manoscope* (μανός, rare, σκοπεῖν, examiner) à un appareil qui est actuellement désigné sous le nom de *baroscope*, et qui a pour but de mettre en évidence dans les cours de physique la généralisation du principe d'Archimède, en prouvant qu'il s'applique non-seulement aux liquides, mais encore aux gaz.

Le baroscope consiste en un fléau de balance reposant, par un couteau d'acier, sur un plan résistant, aux deux extrémités duquel sont suspendus deux corps se faisant équilibre dans les conditions ordinaires. Ces corps, qui ont *même poids apparent* dans l'air, sont, d'une part, une balle massive en cuivre ou en plomb ; de l'autre, une sphère métallique creuse d'un diamètre relativement considérable. L'appareil, monté sur un pied, est placé sur la platine de la machine pneumatique et recouvert d'une cloche dont les bords ont été soigneusement graissés. On fait le vide dans la cloche, et, dès les premiers coups de piston, on voit le fléau s'incliner, et son inclinaison augmente à mesure que la raréfaction de l'air devient plus grande dans la cloche : c'est la sphère dont le diamètre est le plus grand qui s'abaisse, tandis que la sphère pleine s'élève. Il est facile de se rendre compte de cet effet à l'aide du principe d'Archimède, lequel doit s'appliquer aux gaz comme aux liquides, puisque le principe de transmission des pressions dont il est un corollaire est applicable aux uns comme aux autres. Le principe d'Archimède énonce que tout corps plongé dans un fluide y perd une partie de son poids égale au poids du volume de fluide déplacé. Tout corps plongé dans l'air a donc un poids *apparent* égal à son poids *réel*, diminué du poids de l'air dont il tient la place. Donc, si deux corps ont même poids apparent, celui dont le volume est le plus considérable aura, en réalité, le plus grand poids : c'est précisément le poids *réel* qui se manifeste dans le vide, et l'on comprend dès lors que la sphère creuse fasse incliner le fléau de son côté.

Il·faut reconnaître que le baroscope ne permet d'obtenir aucune mesure précise, et qu'il n'est, par suite, qu'un moyen insuffisant pour la démonstration du principe. L'application du principe d'Arcbimède aux gaz est, du reste, une généralisation très-légitime et pour laquelle il n'est guère nécessaire de donner de démonstration expérimentale directe. L'expérience du baroscope prouve cependant que la différence entre le poids réel et le poids apparent, bien que faible, n'est pas négligeable et fait comprendre que, dans les expériences exactes (pesées de précision, recherche de densités, etc.), il soit nécessaire d'en tenir compte, ainsi qu'il est dit dans d'autres articles.   **C. M. G.**

MANTIAS, médecin très-célèbre de l'école d'Alexandrie, qui fut disciple d'Hérophile et florissait 270 ans avant notre ère. Galien le félicite d'être resté fidèle aux doctrines de son maître et de ne point s'être jeté, comme l'avaient fait plusieurs autres, dans la secte empirique. Il faut cependant bien se souvenir qu'Hérophile, suivant ce même Galien, était à demi empirique, et que Mantias fut le maître d'Héraclide de Tarente, un des chefs de l'empirisme, avec certaines réserves, il est vrai, qu'il devait peut-être à son maître. Au total, Mantias avait écrit, *sur les médicaments*, un traité loué par Galien et qui a joui d'une grande faveur dans l'antiquité ; il avait aussi composé un ouvrage *sur les devoirs du médecin*, et un autre *sur les appareils de chirurgie.*   **E. Bgd.**

MANUFACTURES (HYGIÈNE PROFESSIONNELLE). Autrefois, mais surtout dans l'antiquité, ces grandes manufactures qui reçoivent des milliers de travailleurs étaient complétement inconnues. La production industrielle était presque exclusivement domestique, ou du moins la fabrication avait lieu soit dans les gynécées, soit dans de petits ateliers dirigés par un patron aidé de quelques esclaves ou travailleurs libres. C'est ce que l'on voit encore, non-seulement dans les pays de l'Orient à civilisation peu avancée, mais encore chez nous, pour certaines industries auxiliaires des manufactures, le tissage par exemple, qui n'out pas encore été complétement absorbées par les grandes entreprises, mais dont le nombre tend de plus en plus à se restreindre.

Les quelques manufactures qui existaient autrefois avaient surtout pour objet le travail des matières précieuses. Ainsi Justinien en aurait, parait-il, établi pour la soie, alors payée au poids de l'or, dans quelques villes de la Grèce. On les voit reparaître sous Louis XI, puis sous François Ier, mais surtout sous Henri IV, qui installe dans l'ancien palais des Tournelles l'industrie des étoffes de soie, d'or et d'argent, laquelle occupait jusqu'à deux cents ouvriers (Delamarre, *Traité de la police*, t. I, p. 82, 2e édit., in-fol.).

L'introduction de la mécanique dans la filature, travail autrefois essentiellement manuel, a donné lieu aux premières grandes entreprises, d'abord en Angleterre, de 1760 à 1780, par suite de l'invention des jeannettes (*spinning Jenny*, *mull Jenny*) ; mais c'est en réalité depuis le commencement de ce siècle que les grands perfectionnements apportés aux machines, et par-dessus tout l'application de la vapeur comme force motrice, ont donné naissance à ces vastes établissements qui s'assimilent, pour ainsi dire, toute une population et dont le régime a modifié si profondément les conditions physiques et morales de la classe ouvrière. Sans vouloir aborder la question économique, qui n'est pas de notre ressort, nous ne pouvons nous empêcher de faire observer que l'industrie, dans les conditions où elle s'est aujourd'hui placée, n'a pas apporté dans la fortune publique une moindre perturbation que dans la situation des simples travailleurs. Ces grandes entreprises ne peuvent marcher qu'avec d'immenses capitaux ; or, un simple particulier, quelque confiance qu'il inspire, ne pourrait toujours avoir un crédit suffisant pour obtenir les sommes énormes nécessaires pour soutenir la concurrence qui s'est établie entre les différents pays ; il s'est donc formé, depuis une trentaine d'années, des compagnies qui englobent les manufactures particulières, exactement comme celles-ci avaient englobé les petits ateliers.

Ainsi que le fait judicieusement observer un savant économiste, Ad. Blanqui, « les manufactures modernes ont beaucoup contribué à engendrer le paupérisme, en réduisant le salaire des ouvriers au plus strict nécessaire, et en leur faisant supporter les chances si variables des marchés. En vain le bien-être produit par la baisse des objets de consommation apporte-t-il quelque soulagement à la détresse des travailleurs ; cette baisse n'est point en rapport avec celle des salaires, et ne compense point pour eux les inconvénients de l'incertitude continuelle qui pèse sur leur existence. La société est obligée de pourvoir sous forme de secours et d'hôpitaux à tous les besoins des classes laborieuses, de sorte que nous avons sous les yeux l'étrange spectacle de l'accroissement de la misère privée à côté de l'accroissement de la richesse publique ; les pères sont réduits à faire travailler leurs enfants dès l'âge le plus tendre, sous peine de les voir mourir de faim, et les manufactures deviennent ainsi des officines barbares, où la jeunesse se flétrit dans sa fleur et paye de son sang les progrès de nos industries... Les chefs mêmes des grandes entreprises ne sont pas moins sujets que leurs employés aux troubles qui résultent de l'état de guerre politique ou de crise commerciale, de la cherté imprévue des matières premières et de la suppression des débouchés. »

Bien que sous le nom de manufactures on comprenne une foule d'industries à produits divers, nous ne parlerons dans cet article que de celles qui ont pour objet la mise en œuvre des matières textiles, lin, coton, laine et soie, qui ont entre elles les plus grands rapports et occupent le plus grand nombre des travailleurs dits de manufacture. Pour les autres genres de fabrication à produits métalliques et autres, nous renvoyons aux noms particuliers qui servent à les désigner (*voy.* Cuivre, Fer, Fonderies, etc.). Et même nous excluons du cadre que nous nous sommes réservé, le travail du tissage proprement dit, renvoyant au mot Tisserands l'hygiène spéciale de cette profession, encore aujourd'hui très-communément exercée dans de petits ateliers ou au domicile même de l'ouvrier. Il ne sera question ici des tisserands qu'au point de vue de leur séjour dans ces grandes fabriques où le travail se fait en commun, et par conséquent de ceux-là seulement qui y sont attachés. C'est qu'en effet, dans l'étude de l'importante question qui nous occupe, nous aurons surtout à examiner les inconvénients qui résultent de ces grandes agglomérations, et pour le physique par le fait des altérations diverses des milieux où s'accomplit le travail, et pour le moral par l'effet de la promiscuité des âges et des sexes, etc.

Les dangers qui attendent les ouvriers livrés au travail des matières textiles ont depuis longtemps fixé l'attention des médecins occupés des questions d'hygiène professionnelle. Ramazzini signale, chez les ouvriers qui travaillent la laine, des affections cachectiques qu'il attribue aux émanations d'huile dont les laines sont imbibées et au séjour dans des ateliers clos et malpropres. Il a également beaucoup insisté sur les affections pulmonaires qui résultent, pour les cardeurs de lin, de chanvre et de soie, des poussières auxquelles ce travail donne lieu (Ramazzini, trad. de Fourcroy, p. 167. 541. Paris, 1777, in-12). Morgagni, le scalpel à la main, a confirmé les assertions de son célèbre compatriote (*Epist.* VII, 13 ; X, 18).

Quelles que soient les exagérations ordinaires de Ramazzini, il ne s'est pas cette fois beaucoup écarté de la vérité. Jonas, en 1797 (*Journ. de Hufeland*, t. V), et plus tard, en 1814 (*Journ. de Horn*), se livra à quelques recherches sur les ouvriers des fabriques de drap, et en particulier sur les tondeurs de laine et sur les filateurs de coton.

Cependant, depuis la fin du siècle dernier, la révolution industrielle résultant de l'emploi des machines perfectionnées s'était accomplie; les grandes manufactures avaient été créées, et le travail exagéré des jeunes enfants qu'on y employait commençait à porter ses fruits; on signalait déjà une sorte de dégénérescence de la classe ouvrière par suite de cet abus prématuré des forces. Un des premiers, Jackson, en 1818, fit entendre un cri d'alarme qui, ainsi que nous allons le voir, eut un long retentissement. Il signala les dangers du régime qui s'était introduit dans les fabriques. En France, divers auteurs, mais notamment Gerspach, dans une très-bonne dissertation (1827), vinrent corroborer les inquiétudes jetées dans le public. Mais c'est surtout à partir de 1832 que la question prit les proportions d'un problème de haute politique sociale par suite de l'enquête parlementaire à laquelle on se livra en Angleterre sur l'initiative de Sadler, et de la promulgation du bill sur le travail des enfants dans les manufactures. Dans cette enquête, un grand nombre de personnes, médecins et autres, furent interrogées, et presque tous les témoignages attribuèrent au travail dans les établissements industriels les conséquences les plus désastreuses pour la santé et la durée de la vie. On s'était surtout adressé aux sommités médicales de Londres, qui, pratiquant en dehors des grands centres manufacturiers, s'étaient, en général, prononcées *a priori*, et ne pouvaient appuyer leurs opinions de leur expérience personnelle. Seuls, Thomas Young (de Boston, dans le Lancashire), Malyn (de Manchester), et T. Thackrah (de Leeds), avaient une autorité véritablement compétente et s'étaient prononcés énergiquement pour les dangers du travail manufacturier.

Assurément, il y avait dans cette enquête beaucoup d'exagérations, beaucoup d'assertions sans preuves, en ce sens qu'on attribuait aux manufactures seules des effets qui tenaient à l'ensemble des conditions intrinsèques et extrinsèques de la profession. C'est alors que, tombant dans un excès opposé, Ure fit paraître sa *Philosophie des manufactures*, où il s'efforce de laver ces grands établissements des reproches accumulés contre eux. Il invoque à son tour des médecins pratiquant dans les grands centres industriels, et arrive à célébrer, en quelque sorte, et en dépit de l'évidence, la vigueur et les belles apparences de santé de la population des fabriques.

Mais, tandis que ces débats où le parti pris et les intérêts particuliers jouaient un certain rôle, se poursuivaient en Angleterre et passionnaient les esprits, un de ces hommes qui sont tout à la fois l'honneur de l'humanité et de la science, Villermé, entreprenait chez nous, par lui-même, une enquête rigoureuse, soumettant chaque face de cette question multiple à un examen consciencieux et approfondi. Il parcourt les districts manufacturiers de la France et de la Suisse, interrogeant avec soin patrons et travailleurs, suivant les procédés industriels dans leurs plus minutieux détails, accompagnant les pauvres ouvriers jusque dans leurs demeures, scrutant les mystères de leur vie privée, et il publie enfin son beau livre intitulé : *Tableau de l'état physique et moral des ouvriers employés dans les manufactures de coton, de laine et de soie*, modèle inimitable de patiente analyse, de vues sagaces et profondes. C'est ce travail, appuyé par celui de Thackrah, que nous suivrons plus particulièrement dans les recherches qui vont nous occuper; nous y joindrons l'examen de divers travaux très-recommandables, ceux de Black, de Thomson, de Thouvenin, de Bredow, de Reybaud, etc., etc.

Avant d'aborder l'examen des conditions que crée la manufacture, c'est-à-dire les *influences intrinsèques*, nous devons faire connaître le genre de vie des ouvriers, leur hygiène privée (*influences extrinsèques*), afin de déterminer ce qui appartient à l'un ou à l'autre de ces deux ordres de causes dans les effets observés.

I. INFLUENCES EXTRINSÈQUES. *Habitations.* Tous les auteurs s'accordent à nous en faire le plus triste tableau. Les ateliers réputés les plus mauvais sont en quelque sorte des lieux salubres, si l'on vient à les comparer avec les logements de la plupart des ouvriers de certaines villes. « Il existe, dit Ad. Blanqui, des repaires mal à propos décorés du nom d'habitations, où l'espèce humaine respire un air vicié qui tue au lieu de faire vivre, qui attaque les enfants sur le sein de leur mère, et qui les conduit à une décrépitude précoce à travers les maladies les plus tristes, scrofule, etc. » (*Des classes ouvrières*). C'est à Lille et dans quelques villes du Nord que l'on voyait ces fameuses caves ouvrant sur la rue ou sur des passages infects appelés *courettes*, que le soleil n'éclairait jamais, souvent privées de fenêtres, et dans lesquelles venait s'entasser pêle-mêle et s'enfoncer dans la paille toute une famille, père, mère, enfants des deux sexes. Trop souvent encore dans ces bouges immondes, des tas de chiffons, de légumes, de peaux d'animaux ou des animaux vivants, achevaient de corrompre l'air impur que l'on y respirait. Dans les autres villes, les logements des ouvriers, sans être aussi affreux, sont encore détestables; c'est ce que l'on a noté pour Rouen, pour Lyon, etc. On a signalé l'encombrement de familles et de travailleurs dans des logements sombres, humides, ou dans des greniers, où rien ne garantit contre les extrêmes de température.

Dans les petites villes, les conditions sont beaucoup plus avantageuses. Les ouvriers résident hors de l'enceinte urbaine, dans la campagne, en bon air. Mais cet avantage est compensé par un autre inconvénient, c'est la distance beaucoup trop grande, quelquefois 3 à 4 kilomètres, qui sépare la fabrique de la demeure de l'ouvrier, ajoute à la fatigue du travail celle du chemin qu'il doit parcourir pour s'y rendre, et diminue enfin le peu de temps dont il peut disposer pour son repas du soir, le sommeil et les soins de propreté. « Il faut les voir, dit Villermé, arriver chaque matin en ville et en partir chaque soir. Il y a parmi eux une multitude de femmes pâles et maigres, marchant pieds nus, au milieu de la boue, et qui, faute d'un parapluie, portent, renversé sur la tête, lorsqu'il pleut, leur tablier ou leur jupon pour se préserver la figure et le cou; et un nombre encore plus considérable de jeunes enfants non moins pâles, non moins hâves, couverts de haillons tout gras de l'huile des métiers tombée sur eux pendant qu'ils travaillaient; ces derniers, mieux préservés de la pluie par l'imperméabilité de leurs vêtements, n'ont pas même au bras, comme les femmes, un panier où sont les provisions de la journée, mais ils portent à la main ou cachent sous leur veste le morceau de pain qui doit les nourrir jusqu'à l'heure de leur rentrée à la maison. »

Il faut le dire, dans beaucoup de grandes villes, cet état de choses s'est beaucoup amélioré; à Lille, par exemple, la plupart des caves ont disparu, les quartiers étroits, sombres, encombrés, ont été assainis pour les ouvriers et loués à des prix modérés. Mais c'est surtout à Mulhouse qu'une mesure essentiellement humanitaire a été prise par la Société industrielle des patrons; nous en parlerons à l'occasion de la prophylaxie.

Vêtements. Trop souvent le désir de briller le dimanche fait négliger aux ouvriers, mais surtout aux ouvrières, le soin de se couvrir convenablement pendant la semaine. Il en résulte pour eux de graves inconvénients, surtout dans le nord, où ils passent brusquement d'ateliers chauffés à 20° ou 25° centigrades aux injures d'une température rigoureuse. Trop souvent, ils n'ont, les jours de travail, qu'une mauvaise blouse et des pantalons de toile ; beaucoup n'ont qu'une seule chemise qu'on lave le samedi dans la nuit. Mais, comme nous le disions, ils ont, le dimanche, une tenue presque élégante, et qui ne les distingue pas des petits bourgeois.

Des soins de propreté. Ils sont malheureusement beaucoup trop méconnus. Nous avons vu ce que sont les demeures ; eh bien, il en est à peu près autant du corps. « Les trois quarts des ouvriers, et surtout les femmes âgées, mettent la plus inconcevable négligence dans leur toilette. La plupart de ces dernières sont d'une saleté extrême ; plusieurs ne se lavent pas même une fois par mois, et beaucoup ne prennent jamais de grands bains. L'accumulation de la poussière des ateliers forme obstacle à la transpiration cutanée, et peut donner naissance à beaucoup d'affections » (Thouvenin). Comme on pouvait le présumer, les paresseux et les ivrognes se font particulièrement remarquer par leur insigne malpropreté.

Alimentation. Elle est généralement insuffisante ou défectueuse. Dans le Nord, pris pour exemple parce que les manufactures y abondent, le déjeuner se compose, d'ordinaire, d'une décoction d'orge ou d'enveloppes de cacao, mais surtout d'une abondante infusion de chicorée torréfiée, ou plus rarement de café, coupée avec du lait ; plus, des tranches de pain. Le dîner est ordinairement constitué par de la soupe maigre, ou un mélange bouilli de lait battu avec du pain ou du riz ; de pommes de terre, aliment de prédilection ; de haricots, pois, lentilles et autres légumes ; quelquefois de charcuterie, de poissons de mer, ordinairement peu frais ; enfin, pour les ouvriers plus aisés, d'un peu de viande ; au goûter, quelques tartines beurrées ; et au souper, une soupe ou du lait battu, et des tranches de pain. La viande est en trop faible proportion dans ce régime, nouvelle cause de débilitation pour les adultes et d'arrêt de développement pour les enfants. Dans d'autres localités, comme à Lyon, la viande entre fort heureusement pour une bonne part dans l'alimentation des ouvriers.

Des boissons. Ivrognerie. La boisson ordinaire des ouvriers des deux sexes, et à plus forte raison des enfants, c'est l'eau. Mais cette sobriété de la semaine est, il faut l'avouer, trop compensée par les libations du dimanche et du lundi. L'intempérance est, en effet, très-répandue dans les populations industrielles, et beaucoup plus commune dans le Nord que dans le Midi, à Lille que dans le reste du Nord. Une chose triste à dire, c'est que, dans quelques localités, et particulièrement dans la ville que nous venons de nommer, les femmes se livrent également à l'ivrognerie, et partagent, à cet égard, les excès des hommes. Une détestable eau-de-vie de grain, dont on connaît les funestes effets, sert d'aliment à cette malheureuse passion.

Les causes de ce vice, dont les conséquences sont si désastreuses, seraient, d'après Villermé, qui a interrogé les ouvriers eux-mêmes à cet égard : 1° les mauvais exemples que, dès l'enfance, ils reçoivent dans leurs familles ; 2° le choix ou l'apprentissage d'un métier qui compte beaucoup d'ivrognes ; 3° les habitudes de débauche et de désordres qu'entraîne l'organisation du compagnonnage, et le travail en commun dans les ateliers des manufactures ; 4° l'oisiveté complète les jours de dimanche, les suspensions momentanées du travail, et ous les chômages de courte durée ; 5° le bas prix de l'eau-de-vie et des autres liqueurs spiritueuses, le grand nombre de cabarets et de cafés, où l'on peut boire à toute heure avec excès ; 6° le défaut ou l'oubli des principes moraux et religieux.

Prises d'abord sans plaisir, les boissons fermentées deviennent plus tard un besoin irrésistible, et l'intempérance acquiert d'énormes proportions. L'ivrogne passe en quelque sorte sa vie au cabaret, il néglige son travail, oublie ses devoirs de famille ; sa raison, sa santé, s'altèrent, et bientôt il tombe dans une profonde misère, où il achève de s'abrutir, si tant est qu'il n'essaye pas d'en sortir par une autre voie, celle qui conduit au bagne ou à l'échafaud. Dans le Midi, la sobriété est beaucoup plus grande.

Ages, sexes. La population ouvrière des manufactures se compose d'adultes et d'enfants des deux sexes. D'après la statistique générale de la France (*Industrie*, t. IV, 1847-52, in-fol.), et dont je crois les chiffres beaucoup au-dessous de la réalité, le nombre total des travailleurs employés dans les industries qui nous occupent serait de 694,585, dont 371,815 hommes, 218,781 femmes, et 103,989 enfants. La présence de ces derniers soulève une des questions les plus graves de l'hygiène publique et sociale, celle du travail des enfants dans les fabriques, qui a donné lieu à de sérieuses discussions dans les grandes assemblées politiques en Angleterre, puis en France. Il en sera traité, avec les détails convenables, au mot ENFANTS (Travail des). Relativement aux adultes, soit par raison de santé, soit par toute autre cause, ils quittent habituellement les établissements industriels vers l'âge de 40 ans, de sorte qu'il est très-rare d'y trouver de vieux ouvriers. T. Thackrah a dressé la statistique des fileurs employés dans quelques manufactures de coton, et il a relevé le chiffre de 1,685 individus, dont l'âge moyen était de 27 ans, et se subdivisait comme il suit :

```
De 15 à 20 ans.................  170
De 20 à 25 ans.................  514
De 25 à 30 ans.................  401
De 30 à 35 ans.................  260
De 35 à 40 ans.................  136
De 40 à 45 ans.................  124
De 45 à 50 ans.................   50
De 50 à 55 ans.................   22
De 55 à 60 ans.................    5
A 60 ans et au-dessus .........    3
                         TOTAL.  1,685
```

On voit, par ce tableau, que le plus grand nombre des ouvriers (il ne s'agit que des hommes est compris entre 20 et 30 ans ; après cette période, il y a décroissance progressive ; et après 45 ans le déclin est très-rapide. Entre 20 et 40, on trouve 1,540 ; mais entre 40 et 60, seulement 198 ; et sur la totalité *huit* seulement avaient passé l'âge de 55 ans. L'observation montre que les fileurs qui abandonnent leur état vers l'âge de 30 ou 40 ans peuvent remplir encore avec vigueur une autre profession, surtout à la campagne ; mais que s'ils restent, ils tombent épuisés ou malades, et ne tardent pas à succomber avec tous les attributs d'une vieillesse anticipée.

Les femmes ou jeunes filles, nous ne parlons pas des enfants, employées dans les fabriques, sont environ dans le rapport de 37 pour 100 au nombre total des adultes, et, comme le fait observer M. Godfrain, dans une très-bonne dissertation publiée en 1852, elles forment deux catégories distinctes : celles qui sont mères, et celles qui ne le sont pas. Pour ces dernières, les inconvénients du travail dans les ateliers leur sont personnels ; ce sont les inconvénients inhérents au genre de travail qui leur est dévolu (conditions intrinsèques). Pour les mères, outre les dangers dont il vient d'être question, on doit encore signaler le relâchement des liens de la famille ; car elles sont obligées de confier, pendant leur absence, leurs enfants à des gardes, dont on sait la criminelle négligence ; et s'ils sont un peu grands, elles les envoient aux crèches ou salles d'asile (*voy.* ces mots). Mais l'inconvénient le plus grave est pour les nouveau-nés, qui ne peuvent être allaités pendant le travail de la mère, et l'on connaît l'effroyable mortalité qui, dans les centres industriels, pèse sur ces pauvres petits êtres pendant les premiers mois de la vie, par suite d'une alimentation insuffisante, du défaut de soins, etc.

Moralité. Intelligence. L'ignorance et les mauvaises mœurs vont souvent de compagnie ; c'est ce que l'on voit dans ces malheureuses populations manufacturières, par suite de l'inexécution de la loi de 1841 sur le travail des enfants. Tous les instants de la journée étant consacrés au travail, l'instruction est entièrement négligée. Certes, d'incontestables progrès ont été accomplis à cet égard depuis quelques années, mais ils n'out pu encore porter leurs fruits.

Parmi les causes qui contribuent à expliquer le libertinage observé dans certains centres manufacturiers, il faut faire entrer en ligne de compte le mélange des sexes dans les ateliers, l'insuffisance du salaire pour les femmes, les mauvais conseils, les mauvais exemples ; les excitations, les railleries de celles qui, étant déjà perverties, s'efforcent d'entraîner à leur suite celles qui sont encore restées honnêtes ; enfin, les propos licencieux qui retentissent sans cesse à leurs oreilles. De là, cette débauche prématurée, ces jeunes filles déjà mères à l'époque de la puberté, et qui n'en témoignent ni honte ni repentir, certaines que, malgré leur conduite, elles trouveront facilement à se marier.

Ici se présente une curieuse remarque faite par tous ceux qui ont pu étudier ces graves questions. Ces Jeunes filles débauchées deviennent, sauf de rares exceptions, des épouses honnêtes, des mères dévouées. Villermé fait le plus grand éloge des femmes d'ouvriers, dont l'ordre, la sobriété, le travail viennent en aide au ménage, et qui font tous leurs efforts pour arracher leurs maris à l'inconduite et à l'ivrognerie. Et, en effet, rien de plus rare que l'adultère dans les ménages d'ouvriers, et surtout que l'abandon des enfants. Dans le Nord beaucoup d'ouvriers, et spécialement parmi les étrangers (les Allemands), vivent en concubinage ; mais ceci tient à quelques circonstances particulières : la difficulté de faire venir leurs papiers et les frais qu'il leur en coûterait pour remplir les formalités voulues. Dans le Midi, soit par l'effet de principes religieux plus sévères, soit par toute autre cause, le fait est que les mœurs sont beaucoup plus pures ; il en est de même en Suisse et en Amérique.

Une vertu, dit Villermé, que les ouvriers possèdent à un plus haut degré que les classes sociales plus heureuses, c'est une disposition naturelle à aider et à secourir les autres dans toute espèce de besoin.

Relativement à leur *imprévoyance*, on peut affirmer en thèse générale, dit le même observateur, que les ouvriers des manufactures songent peu au lendemain, surtout dans les villes ; que, plus ils gagnent, plus ils dépensent, et que beaucoup sont également pauvres au bout de l'année, quelle que soit la différence de leurs gains et de leurs charges. Travailler, mais jouir, telle semble être la devise de la plupart d'entre eux, excepté dans les campagnes. Au total, l'imprévoyance, le désordre, l'ivrognerie, pour plusieurs les charges de famille qui rendent le salaire individuel insuffisant, telles sont les causes de la misère profonde au sein de laquelle croupissent tant de malheureux dans les pays de fabriques.

II. Influences intrinsèques. Elles comprennent et le genre de travail et le milieu dans lequel celui-ci est accompli.

Suivant les substances mises en œuvre, les professions que nous avons à examiner sont les quatre suivantes : les industries du lin et du chanvre, du coton, de la laine et de la soie. Voyons en quoi elles consistent.

1° *Industrie du lin et du chanvre.* Les premières opérations que l'on fait subir au lin et au chanvre pour les réduire en filaments et mettre ceux-ci en état d'être filés et tissés sont d'abord le *rouissage*, qui consiste à faire macérer les tiges dans une eau courante ou dormante, ou dans des chaudières chauffées, afin de dissoudre la matière gommo-résineuse qui unit les fibres, et de désagréger leur enveloppe ligneuse. Cette opération s'accomplit en dehors des manufactures et par les cultivateurs ; il en sera traité au mot Rouissage avec les détails qu'elle comporte. Le lin roui est mis à sécher au soleil ou dans des étuves ; puis on le fait passer par des machines à *macquer* ou *broyer*, pour briser les gaines des filaments et séparer ceux-ci des parties ligneuses qui tombent en partie. La filasse reste aplatie en bandes parallèles. Le *teillage*, qui vient après, a pour objet de nettoyer complétement les fibres filamenteuses de toute matière étrangère ; il consiste à ratisser avec de grands couteaux de bois ou espades les faisceaux de filasse. Une foule de machines ont été proposées dans ce but ; mais jusqu'ici le teillage à la main est encore le procédé tout primitif qui fournit les meilleurs résultats ; aussi est-il généralement préféré ; il a lieu très-souvent alors en dehors des fabriques ; mais, fait à la main ou par des machines, il développe une grande quantité de poussière, et, à cet égard, il doit prendre rang parmi les occupations les plus insalubres que nous ayons à signaler dans les manufactures.

Que dans celles-ci on commence ou non par le teillage, il faut d'abord approprier à la filature les fibrilles longues et robustes du lin et du chanvre. On les coupe d'abord en deux ou trois parties, et l'on met de côté les extrémités qui sont plus déliées ou destinées aux numéros les plus élevés, c'est-à-dire les plus fins. Cette opération s'accomplit au moyen d'une espèce de scie circulaire qui déchire et arrache plutôt qu'elle ne coupe : puis on procède au *peignage*, qui divise les brins autant que possible sans les briser, les assouplit sans les fatiguer et les isole complétement, de manière à leur permettre de glisser facilement les uns sur les autres, et de se placer parallèlement. Pour cela on fait passer les mèches sur des dents métalliques plus ou moins fines et rapprochées suivant le degré de ténuité que l'on veut obtenir. Malgré les inventions ingénieuses d'une foule d'industriels et notamment de Philippe de Girard, dans le but de substituer des peigneuses mécaniques au travail à la main, celui-ci est souvent indispensable pour arriver à un résultat véritablement parfait, et, dans certains établissements, il est même exclusivement accompli par des hommes. Pendant cette opération, il se détache encore des corps étrangers, des ordures que contenait le lin et que respirent les ouvriers. Les brins courts et enchevêtrés qui restent accrochés aux dents du peigne et qui constituent l'étoupe doivent subir un cardage particulier sur des cardes analogues à celles qu'on emploie pour la laine ; seulement les cylindres sont plus gros, les dents plus fortes. L'étoupe sort de ces cardes sous forme de rubans qui sont préparés pour le filage comme le sont les mèches à longs brins. Diverses machines *étalent* et *étirent* ces rubans, ces mèches et préparent ainsi des fils grossiers qui sont portés sur le métier à filer, soit à sec pour les gros fils, soit à l'eau chaude pour les fils très-fins. Suivant beaucoup d'industriels, les fils travaillés à la main à l'aide du rouet l'emportent de beaucoup en régularité sur ceux que rendent les machines. La torsion et la perfection sont ensuite donnés par des appareils dits bancs à broches. Le dernier travail, le tissage, s'accomplit soit dans les manufactures à l'aide de métiers mus par la vapeur, soit à domicile et avec les métiers à bras (*voy.* TISSERANDS).

2° *Industrie du coton.* Le coton est livré à l'industrie en balles et fortement comprimé; il est à l'état brut et mêlé de beaucoup de substances étrangères; il faut donc lui rendre son élasticité, le nettoyer, l'étaler en cardes et en rubans très-légers, avant qu'il puisse être propre à la filature. De là toute une série d'opérations. On commence par *battre* le coton, soit avec des baguettes et à la main sur des claies élastiques en corde tressée, soit avec des machines (*batteur-éplucheur*) afin de l'ouvrir et d'en séparer les matières étrangères. Les cotons très-malpropres, comme ceux de Surate, dont nous parlerons plus tard, doivent passer deux fois à la machine. Ce battage développe d'énormes quantités de poussières et de petits filaments qui remplissent les ateliers. Déjà en partie étalé et ouvert, le coton doit passer dans de nouveaux appareils pour être complétement purifié et réduit en nappes très-légères sur les cylindres d'un *batteur-étaleur*. Ce travail est dirigé, pour chaque machine, par deux femmes, dont l'une prend et pèse la substance à sa sortie du batteur-éplucheur et charge les cylindres, tandis que l'autre l'étale le plus régulièrement possible sur les divisions de la table d'étendage. On passe alors à la *carde à rubans*, opération qui a pour but d'enlever au coton les impuretés qu'il pourrait encore renfermer, de l'ouvrir complétement et de le transformer en rubans de la consistance d'une toile d'araignée. Suivant le but qu'on se propose, la nappe est soumise à un ou deux cardages; le second ou *cardage en fin*, forme des rubans ou boudins presque réguliers. Pour soigner huit cardes, il faut un ouvrier et une ouvrière. Celle-ci change les pots qui reçoivent les rubans à mesure qu'ils se remplissent, et met de nouveaux manchons en remplacement de ceux qui sont vides. L'ouvrier débourreur nettoie avec une carde à main et à des intervalles convenables les différentes parties de l'appareil, non sans faire voltiger une multitude de petits filaments. Le coton reçu dans les vases est sous forme de rubans bien démêlés, mais où les fibrilles sont placées dans toutes les directions : on ne peut en tirer que des fils servant à fabriquer les grosses toiles. Pour les fils fins les filaments doivent être amenés au parallélisme. On obtient ce résultat au moyen d'une machine dite *banc d'étirage*. Ce banc est occupé par deux femmes employés à fournir des rubans et de réunir ceux qui se séparent. On peut procéder alors à la filature sur les *bancs à broches;* là, les rubans sont un peu tordus et roulés autour de bobines placées sur les broches. Ces bobines sont ensuite portées sur le métier dit *mull Jenny,* et enfin sur les métiers à doubler et à retordre le fil. Chaque métier à filer exige ordinairement deux, trois et même quatre personnes : un ouvrier proprement dit qui dirige le travail de la machine, aidé de deux ou trois autres, qui sont des enfants; les uns ont pour occupation de rattacher (*rattacheurs*) les fils qui se rompent; les autres, ce sont les. plus petits, qui vont sous le métier nettoyer les bobines et ramasser les déchets (*bobineurs* ou *balayeurs*).

Les fils. dévidés et disposés en écheveaux, il n'y a plus qu'à les mettre en œuvre sur les métiers à tisser pour les transformer en toiles. Ici se présente le *tissage* (*voy.* TISSERANDS). Notons seulement, au point de vue qui nous occupe, que les métiers à tisser mus par la vapeur fonctionnent dans de vastes salles bien éclairées. Ces appareils n'exigeant pas d'efforts musculaires, peuvent facilement être conduits par des femmes qui n'ont qu'à surveiller l'action de la mécanique et à rattacher les fils rompus. Elles sont aidées par des enfants de leur sexe; seulement l'encollage des chaînes est fait par des hommes, dans des ateliers où règne une température très-élevée, 34 à 36° centigrades, et même plus.

Nous ne parlons pas ici des hommes de peine qui lavent certaines étoffes, les portent aux séchoirs et travaillent tantôt à l'air libre, tantôt dans des ateliers plus ou moins chauffés. Ce travail ne présente absolument rien de contraire à la santé; il est accompli par des hommes sains et vigoureux.

J'en dirai autant des ouvriers des ateliers de construction, charrons, menuisiers, forgerons, etc., attachés aux manufactures pour construire et réparer les machines. Leur travail n'a non plus rien de commun avec celui des ouvriers manufacturiers proprement dits.

3° *Industrie de la laine.* La laine provenant de la tonte doit subir, pour être transformée en drap, une série d'opérations aussi nombreuses que compliquées, dans le détail desquelles nous n'avons point à entrer, mais que nous devons faire entrevoir d'un rapide coup d'œil. On commence par soumettre la laine au dégraissage et, si besoin est, à la teinture (*voy.* Dégraissage, Teinture), et elle entre alors dans les fabriques. De même que pour le coton, il faut d'abord la purger des corps étrangers qu'elle renferme. Dans cette intention, on la fait passer sous un cylindre armé de dents et tournant avec rapidité. En sortant de la *batterie* elle est passée au *loup*, autre machine armée d'un plus grand nombre de dents. La laine est ensuite graissée d'huile et soumise à un second louvetage. Elle est alors successivement présentée à trois cardes, la *briseuse*, la *repasseuse* et la *finisseuse* ou *carde à loquettes* qui livre la laine en *rouleaux* ou *loquettes*. Ce cardage peut être dirigé par des femmes et même par des enfants. Les loquettes sont por- tées sur un métier nommé Beylier qui forme des fils grossiers, lesquels sont ensuite filés en fin par un autre métier que conduit un ouvrier fileur aidé de deux rattacheurs. Le plus ordinairement ce dernier appareil est mis en mouvement par le moteur de la fabrique, mais quelquefois aussi c'est le fileur qui, se tenant debout, lui donne l'impulsion par des efforts assez fatigants.

L'*ourdissage* consiste à assembler les fils dont la chaîne doit être formée; puis, pour empêcher les fils de se casser pendant le tissage, il faut les encoller avec une gélatine animale; mais cette opération exige une température beaucoup moins élevée que celle qui est nécessaire pour l'encollage du coton. C'est alors que l'on procède au tissage proprement dit; il doit être fait de manière à donner au drap une largeur et une longueur presque doubles de celles qu'il doit avoir, à cause des réductions que lui font éprouver les opérations ultérieures. Ce travail, assez pénible, est exclusivement accompli par des hommes. Le drap une fois tissé, est d'abord dépouillé des matières grasses dont il avait fallu l'imprégner. Pour cela, après l'avoir fait séjourner pendant 10 à 12 jours dans une eau courante, on le fait passer entre des rouleaux en même temps qu'on l'imprègne d'un délayage de terre argileuse ou d'une solution alcaline; puis, à l'aide de petites pinces, des femmes, dites *énoueuses* ou *épinceuses*, enlèvent les nœuds formés par les fils rattachés pendant le filage. C'est alors que le drap imbibé d'une eau savonneuse est, à diverses reprises, foulé par un moulin à pilons ou maillets, ou bien, ce que l'on préfère aujourd'hui, pressé sans chocs entre des cylindres; ce travail diminue le drap d'environ un tiers de sa longueur et de la moitié de sa largeur.

Cela fait, à l'aide de cardes en chardon disposées sur des cylindres, on fait sortir la laine du tissu foulé ; c'est le *lainage* ou *garnissage ;* puis, pour égaliser ce lainage, on le tond ; cette opération se faisait autrefois à la main, avec de grands ciseaux, dans une attitude fatigante, et il se dégageait une multitude de petits filaments, au grand préjudice de la santé de l'ouvrier. Aujourd'hui cette besogne est faite avec beaucoup plus de régularité par des machines, dites *tondeuses*, armées de couteaux bien tranchants ; l'ouvrier n'a plus qu'à diriger le travail. Le drap est ensuite *apprêté* ou *cati* par une forte pression et passé à la vapeur ; puis *décati*, c'est-à-dire passé de nouveau à la vapeur, mais sans pression. Il est alors ferme, solide, brillant. Ces opérations de lainage, tondage, apprêt, sont accomplies par des hommes et des jeunes garçons de quinze à seize ans, qui se tiennent constamment debout. Remarquons, en outre, que plusieurs de ces procédés ont lieu, pour ainsi dire, dans l'eau, et, conséquemment, au milieu d'une humidité.

4° *Industrie de la soie.* Elle commence à la *magnanerie* où l'on élève les vers à soie. Ces magnaneries sont de vastes bâtiments, bien situés, largement aérés, munis de chauffoirs et de ventilateurs puissants, de manière à maintenir constamment un air pur dans les salles d'éducation. Les personnes employées là sont en petit nombre, et leur santé ne saurait être le moins du monde compromise par leurs occupations. Quelquefois le premier *dévidage* des cocons se fait dans les magnaneries ; mais, le plus ordinairement, il a lieu dans les filatures. Les cocons débarrassés de leur bourre et étouffés à l'étuve sont placés dans des bassines remplies d'eau chaude, la *dévideuse* ou *tireuse* groupe par six les brins élémentaires qu'elle a saisis en agitant les cocons avec un petit balai. Ces fils ainsi tirés passent par une filière, puis on les double, ce qui fait douze brins croisés ensemble et mis en écheveau à l'aide d'un dévidoir ; c'est la soie grége. Autrefois chaque bassine était posée sur un fourneau auprès duquel se tenait la tireuse, exposée ainsi à la fois et à la chaleur et aux émanations carboniques. Cela se pratique encore dans de petits ateliers ; mais dans les grandes fabriques, une seule chaudière située hors de l'atelier suffit pour chauffer à la vapeur un grand nombre de bassines. Il ne reste donc plus, pour les ouvrières, que les inconvénients de la vapeur d'eau qui se dégage incessamment des vases, et ceux qui résultent du contact des mains avec l'eau imprégnée de la gomme qui enduit les cocons (*voy.* Mal de bassine). L'asple ou dévidoir, naguère encore tourné par une petite fille, est, d'après les nouveaux systèmes, mis en mouvement par la vapeur. Ce sont là de grandes améliorations. Quant au tissage, il se fait généralement à domicile ou par petites entreprises (*voy.* Tisserands).

Des bâtiments. Nous ne pouvons passer sous silence l'examen des locaux dans lesquels s'accomplissent les travaux dont nous étudions les influences. Les fabriques constituées par de grands bâtiments, sont situées soit dans des villes à population dense, comme en Angleterre et dans nos villes du Nord, soit, ce qui est plus rare et plus avantageux à tous les points de vue pour les ouvriers, au milieu de la campagne.

Les travaux ont lieu dans de vastes pièces dont les fenêtres, pour la plupart, sont tenues closes en tout temps. Ces pièces mesurent environ 200 pieds de long sur 40 de large et 10 de hauteur ; soixante ouvriers au plus y résident journellement, ce qui fait pour chacun environ 14 mètres cubes d'air. Or, malgré l'occlusion des fenêtres, l'ouverture incessante des portes, les courants d'air établis par le mouvement des machines à travers les ouvertures par où passent les arbres et les courroies de transmission, y permettent le renouvellement de l'air dans une

certaine mesure, surtout dans les temps froids. On ne peut donc pas dire qu'il y a
là encombrement, dans le sens rigoureux du mot.

D'après un grand nombre de mesures prises dans les salles de cardage et de
filage, réputées les plus insalubres, Villermé a trouvé de 20 à 60 et même 68
mètres cubes d'air pour chaque ouvrier ; et même pour les ateliers de filage
rarement moins de 35, le plus souvent 40 à 47 mètres cubes. Il faut observer
que l'on ne peut entasser dans ces ateliers un très-grand nombre de personnes,
car les métiers prennent beaucoup de place ; et comme ils ne forment pas une
masse pleine, que l'air circule entre leurs différentes parties, ils n'occupent pas,
en réalité, une grande portion de l'espace. Dans les ateliers d'impression d'in
diennes, Villermé a constaté que le volume d'atmosphère pour chaque ouvrier est
seulement de 16 à 30 mètres cubes au moins, mais souvent bien davantage. Les
tisserands à la main qui travaillent chez eux ont assurément beaucoup moins
d'air à respirer. Nous parlerons en terminant des moyens de *ventilation* employés
ou conseillés pour l'assainissement de ces localités.

Dans la plupart des salles de filature on maintient une température assez élevée
de 20 à 25 et même 30 et 36° centigrades. Cette chaleur est donnée par des
tuyaux situés sous des planchers et dans lesquels circule la vapeur d'eau, ce qui
élève la température, mais sans renouveler l'air ; enfin, dans les filatures de coton
particulièrement, une certaine humidité est entretenue pour faciliter les opérations.

Les constructions destinées au tissage du coton sont de vastes bâtiments à un
seul étage, à moitié enfoncés en terre et dont les fenêtres ne s'élèvent guère à plus
d'un demi-mètre au-dessus du sol ; ils sont rarement surmontés d'un second
étage. L'humidité y est plus grande que dans les filatures ; on y respire l'odeur
infecte de l'encollage, mais peu de particules cotonneuses.

M. Melchiori, dans un très-bon mémoire, couronné par l'Académie des sciences
de Turin, a signalé quelques inconvénients dans les grandes filatures de soie
de l'Italie : les conduits qui emportent l'eau des bassines sont en terre cuite,
afin qu'ils ne se laissent pas traverser par les eaux putrides qui les traversent; mais comme leur pente n'est généralement pas assez déclive, l'eau y stagne,
d'où un foyer permanent d'exhalaisons fétides. Ces émanations se répandent sur
les meubles et les boiseries non vernies de l'atelier qui s'imprègnent ainsi d'une
humidité chargée de matières animales. Enfin les dépôts de chrysalides exhalent
souvent une odeur des plus infectes.

Influences nuisibles résultant du travail dans les manufactures. Si nous
reprenons, en les analysant, les causes diverses qui peuvent porter préjudice à la
santé dans les industries que nous venons de passer en revue, nous trouverons les
suivantes sur lesquelles les hygiénistes ont surtout fixé leur attention.

Encombrement. On a beaucoup parlé de l'encombrement des ateliers. Nous
venons de voir, à propos des établissements où s'exécutent les grands travaux
manufacturiers, ce qu'il faut penser de cette accusation. Non, il n'y a pas d'encombrement dans le sens rigoureux du mot, mais il n'en est pas moins vrai que
les ouvriers respirent là un air *confiné* ou du moins très-difficilement renouvelé.
Assurément cet inconvénient se rencontre à un degré beaucoup plus élevé dans
ces petits ateliers où s'entassent les ouvriers des professions sédentaires; mais, et
c'est là ce que nous voulons dire, il place les travailleurs des manufactures dans
des conditions plus mauvaises que celles des travailleurs de la campagne, qui,
dans les questions d'hygiène professionnelle, doivent servir de type et de terme

de comparaison. **Nous n'ajouterons** qu'un mot, c'est que le véritable encombrement se trouve, non à la fabrique, mais dans l'habitation particulière.

Température et *humidité.* Une cause incontestable d'insalubrité dans l'industrie cotonnière, c'est la température élevée indispensable pour certaines opérations, et à laquelle se trouvent nécessairement soumis les ouvriers employés à ces travaux. On se contente pour le cardage de 15 à 16° centigrades ; pour le filage, la température doit être d'autant plus élevée que le fil doit être plus fin ; ainsi : 15 à 16° pour les fils gros ; 18 à 20° pour les moyens ; 24 et même 25° pour les fils fins. Dans les ateliers où l'on donne le parement ou encollage, la température s'élève jusqu'à 36°. Dans les séchoirs, le thermomètre peut monter jusqu'à 50°, mais les ouvriers n'y séjournent pas, ils n'y entrent que pour étendre et enlever les pièces d'étoffe. Il y a en Angleterre des étuves chauffées jusqu'à 60 et même 65° ; Thackrah affirme que les ouvriers ne sont pas plus malades là qu'ailleurs, et qu'ils viennent y guérir les rhumes contractés au dehors. Ce même auteur constate cependant que cette température élevée produit une véritable *anémie* sur ceux qui s'y trouvent habituellement exposés, sans compter les accidents que peut déterminer le passage brusque de l'étuve à l'air froid du dehors.

Poussières. A l'exception de quelques auteurs dont l'optimisme résiste à l'évidence la plus manifeste, tout le monde reconnaît, comme cause de maladies très-graves, l'existence, dans certains ateliers, de poussières de différentes sortes et de débris divers, duvets, filaments, provenant des substances mises en œuvre. Cette masse de particules nuisibles remplit surtout les salles où l'on teille le lin, où l'on bat, où l'on carde le coton; ces végétaux dégagent d'énormes quantités de poussières et de duvet. Certains cotons, ceux de l'Inde surtout, et comme l'a fait voir M. Leach, le coton de Surate en particulier, présentent au plus haut degré cet inconvénient. Les *débourreurs*, les aiguiseurs de cardes, sont encore exposés, mais surtout les derniers (*voy.* AIGUISEURS), aux conséquences dangereuses que nous signalons ici. Les opérations analogues dont la laine est l'objet n'occasionnent pas, à beaucoup près, les mêmes effets. Les seules laines qui donnent lieu à un certain développement de particules, sont celles qui proviennent de peaux mortes, ou qui n'ont pas été convenablement lavées. On a noté le cardage des frisons de soie comme laissant échapper de grandes quantités de matières animales à l'état pulvérulent, et M. Boileau de Castelnau en a fait connaître les effets désastreux sur la santé des détenus de Nîmes. Mais en voilà assez sur ce point qui n'est plus en litige.

Émanations provenant des substances employées. Les hygiénistes, depuis Ramazzini, ont beaucoup parlé des mauvais effets produits sur la santé par les émanations provenant de l'huile prodiguée dans les manufactures de laine. Cette huile est employée au graissage des machines, et, se répandant sur les parquets et sur les pièces de bois, elle finit par les imprégner profondément; elle sert encore à imbiber la laine elle-même pour en rendre la filature possible. Ces odeurs aussi bien que celles du parement dans les filatures de lin ou de coton, sont très-désagréables à l'odorat, mais elles n'ont assurément rien de nuisible. Cependant quand on met en usage des huiles rances, il en résulte des exhalaisons âcres et acides qui peuvent être irritantes. Quant à l'emploi de l'huile en lui-même, nous verrons plus bas que l'on a attribué des effets avantageux à cette substance, qui va jusqu'à imprégner les vêtements des ouvriers.

Les exhalaisons fétides que répandent les cocons putréfiés dans les manufactures de soie, ne sont pas aussi innocentes. Les ateliers, dit M. Melchiori, sont remplis de vapeurs aqueuses èt des produits infects de la putréfaction animale, des gaz hydrogène carboné et sulfuré, de sulfhydrate d'ammoniaque et d'ammoniaque libre, et, en outre, des principes qui portent l'odeur spéciale des cocons et de la soie. Un chimiste distingué, M. Righini, a fait d'intéressantes recherches sur l'atmosphère de ces filatures. Pour mieux connaître la nature des produits de la combustion lente des matières organiques dans ces établissements, il a eu recours au globe de verre de Moscati, contenant un mélange réfrigérant ; au-dessous était un récipient dans lequel devait retomber l'eau provenant des vapeurs aqueuses, condensées sur le globe. Le liquide ainsi recueilli et examiné avec soin donnait avec le bichlorure de mercure un précipité blanc et cette réaction développait une odeur très-désagréable. Avec l'acétate de plomb cette eau prenait une teinte noire ; l'acide sulfurique donnait lieu à une odeur de cadavre en putréfaction. De l'eau distillée ayant été soumise à une agitation continue et prolongée dans les salles d'une manufacture de soie, on a reconnu à l'aide de l'acide sulfurique dilué qu'elle contenait une matière animale d'une odeur putride. Conservée en vases clos pendant quelques jours, l'eau chargée d'air par ce procédé ne tardait pas à se remplir de flocons blancs et à se corrompre. La viciation de l'air des filatures de soie par des émanations animales est donc vérifiée par l'expérience chimique.

Attitudes et mouvements divers. L'introduction des machines a créé d'heureuses modifications dans le travail des ouvriers. A des attitudes gênantes, incommodes, qui longtemps prolongées finissaient par amener des vices plus ou moins marqués de conformation, a succédé une simple surveillance qui peut être exercée dans la situation assise ou debout. On note cependant encore l'attitude assise et penchée de côté des tireuses de soie qui peut amener de légères déviations . le travail des tisserands, mais surtout des tisserands à la main dont il sera question ailleurs (*voy.* TISSERANDS) ; le battage à la main est fait par des jeunes filles qui se tiennent à genoux, d'où quelques accidents spéciaux, l'hygroma, par exemple, etc., etc. (*voy.* plus bas les *lésions de l'appareil locomoteur*).

Durée du travail. Il y a ici accord à peu près unanime entre les médecins pour blâmer la trop longue durée du travail, et surtout, plus encore peut-être, le trop court espace de temps accordé pour les repas. Il faut observer, cependant, que, depuis un certain nombre d'années déjà, de grandes modifications ont été apportées à cet état de choses, et que l'Angleterre, d'où étaient parties les premières plaintes, a donné l'exemple d'une réduction désirable à tous les points de vue. C'est surtout chez les jeunes sujets que ce travail, presque sans relâche pendant douze ou quinze heures, quelquefois même davantage, exerçait des effets désastreux. Thackrah fait remarquer que, au moment de la grande activité des affaires, les tondeurs de draps (à la mécanique, il est vrai) entrent à l'atelier à cinq heures du matin pour en sortir à neuf heures du soir, avec trois intervalles d'une demi-heure chacun pour les repas. Il y a même quelquefois un travail de nuit, commençant, par exemple, le vendredi à cinq heures du matin, pour se terminer le samedi à cinq heures de l'après-midi, c'est-à-dire pendant trente-six heures ; mais c'est là une circonstance exceptionnelle, et portant sur des adultes.

Des salaires. Il est fort difficile, pour ne pas dire impossible, de donner quelque chose de positif et de certain à cet égard. Il est bien évident que le prix de toutes choses s'étant notablement élevé depuis le commencement de ce siècle, le salaire a dû monter dans une progression parallèle, mais en restant dans la même relation. Pour ne parler que de notre pays, la statistique générale de la France (*Industrie*, t. IV. Paris, 1847-52, in-fol.) donne les chiffres suivants : Pour l'homme adulte, de 1 fr. 44 cent. (tissage du coton) à 2 fr. 11 cent. (ouvriers en soie) ; pour la femme adulte, de 85 centimes (tissage du coton) à 1 fr. 5 cent. (filature de soie) ; pour les enfants, de 50 centimes (tissage) à 70 centimes (soie). Villermé donne à peu près les mêmes chiffres pour 1840 : 2 francs pour les hommes, 1 franc pour les femmes, 45 centimes pour les enfauts de huit à douze ans, et 75 centimes pour les enfants de treize à seize ans. Nous ne présenterons donc ici que des généralités ; et, dans cette étude, nous suivrons un guide qui ne saurait nous égarer, l'ouvrage de Villermé, dont les réflexions sont applicables à tous les temps, sous le régime du salariat tel qu'il est constitué.

De ses recherches il résulte « 1° que les salaires s'accroissent continuellement jusque vers l'âge de trente ans, d'abord très-vite, puis lentement ; 2° qu'après trente-cinq ou quarante ans, ils baissent toujours, mais dans une progression plus lente que celle de leur accroissement ; 3° que jusqu'à l'âge de quinze ou seize ans, ils diffèrent peu pour les deux sexes ; 4° qu'à partir d'alors, les salaires des femmes restent de beaucoup inférieurs à ceux de l'homme ; 5° et que, passé l'âge de vingt ans, les femmes n'obtiennent, en général, que la moitié des gains de l'homme.

« L'ouvrier à la tâche ou aux pièces est partout mieux payé que l'ouvrier à la journée, parce que celui-ci, dont on achète un certain nombre d'heures, n'a pas le même intérêt à accélérer son travail que l'ouvrier à la tâche, dont on achète, au contraire, l'ouvrage et non le temps ; aussi, communément, ce dernier se ménage-t-il très-peu. En général, un homme seul gagne assez pour pouvoir faire des épargnes ; mais c'est à peine si la femme est suffisamment rétribuée pour subsister, et si l'enfant au-dessous de douze ans gagne sa nourriture. Quant aux ouvriers en ménage, dont l'unique ressource est également dans le prix de leur main-d'œuvre, beaucoup d'entre eux sont dans l'impossibilité de faire des économies, même en recevant de bonnes journées. Cette impossibilité résulte surtout de la position des chefs d'une famille trop jeune encore pour les aider, et aux besoins de laquelle ils sont obligés de pourvoir. Il faut admettre, au surplus, que la famille dont le travail est peu rétribué ne subsiste avec les gains seuls qu'autant que le mari et la femme se portent bien, sont employés pendant toute l'année, n'ont aucun vice, et ne supportent d'autre charge que celle de deux enfants en bas âge. Supposez un troisième enfant, un chômage, une maladie, ou seulement une occasion fortuite d'intempérance, et cette famille se trouve dans la plus grande gêne, dans une misère affreuse : il faut venir à son secours. Il convient cependant d'ajouter que si, dans une foule de professions, un homme seul trouve à louer ses bras, il n'en est pas heureusement de même dans les manufactures. Ordinairement le mari, la femme, leurs enfants, et jusqu'à leurs vieux parents, y sont employés, et, bien que ces derniers ne touchent que des salaires modiques, comme ils en reçoivent tous, ils échappent souvent ainsi à l'indigence (Villermé, *Tableau*, etc., t. II, p. 12 et suiv.). »

Et plus loin : « Dans les crises commerciales, le salaire des ouvriers les moins rétribués baisse ordinairement à peine, si l'on n'a égard qu'au chiffre nominal accordé par journée de travail, tandis qu'en réalité il baisse tout autant, proportion gardée, que celui des autres, et même plus, si l'on considère les besoins. En effet, c'est ordinairement par les plus pauvres que les réformes commencent; on ne les emploie que trois ou quatre jours par semaine, au lieu de six, ou bien six ou huit heures par jour au lieu de treize; heureux encore quand ils trouvent un peu d'ouvrage... Dix centimes par jour au-dessus ou au-dessous du taux nécessaire à l'entretien d'un travailleur économe et sans famille suffisent pour le placer dans une sorte d'aisance, ou pour le jeter dans une grande gêne. D'où il suit, les gains restant toujours les mêmes, qu'une augmentation ou bien une diminution de dix centimes dans le prix du pain qu'il consomme chaque jour apporte une très-grande différence dans sa condition (*loc. cit.*, p. 18). »

La dépense la plus forte pour les ouvriers est celle de la nourriture; elle s'élève communément à plus de la moitié de la dépense totale, et aux deux tiers ou aux trois quarts, s'il a des habitudes d'intempérance. Elle atteint la moitié, rarement plus des deux tiers pour une femme; et pour un adolescent, elle arrive aux trois quarts. Elle n'est pas tout à fait aussi forte quand les ouvriers vivent en famille. Après la nourriture vient l'habillement, qui, avec le blanchissage, fait du huitième au quart de la dépense totale; puis le logement, qui coûte du douzième au dixième et même davantage dans les grandes villes manufacturières.

Du reste, Villermé fait ici cette remarque curieuse, que de forts salaires ne sont pas toujours une garantie de moralité, beaucoup d'ouvriers trouvant dans des gains plus élevés une facilité plus grande à satisfaire leurs goûts de débauche.

III. EFFETS DES INFLUENCES EXTRINSÈQUES ET INTRINSÈQUES SUR LA SANTÉ. Ceci est la pathologie de la question qui nous occupe. Nous étudierons ces effets sur la constitution en général, et sur les différents systèmes de l'économie.

A. *État général. Constitution.* Ceux-là mêmes qui sont le plus portés à innocenter le travail des manufactures de toute influence nuisible, le docteur Ure excepté, sont forcés d'avouer que les personnes qui y sont employées présentent un teint blafard, un aspect chétif, qui contraste manifestement avec les apparences vigoureuses et les attributs de la santé que présentent les cultivateurs et tous ceux qui travaillent à l'air libre.

Tout le monde, dès le premier coup d'œil, peut constater la stature petite et grêle, la faiblesse générale, l'état anémique, l'étiolement, en un mot, de la population des fabriques; et, sans tomber dans certaines exagérations qui tendraient à la représenter comme une race dégradée, rachitique et difforme, il faut bien reconnaître que l'admission des enfants trop jeunes, la durée trop longue d'un labeur quotidien au-dessus de leurs forces, ont pour effet d'entraver la croissance, d'amener un état d'épuisement qui se manifeste à l'âge adulte par une infériorité physique très-marquée à l'égard des autres professions. Enfin, il faut encore tenir compte d'une sorte de sélection qui s'opère dans beaucoup de familles de cultivateurs et d'artisans divers, et jette dans l'industrie manufacturière les enfants trop faibles pour d'autres travaux. Cet abâtardissement a été observé partout, et c'est ce qui a, dès l'origine, attiré l'attention. M. Chadwick l'a démontré pour l'Angleterre; les officiers recruteurs ont constaté, à Manchester, une diminution notable sur la taille et la force nécessaires au service militaire. Le docteur Mac Grigor, chef du service de santé de l'armée anglaise, fait remarquer la différence très-appréciable qui existe entre les levées des contrées agricoles et celles des contrées industrielles. En France, mêmes résultats: ainsi, à Lille, pour avoir 100 soldats, il faut 300 hommes; à Rouen, 266; à Mulhouse, 210; à Elbeuf, 268; à Nîmes, 247; et, pour toute la France, seulement 186 (Thouvenin). De pareils résultats portent avec eux leur enseignement.

T. Thackrah trace ainsi, d'un crayon rapide, la vie physiologico-pathologique de l'ouvrier de fabrique. Le principal effet du confinement et de la température élevée des ateliers est une sorte d'épuisement de la force nerveuse et une anémie véritable, qui, d'une part, diminuent la résistance aux causes pathogéniques, et, de l'autre, semblent tarir les sources de la vie, et abrégent la durée normale de celle-ci. La constitution de l'enfant s'affaiblit, sans que ses parents y fassent attention; il continue son travail souffrant par occasion, mais sans maladie; son genre de travail ne l'expose pas à des maladies aiguës, inflammations ou fièvres; son âge n'est pas favorable au développement de la consomption; il atteint ainsi l'âge viril, et il embrasse une autre profession, probablement moins insalubre, au total très-différente de la première. Ses habitudes vont être changées. Mais qu'il commette un écart de régime, qu'il s'expose à quelque cause morbide, il sera facilement atteint; sa constitution détériorée d'ancienne date offrira une proie facile à la maladie, alors qu'un homme de la campagne y aurait résisté avec succès. Un autre, élevé dans une manufacture, y reste; il échappera peut-être à diverses affections aiguës. Il vivra ni bien ni mal portant, mais usé avant le temps; il tombera vers l'âge de quarante-cinq ou cinquante ans dans une vieillesse prématurée. Un troisième, débilité, souffreteux, prendra l'habitude de chercher des forces dans les liqueurs alcooliques, et succombera vers l'âge de quarante ans à une affection gastro-hépatique.

Maintenant quelles sont les causes réelles de cette dégénérescence? Elles sont multiples, outre les causes que nous signalions dans le paragraphe précédent, le confinement dans des ateliers habituellement clos, la température élevée, la trop longue durée du travail, la médiocrité des salaires, jouent là un très-grand rôle; il faut accuser encore les conditions extrinsèques tenant au genre de vie des ouvriers : la mauvaise alimentation, les habitations malsaines, mais surtout l'intempérance et les excès de tout genre qui ne se font pas seulement sentir sur l'individu lui-même, mais qui retentissent sur les enfants. Ces dernières conditions, auxquelles il convient de faire une si large part, la part du lion, suivant quelques-uns, ces conditions, a-t-on dit, sont précisément celles qui se présentent dans toutes les grandes villes manufacturières ou commerçantes. Ainsi on a comparé Liverpool, ville exclusivement commerçante, avec Manchester, essentiellement industrielle, et l'on a fait voir que, sous le rapport de l'état physique et de la mortalité, ces deux grandes cités peuvent aller de pair. Villermé a très-judicieusement prévu et réfuté cette objection. Qu'importent ces distinctions? Le travail des fabriques a rassemblé dans des centres spéciaux des populations rurales, auparavant saines et vigoureuses, et il les a faites ce que nous les voyous actuellement; c'est donc, en réalité, la manufacture qu'il convient d'accuser. Et ce n'est pas tout : la présence des poussières dans certains ateliers a créé là une cause puissante de maladie et de mort qu'on ne peut rapporter à l'hygiène de l'ouvrier, et qui appartient bien en propre aux travaux dont nous parlons.

A cet égard, les différentes industries nous présentent des différences que nous ne pouvons passer sous silence.

On est à peu près d'accord pour reconnaître que, au point de vue des inconvénients et des accidents morbides, le lin et le coton l'emportent de beaucoup sur la laine et même sur la soie (à part le cardage des frisons). T. Thackrah, qui a comparé les cotonniers de Manchester aux drapiers de Leeds, signale les différences notables qui les distinguent au point de vue de l'aspect extérieur. Il faut noter d'ailleurs que, en outre des circonstances parfaitement appréciables qui rendent le travail de la laine moins dangereux, il faut bien dire que le salaire plus élevé des ouvriers de cette industrie, l'âge plus avancé, de deux à trois ans, des jeunes auxiliaires qu'on y reçoit, sont pour beaucoup dans les différences qui ont frappé tous les observateurs.

Relativement à l'état général de la constitution, représenté par la taille et le poids des sujets, les auteurs nous fournissent quelques résultats intéressants.

Ainsi Black a choisi deux classes d'hommes employés dans les mêmes fabriques, tous nés dans le même canton, recevant à peu près le même salaire, vivant à peu près de même, savoir : les fileurs ou tisseurs de coton, et les ouvriers occupés au blanchiment du coton fabriqué. Il en a pris, au hasard, cent de chaque catégorie; il a mesuré leur taille et l'ampleur de leur poitrine, et il les a comparés ensuite au même nombre de soldats du 85e régiment d'infanterie, troupes légères n'ayant pas de compagnies d'élite.

Voici le tableau résumé de ses observations.

PROFESSION.	AGE MOYEN.	TAILLE.	AMPLEUR DE LA POITRINE.
Fileurs et tisseurs............	26,71	5 p. 4 p'. 64	32 p. 67
Blanchisseurs...............	32,12	5 p. 6 p'. 75	34 p. 24
Soldats...................	32,67	5 p. 7 p'. 87	34 p. 80

Les différences les plus notables ressortant de ce tableau portent particulièrement sur le développement de la poitrine, qui est, en effet, remarquablement moindre chez les fileurs et tisseurs.

Se plaçant à un point de vue spécial, l'utilité des corps gras, et surtout de l'huile, pour donner de la vigueur et combattre la phthisie et les scrofules, Thomson a mis en regard, sous le rapport du poids, les ouvriers qui travaillent la laine, et sont constamment en contact avec l'huile, et les cotonniers qui n'en font pas usage. Un premier tableau comprend l'examen de cent personnes âgées de treize à dix-huit ans, pesées au moment de leur entrée dans la fabrique et au bout de trois mois. Ces cent personnes, lors de leur admission, pesaient ensemble 8,518 livres, et trois mois après 9,093 livres ; il y avait donc accroissement total de 595 livres, ou 5 livres 3/4 pour chacun, en moyenne. Dans aucun cas, il n'y eut de diminution de poids. Mettant ensuite en parallèle les jeunes sujets qui, par leur travail, sont le plus en rapport avec l'huile et ceux qui le sont le moins, il a reconnu que dix-huit des premiers ont gagné 119 livres, tandis que pareil nombre des seconds n'atteint que 103 livres. Dans un autre pesage, entre vingt sujets de chacune de ces deux catégories, ceux de la première l'ont emporté de 50 livres sur ceux de la seconde. Thomson a ensuite donné, d'après Cowel et Horner, le tableau comparatif du poids moyen de sujets du même âge employés dans les manufactures de laine, dans les manufactures de coton ou en dehors de ces établissements.

AGE.	FABRIQUES DE COTON.		FABRIQUES DE LAINE.		EN DEHORS DES FABRIQUES.	
	garçons.	filles.	garçons.	filles.	garçons.	filles.
13	71 l.	73 l.	79 l.	80 l. 1/2	75 l.	72 l.
14	76	83	81	86	78 1/2	83
15	88	87	96	100	88 1/4	95
16	97	95	»	99 1/2	110	90
17	104	100	98 1/4	127	117 3/4	102
18	105	106	»	134	126	121

Il faut observer que les sujets dont il est ici question ont été pris sans choix dans de grandes et dans de petites fabriques; on remarquera aussi, comme résultat assez curieux, qu'à partir de l'âge de treize ans l'accroissement en poids dans les fabriques de laine est beaucoup plus considérable pour les filles que pour les garçons; du reste, elles l'emportent non-seulement sur les jeunes filles employées dans les filatures de coton, mais encore sur celles qui sont en dehors de ces établissements.

Bredow a complété ces recherches par des études analogues, entreprises dans quelques manufactures de coton de Russie. Relativement à la taille, il a reconnu : 1° que les garçons et les filles de onze à quinze ans ne présentent aucune différence avec les autres enfants du même âge; 2° que, de quinze à seize ans, chez les garçons des fabriques, il se montre un temps d'arrêt dans l'accroissement qui est alors d'un demi-pouce en moins de la taille ordinaire à cette époque, et qui, jusqu'à la fin de la période de croissance, peut offrir une différence de 1 pouce 1/2 à 2 pouces 1/2 au-dessous de la moyenne correspondante chez les autres sujets; 3° que chez les filles l'accroissement a suivi sa marche normale. Sur des centaines d'ouvriers, l'anteur en a à peine trouvé quelques-uns dépassant d'une manière notable la stature ordinaire moyenne, tandis que dans les deux sexes il y avait un grand nombre de sujets de très-petite taille. Le poids ne lui a pas offeit de différences Lien accusées, comparé à celui d'individus appartenant à d'autres professions; cependant il était au-dessous de celui qui a été donné comme poids moyen aux âges correspondants par divers auteurs anglais, allemands ou belges. Des expériences tentées par Bredow lui ont appris que la force musculaire des bras est moindre chez les ouvriers cotonniers que chez ceux des autres professions de même âge et de même sexe.

Comme preuve de la détérioration de la constitution, on a noté la fréquence de la scrofule chez des enfants des manufactures; les cotonniers, sans que l'on puisse donner de statistique rigoureuse, sont surtout signalés comme fournissant un beaucoup plus grand nombre de sujets atteints de cette diathèse que les ouvriers employés au lainage; telle est, du moins, l'impression générale des observateurs. Les conditions intrinsèques et extrinsèques dans lesquelles se trouvent les ouvriers cotonniers, et que nous avons tant de fois rappelées, expliquent très-bien cette fréquence. M. Bredow a signalé à cet égard quelques particularités qu'il est bon de rappeler. Il a remarqué à la manufacture d'Alexandrousk que les jeunes ouvriers tirés des maisons d'enfants trouvés, et qui, demeurant dans l'établissement, sortent très-peu, sont atteints en bien plus forte proportion que les enfants venus du dehors, et que, parmi ces derniers, les affections strumeuses sont d'autant plus rares qu'ils demeurent plus loin dans la campagne. Beaucoup de garçons et de filles, qui avaient vécu jusqu'à l'âge de douze ou treize ans hors de l'établissement, commençaient à en présenter des symptômes aussitôt qu'ils avaient été admis dans les filatures, leurs frères ou sœurs, employés à d'autres travaux, demeurant parfaitement sains.

B. *Effets des causes pathogéniques sur les divers systèmes de l'économie.*
1° *Sur le système digestif.* On a généralement reconnu le mauvais état des voies digestives chez les ouvriers des manufactures. Ici les causes sont complexes, et il ne convient pas d'accuser seulement une alimentation grossière et insuffisante, car beaucoup de paysans, qui ne se nourrissent pas mieux, mais qui vivent et travaillent au grand air, se présentent sous des apparences de santé bien supérieures. Il faut faire entrer en ligne de compte le peu de temps accordé pour les repas, surtout aux enfants; la nécessité où ils sont souvent d'aller les prendre chez eux en courant et de revenir de même se mettre immédiatement au travail; l'attitude inclinée en avant qu'exigent différentes occupations; enfin le séjour dans des ateliers fermés, au sein d'une température élevée qui provoque la sueur et pousse beaucoup d'ouvriers à boire de grandes quantités d'eau. Les désordres des voies gastro-intestinales se traduisent par des digestions laborieuses et par conséquent peu réparatrices, diverses formes de dyspepsie, quelquefois le vomissement, le matin, de matières amères. La station assise, le corps penché, détermine des stases sanguines dans les grands viscères de l'abdomen, dans le foie en particulier; ces engorgements jouent nécessairement un rôle très-marqué dans les troubles digestifs que nous signalons; ajoutons-y les écarts de régime, les excès du dimanche, et nous aurons l'ensemble des circonstances étiologiques que l'on peut accuser.

2° *Effets sur le système respiratoire.* Deux ordres de causes peuvent être invoqués pour expliquer la fréquence des maladies de l'appareil respiratoire chez les ouvriers des manufactures selon qu'elles sont aiguës ou chroniques. Les premières : bronchites, pneumonies, etc., résultent surtout des brusques alternatives de température auxquelles ils sont exposés en passant de salles fortement chauffées, où ils se tiennent à peine vêtus, soit à l'air libre, soit dans d'autres pièces non chauffées, sans prendre la précaution de se couvrir.

Les affections de forme chronique sont beaucoup plus graves et méritent de nous arrêter quelques instants. Elles ont pour point de départ incontestable les poussières, les corps étrangers, les duvets de chanvre ou de coton, voltigeant dans l'atmosphère de divers ateliers, ainsi que nous l'avons dit plus haut. T. Thackrah s'est livré à de curieuses recherches sur l'état des voies respiratoires chez les ouvriers d'une fabrique de lin; il a examiné, à l'aide d'un appareil gradué, la puissance respiratoire d'un certain nombre d'entre eux. Sur vingt-trois travailleurs pris sans choix, à la sortie de l'atelier, il a obtenu les résultats suivants : la quantité d'air exhalée avec effort était égale à 173 pouces cubes chez des garçons de l'âge moyen de 18 ans, et de 98 pouces cubes sur des femmes de l'âge moyen de dix-neuf ans. Chez treize peigneurs de chanvre de vingt-cinq à quarante-cinq ans, la moyenne fut de 191 pouces cubes, la moyenne normale étant chez l'adulte sain de 220 à 260 pouces cubes. Chez des sujets déjà malades, la puissance respiratoire descendait à 120, 86 et même 80 pouces cubes.

Les phénomènes pathologiques qui résultent de l'action de ces poussières constituent la *phthisie des fileurs* (*spinner's phthisis*) de Key (de Manchester), ou la *pneumonie cotonneuse* de van Coetsem (de Gand). Comme nous l'avons vu pour ies aiguiseurs, il ne s'agit pas ici de la phthisie tuberculeuse ordinaire, tout en reconnaissant que chez les sujets prédisposés à la tuberculose le développement et la marche consomptive de cette maladie sont singulièrement hâtés et activés par les influences qui nous occupent. Comme nous l'avons fait remarquer plus haut, les poussières, les corps étrangers divers, se montrent surtout en grande abondance dans les ateliers de teillage du lin, de battage et de cardage du coton et des frisons de soie. Thackrah a beaucoup insisté sur l'état des voies respiratoires chez les ouvriers des fabriques de lin. L'examen très-minutieux qu'il a fait avec le stéthoscope de beaucoup d'ouvriers, les uns occupés depuis longtemps, les autres depuis peu, dans ces fabriques, lui a fait reconnaître, *chez tous*, des signes de lésion pulmonaire plus ou moins graves. Une chose digne de remarque, c'est que les jeunes sujets résistent assez longtemps à cette influence délétère : « Il semblerait, dit l'auteur anglais, que chez eux le principe conservateur, si développé dans les premières périodes de la vie, leur permet de réagir contre une cause aussi profondément perturbatrice. »

L'affection décrite par Key et van Coetsem est caractérisée d'abord par quelques symptômes vers la partie supérieure du système respiratoire : de l'enchifrènement, de la sécheresse à la gorge, du chatouillement au larynx, avec altération plus ou moins marquée de la voix ; toux saccadée, avec crachats blancs, visqueux, dans lesquels la loupe fait reconnaître des débris des substances végétales mises en œuvre. Puis, au bout d'un certain temps, apparaissent des désordres du côté du poumon ; la dyspepsie est ordinairement très-intense, le bruit respiratoire nul dans les lobes supérieurs ; la marche de cette affection est lente, et la suppuration ne vient que progressivement. A l'autopsie, on trouve des traces de pleurésie, fausses membranes plus ou moins épaisses, épanchements ; le tissu pulmonaire dans les parties malades est détruit, transformé en une bouillie blanchâtre, ou bien changé en un tissu dur, lardacé. L'envahissement plus facile des lobes supérieurs par les particules pulvérulentes, les duvets, etc., explique la présence à peu près constante des altérations dans cette partie du poumon, de même que leur étendue, leur gravité plus considérable dans le lobe supérieur gauche, s'explique par la disposition de la bronche gauche qui se sépare de la trachée sous un angle plus aigu et qui est plus courte et plus large que la bronche droite.

On a beaucoup parlé de la phthisie qui dévore les dévideuses, tisseurs et tissenses de soie de Lyon ; mais, comme ces ouvriers travaillent, pour la grande majorité, dans de petits ateliers particuliers, nous renvoyons au mot Tisserands ce que nous avons à dire à cet égard.

Il eût été bien intéressant de connaître le rapport exact de la mortalité par maladies du poumon au chiffre total des ouvriers dans chaque industrie, d'après le genre de travail ; mais, outre les difficultés de toute nature qui s'opposent à la réalisation d'une semblable statistique, il faut encore noter que beaucoup d'ouvriers des manufactures, commençant à se sentir malades, quittent ce genre de travail. S'il en est temps encore, ils peuvent guérir ; dans le cas contraire, ils languissent plus ou moins longtemps et succombent ; alors le bulletin de décès, quand il y en a, mentionne seulement la profession nouvelle qu'ils avaient embrassée.

3° *Effets sur le système des sens.* a. *Système cutané.* Le contact de substances irritantes avec la peau, l'excessive malpropreté que nous avons signalée, peuvent, on le comprend, déterminer sur la peau des éruptions diverses, surtout chez les sujets prédisposés. M. Pétel a constaté, chez les laveurs de laine, une éruption prurigineuse aux bras, mais surtout aux jambes lorsqu'ils travaillent dans l'eau jusqu'aux genoux. Cette éruption consiste en petites élevures coniques, rouges, fortement enflammées et excitant de vives démangeaisons. Cette éruption guérit d'elle-même par le fait seul de l'interruption du travail ; l'action de l'eau, qui ramollit l'épiderme, et la dessiccation trop prompte à un soleil ardent, amènent parfois des gerçures profondes et douloureuses. Les poussières provenant du battage et du cardage du lin, du coton, de la laine et de la soie, déterminent à la peau une irritation qui se traduit par des furoncles et des efflorescences érythémateuses diverses. M. Picard croit pouvoir attribuer à l'emploi d'huiles rances, dans les filatures, les éruptions pustuleuses diverses qu'il a rencontrées aux pieds et aux mains. On a beaucoup parlé des dangers de la pustule maligne ou du charbon chez les ouvriers qui travaillent la laine, mais cette accusation n'est pas justifiée par les faits, ou, du moins, ces faits sont en réalité très-rares.

On a signalé différentes modifications des mains dans certaines branches des occupations industrielles ; ainsi les batteurs à la main, dans les manufactures de laine et de coton, présentent à la région palmaire les mêmes callosités qui se montrent chez les manouvriers ayant l'habitude de serrer dans la main le manche d'un outil. Les fileurs ont un calus très-épais à la face palmaire des articulations métacarpo-phalangiennes, notamment à l'indicateur et à l'annulaire, moins prononcé à la face dorsale. A droite, la face palmaire de la main et des doigts est considérablement épaissie. Les ouvriers sont obligés de temps en temps de couper ces stratifications épidermiques qui donnent lieu parfois à des gerçures très-douloureuses. Il y a, en outre, chez eux un épaississement de l'épiderme du talon, de la première articulation tarso-métatarsienne et de la rotule du genou (Picard). Les fileuses au rouet présentent l'extrémité des doigts indicateurs et des pouces des deux mains allongée, effilée, fusiforme, avec amincissement de l'épiderme (Vernois). Les ouvriers employés au peignage des laines ont à la main gauche des durillons, souvent d'une épaisseur considérable, situés à la partie externe du doigt indicateur, et qui résultent de la pression énergique qu'ils exercent sur la laine saisie entre ce doigt et le pouce (Tardieu). Chez les foulons occupés à dégraisser les draps, la peau de la main est ramollie par le contact de l'acide sulfurique dilué qui imprègne les étoffes. L'épiderme est blanchi, ridé, et soulevé par places, surtout aux faces correspondantes des pouces et de l'index, entre lesquelles on tient les pièces de drap pour les tendre en les déroulant (Tardieu).

b. *Système visuel.* Les poussières, les émanations irritantes, qui se produisent surtout dans les opérations préliminaires, ont pour effet d'exciter vivement la muqueuse oculaire ; de là, des ophthalmies chroniques affectant particulièrement le bord libre des paupières. Ces accidents sont fréquents, on le comprend, dans les ateliers de battage et de cardage. On a remarqué que les énoueuses et épinceuses, chargées d'extraire avec des pinces les nœuds des fils rattachés pendant le tissage, et cela sur des étoffes d'une couleur foncée ou vive, sont sujettes à une fatigue très-notable de la vue.

c.d. *Systèmes du goût et de l'odorat.* Ces deux systèmes n'ont que faib.ement à souffrir des travaux dont nous parlons ; tout au plus pourrait-on signaler un certain degré d'affaiblissement par la présence des poussières et des émanations diverses qui remplissent la bouche et les fosses nasales.

e. Il n'en est pas tout à fait de même pour l'ouïe. On a noté que le bruit assourdissant des machines et des métiers amenait souvent un peu d'obtusion du sens de l'ouïe et des paracousies diverses.

4° *Effets sur le système locomoteur.* Des attitudes vicieuses longtemps soute-

nues, certains mouvements partiels incessamment répétés, des pressions continues sur diverses parties du corps pour accomplir certaines manœuvres, ont des
résultats qui se manifestent par des altérations diverses de l'appareil locomoteur.

Les batteuses à la main travaillant souvent à genoux sont exposées aux épanchements et aux inflammations de la bourse séreuse prérotulienne. Dans les filatures qui ne sont pas pourvues de machines marchant seules (*self acting*), il faut
pousser l'appareil avec le genou ; de là également des hygromas quelquefois accompagnés d'arthrites, d'abcès circonvoisins. « En raison de mouvements fréquents de
la cuisse et de la jambe droite, les fileurs sont sujets à des douleurs musculaires
et nerveuses, notamment des nerfs sciatique et crural et des muscles gastro-cné-
miens ; ces dernières souvent fort tenaces ; nous citerons encore des douleurs dans
l'articulation du genou, et des arthrites commençantes. Que le fileur consulte le
médecin dès les premiers symptômes du mal, car il peut en résulter des tumeurs
blanches d'une durée indéterminée, quand la *constitution du corps s'y prête*
(Picard). » Ces derniers mots que nous soulignons, s'appliquent à la constitution
scrofuleuse, si commune dans les manufactures de coton, et qui peut venir compliquer des accidents ailleurs sans gravité.

Lorsque, dans les filatures, les roues des dévidoirs et autres étaient tournées par
des enfants, l'inclinaison continuelle du corps en avant, les mouvements exagérées
des bras, les jambes demeurant immobiles, amenaient souvent des incurvations de
la colonne vertébrale et des membres ; les bras étaient excessivement développés
tandis que les jambes s'atrophiaient et devenaient cagneuses. L'attitude inclinée
du côté droit qu'affectent les dévideuses de soie pendant tout le tirage a pour
effet, surtout quand elles commencent jeunes, de donner lieu à des obliquités du
bassin (Gubian) et à des difformités de la taille (Melchiori).

L'introduction des machines a fait en grande partie disparaître ces causes de
déviation qui ne se montrent plus guère que dans les petites fabriques. Il ne reste
plus que la station debout qui, là, comme dans tant d'autres professions diverses,
se présente avec ses conséquences ordinaires, les engorgements malléolaires, les
varices, les ulcères variqueux.

5° *Effets sur le système génital*. Ces effets ne sont réellement apparents que
chez la femme. On avait dit, *a priori*, que les jeunes filles employées dans les
manufactures étaient soumises à une menstruation précoce qui contribuait à les
affaiblir. M. Nobie, en Angleterre, a reconnu d'après ses propres recherches et
une enquête minutieuse que cette accusation est sans fondement. Suivant
M. Bredow qui a étudié cette question au même point de vue, l'évolution sexuelle
et le penchant vénérien ne se montrent pas plus tôt ici que dans les autres conditions ; il a même pu constater, au contraire, que le flux cataménial semblait souvent retardé ; rarement, dit-il, on le voit se montrer avant 15 ou 16 ans (l'auteur
observait en Russie). Un point sur lequel on est généralement d'accord, c'est la fréquence de l'aménorrhée, de la dysménorrhée et des flueurs blanches chez les
ouvrières des fabriques ; on l'explique par le séjour habituel dans un air confiné, par une alimentation d'ordinaire insuffisante ou défectueuse, par la station
assise, ou les attitudes vicieuses qui favorisent la stase sanguine dans les organes
du petit bassin. Relativement à la fécondité, Bredow l'a étudiée sur trois cents
familles environ. En général, dit-il, les ouvriers se marient jeunes et choisissent
leurs compagnes, soit parmi les filles des ouvriers libres, soit, et le plus souvent,
parmi les jeunes filles élevées dans la manufacture (ce sont des enfants trouvés).
La plupart de ces unions sont fécondes, mais peu vont jusqu'à sept ou huit en-

fants, le plus grand nombre est de trois à cinq, chiffre moyen quatre. De son côté, M. Melchiori a fait remarquer que l'attitude des dévideuses inclinées à droite du côté de la bassine à de très-fâcheuses conséquences chez les femmes enceintes. Il a observé chez elles des hypérémies passives de l'utérus, se traduisant par une menstruation, trop abondante ou trop rapprochée (deux ou trois fois par mois) par des métrorrhagies, des avortements à toutes les époques de la grossesse, ou des accouchements prématurés. Celles qui retournent trop tôt à la bassine, après l'accouchement, sont atteintes de congestions utérines très-pénibles, les lochies se transforment quelquefois en perte véritables; il survient même des métrites chroniques. Si la femme nourrit, son lait ne tarde pas à se tarir, etc. La station debout pendant toute la journée produit des effets analogues particulièrement chez les femmes enceintes.

Considérant actuellement la question pathologique dans son ensemble, nous aurons à examiner les deux questions suivantes :

La morbilité. Nous l'avons vu, et par le nombre et par l'importance des causes pathogéniques, les ouvriers des manufactures sont exposés à plusieurs maladies plus ou moins graves; mais c'est surtout leur constitution qui paraît atteinte, et dont l'affaiblissement diminue la résistance de l'économie contre les influences morbides. Malheureusement nous manquons de statistiques générales pour formuler en chiffres le degré de fréquence de chaque maladie en particulier suivant les différents genres d'occupation; à peine, çà et là quelques petits relevés numériques pour une localité ou une fabrique particulière, mais au total, rien qui nous permette de tirer une conséquence sérieuse sur la morbilité réelle des manufactures considérées dans leur ensemble et dans leurs différences suivant le genre de fabrication. Nous devons cependant faire connaître quelques-uns des résultats partiels obtenus.

M. Toulmonde a fait paraître en 1849 dans *l'Union médicale* un travail intéressant sur les maladies observées pendant six années (1843-1849) parmi les sociétaires de la manufacture de draps de MM. Bacot à Sedan. Les ouvriers ayant fait partie de cette association étaient au nombre de 1775, dont 929 hommes au-dessus de 20 ans, 241 jeunes garçons au-dessous de 20 ans, et 605 femmes, le nombre des malades soignés, se divise comme il suit :

Hommes au-dessus de 20 ans.	365 ou 39.29 °/.
Hommes au-dessous de 20 ans.	70 ou 29 °/.
Femmes.	247 ou 40 °/.
TOTAL.	682 ou 36 °/.

ainsi les hommes au-dessus de 20 ans et les femmes sont au-dessus de la moyenne.

Relativement au degré de fréquence des maladies suivant le genre de travail, on voit que les professions qui ont fourni le plus de malades sont : parmi les hommes, les fileurs, 42, 91 pour 100; parmi les femmes, les pluseuses et bobineuses, 40, 47 pour 100; et les professions qui ont donné le moins; les tondeurs et brosseurs, pour les hommes, 31,60 ; et pour les femmes les napeuses et rentrayeuses 30,97. Ce faible degré de morbilité pour les tondeurs, s'explique par l'intervention des machines qui ont ôté à ce genre de travail toute sa gravité. Les maladies les plus communes ont été, les fileurs, les affections gastro-intestinales, 15,06 p. 100, et les rhumatismes 10,28 pour 100. Les affections des voies digestives ont sévi d'une manière toute spéciale chez les chauffeurs et les mécaniciens 17, pour 100 (*voy.* CHAUFFEURS). Quand aux autres maladies, phlegmasies diverses, etc., ellés se répartissent à peu près également entre les différentes catégories. Nous signalerons la rareté de la phthisic, 0,45 pour 100 ; mais n'oublions pas qu'il s'agit ici d'une manufacture de laine, et que nous avons constaté la supériorité des conditions sanitaires dans ce genre d'industrie.

Un fait de statistique assez curieux, signalé, dès 1818, par Jackson, nous montre, qu'en Angleterre, dans une société d'ouvriers cotonniers organisés pour donner des secours en cas de maladie, chaque membre a reçu en moyenne 11 sh., 6 d. ; tandis que dans une société formée d'autres artisans, la dépense moyenne pour ceux-ci a été seulement 4 sh. Villermé a donné un résultat analogue tiré du même pays. Ramenant, par le calcul, à une seule année, les observations faites, en Écosse, sur deux associations de secours mutuels l'une de tisserands, l'autre d'ouvriers bijoutiers, on trouve que la première, comprenant 1,115 membres, a compté 23,800 journées de maladie, et la seconde, formée de 2,747 individu, n'a eu que 17,775 journées; c'est-à-dire que les maladies des tisserands, sous le rapport de la fréquence et de la durée, ont été à celle des bijoutiers, à peu près dans le rapport de 3 à 1.

Au total, considérant ce que nous avons fait ressortir plus haut, dans notre examen de la pathologie des manufactures, on peut dire que, sous le rapport de la fréquence et de la gravité, les maladies sont en rapport avec la misère, les excès de travail, l'exposition à certaines influences (poussières, température), et enfin l'intempérance.

Mortalité. On n'a pas non plus de renseignements généraux à cet égard; on ne peut utiliser que des résultats, importants d'ailleurs, recueillis dans de grandes circonscriptions, et englobant des populations manufacturières dont on compare la mortalité à celle de grandes circonscriptions exclusivement agricoles, mais toutes deux comprenant d'ailleurs d'autres éléments. Ainsi, dans les localités à fabriques, les ouvriers sont mêlés avec des individus de toutes classes, de toutes professions ; de même pour les cultivateurs dans les localités agricoles, et cependant les résultats généraux accusent des différences assez notables pour qu'un statisticien exact et judicieux comme Villermé ait cru pouvoir en faire usage.

Chiffres en main, contrairement à M. Ure, il a victorieusement démontré qu'en Angleterre, dans l'état actuel des choses, c'est dans les districts où l'industrie des tissus a pris une immense extension, mais surtout dans les villes qui lui servent de centre que la mort exerce ses plus grands ravages, que les générations s'éteignent et se renouvellent avec le plus de rapidité, tandis que c'est dans les districts où prédomine le travail de la terre que la vie est le plus longue. Ainsi, tandis que dans le district d'Hereford et de York-North, exclusivement agricoles, la mort sur 100 naissances fait 30 victimes avant l'âge de 10 ans, et 50 avant celui de 40, elle en frappe 44 à 64 à la première époque, et 64 à 69 avant la seconde dans l'York-West et le Lancaster, les deux districts les plus manufacturiers de toute l'Angleterre ; la durée probable de la vie au moment de la naissance serait de 39 et même de 43 ans dans les premiers, et seulement de 19 et 12 1/2 dans les seconds. Quant à la ville de Leeds si remplie de fabriques, la vie y est plus courte que dans tout le reste du Royaume-Uni.

Pour la période de 18 ans (1813-32) d'après laquelle Villermé a établi ses calculs, on a, pour 10,000 décès :

	AVANT 10 ANS.	AVANT 40 ANS.
Districts agricoles.	3,505.	2,038
Districts agricoles et manufacturiers . . .	3,828.	2,048
Districts les plus manufacturiers.	4,535.	2,104

De telle sorte que, sur 10,000 enfants, il en parviendrait à l'âge de 40 ans, 4,457 dans les districts agricoles, 4,124 dans les districts en partie agricoles et en partie manufacturiers, et seulement 3,541 dans les districts manufacturiers.

En France, notre auteur a fait voir qu'à Mulhouse, à tous les âges de la vie, la mortalité est beaucoup plus forte et plus rapide qu'elle ne l'est dans l'ensemble de la France, de la Belgique, de la Suède, du Danemark, de l'Allemagne, etc. C'est à ce point qu'à Mulhouse la moitié des enfants n'accomplirait pas l'âge de huit ans, tandis que dans les pays énumérés ci-dessus, pris en masse, ils parviennent à l'âge de 20 à 25 ans.

Le docteur Black est arrivé à des résultats tout à fait semblables pour deux districts voisins, peu considérables comme population, différant seulement en ceci que l'un est manufacturier tandis que l'autre ne l'est pas. Dans le premier, pendant les deux années 1849-50, la mortalité fut de 1 sur 33,62 habitants, et dans le second de 1 sur 42,50.

De son côté M. Chadwick, tout en s'efforçant de rapporter la grande mortalité dans les villes de fabriques, non à ces fabriques elles-mêmes, mais à l'agglomération urbaine, a fait voir comment la durée moyenne de la vie se comporte, 1° à Manchester, ville remplie de fabriques ; 2° à Liverpool, ville essentiellement commerçante ; 3° à Bethnal-Green, quartier de Londres où se trouve une population très-dense, mais non manufacturière, et enfin dans le Rutlandshire, contrée exclusivement agricole.

	MANCHESTER.	LIVERPOOL.	BETHNAL-GRENN.	RUTLAND-SHIRE.
Gentlemen et professions libérales.	38	35	45	52
Marchands et leurs familles.	20	22	26	»
Fermiers, herbagers.	»	»	»	41
Artisans, journaliers, gens de service, etc. .	17	15	16	»
Journaliers, cultivateurs	»	»	»	38

Ainsi, à Liverpool et dans le quartier de Bethnal-Green, les conditions pour la classe pauvre seraient encore plus mauvaises qu'à Manchester, mais, de l'aveu même de M. Chadwick, l'état hygiénique à Liverpool est des plus détestables, et cette fâcheuse influence se fait même sentir sur la classe aisée dont la mortalité est plus rapide que celle des journaliers du Rutlandshire. Au total, la question revient toujours à celle que nous avons déjà résolue, savoir : que ce sont bien plutôt les conditions spéciales dans lesquelles le travail des manufactures place les ouvriers, que ce travail lui-même qu'il faut accuser. Une grande fabrique établie en pleine campagne, dans une contrée salubre, possédant de vastes salles bien ventilées, offrant à ses ouvriers des habitations saines, un régime alimentaire réparateur, avec travail modéré, présenterait certainement un état sanitaire et une durée de la vie fort différents de ce qui existe en réalité. M. Chadwick rapporte, à cette occasion, qu'en Autriche, aux environs de Vienne, il existe des fabriques de coton datant du commencement du siècle et construites sur le modèle de celles de l'Angleterre, où l'on travaille jusqu'à quinze heures par jour, mais dont les ouvriers occupent des habitations salubres et confortables, construites par les chefs de ces établissements. Eh bien, les effets en sont manifestes : tandis que la mortalité de la population générale est de 1 sur 27, elle n'est que de 1 sur 31, parmi la population manufacturière dont il s'agit. Nous n'insisterons pas plus longtemps sur ce point.

Mouvement de la population ouvrière. C'est encore, aux laborieuses recherches de Villermé que nous emprunterons les détails qui vont suivre.

On a peu de données certaines sur le nombre des enfants vivants par ménage d'ouvrier, on l'évalue de 3 à 5, mais il faut ici tenir compte de plusieurs particularités ; ainsi le nombre des naissances illégitimes, toujours assez considérable dans les conditions dont il s'agit, vient grossir d'une manière variable, suivant les localités, le chiffre des naissances légitimes. Il faut encore faire observer qu'en raison de la grande mortalité qui pèse sur les enfants des pauvres, ils n'en sauraient conserver autant que les gens aisés sans en procréer davantage. Cette mortalité des enfants de la classe pauvre est surtout marquée dans les premières années de la vie ; vers l'âge de dix ans la différence est moins grande, bien qu'il y en ait toujours une.

Les ouvriers des fabriques passent pour se marier de très-bonne heure. Villermé qui a dépouillé les registres de l'état civil pour les villes manufacturières d'Amiens, de Mulhouse, de Sainte-Marie-aux-Mines, de Tarare, de Lodève, etc., a reconnu que l'âge moyen auquel ont lieu les premiers mariages est de 26 à 30 ans, pour les hommes, de 24 à 27 ans, pour les femmes. Ainsi les mariages précoces sont bien plus rares qu'on ne l'avait avancé ; beaucoup, il est vrai, vivaient en concubinage avant de légitimer leur union.

Dans cette intéressante étude, Villermé a constaté que les mariages précoces des ouvriers ont lieu surtout dans le midi de la France et parmi ceux qui observent plus scrupuleusement les lois de la morale ; que la presque totalité des unions en premières noces se concentre, pour les deux sexes, sur une période de dix à douze années de la vie, au milieu de laquelle répond à peu près l'âge moyen de ces unions ; que les deux ou trois années de la vie où l'on se marie le plus souvent sont placées à la fin de la première moitié de cette période ; que c'est aussi dans cette même moitié, et près de l'âge moyen des mariages, que se trouve ce qu'on pourrait appeler leur âge probable, c'est-à-dire l'âge au-dessus et au-dessous duquel on en compte un nombre égal ; que la prospérité industrielle fait multiplier les mariages des ouvriers ; que les crises en diminuent le nombre ordinaire ; enfin, qu'en général, les ouvriers indigents ont plus d'enfants illégitimes et craignent moins que les autres de les reconnaître.

De ses observations Villermé conclut, sans pouvoir le démontrer par des chiffres, que la mortalité des ouvriers des manufactures est plus rapide que dans les classes plus aisées, leurs mariages plus précoces, et, relativement à leur population, les naissances plus nombreuses et cependant, de la mortalité plus grande il ne faudrait pas induire que l'industrie diminue la population ou bien ralentit son accroissement, c'est le contraire qui a lieu. On doit d'abord tenir compte de ce fait que beaucoup d'ouvriers agricoles quittent les champs pour l'atelier, tandis que la réciproque ne s'observe pas ; mais c'est surtout à l'excédent des naissances sur les décès que cette augmentation doit être attribuée. L. Millot, ayant examiné l'accroissement de la population française dans ses rapports avec l'industrie et l'agriculture pour la période 1801-36, a reconnu par la statistique que l'accroissement de la population étant en France de 226 sur 1000, 38 départements, dont 30 industriels, sont au-dessus de la moyenne et qu'il n'y a que 3 départements industriels au-dessous. En Alsace, une autre circonstance vient encore contribuer à cette augmentation, l'émigration des Suisses et des Allemands, qui viennent chez nous chercher du travail.

La même chose existe en Angleterre; l'accroissement général étant 571 sur 1000, on trouve : 396 dans les 19 comtés agricoles; 584 dans les 13 comtés mixtes, et 741 dans les 10 comtés les plus manufacturiers; l'accroissement de la population et le développement de l'industrie manufacturière marchent en raison directe l'un de l'autre. Cela se voit surtout pour certaines villes dans lesquelles en moins de 30 ans la population a plus que doublé, à mesure que l'industrie s'y est davantage développée. « Dans l'état actuel des choses, en France et en Angleterre, c'est dans les grands centres de fabrication de tissus et surtout des tissus de coton et de laine, que la population s'accroît le plus vite, que la mortalité générale est la plus forte, et que les enfants deviennent le moins souvent des hommes faits; tandis que, d'une autre part, c'est dans les districts agricoles que la population augmente le plus lentement et que la vie est le plus longue (Villermé, t. II, p. 292). »

IV. PROPHYLAXIE. 1° *Des conditions extrinsèques.* Nous avons examiné en détail le genre de vie de l'ouvrier, nous avons signalé les mauvaises conditions dans lesquelles il se place lui-même, trop souvent, en dehors de la fabrique. Quels sont les moyens d'améliorer ces conditions ou d'en neutraliser les fâcheux effets, c'est ce que nous allons examiner.

Parmi les causes de démoralisation et de maladie, il n'en est peut-être pas de plus puissante que *l'habitation,* que le séjour dans ces bouges immondes dont nous avons tracé le tableau. L'homme placé dans un pareil milieu y perd le sentiment de sa dignité; il se sent, en quelque sorte, ravalé au-dessous des animaux mieux logés qu'il ne l'est lui-même, aussi cherche-t-il constamment à s'y soustraire et va-t-il chercher dans les cabarets des distractions qu'un intérieur moins triste aurait pu lui donner. Un médecin allemand, le docteur Haller, a fait ressortir les graves inconvénients qui, à tous les points de vue, résultent, pour les ouvriers célibataires, de l'habitation commune par chambrée et surtout de l'habitude de coucher deux dans un même lit. Ces remarques s'appliquent à ces misérables garnis, dans lesquels, à côté de l'ouvrier honnête et laborieux, se trouve le fainéant et le débauché, trop souvent même le voleur qui vient là recruter parmi les natures faibles ou avides de jouissances des auxiliaires et des complices. L'amélioration de la demeure implique donc, on ne saurait le nier, l'amélioration de l'état moral. On a d'abord voulu remédier à ces déplorables condition en construisant, sous le nom de *cités ouvrières,* de vastes bâtiments, dans lesquels les travailleurs auraient trouvé, à des prix très-modérés, des logements salubres; le chauffage ayant pour source un calorifère central, aurait été distribué par toute la maison, épargnant ainsi la dépense du combustible pendant la saison rigoureuse. Le même système aurait été appliqué à la préparation des aliments à l'aide de fourneaux installés dans une cuisine commune; l'eau y aurait été amenée à chaque étage et dans chaque chambre; le gaz y aurait également été distribué pour l'éclairage, etc... Mais cette entreprise en apparence si séduisante, essayée sans succès, avait contre elle un grave inconvénient, *la vie en commun,* dont, malgré les utopies de quelques rêveurs, les ouvriers, et avec raison, ne veulent point entendre parler. Ces espèces de casernes ou de couvents ne peuvent convenir à des hommes libres, voulant disposer d'eux-mêmes comme ils l'entendent. Ainsi que l'a très-bien fait observer M. Bertelé dans une excellente dissertation, cette

existence en commun a pour premier inconvénient de relâcher les liens de la famille ; « celle-ci ne forme plus qu'une division de la grande communauté, qui
l'absorbe pour ainsi dire ; autant devient grande la solidarité entre les membres
de la communauté, autant diminue celle qui doit exister entre les membres de la
famille. D'un voisinage si serré naissent inévitablement des gènes, des servitudes,
des exigences réciproques, des frottements nécessaires, d'où suit que les bons
souffrent pour les mauvais et perdent jusqu'à la liberté de s'isoler et de se bien
conduire. On sent que le rapprochement de beaucoup d'individus de sexes différents favorise la propagation du vice, qui, par un seul individu, pénètre peu à
peu dans toute la masse. Isoler ces familles, c'est donc les raffermir, c'est y rendre
plus facile la pratique des devoirs et l'observance des bonnes mœurs. Les célibataires doivent être bannis des cités où leur présence est un danger pour la morale.
Suivant Villermé, il est au moins inutile, sinon mauvais, de bâtir pour eux des
cités spéciales.... Les ouvriers célibataires sont toujours dans la force de l'âge, et
gagnent un salaire bien suffisant à leur entretien ; leur imprévoyance, leurs vices
seuls les rendent misérables ; si on leur procure de pourvoir avec moins de frais
à leurs besoins, tout l'excédant de leur salaire sera dépensé en débauche, etc.
(*Quelques mots sur les logements d'ouvriers.* Th. de Strasb. 1863). »

Mais ce n'est pas seulement au point de vue moral que ces grandes agglomérations sont dangereuses ; en temps d'épidémie, elles formeront de véritables foyers
d'infection et de contagion. Ainsi, suivant M. Motard, on aurait vu le typhus se
déclarer dans des cités ouvrières à Berlin ; on sait quels sont à cet égard les dangers des casernes, des prisons, etc.

Il faut donc en venir au système des cottages ou habitations isolées, soit simplement comme location, soit, ce qui vaut bien mieux encore, comme immeuble,
dont l'ouvrier peut devenir acquéreur. C'est sur cette dernière base qu'a été
fondée la cité ouvrière de Mulhouse. On trouve là de grands avantages : le resserrement des liens de la famille, par la concentration et l'isolement, le développement
de l'amour de l'ordre et de l'économie par la possession, la bonne éducation par
les bons exemples et par l'habitude, etc.

Cette cité mulhousienne est bâtie dans une grande plaine ; les maisonnettes,
dont on a pu voir des spécimens à l'Exposition de 1867, sont isolées, pour un seul
ménage, ou groupées au nombre de deux ou de quatre, formant un seul bâtiment, chacun ayant son entrée particulière. Ces habitations sont toutes entourées
ou précédées d'un jardin potager de 120 à 150 mètres carrés, dont la culture
occupe les loisirs de l'ouvrier, vient en aide aux besoins de la famille en même
temps qu'elle le soustrait aux plaisirs ruineux et dégradants du cabaret. Ces maisons
auxquelles on ne peut faire qu'un reproche, leur exiguïté pour certaines familles,
sont bien ventilées, munies d'un conduit qui se rend à l'égout principal. Comme
accessoire de ces habitations on a créé des bains, des lavoirs en grand, un restaurant où l'on paye au prix de revient, etc. Pour l'acquisition de ces demeures, on
demande un premier payement de 200 à 400 fr., le reste est soldé en 10, 15 ou
20 ans, par une différence mensuelle en surplus du prix du loyer ; de sorte que
si au bout d'un certain temps, pour une raison ou pour une autre, un ouvrier
veut quitter la maison, on lui rend ce qu'il avait payé en surplus. La cité industrielle de Guebwiller a suivi cet exemple, qui devrait être imité dans tous les centres
manufacturiers.

On n'avait d'abord songé qu'aux ménages, on s'est depuis occupé des célibataires qui, dans de petites habitations subdivisées dans ce but, peuvent trouve

des chambres meublées, saines et bien aérées, au prix de 7 à 10 fr. par mois, et même, en se réunissant à quatre et en se choisissant bien, ils peuvent occuper une petite maison avec un jardin. Il serait bien à souhaiter que l'on fit quelque chose d'analogue pour les jeunes filles seules ; qu'il y eut des maisons tenues par des personnes dont l'honorabilité serait connue et où elles pourraient se loger et se nourrir à bas prix. C'est ce que l'on a fait en Amérique, à Lowell, où l'on a organisé des espèces de pensions, offrant toutes les garanties de moralité désirables (Michel Chevallier, *Lettres sur l'Amérique du Nord ;* lettre 13).

Moins de recherche dans le *vêtement* du dimanche, les habits de la semaine mieux appropriés aux conditions du travail seraient d'une bien grande importance pour la santé de l'ouvrier, et particulièrement pour ceux qui sont exposés à de brusques changements de température ; tels seraient le caban pour les hommes, des petits manteaux avec capuchon en caoutchouc pour les enfants et pour les femmes. On a remarqué qu'à Sedan l'ouvrier, dont on a d'ailleurs signalé depuis longtemps la bonne conduite et les mœurs plus régulières, a pris l'habitude des vêtements de laine. « Au lieu de porter le dimanche des souliers à semelles minces, tandis que pendant la semaine il a des chaussettes et des sabots qui entretiennent une bonne chaleur aux pieds, qu'il préfère des bottes ou des souliers moins élégants, mais à semelles épaisses ; c'est là une nouvelle cause de refroidissements, qui a aussi son importance (Picard). » M. Picard voudrait aussi que, dans les ateliers, dont le sol graissé d'huile est trop glissant pour permettre l'usage des sabots et dans lesquels les ouvriers marchent habituellement pieds nus, on fît confectionner une chaussure légère et solide qui préservât le pied du contact direct avec le sol.

Nous avons parlé de l'excessive négligence de la plupart des ouvriers à l'égard des *soins de propreté,* et pourtant, dit avec raison M. Thouvenin, combien il serait urgent pour les ouvriers des filatures de coton, d'étoupe, etc., dont la figure, les vêtements, les cheveux et tout le derme sont couverts de poussière, de se laver les mains, la figure, et de se peigner au moins deux fois par jour. Nous ne saurions trop vivement applaudir à la mesure, prise par beaucoup de chefs d'établissements, de fournir à leurs ouvriers des bains chauds au moyen de l'eau de condensation des machines, si malheureusement perdue dans une foule d'usines. La cité mulhousienne possède un bâtiment spécial où l'on a réuni tout ce qui est d'usage commun, et dans lequel on trouve des bains à 20 cent., avec le linge, et lavoir avec séchoir, à 5 cent. les deux heures. Ce sont là des institutions de première nécessité et qui ne devraient pas se trouver bornées à quelques localités.

Autant nous sommes opposé à l'existence complète en communauté, autant nous sommes partisan de l'association libre pour une foule d'actes de la vie ; l'association a cet immense avantage de diminuer, dans une proportion notable, les frais d'acquisition par l'achat en gros. C'est surtout à l'*alimentation* que cette remarque est applicable : économie sur l'achat, économie sur la préparation, au moyen de fourneaux convenablement disposés, voilà ce que peuvent obtenir des groupes d'ouvriers à l'aide de cotisations. Certains établissements, fondés par les patrons, et dans lesquels les aliments sont donnés au prix de revient, le démontrent amplement. A Mulhouse, toujours Mulhouse! dans le restaurant établi par la Société industrielle, les avantages de ce système se montrent avec la dernière évidence. « Les habitants de la cité, dit M. L. Reybaud, ne sont pas seuls à profiter du rabais offert. Tous les ouvriers de la ville peuvent y participer. L'entrée est libre, on peut librement aussi emporter au dehors. **Les** prix sont des plus modiques ; on est parvenu à réduire la portion à une moyenne de 10 centimes. Une soupe coûte 5 centimes ; une portion de bœuf bouilli ou de légumes, 10 centimes ; un hectogramme de veau, 15 centimes ; un quart de litre de vin, 15 centimes. Pour 30 et 40 centimes on fait un repas convenable. Les salles du restaurant n'ont qu'un luxe, celui de la propreté, mais il est poussé très-loin : les murs, les tables, les bancs, les planches, tout est net ; on n'y souffre pas la moindre souillure. Les convives y sont servis en porcelaine, et le coup d'œil à l'heure des repas est des plus animés. Ces deux salles, remplies d'ouvriers, sont moins bruyantes que ne le serait une pension bourgeoise ; une certaine tenue y règne, etc. (*Ann. d'hyg.*, 2ᵉ série, t. X, p. 465 1858). »

Si l'usage des *boissons* fermentées, et nous parlons seulement ici du vin, de la bière et du cidre, suivant les contrées, est nécessaire à la nourriture de l'homme qui travaille, on sait, et nous n'avons pas à y revenir, combien l'abus lui est préjudiciable. Les boissons dont nous parlons doivent être prises à doses modérées à l'heure des repas. Mais à côté des excès alcooliques du dimanche et du lundi, il y a l'abus de l'eau froide, dont se gorgent trop souvent les ouvriers exposés à une forte chaleur. Dans les ateliers où règne une température élevée, mais surtout pendant les ardeurs de l'été, on devrait laisser à la disposition des ouvriers certaines boissons hygiéniques dont on a donné une foule de recettes différentes. En voici une qui a été adoptée, d'après l'avis du docteur Bisson, pour les ouvriers du chemin de fer d'Orléans, et qui me paraît très-salubre : eau ordinaire, 50 litres ; infusion de café, 1 litre 1/2 ; eau-de-vie, 1 litre 1/2 ; sucre, 750 grammes. Cette boisson et tant d'autres analogues, où peuvent entrer les infusions de houblon, de petite centaurée, etc., étanchent très-bien la soif sans fatiguer l'estomac.

Les questions relatives à l'*âge* auquel les enfants doivent être admis dans les fabriques, aux conditions de cette admission, à la durée du travail, etc., seront traitées à part [*voy.* ENFANTS (Travail des)].

Quant au *sexe*, nous ne pouvons que demander d'éviter la réunion des hommes et des femmes dans les mêmes ateliers ; des dispositions, très-faciles à réaliser, pourraient être prises contre cette promiscuité si contraire aux bonnes mœurs.

Nous avons signalé les dangers qui résultent pour le *nouveau-né* du défaut de soins de la part des mères employées dans les manufactures. Sur l'initiative d'un honorable industriel de Mulhouse, M. Dolfus, beaucoup de chefs de maisons ont adopté la mesure suivante : on paye aux femmes en couches leur salaire habituel pendant six semaines, de manière à leur permettre de rester chez elles, et de donner à leurs enfants les soins nécessaires pendant cette période. Elles reçoivent, en outre, les soins gratuits d'une sage-femme ou d'un médecin. Les frais de cette institution ont été faits, moitié par les fabricants, moitié à l'aide d'une retenue de 15 centimes par quinzaine, opérée sur les femmes âgées de dix-huit à quarante-cinq ans. Les plus heureux résultats ont couronné cette mesure ; et, dans les conditions où elle s'est exercée, la mortalité sur la première enfance a diminué de 12 à 13 pour 100.

Les deux ou trois dernières semaines de la grossesse pourraient être l'objet de précautions analogues ; enfin, pour soulager les femmes enceintes livrées à des travaux pénibles ou exigeant des attitudes fatigantes, on pourrait leur donner d'autres occupations.

C'est à l'*ignorance* que nous avons attribué la plupart des vices que l'on reproche aux ouvriers des fabriques. A cela il n'y a qu'un seul remède, mais impérieux, urgent, c'est l'instruction primaire gratuite et surtout obligatoire. On ne devrait donc recevoir dans les ateliers que des enfants au-dessus de l'âge de douze ans, sachant déjà lire et écrire. C'est ce qui a lieu dans différentes parties de l'Allemagne et de la Suisse ; et dans ces contrées le niveau intellectuel des ouvriers est très-certainement supérieur à ce qu'il est dans les mêmes professions en France et en Angleterre. Chez nous, dans beaucoup de manufactures, on a établi des écoles ; mais quel goût peuvent prendre à l'étude des enfants fatigués par un travail au-dessus de leurs forces ! Les études à l'école doivent précéder l'admission dans la fabrique. Mais cela ne suffit pas encore ; l'ouvrier, jeune homme ou adulte, ne doit pas être abandonné à lui-même ; il faut l'arracher aux mauvais conseils, aux mauvais exemples ; c'est ici que des cours scientifiques ou littéraires à leur portée, des bibliothèques spéciales, pourraient rendre d'immenses services.

On a contesté, je ne l'ignore pas, les avantages de l'instruction sur le sort des ouvriers, soit pour diminuer la misère, soit pour leur amélioration morale. Villermé, qui a très-sérieusement discuté cette question et débattu les arguments pour et contre, a fait voir que, en effet, l'instruction, qu'il ne faut pas confondre avec l'éducation, l'esprit religieux et l'habitude des bonnes mœurs, n'empêche pas, par elle-même, les crimes contre les personnes, et ne peut, par elle-même non plus, prévenir l'indigence, qui dépend assez souvent de causes tout à fait extérieures ; que l'universalité même de l'instruction en détruirait les avantages pour ceux qui la possèdent aujourd'hui à côté de ceux qui en sont dépourvus. Mais, ajoute-t-il, si l'instruction, toujours par elle-même, ne crée pas immédiatement des produits, elle tend cependant, d'une manière indirecte, à augmenter la somme du travail, et alors, comme l'a établi M. Naville, dans son ouvrage sur la *Charité légale* (t. I, p. 243), elle a peut-être ainsi une certaine influence pour diminuer la misère. N'oublions pas, au surplus, ajoute Villermé, qu'elle développe les intelligences, conduit à une instruction plus élevée, et qu'elle est, comme cette dernière, une source de plaisir pur, de bonheur véritable, qu'elle remplace peu à peu la rudesse, la grossièreté des mœurs, la brutalité des passions, par des sentiments plus généreux, des mœurs plus douces, en un mot, *qu'elle est peut-être le moyen de civilisation le plus puissant.* » (*Tableau,* etc., t. II, p. 160.) Ces derniers mots, que nous soulignons à dessein, résument assurément tout ce que l'on peut dire de plus favorable sur la nécessité de l'instruction pour la classe ouvrière.

Il y aurait bien encore comme complément l'instruction professionnelle, dont l'utilité a été également très-contestée, mais elle s'appliquerait plutôt à des industries d'un autre ordre ; disons cependant que, donnée à de jeunes ouvriers des manufactures, qui auraient fait preuve d'intelligence, elle préparerait d'excellents contre-maîtres. Mais il faut, pour cela, des cours spéciaux en vue de telle ou telle industrie, qui fassent connaître à l'ouvrier fileur ou tisseur les qualités et les défauts des nombreuses variétés de substances, lin, chanvre, coton, laine ou soie, qu'il doit mettre en œuvre ; qui l'initient à tous les secrets du mécanisme qu'il doit employer, à la valeur des divers procédés mis en œuvre dans les différents pays, dans les différentes localités. Pour les teintureries, quelques notions de chimie sont indispensables ; pour les étoffes à fleurs, à sujets variés, un peu de dessin, etc. Nous pensons donc que les écoles générales où l'instruction n'a rien de fixe ni de déterminé doivent être laissées de côté.

2° *Conditions intrinsèques.* On ne saurait contester, à plusieurs points de que, la supériorité du travail en famille sur le travail dans les grands établissements manufacturiers. Dans le premier cas, si, par une cause quelconque, le travail est suspendu, l'ouvrier, qui est ordinairement en même temps cultivateur, retourne à ses travaux des champs. En pareille occurrence, l'ouvrier des fabriques, surtout s'il n'a rien su mettre de côté, s'il a une nombreuse famille, tombe aussitôt dans une affreuse misère, car il ne sait pas faire autre chose. Cette différence se voit particulièrement en Suisse, et chez nous dans plusieurs départements, pour les tisserands qui sont en même temps cultivateurs, et qui font même habituellement alterner ces occupations, travaillant pendant l'hiver à l'industrie, et l'été dans les champs.

Relativement aux influences de la manufacture qui doivent être combattues, nous avons à examiner les suivantes.

Le *confinement* est à peu près impossible à éviter, du moins dans certaines salles, qui doivent être tenues fermées ; mais, dans la plupart des cas, la grande étendue de ces salles, par rapport au nombre des ouvriers qui y séjournent, et le renouvellement partiel de l'air qui peut encore y avoir lieu, les rendent, en réalité, bien moins insalubres que ne le sont une foule de petits ateliers consacrés à des travaux sédentaires (*voy.* Professions). Partout où la ventilation sera possible, il est certain qu'on devra la mettre en usage. Du reste, on pourrait, par l'ouverture des portes et de fenêtres opposées, à châssis mobiles, changer complétement l'air des salles pendant les heures des repas.

Les effets fâcheux de la *température* élevée et de l'*humidité* qui règnent dans les ateliers dont nous parlons, et surtout dans les filatures de coton et de soie, seraient bien atténués par la précaution que prendraient les ouvriers de se couvrir convenablement quand ils s'exposent à l'air froid du dehors. Nous en avons parlé à l'occasion des vêtements. M. Melchiori pense que pour le dévidage des cocons, si incommode surtout pendant les grandes chaleurs de l'été, on pourrait, au lieu d'eau presque bouillante, employer seulement de l'eau tiède, qui, suivant lui, suffirait à dissoudre la substance gommeuse des cocons.

La question véritablement importante est celle des *poussières*, qui constituent un inconvénient si grave dans certains procédés industriels. Nous devons faire connaître quelques-uns des moyens qui ont été proposés pour y remédier. Le premier qui se présente naturellement à l'esprit, c'est d'empêcher les détritus pulvérulents et filamenteux de pénétrer dans les voies respiratoires par l'interposition d'un obstacle matériel, tel qu'un masque diversement configuré. Le plus simple serait, assurément, un mouchoir fin, plié en cravate et légèrement mouillé, placé au-devant de la bouche et du nez ; il est employé dans quelques localités ; mais, surtout pendant les grandes chaleurs, il cause une gêne assez considérable. On a donc proposé des masques de gaze, s'adaptant à la moitié inférieure de la figure, de manière à recouvrir l'ouverture des fosses nasales et de la bouche. Cette gaze, surtout dans les ateliers de battage, ne tarde pas à se couvrir d'un dépôt tellement abondant, que l'ouvrier, pouvant à peine respirer, s'en débarrasse et refuse de la reprendre. M. Picard a conseillé l'appareil suivant, surtout pour les débourreurs. Une pièce de linge double, contenant dans son épaisseur du coton cardé, recouvrirait la bouche et les narines, et viendrait se nouer à la nuque. Cet appareil ne serait employé que dans les moments où la poussière se dégage avec le plus d'intensité. Mais les ouvriers, fidèles à leur système d'insouciance, ont refusé de s'en servir. C'est donc à des moyens plus généraux, et placés en dehors de la volonté de l'ouvrier, qu'il faut avoir recours. Ces procédés ont tous pour but, non d'intercepter le passage des poussières vers les voies respiratoires, mais de les entraîner au dehors à mesure qu'elles se forment.

Comme moyen naturel d'aération, le Conseil de salubrité du département du Nord a prescrit, pour les salles de teillage, des châssis de large dimension placés dans la toiture de l'atelier avec des ouvertures correspondantes, pratiquées à la partie inférieure, afin d'établir un courant qui favorise la sortie des poussières. Mais ce mode de ventilation et quelques autres analogues, comme les toiles placées au-dessus des métiers, et sur lesquelles retomberaient les poussières, sont insuffisants, il faut avoir recours aux machines.

T. Thackrah a décrit, en 1832, un appareil employé dans une grande fabrique de Manchester pour les ateliers de battage. Il consiste en une roue à palettes, mue par la machine de l'usine; elle est placée dans une caisse, et fait 1,200 tours à la minute. L'air, ainsi mis en mouvement, entraîne par une cheminée tous les corps étrangers qui remplissent l'atmosphère de l'atelier. Le travail s'accomplit, dès lors, sans inconvénients bien appréciables. Le même moyen, adopté dans diverses manufactures de lin et de coton, a donné les mêmes avantages. M. Guérard a fait connaître un mécanisme analogue, employé dans la grande filature de Saint-Wandrille, près de Rouen. Là, dans un bâtiment à trois étages, le ventilateur est établi dans les salles du rez-de-chaussée. Il se compose d'un tambour à ouverture centrale de $0^m,60$ de hauteur, sur $0^m,40$ de largeur. Un axe y met en mouvement quatre ailes en bois, dont le diamètre est de $1^m,13$. Ces ailes font de 360 à 380 tours à la minute. Le tambour est mis en communication avec l'extérieur de l'atelier, au moyen d'un large conduit en bois, dont l'orifice externe a $0^m,30$ de hauteur, sur $0^m,70$ de largeur. Cette machine attire de 50 à 60 mètres cubes d'air par minute, et la force nécessaire pour la faire mouvoir est d'environ un dixième de cheval. Le prix de construction de cet appareil ne s'élève pas à plus de 100 francs. Après de nombreux tâtonnements, on est arrivé à produire la ventilation sans gêne, ni pour l'ouvrier ni pour le travail; les poussières, les émanations organiques qui vicient l'atmosphère, sont emportées au dehors. Depuis l'emploi de ce ventilateur, l'aspect sain et vigoureux des ouvriers contraste sensiblement avec la pâleur et l'air maladif des ouvriers des fabriques où cette précaution n'a pas été prise (ceci était écrit en 1845, avant que ces appareils se fussent généralisés).

Le débourrage était regardé comme une des opérations les plus dangereuses des manufactures. Grâce à M. Daunery, contre-maître d'une filature de Rouen, ce travail a perdu son insalubrité. On doit à cet ingénieux inventeur une *débourreuse* mécanique, qui, soulevant les chapeaux à cardes, passe au-dessous, en arrache la bourre, la roule et l'emmène au dehors. Ce système fait donc tout simplement la besogne du débourreur, et celui-ci peut être employé à des travaux moins nuisibles. L'invention de M. Dannery a été honorée d'une récompense par l'Académie des sciences (Rapp. de M. Combes, *Compt. rend. de l'Acad. des sc*, t. XLVIII, p. 507; 1859).

Dans les ateliers où les procédés de ventilation n'ont pu faire entièrement disparaître les poussières, on pourrait avoir recours à l'alternance, c'est-à-dire y faire passer à tour de rôle différents groupes d'ouvriers qui resteraient là trop peu de temps pour avoir à en souffrir. On sait d'ailleurs que la sobriété et un bon régime sont d'excellents préservatifs contre les influences pathogéniques, même contre celles des poussières. Villermé a vu quelques ouvriers employés depuis plusieurs années dans les ateliers de battage et qui jouissaient cependant d'une

bonne santé. Il note, du reste, qu'ils avaient une haute paye, soit par les fabricants, soit par les autres ouvriers qui voulaient s'exempter de ce travail. Un
excellent moyen de lutter contre les effets du confinement et du battage est de
passer en promenades et en distractions au grand air la journée du dimanche, au
lieu de s'enfermer dans des cabarets au sein d'une atmosphère viciée par la fumée
du tabac et des exhalaisons de toute sorte. Rappelons-nous à ce propos ce que dit
Bredow de la santé supérieure des enfants qui demeurent à une certaine distance
des fabriques, comparée à celle des enfants qui demeurent dans les fabriques
mêmes.

Les *émanations* nuisibles ou tout au moins incommodes pour les ouvriers et le
voisinage ne se montrent guère que dans les grandes filatures de soie. Doit-on,
pour combattre ces émanations, avoir recours aux désinfectants de l'air, au chlore,
par exemple? Ce gaz n'exercerait-il pas une action nuisible sur la soie, sur le
métal des machines? n'agirait-il pas sur les ouvriers eux-mêmes qu'on délivre-
rait d'un inconvénient pour leur en infliger un autre peut-être plus grave? car
on sait que les émanations animales n'ont pas tous les dangers qu'on leur attribue.
Assurément il vaudrait mieux, pour les dépôts de chrysalides putréfiées, avoir recours aux désinfectants solides ou liquides, lait de chaux ou de chlorure de chaux,
solution de sulfate de fer, coaltar plâtré, etc., qui empêcheraient le développement des exhalaisons putrides. On placerait ces résidus ainsi désinfectés dans des
vases clos et on les transporterait dans les campagnes pour servir d'engrais. Les
résidus liquides désinfectés par les mêmes moyens seraient dirigés vers de grands
cours d'eau. On a proposé de les verser dans des puits profonds, mais il serait à
craindre qu'ils n'allassent, par imbibition, altérer les puits du voisinage; ils seraient assurément plus utiles en irrigation sur les terres cultivées, la désinfection
serait immédiate et ils contribueraient à fertiliser le sol.

Nous le répétons, après tous les médecins qui ont écrit sur cette question, la
durée du travail est généralement trop longue, et surtout les temps d'arrêt
accordés pour les repas sont beaucoup trop courts. Dix heures de travail effectif
pour les adultes, avec un repos d'une demi-heure pour le déjeuner, d'une heure
pour le dîner, et d'une demi-heure pour le goûter, total douze heures, telle devrait
être la tâche pour les adultes. Nous ne parlons pas ici des enfants (*voy.* ce mot).

Moyens d'améliorer le sort des ouvriers de manufacture. Ces moyens sont
de deux sortes : les uns directs comme les caisses d'épargne, les caisses de retraite, les associations sous des titres divers qui assurent aux ouvriers une participation aux bénéfices de l'entreprise à laquelle ils concourent, etc., etc. On comprend que nous n'avons pas à nous en occuper, ce sont là des questions d'économie sociale qui ne sont pas de notre ressort. Les autres moyens que j'appellerai
indirects ou *auxiliaires* sont seulement destinés à leur venir en aide dans diverses
circonstances qui, autrement, leur seraient très-onéreuses; telles sont les crèches, les salles d'asile, les écoles gratuites; ici l'hygiène est en cause.

Les *crèches* (*voy.* ce mot) ont un certain degré d'utilité, on ne saurait le nier ;
elles ont aussi leurs inconvénients, c'est d'éloigner pendant trop longtemps l'enfant de sa mère, surtout pendant les premiers mois; examinant la question
seulement au point de vue qui nous occupe, c'est-à-dire au point de vue des
manufactures, nous dirons que les crèches seraient pour celles-ci une excellente
institution, si elles étaient placées dans les établissements eux-mêmes, de manière
que la mère pût aller trois ou quatre fois par jour donner le sein à son enfant.
Il ne serait pas difficile de trouver dans les fabriques une salle bien chauffée

l'hiver et suffisamment aérée, dans laquelle les enfants seraient confiés à la garde d'une femme rétribuée par les patrons et à l'aide d'une très-minime cotisation de la part des ouvrières en âge d'être mères. Ce serait là le complément des mesures prises à Mulhouse relativement aux nouvelles accouchées et dont nous avons parlé plus haut (voy. p. 544).

On sait combien les *salles d'asile* se sont multipliées ; à peine, à l'époque où écrivait Villermé, en comptait-on trois cents pour toute la France ; ce nombre, en 1860, s'était élevé à plus de trois mille, recevant deux cent mille enfants [voy. ASILES (salles d'), t. VI, p. 566]. Nous n'avons pas à revenir ici sur ce qui a été dit, et si bien dit par notre regretté collaborateur Cerise, dans l'excellent article qu'il a consacré à cette institution, dont les bienfaits sont tous les jours mieux appréciés.

Les écoles gratuites ont été examinées plus haut (voy. p. 543), nous n'avons rien à y ajouter ; exprimons seulement le désir que pour ces grandes manufactures, qui réunissent dans leur enceinte toute une population, les asiles et les écoles soient, comme les crèches, installés dans l'établissement lui-même.

E. BEAUGRAND.

BIBLIOGRAPHIE. — JONAS. *Auszüge aus dem Werke : Ueber die Krankheiten derjenigen Personen, die in Tuchmanufacturen arbeiten.* In *Hufeland's Journal,* t. V, St. II, p. 136 et St. III, p. 77 ; 1797. — DU MÊME. *Die Krankheiten der Wollweber und der Walkmüller.* In *Arch. v. Horn,* 1714, p. 231. — JACKSON (J.). *On the Influence of the Cotton Manufactories on the Health.* In *Lond. Med. and. Surg. J.,* t. XXXIX, p. 264; 1818. — PICTET (A.). *Note sur la grande filature de coton, établie à New-Lanark et dirigée par M. Rob. Owen.* In *Bibl. univ.,* t. IX, p. 144; Genève, 1818. — MONFALCON. *Maladies des ouvriers en soie.* In *Dict. des Sc. méd.,* t. LIX (suppl.), p. 209; 1822. — DUPONT (J. B.). *Mém. sur les moyens d'améliorer la santé des ouvriers à Lille.* Lille, 1826, in-8°. — GERSPACH (Jean). *Influence des filatures de coton et des tissages sur la santé des ouvriers.* Thèse de Paris, 1827, n° 270. — BLACK (J.). *Remarks on the influence of Physical Habits and Employment on the Size of Different Classes of Men.* In *Lond. Med. Gaz.,* t. XII, p. 143 ; 1833. — PETEL. *Considerations médico-hygiéniques sur la profession d'ouvrier en laine.* In *J. des conn. méd. prat.,* t. I, p. 135 ; 1833-34. — VILLERMÉ. *Sur la population de la Grande-Bretagne, considérée principalement dans les districts agricoles et manufacturiers et dans les grandes villes.* In *Ann. d'hyg.,* 1re série, t. XII, p. 217 ; 1834. — DU MÊME. *Nouveaux détails concernant l'influence du développement des manufactures sur la population en Angleterre.* Ibid., t. XIII, p. 535 ; 1835. — DU MÊME. *Tableau de l'état physique et moral des ouvriers employes dans les manufactures de coton, de laine et de soie.* Paris, 1840, 2 vol. in-8°. — URE (André). *The Philosophy of Manufactures, or an Exposition of the Scientific, Moral and Commercial Economy of Great Britain.* Lond., 1835, in-8°. Trad. fr. sous ce titre : *Philosophie des manufactures ou Économie industrielle.* etc. Paris, 1836, 2 vol. in-12. — SADLER (M. T.). *Factory Statistic the Official Tables appended to the Report of the Select Committee on the ten Hour Factory-Bill, vindicated,* etc. London, 1833, in-fol. — VAN COETSEM. *De la pneumonie produite par la poussière de coton.* In *Ann. de la méd. belge,* 1836 ; et anal. in *Bull. de la Soc. de méd. de Gand,* 1836, p. 111. — BOILEAU DE CASTELNAU. *De l'influence du cardage des frisons de soie sur la santé des détenus de la maison de Nîmes.* In *Ann. d'hyg.,* 1re série, t. XXIII, p. 471 ; 1840. — VALERIO (L.). *Igiene et moralità degli operai della sete.* In *Ann. universi di statistica,* t. LXVI, p. 533 ; 1840. — THOMSON (J.-B.). *The Influence of Woollen Manufactures on Health.* In *Lond. Med. Gaz.,* t. XXVI, p. 462; 1840. — DU MÊME. Même titre. In *Edinb. Med. Journ.,* t. III, p. 1085; 1858. Anal de ces deux articles, in *Ann. d'hyg.,* 2e série, t. XII, p. 282; 1859. — BOURGEOIS. *Hygiène publique et administrative et celle des manufactures.* Thèse de Paris, 1841, n° 169. — TAYLOR (W. Cooke). *Notes of a Tour in the Manufacturing Districts of Lancashire ; in a Series of Letters,* etc. Lond. 1842, in-8°. — CHADWICK (Edw.). *Report to H. M's Principal Secretary of State for the Home Department, from the Poor Law Commissionners on an Inquiry in to the Sanitary Condition of the Labouring Population of Great Britain, with,* etc. Lond., 1842, in-8°. — *Ueber die Beschutzung der Arbeiter in den Fabriken gegen die in diesen der Gesundheit schädlichen Einflüssen.* In *Med. Corresp. Bl. Rhein. und Westph. Aerzte,* t. I, n° 1 ; 1842. — NOBLE (D.). *Facts and Obs. Relatives to the Influence of Manufactures upon Health and Life.* Lond., 1843, in-8°. — GUÉRARD (A.). *Sur la ventilation des filatures.* In *Ann d'hyg.,* 1re série,

i. XXX, p 112; 1843. — Melchiori (G.). *Osservazioni igieniche sulla trattura della seta in Novi*. Voghera, 1845. — Du même. *Sull' insalubrità della filatura di seta*. (Mem. premita dal Governo). In *Annali univ di med.*, t. CLXXV, p. 53; 1861. — Gubian. *Rapp. fait à la Soc. de méd. de Lyon, sur un mém. du D* Gerbaud, relatif à l'hygiène de l'ouvrier en soie*. In *Journal de méd de Lyon*, t. X, p. 55; 1846. — Thouvenin. *Influence de l'Industrie sur la santé des populations dans les grands centres manufacturiers*. In *Ann. d'hyg.*, 1re série, t. XXXVI, p. 16, 277; 1846 et t. XXXVII, p. 83; 1847.— Mellon (J. N.). *Ueber die Krankheiten der Weber zur genaueren Würdigung der Krankheiten der Gewerbsleute*. In *Prager Vierteljahrsch.*, t. XV, p. 82; 1847. — Toulmonde. *Quelques considérations sur les ouvriers employés dans les manufactures de draps*. In *Union méd.*, 1849, p. 321, 325, 333.—*Quelles sont les règles et les conditions applicables aux établissements industriels en général, tant dans l'intérêt de la santé des ouvriers qui y sont employés que dans celui de la santé publique*. (Compte rendu du Congr. d'hyg. publ de Bruxelles, sess. de 1852). In *Ann. d'hyg.* Ire série, t. XLVIII; 1852. — Buedow. *Ueber die Gesundheitsverhältnisse der in Baumwollspinnereien beschäftigten Individuen im Allgemeinen und*, etc. In *Med. Ztg. Russl.*, 1851, n° 35-38 et *Schmidt's Jahrb.*, t. LXXIV, p. 255; 1852. — Godfrain (J.-J.). *Quelques mots sur l'hygiène des ouvriers de manufactures*. Th. de Paris, 1852, n° 89.— Righini (G.). *Cenni al popolo sull' insalubrità dell' aria dei filatoi da seta*. Milano, 1852. — Duffours (L.). *Recherches sur quelques maladies des fileuses de soie*. Montpellier, 1853, in-8°. — Black (J.). *The Comparative Mortality of a Manufacturing and an Agricultural District*. In *Journ. of Public Health*, déc. 1855, et *Rank's Abstr.*, t. XXIII, p 6; 1855. — Reybaud (L.). *Études sur le régime des manufactures, condition des ouvriers en soie*. Paris, 1859, in-8° (analysé d'après le rapport fait à l'Acad. des sc. mor. et politiques. In *Ann. d'hyg.*, 2e série, t. IX, p 447 et t. X, p. 226, 461; 1858).— Moriggia (A.). *Dell' influenze delle filande dei bozzoli da seta sulla salute publica*. Torino, 1860.— Beddoes (J.). *The Public Health of the Cotton Districts*. In *Med. Times*, 1863, t. I, 159.— Picard (S.). *De l hygiène des ouvriers employés dans les filatures*. (Mém. cour. par la Soc. méd. d'Amiens). Amiens, 1863, in-8°. — Leach (Jesse): *Surat Coton, as it bodily affects Operative in Cotton Mils*. In the *Lancet*, 1863, t. II, p 648. — Chatin. *De la phthisie des tisseurs et dévideuses à l'hôpital de la Croix-Rousse à Lyon*. Lyon, 1867, in-8°. — Ripa (L.). *Igiene manifacturiera serica*. In *Ann. di med. publ.*, 1867, p. 267. Voir en outre les traités des maladies des artisans : Ramazzini (et ses traducteurs Fourcroy, Ackermann, Patissier), T. Thackrah, Halfort, etc. E. Bgd.

MANULUVE, *Manuluvium*. Bain des mains, immersion des mains dans un liquide, afin de produire un effet, soit local, soit général. Le manuluve s'administre à l'aide d'une bassine ou d'une cuvette, et alors la main seule est immergée ; ou avec une petite baignoire dans laquelle le sujet plonge la main et l'avant-bras jusqu'au-dessus du coude ; c'est alors autant un bain de bras qu'un bain de mains.

Administré en vue de produire des effets purement locaux, le manuluve répond à de nombreuses indications dans la pratique chirurgicale. Composé d'eau simple, à la température du bain tiède, il s'emploie contre diverses lésions des extrémités thoraciques, avec douleur, gonflement, inflammation, suppuration, agissant comme émollient, modifiant les plaies et facilitant en même temps le décollement des pièces d'un pansement. On augmente ses propriétés émollientes par l'addition de son, d'amidon, de guimauve, de graine de lin ; on lui communique des propriétés calmantes par les feuilles de morelle et de belladone, les capsules de pavot. On lui donne en un mot telles propriétés thérapeutiques que l'on désire, selon la nature de la lésion ; et l'on peut ainsi, par exemple, aux mains comme aux pieds, donner un bain partiel alcalin ou sulfureux. En cas de douleurs rhumatismales fixées aux mains, aux poignets, aux coudes, nous y avons eu recours avec avantage, lorsqu'il y avait des contre-indications par ailleurs ou des empêchements à l'emploi d'un grand bain au soufre ou aux carbonates alcalins. Ainsi encore peut s'employer très-heureusement le manuluve à l'arséniate de soude contre le rhumatisme noueux des articulations digitales.

Le manuluve destiné à produire un effet local est toujours plus ou moins prolongé. Pour citer, par exemple, l'une des affections chirurgicales contre laquelle on emploie le plus communément les manuluves, le panaris, on sait combien les douleurs qui l'accompagnent tendent à s'apaiser par l'immersion souvent répétée et durable de la main dans un liquide tiède, émollient, narcotique au besoin.

Les manuluves froids et résolutifs peuvent avoir une durée encore plus longue. Ainsi, dans les cas de brûlure de la main, d'entorse du poignet, le manuluve froid, et maintenu tel par un renouvellement fréquent du liquide, est souvent prolongé pendant plusieurs heures.

Ce n'est qu'exceptionnellement que le manuluve est employé à une température plus que tiède, comme moyen externe. On l'emploie ainsi contre certains engorgements scrofuleux ; on s'en trouve bien quelquefois contre les engelures. On tente là de résoudre par une forte excitation préalable des parties engorgées. Le calorique, en effet, est souvent, comme le jugeait Trousseau, un bon résolutif.

Aux manuluves résolutifs froids ou chauds, on ajoute, selon les cas, de l'alun, du sel marin, du sel ammoniac, du carbonate de soude, de l'iodure de potassium. Nous recommandons contre les engelures des manuluves froids fortement additionnés d'hypochlorite de soude ou de potasse.

On le voit, comme moyens de thérapeutique externe, les manuluves peuvent être extrêmement variés dans leur composition, et l'être aussi par leur température et la durée de leur application.

Au contraire, comme moyens invoqués pour susciter des effets généraux, ou plutôt des phénomènes distants du lieu de leur application, les manuluves ne sont généralement employés que très-froids ou très-chauds, pendant un temps limité, et avec peu de variation dans leur composition.

Chauds, ce sont des dérivatifs, des révulsifs comme les pédiluves ; et comme dans ceux-ci, pour ajouter à l'action stimulante du calorique, on y met du sel marin, du carbonate de soude, du vinaigre, de la farine de moutarde. Il faut convenir que ce moyen, d'une application plus simple et plus expéditive que le pédiluve, est trop négligé. Les manuluves sinapisés peuvent cependant produire des effets révulsifs aussi efficaces que les pédiluves du même genre, et détourner de même les mouvements congestifs qui s'opèrent du côté de la tête, de la gorge et de la poitrine. Nous avons vu parfois la congestion céphalique mieux combattue par les manuluves que par les pédiluves, et nous croyons que l'on tirerait plus d'avantage des premiers que des seconds dans beaucoup d'angines.

Les manuluves chauds, même avec la précaution de recouvrir les vases où on es prend pour se mettre à l'abri de la vapeur qui s'en dégage, provoquent promptement une réaction à la suite de laquelle se répand à la périphérie une chaleur diffuse amenant bientôt elle-même la diaphorèse. Si donc on ne veut obtenir d'eux qu'un effet révulsif, il faut très-peu les prolonger, 10 ou même 5 minutes seulement, et les suspendre au premier indice de cette réaction. En revanche et par cela même, en les prolongeant, on peut les employer comme moyen diaphorétique.

Les manuluves froids, et surtout ceux qui sont très-froids, produisent presque immédiatement un sentiment de réfrigération générale, souvent avec frisson et horripilation. Ces phénomènes peuvent être nuisibles chez des sujets affaiblis et impressionnables ; mais ils peuvent être mis à profit dans certains cas d'hémorrhagie, dans l'épistaxis, par exemple ; la constriction des capillaires sanguins concordant avec la réfrigération causée et perçue, favorise la suspension de l'écoulement du sang. Le trouble circulatoire produit par l'immersion des mains dans l'eau très-froide, et déterminant l'arrêt du flux menstruel, est un exemple et une preuve de l'influence que le même fait peut exercer en cours d'hémorrhagie.

Les ablutions manuelles, qui sont à la fois pour l'homme un besoin social et une nécessité d'hygiène, sont à vrai dire des espèces de manuluves sur lesquels le médecin doit par conséquent porter son attention. Dans l'état de santé, peu importe à la rigueur la température de l'eau employée pour ces ablutions, sauf toutefois pendant la période cataméniale pour certaines femmes, très-sensibles à cet égard, et qui se voient obligées à ce moment de faire toutes leurs ablutions à l'eau tiède. Il en est de même pour les individus des deux sexes pendant la période aiguë des maladies que peut aggraver tout refroidissement extérieur. Telles sont particulièrement les phlegmasies des organes respiratoires, les fièvres éruptives, le rhumatisme articulaire aigu. L'immersion intempestive des mains dans l'eau froide peut alors accroître des congestions internes ou susciter des répercussions fâcheuses ; nous avons vu, entre autres, des rhumatisants devoir à ce genre d'imprudence le retour des fluxions articulaires et la recrudescence des douleurs.

Les divers ingrédients qui entrent dans nos manuluves journaliers, ont aussi leur intérêt pour le médecin. Tantôt c'est un état pathologique de la peau des mains qui nécessite l'intervention de quelque composé médicamenteux ; tantôt, pour cause de dispositions physiologiques particulières de la peau, il s'agit d'un choix à faire entre ces différents accessoires, savons, pâtes, eaux de toilette, qui, tout en flattant notre sensualité, n'en doivent pas moins avoir leur valeur hygiénique. Mais la simple indication de ces éléments éventuels des manuluves suffit ici, et les détails qu'ils comportent appartiennent, tant à l'histoire des dermatoses qu'à la question des cosmétiques.   D. DE SAVIGNAC.

MANUS DEI ou *Emplâtre de la main de Dieu.* Emplâtre fondant peu employé aujourd'hui et préparé avec de l'huile, de la cire, de la myrrhe, de l'encens, du mastic, de la gomme ammoniaque, du galbanum, de la térébenthine, etc. (*voy.* EMPLATRES).   T. G.

MAPOU (Bois de). Les arbres dont le bois est en général léger sont ainsi nommés à Bourbon et à Maurice. Le *Malacoxylon pinnatum* ou *Cissus Mappia* Lamk est un *Mapou.* Le Baobab (*Adansonia digitata*) porte le même nom au Sénégal. Dans nos colonies insulaires de l'Afrique orientale, les *Mapou* sont surtout des *Bombax*, principalement le *B. pentandrum* L., ou Fromager à cinq étamines.   H. Bn.

MAPP (Marc), médecin laborieux, plein d'érudition, observateur éclairé, né à Strasbourg le 28 octobre 1632, docteur de cette Faculté (1653), mort le 9 août 1701. Il était professeur de botanique et de pathologie, chaires dans lesquelles il montra le plus grand attachement à Hippocrate et à Galien. Voici la liste de ses ouvrages et dissertations :

I. *Thermaposia, seu dissertationes medicæ tres de potu calido.* Strasbourg, 1672-1675, in-4°. — II. *Dissertatio de dolore nephritico.* Strasbourg, 1672, in-4°. — III. *Dissertatio de lue venereâ.* 1673, in-4°. — IV. *Dissertatio de flatibus.* 1675, in-4°. — V. Dissertatio de fistulâ genæ terminatâ ad dentem cariosum. 1675, in-4°. — VI. *De febribus questiones X.* 1675, in-4°. — VII. *Dissertatio de catameniorum vitiis et suppressione.* 1676, in-4°. — VIII. *Dissertatio de oculi humani partibus et usu.* 1677, in-4°. — IX. *Dissertatio de superstitione et remediis superstitiosis insignioribus.* 1677, in-4°. — X. *Dissertatio de aquis fœtus.* 1681, in-4°. — XI. *Dissertatio de voce articulatâ.* 1681, in-4°. — XII. — *Dissertatio de fœdis virginum coloribus.* 1682, in-4°. — XIII. — *Dissertatio de risu et fletu.* 1684, in-4°. — XIV. — *Dissertatio de aurium cerumine.* 1684, in-4°. — XV. *Historia medica de acephalis.* 1687, in-4°. — XVI. *Dissertatio de morbillis.* 1688, in-4°. -- XVII. *Disser-*

tationes medicæ tres de receptis hodie in Europâ potus calidi generibus, thé, café, chocolatâ, 1691-1695, in-4°. — XVII. *Catalogus plantarum horti Argentoratensis.* 1691, in-8°. — XVIII. *Dissertatio de cephalalgiâ.* 1691, in-4°. — XIX. *Dissertatio de lienosis.* 1692. — XX. *Historia exaltationis theriacarum in theriacam cœlestem.* 1695, in-4°. — XXI. *Dissertatio de febribus in genere.* 1697, in-4°. — XXII. *Dissertatio de erysipelate.* 1700, in-4°. — XXIII. *Dissertatio de rosâ de Jericho vulgo dictâ.* 1700, in-4°. — XXIV. *Historia plantarum Alsaticarum.* 1742, in-4°.   A. C.

MAPPA. Genre de plantes de la famille des Euphorbiacées, que A. de Jussieu a établi pour le *Ricinus Mappa* de Linné et autres plantes voisines. Elles ont fréquemment les propriétés purgatives, évacuantes des Ricins, et sont employées comme eux dans l'Asie tropicale. Quelques-unes, comme le *M. tanaria* SPRENG., sont astringentes, ce qu'indique l'usage qu'on en fait pour la préparation des cuirs. Ce sont, en général, des plantes dangereuses et dont le suc est âcre, irritant.

A. JUSS., *Tentam. Euphorbiac.*, **44**, t. **14**.— H. BAILLON. *Etude gén. du gr des Euphorbiac.*, 428, t. 20, fig 1-7.   H. BN.

MAQUEREAU. On désigne sous ce nom plusieurs espèces de poissons comestibles du genre *Scombre* (*Scomber*, Linn.).

Le SCOMBRE MAQUEREAU (*Scomber scombrus* L., Cuv. et Valenc., t. VIII, pl. 6), vulgairement Maquereau commun, Berelli, a le corps allongé, d'un noir verdâtre, ondé de bleu en dessus, avec des reflets argentés et dorés en dessous; mâchoire inférieure avancée, ligne latérale voisine du dos, portant des taches oblongues; cinq appendices en dessus et en dessous de la queue, les deux nageoires dorsales ont chacune douze rayons. Longueur 30 à 40 centimètres.

Ce poisson a été connu des anciens : Aristote et Pline l'ont mentionné, et peu d'espèces des mers d'Europe sont plus célèbres et plus utiles pour l'alimentation.

Le Maquereau commun passe, comme le Hareng, l'hiver au fond de la mer; à la fin du printemps il arrive sur les côtes en troupes innombrables pour frayer. Les œufs des femelles sont extrêmement nombreux, dépassant cinq cent mille. La chair de ce poisson est consommée tantôt fraîche, tantôt salée. Cette chair est de bon goût, mais elle est grasse et parfois indigeste.

Le SCOMBRE PETIT MAQUEREAU (*Scomber scolias* Gmel., Cuv. et Valenc., t. VIII, pl. 59, *S pneumatophorus* Laroch.), vulgairement Bize, Sansonnet, est plus allongé que le précédent, mais d'un vert plus clair, nuancé de bleuâtre. La première nageoire dorsale n'a que neuf rayons, la deuxième en a douze. Cette espèce ne dépasse pas le golfe de Gascogne. Il est moins commun que le précédent et souvent mêlé avec les *Bonites*, dont il diffère au premier coup d'œil par les deux nageoires dorsales contiguës chez celles-ci, tandis qu'elles sont distantes ou éloignées chez les Maquereaux.

Le nom singulier de ces animaux repose sur une erreur d'observation faite par les pêcheurs : ces poissons suivraient les petites Aloses, vulgairement appelées Pucelles, et ils sembleraient les conduire à leurs mâles.

Le MAQUEREAU BATARD est une espèce du genre Caranx (*voy.* ce mot; *voy.* au ss' POISSONS).   A. LABOULBÈNE.

MARABOU. Genre d'oiseaux échassiers, démembré des *Cigognes* de Linné, dont il diffère par le bec très-volumineux, la mandibule supérieure légèrement voûtée, la tête et le cou nus, non emplumés, et une sorte de sac au bas du cou.

Le Marabou du Bengale (*Ciconia Marabou* Temminck, *Ardea dubia* Gmel.) est
le type de ce genre. C'est un grand oiseau, ayant le dessus du corps d'un
brun verdâtre, le dessous de l'abdomen blanc, avec les ailes d'un gris cendré.

Le Marabou habite l'Inde. Il vit de proie vivante, de petits animaux, de reptiles, etc., et plus encore de viande morte ; aussi est-il respecté des indigènes,
qui connaissent les services qu'il leur rend en débarrassant le pays d'une grande
quantité de charognes et d'immondices. Calcutta est peuplée de ces oiseaux, qui
sont tellement familiers, qu'ils viennent, à l'heure du repas des troupes, se ranger devant les postes, s'y plaçant en files, et attendant qu'on leur donne les déchets, surtout les os, qu'ils engloutissent tout entiers.

Les plumes de la queue et des ailes du Marabou sont très-belles, flexibles et
ondulées. Ces plumes sont recherchées, et l'industrie en tire parti (*voy.* Cigogne).

A. Laboulbène.

MARAIS (*palus*, λίμνη, έλος ; all. : *Sumpf, Marsch, Morast;* angl. : *Marsh;*
it. : *palude*).   On désigne généralement, sous le nom de marais, un espace de
terrain couvert ou abreuvé par des eaux qui n'ont point d'écoulement et capable,
à certaines époques, de se dessécher en totalité ou en partie.

Le géographe réserve cette appellation à de vastes surfaces où ces caractères
sont permanents, habituels et grossièrement appréciables ; le médecin multiplie
et localise davantage les foyers insalubres auxquels le nom de marais lui paraît
applicable : il s'arrête moins complaisamment à l'extérieur des localités, et le
marais pour lui ne se limite pas aux points où le sol disparaît sous une nappe d'eau
croupissante ; il étudie à des points de vue divers les qualités physiques du
terrain, puis il y ajoute un élément nouveau d'appréciation : l'influence sur la
santé ou la vie des êtres vivants. Dans l'esprit du médecin, l'idée de marais ne
se sépare pas aisément de l'idée des phénomènes morbides qu'un foyer palustre
est capable de produire, et réciproquement. Cette tendance instinctive à rapprocher l'effet de ce qui semble la cause a conduit à donner plus d'ampleur à la
conception médicale du marais. On a dû reconnaître que ce mot représentait un
ensemble de circonstances dont les unes sont accessoires, les autres essentielles
et fondamentales ; on a senti qu'à côté du marais type qui réunit les unes et les
autres, il y avait place pour certaines sources d'infection, ne différant des premières que par leur aspect, leur mode extérieur de manifestation, mais ayant la
même origine, les mêmes réactions sur l'organisme, et résultant d'un processus
physico-chimique identique.

Certains médecins sont donc très-disposés à remplacer la définition habituelle,
géographique du marais par l'énumération des conditions essentielles de son existence, c'est-à-dire : 1° un sol non aéré, riche en matières organiques ; 2° de l'eau
stagnante ; sans renouvellement, en quantité suffisante pour maintenir le sol
humide ; 3° une température capable de déterminer ou d'activer la fermentation des matières en présence. On est arrivé ainsi, par une sorte d'artifice,
à rattacher aux marais certains foyers d'insalubrité qui ont avec eux des analogies non contestables, et qui se prêtent, sous de nombreux rapports, à des considérations presque identiques : les landes et les bruyères humides, les prairies
ou les cultures mal drainées, les infiltrations souterraines, etc., où l'apparence
extérieure du sol révèle parfois à grand' peine l'existence des marécages. Sans
nier ces analogies, ni l'intérêt pratique qu'offrent ces rapprochements, nous étudierons particulièrement ici les marais proprement dits, nous réservant de revenir

sur ce sujet en traitant des signes qui permettent de reconnaître les localités palustres.

Les conditions qui président à la formation des marais méritent à plus d'un titre l'intérêt du médecin ; c'est en sachant comment ils se produisent, qu'il pourra prévoir et peut-être par ses conseils prévenir leur développement, ou faire cesser leur funeste influence. A ce point de vue, il nous paraît avantageux de distinguer les marais en deux groupes : 1° les marais *naturels, spontanés*, que l'homme subit sans les avoir provoqués, non pas toujours sans avoir concouru à leur formation par sa négligence ou son incurie ; 2° les marais *artificiels*, créés volontairement par la main de l'homme, ou entretenus dans un but industriel.

A. MARAIS SPONTANÉS. Lorsqu'on examine la configuration du sol et le régime des eaux dans les localités palustres, il est une disposition qu'on rencontre d'une façon presque inévitable et qui joue le rôle prédominant dans la formation des marais. Ce sont des surfaces inclinées et des saillies combinées de telle sorte, que l'eau, après avoir parcouru la pente des premières, est arrêtée par les secondes comme par un barrage qui empêche son issue dans le lit des fleuves ou dans la mer. Cette condition se réalise le plus souvent et de la façon la plus simple dans ces vastes plaines, en apparence horizontales, dont les flancs se déprimant d'une façon progressive et presque insensible convergent vers un bas-fond central, inférieur de quelques mètres seulement aux parties les plus excentriques et les plus élevés du bassin. Quand l'eau pluviale est tombée pendant plusieurs jours avec abondance sur ces espaces creusés en cuvette, il est habituel de voir, pendant un temps variable, d'énormes taches accumulées vers le centre et formées par une couche d'eau peu épaisse. Il en est de même lorsqu'à la partie déclive des pentes se dressent des collines, des coteaux ou des montagnes qui forcent l'eau à s'arrêter dans les thalwegs des plaines. Si le sol est facilement perméable jusqu'à une assez grande profondeur, l'eau que l'évaporation n'a pas dissipée filtre peu à peu à travers les couches superficielles qu'elle lave, aère et fertilise, et va se perdre dans la nappe souterraine, dont le niveau est parfois très-éloigné de la surface. Lorsqu'au contraire une mince couche de sable ou d'humus recouvre un sous-sol argileux et imperméable, l'eau pluviale, comme aussi celle des sources, amenée par les pentes, s'accumule dans les parties déclives ; elle y séjourne tant que l'évaporation ne l'a pas épuisée, s'y altère et s'y corrompt. La répétition des mêmes causes crée un véritable marais, ou simplement des plaines humides et malsaines, suivant la configuration du terrain, la masse d'eau recueillie et la profondeur de la couche perméable. Telle est la cause principale de l'insalubrité de la Brenne, de l'Indre, de la Sologne, du Forez, des landes de Gascogne et en partie même des marais Pontins.

Dans ces plaines sans issue, à sous-sol imperméable, les *inondations*, les crues subites des fleuves et de leur affluents causent de terribles ravages, même sur les terres de bonne nature, la masse énorme d'eau brusquement accumulée ne disparaît que lentement, parfois au bout d'une année, après avoir formé des marais temporaires dont l'insalubrité ne le cède en rien à celle des marais permanents. Les cadavres d'animaux surpris par l'inondation, les récoltes de foin et les végétaux de toute sorte submergés ou entraînés se décomposent dans une couche épaisse de vase, formée par les débris des maisons en pisé que l'eau a délayées, par la terre labourable et le limon des fleuves. Ces cloaques immenses deviennent des foyers pestilentiels dont l'assainissement immédiat a été l'objet, en 1856, d'instructions très-précises du comité consultatif d'hygiène publique. A toutes les époques et dans tous les pays, les débordements de grands fleuves ont causé de semblables désastres : les inondations annuelles du Nil ne fertilisent qu'au prix d'une insalubrité dont l'élévation de la température et l'activité de la végétation abrégent heureusement la durée ; en France, les inondations de la Saône, du Rhône et de la Loire ont rendu tristement célèbres les dates de 1846, 1856 et 1866, etc.

Les parties les plus voisines du fleuve ne sont pas seules inondées ; les digues, même lorsqu'elles ne sont pas rompues, sont souvent impuissantes à retenir les eaux à une grande hauteur. Il n'est pas rare de voir des parties basses, parfois fort éloignées, transformées en marais par une nappe d'eau qui, filtrant à travers le lit du fleuve et les couches profondes du sol, est venue prendre son niveau loin de là dans la plaine.

Les inondations et infiltrations menacent surtout les régions où les canaux reposent sur des chaussées plus élevées que le niveau général du pays ; chaque année en Sologne et particulièrement en 1866, les travaux d'assainissement et de dessèchement sont compromis et retardés de la sorte. La Hollande, dominée de partout par la mer et par des canaux, présente au plus haut point cette disposition fâcheuse dont elle réussit à pallier les effets par des travaux admirablement combinés et entretenus. La mer elle-même peut inonder de vastes surfaces excavées et sans écoulement, soit par la rupture de ses digues, soit par les marées exceptionnelles où le flot dépasse la ligne de faîte du cordon littoral.

C'est principalement au voisinage des côtes que se rencontrent ces bassins barrés, ces dépressions du sol que nous avons vus jusqu'ici jouer un si grand rôle dans la formation des marais. M. Scipion Gras, ingénieur en chef des mines, a donné à ce sujet des explications pleines d'intérêt concernant l'origine des marais et des étangs de la Corse et du midi de la France. C'est un fait établi par M. Élie de Beaumont (Éléments de géologie pratique, 7e leçon) que, sur tout le littoral de l'Océan et de la Méditerranée, les vagues ont une grande tendance à accumuler des matières de transport sur le rivage quand l'inclinaison de celui-ci est trop faible : le flot montant affouille le sable de la rive, l'entraîne avec lui et le dépose sur la plage en se retirant ; quand la mer est fortement agitée, les vagues élèvent des galets qui s'accumulent de la même façon, et il en résulte à la longue un bourrelet de sable et de gravier, auquel M. Élie de Beaumont donne le nom de cordon littoral. Ce cordon, dont on peut suivre d'année en année les progrès, modifie incessamment la configuration des côtes, et forme une espèce de digue élevée d'une part au-dessus du niveau de la mer, de l'autre au-dessus du reste de la plage. Lorsque celle-ci est très-plate, comme toute la zone orientale de la Corse, l'eau pluviale, les petits cours d'eau n'ont plus d'écoulement vers la mer : il en résulte des inondations, des marais qui deviennent saumâtres si les vagues, dans les mauvais temps ou les hautes marées, réussissent à franchir le cordon littoral. Celui-ci s'étend et s'accroît par le sable desséché que le vent repousse vers la plage, peu à peu de petits dunes s'élèvent, la mer est forcée de reculer ses limites et d'abandonner ses rivages. C'est ainsi que sur les côtes de la Frise, au N.-O. de la Hollande, se sont formés par le retrait progressif des eaux ces Marshs ou marais que l'agriculture a conquis sur la mer, et qu'elle réussit à assainir : les Schoores et les Polders de la Flandre, les Moëres (moor, marais tourbeux) et les terres de Wateringues dans le département du Nord et du Pas-de-Calais, ont une origine identique. Sur le littoral du Languedoc et du Roussillon, la mer a laissé à nu en se retirant une vaste bande ensablée et marécageuse qui s'étend d'Orgelés à Narbonne et Agde d'une part, de Cette à Saint-Gilles et Aigues-Mortes de l'autre ; derrière cette zone sablonneuse, se trouvent de grands amas d'eau salée qu'on appelle étangs ou lagunes, communiquant incomplètement avec la mer par des canaux ou *graus* qui ont la plus grande tendance à s'ensabler. Telle est l'origine des étangs de Leucate, de Gruissan, de Vendres, de Thau et de Mauguio, etc. Les changements de niveau qui résultent de l'obstruction des *graus* et de l'écoulement dans ces bassins de nombreux cours d'eau grossis par les pluies de l'hiver, mettent à nu pendant l'été des surfaces marécageuses et insalubres.

L'exhaussement progressif des côtes devient un obstacle très-sérieux pour les rivières et les fleuves qui descendent à la mer : quand le courant et la masse d'eau ne sont pas assez puissants pour balayer devant eux tout ce qui les arrête, le flot montant accumule des matériaux et des déjections à la partie la plus avancée de l'embouchure ; ce qu'on appelle *barre* est un véritable cordon littoral submergé qui, élevant le niveau du déversement, rend d'autant plus faciles les inondations à l'époque où les affluents sont gonflés par les pluies. Si le fleuve n'est pas profondément encaissé, l'eau débordée s'accumule sur une grande surface dans les plaines déprimées qui longent ses rives ; au voisinage des côtes, les dunes ou la ceinture de sable empêchent son écoulement vers la mer ; parfois elle réussit à se frayer loin de son lit primitif un ou plusieurs passages, et transforme ainsi son embouchure en un *delta* dont le fond s'élève et s'encombre de plus en plus par le sable de la mer ou le limon du fleuve.

Le limon que charrient et que déposent les eaux courantes joue en effet un grand rôle dans la production des marais. Lorsque les pluies et la fonte des neiges gonflent et font déborder les torrents des montagnes, l'eau dans son cours rapide entraîne avec elle le détritus des roches et la terre végétale mal fixée ; le limon qui la colore atteint parfois des proportions extraordinaires. Si, sur un point de son trajet ou en arrivant dans la plaine, le courant est brusquement ralenti, les parties les plus lourdes se déposent, obstruent le lit du torrent qui répand ses eaux au hasard et crée de vastes marais au voisinage des points où cessent les montagnes. Telle est en partie l'origine de cette zone immense des marais de Terryani qui longe pendant 300 lieues le pied même de l'Himalaya, et où se confondent les sources des grands fleuves de l'Inde.

Les canaux d'assainissement qui, dans certaines contrées, recueillent les eaux d'infiltration, charrient souvent à l'époque des grandes pluies une eau devenue bourbeuse en passant sur des terres labourées. La pente très-faible qu'on est obligé de donner à ces canaux, la lenteur avec laquelle l'eau s'écoule, amènent rapidement leur obstruction par le dépôt des troubles, et l'inondation de toutes les parties situées au-dessus de l'obstacle. Les grands travaux d'assainissement opérés depuis dix ans en Sologne, en Bresse et en Dombes ont surtout consisté dans le curage des canaux et des petites rivières obstruées de la sorte, et l'on peut dire que partout ils ont été couronnés de succès.

Ces torrents et ces canaux peuvent conduire sans encombre leurs eaux limoneuses dans les grandes rivières ou les fleuves auxquels ils sont destinés. A l'époque des crues, la rapidité du courant est telle dans les parties supérieures du fleuve, que les matières terreuses restent suspendues et même s'accroissent des débris arrachés à toutes les rives. Mais si l'embouchure se trouve sur une plage basse, peu inclinée, si elle a lieu par une surface très-large et peu profonde, le limon, d'autant plus abondant que tous les affluents y ont apporté leur contingent, se dépose derrière le moindre obstacle, et forme avec le temps les atterrissements successifs, les deltas et les îles qu'on rencontre à l'estuaire de tous les grands fleuves. Nous avons vu quel rôle important jouent dans cette occasion le travail incessant de la mer et le cordon littoral; derrière cette digue naturelle, la nappe d'eau retenue comme dans les bassins de colmatage abandonne à la pesanteur les particules solides qu'elle charie, et après avoir ainsi embarrassé ou obstrué son issue naturelle, elle ne peut disparaître qu'en se frayant un passage à travers les sinuosités d'un delta fangeux. Ces vastes surfaces où l'eau douce du fleuve se mêle incessamment à la vase marine tiennent une place considérable dans l'histoire des marais : nous donnerons de la plupart une description spéciale, nous contentant ici de mentionner l'île de la Camargue dans le delta du Rhône, les deltas du Danube, du Nil, du Gange, du Mississipi, du Sénégal, etc.

Certaines parties du littoral, jadis immergées, sont parfois laissées à nu dans des conditions où il est impossible d'admettre soit l'atterrissement par le limon des fleuves, soit l'exhaussement du rivage par des dépôts que le flot abandonne. C'est par un *soulèvement* véritable de la croûte terrestre que s'explique l'émergence des côtes septentrionales de l'Europe : la commission scientifique de 1820 a constaté que dans le golfe de Bothnie ce soulèvement avait été de 1^m,30 depuis cent ans; au contraire, les côtes du Groënland s'enfoncent lentement et progressivement sur une longueur plus de 200 lieues. Dans les latitudes septentrionales, les plages marécageuses formées de la sorte n'ont qu'une importance secondaire au point de vue de leur influence sur la santé. La même hypothèse a été invoquée pour expliquer le retrait de la mer et la formation des étangs sur le littoral de l'Océan et de la Méditerranée, en particulier au voisinage d'Aigues-Mortes. « J'ai constaté, dit Babinet (*Revue des Deux Mondes*, 1855, XI, 1319), que la côte de France qui borde l'Atlantique s'élève de siècle en siècle d'une quantité sensible. Les marais salants du littoral de l'Aunis passent successivement à l'état de marais gâts.... non parce que la mer se retire, mais bien parce que la mer se soulève réellement. » Jusqu'ici cependant aucune autre démonstration positive n'a démontré la réalité de cette opinion.

Un phénomène semblable, mais plus limité, a transformé en marécages inhabitables la délicieuse Baïa et toute cette partie du littoral de la Campanie qui s'étend de Pouzzoles au cap Misène. En 1538, l'éruption qui fit brusquement surgir le Monte-Nuovo souleva le fond du lac Lucrin, dont les eaux boueuses inondèrent ce qui restait des villas et des temples; les alternatives de soulèvement et d'abaissement de toute la presqu'île volcanique de Misène entourent aujourd'hui d'une atmosphère méphitique les lieux mêmes que Virgile, au commencement de notre ère, jugeait dignes de représenter les Champs-Élysées.

Il est un autre mode de formation des marais où la stagnation des eaux, favorisée sans doute par la configuration et la nature du sol, s'accroît encore par l'*absence presque complète de l'évaporation*. Dans les forêts non défrichées de l'Amérique, en Abyssinie, sur les bords du Gange et dans les jungles qui bordent l'Himalaya, les grands arbres, les lianes, les végétaux de toute sorte forment une voûte si impénétrable aux vents et aux rayons du soleil, que l'atmosphère saturée d'humidité se renouvelle à peine; l'eau des pluies et des ruisseaux dont l'évaporation est supprimée s'accumule sur un sol jonché de débris organiques séculaires, les décompositions sont activées par l'élévation de la température, et un séjour de quelques heures est parfois mortel pour l'homme qui respire l'air chaud, humide et miasmatique de ces forêts marécageuses.

A ces foyers d'origine si diverse, il faut peut-être ajouter les *marais sou-terrains* dont l'existence, admise théoriquement par les uns, contestée par les autres, ne repose encore que sur un petit nombre de faits positifs. F. Jacquot, qui s'est fait surtout le défenseur de cette opinion, dit avoir observé le phénomène suivant dans les houblonnières de Neuvillers-sur-Moselle, près de Nancy : après avoir enfoncé dans le sol avec assez de peine une perche à houblon longue de 5 à 7 mètres, on sent tout à coup la résistance cesser, et la perche disparaît dans l'abime souterrain ; il existait jadis à cet emplacement un marais pestilentiel, les anciens du pays l'ont vu se couvrir d'une croûte solide qui peu à peu s'est épaissie, et a pris assez de force pour porter actuellement des groupes d'hommes et des voitures chargées. De même en Algérie, on trouverait dans les plaines du Serzou de grands marécages souterrains à une faible profondeur ; une perche, après avoir percé l'écorce solide s'enfonce et disparaît. Il est de notoriété que les eaux du Sahara n'ont qu'un cours limité à la surface du sol ; il n'est pas rare de les voir disparaître brusquement, après un court trajet, dans le sein de la terre où sans doute elles forment de vastes réservoirs. Dans un grand nombre d'oasis, il n'y a aucun ruisseau, aucune source visible sur le sol, mais si l'on creuse de quelques pieds seulement, on trouve une nappe d'eau souterraine, parfois intarissable, qui explique la possibilité et la vigueur de la végétation au milieu du désert. A partir de quelques journées de Biskra jusqu'à Tougourt, dit F. Jacquot, verdit une longue oasis, une bande de dattiers que les Arabes appellent dans leur langage figuré *la rivière des palmiers*. Ces dattiers puisent leur nourriture dans une terre humide, traversée par un cours d'eau caché sous une couche de terrain sec ; aussi la rivière des palmiers est ravagée par des fièvres que les Berbères appellent *ktobria*. Quand le mois d'octobre arrive, le cheik fait avertir les étrangers de s'éloigner de ce lieu redoutable, où tous trouveraient la maladie et beaucoup la mort. Les marchands et les voyageurs se retirent alors plus au sud dans l'oasis du Souf, qui est loin d'être aussi malsaine.

Le même auteur rappelle que dans les plaines de l'Amérique méridionale Humboldt et d'autres savants ont rencontré de petits cônes volcaniques, appelés *salsas*, qui vomissent des quantités énormes de boues. Mais est-il suffisamment établi par là qu'il existe des marécages souterrains, ayant leur flore et même leur faune, car on a trouvé, dit-on, dans ces véritables volcans de boue une espèce de poisson qui n'existe pas dans les eaux à ciel ouvert)? de quelle profondeur viennent ces boues? dans quelles proportions contiennent-elles des matières fermentescibles ? quelle est leur action sur l'organisme humain ? Toutes questions qu'il est indispensable de résoudre d'abord si l'on ne veut tirer de ces faits une conclusion prématurée.

Dans ces dernières années, M. le docteur Armieux a défendu avec beaucoup de talent et une grande conviction l'existence des marais souterrains, et aux exemples déjà connus il a ajouté des indications précieuses recueillies en des pays divers. C'est en Algérie surtout que cette hypothèse a été soutenue et accueillie avec faveur ; en effet, dans cette Algérie si meurtrière par les fièvres, les véritables marais sont relativement assez rares; et il est, dans les plaines, certains foyers d'une insalubrité notoire où l'on chercherait en vain de l'eau stagnante à la surface du sol, couvert de verdoyantes prairies. Il en est de même des marais Pontins, qui ne présentent aux regards qu'une immense nappe de verdure où l'on rencontre à peine çà et là quelques amas d'eau croupissante. Le marais proprement dit manque souvent, mais non l'humidité du sol; il suffit parfois de creuser de quelques décimètres pour voir l'eau s'accumuler au fond de la cavité; au-dessous d'une couche peu épaisse, souvent très-sèche, de terre arable, apparaît l'eau d'infiltration, retenue par le sous-sol imperméable et qu'une déclivité insuffisante empêche de s'écouler vers la mer. Cette disposition est commune, elle réalise pour nous le véritable marais souterrain, et tout au moins un marais, dans l'acception médicale de ce mot.

B. Marais provoqués. Certains travaux entrepris dans un but utile se transforment parfois en foyers marécageux, soit par leur nature même, soit par la négligence avec laquelle ils sont conduits ou entretenus.

Pour cultiver un sol qu'une sécheresse extrême rend stérile, on sillonne sa surface de canaux et de rigoles d'irrigation dans lesquels on détourne un bras de rivière ou des cours d'eau situés à un niveau supérieur. Parfois même on inonde complétement le terrain, on le laisse sous l'eau pendant une partie de l'année, par imitation des inondations fécondantes de certains fleuves. Quand les canaux d'évacuation sont mal construits, qu'ils n'ont pas une pente suffisante, ou qu'on néglige leur curage, l'impéritie, l'imprévoyance ou le défaut de ressources peuvent créer un marais là où n'existait qu'un désert stérile mais non pas insalubre.

Il en est de même de plusieurs moyens employés précisément pour faire disparaître les marais: le *colmatage*, le *warpage* et le *terrement* tendent à exhausser le sol au moyen d'un limon riche en matières organiques qui se dessèche et fermente, lorsqu'on laisse écouler l'eau du fleuve, de la mer, ou des tranchées redevenue limpide par l'abandon de ses troubles.

Les *rizières* sont des marais entretenus et provoqués par des irrigations incessantes, par la stagnation de l'eau, par l'humidité indispensable au développement de la plante; leur insalubrité est telle, qu'en 1845 l'Académie d'agriculture de Turin proposait un prix à l'auteur du meilleur mémoire sur les moyens de concilier cette culture avec la santé des personnes, et que Charles-Emmanuel, au siècle dernier, avait essayé d'anéantir dans le Piémont cette industrie dangereuse autant qu'utile.

En assurant la continuité de la circulation de l'eau dans les rigoles, la province de Verceil, en Italie, une partie de la Chine, etc., arrivent à une immunité presque complète.

MM. Boileau de Castelnau, Soulé et Levieux en 1850-53, ont démontré que les marais de la Camargue et des landes de Gascogne causaient des accidents plus graves et plus fréquents depuis qu'on y avait essayé l'établissement des rizières.

Il en est de même du *coton*, qui ne réussit que dans une terre humide; dans les régions tropicales surtout, on aggrave encore les dangers de cette culture par l'habitude de substituer aux engrais la vase des marais salins et les herbes marines; cette pratique, usitée en particulier dans la Caroline du Sud, contribue sans doute pour sa part à la fréquence et à la gravité des épidémies palustres de cette contrée.

Les *oseraies*, *aulnaies* et *saussaies* se cultivent dans des conditions analogues; elles fournissent, il est vrai, un moyen assez fructueux d'utiliser les marais, mais par cela même elles empêchent toute tentative de dessèchement et d'assainissement; elles devraient être limitées à des surfaces étroites et aux fossés qui reçoivent l'eau d'écoulement des champs trop humides.

L'exploitation des *tourbières* se fait à ciel ouvert, par l'extraction, en couches successives, d'un sol presque uniquement formé de matières végétales arrivées à un certain état de désorganisation : les déj ressions ainsi créées sur une immense surface accumulent l'eau des pluies, et activent singulièrement la formation et le dégagement des effluves marécageux.

Lorsqu'on établit les chemins de fer, on est souvent obligé d'emprunter aux parties voisines de la voie la terre nécessaire à la construction des chaussées ; il en résulte des excavations rectangulaires, peu profondes, sans écoulement, qu'on nomme *chambres d'emprunt*, et qui s'emplissent d'eau pendant l'hiver ou à l'époque des inondations. M. Dollfus-Ausset, en 1847, et M. Valéry Meunier, en 1863, ont montré l'influence pernicieuse de ces tranchées transformées en marais, le long du chemin de fer de Strasbourg à Bâle, et sur une longue étendue du chemin de fer de Madrid.

Les *ports* et *canaux*, construits parfois au centre des villes, peuvent jusqu'à un certain point être assimilés à des marais ; l'eau y est sinon stagnante, du moins lentement et rarement renouvelée ; ils deviennent, au bout de peu d'années, les réceptacles d'immondices de toutes sortes, la couche de vase s'y élève de plus en plus, le mélange de l'eau douce avec l'eau de la mer augmente souvent les sources de méphitisme, et les gaz infects qui s'en dégagent mesurent à la fois leur insalubrité et le travail de fermentation qui s'y accomplit. Le curage de ces cloaques entraîne une série d'opérations qui exaspèrent momentanément au plus haut point leurs propriétés malfaisantes. Les *fossés* des villes présentent, suivant leur étendue, les mêmes inconvénients et les mêmes dangers : dans les villes fortifiées, les fossés d'enceinte sont à sec pendant la plus grande partie de l'année ; leur fond vaseux, la putréfaction des plantes qui y croissent ou des débris végétaux qui y sont apportés en font trop souvent comme une petite ceinture de marais dont les garnisons subissent particulièrement l'influence.

Les *routoirs* sont des mares, des marais, des étangs utilisés, ou des fossés peu profonds creusés au bord des rivières, dans lesquels le chanvre et le lin doivent subir une fermentation qui permette de séparer le liber ou filasse du parenchyme de la plante. On peut discuter encore aujourd'hui sur le degré d'insalubrité du rouissage, quand cette opération se fait dans des réservoirs dont l'eau se renouvelle rapidement ; mais quand elle a lieu dans des mares ou des fossés sans issue, il est évident qu'aux inconvénients de ces petits marais, de ces amas d'eau croupissante, viennent se joindre ceux d'une quantité considérable de matière végétale putréfiée dont les émanations fétides se répandent très-loin.

On peut rapprocher des marais les foyers d'insalubrité formés par les résidus de l'indigo, dont parlent les médecins de l'Inde, et qui, il y a peu d'années encore, formaient d'immenses amas au voisinage des chantiers ; au bout de trois ou quatre ans, ces débris alternativement inondés ou desséchés formaient un excellent engrais, mais on s'aperçut qu'ils émettaient des miasmes aussi pernicieux que ceux des marais ; les ouvriers à leur voisinage prenaient des fièvres graves, surtout à type rémittent, semblables à celles des localités palustres ; la suppression de cette pratique a depuis lors fait disparaître les fièvres (Aitken, *the Science of med.*, t. II, p. 986).

Sur la rive gauche de la Garonne, dans une étendue de 2,000 à 4,000 hectares, comme aussi dans la Meurthe et dans la Nièvre, des marais en voie d'assainissement ou qu'on était enfin parvenu à dessécher sont devenus, depuis une vingtaine d'années, l'objet d'une spéculation qui a vivement excité l'attention des Conseils de salubrité. Dans le but d'élever et de reproduire des *sangsues*, on a retenu sur ces marais, au moyen d'un barrage, une nappe d'eau de 15 à 50 centimètres d'épaisseur ; des chevaux, des mulets, des ânes, malades ou infirmes, furent introduits dans les bassins et remuaient de leurs piétinements une couche de vase tellement profonde qu'ils étaient fréquemment menacés de s'y engloutir ; les sangsues s'attachaient par milliers aux membres de ces animaux et leur empruntaient le sang nécessaire à leur nourriture. Ces bassins, heureusement limités à un très-petit nombre de départements, et qui sont déjà en voie de décroissance, avaient le grave inconvénient de détruire l'œuvre du desséchement si péniblement accomplie, et d'augmenter encore la profondeur des marais par le piétinement continuel des animaux livrés en pâture aux sangsues ; aussi, quoique les accidents d'impaludisme fussent moins graves sur leurs bords qu'on eût pu s'y attendre, on s'est efforcé, dans l'intérêt public, d'empêcher leur extension abusive et de réglementer leur exploitation.

Certaines localités où le sol était improductif, où les routes manquaient pour le transport des engrais et des amendements, ont utilisé les nombreux cours d'eau et la disposition naturelle des pentes en forme de bassin pour y créer une industrie et une sorte d'assolement qui semblaient d'abord capables d'enrichir le pays. Dans la Bresse, la Dombes, la Brenne, la Sologne, l'Allier, on a, par des barrages, transformé toutes les dépressions du terrain en étangs qu'on empoissonne pendant deux années environ et qu'au bout de ce temps on vide au moyen de boudes ménagées à la partie déclive ; la chute d'eau est d'ordinaire utilisée comme force motrice par des moulins ou des usines placés au bas de la vallée. Les détritus organiques de toute sorte accumulés pendant deux ans au fond de l'étang forment un limon fertile qui sert d'engrais au sol ; quand ce fond boueux est suffisamment desséché, on y sème des graines fourragères, et dans l'année il se couvre de vertes prairies ou de gras pâturages. Cette transformation ne se fait point sans laisser pendant plusieurs mois de larges surfaces à l'état de marécages ; d'ailleurs, même quand les étangs sont *en eau*, les pentes qui descendent vers le bief ou fossé terminal sont d'ordinaire très-faiblement inclinées, et les changements de niveau qu'entraînent forcément les pluies, les cours d'eau ou les sources, découvrent pendant l'été des étages de terrains immergés pendant l'hiver. La partie extrême, la moins profonde, ce qu'on appelle la *queue* de l'étang, est presque toujours un véritable marais dont le sol vaseux à demi desséché laisse croître une végétation caractéristique.

A tous ces marais entretenus ou provoqués par la main de l'homme s'en rattache un autre groupe qui mérite une description séparée, en raison de la spécialité de leur origine, de leur influence sur la santé publique, de leur législation, etc. On donne le nom de *marais salants* à des réservoirs naturels ou créés par l'industrie, dans lesquels l'eau de la mer, après une évaporation suffisante, laisse déposer les sels et en particulier le chlorure de sodium qu'elle tenait en dissolution. Sur les côtes méridionales de la France, il existe certains étangs fermés où l'eau de la mer arrive par son évaporation naturelle à un degré de salure considérable : dans l'étang de la Valduc, près de Marseille, la salure, variable selon l'abondance des pluies, atteint 20 et 22° et n'est jamais au-dessous de 12 pour 100. Sur les plages peu inclinées de ces étangs, de minces nappes d'eau retenues par les changements de niveau se concentrent rapidement sous l'action du soleil et laissent déposer une couche abondante de sel : l'homme n'a fait qu'imiter cet ingénieux concours de conditions naturelles.

Il existe entre les salines du Midi et celles de l'Ouest certaines différences **de** construction qui s'expliquent par les différences de climat, la configuration des côtes, etc.; mais, en définitive, un *salin*, une *saline* ou un *marais salant* se compose de deux parties ou systèmes de réservoirs reliés entre eux par des canaux de communication; là, l'eau de mer se concentre; ici, elle dépose ses cristaux. Le premier groupe comprend une série de bassins, plus simples dans le Midi, plus nombreux et plus multipliés dans l'Ouest où la radiation plus faible du soleil, la fréquence des pluies, l'humidité de l'air rendent l'évaporation plus lente : aux *chauffoirs* ou *partennements* du Midi, correspondent dans l'Ouest : 1° le *jars*, *jas*, *vivres* ou *vasais*, véritable étang vaseux qui reçoit directement l'eau de la mer, alimente plusieurs salins et est d'ordinaire très-poissonneux; 2° les *conches*; 3° le *mort*; 4° les *tables*; 5° le *muan*, réservoirs secondaires ou fossés communiquant les uns avec les autres, et dans lesquels l'eau arrive peu à peu au degré de concentration voulue. Ce premier système de bassins a pour but de séparer de la solution saline le carbonate et le sulfate de chaux qui se déposent quand l'eau n'a que 15 ou 16 pour 100 de salure; quand elle atteint 22 ou 25°, elle prend une teinte légèrement rosée qui arrive par degrés au rouge de sang; elle exhale alors une odeur très-prononcée d'iris ou de violette que les sels nouveaux conservent pendant plusieurs mois. Cette coloration annonce la cristallisation prochaine du sel; elle a été jadis l'objet de nombreuses discussions et d'un rapport présenté par Turpin à l'Académie des sciences, en 1859. Turpin concluait au développement d'un végétal parasite, le *protococcus kermesinus* ou *salinus*, dont les globules fortement colorés donnaient à l'eau cette apparence rougeâtre, phénomène plusieurs fois signalé sur d'immenses proportions dans les eaux de l'Océan, la mer Rouge, etc. Il semble admis aujourd'hui que le parasite qui transmet à l'eau sa couleur est un infusoire, le *monas Dunalii*.

Quand l'eau est prête à faire sa viraison, c'est-à-dire quand elle a 25° de salure environ, on la fait passer dans l'autre partie du marais, sur ce qu'on appelle *tables de cristallisation* dans le Midi, *cobiers*, *phares*, *adernes*, *aires* ou *œillets* dans l'Ouest. Ce sont de petites surfaces quadrilatères, très-égales, à fond de glaise bien battu, séparées par des rigoles où l'eau circule constamment. Au bout d'un ou deux jours, la couche liquide épaisse de 5 à 6 centimètres laisse déposer des cristaux, soit en plaques épaisses sur le lit même des tables (gros sel), soit en flocons neigeux qui restent à la surface de l'eau (c'est le sel blanc, qui a surtout l'odeur de violette et que les femmes pêchent avec des corbeilles). La récolte ou *levage* du sel se fait d'abord au centre des tables ou *œillets*, en *pilons* ou *pilots* qu'on rassemble plus tard sous forme d'énormes tas ou *camelles*, dans un endroit séparé et élevé du marais où le sel peut s'égoutter. La récolte sur tables se continue chaque jour, quand le soleil est suffisant et que le temps est sec, du mois d'avril au mois de septembre.

Depuis les belles études de M. Balard, les grandes compagnies des salines du Midi utilisent les eaux mères qui ont abandonné le chlorure de sodium, et le succès est tel aujourd'hui, qu'il est difficile de dire laquelle des deux opérations est la plus importante. Les eaux mères sont recueillies chaque jour, et mises en réserve pour l'hiver quand le travail du sel proprement dit est terminé; ces eaux qui contiennent du sulfate de potasse, du chlorhydrate et du sulfate de magnésie, sont alors amenées sur les tables de cristallisation en présence d'une certaine quantité d'eau de mer concentrée; là, sous l'influence d'une double décomposition et d'une diminution de la solubilité par l'abaissement de la température, il se dépose une couche épaisse de cristaux de sulfate de soude. Les salines de l'Ouest, moins

favorisées par le climat, divisées à l'infini entre un grand nombre de propriétaires sans entente et sans initiative, ne tirent aucun parti de ces eaux mères, les
écoulent au dehors ou les rejettent sans profit dans les bassins de concentration.

Dans le Midi, le système de cristallisation se trouve sur un plan plus élevé que
les chauffoirs ou bassins d'évaporation ; de sorte que l'eau saturée de sel passe dans
l'autre partie du marais au moyen de pompes et d'appareils élévatoires. Au contraire, dans l'Ouest les œillets ou tables de cristallisation sont à la partie déclive,
et l'eau y est amenée directement par des canaux à ciel ouvert garnis d'écluses.
Cette dernière disposition a l'inconvénient grave de créer, au-dessous du niveau de
la mer, de vastes surfaces qu'une inondation ou la suspension des travaux peuvent
détruire et transformer en cloaques d'une insalubrité extrême.

Le marais est entouré de chaussées ou *bossis* dont les revers sont parfois cultivés en prairies, en céréales, et auxquels sert d'engrais la vase marine retirée des
jars ; ce sont de véritables digues qui préservent des inondations lors des hautes
marées, digues parfois insuffisantes, et la fameuse marée du 5 mars 1864, entre
autres exemples, a causé les plus grands dégâts dans les salines de l'Ouest.
En arrière des tranchées circulent plusieurs fossés très-profonds, dont l'un, fossé
d'enceinte exigé par le fisc et servant à la garde de la saline, est souvent rempli
d'une eau saumâtre, vaseuse et stagnante (Mélier).

Tel est cet ensemble compliqué qu'on appelle un marais salant et qui, lorsqu'il
est bien entretenu, mérite à peine le nom de marais ; car si l'eau ne se renouvelle
que lentement, au moins n'est-elle pas croupissante, elle circule incessamment
sur les surfaces ou dans les fossés de la saline. Nous verrons plus loin le résultat
de l'enquête célèbre faite par Mélier en 1846-1847, et la salubrité relative des
marais à sel bien dirigés et bien construits. Malheureusement, il n'en est pas
toujours ainsi : les inondations par les marées ou par la rupture des digues, le
mauvais succès de l'entreprise commerciale, les chômages, l'inintelligence et
l'incurie amènent souvent l'abandon des travaux ; les marais salants se transforment en *marais gâts*, et rien n'égale alors l'insalubrité d'un pareil voisinage.

Une division classique a admis la distinction des *marais d'eau douce, d'eau
salée* et des *marais mixtes :* ces derniers se forment par le mélange de l'eau de la
mer avec de grands amas d'eau douce, chargée de matières organiques et capable
de subir des décompositions que nous étudierons plus loin ; il résulte de ce mélange une eau saumâtre qui se corrompt aisément, dans laquelle les poissons se
développent à peine ou meurent promptement, et qui détermine des accidents
graves chez l'homme. Les marais gâts ou abandonnés sont donc des marais
mixtes ; ils conservent ce caractère pendant très-longtemps, tant que la pluie et
l'eau douce des ruisseaux n'ont pas lavé et dessalé les couches profondes imprégnées de particules salines. Les marais salants sont presque toujours placés sur
les côtes, et bien souvent ils occupent un niveau inférieur non-seulement à celui
de la mer, mais encore à celui du pays voisin ; ceux de notre littoral occidental
sont, à ce point de vue, dans des conditions très-défavorables, et le triste sort des
marais de Brouage est à la fois un avertissement et un exemple du danger de
l'industrie salicole au point de vue de l'hygiène publique et de la police médicale.
A côté des marais gâts, il convient de mentionner l'insalubrité extrême que produisent les eaux thermo-minérales quand on les laisse se perdre sur des bas-
fonds marécageux, ou quand elles s'écoulent dans des lacs, des étangs, des amas
d'eau stagnante. Savi a rapporté l'exemple fameux du lac de Rimiglhano infecté
par les sources chaudes et salines de Caldana ; les sels de chaux et de magnésie

contenus dans l'eau de ces thermes, au contact d'une vase riche en débris organiques, dégageaient des quantités considérables d'hydrogène sulfuré; le méphitisme et les fièvres cessèrent dès qu'on eut détourné les sources et desséché le fond du lac.

GÉOGRAPHIE ET STATISTIQUE DES MARAIS. L'énumération géographique des marais qu'on observe à la surface du globe serait fastidieuse, forcément incomplète, et n'aurait qu'un intérêt secondaire : il peut être utile, au contraire, de signaler rapidement dans chaque contrée les régions les plus célèbres par leurs conditions palustres et par les accidents qu'on y rattache. Nous nous étendrons plus longuement sur la statistique et la description des marais de la France, autant du moins que le permettront les documents peu nombreux et parfois contradictoires que nous avons pu recueillir.

En cette recherche, quelques auteurs se sont laissé entraîner à indiquer bien plutôt la répartition des eaux stagnantes que celle des marais proprement dits et des localités marécageuses ; peut-être se sont-ils un peu trop inspirés de la thèse remarquable soutenue par M. Motard en 1838, thèse ayant d'ailleurs ce titre : *Des eaux stagnantes et en particulier des marais et des desséchements.* Sans doute, il est rigoureusement vrai au point de vue de l'étymologie que la mer Caspienne, la mer Morte, les lacs des Highlands d'Écosse, etc., sont des amas d'*eau stagnante ;* mais quel intérêt y a-t-il au point de vue médical à rapprocher dans la même énumération les marais Pontius ou les marais de la Hongrie d'une part, et de l'autre le lac Lomond, par exemple, dont l'eau admirablement pure, retenue sur une longueur de 40 kilomètres et sur une profondeur de 3 ou 400 pieds entre des montagnes verticales, a été amenée à grands frais à Glascow, et fait de cette cité une des villes les mieux douées au point de vue des eaux potables.

Afrique. Le delta du Nil est une immense surface marécageuse, tour à tour couverte d'eau croupissante et desséchée, où la mal'aria sévit chaque année dans l'arrière-saison. Volney (*Voyage en Égypte*, t. I, p. 9) définit le delta : « Une plaine sans bornes, qui, selon les saisons, est une mer d'eau douce, un marais fangeux, un tapis de verdure ou un champ de poussière. » L'étendue encore inconnue de son parcours, la rapidité de ses torrents et de ses cataractes chargent le fleuve d'un limon épais que les eaux déposent sur les surfaces inondées et qui, au moins dans le delta et en haute Égypte, engendre des maladies graves lors du desséchement. La crue et le débordement du Nil se font à une époque d'autant plus rapprochée qu'on remonte vers le plateau central de l'Afrique; les digues sont rompues vers la haute Égypte dès la fin de mai ; ce n'est que le 15 août que se rompt le *chalige*, la digue principale du Caire, et le delta n'est complétement inondé que vers le 15 ou le 25 août. Le fleuve, à l'époque de la crue, présente un phénomène très-curieux qui doit concourir pour sa part à la production des fièvres endémo-épidémiques : les eaux prennent une coloration verte très-prononcée, en passant par les teintes vert pomme et même vert émeraude.

« ... Il n'y a plus de doute d'après nos recherches, dit Schnepp, que la coloration verte du Nil ne tienne uniquement à la présence de la chlorophylle de plantes aquatiques, de conferves, d'algues, etc. Cette teinte est transmise même aux infusoires qui nagent dans ses eaux. Pendant les basses eaux, M. d'Arnaud a trouvé le fleuve Blanc, au 10e degré, littéralement couvert d'une exubérance de végétation ; les premiers flots de la crue rencontrent ces plantes sur leur parcours, et les entraînent avec eux ; il se fait une espèce d'infusion végétale qui donne lieu à

la coloration du Nil. » Les *lacs amers* que traverse le canal de l'isthme de Suez
sont des marais saumâtres, de profondeur très-irrégulière, et le grand mouvement commercial qui va se développer sur cette ligne leur donne un intérêt et une
importance nouvelles au point de vue de la salubrité publique.

Au pied du versant septentrional des montagnes qui limitent l'Abyssinie, se
trouve une zone de terres basses appelée *Kollas*, où l'eau des torrents ne trouvant que des pentes insuffisantes, forme d'immenses marais couverts d'une végétation magnifique ; cette bordure de bois marécageux s'étend entre le 11ᵉ et le
13ᵉ degré lat. N., sur 32° longit. E. ; elle donne naissance à plusieurs affluents
orientaux du Nil, et notamment au Mareb. Les eaux entraînent au delà de cette
ceinture des Kollas une terre grasse, noire, chargée de détritus organiques, et
l'on donne le nom commun de *Magaza* au pays très-insalubre mais très-fertile
formé par ces alluvions ; les Abyssins et les Changallas vivent misérablement au
milieu de ces marais boisés que les fièvres, plus encore que les animaux féroces,
rendent presque impénétrables. Le bassin de *Belad-el-Taka*, situé plus au nord,
est une plaine basse, isolée des précédentes, et inondée chaque année vers la fin
de juin par les eaux du Mareb, un des affluents orientaux du Taccazé : sa fertilité
est extrême, mais elle n'est cultivée qu'au prix d'une cachexie palustre portée
à ses dernières limites (Karl Ritter, *Geographie générale comparée*, t. II,
p. 336-387).

Les côtes de Mozambique et de Zanguebar sont plates, et presque partout les
cours d'eau s'étendent en nappes mal contenues au milieu de plaines et de forêts
marécageuses, dont l'insalubrité explique la rareté des établissements européens
sur cette côte.

Les rives occidentales de Madagascar, comme tout le littoral de Mayotte, présentent une couche d'alluvions vaseuses, couvertes de lianes et de palétuviers
auxquels on attribue les eudémo-épidémies de fièvre et de dysenterie.

L'expédition du Niger, entreprise par les Anglais, en 1841-43, dans l'intérieur
de la Guinée, a rendu célèbres les fièvres graves qui sévissent plus encore à l'embouchure que sur le cours supérieur du fleuve.

Pendant la saison des pluies, les crues du fleuve Sénégal élèvent son niveau de
8 à 10 mètres, de juin à novembre ; aussi le bas Sénégal, formé en grande partie
de terrains d'alluvion, est sillonné de foyers marécageux, de bas-fonds, nommés
marigots, où l'eau s'accumule pendant la saison sèche : les lacs de Cayor et de
Paniefoula, s'emplissent puis débordent à l'époque des crues, reproduisant le phénomène que présente le lac Miéris dans le delta du Nil. Sur une longueur de
60 lieues, de Podor à l'embouchure, s'étend un delta découpé d'îles nombreuses,
élevées à peine au-dessus du niveau des eaux, et dont l'une, où se trouve Saint-
Louis le chef-lieu de nos possessions, ne combat son insalubrité qu'au prix de
travaux considérables. Toutes ces régions, ainsi que la côte basse de Barbarie,
sont alternativement sèches et submergées, abreuvées d'une eau saumâtre mêlée
à la vase que soulèvent les barres du fleuve ; les palétuviers y couvrent le sol de
leur feuillage épais ; la dysenterie, les fièvres palustres, parfois la fièvre jaune, y
élèvent en moyenne la mortalité annuelle à 100 pour 1,000 hommes ; en 1830,
par l'effet de la fièvre jaune, cette mortalité a atteint le chiffre énorme de 573
pour 1,000 (Dutrouleau). Les eaux stagnantes et le sable submergé renferment
les larves du dragonneau ou *filaria Medinensis* qui sévit non-seulement à Médine,
mais à Sierra-Leone et dans toute la Sénégambie (Benoît, *Arch. nav.*, t. IV,
VII, VIII).

La partie du littoral africain qui rejoint la Méditerranée est si peu explorée qu'on n'ose dire qu'il ne s'y trouve pas de localités palustres.

Depuis quarante ans bientôt que nous occupons l'Algérie, il semblerait qu'on dût connaître la topographie des marais de cette annexe de la France aussi exactement que celle des départements de l'intérieur. Malheureusement un travail d'ensemble n'a jamais été publié; cette lacune s'explique par la vaste étendue du pays, dont certains points n'ont été explorés ou conquis que depuis une époque relativement récente ; elle tient en outre aux transformations, aux améliorations progressives, obtenues par des travaux d'assainissement et de défrichement qui ont certainement coûté à la France plus d'hommes et plus d'argent que les guerres de la conquête. Un fait, d'ailleurs, frappe tous ceux qui arrivent pour la première fois dans cette Algérie, foyer permanent des pyrexies complexes dont les travaux de M. Maillot ont révélé la nature et l'affinité : on s'attend à rencontrer partout de vastes surfaces marécageuses inondées, couvertes d'eau croupissante, et l'on ne voit en réalité que des plaines accidentées, desséchées, fendillées et arides à la fin de l'été, verdoyantes au contraire au printemps et pendant une grande partie de l'année.

Ce n'est qu'à l'époque des grandes pluies qu'on rencontre de véritables amas d'eau stagnante le long des cours d'eau débordés ; quand la saison des chaleurs est venue, les marais proprement dits n'y sont pas beaucoup plus communs que dans certains départements de la France. De là est née cette tendance à nier à la fois l'existence et l'action des effluves marécageux, opinion qu'on trouve formulée d'une façon doctrinale dans le livre de M. Armand (*l'Algérie médicale*), et qu'accusent différents travaux émanés de médecins qui ont longtemps observé en Afrique. Dans cette revue forcément sommaire et très-incomplète des provinces de l'Algérie, nous verrons que si les marais, tels que les comprend le géographe, manquent parfois dans notre colonie, le sol palustre, tel que l'entend le médecin, s'y retrouve presque partout avec ses qualités essentielles et les conditions qui président à sa formation.

La Mitidja représente par excellence la partie littorale et palustre de la province d'Alger ; c'est une vaste plaine de 95 kilomètres de long sur 10 à 12 de profondeur, qui du S. O. au N. E. descend de l'Atlas vers le Sahel, c'est-à-dire vers la série de montagnes basses ou de collines qui bordent la mer. Le sous-sol de la plaine est formé par une argile grise imperméable ; dans les parties déclives, assez rapprochées du littoral, ce sol argileux est presque à nu, et n'est recouvert que par une couche mince de terre arable qui dégage, quand on la remue, une forte odeur de marécage ; au contraire, dans la zone rapprochée de l'Atlas, l'assiette de la plaine a été recouverte, dans la série des siècles, par les débris schisteux et la terre que les torrents ont emportés en descendant des montagnes. Ces terrains d'alluvion ont formé peu à peu un immense talus adossé à l'Atlas et se terminant en pente douce vers le milieu de la Mitidja ; ils sont perméables et absorbent assez rapidement les nappes d'eau accumulées à leur surface à l'époque des crues. Cette eau, arrêtée par le sous-sol argileux de la plaine, vient sourdre à l'extrémité inférieure du talus, sous forme de sources ou de ruisseaux, et donne naissance à des marais grossièrement appréciables quand la masse d'eau est suffisante. Après les pluies de l'hiver, les parties basses de la plaine sont recouvertes d'une couche d'eau de 5 centimètres environ, que l'évaporation dissipe au bout de trois mois ; pendant cette première période, les fièvres sont peu fréquentes et bénignes ; mais, quand l'évaporation commence à atteindre l'eau dont le sol est resté si longtemps saturé, alors éclatent les fièvres graves et com-mence l'endémo-épidémie.

Outre ces conditions générales d'humidité, il y a encore en certains points de véritables marais et des bas-fonds remplis d'eau qui se dessèchent peu à peu, après avoir formé pendant plusieurs mois des amas d'eau stagnante. .

Le docteur Quesnoy, dont la ˙Topographie médicale de la Mitidja doit désor-mais servir de modèle à l'étude de tout le territoire algérien, signale les marais suivants, en allant de l'ouest à l'est :

Dans le bassin du Nador, les marais formés par le débordement de l'Oued-bou-Ardoun et de l'Oued-bou-Irsan ; le marais de Bordj-il-Arbah.

Dans le bassin du Mazafran, le lac Alloulah, d'une étendue de 1,800 hectares, entouré d'une zone marécageuse qui en double la surface, et dans laquelle la couche d'eau, épaisse de 50 centimètres peudant l'hiver, est évaporée complète-ment à la fin de l'été ; les travaux accomplis depuis un certain nombre d'années conduisent en partie ces eaux dans l'Oued-Jer, mais n'ont réussi qu'à diminuer seulement l'insalubrité proverbiale de ce lac. La Chiffa, à l'époque des crues, couvre d'eau une grande partie des plaines qui longent sa rive droite, et forme les immenses marais de Ferguen, de Chaïba, de Mazafran, dont M. Quesnoy évalue la surface totale à 200 kilomètres carrés.

Dans le bassin de l'Harrach, les marais de Baba-Ali sont dus au débordement annuel de l'Oued-Guerrech ; ceux de la Hassanta, sur la rive droite, sont formés par les crues de l'Oued-Djemma et de l'Oued-Smar. De plus, la barre de sable que les vents ont formée dans la rade d'Alger à l'embouchure de l'Harrach rend presque inévitable, chaque hiver, le débordement de cette rivière sur la plus grande partie de son cours. Les barrages construits sans précaution pour faciliter les irrigations, le mauvais état d'entretien des canaux et des cours d'eau naturels, l'ensablement à l'embouchure des rivières, multiplient pendant la saison des pluies les amas d'eau et les inondations dans la plaine. Leur disparition assez rapide par l'évaporation de la couche libre qui recouvre le sol explique, dans une certaine mesure, l'absence apparente des marais à l'époque précisément où l'endémo-épidémie sévit dans toute sa rigueur. L'Enquête agricole pour le département d'Alger, publiée en 1870, dit en outre qu'il reste à dessécher complètement : les marais de l'Oued-Kebira (1,112 hect.); ceux de Lamirat, de Ben-Kiouen, de Sidi-Erzin et du Oued-Hamed (1,838 hect.), sur la rive droite de l'Arrach ; ceux du Bou-Roumi inférieur et de la rive gauche de la Chiffa (2,520 hect.); ensemble, 5,270 hectares (p. 153). De plus, l'assainissement des marais de la Rassauta (Maison carrée) laisse beaucoup à désirer par suite d'un entretien insuffisant, en particulier dans les marais des Sept-Palmiers, de Sidi-Erzin, d'Oulibado (p. 105).

De l'autre côté de la première ligne de l'Atlas, dans la vallée profonde où coule le Chélif, le plus grand fleuve de l'Algérie, se trouve de même une zone de ter-rains infiltrés, plus rarement inondés, dont l'insalubrité n'a que faiblement dimi-nué et qui a fait pendant longtemps d'Orléansville une des localités les plus mal-saines de la colonie. Les immenses marais de Kséria et tous ceux qui sont situés entre Bou-Guezoul et Djelfa, à droite de la route de Laghouat, ne méritent qu'une courte mention en raison de l'absence presque complète d'habitants dans ce pays.

Dans la province d'Oran, la plaine du Sig et de l'Habra qui mesure 50 kilo-mètres sur 30 environ est plate, à pente presque nulle, entourée de montagnes dont elle recueille les sources et les pluies; le canal de la Macta, destiné à conduire les eaux vers la mer, est souvent ensablé à son embouchure par le vent qui souffle des dunes, et laisse alors une partie du pays inondée : le desséchement de ces marais est actuellement en cours d'exécution. La plaine du Sig, où l'on cultive avec succès le coton, est entretenue par des irrigations et des barrages parfois mal dirigés dans un état constant d'humidité, qui explique aisément les fièvres si communes à Saint-Denis-du-Sig et dans les campements temporaires établis çà et là. L'*Enquête agricole de* 1870 évalue à 200 hectares seulement l'étendue des desséchement sopérés jusqu'à ce jour dans le département d'Oran (p. 310), et, en dehors des lacs salés, n'y signale l'existence d'ancun marais proprement dit.

La plaine de la Seybouse, dans la province de Constantine, est en grande partie située sur un plan inférieur au niveau de la mer ; il en résulte autour de Bone, à l'époque des pluies, une vaste étendue de marécages qui s'étendent entre la Seybouse et l'Oued-el-Kébir, depuis les dunes qui bornent le golfe de Bone jusqu'aux montagnes des Beni-Salah. Dans la petite plaine de Bone elle-même, les eaux douces mélangées à celles de la mer s'accumulent sur une surface de 300 hectares environ, par le débordement de la Boudjinah souvent ensablée à son embouchure par les cours d'eau qui descendent de la montagne pour gonfler la Seybouse. Un canal de ceinture, le *Ruisseau d'or*, a été construit pour réunir tous ces cours d'eau et empêcher leur débordement ; de grands travaux de canalisation ont été achevés depuis quinze ans environ, et Bone qui, du 16 avril 1832 au 16 mars 1835, avait reçu 22,230 fiévreux à l'hôpital militaire, est aujourd'hui un poste recherché. Cependant les marais ne sont pas détruits complétement, et des épidémies nouvelles se produisent de temps en temps par le débordement ou l'obstruction des canaux de dérivation. A quelques lieues à l'ouest de Bone. s'étend le lac Fezzara, d'une superficie de 12,000 hectares, dont les eaux, douces au milieu du lac, saumâtres presque partout, découvrent pendant la saison chaude une vaste zone insalubre, où la Société algérienne a tenté récemment avec succès de grandes plantations d'eucalyptus. L'*Enquête agricole* qui mentionne les travaux de desséchement entrepris pour le lac Fezzara, celui de Fedj-el-Maïs. la plaine des Senendjas, celle des Beni-Urgine et la petite plaine de Bone, réclame le desséchement des marais situés en territoire militaire, sur la rive droite de l'Oued-Summann, à 4 kilomètres de Bougie, marais dont les émanations pestilentielles rendent la plaine inhabitable pour les colons pendant six à sept mois de l'année. Près de Constantine, la vallée de Soukna est rendue très-malsaine par la présence des marais de ce nom et du lac salé qui est au-dessous (p. 345 et 414).

Indépendamment de beaucoup d'autres localités marécageuses dont l'énumération ne peut trouver place ici, il faut mentionner les *daïa* ou *merdja*, prairies humides, dont le nom se trouve joint à l'appellation d'un grand nombre de lieux ; les grands lacs salés, *chotts* ou *sebkha*, qu'on rencontre dans le Sahara algérien (*Chott-el-Saïda, Chott-el-Gerghin*, etc.), et jusque dans le Tell, comme le lac salé de Meserguin et les salines voisines d'Arzew. Ces marais, dont l'étendue est parfois immense, dont l'eau chargée de sel est croupissante, n'engendrent que peu de fièvres et seulement dans leur voisinage immédiat ; le degré extrême de salure auquel l'évaporation continue amène le liquide, la rareté relative des végétaux et des animaux qui y vivent, concourent sans doute à modifier les phénomènes de décomposition organique, et expliquent en partie l'immunité dont jouissent les rares habitants de leurs rivages.

Asie. Par les nombreuses découpures de ses côtes, ses hautes montagnes et les grands fleuves qui en descendent, l'Asie présente une étendue considérable de marais dont la pestilence est accrue, dans les régions tropicales, par l'élévation de la température. Dans les parties les plus rapprochées de l'Europe, on rencontre comme autrefois les marais de la rive orientale de la mer d'Azov (*Palus Mœotis*); dans le pays qui fut jadis la Colchide et que représentent aujourd'hui les provinces d'Iméréthie et de Mingrélie, le Rioni et la Kouirila se frayent un pénible passage vers la mer Noire à travers les marécages et les atterrissements où Hippocrate décrivait la cachexie palustre des riverains du Phase.

La vaste plaine de la Bekka, située entre les deux Libans à une altitude de 1,200 mètres, est, dans une grande étendue, transformée en marais vaseux, parfois impraticables par le débordement des rivières qui la traversent du nord au sud.

La vallée du Jourdain, au voisinage de la mer Morte, forme quelques marécages dont l'insalubrité trouve sans doute rarement des victimes; la mer Morte, contenue presque partout entre deux montagnes verticales, et dont la salure extrême (250 pour 1000) ne permet le développement d'aucun être vivant, végétal ou animal; la mer Morte, dont les eaux sont profondes, ne peut être en rien comparée à un marais, et les touristes qui seuls la fréquentent n'y ont sans doute jamais contracté de maladies réellement palustres.

Dans la magnifique vallée où coulent le Tigre et l'Euphrate, l'abandon complet des travaux qui, en réglant les débordements des fleuves, assuraient la prospérité de Babylone, de Ninive et plus tard de Bagdad, a transformé ce pays en déserts arides ou en plaines inondées par une eau limoneuse et stagnante. Au-dessous de Hillah, l'ancienne Babylone, l'Euphrate ne forme plus que d'immenses marécages, au milieu desquels se trouve la ville de Lamloun.

Bassorah, au confluent des deux fleuves, est chaque année ravagée par les débordements du Chat-el-Arab qui couvrent son entourage de marais.

Toute cette partie de l'Asie dont la mer Caspienne occupe le bas-fonds central est fortement déprimée au-dessous du niveau de l'Océan; outre des lacs salés, fructueusement exploités, on rencontre sur beaucoup de points de cet immense bassin de vastes amas d'eau qui se forment pendant l'hiver, par l'accumulation des pluies dans les régions déclives, et qui, en se desséchant, mettent à nu des fonds couverts de vase et de débris organiques décomposés. Aussi l'influence palustre est-elle très-manifeste à Téhéran, bâtie au milieu d'un plaine élevée, très-fertile, mais entourée de tous côtés par des montagnes dont elle reçoit les eaux. Quoique les marais proprement dits ne s'y rencontrent qu'accidentellement, les maladies palustres y règnent pendant l'été avec une telle violence que la ville et la cour abandonnent Téhéran pour aller camper sous des tentes dans la plaine de Sultanieh (Tholozan).

Les rives du golfe Persique sont presque constamment inondées, couvertes d'atterrissements et de marais insalubres; heureusement la population est rare et clair-semée dans cette zone que les Persans appellent *Ghermasir*, terre chaude, et *Daschtistan*, terre plate.

La vallée du Sind et de l'Indus traverse des terrains d'alluvion imprégnés de sel. A l'époque des moussons, les torrents de l'Himalaya gonflent le fleuve et le chargent d'une quantité énorme de limon qui, après un parcours de 600 lieues, vient former un delta célèbre dans lequel se font jour onze branches secondaires. Toute cette surface est un marais, dont la portion la plus rapprochée de la mer prend le nom de *Marais de Rin*. Au S. O. de ce delta, se trouve la presqu'île de Guzarate, dont le sol bas et fangeux est fréquemment inondé par le Mahy, le Tapté et la Nerbuddah; de hautes forêts et des jungles ombragent ces marais, où les fièvres sévissent de façon à rendre le séjour dans ce pays impossible aux Européens.

Le littoral de la presqu'île indo-gangétique présente la même configuration et les mêmes foyers d'infection. A l'est comme à l'ouest, une chaîne de montagnes très-rapprochée de la côte déverse ses eaux sur une plaine basse, où un cordon littoral très-marqué empêche l'écoulement facile des rivières. Presque partout, de Calcutta à Ceylan et de la côte de Malabar à Bombay, on rencontre une bordure de jungles formant de véritables forêts sur les marais vaseux qu'abandonne la mer. La côte occidentale jusqu'à Bombay est toutefois la plus insalubre, les forêts de la côte sont presque non interrompues et engendrent des fièvres d'une gravité extrême.

Ceylan, à la pointe orientale de l'Inde, est très-salubre dans les parties élevées et montagneuses de l'île; mais les pluies que les hauts plateaux conduisent sur les plaines abaissées du littoral causent des débordements en mars et avril, et entourent l'île d'une ceinture de marécages dont la température équatoriale (7° et 8° lat. N.) active encore les effets pernicieux. Les hépatites, la dysenterie, les fièvres palustres, y font chaque année de grands ravages.

A l'embouchure du Brahmapoutre et du Gange, se trouve un immense delta triangulaire de 30 à 40 lieues de côté, traversé par un des bras du Gange, l'Hougly, qui donne son nom aux marais, à cette *mer de boue* dont parle Victor Jacquemont. Tous les ans, le fleuve inonde cette partie basse, sur une étendue de plus de 100 lieues. « ..... On arrive à Calcutta après avoir franchi la région du delta, pleine d'îles basses et marécageuses, couvertes de taillis, de buissons épais et de véritables forêts; toutes ces îles sont bordées d'alluvions où, sous un soleil de feu, d'énormes quantités de matières végétales et animales entrent en décomposition. Quand on a franchi les barres périlleuses du Gange que créent ces alluvions, on côtoie les rives de ce delta, la région des Sunderbunds, effrayantes solitudes boisées (soundarivana, arbres soundari) qui forment au bord de la mer une zone de 55 lieues de long sur une profondeur de 20 à 30 lieues, rivages de mort, solitudes pestilentielles où aucun être humain ne s'aventure » (Pauly). Sur l'Hougly, se dressent les monuments funéraires où l'on brûle les corps avant de les lancer dans le Gange; le plus souvent la combustion n'est que partielle, pour les pauvres même on n'en fait que le simulacre, et les débris que les crocodiles, les requins ou les oiseaux de proie ont négligés vont s'échouer dans les marais fangeux de la rive où ils ajoutent leur corruption à celle de débris végétaux de toute sorte. Les débordements et les marais remontent dans la vallée du Gange jusqu'à Bénarès; dans toute la province de Bengale couverte de rizières, on peut dire que la fièvre et le choléra règnent d'une façon endémique.

Au pied de l'Himalaya, dans les parties septentrionales de l'Inde, se trouve une contrée marécageuse et boisée que nous avons déjà mentionnée; c'est le Teray, Teraï, ou Terryani. Sous des forêts impénétrables que le soleil perce à peine, débordent et se mêlent les eaux des nombreuses sources du Gange et d'autres fleuves, sur une longueur de plus de 300 lieues, et sur une largeur de 5 à 10. Le choléra, les fièvres pernicieuses dévastent ce pays, et il est telle région où l'on ne peut séjourner un seul jour sans une certitude de mort presque absolue. La cachexie palustre à son degré extrême et aussi le goître et la scrofule épuisent les populations clair-semées qui vivent sur la lisière de ces jungles (X. Raimond et Karl Ritter.)

La basse Cochinchine n'est à vrai dire qu'un delta de 150 kil. de profondeur, formé par les alluvions du Mékong ; la partie inférieure de la province se trouve située un peu au-dessous du niveau des hautes eaux et des fortes marées. Le Cambodge, traversé également par le Mékong, est sujet, comme le Nil, à des débordements annuels. « Au centre de la partie occidentale, dit M. Thorel, se rencontre le Grand-lac (Tonly-Sap), immense excavation… mal limitée pendant les basses eaux, tout à fait sans limite à l'époque des pluies, où ses eaux se confondent avec l'inondation qui couvre la campagne et les forêts. Il en est de même dans le Laos inférieur, où pendant trois mois l'œil n'aperçoit qu'une immense nappe d'eau. Les deux tiers de tout ce pays sont cultivés en rizières ; l'abondance des pluies (3ᵐ,96 en 1863) transforme pendant six mois les vallées, les excavations et même toutes les plaines en marécages, foyers actifs de miasmes paludéens ; aussi l'Indo-Chine peut-elle être rangée parmi les contrées les plus insalubres du globe. »

Les côtes noyées de la Chine sont marécageuses jusqu'à une distance parfois considérable. Hong-kong, Macao sont des foyers célèbres de mal'aria et de dysenterie ; la culture du riz favorise partout des conditions d'insalubrité qu'une exploration insuffisante de la Chine permet seulement de préjuger.

Amérique. On peut dire que tout le littoral de l'Amérique centrale, depuis l'isthme de Panama jusqu'au Mississipi, est bordé d'une ceinture de palétuviers recouvrant des marais inondés ; il faut en excepter la presqu'île de Yucatan, dont les côtes accores sont sèches et salubres. Dans la baie de Vera-Cruz, derrière les dunes couvertes de palétuviers qui s'avancent dans la mer, s'étend au voisinage de la ville une grande étendue de marais, les marais de Téjeria, où notre armée a campé lors de son arrivée dans le pays. Le sol est au-dessous du niveau de la mer, couvert de plantes aquatiques, l'humidité y est extrême ; on y contracte des fièvres pernicieuses, foudroyantes, mais la fièvre jaune y est presque inconnue. Toute la partie des terres chaudes qui s'étend de la mer à la Soledad forme un sol détrempé par les pluies et les cours d'eau, où de vastes plaines sont alternativement couvertes d'eau et desséchées ; les foyers palustres, sinon les marais, se continuent jusqu'au Chiquihite, par une altitude de 250 à 500 mètres. La ville de Mexico est située au fond d'une vallée, dominée par de grandes nappes d'eau qui se déversent toutes dans les lacs de Texcuco et de Chalco : ce dernier se trouve plus élevé d'un mètre que la ville tout entière et, pour éviter des inondations formidables, on a dû entourer la cité d'un système complet de canaux endigués, dont l'un, le canal de Huehuetoca n'a pas moins de 60 mètres de profondeur, sur 110 mètres de largeur et 20 kilomètres de longueur. Ces travaux ne réussissent pas toujours à préserver Mexico dont les rues, en 1772 et en 1851 notamment, furent envahies par les eaux. Malgré des conditions topographiques en apparence si défavorables, il est de notoriété que l'on contracte assez rarement la fièvre soit à Mexico même, soit au voisinage des marais, et l'on n'a pu donner jusqu'ici une explication satisfaisante de cette curieuse immunité (Jourdanet, Coindet). De même, les nombreux marais de la Californie et en particulier de San-Francisco ne semblent occasionner que des fièvres rares et peu graves.

Le Mississipi a formé à son embouchure, par des atterrissements successifs, un delta marécageux comparable à ceux du Nil, du Sénégal et du Gange : une digue de 80 kilomètres est devenue nécessaire pour préserver la ville de la Nouvelle-Orléans des inondations du fleuve. L'élévation des atterrissements du cordon littoral entraîne des débordements presque sans limites ; l'eau s'accu-

mule dans des bas-fonds fangeux, complétement isolés, à l'époque des chaleurs, des bouches nombreuses du Mississipi ; les célèbres *bayoux*, peuplés de
crocodiles qui se cachent sous la vase des marais, contribuent pour la plus forte
part à l'insalubrité du bas Mississipi et de cette partie de la Louisiane, un des
berceaux de la fièvre jaune. Les débordements du Mississipi et de ses affluents
se produisent jusqu'à une grande distance de l'embouchure, dans l'Arkansas et
dans le territoire des Indiens où certains points, tels que le fort Gibson, ont mérité
le nom de *Cimetière de l'armée*. Dans la Floride, les côtes marécageuses couvertes des jungles (Saint-Augustin, Fort-Broke, Pensacola, etc.), ne fournissent
qu'un petit nombre de fièvres, tandis que les savanes de l'intérieur (Fort-Jackson,
Gadsen, Escambia) sont le foyer des plus cruelles eudémo-épidémies. La Caroline
du Nord est, comme la Virginie, un pays humide et malsain : à l'est de ces deux
provinces on rencontre les *Pine-barrens*, vastes forêts marécageuses, dont l'un
des foyers principaux est célèbre sous le nom de Great-dismal-Swamp.

Au nord des États-Unis, le sol du continent semble s'abaisser vers les lacs
Érié, Ontario, Huron, Michigan, etc., de telle sorte que la rive méridionale de ces
vastes réservoirs est très-basse et parsemée de marécages, tandis que la rive septentrionale est élevée et salubre. New-York était encore, il y a quinze ans, entouré
de marais, source de fièvres qui ont disparu par suite des travaux de desséchement. Kingston, à l'extrémité du lac Ontario, forme la limite supérieure de la
mal'aria endémique (45°,8 N.) dans l'Amérique septentrionale ; ce n'est qu'accidentellement qu'on en observe les atteintes à Montréal, à Québec, Halifax et sur
les côtes de la baie de Fundy (Boyle). La fièvre est inconnue dans la Nouvelle-
Bretagne et dans la baie d'Hudson.

Dans les Antilles, les parties basses de la Jamaïque, de Haïti, sont les foyers de
fièvre et de dysenterie qui fournissent des statistiques de mortalité désespéran-
tes. Fort-de-France à la Martinique et la Pointe-à-Pitre à la Guadeloupe sont entourés de tous côtés et à des distances variables dans les terres, de marais on ne
peut mieux caractérisés (Dutroulau).

La côte de la Guyane est bordée de dépôts alluviens dans un rayon dont la profondeur est de 4 myriamètres. « Les parties les plus rapprochées des montagnes
sont d'immenses plaines dont le sol argileux, formé par la mer aux dépens des roches feldspathiques voisines, conserve les eaux pluviales dans les dépressions résultant sans doute du tassement inégal des matériaux ; elles donnent naissance à
des pinotières (bois de palmiers pinots) et à des savanes noyées ou *prispris*,
espèces de marais qui ne dessèchent jamais complétement faute d'écoulement suffisant, bien que leur niveau exhaussé par un abondant terreau soit aujourd'hui
supérieur à celui de la mer. On y remarque aussi de vastes espaces formés par
l'assemblage d'herbes aquatiques reposant sur un fond de vase molle ; ce sont de
véritables tourbières en voie de formation qu'on désigne dans le pays sous le nom
de *savanes tremblantes* » (Jtier ; Dutroulau, *Maladies des Européens*, p. 13).
Toute cette zone est un vaste laboratoire d'émanations palustres ; en certains points,
il suffit d'un mois de séjour pour déterminer l'anémie et la cachexie la plus prononcée.

Les fleuves du Brésil produisent, par l'inondation annuelle des plaines qu'ils
traversent ou par les atterrissements de leur embouchure, des marécages dont
l'influence funeste est attestée par tous les observateurs. Rendu (*Études topographiques et médicales sur le Brésil*; Paris, 1844) a rencontrée des fièvres pernicieuses sur les rives marécageuses du San-Francisco, du Rio-das-Mortes, du

Parahyba, du Parana et des Amazones; de même Saint-Hilaire (*Voyage aux sources du Rio-Negro*, Paris 1848) a trouvé la cachexie palustre très-commune dans les parties centrales du Brésil.

Le Paraguay, l'Uruguay et la Plata présentent d'immenses plaines horizontales, complètement inondées à l'époque des pluies par les rivières qui, descendant des contre-forts des Andes voisines de la côte occidentale, arrivent difficilement de l'autre côté du continent, sans avoir obstrué et abandonné leur lit. Des lacs à demi desséchés, des *esteros* ou marais couvrent une grande partie de ces pampas; malgré l'élévation de la température, malgré la végétation luxuriante que bai. gnent ces eaux croupissantes, le climat est très-salubre, les fièvres s'y rencontrent à peine. Les provinces de Cordova, de Santiago, de l'Estero, de Mendoza et de Tucuman qui sont particulièrement inondées, sont couvertes, après la retraite des eaux, d'admirables pâturages, et les explorateurs célèbrent à l'envi les merveilles et la douceur de cet heureux climat.

La Bolivie et la Province de l'Équateur ne sont point exemptes de marais, foyers actifs de fièvres graves et rebelles. Il en est de même du Pérou, où les torrents débordés, les prairies marécageuses se rencontrent surtout à Arica, Camana et Lima. La bande étroite du littoral qui limite le Chili entre les Andes et le Pacifique offre un petit nombre de marais, et la salubrité y est telle que les malades qui ont contracté les fièvres ou la cachexie palustre au Pérou ou dans la Province de l'Équateur viennent y passer leur convalescence, et y trouvent la guérison.

En Océanie, Bornéo, Sumatra, les Célèbes et les Philippines ont des côtes basses couvertes de palétuviers; les fleuves y forment des atterrissements redoutables, et le cortége habituel des conditions palustres a mérité à Batavia en particulier le surnom de cimetière des Hollandais; mais à mesure qu'on s'éloigne de l'équateur et qu'on descend dans l'hémisphère sud, les marais, les palétuviers, les vases marines, les deltas, les jungles, qui ne font guère défaut, semblent moins capables de produire leurs effets désastreux. Cette remarque avait déjà été faite par divers auteurs, quand M. Bourgarel, dans un mémoire lu à la Société d'anthropologie (t. II, p. 375, sur la *Géographie médicale de la Nouvelle-Calédonie*) vint affirmer qu'on ne connaissait pas d'exemples de fièvres intermittentes dans ce pays malgré l'existence de vastes marais à l'embouchure des rivières. La thèse de M. Rochas vint confirmer cette assertion par une description très-précise : atterrissements, débordements, plages vaseuses couvertes de mangliers, envahies à chaque marée ou accidentellement par la mer, en particulier le delta marécageux de Kanala, sol argileux ou argilo-siliceux, offrant partout des tourbières en voie de formation et des amas d'eau saumâtre, corrompue. « Les Européens, dit M. Rochas, ont remué ici des terrains neufs pour l'agriculture et pour la construction des routes; on a jeté des chaussées sur des marais, on a desséché une partie des marais de Port-de-France, et on en a fouillé le fond pour les constructions; pourtant pas un seul cas de fièvre intermittente ne s'est déclaré, même chez les travailleurs. » M. Gallerand avait déjà fait connaître la salubrité exceptionnelle de Papeete et de toute l'île de Taïti, qui est entourée de marécages. Wilson, dès 1840 (*Statistical Reports on the Health of the Navy for 1830-1836*), s'étonnait de voir les ports de Para, Fernambouc, San-Salvador, Rio-Janeiro, au Brésil; de Montevideo dans l'Uraguay, de Callao et Coquimbo au Pérou et au Chili, ne produire chez les marins anglais aucun cas de fièvre grave, malgré les marais, la riche végétation, le soleil ardent auxquels ils étaient exposés. L'île Maurice, dont les abords marécageux sont célèbres, la Tasmanie, la Nouvelle-Zélande, les îles Sandwich, etc., jouissent de la même immunité, malgré des conditions aussi fâcheuses. Nous avons déjà mentionné la salubrité des plaines inondées et des *esteros* de la Plata, de Buenos-Ayres, de l'Uruguay et du Paraguay.

Il y a là assurément un fait remarquable qui avait fixé l'attention de Boudin, et qui fit l'objet d'une note riche en indications bibliographiques, insérée dans les *Mémoires de médecine et de chirurgie militaires*, 1866, t. XVI, p. 540. Mais avant de généraliser cette innocuité des marais dans l'hémisphère sud, il est bon d'opposer Madagascar, Mayotte, le Gabon, toute l'île de Java et la pestilentielle Batavia, où les mauvaises conditions du sol et des rivages se traduisent par des fièvres et une mortalité considérable. Nous avons vu en outre que si certains ports marécageux du Brésil et du Pérou semblaient parfaitement salubres, dans l'intérieur du pays Saint-Hilaire, Rendu, Sigaud, Gardner et Martins avaient rencontré très-fréquemment les fièvres et la cachexie palustre. Boudin, dans son mémoire, emprunte à Tschudi la citation suivante : « On trouve au Pérou des vallées marécageuses et très-chaudes dans lesquelles les fièvres paludéennes font complétement défaut; » mais ce que Boudin ne dit pas, c'est que dans une autre partie de son travail publié dans le *Oster. med. Wochenschrift*, 1846, p. 443, Tschudi ajoute cette phrase, qui ne contredit nullement la première : « On peut dire que plus de la moitié des habitants de la côte du Pérou est malade de la fièvre intermittente; en quelques localités même il y en a les trois quarts, et plus d'un tiers de ces malades meurt de la fièvre ou de ses suites. » Nous avons vu également que la côte de Mozambique et du Zanguebar à partir de la baie Delagoa, du 20ᵉ degré latitude S. à l'équateur, était aussi marécageuse qu'insalubre, et l'on trouvera dans le livre précieux de Hirsch (*Handbuch der hist. geog. Path.*, I, p. 6) les indications bibliographiques les plus péremptoires à ce sujet. Reste donc à expliquer l'innocuité de certains marais des régions tropicales, dont l'hémisphère sud n'a pas seul le privilége : il suffit de rappeler que, dans la Floride, les côtes couvertes de jungles marécageuses ne fournissent qu'un petit nombre de fièvres, tandis que celles-ci font les plus grands ravages dans les savanes détrempées de l'intérieur.

Nous verrons le rôle important, peut-être excessif, qu'on a voulu faire jouer aux vents capables de balayer librement les émanations insalubres (Pauly, *Études sur quelques climats partiels*, *Mém. de méd. et de chir. milit.*, 1869-70). M. le docteur Nadeaud, chirurgien de la marine, a tenté récemment d'expliquer la rareté des fièvres qu'on observe à Taïti au voisinage des marais. La plage de l'île est très-plate, assez étroite, et pourrait fournir 25,000 hectares à l'agriculture; c'est là que se rencontrent les amas d'eaux vives qu'on a décorés du nom de marais. Cette plage repose sur une couche profonde de coraux ensablés qui font office de drains; l'eau des hauts plateaux descend vers la mer, s'échappe un peu au-dessous du sol, à travers ces amas madréporiques, de sorte que la nappe qui sur la plage paraît dormante, serait en réalité renouvelée incessamment par un courant souterrain (*Arch. de méd. navale*, 1865, t. IV, p. 195). Des observations de ce genre multipliées et confirmées feront sans doute cesser l'exception un peu mystérieuse signalée pour l'hémisphère méridional.

Europe. 1º En *Espagne*, les désastres de l'armée anglaise en 1810 ont rendu célèbres les marécages qui bordent le cours de la Guadiana. Ce fleuve naît des marais de Ruydera, il disparaît bientôt au milieu des amas de vase et d'herbages qui traversent la province de Ciudad-Real, et ce n'est qu'après un trajet de 24 kilomètres qu'il reprend un cours régulier, au niveau des deux étangs appelés *los ojos de Guadiana.* Les rives abaissées du Guadalquivir, les côtes de Grenade et d'Andalousie sont sillonnées de marais, où sévissent parfois des fièvres d'une gravité particulière. Les parties méridionales du *Portugal*, en particulier la province de Alentejo que traverse le Guadiana portugais et la province des Algarves, sont rendues insalubres par la présence de bas-fonds humides, de lacs et de lagunes, etc.

2° Le sol dans la haute *Italie* est sur une grande surface transformé en marécages par la culture du riz, l'une des sources de la grande prospérité du pays; malgré l'insalubrité des rizières, le bon état d'entretien des canaux et le renouvellement des irrigations empêchent la fréquence et la gravité des fièvres. Les lacs Majeur, de Côme, de Garde dont l'eau est très-pure, ne forment généralement pas de marais sur leurs rives. Venise est bâtie sur une lagune qui, chaque jour, montre à nu ses vases chargées d'algues et de plantes marines, et les voit disparaître avec le flux sous les eaux du golfe; malgré cette source apparente de méphitisme, la fièvre est inconnue dans l'intérieur même de la ville, et cette immunité paraît s'expliquer par la direction des vents qui débarrassent Venise de l'air impur des lagunes (E. Carrière).

La Toscane a deux régions marécageuses : la *vallée de la Chiana*, au centre du pays, les *Maremmes*, sur le littoral. La vallée qui s'étend d'Orvieto à Arezzo, longue de 50 kilomètres sur 4 à 5 de large ne formait, du temps de Côme Ier, qu'un vaste marais; le canal de la Chiana conduit dans le Tibre et dans l'Arno les eaux qui ne trouvaient pas de pente vers un fleuve, et ces travaux, combinés avec le colmatage, entretenus avec persévérance depuis le dix-huitième siècle, ont transformé cette vallée en une campagne fertile où la fièvre ne sévit qu'à de rares intervalles. Les *Maremmes* sont des plaines incultes, désertes et insalubres, séparées du littoral par des dunes de sable qui empêchent l'écoulement des eaux vers la mer; elles occupent une surface de 1,500 kilomètres carrés; on ne compte que 24 habitants par kilomètre dans ces prairies submergées, couvertes de forêts de chênes-liège, de maquis, de marais et d'étangs salés (marais de Castiglione, de Scarlino, de Piombino, de Coltano, de Tucecchio, etc). Ce pays autrefois florissant, abandonné au quinzième siècle, a été l'objet de tentatives d'assainissement tour à tour délaissées et reprises. Les succès du colmatage dans le val di Chiana ont conduit, depuis 1829, à adopter ce moyen, combiné avec un système d'écluses qui empêche les eaux douces de se mêler à l'eau de la mer. Les dessèchements assez avancés dans la province de Pise, sont à peine commencés dans celle de Grosseto.

Les marais Pontius font suite à la maremme de Toscane, sur une bande du littoral de 42 kilomètres de longueur, si basse et si peu inclinée que la partie de la plaine la plus éloignée de la mer, à 18 kilomètres, n'est encore que de 1^m,30 au-dessus de la Méditerranée. Le sol tourbeux et fertile, formé des débris d'une végétation luxuriante, est imprégné de toute l'eau qui tombe dans cet immense bassin, sans doute aussi de l'eau des vallées voisines et qui ne trouve ni des pentes suffisantes pour descendre vers la mer, ni un sous-sol perméable pour se perdre dans les couches profondes. Les travaux de dessèchement commencés sous Léon X et Sixte-Quint avaient enfin réussi, sous l'impulsion puissante de Pie VI, à rendre à l'agriculture les quatre cinquièmes de cette vaste surface; mais le défaut d'entretien, l'obstruction des canaux par la prodigieuse abondance des plantes aquatiques ont ramené une insalubrité que des tentatives incomplètes d'amélioration n'ont pas encore fait disparaître. Toutefois les *Documents étrangers* de l'*En-*

quête sur l'agriculture contiennent cette déclaration : « Les travaux commencés sous Pie VI paraissent avoir atteint, sous Pie IX, le but désiré : les produits abondants en blé, maïs, fourrages que fournissent ces plaines enlevées au domaine des eaux sous lesquelles elles étaient ensevelies,... confirment éloquemment les sages prévisions de l'auteur de ce grand travail, et l'efficacité des moyens adoptés » (1868, t. II, p. 54).

Tandis que les marais Pontins sont couverts d'une végétation vigoureuse, parasite ou développée par la culture, la campagne romaine qui leur fait suite a un aspect plus triste et plus désolé ; son sol onduleux se recouvre encore au printemps et à l'automne d'un tapis de verdure ; mais pendant l'été la terre est nue, aride, fendillée. De Maccarese jusqu'au Tibre, s'étend un groupe de marais qui se confondent avec les atterrissements du fleuve ; Ostie, dont la mer baignait les murs au commencement de l'empire romain, se trouve aujourd'hui à 6 kilomètres au-dessus de l'embouchure, et l'on a calculé que la plage avançait en moyenne de 3 mètres par an. Bien que l'agro romano soit d'une insalubrité comparable seulement à celle de certains foyers palustres des tropiques, le sol, d'après M. Léon Colin (*Traité des fièvres intermittentes*, Paris, 1870, p. 54), y est en général d'une grande sécheresse, et cet auteur, après une longue expérience, conclut volontiers comme un écrivain du commencement du siècle : « La campagne de Rome est si peu marécageuse, que je ne connais pas de pays sans police où il y ait aussi peu d'eau stagnante que dans la grande plaine de Rome. » Sur la côte de l'Adriatique, le delta du Pô, qui se confond presque avec celui de l'Adige, comprend entre ses bouches des lagunes marécageuses, dont la plus importante, celle de Comacchio à 50 kilomètres de long et autant de large ; le littoral de l'ancienne Pouille, la terre de Bari, d'Otrante, etc., est sillonné de marais incultes.

Nous avons déjà mentionné les marais qu'on rencontre depuis le cap Misène jusqu'au fond de la baie de Naples ; la Sardaigne, pour l'insalubrité de ses côtes, rappelle les maremmes toscane et romaine ; l'absence de culture ne fait qu'accroître partout l'effet des mauvaises qualités du sol et de la déclivité insuffisante du littoral.

3° Les marais de la *Morée* et de toute la *Grèce* sont célèbres à des titres nombreux : par les descriptions de fièvres qu'elles ont fournies à Hippocrate, les mythes que leur danger et la difficulté de leur assainissement a inspirés à l'antiquité ; par les désastres qu'y ont subis toutes les armées des puissances belligérantes et auxquels l'expédition française de 1828 n'a point complétement échappé. L'Albanie, la Bulgarie, les provinces danubiennes présentent de vastes marécages parmi lesquels ceux de la Dobrudcha ont vu un épisode funeste de la guerre de Crimée.

4° La partie méridionale de l'*Allemagne* renferme deux grands foyers palustres, ce sont les *Pusztas* ou plaines salées de la Hongrie centrale : l'un est *la petite plaine de la Hongrie*, bassin situé à l'ouest du cours vertical du Danube, et dont le niveau, plus bas que celui du fleuve, est couvert de lacs, de marais, de prairies constamment inondées ; l'autre est *la grande plaine de la Hongrie*, de l'autre côté du Danube, sillonnée par ses nombreux affluents, la Theiss, la March, la Drave, qui débordent chaque année, et font naître des endémies palustres auxquelles on a donné en Allemagne le nom de *dacischen Fieber*. L'Istrie et la Dalmatie sont à ce point marécageuses, que, d'après Hirsch, certaines localités ont parfois tous leurs habitants dans les hôpitaux et que la fièvre ou la cachexie produit le tiers de la mortalité des campagnes. Les côtes de la Poméranie, où depuis quelques années de grands travaux de drainage et de desséchement ont

été accompli, les duchés de l'Elbe et de Mecklembourg, formés de terrains d'alluvion, présentent des dépressions qui descendent parfois au-dessous du niveau de
la mer; le littoral est bas et sujet aux inondations (Von Ritter, *Studien über
Malaria-Infection in Elbemarschen*, in *Virchow's Archiv*, avril 1869); le Dit-
marschen, dans le Holstein, entre l'Elbe, l'Eyder et la mer du Nord, rappelle la
Hollande par son mode de formation comme par la nature du sol, et il est le
théâtre fréquent d'épidémies meurtrières. Les tourbières marécageuses du Hanovre, les marais de l'Oldenbourg, les *Mooren* de Westphalie, et en particulier
du cercle de Laderborn, commencent une zone de terrains humides fréquemment inondés qui, rejoignant les rives abaissées du Rhin, complètent par
la Hollande l'immense alluvion des grands fleuves de l'Allemagne et de la
France.

Les *polders* de la Hollande, les prairies qui ont remplacé la mer de Harlem et
le Zuid-Plas desséchés, tout ce pays qui, derrière ses digues, vit au-dessous du
niveau de la mer et des canaux, représente l'image d'un marais, mais d'un
marais inoffensif, assaini, utilisé, fertilisé par des travaux admirables et une
vigilance continue.

5° La *Belgique* se ressent du voisinage de ces grands fleuves, et l'on rencontre
encore un grand nombre de polders marécageux et insalubres dans la Campine,
dans la Flandre occidentale, au voisinage de Bruges, Ostende, Furnes, Dixmude,
Courtray.

6° La *Zélande* forme une série d'îles marécageuses, dont l'une, l'île de Walcheren, a vu disparaître par les fièvres l'armée anglaise en 1748, 1794 et en 1809
presque sans avoir combattu.

L'*Angleterre* ne compte que peu de marais : les principaux se trouvent dans
les comtés d'Essex, de Norfolk, Cambridge et Lincoln ; à Tiverton, dans le comté
de Cornouailles ; à South-Mark, sur le plateau du Dartmoor, dans celui de Devon.
De grands travaux de desséchement et de drainage ont fait disparaître les *fens*
(marais) et les *mosses* (tourbières), des comtés de Bristol, Glocester, Upton,
Worcester et Huntington. Les montagnes qui entourent l'Irlande circonscrivent
au centre du pays une plaine basse, couverte de pâturages, mais très-insalubre;
sur une étendue de 600,000 hectares existent des *bogs*, espèce de fondrières ou
mers de boue noire et infecte, formées de tourbe à demi liquide, et qui peu à
peu envahissent et submergent les terres riveraines (Dussieux).

8° *Russie*. A Saint-Pétersbourg, par 59°,57 on rencontre encore quelques
fièvres dans les vastes marais qui s'étendent autour et au voisinage de la ville;
toutefois, c'est la limite supérieure des marais actifs de la Russie.

La Finlande (*fen*, marais), le gouvernement d'Olonetz et la Sibérie sont presque entièrement couverts de tourbières et d'amas d'eau stagnante; ces *toundras*,
glacés en hiver, deviennent pestilentiels et meurtriers pendant l'été.

La Livonie et l'Esthonie, en particulier Dorpat, la Lithuanie et la Pologne
offrent de nombreux marécages, et payent un lourd tribut aux endémies palustres. Au sud-est, dans les gouvernements de Grodno, de Minsk, de Volhynie,
commencent ces immenses plaines fangeuses, mais fertiles, cette *terre noire* formée par un terreau d'origine diluvienne, qui couvre plus de 80 millions d'hectares dans la Russie méridionale; cette couche, d'une épaisseur de plusieurs
mètres, s'étend sans interruption des monts Ourals aux monts Karpathes, et du
centre de la Russie descend jusqu'aux côtes septentrionales de la mer Caspienne
et de la mer Noire.

Les marais de Pinsk ou de Pripet, d'une étendue de 300 kilomètres sur 150, occupent la plus grande partie de la Russie noire ou centrale.

9° La *Suède* et la *Norwége* ne manquent point de marais, surtout au voisinage des côtes basses et plates qui semblent subir sur de vastes surfaces, là un travail de soulèvement lent et progressif, ailleurs un travail d'affaissement. Des épidémies ont été observées dans le lan de Gefleborg, spécialement à Gefle et dans le Wester-Nordland, où la maladie en 1838 commença sur les côtes basses et submergées, remonta le cours de l'Angermann, jusqu'à 12 milles dans l'intérieur des terres, et frappa 3 pour 100 de la population; ce point, situé à 62°,20 lat., est considéré par Hirsch, qui donne ces détails, comme la limite supérieure des épidémies de fièvre palustre en Europe.

10° *France.* Nous avons hâte d'arriver à la France pour laquelle nous avons tâché de réunir quelques matériaux statistiques plutôt encore que géographiques.

Les documents auxquels nous avons puisés sont :

1° La *Statistique agricole*, publiée par le ministre de l'agriculture en 1858-60.

2° La statistique des marais de la France annexée au *Rapport à l'Empereur* du 17 janvier 1860.

3° Les rapports sur la *Situation de l'Empire* en 1865 et 1867.

4° L'*Enquête agricole*, commencée depuis quatre ans, à peine terminée et qui comprend 50 volumes in-4°.

5° Les *Procès-verbaux des Conseils généraux* de chaque département.

L'étude attentive de ces documents fait voir que sous leur apparente fécondité ils cachent des contradictions, des lacunes, des différences qui permettent difficilement d'arriver à des chiffres précis et positifs.

La question à résoudre est celle-ci : quelle est en France l'étendue des terrains marécageux préjudiciables à la santé de l'homme ou des animaux; en d'autres termes, quelle est l'étendue des localités à malaria ?

La statistique de la France, 2° série, t. VII et VIII, fournit l'indication suivante sur la répartition du territoire :

Étangs, marais et canaux d'irrigation	260,432 hectares.
Oseraies, aulnaies et saussaies	61,490 —
Landes, pâtis et bruyères	7,789,672 —
Sol limoneux ou marécageux	284,464 —
Sol argileux	2,252,885 —
Etc., etc.	

En réunissant les deux premiers groupes : *étangs, marais, canaux d'irrigation, oseraies, aulnaies*, etc., en obtient un chiffre de 335,922 hectares qui nous paraît bien au-dessous de la vérité ; et encore comprend-il les canaux d'irrigation qui occupent une très-vaste surface et doivent être distingués des marais, sous peine de confondre le mal avec le remède. Dans le groupe suivant : « *landes, pâtis et bruyères,* » figurent sans doute un grand nombre de localités marécageuses; mais comment faire le départ des landes arides, rocailleuses, inclinées, où l'eau ne s'accumule pas, dont l'insalubrité est nulle ? On pourrait espérer trouver dans la superficie du *sol limoneux ou marécageux* le contrôle de l'étendue des marais : mais, comme l'a fait observer l'*Annuaire des eaux de la France*, t. I, p. 17, il s'en faut de beaucoup que cette désignation *sol limoneux ou marécageux* comprenne toutes les localités palustres; car le département de l'Ain, par exemple, où il existe des marais étendus et des étangs nombreux, ne figure pas dans cëtte classe, tandis qu'il est représenté pour 214,000 hectares dans le sol argileux qui occupe en France 2,232,885 hectares.

La statistique agricole publiée en 1858-60, sur des documents recueillis généralement en 1852, indique, dans le tableau suivant, la superficie des *marais susceptibles d'être desséchés* (voy. tableau n° I).

Ce tableau, qui ne représente qu'une partie seulement des marais de la France, tire son intérêt de la comparaison avec les documents qui vont suivre.

Le 5 janvier 1860, dans une lettre qui est demeurée célèbre, l'Empereur traçait le programme des améliorations agricoles les plus urgentes, et mentionnait spécialement l'exécution de grands travaux d'assainissement et de desséchement des marais. Le 17 janvier 1860 les ministres de l'intérieur, des finances, de l'agriculture et du commerce dans un rapport inséré au *Moniteur*, esquissaient l'historique des tentatives de desséchement faites en France depuis plusieurs siècles. A ce rapport était joint un tableau présentant par département : 1° la contenance des marais appartenant à l'État, aux communes, aux particuliers; 2° la contenance des landes et autres terrains incultes appartenant aux communes (*Moniteur universel* du 23 janvier 1860, voy. tableau n° II).

Le rapport évalue l'étendue *totale* des marais à 185,460 hectares, tandis que la statistique agricole concluait à la *possibilité d'assainissement* pour 205,154 hectares. Cette différence tient sans doute pour une faible part aux travaux de desséchement accomplis dans l'intervalle de six ou huit ans qui sépare les deux statistiques; mais elle provient surtout de l'esprit de classification différent qui a présidé à l'une et l'autre rédaction : l'opposition de quelques chiffres rend ce défaut de concordance très-évident :

MARAIS SUSCEPTIBLES D'ÊTRE DESSÉCHÉS 1852-1858.		CONTENANCE TOTALE DES MARAIS AU 17 JANVIER 1860.
Indre	13,485 hectares.	28 hectares.
Corrèze	9,156 —	» —
Finistère	9,632 —	320 —
Haute-Vienne	5,324 —	94 —
Vendée	9,904 —	4,161 —
Aude	1,904 —	» —
Côtes-du-Nord......	2,437 —	64 —

Comment d'ailleurs comprendre qu'en Sologne, le pays palustre par excellence, il n'y ait que 1,248 hectares de marais (soit : 901 dans le Loiret, 347 dans le Loir-et-Cher; le Cher n'en contient pas), tandis que dans la Loire-Inférieure qui, à part certaines localités marécageuses, est un département riche et prospère, on compte 19,498 hectares. Le département de l'Ain, c'est-à-dire la Dombes et la Bresse ne figure que pour 1,584 hectares; la Corse, dont toute la côte orientale sur une longueur de 100 kil., est couverte de marécages, n'est représentée ici que par 1,253 hectares.

Le savant auteur de l'article MARAIS du *Dictionnaire d'hygiène publique et de salubrité* semble ne pas avoir accepté les chiffres qui précèdent, car dans les premières lignes qui suivent la reproduction du tableau précédent, M. Tardieu écrit (tome II, p. 637) : « A la tête des pays d'étangs (ou marais doux) il faut citer la Sologne.....; puis viennent la Dombes et une partie de la Bresse, dans le département de l'Ain; la Brenne dans l'Indre; le Forez, dans le département de la Loire. Ces différents pays d'étang, qui sont les plus connus, renferment cependant à peine *un tiers* de ceux qui existent en France. » Le tableau ne donne pour les marais contenus dans ces provinces que le chiffre 2,865 hectares sur 185,460, ce

TABLEAU I

CONTENANCE DES MARAIS SUSCEPTIBLES D'ÊTRE DESSÉCHÉS.

DÉPARTEMENTS.	CONTENANCE TOTALE DES MARAIS.	DÉPARTEMENTS.	CONTENANCE TOTALE DES MARAIS.
	hectares.		hectares.
Ain.	417	Report	136,579
Aisne.	3,355	Lot.	119
Allier.	1,341	Lot-et-Garonne.	1,884
Alpes (Basses-).	17	Lozère	632
Alpes (Hautes-)	1,056	Maine-et-Loire.	420
Ardèche.	901	Manche	8,086
Ardennes	1,539	Marne.	1,591
Ariége.	11	Marne (Haute-)	943
Aube.	297	Mayenne.	370
Aude	1,904	Meurthe.	1,388
Aveyron.	2,898	Meuse.	189
Bouches-du-Rhône.	13,571	Morbihan.	2,568
Calvados.	1,809	Moselle	255
Cantal.	2,397	Nièvre.	1,762
Charente	1,745	Nord	2,047
Charente-Inférieure	8,297	Oise.	3,281
Cher.	1.195	Orne	3,428
Corrèze.	9,156	Pas-de-Calais.	5,500
Corse.	1,259	Puy-de-Dôme.	1,916
Côte-d'Or	842	Pyrénées (Basses-)	693
Côtes-du-Nord.	2,437	Pyrénées (Hautes-).	228
Creuze	1,685	Pyrénées-Orientales.	1,054
Dordogne	2,416	Rhin (Bas-)	»
Doubs.	1,442	Rhin (Haut-)	718
Drôme	1,678	Rhône.	79
Eure.	1,560	Saône (Haute-).	732
Eure-et-Loire	1,261	Saône-et-Loire.	1,835
Finistère	9,632	Sarthe.	1,012
Gard	2,436	Seine.	»
Garonne (Haute-).	«	Seine-Inférieure	184
Gers	1,158	Seine-et-Marne.	1,201
Gironde.	4,691	Seine-et-Oise.	1,239
Hérault.	1,974	Sèvres (Deux-).	2,980
Ille-et-Vilaine	1,009	Somme.	3,445
Indre.	13,483	Tarn	314
Indre-et-Loire.	1,248	Tarn-et-Garonne.	20
Isère	6,582	Var.	177
Jura.	1,247	Vaucluse	44
Landes.	10,175	Vendée	9,904
Loir-et-Cher.	5,194	Vienne.	520
Loire.	142	Vienne (Haute-)	5,324
Loire (Haute-).	188	Vosges.	448
Loire-Inférieure	10,098	Yonne.	463
Loiret.	1,058		
		TOTAL	205,154
A reporter	136,579		

TABLEAU II

TABLEAU PRÉSENTANT PAR DÉPARTEMENT :
1° LA CONTENANCE DES MARAIS APPARTENANT A L'ÉTAT, AUX COMMUNES, AUX PARTICULIERS;
2° LA CONTENANCE DES LANDES ET AUTRES TERRAINS INCULTES
APPARTENANT AUX COMMUNES.

NUMÉROS D'ORDRE.	DÉPARTEMENTS.	CONTENANCE TOTALE DES MARAIS.			CONTENANCE DES LANDES ET AUTRES TERRAINS INCULTES, ETC.		
		hectares	ares	cent.	hectares	ares	cent.
1	Ain.	1,584	85	59	34,970	43	18
2	Aisne.	5,800	79	74	9,514	91	73
3	Allier.	»	51	20	5,551	49	36
4	Alpes (Basses-)	»	»	»	140,517	46	73
5	Alpes (Hautes-)	933	13	49	197,475	85	84
6	Ardèche	»	»	»	18,822	48	49
7	Ardennes.	68	17	93	8,188	67	45
8	Ariége.	»	»	»	50,359	05	16
9	Aube.	567	92	17	13,102	34	07
10	Aude.	5,751	80	17	106,847	42	15
11	Aveyron	»	»	»	40,814	35	51
12	Bouches-du-Rhône.	15,270	03	72	38,188	54	54
13	Calvados.	370	71	31	973	33	69
14	Cantal	»	»	»	68,058	79	91
15	Charente.	725	06	65	1,269	71	03
16	Charente-Inférieure.	30,531	28	»	2,292	38	74
17	Cher.	17	48	75	12,901	91	86
18	Corrèze.	»	»	»	48,714	42	45
19	Corse.	1,253	86	77	95,000	»	»
20	Côte-d'Or.	253	67	33	24,534	50	08
21	Côtes-du-Nord	64	84	62	14,905	02	18
22	Creuze	»	»	»	81,502	67	73
23	Dordogne.	»	»	»	2,255	03	99
24	Doubs.	1,778	04	45	63,276	56	39
25	Drôme.	726	54	42	59,352	51	52
26	Eure.	365	42	15	4,330	68	92
27	Eure-et-Loire.	»	»	»	725	11	14
28	Finistère.	320	04	60	4,590	69	31
29	Gard.	11,325	»	»	38,657	55	41
30	Garonne (Haute-)	»	»	»	21,850	78	55
31	Gers	»	»	»	1,199	83	56
32	Gironde.	10,584	78	15	140,039	75	18
33	Hérault.	4,251	36	53	68,158	94	37
34	Ille-et-Vilaine	765	02	»	12,680	02	07
35	Indre	28	30	78	12,566	73	41
36	Indre-et-Loire.	266	11	55	7,846	69	81
37	Isère.	5,281	43	25	120,933	57	30
38	Jura	248	28	03	53,201	37	61
39	Landes.	13,742	20	36	227,470	47	67
40	Loir-et-Cher.	347	18	53	2,706	81	30
41	Loire.	3	70	50	8,889	22	25
42	Loire (Haute-).	»	»	»	35,057	54	14
	A reporter.	113,005	62	72	2,079,831	55	77

DÉPARTEMENTS

Report. . .
43   Loire-Inférieure . . . .
44   Loiret . . . .
45   Lot . . . .
46   Lot-et-Garonne. . . .
47   Lozère. . . . . .
48   Maine-et-Loire . . . .
49   Manche. . . . . . .
50   Marne. . . . . .
51   Marne (Haute-). . .
52   Mayenne. . . . . .
53   Meurthe . . . . .
54   Meuse. . . . . . .
55   Morbihan. . .
56   Moselle. . . .
57   Nièvre. . . . . .
58   Nord. . . . . . .
59   Oise. . . . . .
60   Orne. . . . . . .
61   Pas-de-Calais . . . .
62   Puy-de-Dôme . . . .
63   Pyrénées (Basses-) . . .
64   Pyrénées (Hautes-) . . .
65   Pyrénées-Orientales. . .
66   Rhin (Bas-). . . .
67   Rhin (Haut-) . . . .
68   Rhône. . . . . .
69   Saône (Haute-). . . .
70   Saône-et-Loire . . . . .
71   Sarthe. . . . . . .
72   Seine. . . . . .
73   Seine-Inférieure. . .
74   Seine-et-Marne. . .
75   Seine-et-Oise . . . .
76   Sèvres (Deux-). . . . .
77   Somme. . . . .
78   Tarn. . . . . . .
79   Tarn-et-Garonne. . . .
80   Var. . . . . . .
81   Vaucluse. . . . .
82   Vendée. . . . . .
83   Vienne. . . . . .
84   Vienne (Haute-). . . .
85   Vosges. . . . . .
86   Yonne. . . . . .

Total. .

... PARTICULIERS;	NUMÉROS D'ORDRE.	DÉPARTEMENTS.	CONTENANCE TOTALE DES MARAIS.			CONTENANCE DES LANDES ET AUTRES TERRAINS INCULTES, ETC.		
			hectares	ares	cent.	hectares	ares	cent.
		Report	113,005	62	72	2,079,851	55	77
	43	Loire-Inférieure	19,498	58	55	6,288	16	94
	44	Loiret	901	58	76	2,198	61	38
	45	Lot	135	68	10	7,185	80	61
	46	Lot-et-Garonne.	68	16	10	520	25	06
	47	Lozère.	»	»	»	51,828	01	65
	48	Maine-et-Loire	1,220	55	11	5,589	98	84
	49	Manche.	7,645	45	41	13,996	16	61
	50	Marne	3,854	22	05	8,975	90	25
	51	Marne (Haute-).	55	72	57	15,557	58	39
	52	Mayenne.	20	69	28	1,179	81	60
	53	Meurthe	»	»	»	6,640	21	38
	54	Meuse	65	16	55	7,572	82	21
	55	Morbihan.	3,591	19	05	23,558	20	61
	56	Moselle.	»	»	»	4,713	62	92
	57	Nièvre	14	98	99	5,011	90	62
	58	Nord.	1,536	20	»	1,688	63	35
	59	Oise	6,912	15	02	6,675	»	36
	60	Orne.	398	50	47	3,257	61	67
	61	Pas-de-Calais	6,071	»	»	5,684	26	37
	62	Puy-de-Dôme	»	»	»	76,494	07	23
	63	Pyrénées (Basses-)	1,004	57	55	161,049	81	05
	64	Pyrénées (Hautes-)	200	55	96	136,300	99	50
	65	Pyrénées-Orientales	241	»	»	76,001	31	91
	66	Rhin (Bas-)	74	93	05	12,659	81	55
	67	Rhin (Haut-)	42	33	54	25,913	52	06
	68	Rhône	»	»	»	1,600	24	99
	69	Saône (Haute-)	28	61	»	13,576	64	46
	70	Saône-et-Loire	»	»	»	1,716	17	15
	71	Sarthe.	»	»	»	777	45	78
	72	Seine.	»	»	»	39	42	76
	73	Seine-Inférieure	1,212	47	90	6,029	32	68
	74	Seine-et-Marne	38	28	18	1,412	55	09
	75	Seine-et-Oise	349	67	83	952	64	20
	76	Sèvres (Deux-)	2,691	74	77	2,651	85	98
	77	Somme.	8,950	98	08	8,425	80	52
	78	Tarn.	»	»	»	10,270	37	41
	79	Tarn-et-Garonne.	12	95	12	1,089	82	38
	80	Var.	»	»	»	37,206	82	21
	81	Vaucluse.	273	41	37	24,426	65	90
	82	Vendée.	4,161	»	»	2,792	28	76
	83	Vienne.	916	54	80	1,558	27	57
	84	Vienne (Haute-).	»	94	40	11,927	07	47
	85	Vosges.	228	14	91	28,813	»	62
	86	Yonne	80	86	80	6,864	48	96
		TOTAL	185,460	31	53	2,706,672	23	78

qui est bien loin du tiers. Parmi les départements qui en contiennent le plus après ceux que nous venons de nommer, ajoute M. Tardieu, on remarque :

Eure-et-Loir	» hectares
Le Jura	248 —
Saône-et-Loire	» —
L'Allier	51 —
La Nièvre	14 —
Le Lot	133 —
Maine-et-Loire	1,220 —
La Marne	3,834 —
La Meurthe	» —
La Moselle	» —

Les chiffres empruntés au rapport officiel, que nous plaçons dans cette citation en face de chaque département, font voir une fois de plus le peu de concordance qui existe entre les opinions émises et les documents publiés. Les uns en effet confondent les marais avec les amas d'eau stagnante, et comprennent parmi les marais l'immense étang de Berre ou le lac de Grand-Lieu, par exemple, qui ne sont palustres que sur des points limités ; d'autres ne considèrent pas comme marais les étangs de la Dombes et de la Brenne, qui représentent seulement pour eux une espèce particulière d'assolement.

Nous avons fait de notre côté des recherches nombreuses et des tentatives répétées soit au ministère des travaux publics, soit au bureau de la statistique, etc., et malgré l'accueil obligeant que nous avons reçu de part et d'autre, il nous a été impossible d'arriver à une estimation générale même approximative.

Les ministres signataires du rapport du 17 janvier 1860 ont constaté cette difficulté et cette lacune, car ils disent : « On a souvent cherché à déterminer l'étendue totale des marais qui existent en France. Mais la difficulté de préciser la nature des terrains qui doivent être considérés comme marais a toujours laissé subsister une certaine incertitude dans cette évaluation. On peut cependant en porter le chiffre à plus de 500,000 hectares, représentant une surface presque égale à celle d'un de nos départements. » Cette évaluation nous paraît encore bien au-dessous de la vérité ; nous en trouverons la preuve dans les indications fournies pour chaque département par l'enquête agricole et les procès-verbaux des conseils généraux. Poterlet, en 1817, dans son *Code des desséchements* évaluait à 432,100 hectares la superficie totale des marais à dessécher, pour 61 départements ; malheureusement la façon un peu arbitraire dont Poterlet a construit ses tableaux empêche de leur attribuer une valeur absolue. C'est aussi au chiffre de 450,000 hectares que s'était arrêté l'Annuaire général des eaux de la France en 1851. Il y a loin de ce chiffre, quasi officiel, de 500,000, à celui de 185,460 hectares donné par le tableau de 1860.

Le rapport général au ministre annexé en 1868 à l'*Enquête agricole* dit, page 83 (chap. IV, *Amélioration du sol*) : « La surface des terrains sur lesquels des travaux de desséchement et d'assainissement ont été exécutés a été, en 1866, de 140,000 hectares. Il existait encore au commencement de *cette* année (1866 ou 1868), des projets à l'étude pour une superficie de 240,000 hectares. »

L'*Exposé de la situation de l'Empire en* 1864 (*Moniteur universel* 19 févr. 1865) dit également : « Au 1er janvier 1865, la superficie des terrains *drainés* dépassait 161,000 hectares ; les travaux avaient coûté 43 millions, et donné une plus-value représentant un capital de 128 millions. Les ingénieurs ont étudié et dirigé l'assainissement de près de 363,000 hectares de terre, travaux qui devront être terminés dans l'année 1865. »

Ces chiffres, sur lesquels nous nous arrêtons peut-être avec trop d'insistance, laissent entière et non résolue la question de la superficie *actuelle* des marais de la France. Les 565,000 hectares de terrains, drainés et assainis de 1860 à 1865 seulement, font voir combien les 185,460 hectares énoncés au rapport de 1860 sont loin de représenter l'état des marais en 1870.

Nous allons successivement passer en revue les localités marécageuses les plus renommées de la France; nous tâcherons d'opposer l'état actuel et les progrès accomplis, aux descriptions que depuis plus de trente ans on emprunte encore à Fodéré, à Monfalcon, à Motard, etc., comme si depuis un demi-siècle la France était restée stationnaire, et ne faisait pas chaque année de grands sacrifices pour l'assainissement et l'amélioration de son territoire.

La *Brenne* est un plateau d'argile et de marne imperméable, occupant la partie occidentale du département de l'Indre et couvrant plus de 100,000 hectares dans les cantons de Mézières, Tournon, le Blanc. L'insalubrité n'a commencé qu'avec le déboisement des forêts qui jadis couvraient le pays; et c'est seulement aux quatorzième et quinzième siècles, d'après M. Léonce de Lavergne, que s'établirent les étangs, par l'exploitation des minerais ferrugineux du sol et par la conversion des bas-fonds en abreuvoirs nécessaires à l'élève des bestiaux. En 1789, l'Assemblée constituante ordonna le desséchement des étangs, mais au bout de vingt ans à peine le mauvais entretien des travaux ramena le pays à son état primitif. La Brenne comptait naguère 400 étangs, et en 1860, d'après M. Gaudon (*de la Brenne et de ses étangs*, par le docteur Gaudon; le Blanc, 1860, in-8°, 159 pages. *Études statistiques sur le recrutement dans le département de l'Indre de 1858 à 1864*, par le docteur Bertrand, *Recueil des memoires de médecine militaire* 1865, t. XIV, p. 286 avec cartes), les surfaces inondées représentaient encore 6,274 hectares de surface; il restait 21,000 hectares de landes ou *brandes* à défricher. La Brenne peut être divisée en deux régions, au point de vue de la salubrité et de la topographie : 1° les rives de la Claise et de l'Hoson, où de grands travaux d'assainissement ont été exécutés, de nombreux étangs desséchés, et de vastes surfaces rendues ainsi à la culture; 2° entre la Claise et le plateau de la Creuse, s'étendent d'immenses bruyères ou *brandes* humides, incultes et insalubres, des étangs mal entretenus et marécageux; c'est là que se trouve le véritable type *brenou*, et c'est à cette portion du pays que s'appliquent surtout les descriptions affligeantes données par la plupart des auteurs. D'ordinaire les pièces d'eau sont cultivées en poisson pendant une dizaine d'années; la onzième année, on laisse écouler l'eau, on produit l'*assec*; le bas-fond recouvert d'un limon riche en matières organiques est ensemencé et produit des pâturages de qualité souvent médiocre et toujours insalubres. Ces réservoirs ne sont pas nécessairement malsains et marécageux, ils ne le deviennent que par le défaut d'entretien, et surtout dans leur partie terminale la moins profonde, ce qu'on appelle la *queue* de l'étang : c'est ainsi qu'à l'extrémité du vaste étang de Corbançon s'étend un marais de 1 kilomètre qui a mérité à la commune de Subvrai, située à son voisinage, le surnom expressif de *Pays des Veuves*. L'eau des réservoirs exhale d'ordinaire une odeur marécageuse bien prononcée : en outre le poisson et les batraciens y abandonnent une grande quantité de mucus qui, en se putréfiant, dégage une odeur de marée parfois insupportable. L'eau s'altère encore par les déjections des animaux qu'on laisse paître sur les rives étalées des étangs; M. Gaudon s'est efforcé de démontrer l'importance d'une pareille source d'infection dans un pays livré, comme la Brenne, à l'élève du bétail : rappelant que dans les vingt-quatre heures une vache expulse au moins 8 litres d'urine, il conclut à la nécessité d'empêcher l'écoulement de ces liquides dans l'eau non renouvelée des étangs. L'insalubrité de .a Brenne semble avoir diminué depuis quelques années, grâce sans doute aux améliorations suivantes que nous relevons dans les procès-verbaux des conseils généraux du département : En 1868, 1734 hectares de landes incultes et insalubres avaient été mis en valeur; 1112 hectares avaient été drainés; 18 étangs, représentant 585 hectares étaient desséchés, et l'ensemble des conventions passées avec les compagnies de desséchement comprenait 33 étangs avec une superficie de 655 hectares. En outre, 243 kil. de cours d'eau avaient été curés aux frais de l'État ou des communes ; 25 puits donnant une eau potable, non marécageuse, étaient terminés et livrés; la Situation de l'empire du 23 novembre 1867 annonçait l'achèvement des routes agricoles, décrétées le 29 février 1860, et destinées à assurer le transport du noir animal, le défrichement et la culture des landes jusque-là stériles et insalubres.

La *Sologne* s'étend entre la Loire et le Cher, sur une surface de 500,000 hectares comprenant les parties limitrophes des départements du Loir-et-Cher, du Loiret et du Cher. C'est un pays plat, légèrement onduleux, entrecoupé par le Beuvron, la Sauldre et le Cosson, dont les rives très-basses se couvrent chaque année de marécages. Le sous-sol est argileux, imperméable, recouvert d'une couche sablonneuse inégale ; les cours d'eau ont une pente très-faible et un écoulement difficile, ils débordent dans les années pluvieuses, et l'eau en s'accumulant forme des étangs dans les vallons ou les petites vallées qui sillonnent le pays. En outre, pendant l'été dans un grand nombre de points, bien que le sol paraisse entièrement desséché à la surface, on trouve, en creusant de quelques décimètres, un fond saturé d'humidité par l'imperméabilité des couches sous-jacentes. Les amas permanents d'eau stagnante sont peuplés de poisson, dont la pêche constitue un produit important du pays ; ces étangs sont trop souvent abandonnés sans entretien, leurs limites sont mal définies, les canaux qui les alimentent s'envasent ou s'obstruent par la négligence du curage, et ils se transforment en véritables marais qui jouent un grand rôle dans l'insalubrité proverbiale de ce pays. Tandis que dans la Bresse et la Dombes on fait alterner régulièrement les étangs avec le labourage, en Sologne comme dans la Brenne les étangs restent en eau jusqu'à ce qu'il devienne nécessaire de les assécher pour les restaurer, les curer et faire les réparations nécessaires (*Patria*, 1847, p. 608) ; les fonds et les bords sont alors cultivés en céréales, et le limon fertile qui les recouvre épuise progressivement par la végétation ses propriétés malfaisantes, jusqu'à ce que de nouvelles inondations viennent rétablir l'état primitif.

On comptait autrefois en Sologne 1,200 étangs occupant 17,000 hectares; aujourd'hui ces chiffres doivent être notablement réduits. Depuis 1852, on travaille activement à l'assainissement du pays : le canal de la Sauldre, d'une longueur de 45 kilomètres, destiné dans la pensée de son auteur à colmater et à irriguer en grand la Sologne est terminé depuis quelques années seulement ; d'après l'Enquête agricole, les desséchements, presque nuls dans les arrondissements de Blois et de Vendôme, ont été considérables et ont donné d'excellents résultats dans l'arrondissement de Romorantin ; les travaux sont terminés sur 2,800 hectares. Presque partout le curage régulier des canaux a été organisé en syndicat; de 1855 à 1869, 1,364 hectares ont été drainés dans le département du Loiret; 726 hectares ont été desséchés dans le département du Cher, sans compter plus de 10,000 hectares dont le défrichement et le boisement ont dû singulièrement concourir à l'assainissement du pays. L'établissement de la ferme impériale de la Motte-Beuvron et la création de fermes modèles ont donné à ces améliorations une impulsion très-efficace. Une statistique complète des résultats obtenus pour toute la Sologne dans ces vingt dernières années est depuis longtemps à l'étude, et doit être présentée en 1870 aux conseils généraux des départments intéressés.

La *Dombes* et la *Bresse* forment une sorte de presqu'île limitée par les cours de la Saône, de l'Ain et du Rhône ; ce plateau élevé de plus de 100 mètres au-dessus du niveau du Rhône s'abaisse progressivement du sud vers le nord, c'est-à-dire de la Dombes vers la Bresse ; il comprend la plus grande partie et surtout la partie occidentale du département de l'Ain, la moitié orientale de Saône-et-Loire, et une petite partie du département du Jura. La Dombes est presque entièrement circonscrite à l'arrondissement de Trévoux ; la Bresse occupe la partie septentrionale de la région. Ce plateau agilo-siliceux, à peu près imperméable, est sillonné de vallées étroites, de plis de terrains profonds que des barrages transforment facilement en réservoirs où l'eau s'accumule. Aux seizième et dix-septième siècles, l'observance rigoureuse et la multiplication des jours maigres avaient élevé d'une façon excessive le prix du poisson; la Dombes et la Bresse, dont le sol maigre et ingrat nourrissait à peine ses habitants, créèrent une industrie nouvelle et très-fructueuse par la transformation en étangs poissonneux de toutes les dépressions du sol : c'est de cette époque que datent l'insalubrité et la misère de ce pays. Les étangs sont formés de deux rives assez basses se réunissant vers un bief, au fond duquel des bondes sont disposées pour laisser écouler l'eau et à un moment donné vider les réservoirs ; les étangs *restent en eau* pendant un an ou deux ; au bout de ce temps on produit l'*assec*, les bondes sont ouvertes, l'on met à nu un limon fertile formé des débris de poissons et de végétaux qui se sont déposés pendant les deux années précédentes. Les fonds jadis submergés sont ensemencés et mis pendant un an en culture; l'année suivante on recommence la mise en eau. La surface ainsi occupée par les étangs représentait d'après le cadastre en 1862, 17,500 hectares, à répartir sur 50 communes ; un groupe de 37 communes formant ce qu'on appelle le *pays des étangs* figure dans ce chiffre pour 16,354 hectares (Rollet 1862). Mais par suite des alternatives de l'assollement, il n'y a guère que 11 à 12,000 hectares annuellement occupés par les étangs, dont M. Puvis en 1851 portait le nombre à 900.

Il n'est pas exact de considérer ces amas d'eau comme autant de foyers marécageux : ceux qui sont bien disposés ou entretenus avec soin ne sont insalubres que pendant les premiers mois ou les premières semaines de l'assec. Mais les étangs de la Dombes sont en général peu profonds, les rives sont très-plates, et l'abaissement de leurs eaux met à nu pendant l'été le quart au moins et parfois le tiers de leur surface, c'est-à-dire une zone de marais où les détritus organiques fermentent au soleil ; les chaussées laissent, en outre, filtrer une eau rougeâtre qui forme une ceinture marécageuse au-dessous d'elles. Il y a au moins, dit M. Puvis, 4,000 hectares de marais véritables, même en ne tenant pas compte des étangs couverts où la nappe liquide a une profondeur insuffisante pour retenir les émanations palustres. Ce n'est là encore qu'une faible partie des marécages : les usines utilisent l'eau, la retiennent par des chaussées très-élevées au-dessus de la plaine dont le sol est saturé par les infiltrations souterraines ; peu à peu, les cours d'eau s'engorgent au-dessous de l'arrêt par l'insuffisance de l'écoulement, leurs lits naturels disparaissent, et l'eau des chutes va former au hasard des inondations au voisinage des usines. M. Rollet (*de la Fièvre intermittente de la Dombes, et de son influence sur le mouvement de la population. Gaz. méd. de Lyon*, 1862, p. 53. La seconde partie du mémoire, jusque-là inédite, a été reproduite par M. Beaugrand *in Annales d'hygiène*, 1862, 18e vol. p. 225) confirme, en les reproduisant en 1862, les détails pleins d'intérêts que donnait déjà dix ans auparavant M. Puvis (*des Causes et des effets de l'insalubrité des étangs*, Bourg-en-Bresse, 1851, in-8°, 60 pages). La population est décimée par la fièvre intermittente, et dans chaque commune le nombre des fiévreux est en rapport avec l'étendue des étangs : la vie moyenne qui est de 35 ans environ, par toute la France, tombe à 24 en Dombes et. même à 18 ou à 20 ans dans les communes où les étangs occupent, comme dans celles de Birieux, Bouligneux, Saint-Nizier-le-Désert, plus du tiers de la surface totale. C'est sans doute parce qu'il rattache tous ces amas d'eau stagnante à un mode particulier de culture du sol, que le tableau officiel du 23 janvier 1860 ne compte dans le département de l'Ain que 1,584 hectares de marais. L'amélioration considérable du sol par le marnage et le chaulage, l'intérêt commercial bien plus que les considérations d'hygiène, conduisent depuis quelques années à la destruction progressive de l'industrie insalubre des étangs. La Compagnie de la Dombes s'est engagée par une convention en date du 1er avril 1863 à dessécher en dix ans 6,000 hectares d'étangs. D'après les procès-verbaux des délibérations du conseil général de l'Ain, au 1er juin 1868 la Compagnie avait présenté à l'examen de la commission 583 étangs, d'une surface totale de 5,989 hectares. Sur ce nombre, à la même époque, 249 étangs représentant 2,603 hectares étaient complétement desséchés ; il ne paraissait pas douteux que la Compagnie ne terminât tous les travaux bien avant le terme fixé.

L'arrondissement de Moulins dans le département de l'Allier contient encore plus de 4,000 hectares d'étangs poissonneux, souvent mal entretenus et insalubres.

La description célèbre laissée par Monfalcon de la plaine du *Forez* ne permet pas de passer sous silence cet antique foyer de la cachexie palustre, qui occupe le département de la Loire et une partie des départements de la Haute-Loire et du Puy-de-Dôme. Ce bassin à fond argileux recouvert de sable granitique et volcanique, entouré de hautes montagnes sans déclivité suffisante est exposé aux inondations de la Loire qui traverse la plaine et y forme des étangs et des marais. L'insalubrité, déjà décroissante en 1826, est entretenue encore par le rouissage du chanvre, l'une des principales industries du pays. Les 2,700 hectares d'étangs poissonneux mentionnés par Monfalcon, les marais de Chambon, Magneux, Sourcieux, Aillaud, etc., doivent aujourd'hui être notablement réduits ; mais nous n'avons pu recueillir d'indications statistiques précises sur l'étendue des marais actuellement existants.

Dans le département de l'Isère, les *marais de Bourgoin* sont formés par un sol bourbeux mélangé à des parcelles de granit et de mica. Ce terrain léger manque de consistance, se mouille facilement quand il pleut, et se réduit en poussière pendant l'été ; la quantité énorme de matière organique qui entre dans sa composition (90 pour 100) explique à la fois son insalubrité et les efforts tentés pour l'améliorer.

Le pays désigné jadis sous le nom de *Palus-de-Monteux*, dans le département de Vaucluse, à peu de distance de la rive gauche du Rhône, mérite d'être rangé parmi les localités palustres de la France, bien que les marais proprement dits aient à peu près disparu. Sur une étendue de plus de 90 kilomètres carrés, s'étendaient de vastes marécages couverts par les eaux stagnantes de la Sorgues, rivière formée par les eaux de la fontaine de Vaucluse. Des travaux de dessèchement habilement combinés, l'introduction de la culture de la garance, etc., ont fait disparaître la stérilité et en partie l'insalubrité des marais de la Sorgues; actuellement le sol calcaire, riche en humus, se réduit pendant l'été en une poussière très-légère, mais à quelques pieds de la surface règne une humidité constante à laquelle il faut attribuer sans doute la persistance des fièvres à l'époque des chaleurs.

La Durance, qui sépare les départements de Vaucluse et des Bouches-du-Rhône, est sujette à de fréquents débordements, et presque chaque année forme, dans ces deux départements, des marais temporaires dont l'étendue et la répartition échappent par leur variété à une description précise.

Le Rhône peut être comparé aux grands fleuves de l'Afrique et de l'Asie pour l'étendue du delta marécageux qu'il forme à son embouchure. Des montagnes qui l'entourent se précipitent un grand nombre de torrents et d'affluents dont les eaux, dans leur cours rapide, se sont chargées d'un épais limon; le fleuve, au contraire, n'a qu'une pente très-faible qui ne lui permet pas d'entraîner jusqu'à la mer les matières pesantes qu'il charrie : un peu au-dessous d'Avignon, à 80 kilomètres de son embouchure, le Rhône n'a plus qu'une pente de 12 mètres, soit 15 centimètres par kilomètre, tandis qu'en ce point il reçoit les eaux de la Durance qui a une pente de 1,240 mètres pour 380 kilomètres de parcours, soit 3m,20 par kilomètre. Ces conditions, comparables à celles qu'on cherche à réaliser dans l'opération du colmatage, expliquent la formation de ce delta triangulaire qui s'étend d'Arles à la mer sur une longueur de 50 kilomètres, à droite de la branche principale du Rhône. A Arles, à la pointe de la Camargue, le fleuve est à 2m,20 au-dessus du niveau de la mer, distante de 50 kilomètres. Le sol de l'île est formé par des couches d'alluvions fluviales mêlées aux dépôts salins que la mer a abandonnés; on y trouve un nombre considérable de marais saumâtres, connus habituellement sous le nom de *rozelières;* le plus vaste de tous est celui qui s'étend au nord de l'étang de Valcarès dont il porte le nom. Les pâturages, imprégnés de particules salines, nourrissent pendant l'hiver d'immenses troupeaux qui, chassés à l'époque des chaleurs par les exhalaisons des marais, émigrent sur les versants des Hautes-Alpes. L'établissement de rizières dans les parties les plus marécageuses a plutôt augmenté que diminué l'insalubrité du sol (*De l'insalubrité des rizières*, par le docteur Boileau-Castelnau; *Annales d'hygiène*, t. XLIII, p. 327, 1850).

Les marais, qui occupent surtout l'arrondissement d'Arles, ont été desséchés au dix-septième siècle par l'ingénieur hollandais van Ems; mais, à la fin du siècle dernier, les canaux cessèrent d'être entretenus et les marais se reformèrent. De 1836 à 1841, on a repris les travaux comprenant 7,730 hectares, dont 1,700 sont encore à l'état de marais par suite de l'insuffisance des pentes. Le marais de Beaux (1,800 hectares) a été desséché de 1839 à 1850; de 1847 à 1850, 94 hectares de terres humides et insalubres ont été assainis dans la commune de Barbentane, par l'initiative des intéressés. Presque nulle part, on n'a fait de travaux sérieux de drainage en raison des frais, du peu de valeur des terrains, et de la faible déclivité du sol : on se contente d'entourer les espaces trop humides de fossés profonds remplis de pierres, dans lesquels se déversent les eaux d'infiltration. Voici quelle était, en 1864, l'étendue des étangs et des marais dans le département des Bouches-du-Rhône (*Enquête agricole*, 1868 ; Bouches-du-Rhône) :

Marais.	17,141 hect.	dont 11,306 dans la commune d'Arles.	
Étangs.	26,839	—	4,570	—	—
Landes, friches, etc.. . .	93,091	—	26,612	—	—

Dans le département du Gard, le voisinage du canal de Beaucaire à Aigues-Mortes présente une suite de marais couverts de roseaux ; leur insalubrité n'est pas contestée, et cependant les avis sont partagés sur la question de savoir s'il est utile de les dessécher ou préférable de les conserver et d'employer les roseaux qu'ils produisent comme engrais pour l'amendement des terres. Toutefois, en ces dernières années, on a desséché l'étang de Jonquières (100 hectares), dans l'arrondissement de Nîmes, et la compagnie du canal de Beaucaire a assaini toute la zone qui avoisine le canal. Dans la partie méridionale du département, il existe encore un vaste territoire s'étendant jusqu'à la mer, entrecoupé de nombreux marais salants, susceptible d'être desséché ; au point de vue de l'hygiène, la convenance du desséchement est évidente (*Enquête agricole*, département du Gard).

D'Aigues-Mortes à Perpignan une zone insalubre s'est constituée peu à peu par la formation d'un cordon littoral, l'exhaussement des côtes et le retrait partiel de la Méditerranée. La plage est partout extrêmement plate ; certaines parties déprimées se sont transformées, à l'abri d'une saillie du sol ou de petites dunes de sable, en étangs salés communiquant avec la mer par des canaux ou *graus* trop souvent obstrués ; les changements de niveau couvrent de marécages les rives peu inclinées de ces étangs alternativement fermés et ouverts, et s'il est nécessaire de ne pas ranger parmi les marais les immenses nappes d'eau salée qui, comme l'étang de Thau, longent le littoral, il ne l'est pas moins de mentionner les parties marécageuses et malsaines qu'on rencontre à leurs limites ou dans leur voisinage. « Près de la moitié de notre population, soit 210,000 âmes environ, se trouve exposée à l'influence des miasmes paludéens du littoral... l'action de l'insalubrité s'étend en moyenne sur une profondeur de 15 à 20 kilomètres de la côte. La diminution de la durée de la vie moyenne, comparée à celle du reste de la France, représente annuellement pour les 210,000 âmes intéressées 40,000 années, soit le 5ᵉ à peu près. Les projets, plans et devis pour réaliser l'assainissement de notre littoral sur une longueur développée de 95 kilomètres, évaluent la dépense à 3,300,000 francs. Ces travaux forment quatre séries principales : 1° ouverture des graus pour établir d'une manière permanente la communication des étangs avec la mer ; 2° établissement d'un cordon littoral entre la mer et les étangs ; 3° retranchement et endiguement des parties d'étang qui n'ont pas une profondeur suffisante ; 4° desséchement des parties d'étang dont la mise en valeur forme une opération distincte... Ces travaux doivent rendre à la production agricole 7,000 hectares de sol aujourd'hui putrides, et en assainir 18,500 hectares qui sont à l'état de foyers d'infection (*Procès-verbaux et séances du Conseil général de l'Hérault*, 1869, p. 127). » MM. Régy et Duponchel, ingénieurs des ponts et chaussées, ont attaché leur nom à cette entreprise dont l'achèvement demandera sans doute de longues années.

De Agde à la limite O. du département de l'Hérault se trouve une vaste nappe d'eau de 56 kilomètres de longueur, recouvrant 16,000 hectares environ, et traversée par un canal mal entretenu, dit *canal des étangs*, qui met en communication les différents points de cette zone. L'étang de Thau, qui en fait partie, n'est pas insalubre, mais à son voisinage et principalement à sa limite occidentale se trouvent de nombreux foyers de fièvres : Bagnas, Embonnes, Lunos, etc. Les étangs que le canal de Cette relie à l'étang de Thau sont en général peu profonds, communiquent incomplètement avec la mer ; chaque année, à l'époque des chaleurs, ils laissent à découvert leurs fonds vaseux : ces marais sont surtout marqués à l'embouchure du Lez, aux environs de Mireval, à Villeneuve, etc. Dans l'étang de Maugui en particulier, entre Cardillargues et Massillargues, s'étendent des marais très-actifs qui occupent au moins 1,800 hectares. Les travaux d'entretien du grau de Pérols, dans ces dernières années, ont réussi à diminuer la fréquence des fièvres dans la partie orientale de cette zone.

Plus à l'ouest, les parties marécageuses de l'étang de Truscas ont été récemment assainies. L'étang de Capestang, à 15 kilomètres de Narbonne, d'une surface de 1,400 hectares, décime les communes de Capestang, Montels, Nissan, Poilhes, etc. ; le desséchement, commencé en 1854, se poursuit avec une lenteur qui retarde l'assainissement de l'étang de Vendres, d'une étendue de 550 hectares, bordé au sud et à l'ouest de prairies marécageuses et très-malsaines.

Dans le département de l'Aude, l'étang de Leucate ou de Salses occupe 5,800 hectares ; au sud-ouest et à l'est ses rives sont basses, marécageuses, et engendrent des fièvres graves et rebelles à tel point, qu'il faut renouveler très-fréquemment la garnison du petit fort construit en ce lieu. L'étang de Gruissan (2,100 hectares) subit de même des changements de niveau qui le rendent insalubre. Au nord, les marais de Maudirac infectent les communes de Vinassan et d'Armissan.

Le département des Basses-Pyrénées ne compte que 700 hectares de marais et 1,000 hectares de landes marécageuses, aliénés à une compagnie qui doit bientôt les faire disparaître.

Les *landes de Gascogne* (le *Landes de Gascogne*, par Joseph Ferrand, in *Moniteur universel*, 18 octobre 1860), occupant une grande partie des départements des Landes et de la Gironde, forment un vaste foyer dont l'insalubrité tient à deux conditions principales. Au-dessous d'une couche assez mince de sable se trouve un sol imperméable, formé du mélange de matières organiques avec une argile ferrugineuse très-compacte, à laquelle on donne le nom d'*alios* ou pierre de fer ; sous la couche aliotique existent des lacs souterrains dont l'eau est chargée de détritus organiques ; les pluies, très-abondantes pendant l'hiver, ne trouvent donc aucun écoulement vers les parties profondes. D'autre part, depuis l'embouchure de l'Adour jusqu'à celle de la Gironde, sur une longueur de 250 kilomètres, s'étend une série de dunes, barrière infranchissable à toutes les eaux qui descendent vers la mer ; derrière les dunes sont les étangs salés et saumâtres, plus loin de véritables marais ou *barthes* comprenant près de 10,000 hectares, enfin les landes sablonneuses proprement dites. À l'extrémité méridionale de cette côte, on trouve *le pays de Marensin*, ligne de flaques d'eau marécageuses occupant l'ancien lit de l'Adour, dont l'embouchure était autrefois au Vieux-Boucau. Dans toute la contrée régnait une insalubrité qui a provoqué, le 19 juin 1857, une loi sur le desséchement et l'assainissement des landes de Gascogne. Le terrain sec et stérile domine dans le département des Landes ; on y a cependant, en ces dernières années, desséché plus de 1,000 hectares de marais ; les étangs de Garcan, Hourtin, Lacanau trouvent aujourd'hui un déversement facile dans le bassin d'Arcachon. Le département de la Gironde comprend 50,000 hectares de terrains marécageux, indépendamment de 504,825 hectares de landes réduites aujourd'hui à 187,000 par les travaux réalisés. Sur ces 50,000 hectares de marécages, 30,000 appartiennent à des propriétaires organisés en syndicat pour en opérer le desséchement ou l'assainissement, et tout fait espérer un succès prochain (*Enquête agricole*, Gironde, 1868).

Dans la Charente-Inférieure commence la ligne de *marais salants* qui, sur cette côte, occupent 20,000 hectares, répartis dans les départements de la Charente-Inférieure, de la Vendée, de la Loire-Inférieure et du Morbihan. La superficie des marais salants exploités semble décroître rapidement : elle était de 32,670 hectares en 1851 ; de 24,248 en 1852, répartis, en cette dernière année, de la façon suivante [1] :

Charente-Inférieure.	11,505
Morbihan	6,130
Loire-Inférieure.	2,048
Vendée.	1,661[1]

Actuellement, de Marennes à la Rochelle, l'exhaussement progressif du littoral, le mauvais entretien et l'abandon des salines ont fait naître une zone marécageuse d'une insalubrité proverbiale. La petite ville de Brouage comptait jadis 10,000 hectares de salins, elle n'en exploite actuellement que 2,000 environ ; elle est ainsi devenue le centre d'un vaste désert qui s'étend jusqu'aux portes de Rochefort, où la cachexie palustre sévit de la façon la plus rigoureuse. De grands efforts ont été tentés depuis plus de trente ans ; on a converti les anciens bassins en prairies, on y a essayé la pisciculture, on a élevé des digues qui, tout en laissant écouler l'eau pluviale vers la mer, empêchent le reflux de l'Océan sur les terrains situés au-dessous de lui. Le tableau de 1860 évalue à 30,531 hectares la surface des marais du département ; nous n'avons pas d'indications précises sur les changements survenus depuis cette époque.

Les travaux d'assainissement ont été poussés avec plus d'activité et ont eu plus de succès dans le département de la Vendée, dont les parties basses, voisines de la mer, étaient jadis cultivées en marais salants. Le *Marais*, c'est-à-dire la vallée de la Sèvre niortaise, est devenu avec le temps un pays fertile, couvert de magnifiques herbages. Actuellement, il s'est formé une association syndicale pour l'entretien du desséchement, comprenant une surface de près de 100,000 hectares ; depuis moins de trente ans, on a desséché 3,000 hectares de lais de mer et plus de 1,000 hectares de marais mouillés, sans compter plus de 2,000 hectares drainés dans le Bocage (*Enquête agricole*).

Le département de la Loire-Inférieure venait autrefois au cinquième ou sixième rang pour l'étendue de ses marais ; depuis quelques années de grands travaux ont été exécutés ; 28 associations de desséchement opèrent sur une surface de 26,000 hectares. Le lac de Grand-Lieu, qui a près de 4,000 hectares de superficie, est en voie de desséchement partiel, et plus de 500 hectares de ses rives jadis marécageuses sont transformées en excellentes prairies. Les marais de Saint-Gildas occupant 6,000 hectares, ont été réduits à 3,000. On a desséché également 3,500 hectares des marais de Donges et de Montoir, sur la rive droite de l'embouchure de la Loire, et 2,500 hectares de ceux de Machecoul ; des projets existent pour ceux de Goulaine, Saint-Père-en-Betz, Saint-Molf, la Grande-Brière et les Moutiers. Le département compte, en outre, environ 2,000 hectares de salines, dont plus de la moitié dans la commune de Guérande.

Les terres découpées du Morbihan sont sillonnées de nombreux marais et de landes humides que la pauvreté et l'isolement du pays ne permettront pas de

---

[1] *Les Marais salants de l'Ouest*, par G. Méresse. Saint-Nazaire, 1868. p. 192, in-8°.

sitôt d'améliorer; toutefois on a assaini les vallées de l'Arz, de la Sarre, le ruisseau de Pierre-Feudue, et l'on espère dessécher les marais de Persquen. Une
école de drainage et d'irrigation a été récemment établie au Lézardeau (Finistère).

Les côtes du Finistère et des Côtes-du-Nord sont généralement accores, abruptes,
peu marécageuses. Dans la baie du Mont-Saint-Michel, au sud de Cancale, derrière une digue de 29 kilom. de longueur, s'étendent les *marais de Dol*, dans
le département d'Ille-et-Vilaine. Ces marais conquis depuis le onzième siècle
sur la mer, sont en partie desséchés et cultivés, et leur extrême fertilité permet
de garantir pour l'avenir un assainissement définitif.

Le littoral français de la Manche est parsemé de prairies basses, de prés salés,
dont l'insalubrité est admirablement combattue par la culture. Dans la basse
Normandie, au voisinage de Carentan et d'Issigny (Manche), on a dû, pour dessécher la zone de marais salés qui infectait le littoral, établir des systèmes de canaux
et de réservoirs qui rappellent les wateringues de la Picardie. Les tourbières ou
les marais du Cotentin, de Ham, des vallées de l'Ouve et de la Taute, y représentent encore plus de 6,000 hectares. Le Calvados qui, en 1862, avait déjà
drainé 4,500 hectares, s'efforce d'assainir les marécages des bords de l'Aure inférieure, de la Dive, de la Touques, ceux de Graye, de Courseulles, de Fontaine-
Henry, de Reviers, Mondeville, Banville, du Varlet, etc.

A l'embouchure de la Seine, près de Quillebœuf, dans le département de l'Eure,
se trouvent les plaines marécageuses dites *marais Vernier* de 50 kilomètres
carrés d'étendue; marais qui doit sans doute son origine à un golfe que le limon
du fleuve et les sables de la mer ont successivement comblé.

Les alluvions de la Somme ont considérablement élevé les plages voisines de
l'embouchure du fleuve; le pays fertile nommé Marquenterie, entre Rue et le
Crotoy, était autrefois en grande partie couvert par les eaux, et au neuvième
siècle ces deux bourgs étaient au bord de la mer. Toute la vallée de la Somme,
où les tourbières abondent, est marécageuse surtout dans sa partie supérieure;
entre Saint-Simon et Bray on ne rencontre que des marais coupés de *viez* (*via*,
route), ou digues.

Au nord de la France, au voisinage de Dunkerque, on donne le nom de *Moëres*
à une bande de littoral occupant 4,000 hectares, formées par d'anciens relais de
mer, dont le desséchement a été commencé depuis le dix-septième siècle. On connaît de même, sous le nom de *wateringues* une série de travaux ayant pour but
l'entretien et le desséchement d'une vaste étendue de terrains situés au-dessous
du niveau de la mer, et couvrant 51,000 he tares dans l'arrondissement de Dunkerque, et de Hazebrouck (Nord), 40,000 hectares dans l'arrondissement de
Calais, de Saint-Omer et de Boulogne (Pas-de-Calais). Cette surface est découpée
en carrés de plusieurs hectares par des fossés où s'écoule l'eau d'infiltration du
sol et celle des pluies; des moulins à vent et des machines à épuisement portent
l'eau de ces fossés dans un canal de ceinture, nommé *Rynsloot*, qui la conduit à
la mer. L'eau pluviale a fini par dessaler complétement ces terres, qui sont devenues très-fertiles et ne sont insalubres que dans des points limités. Le département du Nord fait disparaître peu à peu les foyers palustres des vallées de la
Haute-Deule, de la Scarpe, de la Sambre, etc. En 1860, ce département avait
complétement achevé les travaux d'assainissement pour 59,177 hectares; ils
étaient en cours d'exécution pour 2,046 hectares, en projet pour 5,600 hectares.
Le Pas-de-Calais contient, outre ses marais, de nombreuses tourbières dont
l'exploitation, ainsi que le rouissage du chanvre et du lin, multiplie les sources

d'impaludisme (*Études statistiques sur le recrutement dans le Pas-de-Calais*, par le docteur Costa; *Recueil des mém. de méd. milit.*, t. XVII, p. 193; 1866). Ce département comptait au commencement du siècle 22,000 hectares de marais; le tableau de 1860 en porte le chiffre à 6,071, ce qui semble bien au-dessous de la réalité.

Au nord du département des Ardennes se trouve un plateau boisé, arrosé par la Meuse et la Sémoy, couvert de landes et de marais ou *fagnes*, renommés par leur stérilité et leur insalubrité, en particulier ceux de Sécheval, Haut-Botté, Rocroi, etc.

Citons encore les marais de la vallée de la Dive et de la Briance (Vienne); des vallées de la Gartempe, de la Sème, de la Brame (Haute-Vienne); de la Bresche, de l'Epte et de la Troène (Oise); ceux de Briouze et de Bellou presque complétement assainis, de Rouelle, de Saint-Gille (Orne); de la Vallée de la Voise, de l'Aigre, de la plaine de Poupry (Eure-et-Loir); de la vallée de l'Ourcq et de la rive droite de la Seine, ceux d'Episy, de la Genevraye, de Longueville (Seine-et-Marne), etc.

Nous ne pouvons terminer cette revue très-imparfaite des marais de la France, sans nous arrêter un instant sur la Corse qui, par son insalubrité, ne le cède à aucun autre département. A part quelques marais de peu d'importance, ceux de la Ficarella, de Ventiligue, de Figari, la côte occidentale est saine; au contraire, toute la côte orientale, de Bastia à Solenzara, sur une longueur de 100 kilomètres environ et sur une largeur de 4 à 5 kilomètres, est basse, insalubre, marécageuse; c'est en même temps la partie la plus fertile de l'île: au mois de juillet, aussitôt la récolte faite, les travailleurs sont forcés de se réfugier dans les montagnes, où ils emportent trop souvent une cachexie palustre très-rebelle. L'infection s'est produite peu à peu par l'élévation du littoral, l'ensablement des barres et de l'embouchure des étangs, le défaut d'écoulement des eaux douces vers la mer. C'est ainsi que se sont formés et sont devenus marécageux les étangs de Biguglia (1,800 hectares), ceux d'Urbino, de la Saline, et particulièrement depuis l'embouchure du Tavignano jusqu'à Solenzara, cette série d'étangs d'une étendue de 40 kilomètres qui couvre la plaine d'Aléria. Ce territoire, d'une fertilité prodigieuse, et que Blanqui appelle une Mitidja française, comparable, dit-il, à la terre promise, était jadis la seule partie de l'île habitée par les Romains, et les ruines qu'ils y ont laissées attestent l'importance de cette colonie. Aujourd'hui l'étang de Diane remplace le port d'Aléria; dans la plaine, la mal'aria est tellement meurtrière que le haut fourneau de Solenzara est obligé d'interrompre ses travaux de juin à octobre, et que la garnison du fort d'Aléria se retire à Cervione, dans les montagnes. Les tentatives très-dispendieuses d'assainissement qui ont été faites n'ont pas encore amené de résultats dignes d'être mentionnés (*Assainissement du littoral de la Corse*, par Scipion Gras, Paris, 1866; *du Mauvais air en Corse*, etc., par Régulus Carlotti, in-4, p. 1-15, Ajaccio, 1869).

ÉTAT PHYSIQUE DES MARAIS. *Sol.* Le sol sur lequel reposent les marais est de composition très-variable. Le défaut de perméabilité étant une condition favorable à la stagnation des eaux, on comprend la fréquence des marais au milieu des terrains argileux; ce fait a fourni à Linné le sujet d'une dissertation peu connue, dans laquelle le savant naturaliste rattache à l'argile elle-même la cause des fièvres intermittentes (Linnæi *Amœnitates academicœ; De febrium intermittenium causa*). Rœnald Martin, en exprimant cette opinion, que la mal'aria semble liée à la présence de principes ferrugineux dans le sol, n'emploie qu'une forme un peu détournée pour affirmer cette coïncidence bien connue des fièvres et des terrains argileux ; l'argile, en effet, contient presque toujours une quantité variable d'oxyde de fer, et il n'est pas sans intérêt de rappeler le rôle important que Boussingault fait jouer à cet oxyde dans la décomposition des matières organiques mêlées à l'argile ; le peroxyde de fer est un agent oxydant énergique, il abandonne un atome d'oxygène aux substances oxydables et le remplace par un atome d'oxygène qu'il emprunte à l'air. L'argile ferrugineuse paraît donc capable d'activer la combustion des principes organiques qu'elle renferme, et, à ce titre, l'observation de Rœnald Martin est digne d'intérêt, bien qu'on rencontre à chaque pas des terrains ferrugineux complétement exempts de mal'aria. Les marais se développent de préférence au milieu de terrains tertiaires et d'alluvion ; toutefois les roches primitives elles-mêmes peuvent donner naissance aux foyers palustres par l'association de matière organique avec leurs particules désagrégées. Des granits incriminés, recueillis à Hong-kong, n'ont donné par l'analyse que 2 pour 100 environ de matière organique ; mais Friedel dit avoir constaté dans des circonstances semblables le développement d'un champignon très-petit qui donne à la roche un aspect noirâtre et la rend très-avide d'humidité. Les faits observés par M. Valery Meunier, dans le Guadarrama, pendant la construction du chemin de fer de Madrid, viennent confirmer, dans une certaine mesure, les observations faites par M. William au Brésil, par Heyne à Madras, etc. Les tufs volcaniques forment parfois les bassins de marais redoutables, en particulier sur le littoral de la Méditerranée, de la baie de Naples, au cap Misène ; les vacuoles de ces débris ponceux retiennent emprisonnés, par la filtration prolongée d'une eau corrompue, des détritus organiques que le lavage en nappe ne réussit plus à séparer, et qui atteignent lentement les degrés ultimes de leur décomposition. Le mélange de sable, d'argile ferrugineuse, et de matière végétale qui, sous le nom d'*alios*, constitue le sous-sol des landes de Gascogne, forme un feutrage serré où les mêmes phénomènes se produisent. Le caractère dominant du sol marécageux, c'est la grande quantité de substance organique qu'il contient ; la proportion varie de 10 à 50 pour 100, la couche moyenne des maremmes de Toscane en contient 35 parties ; dans un marais de la Trinidad (Antilles anglaises), on en a trouvé 50 parties. Les tourbières et les bruyères, où cette proportion atteint et dépasse parfois 90, sont presque uniquement par un terreau noirâtre, terme avancé de la désorganisation lente des débris végétaux que les eaux ont couverts. On rencontre au fond des marais, sous la couche de limon qui s'est déposée, des rudiments de tourbière en voie de formation ; la végétation, souvent luxuriante, de leur boue fertile, accumule ses débris sur les couches plus anciennes qui lui ont donné naissance, et dans ces dépôts successifs se passent les phénomènes très-curieux que Liebig a décrits sous le nom d'*érémacausie*. Tandis que la lumière, le renouvellement fréquent de l'air, l'apport d'une quantité toujours nouvelle d'oxygène, activent la combustion de la matière et sa réduction à ses éléments constitutifs, les conditions proposées que présentent au plus haut point les terrains compactes, argileux, imperméables, amènent des transformations lentes, des degrés d'oxydation et de réduction intermédiaires dont l'humus, l'ulmine, les acides humique, ulmique, géique, crénique et apocrénique, sont les produits encore très-mal connus des chimistes. Le défaut d'aération du terrain, l'absence de l'exposition successive à la lumière de toutes ses particules, nous semblent un des caractères les plus importants du foyer palustre ; il se produit ainsi dans l'intimité du sol un méphitisme, un confinement, comparable à celui d'une salle de malades qui, après avoir été souillée par les échanges respiratoires d'un grand nombre de personnes, resterait très-longtemps piivée d'air et de soleil par l occlusion hermétique de toutes ses ouvertures. Les réactions que les gaz non renouvelés exercent les uns sur les autres, au sein de la terre. sont sans doute très-complexes ; la quantité considérable d'acide carbonique dissous dans l'eau qui s'écoule des terrains drainés, permet de préjuger son accumulation dans les terrains compacts, non aérés, riches en matières organiques. Les travaux de Schübler, Boussingault. Liebig, de MM. Isidore Pierre et Hervé-Mangon, laissent entrevoir tout l'intérêt qu'aurait une étude des propriétés physiques et chimiques du sol entreprise au point de vue de l'hygiène et de la physiologie expérimentale. Depuis longtemps on sait que les terrains marécageux ont une température notablement plus basse qu'un sol de bonne qualité situé dans le voisinage ; la différence peut, dans les couches supérieures où se passe la végétation. atteindre de 6 à 10 degrés centigrades. Dans une tourbière du Lancashire, Josiat Sarsses (*Journal d'agriculture pratique*, t. I, p. 431) enfonça des thermomètres à des profondeurs différentes, et recueillit chaque jour, pendant trois ans, la température des diverses couches ; celle-ci resta pour ainsi dire invariable, quelles que fussent les variations de la saison, et le thermomètre n'oscilla que de quelques dixièmes au-dessus et au-dessous de $+ 7°$; de plus, la température, à 30 centimètres au-dessous de la surface, était constamment égale à celle obtenue jusqu'à 9 mètres de profondeur. Au contraire, dans un autre endroit du même champ, où le sol bien drainé était devenu sec, aéré, perméable, il trouva les chiffres suivants :

La température à 1 mètre au-dessous du sol, à l'ombre, étant $+ 20°,6$

à 18 centimètres de profondeur . . . . . $+ 15,6$
à 33   —   —   . . . . . $+ 12,3$
à 48   —   —   . . . . . $+ 10,8$
à 63   —   —   . . . . . $+ 9,4$
à 76   —   —   . . . . . $+ 8,7$

Le même jour, à la même heure, dans la partie marécageuse **du même champ, il** trouvait les chiffres suivants :

à 18 centimètres de profondeur. . . . . . . $+ 8°,5$
à 30   —   —   . . . . . . $+ 7°,8$
à partir de cette profondeur jusqu'à 9 mètres. $+ 7°,8$ invariablement.

La propagation, jusqu'à la surface, de la basse température des profondeurs de la terre ; la soustraction du calorique par l'évaporation continue des couches superficielles, expliquent suffisamment cette différence et le retard que ce défaut d'échauffement apporte dans la végétation.

L'aspect du sol marécageux varie singulièrement avec les localités, la saison, le climat, etc.; lorsque la nappe d'eau stagnante est visible, soit à la surface, soit dans la couche la plus superficielle du sol, on dit que le marais est *mouillé*, et le danger est facile à éviter, parce qu'il est grossièrement appréciable. Il en est autrement, pendant la saison sèche, pour les marais dits *alternatifs*, c'est-à-dire alternativement couverts d'eau ou desséchés, et surtout pour ces foyers que le médecin appelle palustres en raison de leur action nuisible sur l'économie, bien qu'ils ne présentent pas les caractères extérieurs et l'apparence du marais proprement dit. Indépendamment d'une végétation spéciale que nous indiquerons plus loin, la nature marécageuse d'un terrain se reconnaît à quelques-uns des caractères suivants :

La terre est grasse, forte, s'attache aux pieds des hommes et des animaux, même quand il n'est pas tombé de pluie depuis plusieurs jours ; çà et là, dans les parties les plus déprimées, apparaissent de petites flaques d'eau ; en des points où la terre est plus humide, d'une teinte plus foncée, après l'action prolongée du soleil, le sol est recouvert d'une croûte fendillée, crevassée, se réduisant facilement en poussière, et d'une couleur jaune ou noirâtre, suivant la nature et la composition du terrain. Lorsqu'on enfonce un bâton de quelques décimètres dans le sol, on détermine un trou béant, à parois nettement limitées, sorte de puits au fond duquel, au bout de quelques heures, on voit s'accumuler l'eau qui infiltre les plans supérieurs des parties latérales. Une poussière vaseuse souille la tige inférieure des plantes ou le pied des arbustes qui couvrent le pays, etc. La configuration du lieu, sa position déclive par rapport aux points qui l'entourent, sont autant d'indices capables d'éclairer le médecin dans les cas fréquents où il doit décider l'opportunité d'une halte ou d'un campement dans un pays inconnu.

Eau. L'eau stagnante sur les marécages présente souvent une teinte irisée de reflets bleuâtres et brillants, semblables à ceux que produirait une mince couche d'huile répandue à sa surface. Sa coloration et sa limpidité sont d'ordinaire troublées par les éléments de nature très-diverse qui s'y trouvent en suspension. Ce sont tantôt des particules ténues de matière organique dont la décomposition n'est pas encore complète, ou s'achève en donnant au liquide l'aspect trouble d'une infusion qui fermente ; tantôt la présence d'une énorme quantité de parasites microscopiques, en particulier de l'espèce Protococcus, dont l'un, le P. polycystis, transmet à l'eau une coloration verte ; un autre, le P. astasia, une teinte rougeâtre bien marquée. L'insalubrité de ces eaux n'est nullement en rapport avec la quantité de parasites qu'elles renferment, et il est notoire que l'eau de certaines mares transformées ainsi en une sorte de purée verdâtre peut servir longtemps à abreuver les bestiaux sans altérer en rien leur santé. L'eau stagnante prend une odeur et un goût très-caractéristiques, qui sont un indice précieux de son origine, et inspirent parfois aux animaux eux-mêmes une salutaire répugnance ; à l'odeur de marécage proprement dite vient souvent se joindre celle de l'hydrogène sulfuré, de la putréfaction animale, etc., suivant la nature, la quantité et le mode d'altération des détritus submergés ; le rouissage du chanvre, le mauvais entretien des étangs poissonneux, l'écoulement des résidus putrides des féculeries ou des fosses d'aisance, etc., sont les conditions qui modifient au plus haut point les qualités organoleptiques des eaux dormantes. Leur composition chimique, ou, pour mieux dire, leur provenance, établit avec les marais des différences qui sont restées classiques : marais doux, marais salés, marais mixtes ou saumâtres.

Le mélange de l'eau douce des pluies ou des rivières avec l'eau de la mer imprime aux marais qui résultent de leur stagnation et de leurs dépôts une insalubrité spéciale, très-réelle, mais qui toutefois a été exagérée par l'omission de certaines distinctions que nous étudierons plus loin. Le conflit des matières organiques en suspension et des sulfates dissous entraîne des phénomènes chimiques qui ont été parfaitement étudiés par Chevreul, Daniell, etc. ; les sulfates abandonnent une partie de leur oxygène aux substances organiques dont le pouvoir réducteur est très-énergique ; il se forme des sulfures, et l'hydrogène sulfuré est mis en liberté par l'acide carbonique ou les autres acides dissous dans l'eau (Daniell, *Annales de physique et de chimie*, 1841, III, 331 ; Chevreul, *Mémoire sur plusieurs réactions chimiques*, in *Annales d'hygiène*, 1853, t. L, p. 5). Les marais gâts, les étangs salés mal endigués, les ports de mer où l'eau se renouvelle difficilement, ne présentent pas seuls cette réaction ; il faut y joindre les plaines abandonnées depuis longtemps par la mer, qui y a laissé une grande quantité de matière saline infiltrée dans le sol, comme les puits salés, certaines parties des maremmes toscanes, etc. M. Lembron pense que le sol de la Brenne et de la Sologne, formé de dépôts marins accumulés à l'époque tertiaire, doit son insalubrité au mélange de ces sels à l'eau douce des marais actuels. Mêlier, dans son rapport sur les marais salants, se demande incidemment s'il ne faut pas faire jouer un rôle important à la petite quantité de sulfates contenus dans l'eau des marais non salés, et chercher là la cause de la nocuité plus ou moins grande des amas d'eau douce retenus à la surface du sol. Cet hydrogène sulfuré, quand il se développe brusquement ou en quantité inaccoutumée, fait périr les animaux et les végétaux qui vivent habituellement dans l'eau croupissante et dont les débris fournissent de nouveaux aliments à la décomposition de la matière organique.

En agitant sous l'eau la vase des marais, on voit se dégager en grosses bulles un gaz inflammable, de l'hydrogène protocarboné, auquel on a donné le nom de gaz des marais et auquel on a voulu à tort faire jouer un rôle important dans la production de la mal'aria. L'eau stagnante contient encore en solution des proportions très-variables d'acide carbonique, d'oxygène et d'azote. Tantôt l'oxygène disparaît progressivement par sa fixation sur les produits de la décomposition organique, et par la respiration des poissons ou des autres animaux qui habitent les marais ; tantôt une végétation luxuriante, et en particulier la croûte épaisse que forme le lemna ou lentille d'eau. Les parasites de toute sorte qui vivent dans l'eau stagnante y accumulent l'oxygène, résidu de leur respiration, à tel point que Morren (Morren, *Recherches relatives à l'influence qu'exerce la présence d'animalcules de couleur verte contenus dans les eaux tranquilles sur la qualité et la quantité des gaz que ces eaux peuvent dissoudre*, in *Comptes rendus de l'Institut*, 1858, t. VI, p. 276) et Becquerel ont pu y trouver ce gaz dans la proportion de 61 pour 100 de l'air dissous, tandis que l'eau des fleuves n'en contient d'ordinaire que 32 à 55 pour 100. L'analyse chimique révèle dans l'eau des marais une proportion d'ordinaire considérable de matériaux organiques à l'état de solution complète, ou de particules très-fines que le filtre ne retient qu'incomplètement. Il n'est pas rare d'obtenir par l'évaporation du liquide filtré un extrait azoté dont le poids s'élève communément de 50 centigrammes à 1 gramme, et peut atteindre 1^{gr},75 par litre (S. Parkes, *A Manual of practical Hygienes*, 1869, p. 20 et 23). Les particules azotées, qui seules paraissent réellement nuisibles et impriment à l'eau l'odeur et le goût de marécage, sont à l'état de suspension ; leur composition chimique, leur nature définie est inconnue, et c'est par l'ammoniaque qui résulte de leur décomposition qu'on arrive à un dosage approximatif ; peut-être existe-t-il dans ce groupe certains produits toxiques ou certains ferments organisés dont l'étude éclairera un jour la nature du poison paludique. Les autres substances organiques sont à l'état de dissolution complète, elles ne contiennent plus d'azote, leur composition chimique commence à être assez bien connue, et ces produits semblent, pour la plupart, n'être que faiblement toxiques : tels sont des acides gras, homologues de l'acide acétique ; acides butyrique, formique, propionique, caproïque. Kraut (*Ann. der Chemie und Pharm*, B. 103, S. 29, et B. 119, S. 257), dans l'eau d'un marais, a vu se développer des acides gras volatils ; dans un puits alimenté par l'eau d'une tranchée infecte, Schweizer (*OEsterlen's Zeitschrift für Hygiene*, Band I, S. 166) trouva par litre jusqu'à 1^{gr},50 de butyrate de chaux. Ce sont vraisemblablement ces acides qui donnent à l'eau des marais la réaction acide signalée par beaucoup d'auteurs, et sur laquelle il n'a été fait jusqu'à présent qu'un très-petit nombre de recherches ; toutes les eaux marécageuses ne présentent pas cette réaction qui manque généralement dans l'eau des mares et semble ne pas être en rapport exact avec le degré d'insalubrité de l'eau.

FLORE. La végétation des marais, malgré une grande diversité d'espèces, imprime un cachet spécial aux localités palustres, aide souvent à révéler l'existence de ces dernières. Tandis que dans nos climats tempérés les terrains marécageux ont un aspect triste, misérable, dénudé, sous les tropiques une végétation puissante masque d'ordinaire la couche d'eau étendue sur le sol ; parfois même, alors que la chaleur torride a tout desséché, et que l'herbe a disparu brûlée par le soleil, c'est dans les marais seuls que se trouve un reste de verdure. Des forêts peuvent se développer avec les siècles à la faveur de cette humidité persistante, les arbres formant un écran qui entrave à la fois l'échauffement et le desséchement excessif du sol pendant le jour, et le refroidissement par le rayonnement nocturne. Les espèces végétales varient avec la nature des marais et la qualité de l'eau qui les abreuve. Entre les tropiques, sur la vase marine qu recouvre les côtes basses, les marigots, les deltas, etc., croissent les palétuviers, les mangliers, dont les branches entrelacées et le feuillage touffu forment des fourrés et des couverts parfois impénétrables. Les palétuviers, les chara, les phagnum, caractérisent les foyers les plus insalubres, ceux où la fièvre jaune trouve d'ordinaire les conditions de son développement ; toutefois, la fièvre jaune existe là où il n'y a pas de palétuviers, et réciproquement. A mesure qu'on s'éloigne des tropiques, les mangliers disparaissent et on ne les trouve plus dans les vases du littoral méditerranéen. Les marais salants bien entretenus, les marais gâts récemment abandonnés sont généralement dépourvus de toute végétation ; au contraire les prés salés, lavés par les pluies et les inondations des rizières fournissent des prairies verdoyantes et des fourrages renommés par leur saveur, leur qualité nutritive.

L'*Annuaire des eaux de la France* a donné une liste complète des espèces végétales qui croissent dans les marais ; Charles Martins a dressé également dans *Patria*, p. 466, la géographie botanique de la France ; il énumère successivement 1° les plantes des sables maritimes, 2° les plantes d'étang, 3° les plantes de marais ; 4° les plantes des tourbières. Il suffit d'en extraire une énumération sommaire en rapport avec l'échelle décroissante des marais.

Les eaux dormantes sont couvertes de fleurs aux couleurs parfois très-vives, dont la tige, complétement immergée, s'allonge à partir du sol vaseux où plongent les racines : ce sont des *nymphœa* (*alba, aloides, sparganium, salvinia natans*, etc.)

Les *typha, scirpus, carex*, etc., prospèrent dans les marais où la couche d'eau ne dépasse pas quelques centimètres ; dans les bas-fonds à demi desséchés, dans les parties les plus déclives des prairies humides, on rencontre les genres *Carex, Juncus, Rumex, Elatine, Cyperus, Scirpus*, etc. A mesure que l'humidité diminue, apparaissent les plantes fourragères, les graminées. Les unes, à tige élevée, en touffe volumineuse, constituent un fourrage plat, peu sapide, contenant sous un grand volume une très-faible quantité de matière nutritive : *phalaris arundinacea*, roseau à balai (*arundo phragmites*), paturin aquatique (*poa aquatica*), vulpin roseau, fléole (*phleum pratense*), festuques (*festuca arundinacea, elatior pratensis*), etc. Les autres fournissent des fourrages odorants, sapides, de qualité relativement bonne : flouve odorante (*anthoxanthum odoratum*), gesse des

marais (*lathyrus sativus*), lotier velu (*lotus villosus*), trèfle (*trifolium repens,
pratense*), luzernes (*medicago lupulina, maculata*), etc.

En outre, il existe dans les marais tout un monde végétal cryptogamique, dont
certaines espèces constituent les maladies parasitaires des céréales, et que nous
mentionnerons en parlant de l'action des marais sur les végétaux. On connaît
encore trop peu les parasites de ce genre qui sont nuisibles à l'homme, et auxquels on s'est efforcé depuis peu de temps d'attribuer un rôle actif dans la pathogénie des maladies palustres. Des recherches prochaines ne manqueront pas de
faire connaître les caractères botaniques précis de ces *palmellæ* dont Salisbury a
trop négligé la partie descriptive; il en est de même des *oscillariæ*, des *testilago*,
des *urocystis*, des *penicillium*, qu'on ne peut qu'indiquer ici.

FAUNE. Les animaux qu'on rencontre dans les marais n'ont d'intérêt pour
le médecin qu'au point de vue des ressources alimentaires qu'ils fournissent,
ou des maladies qu'ils peuvent faire naître. Nous n'avons point à énumérer
les nombreuses espèces de la classe des oiseaux qui constituent le gibier des
marais; nous avons vu que la culture du poisson avait contribué pour la plus
large part à transformer la Bresse, la Dombes, la Brenne, etc., en pays marécageux par excellence. Dans les régions tropicales, et en particulier dans l'Inde, les
forêts et les jungles qui recouvrent le delta du Gange, de l'Indus, etc., servent
de repaire à une quantité considérable d'animaux féroces : ceux-ci contribuent
par leurs cadavres et les débris amoncelés de leurs victimes à charger ces marais
d'une proportion de matière organique animale très-supérieure à celle qui existe
dans la plupart des marais, et peut-être faut-il attribuer à cette cause les maladies spéciales qui en résultent.

Mais ce n'est pas le haut de l'échelle zoologique qui fournit des objets d'étude
pour le médecin : l'intérêt augmente, au contraire, à mesure qu'on descend vers
les infiniment petits. Dans la classe des insectes, il faut peut-être signaler le cousin, *culex pipiens* et *annulatus*, qui, dans certaines contrées basses et humides,
forme des nuées compactes, fatigue beaucoup les animaux, et serait même capable
d'en faire périr un grand nombre, comme l'affirme M. de Raguse, pour la vallée
du Danube. « On rapporte que dans les *llanos* de l'Amérique les cousins sont une
des causes qui ont empêché les bœufs de se multiplier à l'état de complète
liberté; les insectes les tourmentent au point de les empêcher de se nourrir au
milieu des plus riches herbages (Magne, *Traité d'agriculture et d'hygiène vétérinaire*, t. III, p. 292). »

Les annélides sont représentés par une quantité considérable d'hirudinées :
dont quelques-unes sont employées pour la thérapeutique.

D'autres, dites sangsues de cheval, sont d'une voracité extrême; elles peuvent
causer des accidents par la multiplicité de leurs piqûres et la soustraction d'une
quantité énorme de sang; on les a vues souvent assaillir les troupes obligées de
marcher pendant plusieurs jours à travers les marais inondés; les animaux qui
paissent dans les bas-fonds en sont parfois couverts, et elles s'attachent particulièrement aux parties de la peau voisines des orifices naturels.

Quand on songe d'une part à la quantité extraordinaire de parasites et surtout
d'entozoaires qui assiégent nos animaux domestiques, et d'autre part à la vitalité
extrême de leurs germes au contact d'une humidité suffisante, on comprend
l'intérêt qui s'attache à l'étude des animalcules microscopiques dans l'eau et la
boue des marais. Pour éviter des répétitions, nous ne pouvons que mentionner
ici les travaux de Mitchel, H. Scott, Gunther, Carter et autres médecins de

l'Inde sur les tank-worms (vers des réservoirs), qui sont probablement de jeunes filaires capables d'engendrer directement ou par l'eau des boissons le dragonneau ou filaire de Guinée. Nous parlerons plus loin de ces distomaires à générations alternantes, dont les colonies d'embryons s'enkystent dans des larves, des insectes et même, d'après de Siebold, dans des débris de plantes, à la surface des feuilles, et se transforment, dans le corps des animaux qui les avalent, en douves du foie et peut-être en d'autres espèces analogues ; des *strongylus filaria*, dont les embryons vivipares provenant du jetage des animaux malades, souillent l'herbe humide des marécages ; des œufs et des embryons de divers cestoïdes, et en particulier du *tænia cœnurus*, etc. Ehrenberg, Hassall, etc., ont observé et décrit une quantité prodigieuse d'infusoires dans l'eau des marais, dont l'immobilité favorise la reproduction des parasites de toutes sortes : paramécies, monades, rotifères, diatomacées, navicules, entomostracées ; c'est peut-être dans ce groupe que se trouvent les animalcules venimeux sur lesquels M. Bouchardat a fondé une curieuse hypothèse, mais dont personne encore n'a démontré l'existence.

ACTION DES MARAIS. *Influence sur l'atmosphère et la météorologie.* Les Italiens désignent sous le nom de *mal'aria* les propriétés malfaisantes que les marais transmettent à l'atmosphère, et ils expriment par les mots *aria pessima, cattiva, sospetta*, etc., les nuances décroissantes de cette insalubrité de l'air. Nous examinerons plus loin quelle est la nature de cet agent pathogénique ; mais avant d'entrer dans le champ de l'hypothèse et de l'investigation théorique, il importe de décrire les changements matériels que les marais apportent dans la constitution météorologique du lieu.

Nous avons déjà mentionné l'abaissement de la température et la résistance à l'échauffement des couches superficielles du sol dans des terrains mal drainés, humides et marécageux. Cette influence est assez puissante pour modifier la météorologie des localités paludéennes et imprimer son action sur la manière de vivre des plantes et des animaux.

Humboldt (*Cosmos*, t. Ier, p. 380) signale parmi les causes qui abaissent la température moyenne d'un pays des marécages nombreux, dans le Nord, formant jusqu'au milieu de l'été de véritables glacières au milieu des plaines.

Les expériences de Dalton, de Gasparin, Dickinson, Charnock, ont démontré la soustraction énorme de calorique que produit dans l'atmosphère l'évaporation de l'eau répandue sur le sol. D'après les observations faites par M. de Gasparin à Orange, en 1821-22, la perte de chaleur occasionnée par l'évaporation des 82 centièmes de la pluie tombée est, pour 1 hectare, égale au calorique qu'eussent dégagé 596,700 kilogrammes de houille, c'est-à-dire qu'elle égale la vingtième partie de la chaleur envoyée en un an par le soleil à la terre (Barral, *Du drainage et des irrigations*, 2e édit., t. IV, p 141). M. Daubrée (*Comptes rendus de l'Académie des sciences*, 1847, t. XXIV, p. 548) a également démontré par le calcul que l'évaporation emploie une quantité de chaleur à peu près égale au tiers de celle que le soleil envoie à la terre, et dans le même temps. Il est regrettable que des observations nombreuses directes ne permettent pas de remplacer par des chiffres ces inductions théoriques ; il est indispensable de rechercher s'il est vrai que la température moyenne de l'air est généralement moins élevée dans un pays couvert de marais que dans une localité voisine orientée de la même façon, mais reposant sur un sol sec perméable. Cette allégation revient souvent sous la plume de ceux qui ont écrit sur le drainage, et l'on ne cite pas d'observations positives sur lesquelles elle s'appuie. A ce point de vue on consultera avec intérêt les travaux communiqués par Sabragnoti-Marchetti, médecin-inspecteur des maremmes toscanes, à F. Jacquot, qui les a publiés dans les *Annales d'hygiène* pour 1854, t. II, p. 261. Sabragnoti, qui a recueilli lui-même les observations, trouve que dans les maremmes la température est plus constante qu'à Florence ; elle est plus élevée de 2 degrés l'hiver au lever du soleil et à midi, et pendant l'été plus basse de 2 degrés au milieu du jour. En outre, les six mois les plus malsains, juin-décembre, sont ceux où les oscillations nycthémérales sont les moins amples ; l'oscillation de juin est en moyenne de 7 degrés, celle d'août de 2°,75.

DIFFÉRENCES ENTRE LES MINIMA ET LES MAXIMA DES 24 HEURES.

	DIFFÉRENCE MAXIMA.	DIFFÉRENCE MINIMA.	DIFFÉRENCE MOYENNE.
Juin.	9	3	7
Juillet	8,5	1	5,25
Août.	3	1	2,75
Septembre.	5	0,25.	3,75
Octobre	4,5.	1	3
Novembre	7,5.	4	3,5

F. Jacquot, comparant de la même façon Bone, où les fièvres étaient, à cette époque, extrêmement graves et communes, à Alger, où elles sont toujours accidentelles et bénignes, trouve également que les oscillations nycthémérales sont bien plus marquées à Bone qu'à Alger, situées toutes deux sur le bord de la mer dans des conditions par ailleurs assez comparables.

Nous ne croyons pas cependant qu'on puisse généraliser cette proposition, à savoir que les marais rendent la température du lieu plus uniforme et plus constante.

Quelques recherches que nous avons faites tendraient même à nous faire admettre la proposition inverse. M. Burdel, qui attribue un rôle indirect, mais très-important, quoique indirect, aux variations diurnes de la température dans la production des accidents palustres, donne un tableau des observations thermométriques faites en Sologne pendant la saison des fièvres. Nous en obtenons les chiffres suivants, très-opposés à ceux de Salvagnoti et de F. Jacquot.

DIFFÉRENCE ENTRE LES MAXIMA ET LES MINIMA DES 24 HEURES.

	DIFFÉRENCE LA PLUS GRANDE.	DIFFÉRENCE LA PLUS PETITE.	DIFF. MOYENNE DU MARAIS.
Août.	20,20.	2	11,6
Septembre.	16	4	10
Octobre	23	6	13

Un phénomène plus facilement appréciable, c'est le haut degré d'humidité atmosphérique et la fréquence des brouillards au-dessus et au voisinage des marais : la Hollande, la Bresse, la Brenne, la Vendée, sont pendant presque toute la saison froide ensevelies sous des brumes épaisses que les moindres variations de température font également apparaître en été et en automne. En effet, le refroidissement de l'atmosphère est d'autant plus rapide que l'air, en se chargeant d'humidité, est devenu meilleur conducteur, et que les couches supérieures du sol n'ont point accumulé de calorique qu'elles puissent rendre à l'atmosphère, quand la radiation solaire vient à cesser. L'air étant toujours très-voisin de son point de saturation, la vapeur d'eau qu'il ne peut plus dissoudre à sa nouvelle température lorme un brouillard qui naît au niveau du sol, c'est-à-dire au contact de la surface d'évaporation rapidement refroidie et qui, peu à peu, retombe en rosée.

Ces brouillards, dont l'odeur est parfois fétide, annoncent d'ordinaire de très-loin la présence de foyers marécageux, et tous les navigateurs en mentionnent la présence à l'embouchure et sur les deltas des grands fleuves. Ils peuvent fournir de précieux indices dans un pays inconnu, et révéler, par la rapidité avec laquelle ils se forment, l'existence d'une nappe d'eau souterraine masquée par la sécheresse de la croûte superficielle du sol. Nous verrons plus loin le rôle important que certains auteurs font jouer à ces brouillards dans la production des maladies.

Les marais ne modifient pas sensiblement la composition chimique de l'atmo-sphère; la proportion de l'acide carbonique s'élève de 4 à 8 parties pour 10,000 en volume; on y trouve une quantité d'ordinaire assez faible d'hydrogène sulfuré provenant de la transformation des sulfates en sulfures, et de la décomposition de ceux-ci par l'acide carbonique ou les acides organiques que nous avons vus donner souvent à l'eau des marais une réaction acidule.

Cependant, dans certains marais de l'Inde, le gaz sulfhydrique se dégage avec une activité très-grande, et les marais salés de Singapour en produisent de telles quantités, que des bandes de papier chargées d'une solution d'acétate de plomb prennent une teinte noire par la simple exposition à l'air (Parkes, A Manuel of Practical Hygiene, 3e édit., 1869, p. 102).

L'analyse chimique révèle encore la présence d'hydrogène libre, d'ammoniaque et d'hydrogène phosphoré, en proportions minimes. On retrouve aussi dans l'air l'hydrogène protocarboné ou gaz des marais, qui se dégage parfois avec une telle abondance dans certaines maremmes toscanes alternativement desséchées et humectées, qu'il se produit un mouvement appréciable à la surface du sol; on dit alors que la terre bout. Les autres modifications de l'atmosphère sont trop peu positives pour trouver place ici ; leur étude fait partie des discussions sur la nature du poison paludique.

La découverte de l'ozone a semblé éclairer un moment cette question difficile ; mais, sans rien préjuger, voyons le résultat des observations ozonométriques faites dans les pays de marais.

D'après Schœnbein, l'ozone détruit les miasmes en les oxydant, et réciproque-ment les miasmes font disparaître tout l'oxygène ozonisé nécessaire à leur com-bustion ; de là résulte une proportion inverse dans les quantités respectives de miasmes et d'ozone en un même temps et dans un même lieu. Schœnbein ne semble pas avoir fait d'observations ozonométriques directes dans les marais ; il procède en général par induction et suppose toujours admise l'hypothèse sur la-quelle il raisonne.

M. Pouriau (Comptes rendus de l'Acad. des sciences, janvier 1856) croit avoir constaté que, dans le département de l'Ain, la diminution de l'ozone coïncidai avec la plus grande fréquence des fièvres pernicieuses dans les marais de la Bresse.

Hammond (A Treatise on Hygiene, Philadelphia, 1863, p. 165) dit avoir observé à Fort-Riley, dans le Kansas, que les travailleurs qui vivaient dans les parties basses du pays, au bord de la rivière, étaient très-sujets à la fièvre intermittente, tandis que les soldats campés sur un plateau élevé, à un demi-mille de la rivière, n'étaient jamais malades. « J'ai trouvé, ajoute-t-il, avec l'ozonomètre de Schœnbein, que pendant la saison chaude il n'y avait qu'une quantité très-faible d'ozone dans la première localité, tandis que dans la seconde il y en avait une proportion beaucoup plus grande. J'ai répété ces observations très-souvent, elles m'ont toujours donné les mêmes résultats. »

Au contraire, au congrès de Kœnigsberg, de 1852-53, on suspendit des bandes de papiers ozonométriques sur les bords d'un lac stagnant, dont l'eau était souvent fétide, et, au grand étonnement des observateurs, on obtint des réactions ozoniques très-prononcées. M. Scoutetten plaça de même des bandelettes à 25-50 centimètres au-dessus des fossés marécageux de la ville de Metz ; ces bandelettes furent toujours beaucoup plus teintées que celles qui étaient mises au-dessus de l'eau courante (Scoutetten, *De l'ozone*, 1856, p. 92).

M. Grellois (*Recueil et mém. de médecine et de chirurgie milit*, 1865) a repris ces expériences en 1865, et c'est au-dessus des marais qu'il a trouvé les teintes les plus foncées du papier ozonométrique. M. Bœckel fils, dans sa thèse en 1856, déclare que, d'après ses observations, la fièvre intermittente semble n'avoir aucune relation avec l'ozone, et cette déclaration a d'autant plus de valeur, qu'au début de ses travaux sur l'ozone M. Bœckel père avait émis une opinion contraire.

Clemens, un des partisans les plus décidés des opinions de Schœnbein, avait déjà remarqué toutefois que les surfaces aqueuses dégagent, surtout sous l'influence de la lumière, une quantité très-notable d'ozone, et que des bandelettes placées à 2 pieds au-dessus d'un courant d'eau marquaient 4° ozonométriques, tandis qu'à 2 pieds au-dessus du sol, elles ne marquaient que 2°.

M. Bursel s'élève contre cette opinion que l'ozone disparaît au voisinage des marais, détruit par l'action des miasmes, et il ajoute : « Nous avons exposé des papiers ozonométriques au voisinage des marais, près d'étangs, dans toutes les vallées basses et humides réputées les plus insalubres, et toujours l'ozonomètre, marquant zéro ou 2° au plus pendant le jour, nous a donné, lorsque l'air, en se refroidissant le soir, ramenait avec lui l'électricité contenue dans chaque vésicule constituant le brouillard, 7°, 8°, et jusqu'à 10°. »

M. Burdel est en cela en désaccord avec Uhle et un grand nombre d'observateurs, d'après lesquels la suppression de l'action solaire diminue la formation d'ozone, d'où résulte l'accumulation des miasmes à la fin du jour et pendant la nuit. M. Burdel n'a employé l'ozonomètre que comme moyen d'apprécier l'état électrique et hygrométrique de l'air, dont les perturbations sont pour lui la cause véritable des accidents palustres ; il ne s'occupe pas de savoir si les observations faites au milieu des marais de la Sologne diffèrent notablement de celles recueillies aux mêmes jours et aux mêmes heures dans des localités non palustres ; ce travail est tout entier à faire. D'ailleurs, les réactions de l'ozone sont encore si incertaines, tant d'influences chimiques peuvent modifier la couleur du papier amidoioduré, qu'il serait téméraire d'accorder une valeur absolue aux résultats jusqu'ici connus, quel que puisse être d'ailleurs le rôle que joue l'ozone dans la production des maladies paludéennes (Von Maach, *Beiträge zur Ozonometrie; in Archiv für wiss. Heilkunde* ; B. II, S. 29 ; Houzeau, *Nouvelle méthode pour reconnaître et doser l'ozone; Annales de physique et de chimie*, 1863, t. LXVII, p. 466 ; Schœnbein, *Annales de physique et de chimie*, 1868, t. XII, p. 57).

On peut en dire autant des changements apportés par les marais dans l'état électrique de l'air; MM. Armand, Durand de Lunel, Burdel, etc., qui attribuent une grande importance dans la production des accidents et aux perturbations brusques de l'électricité, semblent n'avoir fait aucune recherche expérimentale directe. M. Burdel (*loc. cit.*, p. 50) dit seulement qu'en Sologne, il a trouvé pendant les mois d'août et de septembre, à certains jours, 42, 44° la tension électrique, puis quelques heures après 128 et 152° (Michel

Lévy, *Traité d'hygiène publique et privée*, 5e édition, 1869, t. II, p. 264). Mais n'en est-il pas de même dans les localités le moins palustres et en présence des variations mensuelles énormes consignées dans le tableau de Turley. Quelle preuve sérieuse a-t-on que les marais modifient réellement l'électricité atmosphérique *du lieu?* Le même auteur affirme que dans les pays marécageux les orages sont très-fréquents et très-souvent accompagnés de grêle : « Dans le centre de la France, qui compose en grande partie la Sologne,' dit-il, les compagnies d'assurances contre la grêle ont exclu de leurs opérations bon nombre de cantons et de communes trop fréquemment ravages par la grêle, et pour quelques autres, elles ont élevé leurs primes (Burdel, *Lettres;* in *Gazette hebd.*, 1865, p. 750).

Influence sur les végétaux. Nous avons vu qu'à part certaines exceptions, les espèces végétales qui se développent dans les marais sont chétives et d'aspect misérable ; celles qui servent à l'alimentation des animaux perdent une partie de leurs qualités nutritives, elles sont aqueuses, insipides, ligneuses, leurs tiges sont couvertes de sable, de vase ou de débris organisés en voie d'altération ; sous l'influence de la chaleur et de l'humidité, elles acquièrent parfois un développement inusité, mais les animaux, et surtout les animaux qui s'en nourrissent, sont sujets à des maladies diverses, en particulier à la pourriture, quand ils en font usage avant que le soleil ait évaporé la rosée abondante dont elles sont recouvertes.

Le foin récolté dans les prairies humides et marécageuses présente le caractère de foin *plat*, qu'il doit à la prédominance des feuilles larges et aplaties du *phalaris arundinacea*, et d'un grand nombre de roseaux, de joncs et de carex dont la valeur nutritive est très-faible. A la suite des inondations, le fourrage, imprégné de limon et de débris végétaux, est ligneux, sec, cassant; il dégage, quand on le remue, une odeur de moisissure et une poussière âcre qui produit des inflammations de la conjonctive et de la muqueuse respiratoire.

L'humidité persistante du sol, par suite de la constitution géologique, après des inondations, ou par le mauvais état des canaux d'écoulement, favorise au plus haut point le développement de certaines maladies parasitaires des végétaux, qui sont un fléau pour l'agriculture. C'est dans les contrées basses, humides, exposées aux brouillards comme la Bresse et la Sologne, c'est dans les années pluvieuses, et à la suite d'inondations, comme en 1855 et 1856, que sévissent surtout la rouille, le charbon, la carie et l'ergot des céréales.

Le blé rouillé présente, sur la tige, les feuilles et l'épi, des taches rougeâtres qui, en grandissant, soulèvent l'épiderme, le font éclater, et dégagent une poussière abondante dont la couleur rappelle tout à fait celle de la rouille. D'après des travaux récents, rappelés dans une conférence très-intéressante de M. Eugène Fournier (*les Parasites des céréales;* in *Revue des cours scientifiques*, 14 mai 1870, p. 374), la maladie serait due à un parasite à génération alternante, l'*uredo rubigo*, qui devrait passer par une forme de fructification spéciale, le *puccinia graminis*, fertile uniquement sur l'épine-vinette, et certaines boraginées, avant de reproduire l'*acidium terberidis*, dernière phase de son évolution, et qui ne germe que sur les graminées. Les épis attaqués par cette *rouille* deviennent jaunes, chétifs, rares, peu nourrissants; on les accuse généralement de produire des coliques et des affections charbonneuses chez les animaux ; cependant M. Magne (*Traité d'agriculture pratique et d'hygiène vétérinaire générale*, 1859, 5e vol., p. 40) dit avoir nourri pendant dix jours et sans aucun inconvénient plusieurs brebis avec du blé et de l'avoine rouillés

tel point que les râteliers et les animaux étaient entièrement couverts de la poussière jaune de la rouille.

Le charbon est formé par le développement de l'ustilago carbo et de certains
carex dont les spores, sous forme d'une poussière noire, pénètrent les teignes du
blé, du seigle, de l'orge, de l'avoine, du maïs et de certains carex. Les blés et le
sorgho envahis par la carie (*Tilletsia caries*) sont couverts d'une poussière fétide,
grasse au toucher ; les grains attaqués sont grisâtres, légers, exhalent une odeur
de marée insupportable. Ces parasites, qui détruisent un grand nombre d'épis et
diminuent singulièrement les récoltes, ne semblent pas capables de déterminer
des accidents sérieux chez les animaux ; toutefois la farine de pain carié donne au
pain un goût répugnant qui occasionne, dit-on, des démangeaisons.

S'il existe encore des doutes quant à l'influence de l'humidité et des marécages
sur le développement de ces deux affections parasitaires, il n'en est pas de même
pour l'étiologie de l'ergot du seigle et du blé. C'est particulièrement dans les
terres fortes, argileuses, basses et humides, c'est à la suite des inondations ou des
étés très-pluvieux, qu'on voit le pistil du seigle entouré par les spores de la spha-
célie se transformer en ergot, lequel plus tard donne naissance au claviceps. Ce
n'est pas ici le lieu de rappeler les accidents multiples que produit l'ergot introduit dans la nourriture de l'homme et des animaux, phénomènes qui ont motivé
l'admission de ce parasite dans la matière médicale.

La Société centrale d'agriculture, dans l'enquête à laquelle elle s'est livrée en
1845 et 1846, sur les causes de la maladie des pommes de terre, a établi qu'aucune nature de sol n'a été exempte de ses atteintes, mais que les terrains humides, mal égouttés, sans pente suffisante, semblaient favoriser le développement
du bothrytis, et que la maladie sévissait surtout du 15 août jusqu'à la fin de
septembre par une température douce et humide.

Influence sur les animaux. Les marécages agissent sur les animaux directement par l'humidité du sol et par les émanations qui s'en dégagent ; indirectement
par la mauvaise qualité des produits alimentaires, et par les parasites végétaux
et animaux dont ils favorisent la propagation. Il en résulte d'une manière générale un abaissement de la valeur commerciale du bétail ; la race s'abâtardit, la
fécondité diminue, le lait est moins abondant, le poil et la laine deviennent de
qualité inférieure, etc.

La fréquence des brouillards, les refroidissements brusques de l'atmosphère,
l'humidité extrême déterminent des rhumatismes. Les inflammations catarrhales des voies respiratoires dans les troupeaux qui vivent au voisinage des marais, surtout dans les parcages où le bétail est forcé de coucher la nuit sur le sol
sans abris. Le piétinement incessant d'une terre grasse, argileuse, ramollit les
parties cornées du pied des moutons, et favorise la fréquence, chez les bêtes à
laine, et en particulier le mouton, de ce qu'on appelle le *piétin* : l'inflammation
de la partie supérieure de l'onglon et de la région interdigitale est sans doute
favorisée par la pénétration de corps étrangers dans les tissus ramollis ; l'onglon
se sépare, des fusées purulentes dans les tendons amènent des caries, des arthrites
et parfois même la mort de l'animal.

Il semble que les grands animaux domestiques, et en particulier les quadrupèdes, incessamment courbés vers la terre pour y chercher leur nourriture, doivent subir l'action des émanations palustres plus encore que l'homme, à qui la
nature

Os sublime dedit, cœlumque tueri.

Les animaux toutefois sont impressionnés d'une façon toute autre que nous, et il paraît démontré qu'on n'observe jamais chez eux ce qui, chez l'homme, est l'expression la mieux accusée de l'empoisonnement palustre, la fièvre intermittente. Tandis que les médecins ont une tendance exagérée à attribuer à l'intermittence une spécificité étiologique, et à y voir l'indice presque certain d'une maladie des marais, les vétérinaires semblent pêcher par l'excès contraire, et employer parfois cette expression « fièvre intermittente » dans le sens rigoureux, par opposition à fièvre continente ; c'est ainsi que Rodet, Körber, Liégard, Spinola, etc , parlent de fièvre intermittente, compliquée de morve, de rhumatisme lombaire, de pleuro-pneumonie. En un mot, tandis que la fièvre intermittente, symptomatique de lésions viscérales se rencontre quelquefois chez les animaux, et en particulier chez le cheval, la fièvre intermittente essentielle est inconnue. Verheyen semble ne pas avoir évité lui-même cette confusion qu'il reproche à beaucoup d'observateurs, et il admet des fièvres intermittentes *essentielles*, *non palustres*, souvent compliquées ou accompagnées d'une autre maladie (*Dictionnaire de médecine vétérinaire*, par Bouley et Raynal, t. VII; art. *Fièvre intermittente*, par Verheyen, inspecteur vétérinaire de l'armée belge, p. 22). Verheyen dit d'ailleurs que le miasme paludéen n'est pas la cause de la fièvre intermittente des animaux, qu'il n'y a pas lieu d'en chercher l'origine dans la même cause que chez l'homme. « On rapporte bien, dit-il, quelques exemples d'intermittentes épizootiques ou enzootiques, mais les faits sont loin d'avoir le cachet d'authenticité qui donne la conviction. Les épizooties de fièvres intermittentes que Burnard dit avoir vues à Arracan parmi les chevaux de la cavalerie anglaise, et Graham dans le Decean, contrées empestées par la mal'aria, manquent de détails et de précision. Il en est de même des fièvres tierces qui attaquent les chevaux paissant dans les marais de Cambridshire (Royston) ; de leur fréquence, avec un type bien marqué, dans les marécages des Landes... B'ailleurs l'esprit de système n'est-il pas intervenu dans la question ? quelle autre signification peut-on attribuer aux 500 moutons que Dupuy a vus périr avec les symptômes de la fièvre intermittente après avoir pâturé dans les marais ? Et les affections charbonneuses, ne sont-elles pas pour Lafore des intermittentes pernicieuses ? Lessona, se fondant sur une longue expérience en Algérie, en Sardaigne et à l'École de Turin, affirme que la mal'aria ne détermine pas toujours des formes charbonneuses, mais qu'elle provoque aussi des intermittentes analogues à celles de l'homme. La raison qu'il en donne est qu'une même cause doit produire les mêmes effets ; et puisque les animaux inspirent comme l'homme l'air chargé d'émanations palustres, il faut que les maladies qui en résultent soient identiques. Il nous paraît superflu de réfuter des idées qui n'ont pas les faits pour base ; nous ajouterons seulement qu'à Minorque comme en Sardaigne, la mal'aria détermine le charbon ou une tuméfaction de la rate qui conduit à la cachexie palustre (Cleghorm) ; que dans la campagne de Rome, les chèvres sont sujettes à la rupture spontanée de la rate (Bailly), sans que l'on ait saisi de phénomènes d'intermittence. Dans les contrées marécageuses de la France, en Hollande, dans les *polders* belges, le delta du Rhin, les fièvres intermittentes enzootiques sont inconnues, les sporadiques exceptionnelles ; **la** mal'aria y provoque, comme sur tous les points où elle se dégage, le charbon ou **la cachexie** paludéenne.. Il nous paraît ressortir de ce qui précède que **les émanations** palustres ne sont point une cause de fièvre intermittente **chez les animaux.** »

La conclusion de Verheyen semble acceptée par la plupart **des vétérinaires ;**

à peine est-elle contredite, à de longs intervalles par des faits isolés comme ceux de M. Adenot, qui, pendant les travaux du chemin de fer à Saint-Galien sur Dhaire, pays ravagé par les fièvres, a vu un cheval employé aux travaux présenter tous les deux jours à la même heure des frissons avec tremblement ; l'accès durait deux heures, pendant lesquelles les battements du cœur étaient tumultueux (*Archives générales de médecine*, 1863, t. I, p. 99, in *Revue vétérinaire*, de C. Leblanc).

Nous avons interrogé sur ce point un certain nombre de vétérinaires de l'armée d'Afrique. Tous nous ont affirmé que dans les localités marécageuses où les troupes étaient décimées par les fièvres pernicieuses et la cachexie palustre, les chevaux de cavalerie campés sur les mêmes lieux, dans des conditions presque identiques, conservaient en général une santé parfaite.

Une des épizooties qui cause les plus grands ravages, le charbon, est considérée par la plupart des auteurs comme le résultat des effluves marécageux. Dans l'article récent du *Dictionnaire de médecine vétérinaire*, Reynal et Leblanc adoptent et discutent très-longuement cette opinion (*Dictionnaire de médecine vétérinaire*, par Bouley et Reynal, art. *Charbon*, par Reynal et Leblanc, p. 472-483).

A l'action des effluves, ils ajoutent toutefois celle de la chaleur ; les marais, par une température modérée, disent-ils, ne produisent que la cachexie aqueuse. Suivant d'autres, les marais concourent peut-être à faire naître le charbon, ou favorisent l'altération parasitaire des végétaux et des fourrages ; nous avons vu que Gohier rattachait à l'usage de fourrages rouillés ou moisis une maladie charbonneuse observée sur les chevaux d'un régiment de chasseurs. « Le charbon, dit M. Magne (*loco citato*, t. III, p. 399), exerce les plus grands ravages dans les contrées à terrain calcaire ou argilo-calcaire, produisant de très-bons fourrages. Dans tous les pays, les maladies charbonneuses se montrent principalement à la fin de l'été et en automne, alors que les marais desséchés dégagent de fortes quantités d'effluves, que les sources sont basses, que les eaux des mares sont souvent infectes, et que toutes les boissons que prennent les animaux sont plus ou moins altérées, fortement chargées de matières hétérogènes. Doivent encore être signalées parmi les causes des maladies charbonneuses l'air impur, les étables mal tenues, les fourrages vasés, l'herbe couverte par les inondations, le pâturage sur les terres marécageuses, surtout quand il a lieu pendant la nuit. »

M. Ancelon (*Gazette hebdomadaire*, 1857-58) a insisté sur l'alternance du charbon chez les animaux et des fièvres typhoïdes et intermittentes chez l'homme, aux environs du grand étang de Lindre-Basse, dans la Meurthe, alternance qui correspond à l'assec ou à la mise en eau des étangs. La discussion qui vient d'avoir lieu à l'Académie de médecine a de nouveau mis en question l'étiologie des maladies charbonneuses ; à l'origine spontanée, palustre, M. Davaine oppose le transport du sang chargé de bactéries, des animaux infectés sur les individus sains. Un fait doit surprendre dans l'étiologie généralement acceptée de cette épizootie ; le sang de rate se rattache aux maladies charbonneuses par la présence des bactéries dans le sang des animaux atteints, et cependant les conditions étiologiques diffèrent, sont même opposées dans les deux affections ; tandis que l'une s'observe dans les pays marécageux et humides, l'autre, le sang de rate, règne dans les pays trop secs, sur les terres trop sèches, quand les animaux ont une nourriture trop succulente, qu'ils pâtissent sur les chaumes où se trouvent des épis de grains. « Le sang de rate, dit M. Magne (*loco citato*,

5e vol., p. 401), est rare dans les contrées siliceuses, dans celles où l'argile domine, où le sol humide et peu fertile produit des fourrages peu alibiles; mais il s'y montre à m sure que, par le chaulage, le marnage et le desséchement, on augmente la fécondité des terres. »

Les affections charbonneuses ne seraient pas l'unique exemple d'une maladie qui deviendrait virulente après s'être développée spontanément pour ai si dire, sous l'influence de certaines conditions hygiéniques défavorables. Tous les éleveurs expérimentés, dit Edward Harrison, connaissent le rapport de causalité qui lie l'humidité à la clavelée. Il est d'observation que cette maladie est devenue beaucoup moins fréquente dans le comté de Lincoln depuis que les cours d'eaux et les ruisseaux sont mieux entretenus, depuis qu'on a desséché le sol en ouvrant des fossés et en plaçant des tuyaux de drainage... Backwell disait qu'après le 1er mai, il pouvait à volonté faire naître cette maladie en arrosant ses étables, et en les peuplant lorsqu'elles étaient encore humides... Harrison dit même que des troupeaux peuvent prendre la clavelée en un quart d'heure, par le séjour dans des *places pourries :* 90 moutons broutent l'herbe d'un fossé marécageux pendant une heure; peu de temps après, tout le troupeau avait la clavelée, moins un mouton qui s'était fracturé la jambe et qu'on avait porté sur l'épaule (Graves, *Leçons de clinique médicale.* Trad. de Jaccoud, t. I, p. 117).

Il suffit de citer ces exagérations pour en faire justice; on ne peut nier l'influence des pacages marécageux sur l'extension et la gravité de ces affections virulentes, mais c'est avec une grande réserve qu'il faut accepter leur développement spontané sous l'influence des émanations palustres. Vicq d'Azyr, Lanusi, Bailly et quelques observateurs modernes ont certainement accordé une trop grande part à cette étiologie banale, qui ne satisfait point les esprits rigoureux.

La *cachexie aqueuse* ou *pourriture* est considéré comme le type des affections épizootiques qu'engendrent les marais; la maladie est extrêmement commune chez les herbivores, surtout chez les bêtes à laine, elle est presque toujours mortelle et cause de grands désastres à l'agriculture. On l'observe dans les terrains bas, inondés, sur les terres tourbeuses, alumineuses, quand les troupeaux broutent l'herbe mouillée, se nourrissent de joncées, de renonculacées, de lysimachées, etc., et se désaltèrent avec de l'eau des fossés et des mares. Chaque année, en Égypte, elle sévit épidémiquement après les inondations du Nil, et deux professeurs de l'école vétérinaire d'Abou-Zabel, Harnont et Z b-Fischer, l'ont décrite comme une véritable anémie globulaire. Aujourd'hui encore beaucoup d'auteurs la considèrent à tort comme l'équivalent de la cachexie palustre de l'homme, et l'on comprend que la fréquence des engorgements viscéraux dans les deux maladies ait favorisé cette erreur. C'est également à la dégénérescence parasitaire du foie, bien plus qu'à l'hypertrophie simple de cet organe et de la rate, que s'applique la citation de Vitruve, d'après lequel les prêtres de l'antiquité, avant de choisir l'emplacement d'un camp, offraient des sacrifices aux dieux, et appréciaient la qualité du sol par l'altération des viscères de leurs victimes. Les remarquables travaux qui dans ces derniers temps ont fait connaître la nature de l'affection, sont un véritable encouragement pour une étude plus précise et plus positive d s influences pathogéniques. La cachexie aqueuse résulte de la présence de distomes ou douves du foie dans les canaux et la vésicule biliaire des animaux; très-fréquente chez les bêtes à laine, on la rencontre aussi, mais plus rarement, chez le bœuf, la chèvre, les ruminants domestiques, le porc, le lapin et même chez l'homme. Ses rapports avec les marais s'expliquent de la façon suivante. Certains trématodes, les *distomaires*, se reproduisent par génération alternante ; leurs embryons ciliés, microscopiques, pénètrent le corps de certains mollusques d'eau douce, de larves ou d'insectes aquatiques, et même de quelques mollusques terrestres des genres limax et hélix. L'embryon disparaît en donnant naissance à une génération de *cercaires* microscopiques, qui nagent par myriades dans l'eau des étangs, s'introduisent encore une fois dans des larves d'insectes de mollusques aquatiques, et même, d'après de Sıcbold, dans certaines plantes des marais, où ils arrivent à l'état de distome complet. L'on comprend dès lors la fréquence de ce parasite chez tous les animaux qui s'abreuvent à l'eau des mares et qui avalent en même temps des cercaires libres ou enkystés dans de petits insectes, ou des distomes même à des périodes peu avancées de leur développement. D'ordinaire on trouve de 200 à 500 distomes dans le foie des animaux atteints de pourriture ; on comprend dès lors la série de symptômes observés : langueur, pâleur et bouffissure des muqueuses, œdème général, amaigrissement, épanchements splanchniques, diarrhée séreuse, etc., et la mort qui survient dans plus de la moitié des cas (Raynal, article *Cachexie aqueuse*, in *Dictionnaire de médecine vétérinaire* de Bouley et Raynal, t. II, p. 659 ; Baillet, article *Helminthes*, ibidem, passim ; Fonssagrives, *Annales d'hygiène*, 1868, t. XXIX).

C'est encore dans les marais que sévit cette autre épizootie, la bronchite vermineuse, qu'on rencontre sur le mouton, les bêtes bovines, l'âne, le cheval, etc., et qui est produite par l'accumulation, dans les bronches du strongylus filaria, mierurus elongatus, etc. Les animaux atteints expectorent un mucus chargé de filaires ovovivipares ; le parasite meurt et en se décomposant il laisse s'échapper de son ovaire un nombre extraordinaire de jeunes filaires, presque microscopiques, dont la vitalité est extrême. M. Baillet, en laissant des mères se putréfier dans des capsules pleines d'eau au milieu d'un pré humide, a retrouvé, trois mois après, parmi les débris putrides, un très-grand nombre d'embryons parfaitement vivants. Il est probable que les embryons rejetés avec le mucus par les animaux malades sont repris, sur l'herbe couverte de rosée ou dans l'eau des boissons, par les moutons et les autres espèces domestiques qu'on mène paître dans les lieux humides, ils pénètrent dans les voies respiratoires, soit directement, soit à la suite de migrations dont les parasites fournissent de nombreux exemples (Collin, *Bulletin de l'Académie de médecine*, 17 juillet 1866 ; Baillet, *loc. cit.*, p. 582). C'est presque uniquement dans les marais que la maladie vermineuse se développe, se propage, et prend parfois la marche d'une épizootie redoutable ; l'affection ne se transmet point dans les étables, elle s'éteint promptement dans les pacages bien secs, sans doute parce que les jeunes filaires se détruisent dans les corps desséchés de leurs mères ou à l'air libre, quand ils ne trouvent pas l'humidité suffisante à l'entretien de leur vie.

C'est probablement de la même façon que se développe le tournis des moutons, favorisé, disent la plupart des auteurs, « par les pâturages marécageux, l'herbe fade, aigre et peu nutritive, les aliments aqueux, les mauvaises boissons, par les saisons froides et humides, les hivers pluvieux, par les inondations et les fourrages qui ont poussé sous leur influence, etc. » Les chiens de berger contractent le *tœnia cœnurus* en dévorant le cerveau de moutons mort du tournis ; les embryons expulsés avec les proglottis trouvent dans la vase et sur l'herbe mouillée des marécages les conditions de milieu qui empêchent leur rapide destruction ; avalés, avec l'herbe qu'ils souillent, par les moutons ou d'autres animaux, ils cheminent à travers les tissus, jusqu'au parenchyme cérébral, l'envahissent progressivement d'arrière en avant, et s'y transforment de nouveau en cœnures. Mentionnons encore les accidents qui résultent de la pénétration, dans les premières voies digestives et respiratoires, des sangsues filiformes que les eaux dormantes de certains pays renferment en grande abondance, et nous aurons épuisé la série d'un groupe d'affections qui méritent à plusieurs titres de figurer dans l'histoire pathologique des marais. Pendant longtemps leur nature était méconnue, et leur description se retrouve sous des noms très-divers, parmi les épizooties attribuées à l'action des marécages ; celle-ci, pour être indirecte, n'en est pas moins ici certaine en même temps que très-puissante.

Influence sur l'homme. Nous n'avons point ici à décrire les maladies des marais, sinon ce paragraphe, qui doit être court, aurait l'étendue d'un gros livre ; chacune de ces maladies est traitée à sa place dans le cours de ce Dictionnaire [INTERMITTENTES (fièvres)] ; nous devons donc nous borner à des considérations générales et à une énumération sommaire. Pour mettre de l'ordre dans cette exposition, et continuer à marcher du connu à l'inconnu, il ne faut en rien préjuger la question pathogénique, et se contenter d'indiquer les accidents qu'on rencontre habituellement chez ceux qui fréquentent les marais. A ce titre, mentionnons d'abord une série nombreuse de maladies qui diffèrent notablement entre elles par leur expression symptomatique, mais qui se rapprochent assez par certains caractères généraux pour constituer un groupe bien défini et accepté par tous les pathologistes. Ces caractères généraux sont les suivants : 1° le retour périodique, sous des types divers, d'accès fébriles marqués par les stades de frisson, de chaleur et de sueur ; 2° sa tendance de plus en plus marquée à la récidive ; 3° la terminaison presque fatale par l'hypertrophie de la rate, l'anémie, des suffusions séreuses, et un état cachectique spécial, quand l'exposition aux mêmes causes continue ; 4° l'action favorable du quinquina et des sels de quinine sur les accidents périodiques. Aucun de ces caractères, pris individuellement, n'a de valeur absolue ; chacun peut faire défaut, dans un cas donné, en totalité ou en partie ; c'est par leur association, par leur ensemble, qu'ils donnent à une maladie sa véritable signification diagnostique et pathogénique.

Toutes les fièvres qui naissent dans les marais sont infectieuses, c'est-à-dire qu'elles semblent le résultat de l'introduction dans l'organisme d'un principe toxique, d'un agent de contamination, qui souille à la fois tous les tissus et tous les liquides. Cet agent paraît être matériel, avoir une existence réelle, car l'individu frappé l'emporte avec lui, après avoir traversé le foyer ou après y avoir séjourné, et l'éclosion des accidents peut n'avoir lieu qu'à longue échéance, après être resté latent pendant une période d'incubation variable ; telles sont, par example, ces fièvres palustres contractées dans les pays chauds, dont les accès ne se révèlent qu'à l'occasion de causes hygiéniques communes, à la suite d'excès, parfois d'un traumatisme (Coccud, *De l'influence de l'impaludisme sur la marche des affections chirurgicales*, in *Recueil des mém. de med. et de chirurg. milit.*, 1866, t. XVII), et même, dans des cas rares, à l'époque du retour dans un pays tempéré. Presque toutes ces affections sont endémo-épidémiques annuelles, avec recrudescences accidentelles ; elles sévissent toutes à l'époque de l'année où les marais sont en voie de dessèchement, quand l'élévation de la température active le mouvement de décomposition organique. L'on trouvera décrites ailleurs les différentes espèces de ces fièvres, avec leurs divisions, suivant le type, en quotidienne, tierce, quarte, etc. ; rémittentes, pseudocontinues; suivant la gravité de l'accès, en simples ou pernicieuses; il est inutile également d'énumérer ici les symptômes et les lésions qui constituent la cachexie palustre, ainsi que les accidents décrits sous le nom de mélanémie. Toutes ces formes, morbides par leur transformation l'une dans l'autre, leur gravité progressive, leur enchaînement, appartiennent véritablement à un même groupe, ressortissant à la fois à une influence commune, identique, pour ainsi dire spécifique, en même temps qu'à un agent thérapeutique spécifique, le quinquina.

Mais il n'est pas aisé de limiter ce groupe, et de dire où s'arrêtent les fièvres qui le constituent. Faut-il comprendre parmi les subcontinues et les rémittentes si bien décrites par M. Maillot, toutes ces pyrexies graves, à allure bruyante, à terminaison souvent rapide, que Hippocrate désignait sous le nom de causus, et dans l'étiologie desquelles l'action directe de la chaleur semble jouer un rôle si important? Est-on suffisamment autorisé à y rattacher encore toute cette classe des fièvres pernicieuses bilieuses, admise par M. Dutroulau, et dont certaines formes rappellent si étroitement les symptômes de l'ictère grave et de la fièvre jaune. On ne peut nier que le berceau de la fièvre jaune et du choléra ne coïncide avec les foyers marécageux les plus actifs et les plus insalubres du globe, le delta du Gange, et les alluvions du Mississipi; et, bien qu'il semble démontré que ces dernières affections, et en particulier la fièvre jaune, diffèrent complétement des fièvres palustres proprement dites par leur virulence, comme par leurs manifestations symptomatiques, il est difficile de ne pas les ranger parmi les maladies sur le développement desquelles les marais ont une influence active.

Nous espérons démontrer combien est faux le raisonnement par lequel on déclare que deux maladies de nature différente ne peuvent provenir d'une cause unique, le marais; un marais n'est point, à proprement parler, une cause de maladie; c'est un milieu très-divers et très-variable, dans lequel se passe toute une série de phénomènes d'ordre physique, chimique et vital; chacun de ces phénomènes, directement ou indirectement, peut devenir cause de maladie, suivant son mode d'action sur l'organisme humain; et, de la sorte, des maladies très-diverses peuvent trouver leur origine dans un même marais, à plus forte raison dans des marais différents. Un grand nombre d'auteurs croient que l'eau ou les émanations d'un marais riche en produits de la décomposition animale sont capables d'engendrer des diarrhées rebelles, ou même la dysenterie la mieux caractérisée; en faut-il conclure qu'aux yeux de ces auteurs la dysenterie est de même nature que la fièvre tierce ou la cachexie palustre? Il en est de même pour le choléra, la fièvre jaune, peut-être certaines fièvres bilieuses graves des pays chauds, sans doute aussi pour la peste, qui empruntent à autant d'influences spéciales la raison de leur *origine* dans *certains* foyers marécageux. Alléguer que ces maladies, une fois développées sous ces conditions, acquièrent la propriété de se transmettre et de se propager loin de leur berceau, à la façon des affections virulentes, n'est point un argument décisif contre cette origine; c'est simplement la preuve de la différence considérable qui les sépare des fièvres palustres communes; ce n'est pas non plus un exemple isolé de maladies nées d'un foyer d'infection, et qui deviennent plus tard transmissibles, car le typhus, qu'on peut faire naître pour ainsi dire d'emblée, se reproduit loin de son berceau primitif, au moyen de foyers créés par les malades. Les accidents qui nous restent à décrire accusent peut-être encore mieux cette diversité d'origine

et de nature des maladies imputables à l'action des marais. Sous le nom de **bé-**
ribéri, les médecins de l'Inde désignent une maladie endémique, qui fait **de**
grands ravages à Ceylan, sur la côte de Malabar, dans une grande partie du littoral de la baie de Bengale, etc. ; c'est un ensemble complexe de symptômes, **où**
dominent un état cachectique très-prononcé, des hydropisies, des douleurs et des
paralysies des membres, etc. Les uns en font une forme de la cachexie palustre,
combinée avec le scorbut, ou avec le rhumatisme, ou avec un œdème périmédul-
laire; d'autres n'y voient qu'une myélite avec ramollissement de la moelle;
MM. Fonssagrives et Le Roy de Méricourt, dans un mémoire publié en 1861, dans
les *Archives de médecine,* avaient adopté l'opinion de Hirsch, Oudenhowen, etc.,
et admettaient l'existence d'un principe miasmatique, analogue ou identique au
miasme palustre. M. Le Roy de Méricourt (*Dictionnaire encyclopedique,* t. I,
p. 159), dans l'article qu'il consacre au béribéri dans ce Dictionnaire, abandonne
sa première opinion : « La maladie n'a pas avec les marais la coïncidence topographique qu'on a prétendu, elle sévit parfois loin des côtes, en pleine mer; les
Européens ont une immunité relative, le sulfate de quinine ne produit aucun
effet favorable. C'est, dit-il, un ensemble de manifestations morbides fort complexes, qui par là avoir pour cause prochaine une dyscrasie assez analogue à celle
qui engendre le scorbut. Elle se produit surtout chez les sujets, de race colorée,
ordinairement anémiques, et prédisposés aux congestions passives et aux suffusions séreuses. Elle résulte le plus souvent d'une alimentation vicieuse et
insuffisante, jointe à l'action de vicissitudes atmosphériques débilitantes. Elle
détermine habituellement le cortège des accidents de l'hydropisie générale;
mais, dans certains cas, les localisations vers l'axe spinal amènent des symptômes qui rappellent la myélite chronique ou la paralysie atrophique progressive. »

On le voit, M. Le Roy de Méricourt rejette complétement l'étiologie palustre du
béribéri; étiologie défendue encore aujourd'hui par un grand nombre de médecins, et qui nous obligeait à faire en cette place mention de cette affection
étrange et mal connue. Malgré la savante critique de l'auteur que nous avons
cité, on peut dire qu'on ignore complétement la nature du béribéri; en face
d'un état cachectique compliqué de désordres aussi variés, il semble que nous en
sommes au point où étaient Vicq-d'Azyr et Huzard, quand ils décrivaient la cachexie aqueuse, la pourriture des bêtes à laine, épizootique dans les marais de la
Sologne, avant de connaître l'existence du distome dans l'appareil hépatique de
ces animaux. Cette comparaison vient naturellement à l'esprit, quand on songe
que le béribéri présente des analogies symptomatiques assez grandes avec cette
autre affection des pays chauds, la *cachexie africaine,* ou *mal-cœur des nègres,*
hydrémie tropicale, due très-probablement à l'existence d'un parasite, l'anky-
lostome duodénal.

Les maladies parasitaires sont particulièrement communes dans les marais;
c'est à peine si on commence à en connaître quelques-unes, et l'on peut s'étonner qu'on n'en ait pas encore découvert un plus grand nombre, quand on songe
« à toute cette vermine dont fourmille la terre, » à cette pullulation organique
que favorisent les eaux dormantes, où la matière végéto-animale subit une incessante putréfaction. Il est impossible d'invoquer de meilleurs exemples pour
démontrer la diversité d'origine et de nature des maladies dites palustres, c'est-à-
dire provoquées par les marais.

Sur la côte N. E. du golfe Persique, dans le sud de la présidence de Madras, à Madura, Mysore, Bellary, et dans un grand nombre de localités marécageuses de l'Inde, vouées à la culture du coton, on rencontre une affection très-singulière, désignée sous les noms suivants : *Pied de Madura, tuberculous foos, dégénérescence endémique du pied* (Collas), etc. Le pied a l'aspect d'un pied scrofuleux, avec gonflement des os, carie et fistules; les tissus sont gélatiniformes, et les os spongieux sont creusés de cavités et de canalicules serpigineux, colorés en jaune ou en brun, par un parasite végétal, une sorte de mucédinée, le *chionyphe Carteri* (*Bombay medical and physiological Society's Transactions,* 1855, 2ᵉ vol., p. 273; et 1861, 6ᵉ vol., p. 104. Aitken, *The Science and practice of Medicine,* 5ᵉ édit., 1868, t. I, p. 998). La maladie ne se rencontre que dans les pays à coton, dont le sol, formé de calcaire magnésien, de dolomite, est entretenu par les irrigations dans une humidité constante, qui doit favoriser la végétation des organismes inférieurs. La maladie atteint presque exclusivement les indigènes, les Hindous; toutes les classes de la société peuvent toutefois en être atteintes, mais elle sévit surtout dans les classes pauvres, chez ceux qui, toute l'année, travaillent aux champs pieds nus, et piétinent une terre humide et boueuse. L'affection ne siége jamais que dans les os du pied; et bien qu'on n'ait pu jusqu'à présent recueillir dans le sol lui-même le parasite qui constitue la maladie, la filiation étiologique est trop naturelle pour ne pas s'imposer à l'esprit.

Le filaire de Médine, ver de Guinée, ou dragonneau, est un parasite qui forme dans le tissu cellulaire sous-cutané de l'homme des tumeurs, et parfois des abcès graves; la maladie est endémique et extrêmement commune dans la haute Égypte, en Abyssinie, en Guinée, sur les bords du golfe Persique et de la mer Caspienne, etc.; dans toutes les localités où elle sévit, abondent les terrains argileux et les marécages; on y a trouvé, dans la vase humide, surtout dans la vase salée et saumâtre, de petits vers presque identiques au filaire de l'homme, et capables de vivre très-longtemps dans l'eau chargée de limon. Mitckell a pu en conserver vivants, pendant vingt et un jours, dans de la boue à demi desséchée. On trouve également dans l'eau croupissante des fossés et dans les réservoirs mal tenus de petits vers (*Gordius aquaticus, Tank-Worms,* de Carter), qui ont avec les premiers une très-grande analogie de structure; les médecins de l'Inde rapportent une longue série d'observations où l'on voit la maladie se déclarer successivement chez tous les individus qui viennent travailler dans telle localité marécageuse, ou qui se baignent dans l'eau fangeuse de tel fossé réputé pour la facilité avec laquelle on y contracte le ver de Guinée. L'exemple le plus remarquable est celui que cite Lorimer : « Tous les régiments qui se succédèrent pendant plusieurs années, sur un certain campement, à Secunderabab, au voisinage d'un vaste réservoir transformé en marécage, et appelé Hausen Sanghur, présentèrent, au bout de peu de mois, des cas très-nombreux de cette affection parasitaire, inconnue auparavant dans ces régiments (Aitken, *loc. cit.,* t. I, p. 939. Guyon, *Académie des sciences,* 18 sept. 1865; *Sur le Dragonneau ou Ver de Médine,* in *Gazette médicale;* 1865). Les filaires, qu'on a rencontrés dans presque toutes les parties du corps, dans l'humeur vitrée de l'œil, le cristallin, etc., pénètrent sans doute directement à travers les téguments, au niveau des parties découvertes, en particulier par les extrémités inférieures, et continuent leurs migrations dans le tissu cellulo-adipeux. Il est de croyance populaire, dans les pays où l'affection est endémique, que le dragonneau pénètre très-souvent avec les boissons ingérées; mais Forbes n'a jamais réussi à produire la maladie, en faisant avaler à de jeunes animaux de l'eau chargée de filaires à tous les degrés de développement.

Nous devons clore cette liste très-incomplète par la matière des accidents qu'occasionne l'hémopie sanguisuga, fixée à la partie postérieure des fosses nasales et du voile du palais, dans les replis de l'isthme du gosier et de la partie supérieure du larynx, sur la muqueuse de l'œsophage.

L'action des marais sur l'homme se traduit d'une façon différente, mais non moins évidente, par les changements qu'ils impriment à l'aspect général du pays, au mouvement de la population, etc. Dans une contrée marécageuse, la terre est inculte ou peu productive, les récoltes sont maigres, d'espèces médiocres, fréquemment altérées par les maladies épiphytiques ; mal nourris dans des pâturages de mauvaise qualité et insalubres, les animaux ne peuvent fournir à l'homme ni la ressource d'un travail productif, ni la compensation d'une alimentation réparatrice ; c'est la misère qui atteint toute la série des êtres vivants, qui rejaillit de la plante aux animaux et à l'homme, et qui imprime son cachet à tout un pays, avant même que les maladies aient commencé à jouer leur rôle dans cette œuvre de détérioration. Celle-ci continue, dans une certaine mesure, par la disparition des individus riches, vigoureux ou entreprenants, qui abandonnent un sol ingrat et vont porter ailleurs leur activité, leur intelligence, leurs forces physiques ou leurs capitaux. Faut-il s'étonner, après cela, que certains départements, où les marais occupent une grande étendue, aient une mortalité plus forte, une densité de population moindre ou une dépopulation croissante, des chiffres inférieurs de natalité, d'aptitude militaire, de production commerciale. C'est sur ces pays surtout, comme sur les départements peu favorisés, que le recrutement pèse de la façon la plus lourde, puisqu'il enlève la plus grande partie, parfois même la totalité de ceux que les infirmités, l'insuffisance de leur taille, etc., ne rendent pas impropres au service militaire. Il serait sans doute très-intéressant d'étudier par la statistique les différences démographiques que présentent entre-elles les parties de la France, suivant l'étendue et l'insalubrité de leurs marécages ; ce travail est complétement impossible par l'absence d'une statistique exacte des marais de la France, et l'on est obligé de recourir à des recherches individuelles qui ne portent que sur des localités très-restreintes.

Tandis que, en France comme dans presque toute l'Europe, la mortalité moyenne annuelle est de 1 sur 40, dans les pays marécageux on voit cette proportion tomber jusqu'à 1 sur 20, et même plus bas encore dans les cantons les moins favorisés. Dans les départements de l'Ain et du Jura, Rossi a trouvé 1 décès sur 38 habitants des montagnes du Jura, et 1 décès sur 20,8 dans les pays à étangs des Dombes et de la Bresse. Dans la vallée marécageuse de la Sprée et du Lobau, Reinhard (*Étude statistique de l'influence des contrées palustres*, etc., par le docteur Reinhard (de Bautzen) ; revue, par Beaugrand, in *Annales d'hygiène*, 1862, t. XVIII, p. 217) compte 1 décès sur 33,6 habitants, et 1 sur 46 dans les villages bâtis sur les hauteurs et exempts de toute influence palustre. A Brouage, de 1817 à 1832, il y avait 1 décès sur 21 habitants ; en 1831, Motard a trouvé pour les dix départements les plus marécageux de la France 1 décès sur 37,25 habitants, 1 sur 42,03 dans les dix départements les moins marécageux. Cette mortalité augmente avec les années, c'est-à-dire à mesure que se prolonge l'exposition aux causes défavorables, et le maximum des pertes a lieu à l'époque la plus productive de la vie, c'est-à-dire de 20 à 60 ans. Villermé (*De l'influence des marais sur la vie ;* in *Annales d'hygiène*, 1834, t. XI, p. 342, et t. XII, p. 31), par un de ces accidents auxquels n'échappe pas toujours la statistique la plus sagace, Villermé avait été conduit à une conclusion opposée, qui toutefois lui paraissait inexplicable et inattendue ; en étudiant 10,000 décès survenus dans l'i e marécageuse d'Ely, en Angleterre, il en avait trouvé 2,823 au-dessous de un an, tandis que, pour toute l'Angleterre, sur le même nombre de décès, il n'en trouvait que 1,996 au-dessous d'un an ; appliquant ses recherches aux départements de la France, il arrivait à cette conclusion, que ce sont les enfants de 1 à 4 ans qui souffrent le plus des marais ; en 1846, disait-il, dans les cantons salubres, s'il en meurt 1,000, il en meurt 1,546 dans les huit départements les plus marécageux. Reinhard a fait voir que l'erreur dans laquelle était tombé Villermé tenait à des causes locales ; et mettant ainsi d'accord la statistique avec la conclusion que l'induction permettait de préjuger, il fait voir par une série de tableaux que, dans les villages marécageux, la supériorité du chiffre proportionnel des décès s'accuse de plus en plus avec l'âge. Il trouve même que pour les enfants d'un jour à un an la mortalité est plus forte sur les hauteurs que dans la vallée ; mais c'est l peut-être un accident fortuit, provenant de ce que l'auteur opère sur de petits nombres, et il faudrait se garder d'en tirer une conclusion prématurée. Nous nous contentons de reproduire ici le tableau qu'il donne de la durée moyenne de la vie pour les différents groupes :

DURÉE MOYENNE DE LA VIE.

POUR LES INDIVIDUS AYANT ATTEINT	SUR LES HAUTEURS.	DANS LA VALLÉE.
1 an	47,5.	44,5
6 ans	56,4.	52,9
14 —	58,6.	55,9
20 —	59,6.	58,4
30 —	62,1.	59,2
40 —	64,6.	62
50 —	67,8.	65,2
60 —	71,7.	70,5
70 —	77	77

Rollet (*De la fièvre intermittente endémique en Dombes*, etc. ; *Gaz. méd.*, Lyon, 1862, p. 53, 2ᵉ partie, in *Annales d'hygiène*, 1862, t. XVIII, p. 225), calculant la vie moyenne, de 1833 à 1858, des individus originaires des pays d'étangs dans les Dombes et y ayant vécu, trouve cette vie moyenne de 24 ans, tandis que pour la même période, en France, elle est de 35 ans ; certaines communes même sont encore plus éprouvées, et le chiffre s'abaisse en proportion de la surface couverte d'étangs.

COMMUNES.	PROPORTION DE LA SURFACE COUVERTE D'ÉTANGS.	VIE MOYENNE DE 1832 à 1836 (portant seulement sur les originaires des localités).	DE 1833 à 1858.
Bizieux	0,426	14 ans 2 m.	21,2
Villars	0,546	23 — 4 —	19,8
Bouligneux	0,527	20 — 11 —	18,2
Saint-Nizier-le-Désert	0,352	23 — 10 —	20,2
Surface totale des Dombes	0,240	24 — » —	24,0

Becquerel (*Rapport au conseil général du Loiret*, en 1850), en 1850, avait fait un travail semblable pour les départements du Cher, du Loiret et du Loir-et-Cher, et il avait construit le tableau suivant :

DÉPARTEMENTS.	SURFACE DES ÉTANGS POUR 1000 HECTARES.	POPULATION PAR KILOMÈTRE CARRÉ.	DURÉE DE LA VIE MOYENNE.
Département du Cher. Cantons de la Chapelle, Aubigny, Vierzon, etc.	6	13,40	30,04
Département du Loiret. Cantons de la Teste et de Sully, moins la ville de Sully.	41	11,31	22,33
Cantons de Cléry, Jargeau, Gien.	7	22,50	30,64
Département de Loir-et-Cher. Cantons de la Motte-Beuvron, Neung, Romorantin, Salbris (moins la ville de Romorantin).	45	13,40	29,40
Cantons de Bracieux, Saint-Aignan, Selles-sur-Cher et Coutres.	14	37,20	34,34

La population ne se maintient et ne s'accroît que par l'excédant des naissances sur les décès ; dans les pays marécageux, l'on voit progressivement cet excédant diminuer, disparaître, puis être remplacé par l'excédant des décès :

Prony, de 1801 à 1811, a relevé dans les marais Pontins les chiffres suivants :

	VELLETRI.	PIPERINO.	SONINO.
Décès.	2,313	1,717	901
Naissances.	1,726	1,601	885

A Brouage, avant 1820, à l'époque où l'insalubrité résultant de l'abandon des salines était extrême, on ne comptait plus que 3 naissances pour 4 décès. Motard, comparant les décès aux naissances, a trouvé que dans les dix départements les plus marécageux l'accroissement annuel de la population était seulement de 1 sur 647 habitants, alors que dans les dix départements non marécageux il était de 1 sur 188. Rollet, dans les trente-sept communes qui forment les pays d'étangs en Dombes, n'a trouvé, pour la période 1802-1843, que 1,400 naissances au delà du chiffre des décès, soit un excédant de 35 naissances par an ; de telle sorte que la population dans ce pays ne se doublerait qu'en 500 ans, tandis que pour toute la France, d'après le mouvement de la population pour l'époque correspondante, elle devait se doubler en 159 ans. M. Quesnoy (*Recueil et mémoires de médecine et de chirurgie militaire*, 1865, t. XIV, p. 97, etc.), dans ses remarquables études sur la topographie de la Mitidja, a comparé la mortalité des colonies créées dans la plaine, au voisinage des marécages, avec celle des colonies établies loin de toute influence palustre, en particulier au voisinage de Médéah, dans l'Atlas. La statistique porte sur une longue série d'années, de 1848 à 1862, et l'on peut suivre, sur des tableaux très-étendus, l'amélioration progressive des chiffres de la mortalité et des naissances à mesure que l'assainissement de la plaine se poursuit. Voici quelques exemples empruntés au tableau général :

| | | MOYENNE ANNUELLE | | DÉCÈS SUR 1,000 HABIT. DE 1843 A 1862. |
		DES NAISSANCES.	DES DÉCÈS.	
1° Dans la Mitidja.	Zurich	9,30	11,42	74,9
	Marengo	20,00	43,35	63,9
	El-Afroun	11,50	27,40	74,8
	Fondouck	44,16	23,44	42,3
2° Dans l'Atlas	Lodi	13,85	6,42	17,9
	Damielte	10,14	6,35	17,9

Les contrées palustres se distinguent en général par la faible densité de leur population; en général, il en faut chercher la cause bien moins dans l'excès de la mortalité que dans les vastes surfaces rendues inhabitables et occupées par les étangs, et dans un mouvement d'émigration qui dépasse presque toujours celui de l'immigration. Tandis que, en France, en 1866, la densité de la population était en moyenne de 70 habitants par kilomètre-carré, dans le département de l'Indre (la Brenne), M. Bertrand (*Études statistiques sur le recrutement dans le département de l'Indre*, in *Recueil des mémoires de médecine et de chirurgie milit.*, 1865, t. XV, p. 286) comptait en 1865 41 à 44 habitants par kilomètre carré dans les trois cantons non palustres, 34 dans l'arrondissement du Blanc qui est mixte, et 29 seulement dans les trois cantons insalubres qui correspondent à la Brenne. En Dombes, il n'y avait que 24 habitants par kilomètre, au lieu de 67, chiffre moyen de la France à cette époque; et encore ce chiffre était-il considérablement augmenté par le mouvement d'immigration qui était très-fort dans le département. De 1804 à 1862, il y a eu un accroissement total de la population de 6,554 habitants, sur lesquels il faut déduire 4,376 immigrants, soit les deux tiers.

Nous l'avons déjà dit, c'est sur les cantons déshérités que pèse le plus lourdement l'obligation du service militaire; avant 1820, à Brouage, M. Leterme dit avoir vu des années où il ne restait personne de la classe au moment du tirage, tous les jeunes gens nés vingt ans auparavant étant morts ou ayant disparu. M. Bertrand a relevé les statistiques du recrutement dans le département de l'Indre, et il a trouvé, pour une période de trente ans, que les cantons non marécageux présentaient 254 à 280 exemptions pour infirmités sur 1,000 inscrits, tandis qu'il y en avait de 300 à 319 dans les cantons marécageux qui forment la Brenne, en Dombes. M. Rollet trouve encore des chiffres plus élevés : 590 exemptés sur 1,000 inscrits dans les cantons où les étangs n'occupent que 8 pour 100 de la surface; 650 exemptés sur 1,000, quand la surface occupée par les étangs atteint 23 pour 100 de la superficie totale. Même en dehors des considérations ethnologiques, l'influence des marais se traduit par un abaissement notable de la taille; la statistique a également permis à M. Bertrand de tracer le tableau ci-après :

EXEMPTÉS POUR INSUFFISANCE DE TAILLE SUR 1,000 H.

(Brenne) Canton marécageux.	de Mézières (entièrement marécageux)	145,5
	Tournon	124,8
	Le Blanc	101,4
Canton non marécageux.	Levroux	50,0
	Issoudun sud	73,4
	Issoudun nord	86,7

Quant aux modifications que les marais impriment au caractère, à l'intelligence, à la criminalité des populations, nous manquons d'indications précises. et de renseignements vraiment scientifiques ; nous ne pouvons que renvoyer à l'*Histoire médicale des marais* de Monfalcon. Le savant médecin lyonnais a abordé ce sujet et l'a traité avec un charme de style et un talent littéraire qui justifient les citations nombreuses que lui ont empruntées tous les auteurs depuis 1826.

CAUSES DE L'INSALUBRITÉ DES MARAIS. Il est aujourd'hui malaisé de s'entendre sur ce qu'on appelle les maladies *palustres*, difficile par conséquent d'en définir et d'en rechercher les causes. Ce mot s'est éloigné peu à peu de sa signification primitive. de celle que l'étymologie lui assigne : *palus*, marais, *palustris*, qui est en rapport avec les marais. Il existe dans les localités marécageuses un grand nombre d'influences capables d'agir sur la santé de l'homme et des animaux ; nous avons pris pour type l'une de ces influences, celle, inconnue dans sa nature, qui engendre le groupe des maladies dont la fièvre intermittente est le type ; et, par une tendance naturelle, naturelle surtout à l'esprit médical, ce terme général *palustre* a été réservé exclusivement au groupe restreint des fièvres à quinquina. On ne réforme pas le langage médical, on le subit, mais il n'est pas inutile de faire remarquer que souvent, au cours des discussions, les uns emploient le mot palustre dans son sens particulier, tandis que d'autres lui restituent sa signification commune, grammaticale, la seule qui convienne à une revue comme celle-ci.

Un marais est le type de ce qu'on appelle en physiologie générale *un milieu*, c'est-à-dire un ensemble de conditions, de phénomènes capables d'agir sur les êtres qui y vivent. Dans un même marais, plusieurs de ces conditions peuvent devenir des causes d'autant de maladies différentes ; à plus forte raison, dans des marais dissemblables, pourront naître des maladies dissemblables. Ce qui a toujours fait le succès des théories parasitaires, même de celles qui n'avaient aucun fondement, c'est que l'esprit se complaît volontiers à cette hypothèse d'un terrain, d'un milieu dans lequel se développent des germes d'origine végétale ou animale, appartenant à un même genre si l'on veut, mais à des espèces distinctes, dont chacun peut faire éclore une maladie spécifiquement différente. Quelques esprits, trop pressés de conclure, font déjà naître la fièvre intermittente simple des palmelles ou des oscillaires, le choléra de l'urocystis, en attendant qu'ils rattachent la fièvre jaune à quelque autre végétal cryptogamique engendré également dans la vase des marais.

Il n'est pas permis, dans l'état actuel de la science, de s'abandonner à cette pathogénie un peu passive, mais séduisante après tout, et qu'on aurait aussi grand tort de rejeter systématiquement que d'accepter sans preuves suffisantes.

Dans un autre ordre d'idées, on est parti de ce fait, que parmi les débris organiques qui se décomposent dans les marais, les uns appartiennent au règne végétal, les autres au règne animal ; d'après un grand nombre d'auteurs, les effluves provenant de la décomposition des végétaux donneraient naissance au groupe des fièvres intermittentes et rémittentes, tandis que les produits de la fermentation animale, qui d'ordinaire, hors des marais, engendrent les maladies typhiques, seraient la cause, quand ils prédominent dans un foyer palustre, de ces maladies infectieuses, graves : dysenterie, choléra, peste, fièvre jaune, etc. M. Fonssagrives a exprimé par les mots intoxications *phytohémique* et *nécrohémique* cette différence d'action de la matière qui se décompose. On comprend dès lors que, dans un foyer marécageux également riche en débris organiques des deux règnes, plusieurs individus puissent contracter, les uns la fièvre, d'autres la dysenterie, sans même heurter cet aphorisme dont la justesse est très-contestable : une même cause ne peut produire des effets différents. Quand la substance organique se décompose sous nos yeux, ne la voyons-nous pas produire de l'alcool, des acides acétique, lactique, butyrique, etc., suivant la nature de la matière première qui a subi la fermentation. Ces produits n'ont ni la même composition chimique, ni la même action sur l'organisme, ni surtout les mêmes protorganismes qui constituent les ferments. Ne peut-il pas en être de même dans les foyers marécageux ? Une végétation aussi spéciale que celle des palétuviers, par exemple, la vase marine qui leur sert de sol, les myriades d'animaux de toute classe qui viennent y périr, doivent-ils nécessairement donner des produits de décomposition identiques à ceux de la Sologne, de l'Agro romano ou de la Mitidja? Les marais froids et brumeux de la Hollande et des bouches de l'Elbe doivent-ils agir comme ceux du delta du Gange et du Mississipi? Quelle part, en outre, faut-il faire à l'action *directe* de la chaleur sur les phénomènes intimes de nutrition, sur les fonctions du foie et des glandes vasculaires sanguines, chez les individus qui vivent exposés à ces émanations pestilentielles. Indépendamment de ces différences en quelque sorte spécifiques, mais ressortissant à un même *genre* de causes, les influences qui agissent dans les marais peuvent être d'ordre même très-éloigné. Nous avons vu sévir chez les animaux une affection épizootique, la *pourriture*, considérée pendant longtemps comme l'analogue de notre cachexie palustre. On sait aujourd'hui qu'elle est produite par l'accumulation dans les voies biliaires de distomes dont les embryons pullulent dans l'eau croupissante des marais ; à ce titre, c'est réellement une affection palustre dont la cause n'a aucune analogie avec celle qui chez l'homme fait naître quelques accès de fièvre tierce ou quotidienne.

Dans l'étude des causes des maladies palustres en général, il faut donc faire intervenir pour leur part les conditions étiologiques multiples qui existent dans les marais, et dont, pour une grande part, nous ignorons encore l'importance; continuer à faire de l'élément palustre un être abstrait, une cause spécifique, indécomposable, c'est retarder les recherches de physiologie pathologique qui éclaireront le processus de la fièvre, c'est prolonger la confusion qui existe sur la classification et la nature des pyrexies infectieuses.

Nous allons passer en revue les hypothèses nombreuses qui ont été émises pour expliquer les maladies palustres proprement dites, réservant à la pathologie générale l'appréciation des causes secondaires qui interviennent pour modifier la santé des habitants de marais.

On a cherché à expliquer l'action des marais par certains changements survenus, sous leur influence, dans ce qu'on appelait autrefois fluides impondérables, et en particulier dans l'électricité, la température, l'ozone atmosphériques, etc.

L'étude plus complète des phénomènes électriques qui se passent chez l'homme, les travaux de Matteucci, Weber et Dubois-Reymond , etc., ont fait naître, il y a une vingtaine d'années surtout, un grand nombre de théories tendant à expliquer par des perturbations de l'électricité animale ou cosmique certaines maladies dont la nature restait encore obscure. Eisenmann est certainement celui qui a su le mieux donner à cette hypothèse l'apparence d'une explication scientifique, et nous empruntons à un travail de Hirsch (*Recherches sur l'étiologie de la fièvre intermittente*, in *Zeitschrift für die gesammte Medizin*, 1849, et *Gaz. méd* , 1850, p. 641) l'exposé de cette doctrine ingénieuse. Le point de départ du raisonnement est cette pétition de principe : l'augmentation et le changement d'espèce de l'électricité atmosphérique produisent les fièvres intermittentes. Au lieu de rechercher expérimentalement si l'électricité est capable de déterminer chez l'homme des phénomènes comparables à la fièvre, Eisenmann admet d'emblée cette hypothèse, et s'efforce d'en démontrer la vérité en faisant voir qu'on peut expliquer par elle tous les faits de l'observation médicale. Les couches superposées du sol, formées de matières minérales, salines, ou organiques, constituent de véritables batteries électriques, de la même façon que les rondelles de la pile de Volta; l'eau qui infiltre le sol est une solution saline plus ou moins concentrée, et joue le rôle du liquide générateur dans une pile ordinaire. La quantité d'électricité ainsi formée varie avec la nature chimique du terrain, le nombre des couches, leur humidité ou leur sécheresse ; quand le dégagement est considérable, les accidents palustres se produisent. Ainsi s'expliquent les rapports de la fièvre avec certaines conditions topographiques réputées favorables à son développement, les inondations, les pluies très-prolongées, la stagnation accidentelle de l'eau de mer sur un terrain habituellement découvert, le mélange de l'eau douce et de l'eau salée en contact prolongé sur le sol. Dans ces cas, l'eau salée qui pénètre les couches profondes représente l'acide ou la substance saline qu'on ajoute au liquide d'une pile pour en ranimer l'activité. On s'explique ainsi pourquoi certaine localité où l'on ne peut découvrir d'eau stagnante est un foyer habituel de fièvres ; c'est que la composition chimique des stratifications géologiques est telle, qu'elles réagissent activement l'une sur l'autre et engendrent beaucoup d'électricité. En outre, dans les pays marécageux, l'humidité constante des couches superficielles du sol, les alternatives rapides d'échauffement et de refroidissement de l'atmosphère amènent des changements continuels dans la condensation et l'évaporation de l'eau, la formation de brouillards ; de là résulte la mise en liberté d'une grande quantité d'électricité, et la fréquence d'accidents le matin et le soir, surtout pendant l'automne où des nuits fraîches succèdent à des journées brûlantes.

On le voit, ce ne sont pas les interprétations ingénieuses qui font défaut à l'auteur pour justifier sa doctrine. Pallas avait déjà invoqué l'électricité atmosphérique pour expliquer la fièvre ; après avoir été longtemps partisan de la théorie des miasmes, il était arrivé à penser que les oscillations de l'électricité pouvaient seules être la véritable cause des fièvres intermittentes. M. Armand (*De l'Algérie médicale*, Paris, 1854), qui nie l'existence d'un miasme palustre quelconque et même la coïncidence des marais et de la fièvre, s'est rangé à l'opinion de Pallas et d'Eisenmann ; malgré une discussion pleine de verve et parfois de solidité, il réussit mieux à détruire qu'à édifier, mais il n'apporte aucune démonstration expérimentale à l'appui, et, comme eux, il continue à raisonner sur une hypothèse contestable. Cela est si vrai, que M. Burdel attribue, à son tour, la fièvre à la *soustraction* brusque de l'électricité par l'action combinée de la chaleur, de l'humidité, etc. C'est par là surtout que sa manière de voir diffère de la précédente ; elle ne repose non plus que sur des déductions théoriques et des interprétations que tout le monde sans doute trouvera plus ingénieuses que solides. « C'est, dit-il (*Recherches sur la fièvre paludéenne*. Paris, 1858, p. 88), dans la période pendant laquelle l'électricité diminue, c'est-à-dire vers le milieu du jour, et non le soir et le matin, que l'homme subit le plus cette influence que lui communiquent l'atmosphère qui l'entoure et le sol qu'il foule aux pieds ; que tous deux, lorsqu'ils sont échauffés par les rayons du soleil, soutirent l'électricité propre à l'homme, en produisant chez lui les troubles particuliers auxquels on a donné le nom d'impaludation. » Pour lui également, le sol est une pile électro-thermique, la décomposition de la matière dégage de l'électricité ; les variations nycthémérales de la température favorisent la formation des brouillards, qui jouent le rôle principal dans la théorie; «le soir l'électricité positive qui le matin s'élève du sol, intimement combinée avec les globules humides, descend peu à peu des régions supérieures de l'atmosphère et s'abat sur la colonne d'air voisine du sol. »

Au moyen d'un appareil particulier, *le condensateur hygro-thermo-électrique*, l'auteur constate que l'ozone et l'électricité atteignent leur minimum au milieu du jour, par la plus grande action du soleil ; c'est à ce moment, selon lui, que dans les marais on contracte le plus sûrement la fièvre. C'est, on le voit, l'opinion déve_ loppée par Eisenmann, à cette différence près que l'un attribue à l'excès d'élec_ tricité et que l'autre explique par la soustraction de ce fluide; il n'est pas de meilleure réfutation possible. En outre, les brouillards par les oscillations qu'ils impriment, selon M. Burdel, à l'état électrométrique de l'air, devraient mesurer l'insalubrité des localités, ce qui est très-loin d'être vrai; aussi l'auteur s'efforce « de distinguer les brouillards ordinaires, de la *vaporisation humique* qui se produit sur les parties aqueuses intimement mélangées au sol, le dissolvant lui et une grande partie des matières qui le composent. » Le défaut, de toutes ces explica- tions, c'est d'échafauder une théorie sur des faits scientifiques insuffisamment démontrés, et de chercher des preuves dans des raisonnements et non pas dans des expériences. M. Durand de Lunel n'a pas évité cet écueil dans son *Traité dogmatique et pratique des fièvres intermittentes*. Paris, 1852. C'est également à des phénomènes électriques que l'auteur attribue l'action des marais, mais il s'est attaché surtout à montrer comment se produit la perturbation de l'élec- tricité des tissus et du corps humain. Pour être sûr de rendre exactement la pensée de l'auteur, nous empruntons à un article publié par luimême dans la *Gazette médicale*, de 1862, p. 681, le résumé et la justification de sa doctrine.

« ... Vassali-Randi, Bellingeri, Matteucci ont reconnu que le sang et surtout le sang rouge avait une tension électro-positive prononcée... Le miasme n'est autre chose qu'une parcelle de la matière organique putride d'où il émane... il pénètre en nature par voie d'absorption dans l'économie, et propage son mouve- ment de fermentation molécule organique à molécule organique similaire... Si la matière putride d'où procède le miasme est de nature végétale, elle donne des produits de décomposition gazeuse à réaction acide, et par conséquent, avec eux, d'après les lois de l'électro-chimie, de l'électricité négative, cette électricité néga- tive que Thouvenel a reconnue au-dessus des points marécageux ; si elle est de nature animale, elle laisse dégager des produits ammoniacaux, et avec eux de l'électricité positive... La présence du miasme paludéen dans les voies circulatoires a pour effet d'y neutraliser ou d'y déprimer l'impression électrique normale du sang... Les produits gazeux à prédominance acide sont probablement, comme les acides non concentrés, des tempérants de l'action sanguine. Par conséquent, le miasme paludéen est un agent d'hyposthénie pour les extrémités de l'appareil nerveux des vasculaires sanguins, ce qui ne manque pas d'éveiller les suscepti- bilités de l'appareil nerveux de la vie animale. »

Je suis encore à me demander, dit l'auteur, si dans mes opérations intellec- tuelles je suis parti de quelque hypothèse. Tout est hypothèse, pourrions-nous dire, au contraire ; le point de départ est un fait contesté, mal connu, et les travaux de M. Scoutetten , les critiques de M. Dechambre et de M. Béclard (voy. *Gazette*

hebdom., 1865, p. 531, etc.) font voir combien il est difficile de déterminer l'état
électrique du sang.

En somme, personne n'a encore étudié d'une façon rigoureuse l'action que les
variations de l'électricité atmosphérique exercent sur la santé de l'homme ; il est
donc tout à fait prématuré de rattacher à ces variations la cause non-seulement
de la fièvre intermittente, mais encore de tous les accidents qu'on observe dans
les marais. Il en est de même de l'ozone ; quelle que soit la nature réelle de cet
agent, et quelque exactes que puissent être les réactions qui en décèlent la présence, il est impossible de le considérer comme le principe nuisible producteur
des accidents palustres. Ce qu'on sait aujourd'hui de son histoire et de ses propriétés permet tout au plus de le considérer comme un agent capable d'augmenter ou de diminuer par ses oscillations la salubrité de l'atmosphère marécageuse, et c'est à ce titre seulement qu'il en sera question plus loin. Si nous passions ici en revue les causes de la fièvre intermittente, et des accidents palustres,
nous devrions mentionner l'opinion de Broussais qui avec sa verve accoutumée
rattachait uniquement la fièvre aux alternatives de la température ; celle de Faure,
pour qui la fièvre était la conséquence de l'extrême chaleur, etc. Mais nous n'étudions ici que la cause des effets nuisibles des marais sans savoir si d'autres conditions encore peuvent produire des maladies analogues.

Il est inutile de s'attarder aujourd'hui à combattre l'opinion ancienne qui cherchait le poison palustre dans un des composés chimiques volatils ou gazeux *actuellement connus*, qu'on peut dégager de l'eau ou de la boue des marais. Si intéressants et si curieux que soient les travaux de Daniell, Chevreul et Savi sur la
production de l'hydrogène sulfuré par l'action réciproque des sulfates et des matières organiques, on sait par des expériences directes que l'inhalation de ce gaz
produit des accidents qui n'ont aucune analogie avec les maladies palustres. On
en peut dire autant de l'action de l'hydrogène carboné et phosphoré, et même de
l'oxyde de carbone que Boussingault a démontré exister en petite quantité au-
dessus des nappes d'eau dormante couvertes de plantes aquatiques. Il n'est pas
impossible cependant qu'on découvre un jour, dans l'air ou dans l'eau des marécages, un corps volatil ou gazeux, d'une composition chimique bien définie, et
qui agisse sur l'économie à la façon d'un grand nombre d'agents toxiques ; l'odeur
spéciale qui s'élève le plus souvent les marais rend en quelque sorte cette espérance légitime. M. Chevreul, dans la séance du 30 novembre 1865 à l'Académie
des sciences, protestait énergiquement contre le reproche d'impuissance de la
chimie à découvrir dans l'atmosphère des corps délétères qui peuvent y être répandus. La condition nécessaire, disait-il, c'est que le chimiste soit mis en possession de quantités suffisantes de la matière à examiner, et l'examen des matières
organiques exige que le chimiste ne trouble pas la composition spéciale des principes immédiats qu'il doit séparer. Déjà, dans un rapport fait à l'Académie le
18 mars 1839 (*Comptes rendus*, VII, p. 380), M. Chevreul énumérait les recherches qu'il conviendrait d'entreprendre afin que la chimie pût donner toutes
ses lumières dans le cas où l'air contient une matière appréciable à un de nos sens
et en particulier à l'odorat ; il citait un moyen mécanique de compression de gaz ;
un moyen physique de refroidir, afin de condenser en liquide ou en solide des
vapeurs mêlées à des gaz proprement dits ; des moyens chimiques afin de con-
centrer par absorption des vapeurs ou des gaz malfaisants mêlés à l'atmosphère.

« Si, dit-il, avant la découverte de la composition immédiate du beurre et de ses acides odorants, le butyrique, le caproïque et le caprique, on eût demandé au chimiste le plus habile de reconnaître la cause de l'odeur de quelques litres d'air dans lesquels le beurre eût séjourné 24 heures, la réponse eût été que la chose n'était pas possible. Mais l'analyse immédiate du beurre en margarine, oléine, butyrine, caproïne et caprine une fois faite, et les propriétés des acides butyrique, etc., une fois connues, le problème proposé était résolu. Or substituez au beurre un corps neutre capable de développer sous l'influence de l'air une vapeur odorante ou inodore, mais toxique, supposez que, par des moyens correspondant à ceux qu ont présidé à l'analyse du beurre et à la découverte de ces acides, vous obteniez à part le principe toxique, et le problème de l'existence dans l'air d'un miasme de propriétés connues sera résolu. »

La comparaison est d'autant plus juste que Kraut et Schweizer ont trouvé, dans de l'eau croupissante, des acides gras volatils, et en particulier des butyrates ; or la série des acides du type Cn Hn + 4 O est extrêmement nombreuse ; ces corps se rattachent aux alcools et aux aldéhydes, dont ils dérivent par oxydation, et bien que d'autres hypothèses paraissent plus vraisemblables, il n'est pas impossible qu'un de ces acides ou un de leurs dérivés protéiformes agisse sur les êtres vivants à la façon des poisons chimiques.

Ces composés toutefois peuvent exister, non pas à l'état gazeux, mais sous forme de particules en suspension dans l'air, ou de substances dissoutes dans une petite quantité de vapeur d'eau. C'est pour cela qu'il ne faut pas renoncer aux recherches inaugurées par Moscati, continuées par Rigaud de L'Isle et Vauquelin, Thenard et Dupuytren, Brocchi, Boussingault, et plus récemment par Bechi, recherches qui consistent à condenser, au moyen de vases contenant de la glace, la rosée et la vapeur d'eau contenue dans l'air au-dessus des marais. Dans une thèse déjà ancienne et un peu oubliée, M. Meirieu fils (*De l'influence des miasmes marécageux sur l'économie animale*, Montpellier, 1829) dit avoir recueilli de la rosée dans les marais, et en avoir fait avaler une certaine quantité à des lapins. « Une demi-heure après la première cuillerée, les trois lapins donnèrent des signes d'une faiblesse et d'un trouble général qui ne permettaient pas de mettre en doute l'action du miasme auquel l'eau sert d ordinaire de véhicule. Dans cet état, je fis avaler encore à chacun d'eux une cuillerée du même liquide, et un instant après, ils furent saisis de tremblement et de stupeur. Mon père essaya de boire le matin à jeun un demi-verre de cette rosée que nous venions de recueillir ; il eut aussitôt des envies de vomir et une légère cardialgie. Le lendemain, il se sentit faible et abattu ; alors il fit usage d'une décoction de quinquina mêlé de quelques gouttes de laudanum, et cet état se dissipa sans suites fâcheuses.» Ces dernières observations sont réellement très-curieuses, elle mériteraient d'être reprises et contrôlées. Sans doute, il ne faut pas ajouter une signification exagérée aux symptômes fugaces ressentis par l'expérimentateur; sans doute faut-il attribuer une certaine part à l'opération elle-même dans le tremblement, la stupeur, le trouble général manifestés par les animaux; toutefois l'étude des propriétés physiologiques de la rosée des marais mérite de prendre place à côté de l'énumération des caractères physiques et chimiques qui seule a été faite jusqu'ici. Tous les auteurs ont vu dans la liqueur ainsi recueillie se former des flocons albumineux qui, en se putréfiant, dégagent une odeur cadavérique ; l'analyse chimique y a révélé de l'ammoniaque, une réaction alcaline, résultats de la décomposition putride, de plus, la présence d'une matière organique non déterminée. Bechi, plus récemment, a pu doser cette substance et l'évaluer à 0ᵍʳ,00027 par mètre cube d'air atmosphérique; il a trouvé qu'elle noircissait l'acide sulfurique en passant dans le tube laveur de Liebig, et qu'elle colorait en rouge, par réduction du métal, une solution de nitrate d'argent. Malheureusement, les procédés employés jusqu'à ce jour pour reconnaître la composition et la nature de cette matière organique ne pouvaient conduire à un résultat scientifique ; les analyses n'ont été faites le plus souvent que sur des liquides altérés déjà par la putréfaction, comme les deux fioles de rosée recueillie par Rigaud de L'Isle sur les marais Pontins, et examinée longtemps après par Vauquelin à Paris, etc. En outre, l'opération chimique a consisté dans ce qu'on appelle l'analyse élémentaire ou ultime, c'est-à-dire qu'on a cherché à reconnaître, en détruisant cette substance, la qualité et la proportion des éléments, le nombre des équivalents d'hydrogène, d'oxygène, de carbone et d'azote qui entraient dans sa composition ; nous verrons tout à l'heure que l'air même le plus salubre, renferme une assez notable quantité de poussières, de débris organiques de toute sorte, et l'on comprend que l'analyse élémentaire de ce mélange complexe, en voie de décomposition, ne peut en rien éclairer sur la nature et la composition d'un corps chimique qui y serait contenu. Pour arriver à une notion scientifique quelconque, il est nécessaire de recourir aux procédés *stœchiologiques*, comme les a appelés M. Robin, à l'analyse immédiate qui sépare, isole, sans décomposition chimique, mais par une sorte d'analyse anatomique, les principes immédiats, solides, liquides ou gazeux, végétaux ou animaux que renferme la matière à examiner ; la coagulation, la cristallisation, l'examen sous le microscope des formes cristallines et des réactions délicates, etc., doivent dorénavant remplacer les procédés grossiers du chalumeau, du chauffage au charbon, etc., applicables uniquement à l'analyse des substances pures et bien définies, jamais à celles des mélanges.

Outre les principes immédiats toxiques à composition chimique déterminée, mais encore complétement inconnus, que le dépôt floconneux de la rosée des marais pourrait contenir, on a pensé qu'il représentait les molécules de matière organique altérée qui prennent généralement le nom de miasmes ou d'effluves quand elles sont à l'état de suspension dans l'air.

« Solides, ou liquides, ou en suspension dans la vapeur d'eau, ces substances organiques offrent cette particularité que lorsqu'elles sont altérées, elles transmettent aux substances organiques saines, par simple contact, leur genre d'altération ou un genre d'altération analogue. Pour cela, il n'est pas nécessaire que la quantité de la substance organique altérée offre un rapport déterminé de masse eu égard à celle des substances qu'elle vient modifier.... Les substances organiques dont l'altération a commencé dans certaines conditions de température, d'humidité, etc , transmettent cet état par simple contact ou après mélange moléculaire avec les substances saines, lors même qu'elles sont en quantité excessivement minime, parce que la modification a lieu, de proche en proche, de molécule à molécule (Ch. Robin, *Des miasmes, des virus*, etc., in *Gazette des hôpitaux*, 2 août 1856). »

Ces lignes ont été écrites il y a près de quinze ans, à une époque où la force catalytique imaginée par Berzelius, les effets de contact ou de présence de Mitscherlich servaient à expliquer à la fois les putréfactions, les fermentations et les phénomènes catalytiques proprement dits. Des travaux plus récents, en particulier ceux de M. Pasteur, tendent de plus en plus à rattacher ces mouvements et ces propriétés de la matière organique altérée à la présence d'organismes inférieurs ou ferments, dont le nombre et les espèces se multiplient chaque jour ; à ce titre, le rôle étiologique des miasmes, ainsi que les comprend M. Ch. Robin, tendrait à se confondre avec cette pathogénie animée qui prend droit de domicile dans la science et que nous exposerons tout à l'heure.

Dans l'état actuel de nos connaissances, il serait prématuré sans doute de renoncer à cette hypothèse de particules miasmatiques transmettant à toute l'économie, de molécule à molécule, cette altération de la matière qui constitue les maladies *totius substantiæ;* plus facilement admissible pour expliquer la pathogénie des maladies virulentes que pour rendre compte de l'infection palustre, elle ne repose pas sur une base positive bien affermie, et l'on cherche en vain la démonstration matérielle d'une altération progressive et moléculaire de tous les tissus dans l'empoisonnement par le miasme des marais.

Comme transition à la pathogénie animée dont nous parlions tout à l'heure, nous devons donner ici une large place à l'opinion assez inattendue d'un savant dont les vues originales et les appréciations ingénieuses ont généralement la bonne fortune d'exciter l'intérêt et la curiosité du monde médical.

M. Bouchardat (*Rapport sur les progrès de l'hygiène*, Paris, 1867, p. 34; *Des poisons et des venins*, in *Annuaire de thérapeutique*, 1866, p. 299-357) ne comprend le développement des accidents palustres qu'en admettant l'existence d'effluves, c'est-à-dire d'une matière organique qui se produit dans certaines substances végétales en putréfaction, et qui, entraînée par la vapeur d'eau et inhalée par les poumons de l'homme, engendre les maladies des marais. L'hypothèse la plus vraisemblable sur la nature de ces effluves « consiste à admettre que c'est un *venin* produit par une des espèces des animaux microscopiques qui déterminent la fermentation des marais. » Quel est le parasite qui fournit le venin? le savant professeur l'ignore, mais ce n'est pas un de ces vibrions agents moteurs de la fermentation putride, car ces vibrions (anaérobies de Pasteur) ne vivent que dans un milieu privé d'oxygène, tandis que les effluves des marais ne se dégagent que lorsque les fonds vaseux sont à nu et reçoivent l'accès de l'air; en outre, les produits de la fermentation putride affectent péniblement l'odorat et provoquent des accidents qui n'ont aucun rapport avec ceux des marais. Les effluves ne sont pas formés par les infusoires mêmes (probablement des aérobies) qui font naître la fermentation paludique; leur absence dans les préparations microscopiques semble à M. Bouchardat un argument décisif; par contre, l'instrument grossissant découvre dans la rosée recueillie au-dessus des marécages, avec des débris organiques de beaucoup de sortes, de petits flocons qui lui paraissent être la matière toxique elle-même. « *Admettre que cette matière est produite par un acte de la vie de ces infusoires qui pullulent dans la boue des marais en voie d'assèchement, est l'hypothèse qui rend le mieux compte des observations :* dire que cette substance se rapproche des poisons introduits par les animaux (les venins), ce n'est que donner aux faits leur interprétation la plus légitime. » Parmi les infusoires qui abondent dans les détritus végétaux, quelques-uns n'ont d'autre moyen de s'emparer de leur proie que de l'attaquer par un venin; bien que nous soyons encore dans l'impossibilité complète de décrire et de classer les animalcules microscopiques toxifères, il est probable que les conditions d'habitat, la nature des boues, le mélange des eaux douces et des eaux salées engendrent des espèces distinctes, et que le venin de chacune d'elles a une action différente sur l'homme. L'immunité dont jouissent certains foyers marécageux de la Nouvelle-Calédonie, de Taïti, etc., ne résulterait-elle pas de l'absence des infusoires toxifères, soit par le fait qu'ils n'existaient pas et qu'ils n'ont pas été transportés dans ces localités, soit encore parce que les végétaux qui pourrissent dans ces marais sont des *mallaleuca* ou d'autres végétaux à essences qui tuent les infusoires toxifères. On est conduit par un grand nombre d'observations concordantes à admettre que les effluves des marais jouent un rôle important dans la genèse des foyers primitifs du choléra contagieux, de la fièvre jaune et peut-être de la peste. On s'explique difficilement pourquoi, sous l'influence de conditions qui en apparence sont identiques, on voit naître, la misère et l'encombrement aidant, des maladies si différentes. Tout s'interpréterait avec facilité, si l'observation venait à nous démontrer qu'elles résultent de poisons produits par des espèces voisines, mais spécifiquement différentes. Une de ces espèces vit au delta du Gange, et son poison donne le choléra ; une autre, à l'embouchure des grands fleuves de l'Amérique, où elle devient le moteur de la fièvre jaune.

Ces vues théoriques, dirons-nous avec le savant dont nous venons de résumer fidèlement les idées, ont besoin pour être admises de la sanction de l'observation et de l'expérience ; mais peut-être n'oserions-nous pas croire, comme lui, que cette hypothèse est *la plus vraisemblable* de toutes celles qui ont été émises sur la nature des émanations palustres. Tout ici repose sur une vue ingénieuse de l'esprit, et l'on fait la part réellement trop petite aux faits rigoureusement démontrés : si la substance floconneuse contenue dans la rosée des marais est un venin, pourquoi ne pas tenter de l'inoculer sous la peau ou de la faire absorber par la muqueuse respiratoire ? Est-il bien démontré que les venins produisent leur action habituelle par le simple contact avec les muqueuses non entamées ? Les venins sont-ils capables de déterminer des maladies ou des troubles de nutrition dans le règne végétal ? Les objections se pressent ; il est à désirer qu'elles se multiplient et qu'on cherche à les résoudre ; il est désirable surtout qu'on étudie au point de vue de la morphologie et de l'histoire naturelle cette vase marécageuse, réceptacle d'organismes divers, auxquels à tant de reprises on a voulu attribuer un rôle important dans l'intoxication palustre.

L'hypothèse de M. Bouchardat est en quelque sorte l'application au règne animal microscopique du rôle que Boudin attribuait à la flore des marais. Boudin partait de ce fait que certaines émanations végétales déterminent chez l'homme des phénomènes morbides, non pas seulement par les gaz nuisibles, acide carbonique, oxyde de carbone, etc., mais par les principes volatils, les huiles essentielles qu'elles entraînent et qui les constituent ; remarquant qu'on trouve fréquemment dans les marais les mêmes plantes à odeur forte et plus ou moins fétide, il s'est demandé s'il fallait ajouter foi au préjugé populaire qui attribue une vertu fébrigène à plusieurs de ces espèces : la flouve (*anthoxanthum odoratum*), le *chara vulgaris*, certaines rhizophorées, etc. Dans cette manière de voir, le marais n'intervient plus que d'une façon indirecte dans la production des accidents : il n'est que le milieu favorable où la plante, véritable agent pathogénique, trouve les conditions de son développement ; tel marais ne produira point de fièvre, s'il n'y vit ni chara, ni flouve, etc. ; la fièvre peut régner là où il n'y a point de marais, pourvu qu'on y rencontre des plantes réputées fébrifères. *A priori*, l'hypothèse n'est pas inadmissible ; cela ne suffit pas pour qu'elle soit une réalité : si les accidents sévissent surtout à l'époque où ces végétaux dégagent au plus haut degré leur odeur fragrante, c'est que leur floraison a lieu précisément en automne, au moment où les marais, en partie desséchés et en pleine fermentation, dégagent leurs effluves avec le plus d'activité ; la flouve odorante, à qui, dans la basse Bresse, on attribue l'influence la plus nuisible, est semée, cultivée dans beaucoup de prairies naturelles, humides ou même marécageuses, parce qu'elle améliore le fourrage, en lui transmettant une odeur assez parfumée qui rappelle le benjoin, et la fièvre est parfois inconnue là même où cette graminée est le plus abondante. Il est enfin des marais, foyers d'une insalubrité extrême, où l'on ne rencontre non-seulement aucune des plantes incriminées, mais encore, pour ainsi dire, aucune espèce de végétation. L'opinion émise par Boudin paraît donc assez hasardée, et l'on peut dire qu'elle n'a conquis jusqu'ici qu'un bien petit nombre d'adhérents. Salisbury, à la fin de son mémoire, énumère longuement les phénomènes et les symptômes qui résultent de l'inhalation des principes volatils des phanérogames, mais il cherche à prouver que ces accidents n'ont aucune analogie avec ceux que déterminent les spores des plantes à fièvre.

C'est donc par une extension forcée et une fausse interprétation, que certains auteurs ont trouvé une analogie étroite entre la théorie de Boudin et la découverte des palmellæ par Salisbury : la première fait des accidents palustres une maladie par empoisonnement, l'autre tend à en faire une maladie parasitaire.

Ce n'est pas de nos jours seulement qu'on a cherché à expliquer les maladies des marais par l'introduction dans l'économie de petits êtres doués de vie, parasites du règne animal ou végétal. Déjà, à la fin de l'ère ancienne, Vitruve et Varron, et un peu plus tard Columelle, émettaient l'idée que certains insectes, en pénétrant dans le corps de l'homme, étaient capables de faire naître un grand nombre d'affections. L'impulsion vive que prirent les sciences naturelles après la Renaissance, la découverte et l'emploi du microscope, le goût naissant pour l'intervention des causes matérielles dans l'explication des maladies, permettent de comprendre la faveur avec laquelle les médecins du dix-septième et du dix-huitième siècle accueillirent les premiers travaux du P. Ath. Kircher sur cette pathologie animée, qui paraissait devoir éclaircir tant de mystères. Les insectes volumineux et grossiers, admis par Varron, Vitruve et Columelle, étaient remplacés désormais par des êtres microscopiques, capables, en raison de leur petitesse, de passer dans le sang par les voies respiratoires ou les pores de la peau. Lancisi, dans son livre admirable sur l'insalubrité de la campagne romaine, s'est efforcé de démontrer que les effluves sont formés par les produits de la putréfaction végétale, et il n'est pas éloigné de faire jouer un rôle important à des animalcules microscopiques suspendus dans l'air des marais, et susceptibles de pénétrer dans le torrent circulatoire. Ces idées furent soutenues par Rasori, le grand réformateur italien, au commencement de ce siècle, et se propagèrent à tel point, que pour empêcher la pénétration de ces animalcules fébrifères, appelés dans le peuple *serafici*, on conseillait en Italie de ne plus respirer l'air des localités à mal'aria qu'à travers un tissu de gaze légère, en même temps qu'on s'imposait l'obligation (Armand, *l'Algérie médicale*, p. 68) de vivre dans une atmosphère saturée d'ail par l'emploi de ce végétal sous toutes les formes *intus* et *extra*. De nos jours, les belles recherches d'Ehrenberg sur les infusoires avaient inspiré à Virey, qui cependant combattait au premier rang dans le camp des vitalistes, la croyance que ces animalcules étaient la cause véritable de l'insalubrité des marais. Tout le monde sait la part qui revient à Raspail dans la création de cette pathologie animée, dont il compromit plutôt qu'il n'assura le succès par une généralisation exagérée et par des procédés qui n'ont rien de commun avec ses grands travaux de chimie et d'histoire naturelle. Les découvertes de Pasteur (*Annales de physique et de chimie*, 1862, etc. — De Vauréal, *Essai sur l'histoire des ferments, de leur rapprochement avec les miasmes et les virus*. Thèse de Paris; 1864. — Gaulier, *Études sur les fermentations*, etc. Thèse de Paris; 1869) ont inauguré une voie presque nouvelle pour expliquer les phénomènes de décomposition analogues à ceux qui se passent dans les marais. Tandis que Liebig rattachait à des actions chimiques *tout* le processus de la fermentation, Pasteur a fait intervenir des organismes nombreux et divers, véritables ferments analogues à celui de la levûre de bière, et dont successivement il démontra l'existence. La question est encore indécise de savoir si ces ferments microscopiques proviennent de germes répandus dans l'atmosphère, ou s'ils peuvent se former de toutes pièces par un certain agrégat de la matière organique. Quand le milieu est acide, ce sont des ferments végétaux qui se développent : penicillium, aspergillus, mucor, cryptococcus, etc.; quand le milieu devient neutre ou alcalin, toutes les espèces végétales disparaissent et sont remplacées par des animalcules, vibrions, bactéries, etc. J. Lemaire (*Comptes rendus de l'Académie des sciences*, 1864, p. 426 et 317) a étudié, à ce point de vue, la vapeur d'eau condensée au-dessus d'une des localités les plus malsaines de la Sologne, voisine du village de Saint-Viâtre, et connue dans le pays sous le nom expressif de *Tremble-vif*. Le liquide fut examiné heure par heure sous le microscope, et l'on put y suivre une série curieuse de transformations. Après avoir constaté la présence de cellules, de spores, de débris de toute sorte, J. Lemaire vit se développer sous ses yeux des Algues, des Mucédinées, des Champignons; plus tard, ceux-ci meurent ou cessent de croître; ils sont remplacés par des monades, des vibrions, des spirillum, des bactéries. A mesure que cette prolifération et ces transformations s'accomplissent, le liquide, d'abord parfaitement limpide, se trouble, devient floconneux, et dépose une matière organique, formée sans doute des éléments ci-dessus indiqués.

D'après ces travaux, les miasmes ne seraient autre chose que les ferments eux-mêmes, entraînés dans l'air par la vapeur d'eau et les gaz qui s'élèvent des foyers de décomposition organique. Ces ferments pénétreraient dans l'économie par les voies respiratoires, et y joueraient le même rôle que Robin attribuait aux particules miasmatiques, sous l'influence de l'effet de contact ou de la force catalytique.

Tandis que Pasteur admet la nécessité d'un ferment spécial ou spécifique pour chaque espèce de fermentation, d'autres essayent de démontrer que les ferments se transforment les uns dans les autres, et déterminent des fermentations différentes, suivant les conditions du milieu où ils sont placés (Hallier). Au point de vue pathogénique, M. Lemaire tend à réunir tous ces ferments dans un groupe unique, capable de faire naître tour à tour la fièvre intermittente, la fièvre jaune, le typhus, le charbon, etc., suivant les qualités, la composition du foyer de décomposition organique; l'alternance des épidémies de charbon, de fièvre typhoïde, et de fièvres intermittentes simples aux bords de l'étang de la Seille (Meurthe), selon les années de mise en eau, d'assec, etc., pourra être invoquée comme un argument en faveur de cette opinion.

Les idées de Pasteur sur les fermentations et partant sur la nature des miasmes, ne sont point acceptées sans conteste. Berthelot, entre autres, croit que les microzoaires et les microphytes *sécrètent* le ferment de la même façon, par exemple, que l'orge germé sécrète la diastase; le ferment ainsi produit agit par me simple action de présence, et détermine la fermentation putride, acétique, etc., comme la diastase transforme l'amidon en sucre, comme la synaptase décompose l'amygdaline, etc. Dans un ordre d'idées un peu différent, la conception de Berthelot rappelle assez bien l'hypothèse émise par Bouchardat, d'un *venin* sécrété par un infusoire microscopique, et imprimant aux effluves marécageux leur action nuisible sur l'organisme humain.

Nous ne pouvons entrer dans la discussion de théories qui ne sont qu'ébauchées, et dont la critique trouvera sa place dans une autre partie de ce Dictionnaire. Admissibles pour expliquer la propagation et le développement des maladies virulentes, inoculables, où l'on constate des infusoires doués de vie dans les liquides de l'organisme, ces conceptions pathogéniques semblent difficilement applicables aux fièvres intermittentes, à la cachexie palustre, et à beaucoup d'accidents de même sorte, où manquent les caractères que nous venons d'énoncer (*voy.* FERMENTATION).

Les germes disséminés dans l'air n'agissent pas seulement comme ferments; il en est qui peuvent pénétrer dans l'intérieur des organes, s'y implanter comme parasites, et y devenir la cause d'accidents très-variés. C'est dans cet ordre d'idées que Mitchell, Salisbury, etc., ont cherché à rattacher l'action nuisible des marais à l'introduction de parasites végétaux microscopiques dans le courant sanguin et dans tous les liquides de l'organisme. J. K. Mitchell (*On the Cryptogamous origin of malarious and epidemic fevers.* Philadelphie; 1849), un des premiers, a formulé cette doctrine dans une série de leçons professées au Collège médical de Jefferson, à Philadelphie, et réunies quelques années plus tard dans un traité didactique; il cite des exemples nombreux d'individus atteints de fièvres, après avoir respiré un air chargé de spores de champignons, et dans les bronches ou les mucosités pulmonaires desquels on rencontrait une grande quantité de ces petites cellules. Malheureusement, il se préoccupe trop peu de définir l'espèce ou les espèces susceptibles de développer ainsi les accidents palustres. C'est également d'une façon théorique, et en quelque sorte par voie d'exclusion, que Mühry (*Die geographischen Verhältnisse*, etc., chap. VI) arrive à cette conclusion, que les marais agissent au moyen d'un miasme animé, consistant dans des infusoires végétaux microscopiques; dans le chapitre qu'il consacre à ce sujet dans la seconde partie de son ouvrage, il ne mentionne aucune observation directe qui lui soit personnelle. Ce sont, au contraire, les expériences et les descriptions en apparence positives qui donnent un grand intérêt au travail de Salisbury (*On the Cause of intermittent et remittent fevers, with investigations which tend to prove that these affections are caused by certain species of Palmellæ*, by J. H Salisbury, M. D. professor of Physiology, Histology et Pathology in Charity hospital medical College. In *the American Journal of the medical Sciences*, new S, t. LI, janvier 1866, p. 51-75). Ce mémoire a été, en partie, traduit et analysé par M. Beaugrand dans les *Annales d'hygiène*, 1868, t. XXIX, p. 417. Le 6 novembre 1869, la *Revue des cours scientifiques* a publié des recherches du même auteur sous ce titre : *École de médecine de Claveland (Ohio), Cours* de M. J. H. Salisbury: *Causes des fièvres intermittentes et rémittentes.* Beaucoup de personnes ont cru y voir la confirmation, à trois ans de distance, des premières recherches de l'auteur, ce qui leur donnait une sorte de sanction expérimentale; nous nous sommes assuré que l'article de la *Revue* n'est que la traduction littérale, complète, sans aucune addition ni suppression du mémoire publié, en 1866, dans *the American*

Journal; c'est là une constatation qui peut avoir son opportunité et son intérêt.

En 1862, la fièvre intermittente était endémique dans les districts marécageux des vallées de l'Ohio et du Mississipi. Salisbury examina l'expectoration des individus atteints par la maladie; il y rencontra, d'une façon banale, une grande quantité de cellules zoosporides, d'animalcules, de diatomées, de dismidiées, de cellules et de filaments d'algues, des spores fungoïdes, etc. Au contraire, il trouva d'une façon constante d'autres petites cellules qu'il dit appartenir au genre algues, et ressembler fortement aux espèces *palmellæ*. Ces dernières cellules avaient pour caractère particulier de présenter l'apparence de ce que Virchow appelle des *physalides*, c'est-à-dire une petite chambre claire et vide entre le noyau et la paroi cellulaire. Ces éléments se rencontraient exclusivement dans la zone où régnait la fièvre, mais ils ne faisaient jamais défaut; en outre, dans l'urine des fébricitants, ils formaient de petits flocons très-ténus, d'autant plus nombreux que la maladie était plus grave; ils n'y manquaient jamais, pas plus que dans la sueur, etc. Salisbury considère les organes urinaires et l'appareil sudoripare comme la voie importante de leur élimination. L'auteur admet comme démontré que ces éléments microscopiques sont les spores d'une espèce d'algues, appartenant à l'organisation végétale la plus inférieure qui soit connue, les *palmellæ;* et pour affirmer le rapport qui les lie aux fièvres des marais, il crée pour eux le nom de *gemiasma*, miasmes de la terre. Il donne lui-même les caractères du type :

« *Gemiasma* (Salisbury). Plantes ayant l'apparence de cellules consistant chacune en une paroi extérieure mince, contenant un noyau rempli de petites spores, soit simples, soit agrégées, se multipliant par dédoublement ou segmentation de la face interne d'une membrane mère, et provenant de spores. Couleurs variées, rouges, vertes, jaunes, blanches, plombées, etc. Il y a plusieurs espèces qui semblent agir comme un poison *malarial*. Les plantes rouge brique et plombées se trouvent principalement dans les sols riches en calcaire, pendant que les variétés jaune verdâtre et blanches se rencontrent plus souvent dans les terrains dépourvu de calcaire. » Ces parasites forment, sur la croûte à demi desséchées, des marais, des fossés, ou des bas-fonds vaseux, un enduit pulvérulent, réuni en petits amas cristalloïdes, au niveau des moindres saillies ou aspérités de la surface.

En suspendant, la nuit, au-dessus des points marécageux, des lames de verre maintenues humides par une solution concentrée de chlorure de chaux, Salisbury trouva toujours le lendemain matin, à la face supérieure des plaques, la plupart des organismes rencontrés dans les sécrétions, et, d'une façon constante, des spores oblongues de palmelles. Au moyen d'un appareil approprié, il examina les éléments morphologiques des différentes couches de l'atmosphère, et il arriva aux conclusions suivantes :

« 1° Les spores cryptogamiques et les autres corpuscules se maintiennent audessus du sol, surtout pendant la nuit. Ils s'élèvent et restent suspendus dans les exhalaisons froides et brumeuses de la terre après le coucher du soleil, et retombent sur le sol peu après le lever du soleil ;

« 2° A la latitude de l'Ohio, ces corps montent rarement à plus de 55 à 60 pieds au-dessus des terrains bas;

« 3° A Nashville et à Memphis, cette hauteur va de 60 à 100 pieds ;

« 4° Au delà de la limite des exhalaisons nocturnes, ces corpuscules ne se montrent pas, et les fièvres intermittentes n'apparaissent plus;

« 5° Pendant le Jour, l'air des districts fiévreux ne contient pas une seule de ces spores palmelloïdes, et ne renferme par conséquent aucune des causes qui donnent naissance aux accès fébriles. »

En parcourant les endroits marécageux où Salisbury reconnaissait des couches de palmellæ de plantes à fièvre (*agueplants*) comme il les appelle, il a souvent ressenti au fond de la gorge, ainsi que les docteurs Effinger et Boerstler qui l'accompagnaient, une sécheresse, une constriction et une sensation fébrile particulières, gages assurés de la pénétration des spores dans les premières voies de la respiration. Salisbury cite un grand nombre de cas particuliers où, la fièvre ayant sévi dans telle ou telle localité, d'une façon parfois accidentelle, il a toujours pu trouver la végétation qu'il incrimine étendue sur une large surface ; une couche de chaux ou de paille répandue sur le sol arrêtait définitivement ou momentanément le soulèvement des spores et la manifestation des accidents. Pour compléter sa démonstration, l'auteur remplit six caisses en bois d'une couche mince de terre marécageuse et riche en palmelle, et les fit porter à 5 milles de là, dans un lieu élevé, d'une salubrité extrême, où jamais on n'observe de fièvres ; ces caisses furent placées sur la fenêtre d'une chambre occupée par deux jeunes gens sains et bien portants. Au bout de 15 jours environ, les deux jeunes gens avaient des accès de fièvre tierce bien réglée, alors que personne autour d'eux, ni dans les autres parties de la maison, n'était atteint ; dans une autre expérience presque identique, deux individus sur trois prirent bientôt des accès de fièvre. Enfin, il raconte qu'un jour il laissa dans le cabinet de travail de son collègue, le docteur House, un vase rempli de palmelles qui venait de servir à une démonstration ; incomplètement caché sous un journal, le vase fut oublié là ; quelques jours après, le docteur House fut pris de courbature, de fièvre intermittente bien caractérisée, qui cessèrent dès qu'on eut découvert et enlevé le corps du délit.

Le processus pathogénique imaginé par Salisbury ne laisse pas que d'être fort obscur ; les spores traversent, en les altérant, les cellules épithéliales des surfaces internes et externes du corps ; elles gagnent le torrent circulatoire, les tissus vasculaires, de là les organes hématopoïétiques et glandulaires, envahissent les cellules du foie, de la rate, des glandes mésentériques, modifient leur contenu, partant troublent les phénomènes de nutrition et de sanguification, etc. On peut négliger ici ce côté de la théorie et s'occuper uniquement d'examiner si les faits allégués sont réels, acceptables, suffisamment démontrés.

L'obscurité qui règne encore, au point de vue de l'histoire naturelle, sur les espèces inférieures des champignons microscopiques, semblait imposer à Salisbury une description minutieuse de ces palmellæ qui existent dans le sol, et dont l'existence est la base même de sa théorie ; il se contente de dire que *ces palmellæ appartiennent à l'organisation végétale la plus inférieure qui soit connue* ; il leur donne un nom générique nouveau, *gemiasma* ; il dénomme et baptise de nouvelles espèces *G. rubra* (Salisbury), *G. paludis* (Salisbury), etc., etc. ; mais il est extrêmement sobre de caractères anatomiques et descriptifs. On pourrait conclure de là que Salisbury mérite un peu le reproche que Hallier (d'Iéna) adresse à Pasteur de ne pas être assez morphologiste, assez botaniste dans ses travaux sur la fermentation. Il est vrai que Pasteur, dès le début de ses recherches, avouait l'insuffisance relative de ses connaissances en cette difficile matière et qu'il s'en affligeait, ce qui est la marque du vrai savant et doit rassurer sur les conséquences de cet aveu. Il est assez commun au contraire de voir des médecins, qui jusque-là avaient

tout au plus les notions élémentaires sur les diverses classes de parasites végétaux ou animaux, entreprendre les travaux les plus délicats de la bioscopie,
employer des grossissements excessifs, découvrir des espèces nouvelles ou des
proliférations jusque-là inconnues ; il suffit d'avoir jeté les yeux sur les travaux
de Hallier qui, lui, est un véritable et savant botaniste, il faut avoir une certaine
pratique du microscope pour comprendre à quelles illusions on peut se laisser
entraîner en de telles matières. Les titres scientifiques de Salisbury, professeur
de physiologie, d'histologie et de pathologie dans une des universités de l'Ohio,
nous persuadent que le savant Américain ne mérite aucun des reproches que
nous adressons à ceux qui s'improvisent, du jour au lendemain, botanistes et
mycologistes ; mais nous aurions désiré une description plus rigoureuse des corpuscules trouvés dans les sécrétions : leur dimension exacte, qui d'après Hallier
dépasse à peine 2 ou 3 millièmes de millimètre ; les moyens qui lui ont permis
d'éviter la confusion avec les globulins du sang, avec les corps granuleux ou les parasites qui se développent facilement dans les produits de l'expectoration, avec les
moisissures, les globules de levûre qui naissent dans l'urine parfois un peu
sucrée des fébricitants. Salisbury a craint sans doute d'ajouter à la longueur
de son mémoire en développant ces questions, que d'aucuns trouvent d'une
importance capitale. Tant qu'on n'aura pas appliqué à ces *gemiasma* les procédés de culture qui caractérisent les travaux de Hallier, il restera quelques
doutes sur la subtilité ou la complaisance du microscope de Salisbury, auquel
nous devons déjà les parasites de la rougeole des camps (*Camps measles*), de la
syphilis, du rhumatisme articulaire aigu, etc.

Cherchons maintenant dans les travaux d'autres auteurs le contrôle de l'opinion précédente. W. A. Hammond (*A Treatise on hygiene*. Philadelphia, 1863,
p. 179-183), le chirurgien général de l'armée des États-Unis, considère comme
plausibles *a priori* les théories de Mitchell sur la nature fungoïde de la mal'aria.
Il a constaté très-souvent une prodigieuse quantité de spores dans l'atmosphère
des localités marécageuses ; au moyen d'un aspirateur bien connu, il a recueilli
ces sporules, appartenant surtout aux bassidiospores, aux hyménomycètes, et
aux gastéromycètes ; il dit avoir contracté lui-même une fièvre intermittente, après
avoir inspecté une grande provision de fourrages altérés ; il a fréquemment souffert
de mal de tête, avec fièvre, après avoir manipulé de vieux livres couverts de moisissure. En un mot, il croit que les maladies palustres seront réputées un jour
devoir leur origine à l'inhalation des spores de certains champignons, à l'exclusion de toute autre cause ; il se garde, toutefois, d'incriminer telle espèce plutôt
que telle autre. Il faut ajouter qu'à cette époque Salisbury, dont il apprécie
hautement les travaux sur l'origine parasitaire de la rougeole des camps, n'avait
encore ni publié ni terminé ses recherches sur les palmelles.

Un médecin de Ceylan, le docteur Massy (*On the Prevalence of Fungi in
Jaffna* (Ceylan) ; in *Army medical Report for* 1865, t. VII, p. 539), a publié
en 1865 une série de notes tendant à démontrer la coïncidence d'une quantité énorme de champignons microscopiques dans l'atmosphère pendant une recrudescence de l'endémo-épidémie palustre à Jaffna, localité célèbre pour ses
marécages. L'air, l'eau des puits, des citernes, la poussière noire qui couvre les
feuilles, comme aussi l'urine, l'expectoration de la plupart des fébricitants contenaient des spores extrêmement nombreuses de ce que Massy appelle la mucédinée
céréale, et dont il donne une description assez complète (*voy.* 31 juillet, 4 septembre, 8 août, etc). Ce qui diminue un peu la signification pathogénique de

cette mucédinée, c'est sa fréquence même et l'abondance avec laquelle on la ren_
contre partout : dans la sérosité des vésicules du *lichen tropicus*, sur les cheveux
d'un indigène atteint de plique polonaise, sur les ulcères endémiques de la langue
(*sore tongue*), comme aussi et surtout chez tous les individus atteints de fièvres ;
dans certains cas, le mycélium du parasite est assez abondant pour former des cal_
culs vésicaux qu'ils constituent pour la plus grande partie. « De tout ceci, dit le
docteur Massy, il paraît très-probable que l'agent de la fièvre intermittente est
un poison spécial transporté et développé par des champignons ; que c'est un
virus de nature organique dans une période de transition, » etc. Ajoutons que
ces observations ont été brusquement interrompues par l'invasion d'une épidé_
mie de choléra, et, dit l'auteur, il paraît probable que la dissémination des spo_
rules de champignons a été la cause du développement rapide de la maladie.

Un autre médecin américain, Holden (*American Journal of the medical
Sciences*, janvier 1866), donne la relation d'une petite épidémie de fièvre inter_
mittente qui sévit sur un vaisseau en pleine mer pendant une traversée ; la soute
aux provisions, mal protégée, avait été souillée par l'eau de mer, et une couche
épaisse de moisissure en recouvrait toutes les parois ; mais la cale était également
infectée par l'eau de mer non renouvelée, et il y aurait autant de motifs d'invo_
quer l'action du marais nautique de Fonssagrives, que l'empoisonnement par
des champignons parasites ainsi que le fait l'auteur.

Hallier (Richter, *Ueber die... Revue critique des connaissances nouvelles sur
les champignons parasitaires causes de maladies*, in *Schmidt's Jahrbücher*,
1867, 3e vol., p. 81, et 1868, novembre, p. 101), dont les travaux ne peuvent
manquer d'éclairer dans peu d'années l'origine parasitaire des maladies, n'a pas
fait de recherches spéciales sur les champignons de la fièvre intermittente ; mais
il est tenté de croire que si la cause de la fièvre est un parasite, il est plus pro_
bable que c'est une espèce voisine des oscillariniées, c'est-à-dire de ces organismes
vermiformes doués de mouvements très-vifs, qu'on trouve en abondance dans
l'enduit verdâtre des égouts, et qu'on a placés tour à tour dans le règne animal
et dans le règne végétal.

L'observation suivante du docteur Schurtz, de Zwickau, (*Archiv der Heilkunde*,
1868, p. 69) pourrait contribuer à affermir cette hypothèse. Un malade fut
pris d'accès intermittents à Zwickau dans des conditions de salubrité telles,
que Schurtz ne pouvait en comprendre la filiation étiologique. Il finit par
apprendre que son malade se livrait à l'étude des cryptogames, qu'il avait
dans sa chambre à coucher vingt-quatre soucoupes contenant des oscillariées
en voie de culture. Malgré l'exiguïté des foyers de décomposition organique, en en_
trant le matin dans la pièce, on était saisi par une odeur marécageuse très-forte,
insensible dans la journée, parce que le malade tenait les fenêtres ouvertes jusqu'à
l'heure de son sommeil. « Cette odeur saisissante de marécages développée par
de petites masses d'oscillaires, me les fait soupçonner, dit l'auteur, de n'être pas
indifférentes dans la production des fièvres à mal'aria. J'en ai cultivé longtemps
sous des cloches très-propres, et chaque matin je trouvais des cellules à couleur
verdâtre dans les gouttelettes déposées sur les parois internes de la cloche. Quel
rapport y a-t-il entre ces cellules et les oscillaires ? je l'ignore ; néanmoins, si je
les avais trouvées dans toute autre circonstance, je les aurais prises pour des pal_
melles, et il est fort possible que, en général, les palmelles et tous les végétaux
de même genre, encore incomplétement connus, soient des degrés inférieurs du
développement d'algues plus parfaites. »

Le professeur van den Corput (*Journal de médecine de Bruxelles*, 1866, t. XLII, p. 530) a rapporté, en 1866, une observation qui a beaucoup d'analogies avec la précédente ; seulement, dans le cas du savant médecin de Bruxelles, c'étaient des cryptogames de l'espèce palmelle qui avaient produit la fièvre.

Au congrès médical international de Florence, en 1869, une des questions les plus actuelles qui aient été traitées a été celle des marais et de l'impaludisme. M. Balestra (*Recherches et expériences sur la nature et l'origine des miasmes aludéens*, Académie des sciences, 18 juillet 1870, et *Congrès médical de Florence*, in *Union médicale*, 4 novembre 1869, p. 645) y lut un mémoire présenté récemment à l'Académie des sciences, pour défendre la nature parasitaire des miasmes paludéens. Dans l'eau des marais Pontins, à Maccarebe et Ostie, outre un grand nombre d'animalcules microscopiques, il a trouvé constamment et en nombre proportionné au degré de putréfaction de l'eau un microphyte granulé de l'espèce algue, dont il donne la description. « Cette algue surnage à la surface de l'eau ; elle est irisée si elle est jeune, et reproduit l'apparence de taches d'huile. C'est seulement quand elle se trouve au contact de l'air, exposé aux rayons solaires, en présence de végétaux en décomposition, qu'elle se développe rapidement en laissant dégager de petites bulles gazeuses. » Dans l'air de Rome et des localités insalubres du voisinage, il a trouvé cette algue en proportion directe avec la saison, le degré d'insalubrité, l'état du ciel, et il ne doute pas que le principe miasmatique des foyers palustres ne réside dans les spores elles-mêmes ou dans quelques principes qu'elles renferment.

Il nous semble inutile de mentionner autrement l'opinion du docteur Jacob (*Union médicale*, 4 novembre 1869, p. 645), de la Réunion, qui, pour expliquer l'apparition de la fièvre dans les îles de l'archipel de Mascareigne, invoque l'introduction de quelques pieds de violette aux racines desquelles adhéraient *peut-être* quelques algues fébrigènes ! Il en est de même d'un travail de M. Lediberder. dissertation exclusivement dogmatique, qui n'a même pas l'occasion d'un fait expérimental quelconque.

En réponse à quelques-unes de ces affirmations, M. Wood (*An examination into the truth of the asserted production of general diseases by organised entities*, in *American. Journ. of med. Sc.* 1868, p. 333-352), professeur de botanique à l'université de Philadelphie, a opposé la réfutation suivante. Lui-même et le professeur Leidy ont couché pendant un mois dans une chambre où l'on avait réuni une quantité énorme de diverses espèces de palmelles : ni l un ni l'autre n'a été malade, bien que Wood eût une grande disposition à contracter la fièvre. En outre, les palmelles sont des plantes très-riches en chlorophylle, elles ont besoin pour vivre de l'action de la lumière, et ne peuvent se développer ou continuer à vivre dans l'intérieur du corps. Les palmelles qu'on trouve en abondance dans une foule de localités non marécageuses et même dans les régions arctiques, se développent et se reproduisent aussi bien dans la neige que dans l'eau à + 60° centigrades, tandis que la mal'aria ne se produit que dans les saisons chaudes, et que le froid fait cesser sa fâcheuse influence. Comme dernier argument, Wood montre qu'on peut faire vivre très-bien les Pamelles dans des solutions de sulfate de quinine, ce qui prouve, d'après lui, que le quinquina ne guérit pas la fièvre en détruisant un végétal parasite introduit dans l'organisme.

Pour terminer cette longue énumération, nous devons mentionner les travaux mycologiques récents, non pas sur la propagation, mais sur l'origine du choléra.

Les recherches de Kolb, de Thomé, de Hallier, tendraient à rendre vraisemblable l'opinion suivante : « Les districts marécageux de la presqu'île indo-gangétique sont la patrie naturelle d'une mucédinée qui vit sur le riz comme chez nous l'*uro_cystis occulta*, qui lui ressemble beaucoup et pour la forme et pour les séries vé_gétales, vit sur le chaume et dans la fleur du froment et du seigle » (Wieger, *la mucédinée du cholera, Gaz. hebdom.*, 1866, p. 65 et 97) ; le parasite, en pas. sant dans les viscères de l'homme, amènerait les désordres considérables qu'on constate dans les éléments cellulaires, et c'est lui qui, en subissant une évolution encore très-obscure, serait l'agent de la propagation du choléra hors de ses foyers primitifs. Nous étendre davantage sur ce sujet, ce serait préjuger une question encore incertaine, déjà traitée à sa place : des rapports qui unissent le choléra avec les marais insalubres dans son berceau primitif, et la nature parasitaire de la maladie.

Quelle que soit l'opinion qu'on adopte sur la nature des effluves, quand on voit sévir d'une façon épidémique des maladies aussi spéciales que le choléra et la fièvre jaune, on se demande si les conditions extérieures font naître, créent de toutes pièces les miasmes qui les propagent, ou bien si ces conditions ne font que préparer le milieu où le germe créé depuis longtemps, mais stérile et som. meillant faute de conditions convenables, pourra se développer et se reproduire. A la génération spontanée des êtres correspond la spontanéité des germes morbides, questions obscures toutes deux, liées étroitement peut-être, que nous n'avons pas à résoudre.

CIRCONSTANCES QUI MODIFIENT L'ACTION DES MARAIS. Les effets des marais varient avec les conditions différentes que présentent le marais lui-même, le milieu cosmique où il se trouve, les individus soumis à son influence.

La distinction classique des marais *couverts*, *découverts* et *alternatifs* se justifie à tous les points de vue. Une couche d'eau épaisse empêche la chaleur produite par la radiation solaire d'atteindre le fond chargé de détritus organiques; elle absorbe et dissout les émanations, les gaz, les principes volatils qui résultent de la décomposition de ces matières. Le desséchement, au contraire, quand il est complet et qu'il atteint les couches les plus profondes, produit un assainissement relatif; c'est ainsi qu'on voit des débris de tissus vivants exposés à un soleil très-vif et dans un air très-sec se dessécher et se momifier sans fermentation putride appréciable, sans moisissure, sans mauvaise odeur, etc. Ce sont les alternatives de desséchement et d'humidité qui rendent les marais dangereux et actifs, et les pluies amènent ce résultat, ici par leur rareté, ailleurs par leur abondance. En Hollande, la grande sécheresse fait cesser l'innocuité de certaines localités marécageuses en épuisant la mince nappe d'eau qui retenait les émanations : c'est de la même façon qu'en 1855 une sécheresse excessive produisit en Suède une épidémie grave de maladies palustres; dans l'île de la Trinité, dit Aitken, (*The Science and practice of medicine*, 5ᵉ éd, 1868, t. II, p. 988), dont la surface est vraiment une *mer de marécages*, la pluie tombe pendant neuf mois de l'année, la salubrité règne tant que le pays malsain est sous l'eau; mais s'il ne pleut que pendant huit mois au lieu de neuf, les fonds marécageux se découvrent, ils sont brûlés par le soleil, et les épidémies de fièvres rémittentes les plus graves apparaissent. C'est le contraire qui a lieu à la Barbade, où la sécheresse est habituellement extrême. Les pluies abondantes font naître les épidémies palustres en favorisant brusquement la fermentation du sol, empêchée par la privation complète d'eau pendant la saison sèche. Pettenkofer est tenté d'expliquer par des changements considérables dans le niveau de la couche souterraine les épidémies palustres qui-sévissent parfois en Allemagne sans cause extérieure bien appréciable, et les *Arch. der Heilkunde* ont publié dans ces dernières années de nombreux graphiques qui semblent favorables à cette opinion.

L'influence de la température n'est pas moins évidente. Le froid empêche, retarde ou arrête les phénomènes de fermentation ; il suspend la vie des organismes inférieurs ; la croûte de glace qui se forme sur les marais s'oppose d'une façon mécanique au dégagement des effluves ; cependant Joseph Frank (*Praxeos medicæ universæ præcepta*, t. I, p. 112) dit « avoir vu plusieurs fois les fièvres intermittentes sévir à Wilna dans le mois de février, alors que le thermomètre de Réaumur marquait 20° de froid et plus, à une époque où les marais pris en une masse pierreuse ne pouvaient certainement rien dégager. » La chaleur, au contraire, active la décomposition ; elle augmente la capacité de saturation de l'air, et c'est la vapeur d'eau qui entraîne, soutient et laisse retomber avec les brouillards les principes inconnus qui causent les accidents. L'action de la température sur les marais se manifeste suivant les latitudes, les climats, les saisons, etc. Hirsch indique le 62e degré de latitude comme la limite en Europe des endémo-épidémies palustres ; mais cette limite s'élève ou s'abaisse suivant la longitude, les localités, etc.; elle est, au contraire, parallèle à la ligne isothermique, et elle suit exactement l'isotherme de + 5°, qui représente une moyenne inférieure de 0° et une moyenne supérieure de + 10°. Le type des maladies palustres, leurs formes, leur gravité, varient avec la température, la latitude, etc. Dans les climats tempérés, la périodicité est régulière, à intervalles espacés ; dans les climats chauds, l'intermittence fait place à la rémittence, les formes graves apparaissent ; la subcontinuité, les accès pernicieux, les formes bilieuses, hémorrhagiques, la tendance à la stupeur, prédominent entre les tropiques et l'équateur, là où la fièvre jaune a ses foyers endémo-épidémiques. Les saisons, comparables aux climats, reproduisent en partie ces différences ; tandis que les marais sont à peu près inoffensifs en hiver, c'est de la fin de juin au mois d'octobre qu'en deçà de nos tropiques règne ce qu'on appelle l'endémo-épidémie estivo-automnale ; au delà et dans l'autre hémisphère, le retour de l'insalubrité varie avec les saisons, et c'est un ou deux mois après l'hivernage que les marais ont toute leur puissance, alors que l'ardeur du soleil commence à dessécher les bas-fonds inondés et couverts pendant la saison des pluies.

C'est le soir, au moment où le soleil se couche et que les brouillards s'élèvent, que les marais acquièrent leur plus haut degré de nocuité ; l'odeur pénétrante qui s'en dégage, la transition brusque de la température, l'impression de froid humide que l'on ressent à ce moment, confirment et justifient le sentiment populaire ; ils permettent de comprendre cette opinion étrange du baron Michel (*Topographie médicale de Rome et de l'Agro romano*, 1833, p. 52), que la fièvre n'a à Rome d'autre cause que le brouillard et le froid du soir. M. Léon Colin (*Traité des fièvres intermittentes*, Paris, 1870, p. 68) mentionne, d'après Puccinotti, le danger de ces représentations données à Rome à l'intérieur du mausolée d'Auguste transformé en amphithéâtre découvert. « Pendant la saison chaude, les représentations commencent vers six heures du soir, à l'heure réputée si redoutable de l'*Ave Maria*, pour finir quelques instants après le coucher du soleil, en sorte que les spectateurs subissent, en plein air et immobiles, cette brusque transition du jour à la nuit ; des accès pernicieux sont parfois contractés dans ces conditions. » M. Burdel, par une exception singulière, affirme que, d'après son expérience, il n'y a aucun danger à séjourner le soir, et même au moment où se

forment les brouillards, dans les marais de la Sologne, tandis que les accidents
sont presque inévitables si on y reste quelques instants, au milieu du jour, exposé
aux rayons du soleil.

L'influence du vent a servi d'argument pour prouver l'existence de principes
matériels nuisibles dans l'air des marais ; il balaye et renouvelle les couches infectées, et peut-être, en disséminant les miasmes, il rend les localités palustres
moins dangereuses. C'est au libre accès des vents que Carrière attribue la salubrité
de Venise, bâtie au milieu de lagunes marécageuses ; le mistral purifie d'une façon
évidente les plaines de la Camargue, et l'on voit diminuer, quand il règne, les
épizooties qui sévissent dans les pacages humides des Bouches-du-Rhône. Les médecins des pays chauds sont d'accord pour mentionner le danger des calmes prolongés dans les régions malsaines qui avoisinent les tropiques. M. Pauly, dans une
étude riche en recherches bibliographiques, a entrepris de démontrer que le
danger des foyers palustres en apparence les plus redoutables pouvait être conjuré
par l'intensité, la continuité et la direction des courants d'air atmosphériques.
S'appuyant sur des documents très-variés, il fait voir que c'est par le libre accès
et l'action purifiante des alizés et des moussons qu'il faut expliquer l'innocuité des
marais de Taïti, de la Nouvelle-Calédonie, des pampas de la Plata, des îles de
l'Uruguay, de Singapour, de la Nouvelle-Zélande, etc.; tandis que rien n'égale
la pestilence des forêts marécageuses de l'Abyssinie, de l'Inde et du Mékong, où
jamais la moindre brise ne pénètre. C'est l'explication la plus vraisemblable qu'on
ait donnée jusqu'ici de cette étrange immunité de l'hémisphère austral, révélée
par Boudin dès 1857. Le vent qui a passé sur des marais actifs peut faire naître
au loin, au moyen des émanations qu'il déplace, les accidents habituels aux lieux
d'origine ; dans la Charente-Inférieure, le vent de l'ouest, après avoir traversé les
marais de Brouage, fait apparaître à Marennes des fièvres nombreuses que le vent
de l'est dissipe. « Dans la Bresse, dit Monfalcon, le vent le plus dangereux est le
vent du nord, qui n'arrive à Montluel qu'après avoir passé sur les marais du pays.
Tout le monde connaît l'épidémie de fièvre intermittente qui, après avoir régné
sur les côtes occidentales de la Hollande en 1826, envahit, à la suite d'un vent
d'est prolongé, certains districts du littoral britannique où la fièvre était d'ordinaire à peu près inconnue.

C'est à l'influence du vent qu'il faut rattacher certains bénéfices que confèrent
l'orientation des lieux, la présence de rideaux d'arbres, de forêts, de vastes édifices qui font office d'écrans et créent parfois des immunités inattendues : les
quartiers les plus bas d'une ville, le Ghetto de Rome. « Le docteur Wood (de
Pensylvanie), dit Aitken, rapporte un fait intéressant de neutralisation des effluves
miasmatiques. Il dit qu'ils sont rendus à peu près inoffensifs par l'air des grandes
cités. Le fait est notoire pour Rome ; il s'est confirmé d'une façon éclatante dans
les plus grandes villes des États-Unis, au voisinage desquelles sévissaient violemment les maladies palustres » (Aitken, *The Science and Practice of Medicine*,
1868, t. II, p. 984). M. L. Colin (*Traité des fièvres intermittentes*, Paris, 1870,
p. 78), qui nie avec raison tout antagonisme entre l'encombrement et la mal'aria,
ne voit dans cette immunité « que la résultante des obstacles apportés à la pénétration du mauvais air par les murs, les édifices de tout genre, et à sa production
locale par le pavage des rues et les autres moyens d'assainissement appliqués au
sol... Ici, en outre, les agglomérations humaines sont bien moins souvent la cause
que le résultat de la salubrité. »

Le rayonnement d'action des émanations palustres est d'ailleurs limité, aussi bien en surface horizontale qu'en altitude. En 1746-47, l'escadre anglaise, stationnant dans l'étroit canal qui sépare l'île de Walcheren du Beveland méridional, ne présenta pas un seul cas de maladie palustre, au dire de sir Gilbert Blane, tandis que sur les deux rives les troupes étaient ravagées par les fièvres d'une façon presque incroyable ; le canal n'ayant que 2,000 mètres de largeur, on en pourrait conclure qu'en mer les foyers palustres n'étendent pas leur action au delà d'un kilomètre ; dans les régions tropicales, toutefois, le rayonnement est beaucoup plus étendu et nous venons de voir en outre la part importante qu'il faut faire à la direction habituelle des vents et à leur intensité. Dans le sens vertical, la zone de préservation varie avec un grand nombre de conditions, particulièrement avec les climats et la latitude. Parkes a construit, d'après des documents assez nombreux, le tableau suivant :

Italie	120 à 150 mètres.
Amérique	900 —
Californie	300 —
Inde	600 —
Indes orientales	420, 540, 660 —

Il ne s'agit ici naturellement que de l'altitude relative, c'est-à-dire de la hauteur au-dessus du foyer marécageux ; les marais, en effet, se rencontrent et sévissent à presque toutes les altitudes, et n'ont d'autres limites que l'absence ou la pauvreté de la végétation, la persistance des neiges, etc. L'observation et l'expérience sont seules capables d'indiquer pour chaque localité la hauteur à laquelle il faut s'élever au-dessus des marais pour être à l'abri de leur danger ; il serait facile de contredire par des faits chacun des chiffres du tableau de Parkes qui ne donne d'ailleurs que des moyennes et reconnaît leur insuffisance. Dans certains pays, en Bresse, à Malaga, Gibraltar, en Sicile, dans la vallée de Mexico, les habitations ou les villages placés au niveau même des foyers palustres ont une insalubrité moindre que les localités sises à mi-côte, sur le flanc des collines, à des hauteurs médiocres (Montfalcon, Aitken, Coindet, etc.). Probablement cela n'est vrai qu'à une certaine distance horizontale des foyers, car à leurs confins mêmes le danger doit être le plus grand ; au delà de ce voisinage rapproché, les couches inférieures de l'air restent immobiles, retenues par les arbres, les maisons, par tout ce qui fait saillie sur le sol, tandis que les courants atmosphériques dont l'intervention est nécessaire transportent au-dessus de cette couche immobile d'air pur les émanations qui s'élèvent des marais.

Le remuement des terres marécageuses, l'exposition brusque à l'air des couches profondes non aérées, riches en débris organiques, où la fermentation se faisait lentement à l'abri de la lumière et des gaz de l'atmosphère, provoque d'ordinaire un dégagement miasmatique considérable. M. Chevreul (*Mémoire sur plusieurs réactions chimiques intéressant l'hygiène des cités populeuses*, lu à l'Académie des sciences, les 9 et 16 novembre 1846 ; *Annales d'hygiène*, 1853, t. L, p. 5) s'est demandé quelle était l'origine de ces principes toxiques ; proviennent-ils des produits de décomposition incomplète qui se sont accumulées lentement dans le sol, et que l'exposition à l'air dégage ; ou bien résultent-ils de l'activité de combustion que désormais l'air et la lumière vont amener dans ces matières organiques découvertes. M. Chevreul démontre par des raisons péremptoires que la première hypothèse est la plus rapprochée de la vérité. Les travaux de drainage, de canalisation, de nivellement ; le curage des ports, des fossés d'irrigation, des mares, des étangs empoissonnés, ne se réalisent le plus souvent qu'au prix d'une exagération considérable et momentanée de l'insalubrité qu'on

se propose de détruire. Le défrichement des marais desséchés, des landes marécageuses ou de terres souvent inondées et depuis longtemps incultes, comme dans
la Mitidja en Algérie, a fait naître des épidémies soudaines, alors que ces mêmes
localités, avant toute perturbation du sol, ne semblaient que relativement mal
saines. M. Quesnoy (*loc. cit.*) comparant dans la Mitidja la mortalité, pendant dix
années de défrichement, à celle de dix autres années après le défrichement, a
trouvé les chiffres suivants :

	PENDANT LE DÉFRICHEMENT.			APRÈS LE DÉFRICHEMENT.
Douéra.	106 décès annuels sur 1,000 habitants.			. . . 67
Dély-Ibrahim . . .	118	—	—	 15
Le Fondouck. . .	80	—	—	 29
Boufarik	48	—	—	 36

Les marais recouverts d'une végétation luxuriante sont, toutes choses étant
égales d'ailleurs, moins pernicieux que ceux qui restent nus et improductifs.
M. Colin s'est même appuyé sur ce fait pour dire que « la fièvre est causée par la
puissance productive du sol, quand cette puissance n'est pas mise en action, quand
elle n'est pas épuisée par une quantité de plantes suffisante pour l'absorber » (Colin,
loc. cit., p. 15). Le fait d'observation est généralement vrai, quoiqu'il supporte
de nombreuses exceptions ; mais la formule est un peu obscure, elle a comme un
reflet ontologique qui la rend suspecte. La *force productive* du sol est une abstraction ; c'est la représentation idéale d'un groupe de phénomènes très-complexes ;
or, dans les sciences positives, une abstraction ne peut devenir la cause d'un
phénomène matériel. Toutefois, il est certain que la fertilité du sol est d'ordinaire
en rapport avec la quantité des matières organiques qu'il contient ; dans un terrain humide et compacte, mal égoutté et mal aéré, confiné, l'oxydation, la décomposition des matériaux se fait lentement, incomplétement, et il se forme peut-
être des composés intermédiaires toxiques en quantité proportionnelle à celle de
la matière qui les fournit. D'un autre côté, la végétation use, détruit, dissout les
principes fermentescibles enfouis dans le sol, les fait passer plus rapidement par
les phases dangereuses de la décomposition lente, et accélère leur réduction à
leurs éléments minéraux constitutifs ; de plus, chaque plante est en quelque
sorte un rudiment de drainage qui améliore le sol. En ces termes, l'explication de
M. Colin est admissible ; la formule qu'il adopte, au contraire, pourrait conduire
à un résultat inattendu, c'est-à-dire à l'hypothèse, qu'il repousse, d'une végétation parasitaire cryptogamique, cause de tous les accidents.

D'ailleurs, les exemples ne manquent pas de marais dont l'insalubrité extrême
n'a d'égal que la puissance de la végétation qui les recouvre ; nous avons déjà
mentionné les forêts marécageuses du Mareb en Abyssinie, du Terraï au pied
de l'Himalaya, de la vallée du Mékong (Thorel, *Notes médicales du voyage
d'exploration du Mékong*, Paris, 1870, p. 61 et 68) en Cochinchine, forêts
où l'on ne peut pénétrer que la hache à la main, au milieu d'arbres gigantesques
qui se touchent et que relient des lianes et des broussailles d'une vigueur inouïe ;
les rizières de la Lombardie et de la Chine, les hauts herbages à travers lesquels
le buffle des marais Pontins réussissent à peine à se frayer un passage dans la
vase, excluent-ils la gravité et la fréquence des fièvres ? Tout ce qu'on pourrait
dire, c'est que la végétation la plus puissante ne réussit pas toujours à détruire
assez vite la matière organique du sol, sur lequel, d'ailleurs, l'incurie et le défaut
de culture laissent joncher une couche épaisse de débris.

On connaît le danger du mélange des eaux douces marécageuses avec les

eaux chargées de sel, et en particulier avec l'eau de mer; ces conditions
se réalisent dans les marais gâts ou salines abandonnées, les étangs salés
communiquant avec la mer d'une façon intermittente par le mauvais état
des graus, dans les zones marécageuses du littoral, les marigots, les maremmes, etc. Les accidents sont en rapport avec la ·quantité de matière organique que contiennent ces eaux, et qui proviennent des végétaux et des animaux. La vie peut se développer et se maintenir dans le mélange d'eau douce
et d'eau salée, à peu près à toutes les proportions; soit accoutumance, soit remplacement de certaines espèces par d'autres, il y a un acclimatement véritable
quand le milieu ne change pas; ce qui est incompatible avec l'existence, c'est
l'instabilité du mélange; à chaque oscillation nouvelle, les espèces existantes
disparaissent et sont remplacés par d'autres, qui subissent le même sort par le
retour du liquide à son état antérieur. Ces débris entraînent la formation d'une
quantité parfois énorme d'hydrogène sulfuré, dont l'odeur est si évidente sur
certaines côtes bordées de mangliers et de palétuviers. Quelques observations
récentes se sont élevées contre l'opinion un peu trop radicale des anciens auteurs, touchant la nocuité des amas d'eau saumâtre. Déjà Robert Jackson
(*Fevers in America*, 1791, p. 4) disait, à la fin du siècle dernier : « Je n'ai
jamais trouvé le voisinage des marais saumâtres, dans les différentes parties
de l'Allemagne que j'ai parcourues, moins salubre que le reste du pays; fréquemment même elles l'étaient davantage. » Nous avons déjà mentionné ce
fait que, dans la Floride, les fièvres sévissent bien moins sur le littoral marécageux, couvert de palétuviers, que dans les savanes de l intérieur, inondées par
l'eau douce des pluies et des rivières. A Singapour, le même phénomène se produit sur le littoral. M. Thorel (*loc. cit.*, p. 61), dans son intéressante relation,
expose un grand nombre de faits tendant à démontrer que « les marais saumâtres de la basse Cochinchine sont très-peu dangereux, si on les compare à
ceux des forêts où les eaux douces séjournent et où, en même temps, les terres
ne sont pas alluvionnaires. » Il nous semble qu'on peut trouver l'explication de
ces différences dans la quantité variable de matière organique contenue dans les
eaux mélangées; bien évidemment, la dilution plus ou moins grande des sels n'a
par elle-même aucun danger, et il ne faut pas oublier qu'il s'agit avant tout
de *marais* auxquels l'addition d'eau salée imprime un surcroît d'insalubrité.
Sur certaines côtes basses, au contraire, le reflux entraîne, chaque jour, et
balaye les débris provenant de la terre ferme, tandis que le flux n'y apporte
presque rien de la haute mer; dans les aroyos du Cambodge et de la Chine, la
marée déplace chaque jour une masse d'eau énorme; on comprend que, dans
ces cas, la stagnation des produits de décomposition, soit difficile ou ·de courte
durée, et que le mélange salé conserve une innocuité relative.

L'action des marais peut-elle se manifester, soit au loin, soit sur place, par
l'ingestion de l'eau qui les recouvre? Les auteurs anciens n'en doutaient pas :
Hippocrate lui attribue l'engorgement chronique de la rate; Rhazès, des fièvres
très-rebelles. L'importance que Lancisi attachait aux effluves, a fait un peu négliger cette intéressante recherche. La croyance en la réalité de cette influence
est générale dans les pays à fièvres; Parkes·(*A Manual of practical Hygiene*,
3e édit. Londres, 1869, p. 71), dont le chapitre est très-riche en indications
bibliographiques que nous utilisons ici, Parkes dit que, pendant la guerre de
Crimée, il visita les plaines marécageuses où fut Troie; là, il est admis par
tout le monde que ceux qui boivent l'eau stagnante ont la fièvre toute l'année,

tandis que ceux qui boivent une eau réellement pure ne l'ont qu'à la fin de l'été et en automne. Deux médecins de l'Inde, Bettington et Moore (Bettington et Moore, *Indian Annals ;* 1856 et 1867) citent des exemples très-précis de l'action de l'eau marécageuse : ici, c'est un village où la fièvre a disparu depuis quatorze ans, après qu'on eut fait creuser un puits et renoncé à l'usage de l'eau des marais voisins; là, tous ceux qui, dans un même village, boivent l'eau d'une source sont à peine touchés par la fièvre; leurs voisins qui se servent d'une eau stagnante sont ravagés par la maladie. M. Blower, de Belfort (Snow, *On the Mode of communication of Cholera,* 2ᵉ édit., 1855, p. 130) a relevé, pour certaines communes et paroisses en Angleterre, des faits analogues, concernant spécialement la fièvre intermittente. En France, d'après l'enquête agricole de 1866-70, l'établissement de puits donnant une eau très-pure a suffi, dans beaucoup de localités, pour diminuer et parfois faire cesser les maladies palustres qui régnaient dans le pays.

Félix Jacquot (*De l'origine miasmatique des fièvres endémo-épidémiques.* In *Annales d'hygiène,* 1854, 2ᵉ vol., p. 33 et seq.) a réuni également un grand nombre de faits confirmatifs empruntés à des sources nombreuses. Il cite, d'après Bazille, l'endémo-épidémie que le gouverneur Labourdonnais fit cesser à Saint-Louis (Réunion), en remplaçant par l'eau pure de la Grande-Rivière l'eau corrompue dont on faisait usage jusque-là. Pereyra (de Bordeaux) a vu, pendant treize ans, dans les landes de Gascogne, tous ceux qui filtraient au charbon l'eau marécageuse que tout le monde boit dans le pays échapper à la fièvre, tandis que les autres étaient constamment atteints. Il est impossible de ne pas mentionner ici le fait si connu de l'*Argo,* rapporté par Boudin (*Traité de géographie et de statistique médicales,* 1857, t. I, p. 142), où l'on voit des soldats d'Afrique, passagers sur un navire de commerce (l'*Argo*), présenter des accidents palustres graves et de nombreux décès, parce qu'on leur avait distribué de l'eau recueillie dans un endroit marécageux, tandis que les matelots de l'équipage et les militaires de même provenance, montés sur deux autres navires approvisionnés d'eau de bonne qualité, ne présentèrent aucun cas de fièvre.

De son côté, Finke (Œsterlen's *Handbuch der Hygiene,* 2ᵉ édit., 1857, p. 129) prétend qu'en Hongrie et en Hollande tout le monde boit journellement l'eau des marais sans en être en rien incommodé. Faut-il, avec Grosz, attribuer cette immunité à la grande quantité d'alcool que les Hongrois ajoutent à l'eau de leurs boissons? ou, plutôt, ne faut-il pas penser que la question reste encore obscure, parce que presque toujours les individus observés sont soumis en même temps à l'influence de l'eau et à l'influence de l'air des marais? La même remarque est applicable aux animaux : la mortalité par le charbon augmente beaucoup pendant l'été, quand les animaux s'abreuvent à l'eau des mares à demi desséchées; en Suisse, on n'observe le charbon que lorsque le bétail s'abreuve l'été dans les trous creusés au milieu des bois. Toutefois, une observation pourrait être faite à ce sujet : les maladies du foie, la pourriture, qui naissent dans les mêmes conditions, sont généralement des affections parasitaires (douves du foie, fascioles hépatiques, etc.), et l'on comprend leur fréquence par l'ingestion des germes très-vivaces de ces entozoaires, qui abondent dans les eaux croupissantes. On peut de même expliquer facilement par le transport de germes et de semences le fait, cité par Magne (*loc. cit.,* t. I, p. 89), de prés du comté de Somerset, composés de graminées et de légumineuses, qui se couvrirent de carex, de joncs et de bruyères, après avoir été arrosés avec l'eau d'un ravin alimenté par des marécages.

L'action des marais varie encore suivant de nombreuses conditions individuelles, parmi lesquelles figurent la durée du séjour, la race, etc. Toutes ces questions se rattachent surtout à l'histoire et à la description des maladies palustres, et nous y renvoyons; il en est de même de l'*acclimatement* et de l'*antagonisme* qui ont fait l'objet d'articles spéciaux dans ce dictionnaire.

ASSAINISSEMENT DES MARAIS. Nous n'avons point à indiquer ici les moyens par lesquels on se préserve de l'action des marais; l'énumération des mesures d'hygiène individuelle appartiennent à la prophylaxie des fièvres et des maladies palustres.

Quoique l'assainissement et la destruction des marais soit l'œuvre spéciale de l'administration compétente, et bien qu'il ne faille pas empiéter sur l'art de l'ingénieur, le médecin ne peut rester étranger à rien de ce qui intéresse la santé privée et publique; son intervention dans les conseils d'hygiène et de salubrité lui font un devoir de connaître les ressources que la science peut opposer à un fléau aussi redoutable.

Un marais étant donné, le problème est de le faire disparaître, ou de rendre inoffensifs ceux qu'on ne peut réussir à détruire. Dans un marais, l'élément nuisible par excellence, c'est la nappe d'eau croupissante, c'est l'humidité qui imprègne la couche superficielle ou profonde du sol; un marais desséché n'est pas encore un marais inoffensif, mais il se trouve dans les conditions les plus favorables pour arriver à l'assainissement complet.

A peine est-il besoin de rappeler que si l'inclinaison du sol est suffisante, l'évacuation peut être obtenue par un système de canaux tributaires les uns des autres et portant en définitive l'eau accumulée dans les rivières, les fleuves ou la mer. Il est peu de pays où cette canalisation n'ait été pratiquée ou tentée, malgré les dépenses parfois énormes que nécessitent de profondes tranchées à travers le cordon littoral, les dunes, les collines interposés entre l'émonctoire naturel et le bassin des eaux stagnantes. Le plus souvent, l'obstruction des canaux a lieu rapidement par les plantes parasites, par la faible déclivité, la longueur du réseau, la lenteur de l'écoulement, le limon épais que l'eau des pluies détache sans peine d'un sol privé de végétation. L'enquête agricole fait voir les améliorations considérables réalisées dans les localités palustres par le curage de ces canaux, aux frais communs de l'État et des communes; cette opération, sur une vaste échelle, a été l'un des premiers résultats de l'application du programme du 17 janvier 1860 sur le desséchement et le défrichement.

D'ordinaire on est obligé de combiner l'écoulement par les canaux avec un système d'appareils élévatoires destinés à porter l'eau des bas-fonds dans des fossés de ceinture dont le niveau est assez élevé et l'inclinaison suffisamment rapide. L'organisation des watteringues dans le département du Nord peut être considérée comme le type de cet ensemble ingénieux de procédés. Pendant longtemps, en Hollande, ce sont des moulins mus par le vent qui ont rempli le rôle de machines élévatoires, et c'est à ce procédé simple et économique, combiné plus tard avec des engins mécaniques plus compliqués qu'est dû le desséchement de la mer de Harlem, du Zuid-Plass, du polder de Cohorn, etc. : en 1844, il y avait en Hollande pour le service des desséchements 2,445 moulins à vent; en Angleterre, entre Lincoln et Cambridge, il y en avait 7,000. Aujourd'hui on tend de plus en plus à remplacer ces forces naturelles par l'action puissante des machines à vapeur, et ce sont les appareils d'épuisement de ce genre, en particulier des écoppes à vapeur très-simples, qui fonctionnent actuellement dans les marais du Lincolnshire et dans plusieurs localités de la Belgique et de la Hollande. En certains cas, en présence d'un obstacle qui ne doit pas être détruit, on a dû recourir à d'énormes siphons, et celui qui existe dans l'étang de Thau depuis longtemps rappelle assez bien l'immense tube immergé dans la Seine et destiné à réunir les égouts des deux rives dans le grand collecteur d'Asnières.

Les *puits absorbants* constituent une ressource précieuse, utilisée déjà depuis plusieurs siècles, et dont certains spécimens très-anciens fonctionnent encore de nos jours. La plaine des Faluns, près de Marseille, dit Boudin (*Ann. d'hyg.* 1854, I, p. 123) était un grand bassin marécageux qu'il paraissait impossible de dessé-cher par des canaux superficiels. Le roi René y fit creuser un grand nombre de puisards ou *embugs;* ces trous jettent encore dans des couches perméables pro-fondes les eaux qui rendaient toute la contrée improductive et malsaine. C'est de cette façon qu'on a desséché et assaini les vallées d'Aubagne et de Gémenas dans les Bouches-du-Rhône; dans le département de l'Indre, l'eau s'accumulait sans cesse dans des bas-fonds situés à un niveau de beaucoup inférieur aux cours d'eau voisins; en creusant seulement de 3 ou 4 mètres, on atteignit un lit mar-neux très-perméable. Le marais de l'Archaut, en Gâtinais, est un des desséche-ments les plus importants obtenus par ces puisards ou *boitout.* Dans l'arrondisse-ment de Châteauroux, des puits forés de la sorte, comblés en partie avec de gros fragments de pierres, n'ont pas dépassé le prix de 25 francs, et ont amené des résultats extrêmement favorables (Barral, *Traité du drainage,* 3ᵉ vol:, p. 61).

Le *drainage* est un moyen qui repose à la fois sur le système des puits ab-sorbants et sur celui des canaux à ciel ouvert. On crée de la sorte un lit per-méable à une faible profondeur, et l'on donne à l'eau, au-dessous de la couche arable, un écoulement facile par des pentes bien ménagées. On trouve dans l'ou-vrage important de M. Barral les renseignements les plus curieux et les plus instructifs sur l'emploi du drainage pour l'amélioration des terres, le desséche-ment des marais, et sur l'accroissement énorme de la salubrité et de la fertilité dans les localités drainées. Les principaux avantages du drainage peuvent se résumer de la façon suivante : 1° En éloignant la couche humide de la surface, le drainage diminue l'évaporation et les inconvénients qu'elle entraîne, c'est-à-dire la soustraction du calorique du sol et de l'atmosphère, la formation de brouil-lards, véhicule habituel des effluves; 2° Élévation de la température de la couche arable par la pénétration plus facile de l'eau pluviale, qui abandonne au sol une partie du calorique transmis par l'atmosphère; 3° Porosité plus grande, aération continue et régulière du terrain drainé : quand l'eau ou la pluie se répand sur une place sans écoulement suffisant, l'air et le gaz jusque-là retenus dans le sol sont déplacés par l'eau et se dégagent en bulles à la surface; l'air ne viendra de nouveau reprendre la place de l'eau que lorsque celle-ci se sera lentement évapo-rée, et seulement après avoir abandonné une partie de l'oxygène dissous dans l'eau. Au contraire, avec le drainage, l'eau qui descend vers les drains chasse devant elle l'air stagnant, corrompu, dépouillé d'oxygène par son séjour prolongé dans le sol; quand l'eau ne forme plus d'amas à la surface, le sol s'égoutte, et chaque goutte aspire de haut en bas et laisse pénétrer un volume équivalent d'air frai-chement renouvelé; en outre, la dessiccation amène un grand nombre de fissures qui rendent la terre meuble, légère, poreuse, facilement perméable aux spon-gioles radiculaires des plantes; 4° le renouvellement incessant des gaz, le lavage continuel du sol occasionne une dépuration véritable, le départ des produits de combustion incomplète qui concourent à produire l'insalubrité des marais; au sortir des drains, l'eau d'infiltration contient une proportion d'acide carbonique dix fois supérieure à l'état normal.

Le drainage se pratique au moyen de tubes ou de briques en terre cuite, ajustés bout à bout, placés au fond de tranchées étroites et recouvertes. Dans beaucoup de pays, d'après une coutume très-ancienne mentionnée déjà par Columelle, on place dans la tranchée des fascines, des fagots de bois épineux, des blocs de pierre espacés les uns des autres, et recouverts de terre. Les fossés et saignées creusés profondément autour des champs humides transforment ceux-ci en autant d'îlots ou de plateaux élevés, dont les couches supérieures laissent égoutter l'eau d'infiltration dans le canal de ceinture ; on obtient ainsi un dessèchement relatif très-satisfaisant ; malheureusement le peu d'inclinaison du sol ne permet pas toujours le renouvellement facile de l'eau des fossés qui peuvent devenir les foyers d'une grande insalubrité.

Pour faire cesser la disposition en cuvette, source de tant d'obstacles à l'assainissement des localités palustres, trois moyens, outre les puits absorbants, ont été employés : le *colmatage*, le *terrement* et le *warpage*.

Le colmatage n'est autre chose que l'utilisation, au profit de l'amélioration du sol, du phénomène qui fait naître à l'embouchure des grands fleuves et des cours d'eau limoneux les atterrissements dangereux et les deltas insalubres. Au moyen de canaux et d'écluses, on accumule en un point des amas d'une eau trouble, épaisse, tenant en suspension une grande quantité de particules terreuses : par le repos, l'eau abandonne ses troubles sur le sol qu'il s'agit d'exhausser et, redevenue claire, on la laisse s'écouler dans son lit naturel. C'est par le colmatage, et sur les plans primitifs de Galilée et de Torricelli, qu'on a réussi, au commencement du siècle, à combler la vallée de la Chiana, longue de 50 kilomètres, entre le Tibre et l'Arno. C'est également en détournant l'eau tourbeuse de l'Ombrone et de plusieurs torrents, qu'on a détruit, dans la vallée de Grosseto, le *palude di Castiglione*, le lacus Prelius de Cicéron, vaste marécage d'une superficie de 55 kilomètres carrés. Le colmatage implique certaines dispositions topographiques naturelles : déclivité spéciale, voisinage d'un cours d'eau charriant une quantité suffisante de limon. Les chiffres suivants font voir à quel point varient les proportions de limon contenu dans l'eau des fleuves :

M. Surrel a trouvé dans le Rhône (Boussingault, *Traité d'économie rurale*, Paris, 1851, t. II, p. 143) :

POIDS MOYEN DU LIMON POUR UN MÈTRE CUBE D'EAU.

A Beaucaire, le 17 mai 1846	{ 17ᵍ,038 à la surface { 21ᵍ,078 à 3 mètres de profondeur.
— moyenne de l'année. .	0ᵍ,482 —
A Lyon.	0ᵍ,096

M. Gorse a trouvé dans les plus grandes crues du Rhône jusqu'à 65 kilogrammes par mètre cube ; le Rhin, à Bonn, n'a que 48 grammes en avril, 80 grammes, en novembre ; le Pô a en moyenne 749 grammes ; le Nil, lors des inondations, en moyenne 833 grammes (Barral, *Traité du drainage*, 4ᵉ vol., p. 473).

M. Hervé-Mangon (*Expériences sur les limons*, etc., in *Bullet. Acad. des sc.*, 1869, 68ᵉ vol., p. 1214) a publié récemment le tableau comparatif ci-contre.

Pour l'eau de la Seine, au Port à l'Anglais, en amont de l'embouchure de la Marne, le poids moyen du limon du 1ᵉʳ novembre 1863 au 31 octobre 1866 a été de 39 grammes, le minimum de 1ᵍʳ,35, le maximum de 2ᵍʳ,738.

Dans les pays où l'eau est très-propre au colmatage, sur les bords de l'Aude,

POIDS MOYEN DU LIMON PAR MÈTRE CUBE D'EAU.

	LE VAR 1864-1865.	LA MARNE. 1863-1864.	LA SEINE. 1863-64.
Septembre	740 gr.	»	»
Octobre	8,499	»	»
Novembre	»	69 gr.	46 gr.
Décembre	»	132	48
Janvier	52	61	18
Février	53	100	9
Mars	575	106	26
Avril	»	27	7
Mai	»	20	7
Juin	11,157	12	8
Juillet	1,672	8	4
Août	2,229	7	3

de la Durance, de l'Hérault, de l'Orbe, de l'Ardèche, de la Drôme, on obtient souvent un exhaussement de 15 à 20 centimètres par année.

Pendant les opérations du colmatage, il faut toujours qu'il y ait une couche d'eau de 50 centimètres au moins pour empêcher le dégagement des émanations putrides, formées par l'action du soleil sur un limon riche en matières organiques.

La difficulté de rencontrer réunies les conditions indispensables à la mise en pratique de cette précieuse ressource a conduit à créer un colmatage artificiel, rapide, très-efficace. C'est le *terrement*, exécuté sur une vaste échelle en Allemagne, dans les bruyères des duchés de Lunebourg et de Brème. Sur un point situé en contre-haut de la plaine marécageuse, on choisit et l'on détourne un cours d'eau assez rapide qui, après avoir traversé le bas-fond, va trouver plus bas une issue naturelle; on projette incessamment dans ce cours d'eau la terre qui forme les parois de ce canal, soit au moyen de herses traînées par des animaux, soit avec la pelle et la pioche; l'eau peut ainsi transporter à une grande distance une quantité de matières égale aux quatre cinquièmes de son poids, qu'elle abandonne par un repos suffisamment ménagé; l'exhaussement du sol se fait ainsi d'une manière rapide et très-uniforme.

Le *warpage* ou *warping* est un procédé qui rappelle le colmatage, et qu'on emploie surtout pour élever le niveau de terrains situés au bord de la mer; au moyen d'écluses d'admission et de décharge qu'on ouvre et qu'on ferme alternativement, on recueille le limon (*warp* en anglais, en français *tangue*), que les eaux de la mer rejettent lors des marées montantes et des hautes marées, particulièrement à l'embouchure des fleuves, au voisinage des barres. En France, dans la baie de St-Michel, et aux environs de Cherbourg, des tentatives heureuses ont été faites en ce genre; c'est en Angleterre, dans les comtés de Lincoln et d'York, qu'existent les plus beaux warpages; les travaux exécutés à l'embouchure de l'Humber à l'affluent de la Trent sont particulièrement célèbres. En un an ou deux ans, on peut obtenir sur de très-vastes surfaces un exhaussement de 30 à

90 centimètres ; mais le limon riche en matières azotées, extrêmement fertile, dégage des émanations très-malsaines, et cette considération doit rendre très-réservé
dans l'établissement des bassins de warpage.

Lorsqu'on a réussi par l'un des moyens qui précèdent à faire disparaître la
couche d'eau stagnante, quand, par une meilleure direction donnée aux cours
d'eau ou aux sources on a prévenu le retour des inondations, il s'en faut encore de
beaucoup que l'assainissement des marais soit terminé. Il faut égoutter, aérer
le sol d'une façon permanente et continue : c'est là l'œuvre du drainage ; il faut
activer le mouvement de décomposition organique, utiliser, comme le dit M. Colin,
la force productive du sol ; c'est l'œuvre de la végétation, de la culture. Le défrichement, l'exposition brusque à l'air et à la lumière des couches jusque-là
cachées et confinées, est une des difficultés, un des dangers les plus réels de l'assainissement des marais. On active pour un temps, et à un degré extrême, les
propriétés nuisibles du terrain exploité ; les premiers essais de colonisation dans
la Mitidja expriment de la façon la plus saisissante les périls d'une telle entreprise : en 1840 et 1841, à l'époque où les défrichements étaient faits presque
uniquement par la troupe, l'armée d'Afrique perdait annuellement 1 homme sur
6 et sur 9 (Philippe) ; nous avons la mortalité considérable relevée par M. Quesnoy
pour les premières années des colonies de la Mitidja. Il est deux conditions qu'il
est indispensable de remplir : travailler vite, défricher complétement ; en pareil
cas, le marais est comme la première tranchée qu'on va ouvrir sous le feu de
l'ennemi ; plus rapidement on la creuse, et plus tôt on est à l'abri d'une mort
presque certaine. De même, la continuité et la rapidité du défrichement font
décroître progressivement l'insalubrité, et ce sacrifice, quel qu'il puisse être au
début, sera d'autant moindre que l'assainissement sera plus vite obtenu.

Pour diminuer le danger, on a conseillé depuis longtemps les grandes plantations d'arbres qui n'exigent pas une culture minutieuse, journalière, qui
n'obligent pas l'homme à rester penché sur le sol, respirant incessamment les émanations que chaque coup de pioche en fait sortir ; en outre, l'évaporation très-
active qui se fait par les feuilles soustrait une grande partie de l'humidité dont no
a tant de peine à débarrasser le sol. Certaines localités peuvent être citées pour le
bon succès de ces plantations, aucune ne peut fournir un exemple plus convain-
cant que Boufarik en Algérie. Il y a vingt ans, c'était le centre des marais les plus
redoutables de la Mitidja ; après les premiers travaux de desséchement, on y a
fait des plantations avec une profusion réellement prodigieuse ; aujourd'hui l'assainissement est complet ; chaque rue est une magnifique avenue aboutissant à
un immense placis, sur chacun desquels s'élèvent plus de mille platanes dont le
tronc mesure au moins un mètre de circonférence, et dont la voûte ne commence
qu'à 10 ou 15 mètres au-dessus du sol.

Certaines espèces végétales ont été réputées, dans ces dernières années, capables d'assainir progressivement et même de dessécher de véritables marécages.
Le docteur van Alstein a cité récemment plusieurs exemples de localités im-
productives et insalubres, qui auraient été transformées par des plantations de
helianthus annuus, vulgairement le *tournesol* ou *soleil.* Déjà Chevreul (*Annales d'hygiène,* 1853, p. 35) avait signalé la puissance énorme d'évaporation que possède cette plante, et il s'exprime en ces termes : « Hales,
dans une de ses expériences, observa qu'un soleil (*helianthus annuus*) trans-
pirait en douze heures 1 livre 14 onces d'eau. Dans une expérience que je
fis au Muséum, en juillet 1811, conjointement avec MM. Desfontaines et de

Mirbel, sur une plante de la même espèce, de 1^m,80 de hauteur, dont les racines plongeaient dans un pot vernissé et couvert d'une feuille de plomb qui donnait passage à la tige, l'eau, dissipée par une transpiration de douze heures, s'éleva à 15 kilogrammes. » Il est vrai que d'heure en heure on avait soin de ramener la terre du pot au maximum de saturation d'eau. Le peu d'élévation de cet arbuste, les branches et les feuilles qui s'élèvent du pied au niveau du sol, et qui peuvent se corrompre, ont fait accuser ces plantations d'ajouter parfois à l'insalubrité qu'elles sont destinées à combattre; les faits rapportés par van Alstein semblent cependant très-encourageants, et une expérimentation sérieuse et prolongée est véritablement nécessaire.

Une autre espèce végétale, l'*eucalyptus*, a déjà réalisé de très-sérieuses espérances. Tout est merveilleux dans cet arbre, et l'on serait tenté d'accuser la bonne foi de ceux qui l'ont décrit, s'il n'était facile de constater par soi-même sa force prodigieuse de développement. Originaire de la Californie, il atteint fréquemment 140 mètres d'élévation, le tronc qui, à 2 mètres du sol, mesure 10 à 15 mètres de circonférence, n'émet les premières branches qu'à 90 ou 100 mètres. A l'Exposition de Londres, en 1862, on voyait une planche de 23 mètres de long sur 5^m,50 de largeur, aucun navire n'ayant voulu transporter la planche de 51 mètres, destinée primitivement à l'Exposition (Trottier, *Notes sur l'Eucalyptus.* Alger, 1868, p. 25). La croissance est tellement rapide que, cinq ans après avoir été semé de graines, le tronc mesure plus de 1 mètre de circonférence à 5 pieds au-dessus du sol, et nous nous sommes assuré souvent que cette estimation était facilement dépassée. Malgré cette rapidité inouïe de développement, le bois a une dureté comparable à celle du buis, du bois de *tek*, des essences les plus recherchées. L'arbre est toujours vert; le feuillage est clair-semé, blanchâtre, d'aspect assez triste; il dégage une odeur balsamique très-prononcée, qui rappelle la térébenthine ou le baume de Fioravanti; ce qui intéresse le médecin, c'est qu'on prétend que là où il se développe, les marais perdent leurs propriétés malfaisantes, et qu'ils disparaissent peu à peu par le desséchement du sol. M. Trottier, qui possède à Husseiu-Dey, près d'Alger, une plantation de plus de trois mille eucalyptus adultes, a fait les expériences suivantes sur la puissance d'évaporation de ce végétal. Il prit, le 20 juillet 1868, à six heures du matin, une branche d'*eucalyptus globulus*, pesant exactement 800 grammes; il la plaça dans un vase contenant un poids d'eau exactement déterminée; la branche fut exposée au soleil, et au bout de douze heures, on s'assura qu'elle pesait 835 grammes et que 2^k,600^{gr} de l'eau du vase avaient disparu par évaporation. La Compagnie algérienne a commencé à Ain-Makra, aux bords du lac Fezzara, dans la province de Constantine, des plantations d'eucalyptus qui jusqu'ici ont merveilleusement réussi (Rapport de M. Frémy, *Journal officiel* du 18 avril 1869). Au pénitencier de Castelluccio, en Corse, les eucalyptus ont déjà donné des produits remarquables (*Du mauvais air en Corse*, etc., par Reg. Carlotti, 15 pages in-4°. Ajaccio; 1869); la voie du chemin de fer algérien est presque partout plantée d'eucalyptus dans les régions marécageuses; et déjà, dans la Mitidja, cet arbre est devenu d'un emploi journalier. Quelques années d'expérience sont encore nécessaires pour savoir s'il est destiné, comme on le prétend, à faire cesser partout l'insalubrité et l'humidité persistante des contrées paludéennes.

Une plante plus modeste, la fève des marais, serait capable de contribuer, pour sa part, à l'assainissement; elle vit en partie aux dépens de l'air, en y puisant de l'azote; **elle est** fertilisante, elle améliore les terres fortes, et peut, en quelque sorte, servir d'engrais (Magne, *loc. cit.*, t. II, p. 165).

Les rizières, dont la culture a été tentée dans la Camargue pour en diminuer l'insalubrité, n'ont produit aucun résultat avantageux (Boileau de Castelnau, *De l'insalubrité des rizières*. In *Annales d'hygiène*; 1850, t. XLIII, p. 327), peut-être même ont-elles amené le résultat opposé. Un moyen d'assainissement indirect, mais extrêmement important, c'est la construction de routes agricoles, permettant le transport de la marne et de la chaux, nécessaires pour l'amélioration du sol. C'est ce moyen plus qu'aucun autre qui, depuis dix ans, tend à faire disparaître l'insalubrité de la Brenne, de la Bresse et des Dombes par la possibilité de remplacer les étangs alternatifs par une culture aussi productive et moins dangereuse. Les obstacles au desséchement et à l'assainissement sont parfois tellement considérables, qu'on est réduit à conserver les marais, mais en empêchant le dégagement des émanations pestilentielles; au moyen d'une inondation permanente, on transforme les marais alternatifs en marais noyés, d'ordinaire peu nuisibles; c'est en amenant les eaux d'une rivière sur les marais qui entouraient la ville, qu'Empédocle arrêta l'épidémie qui décimait les habitants de Salente; c'est par une inondation nouvelle que les Hollandais firent cesser les fièvres résultant de l'échauffement estival du sol, après la rupture des digues, en 1748.

Dans les localités très-restreintes, on atténue souvent l'insalubrité des marais à demi desséchés, en les transformant en étangs destinés à la pisciculture. La question de la suppression et de la transformation définitive des étangs de la Dombes et de la Bresse a été maintes fois soulevée et résolue de façon opposée. S'il est vrai que les étangs parfaitement entretenus sont d'ordinaire sans dangers, il ne l'est pas moins que, le plus souvent, le manque de soins ou l'insuffisance des ressources en transforme les parties basses en foyers redoutables d'impaludisme. Les mesures rigoureuses, exclusives, et à trop court délai, prises en 1789, continuées jusqu'en 1813, ne produisirent qu'une aggravation de l'insalubrité, une augmentation du nombre des décès et des maladies (Gaudon, *De la Brenne et de ses étangs*. Le Blanc, 1860; in-8° de 139 pages). C'est, progressivement, dans la saison fraîche, quand l'on peut dans un bref délai mettre en culture les fonds vaseux ainsi découverts, c'est de cette façon seulement que la suppression des étangs doit avoir lieu, et le résultat obtenu de la sorte depuis 1860 fait honneur à l'administration des ponts et chaussées, ainsi qu'à l'autorité supérieure qui a encouragé cette transformation.

Dans une brochure de quelques pages, M. Sirand (*Mémoire sur les étangs*. Paris, 1843. Réimprimé en 1860; 10 pages in-8°) a indiqué une disposition qui permettrait de rendre les étangs à culture alternative aussi productifs que peu dangereux. Malheureusement, l'établissement de chaussées bétonnées, de plans très-larges, à pentes régulières et extrêmement allongées, entraîne des dépenses le plus souvent hors de proportion avec les ressources des petits propriétaires, dont les étangs sont particulièrement insalubres.

Le mélange de l'eau douce et de l'eau salée est la cause principale, presque exclusive, du danger des régions marécageuses situées sur le littoral. En Corse, dans les maremmes toscanes, dans les étangs salés des départements de l'Hérault, de l'Aude, des Pyrénées-Orientales et des Bouches-du-Rhône; sur l'emplacement des marais salants de Brouage, on ne peut songer à une amélioration sérieuse sans l'intervention d'écluses laissant descendre l'eau douce vers la mer, mais empêchant le reflux soulevé par la marée montante.

C'est par la construction de telles écluses que, dans les maremmes toscanes, on a obtenu l'assainissement de Pietra-Santa, de Montignoso, de la plaine de Vada. Les systèmes ingénieux inventés par MM. Régy, Delon, Scipion Gras (*Assainissement du littoral de la Corse*, par Scipion Gras, ingénieur en chef au corps impérial des mines, Paris, 1866, in-12), pour l'occlusion parfaite des *graus* ou canaux de communication des étangs à la mer, tendent à transformer la zone littorale insalubre du midi de la France ; l'on trouvera, dans les ouvrages de ces auteurs et dans le mémoire de Gaetano Giorgini (*Annales de physique et de chimie*, 1825, t. XXIX, p. 225) la discussion des procédés, des travaux d'art qu'on doit préférer, suivant les conditions topographiques locales et la région des eaux.

Cette question est connexe avec celle des marais salants, dont l'abandon ou la suppression serait, comme le dit M. Dumas (*Rapport sur la pétition concernant les marais de l'Ouest*, séance du Sénat, 31 mai 1864), un véritable danger pour le pays.

La concurrence facile que font aux marais salants de la Charente et de la Bretagne les salines du Midi, moins morcelées, mieux aménagées, utilisant les eaux mères d'après les procédés de Balard, ont fait abandonner depuis quelques années cette industrie par un assez grand nombre de petits propriétaires du littoral océanique de la France ; dans cette région, les marais exploités, qui en 1851 couvraient 32,670 hectares, atteignaient à peine en 1865 une superficie de 16,000 hectares, au grand préjudice de la salubrité et de l'hygiène publiques. Des pétitions nombreuses ont été adressées depuis plusieurs années au Sénat, afin que la réduction des charges et des exigences fiscales, afin que le maintien ou la restitution de certains privilèges viennent désormais en aide à cette industrie salicole si rudement éprouvée dans les départements de l'Ouest (*les Marais salants de l'Ouest*, par G. Méresse, avocat ; Saint-Nazaire, 1868, 192 p. in-8°). M. Dumas, rappelant le beau mémoire de Mèlier en 1848, s'appuyant sur les résultats obtenus à Brouage, conseille d'entourer de garanties très-sérieuses l'autorisation de construire des marais salants, afin que le manque passager de capitaux n'oblige pas les propriétaires à abandonner leur industrie ; de transformer peu à peu en prairies ou en étangs à pisciculture les bassins actuellement délaissés ; d'établir partout des systèmes d'écluses analogues à celles qui existent à Brouage et que Mèlier a figurées dans son mémoire ; il conseille surtout d'encourager la formation de syndicats analogues à ceux qui fonctionnent pour le dessèchement des marais ordinaires, et dont les excellents résultats se traduisent à chaque page dans l'*Enquête agricole* de 1866-1870.

L'assainissement et le dessèchement des marais relève autant de l'initiative individuelle que de l'intervention des gouvernements, et l'on est heureux de dire que depuis quinze ans l'État, en France, s'est mis réellement à la hauteur de cette tâche immense. La loi du 17 juillet 1856 et celle du 28 mai 1858 concernent un prêt de cent millions à faire aux particuliers pour faciliter en France les opérations de drainage ; malheureusement, le bénéfice de ces lois a été presque annulé par les formalités nombreuses de la procédure, à tel point qu'en 1868 le nombre des prêts autorisés n'avait été que de soixante-quinze, pour une somme de 1,111,790 francs, représentant 2 1/2 pour 100 seulement dans la dépense totale des travaux exécutés (*Enquête agricole*, Paris, 1868 ; *Rapport au ministre*, chap. IV, p. 83). Une loi du 19 juin 1857 est relative à l'assainissement et à la mise en culture des landes de Gascogne ; la superficie des landes insalubres, au moment de la promulgation de la loi, dépassait 285,500 hectares. Le rapport sur l'état des marais (*Moniteur*, 21 janvier 1860) dit même que « cette loi du 19 juin 1857 s'applique exclusivement aux terrains communaux qui, dans les deux départements des Landes et de la Gironde, représentent une surface totale de 427,000 hectares voués à une insalubrité et à une stérilité séculaires. » En 1865, il ne restait plus que 9,500 hectares où les travaux ne fussent pas commencés ; ils étaient complétement terminés sur 46,000 hectares, très-avancés sur 227,000 hectares (*Situation de l'empire; Moniteur univ.*, 19 février 1865). Le 5 janvier 1860, une lettre de l'empereur proclamait la nécessité de s'occuper avec la plus grande activité de l'agriculture, et en particulier des travaux de desséchement les marais et de défrichement. Le rapport adressé, quelques jours après (le 17 janvier 1860), par les ministres de l'intérieur, des finances, de l'agriculture et du commerce, fait l'historique des tentatives de desséchement des marais poursuivies depuis l'édit de Henri IV, en date du 8 avril 1599, jusqu'à nos jours; il discute les moyens à adopter pour concilier les droits de chacun avec les exigences de l'intérêt public. Le projet de loi ne s'applique qu'aux marais et aux terres incultes des communes, et il pose en principe que les terrains dont la mise en valeur aura été reconnue utile seront défrichés, assainis et mis en culture ; l'utilité de la mise en valeur ne sera déclarée que par un décret impérial, délibéré en conseil d'État, à la suite d'une enquête locale et après une délibération du conseil municipal de la commune ; les travaux sont exécutés aux frais des communes, et, en cas d'impossibilité ou de refus de la part de celles-ci, l'État intervient, sauf remboursement de ses avances, en principal et intérêts, sur le produit de la vente d'une partie des terres rendues à l'agriculture; toutefois, la commune ne peut s'exonérer de toute répétition de la part de l'État qu'en faisant l'abandon de la moitié au plus des terrains mis en valeur.

L'enquête sur la situation et sur les besoins de l'agriculture, ordonnée par le décret du 28 mars 1866 et d'après le règlement du 6 août 1866, contient dans son questionnaire les articles suivants :

« § 11. *Desséchements.* 59. Quelle a été l'étendue des desséchements opérés dans la contrée depuis les trente dernières années, et quel en a été le résultat ?

« 60. Quels obstacles la législation pourrait-elle opposer à ce qu'ils prissent du développement ? »

Le rapport au ministre, p. 88, contient la réponse suivante :

« La surface des terrains sur lesquels des travaux de desséchement et d'assainissement ont été exécutés a été, en 1866, de 140,000 hectares pour une dépense approximative de huit millions. Il existait encore, au commencement de cette année, des projets à l'étude pour une superficie de 240,000 hectares.

« § 12. *Drainage.* 62. Quel a été jusqu'à présent le développement donné à la pratique du drainage? Quels en ont été les résultats ? »

Réponse : « Les travaux de drainage ne se sont pas développés comme on aurait pu le penser, et, bien qu'au 1er janvier 1866 on ait évalué à 200,000 hectares la surface totale des terrains drainés en France, on estime qu'il y a beaucoup à faire encore sous ce rapport. Les difficultés avec lesquelles on se trouve aux prises seraient plus particulièrement : le morcellement et l'instabilité de la propriété foncière ; le prix élevé des travaux de drainage, surtout eu égard à la faible valeur des terres qui en ont besoin ; la dépense qu'entraîne l'établissement des fossés évacuateurs traversant les propriétés inférieures ; la trop courte durée des baux, qui ne permet pas aux fermiers d'entreprendre de semblables améliorations ;

l'indifférence des propriétaires, qui ne consentent pas à faire les sacrifices néces. saires ; enfin le manque de capitaux. »

L'enquête énumère encore (4ᵉ série, documents étrangers, 1868) les progrès que le drainage, le desséchement et l'assainissement ont faits dans les diverses contrées de l'Europe et des États-Unis, et les résultats obtenus, dont on peut lire les dé. tails dans cette immense série de documents, font voir que nous ne sommes pas restés en arrière de nos voisins. En Angleterre et en Écosse, les travaux continuent à être très-importants, et les marais ont à peu près disparu. En Prusse, le dessé. chement se fait sur une vaste échelle en Poméranie, malgré les difficultés que soulève un ancien édit de 1775 encore en vigueur, et qui ne permet pas d'a. baisser le niveau des nappes d'eau au delà de certaines limites restreintes. La Bavière, la Belgique, la Suède et la Norvége constatent l'extension et le bon ré. sultat des tentatives croissantes faites depuis quinze à vingt ans, etc.

L'enquête agricole énumère pour chaque département les obstacles qui s'oppo. sent au desséchement des marais et indique les moyens qui semblent les plus capables de faire cesser un pareil état de choses. C'est là une collection précieuse, un monument historique qui servira désormais de point de départ pour comparer les progrès qui s'accompliront dans notre pays, d'une période à une autre ; le mé. decin, le statisticien, le démographe, y trouveront, aussi bien que l'agriculteur et l'économiste, les notions les plus utiles sur les conditions de vie des populations rurales, et sur l'hygiène publique des campagnes, où la question des marais occupe une si large place.　　　　　　　　　　　　　　E. VALLIN.

BIBLIOGRAPHIE. — HIPPOCRATE. *Des airs, des eaux et des lieux.* — DONIUS (J.-B.). *De resti- tuenda salubritate agri Romani.* Florent., 1667, in-4°. — LANCISI. *De noxiis paludum efflu- viis.* lib. II. Romæ, 1717, in-4°. — PLATNER. *De pestiferis aquarum putrescentium expira- tionibus.* Lipsiæ, 1747, in-4°. — ŒDE. *De morbis ab aquis putrescentibus naturalibus.* Lugd.-Batav., 1748, in-4°. — VOLTA (Al.). *Lettre sur l'air inflammable des marais.* In Journ. de phys., de l'abbé Rosier, t. XI, p. 152, 219, 1778. — TESSIER (l'abbé) et JEANROT. *Rapport concernant les mares qui sont au bas de Château-Thierry.* Paris, 1742, in-4°. — ORLANDI *De exsiccandarum paludum utilitate, deque infirmitatibus quæ ab aquis stagnantibus oriun- tur.* Romæ, 1783, in-4°. — CHAPTAL (J. B). *Mém. sur les causes de l'insalubrité des lieux voisins de nos étangs et sur les moyens d'y remédier.* Th. de Montp., 1783, in-4°. — HALLÉ, FOURCROY, etc. — *De l'influence des marais et des étangs sur la santé et de la nécessité des desséchements* (Projet de Donceri et de M. de Saint-Victor). In *Mém. de la Soc. roy. de méd.*, et broch. 3ᵉ édit. Paris, 1791, in-8°. — BAUMES (J. B.). *Déterminer par l'observation quelles sont les maladies qui résultent des eaux stagnantes et des pays marécageux, soit par ceux*, etc. Mém. cour. par la Société de méd. de Paris. Nîmes, 1789, in-8°. — ROUGIER DE LA BERGERIE. *Rapport général sur les étangs.* Paris, an III, in-8°. — RAMEL, *De l'influence des marais et des étangs sur la santé des hommes.* Paris, 1802, in-8°. — FELCRAND-POUZIN. *De l'insalubrité des étangs et des moyens d'y remédier.* Mém. cour. par la Soc. des sc., etc., de Montpellier.. Montpellier, 1813, in-8°. — CAILLARD. *Mem. sur le danger des émanations marecageuses.* Paris, 1816, in-8°. — POTERLET. *Code des desséchements, ou Recueil des règle- ments*, etc. Paris, 1817, in-8°. — RIGAUD DE L'ISLE. *Recherches chimico-médicales sur les causes du mauvais air.* In *Bibl. univ. de Genève*, t. II, p. 25, 1816 ; et t. V, p. 13, 112, 1817. — FOURNIER-PESCAY et BÉGIN, art. MARAIS. In *Dict. des sc. méd.*, t. XXX, 1818. — CADET (P.), de Metz. *De l'air insalubre.* Paris, 1822, in-8°. — PRONY (DE). *Description hydrographique des marais Pontins, relief du sol*, etc., atl. Paris, 1823, in-4° — JULIA (J. S. É.). *Recherches historiques, chimiques et médicales sur l'air marécageux.* Mém. cour. par l'Acad. des sc. de Lyon. Paris, 1823, in-8°. — MONTFALCON. *Histoire médicale des marais et traité des fièvres intermittentes*, etc. 1ʳᵉ édit., 1824 ; 2ᵉ édit., Paris et Lyon, 1827, in-8°. — GIORGINI (Gaet.). *Memoria intorno alla causa più probabile della insalubrità della Maremma, 1817*, et *Sur es causes de l'insalubrité de l'air dans le voisinage des marais en communication avec la mer.* In *Ann. de chim.*, 1ʳᵉ sér., t. XXIX, p. 225, 1825. — BOUSSINGAULT. *Mém sur la possi: bilité de constater l'existence des miasmes et sur la présence d'un principe hydrogéné dans l'air.* In *Ann. de chim. et de phys.*, 1ʳᵉ sér., t. LVII, p. 148, 1834. — VILLERMÉ. *Influence des marais sur la vie.* In *Ann. d'hyg.*, 1ʳᵉ sér., t. XI, p. 251. — DU MÊME. *Influence des marais sur la vie des enfants. Ibid.*, t. XII, p. 31, 1834. — ϞOTARD. *Des eaux stagnantes, et en par_ticulier des marais et des desséchements.* Thèse de concours. Paris, 1838, in-8°. — DANIEL. *Du dégagement spontané de l'hydrogène sulfuré dans les eaux de la côte occidentale d'Afrique.* In *Ann. de chim.*, 3° sér., t. III, p. 331, 1841. — SAVI (P.). *Alcune considerazioni sulla mal' aria delle maremme Toscane.* Pisa, 1839, et trad. de l'italien par F. LΕΡΛΑΝC. In *Ann. de chim.*, 3° sér, t. III, p. 344, 1841. — MORREN (A.). *Mém. sur les gaz tenus en dis_solution par les eaux.* In *Mém. de la Soc. d'agriculture d'Angers*, t. II, p. 125. — GEUNS (J. van). *Natuur-en geneeskundige Beschouwingen van Mocrassen,* etc. (Anal.). In *Schmidt's Jahrbb.*, t. XXXI, p 251, 1841. — HOPKINS. *Observ. sur la nature et les effets de la mal'a_ria;* trad. franç. par M. GUÉRARD. In *Ann. d'hyg* , 1ʳᵉ sér.. t. XXV, p. 33, 1841. — SEARLE. *On the Poisonous Influence of Mal'aria, and the Diseases it gives Rise,* etc. In *The Lancet*, 1842_43. t. II, p 229 — SALVAGNOLI. *Saggio illustrativo le tavole della statistica medica delle maremme Toscane compilata per ordine di S. A. R. il Gran-Duca.* Firenze, 1814, in-4°. — DU MÊME. *Saggio,* etc , *Secondo biennio anno* 1812-43, e 1843-44; *ibid.,* 1845, in-4°. — De MÊME. *Memorie economico-statistiche sulle maremme.* Toscana, *ibid.,* 1846, in-8°. (Analyse détaillée in *Ann. di med.,* t. CXXIII, p. 132, 1847. — PERIER (J.-N.). *De l'infection palustre en Algérie.* In *Journ. de méd. de Beau,* t. II, p. 33, 65, 1844. — PALLAS. *De l'in_fluence de l'électricité atmosphérique et terrestre sur l'organisme.* Paris, 1847, in-8°. — MÉLIER. *Rapport sur les marais salants du midi et de l'ouest de la France,* pl. In *Ann. d'hyg.,* 1ʳᵉ sér., t. XXXIV, p. 87, 241, 1848. — BECQUEREL. *Études sur la Sologne, et rap_ports présentés au Conseil général du département du Loiret.* Paris, 1849, 1853, in-8°. — ANGELON (E.-A.). *Mém. sur les fièvres typhoïdes périodiquement développées par les émana_tions de l'étang de Lindre-Basse.* Nancy, 1847, in-8°. — PUVIS. *Des causes et des effets de l'insalubrité des étangs, de la nécessité et des moyens d'arriver à leur desséchement.* Bourg, 1851, in-8°. — DECONDÉ. *Considérations sur l'état de nos Polders et leur influence sur les habitants, depuis les temps historiques jusqu'à nos jours.* In *Ann. de la Soc. de méd. d'An_vers,* 1851, p. 600. — LEVIEUX (Ch.). *Études hygiéniques sur l'élève des sangsues dans le département de la Gironde.* Bordeaux, 1853, in-8°. — De MEAUX (C.). *Rapport présenté à la Soc. d'agricult. de Montbrison sur le desséchement des étangs insalubres.* Montbrison, 1853, in-8°. — CLEMENS (Th.). *Mal'aria und Ozon oder Untersuchung der Frage inwiefern stehende Wasser durch Gasexhalationen oder Miasmen,* etc. In *Henke's Ztschr. f. d. St.* 1 Hft., 1852. — JACQUOT (F.). *De l'origine miasmatique des fièvres endémo-épidémiques, dites intermit_tentes, palustres ou à quinquina.* In *Ann. d'hyg.,* 2° sér., t. II, p. 33, 241, 1854, et t. III, p. 5, 1858. — DU MÊME, *Étude nouvelle de l'endémo-épidémie annuelle des pays chauds, basée,* etc. *Ibid.,* t. VIII, p. 241, 1857, et t. IX, p. 5, 1858. — BURDEL. *Recherches sur les fièvres paludéennes, suivies d'études physiologiques et médicales sur la Sologne.* Paris, 1858, in-12. — GIGOT (L.). *Recherches expérimentales sur la nature des émanations marécageuses, et sur les moyens d'empêcher leur formation et leur expansion dans l'air,* pl. 5. Paris, 1859, in-8°. — OTT (Fr.). *Epidemische Pustula maligna zu Isenhof.* In *Unger Ztschr.,* XI, 2, 1860, et *Schmidt's Jahrbb.,* t. CVII, p. 39, 1860. — GAUDON. *De la Brenne et de ses étangs. Compatibilité de la salubrité avec l'existence d'un certain nombre d'étangs.* Le Blanc, 1861, in-8°.—BIERBAUM. *Das Mal'aria Siechthum vorzugsweise in Sanitätspolizeilicher Beziehung.* Wesel, 1853, in-8°. — BECHI (E). *Recherches sur l'air des maremmes de la Tos_cane.* In *Compte rendu de l'Acad. des sc.,* t. LII, p. 852, 1861. — REINBART (H.). *Statistische Studien über den Einfluss der Sumpfgegenden auf die mittlere Lebensdauer.* In *Pappen_heim's Beiträge zur exact. Forsch.,* 3° sér., t. IV, p. 10, et anal. in *Ann. d'hyg.,* 2° sér., t. XVIII, p. 217, 1862. — ROLLET (J.). *Étangs de la Dombes : leur influence sur la popula_tion, sur la durée de la vie,* etc. In *Gaz. méd. de Lyon,* t. XIV, p. 53, 1862, et *Ann. d'hyg.,* 2° sér., t. XVIII, p. 223, 1862. — BOURGUET (E.). *Considérations sur l'insalubrité de la ligne du littoral de la Méditerranée (Marais).* Aix, 1862, in-8°. — LA ROCHETTE (E. de) *Sels et marais salicoles de l'Ouest.* Nantes, 1866, in-8°. — Voy. aussi les auteurs qui ont traité des fièvres intermittentes; TORTI (1712), SENAC (1759), ALIBERT (1804), BAILLY (1825), NEPPLE (1828), MAILLOT (1836), BOUDIN (1842), etc., etc.; plus une multitude de Mémoires sur des épidémies particulières, et de Dissertations inaugurales tant en France qu'à l'étranger.

Question de l'antagonisme. BOUDIN. In *Essai de géogr. méd.,* ch. VIII, p. 52. Paris, 1843, in-8°. — DU MÊME. *Lettre sur la loi de l'antagonisme.* In *Gaz. méd.,* 1843, p. 470. — DU MÊME. *Ibid.,* p. 611; et réponses à différentes objections, *ibid.,* passim; *Ann. d'hyg.,* 1ʳᵉ sér., t. XXXIII, p. 53, 1845. — *Ibid.,* t. XXXVI, p. 304, 1846. — *Ibid.,* t. XXXVIII, p. 241, 1848. — *Traité de géogr. et de phys.,* t. II, etc. — RAYER. *Rapport sur une mission à donner à M. Boudet pour étudier la phthisie en Algérie.* In *Bull. de l'Acad. de méd ,* t. VIII, p. 931,. 1843. Voy. in *Gaz. méd.,* 1843. Observ. affirmatives ou négatives présentées par MM. FORGET, p. 422; LÉVY, p. 369 ; HABN, p. 562; GESPET, p. 573, 650; GINTRAC, p. 489; NEPPLE, p. 577; *ibid.,* p. 185; SCHEDEL, p. 497; LEFEBVRE, p. 575; CHARCELLAY, p. 819, etc. — Voy. aussi les opuscules et articles suivants. — HAHN, *De l'influence sur la production de la phthisie pul_* *monaire du séjour antérieur ou actuel dans les localités marécageuses.* In *Journ. de méd.*, t. I, p. 263, 1843. — TRIBES. *De l'heureuse influence de l'atmosphère des pays marécageux sur la tuberculisation pulmonaire, et, en général, sur les maladies de poitrine,* etc. Thèse de Montpellier, 1843, in-8°, n° 98. — CROZANT. *Mém. sur quatre cas de guérisons de la phthisie pulmonaire et sur l'antagonisme.* In *Journ. de méd.*, t. II, p. 138, 1844. — BRUNACHE. *Recherches sur la phthisie pulmonaire et la fièvre typhoïde considérées dans leurs rapports avec les localités marécageuses.* Th. de Paris, 1844, in-4°. — SALVAGNOLI, *Sull' antagonismo fra le cause delle febbri intermittenti e quelle della tisichezza polmonare.* In *Ann. univ. Omodei,* t. CVIII, p. 599, 1843. — DU MÊME. *Ibid.,* t. CXX, p. 286, 1846. — LEFÈVRE (A.). *De l'influence des lieux marécageux sur le développement de la phthisie et de la fièvre typhoïde à Rochefort.* Bordeaux, 1845, in-8°. — GOUZÉE. *Objections à la théorie de l'antagonisme pathologique.* In *Ann. de la Soc. de méd. d'Anvers,* 1846, p. 105. — LEPILEUR. *Quelques objections à la théorie de l'antagonisme appliquée à la France.* In *Ann. d'hyg.,* 1re sér., t. XXXVI, p. 5, 1846. — DU MÊME. *Ibid.,* t. XXXVII, p. 227, 1848. — BÉRENGUIER. *Notice sur la phthisie pulmonaire, considérée dans ses rapports avec les maladies paludéennes dans le canton de Rabastens (Tarn).* In *Ann. d'hyg.,* 1re sér., t. XXXVIII, p. 597, 1847.—HELFFT. *De l'antagonisme de la phthisie et des fièvres de marais.* In *Ztschr. f. gesammte Med ,* et trad. franç., in *Arch. gén. de méd.,* 4e sér., t. XVII, p. 196, 1848, etc., etc.

Rouissage. LANCISI. In *De noxis paludum effluviis,* lib. I, part. I, cap. VIII; épid. II, cap. V. — *Recueil de pièces instructives publiées par la Compagnie sanitaire contre le rouissage des chanvres et des lins pour la préparation complète et à sec,* etc. Paris, 1824, in-8°. — MARC. *Consultat. sur des questions de salubrité relatives au rouissage, près de Gatteville.* In *Ann. d'hyg.,* 1re sér., t. I. p. 335, 1829. — ROBIQUET. *Rapp. fait à l'Acad. roy. de méd. sur les inconvénients que pourrait avoir le rouissage du chanvre dans l'eau qui alimente les fontaines de la ville du Mans. Ibid.,* p. 343; et BARRUEL. *Observ. sur le rapport précédent. Ibid ,* p. 348, 1829. — PARENT-DUCHATELET. *Le rouissage du chanvre sous le rapport de l'hygiène publique.* In *Ann. d'hyg. publ.,* 1re sér., t. VII, p. 237, 1832. — GUIRAUDET, *Recherches sur l'influence que peut avoir le rouissage du chanvre. Ibid.,* p. 337, 1832.— KRUGELSTEIN. *Ueber die Zulässigkeit der Flachs- und Hanfrösten in Wasser, nebst den über Gegenstand,* etc. In *Henke's Ztschr. f. d. Staatsarzn.,* n° 39, Erg et Canstatt's Jahresb , 1849, VII, 58. — PAYEN. *Rapport à M. le ministre de l'agricul. et du comm. sur un procédé de rouissage employé en Irlande.* Paris, 1850, in-8°. — MOORSS. *Das Flachsrösten in sanitätspolizeilicher Beziehung.* In *Casper's Vjschr.,* t. XX, p. 265, 1861. — ROUCHER (C.). *Du rouissage considéré au point de vue de l'hygiène publique, et de son introduction en Algérie.* In *Ann. d'hyg.,* 2e sér., t. XXII, p. 278, 1864. — *Rapports des divers conseils d'hyg. départementaux; Dictionnaires de l'industrie,* etc.

Rizières. *Relationi fisica ed idraulica sulla risaje della Marca e corrispondente notificazione.* Roma, 1826 (Anal. in *Ann. univ. d'Omodei,* t. LXI, p. 36, 1827). — PUCCINOTTI. *Delle risaje in Italia, e della loro introduzione in Toscana.* Livorno, 1843. — SORGONI. *De l'influence de la culture du riz sur la fréquence des fièvres intermittentes.* In *Boll. delle sc. med.,* 1843, et *Gaz. méd. de Paris,* 1843, p. 742. — DU MÊME. *Les rizières examinées dans leurs rapports avec la santé publique.* In *Il Raccoglit. med.,* 1848, et *Gaz. méd.,* 1849, p. 483. — VIVARELLI. *Observ. sur le travail de M. Sorgoni.* In *Il Raccoglit. med.,* 1849, et *Gaz. méd.,* 1849, p. 813. — BOILEAU DE CASTELNAU. *De l'insalubrité des rizières.* In *Ann. d'hyg.,* 1re sér., t. XLIII, p. 327, 1850. — UGHI. *Le risaje Parmensi considerate nel rapporto sanitario morale ed economico.* In *Gaz. med. ital. prov. sarde,* nos 21-23, 1861.

Féculeries. PARENT-DUCHATELET et ORFILA. *Rapport sur l'influence des émanations des eaux des féculeries et des marais.* In *Ann. d'hyg.,* 1re sér., t. XI, p. 251, 1831. — GAULTIER DE CLAUBRY. *Quelques observ. sur l'influence des marais en réponse au rapport précédent.* In *Ann. d'hyg.,* 1re sér., t. XII, p. 57, 1834. — CHEVALLIER. *Sur les inconvénients que présentent les fabriques de fécule sous le rapport de l'hygiène publique.* In *Ann. d'hyg.,* 2e sér., t. XVIII, p. 32, 1862.(Extrait du *Traité élémentaire d'hygiène* de M. Beaugrand).

Le lecteur trouvera quelques autres indications bibliographiques dans le cours même de l'article.

MARANTA, Plum. Genre de monocotylédones qui donne son nom au groupe des **Marantacées.** Les plantes qui le composent sont de grandes herbes ou des sous-arbrisseaux rameux, garnis de feuilles, à nervures latérales, le plus souvent obliques et parallèles entre elles. Les fleurs sont en cymes affectant la forme d'épis, de grappes ou de panicules. Elles ont un calice à trois divisions le plus souvent herbacées. Dans l'intérieur de ce calice se trouvent des organes pétacoïdes, le plus souvent blancs, soudés sur une partie de leur étendue en une sorte de tube renflé, plus long que le calice. Ces organes sont : les trois extérieurs des pétales, à peu près égaux, nettement distincts au sommet ; les autres, des étamines transformées, stériles, ayant la forme pétaloïde. Ces staminodes sont généralement au nombre de quatre : deux extérieurs plus ou moins longuement exsertes, et deux internes, dont l'un cuculé enveloppe incomplètement le stig-mate par le développement et le reploiement de l'un de ses bords, dont l'autre est muni sur sa face interne d'une sorte de *callus* plus ou moins développé. En outre, le gynécée se complète par une étamine formée d'un filet distinct, aplati, d'une seule loge d'anthère placée sur un des côtés, et d'un appendice membraneux plus ou moins considérable du côté opposé à l'anthère. Pour Payer, il n'y a, en réalité, que trois étamines placées sur un seul rang, dont deux se dédoublent de manière à former le nombre de staminodes que nous avons indiqués. L'ovaire est infère, uniloculaire, et contient un ovule unique, basilaire, campylotrope. Le style est recourbé, charnu, et porte un stigmate trigone. Le fruit est une baie monosperme. La graine, presque globuleuse ou prismatique, munie d'une pointe recourbée, contient un albumen corné et un embryon homotrope, recourbé, dont l'extrémité radiculaire atteint l'ombilic ; entre les deux branches de sa courbure on remarque une sorte de canal droit creusé dans l'albumen.

Les *Maranta* sont de l'Amérique tropicale ; il en existe un très-petit nombre d'espèces asiatiques. Leurs rhizomes sont surtout utilisés à cause de la fécule qu'ils contiennent. L'espèce la plus connue et la plus remarquable à cet égard est le *Maranta arundinacea* L. C'est une plante à rhizomes noueux, recouverts d'écailles bractéiformes, donnant trois à quatre tiges aériennes droites, de la grosseur du doigt, hautes de 3 à 4 pieds, garnies par les pétioles ou la gaîne des feuilles. Ces feuilles sont alternes, amples, ovales, lancéolées, aiguës, velues sur leur face inférieure ainsi que sur les pétioles : elles sont marquées de nombreuses nervures latérales obliques. Les rameaux sont noueux, articulés et coudés aux nœuds, se ramifiant à leurs extrémités en cymes irrégulièrement dichotomes, portant trois ou quatre fleurs blanches. Le fruit est ovoïde, ferme, de la grosseur d'une olive. Cette plante porte le nom de flèche-racine ou *arrow-root*, et ce nom lui serait donné, dit Tussac, parce qu'elle a la réputation de guérir les blessures faites par les flèches des Indiens ; mais ces vertus sont loin d'être constatées, et si la plante est cultivée sur une grande échelle aux Antilles, c'est uniquement à cause de la fécule que donne son rhizome, et qu'on connaît sous le nom d'*arrow-root* de Saint-Vincent, des Bermudes ou de la Jamaïque.

Cet *arrow-root* est en poussière fine, mate, d'un blanc sale. Au microscope, il présente des grains qui rappellent un peu, par leur forme, ceux de la fécule de pomme de terre. Ceux qui sont pyriformes, et qui ressemblent le plus à cette fécule s'en distinguent par leurs dimensions bien moindres, et aussi parce que le hile se trouve chez eux à la plus grosse extrémité. On y voit aussi des grains elliptiques dans lesquels le hile se trouve au milieu de l'ellipse.

Une autre espèce produit cet *arrow-root* ; c'est le *maranta indica*, Tussac, qui ne se distingue que par ses feuilles et ses pétioles glabres de l'espèce précédente, dont elle n'est peut-être qu'une variété. D'après Tussac, cette plante aurait été transplantée des Indes orientales en Amérique ; mais cette opinion est plus que contestée. On admet, au contraire, que la plante, originaire des Antilles, n'est passée que fort tard, par la culture, dans les Indes orientales, où les Anglais en retirent un *arrow-root* tout à fait semblable à celui qui est décrit ci-dessus, et qu'ils désignent sous le nom d'*arrow-root indien* ou de Calcutta (*voy*. ARROW-ROOT et FÉCULES).

Parmi les espèces qui donnent de la fécule, nous devons également citer le *Maranta allouya* Aublet., qu'on exploite à Cayenne et à Saint-Domingue, et dont on mange les tubercules cuits sous la cendre.

Une plante qui a un intérêt d'un autre genre est le *Cachibou*, *Maranta lutea* Lam. (*M. cachibu* Jacq.). Ses feuilles ont leur surface inférieure couverte d'une couche de matière résineuse blanche, qu'on peut en détacher par frottement et qui est employée, d'après de Humboldt, contre les rétentions d'urine. Cette sorte de poussière préserve le tissu sous-jacent du contact de l'eau et permet de construire avec les feuilles des sortes de toits temporaires, sous lesquels les voyageurs peuvent s'abriter une dizaine d'heures contre la pluie. On emploie également ces feuilles pour construire des paniers, et aussi pour envelopper les résines de bursera qui, du nom de cette enveloppe, prennent le nom de *cachibou*.   PLANCHON.

PLUMIER. *Genera*, 36 et *Plant. American. edit. Burmannn*. 98, tab. 108 — LINNÉ. *Genera*. 5. — AUBLET. *Plantes de la Guyane*. II, 3. — ROSCOE. *Scitam.* — TUSSAC. *Flore des Antilles*, I, 185 — ENDLICHER. *Genera. Plant.* 1642. — PAYER. *Organogénie*, p. 677, tab. 775. — BERG et SCHMIDT. *Darstell. und Beschreib. de offizin. Gewächse*. I, 7. B. — GRES. (Arthur). *Observat. sur la fleur des Marantées*. In *Annal. de Sc. nat.* 4e série, XII, 193. — GUIBERT. *Drogues simples*. 6e édit., II, 227.   PL.

MARANTA (BARTHÉLEMY), médecin, botaniste et littérateur distingué. On ne suit ni l'époque de sa naissance, ni celle de sa mort. On sait seulement qu'il était originaire de Venosa, dans le royaume de Naples ; qu'il fut l'élève de Ghini, de Pinelli, et que, si par lui-même il n'a pas fait de découvertes en fait d'histoire des plantes, il a contribué à vulgariser les ouvrages de Terrante Imperato et de Mattioli. Voici les titres des livres qu'il a édités :

I. *De aquæ Neapoli in Luculludio scaturientis, quam ferream vocant, metallicâ naturâ ac viribus*. Naples, 1559, in-4°. — II. *Methodi cognoscendorum medicamentorum simplicium libri tres*. Venise, 1559, in-4°. — III. *Lucullianæ questiones*. Bâle, 1564, in-fol. — IV. *Della teriaca e del mithridate*. Bâle, 1571, in-4°.   A. C.

MARANTACÉES. Nom donné par Lindley et quelques autres botanistes à la famille des Cannacées (*Voy.* CANNACÉES).

MARASME (μαρασμός ; μαραίνειν, dessécher) est un état général consécutif, le plus souvent, aux maladies chroniques, et caractérisé par une maigreur extrême et un dépérissement progressif.

Le marasme doit être distingué de la cachexie, dont la signification est beaucoup plus large. Le marasme n'est souvent qu'un des symptômes de la cachexie. Il faut, cependant, reconnaître que ces deux expressions sont bien souvent employées comme synonymes, et que le plus souvent le marasme n'est que le symptôme d'une cachexie avancée.

Il serait difficile de faire du marasme une peinture plus saisissante que celle que nous trouvons dans Arétée (*De signis et causis morborum*, lib. I, cap. VIII). « Le nez est pointu, aminci ; les pommettes saillantes, colorées ; les yeux creux, mais purs et brillants ; le visage d'un jaune pâle ou livide, quelquefois bouffi ; la partie mince des joues rentrée et serrée contre les dents, ce qui donne l'aspect d'une personne qui rit. Tout le corps prend l'apparence d'un squelette ; car la même maigreur s'observe partout. Les muscles des bras disparaissent. Il ne reste du sein que le mamelon. Les côtes deviennent visibles, non-seulement au point qu'on puisse les compter toutes, mais encore voir distinctement leurs articulations, tant du côté de l'épine que du sternum ; leurs interstices vides, et toute leur courbure presque à nu ; les hypochondres creux, retirés ; le ventre aplati et pour ainsi dire collé contre l'épine ; les articulations partout décharnés, extrèmement apparentes, tant celles des bras, des jambes et des hanches, que celles de la colonne vertébrale, qui, auparavant enfoncée, maintenan que tous les muscles de chaque côté ont disparu, s'avanee au dehors et présente ses pointes osseuses ; les omoplates entièrement découvertes et semblables à deux ailes d'oiseau. » Pour compléter cette description si vraie, ajoutons que dans certains cas on observe un œdème plus ou moins étendu, quelquefois limité aux membres inférieurs, dont le volume contraste avec l'émaciation extrême des parties supérieures. L'œdème peut être généralisé et masquer la maigreur générale. L'anasarque peut être lié à une dégénérescence rénale ou hépatique, ou à une maladie du cœur. Il faut encore ajouter au tableau d'Arétée une tendance habituelle à la diarrhée.

Toutes les maladies qui altèrent profondément la nutrition peuvent amener le marasme. Autrefois on distinguait un marasme idiopathique et un marasme symptomatique. Sans admettre cette distinction, nous ferons cependant remarquer que le trouble profond de la nutrition, l'absence d'assimilation, sans lesquels le marasme ne peut exister, peuvent dépendre de certains désordres purement fonctionnels. C'est ainsi que sous l'influence de chagrins profonds nous voyons se manifester des dyspepsies indomptables qui conduisent lentement à une dénutrition complète.

Remarquons encore que certaines maladies du système nerveux, caractérisées par une excitation violente et prolongée, telles que la manie aiguë, déterminent souvent un marasme très-prononcé. On sait aussi à quel état la masturbation peut conduire ses victimes.

Mais, dans la grande majorité des cas, le marasme est la conséquence de maladies caractérisées par des lésions organiques variées, et il survient d'autant plus rapidement que ces lésions sont de nature à entraver plus ou moins complétement la nutrition.

C'est ainsi que les maladies du tube digestif et de ses annexes ont le triste privilége de déterminer plus rapidement que toutes autres un marasme complet.

La dysenterie, surtout la grande dysenterie épidémique, y conduit en quelques jours.

L'entérite chronique, l'entérite tuberculeuse des enfants, le produisent également au bout de peu de temps.

Il est peu de maladies qui déterminent l'émaciation aussi promptement que la cirrhose.

Il serait oiseux de chercher à énumérer toutes les maladies qui conduisent au marasme ; nous répétons d'une manière générale que celui-ci survient toutes les fois que l'assimilation est troublée profondément et d'une manière persistante. Non-seulement l'assimilation est entravée, mais il existe habituellement un autre phénomène qui hâte singulièrement les progrès du marasme. C'est la fièvre hectique, quand elle existe ; car elle n'est pas constante. Si elle fait partie de l'ensemble symptomatique de certaines maladies chroniques, telles que la tuberculose, la cirrhose du foie, etc., on a remarqué depuis longtemps qu'elle fait défaut dans d'autres cachexies, la cachexie cancéreuse par exemple.

Il est à noter également que l'âge n'est pas sans influence sur la rapidité avec laquelle le marasme s'établit. C'est au moment où l'activité organique est à son maximum, c'est-à-dire chez l'enfant et chez l'adolescent, que le marasme survient le plus vite. D'un autre côté, le vieillard, dont la nutrition est peu énergique, arrive à cet état beaucoup plus tôt que l'adulte.

Nous n'insisterons pas sur les différentes lésions que l'on peut rencontrer chez les individus arrivés au marasme. On se reportera à l'article CACHEXIE pour plus de détails. La pathogénie des transformations que subissent les différents tissus, en particulier les altérations du sang, y ont été soigneusement étudiées.

BLACHEZ.

MARASME. Genre de champignons de la famille des *Agaricinées* (*voy.* ce mot), institué par Frie et heureusement détaché du genre AGARIC. Ce genre ne comprend que des Agaricinées de petite taille, atteignant rarement, dans deux ou trois espèces, 6 à 7 centimètres de diamètre et de hauteur, et ayant le plus souvent moins de 1 centimètre; d'ailleurs toujours grêle et peu charnu, et dont le tissu flexible est difficilement putrescible, mais se dessèche facilement, se recroqueville pour reprendre ses formes premières quand on le trempe dans l'eau.

Stipe fibro-cartilagineux, résistant, qui va s'épanouissant dans le chapeau et changeant son tissu fibro-coriace en un hyménophore, plutôt blanc, floconneux, flexible, descendant dans les lames revêtues d'un hyménium partout fertile (même au fond des vallécules); ces lames flexibles, plutôt résistantes, persistantes, sont tantôt larges, tantôt pliciformes, à bord mince et lisse, et portent des spores blanches subelliptiques.

Le **chapeau** mince est enfin sillonné et ridé; ses **lames** sont souvent connexées par leur terminaison interne, formant alors un anneau qui embrasse la tête du stipe auquel elles sont ainsi adnexées rarement et à peine décurrentes.

Ce groupe, très-naturel, surtout par son caractère biologique, la *réviviscence*, confine de très-près, par plusieurs de ses espèces, au groupe des AGARICS COLLYBES, de sorte que la place à assigner à plusieurs des uns et des autres, par exemple à AG. COL. STIPITARIUS, à M. OREADES, serait bien arbitraire, si l'on n'était pas obligé de rapprocher ces espèces douteuses d'autres espèces qui les avoisinent fort et dont la place ne saurait être indécise. D'ailleurs nous croyons que plusieurs COLLYBES. qui jouissent d'une réviviscence manifeste, doivent devenir des MARASMES.

Au premier aspect de ces Agaricinées, petites et maigres, on pourrait les croire dépourvues d'application bromatologique; mais, si leur stipe fibreux et coriace est toujours à rejeter, le tissu de leur chapeau, quoique mince et maigre, exhale souvent des parfums qui en font, sinon un aliment abondant, au moins un condiment fort agréable et fort recherché; sous ce rapport, quatre espèces sont surtout signalées : M. OREADES (faux mousseron), M. CEPACEUS, M. FENICULACEUS, M. SCORADONIUS. D'autres sont présumées nuisibles; tels M. URENS, etc.; mais aucune expérience, aucune observation authentique ne confirme ni infirme ce préjugé.

Les types auxquels se rapporte le genre MARASME se divisent très-naturellement en deux groupes; les uns se rapprochent des COLLYBES, à marge d'abord plus ou moins *infléchie* ou même enroulée; les autres, des MYCÈNES, à marge *droite* et d'abord appliquée sur le stipe (*voy.* AGARIC).

I. Marasmes collybes, à marge d'abord plus ou moins *infléchie* ou enroulée; en outre, le tissu et la consistance du stipe (toujours résistant, mais fibroméduleux ou tubuleux et subcartilagineux, plus ou moins velu, tomenteux ou nu, lisse ou poli vers le pied radicant à amycélium floconneux, ou fiché sur son sup-

port et sans mycélium apparent) sert à établir les principales sous-divisions.
A. **Stipe** plein ou méduleux et, sous un cutis coriace décidément fibreux, surface plus ou moins *mate, tomenteuse* ou velue.

α. *Stipe à base villeuse ou sillonnée.*

1. M. **urens** Bull. **Chapeau** subcharnu, flexible, coriace, convexe, aplani, a disque *assez compacte* (Diam. 6 à 7 cent.), lisse, et, en séchant, squamuleux ou ridé, presque glabre, uniformément *gris ocracé; marge mince, subenroulée. **Stipe** plein, concolore, rigide, *partout revêtu de villosités blanchâtres*, ocracées, blanches au pied; de fibres crispées, tenaces (haut: 5 à 8 c. diam. 6 mm.), quelquefois *plus court et gonflé*. **Lames** *libres* du stipe, quoique connexées entre *elles* vers le stipe; bientôt éloignées du stipe, *écartées* entre *elles*, flexibles, tenaces, concolores, ensuite *brunissant*. **Odeur** *faible*, **saveur** enfin *âcre* et *brûlante*, qui font présumer des qualités nuisibles et rendent importante sa distinction avec M. **oreades** n° 5. Dans les clairières herbeuses des bois, en troupe ou agrégé, *fréquent entre les feuilles tombées.* C.

2. M. **peronatus** Fr. **Chapeau** convexe, bientôt plan, obtus et *coriacé, membraneux*, flasque; disque lisse; marge *sillonnée*, ridée (D. 3 à 6 c.), jaune ocracé, couleur *bois*; chair blanchâtre. **Stipe** plein, fibreux, tenace (haut. 5 à 7 c. et d. 2 à 4 mm.), plus grêle que le précédent; atténué en haut; *enfin creux* et souvent comprimé; à écorce jaune pâle ocracé et cuticule villeuse, mais à la base maigre, un peu courbée et vêtue de longues et *nombreuses villosités*, tantôt dressées, tantôt opprimées et tomenteuses, jaunâtres ou blanchâtres. **Lames** d'abord adnées, puis séparées, libres; mais minces, *nombreuses* et *rapprochées;* d'abord blanchâtres, jaune ocracé, ligneuses; enfin éloignées et brunies. **Odeur** nulle, **saveur** âcre. C. Dans les bois, entre les feuilles et les mousses.

3. M. **porreus** Fr. **Chapeau** coriace, *membraneux*, flasque, convexe, bientôt aplani (D. 3 à 5 c.), obtus; disque *lisse;* marge *striée*, opacte, d'un *jaune ocracé sordide*, poli en séchant; clair jaunâtre, presque concolore. **Stipe** bientôt creux, tenace, sans suc, long de 7 à 8 c., *pubescent*, partout un peu épais; d'un *brun rougeâtre*, plus clair en haut, *légèrement villeux à la base*. **Lames** *distantes*, bientôt séparées et libres, un peu épaisses, tenaces, linéaires, selon leur largeur; enfin coriaces, d'un jaune *flave, pâle* et terne. **Odeur** alliacée, mais disparaissant en séchant. R. et tardif, entre les feuilles tombées.

4. M. **fœniculaceus** Fr. **Chapeau** peu charnu, et de convexe et umboné, bientôt plat, puis déprimé (D. 3 à 4 c.), lisse, blanchâtre, lutéolé. **Stipe** tout fibreux, à peu près égal, enfin *creux*, jaunâtre clair, à base épaisse et *érodée, hérissé de roux;* 5 c. de long. **Lames** adnexées, bientôt séparées, larges, épaisses, distantes, blanches. **Odeur** et **saveur** douces, qui se rapprochent du suivant; mais ce champignon s'en distingue par son **stipe**, bientôt *creux*, glabre (?), comme *échancré* par *morsure* et *tacheté, hérissé de roux* à la base. *Condiment* presque aussi estimé, mais plus rare que le suivant. Dans les chemins herbeux.

b. *Stipe nu à la base, plein et à fibres souvent tordues en corde.*

5. M. **oreades** Fr. **Chapeau** assez *charnu* pour un marasme, flexible, convexe; plan *subumboné*, lisse, glabre (D. 3 à 5 c.), d'un jaune chamois, plus ou moins rabattu, suivant l'état hygrométrique; blanchâtre par un temps sec, mais *hygrophane*, c'est-à-dire changeant de nuance, se fonçant, se teintant de roux par la pluie, et alors à marge un peu striée. **Stipe** *très-tenace*, de 5 à 7 c. de haut, 4 à 5 mill. de diam., plein, égal, dur, tordu, vêtu d'une *cuticule villeuse, sèche, étroitement adnée*, pâle, concolore; base radicante, souvent érodée (*premorsæ*), *nue* et non villeuse, ou tomenteuse, comme les précédents. **Lames** libres, larges, *distantes*, inégales, d'abord molles, concolores lutéolées, blanchâtres. Très-commun sur les pelouses et dans les champs, et leurs bandes formant souvent des arcs ou même des circonférences. **Odeur** d'abord faible, mais devenant *pénétrante, agréable* et savoureuse. par la réunion et par la dessiccation. *Condiment* célèbre et des plus agréables. C. C.

6. M. **plancus** Fr. En apparence voisin du précédent, mais s'en distingue essentiellement par un **stipe** inégal, *cave* et bientôt *comprimé, flave*, pâle, plutôt que blanchâtre. **Chapeau** mince, faible, mais flexible et élastique, coriacé (ce qui décide à le séparer des Collybes et de Ag. **dryophile**, dont il a quelques traits), d'un brun roux, pâlissant. **Lames** plutôt *nombreuses, linéaires*, plus foncées que le chapeau pâlissant. **Odeur** nulle.

7. M. **scorteus** Fr. Petit, inodore, doux, blanchâtre; stipe bientôt fistuleux, filiforme, brun, mais lames libres, *larges;* ventru, blanchâtre. Dans les forêts humides. A. R.

B. **Stipe** radicant *définitivement tubuleux* et *cartilagineux* (non fibreux), laineux en bas, glabre en haut. **Lames** se séparant du stipe. **Chapeau** plus mince, *hygrophane;* marge tantôt lisse, tantôt striée.

* *Stipe laineux en bas, glabre en haut.*

8. M. prasiosmus Fr. A odeur *pénétrante, poracée* ou *alliacée*, et longtemps persistante après la dessiccation. stipe *fistuleux*, d'un pâle fauve ou roussâtre, *foncé* vers la *base*, gonflée, souvent recourbée, *tomenteuse*, adhérente aux feuilles tombées; *long.* de 7 à 8 c. Chapeau bientôt aplani, blanchâtre, souvent plus obscur sur le disque obtus. Odeur fortement *alliacée* et persistante étant sec.

9. M. varicosus Fr. *Inodore;* stipe fistuleux, très-remarquable par son *suc,* d'un *rouge brun*, qui dégoutte du stipe rompu; de là, sa couleur générale rouge brun.

10. M. fuscopurpureus Fr. *Inodore*, d'un *noir pourpre,* mais *sans suc.*

11. M. terginus Fr. A chapeau d'un blanc brillant étant sec, incarnat humide, et stipe rougeâtre dans le haut, blanc, tomenteux au pied radicant. Lames étroites, pâles.

12. M. putillus Fr. Les lames rousses ont le bord fibre, plus pâle. Bois de pins.

** *Stipe partout velu ou pruiné* (au moins étant sec).

13. M. impudicus Fr. A odeur forte, désagréable.

14. M. erytropus Fr. *Inodore*, chapeau pâle, mais stipe brun rougeâtre.

15. M. archyropus Fr. *Inodore*, stipe vêtu d'un pruiné tomenteux, blanchâtre, roussâtre.

C. Stipe court, sans racine, mais fiché et souvent tuberculeux et floconneux à la base. Chapeau d'abord connexe, à bord enroulé. Lames *adnées, subdécurrentes*, croissant sur les rameaux, paille, etc., entre autres.

* *Stipe très-glabre et brillant en haut, base simple.*

16. M. scorodonius Fr. Chapeau un peu charnu, convexe, puis étendu (2 c. de diam.), roux rougeâtre, d'abord lisse, puis sillonné, crispé, etc. stipe corné, fistuleux, fin (2 à 3 mill. et 2 ou 3 c. de haut), très-glabre, roux, brillant. Lames adnées, quelquefois séparées, veinées, connexées, blanchâtres. Odeur forte, *alliacée*, caractéristique dans cette section, qui ne renferme que l'espèce suivante d'odorante.

** *Stipe velu ou pruiné, à base subtuberculeuse.*

Nous ne décrirons pas : 17, M. calopus; 18, M. vaillantii; 19, M. languidus.

20. M. fætidus Fr. A chapeau membraneux, convexe, et bientôt roux; disque ombiliqué et subpruiné; marge, enfin, striée. stipe corné, marron, velu; lames distantes, veinées, subdécurrentes, jaunâtre roussâtre. Odeur *fétide*. R. sur les rameaux.

Nous ne décrirons pas : 21, M. amadelphus; 22, M. ramealis; 23, M. candidus.

II. Les Marasmes mycènes ont tous le stipe corné, tenace et fistuleux, mais quelquefois un peu méduleux, et une racine plutôt qu'un mycélium floconneux; un chapeau plutôt membraneux, *d'abord campanulé*, plus tard étalé, à marge *d'abord droite* et appriméе sur le stipe, selon le type des Ag. mycènes.

Nota. Ces espèces, toujours grêles et pas ou à peine charnues, et souvent très-petites, ne peuvent être employées; nous ne citerons que quelques espèces remarquables par leur forte odeur.

A. Les uns ont le stipe rigide, *radicant*, dilaté; soit

* *Avec un stipe très-glabre et brillant.*

24. M. molyoides, ayant une faible odeur *alliacée*, étant jaune.

25. M. torquatus.

** *Avec un style velu ou pruiné.*

26. M. alliaceus Fr. *Belle* et haute espèce à chapeau submembraneux, d'abord campanulé, bientôt ridé, sillonné (D. 3 à 4 c.). stipe *long*, corné, velouté, pruiné, noirâtre, à base radicante nue (10 à 14 cent. de haut, 3 à 4 mill. de diamètre). Lames libres, d'un blanc rabattu. Odeur fortement *alliacée*. Propriétés inconnues.

B. Les autres ont le stipe filiforme, flasque, à base ou sans racine, et implanté, ou à racine sétiforme, rampante; le chapeau bientôt planuscule ou ombiliqué.

* *Stipe très glabre et brillant :* entre autres, les deux petites espèces suivantes, à chapeau blanc, très-communes dans nos bois, sur les feuilles tombées.

27. M. ANDROSACEUS Lin., dont les lames sont adnées au stipe très-foncé ou noir. Sur les feuilles.

28. M. ROTULA Scop., dont les lames libres du stipe, mais connées entre elles, forment un large manchon où pénètre librement le sommet du stipe noirâtre. Sur les feuilles et sur le bois.

** *Stipe velu ou poilu;* entre autres :

29. M. PERFORANS Fr., que caractérise surtout son odeur fétide.

BERTILLON.

MARAT (JEAN-PAUL), né à Boudry (comté de Neufchâtel), le 24 mai 1744; mort assassiné à Paris, le 13 juillet 1793. La place de Marat est bien plus dans une biographie des hommes de la Révolution que dans une biographie médicale ; il est impossible cependant que, même ici, nous ne nous occupions pas d'un personnage qui eut une certaine notoriété comme médecin, une triste et immense réputation comme journaliste et comme député. Le père de Marat, dont le vrai nom paraît être *Mara*, exerçait la profession de médecin à Cagliari avant de se retirer en Suisse; il eut cinq enfants, dont l'aîné fut le trop fameux Marat. De bonne heure, celui-ci montra un goût ardent pour les sciences naturelles, et, après avoir étudié la médecine, il vint se fixer à Paris ; nous ne savons pas au juste à quelle époque. On ne trouve pas son nom dans les catalogues des médecins et des chirurgiens exerçant à Paris. D'ailleurs, il avait longuement voyagé, et dans un grand nombre de contrées ; lui-même a écrit qu'il avait séjourné plus ou moins longtemps à Bordeaux, à Londres, à Dublin, à Édimbourg, à la Haye, à Utrecht, à Amsterdam, et qu'il avait parcouru plus de la moitié de l'Europe. Il fut pendant quelque temps médecin des gardes du corps (et non pas, comme on le dit souvent, des écuries) du comte d'Artois, place qu'il n'occupait plus au moment où commença la Révolution. Nous avons dit qu'il s'occupait ardemment de sciences ; il publiait, en effet, mémoires sur mémoires, volumes sur volumes, et chacun d'eux était prétexte à quelque polémique violente, à des injures toujours acerbes, souvent imméritées, contre les académiciens et les académies. On ne lit plus les ouvrages scientifiques de Marat, et ils méritent à peine une mention sérieuse ; mais ils dénotent déjà l'homme que la Révolution va mettre en évidence. Ce sont, pour la plupart, des ouvrages faits à la hâte ; aucun d'eux n'est creusé à fond, bien que les sujets traités soient souvent nouveaux et pleins d'intérêt ; on voit que l'auteur est tourmenté du besoin de produire, qu'il désire à tout prix faire retentir son nom. Il nous paraît probable, cependant, que Marat s'est jugé lui-même, en toute sincérité, un génie incompris, en butte à la malveillance et à la jalousie des savants ses contemporains. Quelques-uns de ses travaux eurent un certain retentissement, et Voltaire ne dédaigna pas de faire la critique du traité *De l'homme, ou des principes et des lois de l'influence de l'âme sur le corps et du corps sur l'âme.* Cabanis, a-t-on dit, s'est servi de ce livre pour composer son *Traité du physique et du moral;* ceux qui ont avancé ce fait n'ont lu ni l'un ni l'autre de ces deux ouvrages. Malgré tous ses travaux de médecine, de physique, d'anatomie, de métaphysique, de morale et de politique édités ou inédits, Marat était fort peu connu quand éclata la Révolution française qui devait donner à son nom une si triste notoriété.

Le reste de la vie de Marat appartient à l'histoire politique. Nous n'en dirons que ce qui est indispensable pour compléter sa biographie. Le 12 septembre 1789, il lance le premier numéro du fameux journal *l'Ami du peuple,* où déborde une colère ardente contre les riches. Poursuivi pour plusieurs articles, il est obligé de se cacher, et deux fois même il se réfugie en Angleterre. En septembre 1792, il vient siéger à la Convention comme député de Paris, où il continue ses invectives et ses dénonciations, vote la mort du roi sans sursis, et commence une guerre sans relâche contre les Girondins. Décrété d'accusation devant le tribunal révolutionnaire qu'il avait contribué à établir, il est ramené en triomphe par le peuple à la Convention, où il rentre plus orgueilleux que jamais, plus déchaîné contre ses accusateurs. Sa participation aux massacres de septembre est avérée; lui-même eut le triste courage de s'en vanter. Enfin, le 13 juillet 1793, une jeune fille, Charlotte Corday, la descendante du grand Corneille et l'amie de Barbaroux, passionnée et fanatique comme Marat lui-même, surexcitée sans doute par les malheurs et les colères de ses amis de la Gironde, réussit à s'introduire auprès de l'Ami du peuple, malade, presque mourant, et elle l'assassine dans son bain, assassinat inutile, crime, dans ce cas comme toujours, abominable, qui doit, quoi qu'on en ait dit, flétrir la mémoire de Charlotte Corday.

On fit à Marat des funérailles publiques ; son corps fut déposé dans le jardin du couvent des Cordeliers, son buste placé dans toutes les sections, et, par un décret du 14 novembre 1793, les honneurs du Panthéon lui furent décernés. Cependant, comme Robespierre s'était opposé à cette sorte de déification, les cendres de l'Ami du peuple ne furent transférées au Panthéon qu'après le 8 thermidor. Elles n'y restèrent que peu de temps, et ce même peuple, qui *avait adoré son ami*, à quelques jours de là, brûlait son image et en jetait les cendres dans un égout.

Marat était petit, laid, sale, négligé, presque toujours malade ; il était curieux, soupçonneux, cruel sans méchanceté, et, si je puis ainsi dire, par théorie. Il y avait dans sa démarche, dans ses allures, dans ses gestes, quelque chose de singulier, une sorte de tic convulsif. Sa tête travaillait sans cesse, et il connaissait à peine le sommeil. Depuis ses jeunes années, il vivait dans une sorte d'excitation maladive et de surexcitation nerveuse qui expliquent bien des actes de sa vie d'homme de science et d'homme politique. Et, pour dire toute notre pensée, Marat était un malade sur la limite de la folie. Son talent était des plus capricieux ; tantôt, et le plus souvent, il semble écrire pour épouvanter, et son langage est brutal et cynique ; tantôt, au contraire, son style est serré et aussi clair que correct.

Voici le titre des principaux ouvrages scientifiques de Marat :

I. *De l'homme, ou des principes et des lois de l'influence de l'âme sur le corps et du corps sur l'âme.* Amsterdam, 1773, 3 vol., in-12°. — II. *Découvertes sur le feu, l'électricité et la lumière.* Paris, 1779, in-8°, de 38 pages. — III. *Découvertes sur la lumière, constatées par une suite d'expériences nouvelles.* Londres, 1780. 1782, in-4°. — IV. *Recherches physiques sur le feu.* Paris, 1780, in-8°. — V. *Recherches physiques sur l'électricité.* Paris, 1782, in-8° de 461 pages. — VI. *OEuvres de physique.* Par 5, 1784, in-8°, fig. col. — VII. *Mémoire sur l'électricité médicale.* Paris, 1784, in-8° ; couronné en 1765, par l'Académie de Rouen. — VIII. *Notions élémentaires d'optique.* Paris, 1784, in-8°, de 48 pages. — IX. *Lettres de l'observateur Bon Sens, à M. de ***, sur la fatale catastrophe de Pilâtre de Rosier, les aéronautes et l'aérostation.* Paris, 1785, in-8°, de 50 pages. — X. *Observations de l'amateur Avec à l'abée Saas, sur la nécessité d'avoir une théorie solide et lumineuse avant d'ouvrir boutique d'électricité médicale.* Paris, 1785, in-8°, de 33 p. — XI. *De l'optique de Newton, traduction nouvelle par M***, publiée par Beauzée et dédiée au Roi.* Paris, 1787, 2 vol., in-8°, avec 21 pl. — XII. *Mémoires académiques, ou nouvelles découvertes sur la lumière.* Paris, 1788, in-8°, 13.

MARAT (Eaux minérales de). Dans le département du Puy-de-Dôme, dans l'arrondissement d'Ambert, dans la commune de Marat, près du hameau de Gripil ou Gripeil, et au sud-est d'Olliergues, sur la rive gauche du ruisseau le Got, entre deux rochers, émergent les deux sources de Marat, dont l'eau claire, limpide et transparente, est incessamment traversée par des bulles nombreuses de gaz acide carbonique. Cette eau, très-pétillante et très-agréable à boire, n'a point encore été soumise à une analyse exacte. M. le docteur Nivet, qui compare son goût à celle de Gandrifet, dit, après le docteur Coiffier, qu'elle contient par litre 68 centigrammes de matières fixes. L'eau des deux sources de Marat n'est employée en boisson que par les habitants de la contrée.

Bibliographie. — Nivet (V.). *Dictionnaire des eaux minérales du département du Puy-de-Dôme.* Clermont-Ferrand, 1846, in-8°, p. 128—129.   A. R.

MARATHRE, *Marathron* ou *Marathrum.* Sous ce nom, les Grecs, et après eux quelques auteurs de la Renaissance, désignaient notre Fenouil officinal. Le Fenouil sauvage était appelé par eux *Hippomarathron.* Le nom de *Marathrum* a été aussi appliqué par Humboldt et Bonpland à un genre de plantes aquatiques des régions équinoxiales qui n'a aucun intérêt médical.

Dioscoride. *Lib.* III, chap. 81. — Lobel. *Adversaria,* 347. — Humboldt et Bonpland. *Plant. Æquinoctiales,* I, 40, tab. 11.   Pl.

MARATIA MOOGHO. D'après Ainslie (*Mat. méd. ind.*, II, 185), cité par Mérat et Belens (*Dict. mat. méd.*, IV, 236), on vend sous ce nom, dans les bazars de l'Inde, les fruits et les graines d'une plante indéterminée, dont les propriétés sont sédatives et même légèrement enivrantes. On donne une capsule et ses graines dans du lait, ou l'on en prépare un électuaire pour guérir les douleurs et la diarrhée. Ce médicament paraît donc agir de la même façon que les têtes de pavots.

H. Bn.

MARBOD, Marbold, Marbodæus ou Marbodus, savant du moyen âge et à la façon du moyen âge. Il était originaire de l'Anjou et florissait à la fin du onzième siècle; il mourut évêque de Rennes en 1123. Outre quelques ouvrages de théologie, il a laissé un poëme en 743 mauvais vers latins, *De lapidibus preciosis,* où il traite des vertus chimériques des pierres précieuses et se montre d'une crédulité tout à fait à la hauteur de la triste époque à laquelle il vivait. Ce poëme, par une fiction dans le goût du temps, était attribué à un certain Evax, roi d'Arabie, qui l'aurait adressé à Néron. Il en existe une très-ancienne traduction, ou plutôt une imitation en français du douzième siècle. Il y eut également une traduction en danois au treizième siècle, et une autre en italien au quinzième. Le poëme *De lapidibus preciosis* a été imprimé à Vienne en 1111, in-4°; à Paris, en 1551, in-8°, etc. La plus récente édition est celle de Beckmann, Göttingen, 1799, in-8°. Il figure, en outre, dans les œuvres complètes de son auteur.   E. Bgd.

MARC (Charles-Chrétien-Henri), né à Amsterdam, le 4 novembre 1771; mort à Paris, le 12 janvier 1841. Si l'on voulait savoir toute la peine que l'on a à écrire le panégyrique d'un homme dont le talent fut toujours assez médiocre, on n'aurait qu'à lire l'*Éloge de Marc* par Pariset. Le célèbre secrétaire perpétuel de l'Académie de médecine, entraîné sans doute par son affection et son estime pour son client, a voulu lui faire une honorable part dans le Panthéon de l'histoire; nous, qui n'avons pas les mêmes raisons, nous nous contenterons d'exposer brièvement les principaux épisodes de sa vie, et nous reconnaîtrons sans détour qu'il n'y a pas dans l'œuvre entière de Marc un seul ouvrage qui mérite

autre chose qu'un éloge banal Ce médecin est arrivé aux honneurs et aux plus
hautes positions; il a dû ses succès à des qualités de cœur incontestées, à une
bonté extrême, et probablement aussi à ce dieu qui préside à tant d'existences et
qui se nomme le hasard. En considérant tant de médecins et de chirurgiens que
nous avons tous connus et que nous connaissons encore, on est tenté de convenir
que ce dieu-là vaut mieux que la science et le génie pour réussir dans le
monde.

Marc commença ses études à Iéna et les termina à Erlangen, où il fut reçu
docteur en février 1792. Après avoir passé dix-huit mois dans les hôpitaux de
Vienne, il vint s'établir à Paris en 1795, et y fonda bientôt, avec Fourcroy, Cabanis, Desgenettes, etc., la *Société médicale d'émulation*. Peu désireux de se
livrer à la pratique médicale, il crée une manufacture de produits chimiques et
s'y ruine complétement. Pour subvenir aux besoins de sa famille, il recommence
une clientèle et passe une grande partie de ses nuits à écrire pour les journaux
de médecine. Sa position précaire ne s'améliore que lorsque le docteur Hébauer,
nommé médecin du roi de Hollande, lui abandonne une riche et productive clientèle. En 1811, il soutient une thèse à la Faculté de Paris, où il prend régulièrement le titre de docteur en médecine. En 1816, il est nommé membre du Conseil
de salubrité, et membre de l'Académie de médecine quelques semaines après sa
fondation. En 1829, il fonda, avec Esquirol, Parent-Duchâtelet, Villermé, Orfila,
Devergie, etc., les *Annales d'hygiène publique et de médecine légale*, dont il
écrit l'introduction. Enfin, après la révolution de 1830, il est nommé premier
médecin du roi Louis-Philippe. Marc passait, en sa qualité d'Allemand et non
peut-être sans quelque raison, pour un médecin instruit et éclairé; la médecine
proprement dite ne lui doit cependant aucune œuvre de quelque valeur. Il s'est,
au contraire, occupé toute sa vie de médecine légale et d'aliénation mentale. Il a
eu sans doute le mérite d'appeler chez nous l'attention des esprits sur les questions trop négligées qui se rapportent à la médecine légale, mais là se borne à peu
près tout son mérite. Il a cependant donné quelques bons conseils à propos des
noyés et des asphyxiés, et ses opinions sur la folie, souvent exagérées et para-
doxales, ne sont point à négliger. Un des premiers, il a sérieusement étudié les
rapports, souvent invisibles, qui unissent le crime à l'aliénation mentale. Si,
comme savant, Marc fut un esprit assez médiocre, comme homme il a mérité
l'estime de tous et les regrets unanimes de ses confrères. Voici le portrait qu'en
a tracé Pariset : « Homme simple et modeste autant qu'éclairé; serviable et généreux même envers ses ennemis; humain, désintéressé, ne refusant ses soins
à personne, mais donnant toujours aux pauvres la préférence sur les riches;
faisant le bien et se cachant pour le faire...; d'une égalité d'âme qui s'élevait au-
dessus de la bonne comme de la mauvaise fortune... »

Marc a été un des rédacteurs les plus actifs du *Dictionnaire des sciences médicales*, du *Dictionnaire de médecine en 21 volumes*, et des *Annales d'hygiène
et de médecine légale*. On a, en outre, de lui :

I. *Dissertatio inauguralis medica sistens historiam morbi rarioris spasmodici cum brevi
epicrisi*. Erlangæ, 1792, in-8°, 35 p. — II. *Thèse pour le doctorat*. — III. *Allgemeine Bemerkungen über die Gifte und ihre Wirkungen im menschlichen Körper, nach Brownischen
Systeme dargestellt*. Erlangen, 1795, in-8°. — IV. *De bonis pædagogi schnepfenthaliani
oratiuncula, qua eidem vale dixit, præfatus est* Ch.-L. Lenz. 1797, in-8°. — V. *De la
fièvre et de son traitement en général*, par G.-Chr. Reich, traduit de l'allemand. In *Mémoires de la Société médicale d'émulation*. Paris, an IX, t. IV, p. 159. — VI. *Sur les
hémorrhoïdes fermées*, traduit de l'allemand de J.-V. de Hildenbrand. Ibid. 1804, in-8.

MARCANTH

cées, établi en l
suppose qu'il a
là un synonyme
séolée dont les
M. pruriens, e
ques. D'ailleur

— VII. *Manuel d'autopsie cadavérique médico-légale*, traduit de l'allemand par le doc. teur Roso, augmenté de notes et de deux mémoires sur la docimasie pulmonaire et sur les moyens de constater la mort. Ibidem, 1808, in-8°. — VIII. *Recherches sur l'em. ploi du sulfate de fer dans le traitement des fièvres intermittentes.* Ibid. 1810, in-8°. — IX. *La vaccine soumise aux simples lumières de la raison*, ouvrage destiné aux pères et mères de famille des villes et des campagnes. Ibidem, 1810, in-12°; deuxième édition, revue et augmentée. Ibid. 1856, in-12°. — X. *Fragmenta quædam de morbo_ rum simulatione*, thèse pour le doctorat. Parisiis, 1811, in-4°. — XI. *Commentaire sur la loi de Numa Pompilius, relative à l'ouverture cadavérique des femmes mortes en_ ceintes.* In *Mémoires de la Société médicale d'émulation.* Paris, 1811, t. VII, p. 247. — XII. *Consultation médico-légale pour H. Gornier, femme Berton, accusée d'homicide commis volontairement et avec préméditation* : précédée de l'acte d'accusation. Ibid., 1820, in_8° — XIII. *Introduction aux* Annales d'hygiène *et de médecine légale.* Ibidem, 1829, t. I, p. 9 à 38. — XIV. *Rapport sur une blessure simulée.* In *Annales d'hygiène*, 1829, t. I, p. 257. — XV. *Consultation sur des questions de salubrité relatives au rouissage, près de Gatteville.* In *Annales d'hygiène*, t. I, p. 535. — XVI. *Rapports de médecine légale dans deux cas de fratricide.* In *Annales d'hygiène*, t. I, p. 464. — XVII. *Rapports sur la propo_ sition du sieur K.,d'empêcher les chiens de propager la rage, en leur enlevant un ver qu'ils auraient sous la langue.* Proposition d'un mode d'expérimenter l'efficacité du chlore contre la rage; sur la rage des renards. In *Ann. d'hygiène*, t. I, p. 327 ; t. III, p. 346, t. IX. p. 256.— XVIII. *Matériaux pour l'histoire médico-légale de l'aliénation mentale.* In *Annales d'hygiène* t. II, p.353.— XIX. *Rapport sur une accusation d'empoisonnement par l'arsenic.* In *Annales d'hygiène*, t. II, p. 417. — XX. *Rapport du collége supérieur de santé de Brunswick, sur le genre de mort auquel a succombé une fille enceinte et qu'on disait avoir été étranglée.* In *Annales d'hygiène*, t. II, p. 447. — XXI. *Commentaire médico-légal sur l'article 1975 du Code civil.* In *Annales d'hygiène*, t. III, pag. 161. — XXII. *Réflexions médico-légales sur l'article 301 du Code pénal, à l'occasion d'une tentative d'empoisonnement par le verre pilé.* In *Annales d'hygiène*, t. III, p. 365. — XXIII. *Rapport sur quelques cas contestés d'aliénation mentale.* In *Annales d'hygiène*, t. IX, p. 383.— XXIV. *Suicide simulant l'homi_ cide.* In *Annales d'hygiène*, t. IV, p. 408. — XXV. *Examen médico-légal des causes de la mort de S. A. R. le prince de Condé.* In *Annales d'hygiène*, t. V, p. 156-224. — XXVI. *Re_ cherches et observations sur la mort des nouveau-nés, par hémorrhagies des vaisseaux ombilicaux et du placenta*, traduction de l'allemand du Dr Albert. In *Annales d'hygiène*. t. VI, p. 128. — XXVII. *Relation médico-légale du procès en condamnation, révision et réhabilitation de Régio-Rispal et de J. Galland.* In *Annales d'hygiène et de médecine légale*, t. VII, p. 568.— XXVIII. *Cas de suspicion d'infanticide.* In *Annales d'hygiène*, t. VIII. p. 209, t. XIII, p. 193. — XXIX. *Suspicion d'homicide.* Un homme retiré de la Seine ayant les jambes, les poignets et le cou serrés par une corde, a-t-il pu se suicider? In *Annales d'hy_ giène*, t. IX, p. 207. — XXX. *Considérations médico-légales sur la monomanie, et parti_ culièrement sur la monomanie incendiaire.* In *Mémoire de l'Académie royale de médecine.* Paris, 1833, t. III, p. 29 ; et in *Annales d'hygiène*, t. X, p. 567. — XXXI. *Des moyens de prévenir le danger d'être asphyxié et de retirer promptement du milieu asphyxiant les personnes, qui s'y trouvent plongées.* In *Annales d'hygiène*, t. XIII, p. 533. — XXXII. *Nou_ velles recherches sur les secours à donner aux noyes et aux asphyxiés.* Paris, 1838, in-8°, avec 12 planches. — XXXIII. *Rapport sur le cadavre d'un enfant nouveau-né qui avait sé_ journé longtemps dans la rivière de Fulda ; découverte et examen de la mère.* Traduit de l'allemand du Dr Schneider. In *Annales d'hygiène*, t. XVI, p. 362.— XXXIV. *Rapport au nom d'une commission de l'Académie royale de médecine sur l'établissement de conseils de sa_ lubrité départementaux.* In *Bulletin de l'Académie*, 1837, t. 1, p. 564 et in *Annales d'hy_ giène*, t. XVIII, p. 5. — XXXV. *Question médico-légale de vie et de viabilité.* In *Annales d'hygiène*, t. XIX, p. 98. — XXXVI. *Consultation sur un cas de suspicion de folie chez une femme inculpée de vol.* In *Annales d'hygiène*, t. XX, p. 435. — XXXVII. *De la folie con_ sidérée dans ses rapports avec les questions médico-judiciaires.* Paris, 1840, 2 vol. in-8°.

H. Mn.

MARCANTHUS. Genre de plantes, du groupe des Légumineuses-Papiliona_ cées, établi en 1791 par le P. Loureiro, dans son *Flora cochinchinensis* (460). On suppose qu'il a voulu écrire *Macranthus*, et l'on admet aussi que c'est sans doute là un synonyme des *Mucuna* de la section *Stizolobium*. Il s'agit donc d'une Pha_ séolée dont les gousses sont couvertes de poils brûlants ou à gratter, comme le *M. pruriens*, et qui peuvent servir en médecine à pratiquer des urtications topi_ ques. D'ailleurs, la graine a un gros embryon charnu, riche en fécule et qui a toutes les propriétés de celui des Pois et des Haricots. Loureiro l'indique en effet comme comestible. H. Bn.

MARCARD (Henry-Matthieu), savant et laborieux médecin de Gœttingue, attaché à la personne du duc de Holstein-Oldenbourg. Il a publié une foule d'articles dans divers recueils; mais il est auteur, aussi, des ouvrages suivants :

I. *Examen rigorosum malignitatis febrilis.* Gœttingue, 1771, in-4°. — II. *Von einer der Kriebelkrankheit ähnlichen Krampfsucht, die in Stadt beobachtet ist.* Hambourg, 1772, in-8°. — III. *Medicinische Versuche.* Leipzig, 1784, in-8°. — IV. *Kurze Anleitung zum innerlichen Gebrauch des Pyrmonter Brunnen zu Hauze und an der Quelle.* Hanovre, 1793, in-8°. — IV. *Ueber die Natur und den Gebrauch der Bœder.* Hanovre, 1795, in-8°. — V. *Beytrag zur Biographie Zimmermani.* Hambourg, 1796, in-8°. — VI. *Zimmermann's Verhältnisse mit der Kaiserin Katharina II und mit Herrn Weikard.* Brême, 1813, in-8. A. C.

MARCÉ (Louis-Victor), aliéniste distingué, né à Paris en 1828. Ayant perdu son père de très-bonne heure, il fut élevé par son oncle A.-G. Marcé, médecin distingué de l'Hôtel-Dieu de Nantes, et qui dirigea ses premières études médicales. Il vint ensuite à Paris et entra dans les hôpitaux, où ses brillants travaux furent trois fois couronnés. Ces premiers succès faisaient prévoir ceux qu'il devait bientôt conquérir. Dès son premier concours pour l'agrégation, il est nommé au premier rang, et, vers le même temps, se consacrant exclusivement à l'étude de l'aliénation mentale, il entre dans l'administration de l'assistance publique et obtient une place de médecin à l'hospice de Bicêtre. Marcé, doué d'une ardeur infatigable, menait de front son service à Bicêtre, ses fonctions de directeur à l'établissement d'Ivry, un enseignement spécial et des publications scientifiques incessantes. Tant de travaux auraient épuisé une constitution plus vigoureuse que la sienne. Son cerveau, surmené, ne put y résister, et, atteint dans ses plus belles facultés, il succomba d'une manière bien douloureuse dans le courant du mois d'août 1864, à peine âgé de trente-sept ans. Les écrits de Marcé portent l'empreinte d'une remarquable sagacité et d'un rare esprit d'observation. Le *Traité des maladies mentales*, rédigé d'après ses leçons, peut être regardé comme un livre classique.

On a de lui :

I. *Rech. sur les rapports numériques qui existent chez l'adulte à l'état normal et à l'état pathologique, entre le pouls et la respiration.* In *Arch. gén de méd.*, 5° sér., t. VI, p 72; 1855. — II. *Des kystes spermatiques.* Th. de Paris, 1856, n° 7. — III. *Mémoire sur quelques observations de physiologie pathologique tendant à démontrer l'existence d'un principe coordonateur de l'écriture et ses rapports avec le principe coordinateur de la parole.* In *Gaz. méd. de Paris*, 1856, p. 748, 777, 790 — IV. *Influence de la grossesse et de l'accouchement sur la guérison de l'aliénation mentale.* In *Ann. medico-psychol.*, 3° sér., t. III, p. 317; 1857. — V. *Traité de la folie des femmes enceintes, des nouvelles accouchées et des nourrices, et considérations médico-légales, etc.* Paris, 1858, in-8°. — VI. *Sur les causes de la folie puerpérale* 1857 p. 562. In *Ann. méd. psych.*, 3° sér. t. III. — VII. *Des altérations de la sensibilité.* Th. de Gonc. (agrég. méd.). Paris, 1860, in-8°. — VIII. *De l'état mental dans la chorée* (mêm. cour.). In *Mém. de l'Acad. de méd.*, t. XXIV, p. 1; 1860. — IX. *Note sur une forme de délire hypochondriaque consécutive aux dyspepsies*, etc. In *Ann. médico-psych.*, 3° sér., t. VI, p. 15; 1860. — X. *Traité pratique des maladies mentales.* Paris, 1862, in-8°. — XI *Recherches cliniques et anatomo-pathologiques sur la démence sénile et sur les différences qui la séparent de la paralysie générale.* Paris. 1863, in-8°. — XII. *De la valeur des écrits des aliénés au point de vue de la séméiologie et de la médecine légale.* In *Ann. d'hyg.*, 2° sér., t. XXI, p. 379, pl. 2; 1864. E. Bœu.

MARCELLO DE CUMES ou **MARCELLUS CUMANUS.** Le nom de ce médecin italien de la fin du quinzième siècle a son importance dans l'histoire, encore si voilée, de la syphilis. Marcello, en effet, ayant en main, vers l'année 1500, un exemplaire de la première édition de la *Chirurgie* de Pierre de l'Argentière (Petrus de Argilata), publiée dès l'année 1480 par Octave Scott (in-fol.), eut l'idée de confier aux marges du livre les faits qu'il avait observés, les réflexions que sa grande expérience lui avait suscitées. Il avait, en effet, été longtemps médecin dans les armées de son pays; il avait suivi les colonnes vénitiennes qui avaient résisté à l'invasion du royaume de Naples par le roi de France Charles VIII; il avait assisté au siège de Novara, qui eut lieu en août 1495, après la bataille de Fornoue. Dans ces notes marginales, il y a des choses curieuses relativement aux chancres, aux bubons, au phimosis, au paraphimosis, à la blennorrhagie. C'est à croire que Marcello a étudié la syphilis sur nature, et non pas dans les livres, selon la coutume, trop servilement suivie, de l'époque. Ces mêmes notes ont été d'abord copiées par Jean-Ulric Rumler; et c'est sur cette copie que Georges-Jérôme Welschius les a publiées, à la suite de son *Sylloge curationum et observationum medicinalium*, édité en 1668, in-4°.　　A. C.

MARCELLUS, surnommé *Empiricus*, en raison de la nature de ses écrits, ou *Burdigalensis*, sans doute du lieu de sa naissance, vivait à la fin du quatrième siècle sous Théodose I. Il était *maître des offices*, mais ne fut jamais médecin; il a écrit sur la médecine comme amateur, compilant çà et là, et empruntant beaucoup à la médecine populaire. Son ouvrage, qui a pour titre *De medicamentis empiricis physicis et rationalibus*, a été publié pour la première fois en 1536 à Bâle par Cornarius, d'après un manuscrit fort ancien que j'ai eu la bonne fortune de retrouver; ce qui m'a permis de constater que l'éditeur avait, suivant la coutume du seizième siècle, trop souvent changé le latin de la décadence en latin de la renaissance. Le traité *De medicamentis* a été réimprimé dans le *Medici antiqui* d'Alde, 1547, et dans la collection d'Étienne. Une traduction française partielle a été donnée en 1582 par Ant. Du Moulin. Marcellus a transcrit une très-grande partie des formules de Scribonius Largus; il a mis aussi à contribution Plinius Valericanus, et les traductions latines des traités de Galien sur les médicaments. Les passages dont on ne peut pas trouver la source sont probablement tirés d'ouvrages perdus, ou représentent les traditions populaires; c'est même là le seul intérêt qu'offre ce traité. Les formules magiques qui abondent dans la compilation de Marcellus ont exercé la sagacité des érudits, en particulier de Pictet et de Grimm.　　　　　　　　　　　　　　　　　　Ch. Daremberg.

MARCELLUS SIDETA, ou de Sida, en Pamphilie, vivait probablement sous Adrien et Antonin le Pieux. Il ne nous est connu que par deux fragments d'un poëme grec sur la médecine (ἰατρικά) en 40 ou 42 livres. Ces fragments ont pour titre; l'un : *De lycanthrope* (περὶ λυκανθρώπου); l'autre : *Des remèdes tirés des poissons* (περὶ ἰχθύων). Ces fragments ont été imprimés dans le texte original et traduits plusieurs fois en latin. La meilleure édition est celle qu'en a donnée M. Bussemaker dans le recueil des poëtes didactiques qui fait partie de la collection Didot.

MARCET (Alexandre). Né à Genève en 1770, mort à Londres le 19 octobre 1822. Fils d'un très-riche négociant de Genève, Alexandre Marcet fut d'abord destiné au commerce. Un goût invincible le portait vers l'étude des sciences, et il finit par obtenir de son père la permission de s'y consacrer entièrement. C'est à Genève qu'il commença à se livrer à ses études favorites ; mais ayant pris une part active aux événements politiques qui troublèrent, au commencement de notre révolution, les républiques helvétiques, il fut condamné par le parti démocratique à un bannissement de cinq années. Il se rendit à l'université d'Édimbourg, se livra à l'étude des sciences médicales, et fut reçu docteur en 1797. Sa thèse fut remarquée ; elle traitait du diabète, dont les médecins anglais étaient alors fort préoccupés. Marcet vint s'établir à Londres, et fut nommé médecin du dispensaire de Flensbury. Il ne tarda pas à acquérir une grande réputation de médecin et de savant, et, en 1800, un acte du parlement lui donna des lettres de naturalisation. Mais, en somme, la médecine ne répondait pas complétement à la tournure de son esprit, et son désir le plus ardent était de se livrer à l'étude des sciences physiques et chimiques. La mort de son père, en le rendant maître d'une fortune considérable, lui permit de satisfaire entièrement ses goûts ; il se consacra à la chimie expérimentale, et acquit dans cette science une réputation considérable et justement méritée. A la suite des évènements politiques de 1815, il revint à Genève, siégea au conseil de la république, et fit à l'université de cette ville un cours de chimie, qui, avec celui de son collègue M. de la Rive, eut un grand retentissement. En 1821, il revint dans sa patrie adoptive, fit un voyage en Écosse, et retourna ensuite à Londres, où il mourut d'une affection de l'estomac. Marcet, même comme médecin, fut toujours un chimiste, et c'est au point de vue de l'analyse chimique qu'il envisage les questions les plus intéressantes de la médecine. Il resta fidèle à la direction qu'il avait, en quelque sorte, prise dès sa thèse inaugurale, car il s'est particulièrement occupé des maladies des reins, des calculs, des urines, etc. Il s'est également livré à des recherches intéressantes sur le chyle et sur le chyme. On a de lui :

I. *Account of the history and dissection of a diabetic case.* In *London medical and physical Journal*, 1799. — II. *On the medical properties of the oxyd of the bismuth.* In *Memoire of the med. soc. of London.* C..., 1805. — III. *On the hospice de la Maternité at Paris.* In *Monthly Magazine*, 1801. — IV. *Account of the case and dissection of a blue girl.* In *Edinburgh med. and. surg. Journal*, 1805. — V. *Analysis of the waters of the Dead Sea and of the river Jordan.* In *Philos. transact.*, 1807. — VI. *An account of the effects produced sby a large quantity of laudanum, taken internally, an of the means used to counteract those effects.* In *Medico-chirur. transact.*, 1809. — VII. *A case of hydrophobia with an account of the appearances after death.* In *Med.-Chir. transact.*, 1809. — VIII. *A chemical account of an aluminous chalibeate spring in the isle of Wight.* In *Geological transact.*, 1811. — IX. *An account of a severe case of erythema, not brought on by mercury.* In *Med.-Chir. transact.*, 1811. — X. *Experiments on the appearance in the urine of certain substances taken into the stomach.* In *Philos. transact.*, 1811. — XI. *A chemical account of various dropsial fluids, with remarks concerning the nature of the alkalin matter contained in these fluids, and in the serum of the blood.* In *Méd.-Chir. transact.*, 1811. — XII. *On sulphuret of carbon.* In *Philos transact.*, 1813. — XIII. *On the intense cold produced by evaporation of sulphuret of carbon.* In *Philos. transact.*, 1813. — XIV. *On the congelation of mercury by means of other and the air-pump.* In *Journal de Nicholson*, 1813. — XV. *Observations on Klaprothi analysis of the waters of the dead sea.* In *Annals of philosophy*, 1813. — XVI. *An easy method of procuring an intense heat.* In *Annals of philosophy*, 1813. — XVII. *Account of the public schools at Geneva.* In *Monthly magazine*, 1814. — XVIII. *Some experiments on the chemical nature of chyle, with a few observation upon chyme.* In *Med.-Chir. transact.*, 1815. — XIX. *On the medical properties of stramonium.* In *Med.-Chir. transact.*, 1816. — XX. *An essay on the chemical history and treatment of calculous disorders.* Londres, 1817, in-8°; ibid, 1819. Trad. en franç. par J. Riffault Paris, 1823, in-8°. — XXI. *History of a case of nephritis calculosa in which the various periods and symptoms of the disease are strikingly illustrated ; and an account of the operation of lithotomy, given by the patient himself.* In *Med.-Chir. transact.* 1819. — XXII. *On the specific gravity and temperature of sea-waters in different parts of the ocean, and in particular seas.* In *Philos. transact.*, 1819.— XXIII. *Account of a man who lived ten years after having swallowed a member of clasp-knives, with a description of the body after death.* In *Med.-Chir. transact.*, 1822. — XXIV. *Some experiments and researches on the saline contents of sea-water, undertaken with a view to corect und improve its chemical analysis.* In *Med.-Chir. transact.*, 1822. — XXV. *Account of a singular variety of urine, which turned black soon after being discharged.* In *Med. Chirur. transact.*, 1822.

H. Ms.

MARCGRAVIE (*Marcgravia* L.). Genre de plantes qui est, pour beaucoup d'auteurs, le type d'une petite famille des Marcgraviées ; mais qui, pour d'autres, appartient à celle des Ternstrœmiacées. Les fleurs ont cinq sépales imbriqués, une corolle qui se détache d'une seule pièce comme une coiffe, des étamines nombreuses, et un gynécée libre à loges nombreuses, incomplètes et multi-ovulées. Le fruit est épais, charnu, polysperme. Les *Marcgravia* sont de cu-rieuses plantes de l'Amérique tropicale. Leurs rameaux sont ordinairement grimpants, ou se collent après les arbres voisins. Ils ont des feuilles alternes, de forme différente, suivant que les rameaux qui les portent sont libres ou collés à un corps voisin. Les fleurs sont en grappes ou en ombelles terminales, et cer-taines d'entre elles ont des bractées déformées, qui ressemblent à des sacs allongés, et accompagnent leur fleur axillaire comme d'une sorte de capuchon étiré. L'espèce la plus connue du genre, le *M. umbellata* L., habite les Antilles et les régions voisines. La racine jouit d'une certaine réputation dans ces pays, comme diurétique et antisyphilitique. On l'emploie, soit à l'extérieur, en demi-bains, soit à l'intérieur, en décoction. Suivant Descourtils (*Fl. médic. des Ant.*, IV, 26), « la dose est depuis 1 gros jusqu'à 1 once, et on l'emploie aussi dans la leucophlegmatie. »

H. Bn.

L., *Gen.*, n. 640. — DC., *Prodrom.*, I, 565. — Mér. et Del., *Dict. Mat. méd.*, IV, 237. — Rosenth., *Syn. plant. diaphor.*, 747. — Baillon (H.), in *Payer Leç. sur les fam. nat.*, 264.

MARCH (Les deux), médecins allemands du plus grand mérite, et qui, sans avoir fait de découvertes importantes, tiennent une bonne place dans la profession.

March (Gaspard), né à Stettin en 1629, mort à Brandebourg le 26 octobre 1677, était, à vingt ans, professeur de mathématiques et de chimie à Gripswald. Il était, à Kiel, en 1665, médecin de l'électeur de Brandebourg, membre de l'Académie des curieux de la nature. On lui doit un grand nombre de mémoires et de dissertations, parmi lesquels on distingue les suivants :

I. *De apoplexiâ.* Rostock, 1658, in-4°. — II. *De affectu hypochondriaco*, 1665, in-4°. — III. *Programma ad praeparationem theriacae Andromachi.* Kiel, 1665, in-4°. — IV. *De menocryptiâ.* Kiel, 1666, in-4°. — V. *De ossium luxatione.* Kiel, 1666, in-4°. — VI. *De melancholiâ hypochondriacâ.* Kiel, 1675, in-4°. — VII. *De memoriâ conservandâ.* Kiel, 1675, in-4°. — VIII. *Observatio de abcessus fistulosi in femore medicamento antimoniali* (*Eph. Acad. nat. Curios. Germ.* Ann. VI et VII, n° 216), — VIII. *Observatio de scabie anti-moniali medicamento brevi curatâ* (Ibid., n° 217).

March (Gaspard), fils du précédent, né le 30 septembre 1654, mort le 29 mai 1706. Celui-là fut médecin-major dans les troupes de l'électeur de Brandebourg, attaché ensuite à l'ambassade de la cour de Berlin en Hollande, professeur à Gripswald. Il a laissé cet opuscule :

Dissertatio de motu et sensu abolitis in affectibus soporosis. Kiel, 1680, in-4°. A. C.

MARCHAL (Laurent-Joseph-Anselme) appartenait à une famille dans laquelle la médecine était en quelque sorte héréditaire ; il naquit à Strasbourg, e 6 février 1806, et se fit recevoir docteur dans la Faculté de cette ville, en 1829

Sa réputation de savoir était assez bien établie pour qu'il fut nommé, par ordonnance, en 1844, professeur de médecine opératoire. Il remplit ces importantes fonctions sinon avec une grande supériorité, du moins avec un zèle qui légitima la faveur dont il avait été l'objet. Marchal était en même temps médecin des prisons de la ville, place dans laquelle il avait succédé à son père. C'est là que, dans une épidémie de typhus carceraire, il fut enlevé lui-même, le 2 mai 1855, par une violente attaque de cette maladie.

Il n'a laissé que deux ouvrages qui sont, du reste, conçus et exécutés avec autant de sagacité que de méthode.

I. *Topographie médicale de l'hôpital civil de Strasbourg*. Th. de Strasb., 1829, in-4.
— II. *Notice sur les prisons de Strasbourg*. Ibid., 1841, in-8°.   E. Bgd.

MARCHANTIE (*Marchantia* March.). § I. **Botanique**. Genre de plantes cryptogames, qui a donné son nom au groupe des Marchantiées, lequel appartient aux Hépaticées. Le *M. polymorpha*, qu'on peut considérer comme le type du genre, en a été aussi l'espèce la plus étudiée, et est demeuré célèbre à cause des beaux travaux dont il a été l'objet, au commencement de ce siècle, de la part d'un de nos savants les plus illustres, B.-Mirbel. C'est une curieuse petite plante qui se trouve abondamment entre les pavés des cours humides et sombres, où les anciens la récoltaient en abondance pour les usages thérapeutiques, sous le nom d'Hépatique; on la voit encore fréquemment croître sur les pots à fleurs, sur la margelle des puits et citernes, etc. Elle y forme des plaques ou thalles membraneux, d'un vert gris, qui sont très-variables de taille et de forme, et qui adhèrent au sol à l'aide de racines cellulaires, grêles, blanchâtres, nées de divers points de la face inférieure du thalle. Les découpures des bords sont plus ou moins sinueuses, séparées en sortes de lobes par des échancrures profondes. Histologiquement, ce thalle est homogène; il n'est formé que de cellules polyédriques, intimement unies les unes aux autres, et dont la cavité est gorgée d'une grande quantité de masses de chlorophylle. Sur la face supérieure se voient de nombreuses bandes, étroites et verdâtres, qui se croisent en biais; elle est ainsi divisée en un grand nombre de petits losanges, d'un vert plus foncé, au centre desquels est un point obscur. Suffisamment grossi, celui-ci apparaît comme l'ouverture d'une petite bouche respiratoire, c'est-à-dire d'un stomate. Quant aux cellules plus profondes, celles du parenchyme du thalle, elles forment plusieurs assises plus ou moins parallèles; et, de distance en distance, on observe dans l'intervalle des cellules de grandes cavités qui communiquent avec l'air extérieur par les ouvertures des stomates. A la surface du thalle, tant en dessus qu'en dessous, les cellules sont incolores et leur ensemble forme comme un vaste sac aplati enveloppant tout le parenchyme sous-jacent avec lequel cette couche n'est que lâchement unie; ainsi sont formés l'épiderme supérieur, celui qui seul porte des stomates, et l'épiderme inférieur, celui qui se prolonge dans les filaments unicellulés ou cloisonnés auxquels on a donné le nom impropre de racines. Rien d'analogue par la forme à des feuilles ne se montre sur ces thalles des *Marchantia*, comme il arrive dans celles des Hépatiques qu'on a nommées H. caulescentes. Pour cette raison, les *Marchantia* peuvent être considérés comme des types de ce qu'on a appelé des H. membraneux. Dans les endroits humides et obscurs où l'on récoltait principalement les Hépatiques pour les employer en médecine, les *Marchantia* ne développent pas toujours les organes reproducteurs ordinaires aux Cryptogames de ce groupe; mais bien plus ordinairement leur thalle se couvre de curieux petits organes auxquels on a donné, à cause de leur forme, le nom de Corbeilles ; ce sont en effet des petits récipients fort élégants, découpés régulièrement sur les bords en languettes triangulaires dentelées, et qui sont remplis de nombreuses petites masses lenticulaires. B.-Mirbel a démontré que ces masses, placées dans des circonstances favorables, pouvaient donner naissance à d'autres pieds de *Marchantia*. On les a appelées quelquefois Soboles ou Bulbilles ; mais Payer leur réserve le nom de Sporules, à cause de leur évolution, analogue à celle des spores, lorsqu'il s'agit de reproduire la plante, en faisant remarquer que ces Sporules naissent dans des organes spéciaux, et non sur un point quelconque, et non modifié, de la surface du thalle. B.-Mirbel a suivi avec beaucoup de soin l'évolution de ces singulières corbeilles, dont il a vu la paroi formée par le soulèvement de la couche cellulaire superficielle se détachant du tissu sous-jacent, et se divisant en ces dentelures convergentes qui plus tard occuperont le bord de la corbeille. Il a vu encore les sporules naître au fond de celle-ci, à la surface du tissu sous-jacent à l'épiderme, dans des cellules particulières qu'il appelle des sortes de matrices, puis, d'abord diaphanes, se remplir graduellement de matière verte ; après quoi la matrice disparaît, et la sporule, libre, affecte la forme d'une palette composée de cellules rangées avec symétrie. Elle a un pédicule qui finit par se détacher ; et alors elle est apte à germer, ce qu'elle fait en devenant un jeune *Marchantia*, quand on la place, comme l'a fait B.-Mirbel, au contact du grès humide. En outre, le *Marchantia* a des organes sexuels. Au fond des échancrures de son thalle, quand la saison est favorable, il y a des écailles minces, rougeâtres, sous lesquelles se produit un mamelon arrondi, puis déprimé, vert, qui n'est que l'extrémité tuméfiée d'une des principales nervures du thalle. Le mamelon repousse les écailles en grossissant, puis il est soulevé par un pédicule que lui constitue la nervure allongée, et il s'élargit définitivement en une sorte de chapeau qui est, suivant les sexes, ou aplati, sinué, ou profondément découpé en huit ou neuf lobes épais, cylindriques, plus ou moins obliquement dirigé. Dans le premier cas, il est mâle et porte les zoothèques ; dans le second, il est femelle et porte les archégones. Le *M. polymorpha* est dioïque ; donc les chapeaux sinués et lobés sont placés sur des thalles séparés. Si l'on examine isolément l'un des lobes du chapeau à archégones, on voit ses bords et sa surface inférieure chargés de membranes minces, transparentes, irrégulièrement dentelées, déchiquetées et formées de cellules pauvres en chlorophylle. Ce sont les membranes de deux lobes voisins qui constituent par leur rapprochement un véritable périchèze où sont cachés et abrités les archégones. Ceux-ci sont renversés, pendants vers la terre, d'autant plus jeunes qu'ils sont plus excentriques dans un périchèze donné. Quant aux chapeaux sinués, ils deviennent concaves et plus ou moins mamelonnés en dessus, et contiennent dans leur épaisseur des poches qui répondent aux mamelons et communiquent avec eux et la surface par un canal tubuleux. Dans chaque poche, il y a un zoothèque en forme de bouteille à long goulot, et dans laquelle se développent les corps reproducteurs mâles, c'est-à-dire des anthérozoïdes doués de mouvement, sortant de leur cavité à une époque donnée pour aller féconder les organes femelles, et étudiés dans ces derniers temps par un grand nombre de physiologistes. Quant aux capsules femelles ou sporanges, elles présentent, et c'est là un caractère commun aux Marchantiées en général, une surface intérieure revêtue d'élatères, et sont dépourvues de columelle centrale. Le développement des sporanges constitue un des plus remarquables chapitres du travail de B.-Mirbel sur le *Marchantia*, et il a acquis une importance immense en physiologie depuis que cet illustre observateur a fait voir comment les cellules intérieures du sporange, d'abord toutes semblables entre elles, devenaient graduellement, par les progrès de l'âge, les unes des corps arrondis, à peu près sphériques, et les autres des tubes étroits et allongés, qui s'épaississent et dont la paroi présente bientôt sur toute leur longueur deux stries parallèles, disposées en hélice, lesquelles deviennent définitivement des fentes et découpent la paroi en deux filets spiraux dont les circonvolutions s'écartent en tire-bouchon; analogie frappante dans ce développement de l'élatère avec ce qui se passe dans la formation si intéressante des trachées des végétaux plus élevés en organisation.   H. Bn.

March. F., in *Act. par.* (1713), 307, t. 5.— B.-Mirbel, *Mémoire sur le Marchantia polymorpha.*, in *Nouv. Ann. du Mus.*, I, 55, ic. — Endl., *Gen.*, n. 470. — Payer, *Bot. cryptog.*, éd. II. Baillon, 131-141, 145-148; fig. 5, 62, 63, 595, 596, 619-622, 656-658, 649, 650. 667-671.

§ II. **Emploi médical.** Le *marchantia polymorpha* a été célèbre jadis comme remède des maladies du foie et des autres viscères abdominaux. Il devait cette réputation à la grossière analogie de forme qu'il présente avec la glande hépatique. On l'a appelé aussi *lichen des pierres* (*lichen petreus*), et il passait pour guérir le lichen en purifiant le sang. Son emploi, comme dépuratif a d'ailleurs été étendu à diverses maladies, notamment à la phthisie pulmonaire. Il faisait partie du *sirop de chicorée*.

Aujourd'hui, cette plante n'est plus guère employée qu'à titre de diurétique. Un essai de Cazin tendrait à établir qu'elle jouit, en effet, à un assez haut degré de la propriété d'accroître le flux urinaire, s'il n'était assez difficile de savoir lequel a le plus agi, dans ce cas, de la plante elle-même ou du vin blanc dans lequel elle avait été infusée (Cazin, *Traité des plantes médic. indig.*). L'expérience journalière des praticiens laisse peut-être moins de doute à cet égard ; beaucoup ont l'habitude de s'adresser, pour obtenir un effet diurétique, au marchantia, qu'ils ont aisément sous la main, et ils l'emploient d'ordinaire en décoction.

Un médecin d'Édimbourg, M. Short, assure avoir obtenu, dans les hydropisies, de bons effets de cataplasmes de farine de graine de lin, à laquelle on avait mêlé du marchantia préalablement bouilli dans l'eau. La quantité des urines aurait été naturellement augmentée dans un certain nombre de cas (*Journ. de méd. et de chir. pratiq.*, t. IV, p. 105).

Comme nous l'avons dit, c'est le *marchantia polymorpha* qu'on emploie d'ordinaire ; mais quelques praticiens ont donné la préférence au *conica*. Les effets sont les mêmes.

La dose de feuilles à administrer en décoction est pour ainsi dire illimitée. Le mieux est de recourir à une décoction concentrée : c'est même le succès de cette préparation qui a rendu manifeste l'action diurétique de la plante. Pour la macération vineuse, on fait infuser de 60 à 100 grammes de feuilles dans un litre de vin blanc, dont on donne de 100 à 150 grammes par jour.   D.

MARCHE. *Voy* Locomotion.

MARCHETTI (Les deux), anatomistes et chirurgiens distingués de l'Italie.

Marchetti (Pierre), né à Padoue vers l'année 1600, mort le 16 avril 1673, avec le titre de professeur d'anatomie et de chirurgie. Il a laissé deux ouvrages qu'on consulterait encore aujourd'hui avec fruit :

I. *Sylloge observationum medico-chirurgicorum rariorum*. Padoue, 1664, in-4°. —
II. *Tendinis flexoris pollicis ab equo evulsi, observatio seorsim edita*. Padoue, 1658, in-4°.

Marchetti (Dominique), fils du précédent, né en 1626, mort en 1688. Il s'est fait connaître comme un anatomiste habile et un physiologiste ingénieux. Son *Anatomia*, publiée en 1651, in-4°, et dirigée un peu contre notre Riolan, contient des détails très-précis et des réflexions pleines de sens. On doit signaler surtout ce que l'auteur dit de la sympathie qui existe entre le cerveau et l'estomac, sympathie attribuable aux nerfs pneumogastriques, aux nerfs de la sixième paire, comme on disait alors.　　　　　　　　　　　　　　　　　　　　A. C.

MARCHI (Marco de), chirurgien italien peu connu, dont on pourrait se dispenser de parler s'il n'était un de ceux qui ont préparé par leurs écrits la voie à la lithotritie. Mais son ouvrage intitulé : *Osservazione ed esposizione d' una nuova maniera di reddure in pezzi la pietra in vessica* (Venise, 1799), ouvrage dont nous n'avons pu prendre connaissance, n'est vraisemblablement que le développement des idées émises sur le même sujet, en Italie, par Alexandre Benedetti d'abord et ensuite par Sanctorius.

Marco de Marchi pratiquait à Belluno vers la fin du dix-huitième siècle.　　D.

MARCOT (Eustache). Médecin savant, praticien habile, homme de bien : tel fut ce digne représentant de notre profession, que sa réputation poussa, comme malgré lui, dans l'atmosphère d'intrigues et de corruption de la cour de Louis XV, mais qui sut toujours y tenir une place honorée et respectée. Marcot était né à Montpellier en 1686; son père était un de ces médecins qui ne voient que dévouement dans l'exercice de leur art, et qui donnent volontiers aux pauvres une partie des honoraires qu'ils reçoivent des riches. Eustache hérita de cette noble qualité, et jamais un pauvre diable ne vint en vain frapper à sa porte pour obtenir secours et santé. Reçu docteur à Montpellier, en 1712, il se présenta, en 1732, pour disputer la chaire vacante par la démission d'Astruc. Marcot eut deux concurrents, Fizès et Ferrein, devenus depuis si célèbres dans deux carrières différentes, la pratique et l'enseignement. Plus médecin à cette époque que le premier, et moins anatomiste que le second, mais réunissant des connaissances qui manquaient à ses antagonistes, Marcot remporta la chaire mise au concours. Il remplissait depuis peu de temps les fonctions de professeur, quand la voix de la renommée le fit appeler à la cour de France. C'était en 1734; Sénac, médecin de l'École de Montpellier, occupait le premier rang; Marcot fut de suite nommé médecin ordinaire, avec trois cents livres « pour ses droicts d'habits » (*Arch. gén.*, k. 220, fol. 129, v°). En 1753, il était premier médecin ordinaire, fonctions qu'il remplit jusqu'à sa mort, arrivée à Versailles en 1759. Sa charge de premier médecin ordinaire échut à Quesnay, qui l'avait, du reste, en survivance depuis plusieurs années. Il y a un événement qui augmenta singulièrement la réputation de Marcot. Nous voulons parler de la maladie grave, une fièvre maligne, que ce bon roi Louis XV contracta à Metz, en 1744 ; dans la nuit du 7 au 8 août, Sa Majesté eut une colique très-vive, que l'on calma par un lavement; le 8, la fièvre était déclarée; grand mal de tête, douleurs à l'estomac, maux de reins, lassitude générale, langue parcheminée, sèche; soif ardente, prostration, léger délire, etc. Dieu sait les médications de toutes sortes qu'employèrent, pour sauver une vie aussi chère... à la Du Barry, Chicoyneau, de Lassone, la Caze, Ghomel, Molin et d'autres rejetons d'Esculape : saignées, lavements, purgations, pigeons éventrés tout vivants, et dans les entrailles palpitantes desquels on fourra les pieds du monarque. Il en réchappa ; et l'on rapporte une partie de la gloire de cette guérison à Marcot (*Voy.*, sur cette maladie de Louis XV, *Bibl. nat. ; Recueil de pièces*, t. XVI, 120, 8°; 1re série, t. I, p. 502. *Voy.* encore *Journal de Barbier*, 1847, 8°, t. II, p. 406).

Je ne connais que deux mémoires de Marcot :

I. *Mémoire sur un enfant monstrueux* (*Mém. de l'Acad. des sc. de Paris*, année 1716, p. 529). Il s'agit d'un acéphale. — II. *Observation anatomique sur une tumeur anévrysmale et polypeuse de l'artère aorte* (Ibid., 1724, p. 414).   A. C.

MARCUS ou **MARKUS** (ADALBERT-FRIEDREICH).   Médecin allemand d'un rare mérite, mais qui ne se distingua pas précisément par la stabilité de ses opinions scientifiques. Il était né à Arolsen, dans le comté de Waldeck, en 1753, et se fit recevoir docteur à Gœttingen, en 1775, ce qui, après un an de pratique dans sa ville natale, ne l'empêcha pas d'aller compléter son instruction à Wurtzbourg, auprès du célèbre Siebold. En 1778, il se fixa à Bamberg où sa réputation s'étant rapidement développée, il devint le médecin et le conseiller du prince-évêque de cette ville, et il profita du crédit dont il jouissait dans l'intérêt de la science et de l'humanité. A son instigation, on créa une école d'instruction pour les sages-femmes, et un hôpital de 120 lits dans lequel devait être installée une clinique. En 1794, à la mort de son protecteur, Marcus perdit à la fois et les positions brillantes qu'il occupait et la possibilité de continuer ses œuvres d'utilité publique ; mais, en 1803, l'électeur de Bavière (la Bavière ne fut érigée en royaume qu'en 1806), qui venait de s'annexer Bamberg, connaissant les rares talents de Marcus, le mit à la tête, avec le titre de directeur, de tous les affaires relatives à la médecine et aux hôpitaux dans les principautés de la Franconie. Il put donc reprendre le cours de ses réformes. Il institua dans chaque arrondissement un médecin pensionné, et dans chaque commune une sage-femme subventionnée ; il modifia le régime intérieur et les conditions hygiéniques des hôpitaux ; il fit établir un hospice pour les incurables, une maison d'accouchement, et enfin une sorte d'institut destiné à former des infirmières et à leur donner une retraite pour leurs vieux jours.

Marcus voulait relever l'Université de Bamberg, détruite en 1803, lors de l'annexion de cette principauté à la Bavière, mais, ici, il échoua devant les intrigues et les clameurs que tant de services rendus avaient nécessairement soulevées contre lui dans les hautes régions. Il se résigna et se renferma exclusivement dans l'étude des grandes questions de doctrine et de pratique médicale. Ce savant illustre, ce véritable philanthrope mourut le 26 avril 1816, au milieu des regrets universels de toute cette province de Bamberg dont il avait été le bienfaiteur.

Comme systématique, et quoi qu'on en ait dit, Marcus ne mérite de fixer l'attention que par la versatilité de ses opinions au milieu des théories spéculatives de cette époque. Lorsque le système de Brown commença à se répandre en Allemagne, Marcus en devint un des adeptes les plus fervents, et il se hâta de mettre sa pratique en harmonie avec les idées du célèbre réformateur écossais. Mais un nouvel aliment allait être fourni à son imagination ardente. Le célèbre Schelling était venu à Bamberg étudier le brownisme au point de vue clinique, et il initia Marcus aux secrets de la nouvelle philosophie qu'il allait fonder, sous le nom bien mal justifié de philosophie de la nature. Cette identification du subjectif et de l'objectif ou du moi et du non-moi, suivant la belle langue métaphysique, en d'autres termes, cette idée de l'identité absolue de l'esprit qui est dans l'homme avec la nature qui est en dehors de lui, était bien faite pour passionner une tête allemande du dix-huitième siècle. Voilà donc Marcus qui modifie les principes de

Brown en y adaptant les vues plus transcendantales de Schelling sur l'*excitement*. Bientôt après, séduit par les idées de Bichat sur les rapports des fonctions avec la structure des tissus, il étudie la pathologie à ce nouveau point de vue ; il trouve dans l'irritation des organes et leur inflammation la cause de la plupart des maladies, et il y subordonne sa thérapeutique tout en conservant certaines médications excitantes empruntées au brownisme et dont il interprétait l'action au moyen des plus étranges subtilités: Marcus mérite donc beaucoup plus la reconnaissance . de la postérité pour les services qu'il a rendus à l'humanité que pour ceux qu'il a rendus à la science.

Il a composé les ouvrages suivants :

I. *De diabete.* Gœttingæ, 1775, in-4°. — II. *Abdhandlung von den Vortheilen, welche öffentliche Krankenhaüser dem Staate und noch insbesondere,* etc. Bamberg. u. Würzburg. 1789, in-8°. — III. *Fränkische Arzneikundige. Annalen, grösstentheils aus den Tagebüchern der Bamberger Krankenhause gezogen.* Bamberg, 1792, in-8°. — IV. *Antritsrede bei letzten Krankheit des H. R. R. Fürsten Franz Ludwig, Bischoffen zu Bamberg und Würzburg,* 1795, in-4°. — V. *Prüfung des Brownischen Systems der Heilkunde durch Erfahrungen am Krankenbette.* Weimar, 1i97-99, in-8°. — *Kurze Beschreibung des allgemeinen Krankenhauses zu Bamberg.* Weimar, 1797, in-8°. — VII. *Magazin fur spezielle Threrapie, Klinik und Staatsarzneikunde nach den Grundsätzen des Erregungs-Theorie.* Iena, 1802-1803, in-8°, 2 vol. — VIII. *Die medicinisch-chirurgische Schule zu Bamberg dargestellt.* Bamberg, 1804, in-4°. — IX. *Jahrbücher der Medicin als Wissenschaft.* Iena, 1805-1807, in-8°. — X. *Beiträge zur Erkenntniss und Behandlung des gelben Fiebers.* Iena, 1803, in-8°. — XI. *Entwurf einer speciellen Therapie.* Nürnberg, 1805-12, in-8°, 3 vol., trad. fr. de la 1re part. Paris, 1825, in-8°. — XII. *Ephemeriden der Heilkunde.* Bamberg, 1810-14, in-8°, 8 vol — XIII. *Recept-Tachenbuch oder die üblichen Recept-Formelen,* etc. Ibid., 1814, in-8°. — XIV. *Ueber den jetzt herrschenden ansteckenden Typhus* Ibid., 1813, in-8°.— XV. *Beleuchtung und Einwürfe gegen meine Ansichten über den herrscheuden ansteckenden Typhus.* Ibid., 1813, in-8°. — XV. *Ueber den Typhus* (avec Roschland). Ibid., 1814, in-8°. — XVI. *Ein Wort über zwei Worte des Raths Schubauer in München, die allerneueste Ansicht und Behandlung des Typhus betreffend* Ibid , 1815, in-8°. — XVII. *Betrachtungen über die Wirkung des Petechialcontagiums entnommen,* etc. Ibid., 1855. In-8°. — XVIII. *Die Keichhusten über seine Erkennung, Natur.,* etc. Bamb. u. Leipzig, 1816, n-8°., trad. fr. Paris, 1821, in-8°.

E. Bᴏᴅ.

MARE.   *Voy.* Rᴜʀᴀʟᴇ (hygiène) et Mᴀʀᴀɪs.

MAREO.   Le mareo, appelé aussi *Mal de Puna, Sorroche,* est une affection qu'on observe dans les Cordillières, et qui n'est autre chose que le *mal des montagnes.* On trouvera au mot Aʟᴛɪᴛᴜᴅᴇs tout ce qui concerne cette question de pathologie.   D.

MARESCHAL (Gᴇᴏʀɢᴇs).   Cet homme, justement célèbre, peut être compté parmi les plus grands chirurgiens français. Né à Calais, en 1658, il était fils d'un officier en retraite, jouissant d'une fortune très-médiocre. Mais qu'est-ce cela contre la volonté ferme de se créer une haute position dans le monde, et d'atteindre la notoriété? Le jeune Georges n'eut pas plus tôt atteint sa dix-huitième année, que sa ville natale lui semble un théâtre essentiel pour la réalisation des projets qu'il nourrissait. Il se rend à Paris, se place comme garçon chez un maitre chirurgien, et se livre avec ardeur à l'étude de l'anatomie. C'est dans l'amphithéâtre de l'hôpital de la Charité, sous des maîtres tels que Roger et Morel, qu'il ouvre de nombreux cadavres, et s'initie, sur la nature même, aux mystères de la machine humaine. Dès l'année 1688, il était maître chirurgien ; il épousait la fille de son professeur chéri, et peu de temps après il remplaçait Morel en qualité de chirurgien en chef. A dater de ce moment, Mareschal gravit à pas de géant l'échelle des honneurs. En 1701, il opère si heureusement Fagon, de la pierre, que ce premier médecin du roi-soleil lui voue une reconnaissauce éternelle, et le pousse tout doucement à la cour; l'occasion se présente bientôt à la mort de Félix, premier chirurgien (1703), et Mareschal le remplace aussitôt dans ces importantes et fructueuses fonctions. Le rôle de notre chirurgien à la cour fut toujours digne, tel qu'on pouvait l'attendre d'un si beau caractère. Saint-Simon l'a dépeint ainsi de main de maître : « Mareschal était de tous les chirurgiens le premier en réputation et en habileté. C'était un homme qui, avec fort peu d'esprit, avait très-bon sens, connaissait bien ses gens, était plein d'honneur, d'équité, de probité, et d'aversion pour le contraire; droit, franc et vrai, et fort libre à le montrer, bon homme, et rondement homme de bien, et fort capable de servir, et, par équité ou par amitié, de se commettre très-librement à rompre des glaces auprès du roi, quand il se fut bien initié... » Il y a dans les *Mémoires* du même Saint-Simon une foule de traits et d'histoires qui font ressortir le beau caractère de Mareschal. Je n'en citerai qu'une : Il n'y avait pas un an que le célèbre chirurgien était en cour, lorsqu'il fut mandé pour amputer la jambe à une religieuse de Port-Royal. Un chirurgien du roi se compromettre au beau milieu de cette congrégation maudite...! Les courtisans firent bientôt tous leurs efforts pour le dissuader d'une telle témérité. Mareschal ne tint aucun compte de ces conseils ; et, résolu à porter secours là où on le demandait, il n'eut rien de plus pressé que d'aller tout droit au roi, et de lui conter la chose. Il faut croire que Louis XIV fut frappé de l'honnêteté qui s'épanouissait sur la figure de son chirurgien, car il lui laissa toute liberté de se rendre au Port-Royal, d'y exercer son art..., à condition, ajouta le monarque, qu'il visiterait avec soin le monastère, interrogerait les religieuses, s'assurerait de leur genre de vie, et viendrait lui rendre compte de tout ce qu'il avait observé.

Georges Mareschal est mort dans une campagne des environs de Paris, le 13 décembre 1736. Il n'a laissé aucun écrit ; mais on lui doit presque tous les établissements fondés sous Louis XV pour les progrès de la chirurgie et le soulagement des pauvres de la capitale. En 1724, par son influence, deux maîtres chirurgiens furent nommés pour traiter les pauvres, à la Charité ; les mêmes lettres ordonnaient la création de cinq démonstrateurs royaux, à Saint-Côme. En 1730, des censeurs royaux, tirés de la compagnie des maîtres chirurgiens, furent chargés d'examiner tous les livres relatifs à cet art. Enfin, en 1731, réuni à La Peyronie, il obtint l'organisation de cette Académie de chirurgie, qui jeta tant d'éclat et accomplit tant de travaux.

Il était très-habile opérateur, et se distinguait particulièrement dans l'opération de la taille par le haut appareil. Il en donna, entre autres, une preuve, lorsque, le 7 novembre 1711, il tailla le comte de Toulouse, et lui tira avec un plein succès une pierre fort grosse et pointue. La récompense fut digne du service rendu, Mareschal reçut des mains du roi-soleil la somme ronde de dix mille écus.

Georges Mareschal n'a laissé, je crois, qu'un fils, nommé aussi Georges. Ce dernier était destiné à engendrer Georges Mareschal, marquis de Bièvre, si connu par son esprit, ses bons mots, et ses implacables *Bievrana*.   **A. C.**

ARTICLES

CONTENUS DANS LE QUATRIÈME VOLUME

MAGNUS. Beaugrand. 2
MAGUAI, MAGUEY. Baillon. 2
MAHON (Paul-Augustin-Olivier). Beaugrand. 2
MAHONIE. Baillon. 3
MAIA. Laboulbène. 3
MAIGRE OU LE MAIGRE. Id. 3
MAILLECOURT. Lutz. 3
MAILLOT (voy. Nouveau-né).
MAIMONIDES. Beaugrand. 3
MAIN (Botanique). Polaillon. 4
— (Physiologie). Id. 34
— (Anatomie comparée et Anthropologie). Dally. 34
— (Pathologie). Polaillon. 49
— (Hygiène profess.). Beaugrand. 161
MAIN BOTE. Bouvier. 162
MAÏS (Botanique). Planchon. 191
— (Bromatologie). Coulier. 192
MAISONS MORTUAIRES (voy. Obitoires).
MAISONS DE RETRAITE. Brochin. 194
MAISONS DE SANTÉ. Id. 196
MAISONS DE SECOURS. Id. 201
MAÎTRE-JAN (Antoine). Chéreau. 202
MAJOR (Jean-Daniel). Montanier. 203
MAL DES ARDENTS. Beaugrand. 204
MAL DES ASTURIES (voy. Pellagre).
MAL DE LA BAIE DE SAINT-PAUL. Rollet. 205
MAL DE BASSINE, MAL DE VERS. Beaugrand. 207
MAL DE BRUNN. Rollet. 211
MAL CADUC (voy. Épilepsie).
MAL DE CŒUR. Rollet. 212
MAL DE CŒUR (voy. Cachexie aqueuse).
MAL DE CRIMÉE (voy. Éléphantiasis).
MAL D'ESTOMAC (voy. Cachexie aqueuse).
MAL DE FIUME ou de SCHERLIEVO. Rollet. 214
MAL FRANÇAIS (voy. Syphilis).
MAL KABYLE (voy. Syphilis).

MAL DE MER. V. de Rochas. 217
MAL DE MISÈRE (voy. Pellagre).
MAL DE MONTAGNE (voy. Altitudes).
MAL NAPOLITAIN, MAL FRANÇAIS, MAL ESPAGNOL (voy. Syphilis).
MAL DE PUNA (voy. Maréo et Altitudes).
MAL PERFORANT (voy. Pied).
MAL ROUGE DE CAYENNE (voy. Éléphantiasis).
MAL DE POTT (voy. Rachis).
MAL DE LA ROSA (voy. Pellagre).
MAL DE SAINTE-EUPHÉMIE. Rollet. 227
MALA. Baillon. 228
MALADATHRUM Gobley. 228
MALACARNE (Michele-Vincenzo-Giacinto). Beaugrand. 229
MALACIE. Blachez. 229
MALACORDELLE. Laboulbène. 230
MALACOPTÉRYGIENS. Id. 231
MALACOXYLON. Baillon. 231
MALADIE (Pathologie générale). Hecht. 231
MALADIES SIMULÉES. Boisseau. 266
MALADIE D'ADDISON [voy. Bronzée (maladie)].
MALADIE DE BASEDOW [voy. Exophthalmique (Cachexie)].
MALADIE DE BRIGHT. Lancereaux. 281
MALADIE DE FOIN (voy. Asthme).
MALADIE DES SCYTHES. Beaugrand. 283
MALADIE DU SOMMEIL. Le Roy de Méricourt. 286
MALADIE DE WERLHOFF (voy. Purpura).
MALADIES RELIGIEUSES (voy. Folie).
MALADRERIES (voy. Éléphantiasis).
MALAGA (Eaux minérales et station hivernale de). Rotureau. 290
MALAGUETTA. Planchon. 293
MALAIRE (Os). Sée 293
MALAISIE. V. de Rochas. 294
MALAMBO (Écorce de). Planchon. 331

MALAMIDE.   Malaguti. 331
MALANEA.   Planchon. 352
MALAPARI, MALAPARIUS.   Baillon. 352
MALARIA.   Dechambre. 352
MALATES.   Malaguti 353
MALAVAL (les deux).   Chéreau. 354
MALAXATION.   Hénocque. 355
MALDIVES (voy. *Indoustan*).
MALÉON (Eau minérale de).   Rotureau. 336
MALÉIQUE.   Malaguti. 357
MALFORMATION.   Duplay 358
MALGAIGNE (Joseph-François).   Montanier. 338
MALIGNITÉ.   Dechambre. 341
MALINGA (voy. *Cocotier*).
MALIQUE.   Malaguti. 346
MALLAT DE BASSILAN (J.).   Beaugrand. 348
MALLE (Pierre-Nicolas-François).   Id. 348
MALLÉOLAIRES (Artères) (voy. *Pied et Tibiale antérieure*).
MALLÉOLES (voy. *Jambes, Péroné, Tibia*).
MALMIGNATTE.   Laboulbène. 349
MALO (Saint-) (Stat. marine de).   Rotureau. 349
MALOET (les deux).   Chéreau. 350
MALOU [La (Eaux min. de)] (voy. *La Malou*).
MALOUIN (les deux frères).   Chéreau. 350
MALOUINES (Iles).   Le Roy de Méricourt. 351
MALPIGHI (Marcello).   Montanier. 353
MALPIGHIACÉES.   Planchon. 355
MALPIGHIE.   Id. 356
MALT (voy. *Bière*).
MALTE.   Ely. 357
MALTINE (voy. *Diastase*).
MALTOSE.   D. 368
MALUS (voy. *Pommier*).
MALVA (voy. *Mauve*).
MALVACÉES.   Planchon. 368
MALVAVISCUS.   Id. 368
MALVERN (Eaux minérales de).   Rotureau 369
MAMELLES (Anatomie).   Tripier. 371
— (Physiologie).   Id. 378
— (Pathologie). Maladies chirurgicales et médecine opératoire.   Tripier. 381
— (Pathologie). Maladies liées à l'allaitement.   Bouchacourt. 418
— (Pathologie). Maladie syphilitiques.   Rollet. 436
MAXILLAIRES.   D. 458
MAMINA.   Planchon. 458
MAMMAIRE INTERNÉ.   Sée. 459
MAMMÉE.   Planchon. 461
MAMMIFÈRES.   Gervais 461
MANARDO (Giovanni).   Beaugrand. 480
MANCANILLA (voy. *Hippomane, Mancenillier*).
MANCENILLIER.   Baillon. 481
MANCHOT.   Laboulbène. 483

MANDCHOURIE (voy. *Chinois, Empire*).
MANDIOCCA (voy. *Manioc. Manihot*).
MANDRAGORE (Botanique).   Baillon. 484
— (Pharmacologie). Delioux de Savignac. 486
MANDRILL.   Laboulbène. 488
MANETTI.   Planchon. 488
MANGANATES (voy. *Manganèse*).
MANGANÈSE (Chimie).   Lutz. 488
— (Pharmacologie). Delioux de Savignac. 495
— (Thérapeutique).   Id. 497
MANGARA.   Baillon 505
MANGET (Jean-Jacques).   Montanier. 505
MANGHAS (voy. *Manguier et Cerbera*).
MANGIFERA (voy. *Manguier*).
MANGLES.   Baillon. 505
MANGLIERS.   Id. 506
MANGOL (les deux).   Chéreau. 506
MANGOUSTAN.   Planchon. 506
MANGUE, MANGUIER.   Baillon. 506
MANIE.   Linas. 507
MANIGUETTE, MALAGUETTE, MALAGUETTA.   Planchon. 560
MANILLE (voy. *Philippines*).
MANIOC (Botanique).   Baillon. 561
— (Emploi médical).   Fonssagrives. 563
MANIPULATIONS THÉRAPEUTIQUES.   Dally. 565
MANN (Christophe-David).   Beaugrand. 597
MANNE (Louis-François).   Id. 598
MANNE (Mathieu-Laurent-Michel)   Id. 598
MANNE (Matière médicale).   Gobley. 599
— (Emploi médical).   Dechambre. 602
MANNIDE.   Malaguti. 602
MANNINGHAM (Richard).   Montanier. 603
MANNITANE.   Malaguti. 603
MANNITARTRATES.   Id. 603
MANNITARTRIQUE.   Id. 604
MANNITE (Chimie).   Id. 606
— (Emploi médical).   Dechambre. 606
MANNITIQUE.   Malaguti. 606
MANOMÈTRE.   Gariel. 607
MANOSCOPE.   Id. 613
MANTIAS.   Beaugrand. 614
MANUFACTURES.   Id. 614
MANULUVE.   Delioux de Savignac. 650
MANUS DEI.   Gobley. 652
MAPOU (Bois de).   Baillon. 652
MAPP (Marc).   Chéreau. 652
MAPPA.   Baillon. 653
MAQUÉREAU.   Laboulbène. 653
MARABOU.   Id. 653
MARAIS.   Vallin. 654
MARANTA.   Planchon. 754
MARANTA (Barthélemy).   Chéreau. 756
MARANTACÉES.   Planchon. 756
MARASME.   Blachez. 756

MARATH.
MARAT Jean-Paul.
MARAT Louis.
MARATRE.
MARATA MORALE.
MARCOU.
MARC Ch.-Chrétien.
MARCASSINS.
MARCHAL (Henri-Mathieu).
MARCEL Louis-Victor.
MARCELLUS DE CRÉSES.

MARCHANDE.
MARCHANTS SIMPLES.
MARCET (Alexandre).

MARASME.	Bertillon.	758
MARAT (Jean-Paul).	Montanier.	761
MARAT (Eaux minérales de).	Rotureau.	762
MARATHRE.	Planchon.	763
MARATIA MOOGHO.	Baillon.	763
MARDOD.	Beaugrand.	763
MARC (Ch.-Chrétien-Henri)	Montanier.	763
MARCANTHUS.	Baillon.	765
MARCARD (Henri-Mathieu).	Chéreau.	766
MARCÉ (Louis-Victor).	Beaugrand.	766
MARCELLO DE CUMES ou M... FILUS CUMANUS.		
	Chéreau.	766
MARCELLUS.	Daremberg.	767
MARCELLUS SIDETA.	Id.	767
MARGET (Alexandre).	Montanier.	767
MARCGRAVIE.	Baillon.	769
MARCH (les deux).	Chéreau.	769
MARCHAL (Laurent-Joseph-Anselme).	Beaugrand.	769
MARCHANTIE (Botanique).	Baillon.	770
MARCHANTIE (Emploi médical).	D.	772
MARCHE (voy. Locomotion).		
MARCHETTI (les deux).	Chéreau.	772
MARCHI (Marco de).	D.	773
MARCOT (Eustache).	Chéreau.	773
MARCUS ou MARKUS (Adalbert-Friedreich).		
	Beaugrand.	774
MARE (voy. Rurale et Marais).		
MARÉO.	D.	775
MARESCHAL (Georges).	Chéreau.	775

PARIS. — IMPRIMERIE DE E. MARTINET, RUE MIGNON, 2

Lightning Source UK Ltd.
Milton Keynes UK
UKHW020100310119
336364UK00006BA/339/P